『道』是心物

设计文脉与维度的思考

夏燕靖 著

江苏凤凰美术出版社

图书在版编目（CIP）数据

"道"是心物：设计文脉与维度的思考 / 夏燕靖著
. -- 南京：江苏凤凰美术出版社，2024.7
　　ISBN 978-7-5741-1751-8

　　Ⅰ.①道… Ⅱ.①夏… Ⅲ.①设计学–文集 Ⅳ.
① TB21-53

中国国家版本馆 CIP 数据核字（2024）第 102443 号

责任编辑　韩　冰

项目助理　许欣悦

装帧设计　顾锦芳

责任校对　唐　凡

责任监印　唐　虎

责任设计编辑　赵　秘

书　　名　"道"是心物：设计文脉与维度的思考
著　　者　夏燕靖
出版发行　江苏凤凰美术出版社（南京市湖南路1号　邮编210009）
制　　版　南京新华丰制版有限公司
印　　刷　南京新洲印刷有限公司
开　　本　787 mm×1092 mm　1/16
印　　张　43
版　　次　2024年7月第1版
印　　次　2024年7月第1次印刷
标准书号　ISBN 978-7-5741-1751-8
定　　价　198.00元

营销部电话　025-68155675　营销部地址　南京市湖南路1号
江苏凤凰美术出版社图书凡印装错误可向承印厂调换

自言自语

夏燕靖

　　这本自选集的书名，拟出的主题辞——"道"是心物，是源自《道德经》中所阐释的哲学概念。《道德经》谓之的"道"，与心物一元。其"道"可曰："道可道，非常道。名可名，非常名。无名天地之始，有名万物之母。"[1]那么，所谓的"道"，究竟如何解释呢？"道"应为自然规律，古人喜欢说"天道"，寓意人对自然规律的遵循。进言之，"道"又是心的写照，《道德经》即认为：与心物一元。依此所言，如明末清初思想家王夫之解释易学给出的命题，曰："道者，物所众著而共繇者也。物之所著，惟其有可见之实也；物之所繇，惟其有可循之恒也。"[2]此乃可解释为：万物皆有道心也，万物之道心皆为统一，以心观道，自在修行。万物有灵，物非无道心。可见，老子所谓的"道"，实则是精神意识的集中体现，而惟有悟性的修炼者，方能达到无限奥妙的境界。由之，老子谓之有心物的"人"，应由"道"所生，有灵性的"物"，乃"人"和宇宙万物在于有灵性和有意识存在。所以说，老子论"道"的根本目的与归宿仍在于"人"。由此，后世研究者将"道"是心物视为形而上的精神性存在，是富有哲学理性的思辨、推理与逻辑推断的存在。而作为学术的、科学的探究，老子所谓的"道"，在当下语境中又可新解为，对万物间之蜕变、之量变、之质变所形成的具有新陈代谢的认识。设计之道，如同此道。由于世间存在物都有自己的存在方式，事物之运行也总是遵循自身的运动规律，有其物则有其道，此乃物有物之道，人有人之道，天有天之道。据此，我们可以认同老子关于"道"的阐释，推导出"道"既然能生万物，也就必然和万物一样具有实在性的存在。

　　说到这里，可以据实道出书名拟出的主题辞含义，自然是借"道"是心物，来阐明这本自选集关涉设计问题的讨论。当然，更具体是与古代历史发生密切连接的手工艺话题的讨论。如是，联系到工艺与工匠精神而论，"道"是心物，就极为贴切。手工艺人崇尚敬业精神，养成了高度自觉性，这种精神的典型性，若体现在"制器"过程当中，便是心手相应。诚如在《庄子·达生》中以寓言举证曰：

[1] 老子. 道德经 [M]. 王丽岩, 译注. 北京: 中国文联出版社, 2016:1.

[2] 王夫之. 周易外传 [M]// 王夫之. 船山全书: 第 1 册. 长沙: 岳麓书社, 2011:1003.

梓庆削木为镰，镰成，见者惊犹鬼神。鲁侯见而问焉，曰："子何术以为焉？"对曰："臣工人，何术之有！虽然，有一焉。臣将为镰，未尝敢以耗气也，必齐以静心。齐三日，而不敢怀庆赏爵禄；齐五日，不敢怀非誉巧拙；齐七日，辄然忘吾有四枝形体也。当是时也，无公朝，其巧专而外骨消；然后入山林，观天性；形躯至矣，然后成见镰，然后加手焉；不然则已。则以天合天，器之所以疑神者，其是与！"[1]

这则寓言表明，手工艺匠对待制器始终有着一种神圣的使命，因而在制器时，需要净化自己的灵魂，通过这样的仪式，将自己的灵魂注入到制器中去，以获得形躯至矣。以天合天，器之所以疑神者，其根本意义，不是西方式的将物质和精神分而考量的"二元论"，而是中国"物心一如"的"一元观"。进言之，人是心物一体，而"道"则是心物一体的高度、完满的概括和体现。依此书名为主题辞，是想依循"道"与心物一元之"道"来探究设计，乃至手工艺的种种制器之理，此间确有许多值得深入的研究话题。故此，这本自选集从五个方面归类成篇：

一、文实言理

"文实"，意为名实，此语源于《春秋》所谓"实义"。"言理"，如南宋严羽在《沧浪诗话·诗辩》中所云："以议论入诗"[2]，不议理不明。借此两种释义，合为一体，故称之为"实话实说，言之理在"。自然，这一板块的文章是以论说为主，阐明自己对设计领域事项、事理的看法，以此形成评论。因此，这一部分以设计时评时论为主题，时间跨度从 20 世纪 80 年代中期直至当下，涉及领域众多。例如，《为工艺美术辩护》是一篇为工艺美术正名鼓与呼的时评。犹记当年一股强劲之风扑面而来，诘难工艺美术"腐朽病态"之审美的言论强占上风，此文章为之申辩，鲜明提出"面对传统文化不能人为地断水截流，而应积极地进行疏导，乃至吸收"[3]。

自此之后，当年并未有所谓"非遗"保护与传承问题的提出，却有自我认识，凸显出从"遗产"保护自身着眼加强研究的必要性。此时期先后撰写的《工艺美术与接受美学》和《"本元文化"工艺美术的本质特征——读张道一关于工艺美术"本元文化"理论的笔记》，也都是围绕着传统手工艺文化性质与传续所作的专题论述。《工艺美术与接受美学》一文发表，恰在原中央工艺美术学院成立 30 周年校庆之时，作为校庆专题发表在该院研究辑刊《工艺美术参考》上，并列目于封面上，可谓是重点篇目。文章从设计师与使用者之间的双向接受视角，借助接受美学理论观来认识工艺美术，将消费

[1] 郭庆藩．庄子集释：下册 [M]．王孝鱼，点校．北京：中华书局，2016:661.

[2] 严羽．沧浪诗话 [M]．郭绍虞，校释．北京：人民文学出版社，1961:26.

[3] 夏燕靖．为工艺美术辩护 [N]．中国美术报，1988-11-07.

者视为工艺美术设计整体环节的重要组成部分，认为接受美学给予了工艺美术研究和生产领域非常实际的指导意义。[1]

早年间，探讨设计文脉，一定是离不开工艺美术，其本质特征在设计中占据着重要的地位。《"本元文化"工艺美术的本质特征——读张道一关于工艺美术"本元文化"理论的笔记》一文，就张道一先生提出的"本元文化"问题进行了较为系统的梳理，揭示工艺文化中的"本元文化"体现出人作为社会生活的主体所显现出的"本质力量"，进而阐释张道一先生提出的工艺美术"本元文化"理论，是依从人类文明的基本文化特质为基点，因而工艺美术"文化"特征具有独特的双重性。[2]

进入 20 世纪 90 年代，笔者关注的工艺美术问题讨论，开始转向更大视域进行探讨，可谓是当代视野的转化。如《对我国跨世纪消费品工业发展战略的几点思考》、《现代设计文明——科学文化与人文文化结合的产物》等文章。《对我国跨世纪消费品工业发展战略的几点思考》一文，是 1992 年入选中国科学技术协会首届青年学术年会的一篇论文，旨在探讨我国跨世纪消费品工业的发展，认为在把握消费者各种情况及我国目前与今后十几年的发展特点时，应改变以往倡导的"经济、实用、美观"原则，以满足国内消费者与对外贸易的需要。[3]

笔者对于现代设计的探究，在顺延着设计文脉探讨路径的同时，也拓宽了设计认知的维度。在科技迅速发展的现代社会，科技与人文的结合，是拓宽设计维度的重要方式。这一点，在《现代设计文明——科学文化与人文文化结合的产物》一文的论述中有所体现。这是一篇面向新世纪即将到来的策论，关注新世纪必定面临的科学文化与人文文化相融合的问题。文章认为，科学文化与人文文化的结合，可以达到相互融合至美的境界。同时，又从宏观角度归纳总结科学文化与人文文化之间的结构规律，并由此探究科技美学，积极推进"文化工业"的发展。[4]

进入新世纪以来相关主题板块的论文，着力探讨设计如何塑造国家形象和走向市场的现实问题，如《让品牌走到"中国设计"的前台——从"中国制造"走向"中国设计"的命题谈起》《上海"摩登"：新中国成立初期的设计史样本——关于 1950—1960 年间上海设计史实的片段考察》《上海"代言"：新中国成立初期国家设计形象的写照——20 世纪 50 年代上海商业经济与文化中的设计资源考察》《我国创新设计的"推手"与"新态"》。这几篇文章，着重探讨中华人民共和国成立之后设计行业的发展状况，以及在新世纪背景下的设计角色与策略的转换。如《让品牌走到"中国设计"的前台 ——从"中国制造"走向"中国设计"的命题谈起》一文阐述，当我们今天一再提起"中国设计"

[1] 夏燕靖. 工艺美术与接受美学 [J]. 工艺美术参考, 1986, (03).

[2] 夏燕靖. "本元文化"工艺美术的本质特征——读张道一关于工艺美术"本元文化"理论的笔记 [C]// 孙建君, 潘鲁生. 张道一研究. 济南: 山东美术出版社, 1999:263—274.

[3] 夏燕靖. 对我国跨世纪消费品工业发展战略的几点思考 [M]// 中国科协首届青年学术年会执行委员会. 中国科学技术协会首届青年学术年会论文集: 工科分册·下. 北京: 中国科学技术出版社, 1992:595—598.

[4] 夏燕靖. 现代设计文明——科学文化与人文文化结合的产物 [J]. 工艺美术参考, 1991, (02).

这个联系着提升国家形象和拓展市场经济的命题时，需要揭示出品牌崛起的意义。唯有如此，"中国制造"的标签才有可能真正成为"中国设计"。[1]

中华人民共和国成立之后，作为国策的发展规划，设计行业的发展与时俱进，展现出特有的活力。《上海"摩登"：新中国成立初期的设计史样本——关于1950—1960年间上海设计史实的片段考察》一文，是新中国设计史的开篇论述。文章采用上海"摩登"这一概念，来解读中华人民共和国设计史最初的面貌，揭示出上海这座中华人民共和国成立初期最大的工商业城市在工商业改造和社会主义建设大跃进过程中的设计活力，以此探寻中华人民共和国设计史的写作思路。[2]

对于设计维度的探讨，设计与创新是非常重要的命题。只有不断地创新，才可能在设计上有所突破，两者可谓相辅相成。在《我国创新设计的"推手"与"新态"》一文中，笔者认为其途径可谓多种多样，但归根到底还应体现在设计观念、设计形态和技术方式的重大突破上。其中的关键乃是设计观念，这需要跨学科交流与融合，以构成一种认知创新、形式创新、技术创新、业态创新和用户体验创新的新理念。[3]

设计史学研究，是笔者2006年以来重点关注的研究课题。在这前后几年中，笔者陆续撰写出版了三部设计艺术史教材，即辽宁美术出版社2000年版，上海人民美术出版社2009初版至2019年修订版计四版，以及南京师范大学出版社2010—2021年修订本三版。而设计史学研究，正是在此基础上逐步拓展出的研究领域。围绕设计史学科基础理论，笔者有三篇文章具有代表性：《中国设计艺术史叙史范围、叙史主题及叙史方式的探讨》、《外来史学分类与研究方法对中国设计史研究的借鉴作用》和《"中国设计史"教材撰写的几点思考》。

《中国设计艺术史叙史范围、叙史主题及叙史方式的探讨》一文的研究课题，是设计艺术史的概念生成以来设计艺术史学界所持续关注的。文章一方面提出对中国设计艺术史叙史范围和叙史主题的重新认识，即"重新描述和建构"的叙史认识；另一方面提出对中国设计艺术史叙史方式的选择，即从设计观念角度梳理设计艺术史、从学科发展与演变的角度认识设计艺术史，从而进行叙史方式比较研究。[4]

20世纪以来，外来史学分类与研究方法，是使本土史学研究与史学的世界性构建产生密切联系的关键，这无形之间拓宽了设计文脉与维度。《外来史学分类与研究方法对中国设计史研究的借鉴作用》一文，围绕外来史学分类与研究方法，对中国设计史研究的借鉴作用进行探讨，以期论证中国设计史研究与史学的世界性构建存在着的密切联系，

[1] 夏燕靖. 让品牌走到"中国设计"的前台——从"中国制造"走向"中国设计"的命题谈起[J]. 装饰, 2008, (08):91—93.

[2] 夏燕靖. 上海"摩登"：新中国建设初期的设计史样本——关于1950—1960年间上海设计史实的片段考察[J]. 创意与设计, 2011, (06):10—21.

[3] 夏燕靖. 我国创新设计的"推手"与"新态"[J]. 中国文艺评论, 2016, (06):90—97.

[4] 夏燕靖. 中国设计艺术史叙史范围、叙史主题及叙史方式的探讨[J]. 南京艺术学院学报（美术与设计版）, 2010, (01):11—16.

进而促成跨文化史学研究的新认识。[1]

如今，各设计院校相继提出课程教学的"理论创新"，注重针对学生理论学习能力的培养与提升，这其中除了教师引导之外，还是离不开教学"一课之本"的教材应用。《"中国设计史"教材撰写的几点思考》一文，以笔者自 2001 年以来先后撰写与修订的多个版本《中国设计史》教材写作体会为线索，探讨教材编撰与课程教学的相互关系，进而明确教材的编撰关系到人才的培养目标，关系到核心知识与理论思维的把握。[2]

二、史论专题

"史论专题"作为设计史学理论与方法层面的专题讨论，伴随着 2011 年设计学一级学科设立之后引发学界关注。但笔者依据自身的学术背景，还是选择回归到手工艺领域，借助过去关于工艺美术史实的探究，达到史与论研究的相互契合。通过对工艺美术史实的历时性考察，不仅可以揭示出先民的巧工智慧，更体现出造物艺术之观念的相辅相成，这也是对本书所列主题辞——"道"是心物的深度阐释。故而，本专题选取具有代表性的论题，着重围绕传统手工艺的地域坐标和时间区隔，将论题置于历史大背景中，揭示"工匠精神"的历史根源与文化基因，勾勒出我国传统手工艺发展脉络，揭示出历史沿革的丰富内涵。

对于工艺美术史实的探究，需要注重文献与实物史考。对于我国传统手工艺发展脉络的研究，《江浙土布史考》一文，梳理了以江浙地域为中心的土布纺织业及花色染印发展历史脉络，揭示江南纺织物在百姓日常生活中不可或缺的地位。本文探讨江浙土布生产活动的一个重要视角，即作为商品的土布是如何流通到周边地区并扩大成为有规模、有组织的商业贸易。[3]

沿着中国纺织史考继续寻找目标，可关注到《六朝染织史考》一文。该文通过史料和遗存实物的比对，挖掘六朝染织业在沿袭两汉旧制基础上实现的突破与发展。全文通过举证六朝时期各类锦绣绫罗层出不穷的事实，以时间轴为坐标，关注到这一时期南北地域文化交流的重要现象，通过文献比较进一步考察其纺织业的走势，在微观史实研究基础上探讨地域气候及礼仪观念。[4]

采取"文献读史"的传统史学研究方法，深入挖掘史书材料及佐证依据，逐条完善史述的《宋代染织绣工艺史料文献读记》，是独特的研究样本。上下共两篇文章通过文献读记的方式，再次呈现宋代染织绣工艺发展脉络，可谓别有一番史貌：一方面查实史

[1] 夏燕靖. 外来史学分类与研究方法对中国设计史研究的借鉴作用 [C]// 宁钢. 艺术设计：第 2 辑. 南昌：江西美术出版社，2011:40—47.

[2] 夏燕靖. "中国设计史"教材撰写的几点思考 [C]// 邹其昌. 设计学研究：2014. 北京：人民出版社，2015:68—78.

[3] 夏燕靖. 江浙土布史考 [C]// 张道一. 《中国民间工艺》第十六、十七期合刊. 南京：东南大学艺术学系，1996:81—88.

[4] 夏燕靖. 六朝染织史考 [J]. 东南文化，2000,(09):74—78.

述依据，建立信史基础；另一方面做到于史有据，于今有益。这不仅是对我国染织绣工艺史研究的重要补充，也有助于整个工艺美术史料研究。[1] [2]

同时期还有两篇文论，其中《中古时期我国跨文化交往的历史书写——以唐代中外设计文化交流为主线的考察》是依据中古时期我国跨文化交往历史背景，以唐代中外设计文化交流为主线进行历史考察，展示了一幅幅非同寻常的唐代社会、文化、经济及技术相互促进与发展的历史画卷。通过对历史文献和史实由表及里逐层揭示，更可以明析唐朝与域外交往形成的丰富多彩的设计文化所蕴涵的各种文化特征、形态，以及关于造物活动的文化思考。[3]

我国近代手工艺史和手工艺人群体生存状况，主要表现为乡村传统手工艺人在社会变迁的洪流中，生存状况发生了巨大的变化。手工艺人利用自身所拥有的手工技艺和资本积累，或是迁徙城镇谋生，或是坚守乡村从业，其生存的基本策略被史学家分析为一种新的生存博弈。《传统手工业艺人群体近代化生存博弈探究》一文，借此历史背景为考察线索，探寻我国传统手工业艺人群体在近代化进程中所遭遇到的种种生存困境，以揭示其生存博弈问题的实质，试图将我国近代手工艺史和手工艺人群体生存状况的专题研究推向深入。[4]

"工匠精神"始终是一种超越技艺层面的造物认识观念，是对我国古代视匠作之技为"奇技淫巧"的认识纠偏，更是赋予匠作从劳动上升到专门性手艺直至艺术层面的审美内涵。《斧工蕴道："工匠精神"的历史根源与文化基因》试图重新找回"工匠精神"的价值，使当今各行各业的从业者都能成为有理想、有道德、有文化和有技艺规约的"工匠"，成为具备承传千年之久"工匠精神"的接续者。[5]

我国古代服饰制度的一大特色，就是有着严格的等级、身份和地位的划分标识。所以说，对于服饰关涉的历史问题的探讨，不仅需要从服饰风格和社会精神风貌的视角加以理解，更要在古代礼制的框架结构中对其发展逻辑进行观察和考据。自周代以后，历代都有对服饰的相应规定，目的是凸显服饰制度在封建社会体制中的重要性。就历史视角而言，我国古代服饰的惯制和服饰在典章制度中的地位，大约是在公元前 11 世纪到公元 3 世纪逐渐形成并完善。在这个历史进程中，服饰的形制与服饰定制是密切联系的。也就是说，在服饰定制时代中，服饰已自下而上成为惯制，被列入封建社会的基本制度之中，以致形成区域或文化圈的服饰传统，成为后代继承的明确模式。当然，之后的朝代所流传的《舆服志》作用更加明显，这就是我国古代特有的设计文脉。《唐代"品色衣"制度与女性服色演变考察》一文以此为线索，梳理出"品色衣"制度的色彩构成序列及

[1] 夏燕靖．宋代染织绣工艺史料文献读记（上篇）[J]．艺术探索，2019, 33(04):6—25.

[2] 夏燕靖．宋代染织绣工艺史料文献读记（下篇）[J]．艺术探索，2019, 33(05):6—17.

[3] 夏燕靖．中古时期我国跨文化交往的历史书写——以唐代中外设计文化交流为主线的考察[J]．创意与设计，2015, (01):17—31.

[4] 夏燕靖．传统手工业艺人群体近代化生存博弈探究[J]．南京艺术学院学报（美术与设计），2016, (04):120—130+212.

[5] 夏燕靖．斧工蕴道："工匠精神"的历史根源与文化基因[J]．深圳大学学报（人文社会科学版），2020, 37(05):16—27.

其在唐代的推行和发展，尤其关注"品色衣"制度对唐代女性礼服、常服及妆容产生的重要影响。[1]

此后，又经过千年，从晚清到近代的五四期间，人们的精神面貌焕然一新，女性的装扮也大为解放。《影星与改良旗袍：还原民国女性服饰细节中的品位与时尚》一文，以民国时期的影星与改良旗袍为论述主线，读解胡蝶、阮玲玉、周璇和顾兰君改良旗袍的穿着细节，挖掘昔日风靡上海滩之改良旗袍的审美品位和历史价值。[2]

三、大师研究

大师之所以被称为大师，一定是有着非凡的人生和对时代的突出贡献。在设计学界被称为大师的先生们，通常都是造诣深厚、享有盛誉的学者、专家和艺术家。陈之佛是以图案为媒的中国现代设计教育奠基人，笔者与陈之佛先生的后人陈修范女士和李有光教授有长达40年的交往，期间帮助他们整理文献资料和参与研究工作。近二十年间笔者发表的相关研究专题论文有《陈之佛先生与染织艺术》《陈之佛创办"尚美图案馆"史料解读》《陈之佛先生的图案教学与研究》《回到历史语境中真切认识陈之佛先生的艺术设计之路》《"尚美精神"的践行史实——陈之佛先生与上海美专》等。同时，笔者还参与国家出版基金资助项目、国家十三五重点图书项目《陈之佛全集》第七、八卷文献整理和编辑工作。

对于染织与图案设计研究，陈之佛先生造诣深厚，为学界后续的研究开拓了道路，既传承了设计的文脉，又拓宽了设计的维度。《陈之佛先生与染织艺术》是笔者早年撰写的陈之佛研究文稿，通过文献整理，详实记述了陈之佛先生从事染织图案设计与研究的经历。[3]陈之佛先生出版了自己创作的《丝绸图案纹样集》一、二卷，以及各类图案教材。如《图案法ABC》、《图案概说》和《图案构成法》等，填补了我国图案理论的空白，也为我国图案理论打下了坚实的基础。20世纪50年代后期，陈之佛的《关于印花布设计问题》和《在轻纺工业美术设计人员业余进修班上的讲话》两则文稿，是关于染织美术设计的重要文献。1962年由南京艺术学院印行的《陈之佛图案讲稿》，对刺绣研究作了进一步阐述。这份讲义可谓是染织图案研究的奠基之作。

对于陈之佛先生早年从事工艺美术设计和教育工作，笔者在《陈之佛创办"尚美图案馆"史料解读》一文中有所阐述。他从日本留学归国后，于1923年至1927年在上海福生路德康里二号创办"尚美图案馆"。本文借助大量史料中考证了"尚美图书馆"的

[1] 夏燕靖. 唐代"品色衣"制度与女性服色演变考察[J]. 艺术探索, 2018, 32(02):6—23.

[2] 夏燕靖. 影星与改良旗袍：还原民国女性服饰细节中的品位与时尚[J]. 装饰, 2014, (09):66—77.

[3] 夏燕靖. 陈之佛先生与染织艺术[J]. 艺苑(美术版), 1996, (03):67—70.

存在时间、历史背景、旧址位置及馆舍规模，并对"尚美图案馆"的设计业绩及历史贡献作出评价。[1]

关于图案设计与教学研究，曾经的上海美专贡献了自己的力量。上海美专所创办的图案科，不仅在当时意义重大，对于未来也是影响深远，而陈之佛先生正是其中坚力量。《"尚美精神"的践行史实——陈之佛先生与上海美专》节取陈之佛先生1930年到上海美专出任图案教职这一历史片段，着重探讨先生对上海美专图案艺术教育产生的深远影响，试图还原陈之佛先生与上海美专的深厚渊源。而《专题访谈——回到历史语境中真切认识陈之佛先生的艺术设计之路》这篇文章，是2016年9月间，陈之佛先生诞辰120周年时，笔者应浙江慈溪《陈之佛艺术馆馆刊》编辑之邀，接受复旦大学新闻学院教师李华强访谈的访谈录，后文稿经多次修订补充，又交《美育学刊》公开发表。笔者在访谈中对陈之佛先生从事艺术设计事业的历程进行了详尽的史学梳理，认为陈之佛先生早年从事图案设计这段历史非常有意义，这是其艺术道路的重要组成部分。[2]

正是由于有造诣深厚、享有盛誉的学者、专家和艺术家们的不懈努力，图案学研究才可以茁壮成长。文章《深谙图案之道的设计大家——探究雷圭元先生图案学理论的历史渊源》以雷圭元先生于20世纪60年代重新整理编撰的《图案基础》一书为引子，对雷圭元先生把毕生精力奉献给中国图案学的创立与发展事业的事迹进行了全面勾勒。雷圭元先生自成一派的图案学理论也曾经影响了一代又一代的学人，该文试图通过文献资料，来还原他一生与图案学理论相关的研究经历，对他所从事的图案学理论给予历史的阶段性讨论，进而探究雷圭元先生图案学理论的历史渊源。[3]

四、设计教育

设计教育在我国的发展已有百余年的历史，我国设计教育从孕育之初，在学科与专业名称上就先后有图画手工教育、图案教育、手工艺教育、实用美术教育、工艺美术教育，以及20世纪90年代末确立的艺术设计教育等多种提法，这反映出设计教育在我国现当代历史进程中一直不断发展变化，其教育体系也未能达到真正成熟。自新世纪以来，笔者陆续发表多篇关涉设计教育的代表性论文，如《艺术设计的现代转换与其教育改革的思考》、《对我国高等院校艺术设计本科专业人才培养目标的探讨》、《艺术与技术相统一——关于德国早期设计教育课程特点分析及其给我们的启示》和《上海美专工艺图案科课程设置与近代"图案学"建立史考》等。

[1] 夏燕靖. 陈之佛创办"尚美图案馆"史料解读[J]. 南京艺术学院学报（美术与设计版），2006,(02):160—167.

[2] 夏燕靖，李华强. 回到历史语境中真切认识陈之佛先生的艺术设计之路[J]. 美育学刊，2019,10(03):69—81.

[3] 夏燕靖. 深谙图案之道的设计大家——探究雷圭元先生图案学理论的历史渊源[C]// 李砚祖. 艺术与科学：卷15. 北京：清华大学出版社，2020:134—144.

设计教育在我国现当代历史进程中一直不断发展变化。针对知识经济时代形成的艺术设计向现代化转换的现实问题，笔者于 2000 年初写作《艺术设计的现代转换与其教育改革的思考》一文，认为在当时社会背景下艺术设计教育，尤其是高等艺术设计教育必然会发生职能性的变化。文章还阐述艺术设计学科的发展方向、研究范畴与艺术设计教育的课程结构、教学内容及教学方法，应符合艺术设计向现代转换的时代需要，并力求与之形成互动关系，以及确立由"互动关系"对教育对象的知识建构与素质培养的方案。[1]

研究我国早期艺术设计专业教育的课程结构与设置，是设计教育发展的过程中的重要问题。在《上海美专工艺图案科课程设置与近代"图案学"建立史考》一文中，笔者通过对我国近代新式美术教育领域中，具有一定影响力的上海美专校史（1912—1937 年）材料的钩沉与探寻，着重考察该校工艺图案科的课程设置状况，以期探析我国早期艺术设计专业教育的课程结构与设置问题。[2]

南京艺术学院与上海美专是一脉相承的，上海美专与南艺百年完整的历史脉络，笔者通过史料梳理，这一结论在《上海美专的史料搜集与整理》一文得到了进一步论证。上海美专史料搜集与整理工作这种"历史意识"，是校史研究的立足点，以历史现象和历史材料为依据，运用还原历史的手段，可以从宏观历史角度去认识和解决历史中的具体问题，从微观角度去丰富和刻画校史事实。[3]

图案教学自成立以来，也在不断地变化与发展，为顺应时代的发展而作出相应的改变。《图案教学的历史寻绎》一文，以历史的眼光寻绎图案教学这百余年留下的足迹，聚焦图案教学在各个历史时期所发生的变化，以求作为一份史料备存于我国设计教育的档案中。结合访谈中的启发，笔者从四本教材（第一本是赵茂生编著的《装饰图案》；第二本由陈辉编著的《基础图案》；第三本由蔡从烈、秦栗合著的《基础图案》；第四本由胡家康、周信华编著的《图案基础与应用》。）引证说明图案教学在整个设计教育中重要的地位和作用，提议真正建立起适合我国国情发展需要的图案教学新体系。[4]

五、时论·时评·访谈

时论、时评与访谈，是笔者从事设计学研究后主要的学术板块。时论、时评常常涉及设计问题的应时探讨。就设计历史与现实而言，时论、时评似乎更为现实。设计是生活的再现，贴近生活的设计才有再现的魅力。无论是当代社会流通的设计作品，抑或历

[1] 夏燕靖．艺术设计的现代转换与其教育改革的思考 [J]．南京艺术学院学报（美术与设计版），2001，(02):70—75.

[2] 夏燕靖．上海美专工艺图案科课程设置与近代"图案学"建立史考 [C]// 邬烈炎．设计教育研究 4．南京：江苏美术出版社，2006:81—100.

[3] 夏燕靖．上海美专的史料搜集与整理 [C]// 樊波．美术学研究：第 3 辑．南京：东南大学出版社，2014:280—294.

[4] 夏燕靖．图案教学的历史寻绎 [C]// 邬烈炎．设计教育研究 5．南京：江苏美术出版社，2007:61—83.

史视野中的传统民间工艺美术品，都具有着一定的商品属性和艺术属性。特别是在今天，大众审美文化视野下的设计作品，更是获得了普遍意义的两种属性。因此，对于设计作品的探讨不能脱离现实视角的考量，在消费主义泛滥的社会文化中，我们更需要关注到设计价值中的人文关怀。

2006 年 1 月 12 日发布的《文化蓝皮书》，就追踪"超女"的整个产业链条发表统计，估算"超女"对我国社会经济的总体贡献至少达 20 亿元人民币。《香饵之下——拷问广告的美女经济》一文，是笔者通过透视这一现象，思考美女经济凸显的文化形态，是人类的还俗，还是精神束缚的解体，抑或意识形态的退潮。[1]

2006 年被多家媒体称为电子杂志年，电子杂志的蓬勃发展对于设计传播方式的改变起到了重要的作用，使得设计尤其是平面设计拥有了更为广阔的传播平台，设计的维度进一步被扩展。在《电子"面孔"——从"电子杂志"的界面设计说起》一文中，笔者就此问题展开了三个部分探讨：第一部分从新词流行到"电子杂志"定位；第二部分从商业盈利到"挑逗"界面设计，表明"电子杂志"成为风险投资商的新宠；第三部分从"电子"界面看平面设计的新趋势，笔者认为其中主要是一种审视方式的改变。[2]

由于图书市场书籍装帧手法的"克隆"现象十分普遍，笔者呼吁作为"责任人"之一的书籍装帧者，重视对做书的理性化驾驭。在《流行书装——读图时代书籍装帧"克隆"现象的批判》中提到，从文字编织到视觉效果，应始终追求由表及里的书籍整体之美，注意把握这一设计理念，并赋予读者一种文字和形色之间的有机享受，同时还具有读书想象空间的能力。[3]

为了设计专业更好的发展从而达到新的高度，设计专业的培养目标的确定成为首要问题。《均衡与失衡——有关设计专业培养目标存在悖论的话题》一文提出，设计专业的培养目标应当是有比较明确的表述内容，起码应该包括三个方面的具体指标：一是培养方向；二是就业规格；三是学科培养的规范与要求。这三方面可以说是构成培养目标的核心和本质内容。笔者认为，把握好"均衡"与"失衡"的关系，应渗透在专业教学中，贯穿于人才培养的始终。[4]

诸葛铠先生是笔者的师辈，笔者与先生交往 20 余载。记得笔者刚入染织设计专业学习时，到原苏州丝绸工学院交流，就听过先生的课程，并且一直记忆犹新。先生早逝，他从事探究的许多学问尚未完全展开便戛然而止，这是设计学界的重大损失。诸葛铠先生曾在一篇关于传统手工艺的文章中提出了"蜕变"与"再生"的观念，并指出：中国

[1] 夏燕靖. 香饵之下——拷问广告的美女经济 [C]// 戈洪. 新平面 7. 南京：江苏美术出版社，2006:58—59.

[2] 夏燕靖. 电子"面孔"——从"电子杂志"的界面设计说起 [C]// 戈洪. 新平面 11. 南京：江苏美术出版社，2007:49—51.

[3] 夏燕靖. 流行书装——读图时代书籍装帧"克隆"现象的批判 [C]// 戈洪. 新平面 4. 南京：江苏美术出版社，2008:69—70.

[4] 夏燕靖. 均衡与失衡——有关设计专业培养目标存在悖论的话题 [C]// 戈洪. 新平面 19. 南京：江苏美术出版社，2008:61—63.

传统手工艺有万年以上的不间断发展的历史，经过古代、近代和现代三个时段的发展演变，正面临着蜕变和再生，蜕变并不意味着消亡，而是以新的方式再生。依循这一思路，先生《图案设计原理》论著，将传统手工艺史融入整个设计史和设计理论当中进行交叉研究。这部著作应是国内设计原理方面的开山之作，是设计学界有关图案设计理论方面一部比较完备的著作，它蕴含着作者许多创造性的劳动和独到见解。在《图案学的深层次探讨——〈图案设计原理〉评介》一文中，笔者向读书界推荐此书，认为此书既可以作为工艺美术院校和工业设计系科学生的教材，也可以作为图案设计、工业设计人员以及设计爱好者的参考书籍，甚至工艺美术行业管理干部，也很有必要读一读此书。欣慰的是，笔者这篇文章是先生在世时发表的，还交予先生过目，得到认可，列出此文算是对先生的纪念。[1]

2014 年 5 月 27 日，在南京艺术学院美术馆开幕的"实验—2014"南京艺术学院设计学院毕业生作品展引发关注。《实验，拥有多重释义的设计理念——"实验—2014"南京艺术学院设计学院毕业生作品展观摩札记》则针对"实验—2014"南京艺术学院设计学院毕业生作品展进行分析与评价。此次毕业生作品展的"实验"主题定位，展现的正是"南艺设计"的品牌和特色。[2]

对于学者的讲学内容和与之交谈的内容做出整理，也是一种对于问题的探讨方式。《一个德国学者的设计观——与德国卡塞尔大学马蒂亚斯教授访谈录》一文，根据德国卡塞尔大学马蒂亚斯教授（Gerhard Mathias）1990 年和 1992 年两次在南京期间的讲学内容，以及笔者与之交谈的笔记整理而成。1992 年初，在马蒂亚斯教授介绍下，"当代德国戏剧广告画展"在南京艺术学院展出，这对推动中德文化交流颇力。笔者与马蒂亚斯教授探讨了许多有关当代德国戏剧广告画的问题，同时，邀请他参观了装潢设计专业课堂教学，并思考探讨了中德设计教育的区别。[3]

《从教五十载　点滴铸师魂——冯健亲教授从教记事访谈》此篇为冯健亲教授访谈稿。除笔者为采访主持人外，参与访谈的还有冯健亲教授的学生吕凤显、历勉、童方、赵笺、费文明，以及南京艺术学院研究院攻读校史方向的研究生史洋、徐乐、朱远如、王祎黎、陈婕、丁维佳等。这次访谈将冯老师半个世纪的从教历程和教学经验记录下来，以期和更多的师生读者分享。访谈由七个部分组成：教学相长，留心每一个教学细节；如数家珍，细说尘封已久的历史；特殊时期，在动乱岁月里坚守；推进改革，使命在心重任在肩；研究生培养，为学生"放下一张安静的书桌"；意犹未尽，不是题外话的话题；学科建设，从沉痛教训中醒悟，急起直追。最后，冯老师以一首小诗《古稀抒怀》作为访谈小结，

[1] 夏燕靖. 图案学的深层次探讨——《图案设计原理》评介 [J]. 美术之友，1992，(02):20—21.

[2] 夏燕靖. 实验，拥有多重释义的设计理念——"实验—2014"南京艺术学院设计学院毕业生作品展观摩札记 [J]. 南京艺术学院学报（美术与设计版），2014，(05):172—179.

[3] 夏燕靖. 一个德国学者的设计艺术观：与德国卡塞尔大学马蒂亚斯教授访谈录 [J]. 南京艺术学院学报（美术与设计版），1992，(04):94—99.

他表示当教师得到老师和同学们的关注，就是最大的幸福和回报，并祝福大家共同进步。[1]

上述五个板块的文章，集结了笔者从事设计理论研究40年的思索与心得，并且多是来自长期从事一线教学和参与科研交流的真实体验和感悟。笔者一直坚信，学有所成，术有专攻，一定是来自于实际，通过扎根于基础理论的研读与思考而获得的，这些功夫用心了，势必能对自己课堂教学的完善起到很好的启示与借鉴作用。况且，理论研究本身也是一个日积月累的积淀过程，只有在理论与实践中反思，在反思中实践，再实践、再反思，才能在反复的反思撞击中绽放出所谓的一点卓识。事实证明，聚沙成塔，集腋成裘，积小流终成江海。这本文集，正是对笔者过往40年学术心得的整合，文集中既有理念的碰撞，更有实践出真知的灵感源泉。这些集结出来的文稿，确实凝聚了笔者的辛勤治学、潜心研究的点点心血，算是自己一个阶段性的小结汇报。特别是乐意思索、探索质疑的劲头，笔者以为也是对自己走过旅程的一点反映，期待各位朋友斧正。

[1] 夏燕靖. 从教五十载 点滴铸师魂——冯健亲教授从教记事访谈 [J]. 南京艺术学院学报（美术与设计版），2001,（06):1—21.

目录

文实言理　14篇

史论专题 15 篇

大师研究　5篇

设计教育　7篇

时论·时评·访谈　8篇

文实言理 14篇

为工艺美术辩护

　　笔者读了《中国美术报》1988年第38期发表的锡南《博物馆——工艺美术的必然归宿》一文（以下简称《博》文），发现不少问题值得商榷。尤其是《博》文中人为地将工艺美术与工业设计对立起来，并由此断言：前者就是阻碍后者正常发展的"顽石"。笔者不敢苟同。工业设计，国际上通用的提法是 industrial design。它是一门发展于工业时代的新兴边缘学科，是现代科学技术和人类文化艺术结合的产物，基本上要符合以下几项要素：①要求产品用现代的大生产方式制造；②在大生产方式的分工基础上，统筹安排，调动制约设计的诸种因素，扬长避短，协调统一；③作为产品社会属性的一面，要求产品能满足人的生理、心理的需要，并符合社会伦理道德。总之，它是人—产品—环境—社会的中介，参与并影响着人类的生活方式。小生产向大生产的过渡是工业设计形成的关键，大生产便是工业设计依存的社会基础。明确了这层含义就不难理解工艺美术与其分野，即发生在生产关系上的变革。然而，人类的文化观念不可能随着生产关系的转变而发生脱胎换骨的变化，总是在历史与现实之间产生着相辅相成的联系。这样看来，代表当代文化新形式的工业设计便不可能是无源之水。何谈"当工业设计势力不断壮大并开始渗入社会生活层面，引导人们摆脱旧生产方式的束缚时，工艺美术无疑是一块顽石，正阻碍工业设计的正常发展"[1]？工艺美术与工业设计产生于不同的社会时代，各有侧重，各有发展。能够使二者相得益彰，才是社会的现实需要。《博》文的最后部分"腐朽病态的'美观'意识"所声称的"现代工艺美术继承了传统手工艺的衣钵同时也继承了玩物"这一价值取向，正是"美观"的底蕴。工艺美术主张"美化生活"，却是以如此有害的审美倾向去误导人们。

　　这里有必要先弄清究竟何为"玩物"的价值取向。按照该文所示，大概指的是官营手工艺的"特种工艺"所具有的奢侈审美趣味，而这不能代表全部的"传统手工艺"的审美内涵。《博》文用主观臆断的方法，将不同的审美概念相提并论，从而得出偏激的论点。那么，当代工艺美术接受传统"审美价值"的问题，又当何论呢？笔者认为，只要全面客观地看待人类文化的继承关系，就不难理解。众所周知，人类凭借着自己对未

[1] 锡南. 博物馆——工艺美术的必然归宿 [N]. 中国美术报 1988-9-19.

来的憧憬和理想，驱使科学技术不断发展。与此同时，人类仍保护着以自身因素为本位的主体意识，配合着功能方面的特定要求，在科学性、独特性及地方性等多角关系中，形成巧妙的相互依存的特色。一些欧美国家，虽然其工业文明已遥居世界之首，但其国内一些新建的环境设施、室内陈设、日用工业品等，仍不失其本民族浓厚的地方色彩。正如富于古典传统精神的英国与敢于创新的美国，其在飞机造型中所流露出来的民族气质就截然不同。这就是先进的工业设计和传统的精神文化取向协调的一个例证。

关于继承传统文化和消化外来思想，潜心于中国工业设计教育的国际知名专家吉冈道隆说得好："学习日本的工业设计，要结合中国自己的现状进行消化，绝不能活剥生吞。时代不同，学什么、怎么学也应该不同。这就是各国发展自己工业设计的秘诀。"这就言明，对于传统文化不能为人为地断水截流，而应积极地进行疏导，乃至吸收。由此看来，工艺美术不仅不能以博物馆为归宿，相反地，应该解放更多被博物馆束缚的工艺文化，发掘那些面临灭绝的工艺文化，把传统的、民间的和现代的编结起来，其结果不是融为一体，而是各具特色。

原载于《中国美术报》1988 年 11 月 7 日，有改动

工艺美术与接受美学

人类创造一切物质财富，也创造精神财富，而这两种财富都服务于人类自己的需要。工艺美术亦具备这双重性，所以它既是物质品，又是精神品（而纯属欣赏性的工艺美术只是其中的一小部分），因而它是商品性和艺术性的统一体，显示着一个社会的物质文明和精神文明。它不仅起着满足人民生活需要的作用，而且起着美化人民生活和环境的作用，是与人密切相联系的特殊产品。因此，工艺美术能否把设计的心理过程看成是设计者与消费者（或称接受者）之间双向交流、协同活动的过程，即是否重视以"人"为服务中心的工作，和是否能提供一个被广泛接受的范型（paradigm，或译为"范式""规范"），这是一个颇为重要的问题。以现代工业发达国家在工业产品和日用生活用品的设计、研制方面所达到的先进水平为例，从一项产品的构思到成品过程，已绝不单单取决于设计者的苦心孤诣，更多的是适应消费者的心理，迎合消费市场的需要。早在19世纪初，英国近代工艺美术的奠基人威廉·莫里斯（William Morris，1834—1896年）在倡导著名的"手工艺运动"（Arts and Crafts Movement）时就提出"取之于民，用之于民"的设计主张。[1] 可见，注重设计与人的双向接受问题，由来已久。

围绕着这个问题，曾有过广泛讨论，但大多数论者仅仅着眼于设计本身，而未重视设计服务的对象。笔者觉得设计本身只是问题的一半，而消费者的接受心理因素，却往往是问题的关键。本文试图以接受美学理论为依据，阐明这另一半问题的观点，务求对问题作全面的剖析。

—

接受美学（Rezeptionsästhetik）是20世纪60年代中期，在西方文学研究领域出现的一种新理论学派。它完全超出了传统文学理论的研究范围，不是仅仅把作家和作品作为自己的研究对象，而是强调读者在文学进程中所居的地位及所能起的再创造的作用，着重考察文学如何被读者接受以及作品产生的社会效应。此后，在不到20年的时间里，接

[1] 朱培初. 莫里斯·近代工艺美术的奠基人 [J]. 工艺美术参考, 1985, (02).

受美学理论的影响就波及戏剧、音乐、雕塑等艺术领域，甚至还扩展到了工艺美术、建筑工程、环境美化等实用设计的领域。显而易见，接受美学是很有价值的理论体系。既然接受美学注重的不是作品（设计）本身，而是注重作品（设计）在接受者那里的具体化，那么，首先要弄清楚接受者的心理状态和作品（设计）在接受过程中的所谓"终端意义"①。每一件作品（设计）只有被广泛地接受，才得以表明该作品（设计）实际存在的社会价值。

众所周知，科学技术、社会观念、民族文化这三大要素是制约社会各项事业发展的途径，同样也是影响各个国家和地区的人民审美习惯和接受心理的因素。就工艺美术而言，由于区域和文化构成的差异，在对待设计的理解与接受上往往不同，甚至相去甚远，这是常见的现象。例如：在图案设计中南亚各国和我国均把大象作为"吉祥"的象征，而英国忌用大象作为此意图案。意大利忌用菊花，日本忌用荷花……而这些花卉在我国都普遍受到人们的欢迎。再者，时代的发展也促使人们接受心理的变化。一份调查报告表明："回顾六七十年代，世界电视机市场主要体现了以家庭为单位的满足心理。而现在，随着物质消费水平的不断提高，随着以电脑技术为代表的先进科技向家庭的不断渗透，人们在生活中满足并逐渐放弃了对大屏幕、大型高档机的追求，开始把消费重点转移到具有高灵敏度、多功能、适应性强的小型机种上，形成了今天更加强调实用性的以个人享用为主的消费特征，掀起了购买 14 英寸以及更小的电视机的热潮。"[1] 由种种实例可以得出这样的认识：工艺美术作为艺术生产，它具备艺术的创作心理，即研究作为反映现实特殊形式的艺术创作过程本身的规律性，必然受到欣赏者的接受程度的制约。而工艺美术又具备物质生产的特性，基本上是以商品生产为主，就必然又受到消费市场经济规律的支配。这种客观艺术规律和客观消费规律同时作用于工艺美术，从而构成了工艺美术不同于其他艺术的特点及其发展的特殊规律。因而作为传导的接受对象，就具有不同于其他艺术的要求。大家知道，纯艺术的作品（指文学、戏剧、绘画、音乐等）一般只要求基本上能够让读者或观众理解或感受作品的精神就可以了。况且，现代艺术中有些作品暂时（或一段时期）不被人们理解和接受，也不一定就是失败之作，这里面涉及众多不同的思维观念。然而工艺美术的物质性就决定它的产品要力争做到 95% 以上被接受，如果违背这一价值规律，那么所造成的"废品"就要受到经济规律的淘汰。这是非常现实的问题，是不以人们意志为转移的客观规律。

---

① 终端意义，主要是指作品（设计）的被接受活动不是一个单纯的接受过程，而是在接受过程中创作者与接受对象需要相互协调、趋向一致的过程。

[1] 叶大英．80 年代电视机设计与市场 [J]．工艺美术参考，1986，(01).

当代西方哲学家和作家让－保罗·萨特（Jean-Paul Sartre, 1905—1980 年）就说过："读者的接受水平如何，作品也就如何存在着……创作只有在阅读中才能臻于完备……"[1]文学艺术作品创作的整体过程，应该是一个包罗创作、传递与接受的连续过程，工艺美术亦同样如此。按照接受美学理论的说法，设计者创造的"未完成品"（这是抽象意念上"未完成"的概念）只有得到消费者的接受和应用，才算完成这项设计的实际存在的社会价值，这是客观的基础。马克思说："只是在消费中产品才成为现实的产品，例如，一件衣服由于穿的行为才现实地成为衣服；一间房屋无人居住，事实上就不成其为现实的房屋；因此，产品不同于单纯的自然对象，它在消费中才证实自己是产品，才成为产品。"同时，他又指出："生产为消费创造的不只是对象。它也给予消费以消费的规定性、消费的性质，使消费得以完成。正如消费使产品得以完成其为产品一样，生产使消费得以完成。"[2]

由此看来，作为物质生产和艺术生产共同结晶的工艺美术，它所具有的实用和审美的双重功能，为消费者提供的对象不是一般的对象。换言之，一般产品未必具备如此明显的功能，而工艺美术可以从物质和精神两方面满足消费者，从而也规定了这种消费引导的复杂性，因而涉及接受心理的问题研究更多。

当然，如果仅仅这样泛泛而论，设计者恐怕还难以信服。难道我们的设计只算是为消费者提供的"未完成品"对象？消费何以有资格，又何以有权威成为它最后的定型判别者？所以，为了使工艺美术设计者信服，也为了进一步揭示问题的实质，还应该拿出更实在的理论根据，这就要结合接受美学理论来具体论述。

二

接受美学结合文学理论研究，以读（接受）的作用为主要特征，尤其把读者置于重要的地位，赋予他们以新的和重要的使命，意味着读对文学作品的意义及价值所起的作用，具有一种准意义上与作者共同创作的过程。正如接受美学代表人物之一的伊塞尔（Wolfgang Iser, 1926—2007 年）在其著作《暗隐的读者》中指出："艺术作品的信息传达具有自己的特殊性。因而读者的阅读态度与阅读过程就应该与接受非艺术作品时有所不同"[3]。同时，他又补充写道："本文结构①与结构活动如同意图与实现一样相互联系着，尽管在暗隐的读者的概念中，二者共同构成上述的动力过程。"[4]伊塞尔认为，

---

① 文本结构是文学作品作为一个自足、与外绝缘的独立实体来理解和阐释，实际上是专指作品本身而言。

[1] 萨特．为何写作？[C]// 伍蠡甫等．现代西方文论选．上海：上海译文出版社，1983:197—198.

[2] 马克思．《政治经济学批判》导言 [M]// 中共中央马克思恩格斯列宁斯大宁著作编译局．马克思恩格斯选集（第二卷）．北京：人民出版社，1972:94.

[3] 宋耀良．《世界现代文学艺术辞典》[M]．长沙：湖南文艺出版社，1988:338.

[4] 沃尔夫冈·伊瑟尔．阅读活动——审美反应理论 [M]．金元浦，周宁，译．北京：中国社会科学出版社，1991:46.

作家在创作过程中几乎总是注意到这一点：艺术作品蕴含的信息唯有在具体的读者接受之后。也就是说，具体的读者介入到艺术作品独特的结构中，与抽象的"暗隐的读者"同化结合之后，才能显示出艺术作品的具体意义。那就是说，读者的审美感受将"文本的结构"与"有结构的行动"密切地勾联在一起，使其难解难分，所谓读者的创造作用也就在于此。

从接受美学的理论观点来认识工艺美术，把消费者视为工艺美术设计整体环节的一个重要组成部分，就如同读者在文学作品被接受过程中处于重要地位一样，在理论性质上是相同的，因为一项工艺美术的产品设计只有获得消费者的接纳才有实际的价值。同时，消费者的接受活动也直接反映出市场的消费状况，由此得出的流通信息反馈给设计者，又能促使产品质量的提高。这里就提出了一个观点：消费者的接受活动并非简单的供求关系，而是一个在接受过程中能动地与设计者共同创造"适合接受"的心理关系。在生活中常有这样的现象，当某种款式新颖的服装在市场刚出现的时候，一般不容易很快被大多数人所接受，往往首先在"潮流"者中获得接受，在他们的穿着感染下，人们才会从中觉察出能够接受的因素，或具体地说是一种审美心理的适应。这里就体现出设计者与消费者双向交流的心理过程。通过分析，我们不仅认识到接受活动已成为从设计到消费全过程中不可缺少的一部分，而且更清楚地知道工艺美术的接受活动亦已并入到了设计的全部含义之中。所谓工艺美术设计的"本身"定义，已经不是设计"本身"所固有的含义了，它包括除设计"本身"以外的接受方面等诸多因素。

因此，从接受美学理论视角来研究工艺美术的问题，确切地说，其重心已不在工艺美术产品的"本身"上，而是在产品"本身的具体化"或称"现实化"上；不是在产品本身这种"人工制品"上，而是在产品与外在现实发生联系之后的接受对象上。不难看出，工艺美术的接受美学理论注重的不是产品本身，而是注重产品在消费者那里的"具体化"。那么，其关注的仍是产品作为一个与外界现实的关系（如与消费者、现实社会等等）。穆卡洛夫斯基（Jan Mukalovsky，1891—1975 年）曾这样指出："艺术作品在它的内在结构中，在与现实的关系及与社会、创作者、接受者的关系中，仅把自己呈现为符号。"西方有的理论家就认为，穆卡洛夫斯基的这段扼要简洁的话，可以被看作接受美学理论纲领的最简洁的表述。[1]

接受美学理论对"接受关系"的研究，就是为接受者在设计实践全过程中的能动作用留下了位置。换句话说，传统的认识论只赋予消费者感知现有价值的资格，接受美学却给了消费者在感知现有价值的基础上创造价值的权利。不过，从总体上看，接受美学

[1]D.W.佛克马，E.贡内 –
易布思 . 二十世纪文学
理论 [M]. 林书武等，
译 . 北京：三联书店，
1988:10.

带给我们的，与其说是本体论上的改观，不如说是方法论上的突破。在设计实践上，接受美学在接受方面反映出的能动性提醒了我们，启示了我们，使我们在探讨、研究工艺美术的多义性或工艺美术设计在不同区域的消费者那里发生不同程度的认识"变形"时，能考虑到消费者在设计的整个连续过程中的地位和实际上所起到的再创造作用。

三

在本文的前两节中，笔者已经指出，作品（或设计）要使它的服务对象能接受，就必须弄清楚接受者的心理状态并且能够创造良好的"适合接受"的心理关系，使接受者能动地介入到作品创作（设计）的全过程中去。不过，这一点不仅仅是对这些概念理论上的认识，它实际上是复杂的，因此对它的论述仍有必要做进一步的展开，以下拟分四点来进行比较讨论。

1. 接受美学认为："作品并不是对于每一个时代的每一个观察者都以同一种面貌出现的自在的客体，并不是一座自言自语宣告其超时代性质的纪念碑，而象一部乐谱，时刻等待着阅读活动中产生的、不断变化的反响。只有阅读活动才能将作品从死的语言材料中拯救出来并赋予它现实的生命。"[1] 从接受美学的角度来认识，就可以较为全面地考察和研究工艺美术，纠正历史遗留下来的偏废一面，从而做到对消费对象的真实评估。即认清工艺美术是否能够流传下来，是否能产生作用，及其在现实生活中的作用大小，是否得到消费者的承认。这些并不是被动的因素，而是接受活动本身所具有的一种衡量设计实际价值的尺度。工艺美术的生命，如果没有接受一方的参与，那是不可想象的。

2. 接受美学认为，作品的价值和作者的创作意图，是两种既有区别又有联系的因素，即创作意识要通过接受意识共同作用才能产生结果。体现在作品中的作者创作意识，只是一种主观的意图，这种意图能否得到认可，直接依赖于接受意识，即接受者能动的理解活动。从某种意义上说，接受意识决定了作品的价值和地位。那么，工艺美术设计被社会所接受，同样有明显的现象。当某项新设计出现，其设计水准经行家们鉴定均属上乘，但可能由于这些新设计出自无名之辈或小厂家，在一段时间内，受到人们普遍注重名望的心理作用和购物选择的传统习惯的影响，这些新设计仍可能被冷落一边而默默无闻。此时，如果设计者或厂家能采取主动出击的策略，尽力通过宣传以扩大影响范围，并主动与消费者接触，创造"适合接受"的融洽心理关系，这样，一度被冷落的设计经过时间和社会实践的检验，终会被人们"发现"而为广大消费者所接受、喜爱，甚至掀

[1] 章国锋．国外一种新兴的文学理论——接受美学 [J]．文艺研究，1985，(04):72.

起一股新时尚的设计热潮。反之，那些早已闻名的老牌设计，即使曾经在某个历史时期红极一时，但由于设计多年稳定而无新意，在这瞬息万变的信息时代里，往往也会被冷落，渐渐被人们遗忘，最终退出历史舞台。这些都是有目共睹的事实，反映出接受意识的作用结果。因此，要革新工艺美术，除了排除客观的阻碍外，更要摆脱"故步自封"的保守主观和主观主义的桎梏，因为主观主义往往以设计者自我为中心，仅仅凭经验认识问题，忽视了设计包括消费对象这个因素，忘记了工艺美术设计必须向这个接受主体"说话"，必须适应接受者这种复杂的统一体。

3. 接受美学强调：作品的接受过程在作者创作构思时便已开始，这时作者必须对接受对象的"期待视野"（Erwartung-shorizont）这一概念——包括接受对象对作品进行接受的全部前提条件——做出预测，此外还应了解接受对象可以从作品中获得的经验、知识，对不同表现形式和技巧的熟悉程度，以及接受对象的层次、个人条件、文化水平、艺术鉴赏能力等。作者应当预先考虑自己的新作品能否对接受对象产生吸引力并引发其兴趣，能否达到被理解与接受的程度，必须预先确定创作目标。在创作全过程中，作者必须自觉或不自觉地不断修改自己的构思，以适应接受对象期待视野的变化。这种接受的准备过程可以说是客观存在，没有一个作者会盲目地进行创作。

工艺美术所谓的"假性设计"，或称产品设计的试制（试销）阶段，亦同此理，同样要通过"接受的准备过程"并从中获取设计所需的各方面信息，预测市场行情，揣摩消费者的心理，进而逐步完善设计的意图，达到终端设计的要求。另外，期待视野在消费者这一方的每次更新，都将形成消费者对新设计的兴趣。因此，从接受美学理论中的"期待视野变迁说"的角度来观察工艺美术设计是具有普遍意义的。

4. 接受美学在全面论述了接受意识之后得出结论：人的接受意识当随时代的变化而变化，当随区域的不同而有区别，当随接受对象知识层次的差异而分异。工艺美术作为商品生产的一部分，对于这种变化的关注尤为突出，正像文学作品没有一件是能够超越时空、超越个性的一样，工艺美术必然也具有类似的情况。首先，消费者运用以往的接受经验（或者说，购物选择的传统习惯）去判别新近问世的设计产品，这个最初感觉往往主观性很强。此后，消费者经过多次的判别会意识到，主观性太强可能会产生偏差，因而调动自己的理解能力以及生活与美学的经验重新认识新设计。这种认识的结果，可能是对新设计的接受，也可能是对新设计的拒绝，或是提出改进的意见。再者，消费者可能在经过一番选择、审评的过程之后，逐步地从设计中获取新的认识，修正了原有经验的不足，并促使人们对新事物进行反思。这样，"它将使人们看到尚未实现的可能性，扩大人们社会行为的有限活动范围并为它开辟新的愿望、要求和目标"[1]。

行文至此，笔者想到一则关于日本设计界重视为消费者服务的报道。虽然该文谈论的是产品的改型设计，但其中的设计思维颇值得我们借鉴，不妨引文如下："日本人会做生意，他们的政策是为消费者服务，千方百计为消费者服务，不断改进产品，设计、制造新产品。这个口号比'为生产者服务'的口号要好。世界上所有的人都要消费，生产者也是消费者。日本在为消费者设想上是做得比较突出的。当然是为了赚钱，但它把消费者没想到的都想到了。这是不是也有可借鉴之处？"[2] 如果设计可以说是真正为消费者着想，毫无意外，它的问世必然会被消费者所接受，而且这类产品在市场上更具有竞争力。

接受美学自诞生以来才不过 20 多年的历史，虽然它的理论思维阶段尚未结束，它在各个领域研究中的实际运用才刚刚开始，但它的深远意义却不能低估。我们不但应当了解它，而且要在辩证唯物主义和历史唯物主义的指导下，结合我国的工艺美术具体情况对它进行深入研究，这将有助于我国工艺美术的繁荣和发展。

原载于《工艺美术参考》1986 年第 3 期

[1] 章国锋．国外一种新兴的文学理论——接受美学 [J]．文艺研究，1985，(04):74.

[2] 宦乡．当前世界经济形势 [J]．世界知识，1986，(03):5.

"本元文化"工艺美术的本质特征

——读张道一关于工艺美术"本元文化"理论的笔记

工艺美术的本质特征是工艺美术学研究的一个重要问题，此问题直接关系到对工艺美术根本性质的认识，尤其是对它在社会生活中的位置及其作用的认识。这个问题呈现出复杂的文化形态，使得工艺美术学界常常意见分歧。在颇长的一段时间里，工艺美术学界的讨论便由此展开。对此，张道一先生发表了多篇关于认识工艺美术本质特征问题的文章，并提出了有助于深刻认识这一问题的工艺美术"本元文化"理论。通过该理论观点的阐释，可以寻找到研究工艺美术本质特征的理论轨迹，这也为当代设计教育奠定了思想理论的基础。

关于工艺美术"本元文化"理论的构架，张道一先生在《造物的艺术论》这部著作的序中有过说明："在思考这个问题时，我不仅联系到人类的造物活动，作为本元文化的双重性，同科学技术的同步，同生活和生产的结合，以及工艺美术历史的逻辑发展；同时也思考了所谓'纯精神'的鉴赏性美术之产生、性质、社会价值和艺术特点等。我相信随着认识的逐步深化，会理清它的脉络，找出更合理的答案。"[1] 显然，有意识地探讨工艺美术"本元文化"理论的内涵及外延，并确立"本元文化"理论的观点实质，是张道一先生提出"本元文化"理论的目的之一。

在他主编的《工艺美术研究》丛刊的编者序里，又将此观点做了进一步的阐述，并投放到"人类文化史"的大环境中进行考察，他认为："'工艺文化'究竟是怎样的一种文化；它在整个的人类文化史中，在各民族的文明史中，占着怎样的地位；它对于人们的生活、生活方式，以至精神素质和心理，有着什么影响；它同艺术和审美、同科学和技术的关系究竟怎样？以及它自身的历史演变，繁衍系统，和未来的发展，都有待于深入研究。唯其如此，才能彻底解决人与物的关系，人的创造本质，当然也包括着基本文化的本质。"[2] 这里所指的"基本文化"，可以认为是工艺美术"本元文化"理论观点的一个源思路，即阐明工艺美术"文化"特征的双重性，关注物质文化与精神文化所

[1] 张道一. 造物的艺术论 [M]. 福州: 福建美术出版社, 1989:6—7.

[2] 张道一. 工艺美术研究: 第1集 [M]. 南京: 江苏美术出版社, 1988:2.

涉及的诸多人类造物活动的形态，尤其是二者相互作用的关系，以及作为历史组成的一部分，工艺美术具有的传承与发展的意义，和由此导致的观念转换等一系列理论问题。可见，工艺美术"本元文化"理论在这里已作为深层次的研究问题被揭示出来。

对于工艺美术"本元文化"理论的思考，张道一先生十分重视从人类造物活动的本质规律入手，按照历史唯物主义的观点看待人类的文明活动，认为人与动物截然不同，动物只能从事被动地适应生存环境的活动，而人类则能从事能动地改变世界的造物实践活动，并能对这一活动的结果进行历史和现实的审美构造。诚如马克思所指出的那样："动物只是按照它所属的那个种的尺度和需要来构造，而人懂得按照任何一个种的尺度来进行生产，并且懂得处处都把固有的尺度运用于对象；因此，人也按照美的规律来构造。"[1] 这就是说，人能够按照自己的社会需要，驾驭、掌握、运用一切客观事物的规律，并将它们纳入合乎人的生存目的的轨道，使规律性与目的性统一起来，并诉诸人的感性的、和谐的形式，从而创造美。进一步说，人的这种创造性劳动本质，在人类的造物活动中得到充分的反映，人的本质力量以对象化的形式显现，物化为产品形态。从历史的角度看，这一理论观点是具有大量的事实作为依据的。例如，在约 300 万年前，人猿相揖别，原始的石器工具是唯一的"创造物"。今天，人们会毫不犹豫地把它们归入物质产品，然而在完全没有物化精神产品的旧石器时代，工具则是物质和精神两者交织的人造物。其实用功利的物质性不必赘述，精神的意义表现为：一是制造的愉悦；二是使用便利的需要。这就使最早的石器具有了极为模糊的、初级的形式感。再如约 6000 年前，当人类的祖先逐渐超越狩猎和采集生活阶段，进入以种植业为基本生活方式的农业社会时，他们在劳动中惊喜地发现，水能积存于燔火烧炼后的泥壳中，这是划时代的创举。但他们并不满足于功利实用的目的，又在仿制的土陶上，用手拍打，用绳索缠绕，用枝桠刻划。这些行为，自然是为了求美，从而在造物活动中显示出对物质与精神双重文化的寄托。由此可见，当人类文明的曙光开始照亮大地之时，其文化形态是与社会生活紧密联系在一起的。英国人类学家马林诺夫斯基曾说："文化在其最初时以及伴随其在整个进化过程中所起的根本作用，首先在于满足人类最基本的需要。"[2] 人类社会生产力水平的日益提高，导致了文化内涵由简单而复杂，由单一到多样，进而将文化分为二元，即物质文化和精神文化。

鉴于这样的历史事实和文明发展的形态，张道一先生在《造物的艺术论》一文中又明确指出："历史告诉我们，物质文化和精神文化分化出来之后，原来的兼有物质和精神双重性的工艺美术并没有被分解，其延续长达数千年乃至上万年，并且逐渐扩大着自

[1] 马克思. 1844 年经济学哲学手稿 [M]. 中共中央马克思恩格斯列宁斯大林著作编译局，编译. 北京：人民出版社，2014:206.

[2] 马林诺夫斯基. 在文化诞生和成长中的自由 [C]// 庄锡昌，顾晓鸣，顾云深，等编. 多维视野中的文化理论. 杭州：浙江人民出版社，1987:106.

己的领域，品类越来越多，同人民生活的关系越来越密切。因此，通常所说的两种文化论，即物质文化和精神文化，是不全面的。事实上，人类创造的文化，首先是兼有物质和精神而不可分离的'本元文化'，这就是工艺美术。"[1] 由此看来，工艺美术的"本元文化"理论之所以能够确立，是因为它抓住了人类造物过程中兼有两种文化性质的特征，确切地说，是将"文化"的核心价值作为探讨这种工艺文化形态的基本出发点，同时也指出了"两种论"对人类造物活动阐释失之偏颇的问题，即仅仅将人类造物活动释意为物质文化是不全面的，这违背了人是"按照任何一个种的尺度来进行生产"并且也"按照美的规律来构造"的客观事实；而仅仅强调精神文化一面，便又失去了对物质文化的关注。精神文化固然也有一种物质的外壳，或者说有一个物化的形态，但毕竟不能以此"物"当作生活资料。可见，工艺美术"本元文化"理论的观点实质，并非主观的臆造，而是由人类的生活需要和审美需要规定的，它始终是人类造物活动中最为显著的本质特征，并且是相互融合的一个文化整体。据此，张道一先生所提出的工艺美术"本元文化"理论，又可以解析为如下意义：（一）"本元文化"理论紧扣着人类造物活动的物化动机，也就是说，它注意到人类造物离不开具体功利目的的需要，如碗可以用来吃饭，杯可以用来喝水，衣服可以护身。从功利目的上讲，这是物质性的。正是这种具体造物活动的物化功利目的，促使人类从原始的物质生活一步步走向现代的物质文明，而这种物质文明的历史是始终如一的。（二）"本元文化"理论关注人类造物活动的物化过程中对精神价值的塑造，其理论依据是人类造物活动除了功利目的之外便是由审美意识驱使和决定的，它反映了人类精神文明的水平。

从以上工艺美术"本元文化"理论的观点实质解析中不难看出，工艺美术所具有的物质文化和精神文化的双重性，并非一般意义上的配合，而是内在的化合。这就是说，人类文明的象征兼有两种文化的共同性质，其相互关系表现为"物质文明带有基础性，精神文明是在物质文明的基础上发展的。只是，正像上层建筑和经济基础的关系一样，经济基础决定了上层建筑，但上层建筑又反作用于经济基础"[2]。至此可以认为，工艺美术"本元文化"理论，是经过对人类文化错综复杂的发展轨迹慎重考察后，以科学论证为依据提出的。

张道一先生在《造物的艺术论》一文中对工艺美术"本元文化"理论所做的又一阐释为："作为'本元文化'的工艺美术，有一个很大的特点，即能够适应生活的发展和需要，不断地开拓着自己的领域，创造着新的物品。它不仅留有过去古老的面貌，也有现代时新的式样，从未成为历史的遗骸，变成文化的化石，而是永葆青春，有着旺盛

[1] 张道一. 造物的艺术论 [M]. 福州：福建美术出版社, 1989:37.

[2] 张道一. 造物的艺术论 [M]. 福州：福建美术出版社, 1989:39.

的生命力。"[1] 这种生生不息的文化形态，其内在的驱动力来自何处？张道一先生将其原因归结为"与科技的统一"。也就是说，"本元文化"理论强调人类造物活动同科学技术的紧密结合，这种结合通过生产充实了人们的生活，进而改变着人类的生存条件。在人类历史的发展过程中，人类的生活资料不仅逐渐丰富多样，而且逐步发达精巧。诸如古代的工艺美术是以手工业技术为基础，近代的工艺美术是以机器工业的生产技术为基础，当代的工艺美术则以电子工业等现代科技为基础。在不同的历史阶段，工艺美术虽然都同科学技术紧密结合，但它的形式和具体物化的成果却不尽相同。因此，工艺美术"本元文化"理论的另一视角，就是考察工艺美术与各个时代科学技术的结合，研究其结果是否能够适应社会生活的发展需要。关于这一点，张道一先生有明确的观点："在人类改造自然的实践即生产斗争中，逐渐积累出经验，总结而为自然科学，并反转来推动生产的发展。技术是根据生产实践和自然科学原理而发展成的各种工艺与技能。从手工业生产到机器工业生产，经历了长达数千年的历史。每一种科学技术的新创造，不论是新的物质材料的推出或是新的工艺制作的获得，一方面促进了科技的发展，另一方面也为工艺美术输入了新的血液，推动新品种的产生。科学技术与工艺美术在历史的长河中，两者是亦步亦趋地发展着的。科学技术给工艺美术提供了不同的物质条件和技术条件，工艺美术则为科学技术的新成果塑造相关的形态。"[2] 由此揭示了这样一个道理：依靠科技来发展工艺美术不仅极大地丰富了其物质基础，而且也大大拓展了人类造物活动的精神价值，特别是在精神领域内得到充分发展的艺术规律，又将投射、凝聚到物质生活的规律中去。例如原始社会的石器，现代社会的自动化机器、电子计算机，等等，都载负着人类按照物质与精神相互作用的规律，只不过由于时代的不同，科学技术对人类造物活动作用的不同，所展示的物质形态及其精神价值亦有差异而已。从这里可以看出，提出工艺美术"本元文化"理论的又一目的，就是围绕着人类造物活动的大背景，研究物质文化与精神文化受科学技术的影响作用，并关注科学技术在两领域之间的交互作用，这正是工艺美术"本元文化"理论的另一价值所在。

依据上述理论，纵观人类造物活动的历史事实，对于工艺美术"本元文化"理论的科学价值还可以有新的认识。众所周知，人类文明早期阶段（亦称前工业技术时代），世界处于自然的王国，大自然利用其自身美的形式与人进行"形象化"的对话。人类对自然界所进行的审美观照，直接领悟到它的自身功能与美学属性的统一，并且在生产实践中"巧夺天工"地利用自然界美的形式来物化产品，以此来满足并发展自身生存与审美的需要，在此阶段则具体表现为人类造物活动的物质与精神的合一性。工业革命之后，

[1] 张道一. 造物的艺术论 [M]. 福州：福建美术出版社，1989:37.

[2] 张道一. 造物的艺术论 [M]. 福州：福建美术出版社，1989:38.

人类进入以科学技术为导向所构成的自然、技术、文化和现代文明社会，现实的生产和生活越来越远离原始的那种自然与人"天人合一"的关系，人们生存在一种由科学技术所创造的"人化了的自然"之中。技术越发达，就越能导致自然界与人的本质之间的双重化：一方面，技术使人的本质力量最大限度地发挥，对自然界的征服不断发展，打破人与自然原有的和谐，并在合乎规律、合乎目的的形式上创造了新的审美，建造起人与造物之间新的作用关系；另一方面，科学技术在其发展过程中也给人类带来了不和谐，甚至疏远了人际关系等非人化的、非审美化的因素和倾向，这样就给人类提出了新的思考问题——在工业时代应当怎样将先进的科学技术和人类造物活动结合起来，以此组织人类的生产和生活环境，使人类在社会实体系统中不受技术因素的压迫和损害，让人们从事文明的造物活动，并得到合乎人性的审美需求，从而使人类获得全面的发展？为此，早在 20 世纪初，具有社会民主主义倾向，并奠定工业设计和技术美学基础的包豪斯学派，就为工业时代人类造物活动提出了理想的目标："包豪斯的最高目的是培养一群未来社会的建设者，使他们一方面能够完全认清 20 世纪工业时代的潮流和需要，另一方面并能具备充分能力去运用所有科学技术、智识和美学的资源，而创造一个能满足人类精神的和物质的双重需要的新环境。"[1] 半个世纪以来，世界范围内的工业设计及技术美学研究，都为此目标做出了巨大的努力，尤其是在提高产品美学质量和物质功能上取得了卓有成效的业绩，成为衡量世界各国文明程度的重要标志。据此，"本元文化"理论关注的问题焦点，已拓展到更广泛的人类造物活动的领域，对科学技术这一生产力的高度认识，带有普遍的社会意义。

张道一先生在《辫子股的启示——工艺美术：在比较中思考》一文中写道："在造物活动中，由物质和精神的创造所统一的工艺文化，有传统的，有民间的，有现代的，三股并列，有时还会产生摩擦和碰击，为何不能把它们编结起来呢？传统的工艺文化，构成了工艺美术史的主体，因为它是在手工业时代发生和发展的，形成了优秀的传统，可称之为'传统手工艺'；民间的工艺文化，既是前者的基础，又是活的传统，扎根于劳动人民之中，表现出强大的生命力，一般习惯称作'民间美术''民间工艺美术'或'民艺'；现代的工艺文化，是随着现代技术生产并适应着现代生活的需要而发展起来的，有许多取法于西方，也直接取用'工业设计'这一名称，或叫做'工业艺术'。在这三者之间，只有形态、材料和制造方法的差异，并无本质的区别。"[2] 张道一先生在这里提出一个解释工艺文化复杂形态关系的答案，这就是时代在变化，工艺美术的面貌也在发生着变化，而工艺文化的实质意义仍然是物质与精神创造的统一性，其中科学技术起

[1] 转引自张帆. 技术美学的对象与功用[J]. 文艺研究，1986，(06):11.

[2] 张道一. 辫子股的启示——工艺美术：在比较中思考[J]. 装饰，1988，(03):36.

着巨大的作用。

综上所述，从理论上可以判明，人类造物活动的不同文化形态的表现，主要是由现实社会的经济结构和科学水平决定的，而不是人为主观划出的。确切地说，工艺美术在不同时代所呈现的不同文化特征，是受到科学技术以及客观现实作用影响的结果，不管结果如何，其内在实质是一致的，即工艺美术带有物质与精神的双重性质，犹如一张纸的正反面，是无法割裂的整体。因而可以说，工艺美术"本元文化"理论的基本性质，在满足人类实际生活需求的同时，也提供给人类相当的精神上的审美活动。这是和其他实用品（纯物质文化）与欣赏艺术品（纯精神文化）的根本区别。明确了这一点，就可以自然得出一个结论：即对工艺美术而言，用何种方法来表现并不重要。诸如陶器制作中纯手工的盘筑法，用简单的机械装置制陶坯的轮转法，等等，都只是在具体文化背景下产生的具体制作手段，而并非其表现的目的。这种"文化"的性质，不会因为具体的表现方式不同而有所变化，相反，正是工艺美术独具的文化双重要素，才使它的表现方式伴随着社会生产力的发展而日益丰富。明确此番概念，就可以说，只要人类社会存在，人类总是要在物质和精神需求上对自己的生活不断提出新的要求，作为满足这种要求的工艺美术的任务就永远不会完结。同样，科学技术的发展也为工艺美术在应用物质材料和加工手段方面，提供了比以往任何一个时代都要好得多的条件，但它也给当代工艺美术抑或工业设计的发展提出了具体的要求，就是当代人类造物活动必须接纳科学技术的最新成就。从这一点上说，如果对此问题不能正确认识，工艺美术，抑或工业设计，都难以取得多方面的实质性进展。可以毫不夸张地说，工艺美术"本元文化"理论也为认识人类错综复杂的造物活动的文化形态提供了开启思路的钥匙。

从对工艺美术"本元文化"理论所涉及的诸多问题的分析中不难看出，这一理论是研究工艺美术学的前提，具有一定的指导意义，由此引发对工艺美术基本性质的认识。关于这一点，张道一先生在《美的物化与物的美化——工艺美术的性质、特点等问题》一文中说得非常透彻："工艺美术的基本性质是什么呢？简单地说，便是人们在制造物品的时候，将美观的要求和实用的要求融合为一体，以实现美与用的双重功能。在这里，两种功能的作用是不同的。我们对于文化的现象，常常划分为精神文化和物质文化。审美的作用重在精神。而实用的作用则偏于物质。一个国家、民族的精神文明和物质文明，在工艺美术上都能得到体现。因此，它不仅在精神上、文化上具有重大意义，同时在物质上、经济上也具有重大的意义。……在美与用的关系上，两者既非简单地相加，也不是并列。工艺品首先是实用物，是在一定的生活条件、场合和环境中使用的，是在这实用的前提下将美物化，将物美化。……由这种性质所决定，工艺美术成为一种实用的艺术，美化生活的艺术。要探讨工艺美术的特点，只有把握住美与用的统一，才能真正认识它的内涵。"[1] 基于这种认识，反观我国工艺美术教育的现状，可以发现存在着极大的扭曲现象。其突出问题就是只注意到工艺美术教育联系着艺术的共性和美学的原理，而忽视了工艺美术教育同人们的物质生活和社会生产力之间必然的联系。它的后果"不是强求工艺美术做它做不到的事，就是束缚了它自身的表现力，以致影响到这门艺术的健康发展"[2]。说到底，这是对工艺美术基本性质的认识不足。由此看来，工艺美术"本元文化"理论的提出也有助于我国工艺美术教育的健康发展。

长期以来，我国工艺美术教育与传统美术教育可以说在走着两条大同小异的道路，这就是说，工艺美术教育的胎记一直附着在传统美术教育的肌体上，成为一种脱不掉的标记，毋庸讳言，在我们的工艺美术院校中，相当一部分教师对于这种情况也似乎熟视无睹。面对这样的历史痕迹，你我当然不必过于惊诧，因为还需要一个历史时期的"振荡"，就像格罗佩斯（Walter Groplus，1883—1969 年）当年所做的努力那样，需要清醒而明确地实现教育结构的转换。就目前情况而言，这一结构转换的实质应该是使我国工艺美术教育在"本元文化"理论的观照下，跟上时代发展的步伐。要做到这一点，思想观念的转换与推动作用就具有极其重要的意义，在此基础上才可能建立一个符合我国国情的完整的工艺美术教育体系。张道一先生对此曾做过专门的分析和论述："设计的观念是怎样形成的呢？它来源于实践，是基于日常生活的直接需要和生产的需要而建立起来的。我们知道，观念不是由当前外界事物直接引起的反映，而是以前事物在人头脑中的再现。也就是说，它是同物质相对立的意识和思想。一个从事工艺美术工作的人，如果只是埋头于'画'，从来就不接触或很少接触实际生产，不熟悉市场和消费，即使他所'画'的东西具有工艺美术的外表，也很难顺利生产出来。事实上，有不少工艺品的材质美和工艺美，在图稿的纸面是无法表达的。譬如说，一个不懂得陶瓷成型和色釉变化道理的人，怎能设计出色光幻烂、斑彩淋漓的'窑变'效果？一个不懂得人体结构和服装剪裁的人，怎能设计出适于做衣料的美丽花布？在我们的生活中，过去所出现过的一些现象，诸如五斤八两的大茶壶，扁圆形的搪瓷杯……以及近年在某些城市路边出现的陶瓷大熊猫，仰头张口，被当作垃圾箱等等，都是由于不了解工艺美术的性质，忽略实用艺术的特点，在思想上缺乏设计观念，简单化的比附于一般绘画和雕塑所造成的。"[3] 张道一先生在这里提出的建立工艺美术的设计观念，可以理解为既是强调一个学科教学结构的合理组成，又是对违背工艺美术性质特点的教育模式的剖析。正是出于对上述观念的认识，笔

[1] 张道一．美的物化与物的美化——工艺美术的性质、特点等问题 [M]// 张道一．工艺美术论集．西安：陕西人民美术出版社，1986:40—41.

[2] 张道一．美的物化与物的美化——工艺美术的性质、特点等问题 [M]// 张道一．工艺美术论集．西安：陕西人民美术出版社，1986:41.

[3] 张道一．设计观念——工艺美术教学的一个关键问题 [M]// 张道一．工艺美术论集．西安：陕西人民美术出版社，1986:88.

者在参与《设计原理》课程教案的编写时，始终将其观念以主线的形式贯穿其中，赋予新课程的教学内容以一个完整的设计观念，以丰富人们的思想认识。

张道一先生在指导《设计原理》课程教案的编写时特别强调：工艺美术是怎样的一门学科？它的性质，特别是"本元文化"理论对其性质特征的解释意义，以及所涉及的一系列基础理论问题，都应该在课程的导论中阐述清楚并勾画出探讨问题的思路。这一批语十分中肯，表明了工艺美术"本元文化"理论作为该课程教学前提的重要性和必要性。在之后的备课或对教案修改的意见中，张道一先生还做了十分具体的指导。比如就设计形态与"本元文化"理论关系而言，他认为：无论设计形态出现何种变化，即无论是传统手工艺抑或是工业设计，其中始终贯穿着人类造物活动的物质文化与精神文化的合理性，只有依据"本元文化"理论的线索，才能连接古今，而不被种种"造物形态"所割裂。为了更形象地声张该观点，张道一先生甚至以"鸟"形为例加以阐述，认为：按照工艺美术"本元文化"理论解释的人类造物活动就像鸟的身体那样，两只翅膀，一只是生产制造，涉及材料、加工手段和实用功能，即物质性；另一只是解决审美问题，适应各种因素的审美变化，即精神性。唯有鸟的两只翅膀平衡与统一，鸟才能腾飞。其实质问题仍然是围绕着工艺美术"本元文化"理论而展开的认识。之后，初步编写完成的《设计原理》课程教案，包括了两个部分的内容，即"综述篇"与"分述篇"，并且明确了"导论"内容的指导意义。通过"导论"阐述工艺美术"本元文化"理论的实质，由此引出对工艺美术学的定性认识，从而建立起一个较为完整的学科理论与设计观念。"综述篇"着重于对工艺美术的设计概念与设计意识、设计的内外部结构分析、设计的语言分析，以及设计与生产、消费等内容的探讨；"分述篇"着重于各类工艺美术设计的一般特征分析和设计方法的介绍。其目的是试图用严密的逻辑结构组成一个理论整体，使之更具有理论的说服力，从而阐述清楚工艺美术设计内涵的复杂性及其与现实之间矛盾的深刻原因，同时在问题探讨过程中有机地引进社会学、文化学、美学、艺术学、科技发展史、工艺学、市场学、消费心理学等跨学科的概念。

从科学性的立足点出发，以最简单的逻辑和最现实的定义叙述，这可以说是《设计原理》的"原"之所在。同时，它也是从美术教育向工艺美术教育的结构性转换中"理论转换"的一项基本要求。如已述及的张道一先生关于课程指导意见所表明的那样，工艺美术"本元文化"理论是学科研究的基础，由此出发才能客观地了解人类古今造物活动的发展规律，从而深刻认识关于设计的一系列问题。

从以上论析不难看出，工艺美术的本质特征——物质与精神、实用与审美，决定了它在设计、生产、销售等方面的广泛影响，涵括了人类衣、食、住、行、用的方方面面，是一项完整的系统工程，而且各个环节相互制约，相互促进，不能分割。从这层意义上说，在这个系统工程中起着主导作用的是设计观念的导向作用，换言之，"工艺美术的双重性，即实用与审美的双重社会功能，决定着既表现为物质文明，也同时反映出精神文明。从每个人的装束打扮，每个家庭的起居陈设，直到公共场所的设施，不仅能看出人民群众购买力的高下、物质生活的水准，以至一个国家的生产水平、经济状态，也能从中看出其文化的素质、精神文明的程度。"[1] 从这个意义上可以说，工艺美术"本元文化"理论的提出不仅利于工艺美术在人类社会大环境中寻找利于自身发展的途径，而且对工艺美术教育也起着重要的指导作用。

原载于《张道一研究》，山东美术出版社 2000 年版

[1] 张道一. 造物的艺术论 [M]. 福州：福建美术出版社，1989:39.

对我国跨世纪消费品工业发展战略的几点思考

　　商品经济是在资本主义私有制条件下发展起来的，由此产生的商品经济理论也都局限于私有制经济的实践，以至马克思主义理论的最初阶段也不可避免地把商品经济同资本主义经济视为等同之物，因而在社会主义经济实践过程中，往往实行以限制、消灭商品货币关系为主旨的经济体制。在此种经济体制引导下，我国的消费品市场长期以来处于压抑萎缩状态，消费品的生产规模十分有限，品种类别也非常狭窄。这对于人民生活水平的提高、国家财政的积累以及建设现代化的社会主义社会都产生极大的制约。党和国家意识到了这个问题的严重性，于是在 20 世纪 80 年代提出改革开放的政策。10 多年来，国家政策不仅改变了我国传统经济体制的运作过程，也使我国消费品市场发育渐趋成熟，并逐步发展到较高的程度，社会面貌焕然一新，为我国现代化提供了保证。首先，市场经济主体结构已基本上完成由单一国营经济向多种经济成分的转变；其次，经过新的组合，横向性企业集团正在成长，由此竞争性、开放性的市场格局正在形成；再次，价格机制开始发挥调节作用，自由选择、自由交易的范围不断扩大，国家调节市场、市场引导企业的经济运行机制在一定范围和程度上有所成长；另外，全国统一市场和区域市场也在同时发展，以大中城市为依托，以大的商品集散地为枢纽的流通网络相继出现，交易方式日益多样化，交易数额连续大幅度增长。与此同时，国内市场与国际市场开始建立广泛的联系，加强了国内外市场的经济联络，诸如扩大地方政府的外贸管理权和企业经营权，开辟多种外贸渠道；加强工贸结合、技术结合，密切产销关系，扩大出口产品的生产基地；利用沿海城市、经济技术开发区和经济特区，积极推行外向型经济发展战略，大规模引进外资，发展外商独资、中外合资、中外合作经营企业，在贸易、资金、技术、信息等各个方面促进广泛的国际合作，从而带动我国消费品市场的长足进步。所有这些新的变化，为我国消费品工业跨世纪发展奠定了比较牢固的基础，从中也引发了关于某些带有战略发展性问题的思考。

消费品工业的生产与消费水平的关系极为密切。一般说来，消费水平是由人口平均消费生活资料和劳务的数量与质量决定的，它反映了消费者需要的被满足程度。在任何社会中，个人生活消费水平都是人们经济效益的最终体现；社会成员的生活消费的性质是社会关系的表现，体现出生产力的水平。当然，影响消费水平的因素很多，主要有国民收入总额及其增长速度，积累与消费的比例，积累基金和消费基金如何使用，人口总量及其增长速度、物价水平、消费品的质量等。此外，消费水平又直接依存于消费基金，而消费基金来源于国民收入，直接依存于国民收入总额及增长速度。这就是说，国民收入总额增大，增长速度快，即使在其他条件不变的情况下，消费基金总额也会增大，消费水平也提高得快。由此看来，一个国家国民收入的人均水平，反映了一个国家的生产力水平以及经济发展状况。我国现在处于社会主义的初级阶段，比起发达国家和中等发展中国家，差距仍然很大。诸如经济实力绝对量大，但人口量大，导致人均水平低，经济结构不合理，工业技术管理水平落后，生产效率低；科技水平低，物力财力有限，我国目前还处于摆脱贫困阶段。因此，我国在相当一段时期内只有实行低收入、低消费的模式。

虽然低消费模式制约了消费市场的拓展和消费品的生产，但客观地分析我国消费的潜在市场，仍能发现实际消费水平包含着极大弹性。其一，我国的价格体系与西方国家不同，人民币在国内市场上的实际购买力大于在世界市场上的购买力。与西方发达国家相比，我国物价低，住房、交通、医疗、教育费用都便宜得多，主要是耐用工业消费品相对工资水平而言比较昂贵。况且我国的各类福利补贴大多采取暗补方式，没有在居民家庭消费收支账目上直接反映出来，因而在客观上造成人们自我评定的消费水平，大大低于实际享受到的消费水平的状况；其二，随着我国经济体制改革的逐步深入，国民经济的发展，人民生活水平不断提高，储蓄不断增加，这种积攒在居民手中的现金流动性大，支取便利，是消费市场一股不可忽视的消费力量，一旦出现适合消费的时机，就能极大刺激消费市场的兴旺；其三，从消费习惯上看，国人的消费心理因素近几年来发生了较大的变化。人们的传统消费观念受到冲击，价值观念发生了变化，已不再满足于成为芸芸众生中一员。在商品经济的发展中，人的竞争观念、人格独立和自我实现的要求与日俱增，因而敢于标新立异的消费者日益增多，尤其在青年消费者中间表现得尤为突出。除此之外，消费宣传对于人们消费习惯的形成也起着日益重要的作用，引导人们向新的消费领域和消费高层发展。所有这些因素都表明，我国未来消费水平将伴随着生产力的提高、人们收入的增加和精神消费的不断增长而呈提高趋势。

如此看来，我国潜在的消费市场开始向消费品工业提出了挑战。这一挑战的着重点便是调整产品结构，开发新产品。就我国国情而言，新产品开发已成为消费品工业保持竞争力的重要手段，谁开发得快，谁就占有优势。这个转化周期在18世纪约是100年，在19世纪约是50年，而目前发达国家更新消费产品的周期只有几年，有的甚至同步转化。这就是说，一个国家的形象的建立，从一定程度上说在于产品的不断更新，对一个企业来说更是如此。随着新技术革命的发展，社会生产力和消费水平都在迅速提高，求新求美的消费潮流迭起，市场竞争的焦点已不在价格，甚至不完全取决于产品的技术质量，还取决于造型是否新颖别致，是否具有文化功能，是否满足消费者的潜在需要。这种现象早已在国际市场上出现，国内市场上也初见端倪。商业部门对全国范围内开展的消费心理调查表明，85%的消费者（青年人则是90%）都有强烈的求新心理，购物时倾向选择新产品。当然，开发新产品殊非易事，但只要把握一定的原则，也能事半功倍。不外乎以下几点：（一）改变功能：这是指改变产品的功用，有时单是功用的改变或增加，便可创造无数新产品。（二）使用新型材料：相当的产品若使用不同的材料，非但会促使产品的价格有所差异，同时也使产品形象大为改观。（三）改变规格：产品的规格大小改变，也会创造新顾客群体。所谓产品规格符合更多层次的消费者需要，便是此意。（四）提高品质：任何一种产品提高了品质，便与原型有了差异，也就是一种新产品。当产品变得更精美耐用时，自然对促销大有助益。（五）式样创新：消费品流行的式样常会变更，这就是时尚。把握时尚，改变或创新式样，开辟新的时尚，都可以创造出新产品的厚利。时装款式的流行便是有力的证明。（六）包装设计：同是一件产品，经过精心设计的包装，可能会成为一种截然不同的产品，因为精美的包装可以提升产品的附加价值，创造潜在消费。

综上所述，我国消费品工业跨世纪的发展战略仍然围绕着开发新产品的竞争，其实质是针对现代工业设计而言的。其实，产品的竞争也就是设计创造的大比试，产品的竞争就是设计家智慧的竞争。

当人们走进消费市场中，面对应接不暇、琳琅满目的各种商品，就会发现既是顾客在挑选商品，也是商品在选择顾客。今后消费市场上的产品设计，将愈来愈多地受到消费者与生产者双方心理因素的影响。产品相互间的质量、价格差距将日渐缩小，而寻奇求异的设计样式将日渐增多，既新颖又富有刺激性的时尚产品会愈来愈受到消费者的青睐，这也是企业家的追求目标。

正因为如此，在当今多元化、相互交织的消费世界中，市场产品的竞争，设计创新的竞争，犹如魔方般错综复杂和变幻莫测。现代化的设计迎合着人们新的消费心态的需求。相比之下，以往"实用、经济、美观"的产品设计原则已不是唯一的原则。毋庸置疑，这个原则将倒置为"美观、实用、经济"的模式。这种大转换将成为跨世纪消费生活的新趋势和现代工业设计竞争的新潮流。

在今后商品充裕的消费市场中，以工业设计为中心的新产品开发是一种不可逆转的趋势，是世界性潮流。如何使企业的产品在消费市场的竞争中独占鳌头，如何使产品便于销售，尽快地赢得消费者的喜爱与追求，设计的创新即成为关键性的因素。因此，在开发新产品的过程中，一方面要为企业的生产创造利润，为企业的生存竭力去拼搏；另一方面，则要满足消费者日益增长的消费需求，既要满足一般性的物质需求，更要满足高层次的精神需求。为了适应消费市场产品日趋新奇化、短暂化和多样化的竞争需要，追求时尚的设计必然成为今后跨世纪消费品工业发展的重大课题。

对于我国来说，今后消费品的工业设计应注意哪些问题？这必须从我国现阶段的国情出发。首先，我国人口数量居世界第一，目前处于工业化初期。市场上生活必需的消费品尚不充足，消费者购买力较低，社会经济生活与日本战后经济恢复时期相似。在此时期内，消费品的重点应在功能上，侧重于大批量的产品，以求尽快满足市场需求。这就是说，从事消费品开发的设计者必须面向大众，使消费品的功能与造型尽量完善。另一方面，我们也应注意到消费群体是复杂的，设计者还应主动了解消费者现在和未来的需求——至少 10 年内的需求趋势，以此为根据设计出能满足不同消费者需求的产品，才能占领今后的市场。再者，目前我国的情况是，已有相当一部分人开始向小康迈进，家庭收入和消费水平逐年提高，特别是若干城市和地区出现了少数高收入的消费者。如部分个体劳动者、工商业者、名演员、歌星、三资企业职工、画家等，他们需要高档商品。还有少部分群众，虽然收入一般，但在某些情况下，却习惯于高标准消费，如青年人、独生子女家庭热衷高档儿童用品，舍得购买高价格的用品。总之，把握以顾客为中心的观点是开发跨世纪消费品工业必须的课题。当发现群众中，甚至某一阶层群众的生活有什么不便之处，若能针对性地设计某种产品，或改进产品的某些部分，则往往能产生出奇制胜的效果，创造出具有崭新功能和造型的产品，或比原有产品在使用上更为方便，更受消费者的欢迎。

开发和发展我国跨世纪消费品工业的另一条途径，应注意消化从发达国家引进的消费品，以在国际市场上树立威望。如从发达国家引进生产线，生产世界一流产品，使我国的产品结构发生巨大的变化。当然，引进的目的，很重要的方面是从中借鉴先进的科学技术和优美的造型，推动我国消费品工业的科技进步。这一点反映在工业设计上，就是从引进产品中吸取可资利用的成分来丰富自己。目前，外国的先进产品，其技术的精良体现在各个方面，诸如工作原理、内部结构、原器件选用、结构与造型的关系、人机工程关系、外观形态及色彩等方面，在材料、工艺、装配和调试上也是如此。这里面凝聚着发达国家数十年的成功经验。对于我国工业设计来说，应深入地考察和消化吸收，发掘和利用现代设计的领先水平。

关于我国跨世纪消费品工业的发展，从战略角度考虑，笔者认为，在把握消费者的各种情况以及我国经济特点的同时，应改变过去对消费品的"经济、实用、美观"的生产消费原则，在进行品种设计的时候，要注意到功能性、美观性，除生产大众化的产品以外，应逐步向高档次消费品发展，不仅满足国内市场的部分需要，还可扩大对外贸易的需求。与此同时，有计划、有选择地引进一些发达国家的消费品及其生产线，为跨世纪的工业设计做参考。"洋为中用"，提高自己产品的档次，走向国际市场，这也是消费品工业发展不可缺少的一环。

原载于《中国科学技术协会首届青年学术年会论文集：工科分册·下》，中国科学技术出版社 1992年版

现代设计文明

——科学文化与人文文化结合的产物

"科学史是人类文明史中一个头等重要的组成部分。"[1] 这是英国著名科学史家李约瑟（Joseph Needham, 1900—1995 年）在《李约瑟中国科学技术史》第一卷导论"第一章序言"中的第一句话。的确，如果说科学文化体现了人类认识和改造外部世界，特别是自然界的过程，并通过这种过程赋予人类以知识积累的话，那么研究人文文化则是人类为认识自己和发展自身价值，求得精神自由舒畅，寻找内心和谐所从事的一项重要的活动，并通过这种活动创造出人类精神文明的硕果。换言之，即人文文化主要关注人、人群以及社会的意识形态。因此，科学文化与人文文化的相互结合，可以达到至善至美的境界——理性与情感的结合，逻辑思维与形象思维的结合，自然与人的结合。这是一条不容置疑的真理。

一般说来，科学地表征理性文化，甚至是一个时代理性的主要标志。诚如美国著名科学史家萨顿（George Sarton, 1884—1956 年）所言，"我们必须使科学人文主义化，最好是说明科学与人类其他活动的多种多样关系——科学与我们人类本性的关系。"[2] 具体而言，即把科学看作一种文化或者子文化，把科学的发展放在广阔的人类文化背景之中加以考察。这样，人们便会发现，原来人类全部的文明史都离不开科学的理性。美国芝加哥大学教授杜布斯（Allen G.Debus, 1926—2009 年）在《文艺复兴时期的人与自然》这部著作中更明确地写道："人们可以从许多方面入手来论述文艺复兴时期的科学"[3] 但是，"离开了托勒密或盖伦这类知识渊源和背景，就无法理解哥白尼和维萨留斯的工作。甚至一个世纪以后的威廉·哈维还自认为亚里士多德主义者，并声称受益于盖伦。"[4] 从这一点上说，文艺复兴的巨匠们并不是天生造就的，而是从古代科学传统中走出来的历史巨人。

在人类文明的进程中，曾经历过许多由科学新发现与新发明带来的兴奋。然而，当人们从最初的陶醉阶段觉醒，事物又恢复到原先平静的轨道时，人类又理性地对待那引

[1] 李约瑟. 李约瑟中国科学技术史: 第一卷导论 [M]. 王铃, 协助. 北京: 科学出版社, 1990:1.

[2] 乔治·萨顿. 科学的生命 [M]. 刘珺珺, 译. 上海: 上海交通大学出版社, 2007:57.

[3] 埃伦·G.杜布斯. 文艺复兴时期的人与自然 [M]. 陆建华, 刘源, 译. 杭州: 浙江人民出版社, 1988: 前言 1.

[4] 埃伦·G.杜布斯. 文艺复兴时期的人与自然 [M]. 陆建华, 刘源, 译. 杭州: 浙江人民出版社, 1988:133.

起兴奋的一瞬间，并把它当作生活中习以为常的事物。譬如，当人类发现和开始使用青铜器时，曾感到兴奋异常，因为与笨重的石器相比，青铜器这种新材料不仅使生产力大大提高，更能制造出各种精美的器皿。于是，使用新器具的历史新纪元便告诞生。之后，人类又发现了铁，以及用铁制造的工具和生活用品。此后，还将铁炼成钢，从单纯的钢又演变为各种合金钢，如此等等。这些新事物的出现最初带给人类的是一阵兴奋，随之这种兴奋适应了事物的正常发展进程，便不足为奇了。人类的生活就是在这样的条件下逐步发展的，可说是理性与情感结合的结果。现在人类使用的钢铁、合金、化纤、玻璃以及其他许多材质的用品，都是按照需要与可能加以利用（或设计）的。随着社会的发展、科学技术的进步，机器生产取代了原始的手工生产，并作为人类社会流传至今的主要生产方式。这里面蕴含着极大的科学理性，可以说，机器工业的出现，是标志着人类科学理性重大进步的一个信号。

在这样的社会历史背景下，自1919年格罗佩斯创建设计教育学校并发表《包豪斯宣言》以来，由德国创造的"魏玛精神"影响欧美和日本，至今仍被人们奉为楷模，在此基础上提出并实现了"科学与艺术的新统一"。也就是说，当手工艺生产已经转化为机器大生产之后，工业设计更符合新时代的要求，开辟了一条新的工艺发展途径。当然，这个全新的构想是建立在机器大生产的科学性、综合性、系统性、标准性的基础之上，所以追求精心设计与精良制造的趋势日见其盛。对于人类社会而言，无异于福音降临于世，许多工业部门、商业部门都把设计摆在先导的位置上；越来越多的企业、公司或商务机构开始注意聘雇高级设计人才来充实自己的经销班子。

当代，人类对于科学发展的人文背景更加重视，并且注重考察不同文化的特点和状况，从宏观角度去总结科学文化与人文文化之间的结构规律，由此出现了科技美学的研究。科技美学属于现代交叉学科的第三代——横向联系的边缘学科，与新技术革命中异军突起的系统论、信息论、控制论可称得上是同一家族中的成员，具有科学文化与人文文化间多学科相互渗透的特点。不过，科技美学所研究的对象和所涉及的领域更为专门和特殊。因此，科技美学作为现代设计的一种思维意识，是与大规模、集约化的工业生产，特别是与现代化的信息系统工程紧密联系在一起的。同时，对于倡导"文化工业"的重新确立也起着积极的作用。

"文化工业"最初产生于欧洲工业革命后期机器大生产的发展时期，其宗旨是将科学文化与人文文化尽可能地转化为国家形象的标志，并涉及更宽广的经济领域，使工业社会更具文化、科学、经济的含义，以此来振兴业已失去生产活力的萎缩产业，充实并丰富工业社会的文明。

如今，将这两个产生于不同历史阶段的概念相提并论，可说是最具现实意义的。从科技美学与文化工业的立体交叉感应发轫，进而展现为富有科技强度、统一、划时代的审美风范，在此基础上，可以创造一个经济、科学和文化有机协调的社会整体。对此，美国学者奈斯比特（John Naisbitt，1929—2021 年）在《大趋势——改变我们生活的十个新方向》一书中指出："每当一种新技术被引进社会，人类必然会产生一种要加以平衡的反应，也就是说产生一种高情感，否则新技术就会遭到排斥。技术越高级，情感反应也就越强烈。……在我们前面将有很长的一段时间，人们将会强调高情感和舒适，以与疯狂地迷恋高技术的世界相平衡。这意味着软色调、浅颜色变得非常流行。舒适，饱满，未经加工的外观，怀古的情调等就是这方面的表现。"他进一步强调说："划一的风格，不论是传统的划一风格，还是现代的划一风格，都将由折衷的大混合风格所代替。混合的家具风格、混合的装饰品风格、混合的艺术风格等都将强烈地表现出个性。"[1]

由此看来，倡导文化工业必然会导致科技和美学的互相渗透，通过相互间的默契配合，可以经由工业设计改造自然和社会，并实现更大、更现实的社会意义，同时还具有更新萎缩的经济，美化居住环境，丰富和充实人们的生活以及显示领导权威等机能。这种全新的设计观念已成为现代社会中不可缺少的公共事务。

日本于 1950 年颁布《文化资产保存法》，表明该国重视历史的科学文化与人文文化遗产的继承。随着时潮的引导，如今的日本在工业设计方面极力追求传统文化的色彩。

法国拥有"人文艺术之国"的美名，随着时尚的起伏，这一耀眼的焦点也有了转移。近年来，法国政府重视科学文化与人文文化的结合，尤其是在大型硬体建筑上持续拓展这一结合的成就。继蓬皮杜文化艺术中心后的大卢浮计划、科学工业博物馆等，借着更新之势，期望再现人类文化艺术与科技结合的光辉，为法国当代文化创造出显耀后世的成绩。

美国具有移民国的传统，未来 5 年则追求"健康的文化范畴"，即维护和发扬科学的理性，鼓励和提倡文化艺术国际化的情结的发展，因而具有更大的吸收力与包容潜能，同时抓紧对工业设计人才的培养，致力于世界市场的开拓。

除此以外，在具体的设计领域中，人类同样成绩斐然。例如，1960 年世界上第一台激光器的出现，在人类文明史上爆发了一次革命，在现代设计史上则象征着一次"光乐奏"的新世纪宣言，并同时宣告了"激光交响诗"的诞生。在这综纳视听、诗化的科

[1] 约翰·奈斯比特．大趋势——改变我们生活的十个新方向 [M]．梅艳，译．北京：中国社会科学出版社，1984:38+48.

技强度感应下，"彩色音乐"迅速风靡全球。受此启发，光的艺术效果开始应用于建筑和空间装饰方面，也就是说，光技术在科学和设计的结合中成为文化工业的潮流。有关专家预测，现时的光学工业以及与之相适应的设计形式，从此之后将开始步入由电至光的过渡时期。到21世纪，人类将从"电世界"彻底进入"光时代"。的确，在这个过渡时期里，人们已经开始运用"全光信息"的技术。如法国新近研制不用电的家用冰箱，其能完全借助自然光线的能源供给，制冷机的工作原理是利用白天与黑夜的交替关系，促使冰箱制冷系统中的微粒活性炭和甲醇结合、分离与循环，产生了使冷藏品冷冻的能量。再如德国研制的太阳能彩色电视机，是以高性能的硅元件把光能转化为电能，用于电视机的工作电源。这种彩电体积小，便于旅游者携带、收看节目。诸如此类的新产品造型及表面装饰，必然要用全新的设计方案，使之符合"内容与形式"的统一。

我们生活在这样一个科学技术日新月异的时代里，已有越来越多的人认识到：科学是社会的推动力，当其与人文文化相结合之后，又必然影响到现代设计的所有领域，将使现代设计显现出无限的生命力。

原载于《工艺美术参考》1991年第2期

上海"摩登"：新中国成立初期的设计史样本

——关于1950—1960年间上海设计史实的片段考察

引言

　　1950—1960年间的上海，在新的国家意识引导下，伴随着工商业改造和社会主义建设"大跃进"的兴起，人民生活方式发生了较大的结构性变动，社会面貌也随之发生重大转变。与之相应，原本具有的都市生活也渐渐复苏，上海"摩登"此时已不再是外滩、百货大楼、咖啡馆、舞厅这一幅幅昔日恣意抛出的炫耀画面，取而代之的是新时代工业生产的进步和出产的新品，是经过社会主义改造后人民城市的新面貌……用历史的眼光来做判断的话，可以说中华人民共和国成立之初的1950—1960年间，虽然有着明显的新旧中国的历史断裂现象，但这种断裂现象未必会抹煞上海这个城市应有的先进性。于是，这一时期的上海，毫无疑问地仍然是中国最大的工商业城市，是大陆先进生产力发展的"摩登"代名词。恰如美籍文化学者李欧梵在《上海摩登》一书中形容20世纪三四十年代的上海所言：上海充满了"摩登"的暗示，"摩登"永远扮演着上海城市的指南角色[1]。其实，1950—1960年间的上海对于全中国而言又未尝不是如此呢？或许，从历史的角度考察，上海"摩登"只是这座城市不同历史时期的现代性新的历史起点。但较之其他城市而言，上海所体现出的新旧断裂现象更加明显。更重要的是，"新上海"概念始终作为"中华人民共和国"的转喻，被赋予了不同时期"中华人民共和国"的含义。当然，在中国当代设计史的书写中，对其"样本"意义的解读还有许多工作要做。不过，上海城市伴随着重大历史性事件而产生出的"新"，其本身价值就已经显示出中国当代设计史需要考察的不断变化着的新的生活方式。这是一个大题目，本文容量也只允许对此问题的表象做些历史性的描述，且不能说是真正意义上的专题研究。

[1] 李欧梵.上海摩登——一种新都市文化在中国1930—1945[M]. 毛尖,译. 北京：北京大学出版社, 2001:5.

一、在华外资和中资纺织企业的转制，焊接上新与旧断裂的"摩登"设计链条

1953 年春，在华外资企业出现了转折性变化，被纳入到社会主义改造的范围。此时全国只剩下 1000 多家外资企业，而这些企业中除煤炭、石油等资源性企业在所属生产地外，大部分涉足轻重工业领域生产的企业，如造船、机器、发电等重工业，以及卷烟、肥皂、纺织、制药、食品等日用性轻工业，还有城市公用事业以及银行、进出口贸易、码头、仓库、房地产等，这些企业主要集中在上海。[1]

从总体上看，这一时期的外资企业虽然处于衰败状态，但由于它们长期垄断某一行业，在经济活动中仍起着举足轻重的作用。随着接管城市经济工作的展开，中国共产党逐渐意识到外资存在的合理性。正如毛泽东在中共七届二中全会上所做的报告指出，在取消帝国主义的政治、经济、文化特权以后，"剩下的帝国主义的经济事业和文化事业，可以让它们暂时存在，由我们加以监督和管制，以待我们在全国胜利以后再去解决"[2]。基于这种指导思想，在华外资企业则被允许继续经营。比如，上海外资企业中的轻纺织企业就有怡和、大康、裕丰棉纺织厂，密丰毛绒厂和日辉织呢厂，以及英商信昌公司的两个附属企业——纶昌纱厂及上海毛绒厂，它们维持了一段时间的生产，这不仅为上海纺织工业在后来的发展奠定了基础，也为上海纺织工业成为中华人民共和国重要支柱产业积蓄了条件。无论是机械设备、生产工艺，还是生产工人、设计人才，这些外资企业均有自己的优势。

例如，英商怡和纱厂（图 1）是英商怡和洋行在上海设立的纺织企业，1895 年建厂，当年投资 50 万两白银，拥有纱锭 2 万枚，是外资在沪开办最早的工厂。其生产的"兰龙牌"棉纱在国内有一定声誉。1921 年该厂与公益纱厂和杨树浦纱厂合并为怡和纺织公司，主要经营棉纺、麻纺和毛纺。该公司大量吸收中国资本，名为英商，但华股占大多数。上海解放后，英商无意发展生产，减班减产。再加上 1950 年春季，公司的染缸车间被国民党飞机炸毁，停产近一年。1952 年恢复生产，1953 年英商辞去经理职务，1954 年年初由上海市人民政府接管，与新怡和纱厂合并，易名为裕华棉毛麻纺织厂。1964 年新怡和厂划出，1966 年定名为国营上海第五毛纺织厂。

图 1
1947 年的英商怡和纱厂

[1] 孙怀仁. 上海社会主义经济建设发展简史（1949—1985 年）[M]. 上海：上海人民出版社，1990:24.

[2] 毛泽东. 在中国共产党第七届中央委员会第二次全体会议上的报告 [M]. 北京：人民出版社，1978:13—14.

在怡和纺织公司成为上海国营纺织新企业后，原英商留下的生产精粗纺呢绒、针织纱、绒线、服装辅料、羊毛衫、服装、针纺原料及制品的生产线还在，机械设备还能运转，关键是生产的技术工人和面料花样设计师都还在。而已有的"兰龙牌"名振大上海，

图 2
生产"兰龙牌"纱的
厂房内景

誉满全国。（图 2）这些都为新企业重获发展奠定了坚实的基础。以致 1955 年之后陆续发展的其他品牌，如以"鹦鹉""古筝""雄鹰"等为商标的华达呢、哔叽、凡立丁、直贡呢、薄花呢和啥味呢等在上海乃至全国走俏。其中，"外销单面华达呢，年产 20 多万米。内销 22068 全毛华达呢，为上海市优质产品。新产品有高级羊绒花呢、驼绒花呢等高档产品"[1]。在这些产品的花色设计中，尤以高级羊绒花呢、驼绒花呢的花样设计最为新颖。这些花呢很适合秋冬穿在毛衣外，尤其是配上中长款的设计款式，"摩登"味十足。只是当时还没有"休闲感"的说法，更不敢说"小资情调"，如果放在今天，这两个形容设计品质效果的关键词可谓是再贴切不过了。从留存至今的老面料分析来看，1966 年国营上海第五毛纺织厂出品的高级羊绒花呢和驼绒花呢的质感，可以说是十足地柔软，触感更令人爱不释手。①而当时用此呢料手工剪裁的秋冬外套，加上采用"牛角扣"这一显眼元素加重衣服整体的厚实感，这在 1966 年的上海《文汇报》上被当作上海时装向外炫示。

日商大康纱厂，建于 1922 年。上海解放后，在大康纱厂基础上重新组建成上海第十二棉纺织厂，经过一系列的技术改造，品种从单一的纯棉产品发展到涤棉混纺产品，织物也从狭幅发展到阔幅，精梳产品比重从 6% 增至 51%。在 1953 年上海市质量创优中，其代表性品种，如纯棉精梳全线卡其、涤棉卡其等获国家金质奖，素有"卡其大王"之称。其卡其布品种棉涤纬弹性好，组织结构较华达呢质地更紧密，手感厚实，挺括耐穿。其中，采用 2/2 斜纹组织织造的正反面纹路均清晰，故称双面卡；采用 3/1 斜纹组织织制的正面纹路清晰，反面纹路模糊，故称单面卡；采用急斜纹组织，经纱的浮线较长，像缎纹一样连贯起来，故称缎纹卡。在此三种面料中，以缎纹卡剪裁服装最为合适，面料细致柔滑，缎面格纹搭配起来剪裁更可以丰富服装的面料质地，加上衣服的装饰件设计，如铆钉点缀，成为当年流行的时髦款式。

[1] 上海市地方志办公室．杨浦区志 [M/OL]．（2001-08-02）[2023-11-05]．http://www.shtong.gov.cn/difangzhi-front/book/detailNew?oneId=1&bookId=4101&parentNodeId=61088&nodeId=1606&type=-1.

---

① 作者藏有一染织面料样本，封面注"上海第五毛纺织厂织料样本"。

日商裕丰纱厂，系日商大阪东洋株式会社在上海开办的纱厂。该厂于1914年择建厂基地，1922年动工兴建，至1935年全部竣工。其所生产的著名"龙头细布"驰名中外，棉纱线用的是仙桃牌商标，享誉业界。1953年裕丰归上海市人民政府接管，更名为上海第十七棉纺织厂，自此转产精梳、阔幅纯棉产品及涤棉、涤粘中长和腈棉等不同配比和规格的混纺产品，成为全国第一家批量生产棉型腈纶针织纱的企业。该厂的坯布品种中还有阔狭幅纯棉细布、灯芯绒、涤棉府绸、牛津纺和涤粘中长华达呢等，系列产品在20世纪五六十年代曾多次荣获国家金质奖。

图3
上海第十七毛纺厂
"三羊"牌羊毛绒线

上海密丰绒线厂，是英商博德运公司于1932年创建，次年建成投产的。当年有毛纺锭5800枚及相应染整设备，员工达300余人，可谓是纺织企业中的龙头企业，主要产品有三蜂牌、蜂房牌和杜鹃牌绒线。1950年，在纺织企业还处于调整过程中时，该厂就进口了英国整套毛条制造设备，扩建拣毛、洗毛和梳条车间，成为全能绒线厂。1959年春，英商将该厂转让给中国政府，成为国营上海茂华毛纺厂，1966年10月改为国营上海第十七毛纺厂。改建后的毛纺厂进行了技术改造，产品有全毛、毛混纺、纯化纤三大类，品种有粗绒、细绒、针织绒、花色绒、绞线及团绒等。其中"蜂皇"牌绒线的各项指标均达到或超过英国老牌"蜜蜂"牌绒线，在我国绒线赶超世界先进水平方面填补了空白，获上海市名牌称号。再有，"三羊羊毛绒线商标"也是上海第十七毛纺厂的品牌，是衣标/纺织标—布匹原料标—纱线标的总标牌，是当时上海纺织行业最早自主品牌之一。（图3）

20世纪五六十年代的上海还有几家有代表性的中外合资织呢和毛绒纺织厂，如日辉织呢厂，最早建于1908年，是湖南布政使郑孝胥在上海创办的第一家毛纺织厂。当年始用国产毛生产粗纺呢绒，通称"华呢"，但仅存一年便停业。直至1916年，日商创设的上海首家黄麻纺织厂东南亚制麻株式会社与之合作，于1919年出租复工。此时，改由浙江著名实业家沈联芳出任企业经理，后将工厂改名为中国第一毛绒纺织厂，在国内首次生产"火车牌"粗纺绒线，成为上海最早生产精纺呢绒的毛织厂，"火车牌"粗纺绒线直到20世纪50年代中期仍为上海市名牌。20世纪50年代初公私合营，该企业成为中国纺织建设公司所属毛纺织企业，生产各类精纺、粗纺，以及绒线、羊毛衫等多种毛纺织品。再有，英商信昌公司所属的两个附属企业——纶昌纱厂及上海毛绒厂，在20世纪50年代继续维持生产，成为上海纺织企业的中坚力量。

有了上述外资或中外合资的棉纺织厂、毛绒厂、织呢厂以及纱厂等的支撑，在新中国建立初期的 20 世纪 50 年代，上海对于纺织业来说就是龙头企业和知名品牌的产品代表。当年上海出产的这些"品牌"产品，1953 年开始外销苏联及东欧国家，成为我国纺织产品的标志。品种有毛针织连衫裙、精纺华达呢、哔叽、凡立丁、单面花呢及粗纺海军呢、女式呢、拷花大衣呢等。且用这些面料剪裁的服装，不仅在上海，就是在全国也是炙手可热的"摩登"服饰。

与此同时，中资上海第一丝织厂于 1956 年 10 月在上海丝绸工业公司支持下，收编零星小厂进而发展成为上海丝绸工业的龙头企业。继而于 1957 年收并华伦新、公益丝织中心厂，1958 年起又先后收并大亚祥、天衣、正义兴和唯一等丝织厂。前后共并进 53 家里弄小厂。1959 年 6 月 1 日正式定名为"国营上海第一丝织厂"。1960 年起，该厂大搞技术革新，实现了 24 个重大项目的技术革新。1963 年，又在龙带回梭的基础上研发出织机龙带串联缓冲装置，进一步开发了织机高速投梭之关键技术，在上海全市的丝织行业被推广使用。1966 年研制成丝织无梭喷气织机，纺织工业部为此召开过现场会，肯定并交流了该项科研成果。以后，又革新推广 KT-80 复动式高速提花龙头，将提花织机车速从 130 梭 / 分提高到 235 梭 / 分，并适应多品种生产，获纺织工业部重大科技成果三等奖。在革新改造的同时，该厂十分重视产品开发工作。至 1976 年，形成的主要品种有凉爽绸、涤爽绸、金雕缎、彩锦缎等国内外市场热销品，以及尼龙格子绸等军工用绸。1986 年，"金凤凰牌 97605 虹缎被面、花猫牌 21165 染色尼丝纺分别获中国丝绸公司优质产品奖，采桑牌 12102 染色双绉获国家金质奖。"[1]

上海第七印绸厂，前身为大成印绸厂，建于 1953 年，于 1956 年公私合营。20 世纪 60 年代初，改革工艺和设备，根据国际市场的需求，自行设计花样，向香港等地每月报花样 60 只左右，打开了出口印花丝绸的局面。1972 年设计仿长沙马王堆出土真丝印花绸，产品在次年广交会上引起轰动，订货客户纷至沓来，售价由每米 3 美元提高到 4.5 美元。之后又相继设计生产出"仿汉唐壁画""青铜器"等具有传统风格图案的真丝印花绸，深受西欧和日本等国客户的欢迎。

上海针织厂，前身为建于 1920 年的日商康泰绒布株式会社，1951 年 1 月改名。1957 年该厂生产的许多产品荣获轻工部颁发的金质奖。1959 年在技术革新活动中该厂又研制出成衣翻剪罗纹机，代替了手工劳作，该项技术革新获国家科委颁发的发明证书。1962 年，试制成用于化纤的萤光增白剂 DT，填补了国内空白。从 1964 年起，引进经编织机等新设备，形成了经编化纤织物生产线，由此成为纬编、经编针织内外衣、装饰布和化工增白剂三大类产品并举的工厂。同时，该厂生产的针织服装、装饰皮等 7

[1] 上海市地方志办公室. 上海丝绸志 [M/OL]. （2006-11-22）[2022-09-29]. https://www.shtong.gov.cn/difangzhi-front/book/detailNew?oneId=1&bookId=73818&parentNodeId=73905&nodeId=88191&type=-1.

个品种也被评为部、市优质产品。（图4）其中，牡丹牌84S/2 全棉烧毛精梳精漂汗衫裤、46S 全棉精梳精漂汗裤袜获国家银质奖。

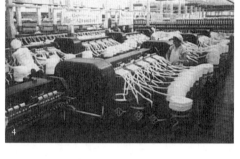

民光被单厂，前身为建于 1935 年的民光织物社，1953 年改名后发展迅速，当年就拥有 1515K 阔幅织机 235 台，及与之相配套的漂、印、染、整等后处理设备。之后，又进行了几次大规模的厂房扩建和技术改造，新建了一幢漂、印、染大楼，并从国外引进平网印花机和长环蒸化机这两套新设备，加上当时处于国产先进水平的 13 台专用设备，组成加工幅宽 260 厘米的大整理生产线，这使该厂跨进国内专业生产中高档丝光印花床单的重点骨干企业行列。在全国被单行业中，民光是最先采用织物丝光、浅防拔染等新工艺的企业，织物新颖别致，细腻滑爽，图案美观大方，色泽艳丽典雅，体现了时代新潮，形成了独特的民光风格，成为上海市 20 世纪五六十年代名牌产品，其中 8 个产品获 20 世纪 60 年代纺织工业部优质产品奖。（图5）

图4
棉纺厂车间，通过提高纤维长片段均匀度，同时降低重量不匀率，提高纤维条的质量

另外，这一时期上海纺织行业仍有多位早年参与过外商企业花样设计的图案师，他们此时正年富力强，成为上海市纺织行业图案设计的骨干。他们是蔡作意、钱士林、孙武宇和施义群等。蔡作意在 1958 年第 3 期《东风》画刊上撰文《谈丝绸印花图案》（图6），他在文中写道："上海丝绸印花工业在解放后，由于党和行政领导的重视，逐步改善了创作条件。先后制订了向自然界收集素材及评选等制度。鼓励设计人员的创作积极性，并且通过写生，研究自然界和花卉的生长规律，提高设计人员的创作技巧。初步扭转了设计工作的盲目跟随，甚至抄袭国外图案的风气和依赖资料的构思。"文章发表后在当时全国纺织行业反响较大，许多外地纺织企业纷纷学习上海经验，组织设计人员到上海参观学习，并组织设计师到大自然中吸取灵感，深入生活发掘丝绸印花设计的新主题。

图5
染织厂染出的各色花布，提供制衣之用，成堆的布匹反映出当时的高产能

图6
蔡作意在 1958 年第 3 期《东风》画刊上撰文《谈丝绸印花图案》中提及的丝绸印花图案

二、上海牌工业品的登场，标志着中华人民共和国工业设计的起步

曾几何时，上海牌工业产品就是"摩登"的象征，一说起来都为大家所熟知，令人感到亲切，但凡外地出差来上海的人，几乎都有过携带大包小包购物的经历。而早在 20 世纪五六十年代，上海牌工业产品就更是居于国货首列而声名鹊起。

例如，上海生产收音机的历史可以从 1922 年冬算起[①]，经过三十多年的发展，到 1955 年 9 月，早先的无线电专营企业——亚美机电股份有限公司所属的第二制造厂，改名为上海亚美电器二厂，成为中华人民共和国著名的专业生产电子仪器的企业，1957 年 5 月又改名为上海亚美电器厂。上海亚美电器厂在当时可谓是全国电子产品生产商中的佼佼者，其生产的品种不仅有电子仪器、收音机等家用电器及配件，还经营钟表及配件。亚美牌收音机被誉为民族工业品牌收音机的代表。

再一个著名企业，便是 1952 年 7 月 21 日以原上海人民广播电台所属的广播材料科服务部为基础，扩建而成的第一家国营无线电整机骨干的企业——华东人民广播器材厂，1953 年 4 月更名为上海人民广播器材厂，1955 年 1 月再次更名为国营上海广播器材厂。1955 年 2 月该厂生产出第一批国产化 155 型五灯电子管收音机，8 月率先采用流水线生产出上海牌 354、355 型五灯二波段超外差式收音机，翌年 4 月开始出口。至此，上海正式完成了收音机的全部国产化。到 1957 年，该厂又为长春第一汽车制造厂红旗牌高级轿车生产配套汽车收音机，直至 1958 年 9 月，成功研制了上海牌 382 型自动调谐汽车收音机。在研制过程中，解决了自动调谐的宝塔形高频线圈的绕制技术，并首次采用鞭状天线的制造工艺，极大地改进了产品的收音质量。382 型机于 1959 年投产，至 1960 年止，共生产了 643 台。1958 年 4 月，该厂试制成功上海牌 131 型交流七灯一级收音机，填补了国内空白。当年共生产 58773 台，其中外销 6700 台。这几款收音机的造型有其共同特点，众多品牌中，模仿德国早期著名品牌"环球"和"根德"的老收音机款式较多，且复古造型比较突出，样式别致，但机身较为笨重。（图 7）

[①] 1922 年冬，美国新闻记者奥斯邦（E. G. Osborn, 1865—1942）以亚洲无线电公司子公司中国无线电公司经理的名义与旅日华侨曾君合作，以华人资本借美商名义，在上海广东路大来洋行屋顶建立一座 50 瓦的无线电广播电台，并成立中国无线电公司销售接收机。翌年 1 月 23 日晚 8 时电台开播，轰动上海，几天销出无线电接收机（后改名为"收音机"）约 500 台。从此，上海出现了最早的一批收音机，这是我国第一家广播电台和第一家销售收音机的公司。之后，随着广播电台不断的建立，收音机在上海逐渐兴起，但均为舶来品，以美国出品最多。到 1924 年，北洋政府交通部公布《装用广播无线电接收机暂行规定》，允许市民装用收音机。北洋政府建设委员会上海无线电机制造厂创办，用进口零件组装成七灯交流收音机。至此，上海市民中装置收音机者渐起。翌年 10 月，亚美无线电股份有限公司合资在上海创办国内首家民族资本无线电公司，公司先后设立制造厂、门市部、修理部、无线电广播电台和编辑出版部，制造供应无线电零件、器材和图书，并自行设计制造矿石收音机和电子管收音机。1952 年 7 月，亚美无线电股份有限公司与亚南制造厂合并，更名亚美机电股份有限公司。

图 7
上 海 在 20 世 纪 50 年代生产的老式收音机

"上海牌"手表同样是曾经让国人喜爱而又骄傲的一个品牌，成为中华人民共和国最早在世界亮相的标志性轻工业产品。上海手表工业的发展史，可以追溯到 1843 年上海开埠之际，1852 年在上海抛球场后马路（现天津路河南路口）最先出现张恒隆钟表店。该店工场以手工制造插屏钟，年产 100 个，多数销往北方。1912 年，宁波钟表商孙廷源、孙梅堂父子将清光绪三十二年（1906 年）开设在宁波的美华利制钟工场迁来上海杨树浦，之后便在闸北天通庵镇建新厂房，扩大生产，成为全国最早生产机械时钟的厂家之一。是年，该厂送往巴拿马博览会的各式时钟获得金质奖。之后的 1923 年，上海钟表商庄荣华、庄鸿皋等自筹资金，于江阴路创办中国时钟厂。1929 年，该厂由创办上海中美钟表公司、三星钟表公司的钟表商董子星集资 3 万元收购，创建上海钟厂，正式生产福星牌台钟、挂钟，销往国内各埠和南洋等地，最高年产达 6 万个。由于产品机件紧固，式样大方，走时准确，被誉为我国制钟工业之首。中华人民共和国成立伊始，上海市人民政府限制钟表进口，钟表行业产品由上海市中百供应站收购，生产开始复苏。（图 8）1952 年上海钟表工业建立同业工会，通过国家加工订货，上海钟表行业生产得以恢复发展。是年，上海时钟产量从 1949 年的 4 万只增加到 12.8 万只。在 20 世纪 50 年代经济恢复时期中，又新开设了亨得利、亨达利、中兴、中明、东方和大光明等制钟厂。由于亨达利、亨得利、大光明系由商业转向工商结合，从而成为最早的产销联合经营体系。这也可以看作是对我国工业设计起步阶段实行的工商一体化运营模式的探索。

图 8
百货商店里销售的上海生产的挂钟，也是结婚时必置的用品之一

1954 年，中国钟厂、上海钟厂首批实行公私合营，此后文华钟厂、仁泰机器厂、顺兴螺丝帽厂、泰昌电镀厂以及钟才记木壳厂先后并入中国钟厂。1956 年 9 月 1 日，上海市钟表工业公司成立，中国钟厂成为旗下骨干企业之一。从此，上海钟表行业进入崭新的发展时期。全行业 200 多家企业按专业化要求组织生产，远东、大光明、亨得利、亨达利、东方、昌明、时民、金声和倍高等 9 家企业成为闹钟生产的主机厂。后又将生产座钟、挂钟的上海钟厂并入远东钟厂，生产火车头牌、中字牌提环短三针闹钟，而大光明钟厂、中国钟厂则研制长三针闹钟。这些闹钟品牌，无论是功能设计还是款式设计，在当年都获得了非常好的市场评价，成为国产闹钟的标志性产品。

"上海牌"手表（图9）的设计与制造是20世纪50年代中期在上海诞生的新产业。1954年，国家经委下达任务，要求上海开发、研制和生产手表。1955年7月，上海市第二轻工业局与上海钟表工业同业公会组织13家钟厂和建国仪表厂、华康钟表材料行、慎昌钟表店，以及艺星、和成、华成、中苏等4家工业社，各单位选派从事钟表生产和修理经验的技工50余人，共同参与手表的试制。第一批试制的是长三针（17钻）细马手表，约有150只零件，均由参加试制的单位和人员分头制造。当年9月26日，首批18只长三针（17钻）细马手表试装成功。1956年5月，试制工作又集中到江阴路（原齐心发条厂仓库）进行，试制队伍扩大到150多人，此次试制出第二批手表100只。1957年4月，试制小组抽调参与火车头设计的工程师奚国桢、制造医疗针头的技术人员童勤奋等，参照《苏联工艺学》教科书阐述的原理，结合试制实践，用了4个多月时间，绘出150多张零件图纸，订出1070道工序的生产加工工艺，完成了我国自行制订的第一套手表生产的全部工艺文件和设计方案。终于，在1958年3月，A581型机械手表注册为上海牌商标，4月23日，我国第一家手表厂——上海手表厂建成，当年共生产上海牌手表13600只。从此，结束了中国只能修表不能造表的历史。（图10）

图9
二十世纪五十年代
"上海牌"581全钢
手表

图10
一名男子在百货商店
的钟表专柜前试戴手
表。上海牌手表比进
口手表便宜很多，享
誉全国

三、上海城市新建设，成为中华人民共和国城市的"摩登"典范

1949年以后，作为我国近代工业最为集中的城市，上海很自然地成为中华人民共和国工业化城市的形象代表。与此同时，"新上海"的意义还体现在社会制度的国家意识形态方面，即不仅是"中华人民共和国的上海"，还是"社会主义中华人民共和国的上海"，这其中包含有自20世纪30年代以来就孕育着的左翼政治与阶级意义上的"新上海"，更重要的是，还体现出上海是中国工人阶级最为集中的城市。

由此，20世纪五六十年代，对于上海城市社会主义特性的改造形成了公共话题，即上海全民都参与的"新上海"城市身份的讨论，这又一次带给上海成为全国工业化城市发展的新定位。以1959年上海各界对于上海身份讨论最为突出的标志性事件为例：一是特写集《上海解放十年》的出版；二是上海文艺出版社出版的大型集成图书《上海十年文学选集（1949—1959）》，其中包括话剧剧本、短篇小说、文艺评论、特写报告、散文杂文、诗歌、儿童文学、戏曲剧本、电影剧本以及曲艺等 10 种，在这两部大型集成图书中都对"新上海"城市形象给予了鲜明的定位。如《上海解放十年》一书中对 20世纪五六十年代上海的社会情景是这样给出判断的："上海的工人阶级和劳动人民在党的英明领导下，如何以历史的主人的姿态继承并发扬了工人阶级的革命传统，把一个半封建、半殖民地的旧上海，从经济基础到上层建筑进行了一番彻底的改造。"[1] 书中还使用了许多表明"新上海"的关键词，诸如"新的""第一次""春天""变迁""拥护""第一炉""翻身""第一家""诞生""冬去春来""成长""今昔""新村""笑声""奇迹""跨上"以及"颂歌"等等，包含了对于新旧上海发生变化的描述，并形成一种对旧历史的"终结"，对"新上海"从颓废没落的世界，变为发展迅猛的中华人民共和国工业化大都市的歌颂，而且突出了主人翁是当家做主的工人阶级老大哥，这是上海成为 20 世纪五六十年代中华人民共和国"摩登"城市典范的标志。

另一方面，上海又是一座近代历史文化名城，城市的风貌在中国近代城市发展历史中极具代表性，尤其是近代建筑在中国近代建筑史中扮演着不可或缺的角色。上海特有的城市历史风貌，正是上海近代，乃至中国近代城市发展的缩影和近代中国城市文化产生的重要背景。因而，上海近代城市文化遗产在中华人民共和国城市变迁背景下融入的新含义，将成为新元素，这使得上海近代特有的城市历史文化风貌在 20 世纪五六十年代各地兴起的城市大变样中独具一格，在我国当代城市规划与城市景观设计中，具有相当经典的"摩登"城市的代表意义。

图 11
上海怡和纱厂建筑是上海早期优秀工业建筑之一

例如，上海在 20 世纪五六十年代的工业厂房就成为此时期上海乃至全中国工业化城市的标志。（图 11）上海早期的工业建筑主要是砖木结构的平房，即采用中国传统的木架结构的单层厂房，以及后来的大跨度的以砖墩承重的砖木混合结构的工业厂房。随着西方建筑技术的传入，19 世纪 60 年代逐渐出现新结构、新技术，上海近代工业厂房建筑面貌发生很大变化。如 1863 年应用金属结构的上海自来火厂炭化炉厂房，成为上海第一座铁结构建筑。至于混凝土与钢筋混凝土应用于近代工业建筑，则略迟于钢结构，其首例是清光绪九年（1883 年）所建的上海自来水厂。之后，是宣统三年（1911 年）建造的上海日华纱厂采用的钢筋混凝土结构锯齿式屋顶单层厂房。其后，以混凝土框架、半门架、拱形屋架、双铰门架与双铰拱架等新结构形式的单屋厂房陆续出现于上海，直至中华人民共和国的 20 世纪五六十年代，上海参与推进重工业和国防工业体系建设时

[1] 姚延人，周良才，杨秉岩．欢呼《上海解放十年》的出版 [J]．上海文学，1960，(04):62.

出现的大规模工业厂房，大多出自此种建筑设计方案。在
此期间的 1959 年 2 月 14 日，江南造船厂举行万吨水压机
开工典礼，成为继东北重工业基地之后在我国南方开工建
设的重要工业基地。这座万吨水压机由 3 座横梁、4 根立
柱和 6 口工作缸制成的特大型铸钢件构成，其配套的厂房
设计也主要是参照这类厂房样式，采用全跨梁式钢结构建
筑。当然，这项工程建筑比较庞大，建设周期较长，直到 1964 年 12 月才正式建成，
但该厂房的结构非常牢固，一直使用至今。从此之后，江南造船厂万吨水压机的厂
房（图 12）从此就成为"新上海"的地标象征。

图 12
上海江南造船厂万吨
水压机厂区

　　上钢三厂的前身是上海第一家民营钢铁厂"和兴化铁
厂"。工厂兴建于 1918 年，当年向德国购进 10 吨高炉
1 座，为此量身定做的厂房就成为那个时代上海滩十分显
眼的大型建筑，而上钢三厂也与 1912 年建成的东北辽
宁本溪钢铁厂一起成为我国早期钢铁工业的企业代表。
（图 13）上钢三厂的其他厂房大多兴建于中华人民共和
国的 20 世纪五六十年代，这时期的厂房设计具有典型的

图 13
上钢三厂厂区

时代特征，即突出工业建筑的实用性，其设计更多地表现为基本功能的空间属性，是一
种基础建筑。用今天的眼光来重新审视，这类工业建筑几乎把建筑艺术内涵中的象征风
格、审美、形式感等完全剥离，存在于建筑体内的水泥、梁柱结构暴露无遗，与当今后
工业时代的审美取向不谋而合。这些曾一度被视为最无文
化色彩、最缺少建筑面貌特征的工业建筑，反而成了那个
时代留存至今的重要视觉元素。在那空旷的厂房里，仿佛
还能看到当年钢铁工人忙碌的身影，甚至能听到"抓革命、
促生产"的广播声，怀旧的情愫还体现在留在墙壁上的革
命年代的红色标语和语录，社会主义大生产的痕迹无处不

图 14
上海钢铁厂生产控制
中心的自动化设施

在。（图 14）当然，我们应该尊重历史事实，承认当年建造这些工业建筑是被当作社会
主义重大成就来看待的。如 1958—1960 年，在上海出版发行量很大的《东风》画刊，
几乎每一期上都有画作或工地速写，反映工业建设的新气象。

　　如今，上钢三厂的中心厂区虽已成为 2010 年上海世博会场馆的核心区域，世博会
的中国国家馆、主题馆和企业馆等重要场馆就建在此地，但作为上海钢铁工业的"老字号"

企业，目前仍保留有和兴仓库、特钢车间、电炉车间和厚板车间等厂房的外结构，按照世博会的规划设计，厚板车间及和兴仓库在世博会期间被改成物流中心、仓库和联合展馆等，而电炉车间用作餐饮娱乐场所和联合馆用房。世博会之后，这些厂房基本保留，但愿能为我们留下了解上海20世纪五六十年代工业化进程中大型工业区域的规划与设计的样板。特别值得一提的是，上钢三厂1000多平方米的特钢车间，在世博会期间被改建成拥有3500座观众席的"上钢大舞台"，且是敞开的景观演艺场所，留给世人很深的印象。那黝黑粗壮的钢结构牢牢支撑起的巨大厂房，不仅成为上海世博会重要庆典主场馆的留影地，而且昔日钢花飞溅的工业遗址也成为人们永久的记忆。

当然，作为中华人民共和国20世纪五六十年代"摩登"城市的代表，上海风貌远不止于工业建筑，还有文化、街道和更多的商业及民用建筑。可以说，自1843年上海开埠以来，黄浦江两岸集中的大批建筑均是上海风貌的体现。如昔日的跑狗场在20世纪50年代化身成汇集国内外文艺演出的广场，当年有文献记载说："上海人民在文化广场尽情享受着中外文化艺术的成果。那个舞台也就成为中外艺术百花齐放的大花园。解放以来有三十个外国艺术团体在那里演出了一百多场，有近百个国内艺术团体演出三百多场。上一千万的人（次）在那里看到最出色的音乐、歌舞、戏曲、杂技、体育等丰富多采的表演。"[1] 可见，中华人民共和国成立后，将昔日的跑狗场改建成上海人民文化广场所确立的典范性意义，在于塑造上海城市的新形象。同样，20世纪五六十年代在经历了全面社会主义改造之后，上海城市功能在政治和经济两方面都得到进一步的明确，即加速实现城市的社会主义和全面推动城市的迅速工业化。至此，上海城市的街道景观也发生了天翻地覆的变化，南京路的新形象就是经典一例。

南京路几乎是每一个中国人，甚至到中国来旅游的外国人都知道的路名，可这样的路名居然是受到租界的影响，带有历史的遗憾。英租界开辟之初，路名随意而取。1862年英美租界合成公共租界，为整顿租界内路名各持所见。经过多方妥协，决定用中国省名和城市分别命名南北向和东西向的马路。1862年5月5日，英国领事麦华陀发布了《上海马路命名备忘录》，制定了凡南北走向的街道以各省的名称命名，东西走向的街道以城市名称命名的原则。第一批命名了19条马路，租界的执行官们为了纪念《南京条约》给他们带来的巨大利益，把派克弄命名为南京路，原来的领事馆路则被命名为北京路。但上海人一度拒绝外国人定下的这些路名，把南京路叫大马路，而九江路、汉口路、福州路和广东路，则被依次唤做二、三、四、五马路，后又把较短的北海路叫作六马路。直到1949年后，才统一接受外国人制定的上述路名。中华人民共和国建立之初的1950

[1] 张忱. 文化广场札记 [C]// 《上海解放十年》征文编辑委员会. 上海解放十年. 上海：上海文艺出版社，1960:438.

年，上海市人民政府仅对少数道路名称做了更改，大部分仍沿用以前约定俗成的命名，因而南京路就被保留了下来。（图15）

图15
上海南京路街景

南京路的名称来源有着不一般的历史背景，同时南京路上早先由英资开设的福利公司、惠罗公司、泰兴公司（今连卡佛）和汇司公司合称为前四大公司或老四大公司，而侨资开设的先施公司、永安公司、新新公司和大新公司则合称后四大公司，此外，还有协大祥、老介福、亨达利、恒源祥和张小泉等专业特色店铺，使南京路成为上海最繁华的马路，路名的历史也就被掩盖了起来。这样，到了解放后，随着人民政权的建立，和通过没收官僚资本以及对私有经济的社会主义改造，南京路的路名已很少有人再去追究，而南京路沿线很快成为上海国营企业的重要商业窗口和政务办公区及对外的接待中心。如1955年根据中苏两国政府间在北京、上海各建一座友好大厦的协定内容，上海中苏友好大厦在苏联专家的指导下，在旧上海的地产大王哈同的爱俪园旧址上建成。这座20世纪50年代上海最大的建筑项目，很快成为南京西路乃至整个上海新的标志性建筑，成为上海市重大庆典活动、重大会议、重要宾客接待和外事活动接待、工业建设展览以及中外国际交流展览的主要集会场所，迄今都发挥着深刻的作用。（图16）当然，20世纪50年代红遍大江南北的话剧《霓虹灯下的哨兵》，以"南京路上好八连"官兵为原型，成功地塑造了陈喜、赵大大、童阿男等一个个精彩形象，讲述了连队在艰苦奋斗精神培育下转变成长的过程，教育感动了一代又一代人，这是重新塑造南京路形象的点睛之笔。

图16
上海在20世纪50年代兴建的中苏友好大厦

应该说，中华人民共和国成立之初的20世纪五六十年代，上海对旧有城市地标的全新改造，使得上海以崭新的形象列入中国社会主义城市的首列当中。这些旧有的城市地标不仅被新的规划与设计激活，也被新的活动所改造，而且城市空间的性质也被重新界定。如大工业化发展给现代城市住宅建设带来的压力是巨大的，早在1887年恩格斯就指出："当一个古老的文明国家这样从工场手工业和小生产向大工业过渡，并且这个过渡还由于情况极其顺利而加速的时期，多半也就是'住宅短缺'的时期。一方面，大批农村工人突然被吸引到发展为工业中心的大城市里来；另一方面，这些旧城市的布局已经不适合新的大工业的条件和与此相应的交通；街道在加宽，新的街道在开辟，铁路铺到市里。正当工人成群涌入城市的时候，工人住宅却在大批拆除。于是就突然出现了工人以及以工人为主顾的小商人和小手工业者的住宅缺乏现象。在一开始就作为工业中心而产生的城市中，这种住宅缺乏现象几乎不存在。例如曼彻斯特、利兹、布拉德福德、巴门－爱北斐特就是这样。相反，在伦敦、巴黎、柏林和维也纳这些地方，住宅缺乏现象曾经具有急性病的形式，而且大部分像慢性病那样继续存在着。"[1] 可是，在 20 世纪 50 年代初的上海，却出现了一种设计标准、成本低廉、构件预制的"平民住宅"，从而现实地解决了在有限的空间之内，经济合理地容纳更多人口的问题。（图 17）在周而复的小说《上海的早晨》中有一段这样的描写，工人新村的主要建筑面貌得以展现后，所有视线都集中在一个升格的画面中："远远望见一座大建筑物，红墙黑瓦，矮墙后面有一根旗杆矗立在晚霞里，五星红旗在空中呼啦啦飘扬。红旗下面是一片操场，绿色的秋千架和滑梯，触目地呈现在人们的眼前。操场后面是一排整整齐齐的平房，红色的油漆门，雪亮的玻璃窗，闪闪发着落日的反光。"[2] 这是作家对上海工人新村建设给予的描述，聚焦出 20 世纪 50 年代开始弥漫出的充满温情色彩的社会主义建设景象。这里，值得书写的一笔是，2003 年上海市人大通过的《上海市历史文化风貌区和优秀历史建筑保护条例》正式生效，历史文化风貌区、工业建设遗址区和中华人民共和国标志性建筑的保护工作终于在法律层面得到保证。这样一来，上面列举的许多 20 世纪五六十年代以及更早的上海标志性建筑将会被保留下来，这将是我们研究 20 世纪五六十年代的上海作为中华人民共和国"摩登"城市的建筑"样本"。

图 17
20 世纪 50 年代上海
工人新村

结语

20 世纪五六十年代，上海"摩登"涉及的领域远不止文中提及的内容，上述只是片段，甚至是微缩的片段。然而，这微缩的片段也具有中华人民共和国建设初期设计史样本的意义，说明中华人民共和国的设计事业也有着"工艺美术"和"现代设计"这两个清晰的历史轨迹。中华人民共和国成立之初，在工艺美术主要产区，如北京、山东、江苏、浙江、广东和陕西等地，正着手恢复和发展传统工艺美术，以增加国家创汇收入。而在上海，则显现出现代设计的曙光，如本文论及的在华外资和中资纺织企业的转制，焊接上新与旧断裂的"摩登"设计链条；"上海牌"工业品的登场，标志着中华人民共

[1] 恩格斯．论住宅问题第二版序言[C]// 中共中央马克思恩格斯列宁斯大宁著作编译局，编译．马克思恩格斯选集（第二卷）北京：人民出版社，1972:459—460.

[2] 周而复．上海的早晨（第 3 部）[M]．北京：人民文学出版社，1980:151.

和国工业设计的起步；上海城市新建设，成为中华人民共和国城市的"摩登"典范。当然，在上海出现的现代设计，又有着重要的历史背景，这便是从1953年开始执行的国民经济发展第一个五年计划中，开始重视轻纺工业的发展。然而，到"一五计划"完成之后的1957年，国家就又提出"赶超"英美的工业化口号，突出推行重工业战略的发展道路。此时，苏联工业的发展模式，即优先发展重工业，就成为我国工业发展模仿的奋斗对象。如此一来，上海的轻工业发展速度出现放缓趋势，原有的轻纺工业阶段性发展优势因集中建设重工业体系而被削弱。所以说，本文叙述的1950—1960年间上海"摩登"，涉及的轻工业产品（如纺织印染、日用产品）在后续发展中其实是受到一定制约的。就连可以归进重工业的建筑业，在20世纪50年代中后期也因国民经济出现困难而遭停顿。之后，大力提倡的城市建设以"先生产、后生活"作为基本准则，以至这一基本准则贯穿于其后近三十年，这就使上海大规模的城市改造从20世纪50年代中后期直至20世纪80年代中期未能进行。这些历史进程中暴露出来的问题，其实正是中国当代设计所要涉及的政治、经济和文化诸多领域里的问题，也是书写中国当代设计史值得探究的问题，留作续文再论。

原载于《创意与设计》2011年第6期

上海"代言"：新中国成立初期国家设计形象的写照

——20世纪50年代上海商业经济与文化中的设计资源考察

　　中华人民共和国成立之初，接管的是一个历经长期战争破坏，民族经济凋敝不堪的摊子。在国外，以美国为首的西方经济体国家对中华人民共和国国家政权实行严密的经济封锁。在当时，中华人民共和国的经济发展所能依靠和学习的对象就只有苏联，而苏联又是以重工业为中心的工业化国家。正是在这样复杂的历史背景下，为恢复国民经济领域中的商业经济和秩序，国家可以选择的重点区域也只有上海，因为上海作为我国近代工业文明的发源地，其商业经济与商业文化一直是我国的领跑者，况且上海又是近代民族资产阶级最为集中的地方，商业经济发展的必备条件和人脉都还存在。一言以蔽之，中华人民共和国在重启商业经济活动时，以上海为重心便是历史的必然选择。正是出于对这一历史事实的考虑，本文以20世纪50年代上海商业经济与商业文化中的设计资源为考察对象，探讨上海在中华人民共和国成立初期具有的国家设计形象的"代言"作用。

一、20世纪50年代，上海重振商业经济与商业文化的历史机遇

　　20世纪50年代的上海，虽说经过对资本主义工商业社会主义改造，标志着"三位一体"①的经济体制正式建立，但其商业经济与各地相比，还是有着明显的优势，海派商业文化仍在商业经济中发挥着重要的推动作用。那么，为何经过社会主义工商业改造之后，上海的商业经济仍能坚守自己的特色？这从根本上说，离不开近代工业发源地孕育的工业文明和大都市繁荣所产生的巨大影响力。（图1）

---

① 所谓"三位一体"的经济体制，指在中华人民共和国成立初期确立的建立产品经济、计划经济和全民所有制的经济体制，这是构成当时社会主义经济体制的三大基石，它们之间形成互相支撑，构成了一个内在逻辑关系非常紧密的架构。这个架构在创建社会主义经济制度的初期，曾经发挥过积极作用，但是随着情况的变化，逐渐走向反面，成为束缚生产力发展的绳索。因此，到改革开放不断深入推进的二十世纪九十年代，这种"三位一体"的经济体制最终解体。现在，产品经济和计划经济体制两个范畴已被实践所扬弃，剩下的全民所有制虽尚存一席之地，但亦处风雨飘摇之中。

从历史来看，早在20世纪二三十年代，随着上海商业经济的发展和开放程度的加速提升，一个特殊而庞大的市民阶层出现了，这使得商业经济在更广泛的领域中具有渗透的可能，从而导致市场繁荣与消费方式的多样化与现代化。并且，此时期的上海已经参与进世界经济大循环的格局，商业经济由此获得快速的发展。例如，20世纪30年代，"上海外贸占全国的比重又有上升，1936年占全国外贸总额的55%。贸易总额持续增长的同时，贸易商品的结构也发生了相应变化。进口商品品种从19世纪70年代的近百种猛增到20世纪的1000余种。其中应国内制造业发展需要的生产资料类的机器、五金电器材料，以及生产原料类的钢铁、矿砂、农产品等进口数量增加更快。出口商品中，传统丝、茶出口比重下降，豆、豆饼、桐油等农副产品以及加工产品的比重上升。更值得一提的是，上海本埠生产的机制轻工业产品向香港、南洋等海外市场的出口迅猛增长。1913年上海口岸轻工业产品出口只占出口总额的0.17%，1936年已上升到3.95%"[1]。与此同时，本地批零商业也在20世纪二三十年代获得较快进步。再加上这一时期上海人口的迅速增长，以及交通运输便捷带来大量南来北往流动人口等因素，上海集聚起巨大的财富和市场购买力。在此背景下，自然造就了我国近代最大的商业消费市场。诸如，先施、永安、新新和大新四大著名百货公司，先后在上海最繁华的南京路上开张，（图2、图3）南京路（图4）成为近代以来我国最负盛名的商业购物街。市区内公馆马路、霞飞路、静安寺和小东门等处也已形成主要的商业街区。市区周边沪西、沪北、沪东等地也兴起，形成了一批以中下层市民为主要消费对象的商业中心。到20世纪30年代中后期，也就是抗战爆发前夕，门类齐全的商业网络已经在上海完全形成，并出现基本成熟的不同层次的消费群体，如上流社会新奇时尚的时髦消费，中产阶层追奇猎新的品位消费，下层居民满足生存的需求消费，造就了一个国内最为庞大、最重要的消费社会。商业经济的不断发展，进而导致市民阶层对文化的需求，由此产生了一个潜力巨大的商业文化市场。商业美术、产品造型与包装设计、服饰美容、工艺美术以及印刷、

图1
上海东外滩近代工业
遗址地保护规划方案
景观效果图

[1] 张忠民. 上海经济的历史成长：机制、功能与经济中心地位之消长（1843—1956）[J]. 社会科学，2009, (11):128.

图2
先施公司创办于1917年，在上海南京路630号，这是其总店大厦

图3
永安百货有限公司是百联集团的下属企业，公司创建于1918年

图4
20世纪30年代的上海南京路街景

出版、摄影等与商业经济密切联系的行业应运而生。这样，到了20世纪50年代，当社会条件允许的状况下，这种商业经济及商业文化又开始兴盛起来。(图5)

20世纪50年代初期，"上海私营商业在全市商品零售总额中占92.8%。全国规模较大的私营企业，如申新纺织公司（图6）、福新面粉厂、永安纺织印染公司、大隆机器厂、大中华橡胶厂、南洋兄弟烟草公司，永安、大新、新新和先施四大百货公司以及三大祥①三家棉布庄等都开设在上海"[1]。这说明，上海私营工商业在上海以至于全国的国民经济中都占有重要的地位。此时上海的私营工商业可以说是全国私营工商业的缩影，极具代表性。甚至可以说，上海私营工商业的发展和动向对上海乃至全国都产生重要的影响。当时中央政府许多政策的制定和出台，都参考了上海私营工商业的状况。随着20世纪50年代中后期我国工作重点由农村转向城市，上海的地位就显得更加重要。比如，在20世纪50年代初期调查我国传统手工艺产业，保存有20个大类、645余小类，数以万计品种。据1957年上海工商业部门统计，在全国10681个传统

工艺美术企业中，有近三分之一以上为上海企业，从业人员有万余人（另有许多外地的加工队伍）。并且，在上海企业中还拥有当时评选的工艺美术师百余名，可以称得上是全国工艺美术的重点区域。（图7）此外，无论是品种还是规模，上海都位于全国前列，在当时是引领全国工艺美术发展的龙头。特别值得一提的是，在工艺美术这一产业带动

图5
20世纪50年代初期南京路的繁荣景象

图6
20世纪50年代经过改造后的申新纺织公司厂区

图7
工艺美术老艺人在上海工艺美术研究所楼前合影

图8
有着百年经营历史的上海时装商店

---

① "三大祥"是由上海滩三个百年老字号绸布商店（协大祥、宝大祥、信大祥）组建改制而成，下属1个批发市场，3家总店，16家分店，是自三十年代以来上海专营纺织品大型企业之一，营业额占上海全市零售布店的三分之一。早年自行设计花型、规格，直接向工厂定织、定染，并向纺织厂投资，以操纵工厂经营大权。由于资金雄厚，备货充足，花色齐全，店堂宽敞，既可陈列大量商品，又可容纳大批顾客，因此，许多中小型同业厂家很难与之争衡。

[1] 高晓林. 上海私营工商业研究（1949—1956）[D]. 上海：复旦大学，2004:2.

下，商业美术设计、产品造型与包装设计、服饰美容，以及印刷、出版、摄影等行业也在此时期获得相应的发展。（图8）

　　除此而外，海派商业文化也日渐恢复和发展。当时的上海有两个代表性场所，一个是闻名遐迩的"大世界"（图9、图10、图11），另一个是新改建的老城隍庙（图12）。这两个场所虽说在中华人民共和国成立初期进行过社会主义工商改造和社会主义教育运动的洗礼，但在20世纪50年代中后期还基本保持其特色，实属不易。这两个场域均可谓是民间文化娱乐天地。"大世界"和新老城隍庙在当时都不收大门票，大世界里一张低价的剧场入场券可以观看各种舞台表演，有戏曲和民间杂艺，还有西洋乐的演奏。城隍庙商场可以看活狮出把戏、珍奇动物，还可以买各种文化娱乐商品，直到1958年以后，城隍庙楼上还陈列有"十八层地狱""黑白无常鬼"整条阴界娱乐设施，甚至保留有算命测字摊。在九曲桥畔那些销售旧书的小店和旧书摊上，还能淘到各种难觅的书籍。不同兴趣和层次的民众娱乐，诸如养八哥、斗蟋蟀、玩小虫、种花养鱼，都可找到适合的买家，这是当年上海市民自娱自乐的主要场所。这种公众娱乐场所的经营保留，

图9
20世纪50年代上海"大世界"

图10
"大世界"游艺介绍说明书

图11
"大世界"里面的哈哈镜

图12-1
上海老城隍庙

图12-2
城隍庙里游艺活动

也对上海商业经济和商业文化的滋养起着重要的作用。有许多忆旧的文章就写道：在 20 世纪 50 年代的上海，行走在马路上或到里弄，常常会听到洋房里传出的钢琴声、小提琴声，当然也少不了票友拉京胡唱京戏、学越剧哼沪剧的腔调。可见，民间的自娱内容非常丰富，市民的爱好多姿多彩，如当年的中央商场、旧货商店等尚存的旧货市场，以及淮海路和陕西路路口星期日旧货交易摊点，能买到旧书、老唱片等旧物（图 13）。这样多样化的商业经济，营造出上海 20 世纪 50 年代特有的氛围。

图 13
20 世纪 50 年代上海淮海路和陕西路口星期日旧书摊

其实，海派商业文化不止这些显在的商业活动，20 世纪 50 年代上海为全国的印刷、出版、摄影等行业带来的商业文化气息更是浓郁。比如，海派风味的年画（图 14）和宣传画在 20 世纪 50 年代呈现热潮，可说是全国新华书店或文化市场经销的货源地。当时上海出版的年画大都采用半开张的印刷形式，其风格是以从 20 世纪三四十年代"月份牌"笔法改革而来的工笔加水彩画为主，讲究精细描绘，美观真实。除一些传统题材仍然采用旧时年画笔法表现"年年有余""闹春""白蛇传""梁祝""桃园结义"和"逼上梁山"等民间传说和历史故事题材外，还宣传"新婚姻法""人民银行储蓄好""中苏友好""镇压反革命""第一个五年计划全面迈进""公私合营""把青春献给祖国"和"钢铁元帅升帐"等等，都是采用变革而来的新法描绘，使年画创作充满时代的绚烂气息。如 1959 年国庆 10 周年前后由哈琼文创作的《祖国万岁》年画，成为之后宣传画的雏形，贴满了淮海路、南京路这样的大街，广受赞扬。在年画和宣传画大兴其势的时候，上海的文具店和新华书店里又开始供应起中断了近 10 年的贺年片和书签。当时销售的这些贺年片和书签可谓价廉物美（当时仅卖一分钱一张，最贵也就是三至五分钱一张），而配图、印刷却十分精美。张充仁的水彩静物画、崔预章的月季瓶花油画、陈之佛的工笔花鸟画、吴青霞的水墨游鱼图、江寒汀的兼工带写双鸭图，等等，都在 1956—1957 年间印上了小小的贺年片，多由上海人民美术出版社出版，可见刚走上国营

图 14
20 世纪 50 年代上海人民美术出版社出版的年画中反映的儿童生活

道路的出版社已经由编辑集中组织了著名画家参与创作。到1958年，上海里弄的小商店里还销售过翻印20世纪二三十年代的圣诞题材贺年片。早年上海民众的小小贺年片情结，此时悄然复活。然而，时隔不久，这些花红柳绿、花鸟虫鱼题材的小小贺年片便被驱逐出市场，这种萧条，正如张爱玲笔下描写的那样，"冬季的晴天也是淡漠的蓝色，野火花的季节已经过去了"[1]。

综上所述，20世纪50年代上海重振商业经济的历史机遇，同时促进了商业文化的兴盛。而这场商业经济与商业文化复兴中也正孕育着新时代的设计，这一时期的上海不仅有着丰富实在的物质表象，更勃发着许多精神层面的设计思潮。

二、南京西路重现名副其实的"中华商业第一街"

南京路的静安段，东起成都北路，西至延安西路，长度约为2930米，占整条南京路总长度的60%，总面积约为1.8平方公里，这段路的响亮名称是"南京西路"。该路名是1945年上海特别市政府将静安寺路改名而得。从文献记载来看，南京西路始建于1862年，可说是我国第一条西式马路，又在俗称的"十里洋场"（十里南京路）区域范围。这条路迄今已有百余年历史，路段上有着许多20世纪50年代可圈可点的设计，可谓是一幅我国近现代设计史的典型画卷缩影。

南京路上的有轨电车

南京西路早在1908年3月便开通英商铺设的第一条有轨电车线路，从静安寺到外滩，将当时的英美公共租界通过南京西路和南京东路连接起来。当年英商电车公司曾于试运营当天制作了大批电车宣传画（图15），张贴于上海的大街小巷，以扩大电车交通的影响力，吸引更多市民前来乘坐电车。《申报》在1908年3月5日的报道中说，由英商经营的上海第一条有轨电车线路正式通车营业。清晨5点30分，第一辆电车从静安寺出发，经愚园路、郝德路（今常德路）、爱文义路（今北京西路）、卡德路（今石门二路）、静安寺路（今南京西路）向东行驶，穿过公共租界商业大街南京路（今南京东路），沿着外滩到达上海总会（今广东路外滩东风饭店），这标志着

[1] 张 爱 玲 . 倾城 之 恋 [M]// 张爱玲 . 张爱玲文集 . 长 春： 吉林摄影出版社，2000:159.

图15
英商电车公司于1908年2月6日试行电车时，制作的一批电车宣传画

上海城市公共交通开始进入现代交通工具的时代。（图16）当年的有轨电车车厢分头等、二等两档，实行分段计价。在此前后，法租界也成

立了法商电车电灯公司，经营起一条法租界的有轨电车线路。后在1912年8月，英法电车公司开始相互通车，从此跨区运营得以实现。到1913年2月，华界南市内地电灯公司经理陆伯鸿等人为挽回中国主权，阻止外商侵越华界，便以繁荣南市为由，向上海县主管申请创建南市有轨电车，经市议事会讨论批准给予电车专营权。此后，上海华商电车公司成立，旋即着手电车工程的筹建。整个工程建设、设备等均委托德国西门子公司办理，同年3月动工建设，是年8月11日，华商第一条有轨电车线路正式通车营业。

图16-1
1908年3月5日，上海第一辆有轨电车彩车行驶至外滩（广东路）终点站

图16-2
行驶在静安寺至外滩之间的有轨电车线路使用的是英商Brush短四轮有轨电车

20世纪50年代，这多条有轨电车营运线路成了大上海的象征，甚至在外宣上也以有轨电车的形象来预示工业化社会的到来。然而，毕竟有轨电车建造年代已久，线路布局不合理，致使其与上海城市建设的飞速发展极不适应，交通矛盾也越发突出。于是到了1963年8月政府便拆除了南京路上的有轨电车轨道，改驶无轨电车。（图17）如此一来，在南京路上行驶了整整55年的上海第一条有轨电车线路终于结束了

图17
1963年8月15日，南京路上的有轨电车轨道被拆除

它的历史使命。从此，上海公共交通又有了新的发展，起先是政府对20世纪40年代留下的美国福特汽车公司制造的T234"大道奇"客车（图18-1）重新改装设计，更换了车厢和座椅，一次可乘70人，车门也更换成自动式双开门，车身颜色为上浅黄下红色，在大街上十分醒目。后来，到了20世纪50年代末60年代初，又有多款新型公共电汽车问世。当时，上海的无轨电车车型有红旗651型、4000型，江南663型、662型。无轨电车的基本车型为双轴车，为了增加载客量，出现了绞接车。牵引电动机安装在前轴与驱动轴之间，采用整体弹性悬挂。除少数牵引电动机采用复励直流电动机外，其余都用起动力矩大的串励电动机。无轨电车的车身跟公共汽车相似，使用的电力一般是通过架空电缆，经车上的集电杆取得。上海的无轨电车在当时应该是全国最好的大型客车。（图18-2）公共汽车有解放644型、651型、660型，上海660型等，更加适合穿街走

巷的复杂线路和郊区线路，使上海公共交通
面貌焕然一新。

南京西路沿线的商铺店家

早在 20 世纪二三十年代，上海主要商
业街区就围绕南京西路形成，尤其是那些根
据环境度身定制的富有现代气息的商铺陆续开在了南京西路上，使得南京西路弥漫着浓
郁的欧陆风情。这些店铺中，有著名的凯司令西点店、绿屋夫人时装店、蓝棠皮鞋店以
及波士顿皮件店等。另外，百乐门、大都会、美琪以及平安等奢华戏场、影院和舞厅，
也先后在南京西路上开业。有趣的是，虽说南京西路店铺林立，却与南京东路的喧
哗商业街区形成鲜明的对比，有一种闹
中取静之感，成为当时上海最为雅致的娱乐
休闲及生活区域。同一条南京路，东段盛气
凌人，西段闲情迷人。当然，这都是过
去的事了。（图19、图20）

到了 20 世纪 50 年代，南京西路沿线
很快成为上海重要政务和对外接待中心，上海市政协、外办、侨办等均落址于此。尤其
是 20 世纪 50 年代中期，中央政府在北京和上海举办苏联经济和文化建设成就大型展览，
并决定在北京和上海各造一幢与之相适应的展览馆。1954 年 5 月 4 日，上海中苏友好
大厦在延安西路和南京西路交汇处，即老上海地产大王哈同的爱俪园旧址上兴建。这座
大厦是在苏联建筑家安德烈耶夫（Андреев, Виктор Сенёнович, 1905—1988 年）
设计和指导下进行建设的，至 1955 年 3 月建成，费时 10 个月。整个大
厦占地 2.5 万平方米，建筑面积计 54108 平方米，展厅面积达 2 万平方
米以上，成为当时上海的地标性建筑，也是 20 世纪 50 年代上海建造的
首座大型建筑，与北京展览馆同属俄罗斯古典主义建筑风格。大厦坐北
朝南，正南为大广场，有音乐喷泉。主楼矗立正中，上竖镏金钢塔，与
主塔相辅辉映。大厦展厅及附属建筑层层往后延伸，衬托出整个建筑巍
峨雄壮的气魄。（图21）此后，南京西路在很长时间里再未有新的高楼
大厦问世。可以说，在此之后，整个 20 世纪五六十年代，上海都未建造
新的大体量办公和金融建筑，而原有的部分金融大楼则被改作政府机关
办公用房。只有 1960 年建造的静安区和上海县人民委员会办公楼，以及 1964 年建造的

图18-1
"大道奇" T234 客车

图18-2
上海新型无轨电车

图19
20 世纪 50 年代上海
南京西路的景象

图20
南京西路上的西服店

图21
20 世纪 50 年代兴建
的上海中苏友好大厦

市人大办公大楼稍具规模。南京西路乃至整个上海的建筑与市容发生巨大变化，则是在1985年之后，新的商厦群及宾馆拔地而起，大型商厦与百年老店、名店以及特色商店交错林立，互为衬托。

从上海近代史文献资料来看，20世纪50年代南京西路沿线的有名商铺店家真是不少。诸如地处南京西路静安寺一段的鸿翔时装公司，创设于1917年，是我国第一家时装店。该店主营各种高档女子时装，素以选料考究、工艺精湛名闻海内外。20世纪30年代蔡元培曾题赠"国货津梁"匾额。20世纪50年代，鸿翔时装公司成为中华人民共和国时髦服饰的代名词。除了上海市的名特商店，在数十年的服装品牌生产经营中，"鸿翔牌"女毛中长大衣和女毛西装曾双双被评为商业部和上海市优质产品。多次为访华的元首级国宾提供服务，被誉为'女服之王'"[1]。

亨生西服公司，地处南京西路976号，建于1934年，是上海西服业四大名店之一。该店以制作男式高级西服为主，"汲取国外各种西服流派之所长，形成特色，如罗宋派之板扎和绅士派（英美款式）的潇洒，收业中称它为'少壮新潮派'"[2]。从20世纪50年代起，"亨生牌"精纺呢男西装和全毛男大衣多次被评为上海市优质产品。

第一西比利亚皮货公司，设在南京西路1135号，创办于1930年，是上海一家专营裘皮、皮革服装的名店。其皮毛原料选择精良，自行设计，讲究工艺，运用串刀、乙字、嵌革、拔抢、染色和刷色等传统制作手段，使成品皮毛极其自然。特别是其精心制作的黄狼、狐狸、水貂和紫貂装头，栩栩如生。出品的"虎啸牌"裘皮大衣、围巾和披肩等，穿着轻盈舒适，雍容华贵。

龙凤中式服装商店，开业于1956年，坐落在南京西路819号，是上海独一无二的专制中式服装的名店。其设计的中式服装，造型美观，曲线明朗，融民族传统和现代潮流为一体。旗袍既有传统的大襟、对襟、琵琶襟，又有经过改良的现代款式。面料多选用苏杭等地出产的上等真丝绸缎，采用滚、烫、缕、雕、绣、镶和嵌等特色工艺，精工细作。"龙凤牌"中式女棉袄是上海市优质产品。

富丽绸缎呢绒公司，原名富丽绸布商店，创设于1948年，地处南京西路1156—1164号段。主要经营丝绸、呢绒和棉布，化纤等纺织品，尤以女式衣料备货丰富而出名。其于20世纪五六十年代就被评为上海市商业先进集体。不断组织经销新品种、新花色，商品以新、齐、美著称，被人们赞为"时髦面料信息窗"。

永泰服饰商店，创办于1931年，地处同孚路（石门一路）322号，是一家商兼工企业，

[1] 上海市地方志办公室. 上海名街志 [M]. 上海: 上海社会科学院出版社, 2003:85.

[2] 上海市地方志办公室. 上海名街志 [M]. 上海: 上海社会科学院出版社, 2003:85.

以制作丝绸妇女时装、绣衣、衬衫和男女晨衣而扬名海内外，产品远销德国、法国、意大利、荷兰和日本，也销往中国港澳地区，尤其以"红玫瑰牌"女式丝绸服装深受中外顾客青睐。20世纪五六十年代，从国家领导人夫人到各界妇女知名人士，再到电影明星、歌星、名演员，以至普通百姓，都是该商店的光顾常客。当时的永

图22
上海人的日常装束

图23
上海居民家中的收音机

泰是上海第一家向市丝绸进出口公司提供产品的企业，其产品获准出口免检，引来不少外商向外贸部门指名定制永泰产品。（图22）

上海电视机商店，其前身是上海无线电行，创于1948年。1958年与宏声、淮安等无线电行合并，取名上海无线电商店，当时地址在南京西路1195号。其经营国内生产的黑白电视机、收扩音机和各种电子产品等家用电器，在当年是全国仅有的无线电产品专营销售商店。商店还附设维修部，是沪产名牌电视机特约维修站，也是上海家电批发公司电子产品的维修中心。（图23）

得利车行，创设于1922年，地处静安寺地区，以在上海最早经销英国"兰苓牌"自行车和"邓禄普"车胎而闻名。该车行自设工厂，组装自行车，有"五旗牌"等名牌商标。20世纪50年代开始经销沪产"永久""凤凰"和"飞达"等名牌自行车，以品种齐全、装配精密、质量考究、服务优良著称。

南京美发公司，创建于1933年，开设在南京西路784号，当时设备均从美国引进，成为上海规模最大、设备最齐、技术力量最强的特级理发店。20世纪40年代开业初期的服务对象大都是达官贵人、社会名流，到20世纪50年代，公司经过工商业改造，成为服务于大众的店家。不过，当时仍是上海理发行业最高等级——正特级理发店，拥有特级、一级和二级技师共24人。特级理发师刘瑞卿、张学明技艺精湛，善于塑造丰富的生活发型，并擅长设计舞台艺术发型。店堂经过不断改建，营业面积达600平方米，分男、女部，楼厅设有贵宾室和美容部，又从国外引进一批理发设备，成为一家多功能、现代化的美发公司。服务项目也丰富多样，有化烫、染发、装假发、做舞台发型、美容、修指甲和按摩等，可谓配套成龙，众多宾客纷纷慕名而来。[1] 有纪念意义的是，1963年该美发公司的刘瑞卿、袁美蓉师徒俩荣获朝鲜"千里马骑手"的称号。

上海照相馆，创于1946年，原名万象照相馆，地处南京西路741号，以拍摄花色

[1] 上海市地方志办公室. 上海名街志 [M]. 上海：上海社会科学院出版社，2003:89—90.

人像照出名。著名表演艺术家梅兰芳、马连良和张君秋等都曾是该照相馆的常客。当年李宗仁出任国民政府副总统时，也是请该馆技师到南京上门拍照。这家照相馆，在20世纪50年代与早年从北京开到上海的王开照相馆齐名，均是我国照相业的老字号。在当时就开设了规模庞大的摄影厅，且照相设备一流，服务项目齐全。业务内容包括拍摄儿童照、艺术照、婚礼照和时装照，还有商业广告、证件照、合家欢、外派团体照以及着彩扩冲印等。1968年改名为上海照相馆，当时仍有特级、一级和二级摄影技师共14人，特级摄影技师朱光明拍摄人像艺术照有独特功夫，是上海著名的特级摄影师之一。

南京西路上最为抢眼的街区

20世纪50年代以来，南京西路沿线一直是上海中心城区最为抢眼的街区，这话说出来是有充分根据的。比如，20世纪50年代上海市邮电管理局发行的一张印有上海南京西路一段的明信片（图24），拍摄了上海南京西路国际饭店及人民公园一角，这张明信片很快成为外地人到上海，或是上海人给外地朋友馈赠的重要礼物，发行量极大，据统计在百万张左右，如今网上拍卖的这张旧明信片价格也在百元以上。可见，南京西路的景致一直以来是人们对上海大都市情景的记忆。

图24
20世纪50年代发行的明信片——上海南京西路及人民公园一角

如今，在南京西路的区域内仍然汇集有大片的历史建筑的街区，新里、老洋房比比皆是，更有着一种浓郁的老上海风味。特别是南京西路与静安寺一带，留有老上海的法国梧桐，是让人们流连过去生活充满时尚感的地域。在此地开发的"壹街区"南面的南京西路及吴江路一带，加之西面的老房子群，无疑让人感受到过去和现在截然不同的上海。北面是静安区唯一的大型公园——雕塑公园，这里是晨练、散步和跳舞者的好去处。小区步行至人民广场约为15分钟，在浓荫密布的法国梧桐遮蔽下，生态环境的设计已列上海环境设计的前茅。

据统计，目前南京路静安寺一带引入商业知名品牌1200多个，国际品牌高度集聚，沿线集中的国际品牌达550个。况且，上海商业国际化制高点的梅龙镇、中信泰富、恒隆和久光城市四大广场规模效应进一步凸显，彰显个性、文化、时尚特征的商业文化气息成为新时代南京西路的标志。

在《忆程乃珊，南京西路的海上旧梦》一文中作者描写程乃珊对南京西路的记忆，"12岁那年，程乃珊住进了位于南京西路1173弄的花园公寓。……作为典型的英式风格，花园公寓的绿化面积相当庞大。……'住惯了老公寓，眼界自然提升'"[1]。因而在程乃珊看来，空间是衡量豪宅的首要指标，"'铜仁路333号的绿房子，绿化面积也达三分之二以上，光厨房就300平米，整栋房子有12间颜色各异的卫生间。这才是豪宅，花园公寓虽算不上豪宅，却也非等闲之辈。"[2]程乃珊认为："所谓的上海弄堂生活，其实要分三个层次：传统石库门弄堂（包括新里）、高档公寓弄堂和花园洋房弄堂。'今天三房两厅、两房一厅所采用的'一门关煞'的单元房概念，就源于公寓。而花园公寓，乃是当年著名的高档公寓之一。'设施现代精致的公寓单元只租不卖，产权归大房东所有。为防止货币贬值，老上海公寓租金往往要支付美金或金条，所以里面的居民多为洋人和海归人士，如张爱玲的姑姑。程乃珊说，剧作家曹禺、诗人王辛笛、中国芭蕾舞先驱胡蓉蓉、名医吴旭丹、黄中，天鹅阁咖啡馆老板曹国荣等，都是花园公寓的居民。保姆和司机的住处则和主人分开，集中在弄堂到底，两层联排房子，底下是汽车间，楼上是住房，有抽水马桶浴室，不过是公用的。'佣人通过后楼梯，直接进厨房，避免了'登堂入室'的混杂和尴尬。'这是英国人讲究等级制的体现，却未必代表着歧视——佣人也拥有独立的小房间，保证了私人空间。海派的分寸感，正在于此。"[3]程乃珊还说："从陕西北路至石门路这一段的南京

图25-1
上海传统的石库门弄堂

图25-2
上海南京西路一带的高档公寓弄堂和花园洋房弄堂

西路，曾为优皮集中之地。集中了最昂贵、最时尚的专卖店。他们的定向客户就是公寓里的优皮居民。如果说整条南京西路是用金砖铺成的，那么这一段就是镶嵌在金砖上的金刚钻，全上海最昂贵的店铺，就在这200多公尺内。"[4]（图25）

程乃珊对于电影的爱好，也是在那时的南京西路上培养起来的，那时平安电影院、美琪大戏院、艺术剧场（现兰心大戏院）构成了南京西路周围的另一道小资风景线。（图26）那个时候，多由男同学代劳骑自行车买好票，女同学隔天才结伴而行。"学生票才1毛5分一张。1961年到1964年间看得最多，每周会去看两三场。"因为崇拜格里高利·派克，他主演的《百万英镑》程乃珊看了十几遍，"从这家电影院看到那一家，一场接一场。"[5]有趣的是，和现在一样，从前的南京西路也是轧朋友的好去处。"安静，有情调，又有咖啡馆，南京西路就是和别的马路不一样。"程乃珊笑言。她还记得，

[1] 唐骋华．《忆程乃珊，南京西路的海上旧梦》[J/OL]．（2020-04-08）[2023-11-05].http://m.thepaper.cn/baijiahao_6866817.

[2] 同上。

[3] 同上。

[4] 同上。

[5] 同上。

南京西路江宁路口有一个溜冰场，在跳舞已成禁忌的20世纪五六十年代，年轻人爱去那儿溜冰，而背景音乐经常是《蓝色多瑙河》之类的西方音乐。在那个硬邦邦的年代，南京西路却温柔依旧，程乃珊不禁感慨："这是很可爱的。"这种长期形成的气氛，是很难消散的，只要有那么一点缝隙，就能春风吹又生。[1]

图26
上海南京西路上的
"兰心大戏院"

三、20世纪50年代，上海商业经济助推起时尚服饰业

20世纪50年代，中华人民共和国可谓百废待兴。但人们对生活时尚的追求，则有自己的历史渊源和发展脉络。当时，由于物资短缺，服饰品种、款式和面料几乎无可选择，朴素的人民装以蓝、灰、黑、白为基调，加上女式的花布衣裙，构成了人们服饰穿着的主流。尤其是参加工作的女性和女学生中穿着的女式花布衣裙均摒弃了缎面，采用普通花布来裁剪，以显示与工农的接近。当时的衣着流行无非两条路径：一是老上海衣着风范的遗传，另一是从苏联流行并传到我国的"列宁装"和"布拉吉"。无论是哪种风范，在当时其实都被改造成简单的装束，简单的选择和简单的生活，人们在简单中找寻快乐，也寻找着时髦装束。

比如说，老上海衣着风范已不可能再现昔日的风华，在当时更不可能出现类似由王家卫导演，潘迪华在《花样年华》中所展现的那一幕幕原汁原味老派上海的闲情逸致，自然也没有邓永锵在《上海滩》中用木樨香和玉桂香营造出的老上海气息。有的只是上海人在心里留存的几分自感高尚脱俗的生活品位，又或许是外地人置身外滩，俯览黄浦江，想象中的塞纳—马恩省河或哈德森河那样的感觉。

中华人民共和国成立之初，上海人的衣着还保留着民国时期的几分风范。男子一般穿侧面开襟的长袍，妇女穿旗袍。男子也有穿中式的对襟短衣、长裤，妇女有穿左边开襟的短衫、长裤，有的还穿一条长裙。衣服面料多为机织的"洋布"、粗棉布和麻布。此外，还时兴穿西装和中山装。可是，到了20世纪50年代中后期，上海老百姓的衣着朴素简单到男女无差异，大多以中山装取代西装和旗袍。当时的历史背景，是将穿衣打扮与革命，或者与人的道德观，甚至政治立场紧紧联系在一起的。西装和旗袍渐渐地被看作是资产阶级的情调，在人们的生活中逐渐消失了。男性开始以中山装为主装，不再穿长袍马褂；女性穿的是对襟袄，不再"裹足不前"。中山装，成为最庄重也最为普通的服装。（图27）

[1] 同前一页。

上海东华大学服饰博物馆陈列有 20 世纪 50 年代初期的中山装，上衣的纽扣很多，4 个口袋平平整整，用今天的眼光看，样式呆板正统，缺乏创新。但在那时拥有一套这样款式、且为毛料质地的中山装，是件令人羡慕的事。而且，为显示穿着者的身份，通常会在中山装的左上口袋插上 1 支，甚至 2 支钢笔，这是有知识、有文化的象征。（图 28）之后，受革命的感召和对中共干部的崇敬，中山装引起青年学生的追捧。当时服装设计师根据中山装的特点，设计出了款式更趋简洁、明快的"人民装""青年装"和"学生装"。还有一种稍加改进的中山装，就是将领口开大，翻领也由小变大，很受追逐时髦的青年人的欢迎。当然，这只是男装，至于女装，则另有一番风景。

1955 年 5 月 17 日，上海《青年报》刊登了署名"启新"的文章，题目是《支持姑娘们穿花衣服》。文章写道，现在有条件可以打扮得美丽一些了，然而姑娘们的服装大都还是"清一色"，有的姑娘全身一色蓝。我们不但要把国家打扮得像一个百花盛开的大花园那样，也要把姑娘们打扮得像一朵鲜花、一颗宝石一样。文章最后呼吁："姑娘，你们大胆地穿起花衣服来吧！"紧接着，1956 年 1 月，中国美术家协会上海分会特意举办了花布、丝绸、织锦图案展览会，引起了业界和社会的极大关注，其中有不少鲜艳丰富的花布图案，如红枫小菊、小玫瑰等，深受广大民众的喜爱。（图 29）当月 10 日上海《青年报》以整版篇幅报道了这次展览会，并再次呼吁："姑娘们，别老是穿得灰溜溜的，穿得漂亮些，把自己打扮得和鲜花一样。"1957 年，上海江南电影制片厂推出影片《护士日记》。当其中由王丹凤扮演的女护士简素华哼唱着"小燕子，穿花衣，年年春天来这里"时，看过这部影片的男性观众，都为这位有点小资情调的美丽护士所倾倒。[1]

又比如说，中华人民共和国成立前夕，毛泽东在《论人民民主专政》一文中说过："走俄国的路——这就是结论。"[2] 1950 年 2 月 14 日，中苏两国签署了《中苏友好互助同

图 27
20 世纪 50 年代上海普通人的衣着

图 28-1
穿着中山装的市民

图 28-2
纯毛华达呢中山装，这种服装是当时中国男子的正装礼服

图 29
穿花色服饰的女子在鲜花店购买鲜花

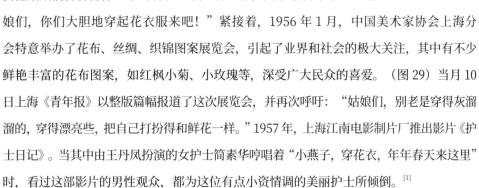

[1] 钱跃, 陈煜. 中国生活记忆: 新中国成立 70 年民生往事 [M]. 北京: 中国轻工业出版社, 2019:10.

[2] 毛泽东. 论人民民主专政 [C]// 全国人大常委会办公厅, 中共中央文献研究室, 编. 人民代表大会制度重要文献选编. 北京: 中国民主法制出版社, 2015:13.

盟条约》。因为苏联是世界无产阶级革命的源头，又是世界上第一个社会主义国家，所以，把苏联视为老大哥和真正的朋友当然是情理之中的事，一切学习苏联老大哥也成为中华人民共和国成立初期的必然选择。那时，有一句非常振奋人心的口号，叫作"苏联的今天就是我们的明天"。向苏联学习，以苏联为榜样，是社会舆论的主流观点。中华人民共和国的各个领域都受到苏联的强烈影响，服装自然也不例外，这就是"列宁装"和"布拉吉"流行的原因。所谓"列宁装"，就是俄国十月革命前后列宁经常穿的一种服装款式。从苏联电影《列宁在十月》中列宁所穿服装来看，其式样为西装开领，双排扣、斜纹布的上衣，有单衣也有棉衣，双襟中下方均带有一个暗斜口袋，腰中束一根布带，各有三粒纽扣。列宁装与中国的中山装有很多的相似之处。列宁装对我国 20 世纪 50 年代服装的影响主要是两个方面：一是对改良传统中山装的影响，二是中华人民共和国女性因崇拜世界革命领袖而以身穿列宁装为荣。有意思的是，列宁装本来是男性服装，却被中华人民共和国女性所青睐，这确实是服装史上的一件趣闻。当年喜欢穿列宁装的有两类女性：一类是向往革命的女学生，另一类是中华人民共和国各行各业的女干部。可以说，苏联服装成为革命的象征，自然极大地影响着城乡居民的穿着时尚，而"列宁装"一度成为上海这样具有西化风情大都市最流行的服装，也是历史的一种必然。毕竟"列宁装"或多或少带有西服的装饰性元素，像双排纽扣和大翻领，此外腰带有助于女性身体线条的凸显。（图 30）

与中华人民共和国女性崇尚、青睐的"列宁装"相配的独特发式，就是留短发，这是 20 世纪 50 年代年轻女性的时髦打扮，看上去既朴素干练，又英姿飒爽。印在人民币上的我国第一位女拖拉机手梁君，登上《人民画报》封面的第一个女火车司机田桂英，都曾是"列宁装"

30-1

图 30-1
标准的列宁装

图 30-2
穿着列宁装的青年，列宁装是 20 世纪 50 年代知识妇女和女干部最常穿的服式

的模特。劳模的示范带动了时代的风尚潮流。只是美中不足的是，当时"列宁装"可供挑选的颜色并不多，清一色的蓝、灰、黑，彰显艰苦朴素的时代风气。

上海电影译制厂的著名配音演员苏秀在《我的配音生涯》一书中回忆难忘的"列宁装"：

一九四九年五月上海解放了。那时我虽然已经有了一个孩子，但实足年龄尚不满二十四岁。看着满街红旗，听着那令人振奋的腰鼓声，我是多么羡慕那些剪着短发、戴着蓝布帽、穿着蓝布列宁装的女干部啊！我渴望自己也能那样地穿着，渴望着走到社会上去，渴望着工作。[1]

······

[1] 苏秀．我的配音生涯[M]．上海：文汇出版社，2005:325.

其实，我在广播剧团很受重用，工作得很快活，可心里总以自己不是国家干部为憾。觉得既不是国家干部就不能去穿那象征干部身份的列宁装。所以当我在报上又看到北京电影演员表演艺术研究所（即北京电影学院前身）招生的时候，我就又去应考了。[1]

"列宁装"穿在叶琳琅饰演的女特务王曼丽身上，更让人难忘。在一部以抗美援朝为背景的反特片《铁道卫士》中，叶琳琅扮演的特务王曼丽是一个潜伏的特务，"列宁装"，直发型，单布鞋，而并不是观众印象中女特务常有的花旗袍、烫发头和高跟鞋，难怪观众印象深刻。

多年后，步入老年的叶琳琅在江南某农村拍摄《香魂女》的时候，被许多围观的农民给认了出来，大家在指指点点地小声议论着她是王曼丽。快人快语、为人豪爽、充满喜剧细胞的叶琳琅来了个现场发挥，她不无幽默地拱手抱拳，连声说道："是我，是我，刚从监狱里放出来。"一席话，逗得大家开怀大笑。[2]

20 世纪 50 年代，在"列宁装"风行的同时，又时兴起源于苏联的"布拉吉"（图 31）。这一服饰名称就是俄语连衣裙的音译。当时上海街头还张贴过名叫《姑娘们穿起来》的宣传画，《文汇报》也发表社评动员妇女踊跃穿起"布拉吉"。据说，"布拉吉"在我国的流行得益于苏联领导人的到访，他们看到中国人民一律灰蓝黑色的服装，几乎男女不分，提出中国的服装不符合社会主义大国形象，建议中国女性要人人穿花衣，以体现社会主义欣欣向荣的面貌。一时间，女性穿花色"布拉吉"成为时尚。整个社会流行的色彩也从蓝色、灰色变得丰富多彩了。

图 31
试穿布拉吉的姑娘

"布拉吉"本是苏联女子的日常服装，50 年代，在中国大众的视野中，多是苏联画报、期刊和电影，那里面人物的着装和专门开辟的时装专栏间接影响着中国大众，身穿"布拉吉"的援华女专家则成了大众直接模仿的对象。当苏联女英雄卓娅穿着飘逸的"布拉吉"就义时，"布拉吉"成为一种革命和进步的象征，也因此成为 50 年代最流行的女性服饰。[3] "布拉吉"的款式极其简单，宽松的短袖，泡泡质感的褶皱裙，简单的圆领，腰际系一条布带，是一种宽松肥大的连衣裙。布料颜色花样变化不大，主要是碎花、格子和条纹，质料以棉布质料为主。20 世纪 50 年代，在上海的大街小巷、建设工地，上至知名女性、社会名流，下至基层女工，都曾穿过"布拉吉"，甚至幼儿园和上小学的女孩子也会有一件属于自己的"布拉吉"（图 32）。"布拉吉"在女性中几乎人手一件。一群年轻的女孩子，脸上写满笑容，身上洋溢着青春的活力，满怀着革命的激情，她们梳着油黑的大辫子或刘海齐眉的短发，穿着五颜六色的"布拉吉"，嘴里唱着流行的歌曲，

[1] 苏秀. 我的配音生涯 [M]. 上海: 文汇出版社, 2005:326.

[2] 钱跃, 陈煜. 中国生活记忆: 新中国成立 70 年民生往事 [M]. 北京: 中国轻工业出版社, 2019:8—9.

[3] 同 [2], 2019:9—10.

上学、上班、开会、集会和游园，投身于百废待兴的中华人民共和国建设之中。到了 20 世纪 50 年代末，由于中苏关系日趋恶化，"布拉吉"在我国便少有人穿，也很少有人再提了，但"连衣裙"，即"布拉吉"的意译名，一直沿用了下来。

20 世纪 50 年代还有一种特别的穿着即工装（图 33），穿工装成为一种荣耀。年轻的姑娘们曾一度爱上男式背带工装裤和格子衬衣。这种着装，裤为背带式，胸前有一口袋。与之相配的，一般是圆顶有前檐的工作帽、胶底布鞋，布鞋多为手工制作。再有就是前后挂胶，以草绿色帆布为面、橡胶为底的"胶鞋"，也就是解放军穿的鞋，因而得名"解放鞋"。这种装束也成为 20 世纪 50 年代极具特色的"时尚"，是全社会对工人阶级地位得到显著提高的认同。"劳动最光荣，朴素是时尚"，是当年《解放日报》常常使用的通栏口号。

图 32
穿布拉吉的漂亮女孩

33-1　　　　　33-2

图 33-1
女工装

图 33-2
男工装

广告、老品牌和"糖果纸"的设计风采

早年间程乃珊发表过一篇有相当影响力的专稿，题目是《外滩——新人类的伊甸园》。文中有一段引用了香港著名专栏作家陶杰描述在外滩度周末的体会，并记述香港广告人在上海从业的别样经历。如今回味起来，除了那股浓厚的怀旧情绪仍然保鲜外，又增加了一份我们对海派文化的深入认识：

住在沿江的老酒店里，那猩红的地毯和深棕色的柚木百叶窗，渗落着张爱玲的颓废……窗外是外滩巍峨的楼影和黄浦江空阔的暮云……如果可以负担得起，在上海过周末，首选是外滩……这是一个叫人心醉的新人类的伊甸园……

香港人不断呼朋唤友地去逛外滩，尤爱在冬春之交的黄昏或仲夏的子夜……外滩太浪漫太闲适了。

然而，香港人的外滩情怀还是度假消闲，再加怀旧，至于来外滩阅读上海近代史或万国建筑史，始终不是香港人的那杯茶！

……

在上海创办高格广告的港人钱以聪先生，喜欢在微风徐徐的傍晚，或烟雨濛濛的早上，从南京路外滩起，沿着外滩沿江建筑向北走，至延安东路穿越广东路地下人行道，然后登上沿江观光台，至外滩公园，再从北京东路地下通道返回外滩大楼一侧。

他是做广告的。要在上海打响自己的牌子，他认为外滩是汲取灵感的最好地方。

"外滩令我更懂得上海，更了解上海人。"

从金陵东路外滩到外滩公园，全长约一千七百公尺，被上海人称为情人街，中段有上海首任市长陈毅的塑像。

钱以聪常以此段风景来告诫香港友人和自己："这就是有中国特色的社会主义。"外滩有棉棉、卫慧一族艳色的媚眼和外国男人的古龙水香味，对岸金茂的混杂着烟味和雪茄的充斥着重金属音乐的吧房早已远远超过兰桂坊……但是，犹如情人街中矗着威严的陈毅市长塑像，香港人一点不能弄混，上海虽然像纽约、东京、巴黎、香港……但上海是上海，是一个具有中国特色的社会主义都会，这一点十分重要。认识了这点，香港人在上海行事，就不会犯这样或那样的错失，就会在上海越来越如鱼得水。

一般香港人对"有中国特色的社会主义"的说法一头雾水，难以理解。然而，来外滩这条情人街走一走，向陈毅将军塑像行个注目礼，港人就懂了。

同样的道理，外滩公园边上有座水泥雕塑由三把枪组成，代表中国近代史三场关键性的人民战争：北伐战争、抗日战争和解放战争。它有着与周边环境很不协调的严肃感，但活络调皮的上海人，似对这样的布局环境已十分习惯，他们戏称它为"三枪牌"商标——三枪牌是上海一只内衣名牌。

这就是上海人最典型的海派个性：表面上百无禁忌，我行我素，内里却十分明白地有一条底线……[1]

[1] 程乃珊. 外滩——新人类的伊甸园 [M]// 程乃珊. 都会丽人. 昆明：云南人民出版社，2003：259—261.

图 34-1
20 世纪 50 年代带广告的纸袋

图 34-2
20 世纪 50 年代上海出口围裙广告

图 34-3
20 世纪 50 年代的报纸广告

如今的上海就像文中描述的那样，市井文化是实在的，同样所表现的文化色彩是个性的、生动的。尤其是从都市环境中获得的视觉、声觉、触觉，乃至语言到表达的流程，其释放出的文化信息更是多元的。这种文化核心价值，通过这座城市白领所青睐的时尚体现出来，因而成为讲述上海商业经济"文化之形"的诠释依据。（图 34）

然而，在 20 世纪 50 年代，作为社会主义工商业改造的重点试验区，上海商业经济标志之一的广告，在这样的过渡时期中却戛然而止，以至与广告发生的生活方式也被封闭进历史之中。20 世纪 50 年代之后到来的"文化大革命"，更像一只巨大的手，又将过往的历史全部涂改或抹去。

上海家化以海派文化复活"双妹"老品牌

2011 年，上海家化以海派文化、海派风情为卖点，选择复活"双妹"老品牌，其"文化之形"的策划、设计值得推崇和借鉴。"双妹"是上海家化的前身"广生行"创建于清光绪年间（1875—1908）的品牌。1915 年在美国旧金山举行的巴拿马世博会上，"双妹"的子品

牌"粉嫩膏"摘得金奖，1937 年上海市国货陈列馆发给双妹牌雪花膏、生发油、花露水、牙粉和果子露等 9 个品种国货证明书，确认它们为国货。20 世纪 50 年代中后期之后，"双妹"品牌逐渐淡出上海，绘有旗袍名媛的海派风情广告招贴画也成为记载昨日辉煌的遥远回忆。（图 35）此次上海家化借助海派文化背景，挖出了百多年前的"双妹"，并试图高调入市。换言之，对于'双妹'，上海家化恋恋不舍、情有独钟，可谓是对老上海商业文化的又唤醒。按照上海家化前董事长葛文耀先生的解释，"选择'双妹'，是因为'双妹'代表了一段历史、一段上海风情、一种海派文化，随着中国国力提升，中国文化也逐步由弱势变得强势起来，作为文化的反映与载体，以'双妹'品牌作为符号去诠释海派文化历史、搭建通往现代上海文明之桥，我们何乐而不为？具体到品牌操作层面，业内人士认为，从上海家化完善自身产品结构、延长产品线而言，推出'双妹'这样的高端品牌无疑是正确、合适的。遍观国内家化市场，宝洁进军中国低端市场、抢占市场份额，试图越来越本土化；上海家化进军高端市场、抢占国际市场，试图越来越国际化。这都是很正常的信号，从本质上看，都是各自扩张战略的策略，异曲同工"[1]。

从商业经济的本质上看，上海家化运作成功不在于其将"双妹"这个品牌从尘封的历史中挖掘出来，给消费者讲述一段久远的故事，最重要的在于，充分挖掘和提炼"双妹"所承载的上海近代发展起来的商业文化元素，以及海派风情基础上的商业资源，用其目标消费者所偏好的世界流行时尚商业设计、商业视觉语言将其淋漓尽致地表现出来，

图 35-1
绘有旗袍名媛的海派风情的"双妹"品牌广告

图 35-2
上海双妹重新推出的化妆品包装

[1] 何建坪 . 双妹：用世界语言讲述上海故事 [J/OL]（2018-03-21）[2023-11-05]. http://www.cctvwenhua.tv/ 双妹复活：用世界语言讲述上海故事 .

---

① SPA，源于拉丁文 Spalouspa Par Aqua，Spalouspa 是"健康"，Par 是"经由"，Aqua 是"水"，透过水来促进健康便是 Spa 的真正含义。

并通过后续的 SPA①等方面的会员服务增强其服务特色。其实，上海家化的"佰草集"用凸显草本汉方等中国元素的品牌运营做法就已经取得了成功的经验。由之，我们有理由相信，20 世纪 50 年代上海仍然存活的品牌，是老上海产品设计开发的重要资源。

上海搪瓷产品设计中的"大师"

1956 年，上海公私合营后的搪瓷产品，其品种上的图案设计"具有历史趣味"。其中，不少产品的图案是著名画家所设计的。（图 36）例如，1959 年上海中国画院唐云等画家下工厂为搪瓷制品绘制花样，这在当时的全国美术界是极为轰动的事件。全国美协机关刊物《美术》杂志曾以《上海中国画院国画家下厂下乡》为题有过报道：

图 36
20 世纪 50 年代上海搪瓷一厂生产的花卉搪瓷盘

> 上海中国画院画家王个簃、唐云、程十发、李秋君、侯碧漪等九人，于（1958 年）3 月 8 日到上海市公私合营久新、益丰两个搪瓷厂结合工艺美术设计，进行劳动锻炼。另有郑慕康、江寒汀、吴青霞等七人于 3 月 7 日去上海北郊红旗农业社。画家们在工厂农村和工人农民同吃同住同劳动，以培养起劳动人民的思想感情，同时，广泛搜集创作素材进行创作，并做业余辅导和举办小型画展等普及工作。画家们提出每人要在劳动中交三五个工农知心朋友，带二三个工农徒弟。
>
> 有关部门考虑到这些画家们一般年纪较大、身体较弱的情况和保证今年的创作任务，下厂下乡的画家只参加半天劳动，半天的时间进行创作。[1]

关于上海中国画院国画家下厂下乡进行创作活动的史料记载，在《上海美术志》第一编"美术创作与美术设计"中又有详细的描述，其中写道："上海是搪瓷制品和热水瓶的最大生产基地，但铁壳喷花的热水瓶大都为大红花和双喜图案，后来由国画家黄幻吾进入玻搪公司参加设计工作，以及 1959 年上海中国画院唐云等画家，下工厂为搪瓷制品绘制花样，使面盆、热水瓶上开始有了国画。至 60 年代末，上海美协组织热水瓶装饰征稿，张雪父、钱震之设计的几何图案中标，更丰富了产品花式。"[2]

1956 年，上海私营服装鞋帽行业实行了全行业公司合营和合作化，随后，开辟了向苏联、东欧国家出口的业务。当时推出的品牌"回力球鞋"，成为新组建的国营公司承担出口任务的主打产品。"回力球鞋"是 1947 年由我国第一个轮胎企业——上海正泰橡胶厂创出的民族工商品牌。正泰橡胶厂起源于 1927 年，是我国民族橡胶工业创办最早的企业之一。正泰生产的回力球鞋，是 20 世纪 50 年代上海乃至全国的名牌。回力球鞋是高帮球鞋，球鞋内侧有一块银元大小的圆形橡胶，这正是回力牌的图案商标。这

[1] 孟翰英. 上海中国画院国画家下厂下乡 [J]. 美术，1958,(04):30.

[2] 徐昌酩. 上海美术志 [M]. 上海：上海书画出版社，2004:120.

一块橡胶不仅是品牌的"标志",据说还能起到保护内关节骨骼的作用。
（图37）鞋底特别柔软,鞋内还有一层海绵,穿着特别柔软舒适,不会出现
断底、开裂等质量问题。因此,当年回力球鞋是学生最爱穿的球鞋,也是那个
时期最经久耐穿、质量最好的球鞋。

图37
20世纪50年代上海
回力鞋广告

上海糖果包装纸设计

20世纪50年代上海出产的糖果是我国糖业食品的主要货源,伴随而出
的糖果包装纸的设计在当时特定社会环境下,呈现出多姿多彩的风貌。那一张
张各具特色的细笔精绘的糖纸,可谓是海派商业文化附丽于庞大糖果销售市场
基础上,出现的一道独特风景。

上海20世纪50年代糖果纸上标注的生产厂家多达数十个,有许多知名品牌还是从
20世纪40年代流传下来的,例如伟多利、天明、冠生园、益民和大众。在这些糖果生产
企业出品的糖果纸上,还写明了历史遗留的糖果分类品种,且大多仍是延用英文译名,诸
如有太妃糖（toffee）、白脱糖（butter）、巧克力糖（chocolate,中文名又译为"朱
古利糖"）,还有可可糖（cocoa）、咖啡糖（coffee）等等。当然,到20世纪50年代
初期,更多的则是上海本地出品的麦乳糖。各种糖果的糖纸设计,也呈现出百般花样。如
具有西方文化意味的"太妃"糖果系列,在上海加入辅加成分后,就形成了白脱太妃、奶
油太妃、咸味太妃、三明治太妃、水果太妃、花生太妃、果仁太妃、香蕉太妃、椰子太妃、
杨梅太妃、香草太妃、巧克力太妃以及可乐太妃等等。这样,在中西杂糅背景中产生出来的
糖纸,也具有西式图案与中式传统寓意图案结合的设计形式,如牛郎织女、龙凤呈祥和松鹤
万寿等等,这些糖纸的设计也就成了海派设计风格的一种写照。（图38）

图38-1
上海食品厂的奶糖纸

图38-2
上海冠生园的奶糖纸

图38-3
上海天明食品厂的奶
糖纸

20世纪50年代,在外国糖果很快退出了上海市场后,1956年上海大大小小各家
私营糖果厂纷纷发展起来,开始形成自己的营销市场,争相斗艳的糖纸包装便成为各厂
家重视的竞争因素,聘请画家参与糖纸设计成为"时尚"。像后来成为著名连环画家的
戴敦邦、贺友直和赵宏本等,当初就曾加入糖纸设计行列。有专题研究者认为,上海当
时大厂家的糖纸设计常以比较庄重的连续图案为主,这恐怕是那个年代的风尚。到1956
年工商业改造以后,各公私合营和国营的糖厂进行了一定的重组整顿,实力增强,那时

的糖果业依然延续之前的竞争。在糖纸的设计上，绘画思想有了一定的解放，因此糖纸设计无论在绘画的题材、方式和风格上均有较大的突破。如今，那些糖纸收藏者手里能看到的好看糖纸也就是在五十年代的几年中产生的。这段时间，糖纸之多，种类之丰富，画面的不断创新，都是发展最好的时候。后来，政治宣传也加入了，如有人造卫星上天的糖纸头。到 60 年代以后，一些高档糖果厂有了全透明的"玻璃纸糖纸头"。[1]20 世纪 50 年代上海出产糖纸可说是体现了一个时代的特征，在糖纸方寸之间凝固了历史，成为认识 20 世纪 50 年代上海商业经济历史的可证实物。

结语

综上所述，20 世纪 50 年代，上海"代言"的中华人民共和国成立初期国家设计形象可谓是真实可见的。在这其中设计形态受实体商业经济影响，诸如 20 世纪 50 年代上海外贸占全国的比重明显增强，由此产生了一个潜力巨大的商业文化市场。此时的商业美术、产品造型与包装设计、服饰美容、工艺美术，以及印刷、出版、摄影等与商业经济密切联系的设计活动应运而生。这样，20 世纪 50 年代的上海设计就伴随着这种实体商业经济活动又开始兴盛起来。与此同时，伴随上海城市改造发展起来的公共交通运输业的各种新型车辆，使南京西路沿线很快恢复并出现成为上海商业经济代表的商铺店家。这些均构成了上海乃至全国商业经济的重镇，而围绕这些商业经济活动形成的各具特色的设计，必然成为中华人民共和国早期设计的象征。除实体经济外，20 世纪 50 年代上海社会受时尚风潮影响，诸如上海人衣着面貌出现的改观，流行起苏联的"列宁装"和"布拉吉"，成为特殊年代在简单选择和简单生活中寻找时髦的历史写照。而文献记载中的上海公私合营后国画大师参与的搪瓷产品的开发设计，以及上海家化以海派文化、海派风情为卖点，选择复活"双妹"老品牌，再有针对 20 世纪 50 年代在糖纸方寸之间凝固的设计，等等，以此铺陈出半个多世纪前上海海派商业经济与商业文化对中华人民共和国设计产生的重要影响。这种影响既生根于 20 世纪三四十年代上海近代工业文明深厚的土壤，又注入新生国家一股清新奋发之气。由此，中华人民共和国成立初期的设计领域在这种影响下，在经济恢复初期便得到一定程度的发展，并在探索中获得继续发展的动力。可以断言，开展对上海近现代设计史的研究，其实就是对中国现当代设计史重要历史阶段的探究，所揭示的也是中国现当代设计发展路径中的一条重要线索。

[1] 钱乃荣．20 世纪 50 年代的海派文化 [C]// 李伦新，陈东．海派文化精选集．上海：上海大学出版社，2017:150.

原载于《创意与设计》总第二十五期 2013 年 2 月

让品牌走到"中国设计"的前台

——从"中国制造"走向"中国设计"的命题谈起

根据美国全球财经研究公司提供的数据，1995年中国占全球制造业附加值的5%；到了2007年，这个份额上升至14%，中国与日本并列为世界第二大制造业大国，仅次于美国。[1]当然，我国制造业的扩张在很大程度上是建立在低成本的基础上的。不过，这种低成本的状况正在改变，国内制造企业和外资在华制造商已经把重心转移到技术和设计方面。受此影响，从去年年初开始，关于从"中国制造"走向"中国设计"的讨论，逐渐成为关乎整个国计民生的热议话题。

其实，对于"设计"的基本概念我们并不陌生，它存在于人类社会文明进程的每一项造物活动之中，体现人的创造性活动的一种本质力量，其根本目的是满足人的物质生活和精神生活的需要，提高生活的质量和品位。然而，当我们今天一再提起"中国设计"这句联系着提升国家形象和拓展市场经济的命题时，却不能仅仅将此命题当作一种口号来呼喊，更不能将其作为认识问题的唯一出发点，那样就会很容易地被误导到只关注设计本身的局部问题，而忽视了设计的整体背景以及与之相关联的各种环节，特别是对设计创造性起着重要支撑作用的品牌价值的认识。如若偏颇，我们热议的"中国设计"就多少会变成纸上谈兵。

如今，在充满竞争的国际市场中，品牌关系到市场的占有率，关系到产品生命的可持续性。品牌，通俗的解释就是给消费者一个联想。比如，当我们提到国际品牌，可能会联想到悠久历史、技术水准、专业设计、精工制造、市场地位，以及现代性、性价比等等。人们对一个品牌的认识，是由不同的看法和联想形成的结果。自然，当我们说提升一个品牌的时候，所要改变的正是消费者的联想结果。这种联想突出在两个方面：第一是产品的制造支撑，尤其是技术支撑；第二是产品的设计、市场地位和服务质量的支撑。这些涉及人们对品牌的看法，也是改变大家的印象，从而使消费者对一个品牌形成新的认识的结果。从这一点上说，品牌关系到国家形象和民族精神的重塑，并且是不断推动

[1] 中国超过日本成为世界第二大工业制造国 [J]. 中国外资, 2010, (07):11.

产品更新换代，促进产品在市场竞争中经久不衰的重要原因。

而从"中国制造"到"中国设计"的命题核心来考察，品牌的崛起不仅是制造业形象塑造的需要，更重要的是对民族文化的认同和产品品质的信赖。事实也的确如此。"中国设计"是什么呢？可以说是由通过设计物化后的品牌来体现的。品牌的意义是多元的，品牌可以附加和象征一种文化，体现高效率、高品质；品牌还能代表一定的个性，有助于消费者避免风险，降低消费者支出成本，从而有利于消费者的选择；品牌的树立，更在于技术、生产、产品、价格和渠道之外的创造优势，这是一种无法复制的优势，是产品的核心竞争力。由此可言，品牌是一种产品乃至一个企业、一个国家的象征，而且是最富有知识产权竞争实力的象征。

然而，长期以来在我国制造业中，品牌意识和品牌价值是被忽略的，甚至在经济生活中没有品牌地位，这其中有着深厚的历史原因。对此，早在20世纪中叶，李约瑟就在《中国科学技术史》一书导论中提到过这方面的问题。李约瑟认为，为什么资本主义和现代科学起源于西欧而不是中国或其他文明，原因中很重要的一点就是当时的中国不大注重无形资产，不注重知识产权，说到底就是不注重个人创造。而资本主义的一个显著特征就是注重个人创造，要把个人的无形资产变成有形资产，这才使得资本主义迅速发展。正因为这样，中国明代中后期在江南的一些手工业部门出现了资本主义性质的生产关系，即雇佣关系。"机户出资，机工出力"，机户就是早期资本家，机工就是雇佣工人，两者之间基本上是纯经济关系，即商品货币关系。机工出力，把自己的劳动力变成商品，机户出资，付给机工工资。只不过在这一过程中，商业资本转化为工业资本，虽说出现了雇佣关系，但没有形成完全意义上的商品关系，所生产的产品也就没有品牌意识可言。不幸的是，这种状况一直持续到清朝年间，变成"大清康熙年制"或"大清乾隆年制"，以至近当代的"中国制造"同样不注重品牌，而是以各类产品的名目为名称。虽然这些产品不时也会冠以一些象征性的名字，如"红旗""红光""熊猫"等，但与真正的品牌相去甚远。这就是我国历史上对品牌的淡漠的情况，对无形资产的淡漠的情况，这可以说是对李约瑟观点的进一步解释。

正是这种历史原因，使得我们今天在阐述从"中国制造"走向"中国设计"的命题时，出现对品牌关注的缺位，致使围绕这一命题的阐述更多的只是强调"中国设计"所谓的创新性问题。殊不知，产品创新的终极意义就是让产品跻身于世界"高端产品"的行列，而"高端产品"没有一个不具备市场的品牌价值。因而，脱离品牌谈论设计的创新问题多少显得苍白，甚至很有可能会流于形式。也就是说，以往我们认为一个好的产品可以维持 10 年、20 年，典型例证便是上海大众"桑塔纳"一直卖了 20 年，这是一个经典。然而，我们今天会发现任何产品都无法长期引导市场，而市场却可以用品牌来塑造。

1994 年，香港慈善家邓肇坚爵士之孙邓永锵本着创立一个"御用裁缝"唐装品牌的初衷，创立了中式服装品牌"Shanghai Tang"（上海滩）。其目的是希望重现 20 世纪 30 年代老上海的优雅和魅力，让人想起身着旗袍的大家闺秀和小家碧玉们的婀娜多姿的身影。1997 年香港回归前夕，邓永锵考虑到未来的商业机会，将"上海滩"改为成衣店。同年 11 月"Shanghai Tang"品牌走出香港，在纽约麦迪逊大街的黄金地段开设独具中国传统特色的专卖店。2000 年"Shanghai Tang"品牌的来访者竟达到 400 万人次，并被世界第二大奢侈品集团 Richemont（历峰）看中并收购，从此走上了世界顶级品牌之路。如今，"Shanghai Tang"已经在世界各地开设 26 家专卖店，以高级成衣为龙头，产品延伸到钟表、瓷器、文具、绒毛玩具、豪华寝具和香水等日常用品，不能不说是产品品牌的延伸性起到的作用。（图 1）

图 1
Shanghai Tang 唐装品牌

我们从市场角度来看，国内外知名企业都毫无例外地具有自己的自主品牌。可以说，如果企业的设计创意空间缺乏品牌，就无法成为"高端产品"的企业。世界著名市场战略家杰克·特罗特（Jack Trout, 1935—2017 年）在分析未来市场品牌的意义时指出："有两类竞争者是成功的：一类是强有力的品牌、大的品牌，这类公司能够在全世界范围内谋求利益；另一类是专门化的或定位很好的品牌。"[1] 应该说，杰克·特罗特先生指出的正是产品设计的出路，同样也可以说是对从"中国制造"走向"中国设计"的有益启示。事实上，伴随着市场经济的日益扩大，国内企业的品牌塑造意识业已觉醒。目前，国内工业产品制造企业中致力于品牌塑造和传播的企业不在少数，甚至有企业提出要基于"产品"和"品牌"两个主旋律来经营。如德国巴斯夫公司（Basf）亚洲业务代表马丁·布鲁德米勒（Martin Brudermüller），就这家产品制造企业在南京的投资目标解释说，随着中国经济走向成熟，必须将中国的低成本与新设计以及生产工艺的发展结合起来。他说："许多消费者的喜好开始从照搬照抄的产品转向更为创新的产品，这对我们构成了压力，我们需要生产出更先进的产品以满足他们的需要。"[2] 可以说，像巴斯夫公司对品牌的这般关注在国内企业中也不是少数，如玉柴动力、时风发动机、博世等诸多企业品牌的广告频繁露脸于中央电视台，成为工业品品牌营销的时代先锋。这给我们发出了一个强烈的信号，那就是工业产品制造企业开始步入品牌时代。

目前，从国内产品制造企业来看，在自主品牌这方面，企业投入了很多的资金、人

[1] 饶贵生，张美惠. 市场营销学 [M]. 南京：南京大学出版社，2006:10.

[2] 彼得·马什. 中国制造业开始超越低成本 [J]. 海外经济评论，2008，(24):32.

力、物力去开发很多的新产品，这样使人们对产品的认识有所改变，这些改变在消费者联想的结果则是通过消费者的使用来实现的。其实，这种仅仅提高产品的认识还不够，售后服务同样需要配套提升，即改变渠道形象、服务水准、服务能力。这样，我们才能使消费者从产品认识到服务认识同步提升。但是，现在仍然有很多企业把精力放在了产品改变方面，没有深入到渠道。因此，当企业推出一个升级产品的时候，往往流通较少，这样就明显地损害了品牌的提升力。由此可言，品牌的消费者联想提升应该是多方面的系统工程，它不可能通过某一点迅速改善，而需要在全面的思考之后，综合完成。

比如，汽车企业为什么要打造品牌？很显然是因为当今的汽车行业无论是材料、人力，还是技术创新，均是在全球化的环境下进行的，是一个行业的资本整合。事实上，汽车产品的技术竞争已经到了挖掘潜力很小的程度，这使得各个企业的产品非常雷同，你中有我，我中有你。剩下的只是在营销方面，即在吸引顾客方面，每个企业使出浑身解数，很多的 4S 店使用各种各样的营销模式，这些成了产品模式化竞争的特点。而品牌不一样，品牌具有非常小的替代性以及鲜明的个性，这就导致消费者可以转向这一边。当然，品牌打造要与市场发展相协调。我国的市场发展和世界市场相比还有很大的距离，尤其是对品牌的认识，并不是国外消费者认同的，国内消费者就一定认同。自然，也不是国外先进的，在国内就会受到欢迎。当国内市场不成熟的时候，消费者可能更注重的是价格，而当更注重于价格的时候，生产企业更注重的是物有所值。所以，我们的汽车行业都宣传物有所值，装备比较齐全的产品让大家比较满意。可当市场比较成熟的时候，消费者开始注重的是品牌及声誉。那个时候的质量变成了一种安全可靠的承诺，因为质量是一个达标的问题，你不需要再讨论最基本的质量，而质量已经提升为了一个更加环保、安全和舒适的概念。所以，品牌打造是一个过程，这个过程同样体现产品创造（设计）的新阶段。

2008 年一季度，国内整个汽车行业的竞争格局发生的重大变化很能说明问题。自主品牌的份额在这一季度中有所下降，大量的新车品牌推出，使汽车市场竞争变得更加激烈。包括原材料价格大幅上涨，致使许多企业的盈利能力越来越差。关于"汽车品牌"的重要性，很多企业可能有自己的不同看法。在当前国内这样一个汽车市场的环境下，应该说资源仍然是倒向企业品牌的一方，特别是在信誉、消费者方面，都是这样。所以，打造一个好的品牌，还可能搭建起创新的产品，进而不断提供企业发展的平台。另外，打造品牌还可以聚拢很多的人才，发挥更大的潜能。从当今市场来看，打造品牌是为了避免陷入到价格的竞争中去。也就是说，当品质或技术拉不开产品距离的时候，品牌往往成为一个重要的因素，即当两个技术完全一致，或者是产品没有差异化的时候，消费者最后要做决定时，品牌就成了决定因素。从这个角度来说，品牌战略、品牌经营毫无疑问是汽车产业决定性的因素。如果这个方面做得不好，产品做得再好，也不可能有所突破。因为就汽车企业管理水平来看，国内想做到比跨国公司还要好的地步，在短时期内是不太可能的，最多是接近或相同。所以，自主品牌如果不抓紧改变的话，甚至可能面临 5 年或者是 6 年后退出国内汽车市场的窘境。自然，现在也有很多企业说出口量大，这其实没有意义，中国是全球最大的市场，在这个市场都站不住脚，早晚难逃品牌和企业失败的命运。

针对品牌意识淡薄的问题，我们从以往出现的许多无品牌支撑的设计中还能够看出更多的问题。比如，我国一向是以纺织业著称，而以往为人知晓最多的是中国的服装"制造"，世界服装业的一大特征，就是设计在国外，制造在中国。"中国设计"的相对缺位已成为我国时装界的憾事，这里引述的一则《人民日报》（海外版）2008 年 4 月 12 日的报道很能说明问题。

该报记者采访杨冠华、赵黎霞、屈汀南这三位曾深造于欧洲时装设计学院、目前正活跃于中国时装设计舞台的海归设计师，畅谈中国时装设计界和中国时装市场与欧美之差异，感受良多。杨冠华女士在北京的三里屯酒吧北街开设有 Elysèe Yang 和 Zemo Elysèe 品牌服饰店，以设计精美剪裁到位的成衣、精制的鞋包饰品，彰显出品牌创立的意图。杨女士主张设计不追求所谓时尚，而是彰显独特。她的设计也许并不是走在潮流顶端，但她要求自己的品牌服饰 10 年不会过时。因此，她没有选择去香港、上海以及广州发展自己的事业，而选择北京这个似乎对时尚并不敏感的城市做自己的品牌，其意图就在于北京拥有浓厚的文化积淀，现代而不浮躁，与她的品牌内涵相契合。杨女士以创立的两个品牌 Elysèe Yang 和 Zemo Elysèe 来说明，认为前者是高端品牌，专为知识女性制作成衣，包括金融业人士、企业高层以及演艺圈人士，这是杨女士个人风格的强烈体现；后者更偏向大众，适合日常生活，通过设计向大众宣扬一种时装文化。杨女士表示："中国时装界需要向国外借鉴的就是一种开放自由的精神，对设计师的尝试和新品牌的出现要更宽容，很让人高兴的是，现在中国已经逐渐有尊重设计师、鼓励创新的氛围了。"[1]

无独有偶，曾前往意大利佛罗伦萨学习深造近 4 年，回国后创立自己品牌——Charfen（朝峰）的设计师赵黎霞也认为，作品需要灵魂，而这个灵魂就是设计师独特的风格和个人表达。她表示，自改革开放以来，涌现出众多中国人自己的服装品牌，同

[1] 余倩，娄晨．海归时装设计师：闪亮世界，将传统韵味融入时尚 [J/OL]（2008-04-14）[2023-11-05]．http://www.chinagw.com/lxs/hgdt/200804/14/113458.shtml.

时也拥有大批优秀的时装设计师，但是我们的品牌更多的只是一种商业和市场氛围上的概念。与国外品牌依靠成熟的市场运作和品牌营销手段相比，我们自己的品牌还有许多缺陷。这就需要中国的服装产业发展、壮大并实现国际化，需要"优秀的设计师赋予我们的品牌和产品一个灵魂"[1]。

曾深造于法国巴黎 Esmode 服装工会高等服装设计学校的屈汀南，归国创立汀南女装品牌（图2）。结合自己的经历，对于国内服装创业，屈汀南表示，虽然"回国创业拥有市场庞大、零售业前景可观的优势，但是，时装业的风险与消费者的审美差异，也对个性的设计师品牌提出了巨大挑战"。他坦言，高精尖人群的消费对象仍是世界品牌，只有少数会选择独立设计师品牌，所以培养顾客、提高审美、树立风格是国内设计师的当务之急。[2]

图2
汀南女装品牌

事实上，品牌的含义在现实生活中还有一种有趣的现象，就是相当一部分消费者在品牌选择上呈现出高度的一致性，即在某一段时间，甚至很长时间内重复选择一个或少数几个品牌，很少将其选择范围扩大到其他品牌。这种消费形成的重复购买倾向被称为"品牌忠诚"。这是顾客对品牌感情的一种度量，反映出顾客对品牌的认可度，并且是企业重要的竞争优势。诚如全球家电公司惠而浦执行总裁惠特万（David Whitwam, 1942—）表示："大部分的企业家都将注意力集中在怎样围绕生产、成本和质量进行最优良的运作上，然而他们发现这并不足以产生非凡收益。因而，有必要改变一下游戏规则……如果我们拥有客户忠诚的品牌，那么这就是其他竞争厂家无法复制的一个优势。"[3] 由此可见，"品牌忠诚"包含消费者对品牌的两个重要态度——满意和赞美，这同样是一项设计价值的创造。

目前，我国作为制造大国，是全球最大的汽车、家电、家具、服装和玩具制造与出口的大国。直到今天，我们仍然没有自己的汽车、家电、家具、服装和玩具设计大师。全球都可以看到"中国制造"，却几乎不见"中国设计"。由于缺乏自己的设计品牌，中国制造甚至被西方发达国家频频以"反倾销"的理由给予制裁。我国目前的创新设计绝大部分还停留在造型与外观上，甚至还没有摆脱抄袭现象。对战略意见和设计思考并不感兴趣，跟从国际设计步伐，在外观上下功夫，使中国创新设计在全球创意竞赛中存在误区。尤其是伪创新现象严重，这一现象除了历史原因外，还与缺乏设计品牌意识有关，没有创新的品牌正是中国设计的最短板。近年来，政府颁布一系列鼓励创新的举措，可以说谁先在创新设计上取得国际化的突破，谁就将成为整个设计行业中受各方关注的收

[1] 同前页 [1]。

[2] 同 [1]。

[3] 王兵．让品牌成为顾客永远的知心爱人 [J]．知识管理，2001,（08):62.

益者。由此可言，创新设计需要通过品牌的确立，被纳入到设计整体的机制当中，形成一种创新制度。同样，对创新的理解也应该是多种多样的，特别是在建立起品牌信誉方面。这是保护设计的一种有效措施与途径，唯有如此，"中国制造"的标签才有可能真正换成"中国设计"。

原载于《装饰》2008 年 08 期

时尚：何以先觉、先行、先倡

——关于时尚与文化创意产业协同发展的思考

引言

文化创意产业的崛起，是在既有的制造产业链中寻求新的发展商机。如今，推动这一产业进步已成为我国诸多城市开辟新产业链的重要举措。然而，文化创意产业有其特殊性，主要是以文创产品的独创性和时代性开掘并引领市场，尤其是开掘市场的三股合力，即文化金融的驱动力，市场谋划的主导力和集聚人气的号召力，可谓缺一不可。时下这"三力"在国内外社交媒体的传播点已越来越二次元化，呈现为一种在二维虚拟世界里的独特形象和话语，构成特有的时尚认知和审美体系。具体来说，以往业界普遍公认的漫画、游戏、小说和影视等二次元构造因素如今发生了变化，时尚元素更为凸显，且时尚设计的种种方式直接影响 90 后、00 后，在他（她）们的世界里几乎都有二次元的时尚生活，这是年轻一代的潮流。君不见，击中二次元热点话题的公众图文传播，吸引微信转发，对于用户而言叫"兴奋点"，对于产品而言叫"卖点"。必须承认，文化创意产业发展已越来越被二次元文化逆袭，这表明二次元引领生活的时尚潮流的力量不可小觑。由之，围绕先觉、先行和先倡来讨论时尚与文化创意产业协同发展这一主题，"时尚"便是一个很好的切入点，这个切入点比较容易阐释两者间的协同关系，也比较容易为市场所接受。

俗话说，时尚是花，芬芳灿烂；时尚是歌，悦耳动听；时尚是酒，让人陶醉。故而，我们在谈论文化创意产业发展对策时，时尚作为与大众体验互动性极强的市场推手，是绕不过的话题，如若忽视则势必会脱离现实。而时尚产业的价值，就在于对其所选取的文创产品实现全方位的商品化运作。这表明，时尚产业并不是一个单向度的产业，而是涉及技术、创意、审美、传播和消费诸多环节的放射性产业链，是对各类产业的整合与提升。比如，衬衣前襟用绑带代替扣子元素，很容易让人产生自由不羁的感受，交叉的绑带不会让衬衣完全敞开，正好印证了那句"小露更性感"的时尚标语。而对于时尚达人来讲，在平日里既想舒适、休闲和惬意，又想保持时尚形象，这样的装扮是最值得借鉴的。又到换季时节，小清新的家居风又一次吹起。优美的家居环境总是离不开各种饰品的点缀，而家居饰品的选择却是一项对时尚敏感度的考核，将房间格局转化为清新风格，有趣的挂件以及小物品足以帮助人们构筑更美丽的家居生活。说到这里，我们似乎可以解开许多人对时尚存有的误读，像这种日常化生活的改变可能不被认为是时尚，反以为铺张奢华、高贵立异才是时尚。

通常而言，时尚是一种富有个性意味的生活方式，它可以是日常生活中的任何情形，也可以是一种潮流风尚，更可能是一种另类前卫，一个时期内社会流行的风尚、文化常被公众争先效仿。但不管怎么说，时尚还是有其特点的，可用"先觉""先行"和"先倡"来概括。这六字是套用文艺时评的说法，意思是说："先觉才能先行，先行方能先倡，这是一个渐次递进、螺旋上升的艺术规律。先觉者，是那些具有独立思考精神、拥有对时代和现实超前认识的智者，而非人云亦云、唯上唯利之徒。先行者，也即勇于创新、敢于特立独行的探索者。……先倡者，是不怕打击、不怕挨骂、不怕争议、内心有强大力量的勇者，既能引领时代潮流又能脚踏实地。"[1]这一转借概念的解释，道理非常明白，时尚始终是一种洋溢着活力且永不褪色的生活艺术。时尚又有其独立性和超前性，是一种"面向未来"，为生活注入新的感知和体验的话题。相反，我们以往说得比较多的文化创意，则没有时尚那么清晰可近，甚至联系产业而言，文化产业似乎被制造业所淹没，面目始终是模糊的。时尚产业却有所不同，例如，上海博物馆艺术品公司依托淘宝平台，注重开发具有文化性、纪念性、独特性、轻便型和时尚性文创产品，其品种包括收藏礼品、文化用品、家居潮品、时尚服饰和专题书籍等。这些商品的装饰与造型均源自上博藏品的灵感，受到顾客的欢迎，且采取线上线下结合的销售模式，逐步扩充辐射商圈，市场业绩显著。在国内，上海的城市发展定位与文化创意产业所需市场环境十分吻合。况且，上海市政府在 2016 年年初多次表示要发展时尚产业，即都市工业。上海人均 GDP 在国内各省市中排行是最高的，并正以国际一流的现代化大都市标准塑造城市的功能和形象，发展时尚产业可说是上海打造国际大都市进程中一个不可或缺的重要目标。据此而言，当我们在谈论文化创意产业未来构成时，是绕不开时尚这个核心话题的。

一、如何认识时尚与产业的关系

何为"时尚"？用最简单的办法来解释，如果将"时尚"作前缀后接名词使用便可理解，比如时尚文化、时尚生活、时尚消费等。这样的构词方式往往很容易将原词旨意改变而

[1] 文艺家何以先觉、先行、先倡[N]. 人民日报，2015-05-01(08).

为新义，这说明"时尚"是在不断逐新的。诚如德国文化学者本雅明（Walter Bendix Schoenflives Benjamin，1892—1940 年）所述，时尚是"永恒重生的新"。然而，时尚并不只是永远向前的新。当我们回望历史，同样能够发现，时尚仍有驻足的新义。比如，东晋南朝诗人陶渊明理想中的"桃花源"，便是古代文人向往的乌托邦式的理想社会，可说是一种旧时观念下的"时尚"生活。所以说，自古至今时尚总是融入在人们的日常生活之中，成为一种生活态度和生活方式，体现出生活的一种理想境界。当然，就"时尚"词义分析来说，还是有所讲究的。在英文中与时尚相关的词汇有 fashion、style、mode、vogue、trend 以及 fad 等，可最常用也是最接近的词汇是 fashion。这个词最初译为"流行"，现大多译为"时尚"。这么看来，"时尚"又分为"流行时尚"和"经典时尚"。前者有"为时尚造"的意思，多指在某一特定的时段内，由少数人率先开始实现，而后发展成为大众所追崇和效仿的生活方式，如流行服饰、流行音乐等。后者不但时髦，而且具有经典传承的特质，如古典建筑和传统家具中的古典元素一直在延续创新发展，形成永不落伍的完美形式。综合而言，如果给"时尚"下定义的话，可说是在一定时期和特定社会文化背景下，流传较广的一种生活习惯、行为方式及文化理念。

对此定义，一直以来观点纷呈。这里，笔者试图转借史学研究新论给予补充阐述。2014 年年底，有两位美国历史学者乔·古尔丁和戴维·阿米蒂奇（Jo Guldi & David Armitage）合作出版了一本新著《历史宣言》（*The History Manifesto*），美国书评家安娜尼（Annalee Newitz）撰写了一篇书评，题目是《为什么 21 世纪史学应取代经济学》（Why History Should Replace Economics in the 21st Century）。文中提出，当今史学研究要恢复大历史考察的长远眼光，这有别于以往经济学研究过于追求当下利益的局限。长远眼光可能一时见不到立竿见影的"回报"，但能给予许多矫正的视角。为此，北京大学教授罗志田先生就此观点发表意见："在此世风影响下，史学也变得倾向微观和短程。作者以为，史学应重新回归长程思路，以为今后决策者所借鉴。"[1] 这里，笔者提出，既要讨论属于"短程思路"的认识，又要具有属于"长程思路"的眼界。理由是时尚如果被理解为"短程思路"的话，那么，可说与流行捆绑；但如果理解为"长程思路"的话，那么，就与经典捆绑，这就涉及对时尚内涵的重新理解。所以说，关于"时尚"定义的阐释，还是比较多元的，如将"长程思路"与经典捆绑，即可作为"时尚"产业持续开发的思考路径，会有更加广泛的商业空间可寻。

话说回来，以"时尚"来指称产业，较之以往所说的设计产业而言，有更加明确而

[1] 罗志田. [温故知新] 君子之学与王者之学 [N/OL]（2015-02-12）[2023-11-05]. http://www.infzm.com/contents/107856.

广泛的认知度。比如说，时尚是具有品位的生活方式，包涵的内容非常全面，既有物质的，更有精神的，而设计往往多倾向于物质的。如果再从经济学角度分析来看，"时尚"又是资本在市场上特别运作出来的概念，在这样的背景下以兼并重组等资本运作方式呈现，比较适合对"时尚"产业的调整与规划。这就如同追捧股市，自然需要时时关注股票的行情。而以板块观点来说，尽管"长程思路"与经典捆绑的时机需要等待，但较之流行盈利会有显著效益，这是做长短线的优势所在。故此可言，时尚产业一旦启动，它就像一张巨大的网，采用各种时髦和新颖的方式，将人们的欲望尽收其中，尤其是在时尚口号或观念的引导下，让人们接受一种新的生活方式与文化理念，甚而产生唯恐落伍的念头。正是这种看似悄无声息的时尚念头，终将成为改变生活方式的动力源泉。进言之，就生活品质而言，时尚是人们"实现自我需要"的集中体现。况且，伴随着时代发展的节奏，"时尚"概念已经发生了日新月异的变化，即人们对时尚的理解更趋多元，其概念又拓展出更大的外延。比如，现在有许多品牌都在提"时尚"，如何区分"普通"与"时尚"这层关系，这里就有一个品牌个性的问题。仔细斟酌，能把共性熔炼为个性，就是向时尚品牌迈出的关键一步。如此说来，从品牌风格来讲，奢侈品牌富有个性，是否属于时尚品牌呢？其实不然，奢侈品牌彰显的是财富和地位，它强调的不是个性，而是品牌的社会角色意义，诸如财富、权势和地位。反之，时尚品牌则灵动多变，代表的是新潮、趋势和未来。或许在市场观念中，时尚品和奢侈品一样昂贵，但它们吸引的却是具有不同价值理念的消费群体，尤其是奢侈品，代表的更多是成熟，而不一定是时尚。当然，市场上也会出现许多低端品牌的"时尚风潮"，那是在跟随流行，多半是对时尚品的简单复制，这只是流行品而非时尚品。真正的时尚，能彰显自己的个性和品位，而不游离主流。从这一点来讲，品牌定位应是"时尚"流行的关键，以迎合现代人的主流消费观。

当然，关于时尚产业的界域范围，可说的话还有许多。自20世纪下半叶以来，特别是20世纪80年代世界经济全球化进程开始后，由时尚主导的社会经济效益迅速增长，社会经济学家逐渐关注到这一现象，"时尚产业"的概念便应运而生。应该说，时尚产业的覆盖面十分广泛，可说涉及传统的第一、二、三产业，即通过各种技艺、创意、传播和消费的方式，对传统产业资源进行规划重组与提升，上至交通运输工具、环境与建筑，乃至城市规划；下至家居纺织、美容美发、服饰鞋帽、数码娱乐、极限运动和视觉传达；等等，社会生活的各个方面都开始与时尚有着千丝万缕的联系。这表明时尚产业大多是先由概念影响，其后以商品为后盾，服务于社会生活，且具有极强的开放性和包容性。中国台湾经济学家石滋宜认为，服装工业应是时尚产业的核心，理由是服装流行速度快、形式多样，由其带动的流行趋势将直接影响其周边的产业链。[1] 在世界五大时尚中心——巴黎、纽约、伦敦、米兰和东京，服装是时尚文化和时尚产业的支柱，其他周边时尚是共同支撑。事实证明，经过 20 世纪的发展，服装工业已经成为最成熟的时尚产业，并且具有强有力的流行引导作用。

根据调查，目前国内时尚产业主要以北京和上海两地为中心，辐射全国。跟进的区域有京津唐、长三角和广深等地。以上海为例，近年来，上海国际艺术节、音乐节、电影节、电视节以及各类艺术展演活动如火如荼，在国际时尚界赢得了广泛的赞誉。此外，上海通过改造和利用百余处老工业基地，形成了诸如昌平路新型广告动漫影视与图片生产基地、福佑路旅游纪念品设计中心、天山路上海时尚产业园、"八号桥"时尚设计产业谷、泰康路视觉创意设计基地、杨浦区滨江创意产业园、共和新路上海工业设计园，以及莫干山路春明都市工业园区等一大批特色鲜明的创意产业园区。从中我们可以看出，上海聚集了一批具有创造力的优秀创意人才，推动了创意产业的快速发展，如今的上海创意产业已初具规模。相比较而言，作为长三角临近上海的特大城市——南京，曾在中国服装服饰博览会上推出以南京云锦技术为基础构想的时尚文化产业品牌——"龙缔丝脉"。[2] 但要知道，云锦采用昂贵、稀缺的自然材料，主要开发高端品质的产品，所谓"龙缔丝脉"的品牌风格，与普通人的生活，或者说日常生活相距甚远。至于产业，其主要目标是凸显产业集群的发展，即产业链的有效整合。产业链整合发展具有降低成本、创新技术、开拓市场、扩张规模、提高效益和可持续发展的强大竞争作用，同时，还是发展区域经济、促进产业转型的重要形式。这些对云锦来说，似乎也是遥远的理想。当然，就区域而言，江苏的地域优势十分显著。2015 年江苏省人民政府颁布的《江苏省政府关于加快提升文化创意和设计服务产业发展水平的意见》就指出："以文化软件服务、建筑设计服务、专业设计服务和广告服务等为主要内容的文化创意和设计服务产业，是经济社会发展的先导产业。"[3] 在这一市场策略引导下，江苏文化创意产业大有蓄势待发的气象。

二、时尚是文化创意产业的重要依托

就文化创意产业在我国的发展态势而言，相比较发达国家和地区来看，仍处于胚胎期，因而对其分类实施的指导意见向来比较模糊。现阶段各地主要是以区位为依托构成某种文创产业类型，诸如，以旧厂房和仓库为区位依附，以大学为区位依附，以艺术家村或传统特色文化社区为依附。然而，依附或依托的根本支撑是什么，抑或是说其产业性质，乃至最为根本的产业链在哪里，其实，业界对此认知并不明晰。这不仅影响产

[1] 黄海燕．时尚产业链分析及相关建议 [J]．上海百货，2015，(07):3—4.

[2] 徐涟．南京云锦的"时尚文化产业"之路 [N]．中国文化报，2009-04-03(05).

[3] 江苏省人民政府．江苏省政府关于加快提升文化创意和设计服务产业发展水平的意见 [Z/OL]．(2015-04-08) [2022-09-29]．www.gov.cn/zhengce/2015-04/08/content_5045207.htm.

集群的培育，更影响产业链形成的规模。如此说来，将时尚作为文化创意产业的重要依托，则可以跨越区位依附或依托的局限，开启产业发展的新业态，起码可以开发出一种混合产业类型。这种类型的文化创意产业以时尚为引导，同步发展与之相关联的各类产业，形成多元产业链。因此，当时尚成为人们普遍接受的共识概念时，就能成为产业发展的优势，这不能不说是文化创意产业探索与发展的一条优化思路。

至此，时尚也从小众潮流转向大众生活，即从特定的少数人群的实验与流行范围，转变为社会大众所崇尚和仿效的生活方式。这样的观念转变与发展举措进一步表明，以追求时尚为根本主张的新业态确实能够成为文化创意产业的重要依托。其中，重要的原因是人们乐于从时尚中丰富自身审美，萃取生活中的丰富精髓，彰显自身品位并打造"美丽"生活。所以说，当时尚从小众专有转向大众生活，时尚便化身为一种精神状态，一种生活方式，其意义在于改变既有的生活方式，引领新的生活追求，赋予大众愉悦的心情。由此而言，时尚概念的延展带动了时尚与文化创意产业协同发展的新局面。

当然，就时尚产业而言，仍有许多模式值得探讨。一般说来，时尚产业是由时尚理念商品化带来的产业模式，这其中有广义和狭义之分，几乎覆盖着人们日常生活衣食住行用的各个领域。从产业经济角度来看，时尚产业具有发散性和包容性，它是以时尚为关联点的产业集群，即以生活相关联的产品为中心，涵盖设计、生产、推广和流通诸多相关领域，同时横跨传统产业中的第一、二、三产业，具有较长的产业链，并且也表现出对产业升级的积极助推作用。在当前新的历史条件下，鉴于我国消费市场的发展状况，产生了一种全新的文创产业概念及形态，其中包括对时尚产品和时尚服装进行设计、采购、制造、推广、销售、使用、消费和收藏等多个环节。这是针对时尚产业的一系列经营活动，《中国时尚产业蓝皮书》中所给予文创产业的概念。由之孕育出时尚经济，这是指与时尚产业相关的一系列经济活动和经济形态，表现为时尚效用、时尚需求与供给，以及时尚对消费者产生的经济影响力。

近年来，时尚产业在我国的发展形势迅猛，对其经济研究有许多的跟进。比如，借助《2015 中国战略性新兴产业发展报告》的视角来观察，随着信息消费、绿色消费和健康消费的快速兴起，节能环保、新一代信息技术、生物、高端装备制造、新能源、新材料和新能源汽车等 7 个产业将会是我国新兴产业的发展重点，国务院出台的《国务院关于加快培育和发展战略性新兴产业的决定》对此有专门说明。而在这 7 个产业覆盖的各类生产领域中，必然会涌现出许许多多的时尚创意新概念，进而带动与这些产业相适应的时尚产品问世。诚如《时尚产业经济学导论》一书以一般经济学角度，来探究时尚产业经济形态所指出的那样，与传统产业相比，时尚产业的商业模式和营销模式、时尚文化创造力及其社会影响力要大得多。尤其是在"经济时尚一体化是将'时尚'这一抽象概念中的商品属性剥离出来，使时尚理念成为活性因子促进经济发展，即成为现代生产力的重要组成部分。经济与时尚的一体化发展是一种双向需要，经济需要时尚元素为自己注入新的活力与创造新的境界，而时尚需要物质寄托，需要在经济中实现其持续发展与提供新的发展契机。在一体化过程中，由于二者的相互作用与相互交融，经济生产的重心已经由物质领域拓展到精神层面，从而形成了当今市场经济条件下的经济综合体。……通过这一方式，获得时尚领域中包括服装、动漫、数码产品等在内行业的丰厚利润，由此看来，时尚产业的开发与壮大已成为发达国家经济增长与财富积累的重要途径"[1]。

若放眼来看，韩国在这方面的做法值得我们关注。与日本相比，韩国商品毫无技术优势可言；与中国商品相比，它又毫无价格优势可谈。在此种危机的迫使下，韩国在我国刮起了一股"韩版"时尚风。从饰品到化妆品再到时装，从穿着搭配到家居陈设，只要是"韩版"，无不受到时尚潮人的追崇和效仿。对此，人们不禁发出这样的疑问：韩国时尚产业为何会这么红火？究其原因，便是韩国企业在中日之间求生存的法宝——时尚创意设计和时尚产业的不断创新。在首尔街头，可以见识到当今世界所有的"流行趋势"，但这已经不能满足韩国人的"胃口"，一种快餐式新时尚（fast fashion）正悄然兴起。一些服装店每天都要进新款，商品周期超过 7 天，年轻的顾客就不乐意了。再有，现代的时尚产业领域已然超越了单纯的服饰范畴，从影视、音乐、游戏、互联网甚至到电子产品、工业设计充斥着人们的日常生活。[2]

结合时尚产业发展现状来看，可以将时尚产业的范围大致界定为两类：一类是时尚商品制造业，包括时尚珠宝、名表、化妆品、香水、饰品、皮草皮具、服饰鞋帽、美食和电子产品等；另一类是时尚服务业，包括时尚书籍杂志、影视摄影、流行音乐、漫画动画、美容美发、餐饮酒吧、健身旅游等娱乐产业。而时尚产业在全球范围内的发展趋势，又呈现出四大特征：第一是时尚对于经济的依赖性强，经济发展水平的高低直接左右着时尚领域的状况；第二是时尚产业周期缩短，其更新与全球化同步性趋势加强；第三是"炫耀性消费"符号化；第四是产业附加值与风险性呈正比。如此一来，在全球新一轮产业结构调整和国际分工体系重组背景下，时尚产业必然走向国际化，可谓是世界经济格局中国际分工和竞争最为活跃的产业。许多发达国家和发展中国家自前些年出现金融危机后，纷纷进行产业经济转型和产业结构调整。在此期间，时尚产业因其创意作用所显现

[1] 高长春. 时尚产业经济学导论 [M]. 北京: 经济管理出版社, 2011:22.

[2] 詹德斌, 诸慧琴, 乔新峰. 韩国经济竞争中的"时尚"因子 [J]. 决策与信息, 2007, (05):72.

的具有高科技含量、高文化附加值和高创新度等知识经济特性得以充分发挥，以整合周边创新资源、辐射带动整个区域经济发展为导向，成为各国和各区域推动经济转型与发展的重要战略引擎。以下结合相关案例给予佐证：

[案例1] 奢侈品牌与艺术的联姻 [1]

奢侈品牌的经销商逐渐意识到，艺术可以为商业带来巨大的影响力和推动力，特别是当二者结合越来越紧密之时，所表现出的形式也越来越多样，呈现的内涵更是越来越具深度和扩展性。早在20世纪70年代，著名的超现实主义画家达利（Salvador Domingo Felipe Jacinto Dali Domenech，1904—1989年）就通过向法国老牌皮具品牌Lancel①定制手袋的方式，来向他的妻子表达情意。而这款包又被Lancel命名为"达利包"，成为Lancel畅销至今的经典款式。此外，时装大师伊夫·圣·洛朗（Yves Saint Laurent，1936—2008年）借用荷兰抽象艺术大师皮特·蒙德里安（Piet Comelies Moudrian，1872—1944年）的名作《红黄蓝构图》，设计出了举世闻名的蒙德里安裙，也成为当代时装史上最著名的奢侈品与艺术跨界合作的案例。YSL②开始声名鹊起时蒙德里安已故去多年，当年并不流行版权官司，所以这还不算是艺术家与奢侈品的合作，只能说是YSL的一次灵感借鉴罢了。这之后的奢侈品行业还算风平浪静，为数不多的几次与艺术的关联也都仅限于赞助艺术家办展，或是与艺术组织做联名开展。这样的模式大多无可厚非，基本上你画你的画，我出我的钱，还没做到一家人的地步。随后，奢侈品的"越界"行为越发显得大胆，直接将自己的丝巾展、皮具展、珠宝展开进了博物院、美术馆，大有喧宾夺主的架势。后来还借着皇室婚礼、名人纪念的名义，向一些艺术家们发出合作的邀约，设计出"限定纪念"版本的商品。也正是开了这个头，才有了如今奢侈品屡屡发布与艺术家合作项目的场景。

[案例2] 法国时尚设计 [2]

在法国，与时装并列的是音乐、绘画、戏剧、芭蕾、电影，这些全部都是法国文化的代表。由之，法国文化独特的开放性和多元性，造就了法国设计师的开放性，时尚也更加开放。法国品牌最看重的是高品质、色彩设计、精致面料与讲究做工。在法国市场，"质价比"是消费者最看重的，裁剪合身也是十分重要的。服装生产与加工工业在巴黎

---

① Lancel（兰姿）创立于1876年，是有着百年历史的法国箱包品牌，以贵族化的设计理念为欲彰显地位、亮明身份的人士源源不断地创造出款款新包。兰姿既保持了传统的风格，又使品牌更富有时代感。兰姿高雅时尚型主要以蟒纹、鸵鸟、鳄鱼等纹样为主。

② YSL（圣罗兰）是法国著名的奢侈品牌，主要有时装、护肤品、香水、箱包、眼镜、配饰等。以伊夫·圣·洛朗名字命名。

[1] 王晓易. 奢侈品牌与艺术联姻：谁沾谁的光 [N/OL]. (2013-09-22) [2023-11-05]. http://www.163.com/fashion/article/99CAJ8U30026MK3.html.

[2] 计冉. 法国引领时尚潮流的原因探析 [J]. 文教资料，2016(27):22.

已经不存在了，在浓厚的文化背景下，创意与创造更新的产品是法国设计师追求的重点。巴黎追逐的时尚不只是外壳，灵魂才是最重要的。比如，法国诞生了全球24小时播放时装秀和时尚人物采访的电视台。没有任何解说，没有主持人，只有24小时永不休止、永不寂寞的T台风暴。法国表达时尚的方式跟其他国家不一样，它更像是一条优雅的河流，慢条斯理却执着地存在着。相比较美国的实用主义，法国的人文精神也更容易引起大家持久的激情。如果说"美国梦"是一个鼓励大家白手起家的神话，"法国梦"则是一个人"起家"了以后，如何学会真正去艺术地生活的故事。太多在几百年前就问世的法国高级品牌强化了这种感觉。卡地亚、香奈儿、路易·威登和无数街头咖啡馆，把法国塑造成全世界最懂得生活艺术的国家。这让我们觉得，关注法国、爱上法国，甚至研究法国，都是为了让生活真的成为生活。当时尚真正成为一种生活态度和生活方式，融进最平常的生活里，这就是时尚的最高境界。而对于情调主义者来说，法国味道就是这样一种目光：即使你从没到过法国，它也能让你无论走到哪里，无论看待什么东西，不是先看它有多实用，而是看它有多美，多么与众不同。正如法国时尚学院（IFM）和巴黎HEC商学院在教科书里写道："懂得穿着的内涵是时尚最重要的方面，时尚的服装是一种生活态度，通过和谐的组合、色彩的搭配、产品的多样性反映出穿着者内在的品位与修养。"[1]浓厚的文化氛围是巴黎最突出的特点。时尚不是某一项产业，而是触动人们灵魂的思潮。

[案例3] 中国时尚消费市场的5个特征 [2]

第一个特征是科技化。目前IT数码产品成为装点人们时尚生活的重要日用品，而大量的时尚产业也正是依托电脑、手机等高新技术手段的快速发展而出现的，如动漫、游戏、影视等。

第二个特征是群体化。社会学家指出，时尚有一个重要的社会功能特征，就是同化与分化群体归属，它常常扮演着划分社会阶层的角色，每个阶层的人为了将自己所属群体与其他阶层区分开来，常常会创造一些时尚符号和时尚标志。这一点在中国人的时尚特征中也有突出的表现，不同经济水平、社会地位和消费观念的人形成了不同的时尚中心，他们对时尚的追求也不一样，最终导致了不同群体的时尚指数差异。

第三个特征是地域化。一线城市由于城市规模大、经济实力强和开放程度较高，时尚消费水平普遍高于二线城市，上海、北京是时尚指数最高的城市。此外，一些有着浓厚时尚氛围的城市也不逊色，如成都等，这样的二线城市也同样对时尚有着高度的热情。

[1] 李彦. 服装设计基础 [M]. 上海：上海交通大学出版社，2013:4.

[2] 李敏. 时尚商务 [M]. 上海：东华大学出版社，2010:165—166.

另外两个重要特征是娱乐化和品牌化，这与时尚产业和时尚产品的属性密切相关。

[案例 4] 梵高以 1200 种面目席卷而来 [1]

2015 年 3 月 31 日在上海开幕的"不朽的梵高"感映艺术展上，主办方特意依照梵高的《夜间的咖啡馆》打造出一间真实的咖啡店，供观众休闲小憩。这一天恰是梵高诞生 162 年纪念日，当天一款身着画家自画像中的"烟斗服"的"梵高小熊"在网络上火了。虽然离正式开幕还有段日子，从手机壳、丝巾到创意小熊，还有"有脑子"的茶杯和油画拼图"抱枕"……"不朽的梵高"感映艺术特展借着层出不穷的衍生品创意，已经让申城艺术爱好者们刷了好几轮朋友圈。要论对于"梵高"的衍生品开发，当属荷兰人领先全球。关于梵高的文化营销，早已上升为一种国家行为。那么，"梵高"作为被高频开采的 IP，不仅给市场带来了巨大的财富，更成为荷兰重要的文化标签与对外交流的名片。主办方认为，衍生品的价值正是在于——"让人们换一种方式拥有艺术"。

在中方策展人周谊看来，不论是 U 盘、iPad，还是最新款越野车，用作经典艺术文化传播介质都毫无违和感，就如同日本《每日新闻》尝试在矿泉水瓶上做新闻一样，载体越亲民，传播效果越好。而在提前亮相的 10 余种梵高展衍生产品中，不仅有雨伞、手包、笔记本等常规用品的"梵高"式艺术开发，更有不少新鲜创意加入进来，总计将有 70 多种大类、1200 余种衍生品亮相，为近年来商业展衍生品开发之最。从故宫朝珠耳机、"雍正行乐图"App 开始，艺术衍生品中不断涌现令人耳目一新的创作。

在此次"不朽的梵高"感映艺术展上，主办方特意将梵高的名作之一《夜间的咖啡馆》搬到现实中来。这种"开放式体验"的衍生品可谓想象力丰富，既能满足观众在观展之余的休闲需要，又能对梵高的艺术品做一次"扩展阅读"，堪称商业与文化巧妙融合的尝试。文创领域也吸引着越来越多设计新锐加入进来，发挥想象力与创造力。与之相伴的是文创产业的蓬勃发展。这充分说明文化传递比消费更重要，而作为一种"二次创造"，衍生品设计往往很费心力。业内人士认为，困难之处并不在于创造，而在于学会沉淀。很多人认为，"不变"就是落后，其实，过度追求变化才是缺乏文化自信心的表现。

在观赏艺术的过程中，"体验"是最重要的。在欧美一些地区，观赏者更注重的是将观展的情感延续并且保留下来。当一位观众被一幅画作或一件雕塑震撼到时，他会前往博物馆商店去买下那份"纪念"，或许是一个同比例缩小的钥匙扣，或许是能装饰家居的印刷绘画。他们的最终诉求是保存美的感受，或把这份美好分享给家人与好友。文化衍生品营销在他们眼中，早已不仅仅是最初的"名人效应"。

[1] 童薇菁 . 梵高以 1200 种面目席卷而来 [N]. 文汇报，2015-03-31(10).

总之，当时尚成为文化创意产业的重要依托，时尚便有了产业可言，其产业的三项主题也就日益凸显，即生产、消费和品牌。这些产业内涵值得从宏观和微观两个层面进行深入探究，并在实证研究的基础上突破，给予时尚产业以更加细致的认识。

结语

据《人民日报》报道："2016年全球创新指数8月15日在瑞士日内瓦发布，该指数显示中国首次跻身世界最具创新力的经济体前25强，在中等收入经济体中排名第一。这一消息引起了国际社会的高度关注，外国专家学者积极评价中国创新发展战略及成果。……今年的全球创新指数前25强创新经济体中，有15个来自欧洲，瑞士连续六年稳居榜首，其次是瑞典和英国。……美国有线电视新闻网报道说，创新是中国经济的主要驱动力。中国政府多年来一贯支持创新，并进行了大量的投资。中国公司每年的研发支出在以20%的速度增加，而美国公司仅为1%至4%，'中国正在变成一个充满创新产品和创新想法的国家。'"[1] 这则报道说明，我国近年来的创新发展战略及成果已得到世界范围内的公认，那么，时尚与文化创意产业作为我国创新发展战略的重要组成部分，今后必然会有更大的生长空间，这是一项利好的消息。他山之石可供借鉴，位列全球创新指数报告前三的英国，在时尚产业打造上突出内涵和外延的不断扩展，甚至与制造业紧密挂钩。英国时尚协会、伦敦制造业咨询服务中心、英国时尚与纺织协会等组织近年联合组成"制造业联盟"，这大大突破了英国文化传媒与体育部把"时尚"定义为纯粹的"时装设计"的传统概念。"制造业联盟"得到了英国政府的大力支持。伦敦有与巴黎同样的世界"时尚之都"的雅称，时尚业已经成为英国创收和助力经济的一个特殊产业。[2]

与之对比，我国的文化创意产业仍处于自发生长之中，虽说有政府支持与产业政策出台，但主要是推动策略，多呈现为宏观指导，缺乏顶层与中层环节的有效设计。况且，在长期推进过程中又主要是从经济与文化交叉角度试图构建出产业面貌，对于实质性的切入点或项目选择缺乏微观思考与推动。在设计界，长期误认为设计已经形成产业，似乎只要设计介入文化创意产业就能形成效益。可是这个产业并不被市场和广大民众真正接受，就像提倡近10年的将"中国制造"转变为"中国设计"一样，由于缺乏品牌崛起的意识，尤其是在创新设计需要通过品牌确立这一点上，未能形成共识，以至于我们许多理想往往难以落地。君不见，在国内外市场上叫得响、信得过，且国际化程度高的国货品牌还是很少，大多数仍停留在市场中低端环节，即便是走出国门，拥有了较大的

[1] 中国首次跻身世界创新前25强．国际社会积极评价中国创新战略 [N/OL]. (2016-08-18)[2022-09-29]. m.haiwainet.cn/middle/352345/2016/0818/content_30225598_1.html.

[2] 黄培昭．时尚创意与经济发展（五洲茶亭）[N].人民日报，2013-10-13(07).

市场份额占比，也还是依靠"性价比高"胜出。特别是消费品工业领域，吃穿用度方面，尽管我国处处拿下世界市场产量第一的金牌，可高大上的品牌却以洋货居多。本文提出以时尚与文化创意产业协同发展，强调的是一个明确的意图与着手点，这是比较容易为市场和大众接受的。因此，在我国经济迅速发展的过程中，在资源紧张、传统产业缺乏核心竞争力的前提下，时尚与文化创意产业协同发展，当引起业界的高度关注，这对于探寻我国文化创意产业未来的发展之路有着非常现实的意义。

原载于《创意与设计》2017 年 04 期

我国创新设计的"推手"与"新态"

创新设计的途径可谓多种多样，但归根到底还是体现在设计观念、设计形态和技术方式的重大突破上。这其中的关键乃是设计观念，这需要跨学科交流与融合，以构成一种认知创新、形式创新、技术创新、业态创新和用户体验创新的新理念。这不仅是设计发展的全新内涵，更是设计发展的重要"推手"，进而成为引领生活方式发生转变的"新态"。从经济学视角解读，设计是发展经济的重要切入点，以其丰富的创意应对市场需求，进而形成一种文化资本的积累过程。借皮埃尔·布迪厄（Pierre Bourdieu，1930—2002 年）的场域理论来做经济学与社会学的综合考察，设计如同文化艺术一样，是由社会成员按照特定的逻辑共同建构的生活方式，是社会个体参与社会群体活动的主要场域，在其场域中有"力量""生气"和"潜力"的存在。依此理论来认识设计，其突出特点就在于，设计有着强烈的惯性行为模式，引领着生活方式的转变。进言之，从现代化进程中的"社会分化"和"社会整合"两个角度来解释，设计又是一种社会活跃的现象。设计与创新俱进，已然演变成为一种极其重要的社会行为和生产机制，在社会秩序的构建中起着不可小觑的作用，体现出一种"持续变化的社会模式"，并不同程度地反映出"集体趣味"的流行心态。创新设计，不仅仅是设计形式与技术方式的转变，更为重要的是设计观念与设计视野的突破，尤其是后者，可说是构成创新设计的动力源泉。换言之，创新设计的着力点唯有突破观念与视野的羁绊，才能更好地体现出设计具有的跨领域与跨文化交流融合的特点，而以一种创新的姿态成为社会可持续发展的重要驱动力。事实证明，创新设计乃是当今社会最为活跃的因素之一，它甚至可以带动起产业经济，不断催生出新型业态，让生活充满无限活力。

一、当前创新设计发展的政策平台

2015 年，国务院发布了《关于大力推进大众创业万众创新若干政策措施的意见》以及《关于加快构建大众创业万众创新支撑平台的指导意见》。当年 10 月，"全国大众创业万众创新活动周"在北京举办，进一步助推了创投机构与创新项目的沟通与互动，拓宽了创业者融资渠道，激发和激活了大众智慧和创造力。2015 年前三季度，全国"专利申请量达 187.6 万件，同比增长 22%，其中发明专利、商标注册申请量分别达 70.9 万件、211.5 万件，同比增长 21.7%、36.62%"。[1]

在此情形下，创新设计被业界高度重视，其主旨是鼓励原创、保护自主知识产权。例如，2015 年年底在深圳举办的"中国设计大展"上，就设立了创客展区，取名为"四创联动"，涵盖创客、加速器、孵化器、众筹平台以及创投等平台，展示国内外创客机构的精品设计创意及产业链条。如海尔 U-home 团队与 LKK 洛可可设计集团联合开发的海尔空气盒子，可将空气质量检测仪和智能家居操控器合二为一，让物联网的实现又往前迈出了一步。此外，还展出了由飞亚达公司制造的"神七舱外航天服表"，此表曾经由航天员景海鹏等出舱活动时佩戴。值得一提的是，此次平面设计板块比较突出的亮点之一在于字体设计，如刘永清作品《风雅楷宋》致力于研究汉字字体，通过对古人书法的研究拓展当代设计字库，有传统文化的精华，同时也有当代精神，既形成字库，又个性鲜明。诸如此类的创新设计有一个显著的特征，就是跨界融合，催生裂变出新型业态，可说是极大地惠及社会民生，创新设计也成为名副其实搭建"双创"的重要桥梁。

2015 年，《国务院关于印发〈中国制造 2025〉的通知》强调指出："制造业是国民经济的主体，是立国之本、兴国之器、强国之基。"[2] 这是中华人民共和国历史上首次明确实施以制造业强国为发展目标的行动纲领，展现出我国力争尽快通过技术进步与产业政策和结构性调整，重获制造业优势，达到与世界制造业强国齐头并进的发展雄心。自 18 世纪中叶英国开启工业革命，带来新兴的工业文明以来，国家强盛和民族振兴之业都离不开强大的制造业。尤其是进入到 21 世纪，无论是老牌的工业化国家，还是后发工业国家，都推出一系列制造业强国的发展战略，诸如，美国有"再工业化"和"先进制造业伙伴计划"，英国有"高价值制造业"战略，法国有"新工业法国"战略，日本有"再兴工业战略"，即使是新兴发展起来的韩国也抛出了"新增工业动力战略"。由此可见，世界工业化国家都非常关注工业振兴和升级计划。因此，从提升我国综合国力角度来说，《中国制造 2025》明确提出"提高创新设计能力"，"培育一批专业化、开放型的工业设计企业"，"设立国家工业设计奖，激发全社会创新设计的积极性和主动性"，[3] 正式吹响了将我国制造业打造得具有国际竞争力的进军号角。

从产业进步的角度来说，《中国制造 2025》计划具有强大的助推力，但以设计为龙头的产业还是有别于其他产业，其突出点就在于设计与艺术、设计与审美、设计与文

[1] 顾阳．"双创"新引擎作用初显 [N]．经济日报，2015-11-30(14)．

[2] 国务院．国务院关于印发《中国制造 2025》的通知 [N/OL]．(2015-05-08)[2022-09-29]．www.gov.cn/zhengce/Content/2015/05/19/content_9784.htm.

[3] 同 [2]。

化均有着多元因素的集合，是以"美的物化"与"物的美化"这两个造物观念，按照需要和美的规律来改造客观事物。因而，设计的对象不仅为"物"，如产品、广告、包装、服饰与时尚等，而且又是生活行为的"事"，如实用与美观、功能与便捷等生活方式的选择与改变。一言以蔽之，设计是人类追求美好生存方式最大的"观念艺术"，设计产业的开发，不仅只是"物"的一面，更为重要的另一面是"人"与"生活"，这是设计根本之所在。创新是设计的灵魂，创新更是我国设计走向未来的重要途径。而"中国制造2025"需要的不仅仅是"制造"，更需要的是"创造"，设计上的"创造"或"创新"，自然是离不开艺术、审美和文化的丰厚滋润。

二、文化创意产业是提升设计的重要推手

文化创意产业如今已是世界发达经济体国家积极推进创意经济的重要组成部分，并被认为是争夺热点市场份额的重要领域，世界发达经济体国家也都将其作为新兴产业来进行发展。当前，在设计领域，以创造力为核心的新兴文化创意产业日渐兴盛，动漫、广告、时尚、服饰、环艺，以及手工艺等行业，逐渐凸显出文化创意产业的优势。

这一优势集中体现为设计与艺术、审美和文化诸多方面的有机融合。所谓艺术方面，主要是针对在设计语言与各类艺术表现形式上的相互融通，如对视觉元素的借鉴与应用，既丰富了设计的形式语言，更重要的是把握视觉与感受、视觉与认知、视觉与用户层级关系，以艺术传达的特有形式来提升设计的品位。审美方面则是借助公众审美通感，将设计的目标借以"形式"与"意图"的平衡来获取大众的接受，追求设计的完美性。文化是支撑设计的根本命脉，体现在设计中显著的特征就是将抽象文化理念物化为产品。曾几何时，国内文创产品由于同质化严重、缺乏文化特色而饱受诟病。如今，设计创意的普遍介入使这一状况正在悄然改变，越来越多的文创产品研发开始注重对设计价值的考量，期待形成更多更新的文创理念。

文化创意产品是将艺术、审美、文化和经济等诸多元素相互融合，再造为具有智力财富特征的新颖产品。这类产品的特殊之处在于，以创意手法提取原创艺术作品的元素或符号，将其作为再创意的资源，提升其产品的附加值。也就是说，文化创意产品本质上是商品，但主要是在美术馆、博物馆和画廊等公共文化场所销售。文化创意产品有两大特点：一是具有可复制性，因其文创脱胎于原作，附着上工业产品的生产流程，可以被开发和复制；二是兼顾观赏性与实用性，就观赏性而言，文创产品以原创艺术形象为

基本依托，结合创意需要，在媒介、材料和形制等相关方面又有新的拓展，注重提升产品的艺术表达。与此同时，文化创意产品又有别于纯艺术品，兼具实用性的设计功能。例如，2015 年，北京故宫博物院相继推出"朕亦甚想你四爷折扇""朝珠耳机"和"藻井雨伞"等众多文创潮品，深受消费者的热捧，实现了文创与时尚的有机融合。又如，上海于 2014 年年底至 2015 年年初推出的创意"2.5 产业"，针对传统手工艺行业转型进行探索。有着悠久历史的上海老凤祥通过创意"2.5 产业"的塑造，在沪上创建了首个"原创大师工作室"，走出一条技术进步和创意产品开发之路。[1]

三、文化遗产成为设计服务的重点对象

文化遗产是人类文明世代相承的历史见证。如今针对这一历史见证，进行设计服务，重点是要如何做到有效的保护和传播。

近年来，在文化遗产保护工作开始之后，人们首先想到的便是设计服务的跟进。这是因为设计与文化，尤其是与传统文化有着天然的基因联系，这一点从设计历史上可以得到证实。自仰韶文化彩陶到明清器玩，这些作品可谓是传统文化的丰富体现，有着传承与弘扬历史精神的义务。诚如设计学家张道一先生所言，设计的历史始终是围绕着造物的艺术活动而进行，中国的设计走过了一条"图案——工艺美术——设计艺术"的发展道路。[2] 当今的设计与传统有着密切的联系，或是有着历史的渊源，而传统手工艺本身就蕴含着极为丰富的文化遗产，因而保护文化遗产自然成为当今设计服务的重点对象。况且，这一服务对象与国家文化创新战略的宏大目标不谋而合，是国家文化创新调动一切有利资源，尤其是传统文化资源的重要方式。然而，新时期以来，伴随着我国经济的高速发展，主要依托于乡村与中小城镇生存的传统手工艺类文化遗产资源的处境令人堪忧，已经到了需要刻不容缓的抢救时刻。

"目前，我国物质与非物质文化遗产发掘整理和保护行动落后于它的消亡速度，呈现出岌岌可危的现状。"[3] 设计领域可说在很大程度上涉及这两方面的文化遗产，它们虽然丰富，但也很脆弱。目前，针对设计领域文化遗产的发掘整理和保护行动远远落后于其他行业，如民间手工艺，包括年画、剪纸、皮影、染织和雕刻等，正在逐渐消失。从宏观层面来讲，设计服务的确是促进文化遗产多样性保护、文化资源综合开发和利用的好方式和好手段。从微观层面来讲，文化遗产专题博物馆的设立，非遗基地的规划设计，以及兼顾传统与现代创意的非遗众筹项目等，对于守护和繁荣文化遗产，并使文化遗产

[1] 司建楠．老凤祥：百年品牌书写"金色传奇"[N]．中国工业报，2015-07-06(A1).

[2] 张道一．琴弦虽断声犹存 [J]．装饰，2002，(04):54.

[3] 安纯人．加大保护非物质文化遗产力度 [N]．《文汇报》，2008-03-13.

获得可持续性的发展有着积极的现实意义。在此背景下，文化遗产的保护工作如何持续、健康而有效地开展，真正实现文化遗产保护与设计服务的一体化，值得进一步的探索。

四、智能设计促进创新服务和品牌提升

智能设计可说是伴随着智能技术的迅速发展而出现的一种设计形态。所谓"智能设计"，又称作"智慧设计"，是指应用现代信息技术，采用计算机模拟人类思维承担的设计活动。智能设计所提供的强大的人机交互功能，使设计师与人工智能合作成为可能，是当今乃至未来设计领域非常重要的辅助手段。其突出特点是，基于智能技术这一核心，通过用户网络构建起一系列安全、方便、高效、快捷和智能化的新型设计模式，以适应新的生产方式、商业方式和生活方式。在这样的背景下，未来5至10年，智能设计将是设计舞台的主角。

我国智能设计起步并不算晚，与发达国家相比有我们自己的优势。比如说，我国目前已经取得了一批基础研究成果并奠定了智能制造技术的基础，智能设计相关产业初具规模。特别是近年来，有一大批具有自主知识产权的智能设计与制造装备实现技术突破，且国家对智能设计与制造的扶持力度不断加大，研究资金大幅增长。如国产智能手机市场销售热度持续升温，智能手机产品达数百款，其设计特点是触控或指纹识别，其大屏设计特征明显。未来的发展趋势，智能手机将成为以智能家居服务为重要领域的移动式控制终端。用户只要通过手机上安装的智能家居客户端软件，依托 WEB（互联网）的应用技术，即可实现对家庭生活的远程监控与控制管理，诸如，远程开启家庭门锁，对来访客人进行图像确认，远程开启空调及取暖设备等，所有这些都将成为人们未来居家生活的必要技术手段。

除不同操作系统产品争奇斗艳外，品牌关注度也格外引人瞩目，通过对智能手机设计的不断开发，该领域终将实现从"中国制造"转向"中国创造"。尤其是在充满竞争的国际市场中，品牌关系到市场的占有率，关系到产品生命的可持续性。国产手机成功的根本原因在于找准市场，国产品牌手机企业抓住信息消费时代机遇，快速实现从功能机到智能机的转型，对准需求，瞄准受众数量庞大的中低端手机市场。"大浪淘沙"赢得的却是"优胜劣汰"。[1] 从这一点上说，智能手机的品牌塑造和推广，也直接关系到我国设计与制造业形象的重塑。

至于智能家居，这是比较典型的以家庭为主要服务对象的智能设计项目，涉及许多

[1] 马志刚. 国产手机"逆袭"的启示[N]. 经济日报，2014-04-17(05).

新概念、新主张、新技术和新方式。例如，利用网络通信技术，实现自动安全防范、自动控制，将家居生活的各种设施进行有效集成，构建起高效、便捷的家居生活事务管理系统，变传统家居生活为更加舒适、健康、环保和节能的科技智慧型居住生活。从智能设计角度来讲，未来智能家居生活的设计管理将更多实现触摸控制，即通过智能触摸控制屏实现对家庭内部，诸如灯光、电器、安防和门禁等智能监控，以及无线与有线控制系统的无缝结合，这将是未来智能家居系统控制与设计服务的发展方向。此外，从市场角度来看，智能设计在未来智能家居生活中将有更多的开发领域，如将其打造成为家庭版物联网的升级，不仅实现家庭内部物管系统的更新改造，而且还将与智慧国家、智能系统、智能城市系统、智能楼宇与智能小区等新业态管理系统实现无缝联接，真正改变人们的生活方式。如此看来，智能设计在促进创新服务和品牌提升的同时，还是实现我国产业整体提升的关键，特别是在设计投入上，可实现与产业强国战略的联动。而智能设计创新行为最为根本的，就是作为国家创新战略的主要内容，促进创新服务、品牌提升、优化自主创新产业，以应对充满机遇与挑战的国际市场。

五、"互联网 +"激活创新设计产业

"互联网 +"作为新经济形态，有别于传统经济形态，其突出特点在于发挥互联网相互配置和优化生产要素的集成作用，极大提升经济运营的效率。创新设计依托"互联网 +"形成更加广泛的联动系统，可谓是"设计触网，迸发无限能量"。譬如，以云计算、物联网和大数据为代表的新一代信息技术，与制造业、服务业等相互融合，发展出新兴业态，成为创新设计产业化崭新的增长点。

在"十二五"收官的 2015 年年末，"互联网 +"新经济形态可谓看点多多，如创客群体兴起成为与新经济形态密不可分的有机体。并且，创客群体又带动起"群件"技术的蓬勃发展，一股股"创意"与"发明"的势头正成为人们梦想实现的积极力量。正是由于这种创客精神的鼓动，创新设计发生了重大变化，以参与性和开放性的特点，以开源、众筹、社会化的组织形式，构建起设计理想，践行设计方式的转变。

2015 年可说是这一设计理想践行的重要年份，呈现为创新设计追求的一大主题。有设计学者指出，"互联网 + 双创 + 中国制造 2025 = 新工业革命"，"7 亿网民，市场巨大，集众智成大事，发挥'中国智慧'叠加效应，通过互联网把亿万大众的智慧激发出来"。[1]

[1] 潘鲁生. 2015 设计热点思考 [J]. 设计艺术（山东工艺美术学院学报），2015, (06):7.

事实也是如此，"互联网+"行动计划对于创新设计产业的影响显而易见，即由单一领域向多元领域融合推进，使得设计思维也由"个体思维"扩展到"众筹思维"。尤其值得关注的是，设计创新产业会因此获得快速的升级换代，服务的产业面也会更加扩大。线上设计资源与线下设计企业的融合，凸显出大家以互联网集群的方式来从事创新产业的谋划，互为长短，互为补充，互为促进。关于这一认识问题，在创基金联合网易家居开启的"上善若水"2015中国设计创想论坛上，青年设计师们有很好的回答。他们提出：互联网一定不是工具，一定是思维。因为互联网颠覆了两个概念：其一是颠覆了信息传递，其二是颠覆了人与人沟通分享交流的事情。进而明确："用互联网思维打造产品，而不是工具。一定是关注用户之后才能真正做出符合用户的美学，才是好设计。"[1]

随着近年来"智慧城市"概念的逐渐普及，城市规划和城市建筑领域也提出与互联网联动实施设计咨询，追求设计的广泛化和特色化。如此，一代具有互联网新思维的年轻设计族群逐渐成为这一领域的主体。公共艺术设计再也不仅是设计师和艺术家小众群体的事了，而是将空间内展示的艺术衍生为一种能够设立在公共景观环境中的元素，使建筑、景观、文化和历史等人文元素统一融合在一起，交相辉映，使其在积极意义上表达了地域特征和文化价值的有机融合。诚如这一行业新生代设计师表明的观点那样：公共艺术设计非常需要以"互联网+"行动计划广泛征集创意思维和创新设计方案，这是"基于公共艺术本身的艺术性、规模性、公共性等特性"，在参与每一个城市设计项目时要思考如何尝试通过公共方式来丰满它。[2]

六、交互设计有效联动网络新技术的投入

交互设计是设计形态中的一种新方式或新模式，包含产品交互设计、环境交互设计等。究其本义，是从用户角度出发解释其作用，如交互设计可以让产品有效易用，达到目标用户的期望，尤其是可以让用户通过各种有效的交互方式产生与产品间的深入了解，进而真正体现设计服务于人的目的。因此，交互设计，又称"互动设计"（interaction design)，其交互涉及多元学科及众多领域。目前，国内交互设计主要涉及用户模型构建、用户认知体系，以及用户参与评估等商业运营领域。其中界面交互设计比较普及，注重的是用户体验方式或模式的开发，所涉内容包括用户使用、用户认知和用户评价等方面。自2013年起深圳界面设计开始"商—优爱中国"项目以来，用户界面（UI）设计行业逐渐成为知名设计领域，其设计服务范围包括用户界面设计、用户界面交互设计和软件界面设计等，近3年所服务的客户遍及世界各地，为200多家国内外知名企业的软件产

[1]NO.1 互 联 网 + 时代，设计的痛点何在？[N/OL]. (2015-07-19) [2022-09-29]. http://home.163.com/15/0719/04/AUS0G05D00104JLD.html.

[2] 杨硕. 以"互联网+艺术设计"来提升城市的文化 [N/OL]. (2015-12-09) [2022-09-29]. culture.people.com.cn/n/2015/1209/c172318-27907049.html.

品提供完善的用户界面设计服务。当年，国内交互设计集中进军移动互联网领域，主要涉及娱乐、休闲、服饰、装修，以及儿童教育等方面的用户满意度和用户感知体验的探究，即通过交互情景对移动互联网用户采纳行为进行引导，通过情境化设计来满足用户心理、情感和使用行为的需要。比如，游戏、儿童教育领域的交互方式设计，非常注重从移动互联网系统的角度对用户行为、认知进行交互式构建。通过分析儿童游戏和在线阅读绘本的认知行为特点，以改进儿童游戏和绘本阅读的交互式分享体验，增进对儿童各项智力指标的测验与开发。又比如，服饰与时尚领域的交互模式设计，依据数字人体建模、3D交互式计算机技术的辅助虚拟仿真设计，并依托电子商务的虚拟购物、虚拟试衣技术的融入，以满足消费者追求个性时尚的体验。

2015年，互联网购物日趋繁荣，其规模迅速增至3.61亿人次，交易总额达27898亿元，同期的网购带动了仓储、快递、物流等相关产业的迅猛发展。[1] 随之，交互设计通过网站和软件开发，在产品营销的各项服务环节（交互环节）有了快速的提升，形成比较完备的网络交互体验系统。针对网购、网络社交服务开发出日趋个性化、特殊化需求的测评，重点为用户体验（内容、模型和评价）模型进行构建设计等，进而使消费者越来越重视对交互体验的认识，包括了解产品与人沟通的各种有效的交互方式，让产品与消费者之间建立起一种有机联系，从而有效达到营销目的。与此同时，加速交互设计联动网络新技术的投入，极大推广和普及了交互设计的应用。

七、传统工艺振兴是创新设计的寻根主题

创新设计的路途可以走得很快、很远，可终究不能远离根源。重振传统工艺，激活民族文化，乃是创新设计与传统的最佳融合。

2016年年初，文化部启动制定传统工艺振兴计划，其目标在于"搭建起传统工艺与艺术、学术、现代科技、现代设计及当代教育的桥梁，明显提高传统工艺从业人群的传承水平，明显提高传统工艺为现代大众的接受程度，明显提高传统工艺制品的品质和效益，明显提高传统工艺对城乡就业的促进作用"。[2] 围绕这一振兴计划，文化部又明确了三项措施，涉及对传统工艺的保护、研究和文创支持。这几项振兴计划无疑是新春之际给业界吹来的创新设计"民族风"。

的确，振兴传统工艺已然成为当下设计界关注的热点话题。我国传统手工艺产业现有20个大类，645个小类以及数以万计的品种。据统计，全国有万余家手工艺企业，

[1] 陈静. 我国互联网发展交出漂亮答卷[N/OL]（2015-10-30）.[2023-11-05]. http://finance.china.com.cn/roll/20151030/3410165.shtml.

[2] 王学思. 文化部启动制定传统工艺振兴计划[N]. 中国文化报, 2016-01-18(1).

从业人员达数百万之众，我国可称得上是世界上历史最悠久、品种最多、规模最大的传统手工艺大国，这对我国设计界一直倡导走中国特色设计之路来说，自然是一笔丰厚的资源。2015 年 6 月，贵州省文化厅决定在全省范围内开展非遗传统手工艺振兴培训工作；2016 年 1 月，山东省也启动了"振兴传统工艺"的计划，这些举措都将为传统工艺的振兴助力，进而推动我国创新设计的发展。

历史早已证明并将继续证明，走中国特色创新设计之路，关键在于对传统工艺的继承与弘扬。古人云"求木之长者，必固其根本；欲流之远者，必浚其泉源"[1]，亦可说传统工艺振兴是设计创新的寻根主题。

结语

综上所述，由"双创"政策搭建起的创新设计平台十分广阔，正带动创意产业和创意经济，形成规模化的发展效益，直接引发设计服务、智能设计、"互联网+"创客设计、交互设计，以及传统工艺振兴与寻根求新等一系列创新活动的展开，有望成为我国"十三五"期间社会创新的主体力量。

事实证明，创新设计就是生产力，其创造的生产力价值不仅体现在设计师价值、产品价值上，同时也体现在整个社会发展价值上，其形成的效应更集中于培育我国产业"新态"，成为促进社会生活方式发生根本转变的有力"推手"。这也正是当今社会"三位一体"产业发展的趋势和目标①，所创造的社会经济、技术与文化价值无与伦比，必将成为推动我国社会前行的巨大动力，这是国家的福祉，民生的福祉，当然也是设计界的福祉。

原载于《中国文艺评论》2016 年 06 期

---

① "三位一体"产业发展趋势和目标，主要是指"产业联动现代化，互联网技术进步，提升业态发展新空间"。

[1] 刘昫，等．旧唐书：第 8 册 [M]．北京：中华书局．1975:2551.

中国设计艺术史叙史范围、叙史主题及叙史方式的探讨

中国设计艺术史叙史范围、叙史主题及叙史方式看似是一个比较简单的话题，但深究起来却有着难以言状的复杂性，相关概念的界定常常处于模糊状态。例如，设计艺术史与工艺美术史叙史范围的区别似有个约定俗成的说法，前者接近技术史的功能与结构，后者则接近艺术史的风格与形式。然而，从理论上分别对设计艺术史和工艺美术史的内涵做进一步廓清，就产生了难解的一个问题——设计艺术史重心如果偏向技术史，那么叙史的性质就发生了根本的移位，不仅丢掉了设计艺术史的本质，也被技术史所同化。况且，设计艺术史与各种类别史之间在内涵与外延上也会出现难以区别的问题，这就涉及对设计艺术史叙史范围的把握。又如，"器具"作为中国设计艺术史叙史主题之一，其内容包括器具的分类、功能、材料、工艺、造型及装饰等。仅此来说，器具就不单单是中国设计艺术史唯一的叙史主题，其拆分开来又与技术史、材料史乃至工艺史的叙史主题相交叉，这又出现了对中国设计艺术史叙史主题的界定把握问题。再如，中国设计艺术史的概念是近 10 年来逐渐整合形成的，其间陆续出版的各种设计艺术史著作或教材在叙史方式上大致有两种：一种是从设计观念角度梳理设计艺术史，但凡是先人造物活动，均纳入到叙史范围；另一种是从学科发展与演变的角度认识设计艺术史，将设计艺术史完全视为一种工业化之后形成的学科历史。若按第一种认识，呈现出来的中国设计艺术史可以追溯到中华文明的起源，并与中华文明各个历史阶段相伴而生。若按第二种理解，中国设计艺术史只能是引进西方工业技术之后产生的所谓"工业设计史"。那么，中国设计艺术史便是短暂的历史，甚至是对西方现代设计艺术史的一种拷贝摹写。可见，将上述问题列举出来，就很能说明探讨的价值和意义。

一、中国设计艺术史叙史范围与叙史主题的把握

纵观近 10 年来中国设计艺术史叙史范围和叙史主题，大致可以归纳为四个方面：

其一，是从技术史（包括农业技术史、手工业史、交通运输史等）以及其他类别史（包括经济史、社会生活史、民俗史等）中，寻找与设计艺术史具有互补性的叙史主题，揉搓出一个设计艺术史的叙史范围。例如，从古代造物历史的角度，发掘设计艺术史的叙史主题。这样就涉及到自古以来先人在造物活动中所创造的各种器具，包括各种生产工具、生活用品、民俗饰物和交通工具等；其二，是从建筑史中筛选出符合设计艺术史叙史范围和叙史主题的内容，如宫廷建筑、宗教建筑、民居建筑，以及建筑空间与环境、庭园规划等，将这些以往分散在建筑史或园林史之中的设计艺术史主题纳入并予以记述；其三，是延续工艺美术史的叙史范围和主题，着重挖掘曾经被忽略的内容，突出工艺规范与工艺加工的内容；其四，是关注数千年来我国文化典籍中的类书，在我国传统典籍的科别分类中，设计当属"技艺"与"营造"等门类，像唐代欧阳询等编纂的《艺文类聚》中，涉及设计的部卷就有"居处部""产业部""服饰部""舟车部"和"巧艺部"等，到了宋代李昉等奉敕编纂的《太平御览》，其中"工艺部""器物部""舟部""车部"和"珍宝部"等类无疑属设计门类，而成书于清康熙与雍正年间的《古今图书集成》，更是我国现存最大的一部类书，共有 10000 卷，内中考工诸典诠释的材料之丰富，分类之详细得体，在类书中当属首屈一指。应该说，这些丰富的古籍类书与史料记载的众多造物史料，为中国设计艺术史叙史范围和主题的确立提供了足够丰富和完整的材料。而这四个方面，正是中国设计艺术史叙史范围和叙史主题重要的建构环节与发展脉络（图 1）。

1

图1
卞家山遗址发现的石锛（良渚文化）

应该说，以上对于中国设计艺术史叙史范围和叙史主题的把握，是笔者在经过近 10 年来的写作实践而酝酿出的"重新描述和建构"的叙史认识上形成的。当然，我们也应当看到，目前对这四个方面形成的叙史范围和叙史主题的依据是什么仍然缺乏深究，也未形成比较明确的认识观念。试想，如果仅仅是有别于工艺美术史的叙史范围和叙史主题，即回避"装饰"与"审美"的相应内容，而突出设计功能与结构表现的话，那么，技术史中反映人类造物活动的所有功能与结构表现，是否全部都被包揽在设计艺术史当中？如果是，岂不是设计艺术史与技术史成为相互可以替代的关系？这样一来，设计艺术史与技术史就会因此而失去各自叙史的范围。有鉴于此，中国设计艺术史叙史范围和叙史主题的针对性仍有必要进一步明确，并以一种设计与艺术融合的眼光来关照设计史叙史的脉络，尤其是对造物活动中与艺术直接发生联系的文化形态和审美意识应给予更多的揭示，从中寻找叙史范围和叙史主题的新视角和新维度，特别是挖掘中国设计艺术史叙史范围的"内在特质"。如是，中国设计艺术史叙史范围和叙史主题仍然需要重新考虑其核心与外延的问题。正如法国国家技术博物馆副馆长布鲁诺·雅科米（Bruno Jacomy，1952—）在其著述的《技术史》一书的序言中所说："我在此讲的技术史是文化的。"因此，这部技术史书带着读者访问六个有关的重要时期，显示每个时期的象征，每个时期的技术、文化、社会—经济境况。这是一本有趣的、很合时宜的书。"工具不再仅仅是我们手、腿、肌肉的延长，而是我们交流的感官、机体，甚至就是我们的大脑。"[1] 布鲁诺·雅科米的观点，可以说是明确了技术史的叙史范围和叙史主题，特别是在后现代阶段技术史的叙述中已经明显带有技术与技术哲学的融合思考。这一点与传统的技术史注重于研究技术发展脉络的内在关系，或只是关注技术史料的论证不同，而是转向技术哲学，并从哲学方向入手，更多的是对技术采取思辨性的描述。由此，布鲁诺·雅科米关于技术史叙史范围和叙史主题的观念，或许对我们重新认识中国设计艺术史叙史范围和叙史主题有一定的参考价值。

话说回来，仅仅讨论中国设计艺术史叙史范围并不是最困难的问题，它至多是一个对包容范围的界域认识。最为困难的，还是对叙史主题的把握，特别是覆盖技术与艺术交叉领域的叙史主题的把握，这是相对复杂的问题。例如，本文开头提到的"器具"，作为中国设计艺术史叙史主题之一，就存在把握的问题。就广义设计而言，"器具"当然可以包括在设计艺术史叙史主题之列，但如何将器具阐述为设计艺术史的确切"主题"，就不只是一种抽象概念的提法，而是要看能否将其内涵揭示成为设计艺术史的叙史主题。譬如，上古时期出现的农业生产器具（工具），诸如磨、碾、碓，抑或石斧、石铲、锯齿刃和石镰等，当我们对上古的这些生产器具进行解剖时，发现其功能和结构的设计原理并不十分困难，因为这些特征都是比较明显地呈现在那里。困难的是，如何将这些器具呈现出的纯粹技术上的意义，转化为适合设计艺术的特点进行描述，并做到在叙述观点上站得住脚，在分析逻辑上符合推理的原则，这是叙史主题把握的关键。

进而言之，石斧是我们翻开任何一部人类进化史、技术史或是走进历史博物馆，都能见到的先人使用最为频繁的生产劳动器具（工具）。况且，无论是中国还是外国，但凡提到人类在漫长进化过程中最先发明的生产器具，石斧都是其中之一。它不仅是劳动器具，更重要的是生存器具。之后，由石斧延伸出锄头，它是对石斧使用功能的新超越，也是人类造物过程不断否定和创造的结果，更是人类由游牧社会向农业社会进化的一个标志性进步。并且，在许多场合中，石斧和锄头都显示出特有的神秘地位和社会意义。

[1] 雅科米. 技术史[M]. 蔓著，译. 北京: 北京大学出版社，2000: 封底.

对此，我们从技术史或历史社会学的角度进行考察，并认识其设计功能与结构的作用并不复杂。然而，从设计艺术史叙史主题上进行考察就需要转换视角，尽量去接近设计艺术史叙史的需要。比如，周口店山顶洞人的石器打制技术并没有显著的进步痕迹，但磨制和钻孔的技术则是山顶洞人技术发展的突出表现，已接近新石器时期的水平。而且，石器型式的重要进步标志，已经与扎赉诺尔等地的中石器时代的石器及其以后的细石器上的表现相似，都在细石器形成期出现有雕刻器、石旋、尖形器、石叶和石钻等。这些器具与石斧有着相近的时期特点和异曲同工的功用，最主要的是有完全对称的形式设计，是经过非常精细加工剥制而成的器具。况且，选用的石材，特别是细石器，有石英、玛瑙、碧玉和黑烁石等，都是颜色美丽、有光泽、半透明的矿物。这种精细的加工、完整的对称的形式和美丽的色泽等特点，都使生产出的细石器具有明显的审美价值。继打制石器之后的磨光石器，更是新石器时期的主要标志。而磨制和钻孔（也是一种利用摩擦的加工）的技术和极为整齐对称的形式（方的、长方的、圆的等等）代表了石器发展进入高级阶段。至此，我们可以推论，我国上古时代的石器制作和形式发展过程，是由不固定的形式逐渐进步到固定的形式，由不整齐的样式逐渐进步到整齐的样式，由非对称的形制逐渐进步到对称的形制，以及由随意拾取的原料进步到特别采择的原料。这些都是先人经过悠久的岁月磨炼，在不断的劳动过程中发展起来的。石斧的演进正是适应着人类智力进化逻辑发展而形成的，并逐步演化为后来的锄头。这满足了人的劳动需要，更反映出人手的进步和人脑思维的发展(图2、图3、图4)。

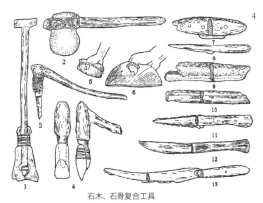

石木、石骨复合工具

1. 骨耙安柄示意　2. 石斧安柄示意　3-4. 石锛安柄示意　5-6. 石刀使用示意
7. 石刃骨柄刀　8. 含小石片骨刀梗　9. 骨刀梗　10. 骨刀梗　11. 石刃骨匕
首　12. 石刃骨柄刀　13. 石刃骨柄刀

所以说，关于上古时代的石器，人类在经过长时期的劳动实践之后，不仅产生对其功能与结构设计的认识，而且也产生了对其"美"的形式的认识。有关这一点，我们从与石器大致处在相同时期的玉器中可以得到佐证。玉石器作为制作玉器的原料在新石器后期（如甘肃仰韶文化和山东龙山文化）就已出现，虽说玉石器在形制上有许多是因袭劳动工具的样式，但它已不是一般的劳动工具，实质是一种在形式上可以让人产生美的感受的对象物，这是玉器在上古时代的主要特性。故而，古代玉器在文献典籍的记述中，

图 2　石斧
镇原县老虎咀遗址出土石斧，长 13.4 厘米，宽 7 厘米，厚 2.9 厘米

图 3　新石器有孔石斧
临海市博物馆馆藏文物，长 15.3 厘米，宽 8.9 厘米，厚 1.3 厘米，孔靠近斧顶，孔径 1.8 厘米

图 4
石木、石骨复合工具

以及在古代社会的宗教生活和政治生活中，都有着显著的地位和审美价值。我们可以从石器与玉石制作工艺各方面的联系中看出，石器首先是作为劳动器具引起人们的关爱的，这与上古时代劳动代表人的能力有很大的关系。因而，与劳动紧密相伴的劳动工具，同时也被当作审美的对象物来看待，这合乎逻辑的情理。当然，进入阶级社会之后，玉器被掠夺为统治阶级所独占，如石斧演化成为"圭"，被作为统治者权威的独特象征。而几乎所有的玉器，都含有社会的、文化的和审美的寓意。可以说，各种不同的玉器和社会等级、政治仪式、宗教仪式相联系，成为与封建等级配套的制度体现。如玉器"五瑞"说法，谓圭、璧、琮、璜、璋五种，表示公侯伯子男五个爵位。甚至还把玉器解释成为道德的象征，代表着各种人生理想和美德。儒家哲学中关于玉的学说，就成为古代美与善合一的美学思想的重要组成部分。

以石斧为例来阐述设计艺术史叙史主题，无非有两个方面的价值和意义：一是从人类造物活动的历史角度考察，阐明技术史与设计史两者有着"共同的学术源头，在各历史时期，关注的常常是相同的器物，只是视角不同、研究侧重有别而已"。[1] 这说明技术史与设计艺术史存在着必然的互补性，而这两种具有互补性的线索并不容易分开，是相辅相成构成人类物质文明史的核心。所以说，一部中国设计艺术史同时也是一部物化的中国技术史。二是从历史社会学的角度进行研究，着重考察设计艺术作为社会意识形态的诸种特性，在叙史主题中揭示设计艺术最基本的文化与美学特性，将功能、材料、工艺等形而下的技术因素，与形而上的思想性、艺术性，以及时代潮流、创作与欣赏融合起来，让人们看到自古至今中国设计艺术的不断发展，向世人证实，不论是宏观世界，还是微观世界，一切现象都是具有内在联系和特殊属性的系统，任何将其孤立起来或分裂开来的研究方法都是偏颇的。由此证明，中国设计艺术史既是一种历史现象，但又不是一般的历史现象，而是一种特殊的体现人类造物活动的创造与审美的历史现象，并构成人类特有的物质与精神融合的社会生活的文明系统。因而单纯从技术的或是社会的属性，或仅从社会存在决定社会意识的角度，还不能完全揭示设计艺术史的根本特性，还必须进一步从文化的、审美的和艺术的角度，也就是从物质属性和精神属性的整体系统着眼，把握中国设计艺术史叙史范围和叙史主题的本质属性。

二、中国设计艺术史叙史方式选择

如前所述，目前中国设计艺术史叙史方式归为两种，而对这两种叙史方式进行比较选择，笔者认同"从设计观念的角度把握中国设计艺术史的叙史方式"，其理由如

[1] 戴吾三．从古代造物角度谈科技史与设计史之关系[M]// 杭间．设计史研究：设计与中国设计史研究年会专辑．上海：上海书画出版社，2007:121.

下（图5、图6）：

其一，这种叙史方式比较符合中国设计艺术史与中国文明史共同发展的事实。众所周知，中国是历史悠久的文明古国，尤其是丰富的物产资源与先进的古代科学技术，早就转化为物质和精神的宝贵财富，创造了曾领先于世界的古代文明，这是举世公认的历史事实。而中国设计艺术史叙史范围和叙史主题可以说都与中国古代文明有着密切联系。

图5
画像石《大型酿酒作坊图》

图6
染织图案

至于说到默默无闻的中国近代设计，自然又与中国近代史有关。近代科学产生以后，科学中心发生转移，即由东方转至西方，西方进入到技术革命与资产阶级革命相互推动的时代，西方社会出现了深刻的变革，极大地推动了社会生产力的发展，许多西方国家相继进入到工业社会。而此时中国仍然处于封闭、落后的传统农业社会。可以说，从明朝到中华人民共和国成立之前的500余年间，既没有形成推动近代科学技术产生和发展的社会力量，更没有出现过拉动科学技术发展的社会需求，从而使中国不仅丧失了以科学技术的力量推动工业化的历史机遇，而且也丧失了资源与财富大国的历史地位。

因此，我们必须面对史实，在为中国设计艺术史叙史时，不可跳过中国近代史这一屈辱的篇章。如果只是为了从学科发展与演变的角度认识设计艺术史，而将设计艺术史视为一种工业化之后形成的学科历史，进而将中国设计艺术史的形成直接嫁接到西方工业革命产生现代设计的历史上，甚至推论中国设计艺术史由外来文明奠基，这是历史虚无主义的一种表现。历史研究不能有缺口，它应该是一个完整的历史环链，因此必须看到中国设计艺术史与中国文明史相伴成长的漫长历程。

其二，从设计艺术概念来讲，虽说这一概念是伴随着西方工业革命而出现的近代学科概念，但这并不是说其概念就形成于近代。如今，设计艺术学界确有一种看法，认为设计艺术的概念就是源自国外，依据有二：一是"设计"一词，是日本在明治维新后学习西方，接受英文design的思想，用汉字对译使用的词汇；二是"设计艺术"的概念渊源，从根本上说，源自西方工业革命推动形成的现代设计，由此承认"设计艺术"外来说的概念。

然而，考察"设计"一词，其偏正结构的组词方式就极具汉语特色。设，设想、设施；计，计划、计策。这是个互为修饰的词组，是汉语构词中十分普遍的现象。并且，"设计"一词的在汉语中古已有之。比如，春秋时期的《考工记》曰："审曲面势，以饬五材，以辨民器，谓之百工。……知者创物，巧者述之，守之世，谓之工。百工之事，皆圣人之作也。……天有时，地有气，材有美，工有巧。合此四者，然后可以为良。材美工巧，然而不良，则不时，不得地气也。"[1]《考工记》中明确地把"创物"与"造物"两者并列，指出有智慧的人创造了物品，心灵手巧的人将它的制作方法流传下来，始终保持着这种手艺的人，成就一种职业，被称为工匠。这不仅明确回答了哲学史上争论不休的关于事物的起源话题，而且又把有智慧的人称为"圣人"，可以理解为造物活动中具备设计能力的人。进而明确提出了设计和制作的基本原则：天时、地气、材美、工巧，这四个条件是互相配合的，缺一不可。另外，从儒家标举的"礼""孝"思想中也可以读解到所谓的"设计"意识，如"格物致知"的思想就体现出一种社会的"设计"。"格物"即"格心物"，"致知"即"致良知"。"物"乃"心物"，是封建的伦理道德思想准则，"知"乃"良知"，"知善、知恶是良知"。故可知，社会"设计"讲究端正，依据的是封建伦理道德的思想准则，以使人知善恶，以维护封建的伦理道德为准则。这一点从晏子和墨子的思想来看更加清晰，墨子对技艺的要求突出一个"俭"字、一个"用"字，除此之外，都不加以提倡，而提倡的是一种人与人平等的地位，反映到设计上，体现的是平等性，即设计为广大普通的民众服务。这些思想在李渔的《闲情偶寄》及《考工记》中体现得尤为具体，设计多注重人与自然的和谐平等。李渔在《闲情偶寄》"居室部"中记叙了对中国传统民居室内装修设计方面的见解，其中很多思想就体现了人与自然的和谐，如房舍建筑的高下"房舍忌似平原，需有高下之势"，主张"因地制宜之法：高者建屋，卑者建楼"[2]，使人如处自然中，畅神悦性。《考工记》中制轮的标准，体现为设计物要适应自然，"凡为轮，行泽者欲杼，行山者欲侔。"[3]制轮根据不同的地形采以不同的制轮方法，"行泽"则削薄边缘，"行山"则是轮子牙厚要上下相等。可以说，中国古代的设计思想都是通过造物活动体现出设计的伦理尺度。

凡此种种，从"设计"一词的使用来说，设计艺术的概念在我国并不陌生，已经具有数千年的既往历史。当然不可否认，"设计"一词在今天的使用，又与近现代西方设计文化和思潮的影响有着密切的联系。而对于设计艺术的认识，在中外近代历史进程中却有着截然迥异的观念变化和形式的表现。西方的设计艺术，自工业革命开始，便伴随着工业化进程而逐渐成为社会经济、生产活动和人们生活中的主角。其间，既有与科学技术、新兴材料和工业生产的紧密结合，又有"工艺美术运动"对之进行的修正，从而

[1] 闻人军. 考工记译注 [M]. 上海：上海古籍出版社，1993:117.

[2] 李渔. 闲情偶寄 [M]. 张萍，校点. 西安：三秦出版社，1998:57.

[3] 闻人军. 考工记译注 [M]. 上海：上海古籍出版社，1993:120.

促使设计艺术在"工艺美术运动"中实现观念上的新启蒙。之后，新艺术运动从 1895 年开始，持续到 1910 年，其重要意义是掀起一段持续的设计运动而不是一种风格。这样的设计运动为现代强烈的民族设计思想奠定了基础，并出现真正意义上的为民众服务，支持新艺术，提出"功能第一"的设计艺术原则。加之新艺术运动是影响异常广泛的国际设计运动，之后又逐步被现代主义运动所取代，成为传统设计与装饰主义运动之间的一个承上启下的过渡阶段。在其影响下，装饰艺术运动又于 20 世纪初叶登场，成为西方经济在 20 世纪初繁荣时期新市场的一种象征。二战以后，在功能主义的影响下，世界各国的设计风格趋于统一。到了 20 世纪 60 年代，现代主义引起了人们的不满，人们开始厌倦现代主义那种造型简单及单调古板的色彩，希望出现丰富多彩的设计艺术品。随后产生的波普设计，直至后现代主义设计的出现，便是顺应了人们的这种需求。后现代主义设计从形式上对现代主义设计进行了修正，出现 "高科技风格"与"过度高科技风格"的设计，以及"极少主义"、"解构主义"设计风格等。在经历一系列后现代主义设计的发展历程之后，新现代主义——一种介于现代主义与后现代主义之间，具有现代主义功能性和理性主义的设计的同时，又开始出现了一个回归的过程。如此看出，西方设计艺术在近 200 年的历史进程中，在社会经济、生产活动和人们生活中的主角地位获得巩固的同时，已被越来越多的民众所认知。特别是学科建设，在长期的探索过程中也形成了较为完善的知识体系。因而，无论是设计艺术形成的产业化结构，还是设计艺术的学科发展，都可谓是进入到了一个成熟的历史阶段。

在我国，20 世纪初叶出现的与"设计"概念相近的"工艺美术"概念，是蔡元培在 1920 年 5 月发表的《美术的起源》一文中阐述的。他认为："美术有狭义的，广义的。狭义的，是专指建筑、造像（雕刻）、图画与工艺美术（包装饰品等）等。"[1] 这里蔡元培实际上是受英国工艺美术活动影响，而将"包装饰品"等带有实用功能的美术品类归纳为"工艺美术"。还有一个对应的概念，即"图案"，在 20 世纪 30 年代开始广泛使用，其本意与"工艺美术"和今天的"设计艺术"大体一致。如陈之佛在《图案法ABC》一书第一章节"序说"中指出："图案实在含有'美'和'实用'两个要素：——美的要素……形状，色彩，装饰，实用的要素……使用上的安全，使用的便利，使用上的适应性，使用的快感，使用欲的刺激。"[2] 这里，陈之佛解释的图案更为宽泛。可见，当时的"图案"一词与后来的"工艺美术""设计艺术"本质是基本相同的。当时，还有一个较常使用的概念，即"意匠"一词，与现在使用的"设计"一词亦接近。从 20 世纪 70 年代末以来，随着改革开放的兴起，传统工艺美术以新的大规模的生产形式和

[1] 蔡元培．美术的起源 [M]// 蔡元培．中国伦理学史：外一种．太原：山西人民出版社，2020:268.

[2] 陈之佛．陈之佛全集．1，图案法 ABC 图案构成法 [M]．陈池瑜，编．南京：南京师范大学出版社，2020:8.

对外开放的经营方式实现了目标的转移，更好地适应了时代和社会生活的需要。新的生活方式孕育出的装潢美术、服装美术、商业美术和日用工业产品造型设计等，成为新形势下工艺美术发展的重要内容。进入 20 世纪 90 年代后，随着国内工业化进程的加快，工艺美术的现代形态又发生了新变化，与新时代生活相适应的平面设计、环境艺术设计、工业设计、服装设计和数码艺术设计等层出不穷，并与经济建设、企业发展和人们日益变化的生活越来越密切。之后，伴随着学科名称的改变，设计艺术成为整个学界和产业共同承认的名称（图 7）。

图 7
聂崇义《三礼图》皇帝冕服图·皇后袆衣图

综上所言，中国设计艺术史从设计观念的角度把握叙史脉络，的确是比较符合设计艺术史观的本质特征。设计艺术史观表明，一部人类社会发展史，从本质上说就是人类造物活动演进的历史。从横向看，设计艺术史的内涵包括物质文明、社会文明和精神文明；而人类的所有文明均是由不同文明类型的特点与主要成就，以及不同类型文明之间的交流、借鉴、融合与碰撞形成的。

从纵向看，设计艺术史伴随着人类文明经历了渔猎采集时代、农业文明时代（包括新石器时代、青铜时代、铁器时代）、工业文明时代（包括手工工场时代、蒸汽时代、电气时代），直至如今的信息时代。而其中最为主要的是从农业文明向工业文明转变的过程，实际就体现出社会进化的过程。中国设计艺术史理应是中国社会特有的物质文明和精神文明进化全过程的记录。

其三，从设计观念的角度把握叙史脉络符合中国设计艺术史发展的自然规律。这种自然规律就体现在以中国史为经线，将各个历史时期具有的设计特点的史料采合为一体，并使之与文明、文化、经济、社会等历史大脉络的背景联系在一起，以多元且纵横交错的视角颠覆了以往工艺美术史对叙史的局限印象。由之，中国设计艺术史在叙述设计发展演进的过程中有着一条明确的设计艺术的发展线索，即先有什么样的设计，又有什么设计艺术，然后又影响了什么设计潮流，等等，形成这样一个大致的历史脉络。应当说，中国设计艺术史叙史线索是客观存在的，问题在于表层线索的背后，还有着一种或多种支配设计艺术史进程的思想线索，它带有主观色彩，同时也较为隐伏。譬如，在中国服饰史上，"铸鼎象物"的夏商周时代是中国服装的形制与服装制度开始建立的重要时期。首先，受周礼等级制度的影响，服装形制，或者说着装态度，表现出鲜明的等级形式，"非其人不得服其服"成为一种与之适应的冠服制度，更成为伦理规范的象征；其次，周礼与宗教崇拜的融合影响了服饰的基本内容和组成，《尚书·益稷》所载"十二章服"遂成为历代帝王的服饰制度，而上衣下裳的分明则奠定了中国古代服饰的基本形制；再次，诸子百家围绕"礼"的争鸣，给春秋战国时期的服饰风尚带来深远的影响，涌现了冕服、弁服、元端、袍服、深衣、裘衣和命妇服等多种服装形式，以及各种首饰、佩饰的装扮，形成了中国上古时代服饰最基本的形制规则。这就在以中国设计艺术史线索展开的同时，又引出了一个社会制度的评价线索。

可以说，社会制度评价线索除了直接产生对历史现象的认识作用外，它还可以成为组织中国设计艺术史史料的线索，从而也就形成中国设计艺术史叙史线索的重要脉络。在这样的认识条件下，我们需要不断梳理历史、社会与设计的真实关系。一是从历史角度看，中国传统造物思想中的"制器乃国之大事"，皆能映射出社会发展的根本，设计制度的推行有力地作用于社会各个阶层，使造物活动变成塑造社会理想、政治理想的同一目标；二是从社会心理看，由于"礼"在中国社会古往今来的演变过程中所发挥的深层影响始终没有泯灭，依然对历史发展具有干预性作用，并与社会系统构成特殊的关系，而设计对历史及社会形态的形成的作用也包含有"礼"的因素与形式，设计是构建制度和物质体系的重要因素，造物活动的总体思想也是寻找合乎理想的社会生活方式，这是中国设计艺术史叙史的重要参照。

上述三点理由，旨在揭示从设计观念的角度把握中国设计艺术史的叙史方式的可能性，这是由文明史的融合背景、设计概念的本土化意识，以及叙史线索与社会制度评价线索综合反映出来的。

结语

总而言之，探讨中国设计艺术史叙史范围、叙史主题与叙史方式，目的当然是更好地写作与研究这部类别史。有鉴于此，在本文结束之际试做三点归纳：一是重新认识中国设计艺术史时叙史范围、叙史主题与叙史方式，是体现对中国设计艺术史叙史本位、史学思维与界域视角的新思考；二是确立中国设计艺术史同属于史学研究的范畴，叙述设计艺术史时应当具有史学的思维方式，尤其在确立中国设计艺术史叙史范围和叙史主题时，"参伍以变，错综其数"，充分论述中国设计艺术史叙史中的复杂因素，考辨源流，寻绎承传，在中国设计艺术史中揭示设计艺术的发展规律，从而更接近中国设计艺术绵延数千年发展的客观实际；三是直面当代设计理论对设计艺术史叙史方式的挑战，以唯物史观的研究为参照，将中国设计艺术史视为与设计理论、设计批评和设计鉴赏一体的叙史过程，这是过去设计艺术史写作与研究经常忽略的问题，将此三者融合，突出叙史方式的新转变，从开放式叙述中提出富有启发性的问题。这些叙史认识和史学研究上的探讨，目的是阐明中国设计艺术史叙史方向的新转变，进而促使中国设计艺术史写作和史学研究更上一层楼。

原载于《南京艺术学院学报（美术与设计版）》2010 年 01 期

外来史学分类与研究方法对中国设计史研究的借鉴作用

20世纪以来，我国史学研究的路径证明，不管是国内新思潮的萌发、新学派的诞生，抑或是新思想的出现和新方法的运用，无不与外来史学思潮、学派、思想和方法的引入有着千丝万缕的联系。可以说，外来史学分类与研究方法是使本土史学研究与世界史学产生密切联系的关键。本文选择外来史学分类与研究方法对中国设计史研究的借鉴作用为论题，意在从一个侧面细化外来史学对这一研究领域对中国产生的影响作用。本文阐述的所谓外来史学分类，为自然辩证法中的一种基本逻辑方法，它是在比较的基础上根据一定的标准对各种历史事件或事物进行类别划分。分类法为历史研究创造了有利条件，提高了人们对错综复杂的历史面貌的认识，也指导人们寻找或认识某一历史事件或事物。史学研究方法则比较复杂一些，它与科学研究方法的不同点在于，科学寻找的未知事实是可以实证的，而史学研究发现的事实并非都能用实证手段证明，这是历史研究的缺陷，即便是面对已经发生的事实，也不能让它再度发生，以此来检验理论的正确与否。所以，若以严格的科学研究标准来看，史学研究方法不能算作严格意义上的科学研究，因为不具备科研结果的可重复性（reproducibility），也不具备可证伪性，亦即用实验手段去验证某个理论。由此可见，史学研究在很多情况下发现的不是可以被验证的事实，而是最为合理的猜测。这就引出对外来史学研究方法的借鉴问题。国外史学研究方法诸如，逻辑分析法，以归纳方式完成一般性假设的求证过程，而以演绎方法来修正和扩大对个别事物的微观认识。比较法，是从大量的原始材料中选取有效的依据，以用于对比较对象的考察，有益于辨析各比较研究对象的内在特征的异同，并得出具有相对意义的结论。心理分析法，是借用现代心理学的某些理论和方法，通过分析人的心理活动与心理特征，对历史过程进行解释的研究手段。计量方法，是根据历史现象中反映出来的数量关系来分析历史事件的性质及其历史的一般规律性。口述史学方法，是历史研究者带着一定的研究目的采访当事人，以搜集有关史料并对这些史料进行加工整理直到完成一项课题的研究手段。社会史学方法，是把社会作为一个有机的系统的整体来加以研究，考察研究对象同整个社会历史的关系，并力求做出整体性的解释。凡此种种外来史学研究方法其实都有一个共同特性，就是采取史学研究的范型和模式来认识历史，又可以解释为历史观和方法论。事实上，除了考古学以外，史学研究能够做出的发现，主要还是提出合理猜测。如何评价猜测的合理性，外来史学的分类与研究方法确实为我们提供了很大的帮助，值得参照与借鉴。

一、外来史学分类对中国设计史研究的参照意义

史学研究，从来都与其所处的时代环境分不开。我们所说的时代环境通常包含两个方面：一是指该时代的社会变化对史学研究产生的影响，二是指该时代的学术积累对史学研究产生的影响。前者反映出史学与社会的关系，后者反映出史学自身内在的发展逻辑。外来史学，其实在很大程度上得益于国际史学研究的这种"时代环境"的孕育。也就是说，外来史学依托的是国外史学研究所触及的外在"社会关系"和内在"发展逻辑"这两个基本出发点。由此，外来史学形成的分类就有社会发展史、年代史、史料史和史学史，细化之后还有政治史、经济史、文化史、生活史，以及技术史、民俗史和艺术史等，这与我国史书分类中通常采用的正史、杂史、别史、野史和专史是有差别的。

自 20 世纪初叶新史学逐渐取代旧的传统记述史学成为我国史学主流之后，我国史学就是在外来史学，更确切地说是在西方史学影响下发展的，无论是梁启超、何炳松等人所推崇的新史学，还是梁氏之后周予同总结新史学根据其内涵分出的各样流派，诸如疑古派、信古派、释古派和考古派等，甚至五四前后兴起的马克思主义史学，都不是我国的传统史学。但是随着外来史学在我国史学界逐渐取得主导地位，它们也就成了我国的新传统史学。这反映出外来史学与我国传统史学的根本区别就在于它直接与社会变化发生联系，并以史学自身内在的发展逻辑为依托，而不拘泥于史学的训诂论证，从而迈出了单一实证与叙述史学的巢穴，走向了跨文化，甚至是跨学科的研究领域。那么，本节讨论的关于外来史学分类对中国设计史研究的参照意义，目的就是试图说明中国设计史研究同样脱离不了渐已形成的外来史学分类影响的事实。

当然，从外来史学分类来看，其不仅促进我国新史学研究面貌的转变，也使近百年我国的史学研究普遍认识到需要拓展和推进的地方。中国设计史研究同样需要转型，需要建立现代史学观念和方法论，进而在阐述设计史进程及演进规律的同时，能"通古今

之变"阐发新的观点，这是对我国整个史学研究领域的一种促进，具有深化与完善我国史学研究体系的意义。如与中国设计史有着密切联系的中国古代史研究，就广泛吸收外来史学分类的路径，其突出特点是研究领域得到细化并有拓展，将我国传统史学的视域由对历史的三分法——即史事、史文、史义——拓展为更加具有广泛研究意义的史学，并且，相比较于我国传统史书体裁的编年体、纪传体及纪传本末体而言，又有很大的差别。以此对照近10年中国设计史研究的分类，确实可以看出，外来史学分类对其产生的影响作用是显而易见的。

其一，受外来史学分类与我国社会发展变化等现实背景的影响，中国设计史研究视野与领域有较大拓宽。例如，器具史研究的分类已不拘泥于器物原材料、用途，以及形制与功能的分类，而是将其放入到人类造物活动进化全过程中加以审视，以综合性分类来对器具特点进行多角度、全方位的分析比较。例如，把器具分成生产器具、生活器具和赏玩器具等。将器具史研究不仅纳入到设计与人类造物的进化过程来考察，而且参照社会生活的发展加以全方位的考察，进而揭示出器具与时代发展相辅相成的联系，也体现出器具的进化促进着时代的进步，而时代的进步又催生着器具的改进与创新。又比如，物质与非物质文化遗产的研究出现许多参照外来史学研究的新分类，建立起诸如土著与民族区域分类、文化学与艺术学分类、考古学与人类学分类、民俗学与历史学分类、地理学与地质学分类，以及传承文化与文献史籍分类等。这些从各个研究视角或研究领域出发的史学分类借鉴或运用到中国设计史当中，不仅构筑了设计史研究的新方向，而且将设计史融入到文化史、经济史、社会史乃至各种专门史研究领域，形成设计史研究新的生长点，也反映了目前研究视角力图跨出传统史学的角度，为现实社会的文化发展提供更多可资借鉴的史学研究参照。

其二，当西方史学日渐重视历史时期对应事件分类研究的时候，这种由史学自身发展内在规律起决定性作用的史学分类，对我国史学研究关注各历史时期对应史实演变互证的认识产生很大的帮助。这一史学分类无论是从史学发展的内在规律，还是就其历史时期社会环境而言，都是一个值得关注的史学研究的新视角。而这一史学分类对我国古代史研究所产生的影响业已显现，它在我国史学史上占有一席之地。诸如，先秦史研究开始以聚落形态的发展和变化，来探讨从村落到国家的运动轨迹，论述我国古代文明与国家形成的途径和典型方式，从而为我国古代史的研究提供了有益的启示。再有，甲骨文农业资料考辨研究利用甲骨文材料研究商代农业的状况，既纵向论证了商代农业早晚期的不同发展，又横向分门别类地对甲骨文所反映的商代农业进行系统叙述，推动了商代农业史研究的深入。列举这些采用历史时期对应事件分类研究的课题项目，可以看出外来史学分类使我国古代史研究别开蹊径。毋庸置疑，这一史学分类对中国设计史研究也会产生同样的影响作用。比如，对明清家具纹饰的研究利用这种历史分期对应事件的分类方法，探寻出纹饰变化的根源有两点：一是清人居住面积较之明代大大缩小，普通人家已经没有了明代宽大纵深的房屋，这迫使人与家具的距离拉近。而明式家具那种注重结构美、注重线条流畅以及注重视觉大效果的实用审美逐渐消失，取而代之的便是注重细节装饰的清代家具，似乎时代越近体现情趣的装饰手法越开始流行。而清中叶平板玻璃引入国内，室内采光充足，家具上的细微雕刻纹饰得以展现。于是，能工巧匠们便把展现自己的手艺变成一种乐趣，纹饰花样翻新，没有任何条框可以限制。二是康雍乾鼎盛时期，社会极为富足，尤其进入乾隆盛世后，物质丰富，于是社会流行起热衷斗富的心态。清代家具便是这一时期斗富赏玩的楷模，展现富裕，展现奢华，形成家具中的乾隆风格，亦称"乾隆工"。这种乾隆做工明显是对纹饰而言的，纹饰上从明式家具个性化逐渐向程式化过渡，做工上则不惜工本，让赏玩者看见工匠非凡的技巧。而此时人们选购家具的心态开始庸俗，认定雕工越多越好，也越值钱。由此可见，通过历史时期对应事件分类研究方法的应用可以拓展史实的细化考证范围，可以说对中国设计史研究起到了一种积极的推进作用。

其三，20世纪90年代西方史学研究出现多学科交叉型分类，这种分类有一个突出的特点，就是多元性，即采用多学科、多个侧面或多个层次进行分类，突破单一史学分类的模式。这与我国传统史学研究较为单一的以要籍解题式分类形成差异，其分类不拘泥于某种单一模式，而是以跨文化和跨学科研究成为新的史学见解，由之也形成新的史学分类。近10年间，这种史学分类在我国逐渐发展。诸如，1996—2000年国家开展的"夏商周断代工程"，就是一个以自然科学与人文社会科学相结合的跨学科史学分类研究，主要针对夏商周三个历史时期的年代进行断定。这项史学研究的分类研究项目可谓是一个多学科交叉联合攻关的系统工程，所涉及的学科领域有历史学、考古学、天文学和科技测年等学科，共分9个课题，44个专题。这样跨学科的史学研究，对于深化我国古史研究有着积极的意义。并且，参与研究的学者既立足于新的考古发现，又借助于新的跨学科理论，提出了许多新的史学观点，对解释我国古代文明的普遍性与特殊性是相当有益的。借助于这种史学分类，中国设计史研究也开始融合多学科研究视角对史实进行综合性探讨。例如，关注唐宋时期黄河流域外来文明对设计形成影响的课题研究，就是依托历史地理学、区域考古、民俗学和社会学的分类研究成果，综合阐述在唐宋时期我国由中古向近世的转型过程中，黄河流域的文化通过对外来文明的合理吸收，最终定型成以黄河文化为核心的传统文明，并走向成熟和鼎盛。此时期的建筑、陶瓷、染织、服饰、金属工艺、雕版印刷，以及造船和漆器等设计与技术乃至生产规模，都超越了秦汉，尤其是官办手工业全面繁荣，设计成就显著。此外，这项研究又突破我国古史研究多围绕国内史籍和考古实证的局限，转向发掘广阔的西域文献，甚至海外汉学的研究，形成对中外文化交流的认识，使唐宋时期设计艺术史研究以多学科分类研究作为切入点，又以跨文化的视野将汉至唐、宋至明之间的历史联系起来进行综合性的考察，揭示出唐宋这一重要历史时期的社会变迁与外来文明对设计影响的新史实。

其四，通过专史分类研究带出新材料、带动新问题，向来是外来史学分类的一大特色。其实，在国内采用这种专史研究的分类方法已有较长的时间。这种史学分类方式就是将史学研究中的各个历史时期分为断代或专门史进行研究，这已成为我国现今史学研究新的学科生长点。如近年来我国对甲骨文、金文时有发现，数十万枚的简帛，还有相当一部分尚未整理或出版。并且敦煌吐鲁番文书、西夏文书、徽州文书、墓志碑刻，以及各种民间文书、域外汉籍珍本的新发现、新整理，都为我国古代史分期分类研究提供了丰富的基础性资料。应该说，建立在这些史学新资料基础上的研究是古代史分类研究的突破点。将专门史分类引入中国设计史研究中来也已渐成趋势，如家具史、服饰史、陶瓷史、漆艺史和染织史等，甚至设计制度史、设计行会组织史研究也成为设计专史研究的课题。例如，通过社会发展史、社会生活史、技术史、人口史，以及地方史志的史料挖掘，探讨我国古代工匠行会组织史就取得新的突破和进展。首先，按社会发展属性关系分类，我国古代工匠可划分为官府匠人和民间匠人。历代官府手工艺的生产机构规模庞大，工匠众多。官府匠人主要服役于官府，接受严格的训练、管理，从事宫廷和地方官府所需产品的设计制作。殷商时期，见于文献记载的工匠有陶工、酒器工、推工、旗工、绳工和马缨工等。至西周时代，由于不同手工艺技术而形成的分工日趋细致，最终形成所谓的"百工"，即我国古代手工艺匠的总称，这一名称最早见于先秦文献《考工记》。"百工"性质，即是我国古代工匠行会组织的雏形。秦汉时，匠人按级别称为工师、工匠、徒工等，由曹长领班工作。唐代又有番匠，即工匠在官营手工作坊内服番役，番匠组织就是当时手工艺行业的重要管理部门。随着商品经济的发展，匠户对于国家体制的人身依附关系日趋松弛，顺治二年（1645 年）清廷宣布废除匠籍制度。其次，从社会生活层面划分来看，官府匠人与民间手工匠人有着很大的区别，前者多数时候是在统治者严格管理的状态下进行着被动的设计活动，而后者则多是在自然的状态下进行着主动的设计活动。因此，民间工匠组织形成的行业多种多样，似乎较宫廷、官府匠人组织更为复杂，如从事民间建筑和生产工具设计制作的就有木匠、铁匠、泥匠、瓦匠和石匠，从事日用品设计制造的有陶匠、竹匠、篾匠、铜匠、锡匠、染匠、皮匠和银匠等，从事文化业的有画匠、塑匠和笔匠等。另外，从湖北云梦睡虎地秦墓出土的秦律竹简《工律》《工人程》《均工》《司空》《效律》和《秦律杂抄》等部分中可以读到，秦时对官府手工业的各种制度，如产品的品种、数量、质量、规格和生产定额，以及产品的账目、各类劳动者的劳动定额及其换算、对劳动者的训练和考核、度量衡的检校等，都有详细具体的规定。历朝历代官府户籍统计中的这一类内容，都可以看作我国古代工匠行会组织史的构成史料。

其五，实证主义史学在我国近代史学发展历程中的作用不可低估。从严复开始系统地向国人介绍近代西方实证主义哲学和实证主义史学起，一大批历史学家在 19 世纪末 20 世纪初的几十年时间里，便把这一产生于西方的史学流派引入国内，用其进化史观和实证方法对我国传统史学加以改造，使实证主义史学成为 20 世纪 20 年代国内史学界较具影响的史学流派之一，促进了我国传统史学向近代科学史学的迈进。近几年来，国内史学界对实证主义史学研究又有推进。实证主义史学的分类是将自然科学的方法运用到史学研究当中，采用自然科学和心理学的分类方式，关注事物之间的有机联系，揭示隐藏在历史活动背后的规律。这一史学分类引入到中国设计史研究中，尤其是对每一历史阶段的状况的定性分析，给予设计史研究十分明显的借鉴作用。比如，民族地区近代手工艺发展脉络研究就采取实证主义史学的分类原则，对民族区域分布、民族手工艺性质划分、神话与传说分类、部落社会的生活方式及母语分类，以及每个不同的族群各自具有的历史脉络进行划分。在实证主义史学研究中，实证分类就是对研究对象的内在规律做出解释，并提出逻辑一致的解释性结论。

综上所述，受外来史学分类的影响，中国设计史研究分类呈现出多元趋势。并且，这种分类又形成与之对应的不同研究类型。归纳来看，对学科研究对象的区分大致形成两类：一类是以人类造物活动与生活演变过程为研究对象的设计史研究，另一类是以设计史学为研究对象的设计史论研究。而后一类又可区分为两个小类：一类以研究人类造物活动为对象，着重揭示人类造物活动的形成与发展，以及这一历史过程引起设计形态演变的具体因素；另一类是在前一类研究的基础上，对人类造物与生活演变过程进行历史分析、概括与抽象，着重揭示人类造物活动与生活演变背后的设计机制与规律。总之，以史学理论分析和抽象（舍弃了对设计史的具体叙述）为特征的研究，此类可称为设计史通论。如此种类繁多的设计史学研究分类，其实是依据研究对象而确立的。常言道，一把钥匙开一把锁，对于不同的中国设计史研究，自然要有不同的史学研究方法来应对。

二、外来史学研究方法对中国设计史研究的借鉴作用

外来史学研究方法多以材料与逻辑的结合方式探寻历史。比如，以史料和时序叙述历史变迁与变迁的环境、原因（包括必然因素与偶然因素），从史实中概括出的结论等。综其方法而言，大致可以归纳为搜集史料与考订史料方法、历史比较方法、统计方法、计量方法、历史唯物主义方法，以及心理学研究和图像学研究等特殊研究方法等。对于外来史学研究方法的借鉴作用，近代以来我国史学界有较多的讨论。例如，顾颉刚就是其中的代表，顾颉刚的史学思想也是 20 世纪我国学术思想的重要组成部分。作为"古史辨派"的主要代表人物，顾颉刚的古史学观点与思想是在近代变革社会背景下产生的，既继承传统又融会创新，是从危机重重的史学传统中脱颖而出，开创了古史研究领域的史学革命，这应该说是顾颉刚对外来史学研究方法的接受和推陈出新。概括顾颉刚的古史学说，主要有两大学术思想，也可以说是两种历史研究方法。前期古史学说的重心是"古史层累说"，后期古史学说的重心是"五德终始说下的政治与历史"。"古史层累说"最先由顾颉刚古史学说提出，是其学术要义，也是最具代表性的史学方法体系。这既是一种历史观，又是一种历史研究方法论。在这个历史研究方法体系支配下，顾颉刚估定了传统经学的价值，开创了新的古史研究方法，成为 20 世纪古史研究领域中的主要范式。而"五德终始说下的政治与历史"则沿用了晚近时期（1840—1949 年）经文家的研究方法和结论，以"造伪"和"辨伪"一组概念构筑起我国古代辨伪学史。由之，以顾颉刚为核心的古史辨派的影响甚大，至今仍具有积极的意义。

话说回来，外来史学研究方法在我国落户也有百余年的历史，被我国古代史研究采用也天经地义。比如，历史研究的基本方法是搜集史料和考订史料，这其实不论中外，都是从事史学研究基本一致的治史方法。所以说，古往今来的史学著述应该都有其共同点，即具有丰富的史料，且材料准确。因而搜集和考订史料必然成为史学研究的最基本的方法。说到考订，我们会自然而然地联想到清代的乾嘉学派考据之学，其实自我国先秦时期就有了史料的考订。孟子曰："尽信《书》，则不如无《书》。吾于《武成》，取二三策而已矣。"[1] 当然，说到考据学术之所以必称乾嘉考据学，是因为此时为昌盛时期，出现了史学史上的三大考据学家：王鸣盛，著有《十七史商榷》等；赵翼，著有《廿二史札记》《陔余丛考》等；钱大昕，著有《廿二史考异》（100 卷）《潜研堂文集》《十驾斋养新录》等，他们是清代考据学家中最有成就者。不过，乾嘉考据学也不是孤

[1] 论语·孟子 [M]. 刘洪仁, 周怡, 编注. 成都: 四川文艺出版社, 2019:442.

立的, 西方相关研究方法与我国乾嘉考据学也有相通之处, 如普鲁士·兰克 (Leopoldvon Ranke, 1795—1886 年) 学派, 即历史语言学派, 就是以重视考据、重视信史而驰誉于世的。从该学派的主张来看, 仍然注重广搜材料, 尤其重视原材料, 对材料进行审查, 注意其真实性, 其方法同样是考据的方法, 同乾嘉考据学派可谓一脉相通。

我国近代史学中直接受到普鲁士历史语言学派影响的, 有陈寅恪、傅斯年、姚从吾和韩儒林等人, 他们都是留德并接受过这个学派的直接熏陶的。而有意思的是, 胡适标榜实验主义历史观, 在他的历史观中有其明显的主观色彩, 但他对史料的严谨性则受到乾嘉学派的深刻影响, 强调史料, 强调考据和证据。可以说, 普鲁士学派与胡适结合, 实际上就是历史语言学派与乾嘉考据学派的结合。这些对我国近代史学影响甚大, 由之推行的史学考据的基本方法, 如归纳法、演绎法、类推法和比较法等, 均以反证解决史料中的歧说与冲突。既然中国古代史研究采纳之, 中国设计史研究更有理由采纳之。

例如, 中国设计史关于商周时期青铜工艺失蜡法的是西域传入还是本土既有技术的争辩讨论, 就是各方学者采用搜集史料和考订史料方法, 从多角度、多领域进行反复求证。长期以来, 学界对于失蜡法究竟是西域传入中原, 还是植根于中原本土的问题, 存在着两种截然不同的看法。认为失蜡法是由西域传入中原的理由: 一是从失蜡法出现的时间推算, 失蜡法最早出现在古埃及。文物发掘也证明, 早在公元前 3000 年左右古埃及已出现采用失蜡法铸造的金属饰物。相比较而言, 我国直至春秋战国时期才出现。二是从考古学、历史学和人类文化学多角度考察表明, 我国在商前期就与西域存在着较大规模的人口迁徙和文化交流, 并且出现了一条“青铜之路”。所谓“青铜之路”, 是与“丝绸之路”相辅相成的中外古代交流线路的地理概念。青铜之路活跃于夏商周三代, 几乎没有文字记载, 主要是根据搜集史料和考订史料的方法推理出来的, 大约是由西向东传播青铜与游牧文化的线路。丝绸之路兴盛于汉唐宋元时期, 文献史料记载不绝, 主要是由东向西传播丝绸与定居农业文化的线路。两者先后相继而方向相反, 可以说是青铜之路诱发了丝绸之路。而后, 丝绸之路取代了青铜之路。论证的依据是, 在上古时期青铜技术属于“高技术”, 其出现或者说传播并不是孤立的现象, 是与羊、羊毛、牛、牛奶、马和马车等技术的传播密切相关的。青铜之路将西域和东亚纳入到以西亚为中心的古代世界体系, 丝绸之路又加强了东亚与西域, 乃至欧洲的联系。因此, 只有将“青铜之路”与“丝绸之路”相结合才能全面深入地理解和解释欧亚大陆文化的形成及其相互交流的历程。三是从人类学和社会学考察, 吐火罗人被认为是中国境内最早的游牧民, 包括后来史书中常见的哈萨克族祖先古塞人, 他们很早就活跃于中原, 且不局限于西域。公元前 2000 年左右，西亚、中亚和东亚之间存在一条由西往东的青铜之路。最初导源于西亚的青铜器和铁器，首先影响到新疆地区，然后到达黄河流域，新疆处于金属东传的中心环节。而在这种东西交流中扮演居间者的，最可能就是说印欧语的吐火罗人。据此三点判断，青铜冶炼和铸造既然是高度复杂的技术活动，就不可能只局限于某时某地封闭完成，其中必然有一个不断完善和改进的过程。况且，在相连的大陆区域里不大可能存在两个独立而毫无联系的青铜文明。也就是说，中原地区的青铜器是从西向东传入的。西北，特别是新疆地区青铜时代遗址的发掘，可以证明青铜冶铸技术由西（小亚西亚）向东传播的事实。具体来说，古墓沟文化遗址的发掘和研究表明，大约在距今 4000 年前的新疆部分地区已进入青铜时代，并与中亚、西亚、中原均有联系。由此而论，失蜡法既然是古埃及创造为先，又有证据可推论是从西亚传入中原的，那么此法就不是中原的创造技术。[1]

然而，新近考古发掘又证明我国春秋时期采用的失蜡法还是中原的古老技术。证据是 1977 年湖北随县出土的战国初期的曾侯乙尊、盘透空附饰，1979 年河南淅川出土的春秋晚期铜盏部件和铜禁、楚共王熊审盂等均为失蜡法铸造。这些青铜器结构繁复齐整，铸造精致，其独具的技术特点和艺术风格并非西域失蜡法铸造的青铜器所具有的，表明铸造这些青铜器的失蜡法是中原古代工匠的独立创造。首先是采用浑铸法将器具用范块组合一次铸成，这是中原本土技术；其次是青铜器的花纹清晰、表面光滑、层次丰富，能够设计出如此复杂的青铜器镂空装饰效果，是中原古老琢玉技术中就具有的工艺手段。另外，春秋战国之前我国就已掌握的失蜡法技术，有学者提出是源于焚失法，而焚失法最早见于商代中晚期，这种技术是在失蜡法出现之后才逐渐消亡的，这说明失蜡法是从此延续而来的创新技术。[2] 从列举的这项课题研究来看，搜集史料与考订史料，并与外来史学方法的进一步融合，确实给我国史学研究带来新的论述思路。

历史比较法，或称比较史学、史学比较研究（comparison study of history），该研究方法传入我国也有八九十年的历史。历史比较法的适用性比较广泛，可以针对多种情况作比较研究，但最主要的还是两种比较方法，即纵向和横向比较。纵向是上下古今的比较研究，横向研究是一个朝代、一个国家或地域之间的研究。这一史学研究方法在中国设计史研究中已有较多的应用，如探讨隋唐长安城市布局研究，一方面关注自隋至唐长安城市布局的演变，另一方面关注自先秦《考工记》"匠人营国"记载的城池布局直至隋唐时期的城市布局之间发生的变化。这种从两方面进行的纵横比较，全面而深入地解释了隋唐时期长安城布局的历史渊源。

从历史考据，隋文帝在汉代长安东南营建新都，定名大兴城。大兴城总面积达 84.1

[1] 易华. 青铜之路：上古西东文化交流概说 [M]// 南京师范大学文博系. 东亚古物 [A卷]. 北京：文物出版社，2005:76—96.

[2] 谭德睿. 中国古代失蜡铸造起源问题的思考 [J]. 文物保护与考古科学，1994，(02):43—48.

平方公里，是当时我国历史上最大的都城，其城市的建设规模形成空前的格局。有记载说，隋文帝任命宰相左仆射高颎总领其事，任才智过人的太子左庶子宇文凯为总设计师，营造新都。宇文凯设计的城市布局充分考虑地形地貌的特点，参照《周易》乾卦象排列，并吸取北魏洛阳城和东魏、北齐邺城的规划经验，构成大兴城的布局骨架，即皇宫、朝廷机构和寺庙都建在坡上，与一般居民区形成鲜明对照。冈原之间的低地，除居民区外，则开渠引水，挖掘湖泊，增大了城市的水域。大兴城充分利用地形的优势，增大了立体空间，显得更加雄伟壮观。唐朝长安城也是承继隋代的大兴城格局而营建。如此一来，隋唐两朝便成为史家津津乐道的我国城市发展的黄金时期。雄伟的长安城内外有三重城墙，周回 80 余里，相当于今天西安城的 9 倍还多。宫殿、官署都被围在宫城和皇城的高墙之中，坊区排列纵横有序，被南北 14 条大街和东西 11 条大街分割成棋盘状，市区则被固定在东西两区，有墙隔断，与坊区分开。按规定，坊区是居住区，市区为商业区，一切商业活动都规定在市区进行，而城墙更是权力的象征和维护权力的工具。总体说来，隋唐长安城的规划继承了我国古代城市规划的传统，平面布局方正规则，每面开三门，皇城左右有祖庙及社稷。这与《考工记》中"匠人营国"的城池布局十分接近，而且城市布局上显现的"宫殿与民居不相参"意图也非常明显，采用严格的里坊制，这些都与当时统治者对百姓的严格管制与防范有关。唐朝长安历经几次大规模的修建，人口逐渐增加，总人口近百万，成为当时世界上最大的城市。唐长安的规划也对周边国家的都城规划产生了重要影响，如日本的平城京、平安京等。从历史角度说，隋唐长安是我国古代城市规划的典范。结合纵向和横向比较，可以将隋唐长安城与同时期的周边国家城池建造进行比较，揭示出渤海国上京龙泉府也是效仿长安规划建城；日本国的平城京、平安京、腾原京、难波京以及长岗京，不仅形制和布局模仿长安，就连一些宫殿、城门、街道的名字也是袭用了长安城的相应名称。这是史学深入细化对于推进研究的贡献。

统计方法在史学研究中是经常被使用的方法，特别是在经济史、人口史等的研究中应用得特别广泛且重要。在过去的史学研究中，定性多，定量少，因而在说服力方面存在明显不足。弥补这方面的不足可以靠加强对社会生产力的研究，以统计方法将所搜集得来的数据系统化，用来说明事物的量化发展。从这种量化发展中，达到对事物的本质认识。这样，把定性研究放在定量研究的基础之上，形成的研究更具有科学性。近年来，在中国设计史研究中就多采用这一研究方法。通过搜集数据，辨别数字中的真伪，再进行排列比较与分析，从中解释而得出结论。比如，在中国设计史中探讨郑和下西洋与明代造船业的关系问题时，就涉及采用统计方法做研究的事例。关于这一点，英国学者李约瑟曾做了相当细致的基础工作，以数据来论证郑和下西洋所率领的庞大远洋船队的实际状况。他在《中国科学技术史》一书中写道：在明朝全盛时期，其海军也许超过了历史上任何时期的亚洲国家，甚至超过了同时代的任何欧洲国家，乃至超过了所有欧洲国家海军的总和。……郑和下西洋的主力船型总长达 440 尺，宽 180 尺，就是当时所说的 2000 只海船，按现在单位换算排水量大约为 2500 吨，6 桅 12 帆，可承载 400 人，是 600 年前世界上最大的木帆船，即使作为小型宝船也可以称得上体势巍然，巨无与敌。李约瑟进而给郑和下西洋以很高的评价，认为在 15 世纪上半叶，在地球的东方，在波涛万顷的中国海面，直到非洲东岸的辽阔海域，呈现出一幅中国人在海上称雄于世的图景。这种极为壮观的远航，充分证明了中国是当时世界上最强大的海上力量，中国的造船技术和航海能力是世界上其他任何国家都无法企及的，达到了古代航海史上的巅峰。[1]

此外，郑和七下西洋的远航海船规模从文献及实物考证的数据上也是可证实的。据《明史·郑和传》记载："造大舶，修四十四丈、广十八丈者六十二。"[2] 郑和下西洋宝船的载重量，根据南京龙江船厂原址考古出土之 11 米舵杆（应该是当时最大船只的遗物）推算，以日本出土的明代中国船为比例合理推算，宝船应该是 6000 料，与明朝之最大"封舟"近似。其船长约为 70 米，排水量约为 2000 吨，载重量约为其半，即 1000 吨。[3] 郑和船队通常拥有 60 余艘宝船，连同中小船只在内，共计 200 余艘。这样大型的船队，由宝船、马船、粮船、坐船和战船等多种不同用途的船只组成。船队中的宝船为最大，有 9 桅，长 44.4 丈，宽 18 丈。明代 1 尺约合今日 0.311 米，依此推算，下西洋宝船船长约 138 米，宽约 56 米。这种巨型海船，在我国历史上亘古未有，即便与当时世界航海大型船只相比，也是首屈一指。那么，郑和下西洋船队的船只建造情况又是怎样的呢？我们可借助已有的研究资料，通过数据的统计来复原。

首先，要建造郑和宝船这样的巨船，必须有与之相适应的造船设备，即巨大规模的造船厂和海港。南京龙江宝船厂就是当时大规模的造船基地和停泊地，迄今这里还留有"上四坞"和"下四坞"等作塘及水道。作塘呈东西向，与长江的夹江相通，便于宝船下水。作塘很大，以"七作"而论，经实测，长约 500 余米，宽约 40 米。另外，福建长乐太平港也是当时郑和下西洋的基地港。郑和七次下西洋的船队每次都在这里驻泊，短则二三个月，长则 10 个月以上，在这里修造船舶，选招随员，候风开洋。这样的造船基地和大港在当时的世界上是绝无仅有的。据《瀛涯胜览》记载，宝船所至西洋诸国，皆于海中驻泊，因"大船难进"，常易小船入港。[4]

其次，建造这种巨型海船，必须完美地解决抗沉性、稳定性等基础问题，这样才能

[1] 李约瑟．李约瑟中国科学技术史，第 4 卷．物理学及相关技术，第 3 分册，土木工程与航海技术 [M]．王铃、鲁桂，译．北京：科学出版社，2008:532.

[2] 张廷玉，等．明史 [M]．北京：中华书局，1974:7767.

[3] 陈玉女．日本学者研究郑和下西洋之观点 [J]．郑和研究与活动通讯，2005，(22):9—11.

[4] 马欢．瀛涯胜览 [M]．冯承钧，校注．北京：中华书局，1955:9.

为建造宝船提供必要的技术支持与保证。比如，宝船的建造者就按前人的经验，将船体宽度加至 56 米，使船体的长宽比值为 2.45 左右，从而避免了因船身过于狭长经不起印度洋惊涛骇浪的冲击而发生断裂的危险。这样的船体结构设计可谓相当合理。同时，为了保证 56 米船体宽度的横向强度，增强船体的抗沉性和稳定性，又增强了纵摇的承压力。近年在泉州湾出土的宋代海船，长 11.4 丈，宽 3.3 丈，比郑和的宝船小得多。它以 12 道隔梁分隔出 13 个船舱，隔板厚达 10 至 12 厘米，每道隔梁用三四块木板榫接而成，并与船肋骨紧密结合在一起，舱内采用水密舱壁。据此推测，比它大近 4 倍的郑和宝船很可能是在此基础上发展起来的。

再次，这种巨型航海船成功地解决了板材及纵向构造的连接问题。近年来有学者根据宝船的尺度，从船体强度理论研究，推算出为承受纵向总弯曲力距，船底板和甲板的厚度分别约为 340 和 380 毫米。这是一个惊人的结论，它告诉我们只有这样厚度的板材建造，才能使长 44 丈 4 尺、宽 18 丈巨船的船体强度得到保证，可见明代数学计算的精确。另外，泉州出土的宋船也曾采用榫接、铁钉加固以及船板缝隙中填塞捻合物的办法，以此来保证船的坚固性和水密性。宋代这种先进的造船工艺，必然为郑和造船所承袭并得到一定程度的发展。

计量方法是近几年传入我国的史学研究方法，如 20 世纪 90 年代末计量史学方法在美国兴起，极大地推动了史学的发展。史学研究的计量方法是指把数学方法特别是数理统计方法运用于历史研究的一套方法，在西方著述中往往被称为 Quantitative Method of History，即把数学方法运用于历史研究，不但要求历史研究者掌握必要的数学技能，而且在历史数据的搜集、整理、运算等方面，都需要掌握一套特殊技能和技巧。它促使历史学家去开拓新的史料领域，把许多以前很少或没有运用或不可能运用的史料，诸如公私账簿、物价和工资单据、地方档案中有关婚丧嫁娶生老病死的记录、族谱、征兵征税记录、选举和投票记录、法庭记录、遗嘱、公私藏书目录等等发掘出来。这些史料的发掘和运用，又使历史研究者在史料选择、鉴别和运用等问题上的观念发生了变化，一些西方学者把这一系列变化称为历史学中的"计量化革命"。我国史学界亦引入计量方法，将古代的史家在这方面留下的历史记录进行整理。从《史记》的《平准书》《河渠书》《货殖列传》，到《汉书》及其以后历代"正史"中的《食货志》《地理志》等史籍，都留下了有关人口、田亩、赋役、物价、手工业和农业生产、贸易、战事、山川和天文等大量的统计或估计数据。一些史家还通过某些历史现象的数量变化来衡量国势的强衰或历史的趋势。[1] 这一研究方法在中国设计史研究中已现端倪，如对汉代生活用品制作

[1] 彭卫, 孟庆顺. 历史学的视野 [M]. 西安: 陕西人民出版社, 1987:210—211.

方式及物质文化形态的研究，就有学者通过文献与实物的测量来考察汉代农具、计量器、纺织机具、织物、车舆、兵器、建筑、家具、服饰、文具、餐具和灯具等的形制规格、功能和工艺制作等，进而提出物质文化原本就是指技术与人工制品，以及"在人类的生活中，凡是人体和物质的自然方面发生交涉而产生的文化现象，特别是生产力、生产过程、生产物这类东西，即属物质文化的范畴。"[1] 如此推进研究，为设计史研究提供了另一种概念。这里没有王朝更替与政治变动的宏大叙事，而只有对一件件人工制品的考证与计量测定，但却更为真实地把古代设计的真实面貌呈现在我们面前，这对于中国设计史研究具有重要的启示意义。

历史唯物主义方法既是马克思主义的历史观，也是马克思主义对于包括历史在内的人文社会科学的研究方法论。它依据辩证法从具体到抽象、再从抽象上升到具体的方法进行研究，这也是观察研究历史的基本方法，是揭示新旧历史变革而形成新事物的根本所在。因而这个法则是辩证法的核心，是史学研究的基本法则。在中国设计史研究中，对历史唯物主义方法的使用最为普遍，强调以历史唯物主义和辩证唯物主义的观点研究人类设计历史的发展和演变。

心理研究方法原本是心理学关注人的意识活动的一种描述方法。这一方法在史学研究中运用，起到探索人类造物活动中的主观行为方式的作用，使史学研究获得广泛系统研究的推进。其研究本身是生动的、活泼的和丰富多彩的，并构成许多鲜活的历史画面，是与传统史学研究的一个区别。例如，对我国古代铜镜的研究，运用心理研究方法能够获得不少新的视野。从各个时期的历史背景对铜镜制作产生的影响来考察铜镜的器型、花纹、铭文等，以及其中呈现出各具特色的设计形态，从而折射出古代铜镜在不同时代的各种微妙的设计心理。如宗教意识在铜镜整体设计中的体现，构成一种"圆满"设计的心态，使得铜镜纹饰设计具有浓郁的"祈福"心理。[2]

图像学方法是视觉艺术研究与实践探索中重要的理论，并已成为一种全新的艺术史研究方法。图像学源于 19 世纪在欧洲美术史研究领域里发展起来的图像志研究。当时图像志是艺术史学科中的一个分支，它所关心的是艺术客体的主题内容，以及题材背后延伸的深层寓意，从而减少了对艺术作品的形式和表现风格的关注，在这一点上同传统的艺术史研究方法形成差异。进入 20 世纪以后，图像学的研究领域不断扩展，与其他学科的联系也日益密切，进而发展成为一种蓄势取代传统艺术史研究的新方法。因此，"图像"这个词汇的提出本身就很有意义，它意味着作品的首要要素是"图像"，而非"技术"或"形式"。图像学认为，艺术作品的文本价值与艺术家进行的创作真实意图是统一体。

[1] 俞韦超. 序言 [M]// 孙机. 汉代物质文化资料图说. 北京：文物出版社，1991：序言 1.

[2] 王晓峰. 中国古代铜镜设计心理学研究 [D]. 山东大学，2008:25.

同时，图像学的概念还离不开对各个历史阶段对图像的认知和运用，正像贡布里希为图像增加的新观念一样，认为"一件件作品的意义就是作者想表现的意义，解释者所做的就是尽其所能确定作者的意图"[1]。当然，这就不可避免地对部分艺术形式的问题也产生了兴趣。由此，图像学研究突破了艺术史本身，图像由"艺术"转型为"文化"，这种发展植根于对艺术的历史文化的探究，目的是发现和解释艺术图像的象征意义，揭示图像在各个文化体系和各种文明中的形成、变化及其所表现或暗示出来的思想观念。中国设计史的图像学研究近年来获得较大的推进，如对新石器时期舞蹈纹盆的多种文化意义研究，就是利用图像学研究方法加以分析和论证，获得较多的猜想或推测。这件舞蹈纹彩陶盆于 1973 年在青海省大通县孙家寨出土，经过考古学家鉴定，是距今 5000 年的新石器时代马家窑文化的彩陶。这立刻就引起考古学界、社会学界、民俗学界和艺术史学界众多研究者的关注。艺术史学通过图像学的研究，对其众说纷纭的舞蹈纹样给出了自己的答案，一说是原始装饰成型期的范例，二说是叙事型绘画风格的代表，三说是生殖崇拜与"求偶舞"的写照（指人形下部突出的尾状物便是男根），四说是原始祭祀活动的"化石"资料，五说是图腾与氏族社会联系的佐证。可见，舞蹈纹盆所展现的人物、服饰、发型、性别、以及舞蹈场面的图像象征含义十分丰富，给出了揭示人类早期造物活动与人类生存关系的线索，尤其是说明了人类早期艺术反映社会生活的特征。

综上所述，外来史学研究方法在中国设计史研究中的运用，体现出史学研究的日益开放，因为史学研究随着对象的不同，使用方法也有不同。有些问题，如彩陶、青铜和铁器发生的时间、地点等等，仅用历史学与考古学研究方法即可解决。但有些问题，如探讨设计史论中的质疑或争辩问题，仅用单一的史学研究方法显然不够，这就需要从多学科、多角度、多层面入手，将多种学科的研究方法结合起来使用，这对于中国设计史研究的深入推进是很有必要的。

结语

近百年来，我国史学研究发生的变化，的确可以说受外来史学分类与研究方法的影响很大，其原因与外来史学理论越来越受到国内史学界的重视并被广泛应用有关。然而，对于外来史学理论在我国史学研究中的借鉴作用，也应有一个客观的认识过程，这一点在中国设计史研究中同样值得重视。比如说，将外来史学分类直接移植借用到中国设计史研究当中，其实是有差异的：一来中国设计史毕竟属于门类史，它与史学整体研究更多关注宏大历史叙事是有区别的；二来中国设计史的文化背景与自身发展逻辑，和外来

[1] 贡布里希．象征的图像：贡布里希图像学文集 [M]．上海：上海书画出版社，1990:3.

史学的基础材料及治史观念也有差别。如果不顾这些区别，而一味照搬外来史学的分类原则，就必然会出现水土不服，弄得只有"范式"而没有中国史的"逻辑"，表达的是外来史学研究诉求的目标。同样，外来史学研究方法就更是生成在异国土壤之中的方法论，缺乏消化的吸收也会弄得肌体排异。比如，近年来图像学研究方法兴起，就出现将中国设计史不分差异地套上视觉艺术主义的种种概念，并称之为图像志分析的现象；或是以帕诺夫斯基（Wolfgang K.H.Panofsky，1919—2007 年）所说的象征意义为参照，提出所谓西方式的"古典母题哲学"在中国图像学中的命题，这多少会有用外国话来说我们熟悉的方言的感觉。因此，对于外来史学研究的借鉴，既要认识其积极的作用，也要看到其带有负面的影响。客观地说，应该主张本土和外来史学研究形成一种双向交流的互补关系，二者碰撞、交融而产生新的研究观念与方法，这是对待外来史学研究借鉴作用认识的基本态度和出发点。而史学研究至关重要的乃是史源问题，这是研究史学所必须随时注意发掘和开拓的重要领域。我国的史学传统历来重视史源，如清代乾嘉史学在正史、官书之外，还用六经、诗文集、金石碑刻和谱牒等作为新史源。近代史学家梁启超、陈垣等也很注重新史源的探求，陈垣甚至明确标举出"史源学"，并以之传播。但是，外来史学理论传入国内之后，这一优良传统有所破坏，由于屡屡被批判成"唯史料论"，又有"出思想"的史学时髦口号，致使在相当长的一段时间内我国史学研究领域盛行起一股空疏学风，史源开拓变得冷漠，少有人问津。进入 20 世纪 70 年代，海外史学研究又转向搜集资料，开辟新史源。比如，海外近代史研究比较注重个案研究，以小题目做大文章，偏重于专题论述。这种解剖麻雀的小题大做的史学研究所得到的成果，更是接近客观的史实，也是一种值得吸取的方法。海外史学界的这种重视史源的研究应引起我们的重视，但我们不能总是处在一种"出口转内销"的状态中，而是要有我们自己的史学主张，既要对我国的传统史学方法有选择地继承，也要对海外史学方法吸收与融合。诚如历史学家陈寅恪所说的，"其真能于思想上自成系统，有所创获者，必须一方面吸收输入外来之学说，一方面不忘本来民族之地位。"[1] 我们不应该忘却陈寅恪的学术理念。

2010 年 8 月 10 日于金陵黄瓜园

此文为2010年"美术史与世界性的构建"暨中国第四届高等院校美术史年会论文（上海），原载于《艺术设计》第 2 辑，江西美术出版社，2011 年版

[1] 陈寅恪．陈寅恪集．金明馆丛稿二编 [M]．北京：生活·读书·新知三联书店，2001:284—285.

"中国设计史"教材撰写的几点思考

为了实现教学重点的落实，教学难点的突破，教学目标的达成，从而使课堂变得越加生动活泼，笔者以为教材是"学"与"导"之本。常言道，"教材是一课之本"，说的就是这个道理。如今，各设计院校相继提出课程教学的"理论创新"，注重针对学生理论学习能力的培养与提升，这其中除了教师的正确引导之外，还离不开教学"工具书"——教材的应用。在30余年从教经验和教学资料的积累基础上，自2001年以来，笔者先后编撰与修订了4个版本的"中国设计史"教材。最初的辽宁美术出版社2001年6月版《中国艺术设计史》为国内首版，在设计学界产生较大的反响。之后，新编与修订的3个版本教材都有许多删减或增补内容。比如，删除许多涉及历史背景的常识性介绍内容，将最新的设计史学研究成果和新近发掘的史料补充进教材。以最新版上海人民美术出版社2013年6月版教材修订为例，修订与增补的内容比例达65%左右。此外，还增加了与教材配套的电子课件及二维码拓展学习内容，既使教材样式新颖可读，又以拓展方式使教学更加灵活。以下结合笔者10余年编撰与修订"中国设计史"教材的认识体会，分别从"治史原则与构想""材料选择与解读""教材撰写路径回溯"三个方面来谈几点思考，抛砖引玉，期待指正。

一、治史原则与构想："专精"与"博通"的取舍

著名历史学家严耕望先生在《治史三书》著述中谈及治史原则的基本方法时，特别提出"为要专精，就必须有相当博通。"[1] 结合"中国设计史"教材的编撰与修订来说，笔者以为其治史原则是相通的。笔者编撰的"中国设计史"初版教材，出于对以往的工艺美术史教材侧重于工艺与欣赏教学内容的改进的目的。当初定下的编撰立足点为：一是以今天的视野来描述中国设计的缘起、演变和发展历程，以古代、近现代为记述主体，

[1] 严耕望．治史三书 [M]．上海：上海人民出版社，2011:6.

兼顾当代；二是突出设计史的实用性、功能性与社会性等多重特点，并注意吸收科技史、经济史以及社会生活史中涉及造物活动和生活方式诸多方面的文献资料，使整个设计史教材内容更加充实和丰满。在编撰上根据教材的特点，突出对历史脉络、术语概念、知识重点以及重要史料背景的阐述，务必使学习者易于理解和掌握。同时，在各章节中列有知识链接和同步习题，并在书后列出参考文献索引，尝试以教学和辅导结合的方式来提高学习者的阅读兴趣，更加接近学习者的需求，做到可读可学。

经过 10 多年的教学实践，当初定下的编撰目标已基本实现，并得到了较好的贯彻。此外还形成其他特点，归纳说来有四个：一是突出了关于设计与技术、发明与创造的史实考证与叙述；二是注重对影响设计全面发展的传统手工艺技术、近代工业技术和当代信息技术的全面考察；三是增加对设计与艺术关系问题的探究，认识人类造物活动中"巧思"与"审美"的有机观念；四是补充现当代设计史的主要内容，使整部教材更具有通史的意义。可以说，4 次教材修订已经将以往的工艺美术史治史路径，基本转到了设计史的叙述路径上来，这一转变，与设计学学科的教学思路与要求更加贴近，形成了中国设计史特有的叙史方式。因此，当《中国艺术设计史》第 4 版①出版时，笔者在新版序言中强调称：此版本修订又有三点推进，其一，进一步强化用"设计"的观念去审视中国设计史记载的造物活动，关注造物活动背后的地域文化与生活特性，即重视设计史在生活面貌中的呈现，尽量反映生活方式与设计发展的相互关系，以体现中国设计史研究的新视野；其二，融入实证论述作为设计史的一种考察方法，即围绕"可证性"这一逻辑起点来判断设计史的发展脉络，以此证明"可证性"的逻辑起点与设计史的发展具有相互的统一性；其三，以史学研究为主线，通古知今，在"通变""观变""明变"中寻找设计史的核心价值，特别是纳入对技术与艺术发展规律的探究，阐释中国设计史特有的历史意义。

除此之外，笔者在近三年相继发表的有关设计史研究专题论文，如《中国设计艺术史叙史范围、叙史主题及叙史方式的探讨》《外来史学分类与研究方法对中国设计史研究的借鉴作用》《上海"摩登"：新中国建设初期的设计史样本——关于 1950—1960 年间上海设计史实的片段考察》《上海"代言"：新中国建设初期国家设计形象的写照——20 世纪 50 年代上海商业经济与文化中的设计资源考察》以及《影星与改良旗袍：还原民国女性服饰细节中的品位与时尚》等，以期在设计史方法论研究、新史料挖掘以及个

① 该版教材被定为"艺术设计名家特色精品课程"教材，由上海人民美术出版社 2013 年 6 月出版。

案样本研究领域有所推进，有所突破。同时，笔者指导的设计教育研究方向的硕士研究生论文选题方面也有几篇涉及设计史教材，如蔡淑娟的《民国时期图案教材版本与撰述研究》（南京艺术学院硕士论文，2008年）、贺宝洁的《民国时期中小学美术课程标准中的图案教学研究》（南京艺术学院硕士论文，2009年）以及陈芳的《我国高校艺术设计本科专业"设计史"教材编撰研究》（南京艺术学院硕士论文，2010年）等。这些论文以其独特的视角与结论，阐述了我国近百年设计教育发展历程中的各类教材及课程标准形成的过程，为设计史教学及教材修订提供了富有价值的参考文献。

二、材料选择：对史料的选取与解读

从教材编撰的基本要求来说，"内容充实，材料丰富"是其重要的评价指标。然而，如何编写出内容充实、材料丰富的教材，一直以来都是各类教材编撰的一大难关。笔者自2001年以来，在编撰和修订这4个版本"中国设计史"教材过程中对此有深刻体会：一是对材料要去粗取精，突出重点，即明确教材编撰思路，以此为基准选取材料。就中国设计史而言，重点是要根据史述脉络优选材料谋篇布局，尤其是要挖掘富有典型性和生动性的材料作为主题支撑，以揭示中国设计史教学的主旨。二是面对材料需要系统而深入地解读，这是教材编撰的关键所在。这里强调的解读，具有研究性学习的引导意图，符合高校专业教材编写的宗旨。英国现实主义戏剧作家萧伯纳（George Bemard Shaw，1856—1950年）有句名言："为什么不能这样？"这不断引发喜欢他的读者和观众的沉思。事实上，好的教材应当具备解读功能，或者说阐释功能，以帮助学生建立起探求学问的观念与途径。

如此说来，这本定名为《中国设计艺术史》的教材，能比较全面地涵盖我国设计历史的演进。譬如，叙述我国远古时期设计的起源，实际上是揭示了设计萌生，这个过程大约经历了旧石器时期的数百万年和新石器时期的一万年，此时期也是人类开始制造和使用工具的时期。再如，旧石器时期的工具材料是利用天然和现成的石块、泥土、竹木和兽骨等，制作方法是对材料选择而后直接使用，或是进行一些简单的组合，形成砍砸器、刮削器和尖状器等各有不同用途的工具。到了新石器时代，人类通过对火和磨制技术、钻孔技术的掌握，进行了创作性的劳动，也摆脱了只利用现成自然物的局限，使工具在工艺加工上有了很大的进步。进入到人类社会第一次社会大分工时期，便出现了丰富的石制农业工具，如镰、锄、镢和铲等，狩猎工具有弓箭、鱼钩和鱼网等，这些工具的使用成为这一时期最重要的设计标志。之后，随着陶土材料的普遍使用，又出现了与功能结合十分紧密的生活用具,如炊煮器、饮食器、汲水器和储物器等,形成类别较为完备的生活器具。而此时出现的将植物纤维或动物毛发搓捻成绳,制作套索、网具等新材料、新用品的技术,进一步表明原始手工编制和织造技术的成熟,为人类生产出早期的布料和衣物奠定了基础。之后,由于农业的出现,人类开始定居生活,在逐渐摆脱穴居和巢居生活方式时,出现了原始建筑的形态,如固定建筑的代表——干栏式建筑,并出现一定规模的村落建筑,这些都是我国早期设计艺术史上具有重要里程碑意义的史迹。

由于工艺技术的进步,夏商周三代是我国早期设计艺术发展的重要历史时期。春秋战国时期,周王室的衰落和诸侯称霸的风起云涌,使得代表当时先进生产力的工匠们站到了历史舞台的显著位置。这既是我国技术史上一次特殊的时代转变,也是我国设计艺术史上具有划时代意义的历史转折。此时,诸子百家似乎都围绕着人与人、人与物的关系进行思考,试图找出自己济世救民的方案。因而,"道和器""义和利"的关系争论异常激烈。"道和器",即是人、自然与人造物和技艺的关系;"义和利"也可延伸为社会公平伦理和人造物的流通所带来的利益的关系。先秦诸子许多治国齐身平天下的道理,也都是通过举技艺的例子来加以说明的。因此,夏商周时期设计艺术史注重的不仅是青铜时代的技艺进步,而且关注设计对时代进步所起到的促进作用。又如,当时的官书《考工记》是经齐人之手完成的工艺技术典籍,记载了春秋战国时期发生重大变革的农业、手工业、商业和技术行业的发展成就,部分反映了当时我国科技及工艺所达到的先进水平。《考工记》全书记述了木工、金工、皮革、染色、刮磨和陶瓷等六大类30个工种的内容。此外,《考工记》还对后世出现的数学、地理学、力学、声学、建筑学等多方面的知识和经验有着较为翔实的总结。尤其是,《考工记》将商周以来积累的冶金知识归纳为"金有六齐",这是目前世界上已知最早的青铜合金配置法则,它揭示了青铜机械性能随锡含量变化的规律,这是中国设计艺术史特别值得关注的代表性史籍。

秦汉时期是封建社会第一个发展的高峰期,先秦以来创造的文明硕果为秦汉时期的设计艺术发展奠定了坚实而稳固的基础。秦汉时期的设计概括起来有四个特点:其一,统一与多样化的有机结合形成秦汉设计艺术风格的特色,即在统一前提下的多样性,使中华文明更加绚丽多彩,并拓展了更加广阔的发展空间与前景;其二,与西域文化交流空前频繁,使得这一时期设计艺术吸纳西域文化具有广泛的社会基础;其三,工艺与技术获得较大的发展,居于世界领先行列,如造纸术的发明为人类文化发展做出了重大的贡献,数学应用方面表现出的非凡智慧对技术升级产生了积极的促进作用,这些都使秦汉文化不仅誉满宇内,而且泽被后代;其四,秦汉文化气度不凡,气势恢宏,尤其是充满自信、奋发向上的精神，为设计艺术提供了大制作与大手笔的表现空间。这种大制作与大手笔的"壮丽之美"，在器具设计和建筑设计上体现得尤为充分。如《三辅黄图》载未央宫，可谓"以木为梦撩，文杏为梁柱，金铺玉户。华榱璧珰，雕楹玉碣，重轩镂槛，青琐丹墀，左城右平。黄金为壁带，间以和氏珍玉，风至其声玲珑然也。"[1] 至成帝时，又为昭阳殿增饰，"昭阳舍兰房椒壁，其中庭彤朱，而庭上髹漆，切皆铜沓黄金塗，白玉阶，壁带往往为黄金釭，函蓝田璧，明珠翠羽饰之，自后宫未尝有焉。"[2] 可见，秦汉时期建筑设计采用"壮丽"的建筑装饰达到"重威"的目，进而彰显了"大一统"的气魄。

唐代文化源远流长，不仅滋润着蓬勃生机的中原文化，而且惠及四方友邦文化，使其熠熠生辉，这对设计艺术的兴盛起到了重要的作用。当时可称四域来贡，万邦入朝。西北有丝绸之路，东南有海道联络东西，来往唐朝的商队络绎不绝，中西交流频繁。因此，唐朝的外来物品丰富多彩，而这些外来物对中国的社会，以及原有的文化形态产生着复杂的、多方面的影响，其中很多逐步融入中国原有文化之中，最终与中国固有文化融为一体。例如，胡风弥漫影响当时工艺品的风格特征，随后竟融入中华文明。再有，当时人们慕胡俗、施胡妆、着胡服、用胡器、进胡食、好胡乐、喜胡舞、迷胡戏，胡风盛行波及生活的各个领域。又如，受到外来文化的影响，人们对西域、吐蕃的服饰兼收并蓄，因而"浑脱帽""时世妆"也得以流行。唐代建筑设计的风格特点可以概括为气魄宏伟，严整开朗。同时，唐代的木建筑也实现了艺术加工与结构造型的统一，包括斗拱、柱子、房梁等在内的建筑构件，均体现了力与美的完美结合，舒展朴实，庄重大方，色调简洁明快。比如，山西省五台山的佛光寺大殿就是典型的唐代建筑，也充分体现了唐代建筑设计的特色。此外，唐代设计艺术的繁荣还得益于城市作坊手工业的成熟。特别是在中唐以后，手工业逐渐脱离了农业，而成为以商品生产为主要目的的独立作坊。中唐以后，城市作坊有织锦坊、毯坊、毡坊、染坊、纸坊、造船坊，以及酒坊、糖坊等。手工业作坊既是制造业的场所，又是商品销售的场所。唐代手工业向商品经济发展的结果，也直接影响到官办手工业的发展。比如，唐代官办手工业制作的各类金银器便是唐代设计艺术中的瑰宝。唐代金银器不仅图案装饰表现出内容丰富、布局合理、装饰形式多样等特点，而且金银器的形制优美，装饰美感强烈。唐代金银器的制作加工技术亦极复杂、精细、巧妙，在当时就已广泛使用了锤击、浇铸、焊接、切削、抛光、铆、镀、錾刻和镂空等工艺。从出土的唐代金银器可以看出，装饰工艺技术已达到很高水准，甚至还一直沿用至今。

[1] 孙星衍. 三辅黄图校注 [M]. 何清名, 校注. 西安: 三秦出版社, 1995:107—108.

[2] 孙星衍. 三辅黄图校注 [M]. 何清名, 校注. 西安: 三秦出版社, 1995:155.

宋代的设计艺术突出表现在制瓷业上，这是在唐和五代基础上取得的突出成就。宋瓷窑遍布各地，尤以汝、钧、官、哥、定为五大名窑。此外，景德镇窑、磁州窑和耀州窑的品种极负盛名。宋瓷窑烧造的瓷器工艺、釉色、造型和花纹装饰各不相同，逐渐形成了各具特色的瓷窑体系。汝窑所烧瓷器的釉色青绿发蓝，器表有细碎开片；钧窑的突出成就是制瓷工匠在釉料中掺进了铜的氧化物，用还原焰烧成通体天青色与彩霞般的紫红色交相掩映的釉色，所形成的窑变釉是钧窑的代表作；哥窑制瓷利用胎和釉在焙烧过程中收缩率的差别，使瓷器釉面呈现出疏密不等、大小不匀的裂纹，形成开片釉彩的特色；定窑以烧白瓷著称，也兼烧绿釉、褐釉和黑釉等品种，定窑白瓷胎薄质坚，釉色洁白莹润，定窑白瓷造型美观，花纹装饰题材丰富，有刻花、划花和印花等多种；磁州窑是宋代规模庞大的民间瓷窑，其产品带有浓厚的民间色彩，特别是白地黑花瓷器，色调对比异常鲜明，且器型又以盘、碗、罐和瓶为主，还有瓷枕和玩具，瓷枕枕面常绘画出民间马戏图、小孩游戏图等，构图生动活泼，富有浓厚的生活情趣；景德镇窑始烧于南朝，五代时期烧制白瓷达到了较高水平，此外，宋代景德镇所烧青白瓷（即影青瓷）的硬度、薄度和透明度都达到了现代硬瓷的各项标准。

明清时期比较有特点的设计有两项，一是园林，二是家具。明清园林设计讲究氛围的营造，从而让人体验到不同的艺术之美和意境之美。正如明代造园师计成在《园冶》中所言，"凡结林园，无分村郭，地偏为胜，开林择剪蓬蒿；景到随机"，"障锦山屏，列千寻之耸翠，虽由人作，宛自天开"，"远峰偏宜借景，秀色堪餐"。[1] 它启示人发现至善、至美、至真的境界，讲究人与自然的和谐统一，体现"天人合一"的世界观。这种造园缘于自然，高于自然，跨空间集奇景于一园，微缩自然于聚地，提炼升华心境于赏物。明清两代皇家在建造宫殿的同时，均不断地营建园林，至清康雍乾时而达到高潮。皇家园林大多集中于北京，有附属于宫廷的御苑（如故宫御花园、乾隆花园及三海），也有建立在郊区风景胜地的离宫（如颐和园、圆明园等）。此外，还建有行宫，其中承德避暑山庄规模尤为宏大。私家园林在明清两代也极有发展，一些官僚士大夫或是巨商富户的深宅大院之中，常有精致的园林池榭，风景幽胜处又建有别墅，装点山林，主人优游林下以娱晚年。因此，择地叠石造园蔚然成风。特别是在经济繁荣、达官文人荟萃的苏州、扬州、无锡、松江、杭州和嘉兴一带更为发达，私家园林可谓争奇斗胜。而明式家具，多指制作于明至清代前期材美工巧、典雅古朴，且具有特定造型风格的家具。明式家具以结构上的合理性与造型上的艺术性，充分展示出简洁、明快和质朴的艺术风貌，并善于将雅俗熔于一炉，雅而致用，俗不伤雅，达到美学、力学和功用三者的完美

[1] 计成. 园冶注释: 第2版 [M]. 陈植，注释. 北京: 中国建筑工业出版社，1988:51.

统一。清初家具沿袭明式家具的风格，但随着历史发展、满汉文化的融合，以及中西文化交流的影响，清康熙年间逐渐形成了注重形式、追求奇巧、崇尚华丽气派的清式家具风格，到乾隆时达到巅峰。乾隆时期的家具，尤其是宫廷家具，材质优良，做工细腻，尤以装饰见长，多种材料、多种工艺结合运用，是清式家具的典型代表。

综上所述，在《中国设计艺术史》教材脉络建构中，虽说对于我们祖先绵延数千年造物历史的记述包罗万象，但突出的叙史概念是明确的，对于"工艺"与"设计"的含义理解是既分离又重合的。仍以先秦时代的工艺本质为例，工艺就是那个时代先进生产力的代表，而设计就存在于当时人们造物活动中的"巧思"中，这是无时不在、无处不在的事实，可以说是"设计史"的核心概念。所以，在《尚书》《考工记》等许多先秦文献中关于百工的记载都包含有这样的基本思想，即"工艺"可以用三个字来概括：工、巧、艺。这是手工艺时代"设计"的最重要特征，可见，工艺在中国设计艺术史的演进历程中始终是作为人类造物活动的技术标志，它与设计史的产生有着本质的内在联系。如果将"工艺"的含义再做进一步的扩充，就成为"技术"与"技艺"的统一。从这一点上说，"工艺"与"设计"是一体的。这说明，作为"技术"与"技艺"合一的设计艺术史，如果仅仅关注造物活动的审美和装饰，将无法揭示设计的真正内涵，这是由设计艺术史的性质决定的，也是设计史与工艺美术史的区别所在。

到了2013年第4版教材修订时，笔者又重点进行了五个方面的调整和补充：一是对章节内容做了增加，在第一章增加了"原始农业生产器具设计"，第五章增加了"漆工艺的发展与特色漆器品种"，第六章增加了"唐代设计理论述要"，第九章增加了"明清贸易瓷的历史演变与特色"，第十一章增加了"社会主义时期的工业产品设计"。这五节内容的增加，主要是出于对设计史叙述内容前后关联性的交代，也是让设计史的教学内容逐步趋于完整。二是对"知识链接"环节做了较大幅度的调整，有简化的内容，也有增加的内容，更重要的是补充了许多设计史学研究领域的新成果和学术探讨的前沿问题。这样的调整比较灵活，不会触及对教材文本太大的变动，而又能增添新意，可说是教材修订的与时俱进。三是尽量完善设计史叙述过程中的文献及考古资料来源的索引说明，方便学生查考。在本次修订中还对"参考书目"做了适当增加，这是为明确文献索引的规范需要。四是对"中国古典设计文献索引"做了多处调整，不仅补充了必要的篇目，而且补充了文献与设计之间的关系解说，使这份原本流传于网络上的书目有所完善，进而为继续深造的学习者提供参考，增加设计学中文史哲内容的学习分量。五是修订了许多叙述文句和错漏字，使教材整体讲述更加准确明晰。同时还参照古今字使用则例，修订了多处字音的读法，既明确了字的本义，又纠正了长期以来以讹传讹的错误读音，真正做到教材的准确性。

总之，编撰教材有一定的严肃性和继承性，一方面，每次修订不能对教材大刀阔斧地改，把原有教材的素材抛到一边而另行设计。教材毕竟是一届届学生相继使用，经过长时间的积淀，且有很强的连贯性和科学性，是实施教学的根本载体。另一方面，再好的教材也会有不够完善的地方，也有需要改进、调整、重构的地方，要结合学科发展、教学需求和学生知识结构等诸多方面的调查，进行实事求是的修订。所以说，无论是教材的撰写，抑或是修订，对于教材史料的选取都应慎重，要经得起时间的检验与不断解读。

三、教材编撰路径的回溯

若说"中国设计史"的概念，也就是近 10 余年提出的事。在此之前，国内出版的类似教材均统称为"工艺美术史"。笔者自 1999 年着手编撰"中国设计史"教材，之所以在最新版中改其名，原因可以归纳为两点：

一是 10 多年前（1998 年）教育部颁布"普通高等学校本科专业目录"，将工艺美术类的 7 个本科专业归并更名为"艺术设计"，随之各高校纷纷出现更名热潮。当"艺术设计"之名逐渐风行开来时，与之相应的"艺术设计史"之名便应运而生。加之早在改革开放之初（大约是 1980 年间）国内引入"设计"概念之后，在长达 30 余年的时间里，"设计"已从一个学科概念，逐步变成对人们日常生活行为方式的一种表达术语。据此，艺术设计史便与以往工艺美术史拉开了距离，形成各不相同的叙史方式，前者侧重于设计与功能，而后者侧重于工艺与欣赏。

二是近 10 年来陆续出版的多部设计史教材，其叙史的概念有两种，一种是从观念的角度认识设计史的性质，可以理解为但凡是人类造物活动，均表现出设计的意图和设计实践的方式；另一种是从学科发展演变历程的角度认识设计史，将设计史视为一种完全工业化之后的造物历史。如若按前一种认识，呈现出的设计史可以追溯到人类文明起源的初始，随后一直与人类文明史相伴而生发展至今，这样一部设计艺术史悠久而绵长，包括设计萌生、手工艺时代设计、工业时代设计、后工业时代设计，以及信息时代设计。如若按后一种归纳，设计史只能是指工业革命之后产生的"工业设计史"，这只是一段不长的现代设计史。

如上所述，充分认识"中国设计史"教材形成的历史背景、治史路径，以及各种版本的编写体例，是完善教材编写的重要基础。10多年来，笔者一直跟踪调研全国设计院校代表性的"中国设计史"教材编写及教学推进工作，汲取同行学者关于"中国设计史"教材的编写经验，参考同类教材各种版本的特色，不断改进自己的认识。尤其是参考同类教材各种版本的特色，这些教材从不同的角度探索了工艺美术史教材编写的视野。

据统计，在近10余年里，国内先后出版过10余种"中国设计史"教材，它们在相关出版机构的策划推动下，以"高等艺术院校教材""设计学院设计基础教材""中国艺术教育大系""高等艺术院校设计基础理论推荐教材""设计艺术基础理论丛书""中国高等院校艺术设计学系列教材"以"高等艺术院校艺术设计学科专业教材"等名目出现。这些教材体例以及编写的特点确实丰富多彩，但也存在着一些问题，诸如："中国设计史"教材编撰如何适应不同层次院校的使用，特别是面对不同教学层次"中国设计史"教材的撰写的层级性把握，以满足不同院校学生的学习需要。又如，"中国设计史"教材编撰体例大体仍类似于专著性质的教本，缺乏单元主题式的"学本"教学内容。鉴于此，教材的编写结构、思路和内容安排应该更多地向普通文科教材学习，保持教科书严密与理性的逻辑，从研究性学习的角度思考"设计史"教材的编写与呈现方式，从学术规范与使用方便的角度规范教材的编写体例。针对这些问题的探讨，可参见笔者指导的硕士研究生论文《我国高校艺术设计本科专业"设计史"教材编撰研究》，在此不再赘述。

应该说，教材编撰应当在充分调研的基础上，有条件地进行教材体例的创新，使教材修订的后续工作趋于完善。笔者在进行第4版教材修订时，重点在体例结构上加以调整。突出教材单元主题的"学本"教学内容，即以"学生本体""学习本位"和"学科本色"来促进师生共同成长的课堂，其本质是教学生学，让学生学会学习，最终促进学生有效学习，打造"学本课堂"。这就要求教材能够系统体现教学内容和教学思想，进而成为教学的基本依据和基础保障，使教材作为课程的知识载体更加具有科学性和权威性。第4版教材也因此做到了既保留经过多年沉淀的、已经成熟的教学内容，同时也注重创新，纳入新的教学和科研成果，特别是增加若干设计史学界目前依然在探讨的话题，构成探索性教学板块，以体现教材的与时俱进，真正落实"学为中心，以学定教"的新型教学观。根据"学本课堂"的核心价值观要求，教材在课题环节设计上做到与训练同步，达到逐渐渗透"学为中心"的思想。除了课后思考题、讨论题和作业，还有参考资料，以及相关链接辅助等，这些编写方式，提高了师生对教材的使用率。

南京艺术学院教务处于2013年10月10日特地组织校内外专家对第4版新教材进行了评议，与会专家有华东师范大学艺术研究院博士生导师顾平教授，南京师范大学美术学院博士生导师倪建林教授、徐飙教授，东南大学艺术学院尹文教授，南京艺术学院设计学院博士生导师李立新教授。评议会由教务处处长、设计学院博士生导师袁熙旸教授主持。综合评议意见认为：新版教材撰写角度注重设计史与工艺美术史的区分度，注重中国设计史上下五千年的整体叙述，尤其是对设计史的重要阶段和大事件的记述，梳理清晰，论述翔实。同时，教材增加"知识链接"环节内容，有助于拓宽学生的知识面，有助于学生了解更多的史论研究新资讯。此外，新版教材叙史脉络延续完整，有别于同类设计史教材只写到清代结束，这本教材自上古时期一直写到了中华人民共和国，涵盖内容有很大的拓展，涉及的领域也拓宽许多，是一本名副其实的中国艺术设计史教材。评议专家认为，笔者花了 10 年时间细心打磨的这本教材，对于本科教学而言，知识够用、体例合适、通俗易懂，可称得上是国内同类教材中较具代表性的好教材。同时，本教材也是 2013 年江苏省级重点立项教材。

10 多年来，中国设计史教学与研究可谓蒸蒸日上，甚至中国设计史研究已经从国内向国外转移，相应地对于教材也提出了新的要求。如何借鉴国外史学教材编写及研究方法，进一步更新教材编撰理念与编写模式，这也是一条值得探讨的路径。为此，笔者在《外来史学分类与研究方法对中国设计史研究的借鉴作用》一文中特别提出，应当围绕外来史学分类与研究方法对中国设计史研究的借鉴作用进行探讨，以期论证中国设计史研究与世界性史学的构建之间存在着的密切联系，这种联系不仅有史学分类的参照意义，而且也可以通过吸收外来史学研究方法，进而促成跨文化史学研究的新认识。与此同时，对于外来史学分类与研究方法在中国设计史研究中的借鉴作用，应有一个客观的认识过程。主张本土和外来史学研究应形成一种双向交流的互补关系，二者的碰撞、交融会产生出新的史学研究观念和方法，这是对待外来史学研究借鉴作用的基本态度和出发点。

10 余年撰写和修订教材过程，可说是对笔者教学思想、观念和方法的归纳与总结，形成的认识有如下几点：一是教学中的反思可以成为审思教材内容的判断参考；二是教学后的反思是教材跟进修订的重要依据；三是教材使用过程中，诸如习题或问题的解答，是有效检验教材知识系统的关键；四是可以通过对教材使用院校的调查，以此来反思课堂教学的有效性；五是通过教学交流中的反思，可以以大家的智慧促进教材日趋完善。

结语

总而言之，编撰教材是发展高等艺术设计教育的重要举措。虽说高校更重视课程的独创性，重视创新课程的框架、要素、目标以及系统知识和理论阐释的建构，因而不像基础教育那样完全以教材为本，甚至不主张搞统编教材，但教材仍然是高校教学的主要载体，是师生在教学活动中所依凭的参照文本。因此，教材的编撰关系到人才的培养目标，关系到核心知识与理论思维的把握。因此，要科学地总结经验，系统地规划教学，以开放的姿态对待批评。通过教材的教与学，愿学生可以掌握相应的"中国设计史"的系统知识，学会史学的研究方法，获得可持续发展的治学能力。笔者殷切期望这4版修订的教材在设计专业人才培养过程中可以发挥其应有的作用。

2014 年上海市本级学科建设项目：中国设计理论与创意文化研究系列，原载于《设计学研究：2014》，人民出版社 2015 年版

独家专访 | 名师教学访谈

—— 夏燕靖谈对当下设计理论的教学思考

夏燕靖:

　　艺术学博士,南京艺术学院艺术学研究院、设计学院教授博士生导师,南京艺术学院艺术学理论学科和设计学科博士后科研流动站合作导师。主要学术职务有:国务院学位委员会第七届艺术学理论学科评议组成员、中国文艺评论家协会理论委员会委员、全国艺术学学会常务理事和中国工艺美术学会理论委员会委员。主要研究方向:艺术史学、艺术教育。

图1

图2

　　访谈录小编(以下简称"小编"):您认为当前的设计理论课程教学有怎样的发展趋势?

　　夏老师:当前,国内设计院校或专业的理论课程开设较之10多年前要完善许多,可以说基本形成了理论课程的结构体系,并且构成了对本科和研究生教育的全覆盖。比如,中国设计史、外国设计史、设计原理或设计概论、设计批评、设计创意、设计美学、设计文化以及设计商务与设计管理等课程一应俱全。这样的课程结构体系,基本做到基础理论与交叉和应用理论相互结合。这一局面来之不易,我实话实说,主要得益于近10年间多次开展的本科和研究生教育教学评估,在各项评估指标中均列有理论课程设置与教学时数的要求,这是促进设计理论课程获得各院校从师资到经费支持的一个重要原因。再加之,设计学科近10多年快速发展,大家对学科建设的认识趋于一致,即认同从"术科"向"学科"的转变,离不开理论教学的推动。还有一点值得提及,就是连续三个五年计划中，均有国家和省级规划教材的项目遴选，这对于设计理论课程设置与教材编写促进很大。所以，我认为对于学科与教学评估，以及规划教材的遴选工作，要客观公正地看待。尤其是我国教育尚处于后发态势的现状，许多教育教学规范的推动、落实和提升肯定需要借助各项评估工作。整体而言，我对当前设计理论课程教学的发展持乐观态度，但也要承认有不足之处，期待进一步改进。

小编：您认为当前的设计理论教学还存在哪些问题？

夏老师：现在的设计理论课程开设依然存在较多的问题，除学科排位在全国前列的院校或专业所开设的设计理论课程基本完整之外，还有不少学校是有课程计划，而无开课安排时间表的，这是非常严重的问题。这里存在一个认识误区，总以为理论课程是务虚的，实践课程是务实的，设计教学主要是解决实践需要，理论课程只是点缀。因而，我所了解的有的院校从本科到研究生阶段就没有开设过完整的设计史论课程，学生的理论知识是零碎的，这是其一。其二，设计理论课程的教学思路太窄，课程涵盖的学科内容不够。设计学是一门综合性很强的学科，与历史学、社会学、人类学，甚至哲学、心理学和经济学等诸多学科有着紧密联系。同时，设计学作为一门新兴学科得到确立的时间较晚，相对于积淀较深的其他社会与人文学科而言，无论是在知识体系、学理框架或研究方法上，都有借鉴其他学科的必要。所以说，课程教学应当注重通识教育，专题讲授可以深入，要有多元性。其三，课程教学中学生参与度不高，这似乎是一个老生常谈的话题，但它确实在教学过程中存在。目前的教学方式基本没有摆脱教师与学生的直线式教与学，学生参与不进来就很难提起兴趣，回答问题也不积极，教师在这种氛围之下也很难有创造性的教学改革，这一点既是长期养成的教学惯性，又是知识传授途径的缺陷。其四，考核方式过于单一。目前各院校实行的理论课程考核主要是期末考试，造成了学生平时不重视学习的探讨过程，只是考前死记硬背应付一番，这与教学初衷背道而驰。研究生的课程论文问题更多，缺乏问题意识是最为主要的问题，研究文章写得像知识答题已是普遍现象。

小编：对于设计理论教学，您有什么好的建议？

夏老师：设计理论课程教学在教学方法上需要教师的探索与践行，我觉得一是知识系统要完整；二是史论探究基础要打牢，也就是通常所说的文史哲基础要打好，再一个是文字表达能力要通过教学获得提升，尤其是艺术学生需要这方面的修炼。此外，教学需要注意与设计学科的关联度，就是要认识和熟悉设计的真正内涵，诸如技艺传承、工艺流程、工艺材料、手艺方式，以及符合设计规律的品鉴等，千万不能是花样文章，说不到点上。教学还要拓展学生的知识视野，正确把握设计历史的维度。设计理论课程教学，不仅需要教师对学生的引导，更需要培养学生自觉学习的积极性。我以为，课堂教学多为引导性，或者说是导论性的讲解，关键是要让多种课题让学生参与探讨，更深层次的学习需要学生自主摸索。我在课堂上会让学生结合教材路径，去寻找自己感兴趣的选题，然后由学生阐述，大家讨论，我给出参考意见，这对于培养学生的学术素养极为关键。教师应扮演多种不同角色，有时是领路人，有时是朋友，师生共同解题。

小编： 在"中国艺术设计史"的课程设计、课堂教学中，容易存在哪些误区？

夏老师： 就目前教学状况而言，"中国艺术设计史"的课程内容仍然局限于设计史自身发展脉络，缺乏与相邻近的技术史、文明史、艺术史，乃至考古等内容的交互。这里，存在的误区就是只认专门史，而忽略与之共生共存的历史大环境。如此一来，课程教学也就只能说是"只见树木，未见森林"，将设计史的鲜活环境扁平化，甚至割裂了艺术设计史与大历史背景的有机联系，而使学生的视野与认识设计史的思路变得非常狭隘。所以说，教材限于版本容量可以有局限，但课程教学应当思路广阔，给予学生多元认识历史的可能性。这是我从事几十年设计史教学的一点感受，应尽量避免认识历史的误区存在。

小编： 怎样才能避免"中国艺术设计史"与"中国工艺美术史"等相似课程的同质化？或者说，怎样更好地在教学中突出以"设计"为中心？

夏老师： 这是一个大问题，先要理解"设计"的基本含义。"设计"一词来源于英文 design，但我们今天使用的这个词，则是由日文的汉字转借而来的。日文在翻译 design 这个词时，除了使用"设计"这个词以外，也曾用"意匠""图案""构成"和"造形"等汉字组成词义。当然，若要追究，我国古代也有相近的表达词义，如《艺文》全书分为 46 部，涉及设计的部卷有"居处部""产业部""服饰部""舟车部"和"巧艺部"等。宋《太平御览》共 1000 卷，其中有"工艺部""器物部""舟部""车部"和"珍宝部"等"类"部，都对设计制作方法与准则有详尽阐述。所以说，"设计"一词含义丰富，通常伴随着时代的变迁而赋予其新的内涵。20 世纪 80 年代初，"设计"被引进国内，先被译为"工业美术"，后又译为"工业设计"，如今普遍以"艺术设计"这一称呼作为专业概念。我最早编写的《中国艺术设计史教材》是在 2001 年出版的，后重新撰写交由上海人民美术出版社出版，至今已出了三版修订本。与过去的"中国工艺美术史"不同，我编写的艺术设计史侧重于设计与功能，工艺史侧重于工艺与欣赏。也就是说，设计史侧重于将我们祖先从事造物活动的历史进行叙述，这段历史可以追溯到文明起源的初始，随后一直与人类文明史相伴而生发展至今，这样一部艺术设计史悠久而绵长，包括设计萌生、手工艺时代设计、工业时代设计、后工业时代设计以及信息时代设计。如此说来，"中国艺术设计史"课程教学主要针对我国艺术设计发展历史的演进来讲述，其核心在于突出人类能动地创造物品来满足自己生产生活的需要。这样，设计发展到今天已经从原有的工艺美术的范畴中剥离出来，有别于单纯的辅助性装饰行为，与人们的生产生活，乃至经济与社会活动密切相关。因而，"中国艺术设计史"课程较之"中国工艺美术史"课程而言，更加注重艺术设计在不同历史阶段的形态特征，以及功能与技术诸问题的讲授，即关注设计发展的连续性与各个发展阶段的衔接性。从这一点上来说，两门课程的同质化问题是可以避免的。

小编："中国艺术设计史"是一门理论性非常强的课程，有些学生可能认为它枯燥无味，您认为在教学中可以采取哪些辅助手段，来激发学生的学习兴趣？

夏老师："兴趣"是最好的老师，理论课程教学需要培养学生兴趣。比如，在讲述唐代艺术设计史时，我就选取"遗落世间的贵妃香囊"史话来揭秘设计史的曼妙流殇，以试图引发学生的兴趣。当然，兴趣的培养还有许多辅助手段，如博物馆参观、实地考察、视频播放、课堂讨论与专题讲座等。例如，博物馆参观，这是非常重要的培养兴趣环节，馆内集中了一个地区或一段专题历史遗留下来的珍贵典藏。组织学生去博物馆参观，可使书本上的知识还原到历史语境当中，增加学生对于历史多维度的认识，加深记忆，巩固知识。视频播放的优点就在于有图像资料的引导，可以让学生有身临其境之感，使理论课程变得可视可感，有利于激发学生学习理论的兴趣。课堂讨论能够让学生最大限度地参与到教学活动当中去，讨论的内容往往远超教材内容，涉及的知识范围更加全面。将知识点变成问题留给学生，可以让学生带着问题事先通过查阅检索等渠道进行必要的准备，最后通过课堂讨论，相互弥补，获得更多的学习收益。

小编："中国艺术设计史"课程在历史学习和作品鉴赏之外，是否有必要加入史学研究方法的训练？

夏老师：史学研究方法对于"中国艺术设计史"的学习具有非常重要的作用。唐朝史学家刘知几对历史认识有过好的主张，认为千百年来正是由于史家不绝，才有史书长存。那么，治史著史最为重要的因素就是史学研究方法的介入与体现。比如说，后世人通过阅读史书，可以了解历史人物的言行，从而产生"见贤而思齐，见不贤而内自省"[1]的愿望鞭策，这其中就有选择和经典塑造，这一系列的治史过程就贯穿史学研究方法。因此，史学研究是撰述民族和国家演化进程，彰显民族文化经典的重要手段。史学宗师司马迁在致好友的《报任少卿书》中说明他撰写《史记》的用意，是"究天人之际，通古今之变。"[2]这话可以说是他的史学研究观，启示我们对史学研究宗旨的认识，既要研究人与社会的关系，又要研究人与自然的关系，两个方面的兼顾是史学观公正的基础。借此可言，史学研究方法对于"中国艺术设计史"的学习非常重要。我在前些年写过一篇文章，题目是《中国设计艺术史叙史范围、叙史主题及叙史方式的探讨》，提出两点想法：一是提出对中国设计艺术史叙史范围和叙史主题的重新认识，这是经过10多年教学与研究而酝酿出的"重新描述和建构"的叙史认识；二是提出对中国艺术设计史叙史方式的选择，即对以设计观念角度梳理设计艺术史、以学科发展与演变的角度认识艺术设计史这两种叙史方式进行比较。将此两个问题融合探讨，目的是阐明中国艺术设计史叙史方向的新转变，进而促使中国艺术设计史叙述和史学研究更上一层楼。[3]

小编： 您在课后都会给学生布置怎样的巩固练习？可以分享一下您的经验吗？

夏老师： 这是非常好的问题。如果各院校的设计史论课程教师都将布置的作业或试题公布出来，就是一份重要的学习指南。我上课一周后，就开始布置各类大小不同的作业，有些是要交的，有些是课堂讨论用的。比如，先让学生整理一份中外历史对照年表，要求将设计史的要点事件和知识逐步填进去，这样课程结束，大家就有一份较为完整的史料汇编，而且有中外历史对照年表，时间脉络可以清晰起来，这对于史论课学习非常实在，从而能够更深入地理解历史发展规律，借助这项作业要求学生做课堂笔记。大约从第四周开始安排博物馆参观或遗产地实地考察，此时大的历史框架基本讲完，应该让书本知识回归到历史语境当中，增强学生对于历史遗迹的多维度观察。再之后按照教学进度分阶段组织课堂交流，并要求学生按教学进度选择自己感兴趣的话题，以做课件形式进行汇报，甚至举行公开课，让更多学生参与讨论，防止学生被束缚在教材上，拓展学生的知识面。这样的论坛效果非常明显，学生都能自觉做好各项准备工作，相当于公开答辩，能不珍惜自己的荣誉吗？当然，课堂教学中提问与被提问应当是常态，特别是教师不能端着身价，要放开自然，回答不了的问题，可以回去准备，下次应答。史学研究本就没有所谓的"标准答案"，不必处处谨慎，问题越辩越明，答案有时就在学生那里，教学相长这是真理。我主张设计史课程结束要有试卷考试，至于占

[1] 刘知几. 史通[M]. 张固也，注译. 郑州：中州古籍出版社，2012:215.

[2] 全上古三代秦汉三国六朝文：第一册上古至前汉[M]. 石家庄：河北教育出版社，1997:503.

[3] 参见本书第94页。

图3

比多少可以商量。考试可以让学生多背一些必要的知识点和历史线索，这些是砖瓦，是构建今后学习的基础。

2014 年 8 月 2 日接受中国出版集团主管的《教育与出版》专栏编辑采访实录

史论专题　15篇

江浙土布史考

在中国漫长的封建社会里，中华民族以农业生产为主导，"衣食"这两项基本的生活要素构成了中国小农经济的特点。在这种半封闭的自给自足经济社会里，"男耕女织"便是社会生活形态的写照，"面朝黄土背朝天"伴随着"札札弄机杼"的旋律，单调而舒缓的历史延绵了几千年。于是，以自然经济为表征的农业文明，哺育并繁衍了一代又一代的中华儿女，繁荣了封建文化，影响至深。

就衣着方面而言，凡适宜于种植棉花的地区，农民几乎家家户户都兼事纺织，以维持自家生活之必需。因此，农民的手工纺织业也成为农业生产活动中的重要组成部分。当这些纺织品自给而有余地的时候，也就被送到初级市场上作为商品交换。特别在江浙一带，纺织手工业更为发达，所以考察江浙地区的土布发展史对于深入认识我国民间工艺特点具有重要的意义，同时又是研究我国棉纺织业发展历程的重要一步，具有经济学的研究价值。

我国的植棉及棉纺织业的发展起步较迟，起初由印度传入边陲省份。至宋、元时期逐步向中原地区传播，到明、清时而益盛，其生产中心则由中原逐渐向东南地区转移。当时江、浙的棉纺织业已闻名天下，执我国棉纺织业之牛耳，特别是江苏松江府（今属上海）各县纺织业已成为向周边地带辐射发展之中心。这一重大的历史性贡献与黄道婆的功劳密切相关。

黄道婆是元代纺织技术家，松江乌泥泾镇（今上海县华泾镇）人。元代陶宗仪所著《南村辍耕录》载："松江府东去五十里许，曰乌泥泾，其地土田硗瘠，民食不给，因谋树艺，以资生业，遂觅种于彼。初无踏车椎弓之制，率用手剖去子，线弦竹弧置案间，振掉成剂，厥功甚艰。国初时，有一妪名黄道婆者，自崖州来，乃教以做造捍弹纺织之具，至于错纱配色，综线挈花，各有其法，以故织成被褥带帨，其上折枝团凤棋局字样，粲然若写。人既受教，竞相作为，转货他郡，家既就殷。"[1]《松江府志》卷 18 中也记载了此事。据考证，公元 1295 或 1296 年间，黄道婆把海南岛黎族人民先进的棉纺织技术带到江南，

[1] 陶宗仪. 南村辍耕录 [M]. 李梦生, 校. 上海: 上海古籍出版社, 2012:270.

创造或改进了从轧花到织布的一系列机械和技术，推动了长江下游棉纺织工业的发展。从此以后，棉织与丝织并列，成为我国纺织业的两大体系。

江苏地处中国东部区域，地理环境优越，物阜民富，人文荟萃，百工争辏，丝织业发达，为元代以来以松江棉纺织业的中心地位创造了有利条件，曾有"衣被天下"之誉。据史料记载，到明代天启初年（约 1621 年），松江府各县已拥有织机 20 余万台，规模已相当浩大。松江所生产之布匹，远销到陕西、山西、北京及边陲地区。

客观地说，明、清两代的松江府棉纺织品虽然繁盛，并相应地推动了"商品"生产，但毕竟是小农经济的家庭副业，未能形成独立的具有工商业性质的规模经济。当然，松江一带手工纺织业还保持着相当实力，其原因大概有三：一是手工棉纺织品替代麻织品，特别是替代麻织品的浪潮在全国范围内方兴未艾；二是相当地区不适宜种植棉花，更未能发展棉纺织手工业，这些地区亟需外来土布，以补己之缺；三是苏南与松江地区的踹染技术全国闻名，青蓝布市场一直保持兴旺劲头（踹染加工中心自清朝中期以后，由松江移至苏州，青蓝字号的贸易也比较集中在苏州）。故正德《松江府志》载："俗务纺织，他技不多，而精线绫、三梭布、漆色方巾、剪绒毯皆为天下第一。"[1]

在纺织业作坊渐成气候之际，以耕织相互结合的小农经济也获得适当的发展，在毗邻松江府周围的江阴、常熟、苏州、无锡、常州各地，土布产量也相当可观。当地的志书无不认为，以松江为中心的土布生产产能持续旺盛，其原因在于周边区域源源不断的原料后备基地。

江阴地区多沙质土地，宜于植棉。明代著名地理学家、旅行家徐霞客即为江阴人士，历史地理学家侯仁之在《徐霞客和〈徐霞客游记〉》中曾提到江阴的土布与徐霞客的渊源，"徐霞客……家住南旸岐。……（徐母）亲身参加劳动。……自己纺纱织布。她的布织得又细又好，拿到市上去卖，买布的人常常能够一看就知道是她织的。霞客的长子刚刚三岁的时候，就死了母亲，完全靠祖母抚养。……祖母常对自己的孙儿说：'……你看我们乡里织布的人家，真是数也数不完；可是只有我家织的布，人人都说好，家家都称赞……'"。这说明早在明代万历年间，江阴手工织布业已相当发达了。[2]

据《江阴县志》记载，江阴土布生产的历史大约自宋末元初便有了初步发展，并且已有小量商品布生产。到清代前期，邻近棉区的农村中已有一些不植棉的纺织户，从而出现了商人的"以花（棉）易布"或"以纱易布"的活动。

另据《江阴纺织工业十年史》刊载，"1740 年左右（乾隆初年）土布贸易已很发达，

[1] 转引：顾炳权．上海风俗古迹考 [M]．上海：上海书店出版社，2018：257.

[2] 侯仁文．徐霞客和《徐霞客游记》[M]// 文选和写作：第 1 册．北京：人民教育出版社，1986：173+176.

到清代中叶，几乎全县农村和城镇居民都能自纺自织，到处可以听到摇纱、织布的声音，成为江阴乡民的主要副业"。[1]

以上资料说明，江阴手工棉纺织业可能自宋末元初开始，至元代中期渐渐繁荣。到元末明初有了一定规模，明万历年间出现了"织布的人家，真是数也数不完"的情景。至明代末年，江阴土布生产又有了较大的发展，特别是商品化的纺织市场日渐扩大，已有商人千里迢迢"贩布至豫章（江西）"。

到清代乾隆年间（18世纪40年代），土布商业资本已经控制了江阴地区的主导经济，各商家为争夺利润，除白天交易外，还发展到夜市交易。由于市场容易造成混乱，有失信誉，以至有立碑明示"永禁夜市"之举。至18世纪末，当地的土布行庄开始组织起来，成立了土布公所，这标志着商业资本通过行会组织对土布生产进行有计划管理，使土布生产健康发展，这就是江阴土布早期的一些情况。

江阴手工棉纺织业为什么会有如此规模的发展？除其滨江一带沙土适宜种植棉花外，附近的苏州一带很早以来就是江南丝纺织业的中心，纺织技术有历史传统；而且附近的松江、上海一带，自明代以来还是国内巨大的棉纺织业中心。鸦片战争以后不久，外国纱布开始侵入国内市场，但由于国人的习惯，不相信"洋布"，所以起初对江阴土布生产的冲击不大。大约到了19世纪末，国内的机纱发展以后，土布生产才开始明显下降。到了清末，江阴土布也随着改变，所用的棉纱基本上已采用"洋纱"了，只个别品种如"乡丈大布"（雷沟大布的变称）因客商的需要，仍然维持着"洋经土纬"的规格继续生产。

自江阴顺流而下的东部以至沙州、常熟和太仓等地，沙田均产棉花，手工纺织业因此而兴旺。常熟的植棉历史至少可以追溯到元代，明代时产量大增。作为农副业的手工棉纺织业，亦在这块产棉地区迅速发展，在农村经济中占有重要地位。

常熟土布早期全为"土经土纬"的狭幅土布。据清代道光年间郑光祖所著《一斑录》记载，"常昭两邑岁产布匹计值五百万贯"[2]。清末，机制纱充斥市场，乃改洋纱为经，土纱为纬，这种布统称为熟布，又叫小布。熟布从"土经土纬"到"洋经洋纬"，长期保持着厚实坚牢的特色，尽管受到机制布的无情排挤，却还是有一定的销路，挣扎着维持的时间较长。1930年后，常熟土布显著衰退，产量每况愈下，据业内人士估计，接近抗战前夕的年产量不过八九百万匹，减少了三四成。商业户均约减少三分之一，只剩一百二三十家。市场规模的缩小使土布商同业间的竞争加剧，做放机（商人对农民织户放

[1] 转引：徐新吾．江南土布史[M]．上海：上海社会科学出版社，1992:479.

[2] 转引：徐新吾．江南土布史[M]．上海：上海社会科学院出版社，1992:508.

纱锭织放阔加长的"放机布"又叫大布，全用洋经洋纬）的庄号陆续关闭不少，到 1933 年全部歇业，转移到绸布生产上去。

土布生产萎缩后，广大农民多被迫弃织就绣，于是花边抽绣副业发展起来，民国初期已习见于常熟。由于当时土布生产尤盛，刺绣并不引人注目，到 1930 年以后，抽绣副业渐渐兴旺。虽然刺绣收入亦极微薄，但在土布日暮途穷之时，乡村妇女也多舍织而就绣。如常熟较著名的杨协昌土布庄，此时已兼做花边业务。

濒临常熟、江阴的无锡地区，多为河网交错的水乡，历来以产稻为主。各乡农民没有更好的副业可做，便凭借水运之便，购取商人从邻近棉区贩来的棉花，纺纱织布以为生活之助。所以早期无锡某些地方的土布生产亦颇兴旺，"以花易布"的交易随之发展起来。

据史料记载，无锡的土布生产，大部集中在东北乡的张村、寺头和长安桥，东乡的东湖塘、安镇、严家桥和羊尖，西北乡的前洲、北七房一带。到了清末以后，又有放长布、重布、尺布、套布和扣布等，其中放长布（又称"放布"，因把洋纱放贷给织户而得名）的产量最多，约占总产量的十分之九左右，主要销售地是苏北和皖北地区。其他的品种占数极少，后销路逐渐减少而停止生产。造成无锡农村土布生产迅速没落的主要原因为：一是洋布入侵和国内机制布的兴起，使土布在市场上受到了严重的排斥；二是无锡近代纺织厂和丝厂比较发达，需要工人，大量农村手工纺织生产关系转化为雇佣劳动；三是蚕桑事业发展，养蚕收入较好，农民织户转向种桑养蚕；四是在织布收入不断下降的情况下，农民被迫改营其他副业，当时做花边的收入超过织布收入一倍以上，年轻视力好的农村妇女都转做花边。

苏州地区产棉虽然不多，但纺织业却颇为发达，这是因为农民如果单靠耕种，生活便无以为继，必须另找副业方能弥补不足。因此，除少数产棉区盛行纺织外，即使一些非产棉地区的农家，也不摒弃纺织。例如明正德元年《姑苏志》中有这样的记载："木棉布，诸县皆有之，而嘉定、常熟为盛。"明崇祯《吴县志》中载有："滨湖近山小民最力啬，耕渔之外，男妇并工捆屦、擗麻、织布……"，康熙《长洲县志》也载："地产木棉花甚少，而纺之为纱，织之为布者，家户习为恒产。不止乡落，虽城中亦然。"这说明当时的棉纺织生产不仅在农村中较为普遍，在城市内也有不少，当地史料中亦有"有资者不在丝而在布"的记述，其盛况可见一斑。清代个别地区除织布外，还有以出卖纺纱为副业的，如位于苏州东南约 60 里的周庄镇，在洋纱盛行之前，曾有纺纱出卖的记载。清陶煦《周庄镇志》载："棉纱，妇女以木棉花去其核，弹作絮，卷为棉条而纺之，复束成绞，以易于市，遂捆载至浙江硖石镇以售。”但是这些土纱商品为数不多。在机纱大量上市以后，就逐步地被排挤掉，就是农民自纺自织的土纱亦很快没落了。[1]

苏州的土布商业发轫于何时，已难稽考。清初康熙、雍正年间，是土布商业鼎盛时期，雍正八年（1730 年）浙江总督兼管江苏督捕事务的李卫有奏折称，“各省青蓝布匹，俱于此兑买。”[2] 如今在苏州博物馆的文物陈列室内有一块重达八九百斤的大石头，状若红菱，俗称“元宝石”或“万元宝”。据调查，在清代雍正年间，此种大石头竟有 10900 多块。解放初期，在阊门外留园马路上尚见不少，这是当年手工业作坊加工整理布匹所用的生产工具（作压布机用）。朝廷还在苏州设立织造府，专门为朝廷采买青蓝布匹。“在苏州丝织、棉布染踹和造纸等手工业部门里，作坊和工场的规模越来越大，劳动分工越来越细”[3]。另据文献记载，清康熙三十二年（1693 年）苏州土布字号多达 76 户，到乾隆四年（1739 年）仍有 45 家之多。可见当年苏州土布商业的繁盛情况。

苏州的土布品种大体上有白布、色织布和经过染坊加工的各种色布及印花布、药斑布等数种。此外，个别地区还生产交织棉布（棉麻或棉丝交织）。长期以来，变化不大，一般只是长短、阔狭、粗细、稀密的差别而已。至于这些布匹的制作方法，当地志书中亦有记载，如明正德元年（1506 年）的《姑苏志》中已有“药斑布，亦出嘉定县境及安亭镇，宋嘉泰中，有归姓者创为之，以布抹灰药而染青，候干去灰药，则青白相间”。嘉靖《吴邑志》中则有“木棉布纺纱为之，细者价视绮帛。药斑布，其法以皮纸积褙如板，以布幅阔狭为度，錾镞花样于其上，每印时以板覆布，用豆面等药如糊刷之，候干方可入蓝缸，浸染成色，出缸再曝，搀干拂去元药，而斑烂然，布碧花白，有若描画，棋花布……”清代以后，品种略有增多，如康熙《苏州府志》中记载：“绵布，东乡最盛。药斑布……刮白布……飞花布，细软如绵。官机布，真色不漂洗，出徐王庙者佳。棋花布……斜纹布……”清末，随着纺织技术的提高，品种有了进一步的增加。光绪《周庄镇志》：“縩布，以绵纱为经，以白縩为纬而织成者。棋子布，白棉纱间以青棉纱织作小方块或棋盘纹，可为手巾。雪里青布，以青白棉纱逐一相间织成布。又名芦扉、抢柳条者，皆青白相间成纹。”都是棉纱染色后织的土布。[4]

常州虽基本上不产棉花，亦早有土布生产。横林镇附近的诸家塘，有一个远在明代以前建造的棉花庄遗址。清初康熙年间的《武进县志》中已有土布品种记载。每当新棉登场时节，经营土布的商人就向毗邻的江阴、常熟、南通等产棉地区购棉花，出售给农民，同时向农民收购土布。清末明初之交，上海地区土布生产已趋向衰落，而常州土布业却方兴未艾，当时的投梭布机单常州南门外就有 25000 台，1918 年时，根据常州白布行

[1] 徐新吾．江南土布史 [M]．上海：上海社会科学院出版社，1992:582—583.

[2] 转引：刘道广．中国蓝染艺术及其产业化研究 [M]．南京：东南大学出版社，2010:9.

[3] 廖志豪，叶万忠．苏州史话 [M]．北京：中华书局，1980:34.

[4] 徐新吾．江南土布史 [M]．上海：上海社会科学院出版社，1992:583—584.

收购数估计，年产量达 500 万匹左右（图 1）。

常州的土布业有布庄、布行和布号的区别，经营范围各异，界限十分明显，互不混淆。布庄直接向农民收购土布，然后转售给布行。布行须向当地官署纳税"领帖"，方准营业，除收买布庄现货外，还吸收外县生产的各种土布，后再批售给本地各布号或客帮的布商，它的经营范围较大，资本也较雄厚。布号则向布行购进白坯布，委托漂、染、印、踹各坊加工，然后以批发出售为主要业务。

常州土布的品种规格，据清初《武进县志》载："布属，东门阓市，小布……"乾隆初年的《江南通志》中也有"东门阓市，出武进。"的记载，只是品种还少，到了清末光绪初年，

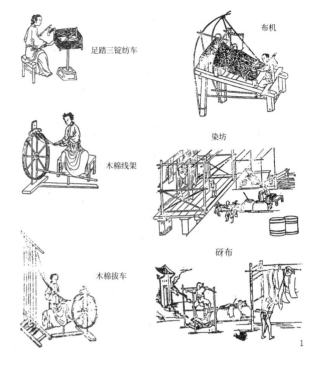

足踏三锭纺车

布机

木棉线架

染坊

木棉拔车

研布

1

图1

土布的品种有了显著增加，"阔布，阔一尺八九寸，出武进各乡。庄布，阔一尺三寸至（长）三丈六尺，各东庄者佳，出阳湖各乡。"[1] 当时土布的用途和销路为：土布分白色、染色二种，白色之上者，为被里及春冬里衫袴；其次者为鞋里与丧家赠白之用。染色之上者，为男子外衣及女子衣裙鞋面等用；其次者，用为衣帽之里。销售地区主要是本省江北及皖南、皖北各县，其售本邑者，十不及一。也有通过上海土布庄运销远达东北、朝鲜和南洋各地的。直到 1960 年前后经济困难时期，定量布票不足时，南京居民亦购买常州土布以弥补不足。南通、海门滨江濒海，地多沙土，宜于种植棉花，手工棉织业历史久远，为江苏省的著名土布产区。清代末叶，在当地实业家张謇等人的大力提倡和推动下，改良棉种，开垦棉田，兴办纱厂，使农家手工织布业得以迅速发展。历史上的通州土布曾远销大江南北和东北各省。据史料记载，南通土布，当昔盛时，年销 2000 万元以上。南通人口 50 余万，耕田面积每人平均不足一亩，织布区面积约 177 方里，故纯以织布为生者，占 38%；半持织布为生者占 54%；不以织布为生者，仅占 8%。此种盛况是极少见的。南通土布有大机布、中机布、小机布三种。当时，南通地区的织布工具已出现手拉机，到二三十年代出现铁木机。手拉机主要织造改良的土布，但农户中也有用之织造传统土布或称狭幅土布的，如关庄白大布。因南通所产土布（包括改良土布及纺机制布）品种多，阔度由数寸至三尺，长度由一丈许至四十码，以及农民织制技术有高低

[1] 转引: 徐新吾. 江南土布史 [M]. 上海: 上海社会科学院出版社, 1992:545.

差别，故各色品种相互之间参差并存，形成较为丰富的土布生产态势。

据清代《通州直隶州志》《海门厅图志》等典籍记述，南通土布早期的类别和名称多样，且分大布、土大布、土布长等，这些布料紧厚耐着。具体区别是：阔长曰大布，狭短曰小布，疏曰单纂布，线织曰线布，色青白相间曰间布。间布又有子芦、柳条、马蚁等诸多名目。

清代伊始，南通的土布印染已逐渐形成特色。在数量上以蓝印花布居多（图2），但在品种上并不限于此。民间既有五彩的染料，无疑也有相应的印染品，只是这些彩色的印染品多作为包袱、门帘、桌围和帐沿之类使用。

2

图2
民间蓝印花布

经济繁荣、文化发达的浙江，土布生产亦兴旺繁荣。位于杭州湾畔的平湖，历史上便因土布产销两旺而久负盛名。据史料记载，明代朝廷已向平湖大批采购"希布"，充当"赏军市虏"之用。平湖土纱布的产地早期集中在平湖县城关镇及县东南方的黄姑、乍浦等产棉区，商品性生产较为发达。

植棉与纺织是密切结合着的。平湖早期的土布生产以细布为主。明天启年间《平湖县志》记载："灵溪水秀沙明，产细布，人争市之。"又曰："比户习纺织，而地产棉花甚少，商贾自他郡贩至，列肆城乡，妇女燃脂夜作，纺织所成或纱或布，侵晨入市，易棉花以归。以积有余羡，挟纩赖此，糊口亦赖此。"[1]

约在1907—1911年间，平湖开始从上海运入洋纱，初期先用来做经纱，纬纱则仍取自纺的土纱，即所谓"洋夹类"。当时选用的全系七大支纱，洋经土纬的土布质量比原来全土纱的土布要稍薄一些。由于洋纱织布可节省纺纱时间，且坚韧光洁，不像土纱粗松易断，便于生产，故土纬逐渐被取代，进而发展为洋经洋纬，在平湖非产棉区内又形成了新的织布生产集中地，而原来集中于产棉区的商品性土布逐步被迫淘汰。至1927年前后，洋布倾销，洋纱土布亦衰。而平湖与慈溪类似，农家生产始终使用古老的投梭织机，没有改进。1930年后，受到机制布的进一步排挤，土布更形衰落，遂绝迹于市场。

同处这一区域的海宁县硖石镇所产土布亦闻名遐迩，在清末民初年间可谓是全盛时期。当时硖石附近四乡如崇德、王店、海宁和海盐等地，以织布为副业的农民织户约有

[1]转引:徐新吾．江南土布史[M].上海:上海社会科学院出版社，1992:678.

三万，估计织布机约有二万三四千台，从生产能力来说，每机每天可织"稀轻布"一匹，当地总产量最高一天可达二万三千多匹。

硖石土布的品种多以大类分之：其一，各色大布，粗细条子及大小格子各种花色，阔度自一尺六寸至一尺八寸，长约五丈，重四十余两；其二，小布，阔度自八寸至一尺二寸，长自二丈至四丈；其三，白同，亦名灰布，专备丧事人家之用，品质最劣。以上三种土布，以大布为主要产品，约占十分之七，小布次之。至于制造原料，概为洋纱，粗纱类以十支为最粗，而细纱类以二十支为最细，这些产品大多销往上海。

硖石土布在明代已形成商业规模，至清末民初土布商业有了蓬勃的发展，这时全镇约有 20 家布庄，另外在附近的沈荡、海盐还开设了三四家土布店，这是硖石土布业全盛时代的情况。

20 世纪 30 年代后，土布去路渐见艰涩，土布庄亦有所兴替，先后有多家歇业。除布厂以手拉机生产的改良土布尚能维持外，硖石土布的销路越来越窄，到抗战前夕，镇上土布庄只剩少数几家了。迨抗战军兴，硖石沦陷，棉纱亦受到限制，土布庄受到致命的打击，终因资金耗尽而停止。抗战胜利后，有些布庄东山再起，重理旧业，也有人开设新的布庄，但资力薄弱，最多不过棉纱三四百小包，经营规模已今非昔比了。

江浙广袤农村是土布生产、经销的主要市场，这就决定了江浙土布的品种规模及生产方式势必烙上民间文化特色，充满着浓郁的乡土气息。探讨其历史状况，梳理其承传脉络，既可从中吸取可资继承的文化"原素"，又有助于发扬光大传统民间工艺文化。可以相信，社会物质生活日益丰富，必将影响人们对生活情趣的多方面要求，而对传统手工艺的追求更是新一轮的社会时尚。

原载于《中国民间工艺》第十六、十七期合刊，东南大学艺术学系，1996 年版

六朝染织史考

一

六朝，从中国通史的角度来说，这是一个历史的时代。但引人注意的是，这一历史时期被史学家们视为专注于南方区域的断代史。当然，在考察六朝史迹过程中，不能孤立地将视角只专注于这一历史时期，而应该把它投放到整个中国历史的框架之中。这样便可以看出，所谓六朝时期南方政治、经济、文化的特点，其实与北方的传统仍有渊源关系，六朝南方文化大量移植并吸收了中原文化，南北文化互为交融，向前发展。西晋末年，中原战乱，"京洛倾覆"，中原的士族和流民相率南渡，对南方的影响更加明显。至东晋初年，政权辅定，借助于南方士族，定都建康（今南京），建立起南北士族联合政权。由于长江中下游地区气候温润，土地肥沃，加上充足的劳动力大军和来自中原地区的先进生产技术，农业、手工业便成为江南地区民众主要的谋生手段。中原与南方两地区民族之间大融合，也对南方地区经济和文化的发展起着重大的推进作用。由此可见，东晋时期是南方经济走向成熟的发展转折时期，为以后南朝的经济和文化发展开拓了新的天地。

二

随着农业和手工业生产的发展，六朝时期的纺织业也相应地得到了发展。首先是葛麻织业，因为南方地区气候适宜，利于种植苎麻，山野间的葛藤也极为普遍，所以当时葛麻制品的生产比较发达。

三国时，东吴出产的以野葛纤维为原料的葛布很有名气。据《初学记》中记载，魏文帝曹丕曾赞誉说"江东葛为可，宁比总绢之繐辈，其白如雪华，轻譬蝉翼，"[1] 表明葛布与丝绸织品十分相近，其质地当是上乘的。又《江表传》云："魏文帝遣使于吴求

[1] 徐坚，等. 初学记：下册 [M]. 北京：中华书局，2005:658.

细葛。君臣以为非礼，欲不与。孙权敕付使。"[1] 这也说明东吴所产葛布已享誉中原，为王公贵族们所喜爱，竟派专使来求，但葛布的产量是不大的，只能在贵族间享用。

至东晋，葛布的生产仍未扩大，就地域来说，仅限于岭南偏僻的山区。沈怀远《南越志》曰："桂州丰水县有古（终）[缘]藤，俚人以为布。"[2] 大概由于葛藤是野生植物，原料有限，葛布的生产便愈见困难，于是渐渐被麻织品替代了。苎麻可以进行人工种植，产量较大，质地又好，纤维细长而坚韧，平滑而有丝绢光泽，易染色且不褪色，织成布以后，轻爽离汗，挺括透气，不亚于葛布，故深受民众欢迎。东晋初年，江南的麻布产量与日俱增。《晋书·苏峻传》载："遂陷宫城……时官有布二十万匹，金银五千斤，钱亿万，绢数万匹，他物称是，峻尽废之。"[3] 这表明在东晋初期，仅宫府内就贮藏 20 万匹的麻织品，由此推测，当时的麻织已是南方手工业之大宗商品了。

南朝以来，麻织业生产更有发展。《隋书·地理志下》载，豫章（南昌）一带妇女"勤于纺绩，亦有夜浣纱而旦成布者，俗呼鸡鸣布。"[4] 看来，当时家庭纺织业已相当发达，其产量也必然是可观的。《南齐书·王敬则》中也提到，自宋永初至齐永明的六七十年间（约 420—483 年），布价由千文降到百余。如此大幅度的降价，可见与麻布产量激增有关，麻纺织业的兴旺，于此可见一斑。也正因为麻布产量大，价格低，所以老百姓的日常用布也都采用麻布了。

至于北方地区，以植种大麻为主，产量颇大，甚至"诸郡皆以麻布充税"。《农政全书》一书中详述其事，对民间湛制大麻的经验进行了总结，认为在沤麻时"沤欲清水，生熟合宜。（浊水，则麻黑；水少，则麻脆。生则难剥，大烂则不任。暖泉不冰冻，冬日沤者，最为柔韧也。）"[5]，也就是说，如果水少，麻纤维会与空气接触而氧化，"则麻脆"；沤制不透，麻皮难以剥下；沤得过头，麻纤维受损伤，"大烂则不任"；冬天用温泉水沤麻，剥取的大麻纤维"最为柔韧"。但大麻与苎麻比较起来，纤维短，含木质素也比较多，显得粗硬，纺纱性能差。所以魏以后，北方大麻仍占主要地位，但南方则着重发展苎麻。

麻布的生产在南朝时有了很大的提高。据史料记载，南朝宋初时，一匹布值 1000 多钱。到齐时，就是好布也只值 100 多钱了。这里所指的布，当是麻布，这是当时民众服装主要用的一种染织品。从服用角度看，由于南朝的民众对大麻加工技术的普遍掌握，因而也能织成较好的衣料风行南北各地，形成普及。尤其在四川的成都平原区域，也因盛产大麻，其纺织品远近驰名，行销到域外。《华阳国志·卷三》载："江原县……安汉，上、下朱邑出好麻，黄润细布，有羌筒盛。"[6] 大麻织品的出现，还可追溯到西汉时代，武帝时，张骞出使西域，在大夏（在阿富汗北部一带）见到身毒（印度）商人贩去"蜀布"

[1] 李昉. 太平御览：第 7 卷 [M]. 夏剑钦，校点. 石家庄：河北教育出版社，1994:624.

[2] 李昉. 太平御览：第 7 卷 [M]. 夏剑钦，校点. 石家庄：河北教育出版社，1994:631.

[3] 房玄龄，等. 晋书：第 8 册 [M]. 北京：中华书局，1974:2629—2630.

[4] 魏征，令狐德棻. 隋书：第 3 册 [M]. 北京：中华书局，1973:887.

[5] 徐光启. 农政全书校注：上册 [M]. 石声汉，校注. 上海：上海古籍出版社，1979:997.

[6] 常璩. 华阳国志 [M]. 济南：齐鲁书社，2010:35.

（即是黄润细布），乃大麻纺织而成。魏晋以来，大麻布仍以四川所产者最负盛名。

三

棉织品的"棉"字在我国古代出现较晚，早期只有"绵"字，故古书上所称的"绵"，即今之"棉"。棉是由域外传入的，东汉末期，西南少数民族聚集地区开始使用棉织品，如《后汉书》及《华阳国志》等记载的"帛叠""白叠花布"就是滇西一带的棉布。所以在魏晋南北朝时期，内地人对棉花及棉布的认识还是比较模糊的。之后，由于我国与东南亚地区经济贸易交往渐渐发展，内地才对棉布有所了解。《梁书·诸夷传》载："（林邑国）又出璊瑁、贝齿、吉贝、沉木香。吉贝者，树名也。其华成时如鹅毳，抽其绪纺之以作布，洁白与紵布不殊，亦染成五色，织为斑布也。"[1] 可见吉贝即木棉无疑，最初的棉布是用木棉纺织的。《梁书·诸夷传》中还提到婆利国（文莱）、天竺（印度）均产吉贝，而且还作为贡品送给南朝宫廷。可见，棉布在当时是属于名贵的舶来品。张勃《吴录》也称："交阯安定县有木棉树，高丈余，实如酒杯，皮薄中有如丝棉者，色正白，破一实得数斤可作布"[2]。此交阯，即今之越南、柬埔寨等印支地区，那里出产木棉及棉布。可见，上述我国西南少数民族地区先于内地种木棉织布，也就是经越南等地而传入的，这也是出于气候之故。另外，在《广州记》《罗浮山记》和《南州异物志》等古籍中也都提到六朝时岭南地区老百姓采木棉织布并进行染色的情况："五色斑布以丝布，古贝木所作。此木熟时状如鹅毳，中有核如珠珣，细过丝绵。……欲为斑布，则染之五色，织以为布。"[3] 可见使用棉织品的地域较之以前有所扩大，织布与染色技术也有了进步。但对于内地来说，棉布，特别是染色的"班布"，可能还属于奢侈品，非一般平民所用。例如南朝陈时，有一名叫姚察的绅士，官居显要，有门生从岭南带来南布（棉布）作为礼品相赠，遭到拒收。从这些零星的记载中可以推想到，六朝的南方，尤其在岭南及西南边陲地区，利用木棉的棉花纺织成布的技术已在民间普及，只是由于地理条件的限制，对于当时内地来说，棉布是非常稀罕的高级织物，未能普及。

四

六朝的丝织业可说是六朝时期纺织业的一个重要门类，民间丝织业尤盛。当时丝织业是随着南方经济的加速开发而兴盛起来的。在此以前，北方有所谓"旄、玉石；山东

[1] 姚思廉. 梁书：第3册 [M]. 北京：中华书局，1973:784.

[2] 陈元龙. 格致镜原：下册 [M]. 扬州：江苏广陵古籍刻印社，1989:720 上栏.

[3] 同上页改后 [2]。

多鱼、盐、漆、丝、声色"[1]、"兖、豫之漆、丝、絺、纻"[2]，齐地有"织作冰纨绮绣纯丽之物，号为冠带衣履天下"[3] 之称，也就是说，传统的丝织业本来集中在黄河中下游地区。自魏晋以来，北方游民（包括丝织工匠）大量南下，形成江南社会经济加速开发的历史契机，使得南方地区一向默默无闻的丝织业在规模和技术上都有显著的提高，缩短了南北两地的差距。史料表明，东吴政权中曾建立了丝织业的专业管理机构。如《后汉书》中载，吴置少府记录，有主官卿一人，"掌中服御诸物，衣服宝货珍膳之属。"[4] 秦汉少府属官下有御府，"掌冠者，典官婢作中衣服及补浣之属。"[5]《三国志·吴书·蒋钦》提到，孙权"即敕御府为母作锦被，改易帷帐，妻妾衣服悉皆锦绣。"[6] 可见丝织业已相当发达，甚至在宫廷内还设有直接从事纺织生产的织室。《三国志·吴书·陆凯》载："凯上疏曰：……自昔先帝时，后宫列女，及诸织络，数不满百……先帝崩后，幼、景在位，更改奢侈，不蹈先迹。伏闻织络及诸坐，乃有千数……"[7] 这里说出了这样一个事实，自孙权至孙休，不过30余年，宫廷织女数量激增，一方面反映宫廷生活的奢侈腐朽，另一方面也说明孙吴丝织业生产规模的迅速扩大。《三国志·吴书·孙休朱夫人》，吴时，"见一女人年可三十余，上著青锦束头，紫白袷裳，丹绨丝履"[8]。这身打扮也足以说明当时丝织品已相当普遍。在《三国志·吴书·孙休朱夫人》中提到东吴妇女的装束，其丝织品至少已可印染青、紫白、丹（红）三种颜色，显然，南方丝织业生产已有明显的进步。其后的东晋时期丝织业状况渐趋兴旺，可以分前后两个阶段，以晋孝武帝在位为分界点，此前的相关史传资料较少。据《晋书·王导》，苏峻之乱后，"时帑藏空竭，库中惟有练数千端，鬻之不售，而国用不给。导患之，乃与朝贤俱制练布单衣，于是士人翕然竞服之，练遂踊贵。"[9] 练为布之一种，近于苎麻织品。上至宰辅，下至朝士，皆以练布制衣，可见东晋初年丝织品产量尚少，远未能满足士大夫阶层的需要。但《晋书·孝武文李太后》又称："时后为宫人，在织坊中，形长而色黑，宫人皆谓之昆仑。"[10] 看来，孝武帝以前，宫廷丝织业仍维持一定规模。孝武帝复置少府，标志着东晋后期加强了对纺织业等官营手工业的管理，南方丝织业的发展速度也由此明显加快。晋代末期，军人服饰都普遍使用丝织品作为服料，在《宋书·孔琳之》中有所记载。众所周知，丝织业发展的前提是原料的供应。早在东吴时，南方已有一年蚕多熟的记载。《太平御览》卷八二五引《吴录》曰："南阳郡，一岁蚕八绩。"[11] 又左思《吴都赋》称："国（秔）[税] 再熟之稻，乡贡八蚕之绵。"[12] 东晋、南朝时，不少地区都推广一年蚕多熟这一技术。《隋书·地理志下》记豫章（南昌）一带"一年蚕四五熟"[13]。《太平御览》卷八二五引《林邑记》曰："九真郡，蚕年八熟，茧小轻薄，丝弱绵细。"[14] 又引《永嘉郡记》曰："永嘉有八辈蚕"[15]。过去，人们一般用多化性蚕自然传种的办法求得一年蚕多熟。而《永嘉郡记》所载"八辈蚕"，则是将蚕

[1] 司马迁．史记：第10册 [M]．北京：中华书局，1963:3253.

[2] 桓宽．盐铁论（及其他一种）[M]．北京：中华书局，1991:3.

[3] 班固．汉书：第6册 [M]．北京：中华书局，1964:1660.

[4] 范晔．后汉书：第12册 [M]．李贤，等注．北京：中华书局，1965:3592.

[5] 同 [4]，1965:3595.

[6] 陈寿．三国志：第5册 [M]．陈乃乾，校点．北京：中华书局，1964:1287.

[7] 同 [6]，1964:1400+1402.

[8] 同 [6]，1964:1201.

[9] 房玄龄，等．晋书：第6册 [M]．北京：中华书局，1974:1751.

[10] 房玄龄，等．晋书：第4册 [M]．北京：中华书局，1974:981.

[11] 同 P147 改后 [2]，1994:675.

[12] 同 [11]，1994:814.

[13] 同 P147 改后 [4]，1973:887.

[14] 同 [11]，1994:678.

[15] 同 [14].

卵藏于瓮中，复盖器口，置冷水，使冷气折其出势。这是以人工低温的办法抑制蚕卵发育，使之延期孵化。一期蚕种可以在一年里连续不断地孵化好几代，促使蚕茧产量提高。此外，《本草纲目》载陶弘景语："东海盐官盐白草粒细……而藏茧必用盐官者。"[1]可见，南朝人还用盐渍之法贮藏蚕茧。这些技术的改进与提高，极大地改善了丝织业的原料供应条件。

东晋末年，刘裕攻灭后秦，迁关中技工于建康，设立"斗场锦署"，这对江南丝织业的发展有重要意义。它不仅使官营丝织业生产有了常设机构，更重要的是，在南方蚕茧生产的基础上，充实了江南丝织业发展的技术力量。这无疑给发展中的江南丝织业生产以巨大的促进作用。

关于南朝丝织业的产量继续提高，还可以在《梁书·侯景》中看到：梁末，侯景"既据寿春，遂怀反叛……又启求锦万匹，为军人袍，领军朱异议，以御府锦署止充颁赏远近，不容以供边城戎服，请送青布以给之。"[2]虽然要求没有如愿，改以"青布"赠送，但万匹丝锦绝非小数字，可见当时官办的丝织业是相当繁盛的。再如《陈书·宣帝》载陈太建七年（575年），监豫州陈桃根"又表上织成罗又锦被各二百首"[3]，但却被朝廷焚于云龙门外。精致的丝织品，顷刻间付之一炬而毫不惋惜，说明陈朝丝织业产量也不在小数。

在官府丝织业生产规模不断扩大的同时，民间私营丝织业也在发展。从当时许多文人墨客的作品中都可见到踪迹，例如东晋末期陶渊明的不少诗作中都曾提到"种桑""养蚕""纺织"之类。宋时谢灵运的《山居赋》中提到类似情况，陈时萧诠的《赋得婀娜当轩织诗》云："东南初日照秦楼，西北织妇正娇羞。……三日五匹未言迟，衫长腕弱绕轻丝。"[4]诗中提到三日织成五匹，说明民间丝织业生产的效率已不低。在民间丝织业日益发展的形势下，南朝政府曾多次大规模收购丝织品。例如，《南齐书·武帝》载，齐永明五年（487年），官府曾一次出资亿万收购粮食与丝织品，于此可见民间丝织品的产量之大。不过六朝南方丝织业的发展主要集中于扬、荆、益三州，相当于现今的江浙、两湖及四川地区。如《宋书·沈昙庆》曰："江南……丝绵布帛之饶，覆衣天下。"[5]《隋书·地理志上》称梁州"人多工巧，绫锦雕镂之妙，殆侔于上国。"[6]整个南方丝织业比较发达的仅仅是长江流域的局部地区，而珠江流域其他地区并无明显成就。如与北方相比，江南丝织业水平仍较低。熟谙南北风情的颜之推在《颜氏家训·治家》中有云："河北妇人，织纴组紃之事，黼黻锦绣罗绮之工，大优于江东也。"[7]再如《洛阳伽蓝记·城东》中载，永安间，梁陈庆之入洛阳，为北朝杨元慎所戏谑："元慎即口含水噀庆之曰：'吴人之鬼，住居建康，小作冠帽，短制衣裳……布袍芒履，倒骑水牛。……'"[8]当

[1] 李时珍．《本草纲目》（金陵本）新校注：上册 [M]．王庆国，主校．北京：中国中医药出版社，2013:360.

[2] 同 P148 改后 [1]，1973:841.

[3] 姚思廉．陈书：第 1 册 [M]．北京：中华书局，1972:88.

[4] 先秦汉魏晋南北朝诗：下册 [M]．逯钦立，辑校．北京：中华书局，1983:2553.

[5] 沈约．宋书：第 5 册 [M]．北京：中华书局，1974:1540.

[6] 同 P147 改后 [4]，1973:830.

[7] 王利器．新编诸子集成颜氏家训集解（增补本）[M]．北京：中华书局，1993:51.

[8] 杨衒之．洛阳伽蓝记校释 [M]．周祖谟，释．北京：中华书局，1963:107—108.

时南方人穿麻葛布进洛阳而被嗤笑，可见南方的丝织品仅限于中上层人士使用，普通群众还穿不上，其产量尚不及北方丰富。但是毕竟要承认，江南丝织业局面已经打开，基础业已经奠定，南方丝织业的发展前景也大有可为了。

六朝时期，关于丝织工艺的对外交流和产品外销，在文献上也有记载。据《三国志·魏志·东夷列传》记载，在三国时（238），日本女王卑弥呼派遣专使来中国，向当时的魏明帝赠送斑布（韧皮纤维织的布）二匹二丈。魏明帝回赠了绛地交龙锦、绛地绉粟罽、茜绛、绀青、绀地勾文锦、细斑华罽、白绢等丝毛纺织品百匹以上。日本使者除将这些珍贵的纺织品带回去以外，还通过参观和了解，把中国当时的提花、印染等纺织技术也带了回去，吴服（即和服）就是三国时从东吴输入的丝绸制成。这种吴服至今仍为日本的民族服装。据日本《古事记》记载，在我国东晋和南北朝时，日本曾先后派专使到我国江浙一带，寻求纺织、缝纫女工去日本传播技术，还带回去名贵的丝织品"鹅毛二羽"。这些侨居到日本的中国纺织工人，对日本古代的纺织、印染、缝纫技术的发展做出了重大的贡献。

据《法显传》记载，东晋时，法显和尚从长安经陆上"丝绸之路"到天竺（印度）等地取经，然后由海路回国。当时路过师子国（斯里兰卡）时，看见当地商人使用晋地"白绢扇"，使他怀念祖国之情油然而生，"不觉凄然，泪下满面。"[1] 说明早在4世纪前后，我国的丝绸织物已远销到印度洋的岛国——斯里兰卡。

据姚宝猷的《中国绢丝西传史》记载，6世纪左右，古波斯（伊朗）有两位使者不远万里来到中国，他们学习了我国养蚕和丝织技术以后，又带了一些蚕种回去。为了避免受到旅途恶劣气候的影响，他们就把蚕种放在竹筒里面，经历了千辛万苦，终于使这些宝贵的蚕种在波斯安家落户。6世纪时，我国的蚕桑技术传到拜占庭（即君士坦丁堡，现土耳其的伊斯坦布尔）时，当时的查士丁皇帝就在皇宫里建立起机织工场，由他独享织制和贩卖丝绸的权力。[2] 由此可见，我国的美丽丝绸在国外是多么受到重视和欢迎，这也为唐代的"丝绸之路"的发展奠定了前期的基础。

五

六朝纺织业在技术上有不少改进和提高，主要表现在纺织机械的进步方面，如脚踏三锭纺麻的纺车改进以后，比手摇单锭纺车提高效率2—3倍。东晋著名画家顾恺之为汉刘向《列女传》所配的图画中有一张妇女纺织图，图中的三锭脚踏纺车除了原有的轮轴、绳轮外，还利用偏心和摆轴等机械原理，这在当时是了不起的成就。据傅玄的《傅子》

[1] 法显. 法显传校注 [M]. 章巽，校注. 北京：中华书局，2008:128.

[2] 姚宝猷. 中国丝绢西传史 [M]. 北京：商务印书馆，1944:59.

卷二记载，三国时魏国的马钧对织绫机进行了技术改革。《三国志·魏书·杜夔》注引《马钧别传》，马钧将"旧绫机五十综者五十蹑，六十综者六十蹑"[1]"综"是使经线分组开合上下，以便穿梭的机件；"蹑"是踏具。"乃皆易以十二蹑"[2]，简化了操作程序，提高了织绫机的生产效率。织绫技术的提高对东晋南朝的丝织业产生了重大影响。东晋时还出现了织入鸟羽的高级织物，如谢万被简文帝召见时，曾"著白纶巾，鹤氅裘"[3]，此鹤氅裘即由燕羽织成。南齐文惠太子"性颇奢丽"，"织孔雀毛为裘"[4]。虽然这类高级织品是专供贵族享用的，但于此可见当时纺织机械及其技术的精妙。同样，在织布机械与技术上也达到极高的水平，如《南史·宋武帝》中提到刘宋武帝时广州曾献贡精致筒细布一端八丈，宋文帝"恶其精丽劳人"[5]，并令岭南禁作此布。在《铁围山丛谈》里还提到齐、梁时，在织物上镶嵌金箔，并织出各种精美图案，有"天人、鬼神、龙象、宫殿之属，穷极幻眇，奇特不可名。"[6]这些都反映了当时纺织技术的空前发展。

这一时期印染技术方面也有很大提高，如首都建康染制的黑色丝绸十分精致，士族子弟乐于穿着。东晋时王、谢望族所居的乌衣巷即因此而得名。南方还普遍推广中原久已采用的绞缬法。绞缬，或称夹缬，系机械纺染法，最适宜染制简单的点花和条纹。它将待染织物按预先设计的图案用线钉缝，抽紧后再将线紧紧结扎成各式各样的小结。浸染后，将线拆去，缚结处呈现出着色不充分的花纹。每朵花的边缘由于受到染液的浸润，自然形成由深到浅的色晕。花纹疏大的称鹿胎缬或玛瑙缬，细密的叫鱼子缬或龙子缬，还有较简单的小簇花样，酷似蝴蝶、蜡梅等。这种印染技术多用于印染妇女衣着用料。《搜神后记》曾描写过年轻妇女穿着"紫缬襦青裙"[7]，远看好似斑斑的梅花鹿一样，这就是印有"鹿胎缬"花纹的衣服。由于绞缬染只要家常的缝线就可以随意做出别具一格的花纹，因而在六朝时期应用非常广泛。绞缬产品也曾通过丝绸之路远销到西亚地区。

六朝染织品的装饰纹样在继承东汉传统的基础上亦有发展。如龙凤鸟兽的造型一改以往古拙浑穆的形象，趋于生动灵巧、轻捷多姿的美感。其次是花鸟植物纹样亦趋多样化，如大众喜爱的花鸟，有莲荷、牡丹、芙蓉、海棠、鸳鸯、白头翁、鹦鹉、仙鹤和练鹊，都经常在锦绣中出现。此外，这一时期的织物纹样中还出现一种具有明显外来影响的图案，如1959年新疆吐鲁番阿斯塔那（北区）303号墓出土的双兽对鸟纹锦、树纹锦和对兽对鸟纹绮，这三种画风都不是汉族风格，可能是受波斯文化影响。

六朝时期的织物纹样还可从敦煌彩塑、壁画中的佛像服饰上看到一些直观的材料，比如汉代绫锦中的棋纹、斜方格纹和方胜平棋格子纹等此时仍很流行。也有许多新的散点小杂花图案，显得非常朴素、大方。又如北魏428窟壁画天王像的上衣花纹，就是以

[1] 陈寿. 三国志: 第3册[M]. 陈乃乾, 校点. 北京: 中华书局, 1964:807.

[2] 同[1].

[3] 房玄龄, 等. 晋书: 第7册[M]. 北京: 中华书局, 1974:2086.

[4] 萧子显. 南齐书: 第1册[M]. 北京: 中华书局, 1972:401.

[5] 李延寿. 南史: 第1册[M]. 北京: 中华书局, 1975:28.

[6] 蔡絛. 唐宋史料笔记丛刊铁围山丛谈[M]. 冯惠民, 沈锡麟, 点校. 1983:103.

[7] 徐坚, 等. 初学记: 下册[M]. 北京: 中华书局, 2005:715.

斜方格组成骨架，方格间缀小朵棱花，裤子上的纹饰却是以小圈圈和小散点作四方连续，两相配合，特别谐调，素雅大方。

六朝时代与纺织品纹饰有关的绣品也引人瞩目。由于出土实物和文献记载较少，详情难以了解，仅零星材料可作参考。如王嘉的《拾遗记》记载："吴赵逵之妹善书画，巧妙无双。能于指间，以彩丝为云龙虬凤之锦，大则盈尺，小则方寸。"[1] "写五岳河海城邑行阵之形，进于吴王，时人谓之针绝。"[2] 此处提到吴王赵夫人能于方帛上刺绣龙凤图及地形战阵图，技艺精湛，时人称之"针绝"。既然王族里出现针绣能手，可以想象到广大民间妇女中针绣的普遍程度，自然高手很多，只是未予记录留传下来罢了。又如新疆民丰北大沙漠古墓出土的男裤脚刺绣残片，可以看出汉末魏晋间刺绣技法仍沿袭东汉以来的锁绣法，即先用锁绣绣出轮廓，再用线盘成较大的平面的方法。

南北朝时刺绣发展情况的间接史料，则在唐代陆龟蒙的《记锦裙》中隐约可以看到。文章说：侍御史赵郡李君家藏有古锦裙一幅，长四尺，下阔六寸，上减三寸半，在这样不大的幅面上，左绣仙鹤二十，势若飞起，率曲折一胫，口中御花；背绣鹦鹉二十，耸肩舒尾，并满布以花卉纹样互相印证。[3] 这是一幅难得的鸟衔花图案的美锦。用针线来表现这样繁复、生动而又真实的物象，不但说明刺绣者的技巧高超，同时也反映了时人的刺绣技法较前人已有所改进。

1965 年，在敦煌莫高窟 125—126 洞窟中发现了北魏时期的一佛二菩萨说法图刺绣1 件，它用传统的辫绣针法，在浅褐色丝织物上，用红、黄、绿、紫等色绣出佛像和供养人。女供养人头戴高冠，身穿对襟长衫，衣服上装饰桃形忍冬纹和卷草纹。在横条边饰上，用龟背纹和圆圈纹交织重叠，构成富于变化的几何图案组织。新疆出土的鸟龙卷草纹刺绣和葡萄禽鸟纹刺绣等，都是六朝时期刺绣工艺的精品。

六

我们从六朝纺织业的史考材料中可以获得一些重要的启示，特别是对研究江南地区的社会经济发展很有帮助。六朝正处于汉唐之间的转化时期，是我国历史上经济、文化中心南移的过渡阶段。隋唐经济的发展仰仗于南方，隋唐文化的特点则继承南朝。隋唐的繁荣程度之所以超过两汉，其主要原因即在于六朝时期把长江流域的经济开发出来，使整个隋唐经济的提高比两汉时期增加一倍，从而也使隋唐文化比之两汉更胜一筹。

[1] 同 P147 改 后 [2]，1994:584.

[2] 同 [1]，1994:588.

[3] 陆龟蒙. 记锦裙 [C]// 董浩. 全唐文：第 9 册. 北京：中华书局，1983:8408—8409.

原载于《东南文化》2000 年 09 期

宋代丝织绣工艺史料文献读记

引言

　　宋代染织绣工艺乃我国古代纺织业发展高峰的象征，此时不仅朝廷有庞大的染织绣生产和管理机构，像文思院、绫锦院、染院、裁造院、文绣院等；[①]而且民间也有数以万计的染织绣作坊，[②]以及依靠家族联产为基础的"义田"织业方式等，[③]整个行业可谓分工细致，从业群体庞大。况且，在宋代染织绣工艺中，又以丝织、缂丝、刺绣等类在技艺上远超唐代而形成特色，仅丝织品种类就十分齐全，锦、绮、罗、纱、绫、绸、绢、绉等应有尽有。如锦缎就有宋锦、织金绵、妆花缎、织锦缎、印金等；还有缂丝、刺绣和绢花等，更是展露精湛技艺的名特优品种。[④]如此一来，宋代染织绣工艺的纹饰也较之唐代织物纹样有了更大的发展和创新，且纹样的多重组合凸显雅致形态，如植物纹有牡丹、山茶、荷花、缠枝花等组合构成，鸟兽纹有仙鹤、孔雀、龙凤等组合构成，还有各式丰富的几何纹组合构成等，这正是宋代染织绣纹饰的特色所在。同样，丝织物的印

---

① 清嘉庆年间由徐松从《永乐大典》中辑出的宋代官修《会要》之文编撰的《宋会要辑稿》记载，宋代对染织刺绣等纺织行业十分重视。

② 北宋时期民间丝织业相当繁荣，据《文献通考》记载，宋代物产类租税中，仅布帛丝绵织品就有十种，分别为罗、绫、绵、纱、丝、纳、杂折、丝线、锦和葛布，丝织品种类之丰富令人叹为观止。而这些丝织品种的生产多数为民间织坊。

③ "义田"织业方式，首先是建立在"义田"基础之上的生产形式，这是我国古代建立起的社会救济事业的组成部分。宋钱公辅的《义田记》曰："范文正公方贵显时，置负郭常稔之田千亩，号曰义田，以养济群族之人。"关于宋代义田方式的文献记载，在北宋王辟之的《渑水燕谈录》、陆游的《东阳陈君义庄记》、南宋刘克庄的《赵氏义学庄记》中均有描述。自然，"义田"织业方式在宋代有其基础，从而在乡村和城镇获得普遍存在。

④ 宋代丝织工艺驰名全国，如《东京梦华录》称为"金碧相射，锦绣交辉"。而在南京出土的北宋长干寺地宫铁函中，仍保存有完好的近百幅宋代丝织品，其数量之多、保存之精在我国现代考古史上极为罕见。大部分丝织品都结成包袱，里面装着香料、铜钱、银函、玛瑙等供奉物品，其中不少丝织品上还有文字。这批丝织品包括绢、绫、缥、锦等各个品种，使用了提花、刺绣、印染、描金等多种工艺，体现出北宋领先当时世界的丝织技术水平。

染色彩亦多用间色搭配，色相丰富，文静典雅，和谐沉着。[①] 而且，作为宋染织绣工艺的标志性品种，如缂丝，其精湛的技艺超过隋唐。至南宋，缂丝已从过去的日用装饰品、陪衬品，发展成为具有纯粹欣赏性的艺术品，涌现出如朱克柔、沈子蕃等一大批缂丝名家，显示出宋代染织绣工艺趋于成熟并精美绝伦。如宋庄绰的《鸡肋篇》曰："定州织刻丝，不用大机，以熟色丝经于木栅上，随所欲作花草禽兽状。以小梭织纬时，先留其处，方以杂色线缀于经纬之上，合以成文，若不相连。承空视之如雕镂之象，故名刻丝。"[1][②]

相比较而言，宋代染织绣工艺较之隋唐主要有三点进步：一是北宋建制后，朝廷年需用锦帛数量比唐代更大，特别是朝廷封赏大臣官员均以各色绫罗绸缎为赏赐物品。加之北宋开始加大对桑蚕、纺织业的重视和投入，几经下诏书奖励蚕织，积极推广先进的种桑技术。又至南宋，北方南迁工匠悉数加入到蚕桑丝织生产行列，既补充了劳力，又促进技术交流，极大推动了蚕织业的进步和发展。二是北宋为缓和与北方临近区域的共处关系，每年要向辽、西夏和金交纳大量的锦帛作为"礼品"，以维护彼此"和睦"。并且，纺织品又是宋对外贸易的主要物资，得到朝廷的格外重视，使其与瓷器一样，成为宋代内外贸易的主要物资，为朝廷开销乃至社会繁荣换取了大量黄金白银，同时成为重要的战略物资，如交换马匹的资本。三是宋代染织绣品种日益丰富，除绫、罗、绮、绢、缎、绸和缂丝外，锦的品种更是增加许多。如产地在苏州的"宋锦"，不仅色泽华丽、图案精致，而且质地坚柔、平服挺括，被誉为"锦绣之冠"，与南京云锦、四川蜀锦并驾齐驱，乃宋代织锦工艺的经典代表。

凡此种种，构成了宋代染织绣工艺成就的重要历史图景。本文力求从存史文献典籍中挖掘、整理，进而梳理出足以佐证这一史实更多的相吻合的史料，这也算是尝试史学研究的方法和意义，用来支撑起这一历史图景的丰富性。

一、织业管理

宋代染织绣工艺的发展与兴盛，和唐代有着极为相似的情形，即官营和私营两种生产与管理体制相互作用而形成的行业格局。比如，史料有记载，为保障皇家和朝廷对纺

---

① 参见：朱启钤的《丝绣笔记》部分内容撰写，该书是关于我国传统丝织物研究的重要著作，是他在任北洋政府高级官员之时，有机会接触清廷内府等处收藏的历代丝织品文物，由此所作的研究笔录。为此，朱启钤可称得上是近代以来国内研究丝绸史倡导人之一。该书分为两卷，上卷"记闻"，下卷"辨物"。

② 宋庄绰撰《鸡肋编》三卷，内容系考证古义，又有记叙轶事遗闻。为宋人史料笔记中比较重要的一种，《四库全书总目提要》称其价值可与周密之的《齐东野语》相比拟。

[1] 庄 绰. 鸡 肋篇：四库全书本上卷 [M].

织品的用度需求，宋徽宗时期便在东京开封、西京洛阳及成都等各州府设立官营纺织场院或作坊，集中人力、物力和财力，生产高端的染织绣品种。如京师开封绫锦院就汇集了各地优秀织工，实力雄厚、规模宏大。尤其是宋初，承前朝之制，太宗端拱元年（988）至淳化三年（992）又改权衡制度，社会逐渐安定，且经济好转，招募工匠人数有所增加。《宋会要·职官》二九之八《裁造院》中记载："掌裁制衣服，以供邦国之用。初有针彩院，左藏库有缝造针工，给裁缝之役。"[1] 又注曰："刺绣，而官工不足，往往求索于民间。"[2] 明代屠隆的《考槃余事》对"宋画绣"作有注释，称京都有"百姓绣户"。另《宋会要辑稿（食货六四）》载："九月，绫锦院以新织绢上进。是院旧有锦绮机四百余，帝令停作，改织绢焉。"[3] 这就是说，到宋真宗咸平年间（998—1003），绫锦院已经拥有锦绮机 400 余张，其规模、产量可想而知。又比如刺绣织品，在《宋会要辑稿（职官二九）》中有云："欲乞置绣院一所，招刺绣工三百人，仍下诸路选择善绣匠人，以为工师。候教习有成，优与酬奖。"[4] 这说明宋徽宗崇宁三年（1104）建立了文绣院，招收刺绣工 300 人，这可是不小的规模。

宋在各丝织产地还有派出机构，可谓民间遍布作坊或家庭织机，大有南朝宋范晔在《后汉书·童恢传赞》所说"千室夜机鸣"[5] 的盛况。而染织工艺中最富盛名的莫过于宋锦、缂丝和刺绣。《嘉泰志》载："近时翻出新制，如万寿藤、七宝、火齐珠、双凤、绶带，纹皆隐起而肤理尤莹洁精致。"[6] 可见宋丝织品的精美程度。而民营作坊主要表现为农村副业和专业户两种形式，其规模较之前代大为扩充。尤其是由家庭成员组成的、脱离农业、专门从事纺织业的专业户，即机户的大量出现，《文献通考》中有言："宋朝如旧制，调绢、绸、布、丝、绵，以供军需，又就所产折科、和市……梓州有绫绮场……旧济州有机户十四，岁受直织绫，间宝三年，诏廪给者送阙下，余罢之。"[7] 这是有关宋代机户的最早文献记载。而据《宋会要辑稿》载，文绣院建立前，开封民间刺绣业颇为兴盛，朝廷所需刺绣物品"皆委之闾巷市井妇人之手，或付之尼寺"[8]。僧尼中的能工巧匠创造出许多优质品种，统称为"寺绫"，类似于北方所称的隔织，在当时颇具盛名。而著名的大相国寺东门外有一条小巷，为"师姑绣作居住"，实际上就是专业刺绣区。此外，依《文献通考》所言，宋代机户分布地有济州、梓州、成都、青州、婺州、温州、毗陵、徽州、杭州、华亭、河北、京东等，当在 10 万户上下，也许更多一些。机户规模如此庞大，这表明宋代民间纺织业已经发展到一个新的历史阶段。

如此说来，与唐代相比，两宋对于官营作坊的管理在制度层面进步颇多，主要是将劳役制废除，改为了招募制，将适度的自由给予了劳动者。这样一来，他们的生产积极

[1] 徐松．宋会要辑稿[M]．刘琳，等校点．上海：上海古籍出版社，2014:3789.

[2] 同上．

[3] 徐松．宋会要辑稿[M]．刘琳，等校点．上海：上海古籍出版社，2014:7742.

[4] 徐松．宋会要辑稿[M]．刘琳，等校点．上海：上海古籍出版社，2014.

[5] 同上．

[6] 转引：李亨特．乾隆绍兴府志：乾隆五十七年刊本第18卷[M]．946—947.

[7] 马端临．文献通考：明冯天驭刻本第20卷[M]．874—875.

[8] 徐松．宋会要辑稿[M]．刘琳，等校点．上海：上海古籍出版社，2014.

性便得到了提高，使得工匠人数大为增长。如此一来，不仅朝廷开办的官营作坊较之唐代有较大幅度的增加，而且私营作坊也日益普及。民间私营作坊的发展壮大，为宋朝廷提供了大量优质、廉价的丝织品，有效地缓解了海内外对丝织品的需求。与此同时，朝廷的采购需求作为宋代民间丝织业飞速发展的根本推动力，长期而持续地推动民间丝织业增加产品的数量和种类，有效刺激了民间丝织业规模的扩大和技术的进步。官营和私营两者相辅相成，互为推动，最终使得宋代丝织业有着广阔的分布范围、细致的技术分工、增速较快的产量产值，以及产品种类繁多、工艺水平先进等诸多特点，较之其他历史时期或有过之。

具体来说，在此时期朝廷管理染织绣的生产机构可谓繁密庞大，分工极细。据《宋史·职官志五》记载佐证："文思院，掌造金银、犀玉工巧之物，金采、绘素、装钿之饰，以供舆辇、册宝、法物凡器服之用。绫锦院，掌织纴锦绣，以供乘舆凡服饰之用。染院，掌染丝枲币帛。裁造院，掌裁制服饰。文绣院，掌纂绣，以供乘舆服御及宾客祭祀之用（崇宁三年置，招绣工三百人）。"[1] 可见，当时专事染织绣工艺的管理机构相当庞大，而且分工极为细致。诸如，在开封、洛阳、润州、梓州（今四川三台）等地设有规模庞大的官营作坊，如绫锦院织局、锦院等纺织工场。工部少府监设文思院、绫锦院、裁造院、内染院、文绣院等，均是纺织生产的管理机构。其中，文思院为唐代后期设置的一个负责掌管金银器制作的职能机构。唐末史学家裴庭裕在《东观奏记》中载："（唐）武宗好长生久视之术，于大明宫筑望仙台。势侵天汉。上始即位，斥道士赵归真，杖杀之，罢望仙台。大中八年，复命葺之。右补阙陈嘏已下抗疏论其事，立罢修造，以其院为文思院。"[2] 可见，在唐宣宗大中八年（854）文思院始建之时就明确了其性质，即为皇室管理私财和生活事务。从文献记载来看，文思院的始建时间是明确的，即唐宣宗大中八年（854），且其就设于大明宫中。再根据出土文物，如1987年在中国陕西扶风法门寺塔基地宫中出土有8件刻有"文思院造"之铭文的金银器，可知唐朝时期文思院有金银器制造之职能。而后，文思院在两宋时期延续前置。《宋会要辑稿》载："文思院，太平兴国三年置，掌金银、犀玉工巧之物，金彩、绘素装钿之饰，以供舆辇、册宝、法物及凡器服之用，隶少府监。"[3] 由此可知，北宋已置文思院，且其"隶少府监"。众所周知，少府监是为皇室管理私财和生活事务的职能机构，可见，文思院亦是为皇室服务的，其职能则仍是主管制造"金银、犀玉工巧之物"，即负责金银珠玉等器物的制造，但是较之唐朝，其职能又更为广泛而复杂。这一点就其所设官职可见一二。《宋会要辑稿》中记载："领作三十二：打作、棱作、锻作、渡金作、镐作、钉子作、玉作、玳瑁作、

[1] 脱脱，等. 宋史：武英殿本第165卷 [M]. 4620.

[2] 裴庭裕. 东观奏记：清藕香零拾本上卷 [M]. 7.

[3] 徐松. 宋会要辑稿 [M]. 刘琳，等校点. 上海：上海古籍出版社，2014:3781.

银泥作、碾砑作、钉腰带作、生色作、装銮作、藤作、拔条作、洗作、杂钉作、场裹作、扇子作、平画作、裹剑作、面花作、花作、犀作、结绦作、捏塑作、旋作、牙作、销金作、镂金作、雕木作、打鱼作。又有额外一十作，元系后苑造作所割属，曰绣作、裁缝作、真珠作、丝鞋作、琥珀作、弓稍作、打弦作、拍金作、甜金作、克丝作。"[1]与此同时，宋代文思院还分上、下两院，实际上是一种制作分工，"计匠二指挥，提辖官一员，通管上、下界职事。上界……，分掌事：……造作金银、珠玉、犀象、玳瑁……下界……分掌事务：……造作绫锦、漆木、铜铁生活……"[2]。可见，有关金银珠玉之类贵重器物的制作归于上界负责，而有关铜铁竹木以及一些杂料的器物制作归于下界来掌管。之所以有这样的两院分工，主要是为了防止贵重器物的贪污及流失。总体说来，北宋初期，文思院已经掌控了诸多职事，具体来说，在宋神宗熙宁四年（1071），原本是由太府寺负责的度量衡制转为由文思院掌管。在此之后，文思院有关度量衡的掌控范围逐渐增大，以至于各地官府均遵守着由文思院制作标准样本，校订明用火印，再由工部颁降，诸路转运，最后司依省照样制作这一套流程。此外，度量衡器也都由文思院制造，甚至禁止民间私造私卖，违者抵罪。

再往后，南宋文思院发展更为迅猛。《宋会要辑稿》云："隆兴二年，诏并礼物局入文思院。"[3]在宋孝宗隆兴二年（1164）时，文思院还纳入了礼物局，也就是有了制作生辰、正旦礼物，以及对外遣使所需礼物的职责。之后绍兴三年，铸印司也相继并入文思院，同年，还将绫锦院也一起并入文思院。绫锦院掌绫锦绢之织造，将其并入文思院，有利于统筹兼顾，方便生产。除此之外，在绍兴三年并入文思院的机构还有皮场、事材场、东西八作司等。这足以说明此时作为制造部门的文思院，机构越来越膨胀，负责的事务也逐渐庞杂。话说回来，文思院原本设置就负责皇室服饰冠冕，包括为皇帝后妃，乃至皇子制作服饰。《宋史》卷一百五十一记载："绍兴三十二年十月，礼官言：'皇子邓、庆、恭三王，遇行事服朝服，则七梁额花冠、貂蝉笼巾、金涂银立笔、真玉佩，绶，金涂银革带，乌皮履。若服祭服，则金涂银八旒冕，真玉佩，绶，绯罗履袜。'诏文思院制造。"[4]此为一例，由此推论，文思院制作的服饰一方面是供给皇室成员所用，另一方面也会负责制作一些特定服饰、丝罗类物品。如绍熙元年（1190），太常寺得到宋光宗的批准，由文思院制造提供奏请祭祀秀安僖王用的祭器、祭服等。另《武林旧事》卷二《立春》载："是日赐百官春幡胜，宰执亲王以金，余以金裹银及罗帛为之，系文思院造进，各垂于幞头之左入谢。"[5]其实，两宋时期的文思院，还为朝廷诸司制造了许多其他的器物。《宋会要辑稿》"职官二九之三"载，绍兴六年正月，文思院奏报的所造物品清单如下：

[1] 徐松. 宋会要辑稿 [M]. 刘琳, 等校点. 上海: 上海古籍出版社, 2014:3781.

[2] 徐松. 宋会要辑稿 [M]. 刘琳, 等校点. 上海: 上海古籍出版社, 2014:3781.

[3] 徐松. 宋会要辑稿 [M]. 刘琳, 等校点. 上海: 上海古籍出版社, 2014:3737.

[4] 脱脱, 等. 宋史: 武英殿本第151卷 [M]. 1995.

[5] 周密. 武林旧事 [M]. 傅林祥, 注. 济南: 山东友谊出版社, 2001:35.

本院所造天宁、乾龙、天中、圣节、功德疏、金镀银轴、销金复帕、褾带，学士院取造绫罗纸，及应抛降料造御炉，内司应奉旧用镀金名件，祗候库依格支赐班直、行门等诸色浑间金镀银腰带，国书匣合（盒），铸节度、承宣、观察使以上牌印，依法式合用镀金，兼造随宝册绫金褾子……[1]

综上可知，文思院始建于唐宣宗大中八年，在唐朝是负责金银器制造的内廷机构，到了宋朝，除去掌管制造金银器的基本职能外，还作为皇室管理私财和生活事务的职能机构。此外大多数情况下文思院还负责统一制作朝廷诸司所需的器物，也就不仅仅是为宫廷的制器需求而服务。文思院职责繁多，规模也庞大，自然其官吏的设置也颇为复杂。《宋会要辑稿》对此有详细记载："计匠二指挥，提辖官一员，通管上、下界职事。上界监官、监门官各一员，手分二人，库经司、花料司、门司，专知官、秤、库子各一名……下界监官、监门官各一员，手分三人，库经司、花料司、门司，专副、秤、库子各一名。"[2] 此外，特别要提一下"文思使"一职。文思使在唐代已有，且为宦官充任的内诸司使之一。延至宋代，亦有以宦官充任此官者，如宦官李舜举，熙宁中"以文思院使领文州刺史、带御器械"。但其实，宋朝虽然仍置有文思使一职，但通常不过问文思院之事。据《宋会要辑稿》"职官二九之六"载，直到嘉定四年（1211）时，仍然是"居长者不领其事，为属者专其权于己，此其为弊久矣。姑以文思一院言之，凡所制造出入，监官自专，而辖长若无闻焉"[3]。可见长期以来文思院的实际权力掌握在监官们手中，文思使虽有设置，文思院的具体事务实则由两院监官管理，直到南宋绍兴六年才正式设置了提辖官一职作为文思院的实际长官。所以宋朝文思使的设置其实多用来作为武臣的一种迁转之阶，而非文思院管理者。南宋史学家胡三省注于《资治通鉴》中认为，文思使"宋以为西班使臣，以处武臣"[4]。《宋史》（传第十二）云："咸平二年，惟昌与宋思恭、刘文质合战于埋井峰，败走之。又破言泥族拔黄砦，焚其器甲、车帐，俘斩甚众。以功领富州刺史，改文思使。"[5] 这说的便是折惟昌，咸平二年九月，破言泥族，以正官充任文思使。所以，至宋朝，文思使成为一种与文思院毫不相干的官阶，此处就不再详述了。

最后一则提及文思院的得名由来，其实历代说法颇多且不一致。到了宋代，主要流行两种说法：一是如宋散郎知汉阳军吴处厚撰十卷本《青箱杂记》中所认为："《考工记》桌氏掌攻金，其量铭曰：'时文思索'。故今世攻作之所，号文思院。"[6] 即其名来源于《考工记》的"时文思索"一句。关于"时文思索"的解释，宋人林希逸在《考工记解》一书中曾说："时文者，古之贤王也，犹《诗》曰：思文后稷也。时、思皆起语也。古有文德之君，思索之深，信至其极，能为此嘉量也。"[7] 而宋代的文思院兼造度量衡，"时

[1] 徐松. 宋会要辑稿 [M]. 刘琳等校点. 上海：上海古籍出版社，2014:3783.

[2] 徐松. 宋会要辑稿 [M]. 刘琳等校点. 上海：上海古籍出版社，2014:3789.

[3] 徐松. 宋会要辑稿 [M]. 刘琳等校点. 上海：上海古籍出版社，2014:3789.

[4] 司马光. 资治通鉴：鄱阳胡氏仿元刊本第275[M]. 6288.

[5] 脱脱等. 宋史：武英殿本第253卷 [M]. 8013—8014.

[6] 吴处厚. 青箱杂记：四库全书本第8卷 [M]. 70—71.

[7] (明)林兆珂撰. 考工记述注. 卷上明万历刻本. 54.

文思索"也是刻在量具上的话。二是如江休复《嘉祐杂志》曰："文思院使，不知从何得此名，或云：'量名待文思索。'或说：'殿名聚工巧于其侧，因名曰'文思院'。"[1]这则说的是文思院由其所处的位置，即文思殿之侧的缘故而得名。

当然，此时期朝廷管理染织绣的生产机构远不止文思院一院，如工部少府监还设绫锦院、裁造院、内染院、文绣院等等，这些均是纺织生产的管理机构。

再来说地方上的纺织业管理机构，比如江南一带，同样是北宋时期纺织业的中心。管理机构有江宁织罗务、润州织罗务、湖州织罗务、杭州织罗务等。两宋以后，在江南设有专门的织造署，有江宁织造局、苏州织造局、杭州织造局等，主营织造工作。以苏州为例，有所谓"茧薄山立，缲车之声，连甍相闻"[2]之称，当时生产的"宋锦"就在此织造。朱启钤《丝绣笔记》目录有"宋锦袍花色，天下乐锦帐，灯笼锦"[3]。南宋初年在四川设立了三个织造厂，地点在应天、北禅、鹿苑寺。元代学者费著撰《蜀锦谱》一书中记载："乾道四年，又以三场散漫，遂即旧廉访司洁已堂，创锦院，悉聚机户其中。犹恐私贩不能尽禁也，则倚宣抚之力，建请于朝，并府治锦院为一。"[4]这说明乾道四年，因考虑到三厂分散，不便管理，于是合并为锦院，规模也相当大。又如书中云："俾所隶工匠，各以色额织造。盖马政既重，则织造益多，费用益夥，提防益密，其势然也。"宋代的私营染织绣工艺比唐代有了新的发展，机织手工业逐渐脱离了农户而独立，生产规模扩大，生产过程也逐渐专门化，对技术的改进、质量的提高、数量的增加都起到了积极作用。

宋代朝廷每年向各地百姓征收大量布帛，宋租赁仍行两税制（夏、秋税），租赁物品分穀、布帛、金铁、物产四大类，布帛中又分罗、绫、绢、纱、絁、紬、杂折、丝。"上供"布帛数目巨大，宋代史学家马端临的《文献通考》卷四《田赋考》四，载："熙宁十年……夏税一千六百九十六万二千六百九十五贯、匹等；内……匹帛二百五十四万一千三百匹……秋税三千五百四万八千三百三十四贯、匹等，内……匹帛一十三万一千二百二十三匹……"[5]可见，仅1077年，夏秋两税岁入匹帛就达267万2千余匹。再来看地方，比如四川地区，据南宋时期四川籍史学家李心传在《建炎以来朝野杂记》甲集卷十四《四川上供绢绸绫锦绮》载，南宋某年"四川上供绢绸七万四千匹，绫三万四十余匹，锦绮一千八百余匹段，皆正色也"[6]。《宋书·地理志》记载，京东、京西、河北、陕西、两浙、淮南、江南、荆、湖各州郡的上贡物品中，有大量的手工业纺织品，如纻、紬、絁、麻、绢、绵、丝、葛、罗都是作为官营织造业所需要的原料而被征收的。此外，朝廷还指令农民制造特定的织品纳贡。比如，靖康元年，即公元1126年12月，金人攻宋并索绢1000万匹，

[1] 江休复．嘉祐杂志[M]//金沛霖．四库全书子部精要．天津：天津古籍出版社，1998:678.

[2] 李觏．直讲李先生文集：景江南图书馆藏明刊本第16卷[M]．205.

[3] 朱启钤．丝绣笔记：民国美术丛书本[M]．目录4.

[4] 费著．蜀锦谱：清嘉庆墨海金壶本[M]．1.

[5] 马端临．文献通考：明冯天驭刻本第4卷．256—257.

[6] 李心传．建炎以来朝野杂记：清乾隆武英殿聚珍版丛书本第14卷[M]．278.

但是其不要浙绢，认为它轻薄疏松，而要求一定得是神奇绝妙的北绢才可。此即宋代史学家徐梦莘在《三朝北盟会编》中所载："大军在此已欲渝盟邪，朝廷乃于内府选择北绢之奇绝者，方发行夜。"[1] 是以从河北两路征收当地特色丝织品北绢。

家庭纺织是宋代民间重要的经济活动。北京故宫博物院藏有一幅传为宋代王居正绘作的绢本《纺车图》（图 1），宽 21.6 厘米，长 69.2 厘米，描绘了村妇们纺线的场面，并有设色，如实刻画了宋代农村妇女纺织的生活图景。还有山西高平开化寺中的北宋壁画，其中有一幅《善友太子本生》（图 2），画中细致描绘了妇女使用织布机，并且有人观织的场景。由此可见当时家庭纺织业之一斑。

图 1
宋代王居正绘作的绢本《纺车图》

图 2
北宋壁画《善友太子本生》

在广大农民的家庭纺织业中，最引人注目的是丝纺织。在《文献通考》卷四《田赋考》所述北宋税目中，就可以看出布帛丝锦之品共列十项，其中除布葛一项是麻织品外，其余九项全是丝和丝织品。这些贡赋织品，全是农民收获自己种植的原料再进行成品加工，然后作为赋税贡纳给朝廷的。

当时，民间还出现了一种新型的独立纺织业作坊，在文献中称为"机户"。它们是农民把自己的生产重点逐渐从农业转移到作为家庭手工业的丝织业以后蜕变而成的。有的机户则可能是由原来的城市独立纺织手工业劳动者转变而来，因此与民间染织绣工艺联系比较密切。机户一般不使用雇佣劳动力，基本只使用家庭内部劳动力，作坊规模很小。机户要向官家缴纳赋税，这种强制性的征收税赋，使得机户必须在保证满足赋税缴纳的情况下去生产。许多宋人的农事诗中都体现了这一点，如"未尝给私用，且以应官课"，"年年织得新丝绢，又被家翁作税钱"[2]。当然，宋代全国 10 万户左右的机户[3] 成为私营染织绣生产的主要生产者，为繁荣宋代的丝织业市场起了重大作用。

宋代私营染织绣工艺的另一特色，是民间纺织手工业生产者普遍力求保持其产品的特殊风格，以达到垄断地位的目的，这样才有利于和同类产品进行竞争，以致不得不保

[1] 徐梦莘. 三朝北盟会编: 四库全书本第 72 卷 [M]. 2001.

[2] 转引: 王翔. 中国近代手工业史稿 [M]. 上海: 上海人民出版社, 2012:21.

[3] 漆侠. 宋代经济史: 下册 [M]. 北京: 中华书局, 2009:644.

守织造技术的秘密。陆游的《老学庵笔记》卷六提到亳州出轻纱条, 朱彧的《萍洲可谈》卷二提到抚州出涟花纱条, 此类因地而异的纺织品特产都具有特殊的制造技术, 秘而不传外人。

总体而言, 宋代染织绣工艺分为官营和私营两种生产与管理体制, 而且两宋官营作坊的管理制度较唐进步, 废除了劳役制, 改为招募制, 极大地提高了劳动者的生产积极性, 中央还设文思院、绫锦院、裁造院、内染院、文绣院等纺织管理机构, 分工具体, 体系庞杂。地方也有专门的织造署、织造局, 以便管理民间各地的织造工作。私营作坊则以"机户"为主要民间织业生产者, 分布范围广泛而基数巨大, 并以赋税的形式为宋代朝廷每年提供大量布帛, 有效促进了宋代纺织业的发展。而无论官或私纺织管理机构的建设与实施, 都显示了两宋对于染织绣工艺的重视和其发展之迅猛。

二、丝织特色

宋代有如此规模的染织绣工艺管理及织造机构或作坊, 使得宋代在织、染、缂、绣等工艺领域获得快速发展, 其生产能力相对隋唐而言可谓趋于成熟, 并向带有观赏艺术特征的工艺织物方向发展, 随之涌现出了宋丝织、宋锦、织金绵、妆花、织锦缎、缂丝、刺绣、印金等精湛的名特优品种。

比如, 宋丝织、宋锦、织金绵等品种的纹样 (图3、图4、图5), 诸色搭配就十分丰富, 有纱、素纱、天净、三法暗花纱、粟地纱、茸纱等织色, 也有织金、闪褐、闲道等类的织法。锦以临安出产的潜白而细密者为佳, 且锦的分类极为细致, 有绮、绫、纱、罗、绉, 以至鹿胎、透背、绣锦、锦襕等宋代新名目, 如"绮"[1], 《前汉书·高帝纪》载, 高祖八年 (前199)"贾人毋得衣锦、绣、绮、縠、絺、纻、罽"。其注"绮, 文缯也, 即今之细绫也"[2]。绮这类织物, 有逐经 (纬) 提花型和隔经 (纬) 提花型两种, 后者

[1] 转引: 徐陵. 玉台新泳: 第1卷 [M]. 26.

[2] 班固. 前汉书: 武英殿本第1卷下 [M]. 57.

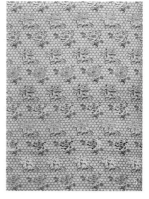

图3
宋以降流行的橘黄地盘绦纹

图4
粉红地双狮球路纹宋锦

图5
清代白地龟背折枝牡丹

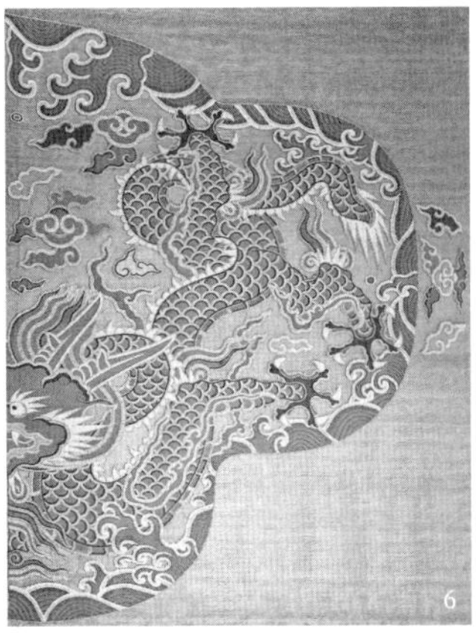
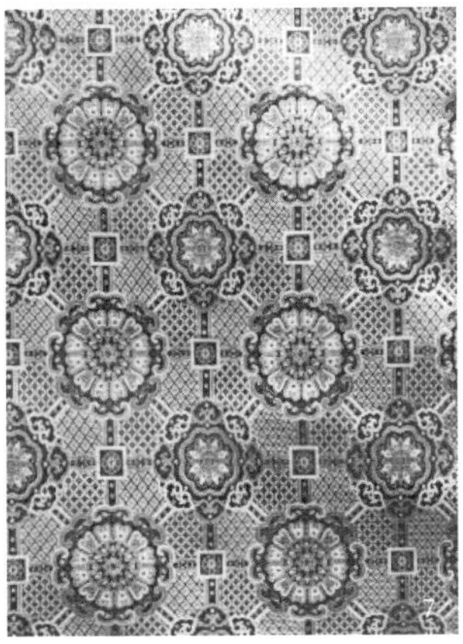
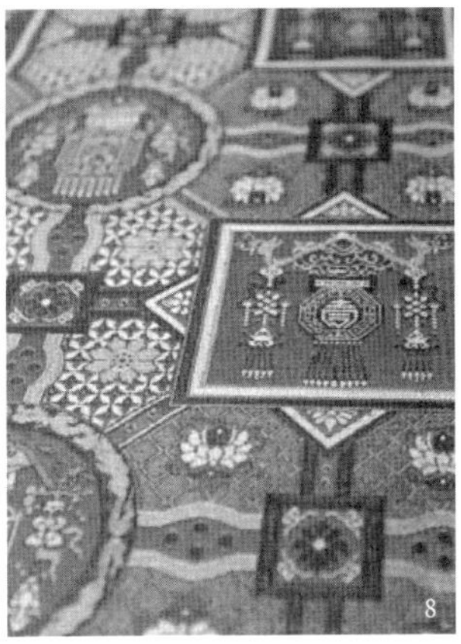

图 6
南京云锦之绛色地四合祥云柿蒂龙纹妆花纱袍料（明·复制件）

图 7
苏州宋锦之八达晕花卉纹宋锦（清·仿制件）地双狮球路纹宋锦

图 8
四川蜀锦之灯笼锦（宋·复制件）

又称“涨式组织”绮。“绮”的本义就是指细绫，且有花纹织地的细绫，寓意美丽而精美。

大体来说，宋锦、织金绵花色品种十分丰富，如南宋名贵的“绒背锦”①，便是锦中之精品，与之齐名的还有起花鹿锦、闪褐锦、间道锦、织金锦等名品。当时的南京、常州、苏州、镇江、婺州，以及四川等地，都拥有巨大的织锦产业。在南京织造的云锦，在苏州织造的宋锦（或织锦）和在四川织造的蜀锦（图 6、图 7、图 8），可谓是闻名全国的锦缎织品。与之类似的又有浙江金华婺州出产的各种罗，其精美工细名闻各地。城中规模很大的彩帛铺，一次就能卖出暗花罗、瓜子春罗三四百匹，以至湖州也加以仿造。奉化的絁，“密而轻如蝉翼，独异他地”[1]。另外，在南宋绍兴还有越罗和出产于尼姑庵所织的尼罗及寺绫，也是上等丝织品。而同时期距越地不远的安徽亳州，丝织物也极为有名。陆游在《老学庵笔记》里写道：“亳州出轻纱，举之若无，裁以为衣，真若烟雾。”[2]这是说的亳州轻纱。此纱乃是一种表面布满纱眼的丝织物，精薄且入手无重量之感，若做成衣服，犹如身披轻雾。其实，亳州轻纱，早在唐至北宋年间就闻名于世，以至到清雍正十三年（1735），亳州生产的贻锦绸，更是跻身于朝廷贡品之列。其因质地坚实，经久耐用，久不褪色，而被誉为“万寿绸”，畅销于北方各地。再扩大范围来看，南北

[1] 宋浚．宝庆四明志：四库全书本第 4 卷 [M]．104.

[2] 陆游．老学庵笔记：明崇祯津逮秘书本第 6 卷 [M]．93.

① 关于南宋织造的“绒背锦”记载，宋应星的《天工开物·乃服》中有相近的记述，是指一种起绒织物的雏形。具体所指起绒织物，在《天工开物·乃服篇·倭缎》中这样提到：“凡倭缎制起东夷，漳、泉海滨效法为之。丝质来自川蜀，商人万里贩来，以易胡椒归里。其织法亦自夷国传来。盖质已先染，而斫绵夹藏经面，织过数寸即刮成黑光。北虏互市者见而悦之。但其帛最易朽污，冠弁之上顷刻集灰，衣领之间移日损坏。今华夷皆贱之，将来为弃物，织法可不传云。”近代学者在对《天工开物》研究时认为，宋应星说法并非虚构，他将所见的“倭缎”特性描述细致，说明是一种先染纱、后织造的织物，且有可能为提花绒。只是宋代这项技术并不成熟，因而产品并不多在市场流通，而被市场遗弃，甚至消失，故未有详述织法。然而，事实上在闽南漳州等地提花绒织造技术获得进步，因之得名“漳绒”“漳缎”，其声名不胫而走。另外，在乾隆时期的《重纂福州通志》卷五十九中有记载：“天鹅绒，本出倭国，今漳州以绒织之，置铁线其中，织成割出，机制云蒸，殆夺天工。”这表明清初年间又有提及织绒技术的由外传入，以及织造的特殊技巧，这表明闽南一带与外交往构成天鹅绒织造技术的提升，因而在当地通志中有所记载，赞誉此技艺为殆夺天工。就织造工艺而言，绒是一类表面带有绒毛或绒圈的织物，有称“绒圈锦”。南宋织造的“绒背锦”，即因背面形成绒圈而得名。其组织结构、花纹都与经锦相同。织造时，织入类似铁丝状的假衬纬，织好后抽出衬纬，形成绒圈，而后或剪或割加工成绒面。南宋有经线起绒的“绒背锦”和“茸纱”的品种，直至元代又有剪绒“怯锦里”，到明代有“漳绒”“建绒”等品种，都可归类为绒锦。

宋时期的四川丝织生产也不下于江浙一带。四川的蜀锦，如其中的代表品种"百花孔雀锦"，就是织造尤精的丝织佳品。还有山东单州出产的织薄缣，这在《鸡肋编》中有记载，单州成武县织薄缣"修广合于官度，而重才百铢，望之如雾。着故浣之，亦不绁疏"[1]。其实，这类丝织品的生产除在单州外，在周边一带，如亳、济、郓、濮、齐诸州，以及山东半岛的淄、青、潍、密、登、莱诸州等地，也都有生产。

就我国古代丝织业的历史发展来看，自从东汉开始，其生产重心就开始逐渐南移，到两宋时基本完成了南移迁徙。在这1000余年的演变过程中，我国蚕丝生产和丝织业的地理分布，基本上就形成了如今的生产格局。诸如，南宋时，丝织品种类有锦、绮、罗、纱、绫、绸、绢、绉等，可谓应有尽有。其中，尤以染织绣工艺、纹饰的进步最为显著。就缂丝而言，在当时已成为最著名的品种之一，技艺和图案用

图9
朱克柔《莲塘乳鸭图》

色均保持隋唐以来的优良传统。可以说，此时的缂丝已经由昔日的日常生活装饰用品转为了工艺美术品，具备着纯粹而独特的欣赏把玩性质。同时，也涌现出朱克柔、沈子蕃等一批缂丝名家。安仪周的《墨缘汇观录》记载："朱克柔，云间人，宋思陵时以女红行世，……此尺帧，古澹清雅，……至其运丝如运笔，是绝技，非今人所得梦见也，宜宝之。"[2] 她是南宋云间人（上海松江），以绘画和缂丝见长，"以女红行世"，而且她的缂丝技法传神自然，堪称一绝，就其作品"运丝如运笔"，配色"古澹清雅"。她所创造的长短俄技法又被称为"朱缂"，盛极一时，被当时的官宦富绅、文人墨客均视作名画。其作品更有宋徽宗的大力推崇，就如宋徽宗在她的《碧桃蝶雀图》上亲笔题诗云："雀踏花枝出素纨，曾闻人说缂丝难。要知应是宣和物，莫作寻常黹绣看。"[3] 她的代表作《莲塘乳鸭图》（图9），更被当时的人大加赞誉道："精巧疑鬼工，品价高一时。"再者是沈子蕃，宋代吴郡（今江苏苏州）人，代表作有《缂丝青碧山水图》《宋沈子蕃缂丝山水图》等。他的作品常以书画作品为粉本，设色高雅古朴，大多表现萧瑟的秋冬和寂静的山水。

当然，除他们的作品以外，宋代缂丝作品优秀者可谓琳琅满目，灿若繁星。如现藏于北京故宫博物院的《赵佶花鸟图册页》，纵26厘米，横24厘米，是以宋代皇帝赵佶的画稿为底本的折枝麻雀图，并缂丝葫芦形朱印"御书"，上押"天下一人"，状似一

[1] 庄绰. 鸡肋编：四库全书本上卷 [M]. 49.

[2] 安岐. 墨缘汇观录：清光绪元年刻粤雅堂，丛书本第4卷 [M]. 308.

[3] 转引：杨占线. 真境 [M]. 北京：北京出版社，2011:60.

幅极为精妙细致的工笔花鸟画。其丝织巧用平缂、木梳
戗、勾缂等缂丝技法，花叶、鸟羽纹理生动，情态逼真，
有夺丹青之妙。[1] 又如南宋《蟠桃花卉图》（图 10）轴，
纵 71.6 厘米，横 37.4 厘米。《石渠宝笈》续编六载：
"花卉蟠桃图一轴，上等天一，宋本，五色织，款曰'吴
煦'，下织'吴煦'印一。"[2] 此缂丝作品线条柔美，
色彩优雅，使用多种技法精工织造，堪称南宋时期祝寿
题材中的代表作。

图 10
《蟠桃花卉图》

　　除缂丝外，宋代刺绣工艺凭借其精细缜密的针法、
典雅大方的用色等特点，也成为了宋代丝织业中的一大
亮点。当然，刺绣工艺的发展与宋代对染织绣等行业的
重视密不可分。举例来说，在宋太祖五年，于东京便设立绫锦院这一机构，用来安置从
事绫锦生产的工人。随之，又不断在绫锦院增加一些浙江、四川、湖州的绫锦工人。
随着绫锦院规模不断扩大，工匠艺人不断增加，在东京就有 400 多张织机的大型手工
作坊。[3]《宋史》卷一百二十八记载："宋承前代之制……其纤丽之物，则在京有绫锦院，
西京、真定、青益梓州场院主织锦绮、鹿胎、透背，江宁府、润州有织罗务，梓州有绫
绮场，亳州市绉纱，大名府织绉縠，青、齐、郓、濮、淄、潍、沂、密、登、莱、衡、
永、全州市平紬。东京榷货务岁入中平罗、小绫各万匹，以供服用及岁时赐与。"[4] 到
了常宁三年，由于对刺绣工艺的需求越来越高，便在民间广泛征招绣工，共招到 300 人，
成立"文绣院"一机构，此外还在全国范围内选聘善于织绣的匠人若干，命他们在文绣
院中传授技艺。《宋会要辑稿》载："崇宁三年三月八日，试殿中少监张康伯言：'今
朝廷自乘舆服御至于宾客、祭祀用绣，皆有定式，而有司独无纂绣之工。每遇造作，皆
委之闾巷市井妇人之手，或付之尼寺，而使取直焉。今锻炼、织纴、纫缝之事，皆各有
院，院各有工，而于绣独无。欲乞置绣院一所，招刺绣工三百人，仍下诸路选择善绣匠
人，以为工师。候教习有成，优与酬奖。'诏依，仍以文绣院为名。"[5] 可以说"文绣院"
的组建对于东京官营丝织刺绣行业而言是锦上添花的，因为它将全国最顶尖的绣工都汇
聚一堂，从而织绣技艺不断攀升，针法也逐渐改进到更为精细，使宋代绣品无论是质量
还是效率都得到提高，飞速发展。

　　再者，宋绣此时又成为宋代崇尚书画之风的一种呈现形式，其刺绣除部分用于服饰
外，另一部分则向纯欣赏品方向发展，竭力模仿名家书画。这类绣作用针细密精巧，刻

[1] 辽宁省博物馆
编. 华彩若英：中国
古代缂丝刺绣精品集
[M]. 沈阳：辽宁人民
出版社，2009:46.

[2] 转引：朱启钤. 丝
绣笔记：民国美术丛书
书本 [M]. 45.

[3] 吴自牧. 梦粱录
[M]. 符均，张社国，
校注. 西安：三秦出
版社，2004:65.

[4] 脱脱，等. 宋史：
武英殿本第 175 卷
[M]. 2368.

[5] 徐松. 宋会要辑
稿 [M]. 刘琳，等校
点. 上海：上海古籍
出版社，2014:3789.

图 11
宋《瑶台跨鹤图》

图 12
宋《海棠双鸟图》

图 13
宋《梅竹鹦鹉》

形传神入境，精品甚多，堪称代表的有《瑶台跨鹤图》《海棠双鸟图》及《梅竹鹦鹉》等（图 11、图 12、图 13）。宋代刺绣针法非常多，有滚针、旋针、饯针、反饯、套针、网绣、钉绣、铺针、补绒、扎子、扎针、锁边、盘金、钉针等。丰富、娴熟的针法，使宋代绣工进入潇洒自如的境界，绣画如绘画。①

况且，在少府监设置的文思院、绫锦院、染院、裁造院、文绣院等机构，负责生产并于地方建官办织造作坊。北宋丝织业十分发达，花样品种和质量产量较之前代有了明显的提高和扩大，其主要产地有都城汴梁（今河南省开封市）、西京洛阳（北魏）（今河南省洛阳市）、真定府（今河北省境内）、青州（今山东省青州市）和四川成都等地。据《宋史》（地理志）记载，宋代华北平原 64 个军、府、州中有 49 个军、府、州贡丝织品。《文献通考》卷二十市籴考一又云："宋朝如旧制，调绢、䌷、布、丝、绵，以供军需，又就所产折科、和市。其纤丽之物，则东京有绫锦院，西京、真定府、青益梓州亦有场院，主织锦绮、鹿胎、透背，江宁府、润州有织罗务，梓州有绫绮场……湖州亦有织绫务。"[1] 至南宋，为满足军需、捐输、日常使用、外销等，丝织业又有了进一步发展，临安（今浙江省杭州市）、建阳、福州、泉州、彰州（均在今福建省）、兴化（今江苏省兴化市）等已成为此时丝织业的主要产区。

此外，在洛阳、真州（今仪征）、定州、青州、益州（今成都）、苏州、杭州、润州（今镇江）、湖州等地，还设置有官方派出的机构。而此时民间的织造作坊，家庭织造业同样发展繁盛，所谓"千室夜机鸣"正是对此盛况的生动表达，而这些现象都说明了宋代染织工艺在唐代的基础上又有更大的发展。

[1] 马端临. 文献通考: 明冯天驭刻本 第 20 卷 [M]. 874—875.

① 关于宋绣的文献记载，在敦煌文献中有少量记述。诸如，在绣品织物名称中添加有"绣"字，构成如"绣像一片""绣褥一条""绣礼巾一条""绣裙一腰"（参见敦煌文书编号：P2567V、P2583）等。且又有对绣品颜色的描述，如"大白绣伞""青绣幢裙""紫绣礼巾""绣红求子"（参见 P2613）等。据此分析，对绣品绣色的描述多半是对刺绣纹样的面貌描述，而非刺绣本身。如若将敦煌文献记载与敦煌出土刺绣实物进行比对，则能够更加全面地了解宋代刺绣的真实面貌。

据《宋会要辑稿》（食货六四）记载，"上供"中的丝织物北方各路仅占四分之一，而江浙却占了三分之一以上，丝锦则超过了三分之二。例如，记曰：

诸路合发布帛总数：紬三十九万九千八百三十六匹三丈四尺，绢二百一十万四千七百四十四匹一尺六寸，罗二万一千一百二十四匹，绫四万八千二百三十三匹，平䌷三千匹，布七十七万一千匹端，紫碧绮一百八十匹，绵一千七百匹。

浙东路：上供紬八万四千九百六十四匹，内折钱六万七千四百六十二匹一丈二尺，折绫四千一百四十匹，本色一万三千三百六十一匹三丈；绢四十三万六千九匹，内折钱一十万八千六百三十五匹三丈三尺，本色三十二万七千三百七十三匹九尺；罗二万一千一百二十四匹；绫五千二百三十四匹。淮衣紬八千六百一十一匹，内折钱六千八百八十九匹，折绫七百五十二匹，本色九百七十匹；绢四万九千三百三十二匹，内折钱一万四千八百匹，本色三万四千五百三十二匹。福衣紬七百五十七匹，绢三千七百八十匹。天申节绢四千五百匹。大礼绢三千五百匹。

……[1]

宋室南渡以后，北方大批统治阶层和官商巨室以及农民、手工业者纷纷南迁，首都临安成了丝织业及产品的集散中心。元代初期的《马可·波罗游记》中提到杭州时曾写道："由于杭州出产大量的丝绸，加上商人从外省运来的绸缎，所以，当地居民中大多数的人，总是浑身绫罗，遍体锦绣。"[2] 这当然与南宋时期发达的丝织业分不开。另《西湖老人繁胜录》又云，当时临安"诸行市中有丝锦市、生帛市、枕冠市、故衣市、衣绢市"[3]，很多经营丝绸商业的彩帛铺"买卖昼夜不绝"[4]。这表明杭州生产的丝绸乃一大特色，其代表性丝织品有绫柿蒂、狗蹄、罗花素、结罗、熟罗等。而且，杭州城内取名为锦或内司街坊之地，多为丝织品生产基地。丝织品根据其组织规格不同，可分为绫、罗、绸、缎、绡、纱等；按品种可分为 15 大类，即绫、罗、绸、缎、纱、绢、绡、纺、绨、绉、葛、呢、绒、锦、绣。其中，纱、罗、绢、纺、绸、绨、葛等为平纹织物，锦与缎比较肥亮，呢和绒比较丰厚，纱及绡比较轻薄。南宋时杭州生产的丝织品种繁多。《咸淳临安志》载："绫，白文公诗红袖织绫夸柿蒂注云杭州出柿蒂花者为佳，内司有狗蹄绫，尤光丽可爱。罗，有花、素两种结罗，染丝织者名熟线罗，尤贵。锦，内司、街坊所织，以绒背为贵。刻丝，有花、素两种，择丝织者故名。杜绔，又名起线。鹿胎，次者为透背，皆花纹突起，色样不一。绉丝，染丝所织，有织金、闪褐、间道等类。纱，机坊所织，有素纱、天净、三法、新翻粟地纱。绢，机坊多织唐绢，幅狭而机密，画家多用之。绵，土产以临安於潜白而丽密者为贵。紬，有绩绵、绩线为之者，谓之绵线紬，土人贵此。"[5] 这些丝织

[1] 徐松. 宋会要辑稿 [M]. 刘琳，等校点. 上海：上海古籍出版社，2014:7738.

[2] 马可·波罗. 马可波罗游记 [M]. 陈开俊，戴树英，刘贞琼，等译. 福州：福建科学技术出版社，1981:178.

[3] 孟元老. 西湖老人繁胜录 [M]. 北京：中国商业出版社，1982:18.

[4] 吴自牧. 梦梁录：清嘉庆十年学津讨原本第13卷 [M]. 170.

[5] 潜说友. 咸淳临安志：清光绪九年掌故丛编本第58卷 [M]. 1078.

品种到了元明清各朝更是特色鲜明，如《西湖游览志余》记载了几种名贵名丝织品，其中俗称"油缎子"的织品，若是在灰暗中以手摩擦，稍久便会出现火光。到明崇祯年间，杭州生产一种轻薄如纸的丝织物，名曰"皓纱"，这一织品由于本轻利大，所以直至清末都还盛行。

"缂丝"这一名称自宋始有，是我国丝织业中最为传统，且采用"挑经显纬"方式织造的丝织品，极具观赏性。自宋元以来，缂丝常被使用于织造帝后的服饰、御真（御容像）以及摹缂名人的书画，可以说一直是作为皇家御用的织物而存在。当然，由于其织造过程极其繁复精细，摹缂的作品往往能胜过原作，所以闻名于世的同时代存世精品也较为稀少，故有"一寸缂丝一寸金"和"织中之圣"的盛名。如今，藏古代缂丝织品最为经典的有辽宁省博物馆和苏州博物馆等。辽宁省博物馆的宋元明清缂丝刺绣最具特色和影响。如明代《水阁鸣琴图》织有"实父仇英制"款及"十洲"葫芦印。该缂丝织品为江南士大夫和富商推崇，是苏州缂丝艺人摹缂的主要对象。此幅由于稿本描绘精工，除山石、树木、楼阁和水纹的轮廓线外，其他部分采用织画结合的方法，补笔细腻，晕色自然，堪称明代织画结合的经典之作。又如，宋《缂丝山茶蛱蝶图册页》以蓝地织成盛开的山茶花，还填一只蝴蝶飞舞于其间，左下角缂织有"朱克柔印"四字，画面生动而逼真。该幅作品以宋代花鸟画为粉本织造，以高超的缂丝技术和纯粹的绘画技巧，完美再现了原画之神韵。实事求是地说，缂丝工艺自身并没有十分复杂的技艺原理，然而它有着"如妇人一衣，终岁方成"这样的说法，体现出的缂丝工艺的高贵之处便在于要消耗大量的工时。

因而，从古至今一直有着"缂丝技艺易学而难精"的描述，体现出缂丝或是摹缂书画之类的工艺，绝不是单纯的依样画葫芦，相反需要十分熟练的工艺技巧，以及相当深厚的书画艺术鉴赏之修养。所以大量缂丝书画的工艺作品都有着极高的艺术鉴赏价值，而传世的缂丝珍品更是价格不菲，十分珍贵。宋代缂丝数宣和时最盛，以河北定州出品为最佳。又如，北宋缂丝多为服用纹锦，侧重实用，其中佼佼者有《紫鸾鹊谱》，其图案每组由五横排的花鸟组成，可谓"厥文鸟章，惟禽九品"，展示出文鸾、仙鹤、锦鸡、螺褐鸟等九种珍禽异鸟，它们作翩翩起舞、和鸣翱翔之状。而花卉部分则以重楼牡丹和西蕃莲为主，辅以荷花、海棠等纹样，使得禽鸟花卉交相辉映，整个图案彰显出繁茂热烈的盛况。其中尤以鸾鹊的装饰纹样广受人们喜爱，而该纹样早于汉代就已出现，至唐宋时期则较为盛行。元陶宗仪《南村辍耕录》卷二十三载："唐贞观开元间，人主崇尚文雅，其书画皆用紫龙凤绸绫为表……南唐则襟以迴鸾墨锦……"[1] 1967年，在新疆

[1] 陶宗仪．南村辍耕录：元刻本第23卷 [M]．366．

吐鲁番阿斯塔那 138 号墓出土了联珠戴胜鸾鸟纹锦。这种鸾鹊图案不仅在唐代书画装裱中流行，而且还经常反映到妇女的衣裙上，给丰腴雍容的唐代妇女更添活泼秀美的佳色。[1] 应该说，宋代缂丝纹样呈现的是结构严谨、衔接自然，尤其是花鸟穿插极为生动，且多以亮色主纹衬以深地，显现出幽丽淡雅。至南宋，缂丝技艺则更加精湛，产地以今松江一带为中心。其缂丝作品开始转向欣赏为主，诸如织制唐宋名家书画作品，如《米芾行书》《宋徽宗御笔花卉》等。这些作品织法娴熟细腻，形象可谓惟妙惟肖。在清代沈初所著笔记小说《西清笔记》中有评论曰："宋刻丝画有绝佳者，全不失笔意。"[2] 南宋著名缂丝行家如前提及的朱克柔、沈子蕃外，还有吴煦等。他们的作品十之八九是以唐宋时期的名家书画为粉本，表现出的题材十分丰富，既有山水、楼阁，又有花鸟和人物，同时在画面之上结合草、楷、隶、篆等书法，极具文人意蕴。佳作《花鸟图轴》便以宋徽宗赵佶的画稿为粉本，将平缂、搭缂、盘梭、长短戗、木梳戗、合色线等繁复的技法合于一体，栩栩如生地表现出花叶的晕色、鸟羽的纹理等画面。行梭运丝的细巧也使得图案线条柔和，色彩丰富明亮，再现了原画作的细腻柔婉以及高雅华贵的艺术意蕴。

当然，说"缂丝"之名始于宋代，并不完全是说缂丝是宋代才开始有。追溯可知，这项工艺唐代已有，只不过唐代的缂丝作品以小件为主，比如丝带一类的饰品，在工艺技术上也只以平缂为主，其中大多数花地之间的交接处会有明显的缝隙，而纹样也多以结构简单的几何纹饰为主，色彩的层次也没有十分丰富绚丽，且以块面色彩装饰为主，更没有使用晕色渲染来表现。而到了宋代，缂丝工艺发生了质的转变，缂技日益丰富，出现了掼、构、结、搭棱、子母经、长短戗、包心戗和参和戗等缂丝技艺，使缂丝工艺品种大增。

此外，以妆花、丝织、缂丝、刺绣的花色品种统计来看，宋较之唐有明显的进步：丝织纹样增添了许多花色，极具丰富性，诸如牡丹、山茶、荷花、缠枝花等，比较突出重瓣花叶的组合表现；鸟兽纹样有仙鹤、孔雀、龙凤等，突出鹏鸟类纹饰的羽翅展现，透出一股神魅的幽香。此外，还有各种几何纹样的应用，且以植物或鸟兽为原型，依据纹样的构联脉络排列组合，变化出带有几何韵味的纹饰，佐之以文静典雅的色彩，另有一番瑞丽。

此时除了继承传统的各种图案外，还出现了大量介于写实与图案之间的新纹饰，而这些写实的纹饰更是精美绝伦。这些图案不论是用丝织制成的绫、罗，还是用缂丝、刺绣制成的工艺品，都显得生机勃勃。一件绣品简直就是一幅精美的花鸟画、山水画。唐诗中早有"绣成安向春园里，引得黄莺下柳条"[3] 的诗句，正可借为对这些绣品的赞誉。

[1] 钟军：北宋缂丝《紫鸾鹊谱》[J]. 辽海文物学刊，1995，(01):223.

[2] 沈初. 西清笔记：清功顺堂丛书本[M]. 28.

[3] 胡令能. 咏绣幛[M]// 富寿荪. 千首唐人绝句. 上海：上海古籍出版社，2017:417.

如北宋缂丝赵佶的《木槿花图》（图14），这件缂丝作品以宋徽宗赵佶的原作为粉本缂制。另一件是南宋刺绣《梅竹鹦鹉图》，纵27.2厘米，横27.7厘米，以工笔花鸟画为粉本，此件梅枝横斜，竹叶掩映，枝上立一红嘴鹦鹉，转首下窥，其神态生动、逼真，极具宋代宫廷花鸟画的韵味，现藏于辽宁省博物馆。

图14
北宋缂丝赵佶《木槿花图》

不难看出，以上所列举缂丝作品都有一个共性，即其选题均以花鸟绘画为粉本，而这便说到宋代织绣工艺在粉本选择上的一个特点，即有极大一部分借鉴了当时的绘画艺术，尤其是在宋代臻于完善的花鸟文人画。这些画作关于吉祥如意的丰富寓意，在尚祥之风大盛的宋代深受统治者和人们的喜爱。《宣和画谱》在花鸟叙论中明确提出："花之于牡丹、芍药，禽之于鸾凤、孔翠，必使之富贵；而松竹梅菊、鸥鹭雁鹜，必见之幽闲；至于鹤之轩昂，鹰隼之击搏，杨柳梧桐之扶疏风流，乔松古柏之岁寒磊落，展张于图绘，有以兴起人之意者，率能夺造化而移精神遐想，若登临览物之有得也。"[1]不同的花鸟被赋予不同的含义，而织绣品多以花鸟为题材，就与绘画一样是在表达对美好事物的向往。事实证明，宋代花鸟画与织绣工艺确有着相当大的关联，而且互相影响、互为借鉴。后世对于宋代织绣与花鸟画的这种关系也有着明确的记载。如明曹昭的《格古要论》载："宋时旧织者，白地或青地子，织诗词山水或故事人物、花木鸟兽，其配色如傅彩，又谓之刻色作，此物甚难得。"[2]明代画家董其昌也赞称："宋人刻丝，不论山水人物花鸟，每痕剜断，所以生意混成，不为机经掣制。如妇人一衣，终岁方成，亦若宋绣有极工巧者，元刻远不如宋也。"[3]又如，清代文人朱启钤在《丝绣笔记》中评论南宋苏州缂丝名家沈子蕃的一幅缂丝榴花双鸟图时云："好古堂家藏书画，记宋刻丝榴花双鸟，花叶浓淡，俨若渲染而成，树皮细皴，羽毛飞动，真奇制也。"[4]以上种种，其实都是关于织绣品中花鸟纹样的论述。

在宋代织绣品中，花鸟题材的作品所占比重极大，这是宋代绘画给织绣工艺带来的最直接的影响。据《宣和画谱》载，当时宫廷收藏有北宋30人的花鸟作品，数量达到2000件以上，其中所画各种花木杂卉多达200余种。黄能馥在《中国美术全集·工艺美术编·印染织绣》一书中收录有宋代缂丝作品共计14幅，其中花鸟题材的就占9幅，此外还有山水作品两幅、佛像一幅以及界画一幅，又有用于书画包首的缂丝一幅。大量的花鸟织绣品，足以表现出宋代织绣艺人对花鸟题材的浓厚偏爱，而这种偏爱无论在审

[1] 佚名. 宣和画谱：明津逮秘书本第15卷 [M]. 178.

[2] 曹昭. 格古要论：清惜阴轩丛书本第8卷 [M]. 211.

[3] 转引：朱启钤. 丝绣笔记：民国美术丛书本 [M]. 40.

[4] 朱启钤. 丝绣笔记：民国美术丛书本 [M]. 102.

美角度还是实际运用的可能性上都
不无道理。首先，花鸟画的篇幅普
遍偏小，在以织绣艺术表现的时候
便更显其精致，更易达到宋人所追
求的细腻纤巧之风。又因为画幅缩
小，工匠要在构图上另寻思路以配
合这种变化，于是折枝构图，即用
一两枝花卉配合禽鸟飞蝶构成画面
便成为他们常常使用的法则，而这
种构图方式既能生动细腻地表现物

图 15
崔白《双喜图》

图 16
宋人小品画《鹨鸰荷
叶图》

体，又能呈现出宋代花鸟画作所追求的精致独特之艺术意蕴。可以说，正是凭借着这些
手工艺人的独运匠心，才有了一批批极具价值的作品问世。再者，宋徽宗赵佶在绘画上
重视写生，讲究重理法度，他本人在绘画创作的过程中观察事物细致入微。《画继》记
载云："宣和殿前植荔枝，既结实，喜动天颜。偶孔雀在其下，亟召画院众史令图之，
各极其思，华彩烂然，但孔雀欲升藤墩，先举右脚。上曰：未也。众史愕然莫测。后数日，
再呼问之，不知所对，则降旨曰：孔雀升高，必先举左。众史骇服。"[1] 叶子在不同时
间的不同变化等等他都会在绘画之前观察仔细，这种作画的严谨态度和对写生的提倡，
使得宋代画家为了迎合这种追求真实的绘画风尚，亲自饲养花鸟虫鱼，细心观察写生，
在创作过程中突出表现细致的景象，画面严谨写实。而织绣工艺恰好可以完美地还原这
一特点，在对事物的塑造方面，尤其对花鸟的造型、色彩等方面的把握，与现实生活中
的实物相差无几，自然也能与花鸟画粉本高度匹配。还有就是，宋代的院体花鸟画有一
个典型的面貌，即为工笔设色一类。该类讲究赋色之功、笔法之道、造型之细。在风格
塑造上又以淡雅清逸、厚重微妙为追求。整体的画面上墨色增多，消除了夸张艳丽的对比。
以崔白的《双喜图》（图 15）为例，整幅作品基本上以赭色和墨色为主，偶尔在竹叶上
间用青色。可以说此类淡雅色彩的风格在当时深受画家的青睐。宋代文人将那些色彩运
用得很是恰当，与明艳的颜色形成对比，而又显得优雅不俗。而宋代织绣品对于色彩的
把握、对于构图的思考，往往就与花鸟画如出一辙。大多织绣作品在设色方面借鉴了宋
代花鸟画的这一特点，无论花卉还是禽鸟、山水，颜色和真实的色彩无大的变化。叶子
一般以绿色为主，花朵的设色与所绘制的对象颜色相同。至于禽鸟，尤其是羽毛的设色，
更是真实的写照。比如表现花卉的缂丝作品大多以本色熟丝打底，这种颜色与画工笔花
鸟的绢的本色接近，古朴宁静。较具代表性的有宋人小品画《鹨鸰荷叶图》（图 16）与

[1] 邓椿. 画继
[M]. 北京：人
民美术出版社，
1964:121—122.

北宋《缂丝赵佶木槿花图》，花卉与鸟的设色以墨色和赭色居多，整体作品温润含蓄，细腻清雅。[1]

无论是篇幅的选择，对事物细致入微的描绘，还是色彩的清新淡雅，宋代花鸟画的繁荣为织绣工艺提供了大量极具审美性的画稿，与此同时，以精湛著称的两宋织绣工艺也完美地表现出了花鸟画古朴的艺术风格，二者相互影响，终是创造出一幅幅令人叹为观止的传世之作。

三、织物名色

宋代丝织物品种较之前代又有较大的发展，这主要得益于宋代对丝织物需求的急剧增加。如此时朝廷规定，每年必须按照官员的品级赏赐"臣僚袄子锦"，且分为七等，分送不同花纹的锦缎，如翠毛、宜男、云雁、细锦、狮子、练雀、宝照大花锦、宝照中花锦等，还有就是百臣官僚进贡的锦、绮、绫、罗、花纱及绸绢织物；又有宋为乞求苟安，每年向辽、金和西夏等地赠送十万匹左右的丝织物，并且在对外贸易中也主要是依靠丝织物的输出等。如此一来，两宋南北方丝织生产发展迅速，据《宋会要辑稿》记载，北宋年间租税和上贡丝织物品，黄河流域占全国总数的三分之一，长江中下游各路占二分之一，而其中江浙地区占全国总数量的四分之一左右。《宋史·食货志》载，南宋绍兴元年，"浙江、湖北夔路岁额紬三十九万匹，江南川广湖南两浙绢二百七十三万匹，东川湖南绫、罗、紬七万匹，四川广西布七十七万匹，成都锦绮千八百余匹"[2]。足见两宋丝织物生产在各地获得广泛的发展。

根据相关文献统计，其品种丰富确实令人称赞，诸如绫、罗、绸、缎、纱、绢等品类就达十余种，如若再细分，品种竟达数十种。这在《宋史·食货志》中有详细记载，如岁赋之物"帛之品十"，即有罗、绫、绢、纱、紬、紬、杂折、丝绵等。分析这些丝织物，如绫的特点是素馨，绮的特点是唯美，罗的特点是旖旎，绸的特点是高贵，缎的特点是典雅，纱的特点是朦胧，锦的特点是华丽，这些都是宋开朝以来的丝织物上品，也是自宋开始对丝织物有了明确的种类与质地的区分。再有，绞经织物是一种古老的织物类型，到了宋代在丝织物中发展定型并广泛流行。依据苏州、杭州等地博物馆藏陈列的丝织物品种分析来看，宋代绞经织物中数量最多的依次为四经绞素织物、二经绞素织物和三经绞提花织物。且根据对织物纹样规格的分析来看，三经绞织物应是由加装绞综的束综提花机织制的。对照文献记载可推测，江南一带织物肌理效果更倾向于将二经绞

[1] 杨烨．宋代缂丝工艺的艺术风格[J]．中华文化论坛，2010，(04):160—164.

[2] 脱脱等．宋史：武英殿本第175卷[M]．4976—4977.

织物称为"纱",将三经绞织物和四经绞织物称为"罗"。[1]

另外,《宋史纪事本末》也有记载:"徽宗崇宁元年(1102)春三月,命宦者童贯置局于苏杭,造作器用。……诸色匠日役数千,而材物所须,悉,科于民,民力重困。"[2]说的是在苏州、杭州以及成都设置有当时闻名全国的三大织锦院。其中,尤以苏州宋锦闻名遐迩,出现了一批缂丝名家,比如沈子蕃、吴子润等人。据清顾震涛编纂的《吴门表隐》一书所载,宋神宗元丰初,即1078年,城内祥符寺巷建有机圣庙(又名轩辕宫),此外又有新罗巷、孙织纱巷(今古市巷装驾桥巷之间及嘉余坊)等生产纱罗的地方。而虎丘塔和瑞光塔就分别出土了五代北宋时期的刺绣、丝织经袱和经卷丝织缥头。况且,在两宋年间,江南一带除官营作坊生产外,每年还需向民间征购,有些地区一年要供应十万匹以上。比如,南宋绍兴元年,江浙、湖北、湖南、四川等出产绫、罗、绸、缎、絁上千万匹。其中的丝织种类,各有特色。有关丝织品的记载,据《宋会要辑稿》食货六四《布帛》所列统计,宋代绢紬收入在岁收总数、上供、税租、山泽之利等几方面,均占布帛总数的70%,而在丝织品总数中,绢要占80%左右。[3]由此可见,宋代丝织物的种类和品质的繁盛是有据可证的。

本节题域讨论的重点问题是"织物名色",这自然就是在此基础上形成的宋代丝织品的花色,其特点是花色样式和设色日趋讲究,尤其是自然生动的折枝花,以及大量花鸟纹饰的出现是其一大亮色,且表现形式又都趋于写实风格,配色更是追求淡雅柔和。这一点上不能不说的是,宋代丝织物上花鸟纹样的流行,与同一时期花鸟画的兴起有着极为密切的关系。具体考据物证列目如下:

从福州黄升墓以及江西德安周氏墓出土的一批文物资料来看,丝织物的纹样具有相似性,如牡丹、芙蓉、山茶、月季、海棠、竹、梅花、宜男(萱草)等诸多植物(图17、图18)。此外,两地的丝织物又有着相近的纹样形式及风格,这也是此时期两地织物纹样流行的主流趋势——选取大朵的牡丹、芙蓉为主体,配合梅花、海棠一类的较小花蕾,又在叶中填加各类碎花,从而形成花叶相套的独特效果。分析原因,虽两地在地理位置上有些距离,但仍属于一个大的区域。"吴头楚尾"的江西与闽越之地的福建,在唐宋时期经济方正式崛起。可以说,正是在这一时期,凭借着北方移民南迁的契机,中原先进文化和灿烂的客家文明相融合,不仅开发了这一片"蛮荒之地",而且还形成了两个著名的客家聚集地,即赣州、

[1] 蔡欣. 宋代绞经丝织物研究[J]. 丝绸, 2016, 53(02):61.

[2] 冯琦. 宋史纪事本末:明万历刻本第11卷[M]. 524.

[3] 徐松. 宋会要辑稿[M]. 刘琳, 等校点. 上海:上海古籍出版社, 2014:7733—7740.

图 17
黄升墓"海棠花纹罗"

图 18
周氏墓"黄褐牡丹山茶纹罗"

汀州。此外，贯通南北的黄金水道——赣江的沿线，又与福建海岸线相互连接，拥有极为便利的出海口。如此一来，江西和福建的经济地位于全国范围内得以凸显，在经济基础上形成的文化意识，尤其是艺术趣味，自然也有很大的相互影响，出现相近的纹样形式与风格也就不奇怪了。

当然，宋代丝绸纹样的色泽之搭配，同样深受时代审美思想的影响。此外，纹样的表现配合以写实化的风格，可以说其设色的总体倾向是以清淡柔和、典雅庄重为主。比如唐代一贯习惯使用的朱红、鲜蓝、橘黄等艳丽色彩，在宋代其实已经不复流行，反而是常常使用茶色、褐色、棕色、藕色之类的间色或者复色作为基调，配之以白色，所呈现出来的意蕴十分清秀淡雅。当然，这其中与宋代织品的形成和唐代不同有关。譬如，轻薄透气的罗织物在两宋时期是极为流行的丝织物，而且其生产在当时也达到了历史的最高水平。同时这些罗织丝绢是在炎热的夏季，尤其是在南方，被人们日常穿戴而使用的，所以它的色泽不可能强烈，只能以淡雅为佳。此外，纹样的写实与生动，佐以色调之清淡柔和，在轻薄如云的纱罗织物上织就而成，确使宋代的丝绸呈现出一派鸟语花香的怡人气韵。

以下选择几例两宋时期的代表性丝织物品种，结合文献与考古资料来作具体分析，以增进了解。

锦　织锦分为经锦（经起花锦）和纬锦（纬起花锦）（图19、图20），较早文献记载见于《诗经》，其中屡见"锦"字。另有相传，"锦"早在尧舜时就已出现。之所以称为"锦"，自然是因其为多彩织物而得名。其织造方式主要采用平纹和斜纹的多重、多层组织的提花方法织造，织造技艺复杂，历来被当作贵重物品。"锦"，又曰"金"也，一则是指用功重，其价如"金"；二则是指始于战国（现存出土战国至东汉纹锦，均为重经组织，经线显花），魏晋后发展成规模化生产，唐以后重纬和纬线显花盛行，纹样繁缛，色彩变化多端，还出现了色调深浅无级变化的晕织法，尤其是元蒙出现的织金锦（这项工艺原为波斯特有，元蒙称为"纳石失"）。我国古代文献中对"锦"的称谓，有"锦绣""锦衣"和"美锦"，这是源自丝帛彩锦或织锦衣饰。晋王嘉的《拾遗记》卷十《员峤山》篇云："员峤山，一名环丘……有木名猗桑，煎椹以为蜜。有冰蚕长七寸，黑色，有角有鳞。以霜雪覆之，然后作茧，长一尺。其色

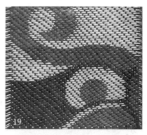

图19
纬锦

图20
经锦

五彩，织为文锦，入水不濡，以之投火，经宿不燎。"[1] 这一记载不可全作信史，但其传说的年代值得关注，即晋朝前后，这是我国织锦工艺渐趋成熟之时。宋锦始于宋末年（约公元 11 世纪），产地主要在苏州，故称"苏州宋锦"。宋锦的制作工艺较为复杂，以经线和纬线同时显花为主要特征。宋锦很好地继承了汉唐蜀锦之特色，并在此基础上又有所发展，主要体现在创造了纬向抛道换色的独特技法。具体说来，就是在纬重数不变的情况下，整匹织物可以形成不同的横向色彩。在织造上，较为常见的情况是采用"三枚斜纹组织"，也就是两经三纬，其中经线用底经和面经，底经采用有色的熟丝以作地纹，而面经采用本色生丝，以用来作为纬线的结接经。宋锦花色时兴富贵气派，在流行锦中加金线或在衣服上以金线为饰比较普遍。据南宋吴自牧的《梦粱录》记载，南宋还有绒背锦、起花鹿锦、闪褐锦、间道锦、织金锦等名品。

　　绮　绮属斜纹织物，和锦、绣被共同列为我国古代最为珍贵的花纹织物。战国至汉初，有关"绮"字在文献中出现频率较高。考据这类织物的由来，早在《六书故》中就有记载：

"织素为文曰绮。"[2]《释名》曰："绮，欹也，其文欹邪，不顺经纬之纵横也。"[3] 应该是指地纹为叙纹的丝织物，一般为一色，而宋时出现了两色。《大藏音义》称："绮，用二彩丝织成之，华次于锦。其花纹有杯文，形似杯也；有棋文者，方文如棋也。"从目前出土文物来看，绮类织物还是比较多的。如敦煌藏经洞出土的自公元 4 至 11 世纪的佛经卷、刺绣、绢画等，就有此类绮织物，其组织规律特色明显，经纬纱线的织法与同时期其他地区出土的绮类织物基本相同，只是纬向多，且每 12 纬可做一次底片，形成格型效果。此外，南京长干寺出土的宋代平经暗花丝织物，就是一种绮织物，只是假用平纹地暗花织物在汉代的名称，实质是唐宋以来的平纹绫。且长干寺出土的绮织物数量较多，有方格纹长绮帕、方点纹绮、方格纹绮长巾等（图 21、图 22）。

　　纱　这是一种轻薄而透明的丝织物。在我国古代丝织物种类中，"纱"大多列于绫、罗、绸、缎之后，但其生产历史非常悠久。古代的"纱"类织物，根据其组织结构可分为两类：一类是表面有均匀分布的方孔，经纬密度很紧的平纹薄形丝织物，唐以前叫"方孔纱"；另一类是与"罗"同属于纱罗的组织，以两根经线为一组（一地经，一绞经）起绞而成，密度较小。"纱"类织物在南北朝以前多为素织，即采用绞经组织方法，经纬线较平纹

图 21
南京大报恩寺遗址的考古发掘中，北宋长干寺地宫中出土的丝织品

图 22
长干寺地宫出土的"泥金花卉飞鸟罗表绢衬长袖对襟女衣"

[1] 王嘉. 拾遗记译注 [M]. 孟庆祥, 商嫩姝, 译注. 哈尔滨: 黑龙江人民出版社, 1988:278.

[2] 转引: 徐陵. 玉台新咏: 第 1 卷 [M]. 26.

[3] 刘熙. 释名: 明嘉靖翻宋本 [M]. 38.

组织不易滑动，手感绵软。后来织花形式逐渐增多，尤其是宋代以后益为繁盛。由于纱薄而疏，透气性好，成为古时应用与穿着较广的面料，在夏服中极为流行。"纱"织物有许多名贵品种，如轻容纱、吴纱、三法纱、暗花纱等。如 1972 年出土于长沙马王堆一号汉墓的直裾素纱禅衣，长 128 厘米，通袖长 190 厘米，重 49 克，用极细长纱丝织成。此件薄若蝉翼的纱衣织作之精细，令人惊叹，即确证为西汉名贵"纱"类织物。此外，在许多出土丝织物残片中也都有纱织物，如 1973 年河北省藁城县出土的商代丝织物残片中，就有绞纱组织的织物，其经纬密度为 36×27 根 / 厘米，经线直径为 0.3 毫米，纬线直径为 0.4 毫米，可算是比较上等的纱织品种。宋代亳州所出轻容纱在当时最为有名。陆游在《老学庵笔记》中形容其"举之若无，裁以为衣，真若烟雾"[1]，这正是宋人迷恋轻薄织物的真实记载。而《宋史·地理志四》曰"亳州，贡绉纱、绢"[2]，这种"纱"其名为"亳州纱"，轻纱每匹仅重 2 两。此外，在宋代还出现了一种地为纱组织、花纹为平织，一定程度上能较好反映出宋代丝织水平的织品，即花纱。

罗 在很大程度上，罗与纱是一类，两者最主要的一个区别是纱没有横纹，而罗织物的表面有明显的横条纹。罗轻薄纤细，又颇为柔软，是有些稀孔的丝织品。而在素罗中，又以链式罗的织造工艺较为繁复，可以说它呈现出链状的结构，环环相套，有着针织品的效果。此外，罗织物还凭借着质地轻薄、透孔、凉爽舒适的特性，在夏季，尤其在南方地区普遍流行，被人们广泛喜爱着，是一种高级的丝织品。"罗"的名贵品种有孔雀罗、瓜子罗、宝花罗、满园春罗、花罗，还有云罗、亮罗、结罗、越罗、透额罗和方目罗等。而在宋代丝织物之中，"罗"的发展极为迅速，又有着很大的影响力，一跃成为当时著名的丝织物品种，并且大多作为贡品而存在，被称作"宋罗"。据《宋史》记载，各地上贡给皇室的"贡罗"每年多达 10 万匹。当时织罗在民间也十分普遍。1975 年，南宋周瑀墓在江苏金坛县内被发掘，其中出土的 50 多件衣物中大多数为提花罗制品。同年，又在福州南宋黄升墓中出土有 200 余件不同品种的罗织物，其罗结构不仅有单经、三经、四经绞不起花的素罗，还有平纹和斜纹起花的各类花罗。在此之中，又尤以四经绞罗代表了我国古代织罗技术的最高峰。可惜的是，该罗织物的织造技术早已失传，这也成为我国丝绸技术上的一个历史谜团。

绢 绢属于平纹丝织物。较早文献可上溯到《论语·八佾》有"子曰：'绘事后素。'"[3]《周礼注疏》中云："画缋之事杂五色，……凡画缋之事后素功。素，白采也。后布之为其易溃污也。不言绣，绣以丝也。"[4]《考工记》有曰："'绘画之事后素功。'谓先以粉地为质，而后施五采，犹人有美质，然后可加文饰。"[5] 这里，我们撇开针对"绘

[1] 陆游. 老学庵笔记：明崇祯津逮秘书本第 6 卷 [M]. 93.

[2] 转引：大清一统志：四库全书本第 89 卷 [M]. 3311.

[3] 孔丘. 论语 [M]. 陈渔，夏雨虹，主编. 长春：吉林人民出版社，2005:25.

[4] 郑玄. 周礼注疏：阮刻本第 40 卷 [M]. 贾公彦疏，737—738.

[5] 朱熹. 四书章句集注：宋刻本 [M]. 39.

事后素"的技艺方式的议论，但就这"素"来说，就是绢，且为洁白的绢。绢在宋代不仅作为衣料或家纺织物，也是重要的裱画织物。以宋画院用绢来说，其绢的一股股丝线是先由 40—50 根单丝平拉、合成为粗线；然后，再由 30—40 多根粗线平拉、合成一股更粗的线；加捻，呈扁平状。且两股丝交错穿插，形成经纬排布，后才用于画卷装裱。《芥子园画谱》在"绢素"一节中记述："宋有院绢，匀净厚密；有独梭绢，细密如纸。"[1] 由

图 23
"泥金花卉飞鸟罗表
绢衬长袖对襟女衣"
上的局部纹样

于宋代绘画艺术十分发达，所以与此相适应的各种绘画用品和材料也发展起来。绢代替了纸，即所谓画绢，成为常见的材料，有重厚细密的"院绢"，纤细的"独梭绢"，都为画家们所喜爱乐用。始于宋代的"苏州织造"声名显赫，《宋史纪事本末》有"苏州织造"条目，记载项目数十种，其中"装画""糊裱"和"织绣之工"讲述了"绢织"曲尽其巧的技艺（图 23）。

绸 绸是丝织物的品种大类，是采用基本组织或混用变化组织织造的具有质地紧密的丝织物。按原料划分有绵绸、双宫绸和涤纶绸等。人们一般习惯把"绸"与起缎纹效应的"缎"联系起来作为一项名目总称——绸缎，也有用丝绸为丝织物的代称的。丝绸起源于对蚕的原始崇拜，与宗教有关，并非出于实际生活需要。[2]《礼记·礼运》篇曰："治其麻丝，以为布帛，以养生送死，以事鬼神上帝。皆从其朔。"[3] 这表明自然界的蚕从蚕卵到幼虫到吐丝结茧成蛹，最后破茧成蛾，这其中谙合古人升天之意。传统中国文化中就有强烈的"天崇拜"或"羽化""登遐"的意识，被认为是修炼成神的一种途径。苏轼的《赤壁赋》中就有言："飘飘乎如遗世独立，羽化而登仙。"还有《礼记·月令》篇有曰："蚕事既登，分茧称丝效功，以共郊庙之服，无有敢惰。"[4] 这说明古代丝绸还用于祭祀活动，是对人死之后灵魂不灭，与神明沟通，祈求神明保佑的物品之一。所以，古人举办祭祀活动，将所要表达的意思书写或者绘画在丝绸帛书上，以达到与神明沟通的目的。绸在西汉织造，还主要是利用粗丝乱丝纺纱织成的平纹织品，到两晋南北朝时期，绸开始有粗细之分。汉唐时期，我国丝绸即通过"丝绸之路"远销中亚、欧、非各国。宋代开始出现采用精练丝织工艺，在平纹地上起本色花的暗花绸。

[1] 王概．芥子园画谱：全四卷 [M]．北京：北京联合出版公司，2017:11.

[2] 赵丰．丝绸起源的文化契机 [M]// 赵丰．锦程：中国丝绸与丝绸之路．香港：城市大学出版社，2012.

[3] 戴胜．礼记 [M]．崔高维，校点．沈阳：辽宁教育出版社，2002:76.

[4] 戴胜．礼记 [M]．崔高维，校点．沈阳：辽宁教育出版社，2002:52.

---

① 谢稚柳主编的《中国书画鉴定》（上海：东方出版中心，2007 年版）一书中有提及，大约至南宋出现了双丝绢，绢的普遍质量都得到提高。另外，在北京故宫博物院从事古书画研究长达半个多世纪的王以坤，在他撰写的《古书画鉴定法》（江苏古籍出版社，2001 年版）一书中，也有对宋代院绢双丝绢织法的详尽记述，认为：从五代到南宋时期的绢，较之前代有了很大的发展。从表面看，除了单丝绢（独梭绢）外，还出现了双丝绢的形式，这种双丝绢的经线是每两根为一组，每两组之间约有一根丝的空隙，纬线是单丝，且纬线与经线交织时，每组经线的一根丝沉下去，另一根丝浮在上面，因而形成织法特色。况且，王以坤还对双丝绢织法采取与宋画藏品的比较，证明其丝绢织法确实如此。

绫 绫类织物表面有明显的斜纹，即斜纹地上起斜纹花，是斜纹组织或变化斜纹组织的织物。明代崇祯末年的《正字通·系部》记曰："织素为文者曰绮，光如镜面有花卉状者曰绫。"[1]这说明绫是在绮的基础上发展而来的。考其历史，绫始产于汉代之前，而在汉代，其散花绫多采用多综多蹑机织造而成。到了三国时期，马钧对绫机加以改制，能织造出复杂的纹样，比如禽兽与人物造型之类。唐代绫织物更是光滑柔软，质地轻薄，用于书画装裱、服饰制作等。绫被当时的官员们选为制作官服的主要材料。而在诸多的品种当中，浙江的绫是最广为人知的。白居易的《杭州春望》诗云："红袖织绫夸柿蒂，青旗沽酒趁梨花。"此外，宋代在唐代的基础上，增加有狗蹄、柿蒂、杂花盘雕以及涛水波等绫织名目，并开始在书画的装裱工艺中大量运用绫这种材料。这种用作装裱书画的绫称裱画绫，这类绫丝均为纯桑蚕丝，其质地轻薄，手感柔软。至此，"宋绫"之名播于天下。《释名》曰："绫，凌也，其文望之如冰凌之理也。"[2]宋绫有素绫和花绫两类，花绫尤其俏艳。如江苏金坛周瑀墓内出土的绫绸织物，可见有牡丹、山茶、桃花等多种花型织物，有的纹样叶内有叶，叶内有花，构思十分巧妙，此地乃南宋纺织业较为集中的生产之地。

归纳而言，宋代的丝织物加工，既有极为精密"通经断纬"的缂丝工艺，又有纤细巧妙针线配合的刺绣技术，但总结下来其加工工艺大致为两种：一是经线纬线的加拈，使原先平行于纤维条轴线的纤维变成螺旋状，而纱条的各截面间则产生相对转动或角位移动。这样既可以凭借不同的拈度使织物的幅面产生绉纹变化，又可以利用不同的拈向使织物产生不同的光泽效果。二则是辗轧技术的应用，即当丝织物造作完工后，放入浆液，下机辗轧，如此一来织物的幅面光泽平整，其表面花纹达到了光、平、洁、满之效果。当然，如若说到具体品种，更是话题丰富。例如，属于织锦类的丝织物品种就十分繁多，主要分匣锦、大锦及小锦三类。大锦就是通常所说的宋锦中最具代表性的种类，采用彩纬显色的纬锦，其质地厚重，纹样精美，又有用金线编织。姑苏宋锦、南京云锦和成都蜀锦属于此类织锦，并列为宋代三大名锦。这类织锦还适宜于制作各类书画装饰品。小锦，顾名思义，是指小幅锦缎，其质地大多柔软，多采用天然蚕丝制作而成。这是自宋高宗南渡以后，文化中心移到了江南，为满足宫廷服饰和书画装裱的需要，在苏州织锦中增设出的品种。其中，有"青楼台锦""紫百花龙锦""柿红龟背锦"等40多个品种，这些小锦与书画一同被保存了下来，成为后世言谈织锦必称宋的一大缘由。

[1] 张自烈．正字通：清康熙二四年清畏堂刻本 [M]．1656.

[2] 转引：王先谦．释名疏证补：清乾隆经训堂丛书本 [M]．112.

四、花色印染

使用天然植物染料用于纺织品的着色，古称"草木染"，亦称"植物染"。《大戴礼记·夏小正》记载"五月启灌蓝蓼"，说明蓼蓝这种"植物染"在夏代已经出现，并且进行了人工种植，掌握了蓝草的生长规律。如《诗经》中有以"葛、麻、桑、唐棣、樗、柘"来比拟的诗句，计有：【葛】《周南·葛覃》《邶风·旄丘》《王风·采葛》《魏风·葛屦》《唐风·葛生》；【麻】《王风·丘中有麻》《齐风·南山》《陈风·东门之枌》《陈风·东门之池》；【纻麻】《陈风·东门之枌》；【桑】《墉风·桑中》《墉风·定之方中》《卫风·氓》《郑风·将仲子》《魏风·汾沮洳》《魏风·十亩之间》《唐风·鸨羽》《秦风·车邻》《秦风·黄鸟》《曹风·鸤鸠》《豳风·七月》《豳风·鸱鸮》《豳风·东山》《小雅·南山有台》《小雅·黄鸟》《小雅·小弁》《小雅·隰桑》《小雅·白华》《大雅·桑柔》《鲁颂·泮水》；【唐棣】《召南·何彼秾矣》《小雅·常棣》《小雅·采薇》；【樗】《豳风·七月》《小雅·我行其野》；【柘】《大雅·皇矣》；等等。如此看来，正如相传的俗语所言，不读《诗经》，不知万物有灵。《诗经》还有"采綡""采蓝"的记载。"綡"和"蓝"本义都是草名，因性喜潮湿，都生长在水边。所以当人们穿着素色的衣服到河边汲水，很容易被"綡"和"蓝"草的汁液沾染到衣服上，从而不能洗净，这样在衣料上染色就成为人们从大自然中得到的知识。而"綡"和"蓝"草染出的色彩，也就叫作"青"色。以至于《荀子·劝学》有言"青出于蓝而胜于蓝"，依据的正是染蓝工艺的基础，是由实践得出真知的至理名言。自然，这也表明战国时期蓼蓝已作为染色颜料得以普遍使用。考古证实，1972 年发掘的西汉早期马王堆 1 号墓出土的物品中，取样丝织品分析得出，纺织品上的蓝色就是蓼蓝。

如上所述，这一方面说明古代染色用的染料大都是以天然植物染料为主，用途也最为普遍。例如树皮、树根、枝叶、果实以及果壳，又如花卉的鲜花、干花、花叶和花果，再如水果的外皮、果实甚果汁，以及草本植物、中药、茶叶等等，这类物品大多能被用作染料来进行染色。除此之外，还存在着许多的矿物类染料，比如朱砂、赭石、石青等，甚至也有动物类染料，如胭脂虫、紫胶虫、墨鱼汁等等。另一方面说明，染织业在先秦社会生活中已是较为普及的生产行业。况且，《周礼》中也有掌"染草"之职，曰："掌以春秋敛染草之物，以权量受之，以待时而颁之。"[1]

话题转到唐宋。被称为天然植物染上乘之作的"草木染"工艺有了新的发展，比如，红花染（又名"红蓝草"染色）就成为隋唐时期的流行染色。唐诗人李中有诗云："红花颜色掩千花，任是猩猩血未加。"这是形容非同凡响的"红花染"的上乘佳句。唐代

[1] 郑玄．周礼：明覆元岳氏刻本第 16 卷 [M]．180．

"草木染"达到鼎盛的标志，主要体现在对多种多样的"草木染"媒染剂的使用之中，且色谱也更为丰富。根据对吐鲁番出土的唐代织物所做的色谱分析，色彩达到24种之多。其中，红色系就有银红、水红、猩红、绛红、绛紫，黄色系有鹅黄、菊黄、杏黄、金黄、土黄、茶褐，青、蓝色系有蛋青、天青、翠蓝、宝蓝、赤青、藏青，绿色系有胡绿、豆绿、叶绿、果绿、墨绿等，这些色泽均为天然植物染料染成[1]。并且，这种"草木染"在当时"丝绸之路"贸易中也已成为中土与西域相互传播和影响的代表性染色工艺。① 文献记载的实证更有《唐六典》所曰："凡染大抵以草木而成，有以花叶、有以茎实、有以根皮，出有方土，采以时月。"[2] 这是说从原料到采集，再到季节构成的染料制作的配方，这是较为完整的关于草木染工艺流程的介绍。据此可知，在唐代染色工艺中"草木染"远比其他天然染料应用得广泛。又如，《唐本草》中还有关于椿木或枰木灰作为媒染剂的记载，这些树木灰里含有较多的铝盐化合物。

宋承唐制，其染织工艺的归属管理乃由宋制设立的少府监和文绣监负责，具体掌管绣造的宫廷造办处为织染署。其织染物的品相，我们在新疆、山西、北京、江苏、福建等地博物馆收藏的出土文物中可见一斑，如在福州北郊南宋墓出土的织丝织物品种的大量发掘，为研究宋代的丝织业，包括染印工艺提供了佐证材料。[3] 从出土的丝织染印品种分析来看，宋代染色工艺又有了新的提升，如《说类》第五十一卷"服饰"言："仁宗晚年京师染紫，变其色而加重，先染作青，徐以紫草加染，谓之油紫。……淳熙中北方染紫极鲜明，中国亦效之，目为北紫。盖不先染青，而改绯为脚，用紫草极少，其实复古之紫色而诚可夺朱……"[4] 这篇文献记载说明，宋代的染色工艺已显现出服色多染的工序，且染色纯熟，染后的间色、复色或补色彩织物绚丽多彩。另外，从遗留下来的宋代丝绸织花织物上也可以观察其纹样的配色效果。从中不难发现，受崇尚内敛、澄净审美思想的影响，纹样花色总体倾向于清淡柔和、典雅庄重，即以追求自然淡远为时尚。例如，纱、罗、绫等单色丝绸提花或印花织物已不再仅用唐代丝绸中朱红、鲜蓝、橘黄等艳色，而是更多地以茶色、褐色、棕色、藕荷色和绿色等间色或复色为基调，佐以白色淡雅的花纹相配，极具恬静风韵。同样，宋织锦、缂丝、刺绣等多套色纹样的配色，也不同于唐代使用强烈的对比色，而是采用营造色彩面积之差异，以及金银黑白灰之间隔的方法，来追求色彩上的统一，又或者以降低地色和主要纹样色的对比色的饱和度，且点缀花纹则用地色与纹样色之间的调和配色为方法，来达成色彩的明亮与柔和，并与

---

① 在新疆维吾尔自治区博物馆藏有多件在西域出土的"草木染"织物。

[1] 武敏．吐鲁番出土丝织物中的唐代印染 [J]．文物，1973，(10):38.

[2] 李林甫．唐六典:明刻本 [M]．303.

[3] 福建省博物馆．福州市北郊南宋墓清理简报 [J]．文物，1977，(07):1—17+81—83.

[4] 叶向高．说类:明刻本第五十一卷 [M]．972—973.

纹样形式协调一致，以此构成了宋代织锦、缂丝、刺绣纹样色泽或庄重典雅，或自然恬静的美妙意境。

这里，以古时山矾（为山矾科、山矾属植物，乃乔木，嫩枝褐色）作用于染色所得到的色彩效果为例，可以说明宋代染色工艺多呈复色效果的事实。宋代印染或织花比较流行"黄"与"黝"二色，其中黄色是比较普通的色彩，而黝色则是始终盛行不衰的流行色，所以将山矾作用于染色在宋代染色工艺中是非常普遍的做法。尤其是宋代流行的黝色，这是比较特殊的色彩喜好。[1]这在宋画描绘或宋代考古出土的丝绸织物上可以识见，且不同于六朝以前的黝色。所谓"黝色"，据《尔雅·释器》记载，"青谓之葱，黑谓之黝。"两晋郭璞注："黝，黑貌。"[2]按《尔雅》释，黝次于青后，即谓其色近于青色之黑，而郭注稍嫌浮泛。另《说文·黑部》曰："黝，微青黑色。"[3]由此可见，六朝以前的黝色大多数为淡黑色，也就是介乎青黑二色间。到了宋代，广为流行的黝黑色颜色上变得极为深厚，近乎于深黑而发红光的黑紫色，所以应该叫作黝紫色，亦名黑。

关于宋代流行黝色，在沈括《梦溪笔谈》中也有记载，"卷三"中有曰："熙宁中，京师贵人戚里多衣深紫色，谓之黑紫，与皂相乱，几不可分。"[4]之后，宋王林撰五卷本《燕翼诒谋录》（卷一）和（卷五）中也有记载，其中卷一曰："国初仍唐旧制，……而紫帷施于朝服。……然所谓紫者，乃赤紫。今所服紫，谓之黑紫，……而黑紫之禁，则申严于仁宗之时。"[5]卷五："仁宗时，有染工自南方来，以山矾叶烧灰，染紫以为黝，献之宦者泊诸王，无不爱之，乃用为朝袍。乍见者，皆骇观。士大夫虽慕之，不敢为也。而妇女有以为衫褾者，言者亟论之，以为奇邪之服，寝不可长。至和七年十月己丑，诏：严为之禁，犯者罪之。中兴以后，驻跸南方，贵贱皆衣黝紫，反以赤紫为御爱紫，亦无敢以为衫袍者，独妇人以为衫褾尔。"[6]而在《宋史·舆服志》（卷五）中也有相关的记载："（皇祐七年）……初皇亲与内臣所衣紫，皆再入为黝色。……言者以为奇衰之服。于是禁天下衣黑紫服者。"[7]按上所印的《燕翼诒谋录》中两段记载，以及《宋史·舆服志》中的记载系属事再无疑，可以断言黝紫即为黑紫。但是其年份仍然存疑，"至和""皇祐"均为嘉祐是错误的，因为至和、皇祐均没有七年，而嘉祐七年的十月十六日又是己丑，与文中所载的日期是吻合的，所以年份纠正是可以证实的。

从以上所引文献资料的记载情况看来，宋代一开始使用黝色的地域大概在江南两路，而此区域殆北宋后期兴起了大规模的水利工程，又于北宋末臻于成熟，继而鼎盛。与此同时，人口大规模迁移，主要是从长江三角洲北、西、南高地，以及丘陵地向低湿地、核心地带转移，当然这也是在北宋时期发生的，后大约于宋仁宗时期向北传至当时的汴

[1] 赵翰生.《宋代以山矾染色之史实和工艺的初步探讨[J]. 自然科学史研究, 1999,(01):87—94.

[2] 郭璞. 尔雅: 永怀堂本 [M]. 24.

[3] 转引: 李士生. 士生说字 [M]. 北京: 中央文献出版社, 2009:123.

[4] 沈括. 梦溪笔谈 [M]. 施适, 校点. 上海: 上海古籍出版社, 2015:16.

[5] 王林. 燕翼诒谋录: 四库全书 [M]. 15—16.

[6] 王林. 燕翼诒谋录: 四库全书 [M]. 64.

[7] 脱脱, 等. 宋史: 武英殿本第 153 卷 [M]. 2017.

京。由于黝色有着庄重优美等长处，所以很快就得到了人们的认可。先是被王公贵臣和宦官们大为推崇，在各种日常衣着中使用该色调，后又推广至社会各个阶层，逐渐成为服装上的一种流行色。黝色的广为使用不仅影响了当时人们的日常生活，甚至还在一定程度上影响了朝服的色相，乃至冲击了章服制度。为严明章服制度，北宋朝廷在嘉祐七年颁布诏旨，严令禁止。不过这次颁诏后的效果甚微，并没有显示其收效作用。在熙宁九年，不得不再一次颁发诏令，严申禁止滥用黝紫，特别是朝服上用黝紫的规定。可是这次依然不起作用，用者益众，待至宋室南渡之后，其在江南呈盛行之势，更是一无阻碍了。此外，源起于秦汉的蓝染①，至宋代发展盛极，其蓝染工艺也对当时的染色技艺形成促进。宋代周去非撰写的地理名著《岭外代答》（共十卷）记载："猺人以蓝染布为斑，其纹极细。其法以木板二片，镂成细花，用以夹布，而镕蜡灌于镂中，而后乃释板取布，投诸蓝中。布既受蓝，则煮布以去其蜡，故能受成极细斑花，炳然可观。故夫染斑之法，莫猺人若也。"[1] 由之，我们还可以依据域外文献来做补充。日本平安时代中期编撰的法律和宫中祭祀典籍《延喜式》，就完整地记述了当时区分阶级的 36 种颜色，并带有印染的材料和制法。

如是而言，宋染色工艺的丰富性主要在于两点：一是时风对服饰穿着形成的影响，进而使染织绣的敷色发生变化。依据文献及考古和遗存画稿资料，宋代女服上衣大多为袄、襦、衫、背子和半臂，下着裙。上襦大襟半臂的样式，宋代文献多有记载，如《宋史·舆服志》有曰："其当常服，后妃大袖。"[2]《朱子家礼》曰："大袖，如今妇女短衫而宽大，其长至膝，袖长一尺二寸。"另注疏云："众妾则以背子代大袖。"[3] 从这段话中可以发现，当时的女性在穿这类大襟半臂的时候，还一定会搭配精美华丽的首饰，其中就包括发饰、面饰、耳饰、颈饰以及胸饰等等。至于裙子的样式和色彩，则多有讲究。裙的尺幅有六幅、八幅、十二幅多种样式，其形制特点是折裥式，甚至宫中女子的裙折裥更多，称之为"千褶裙"。裙的样式和传世作品《韩熙载夜宴图》②所描绘的大体相同，唯衣襟不拘规则，有用右衽，也有用左衽，可能是受契丹族、女真族等少数民族的影响。在裙子中间的飘

---

① 蓝染，又称"蓝染草木染色"（日本称"蓝染·草木染、青染·草木染め"；欧美称 ingigo print 或 japan blue）。蓝染是一种古老的印染工艺，最早出现于秦汉时期，其工艺包括蜡缬、绞缬、夹缬等花纹的印染。

② 《韩熙载夜宴图》是五代十国时期南唐画家顾闳中的作品，以连环长卷的方式描摹了南唐中书侍郎韩熙载在家中开宴行乐的场景。之所以选择该画作为北宋女子服饰形貌的参考，一是在时代交汇点上有作猜想的条件，毕竟五代十国是唐宋延续的中间年代，且宋承唐制，此时应该是比较能够体现这种接近延续的年代风貌。二是《韩熙载夜宴图》的场景包括"听乐""观舞""休憩""清吹""宴归"五个部分，比较完整地呈现出当时各色女子的衣着形貌，且画家对人物的刻画尤为深入，以形写"真"，这在画史上是得到公认的。相比之下，传为宋苏汉臣所作《靓妆仕女图》同样表现宫廷女子衣饰，且华美典雅，意态淑静，但略有禁缩之意，已渐无唐代女子那种雍容之风，倒像是乡间女子形象，不能整体代表宋代女子的衣着形貌。

[1] 周去非. 岭外代答 [M]. 1939: 83—84.

[2] 脱脱，等. 宋史：武英殿本 第 151 卷 [M]. 1996.

[3] 转引：许钰. 中华风俗小百科 [M]. 天津：天津人民出版社，1996:225.

带上常挂有一个玉制的圆环饰物——玉环绶，用来压住裙幅，使裙子在走动时不至于随风飘舞而失优雅之仪。裙子上的纹饰更是丰富多彩，有彩绘的，有染缬的，有作销金刺绣的，有缀珍珠的。裙子的色彩以郁金香根染的黄色最为高贵；也有红色裙，这是歌舞伎穿着的；而色彩艳丽的石榴裙最负盛名。南宋女子更是讲究服饰妆扮，文献记载详细。如《武林旧事》曰："都民士女，罗绮如云，盖无夕不然也。"[1]《宋史·五行志》曰："里巷妇人以琉璃为首饰。……都人以碾玉为首饰。有诗云：京师禁珠翠，天下尽琉璃。"[2]南宋女子佩戴首饰，较之唐代更是花样多姿，新奇妙美。《都城纪胜》曰："如官巷之花行，所聚花朵、冠梳、钗环、领抹，极其工巧，古所无也。"如是所载可考，足以佐证服饰与染织绣敷色之间的密切关系。

二是染色工艺的成熟，具备对复色套染呈现效果的支持，以及织物，包括织锦、缂丝、刺绣等纹样色泽呈现复色较多。以宋锦织彩为例，织锦所需丝料都需要特别加工，即染丝成色。分析宋锦染丝来看，其敷色染料大多是天然植物染料（少许有矿物染料）。依植物染料的原材料列项，就有花叶、茎实、根皮乃至果实等部分，用水浸泡取之色泽而溶于水中，这样便可直接或借助于助剂上染于丝料。用今天的加工术语，将其称为"有机物提取制备成植物染料"。诸如蓝色、黄色、砖红、茶褐、藕色等丝料染色，即为传统宋锦上使用最多的色泽。进一步分析来看，绿色又多为暗色调的灰绿、咸菜绿，这应为蓝色与不同色相的黄色复色套染而成。故而，从遗存的宋锦实物分析可知，使用的染料色泽主要是以植物草木色素为主，其来源有水果、花卉、蔬菜、中药、植物。取材于花叶、茎实、根皮、果壳、心材等部分，取之溶水或借助于媒染剂上染于丝料色泽。[3]以至明清以后织出的宋锦称为"仿古宋锦"或"宋式锦"，也都体现这些染色特点。古代对锦织的描述有"织彩为文""其价如金"，可见织锦色泽的重要为世人所知。由于复色套染技术在宋代趋于成熟，自然对染织绣敷色加工有了更多的方法，以满足染色之需。

五、纹饰特色

若将唐代的丝织纹样特点概括为艳丽、豪华以及丰满的话，那宋代的丝织纹样就有着清淡自然、端庄肃穆的时代特征。如此概括的依据及理由主要有两点：

一是宋代丝织纹饰的取材已从唐代以动物或几何纹样为主，逐渐转向植物或花鸟等类型的纹饰，而显得清新自然。这种变化大致形成于唐末五代之际，其变化起初就是在丝织纹饰中呈现出来的。举例来说，北宋《紫鸾鹊谱》（现藏辽宁省博物馆，尺幅长

[1] 周宪. 武林旧事 [M]. 傅林祥，注. 济南：山东友谊出版社，2001:38.

[2] 脱脱，等. 宋史：武英殿本第151卷 [M]. 855.

[3] 黄荣华. 宋锦传统工艺染色——"天然染色"[C]// 佶龙机械第十届全国印染行业新材料、新技术、新产品技术交流会论文集. 2011:383—392.

131.6厘米，宽55.6厘米）（图24），这件北宋时期的缂丝代表性作品属传世佳作。其缂丝手法是在紫色经丝地上，采用分区分段挖花缂织而成，纹饰每组由五横排花鸟组成，形态各异的鸾鹊均作展翅飞翔之状，凤凰祥鸟衔着如意，在花丛中飞舞。花卉纹饰则以牡丹、佛莲为写生变化的表现形式，衬以折枝荷花、海棠等配饰纹样，整个纹饰典雅风韵。这其中透露出宋代丝织纹饰的一大特色，就是花卉纹样已由过去的平列式布局，发展而为写实折枝花型的组合，即所谓的"生色花"[①]表现形式。这样的纹饰直接影响着两宋时期的刺绣，而刺绣作品对"生色花"尤为重视，有着极高的或者说是空前的艺术水准。这样的纹饰风格此后也影响到了同时代瓷器、金银器、建筑彩绘等工艺领域的纹样装饰。如宋瓷上许多写实的花鸟纹饰就是一例，其图案取材包括：植物类的有牡丹、芍药、莲荷、菊花、葵花、梅花等，禽鸟鱼虫一类以孔雀、鹭鸶、雁雀、蜂蝶、鸳鸯、鱼鸭等较为常见。

图 24
北宋缂丝《紫鸾鹊谱》

这类纹饰具有两种主要特点，一是工艺性，二则是装饰性。通常情况下保留有花鸟生动自然的外形特征以及其生长运动姿态，又结合以点、线、面之方法，将其简化处理为合适纹样的表现形式。至于构图方面，其实较少出现严格对称之样式，采用的多是花鸟画的均衡构图，该构图能使支点两边形态不尽相同，但分量相等，从而让画面极具变化，显得更加生动。在一个纹饰中，又有两花对置或是四对、六对配置，然形态各不相同，或上或下，或仰或俯，或一花盛开，一花含苞待放。这类纹饰的雅致造型，可谓与宋代花鸟画的构成形式一脉相承。

二是出于宋代"以文抑武"治理天下之方略的缘故，形成了君主"与士大夫治天下"的局面。这种治国方略被美化为"祖宗家法"，是历史上号称"郁郁乎文哉"（出自《论语·八佾》）的时代。此时大批文人高官入朝，他们的审美涵养和欣赏口味便决定着社会风尚的走向。诸如，宋人花鸟画的表现形式所体现的是文人士大夫源自道家思想修养的意识源泉，更是文人士大夫人生修养的终极目标和修心境界的追求。换言之，宋人花鸟在形式上虽依然重写实，但在精神层面上始终将"虚静美"作为一种审美标准确立在那里，有着道家哲学中"虚静"美学思想呈现的"润物细无声"之气韵写照。宋赵昌的

---

① "生色花"，是指纹样截取植物某些局部，诸如一折枝花或是夸张枝叶部分作为纹样图案。这类纹样图案一般由花头、花苞和叶子构成；也泛指花与枝叶结合的形式，很像宋代花鸟画表现的写生折枝花。也有在花、叶处上作少许写生变化，如将花、叶图案化，形成花中生叶、叶上开花等形式。这类纹样图案盛行于两宋。"生色花"从一开始就沿袭了西蜀、南唐翰林图画院的花鸟画形制，故产生这种明显受院体画风格影响的纹样图案，特别讲究以其细腻、写实和典雅见长。"生色花"纹样自宋代开始在丝织品上得到广泛应用，可谓是开创了我国植物装饰纹样的写实源头，形成了两宋清新自然、典雅秀丽的时代风貌。

《杏花图》（绢本设色，25.2 cm×27.3 cm 台北故宫博物馆藏）（图
25），绘有绽放的杏花一枝，画家以极其写实的手法，表现出了粉白
杏花栩栩如生、斗霜傲雪的俏丽之姿。勾线精细而富有层次，杏花花
瓣光亮通明，状似晶莹剔透，颇具冰姿雪清之雅韵。同理，宋人的审
美趣味反映在瓷器上，便以其细腻的质地、淡雅的光泽、秀丽的造型、
清新的纹饰，淋漓尽致地抒发了宋人情思的幽微、心灵的柔婉，鲜明
生动地体现了宋代风尚和审美风格。比如龙泉窑的梅子青和粉青瓷，
粉青瓷釉面略带乳浊呈失透状，青绿粉润，光泽柔和；梅子青则较粉青更深沉华滋，釉
层透明，色泽照人，清澈透明，青翠欲滴，如梅子初生，似丝绸般柔和，如画卷般非凡，
尤其是窑变釉灿烂深沉，手段绝妙，呈色万千。在这样的历史背景下，对衣着敷色以及
日用织物色泽的选择倾向，自然日趋讲究典雅文气。而与之相配的纹饰特色自然也是呈
色妙绝，格调高雅，充满情韵。可以说，宋代丝织绣纹饰融合了文人士大夫儒雅的审美
情趣，也影响至普通市民阶层的世俗需求。

25

图 25
宋赵昌《杏花图》

　　进言之，弥漫于宋代上层社会的艺术趣味和审美思想，与唐相比已发生了根本性的
转变，没有了盛唐那种富贵、安乐、奢华的风气，更多染上了文人士大夫特有的一种带
有孤冷、伤感和忧郁的情调。[①]因而，寄情于自然的山水花鸟等意象，都颇具隐逸的生
活气息，强调一种平淡、天然的美，反映出文人士大夫向往心灵自由的意愿。正是这种
审美情趣和理想扩大了对美之体会，使美与个人日常生活尤为密切相关。所以唐代盛极
一时的宝相花、对鸟、对兽等纹饰不可避免地出现衰退之势，相反，生动自然的写生折
枝花、穿枝花以及大量花鸟纹充当了宋代丝织纹样的主要内容。这些样式色彩清雅柔美，
纹样逼真写实。据《宋史·舆服志》所记规定，纹样与等级有着严格的关系。例如，"十
二章纹"为皇帝可用，皇帝以下随等级的减少而减少。唐代时龙只是附属纹样，而到了
宋代就成为"统治者"的象征。如皇帝专用五爪龙，亲王专用蟒（四爪龙）。龙再分有
立龙、侧龙、升龙、降龙等。亲王以下则用宝相花。同时，出现了大量以植物为写生变
化的纹饰，如龟背、方棋、方胜、锁子、簟纹、楉蒲等，特别是遍地锦纹的"八答晕"[②]，

------

① 宋代文人士大夫的审美趣味在古代文论中可以寻找到佐证，如欧阳修最为重视的"萧条淡泊"之意境，并以画作为参照，曰"萧条淡泊，此难画之意。画者得之，
览者未必识也"（《试笔·鉴画》）。追求"萧条淡泊"之美，在宋代另一位大家苏轼身上也有体现。他的《临江仙·夜归临皋》词风清旷而飘逸，是写深秋
之夜在东坡雪堂开怀畅饮，醉后返归临皋住所的情景，表现了词人希望彻底解脱的出世意念。

② "八答晕"，又名"天花锦"或"宝照锦"，元代又称"八搭韵"锦。在宋元两朝，为锦绣的著名纹饰。此纹饰产生于唐代，时称"大繡锦""晕繡锦"。两宋时期，"八
答晕"纹饰有了进一步发展，变化较多，且配色富丽。不仅在织锦或丝绣织物上有，而且在建筑彩绘上也有，被称为"彩画晕"，在北宋将作监李诚组编撰的《营
造法式》所举建筑资料中可以见到。此纹饰的构成形式，即所谓"八路相通"，是采用规矩方圆来描绘的，内中有几何纹和自然植物纹贯穿连接，呈满地规矩花型，
制作讲究，配色富丽。自宋开始，"八答晕"就逐渐成为纹锦的代称，后世沿用。

复合出诸多纹样，其结构十分严谨，因而纹样多种但仍旧极具典范。至于配色也尤其丰富，可以被誉为我国植物纹样设计之范例，在后世元明清历代中均有延续使用。

丝织品的纹样题材

关于宋代丝织物的纹样题材，我们可以从文物考古发掘的遗物中获悉。就目前可知的当时遗物，计有下列多处：在新疆阿拉尔曾出土北宋时期的球路灵鹫锦袍（图26、图27），同时出土的还有重莲锦、鸂鶒锦、回纹暗花绸、祥云纱等多种丝织物；在山西南宋墓葬中

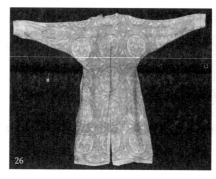

图26
灵鹫纹锦袍

图27
灵鹫纹锦袍局部

出土了盘绦翔鸾锦、白花龙凤锦、缠枝暗花绫、印花罗等；1975年在江苏金坛县的南宋太学生周瑀墓中出土了50余件衣物，其中大部分是提花罗织物。如果再结合《蜀锦谱》《宋会要稿》《宋书·舆服志》《佩楚轩客谈》等文献记载和传世绘画人物服饰花纹，便可以归纳出宋代丝绸纹样题材名目相当繁多，大致如下：

几何纹饰：龟背纹、象眼纹、方胜纹、四合纹、柿蒂纹、方棋纹、雪花纹（又名瑞雪纹）、毬路纹（即球路纹）、盘绦纹、曲水纹、六达晕（六达指天、地、东、南、西、北六个方向，以此射出的六个方向的花纹称六达晕或六通）、八达晕（所谓八路相通）、天华（宝照）、锦群。

花卉纹：如意牡丹、宜男百花、葵花、樱桃、菖蒲、铁梗襄、荷、万寿藤、雪花纹之类。另有一年景纹样，则包括四季花卉之芍药、马兰、海棠、月季、茶花、桃花、梨花、蔷薇、芙蓉、菊花等。

鸟兽与花卉组合的花纹：大窠狮子、大窠马大球、双窠云雁、瑞草云鹤、真红穿花凤、真红天马、百花孔雀、真红六金鱼、紫鸾鹊、百花龙纹、翠色狮子、水藻戏鱼、碧鸾、练鹊、绶带、鸂鶒百花、方胜盘象、球路灵鹫双羊等。

人物纹饰：童子、九老、八仙、佛像等。

比较特殊的还有天下乐（灯笼锦）、锦上添花、曲水纹等。

纹样组织形式

宋代丝织品表现的纹样组织形式相当丰富，常见的表现方式有以下几种：

（1）二方连续式：宋代妇女服装讲究淡雅，崇尚简朴，花纹纹饰通常情况下集中在服饰的袖、襟、领等位置，是为边饰，而其制作也颇具特点。从一大批我国出土实物来看，相关的印制方法有印金、刺绣、彩绘等多种，而纹样的题材则以山茶、什菊、梅花、牡丹、鸟、蝶等花鸟类居多，至于纹样的组织形式则包括连续式、散点式等，在每一形式的实际操作中又有许多不同的变化样式。比如二方连续纹饰有"回纹"，即横竖折绕组成如同"回"字形的一种传统几何装饰纹样，其得名主要是凭借形式的回环反复，绵延不绝。同时"回纹"的口彩十分吉祥，有"富贵不断头"的吉祥寓意，可谓是深受人们的喜爱。二方连续的回纹常被用作间隔或者锁边纹饰，凭借的正是其所营造出的整齐划一的视觉效果。而元朝俗称的"回回锦"，指的就是在织锦纹样中以四方连续的形式来进行组合的回纹。宋代成都锦院所产的蜀锦花式有更多的"回纹"装饰。

（2）连续式：连续式的纹样大多是唐代遗存，其中之一的唐草纹在北宋年间仍旧流行，被时人所运用，而这种纹样的组织形式有着以花卉枝茎组成波状曲线，以及各个凹谷处逆向弧线花纹相结合之特色。

南宋时期，这种连续式花边纹样又发展成为将写生折枝花按照波状韵律线循环连续安排，但波状韵律线已不像唐草纹那样明显外露，而趋向隐形，将折枝花的花头与枝叶的转向动势巧妙而自然地结合起来。其代表纹样有南宋福州黄升墓出土的印金彩绘芍药灯球花边（图28）、罗地刺绣蝶恋芍药花边，山西出土的南宋花鸟纹刺绣花边，等等。

图 28
南宋印金彩绘芍药灯球花边

（3）散点式：散点式以二方连续居多，又可分为并置式和对置式两种。并置式是将一个以上的单位纹样在竖向装饰带上作散点分布，但互不连属，而重复排列。由于不同单位纹样的大小错落有致，因而富有节奏感，如宋代彩塑上的披帛纹样（图29）。对置式是以一种单位纹样呈相反相成的重复构成，这些纹样一反一正，重复排列，于单一中显出变化，如山西南宋墓中出土的凤穿牡丹刺绣。

图 29
散点连续式纹样·宋
彩塑花鸟纹披帛

（4）团花式：团花式是唐代以来的传统纹样格式。其组织形式是将一种以上的纹样素材组织成圆形单位，然后在平面织物上按米字形结构作规则散点排列。如新疆阿拉尔出土的北宋灵鹫球纹锦袍的灵鹫球纹，即以单位球纹作四方连续排列构成。各球纹之间再以小的球纹相连，球纹内两支灵鹫相背而立，间饰花树。纹样造型及格式均属典型的西亚风格，颇具中外文化交流的历史价值。又如，敦煌宋代壁画供养人服饰的团花织锦纹样，单位团花纹以中心四瓣花与四叶按十字展开，外接圆弧线枝蔓构成。以米字形结构作散点排列，疏朗大方，具有唐代团花的遗韵。再比如新疆阿拉尔出土的重莲团花锦（图30），每一单位的团花纹都是由一反一正两个写实莲花组成，所对应的便是中国传统太极图案。其实在宋代就已经有了固定形式的定型的所谓"喜相逢"纹样结构。该图案的一大特点在于以S成线，把圆形画面一分为二，以此代表阴阳交合的两极，用来表现一对相反相成、相生相克的变化而又统一的形象。此外，团花式广泛应用在宋代各种工艺装饰之中，较为典型的有瓷器、铜镜、丝绸等，并且成为中国封建社会后期十分流行的象征团圆喜庆的一种样式。

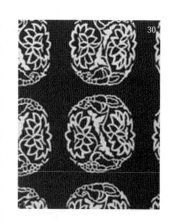

图30
重莲团花纹锦

（5）折枝花式：折枝花式通过写生截取带有花头、枝叶的单枝花卉作为素材，经平面整理后保持生动写实的外形和生长动态作为单位纹样。在组织排列上，将数枝折枝花纹散点分布，注意花纹之间的起承转合、俯仰运动和相互呼应的格局，造成生动自然又和谐统一的整体效果。因此，折枝花以其写实生动、恬淡自然的风格成为宋代审美意识中典型的纹样程式，又称为"生色花"。宋代的织锦、纱罗、绫等织物装饰中折枝花式纹样被广泛应用。

（6）穿枝花式：这是在唐代的草纹、写生折枝花的基础上发展而来的一种四方连续式的纹样。一方面，该样式与唐草纹二方连续形式以及意象化的纹样特征是不尽相同的；另一方面，与折枝花的花形也不一样。可以说，它虽然写实，但在组织排列上以互不连属的散点进行排列、分布。而于平面织物上，则将众多的写实型单位花卉纹样进行散点式排列，并通过枝、叶、藤蔓等作S形线的伸展、反转、连属，从而使单位花纹相互连接起来。这一样式生动自然，且富有意匠之美，主要便体现在那流畅飘逸的韵律线与写实单位的花纹组合之上，形成了线与点、动与静之对比。最为典型的穿枝花式，如流行于宋的凤穿百花以及百花攒龙等。李诫所撰《营造法式》一书谈到当时建筑花纹装饰时，有几处都提到"牡丹花、芍药花、黄葵花、芙蓉花、荷莲，或于花内间以龙凤化生、飞禽走兽等物"[1]。该纹样的组织排列具有的主要特色在于四季百花均以枝干相连，

[1] 李诫. 营造法式补遗：四库全书本 第12卷 [M]. 189—190.

而花叶则满地铺陈，又有龙凤珍禽异兽等飞舞奔驰其间，可以说这些纹样极为繁杂。在出土的文物中北宋缂丝紫鸾鹊谱、鸾鸟天鹿纹（图31）和金龙花卉纹等兼备。

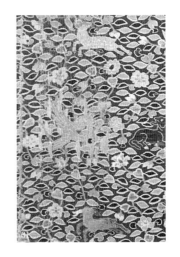

（7）几何纹：宋代几何纹的式样颇多，根据出土实物绘画、彩塑等人物服饰加以整理，大致可分为菱形构成、条纹构成、综合构成和适合式构成四种基本类型。

①菱形构成：如江苏金坛南宋周瑀墓出土的矩纹纱交领单衫的矩形纹（图32），以几何纹按45度斜线交错组合，正负、黑白皆成纹样。其特点是将梯状菱纹以竖线分割，然后错位相接，黑白交互排列。另外，南宋的四合如意纹绮和梅花万字纹绮亦属菱形构成，以 ※ 或 S 单位作几何纹，按菱形线组织排列为构成骨架，中间再填充四合如意纹和梅花纹等纹样。

②条纹构成：将单位几何纹按横向或纵向组织，然后再加以重复排列组织而成。如新疆阿拉尔出土的北宋对鸟如意纹绫、福州南宋黄升墓出土的菱纹绫等。

32

③综合构成：随着织锦工艺技术的提高和纹样设计意匠的深化，宋代出现了将多种几何纹加以综合构成的图案，即所谓八答晕的几何纹（图33）。其构成骨骼以圆、方、棱形为基础，层层相套，中间填饰具象或抽象花纹。组织严密，纹样复杂，色彩华丽，深受欢迎。

④适合式构成：如新疆阿拉尔出土的北宋刺绣包首，在四叶形中作四鸟间四兽的纹样。四鸟向心组合，形成菱形中心花纹，与外形极为适合和谐。

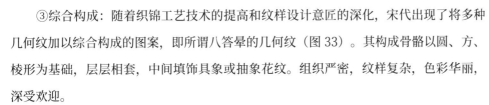

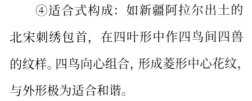

33
34

在宋代丝绸纹样中还有蜀锦工匠根据唐人诗意创造的落花流水纹（图34），又称曲水纹；具有喜庆寓意的灯笼纹（又叫天下乐）以及锦上添花，等等，都是当时流行的锦缎装饰纹样。

图31
穿枝花式·北宋缂丝
天鹿

图32
江苏金坛南宋周瑀墓
矩纹纱交领单衫

图33
宋代八答晕锦

图34
宋代落花流水锦

写生变化的构成方法

写生变化，以花鸟为代表的写实画影响到丝绸纹样，也就是将大量写生花鸟应用于织物来形成装饰，为适应生产工艺及织物品种的特点，往往将花鸟的生动外形和动态特征，运用线、面结合的方法，将其简化处理为平面形象。一般有以下三种形式：

（1）添加变化：将自然形象作简化规整处理之后，视其需要再添加某些装饰纹样，使其更丰富，更具有装饰性。此种艺术是在唐代丝绸纹样同质相加的基础上发展为异质相加。如宋代丝绸纹样不仅有花中套花、叶中生叶的方法，还有花中生叶、叶中生花、花中套饰动物等多种添加方法。

（2）夸张变化：以简化省略为前提，将自然形象及其动态组合加以夸大，使自然形态升华为更具形式美感的装饰纹样。如鸾凤、牡丹等纹样，即是将花瓣、毛羽等基本形态加以夸张，使其典型化、定型化，然后按照事物的生长规律和均衡法则重新加以组织，使其构成极富装饰性的丝绸纹样。

（3）抽象变化：这是宋代丝绸中出现的小型几何花纹，是在传统正面律变形的基础上，将自然花形按照对称、均衡、渐变、辐射等规律，构成或圆或方的几何花纹，具有介于抽象与具体、似与不似之间的意趣。

单位纹样，可说是宋代丝织绣中运用较为广泛的纹饰。比如两宋时期的缂丝大家朱克柔、沈子蕃（图35）、吴煦等人，他们专仿赵昌、黄荃、崔白等名画家的书画来做织品，他们摹缂的花鸟独幅作品便归属于"单位纹样"一类。北京故宫博物院藏南宋吴郡（今苏州）区域的一系列缂丝作品，均是以书画作为粉本，其设色高雅古朴，就如传世之作《花鸟图轴》以宋徽宗赵佶的画稿为粉本，采用平缂、搭缂、盘梭、长短戗、木梳戗、合色线等技法，将画面中花叶的晕色、鸟羽的纹理等细节之处表现得栩栩如生、淋漓尽致，而行梭运丝的巧妙也使得图案线条柔美，色泽鲜亮，充分还原了原画作细腻柔婉、高雅华贵的神韵。

图 35
沈子蕃缂丝《梅花寒雀图》

结语

从文献中读史是一项传统的史学研究方法，即便是今日，这项研究方法仍可谓"长青之树"。关于文献与史学的构连，仅清至民初这三百余年里就展开了有许多学术深究，并在主要方面达成了共识。如清乾嘉学者卢文弨在其笔记《钟山札记·龙城札记·读史札记》中，主张通过考订古代典籍，对古代文献的体例与名物制度对应比较，以此断代史述范围。以此为鉴，本文通过文献读记再次呈现宋代染织绣工艺发展脉络，可谓别有一番史貌。这样，一方面通过查实史述依据，建立信史基础；另一方面做到于史有据，于今有益。这不仅对我国染织工艺史研究形成重要补充，也对整个工艺美术史料研究形成帮助。众所周知，我国染织绣工艺经过殷商的发展，到春秋战国已具有较高的水平。以往的史述主要是依据考古资料来证史，就比如1982年的湖北江陵马山楚墓，其中出土有大批的丝织品、编结以及刺绣品等。仅丝织品的品种就十分丰富，包括绢、罗、纱、锦等在内。花纹样式也各具特色，包含有几何纹、菱形纹、S形纹等，而几何纹中还饰有龙凤、麒麟和人物一类的形象。在大批的刺绣作品中，又有绣衣、绣裤、绣袍等，绣地多用绢，并且用辫针绣出龙、凤、虎和三头鸟等动物形象，以及草叶、枝蔓和花朵之类的植物造型，其线条运用流畅自如，技术水平极为高超。

而进入秦汉之后，史述就出现重要的补充依据——文献典籍。就我国染织绣工艺史而言，对考古资料的挖掘一直比较重视，但凡是墓葬出土或博物馆藏品，基本都有整理、记载和专题研究。然而，由于文献典籍卷帙浩繁，对其挖掘、整理和探究尚需周期。故而，本文以宋代染织绣工艺为断代史文献考察对象，一则是证明此时期为我国染织绣工艺发展的高峰期，文献典籍非常丰富，值得梳理和深入解读；二则是以此时期为史料开掘突破点，便于构连起上下左右史料掘进的脉络，比如，唐宋一脉、宋辽金夏一脉可以形成互补互证，有利于扩大研究成果。题名为"文献读记"，更是考虑且读且记，自由灵活，可随机发挥阅读观点，虽不一定系统，然阐述观点的立足点却有据可循，尤其是释读过往历史，凡有记载的变化印迹尽收读记之中，这也算是明确了史学研究的方法和意义，体现了史学研究向前后或左右的延伸价值。当然，文献读记的主要工作不仅是补充或是复原过往的历史脉络，还要探求其发展演变的详实记载及可能呈现的史学规律。这一结语更多应为文章后记，求之大家批阅。

本文为"2018·中国开封宋代艺术国际学术研讨会"提交论文的修订本

2018年10月12日起草于金陵黄瓜园

2019年元宵节修订于苏州甪直

2019年清明成稿于重庆沙坪坝

原载于《艺术探索》2019年第4、5期

中古时期我国跨文化交往的历史书写

——以唐代中外设计文化交流为主线的考察

引言

在各类国史叙述中，域外文化对于我国中古时期社会发展所产生的重要作用与影响多有涉及。诸如，汉朝从中亚等地伴随着佛教而传入的印度医学、天文学、数学、音乐、雕塑、绘画等，促进了我国科学技术的发展，并实现了中原与西域多元文化艺术的融合。而这种多元文化又对整个东亚地区产生更大的辐射，可以说自汉唐至明初，中原与域外的文化交流是由接纳而演变为主动，尤其是经由丝绸之路、海上贸易等行商途径的沟通，这种多元文化传递的区域更加广泛。只是到了清朝推行灾难性的闭关锁国政策，才导致国力大幅度衰退。由此可言，读国史给予了我们一再的提醒，只有不断地、积极地与域外世界进行交流，吸收域外文化的优秀成果，才能使我们自己在政治、经济和文化上得到更快的发展，持续创造出属于我们自己的文明辉煌。本文选择唐代中外设计文化交流为主要考察对象，就是试图从中古时期我国跨文化交往的历史中寻找多个历史切片进行深入的剖析探究，进而展示出中古时期中外文化交流各种复杂历史图景的鲜活一面。笔者认为，这将反映出中华文明自"轴心时代"以来便开始影响周邻地区，以后更不断地向外远播，并与其他文明系统接触，吸收了大量异质文化因子，贯注了强健活泼的血脉，催生了灿烂辉煌的文化。诚如，梁启超曾将中国历史分为三期：先秦是中国之中国，秦汉到明初是亚洲之中国，明清是世界之中国。[1]这反映了中国文化活动空间的渐次扩大，以及与世界交往的不断拓展。从中外文化交流的视域进行观照，梁启超的看法大体是可以成立的。

一、唐代域外交往的历史背景及交流史迹文献考证

安史之乱以前的唐朝，国力强盛、经济繁荣，正处在对外文化大交流、大融合的时期。

[1] 梁启超．中国史叙论 [M]// 梁启超．饮冰室文集点校：第5辑．昆明：云南教育出版社，2001:144.

当时唐朝对外交流的几个主要国家和地区是天竺（印度及其他印度次大陆国家的统称）、大食（伊朗部族之称，也是我国唐宋时期对阿拉伯人、阿拉伯帝国的专称，也是对伊朗周边地区穆斯林的泛称）与日本。在对外文化交往中做出重大贡献的有两个重要人物：玄奘和鉴真。玄奘西行天竺显示了中土吸收外来文化的魄力，而鉴真东渡日本则体现了当时唐朝在世界上的地位和对日本等其他国家及地区所做出的贡献。

事实上，唐朝的鼎盛有一个很重要的原因，就是形成这历史上空前的中外大交流、大融合的局面，使盛唐独具"有容乃大"的文化气派。从文献记载和文物考证来看，唐以其博大的胸襟广为吸收域外文化，涉及南亚的佛学、历法、医学、语言学、音乐、美术；中亚的音乐、舞蹈；西亚和西方世界的祆教、景教、摩尼教、伊斯兰教、医术、建筑艺术，以及马球运动等等。这些如同"八面来风"，会聚中原，使唐都长安成为当时中外文化汇聚的中心，不仅在中国文化史上，而且在世界文化史上均可称为卓越的范例。英国文学家、历史学家赫伯特·乔治·威尔斯（Herbert George Wells）在《世界史纲》（*The Outline of History*，1920 年版）中比较欧洲中世纪与中国盛唐的差异时曾指出："当西方人的心灵为神学所缠迷而处于蒙昧黑暗之中，中国人的思想却是开放的，兼收并蓄而好探求的。"[1] 而所谓"有容乃大"，正是唐文化超轶前朝的特有气派，是唐文化金光熠熠的深厚根基。

关于唐代中外文化交流与融合的史实，是有许多文献记载可与史实互证的。例如，唐代把中原以外地区分为蕃部与绝域，以此作为中原与域外交流的划界认定。在《新唐书》中就有这样的记载："东至高丽，南至真腊，西至波斯、吐蕃坚昆，北至突厥、契丹、靺鞨，谓之八蕃，其外谓之绝域。"[2] 这里所说的，实际上涵盖了唐朝版图之外的国家和地区的分布，也间接交代了各民族间的相互关系。正如《资治通鉴》中记述唐太宗所说的"自古皆贵中华，贱夷狄，朕独爱之如一"[3]，意思是指唐太宗自称：自古以来的君主（统治者）都只重视中原的汉族，而轻视少数民族，只有他是能够一视同仁地对待各民族。这种华裔一家的政策使唐代各民族融合达到了一个新的高度。也正是唐太宗李世民吸取了魏晋以来"五胡乱华"的失败教训，对唐朝周边多民族实行剿而抚之的政策，包容一切，更不去做所谓"华夷之辨"的人为区分，以至影响到其后多位皇帝也都像他一样，实行民族和解政策，致使许多外国文武官员在唐朝可以做官，而周边的少数民族也尊唐太宗为"天可汗"，北边少数民族修建"参天可汗道"，以便进一步密切边疆地区与中原区域的往来联系。这说明，唐朝对外开放是以其内部的民族和解、和睦相处为重要的政治基础，而在对外政策上则继承和发展了前朝的册封体制，并创造了新的羁縻体制。所谓"册

[1] 威尔斯. 世界简史》[M]. 叶青, 译. 北京: 社会科学文献出版社, 2008:3.

[2] 欧阳修, 等. 新唐书: 武英殿本第 221 卷下 [M]. 3042.

[3] 司马光. 资治通鉴: 鄱阳胡氏仿元刊本 [M]. 3825.

封制度"，要求所有与唐朝建立有"外交关系"的番邦和绝域都必须接受唐朝的册封。唐朝通过册封域外政权首领为"可汗"或"王"，确立自己政治中心的主导地位。由于唐朝是当时世界上经济和文化最先进、政治和军事最强盛的国家，域外政权也都需要借助唐朝册封的权威来对内巩固自己的统治，对外防范强邻的侵犯，同时也借以吸收和引进先进的文化。

例如，羁縻府州是唐朝在接受其政治领导的番邦和绝域设立的州和都督府。它们不同于内地的"正州"，其都督、刺史均为各部落和番国的首领，诸如可汗、叶护、国王等，朝廷发给其印信。其辖区不变，自主内部事务的权力和称号不变，朝廷所授予的"都督""刺史"称号也与其首领一样世袭不替。这样，各部落首领一方面接受唐朝的册封为可汗或王；另一方面又被授予国家官职都督和刺史，从而使唐朝与周边建立起更加强有力的部族宗主隶属关系。在这种政策指导下，周边部族和域外政权对唐朝的外交往来都被纳入朝贡关系之中。

又如，鸿胪寺（仪节使）是唐朝主管接待外蕃君长和使节朝贡的官衙机构。凡是与唐朝有朝贡关系的部族或国家，都会发给12枚雌"鱼符"（唐高祖为避其祖李虎的名讳，废止虎符，改用黄铜做鱼形兵符，称为"鱼符"）（图1），上面刻有蕃国的名字。每当各国使节来朝，必须携带鱼符，正月来朝，带第一枚，二月带第二枚，依次类推。唐朝廷另有雄鱼符12枚，以相勘合。这"鱼符"可以看作中央政权与周边蕃国属地联系的象征，因而其形制大有讲究。唐代"鱼符"一般长约6厘米，宽约2厘米，分左、右两半，中间有"同"字形榫卯可相契合。鱼符分左右，使用方法是：左符（雄鱼符）放在内廷，作为"底根"；右符（雌鱼符）由持有人随身携带，作为身份的证明。左右符的数量不一定对等，多少根据使用者的人数和实际需要来定，其第一功能起初并非表明身份，而是"权力凭证"，可用于调动军队、任免官员。有些鱼符还在底侧中缝加刻"合同"二字，以资合符时查验之用。《新唐书》中"车服志"载，唐朝内外官员五品以上皆可佩鱼符或鱼袋（内装鱼符），以示"明贵贱，应召命"，且鱼符以不同的材质制成，"亲王以金，庶官以铜，皆题其位、姓名"[1]。装鱼符的鱼袋也是"三品以上饰以金，五品以上饰以银"。武后天授元年改内外官所佩鱼符为龟符（图2），鱼袋为龟袋，并规定三品以上龟袋用金饰，四品用银饰，五品用

图1
鱼符

图2
龟符

[1] 欧阳修. 新唐书: 武英殿本第24卷 [M]. 313.

铜饰。唐代诗人李商隐的《为有》诗曰："为有云屏无限娇，凤城寒尽怕春宵。无端嫁得金龟婿，辜负香衾事早朝。"这是写一贵族女子在冬去春来之时，埋怨身居高官的丈夫因为要赴早朝而辜负了一刻千金的春宵。金龟既可指用金制成的龟符，还可指以金作饰的龟袋。但无论所指为何，均是亲王或三品以上官员。后世遂以金龟婿代指身份高贵的女婿。从此便有了"金龟婿"这个美称。将丈夫称为"金龟婿"，与唐代官员的佩饰有关。

此外，使者进京，有典客署还要精心安排馆舍与资粮供给。蕃国进贡给朝廷的物品，入境时州县要具箱封印送京，具名数报于鸿胪寺。寺司验收后知会少府监及市司，由他们聘请专家辨别物品是否值得奏送朝廷，并确定其价格，以便作为出售或朝廷回赠的参考。使者回蕃，皇帝赐物于朝堂，也由典客佐其受领，并教其拜谢的礼节。

如此推行和实施的民族和解政策，使得国家统一、疆域辽阔，为唐代的中外交流提供了更加便利的条件。唐朝后期，宰相贾耽在《皇华四达记》中记载了当时对外交流的交通途径，也是重要的佐证。在贾耽撰写的这部典籍里就记述到当时通往周边民族地区和域外有七条主要交通干道：一曰营州入安东之道，二曰登州海行入高丽、渤海道，三曰夏州塞外通大同、云中道，四曰中受降城入回鹘道（参天可汗道），五曰安西入西域道，六曰安南通天竺道，七曰广州通海夷道。另外，还记有从长安分别通往南诏的南诏道和通往吐蕃的吐蕃道。上述道路，西向可通往西域，穿越帕米尔高原和天山的各个山口，到达中亚、南亚与西亚，甚或远至欧洲，即著名的陆路"丝绸之路"。这是唐朝中土与域外交往的现实基础。

在扩展对外交通干道的同时，唐朝还在沿途遍设驿所。据《唐六典》载，当时朝廷在所辖区域内共设驿1643所。其中，水驿260所，陆驿1297所，水陆相兼驿86所。此外，"两京之间，多有百姓僦驴，俗谓之驿驴。往来甚速，有同驿骑"[1]。这些可与周边民族及远域实现交通的干道，不仅有利于政治外交往来与军事调兵运输，而且还便利了经济贸易交流和商旅通行。

在中原与域外交往背景下形成的中外设计文化的交流与融合，也有文献与史实可证。例如，《旧唐书》中，就有关于拜占庭宫殿样式的详细记述，说明唐朝对这一远域的风俗有所了解，称之为"其殿以瑟瑟为柱，黄金为地，象牙为门扇，香木为栋梁"[2]。这样的记述，一看便知所描述的景象多有非常浓重的夸张成分，但正是这种理想化的"传闻"记述，为中原与西域双方增进了相互了解的意愿，促进了彼此间期待交流的强烈愿望和恒久决心。从这部文献的其他记载分析来看，其中涉及有关伊斯兰文化对唐代工艺产生

[1] 王钦若. 册府元龟：明钞本第159卷[M]. 3822.

[2] 刘昫. 旧唐书：武英殿本第198卷[M]. 2989.

影响的史实同样突出。

从文献与史实互证上看，唐与波斯一直有着久远的文化交往历史。在唐代前期，这种联系就已经存在，甚至早在公元7世纪萨珊波斯灭亡后的几百年间，唐朝仍然与波斯流亡政权保持着密切的交往。在唐朝所谓的"三夷教"（指流布于唐朝的摩尼教、景教和祆教三种宗教）中，祆教就是流布于波斯的国教，而景教和摩尼教也都与波斯有着密切的关系。从近年来在新疆、甘肃等地发现的大批波斯金银器、釉陶器、玻璃器、纺织品，以及活跃在唐朝境内的波斯人所留遗址与遗物都能表明这一点。波斯帝国虽然在唐朝前期灭亡，但是与波斯的交往仍然是唐朝对外文化交流的一项重要的内容。例如，在公元8世纪上半叶，萨珊波斯余部仍然在吐火罗地区活动，而且与唐朝保持着密切的贡使关系。开元、天宝年间（713—756），波斯流亡政权屡屡向唐朝贡献玛瑙、绣舞筵等物。[1]另据《册府元龟》有关朝贡的记载统计，在此期间波斯向唐朝进献的物品主要有香药、犀牛、大象、猎豹等，甚至到大历六年（780），还有波斯国遣使献真珠、琥珀等物。

总之，唐朝是一个由多民族构成的王朝统治区域，周边少数民族及其政权的经济社会发展水平不一，与中央政权的关系也有所差异。唐太宗推行了一系列恩威并用、相对宽容的民族政策，对王朝的兴盛和社会的和谐都产生了重要影响。

二、玄奘《大唐西域记》与大雁塔

玄奘是我国唐代著名高僧、佛经翻译家。《大唐西域记》相传为唐太宗钦定，玄奘口述，其弟子辩机编撰。①该书一经问世就被誉为旷古未有的奇书，甚至被传为记述古代印度历史的里程碑式的文献典籍。关于《大唐西域记》的意义与价值，季羡林先生在他编著的《大唐西域记校注》中有极详尽的评述，认为"《大唐西域记》是唐代域外游记创作的丰硕成果，在游记史上占据着显赫地位，更是我国文化遗产中一部经典名著。其记述

---

[1]《大唐西域记》相传为唐太宗钦定，玄奘口述，其弟子辩机编撰。但也有说法是玄奘译，辩机撰；还有说是师徒俩分章撰写；又有说是玄奘著，辩机挂名。此诸多说法，难考真伪。该书共计12卷，10余万字，记录了玄奘游历印度、西域旅途19年间的游历见闻，记述了百余个国家和地区的都城、疆域、地理、历史、语言、文化、生产生活、物产风俗、宗教信仰的状况，是继晋代法显之后又一取经游记巨著。书中生动描述了阿富汗巴米扬大佛、印度雁塔传说、那烂陀学府以及诸如佛祖成道、佛陀涅槃等无数佛陀圣迹，还有很多佛教传说故事。其中，包括玄奘游学五印，大破外道诸论的精彩片段，高潮迭起。如果玄奘著述仅仅是这些史迹或传说的话，那么，东渡日本的鉴真也可与他比肩，只是后来吴承恩撰写了一部《西游记》，以玄奘为原型，才造就了他后来家喻户晓的名声。后世考古学家根据《大唐西域记》提供的线索，对印度著名的那烂陀寺、王舍城圣地、鹿野苑古刹等遗址进行发掘，出土了大量的文物古迹，成为考古史上一大奇迹。据说有位印度历史学家阿里（Ali）评论说："如果没有玄奘、法显等人的著作，重建印度史是完全不可能的。"

[1] 欧阳修，等. 新唐书：武英殿本第221卷下[M]. 3039.

的中国与印度交往领域中，既有唐朝瓷器、造纸技术传入印度，又有印度熬糖技术传入中国等诸多交流史实"[1]。仅此评述，就已表明唐朝文化得以不断地持续发展和繁荣，这与唐朝拥有的文化向心力有着巨大的关系。

玄奘是隋末唐初人，公元 602 年生于洛州缑氏（今河南偃师县缑氏镇）的官吏家庭。他本名叫陈祎，12 岁随兄长陈素在洛阳净土寺出家，法名为玄奘。因他是唐代著名的和尚，后来称他为唐僧，又尊称他为"三藏法师"。唐初，佛教界内部派别甚多，对佛教教义的理解和解释分歧甚大，长期争论不休。玄奘为了钻研佛经，曾到河南、四川、陕西、湖北、河北等地向德高望重、学识渊博的高僧请教，获得佛经真传，成为当时知名的佛学家。但他仍深感要改变佛教界众说纷纭的局面，必须到佛家发祥地——印度去取得佛教经典。但由于唐初政局不稳定，边境不安宁，尤其是西北边境时常受到突厥的骚扰，朝廷明令限制百姓出入边境。玄奘曾向朝廷申请出境到印度研究佛学，在这种情形下自然未能获得批准。但玄奘并未放弃自己的打算，他一面向外籍和尚学习西域和印度的语言文字，做好出国的准备；一面耐心等待时机，争取一切机会去西天取经。终于在唐贞观元年（627），他等到了千载难逢的机会。玄奘经过千辛万苦，西行万里，翻越险峻大山，到公元 628 年夏末进入印度，在这个佛教的发祥地过了十多个寒暑，足迹遍及印度各地。玄奘先在北印度喜马拉雅山西麓的迦湿弥罗国（今克什米尔）留学两年，向当地的佛学大师学习佛学、因明学（印度的逻辑学）、声明学（语言文字学），钻研佛经。然后，游历了北印度十多个小国，参观佛教圣地，调查各地的历史、地理和风土人情。公元 631 年，玄奘进入印度中部，沿恒河继续访问各地著名佛学大师，瞻仰佛教圣迹。这一年他在全印度佛学中心的那烂陀寺定居下来，又用了 5 年时间潜心钻研佛教经典，终于成为名闻遐迩的那烂陀寺十大法师之一。

从公元 638 年起，玄奘又继续到印度各地漫游，先沿着恒河到达今日的孟加拉国，再沿着印度次大陆东岸南行，到达和斯里兰卡隔海相望的达罗毗荼（今印度东南部）。之后又折向西北，沿着印度半岛西岸北上。他曾访问印度著名艺术宝库——阿旃陀石窟，进入印度的腹地（今昌巴尔河流域东南一带），又西进到今巴基斯坦，沿印度河北上，到达克什米尔南面查漠附近的钵伐多。当他于公元 641 年重回那烂陀寺时，由于在佛学上取得巨大的成就，被推举为那烂陀寺的讲席，并由此被推为印度的佛学大师，这也使他达到了来印度取经的目的。于是，在公元 643 年春天，玄奘谢绝印度友人的挽留，用大象和白马驮着佛经、佛象和花种，离开钵罗耶伽（今印度的阿拉哈巴德），踏上返回中原的归程。

[1]玄奘,辩机. 大唐西域记校注[M]. 北京: 中华书局, 1985: 序言.

他返程走的是另一条路线，即越过大雪山，由南路经葱岭，从疏勒、于阗、鄯善至敦煌、瓜州。他行走的这条路，与东晋法显出使西域取经求法的路线十分相近，他感悟了法显的志行明洁。在这条路上，他艰苦行走了两年，终于在唐贞观十九年，也就是公元645年，经过西域回到唐朝都城长安。当时的情景是他受到万人空巷的欢迎，唐太宗还命人举行了盛大的欢迎仪式，并在洛阳亲自接见了玄奘。此后，玄奘专心投入了翻译经卷的繁重工作之中。经过十几年的努力，玄奘翻译出了佛经1300多卷。更具价值的是，玄奘翻译的这批佛经原典却在印度失传，这样由他译本的佛经就成为研究印度古代文化的重要史料。同时，在他撰写的《大唐西域记》里，又详细记述了唐朝西北边境至印度的疆域、山川、物产、风俗、政事和大量佛教故事及史迹，至今仍是研究西域和印度古代政治、经济、宗教、文化和民族关系等问题的珍贵历史文献。此后，玄奘前往西天取经的故事广为流传，到了明代，小说家吴承恩在此基础上写成了脍炙人口的《西游记》，使之广为流传。

话说回来，玄奘法师从天竺取回佛经，就在长安慈恩寺主持寺务，以"恐人代不常，经本散失，兼防火难"为由，于唐永徽三年（652）3月附图表上奏朝廷，提议于慈恩寺正门外造石塔一座，妥善安置经像舍利。唐高宗因玄奘所规划浮图总高30丈，以工程浩大难以成就，又不愿法师辛劳为由，只恩准朝廷资助在寺西院建5层砖塔。[1]这样，大雁塔所在的大慈恩寺便成为玄奘专门从事译经和藏经之处。此塔名"雁塔"的由来，是因在长安荐福寺内修建了一座较小的雁塔，这样一来，慈恩寺塔便被称作"大雁塔"，而荐福寺塔被称作"小雁塔"，一直流传至今。关于"雁塔"的传说，在历史上还有多种。比如，在玄奘撰写的《大唐西域记》里关于雁塔的由来有其记述，大意是说：在古印度，摩揭陀国有一座寺院，当时大乘佛教派和小乘佛教派并立，都非常有势力，并不是像现在，大乘佛教一统天下。小乘佛教是可以吃肉，不忌荤腥的。有一天，是菩萨的布施日，和尚们到了中午还没有饭吃。有一个小和尚就感慨地说：如果菩萨显灵的话，他应该知道这个时候要给我们施舍一点肉了。他话音刚落，此时天上飞过来一群大雁，领头的大雁就坠地而亡了。和尚们马上醒悟过来，原来这是菩萨显灵在点悟我们。于是，他们就在大雁落下的地方将大雁埋葬了，并修起了一座塔，取名叫雁塔，而且从此改信大乘佛教，不食荤腥了。[2]从《大唐西域记》的"大唐西域记卷第八"描述分析来看，玄奘去西天取经时，应该亲自瞻仰过这处圣迹，知道这处地名叫雁塔，回来之后，就把自己存放经卷和舍利的地方也取名叫雁塔，这是对他去过的佛地的纪念。之后，武则天为她的丈夫，即唐高宗李治祈福，也修建了一个塔，这个塔小一点，所以叫小雁塔，而玄奘藏经的这

[1] 慧立. 三藏法师传：清藏本第7卷[M]. 232.

[2] 孙强. 大雁塔名称的由来[N]. 华商报，2005-10-16.

个塔就叫大雁塔（图3）。

大雁塔的形制是仿西域窣堵波而建。窣堵波，是源于印度"塔"的一种建筑形式，在印度、巴基斯坦、尼泊尔等南亚、东南亚国家比较普遍。相传公元前3世纪时，印度孔雀王朝（公元前324—前178）的第三代君主阿育王斥巨资建起84000座窣堵波，将佛祖释迦牟尼的骨灰分成84000份，分藏于各塔，其中的桑奇窣堵波（the Great Stupa of Sanchi）是现存最早、最大而且最完整的佛塔。这座窣堵波的建筑形制雄浑古朴，尤其是庞大的建筑底层上用砖石砌体的不可动摇的塔身稳重而坚挺，使整个建筑具有很强的纪念性；而轮廓复杂、雕刻精巧的栏杆和牌坊，与其身后简洁、粗犷的半球体形成强烈的对比，更加烘托出主体坟冢的庄严与肃穆。窣堵波充分地体现着印度宗教建筑的独特风格，即把宗教意义与象征意义融为一体，实现建筑上的强烈的功能主义色彩。借鉴西域窣堵波而建的大雁塔，砖面土心，不可攀登，每层皆存舍利。据传由玄奘亲自主持建造，历时两年建成。

图3
西安大雁塔

这座大雁塔外观形式是楼阁式砖塔，塔身呈方形锥体，融合了中原地区传统建筑的艺术风格。塔高64米，共7层，塔身用砖砌成，内有楼梯盘旋而上。每层四面各有一个拱券门洞，凭栏远眺，长安风貌尽收眼底。塔的底层四面皆有石门，门楣上有精美的线刻佛像，相传出自唐代大画家阎立本的手笔。塔底层南门两边立有碑石，左边的是唐太宗李世民亲自撰文、大书法家褚遂良手书的《大唐三藏圣教序》碑，右边的是唐高宗李治撰文、褚遂良手书的《大唐三藏圣教序记》碑。这两块碑石是唐高宗永徽四年（653）10月由玄奘亲手竖立于此的，至今保存完好。值得一提的是，唐代画家吴道子、王维等曾为慈恩寺作过不少壁画，可惜早已湮没在历史尘埃之中。但大雁塔下四门洞的石门楣、门框上，却还保留着精美的唐代线刻画。[1] 后因转表土心，风雨剥蚀，塔身逐渐塌损。

武则天高居女皇年间（701—704），又施金钱在原址上重新建造，新建塔身为7层青砖塔（另一说法是在公元704年，将大雁塔改建增高至10层）。唐末以后，慈恩寺寺院屡遭兵火，殿宇焚毁，只有大雁塔独存。五代后唐长兴二年（931），对大雁塔再次修葺。后来长安地区发生了几次大地震，大雁塔的塔顶震落，塔身震裂。如今所见的大雁塔，则是明朝万历二十三年（1604）在维持了唐代塔体的基本造型上，在其外表完整地砌上了60厘米厚的包层，使大雁塔的外观比从前更加宽大。现存塔状为塔高64米，底边各长25米，整体呈方形角锥状，造形简洁，比例适度，庄严古朴。塔身有砖仿木

[1] 王东．大雁塔与小雁塔[M]．长春：吉林文史出版社，2012.

构的枋、斗拱、栏额，塔内有盘梯可至顶层，各层四面均有砖券拱门，可凭栏远眺。塔底正面两龛内有褚遂良书写的《大唐三藏圣教序》和《大唐三藏圣教序记》碑，四面门楣有唐刻佛像和天王像等研究唐代书法、绘画、雕刻艺术的重要文物，尤其是西面门楣上石刻殿堂图显示的唐代佛教建筑，是研究唐代建筑的珍贵资料。

三、萨珊波斯金银器对唐朝金属制造业的影响

闻名于世的"丝绸之路"贯穿萨珊波斯境界，成为我国和拜占庭帝国之间绕不开的通道。由此可言，萨珊波斯在我国与拜占庭帝国的文化交流中扮演着至关重要的中介角色。在我国史籍里关于萨珊朝波斯的记载，当以《魏书》为最早。《魏书·西域传》虽佚，但《北史·西域传》所补，因《北史》为摘抄《魏书》，故其来源仍当是《魏书》。其后，《周书》《隋书》、新旧《唐书》都有记载。萨珊朝波斯与我国的往来，在相关史书中记载，大约是公元 5 世纪的 40 年代，由北魏派使臣出使波斯，波斯王则遣使节献驯象及珍物来中原。史籍中又见北魏太安元年（455）波斯使臣来北魏的记载。此后历西魏、北周、隋，两国使者往来相继且密切。

公元 632 年，萨珊朝波斯王伊嗣侯立。次年，崛起于阿拉伯的大食人侵入波斯。公元 637 年和 642 年，大食人连续大败波斯，波斯为大食占领。伊嗣侯奔吐火罗，但途中被大食人所杀，其子卑路斯栖身于吐火罗。唐龙朔元年（661），卑路斯求援于唐，唐以其为波斯都督府都督。公元 7 世纪 70 年代，卑路斯亲自入朝，唐高宗授以右武卫将军，最终客死长安。长安醴泉坊的波斯胡寺即卑路斯请立，为波斯人集会之会馆。卑路斯之子泥涅师图志复国，唐调露元年（679），唐命吏部侍郎裴行俭平定西突厥阿史那都支的叛乱，便护送波斯王子回国。此后，中原与波斯联系日益密切，甚至波斯人中有入仕唐廷者，如阿罗憾。他本为波斯国大酋长，入唐后领右屯卫大将军，充使拂菻国。再之后，又有萨珊王朝流亡寓长安的王室成员和贵族子孙曾被编入神策军中。1955 年西安发现的祆教教徒苏谅妻马氏墓，墓志为汉文、婆罗钵文双体合璧，苏谅就是神策军中的波斯后裔。

萨珊朝波斯人来中原最多的是商人，唐代诗文和宋人编撰的《太平广记》中对波斯商人多有生动记述。同时，考古文物也有所证实。例如，波斯萨珊银币在我国境内发现的数量之多，尤为惊人。据不完全统计，目前已出土的萨珊银币约 30 起，计 1171 枚，绝大多数发现于丝绸之路沿线和西安附近。

萨珊波斯的工艺技术对唐代产生了很大的影响，如唐代织锦图案（联珠纹、对鸟对兽纹）、金银器的形制（如八棱带柄杯、高脚杯、带柄壶、多瓣椭圆形盘）、纹饰（翼兽、宝相花、狩猎纹、忍冬花纹等）就是最突出的反映。这其中，萨珊波斯金银器（图4）更是唐代的名品标志，并对唐代金属制造业产生重要的影响，可谓是唐朝与波斯文化交流的重要内容。[1]目前，可以确定的波斯金银器皿主要有山西大同北魏封和突墓出土银盘，大同北魏墓出土银碗，大同北魏城址出土银洗、银碗，宁夏固原北周李贤墓出土鎏金银壶，广东遂溪出土南朝窖藏银碗，等等。此外，在甘肃靖远发现的银盘和河北赞皇李希宗墓出土的银碗，都被证明是具有浓厚萨珊波斯风格的银器，这些器物很可能是萨珊波斯的输入品。考察史料记载，唐代以前我国的金银器皿制造业并不发达，包括外国输入品在内，发现实物总共也不过数十件。而到了唐代，金银器皿的数量骤然激增，已出土的和收藏品便近千件，与前朝形成了强烈的对比，可以说萨珊波斯对唐代金银器皿制造业的发展产生了极其重大的影响。

图4
萨珊波斯金银器

图5
飞狮六出石榴花结纹银盒

其实，在唐代金银器皿中，保留有明显萨珊风格的不在少数。从器型来看，唐代的长杯就有许多是模仿了萨珊长杯的多曲型特征，但长杯仍有体深、敞口、高足等有别于萨珊波斯器皿的特点，这足以证明萨珊波斯对唐代金银器皿制造产生的影响。另外，在萨珊风格的影响下，唐代还出现了一些比较特别的装饰纹样。如萨珊器物上的动物形象多增添有双翼，并在四周加麦穗纹的圆框，即所谓"徽章式纹样"，这种饰样在萨珊银器上尤为常见。而这类装饰纹样在陕西西安何家村出土的"飞狮六出石榴花结纹银盒"（图5）和"凤鸟翼鹿纹银盒"盒盖上同样有所体现，如翼狮及翼鹿纹饰就明显属于"徽章式纹样"的装饰。之后，这种纹样装饰在唐代器物上产生了一些有趣的变化，比如取消了圆框中的动物形象，代之以唐代流行的宝相花之类的饰物，稍晚一些的器物则进一步取消了圆形边框，中唐以后逐渐消失。[2]

萨珊波斯金银器常用的凸纹装饰工艺，也对唐代早期的金银器装饰工艺产生了较大的影响。所谓凸纹装饰技术，属于捶揲工艺，又称为模冲，即在金银器物的表面，以事先预制好的模具冲压出凸起的花纹图案。其特点是主体纹饰突出，立体感强，具有极强的装饰效果。西安南郊何家村窖藏出土的舞马衔杯纹皮囊式银壶、鎏金龟纹桃形银盘和鎏金双狐双桃形银盘，就是用这种装饰技法制作出的精品。正是捶揲技术的输入与弘扬，我国古代的金银器制造工艺进入了新的发展阶段，并极大促进了唐代金银器制造业的繁荣。

[1] 齐东方．中国古代的金银器皿与波斯萨珊王朝 [M]// 叶奕良．伊朗学在中国论文集．北京：北京大学出版社，1993年．齐东方，张静．唐代金银器皿与西方文化的关系 [J]．考古学报，1994，(02):173—190．

[2] 吴玉贵．唐文化史对外文化交流编 [M]// 李斌城．唐代文化．北京：中国社会科学出版社，2002年版．

唐代金银器中有为数不少的各种带把杯，带把杯不见于我国传统器型中，其造型当源自粟特地区。出土的唐代带把杯一部分系直接从粟特输入，另一部分是仿粟特器物制造的。西安何家村窖藏、沙坡村窖藏、韩森寨出土的金银带把杯，把手呈圆环形，上部有宽宽的指垫，顶面刻胡人头像，把手的下部多带有指鋬，有些器体还呈八棱形，是典型的仿粟特器物。当然，唐人在模仿中时有创新。如有的带把杯取消了指垫和指鋬，或把指垫变成叶状，杯体也由八棱折腹变为碗形、花瓣形。不少器物造型虽取自粟特器型，纹样却是典型的唐代本土特点，骤视之恰如外国器皿，细审之却又纯粹是中原风味。

高足杯最早出现于罗马时代，拜占庭时代沿用。罗马—拜占庭式的高足杯在唐代以前就已传入我国。唐代金银器中的大量高足杯（图6）很可能是受拜占庭器物形制的影响而制作的。由于萨珊控制着中国通往拜占庭的交通要道，拜占庭器物对唐代金银器的影响也有可能是间接的。高足杯这种西方特征的器物传入我国之后，唐代工匠并未直接地全部仿造，最为明显的是器物的装饰纹样。唐代高足杯上的纹样主要是缠枝花草、狩猎和各种动物纹，都是常见于其他种类器物上并为当时人们所习惯和喜爱的纹样。[1]

图6
唐代高足杯

6

总之，对唐代金银器影响最大的是萨珊，而这些外来金银器皿在当时的实用价值并不高，大多是作为奇珍异物收藏赏玩。诸如，那些仿粟特的带把杯、仿拜占庭的高足杯和仿萨珊的长杯虽在唐代出现一时，却并未获得广泛流行。只是唐代工匠通过模仿，掌握了西域金银器制作的工艺，使得唐代金银器的加工方式和工艺风格产生比较突出的变化，一些未曾见诸我国传统的金银器新器型纷纷出现，丰富并改变了我国传统金银器的工艺生产，使唐朝金银器工艺获得新的进步和发展。

四、波斯釉陶器的传入形成区域间广泛的文化交流

我国古时称位于西亚伊朗高原地区为"安息"（公元前247—前224），又名阿萨息斯王朝或帕提亚帝国，是古波斯地区古典时期的一个王朝。汉武帝时曾派使者到安息，以后遂互有往来。在《汉书·西域传上·安息国》和南朝梁慧皎撰写的《高僧传·译经上》等文献中均有记载。波斯全盛时期领土东至印度河平原，西北至小亚细亚、欧洲的马其顿、希腊半岛、色雷斯，西南至埃及和也门。波斯兴起于伊朗高原的西南部，是一个幅员辽

[1] 谭前学. 唐代金银器的外来元素 [N]. 人民日报海外版, 2010-04-09(15).

阔的大帝国。提起波斯釉陶器，则让人联想到色彩斑斓的陶制器。这种陶器的釉彩十分丰富，有绿色、黄褐色，还有紫色和红色。而在我国史学界和陶瓷界所称的"波斯釉陶器"，有广义和狭义两种解释。广义上是指古波斯帝国自远古时期就出现的彩陶、黑陶、红陶，直至阿巴斯王朝的多色施釉陶器，甚至是泛指中东伊斯兰地区的陶器。这类陶器属于软质陶器，施铅釉，纹饰有花卉纹、文字纹、几何纹、人物纹、鸟兽纹，装饰手法一般是在化妆土上采用线描、釉彩、刻线等方法。器型以钵、盘、碗为主，壶、瓶等也有少量生产。狭义上是指公元8世纪中叶波斯陶器趋于成熟，当时正值我国唐朝末年，唐三彩、白瓷以及越窑青瓷的输入，诱发波斯生产出多彩釉陶器和锡白釉陶器（图7）。之后，到公元11世纪末至12世纪中期，波斯又以我国明代青花为范本生产白釉蓝彩陶器。因此，可以说我国与波斯在釉陶器及陶瓷生产上有着长时期的相互影响。

图 7
唐代长沙窑波斯壶酒壶宝

目前，在我国发现的波斯釉陶器主要有两批：一批是扬州出土的绿釉陶壶和一些波斯釉陶器的碎片。其中一件翠绿釉大陶壶通高38厘米，颈肩之间联以对称的双把手，腹部饰水波纹，釉作翠绿色。而在扬州唐城遗址屡次发掘的唐中晚期地层里的波斯釉陶器碎片，同样为釉作翠绿色，这证明波斯绿釉陶在当时的扬州十分流行。[1] 从史料分析来看，扬州当时为内陆重要港口，也是公元7至9世纪东西亚国际文化交流的中心，对波斯湾一带的西亚地区来说更具有强大的吸引力。大食（伊朗）、波斯（阿拉伯）的珠宝商人最早沿着我国陆上丝绸之路进入长安，再抵扬州，然后再乘坐扬州制造的航海大船出入波斯湾，经海上丝绸之路来往于东西亚之间。当时在扬州的波斯人数以千计，甚至有他们聚居的村落"波斯庄"，还有他们开设的珠宝商店，叫"波斯店"。如今，在扬州大批出土的古代波斯釉陶器和刻有阿拉伯文的背水扁瓷壶，说明扬州的确是波斯商人的"乐园"，是他们进行国际经济文化交流的大都会。

另一批是1965年出土于福州莲花峰的刘华墓中的蓝釉陶罐。刘华是南汉南平王的次女，闽国第三主王延钧的夫人，葬于长兴元年（930）。其墓中随葬有三件孔雀蓝釉的陶罐，敛口广腹小底，肩部有三或四个环耳，腹部贴饰半圆弧条纹或平行的绳纹，高达74.5—78.2厘米。这种陶罐的器型、釉色和腹部贴饰的纹饰，都与伊朗发现的公元9至10世纪的所谓伊斯兰式样的釉陶罐相同。这些釉陶器无疑都是从伊朗输入，并且极有可能是从海路输入的。又有1982年位于福州仓山区建新镇淮安村出土发现的南朝和唐代两个堆积层，出土遗物共计15784件。其中，有不少釉陶罐。而与之同期，在日本

[1] 周长源. 扬州出土古代波斯釉陶器 [J]. 考古, 1985, (02):152—154.

著名的"鸿胪寺"遗址也出土了一批被日本考古学界称为"越窑系粗制品"的中国外销瓷器，经中日双方学者研究、考察确定，为福州怀安窑唐、五代窑址的产品，有唐代的青釉双系盘口壶、宋代的酱釉薄胎陶罐多件等。而早在1958年整治福州冶山时发现《球场山亭记碑》，碑文内容反映了唐代由于海外人士在福州定居，各国文化源源不断传入，对当时的福州习俗产生一定影响，形成中外文化交流的高潮。福州博物馆藏"恩赐琅琊郡王德政碑拓片"，是对闽王王审知（862—925）治闽39年的功德记载（图8）。他在位时大力倡导发展海外交通贸易，为"海上丝绸之路"

图8
福州博物馆藏"恩赐琅琊郡王德政碑拓片"

的发展和兴盛奠定了基础。碑文记载了王审知的家世及其治闽政绩等，其中多处记载王审知开辟"甘棠港"，大力倡导海外贸易，与东南亚、阿拉伯等地国家进行海外贸易的相关内容。

从史料记载来看，福州地处闽江下游，控扼台湾海峡，为海上丝绸之路必经之地。早在两千多年前，福州就与海上丝绸之路发生了联系。历史上，福州长期作为东南沿海地区的政治、经济和文化中心，备受历代统治者的重视，从而获得了进行海外交往的特殊优势。况且，自古发达的造船业也一直巩固着福州在海上丝绸之路中的突出地位。就我国古代"海上丝绸之路"的航线走向看，福州与海上丝绸之路的联系可上溯到汉代。三国时，福州便是我国东南沿海重要的造船中心之一。公元10世纪初，闽王王审知在福州开辟"甘棠港"，从而为海外贸易的全面兴盛创造了良好条件。自五代至北宋，福州的海外航线通畅，海外贸易发达，出现了"百货随潮船入市，万家沽酒户垂帘"的繁荣景象，被宋代诗人苏辙誉为"七闽之冠"。

五、伊斯兰玻璃器成为唐代名贵的生活用品

唐代与拜占庭的关系，在前代的基础上有了进一步的发展。据载，贞观十七年（643）拜占庭国王波多力遣使献赤玻璃、绿金精与唐交往。6世纪中叶以后，拜占庭继续保持与唐朝的联系，唐人地理著述中也时见关于拜占庭的记载，拜占庭的影响于此可见一斑。在西安土门村唐墓还发现有阿拉伯仿制的拜占庭希拉克略金币，再次证明了中原商人与欧亚内陆的贸易交往。此外，随着唐代与拜占庭相互交往的增多，唐朝人对拜占庭的了解也逐渐加深，有关拜占庭的内容甚至成了艺术创作的题材。如《宣和画谱》著录张萱

和周昉绘《拂菻图》，"拂菻"一词是外来语，历史上有多种写法。《新唐书》在提到拂菻时称"拂菻，古大秦也"[1]，以此为证，大约从唐代开始改称拜占庭为大秦（现在一般认为是古罗马帝国）。这两幅画虽内容已不可考，但张萱是盛唐宫廷画家，开元年间曾任史馆画直，可能经历过开元七年的入贡，并有可能奉敕将唐朝廷与大秦交往的情形入画。周昉生活于大历、贞元年间（766—804），唐张彦远的《历代名画记》卷十谓其"初效张萱画，后则小异，颇极风姿"[2]。周昉曾经效法过张萱，而开元之后又找不到拂菻再次入贡的记载，那么周昉的《拂菻图》或许就是张萱《拂菻图》的摹本，或取其意绘制而成。《图画见闻志》卷二有记载五代画家李玄应和王道求，也分别有《会拂菻》和《拂菻弟子》等作品传世。而《宣和画谱》卷三中记述五代画家王商更是创作了《拂菻风俗图》《拂菻仕女图》和《拂菻妇女图》等反映拜占庭风俗、物产的画图。这些都说明唐代人从特定的角度对拜占庭已经有了相当具体的了解。

众所周知，玻璃工艺在罗马时代曾达到相当高超的技术水平。当欧洲进入到中世纪之后，玻璃制器便伴随着经济的衰败而衰败。而当阿拉伯人在 7 世纪占领地中海东岸地区之后，继承了罗马精湛的玻璃工艺制造技术，并使之发扬光大，形成了玻璃器制造史上的伊斯兰时代，而此时代也成为伊斯兰的玻璃工艺在历史上沟通东西方文化与技术交流的重要时期，尤其是当伊斯兰玻璃器皿由西域流传到中原，便成为名副其实的贵重之品。近年来，在西安法门寺唐代地宫中出土的约 20 件完整的玻璃器皿，其造型别致、花色绮丽、工艺精湛，就是一个有力的证明。

根据考古发掘，法门寺唐代地宫中的玻璃器，除了一件茶托属于典型中国器型，以及另有数件素面盘无法确定产地外，其余玻璃器均属于伊斯兰早期玻璃器。按其装饰工艺的特点，这批玻璃器大致可分为四类：第一类为 1 件贴花盘口瓶（图 9），黄色透明，无模吹制成型，使用了伊斯兰早期地中海东岸非常流行的贴丝和贴花等热加工装饰工艺；第二类为 6 件刻纹蓝玻璃盘（图 10），使用了刻纹冷加工工艺，刻纹以枝、叶、花为主题，运用葡萄叶纹、葵花纹、枝条纹、绳索纹等装饰手段，再加上菱形纹、十字纹、三角纹、正弦纹等几何纹饰，构成了繁富华丽的图案[①]；第三

图 9
盘口细颈贴塑淡黄色琉璃瓶

[①] 刻纹玻璃工艺与贴丝、贴花工艺一样，都是伊斯兰玻璃工匠从罗马继承而来的工艺，曾在早期伊斯兰世界盛行一时，但是鲜有完整器皿传世。法门寺地宫的这批玻璃盘不仅保存完整无损，而且根据地宫账册记载，是属于唐僖宗的供奉品，在咸通十五年正月入藏地宫。这一确切的时间记载尤为可贵，它证明刻纹玻璃是当时中外文化交流的产物。其中，有两件描金刻纹玻璃盘更是至为罕见的珍品，填补了我国史学界和设计领域对伊斯兰刻纹玻璃认识的空白。

[1] 欧阳修，等. 新唐书：武英殿本第 221 卷下 [M]. 3039.

[2] 张彦远. 历代名画记：明汲古阁刻本 [M]. 158—159.

类为 2 件印纹直桶杯，无色透明，壁面由五组花纹装饰而成，使用了模吹印花工艺，这种工艺源自罗马，但伊斯兰模吹玻璃器器壁较厚，而且底部往往带有粘棒的痕迹，而法门寺印纹直桶杯的器型和纹饰在伊斯兰早期玻璃器中是十分常见的；第四类是 1 件釉彩玻璃盘[1]，釉料彩绘是玻璃装饰工艺的一种，它是将易熔玻璃配上适量矿物颜料，研磨成细颗粒，再加上黏合剂和填充料混合后，涂绘在玻璃制品的表面，然后加热而成的。

图 10
四瓣花纹蓝琉璃盘

同为西域的萨珊玻璃器，也对唐代工艺技术的改进产生过极大的影响。从考古发掘可以证实，较早时期输入我国的萨珊玻璃器是在湖北鄂城五里墩西晋墓出土的磨花玻璃碗。此后，在北周和隋代的遗址中也有萨珊玻璃器发现。发现的萨珊玻璃器，是指萨珊王朝时期伊朗高原生产的玻璃器，它是在罗马玻璃的影响下发展起来的。目前，在国内发现的唐代萨珊玻璃器有两件，一是洛阳关林唐墓出土的细颈玻璃瓶，这是罗马后期和伊斯兰初期的香水瓶，在伊朗 3 至 7 世纪的玻璃器皿中经常出现；另一件是西安何家村唐代窖藏发现的凸圈纹玻璃杯。两件都属于钠钙玻璃，尤其是西安何家村唐代窖藏玻璃杯的装饰花纹，特别具有萨珊风格。此外，在敦煌壁画中也有描绘玻璃器皿的图画，其中可以认定为萨珊波斯或罗马进口的玻璃器皿有数十件之多，可以推测外来玻璃器皿是很受当时人们青睐的。[1]

从历史文献记载来看，唐朝与伊斯兰世界的交往只是开启双方交流的序幕，之后的大宋王朝与伊斯兰的交往仍然密切。唐宋所称的"大食"，是波斯语的音译，原为伊朗部族之称，是唐宋时期对阿拉伯人、阿拉伯帝国的专称或对伊朗语地区穆斯林的泛称。早自 7 世纪中叶起，唐代文献已将阿拉伯人称为多食、多氏、大寔，宋代文献多作大食。唐朝与大食在西域的唯一一次规模较大的战争发生在唐玄宗天宝十载（751），这就是历史上著名的怛逻斯之战，结果唐朝安西的军队在怛逻斯打了一个大败仗。这次战役的结果对当时西域的形势并没有太大的影响。与战前相比，战后大食与唐朝在西域的政策或实力对比都没有发生显著的变化。但是这次战役在东西文化传播的历史上却有着极为重要的意义。在战争中，大批唐朝士兵包括工匠在内被俘往阿拉伯地区，被俘的工匠中有金银匠、画匠，汉匠能作画者有京兆人樊淑、刘泚，织络者有河东人乐、吕礼。而据阿拉伯古文献记载，被俘者当中还有造纸工匠，他们对中国造纸术的西传起到了重要的作用。

[1] 安家瑶. 莫高窟壁画上的玻璃器皿 [M]// 北京大学中国中古史研究中心. 敦煌吐鲁番文献研究论集：第 2 辑. 北京：北京大学出版社，1983.

① 一般认为，伊斯兰彩釉玻璃的应用是在公元 12 至 15 世纪，而先前 9 世纪的釉彩玻璃非常鲜见，所以法门寺发现的伊斯兰早期彩釉玻璃就更显其珍贵。玻璃器皿易碎难存，除传世品外，很难见到完整的出土器物。法门寺早期伊斯兰玻璃器的发现，不仅为唐朝对外文化交流提供了宝贵的资料，而且丰富了人们对伊斯兰早期玻璃工艺的认识。

六、丝绸之路的文化交流与设计形制的域外化特点

以"丝绸之路"（Silk Road）来形容我国中古时期与西方的文明交流，最早出自德国著名地理学家李希霍芬(Richthofen von Ferdinand)撰写于1877年的著作《中国》。由于这个命名非常贴切而又富于诗意，很快便得到国际学术界的认可，从此风靡开来。其实，就历史概念而言的"丝绸之路"，其所表达的中西文明交流时间远非中古时期的汉唐，而是直至明朝早期仍然奉行的与海外交往的历史时期，也就说从西汉张骞奉汉武帝派遣，三通"西域"（打通帕米尔高原东西走廊），到东汉时期的官方使节甘英出使大秦（前往古代罗马帝国）；从唐初著名高僧玄奘西游印度，满载佛教经典而归，直至到明朝初年郑和七下"西洋"，遍访马六甲、波斯湾、红海乃至非洲东海岸。历史上无数先辈前赴后继，开辟了源远流长的中西文化交流的"丝绸之路"(图11)。起初，"丝绸之路"只是从中原长安出发，横贯亚洲，进而连接非洲、欧洲的陆路通道。其后，又有了绿洲道、沙漠道、草原道、吐蕃道、海上道等通道。"丝绸之路"的含义也被不断扩大，被誉为是东西方政治、经济、文化交流的桥梁。如今，"丝绸之路"几乎成了中西文化交流的代名词。

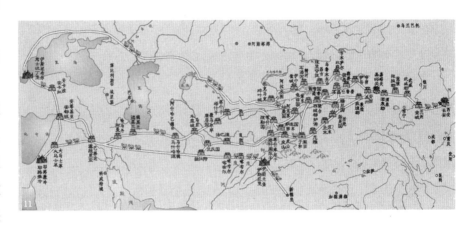

图11
丝绸之路路线

当然，从历史考察来看，中西文化交流在古代主要是从东往西，也就是由于中华文明在当时居于世界领先地位而向其他区域推广扩散。这一判断有其历史文献的依据。诸如，我国古代的许多重要物质文化，如丝绸、瓷器、茶叶以及许多重大工艺与发明，又如造纸术、印刷术、罗盘与火药等技术发明，都是从丝绸之路传播到西方的。尤其是外销商品以丝绸最为著名，传说养蚕与缫丝技术是黄帝的妻子嫘祖发明的，至少在春秋战国时期中亚的贵族葬墓里就已发现了中国的丝织品。据说公元前53年，古罗马执政官、"三头政治"之一的克拉苏追击安息人的军队到了两河流域。酣战之际，安息人突然展开鲜艳夺目、令人眼花缭乱的军旗，使罗马人军心大扰，结果遭到了惨败。这就是著名的卡尔莱战役，那些鲜艳的彩旗就是用中国丝绸制成的。由此表明，丝绸之路已是中西联结的纽带。

　　关于我国与西方的文化交流，其实早在汉代张骞"凿空"西域之前就已经长期存在。否则，张骞就不会在月氏（阿富汗北部）的市面上发现邛杖和蜀布。但是，官方中西交流渠道开通之后，我国历代朝廷为维护这条东西文化与经济交流的大动脉做出了不懈的努力。据《史记》记载，汉代派往各国的官方使者"相望于道"。出使西域的团队多者数百，少者亦有百余人，所带汉地丝绸物品比博望侯（张骞以功被封为博望侯）时还多。这样的使团，每年多的要派十几个，少的也有五六个。使者们携带大批丝绸物品出境，又从远方带回各种珍奇物品，形成了中西经济文化交流的高潮。汉代为了保护丝绸之路，在河西地区设置了张掖、武威、酒泉、敦煌四郡，在西域地区则设置西域校尉进行管理。唐太宗曾经力排众议，在今天的吐鲁番地区设置西州，加强管理，为丝绸之路的畅通以及中西文化的和平交流提供了保障。

　　值得指出的是，和平的文化交流从来都会创造一种互动的双赢格局。以中国外销丝绸瓷器为例，就出现了一种中外文化双向互动的现象。考古发现了许多带有异域装饰图案的中国丝绸织品和瓷器制品，有一部分是作为外来的新的"胡风"时尚供应中国本土市场，更多的是作为外销商品迎合西方买主而生产的。中国外销丝绸中最典型的异域图案是萨珊式联珠对兽对鸟纹（图12），如吐鲁番阿斯塔那东晋升平十一年（367）墓出土的一双手工编织履，履面上有对狮纹，并织有"富且昌，宜侯王，天延命长"的汉字，明显是专为外销而生产的。阿斯塔那所出的6世纪中叶以后的织锦中，汉锦纹饰几乎趋于消失，被联珠、对禽、对兽纹所取代，如18号隋墓出土的一件对驼纹织锦织有汉字"胡王"，更说明它是中国制的萨姗式图案外销品。这些采用异域图案的外销丝织品，除了极少部分可能在吐鲁番生产，绝大多数应产自内地，特别是当时丝织业最发达的四川地区。如阿斯塔那发现的一件龙纹绮上留有墨笔题记，说明是唐景云元年（710）"双流县"（今四川成都近郊）织造。外销织物中除联珠、对兽、对禽纹图案外，还有莲花、忍冬、迦陵频迦（双手合十或持花作供养状的人面鸟形象）图案，大概是专为外销中亚佛教地区而制。瓷器在唐中后期成为另一大宗外销品，当时的中国工匠已经懂得用西亚的式样和装饰图案烧制瓷器，以广开国外销路。唐代长沙窑，宋元外销瓷器以及明永乐、宣德之间的仿西亚金银器外形的瓷器，都是典型例子。这一时期外销商品采用异域图案的做法，同18世纪中期以后南方沿海地区为扩大欧洲市场而仿制欧式图案的瓷器和绘画一样，虽说主要是供外销，但异域风格也在潜移默化中影响到中国本土艺术。

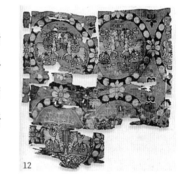

12

图12
萨珊式联珠对兽对鸟纹

自西汉由张骞出使西域开辟的以长安为起点，经甘肃、新疆，到中亚、西亚，并联结地中海各国的"丝绸之路"开通后，丝绸之路便成为中外经济与文化交流的重要通道。与唐朝在西域丝绸之路东部沿途设立的完备的烽燧馆驿系统一样，大食帝国也在丝绸之路的西部设了四通八达的邮驿系统。阿拉伯地理学家伊本·胡尔达兹比赫（约820—912）撰写的名著《道里邦国志》，就是根据9世纪时阿拉伯邮驿档案编纂而成的。书中详细记载了由阿拉伯地区通往唐朝境内的呼罗珊大道，这条道路从巴格达向东北方向延伸，经哈马丹、赖依、尼沙布尔、木鹿、安国、康国，到达锡尔河流域，再进而到达唐朝控制的西域地区。完善的驿路系统保证了世界各地的物产源源不断地涌入巴格达。同样，巴士拉学者扎希兹（776—868）在他编纂的《商务的观察》一书中，具列了世界各地输入巴格达的物品。其中，从中国输入的货物就有丝绸、瓷器、纸、墨、鞍、剑、香料、麝香、肉桂，甚至还有孔雀等动物。《道里邦国志》也记载了中国输入阿拉伯地区的货物，计有白绢、彩缯、金花锦、瓷器、麻醉药物、麝香、沉香木、马鞍、貂皮、肉桂、姜等。[1] 与中国指称的西域概念相类似，在阿拉伯文中，由中国传入或与中国有关的物品大都被冠以 sini（中国的），如烧制陶器的高岭土作 khaki sini 等。并且，凡是从中国传入的物品，大都被赋予了神奇的特性，如白铜（即"鍮"），阿拉伯语作 al-kharsini，意思是"中国铁"。据称用这种金属铸成铜镜可以避邪，制成钟铃又可以发出响亮的乐音。这表明唐代与西域的文化与经济交流日益扩大和频繁。

有历史学家和艺术史学者考据认为，著名的古罗马雕像身上透明柔软的服饰也是中国丝绸制成的。关于古罗马时期出现中国丝绸服饰的说法，要先从古希腊说起。在古希腊，穿在身上的都叫 chiton，这是一种男子常服，采用的是块料横向对折包住身躯。这一方面与他们的审美观有关，另一方面则取决于纺织技术。因为美索不达米亚及美洲常见的原始腰织机所织的布，门幅比较窄，只有30厘米左右，而希腊采用的悬挂式织机可织出1米以上的布料，这种布料制衣的款式就可以在前面采用横向对折，后缝合套头式，使服饰显得优雅，并能够飘逸起来。最关键是轻薄的纱质、缎质面料及雪纺能够体现出希腊服装所特有的垂顺感。而继承古希腊服饰衣钵的古罗马，在男子衣着上更讲究使用通体包裹的长衫，大约使用长4—5米、宽1.2—1.5米的面料制成。最先使用的是羊毛织物，只适合在户外穿着，后来中国丝绸传入，为居家穿着提供方便。特别是轻薄丝绸质料的垂顺感，成为古罗马贵族衡量衣着高雅的标准。之后，人们故意把下摆拖得很长，它的长度也就比原来多出许多。如多利安（又称佩波洛斯）以及爱奥尼亚等穿着方式，便是一种长至膝盖的短袖束腰外衣，呈矩形，其长边大于着装者的高度，宽为伸直手臂时左右手指尖间长度的两倍。它原先采用软羊皮制成，后改为丝绸制作，且颜色更趋丰富。

[1] 张广达. 西域史地丛稿初编 [M]. 上海: 上海古籍出版社, 1995:426.

穿着时，将多余的部分向上折叠，使矩形对折，并围绕身体褶裥垂披于左边，将腰部与胸部用扣针固定于肩，胸部用腰带稍加悬吊，两侧各留穿孔，以便双臂伸出。由于腰带上部将其拉出缩短了衣长，从而形成了一个宽大的罩衫。手臂裸露，右边散开并未加连接，为的是便于活动。在古罗马雕塑中时有表现，这是中国丝绸在罗马世界很快流行开来的实证。另有记载，恺撒大帝非常喜欢穿着中国的丝绸服饰。一次恺撒大帝穿着中国丝袍出现在剧院，光彩照人，引起全场的惊羡。这样一来，丝绸在古罗马的价格变得十分昂贵，每磅要黄金 12 两。后来销售日增，以至平民百姓也纷纷穿起丝绸。古罗马著名地理博物学家普林尼曾抱怨说，罗马每年至少有一亿罗马金币在与印度、中国和阿拉伯半岛的丝绸与珠宝生意中丧失。

话说回来，两汉时我国文化的西传逐渐扩展，除丝绸外，还有冶铁技术、打井技术。特别是在商代已使用陨铁制造兵器，春秋时代开始人工冶铁，到了汉代出现了低硅灰口铁、快炼铁渗碳钢、铸铁脱碳及生铁炒钢等新工艺和新技术。这些伴随着当时的铁制品沿着丝绸之路传入西方，在汉匈战争中逃亡到西域地区的士卒曾将铸铁技术传给大宛和安息的工匠。大约在公元前 2 世纪，乌兹别克斯坦境内的费尔干纳人从中国学得了铸铁新技术，然后，于公元 9 世纪左右，再传入北方的东斯拉夫人在第聂伯河中游建立的早期国家——基辅罗斯（俄国前身）。在丝绸之路上的中外贸易中，钢铁成为丝绸之外最受西域欢迎的商品。

在西汉时期发明造纸术，东汉蔡伦改进造纸方法，这使得我国造纸术西传非常早。敦煌及甘肃西部都发现过汉代的原始纸。可以推测，至少在 7 世纪时，我国的纸已在撒马尔罕（今乌兹别克斯坦）等地广为使用，在印度则不晚于 8 世纪。造纸术传入中亚通常被认为是在唐玄宗天宝年间（大约是公元 751 年前后）。唐朝的造纸工匠最先在撒马尔罕造纸，这里从此成为中国境外的造纸中心，在整个中世纪都名震欧洲。794 年大食首都巴格达也办起了纸厂，并聘请中国技师进行指导。此后，造纸厂相继出现在也门、大马士革等阿拉伯城市。9 世纪末，我国造纸术传入埃及，不久便淘汰了当地的纸草。12 世纪，造纸术从北非传到西班牙与法国，德国的纽伦堡也于 1391 年建造了第一家造纸厂。纸的发明与西传对促进欧洲近代文明的发展具有不可估量的意义。

印刷术至少在唐代就已经出现。具体地说是在 7 世纪后期至 8 世纪上半叶。现在见到的世界上最早的雕版印书是敦煌发现的现藏大英博物馆的《金刚般若婆罗密经》（图13），上面标明的印刷年

图 13
世界上最早的雕版印书《金刚般若婆罗密经》

代是咸通九年四月十五日，即公元 868 年。雕版印刷术很早就传到了韩国与日本，人们现在还能见到公元 8 世纪韩国与日本的佛教印刷品。但是，雕版印刷术西传的过程则要晚得多。1880 年人们在埃及发掘出的阿拉伯文印刷品，其年代被推断在唐末至元末间。据推测，我国的雕版印刷术很可能是在宋元之际，通过蒙古人的西征或其他契机传到了中亚、西亚，进而传到北非与欧洲。14 世纪初伊利汗国宰相、史家拉施德丁在《史集》中记录了中国的雕版印刷方法。活字印刷是宋代毕昇在 1041—1049 年间发明的。毕昇用胶泥刻字制版印书，王桢在 1313 年创制了木活字，他还提到元初已有人造锡活字。由于蒙元时代中西交往频繁，很可能 14 世纪末活字印刷方法已传到欧洲。活字印刷，特别是金属活字印刷，在欧洲发扬光大后又于 15 世纪传回中国。

欧洲人用作导航的罗盘也是从我国传过去的。虽然中国人对磁石指南性的认识在战国《韩非子》、东汉王充《论衡》中已有记载，但将它用于航海导航大约是在 11 世纪末。北宋末年朱彧的《萍州可谈》是世界上最早记载此事的著作，书中谈那些往来广州的舟师们懂地理，在海上航行时，"夜则观星，昼则观日，阴晦观指南针"。英国科学史家李约瑟甚至推测，在 9 至 10 世纪的中国可能就已经在航海中应用指南针了。为了便于在航海中确定方位，人们将它置于圆盘内，圆盘上划分刻度，于是发明了罗盘。至于它是怎样传到欧洲的，目前还是一个谜。由阿拉伯文献提供的材料可知，在 13 世纪初，阿拉伯海员已经使用罗盘，1230 年成书的波斯佚文集《故事大全》中记载了一个用指南鱼探寻航道的故事。这个故事中的指南鱼，与沈括《梦溪笔谈》中的水浮针法有类似之处。1281 年，阿拉伯人的《商人宝鉴》问世，书中说从埃及亚历山大城到印度洋的水手都懂得将磁针安置在浮于水面的木片上，用来辨别航向，又提及用磁铁制成鱼形投入海中，以指南针的头尾指示南北。显然，这些方面都显示出他们曾受到中国文化的影响。

在此文化背景影响下，唐代的设计面貌出现许多西域风采。诸如，丝绸面料和服饰都颇具西域的奇特色彩，这与丝路东渐形成的西域文化传播有着密不可分的联系。如丝绸中的缂法工艺，就来自西域毛织物的缂毛工艺。采用这一方法，不仅使丝绸层次色阶出现分色区域的美感，而且提高了缂织物的坚牢度。尤其是缂织纬短，线较细密，显色易于调和婉转，晕色丰富，表现云气纹和翎毛纹饰细腻而有绒毛质感。与此同时，中西亚文化对中原丝绸纹饰形成的影响也日益显著。如西域常见的葡萄纹、忍冬纹、莲花纹、联珠对鸟、对狮纹等，随着佛教的传入在唐代逐渐流行，甚至大行其道。那些忍冬纹以对称、均衡、动静结合等手法，组成各种形状的边饰，或者变形为藤蔓、缠枝，与莲花、联珠纹等都具有明显的波斯萨珊王朝艺术风格。像青海都兰县出土的一批唐代文字锦，为波斯婆罗钵文字，意为"王中之王，伟大的、光荣的"，就带有明显的异域文化特点。而本身来源于西域，又在唐代流行的卷草缠枝花卉纹，由于唐的强大影响力，也被西域称为"唐草纹"。总体说来，唐代丝绸在广泛吸收外来文化与技术的基础上，又将文化新的创意传播到了西域各地，在更大范围内产生了广泛的影响。

再有，西域传入的各种乐舞戏服等也引起了中原人的极大兴趣，以至包括皇帝服饰也趋于西域的流行特色。如东汉晚期的汉灵帝刘宏（156—189）十分喜好西域艺术，常常穿着胡商的衣服饮酒作乐。在他的带动下，当时洛阳的达官贵族都以追求胡服、胡乐、胡舞为时尚，这便成为盛唐玄宗时期兴起的"胡服热"的社会历史基础。从史料和考古物证来看，由隋入唐，我国古代服装在对外交往过程中呈现空前开放与繁荣的局面，服装款式、色彩及纹饰都形成崭新的样式。而这一时期的女子服饰更可谓是丰富而华丽，体现出对外来衣冠服饰特点的广为吸收，显现出交流融合的特色，共同塑造出多民族交融的服饰文化特点，归纳起来可列为三大特点：

一是唐女襦裙装在接受外来服饰影响下，取其神而保留了自我的原形，于是襦

图 14
周昉《簪花仕女图》
局部

裙装成为唐代中最为精彩而又动人的装束。如周昉的《簪花仕女图》（图14）以及周渍"惯束罗衫半露胸"的诗句即描绘这种装束，这是古代女装中最大胆的一种，可谓群芳争艳，瑰丽多姿。

二是女着男装成为时尚，这既是对古礼的一种背离，又凸显出唐代文化的宽容与多元。在《礼记内则》中曾规定"男女不通衣服"，尽管事实上不可能这么绝对，但是女子着男装常会被认为是不守妇道。唐之前虽然在汉魏时也有男女服式差异较小的现象，但仍不属于女着男装，只有在气氛非常宽松的唐代，女着男装才有可能蔚然成风，这应归于游牧民族文化的影响。当时中原以外的马背民族的服饰形成的粗犷身架、英武装束，对唐女着装意识产生一种渗透式的影响，创造出一种适合女着男装的气氛。

三是胡服的传入对唐代服饰形成极大的影响，胡服热席卷中原诸城，尤以长安及洛阳等地为盛，其饰品也最具异邦色彩，令唐代妇女服饰耳目一新。于是，唐玄宗酷爱胡舞胡乐，杨贵妃、安禄山均为胡舞能手。更有白居易《长恨歌》中提到的"霓裳羽衣舞"，也是胡舞的一种。可以说，整个西域的浑脱舞、枯枝舞、胡旋舞等，不仅对汉民族的服饰，而且对汉族音乐、舞蹈均产生了广泛的影响。

七、日本大化改新后与唐朝发生的密切联系

日本大化改新开辟了日本文化发展的新时代，从此开始注意汲取唐朝文化，在630—894 年间，先后派遣了 19 次遣唐使，实际渡海 15 次。遣唐使除大使、副使以外，随行人员多达数百人。在随行人员中还有许多留学生和求法僧，如吉备真备、阿倍仲麻吕、玄昉、最澄和空海等便是其中杰出的代表人物，他们对中日文化交流做出了突出的贡献。同样，中国的高僧前往日本也带去丰富的中原文化。例如，8 世纪中叶，年逾花甲、双目失明的中国高僧鉴真和他的弟子应邀东渡日本，他们不仅带去了佛教经典，创立了日本律宗佛教；还传播了医药、建筑、雕刻、美术、书法等方面的知识，极大地丰富了日本文化。日本史家称鉴真的贡献是"禅光耀百倍，戒月皎千乡"。由于日本积极汲取唐朝文化，并逐渐与日本传统文化相融合，成为日本民族文化的重要组成部分。奈良时代，中原佛教各宗大都传入日本，佛教获得很大发展。743 年，在首都奈良建东大寺，地方各国建国分寺。随着佛教的发展，与佛教有关的建筑、雕刻、绘画、金银细工等工艺都有了飞跃的发展。东大寺、唐招提寺、法隆寺等集中代表了佛教艺术的精华。由之，奈良文化于天平年间达到全盛，史称"天平文化"，其基本特色是天皇和国家本位主义的政治倾向，贵族中心的都市文化，佛教中心的艺术以及唐朝文化风格的强烈影响。

此后，日本的乐舞、书法、绘画、工艺制作、都城规划、医药、服饰等方面均受到唐文化的很大影响。比如，唐代的乐器、坐部伎和立部伎等歌舞都被日本引进。中国以人物、山水和风俗为主题的绘画作品传入日本，日本画家模仿、学习而创作的作品，其风格酷似唐画，被称作"唐绘"。1972 年发现的日本高松冢古坟壁画，其绘画题材和技法都直接源于唐代墓葬壁画。当时在日本收藏唐代的书画作品和工艺美术品的风气很浓，日本奈良正仓院至今仍然保存了大批从唐代传入的文物（图 15）。而在奈良时代唐朝文化的移植使染织工艺得到了惊人的发展，原本朴素的花纹直线要素明显发生改变，出现唐草纹样，增强了奈良时代的染织工艺特色。诸如，唐朝精巧曲线构成的纹样极大地增加绫、罗、锦的缀织。并且，在缬缬（こうけつ）、夹缬以及刺绣、线带与"绣佛"的纹样形式中也加入唐草纹样的形式，使之在刺绣工艺中逐步占据了重要的位置。

15

图 15
日本奈良正仓院收藏
的唐代琵琶

在都城建筑方面，日本在奈良朝以前没有固定的都城，都城建制规模比较狭小。元明天皇 708 年即位后，始命以长安为模型建筑新的都城平城京，京城正中以朱雀大街贯通南北。794 年，桓武天皇迁入平安京（今京都市），新都的布局更加接近唐代都城长安，甚至城门的名称也照搬不改。日本的寺院建筑也学习唐朝。鉴真亲自参与修筑的唐招提

寺，气势雄伟，结构精巧。它所采用的鸱尾、三层斗拱等建筑方式给日本佛教建筑以直接的影响。总之，唐代的文化是极具魅力的文化，唐代文化的输出是和平且积极的，周边国家对于唐代文化的认同，提升了唐朝在国际上的地位，也保障了唐朝与周边国家交往的持续联系。

余论

综上所述，本文以中古时期我国跨文化交往的历史背景为线索，以唐代中外设计文化交流为主线所进行的历史考察，意义非同寻常，体现在以这几段历史为综合考察，为我们展示了一幅非同寻常的唐代社会、文化、经济及技术相互促进与发展的历史画卷。观其经过，有三个显著特点值得关注：其一，唐朝渐已成为整个东方版图经济与文化的中心，对周边国家和地区的经济与文化交流已不仅限于一般的往来，而是具有辐射地的功能作用。其二，唐朝对外经济与文化交流的空间日益扩大，除东亚和东南亚外，与中亚、西亚、欧洲，甚至远及非洲都有比较频繁的经济与文化的往来。最为显著的是波斯、阿拉伯使节或商人大量来到中原，甚至还有许多留居不回的波斯和阿拉伯人，这使得中原地区成为多民族、多文化的巨大融合场域。其三，唐朝海运和陆运十分发达，相继开通了对外交往的便利通道，从而使唐朝的国际地位获得迅速提升。陆路方面，从长安出发，向东可以到达朝鲜，向西经"丝绸之路"，可以通往今天的印度、伊朗、阿拉伯以至欧非许多国家和地区；海路方面，从登州、扬州出发，可以到达朝鲜半岛、日本列岛，从广州出发经海上"丝绸之路"可以到达波斯湾。在这样的中外经济与文化交往背景下，呈现出来的设计文化交流也同样显现出中原与域外各国和各地区的一系列设计文化的交流与交融。

比如，与中亚、西亚、欧非各地交往，从而发展和丰富了中原的玉作之器。《唐实录》载："高祖始定腰带之制，自天子以至诸侯、王、公、卿、将、相二品以上许用玉带。"[1] 始于唐朝的腰带制之制，在我国历史学界是公认的。虽然在此之前北方少数民族有蹀躞玉带、万钉带的存在，但其并未成为朝廷礼仪用带。而唐代官服玉带尤以胡人纹玉带最为著名。1970 年西安何家村出土有二副有纹玉带，一副即为胡人伎乐纹，一副为狮纹。1972 年西安南郊丈八沟出土的 39 块玉带板也为胡人伎乐纹饰，三块铊尾皆为胡旋舞形象。这伎乐纹玉带板便是唐朝引入西域音乐、文化的历史见证，是唐朝成功地进行东西部文化交流的重要物证。唐朝廷将新疆龟兹国（今新疆西部库车、沙雅）的伎乐人带进长安，并与汉族的音乐融合。玉带板上的伎乐纹饰，便是唐代玉器善于向域外优秀文化

[1] 转引：故宫博物院．古玉精萃[M].上海：上海人民美术出版社，1987:13.

学习与借鉴、吸收西域音乐舞蹈文化并将它融合于中华传统玉文化之中的产物。

又如，隋至初唐时期，女子服饰特别是仕女衣装基本上是沿袭南北朝形制，短襦胡服和传统袍衣并存，大多窄小细瘦，紧身。到了盛唐时期，以胖为美的审美观逐渐占据主流，女子服装越益趋向宽大。地处边陲紧靠西域的新疆等地，自古以来就是多民族聚居区，也是中原文化与西域及西方文化相互交融的枢纽之地，此处西域服饰特别是女子服饰呈现出多姿多彩的风貌。新疆文物考古工作者在吐鲁番地区发掘出土了大量与服饰有关的木俑、泥俑、绢画等文物，为我们了解唐朝时期的西域女子服饰提供了不可多得的形象资料。我们从吐鲁番阿斯塔那出土的文物资料来看，以吐鲁番地区为代表的西域女子服饰，有中原文化之特色，与此同时，与中原地区那种汉式宽袖大袍、右衽掩胸、博带深衣之式相比，更显出地方特色和民族风格。

再有，唐朝的陶瓷被大量运往西域，成为重要的日用器具。而陶瓷在销往西域的途中还被阿拉伯世界接受，培植了当地的陶瓷业，并对后来西方的陶瓷发展起到重要的作用。特别是那些受到中国瓷器影响的锡釉陶器，随着阿拉伯人对西班牙的入侵而流入欧洲，促进了欧洲锡釉陶的发展，锡釉成了欧洲陶器最常用的装饰手段。以至后来陶瓷长期扮演国际贸易硬通货的角色。源自波斯语 chini（中国的或中国人）的 china（瓷器），随着中国瓷器在世界的传播，成为与中国（China）密不可分的双关语。甚至在和非洲的往来中，唐朝人杜环在北非、东非留下了行踪，他撰写的《经行记》记载了非洲的风土民情。史书里还记载东非索马里使者在唐太宗时来到中国，受到很好的接待。

此外，唐朝长安和沿海许多城市设有"新罗坊"或"新罗馆"，说明新罗（朝鲜半岛国家之一）的商旅来中国的很多。并且，新罗立国参用唐朝制度，仿照唐朝实行科举，设立国学，教授儒学。新罗从唐朝引入茶种、雕版印刷术和高超的制瓷、制铜等手工业技艺。如新罗人留学生崔致远的诗文集《桂苑笔耕》记载，受到中国的影响，新罗人在姓氏、服饰、节令、风俗等方面都有浓重的中华文化色彩。隋唐与日本友好交往，遣唐使和留学生的派遣多达数十次，也因此形成唐文化对日本的重大影响，日本著名的大化改新就是由留学唐朝回国的学人策动的。日本新政中的制度更是以唐制为蓝本。还有日本都城的建造完全仿照唐长安城的样式。再有频繁的贸易往来，促进了日本仪礼、服饰和手工艺与唐朝的紧密交往与联系。

总之，通过对历史文献和史实由表及里逐层揭示，更可以明析出唐朝与域外交往形成的丰富多彩的设计文化所蕴含的各种文化特征、形态，以及造物活动的文化思考。事实上，唐朝设计文化如同所有唐朝文化一样，都表现出处在社会经济上升阶段构成的文化先进性，由此形成兼容并蓄的社会风气，使唐朝的诸多设计均取得了我国封建社会发展阶段的最高成就，体现出舒展博大的精神气质、精巧圆婉的设计意匠和富丽丰满的形态特征。事实证明，一个朝代的背景造就了这个朝代的文化与文明，所以一个朝代所造就的文化与文明也和这个朝代的历史背景是分不开的。唐朝是我国历史上封建社会的鼎盛时代，在世界历史上也是一个强盛的时代，虽说最后还是没有逃脱历史轮回的命运，但是它所创造的文化与文明却为后人所景仰、所称赞。

原载于《创意与设计》2015 年 01 期

传统手工业艺人群体近代化生存博弈探究

传统手工艺是我国自古至今手工业发展的历史见证，它以"技艺"和"物态"的形式，融汇出历史的、民族的和地域的诸多文明特色，记录着一个民族文化的历史演绎，承续着中华民族数千年延绵不绝的造物文脉，作为"非物质文化遗产"实至名归。然而，在我国近代化进程中，以机器生产取代家庭作坊和手工工场生产之后，却出现了一个令人忧虑的局面，这便是在日益工业化的时代环境中，传统手工艺与近代化社会发展逐渐凸显出两者间具有的矛盾性生态尴尬，表现为传统手工艺的生存空间逐步萎缩，甚至消亡。由此，面对历史我们不禁要提出一个值得深思的问题，即如何认识我国传统手工业艺人群体在近代化进程中所遭遇到的种种生存困境，以揭示其生存博弈问题的实质。

一、近代历史条件下传统手工艺人群体构成发生的根本性变化

探讨这一问题，需提及我国近代化的历史背景。这段历史大致可划分为两个历史阶段：

第一个历史阶段是 1840—1895 年间，在这半个多世纪的时间里，一般说来是我国近代化的起步阶段，其中的"洋务运动"是这一历史阶段当中发生的重要事件。而在此历史时期，我国的政治制度可以说尚未真正适应近代化社会发展的需要，因而所谓"洋务运动"的进程，也只能是一种依靠以军事工业为主体的"工业化"[①]促成的社会进步，

---

① "洋务运动"虽说使晚清出现顺应世界潮流的发展趋势，其表现在近代化（主要是近代工业化）的道路上迈出了重要的一步，但这只是以军事工业为主体的一种"工业化"的进步。所谓"近代化"的重要标志，通常是指政治制度的革新，可在晚清未能有真正意义上的实现，也不可能作为社会发展的必要条件。这与英国近代化工业起步阶段相比有着根本的区别。英国工业革命是其政治制度革新作为社会发展的必然，如出现了资本市场扩大对商品需求的增加。而晚清出现的"洋务运动"，则是内忧外患、统治阶级出现严重危机导致的结果。因而，两者促成的原因有很大差别：其一，"洋务运动"的出现是西方资本主义列强对我国发动两次鸦片战争的惨痛经历所致，加之国内爆发的太平天国运动，使得清廷不得不关注其适应社会变革的需要；其二，英国工业革命是由资产阶级领导进行的，而"洋务运动"则是由地主阶级洋务派主导的，特别是在当时的历史条件下，我国社会没有完整和雄厚的资产阶级形成，其主要经济支撑是乡村生产力，这无论如何是不能代表社会先进生产力的因素，也根本无力承担实现近代化的历史使命；其三，在近代工业化起步领域，英国工业化是从轻工业的棉纺织业起步的，然后推广到重工业中的机器制造业，而晚清恰恰相反，是先发展军事工业，民用工业未能得到相应的跟进发展；其四，英国工业化起步的资金大部分来自私人投资，形成资本积累与再利用，而晚清则主要是靠朝廷投资，这使得我国工业化起步缺少近代化的资本积累与开发过程。仅由这四点来判断，可推论说"洋务运动"只能是依靠以军事工业为主体的"工业化"，而非"近代化"。

先后经历了由重工业到轻工业，再由军需到民用，以及由官营到民营逐步交替的变换过程，尤其是涉及工业发展的投资形式，也主要由官办、官督商办逐渐转移到商办，可谓经历并实现了从单一到多元的工业投资的转变过程。当然，在此时期也有一项比较能代表"近代化"的事件发生，这便是由过去通过科举选拔人才，逐渐向科技与生产领域兴办学堂以培养新型适用人才的过渡，出现了新式教育的雏形。

第二个历史阶段是1895—1927年间，这可说是我国近代化整体发展的重要历史阶段。在这30余年间，我国在政治和经济领域中出现比较突出的倾向是提倡学习西方科学技术与变革社会制度的诸多举措。例如，"实业救国"作为一种思想倾向，促成学习西方的先进技术，用以发展近代化工业，实现富国强兵的目的。在这一时期，民族资本家和爱国之士纷纷投资建厂，以实际行动推行"实业救国"的主张。

图1
张謇

图2
大生纱厂发行的股票

如江南实业界翘楚张謇（图1）就竭力主张"实业与教育迭相为用"[1]，在创办纱厂（图2）、面粉厂等多种实业的同时，还兴办纺织学校，试图实现"以实业辅助教育，以教育改良实业，实业所至即教育所至"的目标。以至辛亥革命时期，更有许多有识之士提出国家振兴实业"要道"五条[2]。凡此诸种，可谓是近代化政治制度的革新，形成了较为完整的"实业救国"论。而"实业救国"论在五四运动前后又得到进一步风行。总而言之，发展实业是当时历史背景下增强国力的有效口号与方式，而增强国力正是救国家的唯一道路。在此思想的影响下，实业发展带动了资本主义思潮与市场机制，以及日益剧增的机器生产，从而形成了不可逆转的历史趋势。所以说，在"实业救国"的浪潮下，以工业化为主体的经济近代化，以及思想和文化领域的近代化，均出现了长足的进步。

以此历史背景为线索来探讨近百年传统手工业艺人群体的近代化生存问题，自然是针对我国近代社会发生变革而提出的思考。众所周知，我国近代社会从封建专制向近代

---

[1] "实业与教育迭相为用"是张謇实业教育思想的精髓，他认为，要实现这一理想，就必须要有一个良好的政治和经济环境，而要实现这一良好的环境，则非办好教育不可。张謇提出"国待人而治，人待学而成"，明确了教育有着"期人民知有国"，"能有国之终效"的作用。故而，他在创办实业和教育的过程中，始终将实业教育与实业视为"至密至亲"的关系。他从国家利益出发，提出了"苟欲兴工，必先兴学"的人才培养观，进而主张："泰西人精研化学、机械学，而科学益以发明。其主一工厂之事也，则又必科学专家，而富有经验者。……夫工业之发达，工学终效之征也。则工学之构成，亦工业历试之绩。"又提出"必无人不学，而后有可用之人；必无学不专，而后有可用之学"。这其中涉及的"机械学""工学"和"可用之学"，很显然都属于实业教育的范畴。总之，张謇"实业与教育迭相为用"的教育思想，对我国近代职业教育和职业教育思想的形成与发展起到了积极的推动作用。

[2] 国家振兴实业"要道"五条：改良各种行政机关，调整和统一度量货币，疏通货物流通渠道，收集才智之民归实业界，制定特别保护奖励法规。

资本主义的转轨，基本实现了由传统农业社会向近代工业社会的转变进程。在此过渡时期，近代化①的社会认知逐步普及。具体来说，由于世界各国的近代化道路各不相同，史学界总结了两种基本范式：一种是以英法等国为主体，在整个近代化社会进程中，较之其他落后国家和地区而言，率先完成了从农业社会向工业社会的过渡，并在此过渡阶段相应建立起以资本主义制度为社会基本制度的近代化社会，史学界习惯称之为"早发内生型近代化"；另一种则是受西方列强侵略，被奴化或被殖民之后，以西方资本主义制度为发展模式，或是为模仿对象而进行的近代化国家体制探索，被称为"后发外生型近代化"。很显然，我国的近代化道路属于后者。自然，我国的近代化进程除有西方列强带来的西方资本主义这一外力作用外，也有内力的作用，即在晚明这段不足百年的历史进程中，曾出现了有异于以往和后来封建帝制社会的形态，诸如江南地区商品经济的畸形繁荣，孕育出早期资本主义的萌芽，以至影响了清道光年间的陶澍②（图3）等改良派，他们竭力主张采取一系列发展资本主义性质的商品经济改革措施。如果从这时算起，到推翻封建帝制的辛亥革命，再到彻底清算封建思想的"五四"新文化运动，我国近代化之路可说已经走过了百余年。故而，关于我国近代社会"近代化"发展，实质是一个综合的概念，其核心是经济近代化。有学者分析指出："近代化是世界历史发展的必然趋势，但世界各国近代化的历程却不尽相同。和英法等国近代化历程比较，半殖民地半封建中国的近代化道路具有明显的特色。英法等国的近代化，主角是资产阶级，内涵是资本主义化。中国近代化却随着时代的变迁，而两易主角和内涵。前80年近代化的主角是民族资产阶级，内涵是资本主义化；后30年无产阶级跃居近代化主角，近代化的内涵也随之而变成为社会主义开辟道路的新民主主义化。"[1]在此历史进程中，传统手工艺人群体的构成也相应发生了根本性的变化，即由乡村农民为主体

图3
陶澍像

———

① 所谓"近代化"，又称"现代化"，是18世纪后期工业革命以来，现代生产力引发的社会生产方式与人类生活方式大变革的指称，是以经济工业化和政治民主化为主要标志，以现代工业、科学技术革命为动力，从传统农业社会向现代工业社会的转变，进而使工业化社会观念渗透到政治、经济、文化、思想各个领域的深刻变革过程。在此阶段，不断引发政治制度、经济制度和社会生产力、思想文化乃至人们生活方式的改变。在西方世界，近代化又被称为"资本主义化"，而在我国半殖民地半封建的历史时期，"近代化"具有明显特色，即前80年近代化可称为"资本主义化"；后30年又增加新的内涵，即由无产阶级领导的为社会主义开辟道路的"新民主主义革命"。

② 陶澍（1779—1839），字子霖，一字子云，号云汀、髯樵，湖南安化县小淹镇人，清代经世派主要代表人物。嘉庆七年进士，任翰林院编修后升御史，曾先后调任山西、四川、福建、安徽等省布政使和巡抚，后官至两江总督加太子少保，病逝于两江督署，赠太子太保衔，谥文毅。《清史稿·陶澍传》称："陶澍治水利、漕运、盐政，垂百年之利，为屏为翰，庶无愧焉。道光中年后，海内多事，诸臣并己徂谢，遂无以纾朝廷南顾之忧。人之云亡，邦国殄瘁，其信然哉。"

———

[1] 孙占元，王怀兴. 中国近现代史教学备要 [M]. 济南：山东教育出版社，2001:56.

的传统手工艺人群体，转变为以城镇工商业者为主体的艺人群体，也就成为由"早发内生型近代化"的手工业群体转而成为"后发外生型近代化"的手工业群体，其群体特性发生了根本的改变。

举例来说，自晚清以来，江南城镇成为我国东部农村市场重要的升级结构层次，也就是说城镇市场层级已覆盖乡村市场，以至影响到数量众多的城镇中低级社会阶层群体，成为农村融入城镇的"地方体系层级"①的主力军。关于这一点，我们可以从 20 世纪三四十年代地方志中找到相应的佐证。比如，与晚清时期城镇数量增长较快的江苏吴江、松江等府相比而言，浙江嘉兴、秀水两县城镇体系发展情况可以说是"缓慢"，甚至是"停滞"。尽管如此，我们依旧可以在《嘉兴府志》中看到，与晚明相比，新城、濮院、王江泾三镇人口规模就分别达到 7000—10000 户之多。尽管地方志中的记载不可能具有今天统计学的实证意义，但这样的记载表明，与吴江、松江等地相似，嘉兴地区城镇体系的发展过程与晚清以来江南城镇迅速扩展有着密切的关系。在许涤新、吴承明主编的《中国资本主义发展史》一书中就有记载：历代盛行的官营作坊，在明清时期受到冲击。江南城镇附近农户不事农耕，"尽逐绫绸之利"渐成风尚，城镇中"络纬机杼之声通宵彻夜"的情形亦载于史籍。明万历年间，仅苏州丝织业中受雇于私营机房的职工就有数千人，是官局的两三倍。清初在苏州复置官局，设机 800 张，织工 2330 名。至康熙六年（1667）缺机 170 张，机匠补充困难，而同一时期苏州民机不少于 3400 张。据《明神宗实录》卷三六一记载，当时苏州"生齿最繁，恒产绝少，家杼轴而户纂组，机户出资，机工出力，相依为命久矣"[1]。史学界也普遍认为，我国近代化进程十分突出的一步就是从城镇工业化开始启动的，诸如，19 世纪 60 至 90 年代，在外商企业的刺激、示范和洋务派军民用工业的诱导下，洋务派掀起了一场"师夷长技以自强"的洋务运动，官僚资本、地主商人开始投资新式工业，拉开了我国近代民族工业发展的大幕。到甲午战争前夕，江南地区城镇出现大量商办企业，大部分是以手工业生产为主。可以说，城镇数量的逐步增加带来了"地方体系层级"的逐步完善。发展至民国初年，处于传统社会经济背景下的城镇人口和商业规模趋于成熟，即城镇人口中有相当一部分从事商业或生产活动，这样城镇体系出现经济流通和生产消费，自然城镇市场趋于成熟。有经济史学家在提到我国晚近以来城镇经济层级时认为，已出现三方面的衡量指标，即市场地位、

---

① "地方体系层级"是经济学界针对城镇市场经济规模划分的一种参数指标，主要用于分析我国近代社会城乡经济活动的运行状况。黄敬斌在《近代嘉兴的城镇体系与市场层级——以 1930 年代为中心》（《复旦学报（社会科学版）》，2014 年第 4 期）一文中认为："地方体系层级"大致可划分为：核心地带的地方城市，拥有集中的店铺和作坊；再有就是一般市镇，有商业活动，但规模有限，其经济地位通常被视为是初步或低度发展的"村市"，这两类均可说是"地方体系层级"。

[1] 转引：南炳文，汤纲．明史：第 2 版 [M]．上海：上海人民出版社，2014:525.

商业和税收规模、已形成的"增值商品和服务项目"。[1] 所谓"增值商品和服务"，可据克里斯塔勒·华特①的表述加以阐释，即认为：较高级的中心地必然提供较高级的中心商品和服务，较低级的中心地只能提供较低级的中心商品和服务。这里的"商品和服务"不仅是经济性的，还应包括非经济性的、文化、卫生以及政治方面的。[2] 那么，根据"增值商品和服务"理论来判断，江南城镇中集中的传统手工业艺人便属于"增值商品和服务"的主要群体，这是城镇人口与工商业规模化之后必然构成的依存关系。此外，我们还可以根据民国年间编撰的《嘉兴新志》和《中国经济志》所提供的有关江南城镇商店数量的比例数据测定，按照 26∶1 的"人口—商店比"推算，可进一步检验。据嘉兴"职业人口"记载，民国二十年该县党、政、警、军、工、商占全部职业人口的 21.4%，其中绝大多数是工商业人口。[3] 也就是说，商业人口所占比例较大，那么，这其中应该包括城镇传统手工业艺人群体，因为他们的身份在当时大多是以"城镇工商业者"的职业身份进行统计的。仅此粗略统计推论，近代社会江南地区由乡村农民为主体的传统手工艺人群体转变为以城镇工商业者为主体的艺人群体，是基本可以确认的历史事实。

二、农村经济资源配置中的相互竞争出现农村手工艺人向城镇迁徙

19 世纪末期至 20 世纪初叶，可说是我国近代工业真正兴起的时期。自然，对不同区域的城镇和乡村经济来说，近代工业所产生的影响也各不相同。而作为城镇和乡村经济重要支撑的传统手工艺行业，受到的影响可说最为强烈。比如说，苏南的松、太地区在此时期成为近代率先进入以工业化为主导的区域，并且在全国范围内也是率先进入工业化时代。由此，本地的传统手工艺行业，主要是手工织业出现萎缩，并逐渐蔓延至以自给性为主的手工艺全行业的衰退。相反，在苏北沿江的南通、海门地区，则有点像如今的接受发达地区产业转移一样，在承接起江南手工艺生产的转移过渡中，形成以织布为主业，进入到农副业并举的发展局面，致使在家庭手工织业的带动下，这一地区的商品市场获得了较大的发展。而再往北的徐州、淮安、海洲（今连云港市）地区的农家经济，受其手工艺生产北迁影响，也普遍出现了乡村织布副业，构成了一个较为完整的自给型经济。由此可论，在近代工业影响下，江苏近代手工艺区域性转型由南向北逐步推进，从而出现了工业与手工业，包括区域性农村经济资源配置中相互竞争的状况。而就在此时，也

---

① 克里斯塔勒·华特（Christaller, Walter, 1893—1969），德国经济地理学家。他提出关于城市区位的中心地学说，补充和发展了西方经济学中的农业区位论和工业区位论。尤其对人文地理学、经济学、区域规划和城市规划产生重大影响，促进了理论地理学的发展。

[1] 苑书义. 中国近代化历程述略 [J]. 近代史研究, 1990, (03):11.

[2] 施坚雅. 中华帝国晚期的城市 [M]. 叶光庭, 等译. 北京: 中华书局, 2000: 403—410.

[3] 克里斯塔勒. 德国南部中心地原理 [M]. 常正文, 王兴中, 等译. 北京: 商务印书馆, 2010: 31.

出现了农村传统手工艺人群体向城镇迁徙与集结，成为城镇手工艺户的现象，这一现象随后变得越发普遍。

例如，乡村织布业除家庭人手参与外，又可以积累起足够的资金去购买织布机，再雇手工艺人帮忙生产。这种扩大再生产达到一定规模效应后，必然涉及为生产和销售便利，大多数在乡村织布业的作坊都尽量搬迁到城镇或是城镇近郊。这样做的目的，一来便利生产和销售；二来雇佣手工艺人方便，尤其是后者更为重要，是吸纳手工艺人最为便捷的举措，因为乡村分散的织布业一旦搬迁到城镇或是城镇近郊，可雇佣的人力资源也变得丰富。这就出现许多城镇手工艺行业有可能雇佣更多非亲属雇工，以缓解家庭成员人手不足的问题。这样的雇佣形式逐渐形成规模，出现城镇"手工业工厂"的生产形式，这是当时织布业、棉纺印染业等尚未配备足够动力机器且规模较大的手工业作坊的发展需要。如此一来，在这些企业生产中，基本上摆脱了一家一户的小格局，而形成几户劳力共同雇佣的联产责任制。如苏南吴县、社桥、武进等地，以及沿江的江阴、姜堰和南通等地，在 20 世纪三四十年代的棉布上光和印染业中就出现家庭互助联产制。以南通棉纺手工业为例，在明清时期由于大量种植蓝草，解决了原材料的来源问题①，使当地染坊数量不断增加。到清末民初，染织蓝印花布的生产作坊已成规模的街市，仅在地方染织局登记在册的手工染坊就有上百家。《光绪通州志》记载："种蓝成畦，五月刈，曰头蓝；七月再刈，曰二蓝。甓一池汲水浸之，入石灰搅千下，戽去水即成靛。用以染布曰小缸青，出如皋者尤擅名。"[1]

春播秋收，叶子浸放在石潭中，几天后去掉腐枝，放入石灰或海蛤粉，使之沉淀。沉淀后的染料似土状，俗称"土靛"。[2] 此时，蓝印花布的图案设计也开始讲究，民间艺人大胆吸收剪纸、刺绣、木雕等传统图案形式来丰富染织蓝印花布的纹样。而随着油纸伞业的发展，用桐油纸来刻花版，省工省时且效果好。尤其是上了油的花版耐水、耐刮性强，使用寿命长，使其工艺更趋于成熟，致使民间蓝印花布生产广泛，在手工染坊的基础上，又形成一支"印花担"队伍。所谓"印花担"，也叫"花担匠"，他们只印花、括浆，不染色，为手工染坊，特别是农家手工染坊提供各种形式的花版。这种"印花担"在南通，或是江南地区被称"秃印作"。这些匠人走街串巷，走乡串村，挑担行事，担

---

① 南通地区常年温暖湿润，特别适宜蓝草的生长。蓝印花布的染料，是以蓝草为主要原料。蓝草依其科属的特性与生长环境，大约分为四种，即蓼蓝、山蓝、木蓝、菘蓝。南通及周边地区以盛产蓼蓝（亦称为蓝或靛青，为蓼科一年生的草本植物，主要用作染色及药用）而闻名。蓝印花布生产多为农家把刮好浆的坯布送往附近染坊，或自己制作靛蓝染色。由于蓝印花布需求的不断增长，蓝草种植的普及亦推动制靛业的发展。

[1] 转引：《中国乡镇·江苏卷》编辑委员会. 中国乡镇·江苏卷：第 2 卷 [M]. 北京：新华出版社，1997:1203.

[2] 浙江省桐乡市乌镇志编纂委员会编. 乌镇志 [M]. 北京：方志出版社，2017:221.

子一头装着黄豆和石灰粉，另一头装着刮印工具和花版，凭客户挑选花型加工。随着乡村市场发育，"印花担"们不间断地更换新的花型，以求生意兴隆。据清末年间南通"染织局"匠户册记载，当地"印花担"的匠人队伍常年保持在近百人。

毫无疑问，这类"手工业工厂"不论在雇佣方面还是产量方面，虽说有一定市场，但都不能与机器工业生产分庭抗礼。有史料显示，在 1870 至

图 4
1842 年 8 月 29 日在英国军舰"汉华丽"号上签订《江宁条约》

图 5
《南京条约》复制本

1911 年间，江苏手工艺行业所发生的重大结构性变化，即"出现了现代工业与传统手工业竞争之中的用工紧张等不利的影响"。而之后"随着 1840—1842 年鸦片战争的硝烟散尽和城下之盟《江宁条约》的签订（图 4、图 5），外国资本主义凭借政治强权，楔入了中国社会经济的运行轨道，古老中国逐渐地被卷入到世界资本主义的市场体系之中。作为一种传统社会中最为敏感的社会生产部门，中国的手工业不可能不感受到这种与日俱增的影响，从而发生着相应的变化。……1894 年江苏省南通县，人尚未行用机纱，……其时布商收布，凡见掺用洋纱者，必剔除不收"[1]。这里，不可否认的一点是，江苏近代手工艺行业在此时期的发展状况，既有来自机器工业对手工艺的影响，比如区域性农村经济资源配置出现的相互竞争，使得手工艺生产处于劣势，又有来自西方资本主义列强侵入的资本市场的"摧毁"和"剥削"。

史学家们认为的"西方资本主义是从 20 世纪中期起就在逐渐摧毁和剥削国内手工业"[2] 这一史实表明，西方资本主义列强用炮舰打开我国大门之后，强迫清廷与之签订了不平等条约，获得诸多特权，扩大对我国的商品倾销和资本输出，对国内市场进行掠夺和榨取。这之后，首先控制通商口岸，接着控制各地的工商、金融事业，甚至设立租界实行殖民统治，成为资本主义对我国进行经济侵略的基地。其次是剥夺我国的海关主权，通过"协定关税"把进口税率降至 5% 左右。如此一来，拥有特权和低关税的外国商品在我国市场上大行其道，大量倾销，严重地挤压了本土工业产品和手工艺产品的市场，获得了高额的利润。有文献记载，从 19 世纪 50 年代起，外国资本已逐步控制了我国海关行政权，使得我国海关不仅不能起到抵制外国商品倾销、保护民族经济的作用，反而成为外国对华经济侵略的帮手或是重要工具。外国资本凭借各种特权，将我国视为他们倾销商品的市场和取得廉价原料的基地。如此一来，产生的直接恶果便是，"从 1865 年开始我国对外贸易出现入超，1877 年以后始终入超，并越来越严重。洋货的大

[1] 王翔 . 中国近代手工业史稿 [M]. 上海 : 上海人民出版社，2012:46—54.

[2] 严中平 . 中国棉纺织史稿 [M]. 北京 : 商务印书馆，2011:311.

量倾销，使得我国的民族工业和传统手工艺遭到排挤和打击，压制我国民族资本主义的发展"[1]。

20世纪初叶至30年代，在各种外来势力的胁迫下，我国自给自足的小农经济体系濒临解体，向农业与工业交错并存的近代社会过渡。在此背景下，手工艺领域出现了生产方式的变革，加速对工业技术的引进与融合，直接或间接地改变了手工艺的生产方式，形成对手工艺及工业产品混合接受的局面。而此时，社会上也相继出现了对手工艺技术升级改造的强烈呼声。这样一来，我国传统手工艺在近代工业面前就显露出极为脆弱的一面，可以说又一次面临艰难的处境。当然，从另一方面来说，这一状况也加速了我国传统手工艺的工业化进程。诸如陶瓷与丝绸行业，相对现代机器工业而言，这两类手工艺有其特殊的生存空间。1943年由中央研究院社会研究所经济学家巫宝三主持的《中国国民所得》评估报告认为："中国现代工业和手工业的所得估计工作历时三年，对手工业生产的状况和它在现代工业中的比重，有许多出色的成果。"[2]事实上，当时的手工艺，除陶瓷与丝绸行业外，还有许多家庭手工艺和乡村手工艺的生产仍占优势地位。有文献资料统计显示："夏布的织造则全为手工业所包揽。就全部手工业的生产而言，它在整个工业中所占的比重高达72%，其中木材、交通用具、饮食品和杂项物品四个行业，都超过了整个工业净产值的90%，而在夏布、茶叶、食糖、豆油和陶瓷五项产品中，手工生产也超过了90%。"[3]由此可言，手工艺在20世纪初叶至30年代仍有大量的存在空间。不仅如此，比较当时城乡经济中手工艺的存在密度，也发现"旧时代的中国，在中小城市里，手工业几乎是唯一的工业生产单位。至于在有一些现代工厂的中等城市中，不少城市只有一家电厂或一两家与民生比较接近的碾米厂或面粉厂。其余产品的制造与加工大多由手工业担任。根据当时的材料，选取了杭州等9个市县做了一个统计。统计的结果是：除了省会城市如长沙、杭州、福州外，其他城市里的手工业从业人员基本上都超过工厂工人20倍乃至60—70倍不等。而且这还是偏低的数字，只是包括比较大型的手工业作坊，至于普遍存在的家庭手工业，还没有完全包括在内"[4]。

与此同时，各地相继建立和发展了各种商会组织，如在洋务运动代表人物盛宣怀（公元1844—1916年）的支持下，宁波帮鼻祖严信厚在上海创办了上海商业会议公所①（即

---

① 清光绪二十八年（1902）正月，上海商业会议公所成立，严信厚担任首任总理。清光绪三十年，上海商业会议公所改称上海商务总会，严信厚续任总理，后曾铸、李云书、周金箴、陈润夫先后任总理。辛亥革命爆发后，朱葆三等不承认清政府委任的上海商务总会，于清宣统三年9月另组上海商务公所。后经双方议董协商，决定合并改组，在民国元年2月成立了上海总商会，选举周金箴为总理。

[1] 刘克祥，吴太昌．中国近代经济史1927—1937：上册[M]．北京：人民出版社，2010:98—102.

[2] 巫宝三．中国国民所得[M]．上海：中华书局，1947:34.

[3] 汪敬虞．近代中国资本主义的总体考察和个案辨析[M]．北京：中国社会科学出版社，2004.

[4] 上海总商会月报（第5卷，第6期）[M]//彭泽益．中国近代手工业史资料：第3卷．北京：生活·读书·新知三联书店，1957:104.

日后著名的上海商务总会）（图6、图7），
这是我国第一个商会组织。在某种意义上，
这些商会组织扮演了代表中国团体利益、对
抗西方竞争的发言人和保护人的角色，这也
让"实业救国"成为当时的主流思潮，使得
郑观应在《盛世危言》中呼吁的民族工业抵
御洋货大量倾销的"商战"变为现实。

图 6
1902 年上海商业会
议公所

图 7
解放前上海总商会大
门

　　至于 20 世纪 30 年代，学界对我国城乡手工艺，特别是乡村手工艺状况的考察也十
分密集，在当时还出版有多部论著和多种调查报告。如方显廷于 1938 年主编的《中国
经济研究》中，就涉及对我国 20 世纪二三十年代手工艺调查的详细资料。书中列举大
量统计报表并分析指出："农村手工业不但在生产与就业两方面超过了城市的大工业，
而且与城市的手工业比较也存在明显的优势。大宗的手工业如榨油、制茶、纺织、编制、
刺绣、抽纱等等，几乎全是分散在广大的农村中，成为农民经常的副业。"[1] 方显廷还
出版了一系列关于国民经济考察的专业著述，这些专著可以说是我国近代经济史研究的
奠基之作，如《中国之棉纺织业》（南京国立编译馆，1934 年版）、《天津织布工业》《天
津地毯工业》《天津针织工业》（南开大学社会经济研究委员会，1930—1932 年印行本）。
这几部根据实际调查情况撰写的著作，内容翔实而完备。比如《天津针织工业》一书的
附表显示，针织业的学徒人数所占比例最高，超过其他行业工人数量一倍以上。织布业
次之，超过其他行业将近一倍。从业人数最低的地毯业，学徒人数也几乎占到工人总数
的一半。这说明，在当时手工业中雇佣状况十分普遍，而这种十分普遍的学徒雇佣中又
存在着严重的剥削现象，即学徒与工人同样劳动，甚至学徒劳动时间更长，但学徒一般
都没有工资。最好的不过是"每届节令，略给赏资而已"。然而，规模愈小的工厂，学
徒雇佣愈多，有的甚至"全为学徒，毫无工人"。正如方显廷于 1931 年调查的天津手
工针织业的实际情况显示，"坊主之妻，方坐于土炕之上劳作，土炕之旁，则为二三学徒"[2]。
这便是我国近代手工艺的基本状况，其手工艺人生存条件可谓困苦而艰辛。所有这些集
中到一起，真实地反映出我国近代手工艺落后的事实。

　　这一时期相关的论著和调查报告，依据李金铮在《近代华北农民生活的贫困及其成
因——20 世纪二三十年代为中心》一文中的统计，还有冯和法主编的《中国农村经济资料》
（黎明书局 1933 年版）、王毓铨的《山东莱芜县农村实况》（天津《益世报》1934 年
9 月 15 日）、赵质宸的《复兴河南舞阳农村》（载《农村复兴委员会会报》第 8 号，

[1] 方显廷．中
国经济研究：下
册 [M]．上海：
商务印书馆，
1938:745.

[2] 方显廷．天津
针织工业 [M]// 方
显廷．方显廷文
集：第 2 卷．北
京：商务印书馆，
2012:103—188.

1934年9月)、李景汉的《定县社会概况调查》(中华平民教育促进会,1933年版)、薛邨人的《河北临城县农村概况》(天津《益世报》1935年5月25日)、张世文的《定县农村工业调查》(中华平民教育促进会,1936年印行本)、吴知的《乡村织布工业的一个研究》(商务印书馆,1936年版)、张培刚的《清苑的农家经济》(上、下,载《社会科学杂志》第7卷第1—2期,1937年1月号)、杜连霄的《枣强杜雅科农村概况调查》(天津《益世报》1937年1月23日)、刘菊泉的《河北唐县的农村经济概况》(天津《益世报》1937年1月30日)、刘亚生的《外力侵略下的河北河间县农村经济》(天津《益世报》1937年3月27日)、乔启明的《中国农民生活程度之研究》(载《社会学刊》第1卷第3期,1930年5月号)等。这些著作和论文,有从乡村经济的角度阐述手工业经济的作用,也有从手工业的雇佣劳动方面对当时手工业发展进行的观察,所反映的事实基本相仿,那就是手工艺与农业的结合有诸多不同的形式。归纳起来,大致有两类典型特征:一种是家庭手工艺,这种生产形式基本仍处于自然经济状态,主要是弥补小农业生产不足的,其特征是最大限度地利用家庭人口和剩余劳动力来满足生产的需要,对小农经济的生存、延续和发展来说不可或缺;另一种是雇佣劳动关系的手工业,其特征表现为具有高度资本主义的生产形式,而这种工厂式手工艺生产可说是具备现代工厂的雏形,出现了管理、生产、后勤保障和各生产工序的分工,与传统手工艺作坊式的生产完全不同。然而,在这两种生产形式之间又有许许多多的过渡形式,这些形式在20世纪上半叶我国手工艺进程中也有自己的踪迹。

总而言之,近现代以来我国传统手工艺人群体向城镇迁徙与集结渐成趋势,特别是苏南地区的城镇市场经济更是以异乎寻常的速度领先于其他地区,形成了具有一定辐射力,吸纳各种能工巧匠,且各具特色的城镇和乡村手工艺体系。经过一代代手工艺人的努力,特别是苏南地区城镇和乡村经济在整个社会经济发展进程中地位日益显要,其手工艺传承作用也日益显著,走在全国的前列,受到世人的关注。可以说,近代江苏手工艺的发展在促进城镇和乡村经济繁荣的同时,也成为地区经济发展的象征,并且是衡量商品化社会程度高低的一个重要标志。然而,与任何事物一样,随着历史的变迁,集镇的兴衰存废也成为影响手工艺持续发展不可避免的重要因素。由之,城镇和乡村手工艺与整个社会的发展构成互为条件,相互影响,相互促进。正是如此,集镇的兴衰存废也直接影响城镇和乡村手工艺的发展进程。上述列举的事实就足以证明,城镇和乡村手工艺的变化必将影响农村集镇的发展,而农村家庭手工艺可以向城镇提供大量可交换的商品,进而不断注入新的生机和活力。自然,农村集镇的发展和繁荣,以及地区间横向经济联系的加强，加快了农副产品的商品化进程，也为农村家庭手工艺的发展创造了条件。因此，针对这一历史的考察，从历史背景入手非常关键，这是全面而深入地揭示我国近代手工业艺人从业状况真实性的必由之路。同样，手工艺生产和销售方式发生的根本性转变，使得延续数千年的手工艺传统，以及与之相适应的生产方式也发生了改变，甚至传统手工艺式微，这些都是值得我们关注手工业艺人群体近代化境遇所涉及的问题。

三、成为城镇社会基层的手工艺人具有的特殊性和面临的生存博弈

就历史而言，在我国近代化过程中最为突变的现象，就是过去遍布城乡各地的手工艺行业渐渐地退出了历史舞台，尤其是乡村传统手工艺人在社会变迁的洪流中，其生存状况发生了巨大的变化。手工艺人利用自身所拥有的手工技艺和积累的资本，或是转入城镇谋生，或是坚守乡村从业，其生存的基本策略被史学家分析为一种新的生存博弈，即手工艺资本、社会关系场域、乡村逻辑等诸多因素所引发的手工艺人生存环境的变迁，以及形成新的生存博弈的过程。其中最为关键的问题是，手工艺作为农耕时代的产物，是本土民众赖以生存的直接来源，而随着社会的变迁，民风习俗集中体现的基础也发生了根本变化，由此引发的手工艺生产主体，即手工业艺人群体的解散与流失。进而随着社会变迁，手艺资本缺失、乡村逻辑背离，甚至滑向了社会关系场域的边缘，使得手工业，尤其是手工艺行业出现衰退直至消亡，这就不能不说是一个复杂的博弈过程。如果将其定义为是社会进步的一种必然，那么传统手工艺人群体的近代化问题就是历史问题、社会问题，而且是历史与社会发展需要重新认识的生存问题。从社会进步角度来说，传统手工业艺人的生产和生活始终是社会生产力和生产关系进步的缩影。况且，就职业资本和职业心态而言，手工艺人群体有别于一般劳动者，他们不仅具有专门的技艺，同时也具备特有的工匠精神。进言之，手工艺人本身及其这个群体的变迁也承载着社会、经济和文化的变迁。因此，对这一问题的探究，有必要联系社会变迁错综复杂的历史背景综合审视。

具体而言，特别是乡村手工艺人多为社会基层劳动者，而这一群体又很特殊，像乡村手工艺人，其身份是"农民"，可他们又是农民中的特殊群体，是凭借手工技艺自食其力的群体，有的还是家传手艺。比如箍瓮篾匠，这在南方农村是离不了的手艺人，厨房里的瓮，大瓮用来发醋（酿醋），小瓮用来装醋，还有瓦瓮储藏米面，储藏食用油是陶瓷罐子，这些瓮同农民的生活息息相关。可由于瓮的价格比较贵，一旦瓮破了，是舍

不得随便丢弃的，能修理就得修理，于是，箍瓮篾匠就应运而生了。又如，鞋匠多是挑担到各村行走，一般不吆喝，拿一个拨浪鼓，叫"蹦蹬蹦蹬"，摇一摇来招揽生意。以往农村妇女做布鞋是直底，不分左右脚。鞋底和鞋面分开做，绱鞋不明帮绱，而是采用窝帮绱。就是说，把鞋面和鞋底连缀在一起，外面看不见绱鞋的针脚，不像现在市面出售的布鞋都是明帮绱，围着鞋帮和鞋底有一圈绱鞋的针脚。窝帮绱鞋时，绱鞋的锥子和穿有绱鞋的细麻绳的针必须伸进鞋口儿里面摸着缝。这项手艺就全凭鞋匠的直觉和手感，手艺高的鞋匠眼睛闭上都能绱，家传尤多。

城镇手工艺人身份虽属城镇居民，但他们又有一个确切的身份，叫作"城镇工商业者"。有意思的是，在中华人民共和国建立初期的十年间，城镇工商业者被看作灰色的群体。所谓工商业者，有两层含义：一是泛指所有从事手工艺和商业的人，其大户，即被看作资本家或者资本家代理人，小商小贩、小手工业者、小业主等小户也被视为如同剥削利益的代表；二是特指对资本主义工商业进行社会主义改造的对象，明确是资本家及其代理人。这两类人在中华人民共和国建立之后的相当一段时间里都被划入剥削阶级一边，直到1956年开始大规模公私合营运动，才从工商业者中区分出小商小贩、小手工业者、小业主，这才被认定为"劳动者"的一分子，但与工农成分还是有差异，这是特定年代特殊身份的划定。当然，这是后话。不过，自古至近代社会中，无论是乡村手工艺人，还是城镇手工艺人，都一直是被视为特殊群体。如元代手工艺人系官匠户，是官府局院的主要劳动力，朝廷实行编户齐民，他们与同一时期其他人户拥有相同的社会地位。但在应役的具体环节上，朝廷出于征调匠役、均衡徭役的需要，未把他们视为低于凡人的"驱口"与工奴，而是做出特殊安排，与其他人户形成很大的差异。另外，在经济地位上，元代有相当一部分手工艺人是"官系"匠户，即他们除在官府应役之外，也可在一定限度内从事独立的生产经营活动，如种田纳税、开张店铺从事手工生产等，开展独立的生产经营活动，表明他们拥有独立的家庭经济。只是"元代整体生产关系的倒退，工匠的人身束缚比前代大大加深，所受的奴役程度也大大加深"[1]。明清两朝，手工艺人作为传统社会掌握技术的主体人群，受到官府的重视，但在"重道轻器"传统观念的约束下，手工艺人被排除于官僚体制之外，仍处于社会的低层。然而，随着明清社会的转型，许多手工艺人经由技术入仕，成为官僚体制吸纳的对象。明清两朝江南手工艺人入仕的比例尤为明显，这有助于提升手工艺人的社会地位。可到了近代，当乡村手工艺人与城镇手工艺人地域上所处的差异，或者说社会关系场域的差异，使得乡村手工艺人在面临手工艺行业变迁的同时，也面临着地域流转，就是通常所说的地域迁徙，

[1] 刘莉亚，陈鹏．元代系官工匠的身份地位[J]．内蒙古社会科学（汉文版），2003，(03):16.

这就出现了乡村手工艺人比城镇手工艺人更为困难的生存博弈。究竟是重新选择，还是坚守？这是我国近代化进程中乡村手工艺人面临的最大冲击，也是我国乡村在近代化、城镇化的冲击下，农村剩余劳动力纷纷转向城镇而面临的最大社会问题，乡村手工艺人的处境自然也无能例外，这是谋求生存的需要。

关于生存博弈的话题，主要是说乡村手工艺人在地域选择、生活方式、经营策略乃至手工技艺观念上出现的生存博弈。以往乡村手工艺人有自己相对稳定的生产和生活区域，并依托特定社会化机制和乡村经营环境，以及乡土生活观念维系着自己的生存环境，相应区域的社会心理和社会习俗均成为乡村手工艺人与之融合的社会条件和生活基础。然而，伴随着近代化的大规模演进，乡村手工艺人不可能长久地只停留于以往手工艺和小商小贩的活动的区域。这些走村串乡的手艺人，也随着社会近代化的脚步，渐渐地离开了原先生活的区域。这些乡村手工艺人在利用手艺积累一定原始资本以后，可能选择新的发展道路，或是流转进城，或是不再继续从事原先的"手艺"活，而可能有更大的事业带来更大的利润诱惑。这种远离故土便是生存博弈。而我国近代乡村手工艺人面对的社会现实问题要超出古代社会的许多倍。比如，就生存博弈来说，这是古代社会不曾有过的残酷现象，尤其是在近代化之后，以资本市场经济学来讲的"供给""需求""价格""效用""边际"等概念及原则，与乡村手工艺人的生存休戚相关。生存博弈不能是危险的赌博，这是近代化社会经济学理论强调并阐释的极其重要的社会问题，这里有形而上的问题，更多则是形而下的。这些社会现象问题的背后则是理性和逻辑。从社会发展角度来看，所有的生存博弈应该是良性的"合作性的博弈"，而不是"非合作性的博弈"。由之，我们再来考察我国近代手工艺人的生存状况就有充分的事实依据。

关于我国近代传统手工艺人群体的构成，学界对此有过较长时间的专门讨论。归纳而言，其划分主要归为三类：一类是民间杂耍艺人；一类是从事工艺品生产的匠人，这其中又可细分为两种，一种是雕刻、刺绣、剪纸、花灯、吹糖人、捏面人和特种工艺技艺者，偏向较为纯粹的观赏品制作，另一种是竹编、印染、家具、纺织等生活用品的生产与加工；再一类是生产生活物品的生产艺匠，如泥瓦匠、铁匠、锔锅锔碗、修伞、竹编、箍桶等。①这三类传统手工艺人可以说构成了近代社会之前整个生产和生活的基础。然而，这样的社会基础群体在近代化过程中显现的生存博弈将是非常严重的问题。比如说，苏南一带历来被誉为百工之乡，尤其是在近代多重经济和社会环境孕育下，已成为我国乡村经济或乡村工业的典范而被广泛承认。苏南乡村手工艺人曾被称为"艺商"②，这指出了苏南手工艺富有地域文化与经济这一大的特色。所谓"艺商"，是指兼营手工业与商业，集手工业艺人与商业艺人角色于一身的人。艺商的生产经营，并不类似于徽商和晋商的盐、典、木材以及票号的经营，而是从事刺绣、竹编、弹花（图8）、缝纫、家具、箍桶（图9）、雕刻等百工手艺和挑担卖小百货等工商活动。如果说近代化的过程中，乡村这类"艺商"也随之迁徙并集结于城镇，那么可想而知，整个社会基层生活将会被掏空。这也正是我们在考察近代乡村社会发展过程中发现的一项实质问题。那就是，在我国乡村近代化发展过程中，出现了手工艺作坊资金短缺、技术落后、劳动生产率低下、产品市场不旺、竞争力弱、手工艺人流失，特别是手艺传承断裂等问题。这一现象不仅过去有，而且延续至今，其状况愈显严重。举例来说，笔者在调查南京秦淮灯彩（图10、图11）这一传统手工艺人的生存状态时就发现，自明初传承至今的灯彩工艺，一般说来有名姓谱系的作坊大多有四五代，甚至是六七代的传人，按照70岁为平均划分，大约有三四百年的传承历史，可谓声名远播。然而，传承人的问题始终是突出的问题。最直接的说法是，进入近代工业化时代依靠扎制灯彩讨生活，一年中也只有2个月，剩下的10个月又如何解决生计，

图8 弹棉花的手艺人，图片来自《正在消失的古老手艺——弹棉花》，载新浪若愚的博客

图9 张雪江，震泽最后一位箍桶匠

① 根据相关文献综合分析，针对我国近代传统手工艺人群体构成状况的研究，学界有过较为深入的探讨。例如，早在8年前，民艺学家张道一发表《手与艺》（《南京艺术学院学报（美术与设计版）》，2009年第1期）一文，就认为：在我国针对传统手工艺的360行的归类，总括而论，一是由手工业所筛选出来的代表性工艺从业者，二是在人们日常生活中逐渐形成而备受重视的民族民间工艺从业者，三是现代工业生产劳动形成的不同工种或工序分工的手工艺从业者。同样，较早论述者还有山东工艺美术学院院长潘鲁生与英国杜伦大学人类学系主任Robert H. Layton（罗伯特·雷顿）。在讨论关于传统手工艺组织合作机制问题时，两位学者也认为：帮助一些手工业劳动者寻找就业的机会，一些研究机构和行业协会为此做了许多建设性的工作。要保护传统手工艺，就要让人真正从"艺"当中获取生活的来源，这就需要市场。而市场是有分工的，这就涉及对传统手工艺人群体构成渊源及相互关系的认识，比如，加入这些组织的成员都需要什么样的条件，如何分层次地把握手工艺人的工种或工序的划分，等等（中国文化产业艺术网，www.cnwhtv.cn/show-2005-8-31）。再有，后学一辈人，如朱丹的《乡村传统手艺人的生存博弈：以浙江台州S村为个案》（华中科技大学社会学硕士论文，2009年）一文，针对我国近代伴随着工业化、城市化和现代化的社会变迁与进程所发生的乡村手工艺人群体生存方式进行的讨论，提出我国过去遍布各地的传统生活类手艺渐渐地退出了历史舞台，而乡村传统手艺人进入到社会变迁的洪流中，利用自身所拥有的资本进行着生存的博弈。其生存博弈的基本策略是改行、换地域和留守。博弈过程中的参与因素有手艺资本、乡村逻辑、社会网络场域和社会变迁驱动力等。透视乡村传统手艺人生存博弈中的场域效应，进而回归到对社会转型过程中现代性因素与传统性惯习之间张力的思考，可以进一步弄清楚近代传统手工艺人群体的构成状况。

② 艺商，是当今指称书画、收藏和策展，加上演艺界的特殊群体。普遍认为，艺商要高于一般从艺者。艺商更多体现的是一种能力，这种能力更富有创造性。对于艺商的评价，通常指艺术天赋与经营能力都高过同行。当然，本文借以指称近代江南社会手工艺人为"艺商"，可以理解为是对其技艺和市场实践能力的承认。也就是毫不夸张地说，艺商高的人能力都会比较强。

图 10
民国时期夫子庙灯会
一角

图 11-1
南京秦淮灯彩

图 11-2
南京秦淮双龙戏珠
灯彩

仍然是非常严重的现实问题。又如，自由撰稿人周祺在《上海杂货铺》一书里，记录了10位当今上海手工业者的生存状态，从后续历史的影子里能够获取间接求证，同样能说明许多问题。该书搜罗出今日上海市井街头仍能买到的120种日用杂品，诸如往昔那些以竹、木、草、铁、布制成的生活物件，采用摄影和插图的记录方式，并佐以口述采访。他得出的结论是，"手艺人靠双手来记忆一个时代，而手艺正在消失，速度之快，令人吃惊"。作者还特别提及手艺传承的问题，指出手艺将"伴随着即将失去的传人而消失"。书中列举，元宵节时兔子灯被炒得很火，在中间点上蜡烛，拖着走，充满了童年的回忆。做灯的王师傅正是上海为数不多的手工制作兔子灯的老手艺人（图12）。他曾经和妹妹合伙租了厂房，想要恢复兔子灯的生产，但租房、工资成本太高，做一年亏一年。现在，72岁的王师傅一个人做兔子灯，他常常边看电视边给兔子"剪毛"，剪得又细又密，每天从早做到晚，才能保证年底交货。王师傅很苦恼没有徒弟，如果能找到接班人，他就想退休了。[1] 诸如此类的还有许多，这些都制约着乡村乃至城镇手工艺人群体的坚守。面对如此严重的历史延续问题，又该如可发展？这又是直接影响到手工艺人群体在我国近代化进程中的生存与博弈问题。关于这类问题的探讨，如果我们只是将眼睛盯在手工艺行业自身来看，似乎是非常局限的，

图 12
做灯的王师傅，图片
来自周祺著《上海杂
货铺》

而应该将整个视角转移到农业和城镇工商业的发展上，将其纳入综合考察，这样方可说是比较客观地看待历史与现状问题。

　　资金投入不足，就是一个主要的制约因素。近代工业化推进市场经济发展的高级形式，自然是资本市场，所体现的是市场经济的基本机制。一个国家、一个产业资本市场的发育程度及其功能，标志着一个国家以及产业市场经济的发展程度和经济发展水平。近代社会我国资本市场长期被控制在买办和外国资本家手中，民族工业的发展受到极大的抑制，自然经济条件下的乡村发展更是举步维艰。因此，买办和外国资本家可说是对国家的社会基础全然不顾，谈不上依靠市场经济手段进行有效调控，更不会考虑与国民经济关联程度日益紧密的手工艺行业的生存与发展。因而，在筹集资金、调剂市场流通量、优化资源配置、分散风险及转化、促进手工艺作坊经营机制转变等方面显示出漠不关心。

[1] 周祺. 上海杂
货铺 [M]. 上海:
同济大学出版社,
2013.

由之，近代社会利用资本市场来筹集手工艺行业，特别是乡村手工艺行业的近代化发展所需资金一直是个瓶颈，长期以来收效甚微，这正是我们探讨我国近代化过程中艺人群体近代化问题需要获得根本解答的症结问题之所在。况且，农业文明又是我国深厚的历史传统，乡村构成了这个以农为本国家的社会基础。费孝通曾称之为"乡土中国"。在近代化进程中，乡村虽说发生了变化，但与城镇发展相比，由于传统习俗的禁锢，以及发展制度不够健全或完善，再有社会实践的失误等主客观原因，我国乡村发展依然落后，且严重滞后于我国近代化进程。从推进社会发展的角度来说，近代化不应是城镇取代乡村的过程，而应是城镇发展与乡村建设的有机统一。乡村会随着城镇化的发展而缩小，但不会因此而消失。只不过，在城镇发展的大潮中，乡村的结构也随着近代化出现自我再造而发生了变化。事实上，若放到当下进行思考，这也是一个十分现实的问题，可说是近代化进程中任何国家都面临的不可忽视的问题：如何有效地实现乡村再造和乡村建设？所以说，针对手工艺人群体的近代化问题的探讨意义重大。

又比如，乡村手工艺人留守与流转外地，或者说迁徙集结于城镇，其生活保障问题同样值得关注。我国自古以来形成的二元结构社会①，多是将流动人口设置于社会保障圈之外。随着社会近代化步伐的不断推进，乡村手工艺人的地域迁移，即人口流动，成为必然。流动的乡村手工艺人也逐渐成为城镇手工艺人的重要补充，成为整个社会不可或缺的劳动群体。事实上，不只是乡村手工艺人迁徙流动，近代社会城镇手工艺人也出现了大量的迁徙流动。针对这样的问题，费孝通早在"乡土中国"研究中就提出，建立流动人口的社会保障体系有利于兼顾经济效率与社会公平。就这一观点，在费孝通的学生、上海大学李友梅教授的有关论述中有过更加详尽的解释，其中写道：[1]

20世纪上半叶，对中国传统文化的反思和批判构成这一时期知识分子的主要论题。当时的中国社会学界也有两种主张：一种观点认为，应该以传统的农村手工业来抵制西方的现代工业；另一种观点则主张完全放弃农村手工业，用新型的现代工业来吸收大量的农村人口，使工业从农业中完全抽离出来。而费孝通则在寻求一种中间道路，认为虽然"西方列强的政治、经济压力是目前中国文化变迁的重要因素"，但是"传统力量与新的动力具有同等重要性"，中国经济生活变迁的真正过程以及由此引发的各种问题，

① 二元结构社会，作为一种社会类型在我国非常典型，可以说自古以来我国就是城乡二元结构社会的治理模式，是国家获取政治、经济和社会资源的有效链条，也是国家政策、法令、意志、社会福利向下输送的通道。这种二元结构社会，城市为一元、乡村为另一元，形成城乡分隔和差异的状态维系了千余年，其城乡差异明显和城乡分隔甚至成为刚性原则。直至当今，因人口迁徙和户籍有限度的改革，我国二元结构社会，即城乡差异才开始出现弹性化改变。

[1] 贾冬婷. 费孝通：《江村经济》与《乡土中国》[J]. 三联生活周刊, 2012, (29).

都是这两种力量相互作用的结果。这一点在他的江村调查中得到了印证，他创造性地提出"恢复农村企业"。[1]

在长达近 80 年的社会学考察历程中，费孝通从在《江村经济》一书中提出"中国的基本问题是农民的饥饿问题"，至他晚年一再强调"志在富民"是他一生的大梦。在学以致用的影响下，费孝通先生看到了 20 世纪 80 年代改革开放中乡镇企业涌现出来的新景象，他认为这些建在乡镇上的小工厂，还有家庭作坊，似乎是他所设想的"乡村工业"的进化版。沿着这条路线，一直追踪到 20 世纪 90 年代，费孝通先生提出建设小城镇的一系列想法，包括以集体经济为原始积累、开创社队工业的"苏南模式"和以家庭作坊为单位进行加工工业生产的"温州模式"等。[2] 由此，我们借助费孝通的社会学理论来重新认识我国社会近代化过程中所面临的手工艺人流动的社会保障问题，就有重要的参照价值。这表明我国手工艺在传统与近代化的历史演进过程中，既体现手工艺生产自身的变迁，也体现手工艺人生存状况的变迁，而这些手工艺行业流存至今的问题，值得深入探讨。

结语

目前，就传统手工业艺人群体近代化生存博弈问题的探讨已有不少相关论述，且具有一定的深度，本文所论正是依循已有的探讨路径继续推进。所论及的传统手工艺人的生存状况在社会变迁洪流中所发生的巨大变化，以及手工艺人利用自身所拥有的手工技艺和资本积累，或迁徙城镇谋生，或坚守乡村从业时出现的种种新生存博弈问题，是值得关注的历史问题，同时也是现实问题。而在作者新著《江苏近代手工业艺人从业状况研究》一书中，收录有 13 位同学花了两年多时间撰写的个案考察报告，则是非常深入地探讨了我国近代手工业艺人的生产与生存状况。因为是个案研究，有许多是通过文献挖掘和口述史的记载方式获得的材料，可谓弥足珍贵，成为对这一论题展开讨论的重要支撑。

归纳而言，我国近代化与社会转型是互为表里、相应相称的。况且，社会的近代化不仅是意识形态的改变，更重要的是生产方式和生活方式的变革。本文探讨的手工艺人群体的近代化问题，正是值得深入探究的最为重要的课题之一。研究近代化，对于借鉴历史经验与教训，进而认识现代化建设有着非常重要的现实意义。如果再深入分析，必然触及近代化与民族自立、近代化工业与手工业（手工艺）相互依存的错综复杂关系的

[1] 贾冬婷. 费孝通：《江村经济》与《乡土中国》[J]. 三联生活周刊, 2012, (29):237.

[2] 贾冬婷. 费孝通：《江村经济》与《乡土中国》[J]. 三联生活周刊, 2012, (29):237.

全面考察，可以说这是社会近代化问题的综合探究。此外，从历史进程角度来说，当近代化逐步呈现之时，新的意识形态、生产方式、生活方式和社会变革必然会以此为依归，这也是历史发展的必然逻辑，但不等于说社会问题或社会矛盾也同步获得解决。这些往往需要社会意识形态为先导，也就是我们通常所说的思想与文化观念先于生产方式、生活方式以及经济活动，而社会结构的变革则可能要比其他领域迟缓一些。因而，发生在我国近代化进程中的诸多问题，如本文探讨的传统手工业艺人群体的近代化问题，自然波及社会的各个层面和各个领域，不可能与意识形态领域发生变化的步伐等速前行。这里探讨的传统手工业艺人群体的近代化问题也十分复杂，既受制于历史背景与经济条件的多方面约束，又拘于社会环境诸条件的制约，这与我国近代社会整体转型与社会变革紧密关联。甚而，此问题还连带起针对我国近代化社会发展问题的关联性讨论。虽说这样的讨论中外学者曾经有过许多论证，但真正联系到具体历史问题进行探讨的课题还是有限的。

更值得我们重视的问题是，针对我国近代化社会发展问题的讨论所触及的一系列社会问题和社会矛盾，可以说从晚清一直持续到今天，仍在争议之中而难有终结。并且，自 20 世纪 80 年代改革开放以来所遇到的许多社会问题和社会矛盾仍可说是一脉相承。在这样的历史背景下，对传统手工业艺人群体的近代化问题探讨仍属于漫长历史进程中社会形态所发生的文化与经济问题的综合探究，其问题的触点很多，虽为近代但距离仍然很近，不可能形成所谓历史阶段的终结看法，故而本文所论也只能是提出问题探讨的一种思路，以求与同道共同讨论。

本文为作者《江苏近代手工业艺人从业状况研究》余论部分的修订稿，该书由江苏凤凰美术出版社 2015 年出版

斧工蕴道："工匠精神"的历史根源与文化基因

引言

　　"工匠精神"的信念，它不仅是手工艺制造业的坚守，更是对各行各业的德性要求，从这层意义上来理解，"工匠精神"可说丰富了历史文化与当代精神的内涵。诚如马克思提出的人类学理论所言，自然人向社会人的过渡是人类社会发展的重要途径，而"社会化"就是通过各种文化建构出来的一种终生持续性行为。因此，在本质上"工匠精神"的社会化行为就是自然人通过社会文化的改造，期望获取的"工匠精神"的价值行为与思想规范，其目的来自人的社会存在、社会需要以及社会发展诸方面的客观需求。自然，体现工匠精神的文化层次还有许多讲究，包括工匠创物（物质表层）、工匠手作（行为浅层）、工匠制度（制度中层）和匠作精神（精神深层）等内在指向，其文化的核心层主要在于工匠心理与工匠意识形态。这表明工匠借助"专注""持久""严谨""细腻""精益求精""坚守""不急不躁""精致""敬业"等心理品质和意识形态的认识高度来完成创物活动，这是聚集工匠精神文化的关键。如今，"工匠精神"被提升至国事策略，甫一问世便被国人珍视和频频提及，并成为工业化、商品化生产模式对从业者道德发出的忠告和要求。于是，古为今用具有了鲜明的现实意义，这算是对古代工匠技艺及工匠文化传承的一项落实。本文即以此为论述依据，试图从"工匠精神"的历史传承与演变脉络中，勾勒出"工匠精神"的历史根源与文化基因，从而针对"工匠精神"包含的文化、技艺以及社会意义进行综合审视与思考，进一步明析"工匠精神"延续至今，特别是其精神价值重被倡导的意义所在。

一、"工匠精神"是超越技艺层面的一种认识观

　　"工匠精神"的精髓体现在斧工蕴道，这是借柳宗元"善为文"尝作《梓人传》所

说的事理引证。柳氏以为梓人不执斧斤刀锯之技，专以寻引、规矩、绳墨度群木之材，视栋宇之制，相高深、圆方、短长之宜，指麾众工，各趋其事。①自然，关键还在于"蕴道"，这里有蕴含大道之理，更有"精益求精"之说，这些都是毋庸置疑的工匠精神的信念。自古至今，它不仅是手工艺人的坚守信条，也是对各行各业从业者提出的道德要求，更是历史积淀丰富起来的时代精神。然而，要让"工匠精神"转化为现实生产力则非易事，古往今来更多的还是靠制度上的规约得以践行，诸如早在战国时期便有的"物勒工名"②制度设计。就其历史境况而言，主要是针对各国拥有的官营手工业作坊劳作工序的一种规约，以此进行监督管理，以维护生产秩序和保障产品质量。有关此规约制度的实施，还有许多考据资料可证。比如，战国时期推行的"立事人"③制度，就是代表国家对度量衡器、乐器、兵器等制造工艺的监管。所谓"立事人"的职责，即意在明确主管人的责任主体。

同样，在春秋战国时期，还出现了齐稷下学宫的一册官书——《考工记》，其所构成的工艺技术规范，乃我国历史上第一部关于手工艺行业的制度汇编。如在总叙中将社会等级划分为六个阶层，其中第三个阶层谓曰："审曲面势，以饬五材，以辨民器。"[1]东汉郑玄曾对此训诂作注，认为：百工既是周代主管营造制器的职官，又指各工种工匠的行事规范，如强调"百工"劳作应遵循"天时、地气、材美、工巧"[2]这四项基本原则来作为参照。又如，对手工艺行业的细密分工，制定出"攻木之工七，攻金之工六，攻皮之工五，设色之工五，刮摩之工五，抟埴之工二"[3]的制度要求。各司其职，人尽其能，则有助于工匠技艺的专精。特别是对"工"的见解非常卓越，谓之"知者创物，巧者述之，守之世，谓之工"[4]，这是对不断创新，提高工效，保持优良传统工艺的称颂。况且，在生产经营管理上，为了使制成品合乎规格，保证良好的效益，提出特设工师专管，如明确"凡试梓饮器，乡衡而实不尽，梓师罪之"[5]。可以说，《考工记》在某种程度上

---

① 柳宗元所作《梓人传》，讲述梓人"都料匠"善运众工的智慧与才能。推而论之，将其比附宰相运筹大事应当坚守的原则。故而，《资治通鉴》中说柳宗元"善于文"，用形象化方法记述小人物的生活经历及精神面貌，揭示出社会政治生态的大局，抒发自己的感慨和政见，这可谓是柳宗元的一大创举。

② "物勒工名"这项制度的设计，记载于战国阴阳家的一篇天文历法著作《月令》。这是按照一年十二个月的时令记述朝廷祭祀礼务的法令，其中有曰："是月也，命工师效功，陈祭器，按程度，毋或作为淫巧以荡上心；必功致为上。物勒工名，以考其诚；功有不当，必行其罪，以穷其情。"

③ "立事人"在战国时期均为职官，如齐国称"工正"，楚、韩、燕等国称"工尹"，乃中央属官。相关研究可参见山东师范大学历史学院教授吕金成战国陶文研究新著《夕惕藏陶续编》（上海：中西书局版），这是继其著作《夕惕藏陶》之后，以陶文实物为主要研究对象，运用现代考古学的研究方法，对所见山东沂水战国时期齐国量金上的刻划陶文的专门著录，取得了陶文研究的多项成果。表明新见战国时期齐国"立事人"制度的发现，这是沂水陶文研究中最为重要的内容。

[1] 闻人军，译注．考工记译注[M]．上海：上海古籍出版社，2008:1.

[2] 闻人军，译注．考工记译注[M]．上海：上海古籍出版社，2008:4.

[3] 闻人军，译注．考工记译注[M]．上海：上海古籍出版社，2008:10.

[4] 闻人军，译注．考工记译注[M]．上海：上海古籍出版社，2008:1.

[5] 闻人军，译注．考工记译注[M]．上海：上海古籍出版社，2008:101.

是对春秋战国时期官营手工艺的一系列生产管理和营建制度的详解，从中可以追寻出上古时期"工匠精神"的源泉。

此后，秦国丞相吕不韦在编《吕氏春秋》时又将"物勒工名"这项制度收录其中，作为颁布工匠从业的律令之纲。当时秦国工官"大工尹"就是依此对不合格产品"按名索骥"，追究处罚相关责任人。故而，秦国在列国割据纷战中脱颖而出，与严格执行这一律令制度可谓不无相关。由之，汉初儒家便将其编入《礼记》当中，列为《礼记·月令》中的条目而推广施行。众所周知，汉代对先秦典籍的全面整理，使得先秦文献得以流传有序并对后世产生影响，恰如西汉末年刘向校书后之"辄条其篇目，撮其指意，录而奏之"[1]。《史记·田敬仲完世家》中引刘向《别录》有曰："齐有稷门，城门也；谈说之士，期会于稷下也。"[2] 由这种学风影响所致，《考工记》成为古代工艺管理规约的范本。故清人江永在《周礼疑义举要》中指出，《考工记》"盖齐鲁间精物理，善工事而工文辞者为之"[3]。很显然，《考工记》正是在汉代"修学好古""从民得善书"[4]的抢救工作中重新成书的，加之历代训诂阐释，遂成为儒家倡导的工官治理的重要依据，也由此成为秦汉之后历代针对工匠劳作规约颁布的制度。唐以降，又有《唐六典》记载"工巧业作之子弟，一入工匠后，不得别入诸色。"[5]《新唐书》载："细镂之工，教以四年；车路乐器之工，三年；平漫刀稍（长矛）之工，二年……教作者传家技。"[6] 再有明黄成所著《髹饰录》更有精准阐述，认为髹漆的行为规范与道德伦理主要在于对"三法""二戒""四失""三病""六十四过"等诸问题的防范。① 这些"规约"或"伦理"上的要求，可说是自汉唐以来对"工匠精神"的一次次深入诠释，这表明若要完整体现"工匠精神"，必定要对每一道生产环节或工序管理进行监督，这显现出来的就是一种精神，这种精神便是对工匠从业道德的落实。

自然，仅靠制度上的规约来践行"工匠精神"多少还是被动的，甚至是带有"奴性"的，也是不真实的。如上所述，我们可以推断"工匠精神"是被倒逼出来的。为何这么说呢？因为"精神"本为自觉意识，"精神"的体现也主要是通过眼界或胸襟来展放的。出于历史原因，工匠身份一向低微，不可能以这样的自觉性精神显现出来，而是被倒逼而成就的。换言之，"工匠精神"是对工匠劳作给予的具有超越技艺层面的一种认识观念，它是对我国古代视匠作之技为"奇技淫巧"的认识纠偏，更是对"奇技"赋予的认

---

① 《髹饰录·楷法章》中所提到的"三法""二戒""四失""三病""六十四过"，反映出的是漆艺制作过程中应该具有严谨作风，尤其是《髹饰录·乾集》篇关于漆艺工具的阐述，表现出作者黄成的自信、自尊，体现了他对漆艺热爱的情愫，这也是对"工匠精神"恰到好处的一种注解。

[1] 班固．前汉书：武英殿本第 30 卷 [M]．1068．

[2] 司马迁．史记：武英殿本第 46 卷 [M]．裴骃，集解．1220．

[3] 凌扬藻．蠡勺编：清岭南遗书本第 5 卷 [M]．90．

[4] 班固．前汉书：武英殿本第 53 卷 [M]．1485．

[5] 李林甫．唐六典：明刻本 [M]．112．

[6] 欧阳修．新唐书：武英殿本第 48 卷 [M]．663．

识观念上的提升，这反映出自古至今社会各阶层对工匠群体的应有尊重，即工匠先师具有的超人奇技备受世人关注，乃有对貌似成神的认识意义。然而，历史上对"工匠精神"的解读，工匠自身话语多有缺失，转而为文人士大夫的深析透辟，实质乃文人士大夫对能工巧匠"手艺活"给予的褒奖。那么，为何说对"工匠精神"的解读，工匠自身话语多有缺失呢？究其原因就在于历史上工匠不仅被贬为"奴"身，而且在长期重农抑商环境下受剥削和压迫，哪还有自主认识的价值或是自觉意识可言呢？

进言之，从整个封建社会分析来看，工匠身份低微是自上古历史留存而来的。如春秋《公羊传》上说，殷商时期共有3000个诸侯国，而当时有身份的人只有公、侯、伯、子、男五等爵位，且世袭罔替。手工艺匠早在战国时期就被列为普通百姓，毫无身份和地位可言。殷墟甲骨卜辞中记载有"诸父""诸母"这样的内容，是说殷商为了祭祀先王先祖，大量使用牺牲（祭祀牲畜），甚至还要杀害数千名奴隶当作牺牲祭奠。当然，这些奴隶绝大部分是战争中俘虏的异族人，也有俘虏的手工艺人。另从甲骨文记载上可知，殷商农业、畜牧业、养殖业、建筑业、手工业、纺织业、酿酒业十分发达，如丝和帛已经能够成批量地生产，随之蚕桑业也在一定程度上获得发展。可殷商亡国后，西周分商遗民六族给鲁，分七族给卫，这样手工艺人的实际身份也就被贬为"奴"。以至后来的史籍中说，十三族均身为"奴"，其中至少有九族是工匠。例如索氏（绳工）、长勺氏、尾勺氏（酒器工）、陶氏（陶工）、施氏（旗工）、繁氏（马缨工）、锜氏（锉刀工或釜工）、樊氏（篱笆工）、终葵氏（椎工），这大概是殷商技艺百工中的大部分，其身份低微便是不争的事实。况且，古代工匠还表现在政治上具有很强的依附性，自古有云"学好文武艺，售与帝王家"，"良禽择木而栖，贤臣择主而侍"。封建社会的人身依附也使得出自工匠的劳作者只能集中在官营或私营作坊劳动，没有更多的人身自由，经济基础也不稳定，读书入仕的机会极少。还有就是传统儒家观念的影响，将"奇技淫巧"与"玩物丧志"联系在一起，以至"炫技"被视为祸国殃民的不义之举。如《尚书·泰誓》里周武王声讨商纣王的一条罪状，便是"郊社不修，宗庙不享，作奇技淫巧以悦妇人"[1]。很显然，在这样的历史语境条件下，对工匠技艺功效与社会贡献的评价肯定是不客观的。于是，"奇技淫巧"便被斥为"艺成而下"的"小道"，从而为手工艺发展设置了不少人为障碍。如此一来，工匠身为"奴"，其身份低微，且人微言轻，是不可能有"精神"显现，而受到世人关注或敬重的。

至于说到"工匠精神"的实质意义，尤其是针对"奇技淫巧"之说的纠偏，由于有文人士大夫的不懈阐释，到宋代，"奇技"工巧之说开始呈现正面的评价。如南宋时期

[1] 孔安国. 尚书: 相台岳氏家塾本 [M]. 84.

传统的"抑工商"观念逐渐被抛弃，"工""商"地位被提升到一个新的高度。可见，在宋朝末年，士农工商的界限逐渐被打破，更多的士大夫开始从事工商贸易活动。同时，工匠、商人通过自己不断积累的财富，在社会上获得了一定的地位。明中后期，江南一带的工匠身份有所晋升，也获得了一定的社会地位。首先，工匠在经济上有了较多的自主支配权，使其逐渐富裕起来并获得社会地位的晋升；其次，在巨大的生产利益支撑下，社会风俗围绕着工匠所从事的手工业而展开，使其人脉与工作资源得以扩充，获得社会中产阶层的认可；再次，一些工匠开始建立起以个人品牌为主导的产品，形成了一定的社会声望。此外，一部分工匠开始脱离匠籍身份，向封建社会人人向往的仕途寻求发展。至此，工匠在社会交际中和文人建立起友好的合作关系，有的文人甚至亲自参与匠作之事。王夫之在《四书训义》中写道："来百工则通功易事；农末相资，故财用足。"[1] 这表明至晚到明代末期，文人对匠作的促进意义已被大家所认识，这也反映出此时期社会有识之士对工匠群体的应有尊重。

这里，我们不妨来个追问：究竟何为"精神"？此话题打开，可谓涉足领域甚多，仅哲学上解释就有数十种之多，古代文献典籍也不下数十篇的阐述。我们暂且放下，还是回到"工匠精神"本质来说，"精神"应体现一种"德性"，强调的是"德"，而不仅仅是"才"。以"德"为标准，而不是以"才"为标准，最终的结果应该是复合构词的意义，即以"工匠"之名，借题发挥谈论精益求精的钻研"精神"。进言之，"工匠精神"是什么呢？无论是从历史根源，抑或是从文化基因分析来说，其基本概念是工匠对自己的劳作具有的精神追求，不断精细自己的"造物"产品，不断鉴赏和改善自己的工艺技巧，享受着"一手活"的升华体验与味道，尤其是对细节有更高的要求，追求完美和极致，执着和坚守，将造物活动从 99% 提高到 99.99%，其利虽微，却持之以恒。如是说来，关于"工匠精神"的概念其实并不复杂，不像工业 4.0 解释的那么复杂，也不像大数据显示的那么云里雾里。如今，我们倡导的"工匠精神"应寓意有刻苦钻研之劲头，这正是在快速发展过程中丢失了的东西，现在需要重新找回来。特别是在"速度为王"的经济效益下，我们真的需要慢下来一些，求一点"工匠精神"，沉下心来，专心致志地劳作行事。推而广之，竭尽全力之能事，"致广大而尽精微"[2]，秉承极致、求精务实的"工匠精神"，这是推动全社会良性发展的坚实基础。

[1] 王夫之．四书训义：清光绪十三年潞河啖柘山房刻本 [M]．115.

[2] 子思．中庸译注 [M]．李春光，译注．长沙：岳麓书社，2016:82.

二、"奇技淫巧"①与"能工巧匠"的双关性文化根源

为何将"奇技淫巧"与"能工巧匠"作为"工匠精神"的双关性文化根源提出来讨论呢？其着眼点就在于，这是构成我们今天重新认识"工匠精神"的关键议题。众所周知，文化的传承具有无限的长度，它包含一切文化和文明成果以及形成的社会习俗，还有表现出来的精神风貌，其传承是随着一代又一代人的接继而延绵不断的。这种传承性的特征应该是论世代而不论一时。也就是说，文化传承有可能会被一个时期或一个阶段所抛弃，但终究会因文化积淀而获得重新回归。由之，我国传统工艺文化所承载的"工匠精神"，也同样是传承有序而绵延悠长的，特别是隐隐承载着的儒道思想，始终与修身养性、齐家治国、道法自然融为一体，进而成为我国"工匠精神"的传承主体，从而在礼法并施思想的感化下，促成尊重自然、敬畏手艺的精神理念。

如是所言，"工匠精神"的构成含有"奇技淫巧"与"能工巧匠"的双关性文化内涵：一方面是这种双关性文化表面看似有不同语义构成的认识观点，并产生相互抵消的认识错位。譬如，"奇技淫巧"向来被斥责为是雕虫小技的营生，甚而被指称是贬低科学精神的负面旨意，其文化的负面属性自然被放大许多。特别是受传统儒家思想"礼不下庶人"影响极深，总认为匠人营营役役都是些奇技淫巧，主张"君子使物，不为物使"[1]，更应"修齐治平"[2]。然而，当我们历述"工匠精神"的传承脉络时，便会发现"奇技淫巧"又始终是一个挥之不去的概念。并且，在过往历史中也有充分证明，古代匠作大多是通过"奇技淫巧"勾画出造物活动的差异形态，或是品物的等级差别。也就是说，虽然传统文化中存在着斥责"奇技淫巧"的声音，但真正对工匠造物，以至文人墨客对"工匠精神"的评价，其影响力依然有限。因为"奇技淫巧"勾画出的造物活动具有潜在的，甚至是巨大的社会市场的供求意识，而这种供求意识又恰恰来源于权贵阶层。要知道古代社会

---

① "奇技淫巧"语出《尚书·泰誓下》，这是周武王声讨商纣王的一项罪名，谓曰："郊社不修，宗庙不享，作奇技淫巧以悦妇人。"孔颖达疏："奇技谓奇异技能，淫巧谓过度工巧。二者大同，但技据人身，巧指器物为异耳。"（引孔颖达《尚书正义》）观其疏可说，此言并未有太过情绪化的倾向。依此而论，如果仅仅是说"技巧"，应该是比较正面的辞解，也就是如今所说的"技术"。可《尚书·泰誓下》在"技"与"巧"前各加了形容词，即"奇"和"淫"。"奇"可谓新奇，"淫"乃为过度，这样的表达也算可以，谓之追求之意，追求什么呢？以训诂喻今解说，就是追求创新技术。如是所言，"奇技淫巧"之语义无可厚非，确实没有必要多疑问释，或是否定这种对技术极致追求的本义。可问题的关键就在于，后缀一句"以悦妇人"才是构成否定技术的要害。在我国古史上，总喜欢将误国之罪嫁祸于女子，"红颜祸水"就是典型的例句，以至商纣王亡国于迷恋妲己，其罪不可赦。如此，"作奇技淫巧以悦妇人"，这就足以将"技术"名声彻底搞臭。况且，《尚书》阐发的这种思想，到汉代竭力推行"罢黜百家、独尊儒术"又有新的发展。如西汉戴圣整理的《礼记》，后经郑玄注疏归为儒家《五经》之一，其中就明确言说："析言破律，乱名改作，执左道以乱政，杀；作淫声、异服、奇技、奇器以疑众，杀；行伪而坚，言伪而辩，学非而博，顺非而泽以疑众，杀；假于鬼神时日，卜筮以疑众，杀。此四诛者，不以听。凡执禁以齐众，不赦证。"可见，音乐、异服和奇技在此统统被列为是犯上作乱，万恶不赦之罪孽。这罪孽根源究竟从何而起？看来已非视"奇技淫巧"为"玩物丧志"的过错，而是《易经》一语道破，曰"备物致用，立成器以为天下利，莫大乎圣人"。"圣人"是谁？是统治者。若将统治者抛在一边，这必是罪无赦。久而久之，鄙薄技术、斥之为"奇技淫巧"，便成为古代文化的负面属性。

[1] 管仲. 管子[M]. 梁运华, 校点. 沈阳: 辽宁教育出版社, 1997:140.

[2] 戴圣. 礼记[M]. 崔高维, 校点. 沈阳: 辽宁教育出版社, 2000:222.

权贵阶层通常代表着主流意识形态，具有掌控思想话语权的权威。就像《管子·兵法》有曰"器械不巧则朝不定"[1]，甚而将工艺技术和器械设备列为战争"八事"中的两项，所强调的"巧"自然是"巧计"设用。又有《荀子·王霸》所曰"百工忠信而不楛，则器用巧便而财不匮矣"[2]，强调的是"巧工"作用，可以多增加财富积累。是故，在古代社会中，无论是儒家，抑或是墨家及道家，对"奇技淫巧"的真实诋毁是低效的。据此可言，"奇技淫巧"与"能工巧匠"互为"工匠精神"的双关性文化根源是一脉相承的，有其文化精神的共识。自然，"工匠精神"是一个历史概念，在农耕文明以至工业文明和后工业时代发展的状况下，"工匠精神"的表现形式则是不同的。但作为一种精神理念，其灵魂价值的东西是不会变的。因而，从总体上讲，"工匠精神"无论体现在"奇技"，抑或是"工巧"上，都具有良好的职业操守和娴熟的技艺技能，尤其是在此基础上构成的"精神专一"更有现实意义，这是其双关性文化根源的生长土壤和条件。

另一方面是这种双关性文化具有共同构筑针对古代工匠技艺技能的评价诉求，且在我国古代手工艺演进历程中互为作用。"奇技淫巧"综上已述，那么，"能工巧匠"的文化特性也是显而易见的。宋李格非在《洛阳名园记·李氏仁丰园》中曰："今洛阳良工巧匠，批红判白，接以它木，与造化争妙。"[3] 这里所述的就是"巧匠"工造的事实，即以"巧"实现"与造化争妙"之能事。此恰如元善住词《谒金门·赠雕銮匠》所曰："天赋巧。刻出都非草草。浪迹江湖今欲老，尽传生活好。万物无非我造，异质殊形皆妙。游刃不因心眼到，一时能事了。"[4] 这里的"浪迹江湖今欲老，尽传生活好。万物无非我造，异质殊形皆妙"，可谓喻指我国古代"匠籍"制度产生的作用，工匠周游各地，加入"匠籍"，尽显自己劳作之功效，这是自古至今培育"能工巧匠"的重要社会土壤。"匠籍"制度始于元朝，明代沿袭元代，将"人户"分为民、军、匠三等。其中，"匠籍"全为手工业者。从制度设计上说，被编入特殊户籍的工匠属于南镇抚司聚集管理，并要求世代承袭，且便于对工匠缺员的勾补。① 由之，编为"匠籍"的工匠都是"术业有专攻"的工造师傅，他们的技艺传授自古多以家传为主，工匠们的手艺往往是终其一生所习得，甚至累积了很多代人的经验。因此，古代工匠对技艺的专注精神尤其值得称道。由此而言，工匠劳作在历史上遂有"奇技淫巧"，然造物奇迹始终令人难以忘怀，如是便与"能

① "匠籍"制度在明中期发生变化，即出现了"轮班匠"制度。《明会典·工匠二》记载："（洪武）二十六年定，凡天下各色人匠编成班次，轮流将赍原编勘合为照，上工以一季为满，完日随即查原勘合及工程明白，就便放回，周而复始。"[4]"轮班匠"推行后，其劳动是无偿的，受制于手工官"坐头"的管制盘剥，因而工匠以怠工、隐冒、逃亡等手段进行反抗。至此，明中叶不得不制定了适应商品经济发展的以银代役法。到嘉靖四十一年（1562）起，轮班匠一律征银，朝廷则以银雇工。"轮班匠"名实亡之后，人身束缚大为削弱，身隶匠籍者可自由从事工商业活动。明中期开始的逐步深化的匠役改革，无疑促进了民间手工业生产的发展，直至清代，持续了四个半世纪的匠户制度才寿终正寝。

[1] 管仲. 管子 [M]. 蔡景仙, 译注. 北京: 中国工人出版社, 2016:112.

[2] 荀况. 荀子 [M]. 杨倞, 注, 耿芸, 标校. 上海: 上海古籍出版社, 2014:145.

[3] 李格非. 洛阳名园记 [M]//. 陈从周, 蒋启霆. 园综: 新版下册. 上海: 同济大学出版社, 2011:169.

[4] 释善住. 谒金门·赠雕銮匠 [M]// 释善住. 谷响集. 北京: 中国书店, 2018:302—303.

工巧匠"联系紧密，构成这种双关性文化评价也就不奇怪了。但凡是雕琢精致的工造之物，都是常人不可为之的工巧而受到独特的褒奖，其显现的乃是精益求精的文化品质。这种精神在古老的手工艺行业中尤为突出，可说是职业使然。即使在一些不被认可的历史语境中，匠作之技被斥为"艺成而下"的"小道"，但毕竟是工巧过人，令人称奇，由此流传开来的"奇技淫巧"也不失为是一种认识上的褒扬。当然，这些智慧的创造也就有了另一种说法，叫作"能工巧匠"。

如是，我们追溯古代能工巧匠的足迹也能充分证明这一点。统计我国古代历史上的能工巧匠可谓举不胜举。例如，先秦鲁班可算是一位出色的能工巧匠，自古就为土木工程领域尊称为祖师爷。他帮助楚国创制云梯去攻打宋国，而被墨子劝阻并让他制造更多的实用生产工具，这使他的造物思想开始注重生活积累，创意而出伐木的锯子、可自由飞行的飞鹊。除此而外，他还创制了"机关备制"的木马车，发明了曲尺、墨斗、刨子、凿子，以及磨、碾、锁和伞等对民众生活影响巨大的实用器具，"班门弄斧"就是专门颂扬他技艺才华的流传成语。以至明代出现由北京提督工部御匠司司正午荣汇编，并由局匠所总章严同集、南京递匠司司承周言校正的《工师雕斫正式鲁班木经匠家镜》（又名《鲁班经匠家镜》），记载并总结了自鲁班以来，历经春秋战国、秦汉、魏晋南北朝、隋唐、宋元，以及明中前期 2000 余年历代建筑工匠大师积累的实践经验，系统记述了传统建筑结构艺术、家具制作技术和行业制度规范等，成为古代工造的经典文献。

又如三国时魏国的马钧，在魏明帝时曾担任给事中（监察官职），对织造工艺的绫机改进做出了重大贡献。"绫"属于提花丝织物，织绫机有 120 个蹑（踏具），织一匹花绫用时两个月左右，生产过程异常笨拙。马钧见其生产效率低下，就决心改良这种织绫机，以减轻劳动强度。于是，他到生产一线见习，获得了对旧式织绫机的改造体验。他重新设计的织绫机，简化了踏具，统统改成 12 蹑，又改造了桄运动机件，并将综控经线进行重新分组，形成上下开合，以便梭子来回穿织。经过这样的改进，新织绫机不仅更精致，更简单适用，而且生产效率也比原来提高了四五倍，织出的提花绫锦花纹图案变化多样。另据《后汉书·张让传》记载，东汉中平三年（186），毕岚曾制造翻车，用于取河水浇灌。马钧为了提升灌溉能力，设计制造了翻车（即龙骨水车）。在此基础上，他又制作出"水转百戏"，以水为动力，以机械木轮为传动装置，使木偶可以自动表演，构思十分巧妙。清人麟庆编撰的《河工器具图说》记载了这种翻车的构造，称之"比人踏功殆将倍之"[1]。这种翻车直到 20 世纪后期在我国农村仍然被使用着。除此之外，马钧还研制出指南车，改进了诸葛亮的连弩，改进了攻城用的发石车，可谓巧计发明连连

[1] 麟庆. 河工器具图说: 南河节署藏板 [M]. 132.

推出，因而在历史上被称为三国时期著名的能工巧匠。

再如宋末元初的黄道婆，不但有精湛的纺织技艺，还是一位纺织机械革新能手。她在传统踏车基础上发明了扎棉用的搅车，使籽落于内，棉出于外，大大地提高了生产效率。此外，她的更大贡献在于改进织布机，其发明的脚踏纺车有三个锭子，可以纺三根纱，这是当时世界上最先进的纺车，比欧洲纺两根纱的纺车要早近 500 年。经过她改进的织布机，能织出各色美丽的棉布，增加织品种类，这样的技术革新令人称道。

由此言之，"工匠精神"是传统文化系统中较为核心的概念，体现着我国古代造物观念的深刻内涵。就其文化传承特性而言，"工匠精神"有着社会化发展过程的显在性，具有面向人与社会的文化控制力和匠作之心的约束力，从而展现出"工匠精神"应有的文化信仰与价值，塑造与整合出工匠职业的价值观、操守观、道德观，以及各种造物活动应具有的行为方式和工匠自身应具备的特质。有关"工匠精神"的阐述，在我国古代的许多文献典籍中也有列目，阐明技术精进、追求创新、追求卓越的理念。诸如，先秦诸子百家的言论、西汉刘安的《淮南子》、唐代柳宗元的《梓人传》、北宋高承的《事物纪原》、沈括的《梦溪笔谈》，还有明文震亨的《长物志》、计成的《园冶》、宋应星的《天工开物》和近代邓之诚的《骨董琐记》，等等。

举例来说，沈括一生致志于技术发明和技术研究，在他晚年集一生学识和见闻之精萃撰写的《梦溪笔谈》中讲述了许多奇异工巧之事，且列有专门章节，如技艺、器用、神奇、异事、谬误、讥谑等。如《卷十九·器用篇》对凹面镜成像、凹凸镜的放大和缩小作用的论述，便是对我国古代"透光镜"传承技术的科学解释，推动了后世对"透光镜"的研究。一部《梦溪笔谈》涉足了 17 个技术门类，讲述范围又包括典章制度、财政、军事、外交、历史、考古、文学、艺术等众多领域，可谓包罗万象。尤其是记述像凹面镜成像之类的巧计内容，可谓细致周详，是对古代"奇技"和"工巧"的真实写照。又如，宋应星撰写的《天工开物·乃服第二·花本篇》记载："凡工匠结花本者，心计最精巧。画师先画何等花色于纸上，结本者以丝线随画量度，算计分寸杪忽而结成之。张悬花楼之上，即结者不知成何花色，穿综带经，随其尺寸度数提起衢脚，梭过之后，居然花现。盖绫绢以浮经而见花，纱罗以纠纬而现花。绫绢一梭一提，纱罗来梭提，往梭不提。天孙机杼，人巧备矣。"[1] 这是记述明代织造工艺的最高水平。

应该说，在我国古代文献典籍中，但凡涉及赝古、识宝、炼金、养生、美容、修炼等绝术奇技，都会有关于"奇技淫巧"或"能工巧匠"的专题记述。真乃大至俯仰天地、神机妙算，小至日常生活、处处玄机，其着眼点依然在"奇技"和"工巧"上。于技艺

[1] 宋应星．天工开物 [M]．钟广言，注释．广东：广东人民出版社，1976:88—89.

上的"奇巧"见功成为大家热衷的话题，这反映出古代社会的基本价值观，对工匠巧作的尊重。况且，就历史而言，早在先秦管子既定的"士、农、工、商"四大阶层中，"工"竟排行在"商"之前，而仅次于"农"。自古俱来的"工"匠阶层绵延数百代，自有赏识其贡献的有识之士，这其中揭示"工匠精神"意义的也大有人在。管子就从伦理上谈论"诚工"，进而提出"良工"的职业伦理规范，更主张"人与天调，然后天地之美生"[1]，这里的"天"已不再是人格化的至上神，而是自然之田，是天地和合的产物。

再有，始于上古的工匠阶层也并未被完全歧视。例如，古代工匠阶层的先师——鲁班就始终被奉为"尊师"，并有"非儒即墨"之称，其学派声势浩大。墨子提出的"务实""道技合一"等工匠精神影响深远。其实，在跨越数千年的历史长河中，骚人墨客、文人雅士仍然保持与工匠们的倾力合作，精心打造各种造物之事，又使得匠作之业成为集"实用""审美"与"工巧"合一的有价值的劳作，甚至成为高贵、典雅的"工艺品"而荣登古代艺术的大雅之堂。据此，我们所说的"能工巧匠"也就在历史的长河中固化形成自己应有的地位。反观儒家观念将"奇技淫巧"的文化属性过分贬低，也是一种不客观的认识。可以肯定地说，在古代文献典籍中讲述的"工匠精神"，都具有对"奇技淫巧"和"能工巧匠"实际作用的推崇。

三、对"道技合一"境界的追求是"工匠精神"的本质

《庄子外篇·达生》述说匠人梓庆削木为锯的内心体验，谓之曰："臣将为锯，未尝敢以耗气也，必齐以静心。齐三日，而不敢怀庆赏爵禄；齐五日，不敢怀非誉巧拙；齐七日，辄然忘吾有四枝形体也。当是时也，无公朝。其巧专而外骨消，然后入山林，观天性形躯，至矣，然后成见锯，然后加手焉，不然则已。则以天合天，器之所以疑神者，其是与！"[2]这篇以"达生"命名的寓言明确提出，要摒除各种外欲，尤其是要忘却"利名我"，做到心无旁骛，事事释然，方可集思凝神，与天地融合，终成鬼斧神工之妙。这则寓言可谓是庄子对"天道无为"思想的生动阐释，其"道"是"先天生地"的，即"道未始有封"（即"道"无界限差别），主张"无为"放弃妄为，以自然之本的处世态度，缔造一种"天地与我并生，万物与我为一"①的精神境界。

① 此句语出《庄子·齐物论》篇。所谓"齐物论"，当有两种解读：一曰"齐物"论，二曰齐"物论"。前者以郭象注疏为代表，关注的是"物"，即强调事物的自然本性，注曰："夫自是而非彼，美己而恶人，物莫不皆然。故是非虽异而彼我均也"，所论乃"万物一也然"；后者以王夫之为代表，强调的是"以不齐为齐"。《齐物论》通篇以"丧我"发端，来阐明万物不齐是由于"我"的偏执所致，只有达到"忘我"，才能实现万物之"齐"。由此导出"是非"二字的通解"世间是非，何为对错"，进而指出"是非"得以产生的根源就是"成心"，即是"天地与我并生，而万物与我为一"。

[1] 管仲. 管子 [M]. 梁运华, 校点. 沈阳: 辽宁教育出版社, 1997:127.

[2] 庄周. 庄子 [M]. 王岩峻, 吉云, 译注. 太原: 山西古籍出版社, 2003:180.

在先秦诸子中，儒、道、法各家均视技艺技巧为末道，或不屑为之而予以排斥。无论是像西晋郭象认为的"技"是"万物之末用"，还是在儒家看来"技"微不足道，以至在《论语》中，樊迟因"请学稼""请学圃"而被孔子评价为"小人哉，樊迟也"，都显露出对"技"的轻慢。唯独墨家表现出对技艺技巧的一种与众不同的价值追求，这是具有特殊时代意义的。然而，属于道家学派代表的庄子，对造物活动中的"技"却给出了与重"道"轻"技"风气迥然不同的评价，显露出庄子对"道"有深刻的认识。除上述《庄子·外篇·达生》外，在他的其他寓言中，"技"始终是体悟"道"的重要途径，那些拥有高超技艺的人，如庖丁等，均予以较多笔墨。甚而在《庄子·天下》中还有颂扬墨子"好学而博"[1]，就连法家代表韩非子也说墨子"博习辩智"[2]。这表明墨子"崇智求真"，赢得了春秋末期至战国初期诸子各家的认同。所以，作为我国古代技术家，墨子最为突出的特质便是强调"道技合一"，他从事的技术实践也就围绕着"义利共同"①这一中心来推进。故而，如上举说的庄子《外篇·达生·第十》，也可说是道家转借墨学形成的"道技合一"的认识论。英国科技史家李约瑟曾有过设论，认为墨家思想可与同时期古希腊哲人思想相媲美，二者都达到了非常高的科学理性的境界。甚而推测，如果墨家的逻辑和道家的自然观能够融合，那么，古代中国的科技将会越过鄙视技术的门槛，而获得重大发展。②只是历史无法假设，这也成为李氏无法解答的"难题"。

依此论"道"乃我国古代非常重要的哲学概念。其含义可谓复杂，难以言说清晰，既是范畴，又是终极实在的概念。若从字面上解释，这"道"或"正道"是带有方向性和目的性的引导，可以引申为实现特定目的的途径和方法。若从认识论角度来说，"道"则是指万物运行的客观规律，这种规律可以被感知和认识，但是不以人的意志为转移。所以，老子曰："道"是"万物之奥"（《老子》六十二章）。

与"道"相对应，"技"可说是有形的，有具体的指向、途径和方法。诸如，墨子《贵义》载"子墨子南游使卫，关中载书甚多"，表明墨子好学，通晓多种工艺技术领域，特别是在机械、土木等工程领域有着很高的造诣，能制木鸢、大车，精通木工技巧。墨子《小

---

① 墨子认为，凡是符合于"利天下""利人"的行为，就是"义"，以至提出"利"为人的标准，"若是上利天，中利鬼，下利人，三利而无所不利，是谓天德"（《天志下》）。这就是有利于天下的现实。据此，墨子又提出一条可以"法乎天下"的行为准则，"利人乎即为，不利人乎即止"（《非乐》）。在墨子眼里"为天下兴利除害"既是技术科学发展的出发点，也是技术科学发展的排他性目标。因而，墨子的技术思想带有"重利贵用"的伦理学取向，具有强烈的伦理诉求。

② 李约瑟"难题"，是在其编著的15卷本《中国科学技术史》（科学出版社，1990年版）中提出的，其设论是："尽管中国古代对人类科技发展做出了很多重要贡献，但为什么科学和工业革命没有在近代的中国发生？"1976年，美国经济学家肯尼思·博尔丁称之为李约瑟难题。很多人把李约瑟难题进一步推广，出现了"中国近代科学为什么落后？""中国为什么在近代落后了？"诸多问题。

[1] 庄 周 . 庄 子 [M]. 胡仲平 . 北京：北京燕山出版社，1995:320.

[2] 韩 非 . 韩 非 子 [M]. 秦惠彬，校 点 . 沈阳：辽 宁 教 育 出 版 社，1997:170.

取》又载"摹略万物之然"，即探求万事万物本来面貌也是墨子感兴趣的话题。《经上》更进一步提出："巧传则求其故。"这"巧传"与"求其故"便是对世代相传的手工艺技巧的求取、探究。故《孟子·告子上》曰："求则得之。"求的是世代相传的手工艺的"技"，从而揭示"技"的本质和规律。

其实，依"道"的体悟而论"技"并非只是墨家，关于"技"有法可依循的思想根源最早见于《礼记》，有所谓"工依于法"（《礼记·少仪》），即讲究技术规范。当然，讲得更多的仍然是墨子，即所谓对"法"的认识，曰："天下从事者，不可以无法仪，无法仪而其事能成者无有也。虽至士之为将相者，皆有法，虽至百工从事者，亦皆有法。百工为方以矩，为圆以规，直以绳，正以县，平以水。无巧工不巧工，皆以此五者为法。巧者能中之，不巧者虽不能中，放依以从事，犹逾己。故百工从事皆有法所度。今大者治天下，其次治大国，而无法所度，此不若百工辩也。"[1] 在墨子看来，"法"是技术活动中理应遵守的技术要领和操作程序，尤其是对于百工来说，要取得成功，都必须依"法"行事。此乃"巧者"之"巧"，这关键是因为"中之"，即深刻理解和把握了技术要领及规范的真谛，达到"技"与"法"融为一体。况且，墨子又强调技术规范的五种要点，即"方以矩""圆以规""直以绳""正以县""平以水"。这是提升"技"艺最具有直接操行的法则。

故此，我们可以说，由"道"的体悟而论"技"，不论是"技"的"巧传"与"求其故"，抑或是"技"的规范所列法度，再者由"技"的理念升华入"道"，以"技"悟"道"，所有这些"道技合一"的特征讲述都可以说是既重道，又重术，在此基础上求"厚乎德行，辩乎言谈，博乎道术"[2]，从而实现"德行"与"道术"的相互结合。这样的"道技合一"的境界，显然是工匠至高精神的追求，即由"技"悟"道"，是对"技"的更高要求。可以这样解释，就工匠劳作状态而言，掌握高超的技艺是在体悟"道"的基本前提下实现的，但这并不意味着因此就可以体悟到无形的、难以言表的"道"。真正"道技合一"的境界是不以技艺提升为目的的，而是通过"技"的过程来体悟"道"的真谛，从而实现匠作意义的超越，同时，又通过对"道"的认识和体悟，促进"技"的炉火纯青。就像庄子笔下的庖丁这样的"工匠"，他为文惠君解牛，"手之所触，肩之所倚，足之所履，膝之所踦，砉然响然，奏刀騞然，莫不中音。合于《桑林》之舞，乃中《经首》之会"。如此高超的技艺，令文惠君拍案叫绝。然而，庖丁解牛的妙处并不在于他的技艺精到，而在于他的认识和体悟。庖丁"所好者，道也，进乎技矣"。当然他对"道"的认识也是以技艺的提升为前提的，从"所见无非牛者"，经过训练便"未尝见全牛"，最后"以

[1]墨子．墨子[M]．徐翠兰，王涛，译注．太原：山西古籍出版社，2003:17—18.

[2]墨子．墨子[M]．徐翠兰，王涛，译注．太原：山西古籍出版社，2003:31.

神遇而不以目视，官知止而神欲行"，做到了"依乎天理"，从而游刃有余。每次完成解牛，都"提刀而立，为之四顾，为之踌躇满志"。这就是由解牛得到的超越与满足，讲究做事不仅要掌握规律，还要持一种谨慎小心的态度，收敛锋芒，并且在懂得利用规律的同时，更要去反复实践，如庖丁"所解数千牛矣"一样，不停地重复，终究会悟出事物的真理所在。[1] 在庄子笔下还有很多这样的人物，如梓庆削木为锯、轮扁斫轮等，都是由"技"入"道"，最终实现了"道技合一"。这种"道技合一"的境界是古代工匠的终极追求，如能实现，便可称之为大国工匠。

进言之，在我国古代有着高超技艺的匠作不在少数。虽说有士农工商的等级划分，工匠待遇极低，再加之几千年的农本经济形成的思维惯性，使得技术传播与传承方式多只注重实践而忽视艺理探究，然而，就基本道行而言，匠作之艺对于"道技合一"精神境界的追求却始终如一，这是使得我国古代匠作之艺在文明史册上独占鳌头的动力源泉。以距今约7000年的治玉工艺为例，其复杂的匠作流程，诸如，拣选好玉料之后要经过刻、碾、琢、磨、钻等多道工序，在成器之后还要琢刻纹饰，这琢玉过程就具有高超技艺运用的典型性。换言之，一块天然岩石要具备文化意蕴，是要经过人工打磨，注入人性价值，方能进入"文化"领域产生认同的。如对出土玉器或是对《玉作图说》①等史料进行综合探究的话，可以证明：我国自古治玉就十分讲究对"解玉沙"②的技艺操作，且始终伴随着古代玉文化的生成而不断精进。就是说，只有被匠作之艺加工过的玉料，才能被赋予"以玉比德"③或是"借玉传情"的文化内涵，也才能被真正称为玉之美器。这表明治玉过程中，人与物结成的相互关系，以及成就"物"所包蕴的价值取向，都是文化的显现。文化在这其中体现着人创造的物质财富和精神财富的总和。而这种文化早在人类最初的"造物"活动中就已诞生。只是到了后来，生产力发展了，人的需要丰富了，文化的内涵由简而繁，趋于多元，文化的概念也随着文化学研究的深入而被赋予越来越

[1] 庄周．庄子[M]．王岩峻，吉云，译注．太原：山西古籍出版社，2003:30—31.

① 《玉作图说》为清代画家李澄渊作于光绪十七年(1891)的一组彩绘图册，由12幅图画和13说的文字组成，描绘和说明了清代玉器作坊制造玉器的情形。

② 关于"解玉沙"的记载，史籍中较早提及的是《诗经·小雅·鹤鸣》中的诗文，曰："鹤鸣于九皋，声闻于野。鱼潜在渊，或在于渚。乐彼之园，爰有树檀，其下维萚。他山之石，可以为错。"又曰："鹤鸣于九皋，声闻于天。鱼在于渚，或潜在渊。乐彼之园，爰有树檀，其下维縠。他山之石，可以攻玉。"杨伯达注疏清末李澄渊作《玉作图说·研浆图说》认为："研浆图说"重点就是"讲解研磨用沙，可知沙对攻玉的重要性"，即有"他山之石可以为错，即指此而言"。所谓"解玉沙"，即从原生态块状岩石中捣制研浆后才获得的。明末宋应星在《天工开物》中也称："解玉沙，出顺天玉田与真定邢台两邑。其沙非出河中。有泉流出，精粹如面，借以攻玉，永无耗折。"

③ "以玉比德"是论玉德成为琢磨文化品格的关键。早在春秋初期，管仲就提出"玉具九德"，曰："夫玉之所贵者，九德出焉。夫玉温润以泽，仁也；邻以理者，知也；坚而不蹙，义也；廉而不刿，行也；鲜而不垢，洁也；折而不挠，勇也；瑕适皆见，精也；茂华光泽，并通而不相陵，容也；叩之，其音清扬彻远，纯而不殽，辞也。是以人主贵之，藏之为宝，剖以为符瑞，九德出焉。"（《管子·水地》）春秋晚期的孔子更是将玉器列出"玉具十一德"，曰："夫昔者，君子比德于玉焉。温润而泽，仁也；缜密以栗，知也；廉而不刿，义也；垂之如队，礼也；叩之其声清越以长，其终诎然，乐也；瑕不掩瑜，瑜不掩瑕，忠也；孚尹旁达，信也；气如白虹，天也；精神见于山川，地也；圭璋特达，德也。天下莫不贵者，道也。《诗》曰：'言念君子，温其如玉。'故君子贵之也。"（《礼记·聘义》）

丰富的内涵。如是可说，"道技合一"的境界追求就是造物文化多元内涵的必然呈现。

又如，宋代的潘谷不但善于制墨，而且善于鉴赏，达到了"揣囊知墨"的程度。相传他制有"松梵""狻猊"等墨品，不但精于制墨而且善于辨墨，凡墨他只要经手一摸，便知精粗。史籍有载，一次黄山谷将自己所藏之墨请他鉴定，他着墨囊一触，便告诉山谷说："此李承晏软剂，今不易得。"又拿一囊说："此谷二十年造者，今精力不及，无此墨也。"黄山谷取出一看，果然如此。[1]苏轼对潘谷之墨推崇备至，曾把潘谷和宫廷、王府的墨工制墨技艺进行比较，评价曰："潘谷、郭玉、裴言皆墨工，其精粗次第如此。此裴言墨也，比常墨差胜，云是与曹王制者，当由物料精好故耶？"[2]元丰七年（1084）八月，苏轼自黄州赴汝州途经润州（今江苏镇江）时写《赠潘谷》诗向潘谷求墨，诗云："何似墨潘穿破褐，琅琅翠饼敲玄笏。布衫漆黑手如龟，未害冰壶贮秋月。世人重耳轻目前，区区张李争媸妍。一朝入海寻李白，空看人间画墨仙。"[3]诗中苏轼将潘谷和潘岳对比，乃发出感叹：世人"重耳轻目"，独推崇潘谷"一朝入海寻李白，空看人间画墨仙"。潘谷制墨的这种技艺能巧可谓融入"道技合一"之境，并与苏轼结下翰墨缘分，而获"墨仙"殊荣。

千年治玉和潘谷制墨的历史足迹能够引发出我们的许多思考：一是"造物"与"赏物"的双关作用，应当引起高度重视。"造物"重于"物化"，而"赏物"则重在"物的美化"，且自古以来就有文人雅士的更多参与，"趣味""心斋""比德""机巧""藻饰"等等，这是古代文化与艺术思想的有机构成。如若离开这些，"物的美化"便无从谈起。二是对手工艺传承的多元认识，既有"技进于道"，更有"道法自然"，这需要通解更多的文采意蕴。如刘勰在《文心雕龙》中曰："夫'文心'者，言为文之用心也。昔涓子《琴心》，王孙《巧心》，心哉美矣，故用之〔焉〕。"[4]如此可言，手工艺的"赏物"风雅可取资源丰富多彩，这可纳入"道技合一"之境当中，即先有风雅之品位，再有风雅之匠术。进而言之，按照一般的理解，"工匠精神"的丰富性已不仅仅在于匠作之艺的专注、严谨，更在于对自己所从事的技艺倾注巨大的热情心血，对"物"的鉴赏，最终成为其匠作精益求精、力求完美的追求，使所造之物在精神层面上有更大的升华。追源溯流，若想真正了解"工匠精神"的根源及内涵，还是要回到工匠及手工艺繁盛时期的社会视角，或者说历史语境中去体验和观察，否则难以把握"工匠精神"的真实意蕴和文化价值。

结语

从本质上讲，"工匠精神"的既有存在条件是历史性的，其职业价值取向和行为表

[1] 转引：《汉语典故分类词典》编写组. 汉语典故分类词典 [M]. 呼和浩特：内蒙古人民出版社，1989：212.

[2] 苏轼. 书裴言墨 [M]// 李白，等. 中国古代名家诗文集. 哈尔滨：黑龙江人民出版社，2005：1793.

[3] 苏轼. 赠潘台 [M]// 苏轼. 苏东坡全集. 邓立勋，编校. 合肥：黄山书社，1997：271.

[4] 刘勰. 文心雕龙 [M]. 长沙：岳麓书社，2004：460.

现也多为过去式，这已是不争的事实。如今，我们努力检索史籍，钩玄史脉，试图完整复述传统"工匠精神"的理念精髓，但不得不承认，其指代已经泛化。故本文探讨的真实意图，在于试图重新找回"工匠精神"的价值，继续弘扬精益求精的职业态度和严谨的社会价值观，使当今各行各业的从业者都能成为有理想、有道德、有文化和有技艺规约的"工匠"，成为具备承传千年之久"工匠精神"的接续者，从而在新时代发展进程中发挥出生命情怀与手作理想。再者，进一步明析"工匠精神"延续至今，特别是其精神价值重被倡导的意义所在，这一方面体现出工匠精神并非墨守成规，而是有追求技艺功效的极致与完美；另一方面又有着促进其斧工蕴道不断被超越的创新精神。如是所言，对"工匠精神"的传承是我们这一代人的历史责任，而创新和超越则是新时代弘扬"工匠精神"的内在动力。我们必须在这一认识的高度上不断探索和践行"工匠精神"的真实价值，特别是将远离我们而去的传统"工匠精神"拉近到现实社会，在实现中华民族伟大复兴的中国梦征程中，协同千千万万的能工巧匠，继续发扬"工匠精神"，达到"时势造英雄，大国出工匠"的目标。

原载于《深圳大学学报（人文社会科学版）》2020 年第 5 期

温故而知新：我国古代文献中"匠作之业"内涵释义与释读

在我国悠久的文明史册中，古代工艺乃突出的文明成就，为整个人类文明书写了灿烂的篇章。而记载这些文明成就的文献，则具有数千年的文脉积累。若以古代文献分类来看，经、史、子、集，乃至道经、佛经中均有涉及，特别是自两汉之后的别集、类书、丛书、笔记和表谱中也多有包含，其内容可谓多样且庞杂。除了朝廷统一专职部门记述的工艺典籍之外，其他还包括技术科学、水利工程、营建营造、染织纺织、陶瓷烧造等单一门类的工艺记载，其中记述体例涵盖了人物传记、文人笔记，直至类书中记载的举凡世俗学问，无所不收，包括古代工艺在内，可谓应有尽有。其载体多样，如诸子文论、史书、政书、方志，也包括小说、话本等，从中可以读出针对我国古代"匠作之业"的广泛记载、评品和赏鉴。具体来说，从文献记载条目分类来看，其条目在古籍分类上多归为"技艺"与"营造"之目。当然，也有经后人编辑整理以"目录"分类的方式细致划分的类书，如唐代欧阳询与令狐德棻、陈叔达、裴矩、赵弘智、袁朗等 10 余人编纂而成的《艺文类聚》（图 1）100 卷，其与工艺类相关的部卷就分布在"居处部""产业部""服饰部""舟车部""巧艺部"等之中；宋代李昉、李穆、徐铉等奉敕编纂的《太平御览》（图 2）

中的"匠作之业"，也是按照工艺的门类分成"工艺部""器物部""舟部""车部""珍宝部"等；成书于清康熙与雍正年间，历时 28 年编撰的大型类书《古今图书集成》（图 3），其中涉及的百家考工分类则十分细密，引征古籍资料翔实而丰富。

图 1
《艺文类聚》

图 2
《太平御览》

图 3
《古今图书集成》

如上所述，我们对照查检不难发现，先秦到明清各种官书、则例中均有专门差遣工部官员编纂的工艺书录，又有杂记或各类文论中论述的工艺篇目。通过对这些古代工艺文献的梳理，可以挖掘出蕴藏在文献背后的"匠作之业"发展路径。进言之，对我国古代文献中散落的有关"匠作之业"纪实资料的释义与释读，既能了解古代匠人匠作工艺精妙的技艺以及营造思维所在，又能对当今工艺的继承与发展有所借鉴和启迪。确实，带有资料性质的古籍类书与记载形式多元的工艺文献，为我国设计艺术史提供了有足够参考价值的史料依据。而史述的价值就在于力求寻找符合其自身发展规律的史料进行建构，并形成具有独特视角的探究线索，且与历史语境形成密切的佐证关系。本文提出"温故而知新"的研究考量，便是希望通过对古代工艺文献进行孜孜不倦的反复研读，将其"匠作之业"价值尽可能完整地揭示出来，并试图找寻新的研究视角，从不同探究角度来审视我国古代工艺形成的历史轨迹，从而析出具有问题意识的思考。

一、古代工艺文献记载方式查考

检索我国古代工艺文献，虽说与各类文献典籍中的诗话、词话、赋论、文评、剧说、曲话、画论、乐记、艺谭、笔记、书品等相比，其数量明显要少，但涉及工艺领域的各种事项论述，还是有非常丰富的文论存目，均可作为工艺文献的重要补充，且具有极高的史料价值。按照历代文献及相关文论存目归纳来说，古代工艺文献大致可归纳为以下四大种类：

一是散落在不同种类的经学典籍或文论当中的工艺文献，诸如《周易》《周礼·考工记》以及诸子百家言论中有关阐述工艺文化或造物思想，进而论证工艺技术、造物与赏物活动所涉及的艺匠、原则、伦理和审美诸问题，还有结合农业、畜牧业、工商业、交通运输及军工使用的各类器具功效的技艺技巧分析等。比如，现在传世的《周易》包含了经、传两个部分，《易经》是占筮之书，成书于殷周，为上古巫文化的遗存；《易传》成书于战国中期，包括解释卦辞、爻辞的7种文辞，计有10篇，如《象传上》《象传下》《象传上》《象传下》《文言传》等，这10篇又被称为《十翼》，"翼"有辅助之意。如此一来，《周易》即形成两个系统，即符号系统和文字系统。作为象征阴阳原则的卦象符号，可以解读出"阴阳""动静""相渗""循环"，以至整体与个别等构成因素。况且，通过《周易》中的两两八卦相叠的卦象来观察自然也是一种新的视角，由卦象显示的认识自然的种种规律，诸如"对偶""对称""对比"等形式，也都具有艺术构成的形式法则。

又如，作为我们所能见到年代最早的手工业（或手工艺）技术文献，《考工记》是以官方手工业技术篇目的身份被后人补遗在儒家经学典籍《周礼》中的。《考工记》作为研究我国古代工艺技术的重要文献，虽篇幅不长，但通篇详尽叙述了春秋战国时期前后官营手工业各类工种、工艺规范和技艺手段。这部"则例"主要由两部分组成，一是与总目相关且针对"百工"含义的阐述，表明其在古代社会生活中的地位，以及获得的优质产品及其自然条件与技术规范；二是分门别类地叙述"百工"中 32 个工种的职能，以及以氏族为主体的家庭手工业的加工做法与规制，其中，可归纳为"攻木之工""攻金之工""攻皮之工""设色之工""刮摩之工""抟埴之工"六大行业。《考工记》虽不能说完全涵盖了这一历史时期各种工艺的详细规范及体系，却为我们再现了当时"匠作之业"的大体面貌与主要的生产工艺和工造活动，特别是制作方法，也包括与人文礼仪相印证的部分。可见，《考工记》内容丰富，涉及面广，在时间范围内上下又至少包罗约 800 年，且技术内容既具有实践性，又提出富有"理想化"的规则，即作为古代指导生产实践活动的一种工艺流程规范。

如上所述，仅就"造物"范畴和内涵而言，即以突出"规制"与"工巧"为主。然而，我们也发现古人在谈论"造物"问题的同时，并未丢开"赏物"的议论。造物以工巧为胜，多以制器技艺为其关注主体，"赏物"则是对物的"美化"，乃至对"趣味"的判断，富有浓郁的人文情愫。例如，明清两朝文人讲究清供、清雅，加之佛教自东汉传入后，禅室推崇房香花素为供，影响市井。以此，清供已不限于祭祀和供奉的意义，还表现在日常生活里。文人喜欢清玩以及文玩杂项，增添生活情趣，渐而形成社会审美风尚。这一"物"的美化，是赏物作用的结果，而不仅仅是造物所完全能够代替的。在王达的《竹茶炉记》、屠隆的《游具雅编》、高濂的《遵生八笺》、曹昭的《格古要论》、顾贞观的《竹炉新咏记》、邹炳泰的《纪听松庵竹炉始末》以及沈淑的《左传器物宫室》等明清文人著述中，均有大量关于赏物的阐述，这是我们认识古代工艺成就的丰富遗产。

二是收录在别集中的单篇文献篇目或专题论著，如杨衒之的《洛阳伽蓝记》、宋敏求的《长安志》（图4）、文震亨的《长物志》（图5）、李渔的《闲情偶寄》（图6）和计成的《园冶》等。在这些别集和专题论著中，作者通过对工艺及工匠的认识，写出了对工艺技术和工匠文化的深刻认知，形成了富有独特体验及真挚情感的文字记载。而这些记载可谓串联起了中华文明的历史，尤其是数量可观的工艺文献，从中我们能够读到许

图4
《长安志》内页

图5
《长物志》内页

图6
《闲情偶寄》内页

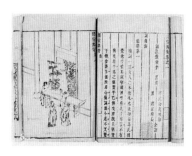

多有意义的史述，其内容是工艺文化的真实写照。

例如，约公元 547 年，尔朱荣、高欢两次作乱洛阳城，致使北魏灭亡，造成东、西魏分裂，东魏迁都邺城（今河南安阳北），形成与西魏对峙的局势。而就在这 10 余年间，抚军府司马杨衒之行役洛阳，见过往所识的昔日繁华的洛阳城竟落得"城郭崩毁，宫室倾覆，寺观灰烬，庙塔丘墟"[1]。故而，杨衒之所追记的北魏洛阳殿堂屋宇，特别是寺庙建立的地理位置及历史沿革尤显珍贵，即所谓"伽蓝"（本是梵语"僧伽蓝摩"的简称，也就是佛寺之意，可作寺院道场的通称），书中序有云"今之所录，上大伽蓝。其中小者，取其详世谛事，因而出之"[2]。这部书以记载论述佛寺为纲，极具文学价值，多被认为是专门描述佛学文化的历史文献。但究其内容细看，《洛阳伽蓝记》也是一本记载寺庙建筑、北魏城市构造的难得的工艺文献。汉朝佛教鼎盛，佛寺众多，至北魏更是大兴庙宇。据史书记载，仅洛阳城内外佛寺数量就多达 1376 所，"寺夺民居，三分且一"[3]。《洛阳伽蓝记》记述北魏都城洛阳 40 年间的佛寺变迁，由"城内为始，次及城外"记载了洛阳城内 91 所伽蓝，包括其地理位置、立寺人、立寺时间、建筑外构及环境，同时也记录下了这一时期政治、军事、经济、风俗、逸闻轶事等与寺庙相关联的兴废沿革史料。同时，该书又叙述了中外佛教文化交流的相关内容，为研究这一时期中外工艺文化交流以及营造工事提供了宝贵的文献资源，也为研究与佛学相关的寺庙建筑寻找到可供参考的事实依据（图 7、图 8）。

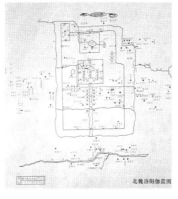

图 7
洛阳博物馆中《北魏洛阳伽蓝记》

图 8
《洛阳伽蓝记》中的北魏洛阳地图

三是官修典籍中的工艺条例或官修工艺成例，抑或民间流传的工艺则例等，均可谓是古代工艺文献的重要组成部分，是古代具有代表性的工艺文化与匠作技艺的记述载体。如《唐六典》《二十四史》《资治通鉴》《全唐文》《册府元龟》《清实录》等诸多官修典籍，内容中多有关于工艺的条目。其他还有如前文提到的先秦齐国官修《考工记》、北魏杨衒之的《洛阳伽蓝记》、宋代李诚的《营造法式》、元代朱景石的《梓人遗制》、明代宋应星的《天工开物》、午荣编写的《鲁班经》、黄大成的《髹饰录》、清代李斛的《工段营造录》、清朝官府颁布的《工程做法则例》等。

[1] 杨衒之. 洛阳伽蓝记校注 [M]. 范祥雍, 校注. 上海: 上海古籍出版社, 2018: 序 2.

[2] 杨衒之. 洛阳伽蓝记校注 [M]. 范祥雍, 校注. 上海: 上海古籍出版社, 2018: 序 3.

[3] 魏收. 魏书·释老志 [M]// 程园政. 中国古代建筑文献集要·先秦—五代. 上海: 同济大学出版社, 216:219.

道是心物

以《唐六典》（图9）为例来说，此书为当时官修断代式政书，仿周礼六官，即理、教、礼、政、刑、事为编写纲目，规定了自唐初至开元官制的建制与历史沿革。由于《唐六典》注文撰修原则为玄宗提出的"错综古今"，所以其正文所叙的官职制度、礼制制度等行政法典都有参述前朝各代的典籍，但又由于唐代对

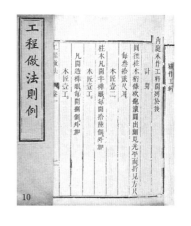

图9
《唐六典》.

公务文书等档案规定了"检简"制度，按《唐律疏义·贼盗》记载，"文案不须常留者，每三年一拣除"，即公文档案每三年拣除一次①。除此之外，宫廷文书又容易在朝代流传的过程中散失、毁坏，到后世多有亡佚。因此，《唐六典》注文中对前朝典籍的参考与正文对当朝官制的记载就成了相对有效的考证官职的文献资料。其中，对工艺类别就有较为细致的划分，如规定"其巧手供内者，不得纳资，有阙则先补工巧业作之子弟。一入工匠后，不得别入诸色"[1]，这是对工匠行当职业考核提出的具体要求。以至北宋时期宋祁、欧阳修等人编撰的《新唐书》载："细镂之工，教以四年；车路乐器之工三年；平漫刀稍（长矛）之工，二年，……教作者传家技。"[2] 这表明唐代工匠是长期在官府作坊做活的群体，或是职业世袭的匠户传人。

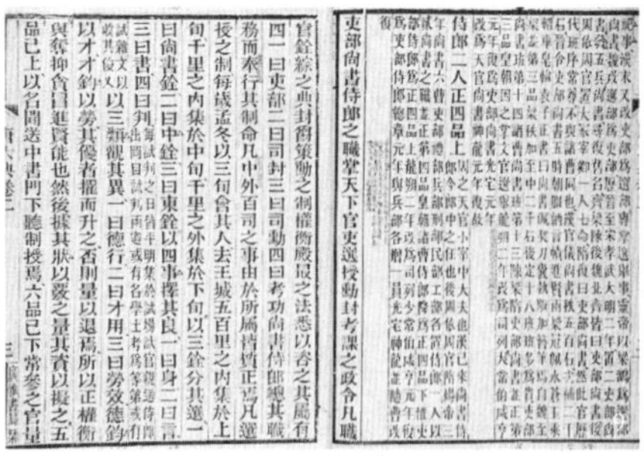

再者，我们会发现，谈论关于营造之术的文献留存下来的其实并不算太多，具体来说唯宋、清两朝各刊官书一部。特别是清代工部所颁布的建筑术书《工程做法则例》（图10），其中包括官工预算、做法、工料等，但由于古建筑专业术语之精细，自宋至清有关官方屋舍结构的专门名词和做法因时变迁而有不同。梁思成为了能够对其内涵进行释义及解读，还专门开展了一系列的深入考察，比如，他曾拜老木匠杨文起老人和老彩画匠祖鹤州老人为师，为寻求书本在实物中的影响，将北京故宫作为标本，逐渐熟悉了清代建筑的营造方法和具体则例。他的研究不断地深入下去，直到1932年，才终于对这份

图10
清代刻本《工程做法则例》封面题签与内页

[1] 李林甫. 唐六典: 明刻本第7卷 [M]. 154.

[2] 欧阳修, 等. 新唐书: 武英殿本第48卷 [M]. 663.

---

① 又有《唐令拾遗》可佐证："凡文案、诏敕、奏案及考案、补官解官案，祥瑞、财务、婚、田、良贱、市估案，如此之类长留，以外年别检简，三年一除之，具录事目为记。其须为年限者，量事留纳，限满准除。"该书乃日本学者仁井田升据《旧唐书》卷四六经籍志、卷五〇刑法志及《新唐书》卷五八艺文志有《武德令》三十卷、《贞观令》三十卷（《艺文志》作二十七卷）、《永徽令》三十卷、《开元七年令》三十卷、《开元二十五年令》三十卷，其中引用的唐令片段统统搜辑，均详注出处原文。

古代文献大致做出解读，并编撰出加注释的版本《清式营造则例》（图
11），将其多年来的学习心得汇入其中。不得不说，梁思成对于文献
研究的严谨态度和方法，对我们当今针对古代工艺文献的研究确有着
极其深刻的启发作用。

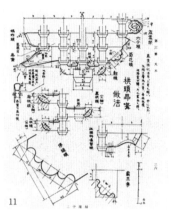

11

再则，宋代有关营造之术的文献典籍，乃是刊行于宋崇宁二年
（1103）的《营造法式》，由北宋从事宫室营造官署将作监李诫编修而成。
考其书的来源，主要有两则：一是"考阅旧章，稽参众智"[1]，以工匠
喻皓的《木经》为基础发展形成。二是哲宗元祐六年下诏颁行的《元
祐法式》。北宋建国后的百余年间大兴土木，负责工程的大小官吏贪污成风，使得国库
面对巨大的开支无法招架。由此一来，建筑的各种设计规范、设计标准以及相关的材料、
施工的定额、指标都急切地需要制定下来。因此《元祐法式》就产生了。但因其没有规
定模数制，制定建筑用材仍有很大随意性。因此李诫奉命重新编修，"与诸作谙会经历
造作工匠，详悉讲究规矩，比较诸作厉害，随物之大小，有增减之法，各于逐项'制度''功
限''料例'内并行修立"[2]。不论是哪一种说法，李诫《营造法式》乃"勒人匠逐一讲说"[3]
确是事实。也就是说，《营造法式》的大部分记述是在总结工匠技术经验的基础上得来的，
其建筑制度及用材规定有据可考，有据可循。而李诫修撰的这部《营造法式》也因
此被誉为一部工艺技术专著，且与《元祐法式》相比，增加了"术"科的比重，从而
使之避免成为文人笔下的概略著述，而是有着实践与实际参照效应的著述。

四是散落于各种正史、笔记、野史、丛书、类书等综合性文献中，其中类书是一种
特殊的文献编纂形式，它将文献中的有关资料进行厘析，通过辑录或杂抄古代经史子集
资料，分门别类汇编而成。其内容凡天文、地理、动物、植物、科技、政治、经济、文学、
艺术、历史、风情等等，无所不包，可谓涉及自然界和人类社会众多领域的知识，素有"百
科全书"和文史汇编双重性质。此外，在古代文献分类中类书独立于经部、史部、集部，
《四库全书》将其类属于子部，但又兼收四部，综合其要，集录各科资料于一书的综合
类或专收一门资料的单独立类的特殊文献种类。正是因为类书自身的性质和功能，所以
在挖掘、整理和利用类书文献过程中，比较讲究以还原古代工艺风物的面貌来做考察，
具有特殊的意义。

诸如，北宋初年编纂的《太平御览》和《册府元龟》等主要为宫廷皇室、士大夫使
用的大类书；南宋百科式类书《锦绣万花谷》中多有涉及当时的风物史貌；清代《古今
图书集成》中的历象编、方舆编、明伦编等，都多多少少涉及设计背景、设计文化等，

图 11
梁思成著《清式营造
则例》封面与插图

[1] 李诫．营造法式
[M]// 梁思成．营
造法式注释．北京：
中国建筑工业出版
社，1983:3.

[2] 李诫．营造法式
[M]// 梁思成．营
造法式注释．北京：
中国建筑工业出版
社，1983:14.

[3] 李诫．营造法式
[M]// 梁思成．营
造法式注释．北京：
中国建筑工业出版
社，1983:5.

其中经济汇编有《礼仪典》《考工典》等，专门列举服饰、工具、器物等，就比较适宜与文藏物品及史料记载对应阐释。

归纳来说，我国古代工艺文献的呈现有其独特性。比如，对工艺文化和工艺技术的认识有着很大的包容性，习惯将已知的物质技术、社会规范与未知的观念精神、神话传说等混同在一起加以阐述，技术中包含着观念，观念中存在着造物工艺的规整度，然后一份、一论、一解，似乎天下大白。这其中有许多感觉的、神似的，甚至是写意的，都可自圆其说，至于理解深浅则由人猜度。这是典型的中国古代哲学的认知方式，理学家们对人生规律的肯定与儒家一直以来对政治伦理道德的维护是一致的，以此推崇人在造物中的主观能动力，即心与物的认知关系问题。事实上，"物、心、理"的知行问题，乃我国传统学术史上一个古老而又常新的话题。明代思想家王守仁在知行问题上提出了"知行合一"思想，认为："只说一个知，已自有行在"[1]，"知行如何分得开？"[2] 其目的是"知行之合一并进"，即知与行相互促进、相辅相成。① 由此可言，认识和理解古代工艺文献的真实内涵，的确是一个漫长而循序渐进的研究过程，温故即能知新，且有一点非常重要，就是要尽量结合实践本质，或曰物化形态来对照释读和释解，以求还原历史本象。唯有如此，才能使文献研究具有说服力。

二、古代工艺文献中的"匠作之业"与"匠作技艺"

探讨古代工艺文献的记载史实，离不开对其记载内容的检索与分析。古代工艺文献中涉及"技艺""营造"与"匠作规制"之目较多，且有着悠久而丰富的文献资源作支撑。尤其是在这些文献当中所记载的工艺实践，如果仅仅按字面解释，并非完全通晓，甚而会匪夷所思。这就需要根据文献记载的出处及历史背景，借助于古汉语或方志等研究成果，将其来源弄清楚，这对于阅读工艺文献不无补益。其实，古代工艺文献的记载内容，不出意外都与古代工艺实践相关联，甚至可以说这是古代工艺文献的构成基础，这表明古代工艺文献是总结与提升实践领域丰富经验而得来的产物。于是，在我国古代工艺文献中有许多记载内容可以说都是对实践经验的梳理和记录，是实践过程的真实写照。故而，通过对古代工艺文献内涵的释义与释读，我们可以更加近距离地理解我国古代工艺

① "知行合一"说是王守仁与宋儒对"知行"认识有所差别的观点。在宋儒看来，"知"与"行"不仅有知识与实践的区别，也可以指两种不同的认识行为（求知与躬行）。然而在阳明学中，"知"仅指主观形态的知，其范围较宋儒要小些，而"行"的范畴则较宋儒更为宽泛。一方面是说"行"可以指人的实践行为，另一方面还可以包括心理行为。这是一种认知与行为合一的主张。王守仁的"知行合一"思想是基于对朱熹"知先行后"说的批判而提出来的。

[1] 王阳明. 传习录 [M]. 张权. 译注. 北京: 台海出版社, 2020:16.

[2] 王阳明. 传习录 [M]. 张权. 译注. 北京: 台海出版社, 2020:14.

发展的真实面貌。

举例来说，记载了春秋晚期我国手工生产方式下的设计、制作工艺的《考工记》（图12），其"总叙"篇中专门列举了先秦的工种及其工艺特点，曰："凡攻木之工七，攻金之工六，攻皮之工五，设色之工五，刮摩之工五，抟埴之工二。攻木之工：轮、舆、弓、庐、匠、车、梓；攻金之工：筑、冶、凫、栗、段、桃；攻皮之工：函、鲍、韗、韦、裘；设色之工：画、缋、锺、筐、帻；刮摩之工：玉、榔、雕、矢、磬；抟埴之工：陶、旊。"[1]

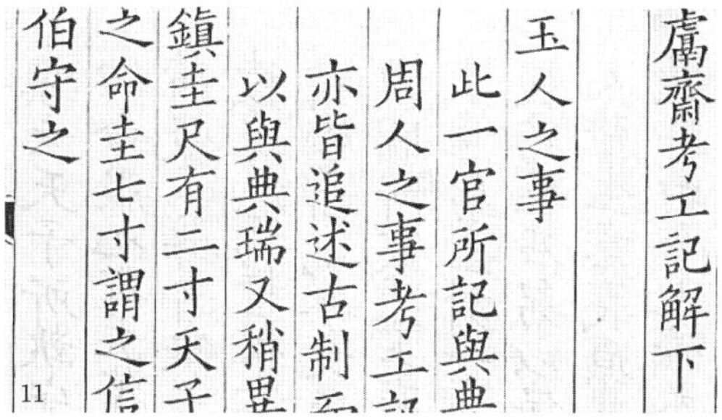

图12
《考工记》内页

这是记载先秦手工艺六大类别30个工种的名目，如若仅就工种名目的字面释义是比较难以解释清楚的。这就需要从多个角度，结合多种文献加以重合释读，诸如，一方面结合《周礼·天官·小宰》中的"六卿"职官考，抑或《礼记·曲礼下》"天子之六府"涉及的官名或代置考，再有《论语·子张》中有关"百工居肆"工商食官格局的查考，还有《尚书·康诰》中"百工"辞解，如郑玄在《考工记注》中释"司空事官之属。司空掌营城郭、建都邑、立社稷宗庙，造宫室车服器械，监百工者"[2]及"以成其事"所解；另一方面则是对自商以降手工艺分工实践的考据，诸如铜矿采、冶业、青铜铸造业、建筑业、制陶业，还有玉、石、骨、牙器制，以及纺织、皮革、竹、木器、漆器及舟、车等制造行业工种性质的考辨。其实，针对先秦以降的"百工"之考，也都离不开与其工种的实践特性相互考证，如卜辞中记"百工"就是源自实践领域工种特性及生产经验而述及的。一言以蔽之，《考工记》谓之"百工"以其巧而世守其业，"百工"技艺传授在氏族内部世代相传的种种说法，均与传统手工艺的实践性密切相关。故而，才有对《考工记》"攻金之工"中"筑、冶、凫、栗、段、桃"氏族内部世代相传谱系推断的存在（图13）。

图13
《伊簋铭文》铭文103字，记载周厉王二十七年正月丁亥日，厉王在周康宫穆太室册命贵族伊，命令他管理康宫中王室所有的臣、妾、百工，并赐给他命服、銮旗等物。现藏日本东京国立博物馆

当然，对此考证还可以结合墨家《墨经》比较而论。《墨经》以《经上》《经下》《经上说》《经下说》四篇（一说还包括《大取》《小取》，共六篇）的逻辑分析、阐述技术科学的道理，其中涉及伦理、心理、经济、建筑诸方面的条文，均围绕自然基本现象。诸如，以"时空、运动、物质结构"来探讨对技术科学现象的辩诘，由此形成的自然哲理的认识，有助于我们对先秦工艺技术的完整性给予进一步的理解。况且，从《墨经》各篇论述来看，其对手工艺技术及实践领域中带规律性的现象问题所做的推进式分析，即用定义、命题、经验乃至公式等形式得出的看法，也都有实践特性的依据。如是可言，

[1] 闻人军. 考工记译注[M]. 上海：上海古籍出版社，2008:10.

[2] 郑玄，注；贾公彦，疏；彭林，整理. 周礼注疏[M]. 上海：上海古籍出版社，2010:1520.

从《考工记》到《墨经》在某种意义上标志着先秦技术科学的形成，是从经验形态向理论形态的过渡，这是先秦手工艺技术规范化、标准化的一种必然结果。经过这样的多角度、多领域、多层次的文献与实践比对，可谓能达到一种最好的通解性释读。

进言之，古代工艺文献对"匠作之业"及"匠作技艺"的再表达，还可以通过对匠人群体管理方式的关注得到释解。比如，可将柳宗元的《梓人传》以见闻梓人营造之事，反观宰相"借传以明道"的治国之理，转为对大木作"善度材""善用众工"管理方式的认识，从而读解出好的管理者应该以自己的智慧，细致掌握全局的要领，从而提升管理匠人群体的有效性。可以说，柳宗元的这篇《梓人传》是对古代工艺行业管理考察的重要文献，即聚焦于梓人（管理者）与匠人群体的关系处理，对其造屋所要遵循的基本原则与方法给予启发式的阐述。比如，规矩绳墨在古代手工艺劳作中是工匠所要掌握的基本工具使用要领。柳宗元通过与梓人杨浅的接触，将这项基本技能记载下来，曰"夫绳墨诚陈，规矩诚设，高者不可抑而下也，狭者不可张而广也"[1]。其实，这样的论述早在先秦诸子百家言论中便有述及，也是结合治国之道加以阐述的，如《荀子·赋篇》中举百工"圆者中规，方者中矩"[2]，又如《韩非子·有度》中"巧匠目意中绳，然必先以规矩为度"[3]等，这说明"借传以明道"古已有之，且古代工艺文献的有序记载有着清晰明朗的脉络。其实，我们不妨将视野拓宽到对古今工匠群体的认识上，会发现对于工艺行业管理的分类与统筹始终是明确的。这与当今设计领域设计师的工作性质具有明显的相似性，因而对《梓人传》的释读不可小觑其隐含的重要价值。

同此道理，再来读解古代工艺文献对器物制作与使用的记载，也都是在实践考察基础上形成的认识。比如，宋代高承编撰及至明人修订补充的类书《事物纪原》，其中便包含了种类颇丰的器物辞条，而该书的写作初衷便是对这些器物创制的记述，甚而是其后历朝历代对这些器物创制的传承问题的探讨。通过对该书中器物辞条的逐个分析，可以归纳总结出宋明两朝对于造物理念有着极为相同的认识，即以"圣人制器"与"巧工之事"相结合成为造物观念。而像这样从文献中释义出的观念，也反映出宋明两朝均注重实践的史实。当然，这则文献所呈现的古人对于"格物"问题的思考也是非常充分的，如明阎敬在《事物纪原》的序言部分所说："物有万殊，事有万变，而一事一物，莫不有理，亦莫不有原。不穷其理，则无以尽吾心之知；不究其原，又曷从而穷其理哉？"[4]由之，我们一方面要重视对文献深层含义的释解；另一方面又要体悟到不同历史时期、不同社会背景下造物观念的联系性，所有这些都有着不容忽视的文献记载价值。

考察我国古代工艺文献记载史实可知，文献记载的内容大多是作者深入实际生活进

[1] 柳宗元. 梓人传 [M]// 傅德岷，等主编. 古文观止鉴赏辞典：第2版. 上海：上海科学技术文献出版社，2008:311.

[2] 荀子. 荀子 [M]. 孙安邦，马银华，译注. 太原：山西古籍出版社，2003:242.

[3] 韩非. 韩非子 [M]. 徐翠兰，木公，译注. 太原：山西古籍出版社，2003:26.

[4] 高承. 事物纪原 [M]. 序 1.

行调查，通过观察乃至体验得来的技艺技巧经验，并将其付诸文字
传承下来。当然，也有不少文献是在前人记载的基础上补遗、补正
扩充而来的。比如，明宋应星撰写的《天工开物》（图14、图15）
就与农业和手工艺生产紧密联系，是当时手工艺生产和技艺技巧集
大成的工艺文献。其记述了诸如砖瓦、陶瓷、染色、纺织等生产环
节和技艺技巧，不仅有丰富而又翔实的生产工序的资料记载，而且
后刊本配以121幅插图加以佐证，使之成为可以指导生产的应用性
工艺文献。而《天工开物》的作者宋应星也正是践行"实践出真知"
的典范，全书所记载的内容都来源于他的游历考察，特别是他记述
的技艺技巧流程可以说是到百姓生活中去，从百姓生活中来。所记
载内容之细致，经验之真实，若没有实地考察或参与生产劳动为依据，
是根本无法记载下来的。特别是众多工艺流程，若没有参与生产实
践过程的体验，仅凭从文献到文献的传抄，所记载的内容也根本不可能变为可视化的经
验。以"乃服"为例，《天工开物》对制作服饰的原材料丝绵的获取方法、治丝的源头
养蚕方法都一一记述，其中棉、麻、葛、裘皮、毛、丝、绵也都来源于自然界中的植物
与动物。据统计，二者大约各占一半。于是，衣服生产有了充足的原料可作供应。另外，
从工艺制作流程出发又可以见识到，养蚕是治丝织衣物的首要步骤，所以《天工开物》
的记载的确翔实到每项细节。可见，宋应星对养蚕工艺的流程颇为熟悉，选什么品种、
喂什么桑料，以及如何取茧，等等，都能详述一二。再有，《天工开物》中对造绵、治
丝、调丝、做经纬线、过糊、做边经线、结花本、穿综等，记述也极为细致周全，甚
而具体到造绵治丝所用的不同工具及其制作方法，如以花机织纱罗、腰机织绢纱等，
都一一记述。可见，《天工开物》是实践出真知的具体产物，是对于工艺技术实践性
反馈的真切纪实，文献可信度极高。

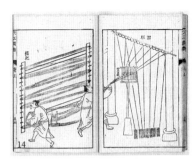

图 14
《天工开物》插图

图 15
《天工开物》插图

　　其实，在古代工艺文献释读过程中还应注意一个问题，这就是古代工艺文献作者身
份的多重性特征。自先秦以降，能够列举为工艺匠师身份的论者为数有限。如墨子算是
其一，而其他诸子百家都难以确认为"专门家"；《考工记》则因作者与成书年代在史
学界长期存有不同的看法，然较为可信的观点则认为，这是齐国稷下学宫文士所做田野
考察的记载，且相关内容又多为从各工造纪事和民间资料搜集整理而成，作者身份自然
十分复杂。此后，类似工艺文献大概要举西晋张华所撰《博物志》，但张华在历史上的
身份是政治家、文学家、藏书家；还有东晋葛洪所撰《抱朴子》，虽为道教典籍，但其

中涉及许多有关盛放丹药的器皿、玉器等工艺制作，作者葛洪也兼炼丹家、道教学家、医药学家等多重身份；再就是北魏贾思勰所撰《齐民要术》，其中针对生产工具、食品加工及储藏的工艺器具和方法多有述及，但贾思勰的身份乃农学家。直到唐代陆续有"专门家"出现，如段成式撰写的《酉阳杂俎》虽为笔记小说的体例，但其中记载了各地异域珍奇之物，也包括人事、动物、植物、寺庙、酒食等分类编录，且论述详尽，只是段成式虽在此专注于工艺研究，但他的身份仍是志怪小说家。宋及后朝，工艺专门家渐渐多了起来，如蔡襄在《茶录》中讲述茶器和茶盏可谓头头是道，这与他茶学家身份有关，他精通茶艺这行实践，对创作此文献自然有很大的益处；《考古图》的编录者吕大临算是工艺专门家，毕竟他是金石鉴藏世家出身，在吕氏家族墓里就出土了大量北宋时期的文房雅器、瓷器、青铜器、漆器、家具等文玩宝物；黄伯思所撰《燕几图》（图16）算是工艺行家的看家之作，作者不仅以文献形式给予记载，而且亲自参与设计"燕几"，留下的燕几图例可作变换，竟有25种形式，并分76种格局，形式组合多样。其后，元明清又有更多工艺专门家作有文献记载，

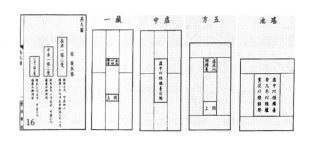

图16
《燕几图》
插图燕几的几种组合
方案

如元费的《蜀锦谱》、薛景石的《梓人遗制》、宋应星的《天工开物》、毛晋的《毛诗名物考》、文震亨的《长物志》、周嘉胄的《装潢志》、计成的《园冶》、朱琰的《陶说》、丁佩的《绣谱》，等等。只是这些文献与诗话、词话、赋论、文评、剧说、曲话、画论、乐记、艺谭、笔记、书品等相比，古代工艺文献的"专门家"确实太少。

当然，传统文人确有着各种各样的身份，有可能是文学家，擅长诗词歌赋；亦有可能是艺术家，懂得琴棋书画；又或是哲学家、思想家，惯用思辨的眼光看待万事万物；此外，还有可能是军事家、科学家，创造了举世闻名的物质财富。种种身份表明他们确实是能通达一方事物的专才，也可能是由多重身份构筑起的杂家，因而这些文人对工艺领域匠作之事的认识，多少都带有文人审视的情趣及机敏，读解出灵感妙悟，终成为古代工艺文献中的一大特色。但不可避免的是，古代文人擅长诗词歌赋，特别是在儒家"学而优则仕"的思想引导下，应对科举选拔自有抱负与理想，故文人饭碗除了入世之外，其余的笔墨都用于诗文创作。如此环境下，像《齐民要术》《天工开物》这样比较纯正的工艺文献，自然比例甚少。即便是宋应星的《天工开物》得以面世，也是因为他在两次科考均告失败之后，遂绝科举念想，才有时间和精力专心致志从事田野考察并写出这部大作，完成文人仕官所不屑的有用"闲书"，为古代工艺文献撰写出重要的篇章。

诚如清代史学家顾炎武所言，"我们做学问，最要紧是用客观工夫，讲求事物条理，愈详博愈好"[1]。为此，他在《又与人书十》一文中将搜集、鉴别资料的方法形容为"采山之铜"[2]。这样的主张与古代工艺文献的撰述思路十分接近。顾炎武被学界认同为经世致用的史学大家，具有明确的实践目的，尤其是他认为"君子以多识前言往行，以蓄其德。先圣后圣，其揆一也。不学古而欲稽天，岂非不耕而求获乎"[3]。由此可见，我国古代工艺文献确有着一批专门家具有这样的治学理念，注重文献与实践的相互联系，如是才有可能对现实形成指导，并为研判工艺技术提供一个良好的基础。

综上所述，在我国卷帙浩繁的古代工艺文献中散落着许多有关工匠技艺的纪实资料，其记载内容或是针对某项工艺技术的描述，或是针对相关工匠管理制度的阐述，往往还伴随着人们对于工艺生产相关认识的通解。因而，细读细解古代工艺文献，尤其是通过对古代社会庞大的"匠作之业"与文献的互证探究，能够进一步揭示出我国古代工艺文化与工匠技艺历史演进过程中更多深入而细致的面貌。

三、古代工艺文献中"匠作"思想的生动体现

如是可言，对古代工艺文献的梳理及释义释读可以得出，其文献所包含的内容与内涵极为丰富，既有对我国古代工艺技术、流程与思想观念的阐述，又有针对古代工艺赏鉴及品评的论述，更有涉及"物与物"和"物与人"之关系的诠释等。并且，在许多文献记载中还不时流露出文人或工匠对工艺文化丰富性交织而出的种种认识感受，其哲理观念之犀利，即便在今天的语境下阅读依然亲切和受用。

回溯历史，我国古代成文记述的工艺文献可以追溯到西周，诸如上文提及的春秋末年战国初期齐国文士编纂的《考工记》，其中许多技术规范便反映出西周王朝的典章制度。具体来说，例如"玉人"条曰"镇圭尺有二寸，天子守之。命圭九寸，谓之桓圭，公守之。命圭七寸，谓之信圭，侯守之。命圭七寸，谓之躬圭，伯守之"[4]，等等。这是西周王朝典章制度的具体呈现，表明工艺制度与社会，乃至政治制度在上古时期都有着密切的关联。而在《考工记·弓人》篇目中对弓的制作规范和制造方法有着明确的规定，如制造弓的规格，因使用者的等级不同，弓的形制必须依照制度进行加工，其中提到"为天子之弓，合九而成规；为诸侯之弓，合七而成规；大夫之弓，合五而成规；士之弓，合三而成规"[5]。虽然文中并未明确表述此成规指的是弓体的哪个具体部位，单由"九""七"等数字推算，应该是天子所用的弓，与"诸侯""大夫""士"有所不同，且各具其代

[1] 转引：梁启超．梁启超论清学史二种[M]．朱维铮，校注．上海：复旦大学出版社，1985:159.

[2] 顾炎武．日知录集释[M]．黄汝成，集释．长沙：岳麓书社，1994:初刻自序1.

[3] 顾炎武．日知录集释[M]．黄汝成，集释．长沙：岳麓书社，1994:58.

[4] 闻人军，译注．考工记译注[M]．上海：上海古籍出版社，2008:77.

[5] 闻人军，译注．考工记译注[M]．上海：上海古籍出版社，2008:144.

表性的身份地位。这项以工艺文化为记载特色的文献得以留存后世，真实地反映出周人立国之根本制度，为我们读解历史提供了可靠的依据。

再有《周礼·春官·司常篇》中，又有记述各九旗的纹样，曰："日月为常，交龙为旂，通帛为旃，杂帛为物，熊虎为旗，鸟隼为旟，龟蛇为旐，全羽为旞，析羽为旌。"[1]这里，从"日月为常"开始，"交龙为旂"次之，再然后旗分九等，以不同纹样"徽号"来表示不同的等级与用途。像"常"这种旗，其刺绣表现出日与月之图案，隐含日月交替的制度规则，是王权的一种象征；而"旂"这种旗上的"交龙"图案，郑玄有注曰："交龙，一象其升朝，一象其下复也。"[2]又如，汉画像中伏羲女娲的交尾合一，预示"天地之大德"[3]的形象化。《文献通考·一百六十一·兵考十三》云："画熊虎……像其守猛莫敢犯。"[4]故查检《考工记·辀人》中早有"龙旂九斿，以像大火也；鸟旟七斿，以像鹑火也；熊旗六斿，以像伐也；龟旐四斿，以像营室也；弧旌枉矢，以像弧也"[5]的记载。于此，古代工艺文献中除了记述王权贵族统一成则的工艺规范以外，文献中或以描述或以图样的方式，有针对性地围绕工艺细节进行解读，尤为精彩。如器具或用物上的装饰图案具有许多的象征意义或特定含义，可通过历代文献之间关联性的解读得到相互佐证或印证。

俗话说，古典之学注重"义理""考据""辞章"，这三重不能偏废。作为重中之重的辞章之学，历代经学家有过许多阐释。但针对古代工艺文献的三重阐释还有留白，其蕴含着的工艺思想有待进一步明晰，凡涉及古代工艺、农业器具、建筑规制、城池营建以及水利工程等项目，大可囊括其中。只是由于过往王权对儒家思想的推崇，整个社会形成"不尚技巧"的轻器观念，从事具体的匠作之业并未整体受到重视。不过，也应注意到针对"形而下"的工艺匠作进行"形而上"的思考却有许多阐述，并形成我国独特的工艺思想体系，尤以先秦诸子言论中留存的文献表现十分突出。如《管子》《庄子》《墨子》《荀子》和《韩非子》等篇章中就包含着极为丰富的工艺思想，并通过其治国理念的转述，或寓言故事的方式表达出来。例如，战国时期的墨子在《非乐》中有曰"非以刻镂、文章之色，以为不美也"[6]，这是倡导实用为先，从而减少无用之累，自然装饰也成为墨子"非饰"主张的论理依据，具有很强的社会性意义。再者有墨子对于统治阶层贪图享乐、挥霍无度、奢侈成风现象的强烈批判，提出"非以其名也，亦以其取也"[7]，这是对君主、劳动者和生产者诸阶层提出的适其"需求"、避免浪费的节俭思想。在墨子看来，人类的欲望具有先天性，会被各色名相所迷惑，需"去无用之费"[8]，提升民众生活水平，而"节约"乃"圣王之道，天下之大利也"[9]。这是将造物活动与社会人伦有机联系，构成服务于民，而不专为帝王服务的平等思想，即强调"其为舟车也，全

[1] 周礼注疏 [M]. 郑玄, 注; 黄公彦, 疏. 上海: 上海古籍出版社, 1990:419.

[2] 周礼注疏 [M]. 郑玄, 注; 黄公彦, 疏. 上海: 上海古籍出版社, 1990:420.

[3] 姬昌. 周易 [M]. 靳极巷, 撰. 太原: 山西古籍出版社, 2003:82.

[4] 马端临. 文献通考: 明冯天驭刻本第161卷 [M]. 6314.

[5] 闻人军, 译注. 考工记译注 [M]. 上海: 上海古籍出版社, 2008:37—38.

[6] 墨子. 墨子 [M]. 徐翠兰, 王涛, 译注. 太原: 山西古籍出版社, 2003:156.

[7] 墨子. 墨子 [M]. 徐翠兰, 王涛, 译注. 太原: 山西古籍出版社, 2003:203.

[8] 墨子. 墨子 [M]. 徐翠兰, 王涛, 译注. 太原: 山西古籍出版社, 2003:113.

[9] 墨子. 墨子 [M]. 徐翠兰, 王涛, 译注. 太原: 山西古籍出版社, 2003:116.

固轻利，可以任重致远。其为用财少，而为利多，是以民乐而利之"[1]。墨子这种对天下人的关怀之心，不同于其他诸子学派的主张，而是非常具体的，落实到了事关百姓日常生活的实际当中。

又如，荀子"制天命而用之"的技术思想，是促进人与自然和谐发展的动力，这是我国古代科学获得发展的思想根源之一。《荀子》为我们留下了许多宝贵的工艺技术史料，如荀子较早记述的铸造精致铜器的四大工艺要素，以及加工青铜器铸件的早期工序，曰"刑范正，金锡美，工冶巧，火齐得，剖刑而莫邪已。然而不剥脱、不砥厉则不可以断绳，剥脱之、砥厉之则劙盘盂、刎牛马忽然耳。彼国者亦强国之剖刑已，然而不教诲、不调一，则入不可以守、出不可以战；教诲之、调一之，则兵劲城固，敌国不敢婴也。彼国者亦有砥厉，礼义节奏是也。故人之命在天，国之命在礼。人君者，隆礼尊贤而王，重法爱民而霸，好利多诈而危，权谋、倾覆、幽险而亡"[2]。这里强调的是，为了达成国家强盛的目标，统治者必须遵循"胜人之道"。而所谓的"胜人之道"，便是以"隆礼尊贤""求仁厚明通之君子""重法爱民""慎礼义、务忠信"等一系列高标准严要求为约束力，而其旨归则是对"道德之威"的具体执行，即"赏不用而民劝，罚不用而威行"[3]。

再如，韩非子是一位极具唯物思想与效益思想的法家代表，在先秦诸子思想中独树一帜。他以造物的法度来比喻治国理念之法度，这对于造物活动来说，不仅很有教益，而且有阐释提升。如《韩非子·有度》曰："巧匠目意中绳，然必先以规矩为度……故绳直而枉木斫，准夷而高科削，权衡县而重益轻，斗石设而多益少。"[4]这是将工匠的做工进行细化归类，即普通工匠或刚入行的小匠，做活需要一个行帮规矩，以规矩为做工准则。那么，规矩的制定自然而然就以为之巧者之工视为标杆。巧者述之工而守之工，做工的一切规矩法则都需要烂熟于心，方可以"目意中绳"。韩非子从工匠做工的制度中认识到"国以法"，以规矩管理一致性，强调国若没有法度则会大乱，工匠再有高超的技艺，如若不遵循规矩则难成为匠。可见，法度乃是维持生产与生活的基本准绳，具有其共性，且需大家遵守。韩非子的思想继承了法家的"法、术、势"三种主张，并对"法、术、势"之间的互补关系做了进一步的提升，"以法为本"而"抱法处势则治"[5]。如是说来，"以规矩为度"引喻匠作之事，恰似《韩非子》"外储说左上"篇举"能以棘刺之端为母猴"[6]的例子，这表明工具和尺度乃是匠作把握之规矩，这与法制同理。

如上所述，仅在先秦诸子言论中就多有涉及对工艺思想之源的探究，它们汇集成源远流长的古代工艺思想的大河之源，为后世相关研究带来了弥足珍贵的文献资源。而诸子言论中的古代工艺思想又有着非常强烈的觉醒意识，不仅带来了针对古代工艺技术日

[1] 姜宝昌．墨论训释：上 [M]．济南：齐鲁书社，216:75.

[2] 荀子 [M]．杨倞，注．上海：上海古籍出版社，2014:186.

[3] 荀子 [M]．杨倞，注．上海：上海古籍出版社，2014:187.

[4] 韩非．韩非子 [M]．徐翠兰，木公，译注．太原：山西古籍出版社．2003:26.

[5] 韩非．韩非子 [M]．李新纯．昆明：云南人民出版社．2011:331.

[6] 韩非．韩非子 [M]．徐翠兰，木公，译注．太原：山西古籍出版社．2003:165.

趋完善的解说，也使得古代工艺思想的认识境界获得极大的提升。特别是诸子言论中论及，通过匠作之师和社会组织的共同努力，凭借行业技术来提升和推动工艺技术的改良，以改善民用制器的水准，满足民众对生活环境和生活质量的要求，从而解决工艺生产和使用过程中的实际问题，带来我国古代技术科学、社会文化，以及材料与工艺学领域的重大变革。因而，先秦诸子言论并不只是政客或卿客们"形而上"的坐而论道，其言说之辞乃是贴近生活实际，有着解决实际效用的"真问题"。这一切得益于先秦诸子在熟悉工艺制作工序中，将工艺事理游刃有余地运用到游说诸侯的政论之中，从这个角度来判断先秦诸子言论关乎工艺思想的种种思考，确实有着积极的意义。

而除去上述提及的以先秦诸子为代表的古代工艺文献之外，在有关技术科学的专门论述中也有着经典之论。以沈括为例，作为北宋著名的科学家，他所撰写的《梦溪笔谈》可以说系统地总结了我国古代（主要是北宋时期）诸多工艺上的成就，成为我国乃至世界科技史上极为重要的史籍。英国当代史学家李约瑟称沈括是"中国科技史上最卓越的人物"，

图 17
《梦溪笔谈》内页

《梦溪笔谈》（图 17）这部文献也成为"中国科技史的里程碑"。而明代宋应星以考察与实证求得的论理，综合推出的生产技术著述《天工开物》，更是总结了明代农业、手工业的生产技术，甚至还收录了国外传入的技术与生产经验的转述，这表明海外工艺技术的不断传入，在此时期也成为我国不可缺少的工艺技术的引进资源。故而，国外学界有称《天工开物》一书乃"中国 17 世纪的工艺百科全书"。

归纳来说，我国古代工艺文献的思想体现，无不传达出古人的前瞻与远见，这是传统工艺文化所发挥作用的结果。也正是这些丰富精深的思想观念折射出我国古代工艺文明促进造物活动的卓越成就，即工艺与制造、技术与艺术的多方面有机融合，构成相得益彰的和谐统一，并化作我们民族工艺文化思想的丰富内涵。

四、古代工艺文献中"匠作之业"及"匠作技艺"的历史再现

古代工艺文献究竟能否提供关涉"匠作之业"及"匠作技艺"的历史依据，或者说是否能够还原历史原貌的事实依据？这是我们释解文献的关键。通常所说的历史还原，主要是以文献呈现的细节和叙述框架是否真实来做参照的。当然，还有非常重要的一点，即是否能够浸透历史思想的存在。如是说来，在对古代工艺文献的研读中，重点乃转向

对文献记述的历史探索及背后理论视野和思想嬗变的理解与分析，这将大大拓展文献研究的视角和复杂性。尤其是思想观点的概括和掌握，更是转向对古代工艺思想认识的重要契机。

如果按照文献呈现的形式来看，文献或史料可分为实物史料、文献史料与口述史料。人类活动的遗物和遗迹，即实物史料，不仅是历史研究的依据，特别是对于原始社会的研究，实物史料几乎是唯一的依据。自文字出现雏形之时，文献便成为人类认识社会及自然的精神产品。文献不仅是以书籍等文字形式承载，也是人类认识自然、改造社会的记忆，同时又蕴含着历史研究者和记录者的精神寄托，能够再现他们关于历史呈现的种种可能性。《论语·八佾篇》对文献描述有云："子曰：'夏礼，吾能言之，杞不足征也；殷礼，吾能言之，宋不足征也。文献不足故也。足，则吾能征之矣。'"[1] 这里"文献"一词，是指"文"为文章典籍，"献"为先贤，即古代先贤的见闻与言论，以及他们所熟悉的各种礼仪和自己所经历记载的过程，以文字形式成书于典籍之中。按元初史学家马端临所说，"凡叙事则本之经史，而参之以历代会要，以及百家传记之书，信而有征者从之，乖异传疑者不录，所谓'文'也。凡论事，则先取当时臣僚之奏疏，次及近代诸儒之评论，以至名流之燕谈，稗官之纪录。凡一语一言，可以订典故之得失，证史传之是非者，则采而录之，所谓'献'也"[2]。

现存的古代文献以及出土文献可谓丰富多彩，其中有关古代工艺技术与古代工艺思想的记载依然需要持续挖掘与整理。这里还想道明一种观点，即古代文献研究的目的如何为今人所用。众所周知，阅读古籍文献是涉古群多学科的基础工作，研究我国古代工艺自不例外。出于种种历史原因，对古代工艺文献的研究，与其他文史哲研究领域相比，属于起步较晚的一支，因此对于我国古代工艺文献的研究，至今可说仍处在一个相对薄弱的阶段。

严格来说，我国古代工艺记载，或是对"匠作之业"的思想呈现，还没有一个完整的阐释体系。然而，古代留存下来的工艺器物分明是在一定理论体系支撑下孕育生成的，这就引起我们极大的关注并引发思考，即如何将散见于经史子籍当中的工艺文献进行有效梳理与解读，将古人并未勾画完整的工艺理论体系化，这显得非常重要。譬如，在古代器物使用及工艺制作展现的装饰纹样当中具有的天地阴阳观念，就包括古代造物思想中的万物象化，这是在战国邹衍的阴阳学说盛行后得到贯穿和推动的结果。而最传统的对于阴阳的认识大多在于人对自然现象的认识，如《诗经·公刘》中的"既景乃冈，相其阴阳，观其流泉"[3]，这是通过观察或推测自然而形成的。随着人们对文化与哲学认

[1] 论语 [M]. 刘
兆伟，译注．北
京：人民教育出版
社，2015:43.

[2] 马端临．文
献通考 [M]. 北
京：中华书局，
2011:47.

[3] 诗经 [M]. 清
如许，王洁，译
注．太原：山
西古籍出版社，
2003:280.

识的不断深入，阴阳的内涵日益抽象化。老子在《道德经》中说"万物负阴而抱阳"[1]，凡天地、日月、昼夜、男女、夫妻、君臣、父子等均有对应的事物，都分别属于或"阴"或"阳"的范畴。另外，就造物活动来说，《周礼·大宗伯》记载："以玉作六器，以礼天地四方：以苍璧礼天，以黄琮礼地，以青圭礼东方，以赤璋礼南方，以白琥礼西方，以玄璜礼北方。"[2]这表明帝王祭祀天地用的青璧和黄琮，璧是圆的，用于象天；琮外方内圆，是礼地之器；天、圆、璧、青属阳；地、方、琮、黄属阴，这是在古代祭祀用品的制作规程中就形成的大家遵循的阴阳思想。同样，这些祭祀礼仪是基于传统文化阴阳整体观的礼仪表达。这就出现了玉玺上圆下方、马车盖圆舆方、衣箱上弧下平、瓦圆砖方等造物手法，如《列子·天瑞》所言"天地之道，非阴则阳"[3]。这些观念的形成，在现有遗存物品上，我们其实是很难看到或读到其思想层面的解释的。然而，只有通过对相应时代的文献梳理，以实物与文献做参证解释，才能对有关阴阳学说与造物活动的关系进行清晰的阐述。

再者，对属于资料记载的图像来说，不论是服饰纹样，还是器具样式，如若脱离了文献资料的印证，后人对其特定的历史事实研究就不能清晰地解读，自然对图像所表达的含义也无从阐释。如"黻"纹是先秦周制"十二章纹"中的一种，不仅出现在传世或考古发掘的帝王冠冕服饰上，以至我国古代许多传统图案中也都借用，其图像特征呈现似"亚"字形的几何纹样，且构成色系为黑与青相次文。《周礼·司服》注疏，"黻"取臣民背恶向善，亦取合离之义，去就之理，字两弓相背。又有解字认为，像缝合处纵横交错之形，表示与缝衣或刺绣有关等。如果只是依据图像来解释寓意的确比较复杂，也不甚清晰，那么，就需要结合文献来佐证。如《尚书》中有记载："帝曰：臣作朕股肱耳目。予欲左右有民，汝翼。予欲宣力四方，汝为。予欲观古人之象：日、月、星辰、山、龙、华虫，作会；宗彝、藻、火、粉米、黼、黻，绨绣，以五采彰施于五色作服，汝明。"[4]况且，历代又有不少经学家做过注解，说明"黻"纹其形其意。例如，宋人张抡在《绍兴内府古器评·商父乙觚》中对于该纹饰的来源做过判断："凡器之有亚形者，皆为庙器，盖亚形所以像庙室耳。"[5]通过这段话可以了解到，在张抡看来，"黻"纹既是多应用于古代祭祀礼制中的纹样，又是古代"君子至止，黻衣绣裳"[6]的衣饰。而张抡将文献记载与图像资料相互比照的研究方法之应用，可以见得对于留存于世的图像信息的解读无法脱离文献记载而单独进行，只有将二者相联系才能得到较有说服力的研究结论。

而事实证明，我国古代工艺文献由于年代久远，在历史变迁过程中有过无数次的劫难，聚散流传至今实属不易。就文献保存而言，或残或佚，已绝非原貌，这给我们今天

[1]转引：溪谷．道德经：无为与自由[M]．北京：华夏出版社，2017:25.

[2]周礼·仪礼·礼仪[M]．陈戍国，点校．长沙：岳麓书社，1989:54.

[3]张湛，注；卢重玄，解；殷敬顺，陈景元，释文．列子[M]．陈明，校点．上海：上海古籍出版社，2014:7.

[4]尚书[M]．李胜杰．译注．北京：光明日报出版社，2016:42.

[5]转引：吕大临，等．考古图：外五种[M]．廖莲婷，校点．上海：上海书店出版社，2016:359.

[6]终南[M]//崔富章．诗经．杭州：浙江古籍出版社，2011:81.

甄别古代工艺文献的真实性，以及诠释和应用都带来种种
不便。例如，青铜器"罍"纹形状，沈括在《梦溪笔谈》
"器用"篇中谈及这一"罍"纹形状的字，认为"盖古人
此饰罍，后世失传耳"[1]。朱轓轺车是汉代贵族所乘坐的一
种车舆，其规制按照官职所得俸禄的高低明确划分，主要
分为朱左轓与朱两轓。对此情况的记载，主要见于《汉书·景
帝纪》中景帝中元六年五月所下一诏："吏者，民之师也。
车驾衣服宜称。吏六百石以上，皆长吏也。亡度者或不吏服，
出入闾里，与民亡异。令长吏二千车朱两轓，千石至六百石朱左轓。"[2] 而在《太平御览》
中对东汉官吏车舆制度的记载有所补充："孝景帝六年，令二千石朱两，千石、六百石
朱轓较车耳，及出为藩屏也。"同时对轓的具体形制有所认识，即车乘两旁之障泥即为
藩屏。而查阅不同的关于该器物记载的文献资料会发现，对轓的具体作用是存在着一定
争议的。如东汉学者应劭认为，"轓"是植物编织或皮革制作，以形成用来遮挡尘泥的
车耳。而颜师古对《汉书》进行注解时，引三国时期如淳的话又曰："轓音反，小车两
屏也。"[3] 对此分歧，或可以联系两者解说时间的远近，应劭是东汉末年人，距离西汉
年代也不是很久远，而如淳是三国时曹魏人，时代比应劭略晚，所以"轓"为车耳的解
读相对站得住脚。再将字拆开从字义出发，许慎《说文解字》中写道："屏，蔽也。"[4]
因而车屏可做车的屏障，用以遮蔽车厢来释义。车耳则是指车两旁反出如耳的部分，用
以遮挡尘泥。似乎两种说法都有道理。而追到轓字的具体释义时，发现许多文献对此有
所记述，这样一来，文献又可以为探究问题提供新的思路。就比如曹魏人张揖的《广雅·释
器》中说"轓谓之𫐐"[5]，轓字原为车上部件，其谓之反，乃为车上某部件之反出。《说
文解字》中释罍为"罍，车耳反出也"。由此可见，"轓"与"罍"两字均有反之意，
若从这一角度分析，便会发现轓为车耳是正解。有了各类文献的相互佐证，我们能说应
劭的说法是有依据可寻的，轓是车轮上方的挡泥的车耳，那朱左轓就是以朱红色漆料将
左边车耳上色的车轓，朱两轓就是将两边车耳都涂成朱红色的车轓（图18）。

　　如此看来，在考证出土壁画中的轓车形制问题上，学界历来存在很大争议。而由于
西汉距今年代久远，因而我们对此问题的评判只能从古代文献记载中取得相应的论据，
而文献记载各家也所言纷繁，没有确实定论，所以其中孰是孰非，还要依凭我们自己认
识历史的相关知识来做定夺，是一种经验性的判断。但有一点是必须明确的，那就是单
一依靠图像感官认识并不可能得到真实的结论。如果没有对留存古代文献的释义和对比，

图18
荥阳苌村东汉壁画墓
朱两轓车

[1] 沈括. 梦溪笔
谈 [M]. 侯真平，校
点. 长沙: 岳麓书社,
1998:155.

[2] 转引: 吕思勉. 秦
汉史 [M]. 北京: 商
务印书馆, 2017:603.

[3] 转引: 孙机. 汉
代物质文化资料图
说: 增订本 [M]. 上
海: 上海古籍出版社,
2008:114.

[4] 转引: 李士生. 士
生说字: 第八卷
[M]. 北京: 中央文
献出版社, 2009:275.

[5] 转引: 方有国. 古
代诗文今注辨正
[M]. 成都: 巴蜀书
社, 2005:80.

那么厘清西汉时期辎车形制问题便成为一件痴人说梦的事情。所以，在这个问题上，古代工艺文献，特别是对文献训诂学的应用，可以说发挥着十分重要的作用。由此可言，历代文献是还原古代工艺器物及造物活动面貌的基础，对许多出土的古代器物要想做出完整而准确的判断，文献资料是基础亦是保障。

学界有句俗话："文献搜罗不全，就无法对文献进行深入研判。"那么，结合古代工艺文献来说，若要求证古代工艺的真相，还真离不开对文献的搜集、整理和解读。若这一环节不清不楚、残缺不全，甚而杂乱，必然导致史实记载失真，定会造成对古代工艺文化和技术诸多问题的认识不清，自然也就难以还原古代工艺的历史原貌。所以说，对历史了解，就是要对历史文献进行深入了解，包括全面且专业的把握，这是一个温习的过程。唯有这样，才能在浩如烟海的文献海洋中搜索到最为理想的史料，并使之在历史的沉淀中找到应有的史料价值。

五、结语

针对古代工艺文献的释读有诸多的讲究，而关键环节始终离不开去伪存真的研读研判，这是对文献进行鉴别、整理，从而形成以传统脉络为依据的必要前提。进言之，文献的研读研判就是将历史文献看作是有目的和有倾向的书写"文本"，即便是史料来源明确（诸如文书、档案、墓志等所谓"第一手资料"）的文献，也要以严谨的治学态度进行研读研判，而不能简单地视之为史实的客观呈现。甚至是过去直接从文献史料中获取的一些"史实"，也会随着文献史料的新发现或重新阐释而产生质疑乃至否定。这便是文献史料研读研判的第一个层面。

在完成对文献的深研精读之后，最为重要的是对文献的综述评价。这是指在搜集有关文献资料的基础上，经过归纳整理、分析鉴别，对一定时期内某个方向或专题的研究成果和进展进行系统的、全面的叙述和评论，以确立有重新建构史料与史实的考证关系。这种关系的建构，重点就在于通过对文献史料形成过程的探究，分析其历史语境和阐述意图，并以文献形成的背景作为参照，从而尽可能完整地揭示文献所包含着的史料价值与史实因素，进一步阐明文献构成的真实性。这是文献史料研读研判的第二个层面。

在这两个层面上研读研判的推进，重要的是提取出古代工艺文化和工艺技术的发生、发展及流变，这是研读研判文献的目的和意义。因而，对古代工艺文献要做到的"温故而知新"，则是一种随着时代发展既要有所承续，又要有适应性的革新过程。其中卷帙浩繁的古籍资料便是"故"，它们如同摩天高楼的地基，是建构我国工艺文化思想必不可少的基础。而通过对这些古代的文献资料进行深入解读及感悟，能够提炼出的文化内核，即为"新"。所以"知新"既是对古代工艺思想的新的归纳与总结，也是建立在对古人思想认识之上的现代学术思辨，有着不可小觑的现实意义。我们以古代"匠作之业"为针对性的文献考察，目的还是要"古为今用"，即以考据的眼光对我国古代"匠作之业"的历史进程给予钩沉稽古、发微抉隐、考镜源流、传承文脉，以至释义与释读。这不仅是加深对自古至今"匠作之业"的传承思想和相承手艺的理解，而且也是对这一行业境界的最好理解，即由"造物"转化为"赏物"，进而凝炼出对"崇物"认知的新观念，由之形成对当今设计之业发展的助推力。甚言之，如若没有古人的文献立在那里，何谈有工艺文化的传承？所谓"观今宜鉴古，无古不成今"，这是历史与现实以至与未来的构成关系。

原载于《东南大学学报（哲学社会科学版）》2020 年第 1 期

中国丝绸及印染工艺

我国的丝绸有着悠久的历史，我国素有"东方丝国"的美称。它是人类文明史的重要组成部分，对人类的物质文明和精神文明都做出过巨大的贡献，著名的"丝绸之路"便是中外口碑的壮举。即使在科学与技术高度发达的今天，丝绸仍然是我国极其重要的纺织产品和高档的出口商品。它以光泽柔和、纹饰富丽、色彩斑斓等特点，为世界各国的人们所珍爱。

一、我国丝绸业的发展史略

丝绸起源于我国，究竟始于何时有两种说法：一曰，伏羲开始化蚕桑为穗帛；二曰，黄帝妻子嫘祖采桑养蚕。据推算，伏羲是旧石器时代人，而黄帝则是新石器时代的部落联盟领袖。因此，前者可能是指野蚕茧开始被利用，后者指蚕开始被驯化，大量家养。且不管两种说法何者更为合适，但国人缫丝织绸的历史至少有 5000 年了，这点有考古资料佐证。（1）1927 年，在山西夏县西阴村的仰韶文化（公元前 5000—前 3000 年）遗址中，发现一个半截的蚕茧，蚕茧被锋利的工具切去一半，说明当时人类有意识地与蚕茧发生关系。（2）1958 年，在浙江吴兴县钱山漾遗址（公元前 2700 多年）中，发现一批丝、麻纺织品，其中有平纹绸片和用蚕丝编织的丝带以及用蚕丝加拈而成的丝线。这一发现令人信服地看到，我国的养蚕、抽丝、织绸的起源年代不会晚于此时。（3）1975 年，在浙江余姚县河姆渡村发掘的新石器时代（公元前 4000 多年）遗址中，发现了一批纺织用的工具和牙质盅形器。这件盅形器周围用阴纹雕刻着类似蠕蚕的图形并配以编织花纹。

由此可证，夏代之前（公元前 2100 年左右）是我国丝绸业的初创时期，开始利用蚕茧抽丝，并将蚕丝挑织成织物。从夏至战国末期（公元前 2100—公元前 221）是我国丝绸业的发展时期。确凿的证据有：（1）1953 年在河南安阳出土的殷商青铜器上，有平纹素织和挑织出菱形图案的丝织物遗迹；（2）周代文献记载丝织物的种类已相当丰富；

现藏北京故宫博物院的一件周代玉刀，上有提花纱罗组织的痕迹。这些都说明，由挑织、平纹素织到提花的丝织工艺，早在 2500 多年前就在我国出现，从而标志着我国丝绸业的一个巨大飞跃。

秦汉时期，丝绸工艺技术水平有了质的提高，为当时的封建经济提供了可靠的物质基础。同时，这也是我国和世界科学与文化遗产的组成部分。宋敏求《长安志》卷 15 叙秦始皇陵引《郡国志》说："始皇陵有银蚕金雁，以多奇物，故俗云秦王地市。"[1] 可见秦王朝对蚕丝的重视，这也在一定程度上反映了秦代丝绸业的状况。汉代是我国手工业获得恢复与发展的关键时期，不仅设有许多官营手工纺织业的作坊，而且私营纺织手工业也很发达。《汉书·贡禹传》记载："方今齐三服官，作工各数千人，一岁费数巨万，蜀广汉主金银器，岁各用五百万，三工官官费五千万，东西织室亦然。"[2] 这种如齐三服官，生产首服、夏服、冬服，织工各有几千人。可见汉代官府织室的规模是相当庞大的。此外，汉代还把丝绸作为朝廷经常馈赠给匈奴的贵重礼品。宣帝甘露三年，赐"锦绣、绮縠、杂帛八千匹"[3]，成帝河平四年"加赐锦绣缯帛二万匹"[4]。这些都足以证明汉代丝绸产量之高，达到空前地步。

秦汉时期丝绸品种繁多，花色齐全，丝织技术亦属高超。仅西汉《急就篇》记载的品种，就有锭、绶、纬、绮、绫、靡润、鲜文、继、绿、练、素、蝉和绸等 16 种。另外，1975 年在陕西咸阳秦都咸阳宫第一号宫殿遗址的发掘实物中，可分辨出丝织的单衣、夹衣和棉衣。这充分体现了当时的丝织技术水平。

从汉末分裂成三国到隋统一的 300 年间，我国除了西晋曾安定一时外，大部分时间都是战乱局面，因而秦汉丝绸盛况一直没有得到恢复。自两晋之后，随着北方人南徙者增多，桑蚕业也南移，此时较东汉后期有了进步。南朝各都郡都设置有少府，掌管丝织和印染工艺的生产。进入隋唐，我国丝绸业达到空前繁荣。当时的河南、河北、山东、四川一带是丝绸业的主要区域，所产明、绢、绫等产品非常精良。其次像广陵（扬州）的丝织锦，会稽（越州）的吴绫、绛纱等也渐渐知名，有的已被选作贡品。特别是自汉以来的丝绸输出贸易，到了唐代更是鼎盛。丝绸品和生丝品通过举世闻名的"丝绸之路"，大量远销到中亚、西亚、地中海沿岸和欧洲大陆，受到世界各国的普遍欢迎，促进了东西贸易、文化和丝绸织造技术的综合交流。安史之乱以后，唐代的社会经济重心南移，江南的缫丝、织绸生产技术水平，在开元至贞元不到 100 年的时间里，有了很大的提高。据《新唐书·地理志》载，江南东道所贡丝织品之名目色彩就特别繁多，有润州的衫罗、水纹绫、方纹绫、鱼口绫、绣叶绫、花纹绫，常州的绸绢、红紫绵巾、紫纱，湖州的御

[1] 转引:陈直. 两汉经济史料论丛 [M]. 西安:陕西人民出版社，1980:84.

[2] 班固. 汉书 [M]. 赵一生，点校. 杭州:浙江古籍出版社，2000:936.

[3] 司马光. 资治通鉴:鄱阳胡氏仿元刊本 [M]. 481.

[4] 转引:尤伟琼，孙雪萍，王文光. 前四史与先秦秦汉时期的中国边疆民族史研究 [M]. 昆明:云南大学出版社，2019:109.

服乌眼绫，苏州的八蚕丝、绯绫，杭州的白编绫、绯绫，睦州的文绫以及越州的宝花罗、花纹罗、白编绫、交梭绫、十样花纹绫、轻容生縠、吴绢，等等。如此众多的丝绸织物品名色类，可知当时江南丝织业已相当发达兴盛。

宋代，随着农业生产的发展，丝织业也在唐代高度发展的基础上又前进了一大步。据《宋会要稿》记载，"上供"的丝织品名竟达五六十种之多。在丝织工艺和技巧上，宋代更是发展了汉唐以来的丝织工艺，相继出现了写生花、遍地锦纹、刻丝纹等，成为丝织产品中最具风采的工艺精品。

明朝中叶以后，全国形成了几处丝织业的中心。东南地区以苏、杭、嘉、湖等地为丝织业的中心，特别是苏州最为著名，每年织造的芒、丝、纱、罗诸布及帛"约三万七千四百余端"[1]。在北方，丝织业中心地区应推山西潞安，这里出产的潞绸名闻中外，机户也非常众多。此外，四川、广东等地也有丝织业的中心，只不过规模、产品逊于上述两处。

清代的丝织业，在乾嘉年间不但恢复了明代时的繁荣，更有不小的进步。当时民间丝织业也占了极重要的地位，并集中于江、浙、粤、川、皖等省，其他地区丝织业也是当地纺织业中的主要手工业。谈到清代著名的丝织品种，有江宁盛产的丝缎、吴江名产绫、通州土产绢、广州名产"粤纱"、安徽合肥"万寿绸"等。

总之，清乾隆至嘉庆年间，由于经过百余年比较安定的社会局面，丝绸业得以恢复和发展。然而，自鸦片战争以后直到 1949 年是我国丝绸业的衰落时期，尤其是抗日战争中毁桑 200 万亩，丝绸厂半数毁于炮火，致使桑园荒芜，蚕农破产，丝绸业处于奄奄一息的境地。中华人民共和国成立后，丝绸业得到了迅速的恢复和发展，绸缎花色品种不断增加，我国成为名副其实的丝绸大国。

二、我国印染工艺的历史沿革

印染工艺是印花和染色两项工艺的合称，它们既有区别又有联系，是互为补充的工艺流程。染色是我国至今发现对纺织品进行再加工的较早的一种工艺手段。据考证，在旧石器晚期人类就已使用染色技艺。北京周口店山顶洞遗址发现有赤铁矿粉末和涂染成赤色的石珠、鱼骨等装饰品。这些矿石的粉末曾用于原始纺织物品的着色。

夏商之后，矿物颜料品种增多，植物染料也逐渐出现，并较多运用在染色或画绘工

[1] 傅维鳞．明书：清康熙三十四年诚堂刻本 [M]．1692．

艺上。据《周礼》记载，周代已设置掌染草、染人、画、绘、钟、筐、幌等专业机构，分工主管生产。这表明染色工艺体系在当时已初具规模。

秦汉时期，我国的染色工艺更加专业化。设有平准令，主管官营染色手工业中的练染生产。所用染料除多种矿物颜料外，还有用化学方法人工炼制的红色银珠，这是我国最早出现的化学颜料。染料植物的种植面积和品种不断扩大，植物染料的炼制到了南北朝已较为完备。

进入隋唐，官营染色业开始兴旺，各种新式染色方法也逐步出现。由于染色产品独具特色，受到人们的普遍赏识，成为一种社会时尚。据《唐六典》记载，当时的染色就已按青、绛、黄、白、皂、紫等色彩进行专业分工生产。随着盛唐时期东西方贸易往来日益增多，染色技术又开始输出到西亚，进而流传于欧洲。当时还有染匠东渡日本，传授蓝染技术，并写出集染色技术大成的巨著《延喜式》，其中就有"深漂绫一匹，蓝十围，薪六十斤。帛一匹，蓝十围，薪一百廿斤"[1] 等染色技术的经验介绍。

到了明代，染色已成为丝绸加工的一个重要手法，并设专营皇家衣料的"蓝靛所"，同时发展了套染技术，色谱项目扩大。譬如当时染红的色谱中，就有莲红、桃红、银红、水色红、木色红等不同品种；黄色谱中有赭黄、鹅黄、金黄等。单是《天工开物》一书记载的色谱和染色方法就有 20 余种，表明当时印染工艺不论在选用染料还是在掌握染色技术方面都日趋成熟。当时，在染色工艺中，还有打底色（亦称"打脚"）这一工序，以增加色调的浓重感。据明代《多能鄙事》中记述，这种应用同浴拼色打底工艺是依次以不同的染料或媒染剂浸染，以染出明暗的底纹色调。

清代的一部分染坊已采用染灶、染釜，以适应升温和加速工艺流程。有关染色的色谱和色名，由天然色彩的纵横配合发展至数百种之多。20 世纪初叶，我国开始建立机械染色工业，使得漂布和色布（绸）能大批量生产。特别是 1949 年中华人民共和国成立后，随着合成纤维的迅猛发展，在染色生产工艺中，各种蓝色染料，如活性蓝、直接蓝、酸性蓝、分散蓝等陆续研制和生产出来，改变了我国染料生产的面貌。尤其是新型的"高温高压染色法""松式液流染色法"等的研制成功，出现了万紫千红的丝绸染印品种，令人眼花缭乱，目不暇接。

印花，如果追溯其工艺的历史，据现有史料论证，当推商周时期帝王贵族的花色服饰为最早，这与旧石器晚期的染色工艺相比，晚近万年。当时的所谓印花，只不过是通过画绘方式增加纹彩，并以不同纹饰代表其社会地位的尊卑。《周礼·天官》中内司服

[1] 转引：吴淑生，田自秉．中国染织史 [M]．上海：上海人民出版社，1986:164.

所掌管的祎衣就是画绘品种。画绘的构成和工艺的复杂性使得其品种难以复制，所以只能单件生产。到了战国时期，逐渐演变为型版印花制品。据考证，此时的丝织物上已有色彩绚丽多姿的纹饰，并有一染、再染和多达六七染的方法。《荀子简注》中还科学地提出"青取于蓝，而胜于蓝"的论断，说明战国时我国染印和画绘的手工艺已相当成熟。

秦汉时期，型版印花技术继续发展，通过长沙马王堆汉墓出土的丝绸印花纱实物可以看出，其运用颜料直接印花已具相当水平，尤以泥金银印花纱和印花敷彩纱最具代表。以泥金银印花纱为例，对称图案的几何形花纹均由细密的曲线和小圆点组成。曲线为银灰色和银白色，小圆点为金色或朱红色。图案的组织作菱形连缀，每一个单位纹只有6厘米多长，通幅共有13个单位纹。根据图案线条细密、光洁挺拔、无溃版胀线的情形，以及交叉连接较多，无断纹现象，判断这种印花大约是采用木刻凸版印制的。而根据图案单位的不均间隔和出现互相叠压的现象，则可推测是运用较小的凸版套印，即将单位纹刻成木版"捺印"而成连续图案。据估计，几何形的曲线和圆点可能分为三套版。这种纱的幅宽约48厘米，每米约印有430个单位纹；这样捺印的次数，三套即达1290次之多，可见在当时印花是很费工费时的。

此外，这一时期的缬类花色制品也开始得到发展。新疆民丰县汉墓出土的蜡染花布、吐鲁番阿斯塔那出土的绞缬绸等，说明在东汉时经蜡绘防染和蜡缬已较成熟。到东晋，扎结防染的绞缬绸已经大批生产。北朝时，蓝白花布已经应用镂空版防染。因此，在南北朝时各种蓝地白花的印花织物，已成为民间无贵贱之分的常用服饰。隋唐是缬类服饰的最盛时期，在《搜神记》《唐语林》《云仙散录记》中都有对当时染缬的记载。新疆吐鲁番和甘肃敦煌地区也有不少唐代染缬实物的发掘。除了国内的实物发现和博物馆收藏外，还有许多精品保存在日本的正仓院，最具代表性的是屏风绸面上的麟鹿、草木夹缬和树木、象、羊等图案的蜡缬等。就其实物和文献分析，唐代染缬的花色品种繁多，不仅用于日常生活服饰、佛幡等，而且还制作成室内装饰品。

宋初仍沿唐制，后即禁止民间服用缬帛和贩卖缬版，这阻碍了缬类技术的进展，到南宋时方才解禁。只是蜡缬在当时的西南兄弟民族地区顽强地流行着，但绞缬几乎失传，只有夹缬中的型版印花一脉相承，并且还继续发展了印金、描金、贴金等工艺。在福州南宋墓出土的丝绸衣物中，普遍镶有绚丽多彩、金光闪烁的印花花边。

清代的型版制作更为精巧，维吾尔族还创制了印花木戳和木滚。《木棉谱》记载，清代型版印花工艺已分为刷印花和刮印花两种。这两种印花工艺不仅能印染各种单色织物，并且能套印出五彩的织物。清代佛山还有一种印花纱"以土丝织成花样，皆用印板"[1]，

[1] 转引: 广东省地方史志编纂委员会. 广东省志·丝绸志 [M]. 广州: 广东人民出版社, 2004:530.

这也可以看作是清代丝绸印花的品种之一。

20 世纪初，手工印花已逐渐改用纸质或胶皮镂空型版。以前灰印坊用灰浆防染法生产蓝白印花产品，彩印坊应用水印生产多彩印花的产品大多在民间流行。到了 1919 年，中国机器印花厂在上海创办，开始用机械设备印花；1920 年，上海印染公司成立，此后大部分丝绸（包括棉、麻、纱织物等）印花产品均由连续运转的滚筒印花机大量生产。

总之，无论是染色或是印花，均为全部染整工艺的一部分，即是预处理、染色、印花和整理四大类中的其中两类。而这正是染整工艺"锦上添花"的关键工序，可以说这就是染色与印花工艺得以发展的基础。

三、丝绸印花的工艺特点、加工方法、品种及用途

丝绸印花的工艺特点：一是成本低并可以成批生产，既不影响质料的性能，又不会像提花品种因厚实而受季节气候变化的影响；二是花色易于更换，适应市场的需求性强。其加工方法有三种：（1）采用我国传统的印染方法，如画绘凸版印、防染或浆印，其工艺程序简便，经济实惠，转产花色快；（2）采用现代机器的印花方法，充分利用制版的工艺特性来决定印花纹饰的粗细变化、色泽的选配，并打破了丝织提花物受四方连续纹样格式的局限，使印花绸的纹饰、色彩的艺术个性更加自由和强烈，适合大众的口味；（3）利用印染工艺应用面广的特点，充分开发丝类印染品种，如真丝、人造丝、混纺、化纤品种的印染，更切实地发挥其经济效益。

有关丝绸印花的加工方法较为具体的形式有以下几种：

（一）木模版印花，采用凸纹木模版在丝织物上印花的工艺方法。这项印花工艺可以说是我国最古老的印花工艺，约在西汉时期已开始应用，它要求刻制在木模版上的凸纹能够上下左右接版，以适合拼版成四方或二方连续的纹饰。印花在一定长度的平台上进行，台面分层铺设弹性衬垫和易于去除污迹的材料。印花时，先用给色工具在木模版的凸纹上蘸涂色浆，然后逐次按部位压印在绸面上，其印花效果别具风格。

（二）镂空版印花，用防水纸板或金属薄板镂刻空心花纹制成的镂空印花版，使印花色浆通过镂空部位在丝绸织物上形成花形。这一印花工艺是在传统的油纸镂空印布版的基础上发展而来的，与木模版印花工艺大体相同。

（三）筛网印花，是将筛网固定在框架上，按照印花图案封闭其非花纹部分的网孔，

使印花色浆透过网孔沾印在丝绸织物上。筛网印是镂空版印花工艺的发展。筛网最初是用蚕丝或磷铜丝制成的，近年来已逐渐为合成纤维长丝筛网所替代。网目的大小根据工艺要求选用。筛网上的图案通常是经感光工艺制成的，用胶黏剂将筛网在绷紧状态下固定于框架上，并在表面涂布感光胶，如加有重铬酸铵等的聚乙烯醇或明胶，干燥后用描有花样的透明稿片覆于筛网上进行感光，然后用温水冲洗筛网，去除未感光部分的感光胶并加固处理，制成印花网框。筛网印花又分为平网印花和圆网印花两种。平网印花即是筛网印花最初的手工刮印。它是在一定长度的平台上铺以毛毯，再覆盖防水胶布，以便洗去沾污。台板的纵向两沿各装有导轨，并有可供调节的对花定位装置。印花时，按定位距离放下网框进行刮印。这种印花方法的特点是花形大小、套色多少和织物种类限制较少，印花色泽浓艳、花纹精细，尤为高档丝绸印花所适用。圆网印花是使用无接缝圆筒筛网进行印花的一种方法，始于 20 世纪 60 年代，现已成为新型印花方法。圆网印花特点是利用圆网的连续转动进行印花，既保持了筛网印花的风格，又提高了印花生产效率。圆网印花的关键部件是无缝线质圆网（简称镍网），常用电镀成型，网眼呈六角形。镍网的印花图案是用感光方法制成的，然后经热焙固化胶层，使之具有一定的耐磨强度。印花时，色浆通过自动加浆机从镍网内部的刮刀架管喂入，由液面控制器调节，使印花过程中色浆量保持恒定。同时，衬垫辊上升抬起橡胶毯，使橡胶毯和圆网之间保持与织物厚度相当的空隙，这样所印织物便从喂入装置进入并粘贴在橡胶毯上，与圆镍网同步运转，完成印花工序。圆网印花机一般可印制 6—20 套色。

（四）滚筒印花，采用刻有凹形花纹的铜制滚筒在织物上印花的工艺方法，又称铜辊印花。印花时，先使花筒表面沾上色浆，再用锋利而平整的刮刀将花筒未刻花部分的表面色浆刮除，使凹形花纹内留有色浆，当花筒印于织物时，色浆即转移到织物上而印得花纹。每只花筒印一种色浆，如在印花设备上同时装有多只花筒，就可连续印制彩色纹样。

（五）直接印花，在白色或浅色丝绸织物上先直接印上色浆，再经过蒸化等后处理的印花工艺过程。其工艺特点是染料可根据丝织物纤维性质、纹样形式、染印牢度等要求和设备条件而定，不同纤维的织物所用的直接印花的染料、色浆和工艺条件不尽相同。例如，采用直接染料来直接印花就只适于粘胶的丝织物。

（六）转移印花，经转印纸将染料转移到绸面上的印花工艺过程。先将印花染料及助剂配制成油墨，通过印刷制成有纹样的转印纸，再将转印纸和织物紧压密合，通过加热把转印纸上的染料转印到织物上而得精细的图案纹饰。

此外，还有防染印花和拔染印花两种。前者是在绸面上先印，以防止地色染料上染或显色的印花色浆，然后进行染色而制得色地花绸的印花工艺过程。后者是在已染色的绸面上用印花方法局部消去原有染色的色彩而获得白色或印花色彩的工艺过程。

在谈到丝绸印花的品种及用途时，人们自然联想到双宫绸、蓓花绸、领带绸、乔其纱、双绉、碧绉、留香绉、塔夫绸等。这些品种的适用范围都很广，有衣料、裙料、方巾、领带、被面、室内装饰面料等。利用蚕丝织成的各种织物大多富有光泽，具有独特的"丝鸣"感，穿着舒适，高雅华丽。

随着人类物质和精神文明日益增长的需要，以及我国丝绸在国际市场上主动配额出口的竞争态势出现，对丝绸品种的印花色将会提出更高的要求，这就带给我国染织设计界一系列新的工作任务。

原载于《南京艺术学院学报（美术与设计版）》1990 年第 3 期

云贵民艺琐议

任何民族民间工艺，其特色皆与这一民族所处的历史条件和地域环境密切相关。自古以来，我国各少数民族的先民们大多生活在一种各自封闭的圈子里，有着自己的历史承传和独处一隅的生活环境。这种根深蒂固的民族自我封闭的心态和生活方式构筑了特定的民族观念，以至影响着该民族的信仰行为、文化等诸方面的意识形态。民族民间工艺正是这种意识形态的折射，或者说，民族民间工艺是一种"心态化"了的观念文化。当然，我国历史上曾有过多次的民族迁徙、屯田、移民戍边事件发生，这也使得各民族之间交错杂居的状况经常出现，因而不同程度地促进着各民族民间工艺的相互融合、相互依存和渗透。本文从分析云南和贵州两省民族民间工艺的特点入手，试图解释这种民族民间工艺的奇特文化现象。

云南是我国少数民族聚居最多的省份，有彝、白、哈尼、壮、傣、苗、傈、回、拉祜、卡佤、纳西、瑶、藏、景颇、布朗、普米、怒、阿昌、基诺、水、蒙古、布依、独龙、满等 26 个民族。少数民族人口约 1000 万，占全省总人口的三分之一。同时，云南又是云贵高原的一个组成部分，山地崎岖，河谷纵横，深沟密布，交通闭塞，寒、温、热三带气候并存。这种立体型的独特的自然环境阻绝了各民族间的往来，使之较少受到外来文化的侵袭，这就形成了各民族间社会经济发展的不平衡状态。加之历史原因，导致了当地民族民间工艺各自迥异的风格。以编织工艺为例，景颇族的编织物图案主要用来装饰妇女所穿着的围裙、护腿和男女常用的挎包。图案基本上由直线组成的菱形云纹和雷纹构成，点和面穿插其间，丰富了其图案的层次。在图案的选择上，或用象征自然现象的虹花，或用象征动物的虎足印、蝴蝶纹、虫脚，或用象征植物的南瓜藤、罂粟花、桂花和生姜花，或用象征日常生活用品的笼子花、团花、弯花等。这些图案造型都非常抽象，与实物相差较大，甚至完全不同。其次，景颇族编织物图案的结构主要是二方连续或四方连续，这一图案的母体组织上下左右对称，既可竖放又可横放，适合特定织物的图案布局。图案多以红色为基调，如大红、深红、朱红，再掺以黄、绿、蓝、紫、深绿、淡绿、浅蓝等原色和间色以及它们的明色和暗色，并利用色相的对比和色度的对比突出主体，点缀和衬托基调，从而使红色的基调更加鲜艳夺目。有时也用中间色相黑或深藏青作为底色，显得既热烈鲜艳，又庄重和谐。

傣族的编织物图案则主要运用在床单、垫褥、织锦、挎包等日常生活用品以及"赕佛"用的"幡"等宗教用品上。图案以自然纹形为主，着重写实，有人物、大象、孔雀、鳄鱼、马、猴、鸡、树木、花草等母题图案。造型大多抓住物象特征，并从适应编织工艺的需要出发，善于利用织物的经纬予物象以变形、夸张和概括，使形象简练而生动，特别是大象的造型，虽有多种变形，但都不失大象的特征，其憨厚之体态，惟纱惟肖。

傣族编织物上的图案多采用四方连续，一般以黑色作底，以红、黄、蓝、绿等多种颜色相配，色彩的组合既丰富多彩，又富于韵律。

傣族的单独图案主要表现在"幡"上，其母题大多与傣族棉织物上的二方连续图案相同。佛塔图案均为写实造型，色彩基本由两套色组成。

从上述比较可以看出，景颇族和傣族的编织物图案，无论是在母题的选择、造型的手法或是色彩的配置上，都有着较大的差异。这首先表现在前者的图案造型较为抽象，而后者着重写实。其次是傣族有单独图案，而景颇族基本不存在这一图案形式。第三，景颇族的二方连续图案只运用于上下左右对称的组织，而傣族的自然纹形图案在二方连续中往往会采取平衡的组织。第四，景颇族图案的色彩趋于浓烈，而傣族图案的颜色却崇尚淡雅。所有这些差异都与景颇族和傣族的民族历史、生活环境、宗教信仰、文化传统、风俗民情等有关。

这两个民族虽同样居住在亚热带地区，但由于景颇族长期聚居于山区，生产力水平落后，并且信奉的是"万物有灵"的原始宗教，因此图案皆以虎足印、毛虫脚、南瓜藤和梭子花为母题，象征对神灵降福人间的祈求。

傣族基本上居住在东亚热带的坝区，从事农业生产劳动较为普遍，文化也比较发达。编织物图案已由崇尚写实进而发展到自然纹形阶段，譬如大象是傣族生产和交通的工具，其图案就常以大象作为母题。由于孔雀、鳄鱼和猴子是亚热带常见的动物，所以这些动物的造型也较为常见。特别是被傣族视为象征吉祥幸福的孔雀，在图案造型中更是变化多样。

彝族有近 550 万人口，是我国西南地区人口仅次于藏族的一个少数民族，三分之二以上的彝族人居住在云南境内。彝族的工艺以刺绣最为著名。妇女服饰的对襟衫或右衽衣、裙子，都有刺绣或挑花装饰图案。在滇中滇南，未婚女子多戴绣花并缀有红缨及料珠的鸡冠式花帽；已婚妇女一般戴包头帕，衣服的领边、袖口和衣襟的边缘处都饰以刺绣。

在石屏、峨山，妇女围腰上的刺绣更为精致，有的还在裤子上挑花或绣花边。彝族图案母题十分广泛，人物、房舍、花鸟、虫鱼一应俱全，以写实的自然纹形为主，造型生动且富于变化。例如，荷花多用正面刺或挑绣，以突出花瓣的重叠丰满；石榴则取其竖剖面，以突出其多子和冠状果顶。

彝族刺绣图案多采用单独适合纹样，外形还有衬托的圆圈纹，特别是妇女围腰上的单独适合图案的外形更是丰富至极，有半圆形、梯形、多角形、长方形、三角形等图案，造型古朴，多用"寿"字和"卍"字图案，风格颇似古代汉民族的刺绣。几何图案次之，且多为二方连续或单独纹样。在这几类图案纹饰中，以圭山彝族撒尼人制作的装饰纹样最为丰富多彩，可视为彝族刺绣图案的代表。其自然纹形的二方连续多为波纹式图案组织，如母题是花卉，波纹则是花卉的茎脉，茎上再配有叶片，将其围绕母题进行上下或左右的缠枝装饰，别有一番艺术效果。

苗族人口约75万人，多居住在汉、壮、瑶、彝、哈尼等民族之间，以大分散小聚居方式分布，这使得苗族的刺绣工艺各具特色。

苗族的刺绣多见于妇女服饰上，如绣花衣、绉褶绣花裙、方块绣花胸巾、绣花围腰、绣花裹布绑腿以及服装的领边、袖口上，皆镶绣有纹饰。

关于苗族的刺绣图案，从云南文山、红河两州的情况来看，其母题较多是写实的自然纹形。例如母题是鱼游水中，尽管图案中对水没有做出交代，但鱼的周围有繁茂的水草，鱼的造型又生动，其甩头摆尾之状显得生机盎然，充分表现出"如鱼得水"的悠游之乐。这种以写实的自然纹形为主的刺绣图案，它的来源便是自然与生活，或是物象的重复，或是物象的增删，或是几种物象的组合，反映出苗族独到的审美情趣。因而可以肯定地说，苗族的刺绣图案若没有自然与生活的积累，就创作不出优美的刺绣工艺，它是苗族喜爱和熟悉的物象。

白族人口110多万，主要聚居于云南西部以洱海为中心的地带，即今大理白族自治州。早在3000多年前，白族就已掌握纺织技术，自汉晋以来，就知"染采文绣"衣饰花纹之风较为盛行，例如南诏、大理时期的王公显贵、文武官员及侍者的装束都各有型制，普通百姓服饰亦有刺绣。民用绢类质料虽不及官家垄断的绫锦细腻华贵，却仍不失质粗形美，情趣恣肆而意态无穷。至近代，白族服饰中还留存南诏、大理的文化遗痕，保持着不同于其他民族的独特传统。

白族服饰图案大致包括植物（花、草、树、果）、动物（虫、鱼、鸟、兽）、自然（日、月、星、辰、云、石、山、水）、人（神）和无客观依据的纹符等五大类，其中以植物花果造型最多，诸如菊花、茶花、梅花、牡丹、芍药、蔷薇、海棠花、莲花、石榴花等，都与白族日常所见所爱密切相关。这些图案母题既表现了自然物的形态美，又借物寓情，通过描绘客观对象，反映白族的心理状态和思想意识。例如，白族认为鱼、螺代表祥瑞，虎代表旺盛、勇猛，龙是人的祖先和保护人类生存的神灵，用它们的形态作为服装纹饰，不但荫佑肉体，而且能获得想象中的好处。

通过对彝族、苗族、白族民间工艺特点的分析，可以看出其各自具有的独特丰姿。彝族的刺绣风格较为统一，趋于"古风"色彩，反映出一定的民族承传因素。它的刺绣主要装饰在服装容易磨损的部位，如托肩、衣襟、肘部、袖口、裤脚等处。更为奇绝的，是采用以花补洞的办法，即把刺绣图案制作成大小适合的小块，缀在洞上形成装饰。彝族的刺绣还常以剪纸作为范本，贴在衬有袼褙的布上，绣完后缀在服装上，既美观又实用耐穿。苗族因居住地和族系的不同，刺绣风格差异颇大，特别是妇女的服饰刺绣在族系与族系或县与县，甚至寨与寨之间，都有严格区别。因此苗族刺绣图案既有以写实为主的自然纹形，又有抽象的几何纹形，可说是五彩缤纷，绚烂多姿。较之彝族而言，苗族的刺绣更讲究且具欣赏价值。白族由于信仰的宗教派别繁多，因而在刺绣图案上所表现的巫术或寓意特别丰富，常见的内容有"神灵信仰""伦理劝善""利禄祈求""星明花好"等等。在刺绣工艺上，白族有独到的绣、染相结合的工艺手段，被称为"疙瘩染绣"。用此工艺制成的妇女头帕、上衣或围腰基调明快，含有浓厚的田园风味。

贵州地处西南高原，山川秀丽，是多民族的聚居地，为孕育和发展丰富的民族民间工艺提供了得天独厚的条件。它的民族民间工艺以其强烈夸张、变形和抽象的图案为标志，表现出生命的律动，唤醒了人们对生命、真实之美的感知。这种艺术形式质朴中见巧妙，稚拙中见天真，若愚中见机智，憨厚中见聪慧，显示了贵州民族民间工艺并非矫揉造作而是清新自然的意境。

贵州苗族刺绣、织锦图案中运用最多的题材是龙。这一方面是因为贵州苗族奉其祖先蚩尤为龙公，同时也寄托他们祈求风调雨顺、年年丰收的美好愿望。他们把龙设想为牛头、鲸须、牛角、蟒身、鹰爪和鱼尾的混合具象，并把单一的龙形变化成各式各样的龙。如蚕龙身短而肥，出龙有角，水龙无角，飞龙双肋生翅欲飞，鱼龙尾分鳍如鱼，等等。在黔东南，还有类似人首蛇身的刺绣图案，相传这些都是纪念始祖伏羲、女娲氏以作图腾崇拜的标志。苗族刺绣图案中还有一种犬头、双角、蛇身、四足的混合体动物形象，据说是纪念盘瓠的。此外，苗族常见的刺绣图案还有凤，并且选作装饰的母题凤本是吉祥如意的象征，随着历史的发展，日渐成为与爱情、幸福相联系的形象，使人们倍感亲切，具有不朽的生命力。汉族的凤是鹰与孔雀的混合，而苗族刺绣中的凤则脱胎于雉鸡，不似汉族的华贵，而是具有山野气息。

贵州蜡染是当地民族民间工艺中最为著名的品种，其历史可溯源到2000多年前的西汉时期。这一工艺原本在中原地区有过灿烂的文明，但在历史长河的流逝中，至今唯有贵州和与其相邻的少数民族地区还保存和发展着这一独特的工艺。今天，贵州的苗族、仡佬族、布依族、水族、瑶族等少数民族，均擅长蜡染工艺。由于民族审美习性的不同，各地蜡染亦异。如丹寨苗族蜡染趋于豪放、粗犷、古朴，安顺苗族蜡染显得活泼、明丽、生动，黄平家蜡染给人以工整、精细之感，镇宁布依族蜡染则显得大方、雅洁。这些蜡染的自然纹样，大多选用日常所见、垂手可得的各种花草鱼虫，散发着浓烈的生活气息。其布局与图案灵活而自然，尤其是它特有的"冰纹"效果，具有极大的随意性与偶然性。贵州的少数民族是一个重于表现、善于抽象的民族，若按照德国美学家沃林格的观点，决定艺术活动的"艺术意志"来源于人面对世界所形成的世界观，或言来源于人面对世界所形成的心理态度，这种心态导致了艺术中的抽象与移情。如贵州苗族蜡染中一种称为"窝妥"的形式，若与汉民族艺术中的回形波纹和缠枝纹比较，就会发现一些有趣的地方，即寓规律于某个先验原则之中，这种原则就代表着民族传统的崇拜意识，因此完美的"窝妥"形风格就达到了抽象与移情这两个要素。或许贵州少数民族的先民们困于一种混沌的以及变幻不定的外在世界，他们才可能意识到一切生命现象的那种神秘而神奇的混沌与不安。他们在艺术中所寻求的，是将外在事物变幻不定的虚假的偶然性抽取出来，并用近于抽象的形式使它们达到一种"永恒"。这样，他们就仿佛可以获得一种安定的心理满足。这种充分发挥的高度夸张、高度变形和高度抽象美，准确地表达了贵州少数民族的审美天赋。从中更可体味出他们的耐心和细致，创意和质朴，由此看到贵州少数民族民间工艺原始而土著的乡土性。

我国各少数民族的经济、文化结构和意识形态，为其民间工艺提供了丰富的内容，同时也向它提出创造不同于其他民族民间工艺的形式要求，这自然体现出特色与差异。而了解这种特色与差异的目的，在于廓清我国民族民间工艺的实质，使各民族发展健全自己民间工艺的机制，成为引导国民精神的前途的灯光。

原载于《中国民间工艺》第12期

自然纯朴的乡土艺术

——学习民间挑花工艺摘记

挑花是我国刺绣工艺中最为常见，而且备受群众喜爱的一种民间工艺。它的出现是结合女红发展起来的。挑花，又称"挑绣"或"十字绣"，是依据布料的经纬组织用十字形线纹挑制而成的装饰图案。可是在以往有关刺绣的文献里却不见记载。不过，若有心注意一下我国近代的民间刺绣品，也不难发现有挑花的针法存在。如果要再追寻挑花生于何时，目前尚缺乏确切的史料来考证出一个明确的年代。估计它很可能与浮绣同时出现，或许还要早些。明代中叶，棉织工业开始发展，代替了丝麻织物，随即就出现了浮绣和提花织布。也许由此启发，挑花工艺便一天天地繁荣起来，并且以其简便的制作工艺赢得了声誉，得到广泛的流传，例如挑花肚兜、挑花腰带、挑花服装、挑花卧单等。由此可见，挑花工艺是刺绣工艺的一个分支，两者关系十分密切。

我们知道，刺绣是用针将绣线按一定图案格式在绣料（底料）上穿刺，以缝迹构成花纹的装饰织物，它能够自由地适应图案设计的需要。而挑花是依靠布面的经纺线路（很类似编织工艺），将纹样按其经纬线的走向挑制出来的。其原理与刺绣非常接近，但在具体的工艺制作要求上较之刺绣局限性更大。可能正是利用这一局限性的特点，挑花制作者们充分发挥这门工艺的特殊表现手法，更强调图案造型的夸张变形，使得挑花工艺与刺绣工艺相比起来，各有千秋，从而确立了挑花工艺存在的工艺价值。

一般来说，挑花工艺比之刺绣工艺简便一些。它只要求挑绣的底布面的线路匀净，挑绣所用的线没有刺绣用线那样有多种花色，而只需备一二种素色线即可。但要求线的质量纺得结实，这样挑出的花纹，既整齐美观又耐磨耐洗。这些条件在民间挑花制作者看来都是容易解决的。加上挑花图案的设计往往是由制作者自行构思，边想边做，所以在农村里很容易得到推广。例如，四川乡间女孩子到了七八岁就开始学习挑花。民歌里就有"一学剪、二学裁、三学挑花"的词句，说明挑花在农村中受到了重视，成为风尚。学习挑花的女孩子们一般先仿做些小件，然后创作大件，并把她们的劳绩保存起来，作为妆奁或婚礼上的赠品。而已婚的妇女们则挤出农余时间来挑绣，产品多作为商品交换，自用较少。渐渐地，挑花便成了农业的副产品，产量相当惊人。如云南、贵州、湖南等省的苗族、傜族、土家族等兄弟民族聚居地区，就常见此类挑花制品在集市街头出售。可见，挑花在农副产品中占有重要的地位。挑花生产虽也具有某些商品性质，但多成于农村妇女之手。图案无固定稿本，一般情形常由近邻亲友传授。技法虽限制严格，题材却毫无拘束，容易形成地方风格，更带有浓厚的民间风情。尤其是出自少数民族之手者，民族风格更加鲜明，极富古朴情调，成就十分惊人。

挑花工艺与实用也结合得很好，大多数挑花图案均放置在日常用品或者衣服较容易磨损的部位，如枕帕的中心（图1）、衣服的袖口、挂包的袋面、床单的边沿等。在图案的构成形式上都注意摆上一个大朵复杂的纹样，借用那密密麻麻的针脚，起到耐

图1
枕帕上的挑花图案

用的实效。同时，这些挑花图案又多考虑在显眼的地方出现，这样，使纹饰也能显示出挑绣者的高超技艺，达到宣传自己艺术才能的目的。从这里便可以看出，实用民间工艺都是从生活实际出发，注意实用效果，更给人们一种启示。挑花和欣赏性的刺绣相比，它的实用价值更容易被广大群众所接受。

因为挑花工艺产生于民间，所以它的图案题材大都也反映了人们的现实生活和追求幸福的渴望。例如，采用两只比翼齐飞的凤，奔向以"日"字组成的核心，四边环绕着云朵（双凤朝阳）来象征人们追求光明的热情（图2）；把灵芝草、盒子、莲花放在一起（和合如意）

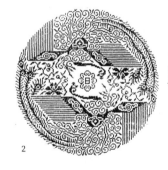

图2
双凤朝阳

图3
福禄寿喜

来象征人们热爱和平的生活；把蝙蝠、葫芦、寿字、喜字等组合在一个纹样里（福禄寿喜）来象征人们对幸福生活的憧憬（图3）；其他还有以"二龙抢宝""鲤鱼跳龙门"来象征进取，利用双鸟的窃窃私语、寻寻觅觅的浓郁生活情趣来象征人们的感情等。所有这些都充满了浓厚的生活气息。总之，挑花的图案都含有语意双关的主题和比喻手法，深入研究越发会使我们感到妙趣横生，意境无穷，自然而然地产生了高尚安静、淳朴健康的美感，不由得使人对这朵民间艺术之花珍爱不已。

挑花图案在表现形式上也是多种多样的。挑绣者根据各种不同的针法，一般分为三种，而这三种形式既有很大的联系又有各不相同的格调。其一，十字挑花（图4），又称架花，它的针法是每针拉一对角线，每两针架成

图 4
上为十字挑花正面图案　下为十字挑花反面图案

图 5
利用针脚排列组成的不同花纹

一个斜十字。这种挑花技法流行地区最广，流传时间也最长，因此，常被用来代替挑花工艺的针法名称。其二，撒花，这种挑花和提花布的编织法几乎完全相同。它的特点是利用底面针脚，能显出和正面相反的花纹，即正面是阳纹（白地黑花），底面是阴纹（黑地白花），两面都有精美的效果。其三，纤花，又称"里面花"，它的针法是采用单线来回挑。挑好后，面和底的图案花纹一模一样，如果是好的挑绣者制作，在挑制成品上根本看不出针脚的来龙去脉，此乃挑花工艺中的珍品（图5）。除此三种外，还有"人字挑花"，这种挑花技术和编织工艺很接近，具有结线的针法。其局限性就是只能表现直线，没法表现卷草等带有曲线形的图案纹样，因此这种挑花工艺应用较少。

基于挑花工艺中的十字挑绣在民间中应用得最为普遍，因而它也就更具有代表性。在此试举几例，论述于后。

十字挑花除前面提到的针法外，还有两个特点：一是挑绣纹样时运用的针法并不像浮绣针脚要填满在纹样里，而是要在填充时留出一定的呈现花形的空白，或在空白中再填充几针，构成一朵朵呈十字形、菱形、圆形的小花样。这种纹样装饰性强，既美观，也经济。另一个是根据布面的经纬线来挑制，虽不及浮绣那么齐全，但却能构成很多对称、严整、形象极为美丽的图案。以辐射状的图案为例，它的构成形式都是由中心向四方或八方放射，图案依此格式再结合布面经纬线来挑绣成等边的几何形，从挑绣技术上限制较大。但是，这种限制并不能完全影响这种挑花图案的结构变化。相反地，十字挑花的结构除以正十字形或斜十字形交叠法组织的图案外，又可演变出旋纹状和自由组合状的种种图案形式，从而极大地丰富了挑花图案的组织形式。

为了便于进一步的学习，根据常见挑花图案的布局形式，约可分为以下几类：

（一）团花，这是挑花图案的主流。一般在制作大件品种时采用，如床帏、帐沿、卧单等。最常见的是床帏和帐沿，这两种饰物上面团花的安排区别不大，都是一样均匀地排列着五团花。而这五团花卉纹样又都能单独成立，没有连续性，是用适合纹样形式

来填充的。当然，这五团花卉纹样有的完全一样，有的就各不相同，也有的中间和两头一样或是两头两团纹样相同，等等，真是变化多端，形式各异。但是，在图案的构成形式上都有一定规律可循，有以二方连续边饰布置在主纹样的四周，画面匀称稳定，主宾分明；也有在主纹样设计的基础上，为了保持画面布局的均衡，在底面里用与主纹样相互协调的纹样填充，图案丰富，尤其在手帕、枕帕等饰物上多采用这种团花图案。此外，还有以几何形或是其他纹样的骨架内放置相适应的填充纹样组合成的团花图案。其特点是针脚简单，富于变化。所填入的纹样与外轮廓纹饰结合得好，很能表现特定环境中的生动形象。"鱼水和谐""八角花"（图6）等团花图案便是极好的例证。在长期的挑花实践中，民间挑绣者们充分发挥自己的聪明才智，构想出更多的挑花装饰方法。拼花就是在丰富团花图案的基础上发展起来的。运用拼花技巧能够组织成一幅别开生面的挑花图案，与此同时，也可以作为大型团花图案的空隙补充，如在床帏、帐沿上夹杂在团花图案的中间，起到点缀调剂画面节奏的作用。

6-1

6-2

图6-1
鱼水和谐

图6-2
八角花

（二）花边，在挑花工艺中近似团花图案被广泛地使用，它是以二方连续纹样构成的，常有"卍"万字纹、回纹、动物纹及各种小花草纹样（图7）。在西南兄弟民族的挑花服装的袖口上，花边图案重叠达六七条之多，宽窄相间，疏密相宜，显得十分华美。

图7
挑花边饰图案

挑花图案除构成形式外，在图案取材上十分广泛。例如"平安富贵"图案（图8）是以描绘一朵插在花瓶里的大朵牡丹花为主题的。在画面的上端和花的周围配上对称的牡丹花叶，下端瓶子的两边空隙则采用对称的卷曲绶带填充，构成一幅良好的直立状适合纹样，突出了图案的主题思想。再如"福寿"图案（图9），以"寿"字的变体字形作为图案的中心，环绕着中心配上四朵花卉，共同组成紧密的中心适合纹样。然后，按辐射状的图案格局，将花朵逐步扩大，使之内外呼应，相配协调。整幅图案给人以一种喜气洋洋的荣华之感。

与图案的组织形式相比，挑花图案的色彩配置单纯，这可能与我国人民朴质淳厚的生活习惯有着密切的关系。它的配色是根据底布颜色来确定的，挑绣在白布上多用深蓝线，而在深色布上多用白线，尽量使得底色与图案之间能够明显地区别开来，更好地突出挑花图案装饰明快、清晰的艺术效果。

作为民间工艺的挑花，在长期的社会生活中不断吸取养料，进而使得图案构成形式

图 8
平安富贵

图 9
福寿

也在不断发生变化。层出不穷的花色导致了更多的新品种问世，更为挑花图案的设计积累了十分丰富的经验。整理、研究这一宝贵的民族遗产，是历史赋予我们的重任。在这些遗产中蕴藏着巨大的生命力和中华民族强烈上进的力量。我们学习民间挑花工艺，正是要吸收这种精神气质，采用这些为广大群众所喜爱的民间艺术样式来提高和丰富当代挑花工艺的设计。同样，这也应当是精神文明的内容之一。

原载于《浙江工艺美术》1985 年第 1、2 期

丝绸印花设计的方法解析

我国是世界上最早饲养家蚕和产丝的国家，远在 3000 年前，我国养蚕、缫丝、织绸技术已相当精湛。

如今，我国的丝绸业又有了长足进步，不仅在丝织工艺上创造了举世公认的绝技，而且对印染工艺又做了全面的改造，建立了以滚筒印花、直接印花、防染印花和拔染印花为主体，兼有筛网印花、转移印花等手工印染辅助的现代丝绸印染工艺体系，使我国古老的丝绸产品又萌生出新奇的花朵。

一、丝绸印花具有的独特个性

丝绸印花的花型是利用花版或花筒的前后套接来构成的。因此，在前后套色之间可以穿插其他色调或互相重叠的复色。这些套色可以自由增减，配色灵活，变化多端，其色彩、线条、形象都大可旋回开拓，这是印花的有利条件。

为了使印花达到较好的效果，最好选用纹样色彩鲜艳的白地彩配纹样或假地纹样，使其充分表现出印花工艺的特色。不过，由于拔染印花与直接印花有所不同，如花色中因加入拔染剂而能拔去地色，因而花、地色之间不会发生干扰作用。一方面在浅色地上印中性色和深色花纹，另一方面也可以在深色地上印出中性色和浅色花纹，从而扩大了花色的范围，使丝绸印花具有灵活的工艺技巧。

近年来，织、印结合成为丝绸花色的新品种，它使提花特色和印花特色结合于一体，成为复合型纹样，既能自由选配组合，又能根据特定需要进行配套设计，显示出丝绸特殊的层次感和光影效应。另外，还有一种烂花纹样也被应用于丝绸上，它是通过腐蚀剂在花版上烂去部分纤维，剥蚀出透明感的花型。但必须注意，被腐蚀的这类丝绸织物必须具有地层和表层两个组成部分。腐蚀剂仅烂去部分表层纤维，其余的地层纤维保存下来。如果在烂花基础上再加印花，无疑会出现奇妙的艺术效果。

在印花过程中，还应考虑到丝绸原料的不同，其主要有生织绸和熟织绸两大类。生织绸的经纬丝不经练染先行织造，待制成坯绸后再经练染。熟织绸则是经纬丝在织造之前先经练染，成品后的坯绸就无须再行练染。一般来说，生织绸的加工工艺简短，成本低，是目前选用最多的印花绸坯料。其印花设计的范围十分广泛，既可作为大众喜闻乐见的流行花色货，也可兼顾一些较高档次的印花名品设计。而熟织绸的加工程序繁琐，成本相对较高，大多数产品趋向高档化，对设计要求必须充分体现高雅名贵的气派。

随着化纤工业的发展，如今仿丝绸产品日益增多，不仅带来丝绸品种的丰富多样，而且也增加了印染花色的品种。例如，利用真丝与人造丝吸色性能的不同，可将两者交织成混纺坯绸，再行同道印染工艺。这样，既可使印染的花色达到自然变化的缤纷色彩，又可以节约真丝原料，降低成本。然而，人造丝的坚固性和光泽都不及真丝，因此这类混纺绸的经纬原料和组织结构必须搭配得当，尽量使真丝的自然光泽显在绸的正面，并使之占有较大面积，把真丝与人造丝的各自优点发挥出来，使得混纺绸的印染自然美观。

二、丝绸印花的纹饰排列

设计印花纹样时，一般只画一个单位纹样，而在匹料上却要把纹样循环成幅，达到整体欣赏的效果。所以，纹样的排列方法就显得非常重要。首先要做到均匀而有变化，切忌横档、直档、空档、花档、叶档、色档及斜路等。尤其在拼幅时，更要注重接版的循环效果，根据印花工艺的特点，多用纹样斜排的方法。诸如一个散点右下移 1/2 排列，两个散点右下移 1/6 排列，三个散点右下移 1/2 排列，四个散点右下移 1/4 排列，等等。在此散点排列的基础之上，又可根据绸料的特点，采用纵横密集法、净地匀称法或集团分布法进行纹样组织。

纵横密集法是散点连续纹样组织中较为简单的一种，其方法是在纵横格内安置纹样，使得纹样间隙缩小，形成密集的满地花。

净地匀称法要求纹样之间的距离基本相等，循环连续后，纹样间的空余面积等分，形成匀称的画面效果。

集团分布法以循环单位内形成两个纹样一组与一个纹样分离的现象，或三个纹样形成一组与两个纹样形成的另一组而分离的现象，使得画面上具有强烈的对比效果。譬如传统纹样的皮球花、朵云纹样等均是以集团分布的形式来构成装饰的。

独幅品种的丝绸印花，如方巾、台布、裙料等的纹样组织，就不受循环的限制，有较大的发挥余地。但纹样自身的构成形式更为讲究，要求结构严密、层次清晰、主次呼应，具有独幅纹样构成的完整性。

三、丝绸印花纹样的配色、描绘笔法及特技处理

丝绸印花的配色应以绸料的特性和经纬的配置而定。这主要有调和色配置、同类色配置、对比色配置三种。同时也应注意金、银、黑、白、灰等色的穿插点缀，或是改变色彩明度、纯度、面积，以产生另一种和谐的色彩效果。例如，乔其纱是用加强拈丝以平纹组织成极其轻薄稀疏、透明起皱的丝织物，有真丝、人造丝、涤纶长丝和交织等类。它经过对比色的印花处理后更显鲜艳美丽，也有织入金银丝线加以点缀富于生气的。而双绉属薄型绉类丝织物，经精练整理后，织物表面起皱，有微凹凸和波曲状的鳞形皱纹，光泽柔和。若选用调和色的印花处理，则更为接近其本色，给人以舒适柔软之感。

运用各种现成材料表现印花纹样的丰富肌理，是丝绸印花的又一重要处理方法。例如用瓦楞纸、电光纸、透明胶片来描绘纹样，经过制版后印出的纹样就是一种特殊的效果。近几年来，电子技术又为丝绸印花设计开辟了一个新途径，诸如电子分色、电脑绘图等给丝绸印花注入了新的生机。

四、丝绸印花设计与流行趋势的把握

随着我国参与世界丝绸贸易市场活动的日益兴旺，对丝绸印花流行派路的了解更为重要。时髦的印花派路往往瞬息即逝，长不过两三个月，短则几个星期，可谓昙花一现。当时髦花色受到人们普遍的喜爱而超越国度或地区，直至世界性流行时，就成了流行的印花派路。流行的印花派路久盛不衰，又被作为传统花色保留下来，以至出现周期性的流行。所以把握丝绸印花流行派路的规律和信息至关重要。

目前，世界上印花的流行派路主要有以下几种趋势：

抽象几何纹样——以色块、点、线构成生动有趣的画面，重点是色彩情调的表达。

斑点纹样——以不规则的聚散彩点或泼洒而成的色渍构成，以彩点表现主题，动感强烈，画面活泼，富有节奏。

光效应纹样——以光的变幻表达构思的主题，具有朦胧的意境。

喷绘效应纹样——以模糊的隐形手法和明暗层次的变化表现一种若有似无的情调。

符号纹样——将音符或任何可以表达感情的符号，如商标、会徽以及各种文字组合，应用于印花丝绸之上，以显示一种新潮意识。

自然纹样——取自然界各种生态形象，如树木、草丛、果实、飞禽走兽、海洋风光等，并用印象派的手法加以表达，如入诗境。

叠层纹样——把多透视角度所出现的平面展开，重叠于同一个画面上，突出透明感和层次感，给人以梦幻的想象。

花卉纹样——以深中色做地，造型有写意和写实之分。地纹富于变化，花型偏大。

民族纹样——有大幅的装饰密纹纹样，或密纹的花卉、火腿纹样，体现出民族传统的风尚，气氛庄严，不失古代印花绸的装饰典雅之风。

原载于《装饰》1991 年第 3 期

服装色彩审美的"性别意识"

前些时候，"男装女性化""女装男性化"的说法曾经热闹了一段时期。有人称之为"杂乱无章期"，有人称之为一种"时尚"，也有人说"男女不分，不伦不类"，虽时间不长，但社会上议论还是不少。这种现象是否有悖于人类的性道德和世俗风范姑且不论，而在现实生活中，人们关心的始终是男装男性化，女装女性化。

从服装起源与发展的最终原因来看，两性的存在与差别始终是贯穿着人类服装文化的主题。正是性的因素使穿衣成为一种社会文明，并由此衍生出人类的性道德与世俗风范。也正是这一特征使流行色预测与时装发布都以男女两大系列来进行。

除了男女服装的式样有别以外，在色彩方面也表现出明显的差异。这就是说，服装的"性别意识"影响着社会意识，进而构建着两性对色彩审美规范的差异。例如，男性偏爱厚重感的色彩，以稳健为男性服装的表象特征；女性服装则以多彩艳丽、耀人眼目为特色，体现出性别意识的文化形态，或者说服装色彩是文化形态的表征。从历史上看，古代服装文化是极其绚丽多彩的，特别表现在女性对服色的选择意识上。古典名著《红楼梦》三十五回写"黄金莺巧结梅花络"时，提到莺儿对色彩搭配的审美评价颇具独到的见解。她说："大红的（汗巾子）须是黑络子才好看，或是石青的，才压得住颜色。"宝玉问："松花色配什么？"莺儿道："松花配桃红。"宝玉等道："这才娇艳。再要淡雅之中带些娇艳。"莺儿道："葱绿柳黄可倒还雅致。"后来宝钗来了，要莺儿打个络子，把宝玉的那块玉络上，并且也发表了一通配色的见解："用鸦色断然使不得，大红又犯了色。黄的不起眼，黑的又暗，依我说，竟把你的金线拿来配着黑珠儿线，一根一根的拈上，打成络子，那才好看。"[1] 这说明女性对色彩审美比较苛求。

其实，我国女性对服装色彩的审美情趣在各类古籍记载中都有所记述。例如《陌上桑》写罗敷的穿着："湘绮为下裙，紫绮为上襦。"[2] 缃是淡黄色，紫和黄互为补色，用淡黄色以后反差就减轻了些，各能增加本色的

[1]曹雪芹.红楼梦[M].古木,校点.上海：上海古籍出版社,2009:261—262.

[2]陌上桑[M]//曹旭.古诗十九首与乐府诗选评：增订本.上海：上海古籍出版社,2019:238.

鲜明。更多的古代女装是以红与绿相配衬，红与绿互为补色，所谓红花绿叶，相得益彰。唐张文成的《游仙窟》写十娘"红衫窄裹小撷臂，绿袄帖乱细缠腰"[1]，这样的色泽效果是很带刺激性的。再举《红楼梦》第八回写宝钗的服饰色彩是："蜜合色的棉袄，玫瑰紫二色金银线的坎肩儿，葱黄绫子锦裙。"[2] 坎肩儿今称背心，玫瑰红和紫是调和色，二者与黄都是对比色，但因葱黄是极淡的黄，所以就减少了刺激效应，又衬以微暗的蜜合色，不失少女的青春气息，又兼有端庄典雅之态。八十九回写黛玉的服装颜色："但见黛玉身上穿着月白绣花小毛皮袄，加上银鼠坎肩……腰下系着杨妃色绣花锦裙。真比如：亭亭玉树临风立，冉冉香莲带露开。"[3] 银鼠坎肩颜色可能是淡淡的银灰色，发亮光，上身底色是月白，而又有绣花，在素雅中略带靓丽。按黛玉的秉性，这绣花绝不会是大朵儿花，从同一段文字上写黛玉的"头上挽着随常云髻，簪上一枝赤金匾簪，别无花朵"[4]便可得知。她的下身是粉红的裙，与月白相配，正合她《葬花词》中"桃飘与李飞"的颜色。很显然，服装色彩的选择早已超出其物质的属性，而更偏重于性别意识的精神产物，这已是社会的普遍规律。

一般认为男性的服装已经标准化了，打扮入时只是女性的特征，因而女性服装色彩的时髦在西方理论中被认为是女性美的表现，西方文化甚至将女性视作美的代称。

追赶时尚的人说："时髦是仪容的女神。"这句话向人们揭示了一个重要现象——服装的时髦在两性中表现并不平衡，时髦更多地倾向女性。因此，服装界又将服装时髦称作"女性风流"。同此道理，女性的服装色彩的审美意识必然是自觉的行为。比如目前我国许多沿海地带及经济比较发达的小城镇，很多姑娘的着装风格已接近大都市女性，最突出的便是她们的服装色彩，融化乡野气息，透出撩人的秀美。有位法国记者为之动容，曾专门对生活于小城镇的数位姑娘的着装变化进行追踪摄影，题名为"变化在都市与乡村之间的中国女装"。从照片上姑娘们的着装色彩来看，服色的优美可谓是这些姑娘自我造型的最佳镜头。

女性对服装审美的自觉行为似乎是天性，有人研究后认为这种天性在婴儿阶段业已萌芽。他们发现，婴儿来到世上就接受社会规定的行为模式（即两性着装的行为模式），婴幼儿从服装形式及色彩的直观上开始性别自认。稍长，在家庭生活的感染中，母亲服装艳丽与父亲服色单纯便在儿童的心理上逐渐与之联系在一起，而后，幼儿通过自己着装的色彩与父母服装色彩的相同性和相异性比较，逐步形成"我是男孩""我是女孩"的观念。从小时起，性色彩观念一旦形成，便成为着装规范，制约着以后着装色彩的自觉选择。

[1] 张文成．游仙窟 [M]// 西湖主人．艳镜．北京：印刷工业出版社，2001:4190.

[2] 曹雪芹．红楼梦 [M]．古木，校点．上海：上海古籍出版社，2009:57.

[3] 曹雪芹．红楼梦 [M]．古木，校点．上海：上海古籍出版社，2009:727.

[4] 曹雪芹．红楼梦 [M]．古木，校点．上海：上海古籍出版社，2009:727.

哥德曾说过："一切生命都向往色彩。"在服装色彩上，女性的光彩犹如魔力，诗人在描绘人性美时都把女性和她的服色联系在一起，女性及其衣裙成为不可分离的整体。红色被称为女性色彩。红装代替女性的称谓至今，裙装作为女性符号，已具有世界性的通义。由裙装导致的万紫千红极大地丰富了女性的服色，这表明，作为女性的特定服装，它的功能和审美性都决定了女性的性别象征。可见，女性服装的配色似乎是时代文化的标志。

性别差异对服装色彩的审美表现有两个层次，即时髦表现的层次和性表现的层次。服装色彩表现为人的求新意识，通过色彩倾向强调美感和性感特征，这是人类精神的伸张与创造。

两性差异的最显著的区别还在于第一性征。研究表明，这种性征的差异使得男女在视觉感受上出现截然不同的影响。女性的视觉灵敏度比男性高，在正常情况下，比男性显示出更多的形态差异和色彩差异，从而在色彩感上诱发了比男性更多的兴趣和敏感，这就使得女性更热衷于服装的时髦和流行色。透过这种"热衷"现象，又能发现性心理对服装色彩的影响奥秘，即两性心理存在的差异。男性侧重于社会意识，女性侧重于生活意识。具有世界性并恒定为男性美的表现特征是阳刚性，女性美的特征是阴柔性，中国的传统文化称之为"阴柔之美"，西方美学称之为"优美"。因而俏丽便成为女装的审美特征。丽的色彩表现自然是姹紫嫣红，充满着生活的魅力。简而言之，用服色再现人性美，更重要的是以展露心理得到满足，这是人类自身本质力量的自由显现。因此，"性别意识"对服装色彩审美是一种人性自觉的探索行为，也正是这种行为提高了人类生命意识的深刻自觉与审美感受力，从而全面地发展人类的服装文化。

探讨这个问题也有助于对流行色预报的科学评价。运用性别差异的理性意识来评价或校正预报的客观性，使流行色这个时代潮流和社会倾向发展的产物合乎社会发展和人性科学的规律，给人们心理上带来新鲜感、愉悦感，成为当代人类生活需要的一个象征。

原载于《流行色》1996 年第 2 期

唐代"品色衣"制度与女性服色演变考察

引子

我国古代服饰制度的一大特色，就是有着严格的等级、身份和地位的标识。历代官制也都将制定舆服制度作为规范服饰礼仪的重要举措，进而使之成为封建社会朝廷统治秩序的重要组成部分。诸如，"改正朔，易服色"①，以此来确定服饰的仪规，这是历朝历代易帜开国的必要之举。由之，所谓的章服制度便被列为历代封建王朝舆服制度的重要内容，关涉到服色与服饰搭配的各式等级要求，以示区别穿着者的身份。在唐代，章服制度就细分为"品色""章纹""佩鱼"和"环带"四部分，而其中的"品色衣"尤具特色，值得深入考察。

"品色衣"制度乃封建时代官吏所穿常服，即品服，以服色别贵贱、分尊卑，体现的是封建社会等级森严的服饰形制。诸如，黄色多为古代帝王的专用色。以唐代为例，贞观四年（630）有规定："三品已上服紫，四品、五品已上服绯，六品、七品以绿，八品、九品以青。"[1]这样一来，着紫穿红者，便是身居高位者；而穿青色衣着者，官卑职微。唐代诗人白居易诗云"江州司马青衫湿"[2]，便有遭贬后官职卑微之意。而那些穿红着紫的达官贵人多半与朝廷关系密切，所谓"红得发紫"用来形容那些仕途顺达、官运亨通的人，即与"品服"有着密切的关系，因为紫色毕竟是位居皇帝之下的高官服色。考察来看，"品色衣"制度形成于南北朝时期的北周，至唐代制度逐渐完善。后又经过多次修订修改，最终在明朝被补服所取代，至清便逝于历史的长河之中。

---

① "改正朔，易服色"是我国古代一项重要的制度传统，也是非常典型的政治文化传统。其提出者大约是曹魏时期魏文帝曹丕。"改正朔"是在不改历法的情形下针对服色的改制，这是奠定由"禅让"所建的新王朝基础，而与通过战争等手段更替的新王朝有所不同，即改历法与改服色，两者可以不同步。此后，魏明帝"改正朔"表明恢复历法和服色程序。魏晋禅代后，晋沿袭采用曹魏的正朔与服色，奠定了"改正朔"的政治文化传统。自然，后世王朝提出的"改正朔，易服色"并非"禅让"，而只是限定在与名分有关的制度领域内的举措。

[1] 王溥. 唐会要 [M]. 上海：上海古籍出版社，1991:663.

[2] 白居易. 琵琶行 [M]// 马茂元，赵昌平，选注. 唐诗三百首新编. 北京：商务印书馆，2020:419.

一、唐代的"品色衣"制度

　　《礼记·玉藻》有云："衣正色，裳间色。"郑玄注："谓冕服玄上𬙂下。"[1]孔颖达疏："玄是天色，故为正；𬙂是地色，赤黄之杂，故为间色。"皇氏云："正谓青、赤、黄、白、黑，五方正色也，不正谓五方间色也。"[2]这与"五行"之说相应。战国邹衍提出"五德始终说"，将五行相生相克与朝代更替结合论说。之后，这一观点逐渐普适，如古史有说：周为火德，秦建政后，认为自己是水德，而尚"黑"，以克周"赤"；至汉代，自封土德，克水，尚"黄"等等，这些都是古时"正色之尊"的强化观念。至于说"品色衣"规制的出现，现有史料大多指向始于北周，如陈寅恪的考据说法，并确证为是有依据的说法。①又如，关于北周侍卫官的礼服，《周书·宣帝纪》曰："（大象二年三月丁亥）诏天台侍卫之官，皆著五色及红、紫、绿衣，以杂色为缘，名曰'品色衣'，有大事，与公服间服之。"[3]当然，考据来看，其制乃完善于隋唐。

　　如是说来，要认识"品色衣"制度，除必要的历史脉络梳理外，还要对我国古代封建社会色彩观念的形成有所了解。依文献稽考来看，在我国传统文化中对此早有一套解说之理。诸如，《论语》中孔子有言："君子不以绀緅饰，红紫不以为亵服。"[4]且有"恶紫之夺朱也，恶郑声之乱雅乐也，恶利口之覆邦家者"[5]。可见，孔子对服饰色彩提出了严格的要求。孔子认为，君子服饰不用深青带红或黑色带红来做镶边，是因红色和紫色非正色，所以这两种颜色不能用来制作居家穿着的服饰，而异端"紫"色更不能乱正统"朱"色。孔子是通过色彩来规约服制、明辨是非的。由此推断，先秦时期即有以服饰颜色来区别社会分工的规制。更何况，以色彩表达至尊观念，这在当时业已成熟。如《周礼·考工记》有曰："天谓之玄，地谓之黄。"[6]自古以来，色彩与"天、地、衣、裳"所涉对象关联紧密，有正色为尊与间色为贱之分。又如《诗经·邶风·绿衣》中卫国夫人庄姜借服色自悼失宠之词："绿兮衣兮，绿衣黄里。"[7]按照服饰制度，衣服要以作为正色的黄色为表，作为间色的绿色为里。而庄姜绿衣黄里不符合制度，主次关系颠倒，也就意味着贵贱易序。故而言之，唐代的"品色衣"制度受之影响，其构成对色彩规约定性的观念，不仅蕴含有仪礼文化的互通，而且也是儒学文化中"礼制"精神的体现。

---

　　① 北周礼仪制度与"品色衣"规制的出现有着密切的关联。这里，仅以陈寅恪关于隋唐制度渊源的"三源学说"为依据来作为说明判断。陈寅恪指出："隋唐之制度虽极广博纷复，然究析其因素不出三源：一曰（北）魏、（北）齐；二曰梁、陈；三曰（西）魏、周。"所谓"（西）魏、周之源"说的理由，陈寅恪认为，"凡西魏、北周之创均有异于山东及江左之制"（参见：陈寅恪《隋唐制度渊源略论稿》，上海古籍出版社，1982年版）。此说为现今史学界基本认同的说法，尤其是西魏北周号称遵循周礼，采取所谓西周礼制。据《通典》卷四十四《礼·沿革·吉礼·大祎》记载，北周大祎制度当是发展了西周以来的大祎制度。如此说来，北周之制，包括出现的"品色衣"规制，必然会对后世产生重要的影响。

[1] 戴圣. 礼记: 相台岳氏家熟本 [M]. 郑玄, 注. 204.

[2] 孔颖达. 礼记注疏: 阮刻本 [M]. 660.

[3] 令狐德棻. 周书: 武英殿本 [M]. 70.

[4] 转引: 陈成国. 四书五经校注本 [M]. 长沙: 岳麓书社, 2006:112.

[5] 论语 [M]. 刘兆伟, 译注. 北京: 人民教育出版社, 2015:429.

[6] 闻人军, 译注. 考工记译注 [M]. 上海: 上海古籍出版社, 2008:68.

[7] 清如许, 王洁, 译注. 诗经 [M]. 太原: 山西古籍出版社, 2003:27.

1. "品色衣"制度的形成与规约

唐袭隋制，在《隋书·礼仪志六》有记载："保定四年，百官始执笏，常服上焉。宇文护始命袍加下襕。宣帝即位，受朝于路门，初服通天冠，绛纱袍。群臣皆服汉魏衣冠。大象元年，制冕二十四旒，衣服以二十四章为准。二年下诏，天台近侍及宿卫之官，皆著五色衣，以锦、绮、缋、绣为缘，名曰品色衣。"[1] 可见，"品色衣"乃指常服，尤其是文献中提及"大象二年"，即北周静帝宇文阐在位第二年，这说明，史载隋唐时期"品色衣"制度此时期日趋成熟，乃沿袭传承了南北朝北周时期的服饰规制而来。之后，便有"自天子逮于胥吏，章服皆有等差"[2]，"每朝会，朱紫满庭，而少衣绿者，品服太滥……"[3]。可见，"品色衣"发展至唐代已渐趋完善，且等级尊卑的观念也日益突出，如唐制规定的"紫、绯、绿、青"官服色彩等级制度，就是遵循古制传袭而来，并包含有伦理观念、文化精神和佛教传统。

这里，以黄袍作为帝王常服的规制例证予以详释。《旧唐书·舆服志》记载："武德初，因隋旧制，天子宴服，亦名常服，唯以黄袍及衫，后渐用赤黄，遂禁士庶不得以赤黄为衣服杂饰。"[4] 这一记载，确为当时官服制度的一种呈现，即官服分色从唐开始逐步严格起来。例如，官吏尚有职高而品级低的，仍按照原品服色。哪怕是宰相之职，如不到三品的，其官衔中必带"赐紫金鱼袋"字样；州长官刺史，亦不拘品级，穿绯袍。又有，在明确帝王服正黄色外，亲王及三品以上官员服紫，四五品服红，妇人服色从丈夫等规制。由之可见，这种服色制度由来已久，承袭而来的种种观念均呈现出明显的效应。诸如"品色衣"制度所体现的传统伦理文化特性就显而易见。其基本范围依然是《礼运》所列范畴，而构成的官职与社会关系，经儒学改造和发挥，最终形成的仍然是"父为子纲"和"夫为妻纲"的传统伦理，进而可以高度概括为"君为臣纲"。故"品色衣"规制的背后，突出显现的就是我国古代社会组织万变不离其宗，血亲血缘纽带一直未受到根本的触动。这也正是我国古代封建社会伦理化的秘密之所在，致使服色也被赋予礼仪尊卑伦理文化之内涵。

首先，是佛教与黄色之间的关系。佛教文化与艺术对唐代服色产生重要影响。众所周知，佛教庙堂或僧人坐锦以及袈裟长袍的主要色相，往往以色相单一突出为优先选择。事实上，黄色在古印度佛教中是具有最高品质的象征，因为黄色也是地球的颜色，黄色代表稳定和根植的本性，它在佛教中被认为是谦卑和脱离物欲社会的象征，代表着"放弃"。黄色在佛教的地位与象征意义，和释迦摩尼的成佛故事有关。释迦摩尼成佛之前，出生于释迦家族。公元前 6 世纪，在目睹了世间的生老病死之后他开始重新审视自己浮

[1] 魏征，等. 随书: 武英殿本 [M]. 155.

[2] 刘昫. 旧唐书: 武英殿本 [M]. 1075.

[3] 洪迈. 容斋五笔 [M]// 郭超. 四库全书精华: 子部第 2 卷. 北京: 中国文史出版社, 1998:1974.

[4] 刘昫, 等. 旧唐书 [M]. 廉湘民, 等标点. 长春: 吉林人民出版社, 1995:1195.

华的一生。他宣布放弃皇族身份，成为一名托钵者。佛经中描述其所着的乞丐袍为各种残破衣服的碎片缝合而成（梵语称之为 Sanskrit pāmsūda 或 pāmsūla），日本研究者将其称为"粪扫衣"。这些碎片被清理后再行缝制，成为一个大到足以环绕和覆盖乞丐的长方形袍子，这就是佛教僧袍的最初形制。然后加以染色，染料是由收集到的植物茎、树皮、叶、花或果实，特别是菠萝蜜的树心和树叶提取的染料。这个染料的混合制作过程导致了一个混合色的黄土色效果，这种颜色被视为蕴含了放弃世俗文化的价值观，具有脱离物欲社会的意义。这也是佛传故事中提及的释迦摩尼选择黄色（或者说土色）作为佛袈裟色彩的来源。同样，佛教传入西藏地区，黄色依旧被尊为贵色。根据《拔协》记载，赞普敬俸僧人，哪怕在一个普通人身上看到一块黄色补丁，也要向之行礼，可见藏传佛教中同样推崇黄色袍。

再者，从佛教典籍及《唐大典》记载来看，唐朝廷信奉佛教，出于稳定朝纲之用心，不仅建立起一套完备的等级秩序，还竭力采用各种形象化的塑造手段，试图在人们心目中营造出皇家至高无上、天恩浩荡的形象。故"黄色"成为至尊之色，这"黄"既是土地的象征，又代表中央，其寓意乃皇帝主宰四方，这"黄色"也就成为最高贵的色相，唯有帝王可以服用。于是，天子将黄袍作为专用常服便始于唐代，以至唐高祖武德初年，开始禁止民间使用各种黄色。"黄色""黄袍"不仅在以后 1000 多年的古代封建王朝中占据独尊地位，且被蒙上了一层神秘的色彩面纱。这里，还可以补充一点，即伴随着丝绸之路的传播效应发挥，佛教艺术在唐代盛放开来，为唐代服饰色彩的选用增添了一抹靓丽的审美元素。元稹的《叙诗寄乐天书》曰："近世妇人，晕淡眉目，绾约头鬟，衣服修广之度及匹配色泽，尤剧怪艳。"[1]这反映出天竺人新颖的配色被引进的事实，"尤剧怪艳"①呈现出的正是唐女服饰装扮的基本色调，以此形成了唐代富丽堂皇的服饰风格。

有意思的是，武德四年（621）八月，朝廷诏敕三品以上官员"其色紫"，五品以上"其色朱"，六品以上"其色黄"，流外及庶人"其色通用黄"。[2]从这段记载来看，高祖此令应该仅是针对常服而颁布的衣着颜色，并不涉及冕服、朝服与公服，且服色主要是以三品至六品官员的服色为例，还有所谓"六品"能服黄色之说。分析来看，这很有可能是唐朝建立之初对于服色规制并未严格起来的缘故。有鉴于此，武德令于服色之

---

① "尤剧怪艳"因唐有艳诗百余首而得名。所谓艳诗，即谓艳情诗，均以男女两性为题材而吟。白居易《和答诗十首序》云："凡二十章，率有兴比，淫文艳韵，无一字焉。"可谓是艳韵与淫文并举。联系诗作所云"艳情"景象，恰如元稹《叙诗寄乐天书》所日"近世妇人，晕淡眉目，绾约头鬟，衣服修广之度及匹配色泽，尤剧怪艳"。《新唐书·五行志》又日："元和末，妇人为圆鬟椎髻，不设鬟饰，不施朱粉，惟以乌膏注唇，状似悲啼者。圆鬟者，上不自树也；悲啼者，忧恤象也。"

[1] 元稹. 叙诗寄乐天书 [M]// 徐中玉. 中国古典文学精品普及读书. 历代名家书简. 广州：广东人民出版社，2019:150.

[2] 刘昫，等. 旧唐书 [M]. 长春：吉林人民出版社，1195.

规约显然存在着很大的问题。或许正是认识到这一点，10年之后，即贞观四年（631）八月，太宗鉴于唐代冕服制度推行完备的条件，又颁布衣服令，继承其制并逐渐调整完善，提出"寻常服饰，未为差等，今已详定，具如别式，宜即颁下，咸使闻知"[1]，于是"三品已上服紫，四品、五品已上服绯，六品、七品以绿，八品、九品以青。妇人从夫之色，仍通服黄"[2]。次年八月，太宗又决定进一步完善唐代"品色衣"制度，明确提出："敕七品以上，服龟甲双巨十花绫，其色绿；九品以上，服丝布及杂小绫，其色青。"[3]

又过了30年，即龙朔二年（662年）九月，司礼少常伯孙茂道奏称："准旧令，六品、七品著绿，八品、九品著青。深青乱紫，非卑品所服。望请改六品、七品著绿，八品、九品著碧，朝参之处，听兼服黄。"[4]高宗准奏。12年之后的上元元年（674）八月，高宗又敕"文武三品已上服紫，金玉带，十三銙。四品服深绯，金带，十一銙。五品服浅绯，金带，十銙。六品服深绿，七品服浅绿，并银带，九銙。八品服深青，九品服浅青，并鍮石带，八銙。庶人服黄铜铁带，七銙"[5]。这一规定的内容极其详细，明确了不同品级官吏所穿公服都是有明显的等级界限的，具有严格的等级规范。形成这一规约的原因，既有传统宗法制度所具有的宗法观念，又有封建君主专制制度本身等级森严的政治制度。此后，在不到半年时间内，不仅使九品之内官品服色各异，而且还通过服装材质上的花纹、图案、佩戴材料、形状、装饰等，清晰地标示出着装人的身份和等级。从此，正式形成由赤黄、紫、朱、绿、青、黑、白七色构成的"品色衣"制度的颜色序列，成为我国古代社会等级框架的重要标志。这也成为后世，主要是宋、明两朝的承袭，成为我国封建王朝"品色衣"制度依据的典范。

综上所述，自隋入唐以来，"品色衣"制度主要是从武德初年开始，在历经了63年的磨合之后，到文明元年（684）基本定型，这是唐代衣冠服饰承上启下、博采众长历史的重要节点。由于"品色衣"规制的普遍推行，当时官服色质及款式开始讲究起来。而朝廷对官服制度的每一次变更，又都会对社会生活产生广泛的影响，尤其是女性服色，加之"品色衣"与胡服流行相应，中唐之后女服色彩变得更加艳丽夺目，如"罗衫叶叶绣重重，金凤银鹅各一丛"[6]，"眉黛夺将萱草色，红裙妒杀石榴花"[7]。唐代的女裙颜色绚丽，红、紫、黄、绿争奇斗艳，尤以红裙为妍。如武则天的《如意娘》诗云："不信比来长下泪，开箱验取石榴裙。"[8]考察来看，石榴裙以茜草为染料，故又被称为"茜裙"。李群玉的《黄陵庙》云："黄陵庙前莎草春，黄陵女儿茜裙新。"[9]李中的《溪边吟》曰："茜裙二八采莲去，笑冲微雨上兰舟。"[10]自然，除红裙以外，唐女也穿白裙，名"柳花裙"；又有穿碧绿色裙的，名"翠裙"或"翡翠裙"等。

[1] 宋敏求. 唐大诏令集 [M]// 吴云, 冀宇, 校注. 天津: 天津古籍出版社, 2004:276.

[2] 王溥. 唐会要 [M]. 上海: 上海古籍出版社, 1991:663.

[3] 王溥. 唐会要 [M]. 上海: 上海古籍出版社, 1991:665.

[4] 王溥. 唐会要 [M]. 上海: 上海古籍出版社, 1991:664.

[5] 王溥. 唐会要 [M]. 上海: 上海古籍出版社, 1991:664.

[6] 王建. 宫词: 一百首之十七 [M]// 罗仲鼎, 俞浣萍, 校注. 千首唐人绝句校注. 杭州: 浙江古籍出版社, 2017:305.

[7] 万楚. 五日观妓 [M]// 傅德岷, 等. 唐诗鉴赏辞典: 第2版. 上海: 上海科学技术文献出版社, 2019:140.

[8] 武则天. 如意娘 [M]// 王宗康. 经典古诗五百首. 西安: 陕西人民出版社, 2019:11.

[9] 李群玉. 黄陵庙 [M]// 乔继堂. 国人必读 唐诗手册. 上海: 上海科学技术文献出版社, 2012:357.

[10] 李中. 溪边吟 [M]// 黄钧, 龙华, 张铁燕, 等校. 长沙: 岳麓书社, 1998:753.

自然，在探讨唐代品色衣制度形成过程中，除对礼仪伦理与佛教文化等因素进行考察外，与服饰配套密切的唐织锦以及服饰染料等相关行业的现实问题，也都有直接或间接的影响作用。举例来说，唐代纹锦花色较之前朝更加注重色彩的强烈对比，诸如，日本奈良法隆寺藏唐代四天王联珠狩猎纹锦（图1）就是代表性一例。此外，新疆吐鲁番阿斯塔那墓地出土的唐代云头鞋（图2）也具有代表性。此云头鞋鞋尖夹缀有一条花鸟纹锦（长37厘米，宽24.4厘米），纹饰为斜纹纬锦，由大红、粉红、白、墨绿、葱绿、黄、宝蓝、墨紫等八色丝线织成。通过这两则纹锦花色比对来看，完全符合唐纹锦的配色规律。若从服饰搭配原则作进一步分析，这样的纹锦和鞋饰花色一定有着对服色的影响，尤其是这纹锦和鞋饰传递出的异域色彩样貌更值得关注。毕竟经过魏晋数百年的交融，南北服饰渐趋合璧，在步入隋唐盛世之后，"兼容并蓄"的社会气象更谱写出我国古代服饰史上的瑰丽篇章。其冠服之丰美华丽，妆饰之奇异纷繁，可谓令人目不暇接。诸如，有唐一世的女子服饰花样繁多，有襦裙服、胡服和男装。

图1
四天王狩猎纹锦，日本京都法隆寺藏

再有一点不应被忽略，就是品色衣制度的色彩构成，不可能仅仅是历史的、文化的、宗教的或是艺术的，而应该有其工艺技术成分来作支撑。也就是说，应当对与服饰密切相关的行业做进一步的考察，以获得有力的佐证，这便是唐代服色染料所起到的技术呈色的作用。从《新修本草》和《本草拾遗》等典籍记载中，我们会发现许多染料并非中原所产，大多是通过与印度的交流而引入的。古印度气候湿热，花草繁多，有着制作天然染料得天独厚的条件。伴随着佛教东传路径的开拓，唐人在承载佛陀图像的唐卡和彩塑上看到印度艳丽的天然植物染料，进而，唐代丝绸上也开始运用植物染料。异邦天然染料的传入，不仅为唐代服色增添了异域色彩，而且也为品色衣的色泽选定提供了可能。

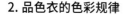

图2
唐变体宝相花纹云头锦鞋（1968年新疆吐鲁番阿斯塔那墓地381号墓出土）

2. 品色衣的色彩规律

唐代品色衣制度是在经历多次修改更定之后不断完善形成的。归纳来说，其经历了五次大的修订，即从武德初年沿袭隋旧制服色，只设三等始；直至贞观四年，高宗对九品服色给出详尽规约，如"紫、深绯、浅绯、深绿、浅绿、深青、浅青、黄铜"。这样的服色规范明示做出的等级之规，具体颜色序列如表1所示：

表1 唐代品色衣规制五次修改完善序列一览表

年号	等 级								
	一品	二品	三品	四品	五品	六品	七品	八品	九品
武德初年	紫	紫	紫	朱	朱	黄			
贞观四年	紫	紫	紫		绯	绿	绿	青	青
龙朔二年	紫	紫	紫	绯	绯	绿	绿	碧	碧
上元元年	紫	紫	紫	深绯	浅绯	深绿	浅绿	深青	浅青
文明元年	紫	紫	紫	深绯	浅绯	深绿	浅绿	碧	碧

注释：其一，"武德初年"这一栏，依据《旧唐书·舆服志》记载：〔武德〕四年八月敕："三品已上，大科绸绫及罗，其色紫，饰用玉。五品已上，小科绸绫及罗，其色朱，饰用金。六品已上，服丝布，杂小绫，交梭，双纲，其色黄。"六品以上并不包括七、八、九品，故此三品未提及。其二，"贞观四年"这一栏，据《旧唐书》卷四十五记载："贞观四年又制，三品已上服紫，五品以下服绯。"故四品色未提及。又第九列，按《旧唐书》卷四十五记载：文明元年七月甲寅诏："旗帜皆从金色，饰之以紫，画以杂文。八品已下旧服者，并改以碧。"仍以"碧"列入。

　　从表1分析来看，唐代品色衣制度中，于品级高低和色彩变化之间遵循着一个基本规律，即尚服紫色。这是因为唐代冠服制度在武德令推行之后，虽有不断修改完善，但乃上承周制。如此一来，周服尚紫的风气便继承下来，不仅服色，就连服饰搭配、服装质料等方面都依循其制。古时对云霞映成的紫红色气象，称之为"紫虚"或"紫冥"。唐朝人尚紫尊紫，唐代宋之问的《奉和幸韦嗣立山庄侍宴应制》诗曰："云罕明丹壑，霜笳彻紫虚。"[1]李白的《与诸公送陈郎将归衡阳》诗曰："衡山苍苍入紫冥，下看南极老人星。"[2]从诗词中可看出，紫色作为"贵色"在唐代受到颂扬。

　　然而，在我国传统礼教观念中，紫色一向被视为一种"贱色"。作为间色的紫色，与青、赤、黄、白、黑五种正色相比，代表着卑下和邪恶之相。如《论语》中孔子有"恶紫之夺朱"[3]之言，汉刘熙的《释名》有曰："紫，疵也，非正色，五色之疵瑕以惑人者也。"[4]的确，紫色在我国古代服饰色彩中是最为敏感的色相。唐制规定，大臣们的常服中，亲王至三品官人用紫色大科（大团花）绫罗制作，由此可以看出唐代用色不再是固化的定式。以此分析，唐代衣着紫色也是随着时代风潮发生转变而改变的。如《旧唐书·舆服志》中

[1] 宋之问．奉和幸韦嗣立山庄侍宴应制[M]//夏于金．唐诗·宋词·元曲．延吉：延边人民出版社，2000:60.

[2] 李白．与诸公送陈郎将归衡阳[M]//管士光，注．李白诗集新注．上海：上海三联书店，2014:380.

[3] 孔丘．论语[M]．陈渔，夏雨虹，主编．长春：吉林人民出版社，2005:218.

[4] 转引：任学礼．汉字生命符号：第2集[M]．桂林：广西师范大学出版社，2016:752.

有记载，隋初佩绶颜色地位高低依次为朱、青、紫、墨、黄。贞观年又制，三品以上服紫，后因怕"深青乱紫"（古时用蓝靛多次浸染所得深青泛红之说），故才在上元元年八月下令，文武三品以上服紫……至此，紫色最终超越红色，成为一色（黄色）之下、万色之上的名副其实的贵色。《旧唐书·舆服志》又记："开元已来，文官士伍多以紫皂官絁为头巾、平头巾子，相效为雅制。"[1] 至此，唐代将紫色尊为贵色已有一定的历史渊源。

有意思的是，《山海经》中有记载，说有一种神，人首蛇身，常穿紫服。而古代文献中关于紫服被引证最多的，当属《资治通鉴》中的记载。相传，身为道教祖师之一的周朝人尹喜在函谷关任关令，有一天登高望远，见天空之上一团雾气自东向西缓缓而来，以为是紫气，示有运将到。此后，老子也来到函谷关，他知道姓氏尹喜命中注定要得道。于是，就在函谷关停留下来，并口述五千言，令尹喜将其记录成书，名曰《道德经》。尹喜按照老子教诫修行，果然成仙。尹喜所说的紫气，自然就是老子带来的圣人之气。古语"紫气东来"，就代表吉祥、祥瑞和福佑。紫用于服色时代表尊贵之意，与此相关。

自然，紫色成为品色衣制度中三品以上官员的服色，时在很大程度上是受到道教观念的影响。本文所论及"尚紫与道教炼金术之间的重要关联"有两条依据：

首先，唐代奉道教为国教，唐太宗就曾颁《道士女冠在僧尼之上》诏令，称"朕之本系，起自柱下（即老子）"[2]，而乾封元年，唐高宗尊封老子为"太上玄元皇帝"，可见唐代对道教之推崇。而道教以紫色为至尊，将神仙居住之地称为紫府、紫台、紫海，玉液则称为"紫河车"，这反映出紫色本身的文化象征性。紫色一跃成为贵色，这多少在品色衣制度初期阶段会产生影响，进而被制定为上等服色，并在多次改动中从未发生变化。

其次，本文引述近年来国外化学考古领域的一个重要成果，即中国"汉蓝"与"汉紫"研究项目的结论来做解释。例如，美国弗利尔研究所伊丽莎白·菲兹胡（Fitz Hugh）女士从战国至汉代陶器、青铜器彩绘颜料及蓝紫色八棱柱中分析出蓝色和紫色硅酸铜钡，并将它们命名为"汉蓝"与"汉紫"。20世纪90年代，我国秦俑博物馆与德国巴伐利亚州文物保护局合作，在秦俑颜料中分析出了一种目前还未在自然界发现的紫色颜料——硅酸铜钡。直到19世纪，世界上大多数颜料都是以自然存在的有色矿物和染料为基础的，有三个显著的例外：埃及蓝、玛雅蓝和中国蓝、紫色。前两种是碱土金属铜硅酸盐，鉴于中国蓝、紫色也为硅酸铜钡，有人提出中国颜料来源于埃及蓝。受斯坦福跨学科研究所资助的刘志（音译）博士团队对秦始皇兵马俑所着紫色色素进行了分析，发现尽管其与埃及蓝的结构相似，但中国紫色的微观结构形态却非常不同。通过化学分

[1] 刘昫，等．旧唐书 [M]．廉湘民，等标点．长春：吉林人民出版社，1995:1196.

[2] 转自：吴在庆，丁放．唐五代文编年史 [M]．合肥：黄山书社，2018:66.

析，他们认为"汉紫"的合成技术是高折射率玻璃的副产品（即人造玉石）。紫色不仅在秦皇帝兵马俑的外衣上用作颜料，还广泛用于珠子和耳环，以及汉代墓葬壁画。"汉蓝"与"汉紫"的出土量与中国古代道教兴盛与衰落历史的契合度极高，进一步佐证了"汉蓝"与"汉紫"极有可能是由当时道士在实施炼金术过程中合成的。[1]

综上所述，紫色颜料的提炼以及推崇都与道教关联密切。南北朝时期是道教盛行的时期，同时也是紫色的上升时期。隋唐时期由于统治者笃信道教，并且利用和扶持道教，使得这一时期道教推崇的紫色上升到三品以上官员的服色。此外，从印染工艺角度来看，紫色是由红色与蓝色合成的颜色，但它既不像红色那么鲜亮，也不像蓝色那么冰冷，且浸染成本颇高。这也是紫色作为尊贵之色的重要原因。

进言之，品色衣制度中的紫与绿这两种所谓的间色，代替正色登上大雅之堂，这一转变亦是对正色至尊观念的冲破。其中一个重要因素在于，经历了南北朝这一段所谓"五胡乱华"的特殊时期，受到外域民族的审美与宗教因素的影响，中原汉族传统对色彩的定义与分级也经历了重建。唐王朝自上而下对传统的束缚有着一定冲击力。当然，这种冲击其实也是文化自然而然的发展。自魏晋以来，社会上就兴起了一股反传统的风气。经过南北朝的强化，到隋唐已成为习惯成自然的状况。唐代能冲破樊笼，形成新制，也是不足为奇的。唐人喜穿胡服，女着男装，皆为例证。品色衣制度的完善说明传统的正色至尊观念的衰落。加上浅绯、浅青的应用，说明唐代已具备审美意义上的色彩选择力，并已形成了自己新的色彩观。

那么，再说绯色，记载有"'绯'帛赤色也"①，"佩服上色紫与绯"[2]。这一色彩相貌，即深红色，一直为古人所偏爱，如有称"绯桃"（红色桃花）、"绯衣"（古代朝官的红色品服）、"绯衫"和"绯袍"等。笼统地说，红色与黄色是古代色彩中的"至尊"色。红色是热情奔放美好的，在品色衣中等级仅次于紫色，成为四品和五品官员服色。而暖色又尊于冷色，如绿、青、碧三种颜色品级较低。不只是在官服和礼服中，常服中青色也是较为低下的颜色，地位低下的婢女便有"青衣"之称。青衣为下层人士所服，受下层人士喜爱，一个重要的原因即染青之蓝草易得。蓝草是一种南北皆宜种又易取的植物染料，自周代设染人以后，便有专人采蓝染色，如《毛诗·小雅·采绿》中有"终朝采绿，不盈一匊。予发曲局，薄言归沐。终朝采蓝，不盈一襜。五日为期，六日不詹"[3]。楚

[1]LIU Z, MEHTA A, TAMURA N, et al. Influence of Taoism on the invention of the purple pigment used on the Qin terracotta warriors [J] Journal of Archaeological Science, 2007, 34(11):1878—1883.

[2] 韩愈. 送区弘南归 [M]// 韩愈. 中国古代名家诗文集: 韩愈集. 哈尔滨:黑龙江人民出版社, 2005:48.

[3] 高亨, 注. 诗经今注 [M]. 上海:上海古籍出版社, 2018:386—387.

---

① "'绯'帛赤色也"，此话源自"说文新附"，这是《说文解字》新附加上去的字词解说，是宋代徐铉发现许慎《说文解字》中没有收录的字词后所做的补充。这些补充的字词，即为"新附字"。

国设有工官"蓝尹",专门主持靛蓝生产。发展至汉代,蓝草更是成为专门性的经济作物,由农户种植以提供染色。赵岐的《蓝赋》序:"余就医偃师,道经陈留。此境人皆以种蓝、染绀为业。蓝田弥望,黍稷不值。……"[1] 也正是因为染色原料的普及,青色逐渐平民化。另外,"五色"观念在古代社会有着根深蒂固的认识,诸如,"五色"中朝廷只允许民众服黑、白、青三色,而黑、白色又常用于祭祀、丧礼。于是,青色自然而然便成为人们的唯一选择,谈不上喜爱而成为流行。青衣作为下层人士能够穿的正色服装,久而久之又成为平民及婢女的代称。

这里需要强调,品色衣的同类色中,深色尊于浅色。上元元年之后,为了将官员品级区分得更加细致,采用了深色尊于浅色的方法,如深绯高于浅绯、深绿高于浅绿等,反映出同等色相中深色尊于浅色的现象,如表1所示。

总之,品色衣制度是我国古代封建社会服色制度中最具代表性的制度,而唐代为品色衣制度最鼎盛时期,这与唐代特有的政治、经济、文化背景相关。唐代的多民族文化交融,对服色产生了巨大的影响。有学者研判认为:"开元、天宝之际,天下升平,而玄宗以声色犬马为羁縻诸王之策,重以藩将大盛,异族入居长安者多,于是,长安胡化盛极一时。此种胡化大率为西域风之好尚:服饰、饮食、宫室、乐舞、绘画,竞事纷泊;其极社会各方面,隐约皆有所化,好之者盖不仅帝王及一二贵戚达官已也。"[2] 另外,唐代绘画作品和墓室壁画中都有外来使臣拜见的场景,如阎立本的绘画作品《步辇图》(图3)、章怀太子墓壁画(图4),可以看出,多民族文化交流、文化渗透对服装色彩款式多有影响,从中原宽袖大衫到小袖长裤长靴,从中原传统正色到多种间色使用,这都与民族交流关系较大。此即强调唐代社会生活突出特点为胡化现象,且此胡化现象涵盖百姓生活的方方面面。这种民族服饰文化融合,致使唐代服色产生了浓艳、绚丽、张扬的色彩,成为服饰史上的典范。"品色衣"制度规范了官吏服装的同时,也对女性服色有较大的影响。"妇从夫色"的规定是男权社会的体现,女子服装颜色应该与其夫品级相匹配。女性服色虽不如品服规定严格,但也受其影响,加上唐代特有的多民族交融文化背景,服装色彩吸收了异域风情,更加绚烂。

图3
(唐)阎立本《步辇图》

图4
唐章怀太子墓壁画

[1] 赵岐. 蓝赋(并序) [M]// 费振刚,仇仲谦,刘南平,校注. 全汉赋校注(上、下册). 广州: 广东教育出版社, 2005:889.

[2] 向达. 唐代长安与西域文明 [M]. 上海: 学林出版社, 2017:56.

二、唐代女性服装色彩

就服色比较而论，唐代服色乃我国中古时期最为大胆、最为绚丽、最为浓艳亦是最为张扬的典范。唐代服色明确规定，文武官员从一品到九品，均需按官阶穿着相应的色系服饰，对于女性又有追加规制，即依照其夫或子的品级选择合适服色，这是唐代服色制度对女性身份、地位进行的等级衡量。但其间在特定场合，尤其是女性生活的圈子里，服色却有了大胆突破。

《新唐书·五行志》记载："高宗尝内宴，太平公主紫衫、玉带、皂罗折上巾，具纷砺七事，歌舞于帝前。帝与武后笑曰：'女子不可为武官，何为此装束？'"[1] 很显然，太平公主的女扮男装有悖于《礼记·内则》明文规定"男女不通衣裳"[2] 的教条，但高宗对公主的态度不仅宽容且有几分欣赏，这说明唐代的服饰规约已经有了突破性的变革。不仅如此，唐代女装在"袒露"禁忌方面也有突破。例如，在永泰公主墓东墙壁画上绘有一位典型的唐代女性形象，她梳高髻、露胸、肩披红帛，上着黄色窄袖短衫，下着绿色曳地长裙，腰垂红色腰带。这华美、性感而风情的形象在文人骚客笔下多有赞叹。唐诗人李群玉乘机诗云："胸前瑞雪灯斜照，眼底桃花酒半醺。"[3] 方干的《赠美人》四首之一中的诗句更是直面描写："直缘多艺用心劳，心路玲珑格调高。舞袖低徊真蛱蝶，朱唇深浅假樱桃。粉胸半掩疑晴雪，醉眼斜回小样刀。才会雨云须别去，语惭不及琵琶槽。"[4]

其实，从出土唐俑以及壁画资料来看，初唐时期妇女服饰较为守旧保守不袒露，只是盛唐开始盛行花样服色加上开放袒领。早先只是在后宫嫔妃、歌舞伎者间流行，后来豪门贵妇也予以垂青，唐墓门石刻画及大量陶制女俑均有所见，说明袒领流行已经遍及黎庶。故周昉《簪花仕女图》中的女服花样，就绝不是一种大胆的艺术想象，足以表明当年唐女衣着的开放程度。如此仅从唐代不同时期女性服色方面作比较考察，就证明其女性服色经历了一个由继承到突破，以至融合域外各等服色的发展过程，这是唐代女性服色走向多元化的真实显现。故透过唐代女性服色的变化，可以了解唐代社会审美风尚与社会心理的不断转变。

1. 唐代女性礼服服色

唐"武德令"规定："妇人宴服，准令各依夫色，上得兼下，下不得僭上。"[5] 然而，相对于男性服色而言，对女性服色的管制较为宽松。《旧唐书》卷四五《舆服志》曰："既不在公庭，而风俗奢靡，不依格令，绮罗锦绣，随所好尚。上自宫掖，下至匹庶，递相仿效，

[1] 刘羲叟. 新唐书五行志一 [M]// 马甫平. 宋代天文学家刘羲叟. 北京: 新华出版社, 2017:399.

[2] 戴圣. 礼记 [M]. 陈澔, 注; 金晓东, 校点. 上海: 上海古籍出版社, 2016:315.

[3] 李群玉. 同郑相并歌姬小饮戏赠 [M]// 陈伯海. 唐诗汇评: 增订本. 上海: 上海古籍出版社, 2015:3895.

[4] 方干. 赠美人 (四首之一) [M]// 安祖朝. 天台山唐诗总集. 杭州: 浙江古籍出版社, 2018:599—600.

[5] 刘昫, 等. 旧唐书 [M]. 廉湘民, 等标点. 长春: 吉林人民出版社, 1995:1198.

贵贱无别。"[1]对照文献记载来分析，构成唐女服色的花样之姿应是在中晚唐并传至五代。

比如袆衣，这是《周礼》所记命妇六服之一，为后妃祭服，属朝服"三翟"中最隆重的一种。《周礼·天官·内司服》曰："掌王后之六服：袆衣、揄狄、阙狄、鞠衣、展衣、缘衣、素沙。"[2]因《周礼》的典范作用，袆衣便成为后世之皇后的最高形制的礼服，即祭服，也是朝服和册封、婚礼时穿着的吉服。《旧唐书·舆服志》记载："袆衣，首饰花十二树，并两博鬓，其衣以深青织成为之，文为翚翟之形。素质，五色，十二等。素纱中单，黼领，罗縠褾、襈，褾、襈皆用朱色也。蔽膝，随裳色，以缬为领，用翟为章，三等。大带，随衣色，朱里，纰其外，上以朱锦，下以绿锦，纽约用青组。以青衣，革带，青袜，舄，舄加金饰。白玉双佩，玄组双大绶。章彩尺寸与乘舆同。受册、助祭、朝会诸大事则服之。"[3]后世袆衣沿袭唐制。然而，没有传世的唐代皇后画像可供参考，如今只能从宋、明的皇后画像中探寻其原型。

而与袆衣及揄翟、揄衣、钿钗礼衣、花钗礼衣、大袖连裳相配套穿着的素纱中单，则是唐代女服中的一个特例，这是以轻薄的纱罗裁制而成的单衣或夹衣，其花色多样，色泽并无特别限制。长度一般都在2米以上，穿着时将其披搭在肩上，并盘绕于两臂之间，行走起来，随着手臂的摆动而不时飘舞。这种仅以轻纱蔽体的装束，可谓是唐女服的一大创举。以下列表呈现，给出一个整体印象：

表2　唐代女性礼服服色一览表

名称	用途	服色	纹样	其他
袆衣	皇后受册、助祭、朝会等大事时穿着	深青	素质五色的翚翟之形	素纱中单，黼领，罗縠褾、襈，褾、襈皆用朱色，蔽膝随裳色
揄翟	皇太子妃在受册、助祭、朝会时穿着	青色	青质、五色、摇翟、九等之形	素纱中单，黼领，罗縠褾、襈，褾、襈皆用朱色，蔽膝随裳色。缬（黑中带红的颜色）为领缘，以摇翟为章，二等也
鞠衣	皇后亲蚕及皇太子妃从蚕时穿着	黄色	无雉纹	蔽膝、大带及衣革带、舄随衣色，其余与袆衣同
花钗礼衣	内命妇受册、从蚕、朝会，外命妇嫁及受册、从蚕、大朝会	青色	绣为雉	第一品花钿（翟九等），第二品花钿（翟八等），第三品花钿（翟七等），第四品花钿（翟六等）……
钿钗礼衣	皇后及太子妃宴见宾客，内命妇寻常参见，外命妇朝参、辞见及礼会时穿着	通用杂色	无雉纹	同上

[1]刘昫，等. 旧唐书[M]. 廉湘民，等标点. 长春：吉林人民出版社，1995:1198.

[2]姬旦. 周礼[M]. 钱玄，注译. 长沙：岳麓书社，2001:72.

[3]刘昫，等. 旧唐书[M]. 廉湘民，等标点. 长春：吉林人民出版社，1995:1197.

（续表）

大袖连裳	六品以下妻、九品以上嫁女、庶人之女出嫁穿着	青色		素纱中单，配饰同裳色；庶人之女出嫁以金银琉璃涂饰之

注释：此表根据《旧唐书·舆服志》以及《新唐书》卷二十五第十四而编制。"大袖连裳"栏，此条来源于《新唐书》，曰："庶人女嫁有花钗，以金银琉璃涂饰之。连裳，青质，青衣，革带，韈、履同裳色。"案"大袖连裳者，六品以下妻，九品以上女嫁服也。青质，素纱中单，蔽膝、大带、革带、韈、履同裳色，花钗，覆笄，两博鬓，以金银杂宝饰之"。

　　表2所列是唐代女性礼服的基本形制，相比于男子官服要简单得多。其服色也与男礼服的"玄衣纁裳"①大为不同，主要用青色，而深青较青色又更为隆重。从"青，取之于蓝，而青于蓝"的古语中可以看出，青色染料是从菘蓝和蓼蓝植物中提炼出来的，但其颜色却比原植物更深。青色则是蓝与绿之间的过渡色。《旧唐书·高宗纪》上元元年八月戊戌条略云："敕文武官三品以上服紫，四品深绯，五品浅绯，六品深绿，七品浅绿，八品深青，九品浅青。"[1] 显然，"八品深青"色偏于青黑色，较青色更高一品。明末宋应星在《天工开物》"彰施第三"中对草木染色工艺法有非常详尽的记载，可作为染青色的参考，如是曰："染包头青色：此黑不出蓝靛，用栗壳或莲子壳煎煮一日，漉起，然后入铁砂、皂矾锅内，再煮一宵即成深黑色。染毛青布色法：布青初尚芜湖千百年矣。以其浆碾成青光，边方外国皆贵重之。人情久则生厌。毛青乃出近代，其法取松江美布染成深青，不复浆碾，吹干，用胶水参豆浆水一过。先蓄好靛，名曰标缸。入内薄染即起，红焰之色隐然。此布一时重用。"[2]

　　话说回来，古语"青，取之于蓝，而青于蓝"的说法，语出《荀子·劝学》。这里的青，实际上指的是一种介于蓝和紫之间的颜色，有如"群青""青莲"二色。非专业说法通常会将其归为紫色，可实际上它是单独一个色系，即"青色"系。在我国南方方言语系解释中，乃有明确的"青色"概念。如在纪昀在其《乌鲁木齐杂诗》中就有注曰："二三月间，田苗已长，商家以钱给众户，俟熟收粮，谓之买青。"[3] 这里的"青"特指没有成熟的庄稼。此外，青色在古代社会具有重要的象征意义——庄重古朴、坚强、希望，因此传统服饰与器物常用青色代表一种寓意。

───────────

① 所谓"玄衣纁裳"，是指古代帝王在重大祭祀礼仪时穿着的礼服。这类服饰始于周代，周天子穿"玄"，指黑色；"纁"则兼有赤黄之色。故"玄衣"指黑色面料的上衣，"纁裳"即赤黄色的下裳。上衣六种纹样是手绘而成，下裳六种纹饰是刺绣而成。

[1] 刘昫，等．旧唐书 [M]．廉湘民，等标点．长春：吉林人民出版社，1995:61.

[2] 宋应星．天工开物 [M]．长沙：岳麓书社，2002:96—97.

[3] 纪昀．乌鲁木齐杂诗 [M]//雷梦水，等．中华竹枝词．北京：北京古籍出版社，1997:3721.

隋唐礼服中有一特别之处，在于男女穿"套衫"式或领口宽大式的"背子"对襟服。背子样式的对襟服穿着方便，深得女性喜爱，在各个阶层流行。但是平常女子所穿"背子"与后宫嫔妃、豪门贵妇的差别甚远，在服饰面料、做工、装饰上逊色很多，且服色一般为白色，在领子、袖口和下摆处只有深色的厚质面料做款式。唐女礼服还有一种与之相似的服饰，但要比之时尚，即穿在衣衫外面作为装点配饰，在唐女舞俑身上常能见到这种装束，叫作"缦衫"。背子与缦衫在唐代的盛行与当时乐舞的繁盛有密切关系，一是便于换装，二是有装饰作用。

唐代注重歌舞声容与服饰效果的综合展现，这也是唐代女性服饰繁荣的重要原因之一。唐代舞蹈种类之多，可见《唐六典》和《文献通考》等文献记载，不同舞蹈定制不同舞服。如《九功舞》戴"进德冠"（形制介于"进贤冠"与"通天冠"之间的一种非常华贵的冠式），还有"紫裤襦"。又如《上元舞》中衣画云五色衣，《大定舞》中披五彩纹甲、持槊……《霓裳舞》中虹裳霞帔步摇冠，钿璎累累珮珊珊……唐代舞服细节设计很是讲究，色彩绚丽多姿。如唐宫廷乐舞《圣寿乐》中的服饰，衣襟上都刺绣有大团花，在绣衣上再外罩一件与绣衣颜色基本相仿的短缦衫，构成舞蹈表演的风姿卓韵。缦衫，是唐代特有的舞蹈服饰，短小，穿脱极为方便。唐人崔令钦的《教坊记》记载："《圣寿乐》，舞女襟皆各绣一大窠，皆随其衣本色。制纯缦衫，下才及带，若汗衫者以笼之，所以藏绣窠也。舞人初出，乐次，皆是缦衣。舞至第二叠，相聚场中，即于众中从领上抽去笼衫，各内怀中。观众忽见众女咸文绣炳焕，莫不惊异。"[1]唐代舞女正是利用缦衫短小、易于穿脱的特点，在外衣的衣襟处缝制一个口袋，用于装入缦衫。舞者出现时，观众看见她们穿的只是一种单色的舞服，而当舞到第二叠时，舞者相聚到场中，当即从领上抽去笼衫，放入衣襟口袋。舞女们迅速脱去缦衫，顿时又身着彩绣裙装，光彩照人，使观众忽见众女文绣炳焕，莫不惊异。这种舞服与舞蹈进程相配设计，时空交错，使观众共享色彩变幻的新奇感受。

2. 唐代女性常服服色

依史料文献来看，将常服纳入服色制度应该是隋炀帝的一大创举。从大业六年（610）开始，隋炀帝便下诏官员服色规制。与此同时，又将服色制度扩大至常服领域，这在《隋书》卷一二《礼仪志》中有所记载。

[1]崔令钦,等.教坊记（外七种）[M].曹中孚,等标点.上海:上海古籍出版社,2012:9.

入唐以后，在隋制基础上又有调整，视散官品级为基准①，分别定出相应的服色，这构成了唐常服制度的一个显著特点。诸如"散官未及三品，犹以赐紫系衔"，"非赐不得衣紫"等。[1] 对常服提出的要求，僭越违制自然不可。但这是一个难以控制又难以彻底解决的问题，例如，在贞观四年（630）、上元元年（760）、大中六年（852）颁布有诏令，但服色违制现象一直未能断绝。基于这样的现实，唐代对于女子常服的规约也同样难以严格执行，朝廷虽多次下令禁止不合规定者，可往往收效甚微。所以，唐代女子常服的变化倒是最能反映当时社会变迁的基本状况，也成为当今研究唐代服色制度的另样素材。尤其是就服饰穿着规律而言，往往女性比男性更容易从服色中显露出自己的心理倾向。故而，通过对唐代女性常服服色的考察，可以探究唐代"品色衣"制度的某些真实情形。

比如，从史料记载和墓室画像分析来看，唐代女性常服最有代表性的是襦裙装、女着男装这两类服饰，其中以襦裙最为绚烂，它主要是上着短襦或衫，下着长裙，肩搭帔帛，加半臂，足蹬凤头丝履或精编草履。无论是唐代文学作品，还是各种绘画、雕塑（唐俑）等艺术作品中塑造的女性形象，大多对襦裙装情有独钟，有许多描绘，具体见下表中所示：

表 3　唐代女性常服服色部分统计表（襦裙装）

出处	色彩				例证图片
	襦	罩衫	帔帛	裙子	
《簪花仕女图》	红、白	/	绛红、粉色、白	红、白	
《捣练图》	红、白、绿	/	红、黄	蓝、白、绿	

① 我国古代的官职结构中大致分为两类：一类承担兵刑钱谷、监察考选等实际行政职能；另一类则主要用于安排官僚品位高下，属品位性官职。品位性官职进一步发展，就形成了散阶制，这在唐宋时期尤为突出。以唐制为例，文武散阶分别由文武散官构成。文武散阶都是二十九阶，分别以"大夫""郎"或"将军""校尉"等为名。但这些大夫、将军等已不再是官职，只是标志等级的阶号，类似军衔。散阶和职事官阶并不一致，为此又发展出了"行""守"等术语以规范。古时在入仕之初，官员首先获得的就是散阶；在任满解职的时候，散阶依然维系着官员品级；在授予职事官时，散阶高低是必须考虑的因素。曾有众多官员待遇从属于散阶，例如薪俸、给田免课、刑罚、班序、车舆、衣服等。此外，还涉及致仕、封爵、置腰、营缮、丧葬、谥议等方面的待遇。

[1] 钱大昕. 十驾斋养新录：第 10 卷 [M]. 北京：商务印书馆，1935:231.

（续表）

《步辇图》	白	/	红	红、绿（间色裙）
《虢国夫人游春图》	白、红、青	/	白	红、紫、白
《挥扇仕女图》	白、朱	/	白	红、紫、白
段简璧墓壁画《三侍女图》	蓝、红	红	白	红、白、蓝、黑
李凤墓甬道东壁壁画	白	/	红、白	红、白（间色裙）
韦氏家族墓壁画	白	蓝、红	红	蓝、红、绿
榆林石窟女供养人	红	/	白	青、红

　　表3列项中还有比较突出的一点，就是唐代女性常服服色喜用红色。其实，何止是女性常服，隋唐时期民间也多喜欢红色。红色意味着喜气，也代表着热情，是一种富有

赞美意味的色彩，偏好红色正是唐代认知色彩比较普遍的一种心理定势。具体来说，在《全唐诗》中"红裙"一词出现多次，这应该是诗人对红裙倍加珍视的感情流露。例如，元稹的《晚宴湘亭》诗曰："舞旋红裙急，歌垂碧袖长。"[1] 又如，杜甫的《陪诸贵公子丈八沟携妓纳凉晚际遇雨二首》之二诗云："越女红裙湿，燕姬翠黛愁。"[2]

事实上，就《全唐诗》中的红色系列分析来看，除"红裙"外，与"衣""衫""袍""服"组成的红色系列用词还有许多。像"朱衣"，在王建的《宫词一百首》中有诗云："金吾除夜进傩名，画袴朱衣四队行。"[3] 这"傩"是古时风俗，是迎神驱疫鬼的表演活动。"画袴"为施以彩绘的裤子，多为乐工、歌舞伎穿着，作为特殊职业者，这样的"朱衣"和"画袴"可算是常服了。又如，王丽真的《字字双》曰："床头锦衾斑复斑，架上朱衣殷复殷。"[4] 诗中的"朱衣"应指女服中的大红色上衣。《全唐诗》还有"朱衫""绯衣""绯衫""茜衣""茜衫""茜服""绛衣""丹服""赤衣"等等，都与红色有关。有意思的是，从唐代品色衣规制来看，红色乃服色中的"至尊"色，其等级仅次于黄色和紫色，成为四品和五品官员的服色。然而，这样的规制似乎在日常生活里并未得到严格执行。比如，"红袍"和"红衫"，前者是帝王服色或为将军所穿服装，然而女子常服的"红衫"，竟然也是市井所见的普通衣着。如是说来，红色几无等级之别。

另外，还有一个有趣的特点，无论是从唐代传世画作还是考古资料来看，与红色搭配的色彩大多具有这样一个特点：无论如何搭配，都是以突出红色为主要目的。还有一类为红色与素色搭配，如阎立本《步辇图》所绘宫女的上身衣着均为白衫，下穿红白间色长裙。这是从初唐一直到盛唐都流行的裙装搭配，其流行颜色还有红、绿、紫、黄等几种色彩的组合。再有，红绿搭配也较有特色，如张萱的《虢国夫人游春图》（图5）中的几位夫人所穿服色为浅绿配粉红，设色可谓浓淡适中。如若细看，几位夫人又可说是"素面朝天"，似张祜的《集灵台》讽喻诗曰"淡扫蛾眉朝至尊"[5]。虢国夫人是否常态如此我们不得而知，但唐代女性确有淡妆流行，甚至只是在面庞或额上略施黄粉，乃"啼妆"者。这样的流行装束或许只能相配如此衣装，也只能是推测。再如，周昉的《簪花仕女图》《捣练图》和《挥扇仕女图》等，从所绘女性服色归类来看，大多是绿衫配白裙、白衫配绿裙或是白衫配红裙，也有红蓝裙或类似青衫配套，设色素淡。《簪花仕女图》（图6）中的女性服色，身上有三四块红色，衬在白色透明的纱幔帔帛里。而且，红裙相间的色彩，又有绿蓝紫色的纹饰，但红色未受到抑制，仍呈现出一种最强烈的色相，服色依然跳跃。犹如唐诗曰"宫花寂寞红"[6]，这表明红色乃女性身着华丽彩服，即绫罗绸缎的正色。这也证明，唐女常服有多样的配色关系，与品色衣规制之间虽有关联，

[1] 元稹. 晚宴湘亭 [M]// 黄仁生, 罗建伦, 校点. 唐宋人寓湘诗文集: 1. 长沙: 岳麓书社, 2013:666.

[2] 杜甫. 陪诸贵公子丈八沟携妓纳凉晚际遇雨二首 [M]// 傅东华, 选注; 董婧宸, 校订. 杜甫诗. 北京: 商务印书馆, 2019:61—62.

[3] 王建. 宫词（一百首之一）[M]// 王建. 王建诗集, 校注. 尹占华, 校注. 成都: 巴蜀书社, 2006:526.

[4] 王丽真. 字字双 [M]// 赵仁珪, 等. 唐五代词三百首译析. 长春: 吉林文史出版社, 2014:110.

[5] 张祜. 集灵台（二首之一）[M]// 傅德岷, 等. 唐诗鉴赏辞典: 第2版. 上海: 上海科学技术文献出版社, 2019:294.

[6] 元稹. 行宫 [M]// 蘅塘退士. 唐诗三百首译注. 史良昭, 曹明纲, 王根林, 译注. 上海: 上海古籍出版社, 2020:341.

但并未受其严格约束。"妇从夫色"之说，可能正使唐代女性对于红色系搭配有更多的发挥。

再有一点，唐代女常服有一种叫"青衫"，是说女着男装的一种穿着款色。考据来看，大概是从唐代官吏袍服引申而来的一种说法。然而，《旧唐书·哀帝纪》有曰："虽蓝衫鱼简，当一见而便许升堂；纵拖紫腰金，若非类而无令接席。"[1]这"蓝衫"可能是通称八、九品小官吏所穿的服色。可见，蓝衫级别很低，几乎与普通百姓衣着相同，故"蓝衫"又可指称穷苦人服装。在这里所说的唐女常服"青衫"可能是一种款色，而不太可能是服"蓝衫"，且史料记载的女着男装为胡服，似乎与蓝衫无关联，特此说明之。

女装男性化是唐代社会开放的显现。《旧唐书·舆服志》记载："开元初，从驾宫人骑马者，皆著胡帽，靓妆露面，无复障蔽。士庶之家，又相仿效，帷帽之制，绝不行用。俄又露髻驰骋，或有著丈夫衣服靴衫，而尊卑内外，斯一贯矣。"[2]《新唐书·车服志》又提到："中宗后……宫人从驾，皆胡冒（帽）乘马，海内效之，至露髻驰骋，而帷帽亦废，有衣男子衣而靴，如奚、契丹之服。"[3]这种女装男性化的风尚使唐代女着男装的主色调也由红色发生变化，由初唐时女着男装时用黑白两色，到盛唐时面料花纹的繁复华丽，再到中晚唐时期服色趋于敛和，面料纹饰增加等，特别是对青蓝之色的使用渐渐普及。其实，这也不奇怪。在唐代官服中，如"褕翟"为王后从王祭先公和侯伯夫人助君祭服，乃为青色衣，画褕翟纹十二章纹，褕翟羽色亦为五采。还有"褖衣"为王后燕居时的常服，亦为士之妻从夫助祭的祭服。由此可见，常服与官服有界线，也没有界线，这在表3服色中多少有所体现。

表3选择以"襦裙装"为例，主要是考虑到此装束乃唐代女子常服中最具代表性的服饰。襦裙装是胡服与中原服饰结合的产物，上衣为襦是各个阶层的常服，一般很短，只到腰，佩帔帛，加半臂（即短袖），下着长裙。诗中有许多女性服色，描写的也是襦裙装。如白居易的《卢侍御小妓乞诗座上留赠》云"郁金香汗裛歌巾，山石榴花染舞裙"[4]，这是红色襦裙装；卢照邻的《长安古意》云"娼家日暮紫罗裙"[5]，这是紫色襦裙装；王涯的《宫词三十首》之二十六曰"绕树宫娥著绛裙"[6]，这是绛红色襦裙装；和凝的《何满子》曰"却爱蓝罗裙子，羡他长束纤腰"[7]，这是蓝青色襦裙装。唐代襦裙色多彩，可以尽如人所好，以此选择再合适不过。

图 5
张萱《虢国夫人游春图》

图 6
周昉《簪花仕女图》

[1] 刘昫，等．旧唐书 [M]．廉湘民，等标点．长春：吉林人民出版社，1995:505.

[2] 刘昫，等．旧唐书 [M]．廉湘民，等标点．长春：吉林人民出版社，1995:1198—1199.

[3] 欧阳修，等．新唐书：武英殿本第 24 卷 [M]．316.

[4] 白居易．卢侍御小妓乞诗座上留赠 [M]// 李白，等．中国古代名家诗文集：第 1 集．哈尔滨：黑龙江人民出版社，2005:149.

[5] 卢照邻．长安古意 [M]// 马茂元，赵昌平，选注．唐诗三百首新编．北京：商务印书馆，2020:10.

[6] 王涯．宫词三十首：二十六首 [M]// 潘永因，原稿；赵宦光，黄习远，编定．万首唐人绝句．上海：上海科学技术文献出版社，2019:739.

[7] 和凝．何满子 [M]// 夏于全，集注．唐诗宋词全集：第 24 册．北京：印刷工业出版社，1999:222.

3. 唐代女性妆容色彩

品色衣制度看似针对服色，其实牵涉面甚广。因为就服饰妆容而言，这是服饰整体装扮的一部分，与之有着相互牵连的密切关系。而以妆容特点来看，唐代品色衣制度的形成也绝非仅仅是服色，同样涉及服色与妆容的整体效果。况且，唐代女性崇尚浓妆，可说是我国古代女性妆容史上最为富丽，也最为雍容华贵的形象塑造。如此，怎能忽视妆容色彩与品色衣制度构成的关系呢？

相传唐玄宗有眉癖，曾令画工作《十眉图》，并以之为宫女描眉之模本。自然，这也表现出唐女妆容中对眉妆的不懈追求，不但体现在眉色的多样性上，还体现在眉形的层出不穷上。依此推测，当时眉妆的色彩抑或眉形的塑造，肯定是要与服色形成和谐的统一。只可惜这《十眉图》早已失传，徒留风雅的眉名供后人想象。然而，清代徐士俊据此作有《十眉谣》，多少为我们弥补了一些想象的遗憾。至于徐氏还原如何并不重要。我们相信起码在清代复述，其女性妆容的基本现实与条件较之如今要更靠近中古时代。徐氏对十种眉形逐一咏叹，分别为：鸳鸯、小山、五岳、三峰、垂珠、却月、分梢、涵烟、拂云、倒晕。诸如，关于小山眉，描写道"春山虽小，能起云头。双眉如许，能载闲愁。山若欲雨，眉亦应语"；关于涵烟眉，形容道"汝作烟涵，侬作烟视。回身见郎旋下帘，郎欲抱，侬若烟然"；关于拂云眉，叙述道"梦游高唐观，云气正当眉，晓风吹不断"。[1]《十眉谣》可谓字字珠玑，想象旖旎，是否如唐女真容已无关紧要，只要能掀起美人花容月貌即可。

当然，从史实考证来说，相传或仿说毕竟不可作为事实依据，那么，唐李宪为睿宗皇帝嫡长子所建墓（以下简称"李宪墓"）中出土的大量壁画及庑殿式石椁线刻仕女组图，甬道东西壁及石椁线刻上的仕女多为出茧眉，而墓室壁画中的仕女多是桂叶眉，此外，还有蛾眉、柳眉、却月眉等。所以，眉式装扮有"画眉"，又称"描眉"之说，这样的眉形多以青黑色，即"黛"为之。唐代女性以黛眉、朱唇为尚，妆容极具层次感。如白居易的《上阳白发人》中有曰："小头鞋履窄衣裳，青黛点眉眉细长。外人不见见应笑，天宝末年时世妆。"[2]这其中描述的青黛眉就是"黛眉"之一。而唐朝女性的画眉形式又岂止这10种，还流行有各种"蛾眉"，隋唐其他墓室壁画或石刻出土文物及相关物像资料可以证实。比如，至唐代长蛾眉流行，但比之前朝已阔了许多，甚而画作柳叶状，芙蓉如面柳如眉，形成柳眉梅额新倩妆。这在贞观年间阎立本的《步辇图》、天宝年间张萱的《虢国夫人游春图》以及五代顾闳中的《韩熙载夜宴图》上均有比较清晰的描绘。可以说，从这些眉形的变化中可以推测出些许流行时尚，故又有"蛾眉""月眉""弯眉""柳

[1] 徐士俊. 十眉谣 [M]// 灵犀. 唯有相思不曾闲：闺阁女子的爱情信物. 合肥：安徽文艺出版社，2017:322—323.

[2] 白居易. 上阳白发人 [M]// 马茂元，赵昌平，选注. 唐诗三百首新编. 北京：商务印书馆，2020:405.

眉"之说。

丰腴婀娜的身姿、华美飘逸的衣着，尤其是刻画生动的面妆，都生动地再现了大唐盛世的女性形象。恰如唐诗云："态浓意远淑且真，肌理细腻骨肉匀。绣罗衣裳照暮春，蹙金孔雀银麒麟。"[1] 同样，在李宪墓第二天井东、西壁画仕女图的六位女吏形象上也有所展现。值得注意的是，这六位女性的面妆基本符合文献记载的唐女妆扮，除额头、鼻梁、下颌露出白粉底妆外，余处皆涂红彩，可谓浓艳如戏妆，与初唐女妆的淡雅妆扮形成鲜明对比。特别是近年来在西安南郊陆续出土的唐代墓葬中（以陕西省考古研究所2002—2005年间发掘为例），也有类似面妆如霞的侍女陶俑呈现，考据其年代大约是在肃宗前后。这些侍女陶俑的形象与白居易所作《时世妆》诗云可谓高度吻合："时世妆，时世妆，出自城中传四方。时世流行无远近，腮不施朱面无粉。乌膏注唇唇似泥，双眉画作八字低。妍媸黑白失本态，妆成尽似含悲啼。"[2] 这说明唐元和之前确曾流行过像赭面妆之类的"时世妆"。李宪墓壁画中所绘仕女涂浓艳面妆，还有桃花妆、酒晕妆亦多有呈现。据此推测，玄宗天宝年间应是时世妆兴起，至元和之前方止。进一步考证，时世妆初起于宫廷，李宪墓壁画可为实例，从妆扮者年龄推断来看，多为年轻女子。

进言之，就唐女子面妆特点分析来看，重点是眉与唇的修饰。诗曰："有个娇娆如玉，夜夜绣屏孤宿。闲抱琵琶寻旧曲，远山眉黛绿。"[3] 又有云："朱唇未动，先觉口脂香。"[4] 李白亦有诗曰："玉面耶溪女，青蛾红粉妆。"[5] 诗中所谓"青蛾"应是指青黛眉，但自从杨玉环得宠后，黑色眉就取代青黛眉成为唐女一时间的流行时尚。徐凝的《宫中曲》有证："一日新妆抛旧样，六宫争画黑烟眉。"[6] 写的就是唐女多为青黛眉色。依照《新唐书》解密的杨贵妃真容来描述，其形象为高耸发髻，头发乌黑，鬓发处插有金色小钗数枚；柳叶眉，桃花妆，恰如"名花倾国两相欢，带得君王带笑看"[7]。而白居易著名的《长恨歌》在此眉色基础上更为我们道出了杨氏的眉形特点，乃"芙蓉如面柳如眉"[8]。在唐代，柳叶眉虽然没有像桂叶眉那样夸张，但给人印象深刻，"俊眼修眉，顾盼神飞，文彩精华，见之忘俗"[9] 成为后世的一种共识。不过，这种眉形却一直流行到了晚唐，吴融的《还俗尼》中写道："柳眉梅额倩妆新。"[10] 韦庄的《女冠子》曰："依旧桃花面，频低柳叶眉。"[11] 同时，有文献记载，仅晚唐，唇式就出现了17种之多。当时的唇妆种类也异常丰富，如圆形、心形、鞍形等。至今仍被人们津津乐道的"樱桃小口"，乃是源自白居易家的家伎樊素。樱桃形和花朵形是唐代最为风靡的两种唇妆。眉色、唇妆可谓是面容的主要妆容，其色泽定调往往决定着一个人的形象塑造。可以试想，唐女衣着色彩关乎品色衣制度的种种选择，那么，妆容特点在其中定是重要的参照指标，服饰装扮乃是整体，

[1] 杜甫. 丽人行 [M]// 蘅塘退士，选；陈鹏举，注. 陈注唐诗三百首. 上海：上海书店出版社，2019:62.

[2] 白居易. 时世妆 [M]// 李白，等. 中国古代名家诗文集：第1卷. 哈尔滨：黑龙江人民出版社，2005:35.

[3] 韦庄. 谒金门：二首之一 [M]// 解玉峰. 花间集笺注. 武汉：崇文书局，2017:71.

[4] 韦庄. 江城子：二首之一 [M]// 解玉峰. 花间集笺注. 武汉：崇文书局，2017:72.

[5] 李白. 浣纱石上女 [M]// 竺岳兵. 唐诗文路唐诗总集. 北京：中国文史出版社，2003:344.

[6] 徐凝. 宫中曲：二首之一 [M]// 王启兴. 校编全唐诗. 武汉：湖北人民出版社，2001:2372.

[7] 李白. 清平调：三首之一 [M]// 王宗康. 经典古诗五百首. 西安：陕西人民出版社，2019:66.

[8] 白居易. 长恨歌 [M]// 马茂元，赵昌平. 唐诗三百首新编. 北京：商务印书馆，2020:410.

[9] 曹雪芹，高鹗. 红楼梦 [M]. 北京：商务印书馆，2016:21.

[10] 吴融. 还俗尼 [M]// 王启兴. 校编全唐诗. 武汉：湖北人民出版社，2001:3582.

[11] 韦庄. 女冠子 [M]// 徐中玉. 中国古典文学精品普及读本·唐宋词. 广州：广东人民出版社，2009:61.

缺一不可。只是现有文献史料还难以直接获得求证，在此仅做推理考察。

除此而外，笑靥妆扮也尤为突出，这是造成顾盼生姿的点睛之笔。如此这般，便无须再去寻求什么别样花色了。说到面靥，文献上有一小典故，在段成式的《酉阳杂俎·黥》中记载："近代妆尚靥，如射月日黄星一曰是靥。靥钿之名，盖自吴孙和邓夫人也。和宠夫人，尝醉舞如意，误伤邓颊，血流，娇婉弥苦。命太医合药，医言得白獭髓，杂玉与琥珀屑，当灭痕。和以百金购得白獭，乃合膏。琥珀太多，及痕不灭，左颊有赤点如痣，视之，更益甚妍也。诸婢欲要宠者，皆以丹青点颊，而进幸焉。今妇人面饰用花子，起自昭容上官氏所赐，以掩点迹。大历以前，士大夫妻多妒悍者，婢妾小不如意，辄印面，故有月点、钱点。"[1]

有关面靥实物可证的内容还有许多，从敦煌石窟壁画描绘的一批供养人形象中可以获得佐证。这类壁画所绘面靥，突出的是女性脸颊妆彩的"点子"，面颊两侧对称。仔细品味，确实点出了风韵，极具美容效果。这是一种面饰妆涂，即以面靥为点进行胭脂涂妆。所谓"供养人"，即是石窟出资赞助人。画面上的人像，尤其是女供养人像，自然是要端庄美丽，面颊妆点，也就是段成式所记述的女性"妆尚靥"，又叫"黄星靥"。这"星"即"点"的意思，点妆位置就在脸上特有的"靥"处，实际上以点志靥，为求得妩媚之容而妆扮。段成式说"起自昭容上官氏所制"，这正好与敦煌唐代壁画面颊"星靥"相吻合。段成式说"靥钿"起因颇具偶然性，不小心弄破了脸皮或遭破相而造成的伤痕，渐渐变成了自觉地进行脸颊点饰。本为遮丑，反其道而行之，却得到了面容妆扮的情趣。"青点""红点"点脸竟成了女性邀宠一艺。

靥钿踪迹也被敦煌石窟艺术留住了踪迹，段成式的记载与之互为印证，如曰："近代妆尚靥，如射月，曰黄星一曰是靥，靥钿之名，盖自吴孙和邓夫人也。"[2] 唐女喜脸上敷粉，又在颊边画两个新月或钱样，名"妆靥"。有的更是在嘴角酒窝间加二小点胭脂，或用金箔剪刻成花纹贴在额上或两眉。这种贴金箔花纹，就叫"金钿"；若用在两颊的，称为"靥钿"。妆靥的具体形状花色各异，盛唐之前，一般作黄豆般的两颗圆点。盛唐之后，面靥的范围有所扩大，式样也更加丰富，这才有形如钱币，称为"钱靥"；或是状如杏桃，称为"杏靥"。讲究的还在面靥的周围饰以各种花卉，俗称"花靥"。唐女面饰除了靥钿，还有额黄、斜红、花钿，独特的妆饰与广为流行的浓艳"红妆"相配，观赏性极佳。点靥妆扮虽说比不上眉色唇妆那么显著，但不得不承认，这样的装扮成分依然有着点睛之妙，在女性的整个装扮当中会起到至关重要的作用，故而也必然会对唐女在品色衣制度下的着装选择，或曰装扮搭配，起到一定的影响作用。

[1] 段成式. 酉阳杂俎 [M]. 曹中孚, 校点. 上海: 上海古籍出版社, 2012:45.

[2] 段成式. 酉阳杂俎 [M]. 曹中孚, 校点. 上海: 上海古籍出版社, 2012:45.

综上所述，唐代女性偏爱明艳靓丽的色彩，配色大胆，虽多受品色衣制度的规约，但毕竟常服很难管控。也就是说，除了宫廷服饰有基本规定之外，日常服色与妆扮还是可以随自己的心愿喜好来选择服色的搭配。然而，由于不同时期社会经济、政治和文化交融的影响，唐代女性服饰和妆容色彩也呈现阶段性的特色，由温和秀美到浓艳华丽再到雅致清丽，展现出唐代各时段的不同风格，共同构成品色衣制度下的妖娆。

结语

唐代色彩观，总体说就是传统色彩观的继承和再现，即"五色观"是这一观念的审美基准。这是以孔孟为代表的儒家色彩观和以老庄为代表的道家色彩观的融合奠定的结果，以青、赤、黄、白、黑的色相来传达情感和意志。诸如，《周礼·考工记》记载道："画缋之事。杂五色。东方谓之青，南方谓之赤，西方谓之白，北方谓之黑，天谓之玄，地谓之黄。"[1] 这是将五色崇拜和五行色彩同方位进行的联系，由此推论出万物之色缘于五色调和而出。直至《春秋谷梁转注疏》记载，"夏后氏尚黑"，"殷人尚白"，"周人尚赤"。[2] 这是对五色观立意更完整的阐释。根据这一认识的推理，舜以土德王，尚黄色；夏以木德王，尚青色；商以金德王，尚白色；周以火德王，尚红色；周以下以水德王，尚黑色；西汉为克水而以土德王，尚黄色；东汉为抬高君权，突出了"五行"和"五方"中"土层中央"的观点，将土视为一切的根本，从而突出了黄色的地位。又《礼记·玉藻》记载："天子佩白玉，而玄组绶。公侯山玄玉，而朱组绶。大夫佩水苍玉，而纯组绶。世子佩瑜玉，而綦组绶。士佩瓀玟，而缊组绶。"[3] 以至出现《春秋谷梁传》记载："礼楹，天子丹（朱红色），诸侯黝垩（黑白色），大夫苍（青色），土黄之。"这表明从《礼记》到《春秋谷梁传》已确认出色彩的尊卑等级，至尊之色的等级也就排列出来了。

如是，从文献记载分析来看，这样的传统色彩观在西周至春秋时已影响到服用色彩的尊卑等级。如周代礼乐制度确立以后，色彩便主要用以区分等级差异，其使用范围主要是车马服饰，服色以赤、玄二色为尊。在《诗经·曹风·候人》有曰："彼其之子，三百赤芾。"[4]《毛诗故训传》云："大夫以上，赤芾乘轩。"[5]《论语·乡党》也曰："红紫不以为亵服。"[6] 古时红色为朱，很是贵重，红和紫同属此类。除赤色以外，玄色也被周人视为贵色、吉色，贵族常用黑色衣料来制作礼服，于祭祀、婚仪、冠礼等庄重场合穿着。《荀子·富国篇》曰："诸侯玄裷衣冕。"[7]《诗经·小雅·采菽》云："又何予之？玄衮及黼。"[8]《礼记·玉藻》云："（天子）玄端而朝于东门之外"，"诸侯玄端以祭"。[9]

[1] 闻人军, 译注. 考工记译注 [M]. 上海: 上海古籍出版社, 2008:68.

[2] 戴圣. 礼记 [M]. 陈澔, 注; 金晓东, 校点. 上海: 上海古籍出版社, 2016:62.

[3] 戴圣. 礼记 [M]. 陈澔, 注; 金晓东, 校点. 上海: 上海古籍出版社, 2016:351.

[4] 孔丘. 诗经 [M]. 清如许, 王洁, 译注. 太原: 山西古籍出版社, 2003:196.

[5] 转引: 李家声. 诗经全译全评 [M]. 北京: 商务印书馆国际有限公司, 2019:215.

[6] 孔丘. 论语 [M]. 刘兆伟, 译注. 北京: 人民教育出版社, 2015:213.

[7] 荀况. 荀子 [M]. 方达, 评注. 北京: 商务印书馆, 2016:158.

[8] 孔丘. 诗经 [M]. 朱熹, 集传; 方玉润, 评; 朱杰人, 导读. 上海: 上海古籍出版社, 2009:270.

[9] 戴圣. 礼记 [M]. 陈澔, 注; 金晓东, 校点. 上海: 上海古籍出版社, 2016:336.

故而，古代服色的选择主要是基于传统色彩观形成。例如，红色的流行绝不仅仅是色彩本身这一因素所致，更多的则是传统色彩观所起到的作用。这就是继承汉代以来多以黑色、黄色和红色①为主的传统色彩观构成的审美认识所发挥的作用。再具体到唐代而论，红色流行或是被当成至尊之色，考察渊源主要有两点因素：一是传统色彩观的认识论所起到的作用，表明色彩是富有深邃情感的象征世界，不同的色彩有着各自不同的表情，红色的吉祥，黄色的华贵，白色的纯洁，黑色的庄重等。色彩是人们认识世界的路径之一，它让我们由表及里、由浅入深地理解各种事物。况且，传统色彩观对色彩的选择和运用又极为讲究，在考虑形色关系上，从"五色""五行""吉利驱邪"等方面都有着明确的规约性意图，不断形成相应的推陈出新的主题。二是西域文化的融入，使得胡化现象日趋明显，服色上表现出多种颜色的碰撞，形成对色彩多样性选择与认定的可能。由此改变了传统色彩观，致使服色变得热烈、奔放，红色也不再是汉代的暗红。诸如，初唐至盛唐服色的红色变为浓艳明快的大红色，中晚唐时，服色才渐渐以雅致素淡为主，而不再是强烈的撞色。

归纳而言，唐代服色表明这是一个善于用"色"的朝代，相比服装的形制或服饰的搭配，唐代服色更为后世所称赞，其服色丰富变化，突出色彩韵律，成为一大亮点。当然，这些除色彩观发挥作用外，也应归功于隋唐时期染织技术的提高。如现保存在日本正仓院的丝绸实物中就有唐代的各种织锦，比如，用染花经丝织成的广东锦；用很多小梭子根据花纹着色的边界，分块盘织而成的缀锦（日本称"缀锦"，我国叫"缂丝"）；利用彩色纬丝显花，并分段变换纬丝的彩色纬锦；以及利用经上显露花纹的"经锦"；还有"广东锦"的流行（即如今"印经织物"的前身），以及用经丝牵扯成晕色彩条的方法在纺织中的应用（这经丝显花的经锦技术在汉代就已形成）。而用纬丝显花，分段变色，可以使织物更加密实，花纹也更加精细，色彩变换更加自由。另外，在"丝绸之路"沿途出土的北朝时期至唐的丝绸织品中，不仅有精致的平纹经锦，还有不少经斜纹绮，如"套环对鸟纹绮""套环贵字纹绮"，不仅纹饰较汉绮复杂，而且质地更细薄透明。出土的各种五色丝线织成的织锦用色复杂，提花准确，锦面细密，质地趋薄，色泽鲜艳。再有，在唐代设有专门的染织生产管理部门，即在朝廷的少府监下，设置有染织署，管理染织作坊，由之提升染织作坊技术等，这些技术的提升，对宫廷服色的产生可谓具有直接的

① 汉代经历三个不同的正朔：水德、土德、火德。相应说来，汉代所崇尚的颜色也经历了从黑色到黄色再到红色的过程。然而，正朔的改变并未使前一种颜色消失，随着时间的推移，三种色彩通行于汉代，得到汉人的普遍接受。因此，一般认为汉代人尤其贵族常使用黑、黄、红三色。

影响。加之民间服色在受到朝廷服色影响的同时，也形成服色相互补充的作用，出现服色来源的多元性。如印染工艺发展到这一时期，蜡染、夹染、绞染等大量民间染色工艺已趋成熟，还兴起了多色染缬，至唐可以说是五彩纷呈，这样的民间染缬工艺也形成对唐代服色审美观的冲击。

话说回来，品色衣制度的发展和完善，确实对古代社会等级制度的强化起到作用，并且又会波及全社会，甚至影响到全社会色彩观的认同与趋势。《韩非子·外储说左上》记载有这样一个故事："齐桓公好服紫，一国尽服紫。当是时也，五素不得一紫。桓公患之，谓管仲曰：'寡人好服紫，紫甚贵，一国百姓好服紫不已，寡人奈何？'管仲曰：'君欲止之，何不试勿衣紫也？'谓左右曰：'吾甚恶紫之臭。'于是左右适有衣紫而进者，公必曰：'少却，吾勿紫臭。'公曰：'诺。'于是日，郎中莫衣紫；其明日，国中莫衣紫；三日，境内莫衣紫也。"[1] 这种上行下效反映了人们的接受心理。再读一读汉代的《城中谣》："城中好大袖，四方全匹帛。"[2] 如是可知，朝廷官制具有很强的影响力，也是形成服色普遍流行的动因，即所谓"上有所好，下必有甚焉者矣"[3]，如上文中提及的唐代女子妆扮的面靥由来，也是这个道理。正是这种上行下效的心理，加上对女子服饰要求从夫从子，唐代女性服色大多都集中在红、黄、绿、蓝这四大色相上，这与品色衣以紫、红、绿、青这四个主色彩较为接近。

唐朝品色衣制度与自周朝建立的传统冠冕制度，共同奠定了我国古代社会自上古至中古时期的基本服饰规制，对后世影响深远。品色衣无疑是唐王朝维护统治，建立更加规范的等级社会秩序的重要举措，对皇室至高无上的权威与权力起到了强化作用。唐王朝对相关规制每一次的修订，真实客观地改变并反映了政治审美心态与宗教影响的波动。尽管有了明确的服饰色彩制度，也无法阻挡海纳百川的唐王朝民间广泛吸纳"丝绸之路"传播而来的各民族服饰风尚，所呈现出的兼容并包且绚丽多姿的一面，正说明我国古代服饰文化的丰富多彩。同时，自上古至中古皇室所推崇的服饰色彩也会无意中形成一定的审美导向，"由上而下"泛化到民间的审美风潮，而民间服饰审美也会"自下而上"波及皇室审美。就这样，唐王朝在品色衣制度规范之下，在外域文明的冲击与本土审美传统延续，以及宗教文明的影响下，呈现出我国古代社会服饰色彩与风尚最为绚烂的一页。

原载于《艺术探索》2018 年第 2 期

[1] 韩非. 韩非子 [M]. 徐翠兰, 木公, 译注. 太原: 山西古籍出版社, 2003:179.

[2] 城中谣 [M]// 曹旭. 古诗十九首与乐府诗选评: 增订本. 上海: 上海古籍出版社, 2019:337.

[3] 孟轲. 孟子 [M]. 王常则, 译注. 太原: 山西古籍出版社, 2003:70.

内外有别的唐女服饰

电视剧《武媚娘传奇》（图1）开播大热，不断有朋友和学生前来询问片中女子露胸坦荡的开放形象究竟是真是假。这个话题说起来比较复杂，兹录偶记，大略一窥。

如今，要弄清楚唐女服饰的面貌，相关文字和图像资料中还是有案可稽的。比如说，文字资料就有《旧唐书·舆服志》里对唐代命妇服饰的详尽描述，还有《通典》中对皇后王妃内外命妇服及首饰制度的记载。当然，扩展开来在唐至清代编纂的类书、史书里多有记述。今人沈从文的《中国古代服饰研究》和周锡保的《中国古代服饰史》等著述，内中涉及唐代服饰的描述，也是探究唐代女子服饰的重要史料。至于图像资料，唐代流传下来的画作，如张萱的《虢国夫人游春图》（图2，局部）、《捣练图》，周昉的《簪花仕女图》（图3，局部）、《纨扇仕女图》《调琴啜茗图》等，记录下仕女游春、凭栏、横笛、揽照等活动场景。还有敦煌莫高窟的唐代壁画《乐庭瓌夫人及女儿侍女供养像》，还有女供养人像，如传为唐朝的《都督夫人礼佛图》（图4），以及自20世纪50年代至80年代初，先后在新疆、陕西等地区出土的大量唐代实物以及墓室壁画，这些均可说是唐女服饰的历史见证。

唐女服饰给今人最大印象似乎是露胸坦荡，用通俗话来说就是"袒胸露乳"。唐周濆有《逢邻女》诗曰："日高邻女笑相逢，

图1
电视剧《武媚娘传奇》海报

图2
《虢国夫人游春图》 辽宁省博物馆藏

图3
《簪花仕女图卷》 辽宁省博物馆藏

图4
《都督夫人礼佛图》 敦煌研究院

慢束罗裙半露胸。莫向秋池照绿水，参差羞杀白芙蓉。"[1] 这里"慢束罗裙半露胸"一句似有此意。唐诗中还有类似的对女子着装的风韵描写："粉胸半掩凝晴雪"[2]，"雪胸鸾镜里"[3]。这大概就是今人对唐女服饰的想象来源。当然，像前面提到的电视剧《武媚娘传奇》里的唐女服饰，居然出现了西方女性到18世纪后半叶宫廷盛装舞会上才会穿着的春光四射的祖胸露背"时装"，这样的情形塑造，恐怕是有想象或认识上的误差。

根据唐杜佑撰《通典》记载，不仅皇后王妃内外命妇有着装款式的规定，衣饰花纹和染色要求也有相应规范，甚至首饰佩带（戴）都有规制。如袆衣，这是唐皇后王妃内外命妇服的主要款式，属于汉

图5 《挥扇仕女图》（局部） 北京故宫博物院藏

襦裙的一种（由深衣演变而来）。唐式交领襦裙（图5）是代表性的品种，影响后来的宋式和明式交领襦裙。穿着方式为先着上襦，将上衣领子左右对齐，将右襟系结于左襟，然后系上下裙，将裙裳正面置于身前，向身后合围，并交叠；将压在里面的一层裙头向外翻折；调节裙子的高度，系结裙带。这样的襦裙穿着非常正统，尤其是领口没有丝毫祖胸余地。《旧唐书·志第二十五》曰："袆衣，首饰花十二树，并两博鬓，其衣以深青织成为之，文为翚翟之形。"[4] 这说明襦裙是继承周礼命妇六服之一，这些衣饰均以翟鸟为饰，又称"三翟衣"。其中，袆翟衣在南北朝被重新启用，北周更对其进行了详细制定，这奠定了后世延续上千年的皇后王妃内外命妇服的系统基础。

由此可见，唐女基本服饰仍是有严格规制的。所谓"露胸坦荡"的衣着其实在唐代并不普遍，而是特殊人群在特定环境或场域中的穿着。今人所见唐女如此开放的装束，实则是窥视后宫闺房中的镜头特写。据考，这样的服饰在开元之治以前并不盛行。如上提及的张萱和周昉画作里的仕女形象，还有大量唐代舞女服饰，如称为"软舞"的衣饰，大多为大袖、广领，呈现出飘然若仙的感觉，以表现婉转、舒展的舞姿（图6），这些大多是在开元元年之后才出现的。至于最有说服力的永泰公主陵发掘清理出的壁画描绘半裸胸衣的永泰公主和侍女形象（图7，局部），也是在开元之后出现的。永泰公主何许身份？唐中宗第七女，母为韦皇后，初封永泰郡主，她是武则天的亲孙女，15岁便以郡主身份下嫁武承嗣之子武延基。武延基又叫武则天为姑奶，也算是武则天的侄孙子。一对新人，郎才女貌，后郡主在洛阳难产而死。中宗复位后追赠其为公主，以礼改葬，

[1] 周濆．逢邻女 [M]// 王启兴．校编全唐诗．武汉：湖北人民出版社，2001:3989.

[2] 转引：梁晓明．忆长安：诗译唐诗集 [M]．上海：上海古籍出版社，2018:67.

[3] 温庭筠．女冠子 [M]// 赵仁珪，等．唐五代词三百首译析．长春：吉林文史出版社，2014:98.

[4] 刘昫，等．旧唐书 [M]．廉湘民，等标点．长春：吉林人民出版社，1995:1197.

号墓为陵，这在我国历史上是唯一被冠称为"陵"的公主墓，规格与帝王相等。在唐代拥有这样陵墓等级的主人，往往是贵胄天子皇族。唐代上层社会的墓葬被认为是模仿死者生前景象。该墓从长斜坡墓道往下，墓道两边都绘有壁画，墓道尽头绘有象征宫殿的亭台楼阁，墓道之后又有层层甬道，将人们带入到更深处，即更私密的空间。此时，甬道两旁的壁画逐渐出现了服侍于内庭的宦者和宫女的形象。环绕墓主人棺椁的壁画通常是手捧各种物品的女侍，以及大小不一的男女俑像。这些图像和陶俑的出土位置和环境意味着他们是深居内室或游憩私园的贵族侍女，而非抛头露面在公众视野之下的女子。因此，这一陵墓壁画的重要性

图 6 唐代乐舞伎俑 郑州大象陶瓷博物馆藏

图 7 永泰公主墓壁画

就在于提供了至为珍贵的唐代皇后王妃内外命妇衣着开放的事实，也有力地证明了唐代风化内外有别。

所以说，在唐代并不是所有女子都能如此穿着，只有身份特殊的人群才能穿所谓"露胸坦荡"的开胸衫，像宫女、舞女以半裸胸取悦于达官贵人，或是皇后王妃内外命妇在闺房中自由穿着。如果外出，则多戴幂篱（图8），这是一种大幅方巾，一般用轻薄纱罗制成，戴时披体而下，障蔽全身。

图 8 《树下人物图》中的幂篱

图 9 骑马女泥俑佩戴的帷帽

高宗时，随社会风气的开放，改戴"施裙至颈"的帷帽（图9）。至开元时，女子才渐渐去除帷帽，露髻出行。

唐代女子露胸坦荡还是有所讲究的，也就是所谓"点妆"有其规制。露点只准露出双肩之内及颈项至抹胸（古称"袒服"）的区域，这在唐李重润墓石椁宫女装线刻画上表现得尤为突出（图10），连肩膀和后背都不裸露。衣饰领子有圆领、方领、斜领、直领和鸡心领等。服饰多为短襦长裙，特点是裙腰系得很高，一般都在腰部以上，有的甚

至系在腋下，即与抹胸平齐，给人一种俏丽修长之感。这短襦下的长裙，很有说道，孙机先生考证，初唐长裙布帛幅面较窄，中唐之后缝制裙子开始选用多幅布帛拼接在一起，一般用到六幅布帛制成。《新唐书·车服志》记载："妇人裙不过五幅。"[1]后来，华贵裙饰增到七八幅，

图 10
李重润墓石椁宫女图

图 11　执拂尘仕女
图中的半臂

甚至十多幅，也就引出唐女喜爱裙装的传说。在许多文献中常将红裙称为"石榴裙"，如《开元天宝遗事》说长安仕女游春时，用"红裙递相插挂，以为宴幄"[2]。唐代诗人白居易就写有"山石榴花染舞裙"[3]的句子，唐万楚在《五日观妓》中也说："眉黛夺将萱草色，红裙妒杀石榴花。"[4]

　　与短襦长裙搭配的便是半臂穿戴，半臂这种服饰早在初唐就已出现。半臂是从短襦演变出来的一种服饰，一般都用对襟，穿在胸前结带。也有少数用"套衫"装款式，穿着时从上套下，领口宽大，呈坦胸状（图11）。正因为有半臂搭配，所以才不显露肩膀。《旧唐书》云："上自宫掖，下至匹庶，递相仿效，贵贱无别。"[5]可见，唐代女子无论处于何等地位，在衣装上大多拥有胸衫、短襦长裙、半臂。唐牛僧孺在《玄怪录》中记一平民女子衣着，云："一小童捧箱，内有故青裙、白衫子、绿帔子、绯罗縠绢素，皆非世人之所有。"[6]考古学家孙机先生在《唐代妇女的服装与化妆》一文中更明确写道，这三件装束是唐女必不可缺少的装束。

　　电视剧《武媚娘传奇》的播出，还有先前热播的电视剧《大明宫词》，都有众多唐代女子的服饰引起大家的关注和热议。这里所说的只是"慢束罗裙半露胸"的剪影，从一个侧面反映了"青楼绮阁已含春，凝妆艳粉复如神"[7]唐代女子的"点妆"相貌。

原载于《文汇学人》2015年1月16日第28版

[1] 欧阳修．新唐书[M]．黄永年．上海：汉语大词典出版社，2004:432.

[2] 王仁裕．开元天宝遗事[M]// 李栻．历史小史．郭红，点校．北京：商务印书馆，2018:369.

[3] 白居易．卢侍御小妓乞讨座上留赠[M]// 李白，等．中国古代名家诗文集：第1集．哈尔滨：黑龙江人民出版社，2005:149.

[4] 万楚．五日观妓[M]// 傅德岷，等．唐诗鉴赏辞典：第2版．上海：上海科学技术文献出版社，2019:140.

[5] 刘昫，等．旧唐书[M]．廉湘民，等标点．长春：吉林人民出版社，1995:1198.

[6] 牛僧孺．玄怪录·续玄怪录[M]．冯涛，译．北京：中国人事出版社，1995:130.

[7] 谢偃．新由[M]．郭茂倩．乐府诗集．上海：上海古籍出版，2016:1078.

影星与改良旗袍：还原民国女性服饰细节中的品位与时尚

引子：张爱玲的依旧旗袍与民国的旗袍改良

张爱玲小说《更衣记》开篇写道："如果当初世代相传的衣服没有大批卖给收旧货的，一年一度六月里晒衣裳，该是一件辉煌热闹的事罢。你在竹竿与竹竿之间走过，两边拦着绫罗绸缎的墙——那是埋在地底下的古代宫室里发掘出来的甬道。你把额角贴在织金的花绣上。太阳在这边的时候，将金线晒得滚烫，然而现在已经冷了。从前的人吃力地过了一辈子，所作所为，渐渐蒙上了灰尘；子孙晾衣裳的时候又把灰尘给抖了下来，在黄色的太阳里飞舞着。回忆这东西若是有气味的话，那就是樟脑的香，甜而稳妥，像记得分明的快乐，甜而怅惘，像忘却了的忧愁。"[1]《更衣记》描写的历史背景时间跨度很大，几乎从前清直到五四，这是旧中国女性服饰由"传统"转向"现代"发生重要历史演变的时代缩影。而且，张爱玲很肯定地判断："在满清三百年的统治下，女人竟没有什么时装可言！一代又一代的人穿着同样的衣服而不觉得厌烦。"[2]这当然是作家从历史表象给予的选择答案，不能说是全部的历史事实，但起码说明前清至清末民初女性被封建礼教压抑和束缚，衣饰显得过于单一，不免让人感到封建礼教总是让女性与生俱来的美感展现受到种种限制。随着清王朝的灭亡，封建制度瓦解，西方民主与自由的思想传到国内，开始深入到人们的日常生活之中。女性的服饰也从单一朝着多样化方向发展，各式各样的女性衣裳层出不穷，尤其从"传统"转向"现代"的时髦女性逐渐愿意展现自己的性别特征，表现自己，表达自己，而这正是女性被封建社会剥夺的基本权利。民国年间，旗袍先是在知性女性中流行开来。张爱玲认为，旗袍的流行是新时代女性追求男女平等之权的产物，女人们受到了西方文化和思想的熏陶，醉心于追求平等的社会地位。可是，久已形成的封建观念在中国仍然使女性无法真正实现自己的自由愿望。就以民国女性选择穿着旗袍来说，民国初年的旗袍依然严冷方正，有着明显的清教徒风格。

随着辛亥革命新思潮日益深入人心，终于在"驱除鞑虏"威震四方的口号声中，旗

[1] 张爱玲. 更衣记
[M]// 王修智. 民
国范文观止. 济南:
山东人民出版社,
2011:744.

[2] 张爱玲. 更衣记
[M]// 王修智. 民
国范文观止. 济南:
山东人民出版社,
2011:744.

人的袍服走向了暂时的沉寂，也使"达拉翅""花盆底"这类旗女特征的装束在民国建立不久就销声匿迹。自民国改良施政推出，迫于社会环境的改变，女性纷纷要求改制服饰，上海洋场的时髦女性开始流行穿起改良旗袍。这一新装款式很好地体现出女性身形特有的曲线美，成了上海滩的一大风景。虽说晚清时期女性也穿旗袍，但与上海在 20 世纪二三十年代渐渐流行起来的改良旗袍相比已不是一个概念。所谓"改良旗袍"，虽脱胎于清旗人之袍，但已具备了与旗人之袍迥然不同的风格韵味，显示出对时世装束的追求。其改制过程也经历了"经典旗袍"和"改良旗袍"两个阶段。第一阶段是以传统的直身平面裁剪为主，并开始引入西方的开省道①等工艺，使旗袍更加合身；第二阶段引入更多的西式裁制方法，如装袖、装垫肩和拉链等。由此，经过改良后的旗袍深受一大批追逐时髦的女性欢迎。

　　起先，改良旗袍的样式与清末旗装差别不是很大，只是袖口逐渐缩小，滚边也不如以前那样宽阔。至 20 世纪 20 年代末，受欧美服装影响，样式开始有了明显的改变。这时的旗袍已经开始收腰，注重女性的体态之美。到了 20 世纪 30 年代，旗袍新样式趋于稳定，并在沿海各大都市流行开来。张爱玲笔下穿着旗袍的女子，或鲜活妩媚，或哀怨冷艳，多是依据这类旗袍来描写的。她在小说《色·戒》一开头，就给了王佳芝一段近乎苛刻而又细碎的时装秀描写："电蓝水渍纹缎齐膝旗袍，小圆角衣领只半寸高，像洋服一样。领口一只别针，与碎钻镶蓝宝石的'纽扣'耳环成套"[1]。这一装束在李安的同名电影里转给了汤唯，汤小姐的扮相大体符合申港两地 20 世纪三四十年代改良旗袍正处在黄金时段的风貌，最能体现东方女性的美态。汤小姐身着改良旗袍，修身凸显腰际线的美，笔挺的装束看起来精神百倍，且又有古装遗韵，展现出气场不凡的大牌影星之风范，令人称艳。自然，观众也一饱眼福。在影片《色·戒》里共有 27 件改良旗袍悉数亮相，勾勒出旧时上海女子的万种风情，成为那个时代上海这座城市的风流标志。当然，说起民国年间的改良旗袍，我们还会想起 2000 年王家卫执导的华丽影片《花样年华》。张曼玉在影片中演绎的 23 件"旗袍秀"，让观众视线从始至终一直被吸引着，仿佛跌入到 20 世纪 30 年代恍若隔世的前尘之中。那美丽的旗袍身影，宛如古典而凄艳的花，静静地盛开在时光深处。

---

① 开省道工艺源于欧洲人的发明，早在 13 世纪末欧洲人便开始在服装裁剪中用省道，使服装更加合体修身。民国时期开省道裁剪方式的引入，创造了改良旗袍的新结构和新样式。

[1] 张爱玲. 色·戒 [M]// 金宏达，于青. 张爱玲文集. 合肥：安徽文艺出版社，1992:248.

清代旗女之袍与民国改良旗袍之差别

话说回来，清代旗女之袍与民国改良旗袍的主要差别可以归纳为四点：第一，旗女之袍不显露身体，特别是晚清时大多宽大平直；民国改良旗袍开省收腰，凸显体态。这种差别与两个时代的观念有关。清人的旗袍观念，注重体统威仪的礼节，而漠视体态曲线的美感呈现，依循古制，不赞成女性体态的触目显眼，总是以含蓄谨慎的态度审视女性体态，因而旗女的身形往往被隐藏在层层衣衫之下。民国改良旗袍深受西方人本主义思想的影响，特别是受到西方服饰那种充分表现，甚至夸张女性人体曲线美的影响，将旗袍的作用发挥出烘云托月的效果。第二，旗女之袍内着长裤，有时袍下露出绣花的裤脚；民国改良旗袍内穿短式衣裤，且着丝袜，开衩处露腿。仅衩下露裤和衩下露腿便意味着新旧两种人文观念的交替。民国改良旗袍的衩有时开得很高，几近臀下，腰身又裁得极窄，行走起来双腿隐隐可见，给人以轻捷之感，足见这是对女性衣着行为约束的极大放松。第三，旗人之袍面料厚重，多以提花织物为面料，且装饰烦琐；民国改良旗袍面料较轻薄，多为印花面料，装饰简约。此外，旗人之袍大量使用花边，达到无以复加的地步；民国改良旗袍则是依靠面料纹样的装饰，表现手法上更多地吸取西式的写生花卉和光影处理手法，去繁就简，促成了镶滚等繁复装饰的省略。第四，旗人之袍等级分明，制度浩繁；民国改良旗袍则走向平民化的路线，作为等级身份的标识渐已淡化，而成为纯粹显示个人消费水准和审美情趣的衣着装扮。总之，民国改良旗袍已经显露出女性的"曲线美"，在剪裁上改变了传统女服的肩、胸、肩、臀完全呈平直状态的状况，服装日趋华丽，甚至出现了类似奇装异服的款式。就是这样具有欧陆风情的改良旗袍，在1929年被国民政府确定为国之礼服，可见其受欢迎的程度。

民国年间，大约是20世纪20年代末到30年代，改良旗袍在上海掀起风靡一时的时尚热潮，从社交名媛到知性女性，更从演艺明星到市井百姓，无不对改良旗袍倾心。之所以形成这样的着装热潮，考据下来主要有两个原因：一是沪上名媛提出了服饰西洋化的设计需求；二是经过能工巧匠的裁缝之手，申城出现了改良旗袍从款式到衣料，再到花色的多端变化，演绎着让人迷醉的海派风情。尤其是名媛、影星的穿着引领，自然成为上海社交与职场上的一道亮丽风景。这有如张爱玲所拥有的各式各样的新款旗袍，有织锦缎丝的，有略显华贵的，有稀纺袍面的，有轻盈妩媚的，有镂金碎花的，有华丽高雅的，还有黑平缎高领无袖的……[1]旧时上海的改良旗袍早已深深地烙印在世人的记忆里，一股岁月的味道，一股流年的暗香，一股生动的苦涩，仿佛都能真真切切地被嗅到。

[1] 唐 光 艳 . 旗 袍 [M]. 成 都：成都时代出版社，2009:6.

胡蝶与"胡蝶旗袍"可谓名媛丽人的象征

胡蝶是民国时期最为著名的演员之一，作为一代影后，胡蝶成了时髦女性关注的焦点。她的一举一动，一颦一笑，乃至她的穿着打扮，都被报章杂志从头到脚分解评论，成为人们竞相模仿的对象。胡蝶一生饰演过的角色有姨娘、慈母、教师、演员、娼妓、阔小姐、劳动妇女等多种不同阶层的女性人物。但她饰演最为成功的角色，仍然是"贤妻良母"式的中国传统女性形象。在她的巅峰之作《姐妹花》中，她一人饰两角，将两个身份悬殊、性格各异的女性演绎得鲜活生动。而影片中她身着各式改良旗袍，则起到很好的塑造形象和角色的作用。

老上海旗袍名店"朱顺兴"的裁缝师傅褚宏生回忆起第一次见到胡蝶的景象，当时她刚演完《歌女红牡丹》，红极一时，还当选了电影皇后。一个盛夏的傍晚，褚宏生去胡蝶家里为她量身制衣。电影中的胡蝶总是浓妆艳抹、高贵逼人的，但褚宏生眼前的胡蝶却穿着素净的淡蓝旗袍，没有化妆，素面朝天。褚宏生回忆说："她总是冲人笑，说话也很和蔼，根本没有明星架子。"但胡蝶对于旗袍的做工却非常讲究，也很注意旗袍的样式。她十分喜欢复古式带有花边，或者稍微有点滚镶的旗袍，心情好的时候还会自己设计。除了影后胡蝶，给褚宏生印象最深的女性还有出身于书香世家的时任《中央日报》记者的陈香梅。褚宏生说："一眼看去，她气质大方，既具有大家闺秀的风范，又有现代女性的坚强和稳重，非同于一般的官太太。"陈香梅女士对旗袍的料子也是极为讲究的，"一定要选择伸缩性好、手感柔软的真丝料"[1]。

影星和名媛因特殊身份，被大众所识、所爱、所迷，很容易成为大众追捧的一种生活范本。自然，影星更是商家追逐利润的潜在目标。胡蝶曾是多种商品的代言人，不仅限于服装。不同于银幕上的形象，广告里的她总以改良旗袍为正装，体态丰腴，雍容华贵，仪态万千。作为大众的消费对象，她具有时尚示范的作用，同时也满足大众的消费需求。如创刊于民国三十七年（1948）的《展望》周刊，是中华职教社创办的一份教育刊物，但为了迎合市场，也曾将胡蝶作为《展望》封面女郎推出。在与第二届奥斯卡金像奖影后玛丽·毕克馥的合影中，胡蝶身着改良旗袍，外套披肩大衣，这是20世纪三四十年代上海名媛流行的典型装束。杂志内页插图还配有胡蝶日常穿着的剪影，改良旗袍面料高档，做工精细，花式新颖。而在统计胡蝶流传的各类影像照片里，却几乎找不到一张她穿着阴丹士林布料裁剪的旗袍。可见，胡蝶一直走在时尚的最前沿，又有大众人缘，可说是一个时代时尚引领的风向标。

[1] 谢礼恒. 77年：针脚里的花样年华——旗袍[N]. 成都商报，2010-10-03.

胡蝶的最爱是短式的改良旗袍，其长度缩短到膝盖略下，袖子也缩短到肘上，整个小腿和小臂袒露无余，这算是那个时代对女性身形美的最大释放。她还特别在短旗袍的下摆上缀有三四寸长的蝴蝶褶衣边，短袖口上也相应缀有这种蝴蝶褶，因"蝴蝶"与"胡蝶"谐音，这款旗袍在当时被称为"胡蝶旗袍"。可谓女人美丽的身影背后不仅仅是身形问题，女人魅力也不仅仅是漂亮问题，其中折射出诸多女性内涵和外修的"禅理"。以至胡蝶在当选为影后之后，得到的实惠之一便是无数报刊将胡蝶改良旗装从头到脚逐一分析给读者来看，以她作为全中国最美丽的女性范本。而胡蝶改良旗装也成为时尚月份牌画的主角，甚至这种美一直延续到她后来去香港之后，乃至胡蝶牌暖水瓶的花样也为其丈夫做生意起到推波助澜的作用。在20世纪30年代，处处可见胡蝶身着改良旗袍的芳姿靓影，如此招摇，连阮玲玉也只能成为她身边那朵最沉默的花。

阮玲玉的紧身旗袍和"义乳"穿戴留下惊艳一瞬

阮玲玉在20世纪30年代以清雅脱俗的形象独立于世人面前，展现了一个个自强自立的新女性形象，是女工、女学生、知识分子的偶像。银幕上的阮玲玉也有着华丽旗袍与西式女服的装束，但她在现实生活中总以旗袍为装。现实中的阮玲玉淡泊名利，不善交际，所以她穿着的改良旗袍以素色居多，而且常常穿阴丹士林布料旗袍，这与胡蝶形成极大的反差。我们通过对阮玲玉剧照的细读，会发现她的改良旗袍大多偏向传统款式，有一种略带哀愁的传统女性形象。阮玲玉身材修长，穿上这类旗袍更显身姿，且优雅脱俗。

其实，阮玲玉着装并非"传统"，仔细分析她所穿着的改良旗袍，最大的改变在于袍腰不断收缩，而使女性身形的曲线全部显露出来，并且，旗袍腰身最后竟窄得要吸口气才能扣上纽扣。这样一种由"捆身子"内衣束缚才能穿出的旗袍韵味，俗称袍腰紧身旗袍。而"小马甲"内衣在当年女星群体中颇为流行，但凡塑身，不可不用。小马甲用料既有丝织品，又有纯棉布。在小马甲的前片缀有一排密纽，穿着时将胸乳紧紧扣住。到20世纪20年代末，文胸从海外传入国内，这种小马甲才渐渐淡出。有意思的是，当时人们将外来的乳罩称为"义乳"，就是人们今天所说的"人工乳房"或"假乳房"的意思，但它的好处是"束乳而不压胸"。起初，女性并不习惯使用。自然，电影女星成为时尚体验的先行者。以出演《神女》《新女性》等影片蜚声影坛的阮玲玉便首先戴上"义乳"穿着袍腰紧身旗袍来凸显身形。胸乳圆润与旗袍的曲线结合近乎完美，给人留下影坛惊艳一瞬，阮玲玉也由此成为我国最早戴"义乳"的女性之一。此后，"义乳"慢慢在上海、广州等大都市流行开来，成为时髦女性，甚至是新女性的衣着必需。

有文献记载，胡蝶和阮玲玉还穿着老上海名牌"鸿翔"的改良旗袍走过秀，这可是民国年间影坛一大盛事。鸿翔时装公司前辈董事长金鸿翔之子，如今已80高龄的金泰康老人回忆说，老上海的明星、名媛们无不视鸿翔为最爱。电影皇后胡蝶就是鸿翔时装的忠实顾客，她曾在自己的回忆录中写道："我的衣服几乎都由上海鸿翔服装店包下来了。那里有几个老师傅，做工很考究，现在恐怕很难找到这样做工考究的老师傅了。"[1]彼时鸿翔的时装"秀"更是盛极一时。1934年鸿翔在上海百乐门舞厅举办了一次时装表演会，吸引了胡蝶、阮玲玉等大牌当红明星上台助阵。直至今天，这场时装表演依然令人难忘，因为这是上海，也是全国的第一次时装表演。此后，在上海夏令配克电影院、大华花园等处，又先后举办了多次时装表演，参加者除了万众瞩目的大明星之外，还多了许多名媛。[2]

周璇旗袍的修身剪裁尽显新女性的无穷魅力

周璇是继胡蝶之后民国年间又一位著名"影后"。有评论说："这个世界上，所有爱情的美好都是驻留在初遇的那一刻。很多的经典故事，都无一例外地贯穿着这一主题。在美丽的华清池畔，唐明皇李隆基初遇杨玉环。美人的回眸一笑，立马让六宫粉黛颜色全无。贾宝玉初见林黛玉，说：这个妹妹何曾见过。杭州西湖，白素贞初见许仙，急雨中借伞同船。祝英台在杭州书院第一次看到梁山伯，她叫他：'梁兄'。"[3]周璇就是民国年间女星中演绎凄美爱情的绝佳"丽人"，而她的扮相总也离不开风靡一时的改良旗袍。在这种特显气质的旗袍装束下，周璇的淳朴、健康、活泼不同于过去流行的柔弱、纤细的女性病态美，而释放的自然美更成为周璇扮演新女性的风情所在。周璇多次出镜穿着的端庄深色旗袍，因其改良式旗袍在领口、袖口以及裙身上装有精致的刺绣点缀而显出别样气质，可谓低调中彰显出优雅。而旗袍的修身剪裁低调中也凸显周璇的曼妙身姿，曲线美展露无遗，这是新女性的极大魅力，更接近大众审美所接受的形象。在影片《马路天使》中，她饰演的女主角小红着旗袍的模样，以及显现出的那种特有的单纯、质朴、善良的秉性征服了观众。我们可以用"旖旎摇曳，沁入人心"来形容在那些黑白影像中周璇一直以来的纯美。即便是如今，仍有一点传统气息的港台明星伊能静、张柏芝也曾先后挑战过周璇这个美丽的角色。又比如，Reborn组合演唱的电视剧《周璇》主题曲《花泪》，试图演绎周璇心声，可说对这对姐妹花而言确实是一次挑战。不过，对表现旧时代的流年沧桑，一向被认为外形与打扮时尚前卫的Reborn姐妹倒是信心十足。她们豪迈地说："我们骨子里也不乏传统的元素呢。这是一个讲述旧时代的故事，我们觉得这种尝试很好，是一次挑战。"[4]但事实上，周璇那纯粹的犹如空谷幽兰绽放在人们心中

[1] 胡蝶, 口述. 胡蝶回忆录 [M]. 刘慧琴, 整理. 北京: 新华出版社, 1987:103.

[2] 陶宁宁. 胡蝶阮玲玉穿鸿翔旗袍走秀 [N]. 东方早报, 2009-07-24 (A48).

[3] 李迎兵. 民国女子: 人生若如初见 [Z/OL]. (2010-07-03) [2022-10-10]. https://blog.sina.cn/s/blog_492763ba0100keon.html.

[4] 韩垒. REBORN "来" 柏芝旗袍化身周璇 [OL]. (2007-04-11) [2022-10-10]. news.sohu.com/20070411/n249363436.shtml.

的形象确实是无法复制的，周璇在民国年代里永远是走在时尚最前沿的角色。

我们通过对周璇剧照的细读，不难发现，20 世纪 30 年代末改良旗袍又多借鉴西式服装的裁剪方式，出现了紧身无袖旗袍。这让女性又一次时髦起来，光裸的腿部在旗袍前摆下部开着小衩的缝隙里若隐若现，赋予动感。有一张剧照是周璇倚在墙角的栏杆上，身着一袭月牙白为底、金色镶边的紧身无袖旗袍，色彩淡雅和谐，袍身扫地，修长的旗袍将她的身材衬托得亭亭玉立，匀称的身姿、白润的肤色、淡淡的笑涡在收腰紧身中更显玲珑精致，活泼开朗。她侧着头，显得俏皮活泼，少了一种贵气，却多了一分邻家女孩的气息。而同时期杭稚英先生所描绘的大量琵琶美女月份牌，女子也是身着无袖长摆旗袍，大红艳花，一团富贵之气，可说是与周璇剧照中的旗袍款式如出一辙。由此可见，周璇作为受人瞩目的电影女明星，不仅走在时尚的前沿，同时也迎合了大众的审美趋向。

"顾兰君式"的新潮旗袍风靡上海滩

顾兰君 1937 年加入新华公司，主演第一部大型古装戏《貂蝉》，因她着力塑造出一位高风亮节的巾帼形象，上海影迷送给她一个绰号——"金鱼美人"。之后，她于 1939 年初秋和 1940 年春，两度与《青青电影》杂志的"影迷心爱影星"陈云裳发生"两美竞争"，虽说被陈云裳击败，但她名声不减。1939 年 7 月 5 日在《良友画报》举办的明星照片义卖活动中，为难民筹措救济款，顾兰君的改良旗袍秀装照起售价 5 元，进行拍卖时，售价不封顶。当陈云裳一张 30 寸放大玉照被影迷抬价到 1500 元售出而令人咋舌时，顾兰君的这张同样尺寸的玉照竟然被影迷们一抬再抬，最后以 6000 元售出，成为轰动一时的娱乐新闻。而这一年，顾兰君主演的电影《金银世界》也大获名利，顾兰君也由此成为改良旗袍的践行者和积极推动者。

顾兰君的改良旗袍大胆地在旗袍的左侧开长衩至大腿深处，同时又在袖口开了半尺长的大衩。这种"顾兰君式"的新潮旗袍即刻风靡祖国上海滩。老上海著名影人顾也鲁回忆说："我和顾兰君合作了四部影片：《葛嫩娘》《小房子》《并蒂莲》《夫妻之爱》。我深感顾兰君真是一位能文能武的性格演员。她能演飒爽英姿的巾帼英雄，能演温情脉脉的绝代佳人，也能演放荡不羁的女性。"[1] 顾兰君曾被誉为最具古典气息的民国明星，她把貂蝉既身为婢妾，又爱慕吕布，终因为国锄奸而殒身不恤的佳人形象，演得真实可信，楚楚动人；她把潘金莲处理成一个"渴求幸福生活"而终于"堕入奸人罗网"的不幸女人，将那个被摧残迫害的"悲剧人物"潘金莲演得惟妙惟肖；她饰演的武则天从青年到老年

[1] 顾也鲁．能
文能武的顾兰君
[M]// 沈寂．老
上海电影明星：
1916—1949．上
海：上海画报出版
社，2000:128.

都很生动，使一个强势女子表面的刚强倔强以及内心的寂寞空洞得到丰富呈现。当一个女子能以多种角色将魅力给予银幕下观众以美的享受时，她就足以成为一个让人尊敬、受人爱戴的大牌明星，而"顾兰君式"的改良旗袍也因此而名播天下。

民国影星的旗袍装束成为昔日"映画"的底片

与改良旗袍相配的发型，除部分保留传统的髻式造型外，民国影星如周璇、梁赛珍、陈燕燕、王人美、陈波儿等，又喜欢在额前留一绺短发，时称"前刘海"。此发式最显著的特征是前额的一绺短发。其中，刘海也有遮住两眼的，还有将额发剪成圆角，梳成垂丝形的；或者将额发分成两绺，并修剪成尖角，形如燕尾，时称"燕尾式"。之后又风行一种极短的刘海，远远看去若有若无，名字叫作"满天星"。有意思的是，因旗袍开衩露腿，穿着旗袍露出大腿会暴露女性的隐私，此时一种流行的丝袜便风靡了起来。女星们大多穿着丝袜，如此一来，旗袍风靡也催生了丝袜的流行。随之，女星们的所有妆扮无一不为追赶时髦的女性所争相仿效。

时隔六七十年之后，新一轮民国题材影片又成热潮，一大批重新演绎民国改良旗袍装束的女影星形象问世，深受影迷的追崇，如《胭脂扣》里的梅艳芳（1988 年拍摄）、《花样年华》里的张曼玉（2000 年拍摄）、《茉莉花开》里的陈冲（2004 年拍摄）、《爱神》里的巩俐（2004 年拍摄）、《2046》里的章子怡（2004 年拍摄）、《长恨歌》里的郑秀文（2005 年拍摄）、《上海伦巴》里的袁泉（2006 年拍摄）、《色·戒》里的汤唯（2007 年拍摄）、《风声》里的周迅（2009 年拍摄）、《金陵十三钗》里的倪妮（2011 年拍摄）、《危险关系》里的章子怡（2012 年拍摄）。由此借说一则话题，复制民国时期的改良旗袍也成为如今影视剧服饰设计的重头戏。

例如，张曼玉在《花样年华》中前后一共换了 23 件旗袍，使这名冷香端凝的女子从头到尾被件件花团锦簇的旗袍密实地包裹着，时而忧郁，时而雍容，时而悲伤，时而大度，每一件旗袍都代表着女主角的心情。而张曼玉不停地更换旗袍，却始终未能换掉她柔美成熟的气息，这绝对是影片的一大亮点。

又如，《风声》中李冰冰和周迅两朵冷艳金花给这部带有惊悚色彩的谍战片增添了妩媚的亮彩。尽管两人在戏中的服饰更换有限，但通过不同的旗袍演绎，折射出两人扮演角色的不同性格。周迅盘发，穿暗红色点缀小花的中式改良旗袍，凸显出顾晓梦这个角色的复杂，有一点暧昧，有一点活泼，又有那么一点诡异。于是，就有了这个花哨发型与点缀小花的中式改良旗袍，暗示她的"不稳定性格"。而李冰冰饰演的李宁玉是顾晓梦的上级。在电影中，无论是李宁玉在密电科的身份，还是在裘庄通过图画将信息传出，都表明她是一个头脑冷静、遇事沉着的人。她也有旗袍扮相，但颜色偏向素雅，是沉稳大气的那种。角色与旗袍装束的有机配合，可谓是影片人物形象塑造的精彩之笔。

结语

服饰作为一种文化符号，是中国服饰文化的一面镜子，照射出一个时代的风尚与气息。由民国时期影星掀起的改良旗袍的时尚浪潮，表面上看似是旗袍衣饰产生与兴盛的过程，其中暗合着中西文化的碰撞与交流。不同的时代语境下，出于不同的审美观念，晚清民国的女性对衣着"遮与露""实与虚"的审美观念变化，裹扎着复杂的社会转型。在西方文化的冲击下，社会变革与传统之间有着千丝万缕的复杂联系。新式旗袍也必须在传统中寻求新的出路，在传统马甲、袄、清代旗装的基础上，剪切"文明新装"的时髦服饰的元素，再结合西方裁剪工艺，融合了汉、满、洋等多种元素，抛去了旧时代的陈旧观念，也祛除了低级的审美趣味，成为一种优秀的民族服饰。经过民国女星推波助澜式的演绎，旗袍风潮席卷一时，成为当时女性追逐时髦的象征。旗袍能适度地展现女性的体态线条，又以自然简约的方式体现东方人内敛含蓄、端庄典雅的气质，以一气呵成的线条，流畅地展现了女性的美感，最终成为一个时代衣着的经典样式。

原载于《装饰》2014 年第 9 期

大师研究　　5篇

陈之佛先生与染织艺术

在中华民族5000年璀璨的文明史中，彪炳史册的染织艺术当属一例经典。我国纺织历史悠久，与之相伴而生的染织艺术自古以来就是审美与实用、物质与精神相结合的产物。尤其是古代社会，占统摄地位的审美观总是通过一定的工艺技术手段来实现。而附丽于纺织物载体上，表达主体美物化形态的染织艺术，鲜明地反映了一个时代的物用价值和审美价值，成为一定历史时期中社会各个阶层人文意识形态的一种表征。

诚如陈之佛先生所言，"锦、绫、罗、织、刺绣、缂丝，这些都是中国所独创的工艺品。尤其是锦、绫、罗，在商代就开始，至秦汉时就普遍应用，其历史十分悠久。汉代的斜纹锦、飞鸿锦、走龙锦等，三国时代的蜀锦等都在各自的历史阶段达到繁盛。唐朝由于经济文化的发展，织造业发达，且技术也有较大的进步。特别是在中唐时期，织造业繁荣，生产量大，以至锦、绫、罗的纹样图案名目繁多，如盘龙锦（团花）、对卧锦、鹿麟锦、狮子锦、天马锦、辟邪锦、仙鹤锦、万字锦、孔雀锦、双胜锦等，除上述的几何形、动物纹样外，还有绘有人物的狩猎纹锦。宋代，在纹饰织造技术上较唐代更为进步，如盘球、簇四金鹏、葵花、翠池狮子、双雁、盘花、云雁、如意牡丹、雪花、樱花、百花孔雀、聚八仙、遍地芙蓉等等。此时期锦不仅作为服装花边得到普遍应用，还作为书画装裱之用。受宋朝绘画影响，锦缎图案的花色更趋丰富，使织锦成为供人欣赏的艺术品。至明朝，织锦承继了宋代传统，风格趋向华丽，图案上多用牡丹、莲花、云头、波纹、宝相花等，反映了当时社会的审美眼光。清朝对锦的织造同样非常重视，如康熙年间，设有督造府，专门管理织造锦之业，使织造技术达到了炉火纯青的地步，艺术风格亦趋向精致华丽，多采用龙凤花纹，且色彩丰富，讲究技巧织细，像南京的云锦即是流传至今的织锦品种之一。再有刺绣工艺，则在殷商时即开始，历代均有发展。其应用很普遍，在唐朝以前，除服装、编织装饰用物之外，还为宗教服务。中国的刺绣种类很多，举世闻名，如湘绣、粤绣、苏绣等，所有这些都是每一个时代文化与艺术的结晶"[1]。陈之佛先生从相当宽阔的视角上对我国染织艺术做了脉络的描述，进而将我国的染织艺术特别是织锦纹样的形成与发展，确定在超越物质使用层面上的范畴，表明染织艺术的演变历程既

[1]《陈之佛图案讲稿》，南京师范学院1962年印行.

是生产工艺技术的进步，又是一种满足人们精神需求的境地，是社会意识乃至审美观念的变化对纹样审美取向所产生的影响，并成为人们积极地充实人生、提高人生体验的艺术表现。这一观点在陈之佛先生的《有关几何形图案论述手稿》中有进一步阐述，他对于染织艺术中编织、结绳技艺的一段分析进一步表明了我国染织艺术与技术相结合的历史地位。他写道："如在手工业及农业上，在长久劳动中人们所得到的印象，而作成一种几何学的形象，如编织、结绳等技艺有很多模样是从这里产生的。甚至古陶器上的编织花纹，中国结绳艺术中的所谓'八结'都可推论是由几何学所影响的技艺而产生的。"[1]由此看来，将我国染织艺术确立为技术与艺术相结合的一种工艺美术学科，可说是陈之佛先生的贡献。而 1958 年南京艺术学院染织艺术设计专业的创建，则是陈之佛先生及其志同道合者思想与实践的结晶。该专业在 38 年发展历程中，不论是教学大纲、教材，抑或是教学方法，都体现着先生对技术与艺术的思考，并潜心于从事染织艺术的设计与研究。

陈之佛先生早年就读于浙江工业学校机织科，研攻丝织工艺，毕业后留校任教，先后担任机织法、意匠图案和图画等课程教学工作。他十分注重理论和实践的结合，亲自参与工人、学徒的操作工序，从而掌握了许多机织技术和经验。然而，促使他个人志趣由单纯的机织技术转入美术的，则首推该校日籍教员管正雄。管正雄制织的风景、人像技术独特，在这之前，我国未曾有过。陈之佛先生便认真讨教，并有机会在图案与绘画方面得到进一步深造。在管正雄的影响下，陈之佛先生成功制织风景和人像作品，可以说这是制织技术在我国最早的应用。据说其间杭州著名都锦生丝织厂创始人都锦生先生在该校毕业后，也一同参加此项工作，并与陈先生商讨筹办一家小规模工厂，专门制织风景与人像织锦。[2]

1919 年，陈之佛先生赴日留学，1923 年毕业于东京美术学校 (现东京美术大学) 工艺图案科。归国的最初几年他在上海设立"尚美图案馆"，专为丝织厂设计图案稿样。从其留传至今的一批 1923—1927 年间所作丝绸图案看，纹样格式受日本图案风格影响较大：其一，注重表现花草植物、云雾日月等大自然景观，以及想象中的事物，诸如孔雀尾饰的花团、麒麟、龙纹等神化事物；其二，弯曲线构成形式运用较多，兼有三角连纹、菱形对称等几何纹样；其三，纹样的描绘手法偏爱于朦胧效果，而不强调绝对的清晰、明净，底纹的花草纹饰常常隐映于雾朦之中，显得静谧含蓄；其四，纹样主题变化多样，意趣无穷，植物、动物、自然景观和普通主题交错穿插配用，甚至佛教图案忍冬、宝相花、卷草纹也有所表现。此外，他还吸取日本明治维新后新纹样的格式，甚至采用源起印度

[1]《陈之佛有关几何形图案论述手稿》，年代不详.

[2] 李有光, 陈修范. 陈之佛研究 [M]. 南京：江苏美术出版社, 1990.

的"佩斯利纹样"(Paisley) 作为构成，图案纹样夸张、形象生动、结构精巧，并有许多蒔绘纹样，花簇、菊、松、竹等纹样亦可见到。[1]

此间，陈之佛先生怀着振兴民族图案事业的强烈责任感，出版了自己创作的丝绸图案纹样《图案》第一、二集。他在序言中如是说："为思弥补此缺恨，便选了些平日的图稿，托开明书店付印。计划把工艺的、装饰的以及其他的图案陆续付印。"[2] 此后却因"一·二八"事变，陈先生所藏资料散失殆尽，出版计划被迫搁浅。这之后，陈之佛先生仍未气馁，孜孜于图案基础理论研究，从1930至1937年，先后出版了《图案法ABC》《图案教材》《中学图案教材》《图案构成法》《表号图案》等，填补了我国图案理论的空白，也为我国图案理论打下了坚实基础。迄今为止，这些著作仍不失它的学术价值，是图案理论研究中的宝贵遗产。例如陈之佛先生非常强调审美与实用的统一，认为"图案的成立，包含着'实用'和'美'两个要素，这两者的融和统一——实用性和艺术性的协调，便是图案的特点。故图案在艺术部门中，绝不是一种无谓的游戏，也不是一种表面装饰，而是生产样式不分离的生活艺术"[3]。像人们习惯称谓的"基础图案"一词，陈之佛先生却很少使用，他所称的"图案"，就其内容而言，多属于基础种类，更强调图案的工艺性，实质是图案与品种结合的概念。在他的著述中，以图案与织、染、印工艺结合做分析居多，这表明陈之佛先生始终对染织工艺保持浓厚的兴趣，特别是对我国历史上引以为荣的织锦工艺与图案设计更是关注入微。

怀着对民族传统文化割舍不去的情结，在暌违15年之后的1953年，陈之佛先生又一次将研究的视点投射到染织艺术上。相伴陈之佛先生多年的张道一教授回忆说，"1953年，文化部在北京举办全国工艺美术展览会期间，陈之佛先生就南京云锦的成就发表了多次谈话。陈之佛认为：'明清时期的南京织锦，作为皇家的服用，曾经显赫一时，几百年来，它同苏杭织造成为我国江南丝织业的三大中心，其技艺性也最高。'[4] 随后，他在多次谈话中也曾明确指出：'云锦是我国丝织工艺史的最后一个里程，也是艺术成就的一个高峰。以云锦作为民族传统图案的一个具体事例，同图案原理结合起来考虑，特别是研究它的纹样构成与色谱配列，其中有非常宝贵的经验，值得总结。'"[5] 在这次展览会上展出的云锦"大地加金龙凤祥云妆"，被陈之佛先生称为"典丽"之美的佳作。一个"典"字，既道出了作为过去御用品的庄重严正，又点明了云锦在艺术上的独异之处。

从北京返回后，陈之佛先生积极奔走呼吁，1954年"南京云锦研究工作组"终于成立。后来周恩来总理指示："一定要南京的同志把云锦工艺继承下来，发扬光大。"[6] 陈之佛先生又一次向有关方面提出成立"南京云锦研究所"刻不容缓的意见。在1956年的

[1] 李有光, 陈修范. 陈之佛染织图案 [M]. 上海: 上海人民美术出版社, 1986.

[2] 陈之佛. 图案构成法 [M]. 上海: 开明书店, 1937.

[3] 张道一. 陈之佛先生的图案遗产 [J]. 南京艺术学院（美术与设计版），2006, (02):145.

[4] 张道一. 陈之佛先生与云锦研究 [M]// 张道一. 造物的艺术论. 福州: 福建美术出版社, 1989:84.

[5] 张道一. 陈之佛先生与云锦研究 [M]// 张道一. 造物的艺术论. 福州: 福建美术出版社, 1989:85.

[6] 转引: 南京市地方志编纂委员会. 南京二轻工业志 [M]. 深圳: 海天出版社, 1994:407.

江苏省人民代表大会上，他撰文呼吁道，"云锦研究工作组拟订筹办'云锦研究所'的计划……得到中央的极力支持，已得到拨款。地方上是否应该支持，是否应该出经常费，研究机构应该由谁来领导，这些问题都是应该及早做出决定的……云锦生产当前存在着另一个严重问题，就是商业部门对于生产部门在收购价格上的极端不合理的情况。由于这个矛盾，造成生产部门的亏本，生产数量愈多，亏本则愈大。这样的情况必然不能刺激生产，也无法改进产品提高质量。再一严重问题是云锦业继承无人，将趋于'人亡艺绝'的境地。其后果不堪设想。……因此提出建议：一、领导关系问题必须及早解决。文化部门绝不能放弃领导，并应取得有关部门的配合与协助。二、工商关系上的一切不合理的情况必须及早予以纠正。三、对于将要趋于'人亡艺绝'的遗产，应采取积极措施，予以抢救。四、希望能在最近筹备召开艺人与工艺美术工作者的代表会议，把江苏省工艺美术事业上所存在的问题摊开来，切实地研究一番，并加以解决"[1]。这篇发言中流露出陈之佛先生对云锦及至整个工艺美术行业发展的急切心情。一位德高望重的学者，如此无微不至地关心工艺产品的命运，甚至考虑到它的产销关系和艺人待遇与承传等问题，是何等不易，何等可贵。

经过陈之佛先生的不懈努力和多方奔走，南京云锦研究所终于在 1956 年成立，使具有数百年历史的南京云锦在短时期内得以重见天日并大放异彩。为此陈之佛先生又撰文指出："适用、经济、美观是工艺美术创作设计的基本原则，这是大家所早已知道了的；社会主义的内容、民族的形式，是我们努力的方向，也是明确的……推陈出新，使得我们的工艺美术产品，更为丰富多彩，更为人民所喜爱。"[2]

在陈之佛先生的指导下，云锦研究起初阶段主要进行"摸底"工作，即从挖掘和收集资料开始，一方面进行图案纹样的整理，另一方面对老艺人的创作设计经验进行总结。在短时间内即整理出一套云锦传统图案，并系统地总结了老艺人的创作经验及配色口诀。其科研成果《云锦图案》由人民美术出版社出版，引起学术界、手工艺界的极大反响，"云锦"这朵染织艺术奇葩终于拂去尘埃重见天日。在此时期，陈之佛先生先后发表了《人工织造的天上彩云》《锦缎图案的继承传统问题》等文章，对云锦工艺及纹饰艺术特点做了进一步的研究，使云锦艺术跨出国门，走向世界。

在关注云锦工艺的同时，陈之佛先生又重点提出对苏州刺绣、无锡丝绸以及绿丝等传统工艺的关注。

《陈之佛图案讲稿》对刺绣研究做了进一步阐述："刺绣在殷商时即开始，历代均有发展。其应用很普遍，在唐朝以前，除服装、装饰物之外，还为宗教服务，故宗教用

[1] 陈之佛. 江苏工艺美术事业中当前亟待解决的问题[M]// 岑其. 陈之佛. 杭州：西泠印社出版社，2007:118—119.

[2] 陈之佛. 工艺美术设计的问题[M]// 岑其. 陈之佛. 杭州：西泠印社出版社，2007:120.

具上多用刺绣。至宋朝时，刺绣运用到书画，将技术推进了一步。以至明朝，刺绣更精进。著名的'顾绣'，其题材广泛，涉及花鸟、山水、书法等。中国的刺绣种类很多，世界闻名，如湘绣、粤绣、苏绣等，非外国能比拟，绣法有平绣、盘金纱、纳锦、包纱（打子绣）、贴绒等。"[1] 这一精辟的论断为其后的刺绣研究提供了依据，后人有关刺绣论著（文）中仍有不少引用此文的。

对苏州、无锡等地出产的缂丝的工艺品，陈之佛先生亦倍加关注。他撰文论述缂丝的工艺特点，为继承和提高缂丝工艺做出积极努力。他认为："缂丝工艺不分正反面。织时将花纹空出，然后再用各色彩丝一部分一部分织成，故工程浩大，费时较多。在五代时开始产生的缂丝，至北宋以后渐渐成为欣赏品，与其他工艺一样，形成日趋精细、繁密的作风。"[2] 在他的帮助和扶持下，苏州、无锡两地的缂丝重放光彩，犹如镶嵌在太湖之滨灿烂夺目的名珠，令世人瞩目。

关于印花图案的设计问题，陈之佛先生著有多篇专论。譬如1956年6月在美协华东分会上的发言《中国图案与印花图案改革工作》，1957年3月发表的《关于印花布设计问题》，以及在同时期的两篇讲话，即《在轻纺工业美术设计人员业余进修班上的讲话》、在省花样评选会上的发言《关于花样设计工作方面的总结》等，都明确地阐述了设计与生活之间的关系，即使今天读来仍觉鲜明生动，给人启迪，诲人不倦。例如，在一篇文章中陈先生写道："听说有一家印花布厂，以农村为对象而设计花布图案。图案题材采用了耕地的牛，结果呢，他们用这个图案生产出来的大量印花布都躺在仓库里睡觉。牛这种东西本来并不漂亮，姑娘不会喜欢买这种印花布来做件衣服穿在身上。这是可想而知的。"[3] 这就言明，染织设计的定位要十分准确，其设计不仅要求活跃、明快，体现生活，而且必须给生产企业带来经济效益，反之则造成损失，这是设计与生产相辅相成的关系。在《谈工艺美术设计的几个问题》一文中此观点尤其鲜明："要很好掌握适用、经济、美观三个原则，不是一件很容易的事情，并且三个原则也不是各各孤立着的，而必须是有机统一的。注意了经济、适用而忽略了美观，不行，这样做，无疑在工艺美术中取消了美术。只注意美观而忽略了经济、适用，也不行，这样，就会变成'纸上谈兵'。……许多实用工艺品，便如很漂亮的织花毛巾、织花床毯，偏要加印一枝红绿花在上面，反使原来的织花不起作用……曾经有一个时期，以为工艺图案的设计上，尽是一些花花草草、几何纹样，毫无一点思想性，表示不满。于是到处加上五角星、镰刀斧头，甚至漆屏风上画时事漫画，缠枝牡丹上嵌上红星，把思想性作庸俗的理解……值得我们注意……这些优秀的工艺遗产，由于生产时代的不同，内容的不同，用途的不同，材料

[1] 南京艺术学院．陈之佛九十周年诞辰纪念集[M]．南京：南京师范大学出版社，1986．

[2] 同上．

[3] 陈之佛．丰富多彩的江苏民间美术工艺[J]．

的不同，技术的不同，再加之地域的不同，而产生千变万化的不同形式。如何去熟悉它、研究它，批判地吸收它，借以丰富今天的工艺美术，这个工作，也是今天应该特别给予重视的。"[1] 陈之佛先生的这些论点，即使在今天仍不失为一个重要原则，值得染织艺术设计者思索。

总之，陈之佛先生早年潜心于染织艺术的设计和研究，其论述是非常丰富的，而且具有现实意义。他对这门艺术的关注更使得这一历史悠久的传统工艺延绵不断，具有旺盛的生命力。先生的学术思想和早年的设计实践尚待继续挖掘与研究，并发扬光大。值此先生诞辰百年之际，谨以此文表达后辈对先生的缅怀敬仰之情，又是我辈研究先生与染织艺术的开端。

原载于《艺苑（美术版）》1996 年第 3 期

[1] 陈之佛. 谈工艺美术设计的几个问题 [J]// 南京艺术学院学报（美术与设计版），2006，(02):132+136.

陈之佛创办"尚美图案馆"史料解读

陈之佛于 1923 年至 1927 年在上海福生路德康里二号创办"尚美图案馆"[1]（图 1、图 2），是他早年从事工艺美术设计实践的一段重要经历。该馆主要通过接洽染织图案设计的订单任务，为当时各大丝绸厂设计了大量图案纹样。同时，又利用实际工作来培养设计人

图 1
创办"尚美图案馆"
时期的陈之佛

图 2
图案馆标志

员，有力地推动了工艺美术设计人才的培养和设计事业的发展。诚如，20 世纪 50 年代曾跟随陈之佛研习图案的张道一撰文指出："在当时的中国，办'图案馆'不仅是一件旷古未有的新事物，体现着一种全新的设计思想，并且标志着现代工业生产中设计与制造的分工。其观念之新，意义之大，是不能低估的。"[2]的确，从陈之佛选择工艺美术之路，并立志以"振兴实业"的亲身实践作为己任来看，他当年毅然投入工艺美术设计这项清苦工作和筹集资金创办"尚美图案馆"的这段经历，可以确证他作为我国现代工艺美术先驱者的历史地位。

一、"尚美图案馆"的存在时间及历史背景

关于陈之佛创办"尚美图案馆"的时间，在诸多文献史料的记载上曾有一些出入。在 1986 年 9 月由江苏省教育委员会、江苏省文化厅、南京艺术学院和南京师范大学联合编辑出版的《陈之佛 90 周年诞辰纪念集》一书中，载有陈修范、李有光撰写的两篇文章。其一，《艰辛的开拓者——陈之佛先生生平》一文中记述："1923 年（陈之佛）学成归国，在半封建半殖民地的旧中国，民族工业受到压制，他无处施展专长，虽曾创办'尚美图案馆'，但亦因受厂商盘剥，无法维持而停业。"[3]其二，《当代工艺美术前辈——陈

[1] 李有光，陈修范. 陈之佛研究 [M]. 南京：江苏美术出版社，1990.

[2] 张道一. 尚美之路 [M]// 李有光，陈修范. 陈之佛文集. 南京：江苏美术出版社，1996：序 1.

[3] 陈修范，李有光. 艰辛的开拓者——陈之佛先生生平 [M]// 江苏省教育委员会，江苏省文化厅，南京艺术学院，等. 陈之佛 90 周年诞辰纪念集. 1986：1.

之佛先生》一文中记载："1924年，他为了发展我国的民族丝绸工业，在上海创办了'尚美图案馆'，为工厂设计了大量的丝绸图案。"[1] 这里，作为亲属的回忆所记述的创办时间出现了两种说法，这为考据具体的时间引出了话题。在同一文集中，谢海燕撰写的《陈之佛的生平及花鸟画艺术》一文中则写道："1924年陈之佛回国。……他决然接受了上海东方艺专和上海艺大的聘约，担任图案科主任。私立学校主要靠学费收入，教师待遇菲薄，难以维持一家生活，他在课余编书，还办了一个'上海图案馆'（应为'尚美图案馆'）为工厂设计丝绸花布图案。"[2] 作为时任上海美专的教务长，又曾与陈之佛共事的同代人的回忆，对当年的史实记述应该是具有一定的依据。在1990年由李有光、陈修范所著的《陈之佛研究》一书中记载："1923年（日本大正十四年），艺成归国，……毅然选择了从事工艺美术教育这一清苦的工作。并筹集资金创办了'尚美图案馆'，独自培养设计人才，促使一些艺术院校开设图案系科。"[3] 在同一书中的"陈之佛年表"又有这样两则记载："1923年，癸亥，创办'尚美图案馆'，馆址设在上海福生路德康里二号。1924年，甲子，'尚美图案馆'业务日益兴盛，设计的图案纹样深为各厂家喜爱。"[4] 在1996年由江苏美术出版社出版的《陈之佛文集》中张道一撰写的代序《尚美之路》提及"1923年陈之佛先生学成回国，很想在我国工业生产上发挥他的才智，以提高工业品的艺术品质，便在上海创办了一所'尚美图案馆'，专门为生产厂家和出版单位作产品、书籍等设计"[5]。从上述摘录的几则文献资料中可以看出，关于陈之佛创办"尚美图案馆"的时间确有存疑，主要是在1923年和1924年的时间确定上。为此，笔者曾专程前往上海市图书馆和上海市档案馆，试图查阅当年工商登记的相关资料，但均告阙如。只是在上海图书馆查阅到20世纪30年代出版的《江苏六十一县志》和《上海之小工业》两部书，在书中记述了有关当时上海地区工商业发展的情况介绍，这一点可以作为了解历史背景的资料。即在20世纪20至30年代初，"上海市的民族工商业呈迅速发展之势，一些产品的设计水平已经超过了当时的日本"。可以想见，陈之佛在这一时期创办"尚美图案馆"是具备了一定的历史条件的。又如，《上海之小工业》一书中写道："在当时的上海轻工业生产及一些大型工厂生产部门确实有对设计的专门需求，尽管这种需求难以与欧美国家抗衡，但在当时的东亚地区则已有相当的市场。尤其是自19世纪后期，我国的纺纱、织布、印染等染织工艺受到西方的影响，以及较早的'洋务运动'推动了我国民族纺织业的发展，上海出现了以中国第一棉纺织厂为龙头企业的一大批纺织印染工厂，使纺织印染由传统手工艺向机器大生产转变，至20世纪20年代初期纺织印染的花样设计已形成专业行当。"[6] 如此看来，陈之佛创办的"尚美图案馆"也是适应了当时上海纺织印染工业发展的需要，是时代孕育的产物。当然，引述这两则史料对"尚美

[1] 陈修范，李有光．当代工艺美术前辈——陈之佛先生[M]//江苏省教育委员会，江苏省文化厅，南京艺术学院，等．陈之佛90周年诞辰纪念集．1986:115.

[2] 谢海燕．陈之佛的生平及花鸟画艺术[M]//江苏省教育委员会，江苏省文化厅，南京艺术学院，等．陈之佛90周年诞辰纪念集．1986:10—11.

[3] 李有光，陈修范．陈之佛研究[M]．南京：江苏美术出版社，1990.

[4] 李有光，陈修范．陈之佛研究[M]．南京：江苏美术出版社，1990.

[5] 张道一．尚美之路[M]//李有光，陈修范．陈之佛文集．南京：江苏美术出版社，1996:序1.

[6] 何行．上海之小工业[M]．上海：中华国货指导所，1932.

图3—图5
《陈之佛染织图案》
插图

图案馆"的创办时间仍难以推定，笔者只有依据史料来做判断。这里有一则史料值得采录，这便是"陈之佛年表"中记录的1923年创办"尚美图案馆"的时间，按照年表推算，"这一年的4月陈之佛回国，原拟按约回浙江省工业学校执教，创办工艺图案科，因许校长辞职离校，回母校的计划落空，便接受上海东方艺术专门学校的聘请，任该校教授兼图案科主任，并改名之佛"[1]。之后，他又在这一年创办了"尚美图案馆"。按照一般逻辑来论，陈之佛创办"尚美图案馆"的时间应在这一年的下半年。分析理由有二：一是他4月间刚刚回国，应该是忙于寻找合适的工作，加之迁到上海任教，这一系列人生"大事"不可能让他有更多的分心时机从事第二职业的开创；二是创办一项"实业"毕竟有许多手续需办，其中租用馆舍、联系业务、落实客户和接洽订单便不是一蹴而就的事，是需要花费大量的时间来经营的。况且，陈之佛此时还身兼教职，不可能全身心来处理此等繁杂的事务。据此来看，"尚美图案馆"应是在这一年的下半年稍晚时间才得以创办，这是较为符合事实的。那么，经过一段时间的试运营，或者说开张一段时间后，方才得到社会的正式认可，这便接上了"年表"所记载的"1924年（甲子、民国十三年，时年28岁）'尚美图案馆'业务兴盛，设计的图案纹样深为各厂家喜爱，当时颇有名气的虎林厂生产的产品，纹样多出自（图案馆的）设计"[2]。另外，笔者在与陈修范、李有光访谈时，他们也以多份史料给予佐证。由此，对摘引文献出现的时间上的差异也就不难理解了。确定其为1923年，可以认为是指创办的实际年份，这也是目前引用最多的一个时间概念。而采用1924年的时间，则可以理解为"尚美图案馆"真正为业界所知晓的时间，即"尚美图案馆"的业绩被同行承认的年份。当然，这只是笔者分析的一种看法，有待进一步查考当时上海市的工商业登记资料（图3、图4、图5）。

关于"尚美图案馆"的歇业时间及其历史原因，从史料来看较为清楚，在"年表"中有这样的明确记载："1927年（丁卯，民国十六年，31岁）'尚美图案馆'因受厂商剥削，负债累累，加以受北阀战争影响，业务全部停顿，无法维持而停业。"[3] 对于该馆1927年的歇业时间还有一则史料可以证实，这便是其亲属冰一、贞一撰写的回忆录《不逝的影像》一文中记载的年份："1926年我家遭火灾，房屋、家产荡然无存。隔了一年(1927年)，在上海工作的父亲接我们去上海，与三哥(陈之佛)他们住在一道。……

[1] 李有光，陈修范．陈之佛研究[M]．南京：江苏美术出版社，1990.

[2] 同上．

[3] 同上．

此后冰一一家和三哥一家从上海到南京、后到重庆、再回南京，一直相伴 20 多年……（按回忆录提示，当年冰一一家和三哥一家离开上海的时间即为 1927 年），尚美图案馆也就停办了。"[1] 这则回忆资料应该是采信可靠的：一是回忆人与陈之佛一家在上海有过共同生活的经历，尤其是此前家中发生火灾的遭遇应是回忆人在一生记忆中最具强烈印象的事件，故而年份的追述应是真切可靠的；二是回忆人与陈之佛一家相伴 20 多年，并由上海辗转南京，后至重庆再回南京，这段经历了抗战的烽火岁月也应是刻骨铭心的，特别是离开上海的年份，这是他们人生转折的重要历史时刻，同样应具有强烈的印记。

至于尚美图案馆歇业的原因，诚如"年表"中所言，"因厂商剥削，负债累累"[2] 而终止。关于这一点，在李有光、陈修范撰写的《陈之佛的生平》一文中更有详述："尚美图案馆关闭了，陈氏痛切地感到在当时社会从事图案设计的艰难。政府的腐败，厂商的鼠目寸光，只图眼前利益，单靠个人拼搏实难改变这一落后现状。"在张道一撰写的《尚美之路》一文中也有明确的追述："……可惜那时的企业家眼光短浅，经营手段陈旧，缺乏现代经济思想，只图花样的模仿和拼凑，不肯在产品的艺术品质上投资，未及多时，'图案馆'就维持不下去了。为这件事，陈先生一直引以为憾，直到 50 年代初我投入他的门下，跟他学习图案和工艺美术史论，他还不时地叮嘱我：艺术的路子要走得宽一些，要理论和实践结合起来，不要太窄太偏。否则，在社会上无法立足。他也就在'尚美图案馆'之后，主要转向了教学。"[3] 在这几则文献记述中，虽没有直接的历史原因记载的凭证，但仍然能够看出尚美图案馆歇业的历史面貌。就这一历史面貌，结合我国近代工商业发展的史实，还是能够得出清晰的事实依据的。我国近代工业发展经过资本主义的简单协作、工场手工业和机器大工业三个阶段。我国近代工业是在特殊的历史条件下产生的，在工场手工业没有广泛发展时，先产生了近代机器工业。以后在近代工业有了一定发展之后，工场手工业才获得广泛的发展。其原因就在于我国工业资本积累不足，人力工资却十分低廉，某些行业产品销路不大，不利于使用昂贵的进口机器。因而不少资力薄弱者投资工业，只能从本小利微的手工业开始。当时不少行业使用手工生产反而较使用机器生产更有利可图。如"纺织印染业在 20 世纪初，从国外引进新式的机器，但与手工织布印染相比，资本投入比为 11：1，尽管劳动生产率比为 6：1，但由于雇工的工资低廉，资本家宁愿继续使用手工机械生产"[4]。另一方面，不发达的机器工业还需要手工业来做补充，需要由手工工场、作坊或乡村手工业者来承担工厂的外加工作业。因而在 19 世纪末 20 世纪初，资本主义机器工业有了进一步发展，并为传统手工业提供了一批新式手工机械后，反而使传统手工业通过改革技术和改变经营组织获得新生，为手工工场的普遍发展提供了有利的条件。也就是说，机器工业的冲击被转化为手工业改

[1] 冰一，贞一．不逝的影像 [M]// 江苏省教育委员会，江苏省文化厅，南京艺术学院，等．陈之佛 90 周年诞辰纪念集，1986:197—198.

[2] 李有光，陈修范．陈之佛研究 [M]．南京：江苏美术出版社，1990.

[3] 张道一．尚美之路 [M]// 李有光，陈修范．陈之佛文集．南京：江苏美术出版社，1996:序 1—2.

[4] 江苏省教育委员会．陈之佛 90 周年诞辰纪念集，1986 年.

革创新求生存的内在驱动力。再则，20世纪初叶，上海作为我国最大的开埠口岸，其纺织印染业虽已完成机器大生产的转变，但对于印花纹样的设计趋于崇洋，花色以国外，尤其是以日本纹样为时尚的追求，这在日本发动侵华战争前夕就已暴露出来。因而"对于纺织印染业的来样加工在工本核算上，较之自行设计要低廉许多，这给当时我国民族纺织印染业带来极大的破坏"①。考据这些史料，对于解读尚美图案馆歇业的历史原因可谓是一种补充。同样，在笔者与陈修范、李有光访谈时，他们也提到当时资本家廉价收购花样、盘剥稿酬的历史事实。从史料和访谈中可以看出，一是因为厂商剥削的根源；二是图案馆的稿酬收入太低，造成负债累累的情况，即主要在于资本家廉价收购花样和手工纺织印染业的外国来样加工造成的以机器印染花样设计为主的业务前景暗淡；三是自身规模较弱，尚未形成有效的商业资本的投资与运营规模，导致处于萌芽状态中的我国近代"设计事务所"初创事业的破产。如此看来，这三点历史原因致使图案馆歇业，不能不说是我国早期工艺美术事业发展过程中的一个历史性的悲剧。

二、尚美图案馆的旧址位置及馆舍规模

关于尚美图案馆的旧址位置在"陈之佛年表"中有这样的记载：馆址设在上海福生路德康里二号（图6）。在冰一、贞一的《不逝的影像》一文中更有具体的记载："回国后先在上海办尚美图案馆。……记得是在老靶子路福生路德康里2号一幢三层楼里。"[1]这一具体位置，在这篇文章随后的记述里还写明是石库门一带的里弄街道。据笔者在上海市城建档案馆查阅有关资料获悉，在上海由各种各样小巷隔开的楼房统称为"里弄"或"弄堂"，是源于19世纪50年代到60年代的难民潮中一哄而上建造的那些成

图6
建于1917年的石库门里弄"德康里"

排式的楼房，且都为木结构。到了19世纪70年代，不少都已损坏。而且一旦发生火灾，成排的木结构房屋就会非常危险。因此，19世纪70年代早期新建的楼房都是砖、木和水泥混合结构的。新建的房子仍然成行排列，每隔几排便在四周建起围墙形成一个住宅小区。出于通行、采光和通风的需要，小区内每两排楼房中间都铺设一条小巷。这种成排楼房中间有通道隔开的住宅形式，从此便被称作"里弄房子"或"弄堂房子"。至于"石库门"，则是上海市里弄房子中出现最早，也是最普通的一种。更明确地说，石库门描

---

① 笔者在上海档案馆查阅的民国时期上海染织印企业的有关报表说明摘录。

[1] 冰一, 贞一. 不逝的影像 [M]// 江苏省教育委员会, 江苏省文化厅, 南京艺术学院, 等. 陈之佛90周年诞辰纪念集, 1986:197.

述的是这种房子的大门式样。^①可当笔者依循文献提供的地址在上海新改建的石库门地区寻找尚美图案馆旧址时，发现那里已面目全非，甚至被称作 20 世纪 20 年代遗留下来的旧楼，也似景观道具，难觅历史真迹。

不过，笔者在参观了几幢建于 1872 年左右的早期里弄房子后，对这一带的建筑产生了深刻的印象。房子都是成行排列地建造，是受到西方建筑的影响，但是就房子的内部结构来看，明显是源自四合院这种传统的中式住宅。有意思的是，笔者参观所见的房子与陈之佛亲属回忆却有几分相像。冰一、贞一在《不逝的影像》一文中记述道："石库门里是一个小小的天井，底层正屋是尚美图案馆，当中摆着张大菜桌，那是三哥会客的地方，晚上架张行军床即是来访亲友的歇宿之处，记得小叔（按孩子的称呼，系三哥的幼弟）曾在这里住过一段时间。后面灶底间里住着壮涛表兄。二楼楼面住着三哥一家，其时儿子家墀约八九岁，长女雅苑约六七岁，次女雅民约四五岁。临窗的写字台是三哥的作画之处，当时三哥主要创作图案，画幅不大。二楼亭子间里住着的是沈沛霖先生，他是三哥留日时的同学好友，学纺织的。后来沛霖兄的二弟沛恩从日本留学回来，也住在这里。我们一家住在三楼，父母和我们姐妹共四人。……三楼亭子间里还住着位外地人，不熟悉，可能是在电报房工作的，因为老听见他嗒嗒的，大概在练习发报手势。当时，还有个叫创生的学生，跟三哥学画图案，睡在二楼层阁上。他实在是三哥这位著名美术教育家的最早学生，可惜大约没学完，因为不久三哥去广东艺专任教，尚美图案馆也就停办了。"^[1]从这段回忆录的详尽描述中，一是可以确认尚美图案馆的地址，的确就在石库门一带的里弄内，只是旧貌变"新颜"，多少给史料考据带来一些遗憾和失落；二是可以清晰地观察到尚美图案馆的规模。

事实上，陈之佛在上海租用的馆舍是连带自己的"工作室"，同时兼顾解决亲友、朋友、学生的住宿之用。这样看来，陈之佛在 1923 年至 1927 年间在上海创办尚美图案馆的馆舍规模并不太大，可谓是一屋多用、因陋就简。算起来尚美图案馆实际馆舍场所也只是一层的正屋和二层他自己的住处，况且一层正厅夜晚还经常改作来往客人的歇息处。若再作推论，当时从事图案设计的也主要是陈之佛本人，兼带几位朋友或是学生的帮忙，是典型的"个人设计事务所"性质的经营作坊。在李有光、陈修范撰写的《陈之

[1] 冰一，贞一．不逝的影像 [M]// 江苏省教育委员会，江苏省文化厅，南京艺术学院，等．陈之佛90 周年诞辰纪念集，1986:197—198.

---

① "石库门"的词源比较模糊，虽然 20 世纪初叶开始在上海人口中都说"石库门"这个词，但很少有人说得出它的具体含义以及起源。从字面上看，它的意思是"石头仓库的门"，让人不知其所以然。石库门房子的大门实际上是由两块黑色的厚木板合并而成，每块门板正中安置着一只青铜门环。大门四周是石结构的框架，因此"石库门"的意思是"有石头框架的木门"（参见上海市社会局档案：Standard of Living of Shanghai Laborers, p136）。

佛的生平》一文中是这样记述的："陈氏一方面向工商界推荐学生的图案作品，同时又与朋友马某合作着手创办一所'尚美图案馆'，目的在于能为丝织、染织等厂家培养一批图案纹样设计人员。筹办中马某觉得无甚利可图而突然毁约，迫使陈氏不得不独自筹措资金，勉强开办起来，馆址设在自己住处福生路德康里二号底层一间大房间内，这里白天是学员学习场所，也是会客室，晚上是亲友们歇宿之处。就在这样一间简陋的房屋里，艰难地办起了第一所培养设计人员的学馆。他结合各厂生产实际绘制图案纹样，并作意匠设计，效果显著，深受厂家欢迎。"从陈之佛当时的经济状况，以及尚美图案馆所在区域和当时馆舍用途分析来看，陈之佛在创办尚美图案馆时经济是相当拮据的，这也正是该馆规模不大的根本原因。但较之同时代留学海外归国的染织艺术设计师李有行（1906—1982）、柴扉（1903—1972）等人而言，陈之佛算是有自己的实业（李有行归国后担任上海美亚绸厂的设计师，柴扉则在多家印染厂、丝绸厂从事印花布设计工作，他们均属雇员）。

笔者之所以判断陈之佛在创办尚美图案馆时经济拮据的理由有三：一是陈之佛的父亲在他赴日留学之前家道已由望族开始衰落，当时经营的只是一家小药铺。而封建家庭的场面又要维持，急需儿子们赚钱以补家用。父母对陈之佛学习和深造并不支持，即便是他考取"官费"出洋，也是诡称已在外地找到工作始得赴日。在日本数年，除岳家资助外，每月还向朋友借债，以薪水之名寄回家里，这笔债直到1929年到广东艺专任教时才陆续还清。甚至在他学成回国，决定携家眷去上海时，父母仍不同意，只好借口探望岳家才离开家乡。在这种情况下，是不可能得到家里经济支持的。二是他择其上海石库门的里弄作为家居和图案馆的工作场所，就足以证明他勤俭持家、艰苦创业的境地。石库门一带在旧时上海被称作"大杂居"。夏衍的话剧《上海屋檐下》描述了20世纪二三十年代一群石库门居民的生活，形象地展示了石库门中的各色人等。以夏衍剧作材料为引述，即作为历史背景的一项证实，石库门是广大贫民的生活区域。三是陈之佛创办尚美图案馆的馆舍所具有的多种用途，已明显证明当年他从事工艺美术设计事业的艰辛。

然而，更应当看到，就是在这样艰难困苦的环境中，陈之佛毅然开创的工艺美术设计事业仍然维持了近5年的时间，这是我国近现代艺术设计史上值得浓墨重彩书写的一笔。尤其是在这创业初期，他承担学校和图案馆两方面的教学工作，殚精竭虑，甚至没有时间顾及家庭，妻子儿女仍居于浒山乡间。1923年冬长子家翊患脑膜炎因在乡间得不到及时治疗而夭折。消息传来，陈之佛十分悲痛，为自己没有尽到父亲的责任而内疚，只能拼命工作来排遣内心的哀痛。是年春节，好友常书鸿赠以贺卡，上书古曲一首"何处逢春不惆怅，何处逢情不可怜？杜曲梨花杯上雪，坝陵芳草梦中烟"，以示安慰。之后，陈之佛因在东方艺专任教授兼图案科主任，生活逐渐安定，遂于1925年暑期将一直居住在浒山的妻子儿女全部接到上海，住在福生路德康里二号（即尚美图案馆馆址），全家团聚。在亲属回忆录中关于这段经历是这样描述的："全家生活靠陈氏一人薪金维持，还要赡养乡间父母，生活担子相当沉重。多亏妻子贤德勤俭，默默与之分担，教养子女，搏节开支，一切都无须陈氏操心。因偿还当初办尚美图案馆欠下的债，甚至有时没钱买米下锅，夫人也从不去干扰陈氏，自己百般筹措，克服困难。"可见，当年陈之佛创办尚美图案馆事事之艰难。但家人的理解与支持却为后人留下了值得传颂的佳话，这是造就陈之佛日后在画坛上卓越成就的奠基石。

三、尚美图案馆的设计业绩及历史贡献

在"陈之佛年表"中关于尚美图案馆的设计业绩，主要记载是"设计图案深为各厂家喜爱。当时颇有名气的虎林厂生产的产品，纹样很多出自他的设计"[1]。在谢海燕撰写的《陈之佛的生平及花鸟画艺术》一文中又记述："'上海图案馆'（尚美图案馆）为工厂设计丝绸花布图案。他所作埃及风格的镶嵌装饰图案异军突起，开始在艺坛崭露头角。"[2]张道一在《尚美之路》一文中有具体叙述：陈之佛在"上海创办了一所'尚美图案馆'，专门为生产厂家和出版单位作产品、书籍等设计。现在我们所能见到的他的大量丝绸图案、封面和装饰画等，多是这时期的作品"。从摘引的几则文献看，有关陈之佛创办的尚美图案馆为丝绸印染厂设计图案画稿的事项较为一致，但像张道一提及的为出版单位做书籍装帧设计在其他史料中却少有提及。不过，这一点在"陈之佛年表"中还是能够得到印证的。"年表"记载："1925年，应胡愈之之约，为《东方杂志》作装帧设计；1927年应郑振铎之邀为其主编的大型文学刊物《小说月报》作装帧设计。以独特的艺术风格吸引了广大读者。"[3]不难想见，在创办"尚美图案馆"期间，陈之佛所做的书籍装帧设计不纳入该馆的设计业务当中，或许只是从业务量看，大多是以丝绸印花图案设计为主罢了。依据史料来看，陈之佛创办的尚美图案馆，确实是真正意义上的图案设计"事务所"，是将设计与生产进行分工与合作的一种尝试，这种尝试主要来源于他的留日经历和接受的西方设计教育思想的影响。

据史料记载，陈之佛创办尚美图案馆目的在于"能为丝织、染织等厂家培养一批图案纹样设计人员。就在简陋的馆舍中他艰难地办起了第一批设计人员的训练班，他结合

[1] 李有光，陈修范．陈之佛文集[M]．南京：江苏美术出版社，1996.

[2] 谢海燕．陈之佛的生平及花鸟画艺术[M]//江苏省教育委员会，江苏省文化厅，南京艺术学院，等．陈之佛90周年诞辰纪念集，1986:11.

[3] 李有光，陈修范．陈之佛文集[M]．南京：江苏美术出版社，1996.

各印染厂生产实际绘制图案纹样，并作意匠设计，效果显著，深受厂家欢迎。此风一开，许多艺术学校纷纷开设图案课程，有的还成立了独立的图案系、科，大大促进了我国工艺图案事业的发展"[1]。

关于陈之佛当年设计的丝绸纹样品种目录及画稿风格，如今已难觅画稿清单，笔者只能根据他仅存的当时创作的纹样图稿和后人的回忆记述尝试还原，以探寻陈之佛创办尚美图案馆的设计业绩和历史贡献。在亲属回忆录中有这么一段史料值得关注，这是记述陈之佛在尚美图案馆时期精心设计画稿的情形写照："从目前仅存的108幅他当时设计的手稿中就可以看出，纹样取材广泛、风格新颖、色彩典雅、手法多样，具有很高的艺术水平和实用价值。"[2] 好在这批图案画稿已由李有光、陈修范整理编撰成画册，于20世纪80年代中期由上海人民美术出版社出版。针对这些画稿的取材和设计风格的意图，由于陈之佛当年并未在画稿上有明确的注录，至今很难直接解读。

笔者通过对他相关著述的研读，从中挖掘他对图案设计的创作意图。他在1929年《东方杂志》上发表的《现代表现派之美术工艺》一文中对图案纹样设计有详尽的剖析，从中有三点可证：

一是该文发表时间距陈之佛在尚美图案馆的工作时间较近，应该说文论所反映的图案设计观点，最能体现陈之佛在这一时期对图案设计的思考与看法。况且，文论中所列举的表现派图案又是他在这一时期所设计图案的代表风格之一。而这类图案正是他留日期间所接触到的西方乃至日本当时图案设计流行的风格。诚如谢海燕在《陈之佛的生平及花鸟画艺术》一文中所述，"留学期间，他不但努力学好本专业的基本知识和基本技能，在花鸟写生、图案构成和色彩学方面狠下功夫，对中外美术史、工艺史和美术理论都以极大的兴趣，孜孜研求"[3]。有关陈之佛在日留学期间的钻研经历，长期跟随他学习图案的邓白有这样的详尽追述："（先生）从早年起专攻图案，即以刻苦钻研著称。留学日本时，……他对中西学术兼收并蓄，对古埃及壁画及希腊陶瓶的装饰有特殊的兴趣，临摹、探讨、孜孜不倦。对印度、波斯的装饰画和地毯，又是那么欢喜赞叹，爱不忍释。至于祖国的艺术遗产，举凡彩陶的纹样、商周的鼎彝、汉代的瓦当和画像砖、敦煌历代的壁画、藻井，以至明清的云锦、刺绣，都足以使他废寝忘餐，学如不及。"[4] 从这两则记述中，我们能够清楚地探寻出陈之佛早期图案设计风格的渊源，的确是对中西艺术的兼收并蓄，而在取材上更是博古通今、中西兼融。尤其是他对祖国艺术遗产的认识更是达到相当高的境界，认为"使新图案的设计与丰富的、优秀的艺术传统结合起来，是发展工艺的正确道路"[5]。

[1] 李有光，陈修范. 陈之佛研究 [M]. 南京：江苏美术出版社，1990：

[2] 李有光，陈修范. 陈之佛研究 [M]. 南京：江苏美术出版社，1990：

[3] 谢海燕. 陈之佛的生平及花鸟画艺术 [M]// 江苏省教育委员会，江苏省文化厅，南京艺术学院，等. 陈之佛90周年诞辰纪念集，1986：10.

[4] 邓白.《陈之佛花鸟画集》序 [M]// 邓白. 邓白全集：第7集，2003：271.

[5] 何躬行. 上海之小工业 [M]. 上海：中华国货指导所发行，1930：

二是该文中对图案设计提出了关于设计原理与方法的思考，这表明是他对从事图案设计实践和教学工作以来的经验总结。这一总结不仅可以看作是他在尚美图案馆从事图案设计以来积累的经验总结，更可以看作是实践与教学相融合形成的理论总结。事实上，这是陈之佛以后提出的"图案学"研究的奠基理论。

三是该文明确提出挽救我国日益衰颓的美术工艺事业，教育是头等大事。即便是"有的艺术学校也办起图案科来了，但是在这个时候，图案知识还是未能普及，人才还是觉得很少，一般人还是未明图案内容的真义，还是未能切于实用，图案自图案，工艺自工艺，不能互相适应融合。这虽然是萌芽时代所不免的状况，不过在这个时候正应尽力提倡，培养人材（才）"[1]。陈之佛的这项呼吁可谓是对历史的最重要的贡献，即使在今天重温这些发表于近一个世纪前的文论，仍觉得话题犹新，切中要害，是我国艺术设计事业发展长期需要关注和思考的问题。

综上所述，尚美图案馆的设计业绩可以归纳为两个方面：一是为当时上海众多纺织印染厂提供织印花布的图案设计。这项设计已将图案画稿的制作视为现代企业生产的一个重要环节，即把设计与生产等同起来，显示出有机整体的生产工序，这是我国近现代真正富有设计意义的一项具有划时代性质的开创性工作。从存留至今的陈之佛设计的印花布图案画稿来看，印花纹样的排列完全具备机器印染的工序特点。花形生动活泼、穿插自然、排列均匀，既有虚实空间的变化，又充分发挥了绘涧色彩的渲染方法（图7—图11），表达出层次关系。此外，中小型印花布图案的设计，各具特色，有工整细致、整齐秀丽的花点；有活泼流畅、舒展自如的用线；也有粗壮简练的造型，朴素大方的色彩；有鲜艳夺目、富丽多彩，也有柔和含蓄、文雅素静……多种多样。而丝织图案的设计，则吸取了明清织锦图案的特色。明代风格的大缠枝宝相、牡丹等，配色浓艳富丽，造型雄浑、健壮，极具魄力。图案结构严谨庄重，讲究空间，空白之处和纹样部分相依相成，形体互相协调，排列均匀舒适。清代风格的丝织图案，则华美秀丽，色调柔和，纹样细致，

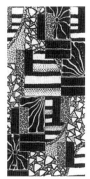

图7—图11
《陈之佛染织图案》
插图

[1] 李有光，陈修范．陈之佛研究[M]．南京：江苏美术出版社，1990.

花枝活泼，变化多样。其中承继唐宋以来的锦缎纹样设计，更是突出缎地上起绒花丝织物的设计特点，多素色，花纹和织锦相通，造型较粗壮简练，布局规整，用色稳重古朴。二则是设计书籍装帧。据文献记载，陈之佛应邀为许多书刊设计封面，如胡愈之先生主编的《东方杂志》、郑振铎先生主编的《小说月报》《文学月刊》等，以及尚美图案馆歇业之后，"他继续为鲁迅、茅盾、郁达夫、郭沫若的书籍设计的书刊封面，风格生动活泼，变化多样。这在'五四'运动后的文艺书刊装帧中，可说是异军突起，深受当时广大读者的喜爱，影响很大"[1]。

而对尚美图案馆的历史贡献进行评价时，同样也有两个方面：一是在 20 世纪 20 年代上海工商业竞争激烈的浪潮中，首开设计事务所为我国近现代艺术设计事业的发展开创了史无前例的壮举；二是设馆办学，培养了一大批我国早期从事图案纹样设计的专业人员，并引领我国早期图案教育的起步，极大地促进了我国早期工艺图案事业的发展。正如张道一撰文所言，"陈之佛先生所走的工艺美术的道路是稳健的，他不慕浮荣、不趋时习，既博览古今中外的美术史论，又打下了深厚的艺术功力。从 17 岁起专攻工艺图案，继而赴日留学，其勤奋笃学的态度和成绩，一直得到师长们的器重。在他任教的几十年间，一边奖掖青年，一边从事理论研究和创作实践……应该说，他对工艺美术的建树，是在这深广的艺术基础之上发展起来的"[2]。

四、尚美之路

在 1996 年纪念陈之佛先生 100 周年诞辰之际，张道一以"尚美之路"为题作了《陈之佛文集》的序言，对"尚美之路"做了两层含义的题解：一层是说青年陈之佛选择了实业救国之路，由织造工艺转向了图案设计（工艺美术），由此创下了许多第一。1917 年编出了我国第一部图案教科书；1918 年东渡日本，翌年考入东京美术学校（即今东京艺术大学）工艺图案科，成为我国早期留日学生中攻读工艺图案专业的第一人；1923 年学成回国，在上海创办了我国旷古未有的第一个设计事务所——尚美图案馆。二层是说成为一代宗师的陈之佛，走出了一条"尚美"之路，以期通过审美教育提高人们的情操，更以自身的学养和人格魅力赢得世人的尊崇。他倡导做人要有高尚的情操，做学问要有真知灼见，作画要有艺境，做设计要有新意匠，并号召后来者更要以宗师为楷模，要讲职业道德，要有顽强的事业毅力。

的确，在 10 年之后的今天，在纪念陈之佛先生 110 周年诞辰之际，这条"尚美之路"

[1] 李有光，陈修范．陈之佛研究 [M]．南京：江苏美术出版社，1990.

[2] 张道一．陈之佛与工艺美术 [M]// 江苏省教育委员会，江苏省文化厅，南京艺术学院，等．陈之佛 90 周年诞辰纪念集，1986:59—60.

仍然是激励我们继续前行的事业坐标。在笔者为撰稿而访谈过的陈之佛先生的学生中，得到对他评价最多的，是为人师表，德高望重。谨以此文敬献一代宗师，他给我们的力量无所不在！

附言：本文在撰写过程中得到李有光、陈修范两位老师的悉心指导，特致敬谢。

丙年春节完稿于杭州

原载于《南京艺术学院学报（美术设计版）》2006 年第 2 期

陈之佛先生与上海美专

　　陈之佛先生不仅是我国 20 世纪著名画家、现代工艺美术先驱者，而且是一位图案艺术教育家。他穷其毕生精力，投身于图案艺术教育事业，从撰写我国第一部图案教材，担任上海美专等多所院校的图案课程学教师，到建立尚美图案馆从事丝织图案设计，直至中华人民共和国成立初期，又全身心投入抢救民族民间图案遗产中，帮助恢复以南京云锦和苏州刺绣为代表的我国传统图案艺术精品。可以说，陈之佛先生始终没有离开过从事图案艺术教育、设计和保护的岗位，执教艺坛 40 余载，辛勤耕耘，桃李满天下，为我国近现代图案艺术教育事业做出了巨大的贡献，为近现代图案教育、设计和保护研究填补了许多空白。陈之佛先生曾经在上海、广州、南京、重庆等地的高等学校分别开设了 14 门艺术课程，其主要课程就是图案。如 1923 年，年仅 27 岁的陈之佛先生就在上海东方艺术专门学校任教授兼图案科主任；1925 年陈之佛先生在上海艺术大学（东方艺专与上海艺师合并）任教授，并在立达学院兼课，同样是以教授图案课程为主；1928 年陈之佛先生在广州市立美术专科学校任教授兼图案科主任等。此外，陈之佛先生与上海美术专科学校（简称"上海美专"）的渊源颇深。1930 年，陈之佛先生在上海美专任教授，主要教授图案、色彩、名画家评传和艺术教育等课程，特别是其图案艺术教育思想对上海美专产生了巨大的影响。故而，本文仅据目前能够挖掘和整理的史料素材，结合陈之佛先生的履历、著述与作品（主要是图案教材、图案文论和图案设计作品），以节选方式对陈之佛先生 1930 年到上海美专出任图案教职这一史实进行考察，着重探讨先生对上海美专图案艺术教育产生的深远影响，试图还原陈之佛先生与上海美专的深厚渊源，以此揭示我国近代图案艺术教育的发展状况。

　　从陈之佛先生相关生平史料记载来看，他在青年时代崇信"实业救国"之道，从而开启了其图案设计的道路。陈之佛先生早年就读于浙江甲种工业学校机织科，学习丝织工艺，1915 年毕业后留校任教，主要教授机织法、意匠图案和图画等课程。他十分注重理论与实践的结合探究，在从事教学工作中坚持理论积累与教学实践并举，完成了多项图案教学成果。而真正使陈之佛先生的志趣从机织工业转向图案艺术的关键人物，则是同校的日本籍教授管正雄。根据有关材料佐证，管正雄是一位图案教育家，用日本的专业称谓，是意匠专家，其制织的风景、人像技术独特，据说他的传授有助于此类设计在我国的推广。陈之佛先生与之交往密切，谦虚讨教，认真研修，从而使其在图案与绘画方面的造诣得到进一步的加深。1917年陈之佛先生编纂出我国第一部图案教科书——《图案讲义》，遗憾的是这本教材由于战乱及年代已久，已散佚而无法考证。1919年，陈之佛先生赴日本留学，先是学绘画，翌年考入东京美术学校（即今东京艺术大学）的工艺图案科。在当时中国留日学生之中，陈之佛先生成为学工艺图案的第一人。这是因为图案设计是与工业生产结合的应用型学科，日本为了保持自己的优势，一般不招收外国留学生。陈之佛先生为了实现自己实业救国的理想，了解到东京美术学校工艺图案科主任岛田佳矣教授非常重视中国古代图案研究，经一番努力终于使自己成了"特招生"，他也以优异的成绩掌握了图案设计的许多新方法。1923年，陈之佛学成回国后，引入现代图案设计观念和教育思想，怀着实业救国的责任感，在上海创办了一所"尚美图案馆"，"专门为生产厂家和出版单位作产品、书籍等设计。现在我们所能见到的他的大量丝绸图案、封面和装饰画等，多是这时期的作品"[1]。尚美图案馆作为一种新事物，体现了一种全新的设计思想。此外，将图案设计提取出来，使其在现代工业生产中与制造分离，成为一项知识产权的标志，的确是了不起的开创。然而，好景不长，"那时的企业家眼光短浅，经营手段陈旧，缺乏现代经济思想，只图花样的模仿和拼凑，不肯在产品的艺术品质上投资，未及多时，'图案馆'就维持不下去了"[2]。之后，陈之佛先生从事的图案艺术事业就只好转向教学，以培育图案人才为己任，通过现代图案设计人才的接续努力来实现自己的实业理想。

1930年，陈之佛先生受聘于上海美专任教，虽然在上海美专的时间只有一年有余，但是其教育思想对上海美专的影响是无可替代的。在这期间，陈之佛先生根据其教学需要，将自己积累的教学资料和经验整理出版了《图案法ABC》（上海世纪书局出版，1930年版）。虽然，现在无法复原陈之佛先生在上海美专上课时的情形，但据其教学思想，通过教材还是可以反映出大致的情形。除此之外，陈之佛先生在1923—1936年期间，结合所任图案课程的教学，又先后出版了《图案》第一、二集（上海开明书店出版，1929年版）、《图案教材》（上海天马书店出版，1934年版）、《表号图案》（上海天马书店出版，1934年版）、《中学图案教材》（上海天马书店出版，1935年版）、《图案构成法》（上海天马书店出版，1937年版）等教材。在这些多样的教材里，陈之佛先生或释读具有象征寓意性的图案画，或详述图案色彩、平面图案、立体图案法等

[1] 张道一. 尚美之路——《陈之佛文集》代序[M]// 张道一. 书门笺：张道一美术序跋集. 重庆：重庆大学出版社，2011:97.

[2] 张道一. 尚美之路——《陈之佛文集》代序[M]// 张道一. 书门笺：张道一美术序跋集. 重庆：重庆大学出版社，2011:97.

教学内容。这一系列的图案教材，可以说是在没有前人的理论借鉴和教材编写体例参照下完成的，填补了我国近代图案艺术教学和理论探讨的空白，也为我国近代图案理论研究打下了坚实的基础。迄今为止，这些教材仍不失其学术价值，是图案理论研究中的宝贵遗产。其中，陈之佛先生的《图案法 ABC》对于上海美专的设计教学影响最大，并成为上海美专图案教学中的重要教材之一。在办学之初，上海美专的教学是从通识性教育开始的，采用的教材多为通识性教材版本，这种版本的教材用以满足大多数学校传授基本知识、技能的通识性要求，其涉及范围宽广而全面。陈之佛先生的《图案法 ABC》就属于这类通识性教材版本。《图案法 ABC》一书中的"ABC 丛书发刊旨趣"①特别提到："我们现在发刊这部（图案）ABC 丛书有两种目的：第一，正如西洋 ABC 书籍一样，就是我们要把各种学术通俗起来，普遍起来，使人人都有获得各种学术的机会，使人人都能找到各种学术的门径。我们要把各种学术从智识阶级的掌握中解放出来，散遍给全体民众……"[1] 这不仅体现了图案教材版本通俗性、普遍性的特点，也体现了上海美专通识性教学的特点，对于当时上海美专教学，尤其是图案教学，具有深远的意义。此外，《图案法 ABC》为上海美专广大师生提供了更多的可资借鉴的图案学习和研究资料，拓展了师生的视野，给予师生设计思想极大的启蒙，同时也为上海美专图案科完善教学建制提供了必备的基础。

　　《图案法 ABC》集中了陈之佛先生对图案教学及图案研究上的经验及创见，真正起到了阶梯教学的作用，保存了极为丰富的图案设计思想及教学资料，从中可以了解到当时上海美专图案科，甚至整个中国近代图案科的具体教学状况。在内容上，《图案法 ABC》首先提到了美与实用的原则，认为"图案的成立，包含着'实用'和'美'两个要素，这两者的融合统一——实用性和艺术性的协调，便是图案的特点。故图案在艺术部门中，绝不是一种无谓的游戏，也不是一种表面装饰，而是生产样式不分离的生活艺术。现代人的生活，需要图案的作业之处很多，生活样式的美化，生活的经济化，生产美术的发展，这等生活事实很显然的已迫切要求图案的作业了。所以图案教育，实际就是生活教育。学校中实施图案的教学，对于培养精神能力（美感的陶冶）和创造能力（技艺的磨练）能够收获相当的效果，是不可否认的。它的作用，不但美化生活，充实生活，而且唤起我们的欢乐，感到生活的幸福，同时在教育上对于创造能力的培养，生产能力的开发，由图案的教养，也必然能起一定的推动力"[2]。这种美与实用的观点真实地道出了图案

---

① "ABC 丛书发刊旨趣"，是 ABC 丛书社专门针对 ABC 丛书出版目的的表述。陈之佛所著《图案法 ABC》是 ABC 丛书中的一本。

[1] 徐蔚蓝. ABC 丛书发刊旨趣 [M]// 陈之佛. 图案法 ABC. 上海：世界书局，1932：前言 1.

[2] 张道一. 陈之佛先生的图案遗产 [J]. 南京艺术学院学报（美术与设计版），2006，(02):145.

设计最为基本的原则。图案之所以为图案，并不是对自然事物的简单描摹，而是有提炼和加工，有来自人的主观能动的判断与取舍。虽然图案与绘画同样具有美的因素，但与绘画不同的是，图案必须具备实用的法则。无论是平面图案还是立体图案，都要考虑其装饰部位等设计过程中的一切客观因素，使其形式与构成不至于扰乱和违背实用的功能。同此道理，在图案教学上，"美"与"实用"的原则在图案教学中能够使受众在精神上得到满足，身体上得到愉悦。这种"美"与"实用"的原则，对于当时的上海美专来说，不管是在图案教学思想上，还是在图案教学主旨上，都得以进一步深化，从而体现了上海美专图案教学的"现代性"。

当然，实现图案的"美"与"实用"，需要设计者的意匠。因此，在图案设计中需要区别意匠和表象。表象的描写是指按照事物原形表现出来的东西，这种东西没有任何的装饰，也没有任何的附属物，只是将事物简单地摹画下来；而美的意匠不是简单地描写事物的原形，而是从人的爱美之心出发刻画出来的事物。陈之佛先生曾在《图案法ABC》中举过一个例子："譬如作一把椅子的写生和意匠椅子的图案，完全是不同的事情。对于椅子的写生，只要在椅子的原形上做功夫。就是依据人的观察的能力，表现实物的形态。但是我们在意匠椅子的图案的时候，并不注意于观察，此时第一先要想到椅子这一种东西是使人使用的，并且要使人使用的时候，有愉快的感觉。因此关于椅子的一切构造上的要素，便有考研的必要，一方面尤其要注意外观的美。故图案实在是创造的才能的表现，写生是观察的能力的表现的结果。"[1] 这体现了陈之佛先生注意到图案设计者在做设计之时需要根据环境、条件、自身感受等因素的变化而变化，无论是写生事物，还是意象的事物，都需要创新思想，认真观察揣摩，发现美的本质，并应用于设计当中。这也证实了上海美专图案教学中写生变化课程设置的目的，改变了中国传统的"临摹法"学习方式。

应该说，陈之佛先生对我国传统图案的研究非常重视，这与他在日本留学期间受图案科主任岛田佳矣教授喜爱中国图案影响有关，或者说与其影响是分不开的。岛田教授曾同他讨论中国古代图案的形式法则和构成规律，指出日本图案的发展在很大程度上受到中国图案的恩惠。陈之佛先生深受震撼，从此改变了自己对中国传统图案的认识，重视中国传统图案的学习和研究，从而古为今用。他曾在《图案法ABC》中写道："研究古代的作品，只在装饰模样的历史的知识上着想，还是不足的。应该研究过去的作品中所含的诸原则，人类和图案的关系，一种图案与当时人民的生活和理想，究竟在怎样条件之下才产生的，关于这等的研究，是最切要，而且也是最有益的。就是研究装饰的外

[1] 陈之佛. 图案法 ABC [M]. 上海: 世界书局, 1932:2—3.

貌，也比还是在何时代或者何种原因要施装饰的这等问题上紧要些。然古代的作品，固然大都可以使我们有深强的感想，但是其中也有无价值的。对于这点，须得仔细辨别。"[1]这也体现了陈之佛先生对于中国传统图案的认识态度，虽说中国图案艺术博大精深，但仍需要批判地继承，了解传统图案的设计原则及设计作品的背景，寻找其中的规律，认识图案设计的本质，继承古代图案形式规律与构成设想的精华。这种辩证的图案设计思想，对于当时深受海派文化侵染的上海美专来说，无疑是一股清流，从而促使上海美专由海派教学方式及思想逐渐开始转向重视起本土化的教学。

当然，《图案法ABC》在分析图案的基本构成以及图案色彩运用上有自己的特色，尤其是为学习者提供了简明、通俗的学习方法。比如，关于图案与实用的问题讨论，就提出两个要素：一种是专门以美为目标，不在实际的本分上着想，这是纸上图案；另一种是实际制作图案，非从审美的和实际的密切关系上着手不可。又如，研究图案的方针提出四点：一是研究线、形、色调等美的原则；二是由实践的经验和生活的观察、研究装饰、美术品、工艺品之类的实用的原则；三是古代制作品的研究，着重探讨图案与当时人的生活理想；四是自然规律研究，即一切动植物、人物以及天象地文等。再如，图案配色的原理和应用方式的讲述等，在此就不一一分析阐述。正如此书开篇所写，"ABC丛书是通俗的大学教育，是新知识的源泉……我们要使中学生大学生得到一部有系统的优良的教科书或参考书"[2]。《图案法ABC》在基础理论方面的丰富性和重要性是其他书籍所无法比拟的，且该教材结构完整，共计10个篇章，约10万字，从图案概述至图案的实用意义、分类法则、制作方法，以至对立体图案和平面图案的构成关系都作了详述。可以想见，陈之佛先生在上海美专任教图案艺术课程时，其教学和治学的严谨精神令人感动。

另外，从这本教材中还能读出当时的时代背景。当时正值日本的大正和昭和时期，日本的教育正为军国主义服务，十分重视扩充各级职业技术教育，甚至在其国立和私立大学中积极开办技术教育，大量招收工商科的学生，其中就包括工艺图案科的学生。日本昭和时期的工艺教育是由留学德国包豪斯归来的水谷武彦和山口正城等人发起的，他们联合一线的教师，展开了构成教育运动，可以说是战后日本艺术设计教育发展的渊源。[3]尽管构成教育在当时并未形成大的气候，但无疑给当时的日本图案教育注入了新的血液。再则，自明治维新变革后，日本在"富国强兵""殖产兴业"和"文明开化"的三大政策影响下，全盘西化与弘扬国粹，追求实用功利与主张精神陶冶相结合，其学校学制就是建立在欧美教育思想基础之上的，教材则是用文部省翻译的欧美各国公立学

[1] 陈之佛. 图案法ABC [M]. 上海：世界书局，1932:19—20.

[2] 徐蔚蓝. ABC丛书发刊旨趣[M]// 陈之佛. 图案法ABC. 上海：世界书局，1932:前言1—2.

[3] 王天一，夏之莲，朱美玉. 外国教育史[M]. 北京：北京师范大学出版社，2000:112—117.

校的教科书。由此看来，借鉴和引进日本图案教育思想和教育方式，对于我国近代图案教育的萌发具有较大的示范性作用。为此，细看上海美专工艺图案科确立的图案专业必修课程科目，便能看出其与当时日本职业技术教育的同类专业课程设置十分相近，表明课程设置是依据当时对科学和物质文化的重视，原先属于"技"的那部分，美术形式借助于这种浮力迅速在我国各级教育组织中出现，形成了与养性艺术（纯绘画）并驾齐驱的局面，使绘画专业与工艺专业的并存格局延续下来。[1] 而这一课程设置，在日本大正三年（1914）东京高等师范学校教授冈山秀吉提出的"手工教育理论"中也有明确的阐述。他提出了科学和艺术兼备的教育思想，强调手工教育"是一项在美术、科学交叉领域内启发创造的活动"[2]。然而，有意思的是，上海美专工艺图案科所列选修科目，却应和了当时专科教育不再一味仿效日本的教育模式，而转向美国高等教育选修制模式的倾向。课程设置多样化，除工艺图案科的相关广告学、制图学等课程外，还涉及音乐、诗词学、心理学、社会教育、近代艺术思潮等，并在学校学则（1922 年 9 月颁布）的第八章中设有"选科生"管理条目，规定入校各科生选择一种或数种实习科目，须经试验入学可为选科生，选科生所选科目，于修习完毕时考查，及格方可援予选科毕业证书。虽然这一学则管理条目指称的"选科生"是否是真正意义的选课学习生抑或其他性质的研修生或进修生尚不明确，但已有条目规定证明上海美专当时的教育模式确有倾向于美国高等教育模式的意图。①

此外，陈之佛先生还发表了一系列介绍日本和欧洲新兴艺术设计运动及教育的著述。陈之佛先生在《明治以后日本美术界之概况》一文中写道："到现在日本工艺美术亦差不多与其他美术有同样的进展。尤其近年帝国性美术院展览会中设置工艺一部，奖劝激励，因此工艺更见勃兴了。……故日本美术，于数十年间，得见其欣欣向荣。回顾我国，自清末国势就衰，民国成立，内忧外患又无已时，政府视美术为无足重轻，艺界私人团体之间又缺乏互相联络，共策进行之精神，不但不见美术之发展，负有数千年光荣史的中国美术，至今反见衰颓，以视东邻蓬勃之气象，能无愧色！"[3] 从这篇文章的字里行间，可以读出陈之佛先生对我国近代美术教育事业，包括工艺美术教育事业的关注已达到牵肠挂肚、放心不下的程度。他提出的"以视东邻蓬勃之气象，能无愧色！"更可以让人深刻感到他从教时迫切改变现状的心情。这一点通过他于 1930 年在上海世界书局出版

---

① 民国时期，美国对中国高等教育的影响是显著的，无论是其预科制，还是大学的模式，都曾被引入。很多美国传教士很早就设法在中国建立了与美国类似的预科性质的学院。这些学院到后来才逐渐发展成大学，但因其都受西方基督教机构的直接控制，已演变成了与同期美国大学完全不同的另一种形式。中国当时高等教育对美国大学的模仿始于清华大学，当时由留美归国的学者执校政，可以说是美国传教士把预科制学院引进了中国，而后是中国学者仿效美国大学的模式。

[1] 尹少淳. 美术及其教育 [M]. 长沙：湖南美术出版社，1995:44.

[2] 张小鹭. 日本美术教育 [M]. 长沙：湖南美术出版社，1994:46.

[3] 陈之佛. 明治以后日本美术界之概况 [J]. 艺术旬刊. 1932, 1(06):14.

的教材《图案法 ABC》更可以得到证实。

陈之佛先生于 1934 年又发表了《欧洲美育思想的变迁》专论，从历史的视角完整地阐述了欧洲美育和艺术教育发展的历程，尤其是对欧洲新兴艺术设计运动以及艺术设计教育给予了高度评价，为我国早期艺术设计教育开辟了借鉴欧洲设计教育思想的途径。他指出："威廉·莫理斯（W. Morris）追从路斯金之说，而应用于工艺美术制作方面，盛唱以工艺美术为国民的美术。其理由：第一先从使用者一方看来，工艺美术能与一般国民以高尚纯洁的愉快；第二在制作上而言，工艺美术亦能与国民以快乐。在第二理由中，莫氏说：'现今社会，虽然劳动者以如何能得到面包为最切要的问题，但劳动者如何能得到精神的快乐实际还比面包更为切要。欲得精神的快乐，在乎他们的是否从事于所谓工艺美术的制作，……这在他们就为最大的幸福，所以现在不可不竭力奖励工艺美术。'这样的虽由先觉者唱导艺术的教化，但其影响还极微弱，因为近世教育的大势是尊重科学，尊重知识，以理解为主的。"[1] 早在 20 世纪 30 年代初，陈之佛先生对欧洲设计教育思想给予的评价就显示出理性和客观。这与实现着他自己的"实行艺术的教化"理念是相吻合的。虽然本文所引述的陈之佛先生文论是他在接受了上海美专教职之后发表的，但不可否认，从陈之佛先生的履历和教学思想来看，他的思想正暗合了刘海粟先生当时考察日本后开办工艺图案科的教育意图。

陈之佛先生将毕生精力投入到图案理论研究和图案教学事业的发展上，在没有前人基础经验的前提下，研究图案理论，填补了我国图案理论的空白，也为我国图案理论打下了坚实基础。迄今为止，陈之佛先生的著作仍不失它的学术价值，是图案理论研究中的宝贵遗产。他一生辗转很多地方，育人教学，对教育事业做出了巨大的贡献。

[1] 陈之佛. 欧洲美育思想的变迁 [J]. 国立中央大学教育丛刊, 1934, 1(02):14.

夏燕靖教授专题访谈

——回到历史语境中真切认识陈之佛先生的艺术设计事业

李华强（以下简称"李"）： 夏老师，我是复旦大学文学院博士研究生，我的博士论文是做陈之佛先生设计实践研究。经陈修范和李有光两位老师推荐，让我找您谈谈关于论文选题事宜。我的论文选题是"设计、文化与现代性：陈之佛设计实践研究（1918—1937）"，请夏老师谈谈对这个研究选题的看法。

夏燕靖（以下简称"夏"）： 总体印象，我觉得能够关注陈之佛先生早年从事图案设计这段历史研究非常有意义，这是完整呈现陈之佛艺术道路的重要组成部分。但值得注意的是，当前关于陈之佛研究中所存在的表面化、雷同化的现象比较突出，大家谈论的话题、引述的文献似乎大同小异。问题就出在对史料挖掘整理与探究不够，做史学研究，文献资料是一方面，但整理与探究，换句话说，如何解读，则有很大空间。要用历史资料探究历史问题，首先要能够分辨史料、史料解释、历史叙述和历史评价。现在从你的论文选题来看，很有理论探究的空间。

其实，探讨陈之佛先生早年从艺之路，恰好与我国近代史进程中的"现代性"转折相重合。因为这一时期，陈之佛先生刚从日本留学归来，引入的现代设计观念和教育思想非常明显，具有很强的"现代性"学理意识，有许多值得深入挖掘的史料可做，我很期待这样一个选题能够开掘出丰硕成果。况且，这一选题是以陈之佛先生为个案研究，在以往博士论文选题中并不多见，的确值得去做。对陈之佛先生的认识，原先大多集中在他的绘画艺术成就上，可能是因为在 20 世纪五六十年代陈先生主要转向绘画创作，其成就突显，诸如《松龄鹤寿》（图 1）《和平之春图》等成为举世公认的大作。这些成就在某种程度上掩盖了他的设计成就，这也是一直以来中国社会对传统文人评价的一种取向。所以，陈之佛先生以画家的身份显世之后，

图 1
陈之佛（右一）指导
艺人为人民大会堂江
苏厅赶制《松龄鹤寿》
图双面屏风

原来做设计的身份便逐渐淡去了。

我是1978年考到南艺读书的，就是恢复高考的第二批学生，今天说起来算是新时期比较早的一代从艺考生了。在我们当年的印象中，故世已久的陈之佛先生作为老校长的声誉就是他的绘画艺术。1982年夏季，我毕业留校从事工艺美术专业教学后，才慢慢熟悉陈之佛先生的设计思想及成就。比如说，陈之佛先生于1958年调任南艺副院长后，开始筹建工艺美术专业，可以说该专业是在上海美专、苏州美专和山大艺术系合并为华东艺专时停办，时隔8年在陈之佛先生倡导下重新奠基的。包括高孟焕、张云和、张嘉言、吴山、张道一、金士钦，以及之后的保彬、冯健亲、刘菊清、金庚荣等许多位南艺当时设计专业的领军人物，其实都是他一手栽培的弟子或再传弟子。但对我们这批1978年到南艺的学子来说，当时除了听张道一先生讲到陈先生图案教学以外，就很少听说了，这是很奇怪的一件事。就是到20世纪80年代初我们快毕业时，听闻著名画家傅抱石先生（图2）早年也是学染织设计的，也感到异常奇怪。我自己是学染织设计出身的，那些年好像有一种感觉，就是"大艺术"与"小工艺"，这在我这代人的认识中非常明显。所以，一个大画家，早先是做工艺美术的，好像都不愿意提及，有点回避。当然，这只是一种感受，可能是动荡岁月刚刚结束，许多历史被人为割裂，使后人不知晓来龙去脉。再就是1966年以来，工艺美术行业被破坏得非常厉害，地位每况愈下，工艺美术不被文艺青年待见，这也是事实。

图2
1960年陈之佛（左一）与画家傅抱石（左三）等在北京留影

李： 就是常说的"高艺术"和"低艺术"吧。

夏： 我们那时候报考艺术院校都比较向往纯艺术类专业，如中国画、油画，尤其是油画，1966年以来极为普及。大家学习的内容也主要是素描（明暗画法，线描很少）、油画或水粉，连水彩都画得少，纯西画学习方法，自然对油画专业非常慕名。可是，油画招生名额太少，且不是年年都定期招生，所以选择志愿时报考工艺美术专业，相对说来名额多些，比较有录取希望。但当时工艺美术专业与如今设计专业相比招生要少得多，也就招生六七十人（南艺也就此一级，1980年也就招30人）。那时，我们对"专业"全无概念，更不用说"图案"了，我只记得读过一本十来页的图案小册子，是浙江美院编的，且头尾不全。当时大多数人是在农村插队，少部分是城镇工人或学生，只要能考上就是头等大事，一般不可能去挑三拣四。在我的印象当中，这种状况持续到20世纪80年代初中期。说这个只是铺垫，是说设计教育如今发展的局面也是渐变而来的。

我们还是主要说工艺美术专业，就说陈之佛先生的设计，包括你题目中提到的"现代性"这个概念。这个很好，因为 20 世纪 20 年代，正好是陈先生归国在上海办尚美图案馆的时候。他是很有抱负的，想走一条有中国特色的设计之路。引进设计事务所这一公司化形式，由设计家主张设计事务，可谓是一条比较纯粹的独立设计之路。我估计陈之佛先生当时的想法，就是想从日本人手里拿回设计业务，服务于中国市场……他是搞染织的，又是从日本留学归来。他十分清楚，当时染织品种的花样大多是被日本人控制的，中国生产厂家要向日本人购买花样，钱都让日本人赚去了。我估计陈先生那时要搞这个尚美图案馆，实际是他想建立一个以中国人自己为核心的花布设计中心，因为他在上海，当时日本人卖花样很厉害，等于说一个行业的高端利润都被他们垄断了。这种状况持续了很久，陈先生想自己经营设计事务所，以此改变现状，但困难重重，最后只好以书籍装帧来弥补业务的短缺。

话说回来，日本的染织图案对中国影响很深，当时只要是机印花布，基本都是日本花样。就是 20 世纪 70 年代末，还未提改革开放那会儿，我们学习染织图案，临摹的也是日本图案。当时学校图书馆订阅的专业期刊就是日本老牌杂志《染织春秋》，而且动荡岁月中没有中断，真不容易。说到这里，我说点感受，陈之佛先生后来的工笔花鸟画表现形式有很浓的日本图案味道，应该与之相关。

李：这关联到一个国家的设计行业独立的问题。

夏：陈之佛先生回国后，他的抱负是非常明确的，就是建立中国人自己的染织设计行业。要特别说明一下，20 世纪二三十年代的染织行业如同今天的动漫或 IT 行业，是手工业领域的重要产业。我前段时间做过一个近现代江苏手工业艺人从业状况的调查项目，无论到苏州、常熟还是上海，以至到徐州、连云港、盐城等地，一路下来的这些区域，你能看到的手工业，除了传统手工业外，跟现今搭边的实际上全是纺织、印染工业。所以，我估计陈之佛先生当时的抱负理想就是要创出中国人自己的设计花色，而不要被东洋人垄断。我估计当时陈之佛先生的设计花样肯定要与日本商家争客户，各种渠道竞争的激烈程度可想而知。再一点，陈先生设计的花样要胜过日本纹样，并非单纯的设计问题，还有市场推销以及经济支撑。这在当时有一定的困难，这笔资金不可能是个小数目，可能是造成销路不畅的原因。除这两点之外，还有当时的纺织企业生产工艺与纺织品市场各种附加因素，这些还需要寻找更加有力的佐证来做进一步的论述。关于陈之佛先生创办尚美图案馆的历史考察，我在 2006 年写过一篇专题文章，题目是《陈之佛创办"尚美图案馆"史料解读》，做过一些探究。由于当时搜集到的文献资料有限，那篇文章也只能是个开篇，我还想继续论证下去。

李：当时的染织纹样设计是否很西化？另外，陈之佛先生的染织纹样设计与书籍装帧设计是怎样的关系？

夏：这要先界定一下。染织纹样分为机印花布纹样、丝织纹样和手工印染土布纹样几大类。陈先生设计的大多是机印花布纹样或丝织纹样，江南地区的土布生产仍然是传统版印花色，这些主要是在乡村生产，陈先生的设计不太涉及这一块。由于近代江南和两广等沿海地区陆续实现大规模机器印花，且大部分技术来自域外，主要是日本，所以许多外来花样也跟随进来。所谓西化，也可以理解为是一种以东洋花色为主的纹样设计。

日本印花图案自平安时代出现重大转折，就是逐渐由富丽堂皇的"唐风"转向简练素雅的"和风"，纹样也由卷草式变为散点式。至镰仓时代，由于武士阶层的逐渐崛起，印染纹样曾一度流行大型族徽。到了室町时代，印染纹样设计风格渐趋成熟，如和服图案纹样较为明快、奔放、轻松，体现了清雅、脱俗的装饰情趣及审美追求。后来出现的"友禅染"更多地采用以胶代蜡、绘染并重的方法。当时在中国沿海城市流行机印花布纹样，还有吸收英国比亚兹莱的那种流线风格。我分析，陈之佛先生所创尚美图案馆推出的花色销路受到影响，这很有可能是因为当时商家认为其纹样风格与东洋类似。那么，尚美图案馆除非是以低廉价格推销花样，但设计本身就依附于产业链，机器印花的主要技术和生产流程就在外商手中，要再降低价格竞争，恐怕真是无利润可言，这是一个方面。另一方面，尚美图案馆后来没能持续下去，估计是它跟纺织工业没能发生紧密联系。我曾试图考察陈之佛先生染织纹样设计的实际销路，但很可惜资料非常有限，只有杭州虎林印染公司生产的印染产品中据说有出自陈先生之手的，但这还要进一步考据求证。我建议到杭州近代工业博物馆再查查看有没有当时的资料。这家近代工业博物馆中的运河三馆曾面向社会公开征集资源，内容涉及 30 多个行业，都是和日常生活息息相关的，如纺织、丝绸、皮革、文教体育、烟草、钟表眼镜、医疗与医药、造纸、铁路、邮政、自来水、消防、金融、报纸、照相业、出版印刷、杭州国货陈列馆、西湖博览会等，可看看有无间接资料可以用来佐证。

我们今天见到的主要是陈先生同时给《东方杂志》《小说月报》等做的装帧设计。我觉得他做这样的设计还是为了维持尚美图案馆的生计，毕竟这是他的"设计产业"，是他的心血。为什么做装帧设计出路要好些呢？因为当时上海的出版业比较发达，可以借力发挥。再加上陈先生与夏衍、叶圣陶、胡愈之、周予同、郑振铎、朱光潜等文化界名流关系甚好，共同在上海成立立达学会，又与丰子恺、陈抱一等人在上海江湾创办立达学园，无论是文化出版，抑或是学校开设图案课程，做书籍装帧设计比较多。但如果说陈之佛先生是以做书籍装帧为其设计出发点的话，我觉得就把他做尚美图案馆的原本意图给搞拧了。他在确立尚美图案馆主旨时就宣称，该馆专门从事工业产品

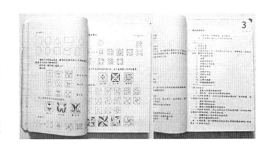

图 3
陈之佛编写的《图案讲义》部分内容影印

的图案设计，并通过实际工作培养设计人员，将作品推向社会。请注意，尚美图案馆是以工业产品图案设计为主业的，应该就是染织纹样设计。所以说，一个人的专业背景定位非常重要。陈之佛先生所做的大量图案设计，包括早年在浙江省立甲种工业学校毕业不久后结合机织工艺学习编写的《图案讲义》，还有 20 世纪 30 年代撰写的教材《图案ABC》，均列有专门章节讲述染织纹样设计（图 3）。其实，考察陈先生的很多书籍装帧，其图案构成形式仍然是染织纹样的一个再版。这说明他对染织纹样设计非常熟悉，这种钟爱是一种自然流露。而尚美图案馆最终难以维系，应该有许多问题，但主要还是产业环境所致。

李：可以深入谈谈陈之佛的书籍装帧与染织图案设计的特色吗？

夏：如我前面说的，陈之佛先生的尚美图案馆在当时以做染织花样设计为主，这一说法是有根据的。20 世纪初直至二三十年代，"西学东渐"这个概念日益普及，如民国四年（1915）上海商务印书馆将容闳的英文回忆录节选翻译出版，书名为《西学东渐记》，这本书当时在知识界比较流行。当然，要说"西学"概念，在晚明就已出现了，"西学"已是特指判断，指西教，即基督教以及欧洲科学工艺各科学问。20 世纪初叶至二三十年代的情形比较相似，西方包括日本在中国开设的印染企业渐渐多了起来，当时外资印染企业普遍实行印染花色垄断。有文献记载，民国三年（1914）第一次世界大战爆发，日商乘虚而入。除了棉纺外，毛纺、针织、印染、丝织、巾被等行业均有介入发展。民国二十六年有统计资料显示（这是在南京第二档案馆查资料所见），江南一带大型纺织厂，外资 14 家，以日商的 11 家占绝对优势，仅日商上海纺织株式会社就控制有 6 家工厂，印染花色全部控制在日商手中。这可以查一本民国三十八年中国纺织建设公司工务处编的《民国纺织印染工业历史大全·工务辑要》，其记载的是当时国内纺织印染工业所有登记列名的工厂历史。所以说，陈之佛先生开办尚美图案馆推销自己的花样，就需要进入这个企业体系。当然，花样形式也要符合企业生产的需要。我想这个历史考察还值得继续挖掘，弄清楚脉络源流。

关于陈之佛先生的染织纹样设计探究，我在 1996 年撰写过一篇文章，题目是《陈之佛先生与染织艺术》，在文中特别提到陈先生将古物及传统纹样运用到染织纹样的设计当中，并结合印染和织造工艺的特点，注重纹样的切合性，体现技术与艺术的融合。文中还针对陈之佛先生 1923—1927 年间所作丝绸图案进行分析，给出四点特色归纳：一是纹样注重表现花草植物、云雾日月等大自然景观，以及想象中的事物，诸如孔雀尾饰的花团、麒麟、龙纹等神化事物表现；二是弯曲线构成形式运用较多，兼有三角连纹、菱形对称等几何纹样；三是纹样的描绘手法偏爱于朦胧效果，而不强调绝对的清晰、明净，底纹的花草纹饰常常隐映于雾朦之中，显得静谧含蓄；四是纹样主题变化多样，意趣无穷，植物、动物、自然景象和几何主题交错穿插配用，甚至佛教图案忍冬、宝相花、卷草纹也有所表现（图 4）。此外，吸取日本明治维新后新纹样的格式，甚至采用源起于印度的"佩斯利（Paisley）"纹样作为构成，图案纹样夸张、形象生动、结构精巧，并有许多蒔绘纹样，花簇、菊、松、竹等纹样亦可见到。这篇文章写于 18 年前，我一直想继续丰富其内容。比如，陈先生早年从事丝绸花样设计

图 4
陈之佛的丝绸图案设计

的草图，我在李有光和陈修范老师家中见到过一些，底稿和发表稿差距很大，底稿可见到作者的设计想法，因为修改的痕迹都在那里，我就想再做进一步的考察。还有陈先生于 20 世纪 50 年代不遗余力地抢救南京云锦，其史料和参与人员还有待进一步挖掘，直至南京云锦于 2004 年被列入申报世界非物质文化遗产项目书相关材料的重新释读。我想你作这篇博士论文可以结合考察，或是提出来思考。

关于陈之佛先生的装帧设计，相关文献已积累很多。我印象中你写过一篇关于陈之佛先生设计《小说月报》的文章，可查考的资料非常丰富。我只说两点：一是 20 世纪 30 年代，陈之佛先生痛感工笔花鸟的沉寂萧条，投身于工笔花鸟画创作，七八年后已形成了成熟的画风，所追求的形式，诸如线条细劲流畅，造型准确灵动，在其书籍装帧中多有呈现，甚至可说风格一致。他做的书籍装帧设色清新典雅，意境隽逸精美，直登宋元堂奥。二是他的书装设计既"洋为中用"，多选取古埃及、古希腊、古波斯、古印度、古代美洲以及西方文艺复兴直至新古典主义的各种装饰母题、装饰元素与装饰风格，又吸收中国式传统图案的经营布局，从版式设计到字体运用，均形成特色，是一种变中外古今形式风格为中国式、民族化的设计的品格。况且，陈之佛先生的装帧设计作品留存于世非常之多，据统计，他设计过的图书杂志封面约有 200 种。有关资料可以查

阅 2006 年左右袁熙旸撰写的《陈之佛书籍装帧艺术新探》一文。我是想说，就这两点还可以深入推进，寻找原因和当时的艺术思潮，尤其是流行思潮，这对解读陈先生书籍装帧设计非常有利。

你提的这个问题很大，涉及面很多，我手边没有准备好资料，只能先笼统说这些，仅供参考吧。

李：从陈先生的染织纹样设计能够看出他工笔花鸟画表现的一贯性，这可以说是艺术家风格形成的渊源吗？

夏：这个问题提得好，陈之佛先生的染织纹样设计与他的花鸟画形式风格可谓是整体呈现。观赏他的花鸟画能够明显体会到宋元明清花鸟画技法的合成，比如勾勒法，勾染着色，用线勾形再有赋色，或是双钩重染，可谓手法多样；没骨法好像在陈先生许多花鸟小品中很多，不勾轮廓，丹粉点染；还有墨笔点染等。其实，陈之佛先生的花鸟画还有一大特点，就是独创积水法。这是融写意之法于工笔当中，形成清新俊逸、雍容典雅的风格，无论意境和手法，都将工笔花鸟画创作推到了一个崭新的历史高度。如今被普遍接受，不仅在花鸟画，还在插图，甚至油画表现中的仿作都有运用。要知道陈先生的这些艺术手法，在传统染织纹样设计上是有体现的。如纹样设计同样要表现自然设色的复杂变化，花样有受光、背光、反光的细微变化，不都是平面形式，常常运用水墨、水彩交替进行，积水法在水彩中就比较普遍。可以这么说，染织纹样设计对于他花鸟画创作有很大的帮助，包括素材、形式，还有构图。那么，花鸟画创作同样给予纹样设计的设色、细致入微的描绘很大的帮助，使得纹样的丰富表现力强于纯粹的工艺美术设计师，这一点我觉得是要突出强调的。如今，许多学习设计的同学已经很少动笔画画了，什么工作全在电脑上进行，那毕竟是借力。手上功夫失去了，对艺术的感受也就没有了，这是一个大问题。想想陈先生这辈大师，哪一位不是全能功夫？陈先生后来从事工笔花鸟画创作，我以为就是图案功底扎实。为什么他搞花鸟画特色鲜明？因为当时染织纹样的题材几乎全部是花鸟啊，等于说他在题材与风格方面驾轻就熟，移植过来，加上他特有的艺术感觉，自然特色就凸显出来了。

李：就大艺术家内在修养或气质来说，不可能只是一方面的成就，肯定是多方面素养集合而成。

夏：对，从修养到具体创作题材、元素，再到表现形式风格，包括绘画手法上的借鉴和运用。实际上，任何一位艺术家都不会是局限的，总是不断地跨越一个又一个领域，寻找艺术的自由境界。而这正是艺术家一种自然的内在的修养起着作用，也就是你说的多方面素养集合而成。所以，有人说，看陈之佛先生的花鸟画，觉得非常"洋气"，包括它的设色、花鸟形象，还有细节，如树梢、树干、树上结疤的色彩，好像和那些与他同时期或稍前的画家大不相同，他就是吸收了染织纹样的细节表现，当然不否认也接受了外来艺术的营养。况且，染织纹样非常讲究配色。举例来说，日本染织纹样有一个传统，就是配色特别讲究。早在 20 世纪初叶，出品的丝绸花色就已经用到 10 多套颜色染印了。按行业的讲法，就等于是印刷做铜版、做锌版的区别。10 多套色彩，等于说增加10 多个滚筒印花，且照相分色版应用于滚筒制版花样，十分精细。工艺技术水准达到，自然会给设计师带来许多挑战。因为工艺技术可以达到，自然在花样设计中也努力要求达到，循序渐进嘛！画家也是如此，当表现技艺如火纯青，自然就会挑战新的领域，在陈先生的工笔花鸟画作品中可以读出许多创新与挑战的成分。

李：对，陈先生的图案设计风格确实丰富，而且具有很强的时尚性。

夏：这一点说得非常对，陈之佛先生的染织纹样设计确有其特色，具有很强的时尚性。比如，纹样题材的传承与延伸，外来纹样的渗透与融合，均有所表现。尤其是符合当时丝织工艺的快速进步，以及丝织品种的多样变化，针对不同工艺和品种，通过具体的纹样造型和图案形式，还有丰富色彩的调和，表现出当时丝绸纹样越来越多地受到西方和东洋艺术的影响。再有，更重要的是，设计观念由功利至上转为单纯审美，纹样造型由繁复具象趋于简约抽象。与清末的"满、多、堆、全"构成形式相比，陈先生的纹样风格有向"简、少、精、新"转变的趋势。仅就这几点来说，非常符合都市丽人的时髦追求。况且，陈先生的纹样设计又有一种特别的"洋气"风貌，很有都市气息。所以，你论文用"现代性"观念来定位就很好，抓住了特性。这实际上是上海近代工业发生转向以后形成的花色变化，与传统的那种手工艺印染纹样完全不一样。所以，我们一般讲，陈之佛先生的设计有继承传统的，但更加突出的则是那种开放。说到这里，我想提议关于上海近现代设计研究应该给予更多的关注，上海样本就是中国近现代设计发展的缩影写照。我前些年与上海大学美术学院做过合作专题研究，就是关于上海时尚话题。我想从陈先生花样设计来谈时尚，确有话可说。

李：从宏观历史环境来讲，一战之后的我国民族纺织工业有了很大发展和生存空间，但这一局面只是暂时的，很快西方工业又卷土重来了。陈先生尚美图案馆的创办与兴衰过程，就集中反映了这个时代特征。另外，陈先生的尚美图案馆还反映出一个现象，就是当时商业的过度繁荣与民族工业的有限发展形成对比，这个情况直到今天仍然是我国工业发展过程中存在的问题。具体来说，就是设计在生产和流通环节分别体现出不同的功能特点，这些并未获得充分显现。实际上，陈之佛先生的尚美图案馆在当时属工业产品设计环节（染织设计乃是纺织工业的重要组成部分），这与商业流通环节的设计还有不同的性质。

　　夏：20世纪初，我国民族工业的发展有很大的起色，在近代工业史上被称为"短暂的春天"，这个评价是比较高的。其历史现状是外国列强忙于一战，暂时放松了对我国工业领域的控制，加之辛亥革命推翻清廷，临时政府颁布发展实业的法令，推行"发展实业"与"实业救国"政策。在此背景下，爱国货进而抵制日货的运动蓬勃兴起。还有实业团体的形成，如当时成立的中华民国工业建设会和中华实业团等。从文献记载来看，这一时期工业发展主要是在粮食加工和轻纺织业等领域。如此说来，陈之佛先生创办尚美图案馆正是得益于时代风潮的影响，因为从时间上看，是在1923年春左右。我们可以想象，此时正值陈先生刚从日本留学归来的头几个月，陈先生时年27岁，可谓血气方刚，表现出对复兴民族工业（纺织业）的强烈愿望。当然，现实与抱负总是落差很大，就如你说的办实业（尚美图案馆）与商业流通环节的设计还是有不同的性质。其实，仅从陈之佛先生年表提供的资讯来看，他与实际商业流通环节接触不算多，也就是杭州虎林厂的纺织品纹样设计。当然，这一块史料还需要深入挖掘，这是求证陈先生从事实业工作的重要支撑。这实际上已经涉及我们今天所谈到的设计的根本要义，就是它是工业化生产中的一个环节，不是仅仅靠个人所能支配完成的工作。所以，尚美图案馆当时就是想做花样这一块的设计，而与商业流通，还有生产环节沟通如何，需要进一步考察，这样才能比较客观地揭示尚美图案馆后来停办的真正原因是否与商业流通和生产环节沟通发生断裂有关。尚美图案馆存在时间很短，1927年关闭，前后满打满算也只有5年，对做实业来讲，5年时间是远远不够的，这个周期很难形成效益。况且，从年表记载来看，陈先生在尚美图案馆开业第二年，也就是1924年又转到上海江湾立达学园任教。之后，他又到广州市立美术学校、上海美专、南京中央大学等学校任教。而所从事的图案设计也主要是在文化领域，如杂志和出版社。这背后值得挖掘的原因还很多，需要耐心考察。

　　李：有研究者认为，尚美图案馆是一个失败的案例，但实际上它恰恰显示了近代设计与工业生产发生联系的开始。

　　夏：对于尚美图案馆是否是失败案例，还有待进一步考证。我并不这样认为，理由有两点：一是尚美图案馆的历史脉络以及发生的历史事实还有待进一步查考，在历史真相未明的情况下，贸然下结论不够慎重；二是尚美图案馆绝非个案，当时在上海、天津和广州，还有沿海对外贸易口岸的城市，相继出现类似设计事务所或公司，再就是当时一批学校开办设计专业，如杭州国立艺专，也是受时代风潮影响所致，开办或停办，抑或转出这一行，并不能简单认定就是失败。即便是说尚美图案馆开办5年关闭，但陈先生依然在做设计，只是领域有所转变或是拓展，这也不能说是失败案例，它给予我们的启示非常丰厚，这不正是历史资源吗？而今天任何独立设计事务所，乃至以院校为背景的设计中心或公司的发展，对尚美图案馆的历史研究，应该说价值都是显在的，这非常正面。要知道，那个年代正是中国民族工业刚刚起步时，陈先生17岁从浙江蚕桑学校毕业，到他回国时也就二十几岁，我们可以想象，他是非常有抱负的一代人的代表。因为历史是充满想象的，他二十几岁回来，而且是在东洋受了那么完整的设计教育，对于刚刚起步的民族工业及设计事业，在与日本对比情形下一定有着非常强烈的愿望。这方面文献虽然记载不多，但很值得探究，这是完整考察陈之佛先生从事设计事业的重要组成部分。现在的情况是，查找陈先生关于中日设计比较的论述非常少，可能是时代原因造成的。这里要强调的是，这项研究可以更客观地揭示近代设计与工业生产发生的联系，还有就是日本近现代设计对中国的影响，特别是对设计教育产生的影响。我们现在对这方面的历史考证仍然较少，缺乏史料支撑的宏论太多。

李：说到"东方"这个概念，在《东方杂志》封面设计方面，陈之佛先生通过特有的图式来呈现一个中国的东方特色，它不仅仅是一个地域的概念，更有一种文化层面的意义。

夏：的确是这样，我查过这一时期由陈之佛先生担任主要装帧设计的《东方杂志》，时间大约是1925—1930年间，同时期参与杂志封面设计的还有陶元庆、叶灵凤、丰子恺和丁聪等著名设计家。陈先生连续6年为《东方杂志》做装帧设计，可见他对这本杂志的倾心（图5）。当然，要承认这本杂志是由出版界大佬商务印书馆编辑出版的，这在国内是影响力很大的人文期刊。从陈先生参与设计的70多期杂志封面和版式来看，他力求在设计中突出艺术效果，且每卷表现手法各异，显示出清新优美的艺术风格。最为重要的是，在丰富多姿的形式中又保持杂志封面设计风格的基本统一，具有民族气派，因而受到广大读者和文化界人士的喜爱。我读到过一份资料介绍，据一些"老商务"人回忆说，在陈之佛先生担任封面设计的这6年当中，他对每一期杂志都尽其心力，总是在念叨要让"东方"有新的变脸面貌。我想，陈先生在日本待了那么多年，他对日本文化应该是熟知的，他对于"东方"概念的理解有别于一般人。也就是说，视角不会

图5
陈之佛为《东方杂志》
设计的封面

太局限，更不会拘泥于地理空间的认识，而是一种文化上的、精神上的广域范围的认识，这大概是一种文化层面意义的"东方"。

李：对，把设计家的实践活动及文化归属感讲清楚，并与社会历史情境联系起来进行考察，是设计史研究的一种方法途径。

夏：我觉得把中国近代民族工业，比如说印染工业，以及当时和日本近代工业化发生关系的史实结合起来考察非常必要，这不仅是对中国近代工业进程的全面把握，也是对设计师在这个历史进程中所处地位及作用的全面认识。那么，陈之佛先生这段历史功绩如果弄清楚了，我觉得就是对中国现当代设计史写作的一次厘清。因为我们现在很多东西，比如说很多写史比较表面化，只是将考察的史料堆砌在一起，根本没有撰写者的主张。这点还算好一些，起码通过考察挖掘出一些东西。可如今有一种不好的治学倾向，就是依赖网络，连稍微花点时间去图书馆或档案馆求证都不愿意去做，这是要不得的。又比如说，历史分期，或是专门史分段，其实有很多值得探究的领域，不能简单套用所谓大历史或政治史分期。当时那一批设计家，比如李有行、庞薰琹、雷圭元、柴扉等先生，他们是跨越了多个历史分期的，考察起来需要重新构筑分期依据，按照设计史的进程规律，而不是大历史的分期简单罗列。就像陈之佛先生1958年到南艺，他是受近代实业思想影响较深的学者，他有抱负，主张推动工艺美术教育。要知道，那时陈先生已经是非常著名的画家，在艺术阶梯链中属于顶端人物，但他还是愿意走下来，关注工艺美术教育，甚至和老手工艺人切磋商讨民间工艺的发展。此外，陈先生还有一项重大贡献，就是组织抢救南京云锦工艺，保存了这块"东方瑰宝"。那么，对陈之佛先生的研究分期最好是依据他艺术道路的大事件来做划分，这样可以厘清许多历史脉络的渊源及其相互关系。我们应当关注设计史背后的意义结构和历史叙述的实质，还有历史人物的身份认同和"话语"建构，这几方面都是当今史学研究比较关注的重点。比如，在文学史研究中就出现对历史理性的分析和叙述，自身历史性的警惕，以及把握历史与现实的话语建构。文学史研究的这套言说方式和思路我们可以借鉴，为我们打开设计史研究的"原点"提供话语资源，尤其是在历史的"转折"或"开裂"处，如何叙述历史，理性分析和叙述可以为我们提供一种思路。

李：历史研究有时候就是一个去遮蔽化的过程。

夏：这个认识太重要了，因为任何历史认识都会有不彻底性，史学研究就是要向未知领域探究，力求表达出更加真实的历史境界。去遮蔽化的过程就是寻找的过程，前提是发现和找准问题，找实的问题，关键是取得实效。以陈之佛先生艺术之路的个案研究为例，如何揭示他的早期实业思想是极为重要的历史渊源。他并非旧文人那种出道方式，而是自幼接受实业教育。如1910年他14岁那年，家里安排他去读家乡慈溪县的锦堂学校，这所学校以农科和蚕桑为主。虽说该校因台风遭灾使他无法就读，但多少表明他或是其家庭对接受何种教育思想是有所选择的。以至于第二年他的堂房四叔邀他去家里做陪读，读了些旧经书，还临摹学习过《芥子园画谱》。可第三年，也就是1912年，家里还是送他到杭州省立工业学校学习，这又回到了实业教育上来。如果将这段历史遮蔽，直接说陈先生自幼习四书五经，临摹画谱，不就是典型的旧文人或文人艺术家的成长之路吗？所以说，考证和查实历史真相非常关键，尤其是历史人物成长的逻辑脉络要完整地看，任何剪辑，或是有意识的选择，都需要澄清，这是史学研究必要的过程。你好好理一下，有许多文献资料，陈之佛先生的个案研究真的很有意思。

李：在具体研究方向上，我还是专注于陈之佛先生的设计实践这一块。您写的那篇关于尚美图案馆史料分析的文章特别细致，拜读后深受启发。在您的这篇文章里，我看到您对尚美图案馆的时间、空间的考证十分细致，令人感动，包括到档案馆、石库门的实地考察。

夏：关于陈之佛先生的设计实践研究确实很不够，这方面可开掘的论题非常多，比如，他对基础图案、印染纹样、刺绣工艺、织锦工艺、书刊装帧的设计，还有邮票设计，可说是涉及领域全面。做这方面的研究，是对中国近现代设计发展脉络的很好梳理，特别是许多设计实践项目，陈先生的设计已达到很高的水准。做研究我主张两条思路并进，一方面是大的，或者说全局的，就是总体了解，这样可以把握研究的大方向，判断课题的基本价值，这是为其后研究所做的铺垫；另一方面是做深做扎实，这是有针对性的选题，做到极致，将内核问题，以及周边涉及的问题，全都包括进来，起码在一个阶段这个选题别人不再去做。我做"尚美图案馆"史料解读一文，就到上海石库门一带，一弄一弄地走，根据事先在上海档案馆查核的老上海地区划分资料，对照实地查它的门牌号究竟是在哪里。为什么呢？因为20世纪二三十年代对我们来说，只是一个概念，许多地方都发生了变化，文献资料只是大致方位，究竟如何，你必须实地去看，去探索，去比照，才放心。当然，非常重要的还是寻找文献，因为如何判断事实真伪，靠实地和采访均不可能，物是人非了。

李：关于尚美图案馆的旧址，我回头发些照片给您，我后来找到了那条弄堂——就是德康里二号。

夏：那太好了！我那时的照片质量不太好，正好浙江慈溪《陈之佛艺术馆馆刊》要重新选发我那篇关于尚美图案馆的考察文章，我还在修订，恰好补些新图片进去。谢谢！这一带不好找，当时我去的时候，几个相似路名叠在一起，好像在黄浦区有个叫德康里，是巨鹿路附近，现在叫德康苑。又有德康里三街，靠近四川北路，那一带有中共四大纪念馆，还有丁玲旧居。我记得是从虹口区虬江支路邮局问到的，做考察其实是很麻烦的一件事。好在德康里（靠福生路）的旧房子都还在，在上海现存不多了，具有很典型的上海风情。里弄里住着很多老上海人，走进去满是上海的感觉，和所有的里弄一样承载年代的记忆。

李：这也可以说是考察近代知识分子活动空间与实践轨迹的问题，涉及人与城市空间的关系，也关联到文化人的经济生活样貌等。

夏：非常有意思的是，我在写这篇文章的时候，感觉到陈之佛先生的勇气真的可嘉。今天，我们说哪一位开设个人设计事务所或是公司，其实也是不容易的，需要有相应的人脉，又叫社交圈，还要有自己的产业链。民国初年，陈之佛先生面对的社会可没有如今的条件，可他开设了图案馆，按我们今天的说法，就是试图做设计的产业链，是比较上游的一块儿，今天又叫创意产业。其他的都叫中下游生产工序，比如印花、整染、批布这整个过程，就是生产过程。上游肯定是创意，就是纹样花色设计，因为批布加花色，这个利润就很大。所以，日本人和西方人对这个上游工序控制得很严，基本是掌握在他们自己手中。当时这个行业在民间也有，叫卖花样。比如，城镇居民绣个枕头、被头或衣服花色，这绣花花样有凤凰、牡丹、百鸟等，这些花样就要到市场上去买。布店、百货店或是城镇热闹市口都有卖花样的摊点。所以，陈之佛先生当时做的是上游产业，而且是涉及民生最大的纺织业的上游产业，自然具有非常大的挑战性。一位留学归国刚两个月的学生，又是学工科而非学商科的学生，如何与市场经济接轨，如何与企业生产流程以及运营推销结合，这实在是件困难的事。

李：所以，我觉得陈之佛先生的选择是真正体现出对设计行业从无到有的开拓，试图开辟国内工业生产的新领域——设计事务的独立运营。

夏：你称陈之佛先生的贡献，开辟了国内工业生产的新领域——设计事务的独立运营，这一点非常关键，这反映出近代工业化给中国带来的实质性变化，表明中国近代工业，尤其是手工业发展到了一个重要的转折时期。当西方工业及文化大量涌入时，"闭关自守"的局面有所打破，传统纺织业也打破了自给自足的模式，受当时"舶来品"以及新潮工业化的冲击，在变与不变中还是出现了行业变革。如出现行业分工，且分工逐渐细致，生产原料与设备、生产流程与销售、生产工艺与设计等已成为新潮工业发展的基本元素。

由之，现代设计观念也在这场变革中渐渐形成，也就是你所归纳的"设计事务"的独立运营。我的理解就是，设计在工业系统或是生产环节当中可以成为独立的部门，实际是中国近代工业上游领域逐步孕育的。如此说来，陈之佛先生对中国设计事业的重大贡献是非常突出的，而这一贡献并不因为尚美图案馆的关闭而终止。之后，他在上海美专任教写出的系统性完整的《图案ABC》教材及后来陆续出版的《中学图案教材》《图案构成法》等著述，成为奠基中国设计教育的基础（图6）。1953年他参与全国民间工艺美术展览会筹备，呼吁开展工艺美术教育和研究（图7）。1954—1956年负责筹建南京云锦研究所和推动建立苏州刺绣研究所。1956年在江苏省人大会上提案，呼吁对南京云锦、苏州刺绣、宜兴陶瓷、扬州漆器、无锡泥人以及丝绸、缂丝等江苏特色工艺美术品的重视。如果将陈先生对工艺美术事业的功绩系统整理出来，就是一部中国近现代设计史的主要面貌。

图6
陈之佛编写的教材《图案构成法》及著述

图7
1953年陈之佛（前排左一）到北京参与全国民间工艺美术展筹备时与朋友合影

李： 这么看来，陈先生的做法相对更具有开放性，同时也会有不确定性。另外，就是在具体的研究中，可能会有更多的新材料会导向另外一种可能，比如对时间与经营方式的考证等，但在没有直接证据的情况下，只能尽量做出推测。

夏： 你讲的这一点我觉得很重要，陈先生的所作所为在当时确实具有开放性，但这一点要写突出，时代因素、工业环境因素、经营因素，还有个人的魄力因素，以往这些点大家论及不多，我写那篇尚美图案馆文章时也未很好地注意到，希望你的博士论文能更多地写出来，写出分量。至于说存在"不确定性"，那是肯定的，历史状况通过每个周期考察都会有新的发现和认识突破，"不确定性"也是相对而言的。就如你说的，比如时间与经营方式的考证，这一点其实是需要继续深入考察的史料。我就想陈先生创办尚美图案馆总要有工商业登记或商业往来记录，应该还有同事，这些多少应该有些途径可寻，比如，当年有无做广告，单据交割有无记载，人员聘用等情况，可再深入查考。档案馆和图书馆是一方面，口述史要做，否则再有四五年就没法做了。

当学术研究遭遇瓶颈时，比如，在可佐证的文献和事实依据极其有限的情况下，推测就是一种方式方法。这种方法形式多样，比如基于历史轨迹的位置预测方法研究、基于历史数据的预测分析研究、按照某专题列出的历史人物推测该专题研究，等等。历史研究不仅需要挖掘史料，而且需要通过对史料进行科学分析，做出合理推断。我们原来以为历史年代好像是最能搞清楚的文献，但其实是非常难的。比如说，陈之佛先生年表记载也有需要进一步佐证和求证的内容，仅靠记忆差错率仍然很高。家属或是后辈了解的情况当然重要，但需要核实。口述史大家做了一些，为什么始终不能列为正史文献依据？就是因为出错率很高，也只能作为推定材料来使用。所以，有时我们只能做推论，这个在论文写作时是允许的，也是有价值的。可参考阅读法国学者亚历克西·德·托克维尔晚年著作《旧制度与大革命》，不同于他之前的梯也尔、米涅、米什莱等人撰写的多卷本的叙述史。托克维尔在历史写作方法上也与这些史学家不同，学界归之为"历史学家预测未来——托克维尔历史社会研究方法论"。我断断续续读完，很有收获。

第二次对话：2016 年 8 月 28 日，南京艺术学院研究院

李：两年前我跟您在南艺的访谈记录，将会收录在《设计、文化与现代性：陈之佛设计实践研究（1918—1937）》这本书中，就是我的博士论文。两年过去了，夏老师还有什么新的研究计划吗？

夏：祝贺你顺利通过博士论文答辩和新著出版。关于陈之佛研究的专题论著出版非常及时，今年 9 月 14 日是陈先生诞辰 120 周年，我想我们的交谈本身就是一种纪念。关于新的研究计划，我想借去年年底参加的在南京师范大学美术学院举办的"陈之佛设计艺术思想学术研讨会"上的发言提纲来回答。

我的发言主要是两个相关的主题：一是关于陈之佛先生与设计教育相关履历的深度整理，这主要是根据陈先生年表的基础材料来做的，想形成一个纵向脉络，便于重新审视历史定位和开展专题研究；二是关于陈之佛先生从事设计教育多个历史片段值得深究的话题，这是根据纵向脉络提供的设定，做推进研究的课题。前一个问题暂且省略，要说的内容太多，我计划另写一篇专稿来论述。就谈第二个问题吧，我列了如下 13 个小点：

1. 1917 年，陈之佛先生在浙江省立甲种工业学校机织科任教期间撰写的《图案讲义》，该版本遗失。如何寻找该版本线索，或是取得相应佐证史料，以期复原这本教材的基本面貌，值得关注。

2. 陈之佛先生作为留学日本专学图案第一人，即 1918 年陈之佛先生进入日本东京美术学校专攻工艺图案，当时这个科系据说是不对外国留学生开放的，其主要是出于日本工业经济自身利益的需要而不招收外国留学生，以避免增添竞争对手。但陈之佛先生受到了该校系主任岛田佳矣的器重，还是进入了该系科学习。这里有三个问题值得深究，一是日本近代工艺美术教育的事实状况究竟如何，尤其是作为亚洲较早发达的工业化国

家，日本的工艺美术教育是否均处于闭关状态；二是日本东京美术学校工艺图案科早期教育教学的历史渊源及其贡献；三是作为被日方接受学习工艺图案的留学生，陈之佛先生在学期间的史料值得挖掘，以期揭示我国近代染织工艺及图案教学的形成背景或是进行来源考察。

3. 1923年，陈之佛先生学成回国后在上海东方艺专任教，同时创办了我国第一个图案讲习所（或称设计事务所）——尚美图案馆。该馆创办的历史缘由、合伙人、从事的设计事项（或设计业务），以及业务交往的业界，不仅是探究我国近代设计教育与社会实践相联系的渠道，也是探究近代上海工艺美术行业（或是工商业界）逐步发展的重要史料。

4. 系统整理20世纪三四十年代陈之佛先生编撰的多部图案教材及图案教学资料，从而挖掘出这一历史时期我国推动新式学堂（学校）教育的举措意义，诸如专业类教科书的出版发行对于推动专业教学的作用。而陈之佛先生置身其中，算是一位多产作者，先后出版《图案ABC》《图案构成法》《中国陶瓷图案概观》《西洋美术概论》《古代墨西哥及秘鲁艺术》等著作，涉及面广，视野宏阔，其所做出的历史贡献值得赞扬。

5. 系统整理陈之佛先生教授的设计教学课程，如1930年出任上海美专教授，教授图案、色彩学、艺术教育和名画家评传等课程，并在上海艺专兼课，同时应徐悲鸿之邀，到国立中央大学艺术专修科任教，讲授图案学、色彩学、透视学、解剖学、中外美术史等课程（因陈之佛到上海美专任教不久，不能半途而废，经商量决定，陈之佛每隔一周到中央大学艺术系上一次课）（图8）。陈之佛先生参与这些课程的教学，非常现实地反映出他从事设计教育的业绩和主张。

图8
1946年陈之佛（前排左四）与徐悲鸿（前排左二）等在中央大学大礼堂前合影

6. 系统整理陈之佛先生历任的教育教学管理岗位史料，这是一位设计教育家毕生对事业贡献的主要业绩。比如，1942年7月，他任国立艺专校长，同时兼任中央大学艺术系教授。仅一年多之后，1944年4月，陈之佛第六次提出辞呈，获准辞去国立艺专校长职务，任中央大学艺术系专职教授。1946年夏，陈之佛担任公费留学竞争考试阅卷老师，在阅卷后用毛笔抄录了一份1700多字的考卷，并将其批注为"三五年官费留学考试美术史最优试卷"，多年珍藏。陈之佛去世后，这份手抄试卷一直保存在家中，家人也不知道这份试卷的答卷人是谁。直到2007年，陈修范老师在读到记述吴冠中当年考试的文章后，写信向吴冠中求证，吴冠中派学生来看，才确定了这份试卷的考生正是吴冠中。为此，吴冠中还特地写了《历史的恩赐》一书纪念此事。1948年陈之佛曾任中央大学艺术系主任。

7. 陈之佛先生从事设计工作的资料整理与探究，诸如，从1925年起应胡愈之先生之约为《东方杂志》做装帧设计；1927年应郑振铎之邀为《小说月报》做装帧设计；1933年为开明、天马等重要书局做书籍装帧设计，有鲁迅、茅盾、郁达夫、田汉等作品。在南京中央大学任教期间，为国立中央大学设计校徽（图案正中为中央大学牌楼门，大门向里望去，是圆顶大礼堂。下端有数行水纹，表示学校设在长江之滨，且学校历史源远流长）。

8. 1952年，全国高等院校调整，南京大学师范学院改组为南京师范学院，设美术系，陈之佛任教于此并出任系主任。1958年，华东艺专由无锡迁至南京后，于1959年6月更名为南京艺术学院，并得到了江苏省委的特别关心，在省内高校调配业务领导和知名师资，加强南艺的学科建设。陈之佛先生也在1958年5月就任南京师范学院美术系主任后不久，调至南京艺术学院出任副院长。时任南京师范学院音乐系的黄友葵教授也是这个时候调到南艺担任音乐系主任的，1976年后又担任南艺副院长（两位先生均属中央大学艺术教育的血脉，可以说南艺是三校并流，但到南京后是四学血脉相承）。

9. 陈之佛先生一到南艺，就带领教师积极筹办工艺美术专业，从1959年起开始开办染织和装潢两个工艺美术专业，并于当年招生。这也是南艺继上海美专1920年开办工艺图案专业并于1952年院系调整将工商美术划给中央美术学院华东分院（浙江美术学院）之后，工艺美术专业在南艺重新开办的年份。陈之佛先生到南艺带出一批工艺美术教育家，如张道一先生、金士钦先生，两位先生也成为南艺新开办的工艺美术专业，即装潢和染织专业的重要学科带头人。

10. 1956年年初，在华东文化部和华东美协于上海举办的"花布丝织锦缎设计座谈会"上，陈之佛先生提出抢救南京云锦的话题。1957年3月，陈之佛先生又在江苏省人大会上就云锦发展做专题发言，呼吁筹建南京云锦研究所。1957年12月南京云锦研究所正式成立，邀请到一批老艺人，包括张永福、吉干臣（图9）、黄瑞卿等人，同时陈之佛先生又带领南艺师生参与南京市政府联合抢救、整理、恢复南京著名工艺——云锦的工作，这在当时全国工艺美术行业产生巨大影响。

图9
1955年陈之佛（左）
与云锦艺人吉干臣作
研究交流

11. 1961 年年初，由文化部组织的全国高等艺术院校统编教材的编写工作全面铺开，当年作为部颁统编教材的《中国工艺美术史》，指定由陈之佛先生主编，随后成立了由各校抽调人员组成的集体编写小组，集中于北京分章编写（图10）。初稿完成后，因各校抽调人员的意见和文风难以统一，且考虑到教材出版周期的时间所限，文化部更改方案，将稿件交由中央工艺美术学院、四川美术学院及南京艺术学院，让各校在集体编写的基础上，各自编写一本。这样一来，南京艺术学院的教材编写工作便由陈之佛先生与罗尗子先生共同承担。之后一年不到的时间，陈之佛先生因病去世。这段历史记载，是罗尗子先生在 1962 年 12 月由南艺内部印行的上下两册《中国工艺美术史》教材的绪论中所作的记述。教材编写的后续工作便由罗尗子先生接续完成，内部印行的这本教材分为上下两册。这部重要教材的编撰奠定了南艺设计史学派的地位，即注重以史料说话，注重工艺美术史各种文献资料的搜集和整理，以及依靠大量实物对照解读的方法，努力揭示在"浩如烟海的历代工艺美术遗产中，由于社会性质的不同，时代风尚的不同，生活状况的不同，使用目的的不同，技术条件的不同，物质条件的不同，生产方式的不同，艺术水平的不同，审美观点的不同，产生了千差万别、多种多样的品类和风格。我们研究工艺美术史，必须明确工艺美术的特征，运用历史唯物主义的观点，才有可能来分辨十分纷繁的遗产中的糟粕与精华"[1]。事实证明，这样的修订思路完全可行且富有成效。况且，前辈大师开创的南艺设计史学派，不仅限于留传下来的文献资料，更重要的是有一段承载开辟中华人民共和国工艺美术史教材编写与研究工作的历史纪元。

12. 1961 年年初，陈之佛先生在撰写《中国工艺美术史》教材的同时，又开始酝酿《图案教学研究》一书，期望结合教学实际形成教学指导理论。雷圭元先生强调"先死后生"，具体来说就是学工艺图案要学传统，先研究传统的东西，熟悉传统后再去创新，这就叫作"先死后生"。陈之佛先生则主要强调写生，我们要从生活中来，熟悉生活，了解生活，然后进行变化。陈之佛先生重视学习传道，但各自的路子、方法可有不同。陈之佛先生还到北京和雷圭元先生进行了深入讨论和交流，这也形成了南北两大图案教学的流派，南艺自 20 世纪 60 年代起始终坚持"写生变化"的教学主旨，甚至在 20 世纪 80 年代全国艺术院校兴起"三大构成"教学热潮之时，以张道一先生为代表的陈之佛图案学派也未动摇，这是值得书写的历史。

13. 王受之的《最早影响中国的包豪斯建筑思想》博客有一研究提示，是关于陈之

11

图 10
1961 年陈之佛（后排左二）与教材编写组成员合影

[1] 转引：谢海燕．陈之佛的生平及花鸟画艺术：《陈之佛花鸟画集》前言 [M]// 江苏省教育委员会，江苏省文化厅，南京艺术学院，等．陈之佛 90 周年诞辰纪念集，1986:16.

佛和包豪斯的关系谱系问题探讨，认为迄今没有确凿资料可以证实陈之佛先生的设计教育思想或教学思路中有与包豪斯发生直接联系，主要是来自日本设计教育的间接影响。目前，有资料提及陈之佛先生曾经介绍包豪斯到国内，主要依据是张道一先生撰写的《尚美之路》一文中举证说，陈之佛先生在 1929 年《东方杂志》上发表《现代表现派之美术工艺》一文，介绍了欧洲出现的工业产品设计，涉及包豪斯。查阅这篇文章，陈之佛先生提到的是 Breuhaus，如果陈之佛提到的这个名称是正确的话，根据文献检索应该是德国建筑家 Fritz August Breuhaus（1883—1960），因此估计陈之佛并没有直接介绍过包豪斯，但是他推行的图案教学、工艺美术教学，可能是早间接受包豪斯设计教育影响而形成的。

本文多次修订后载于《美育学刊》2019 年第 3 期

深谙图案之道的设计大家

——探究雷圭元先生图案学理论的历史渊源

引子

雷圭元先生于 20 世纪 60 年代重新整理编撰的《图案基础》[①]一书，是我们这批 1977 或 1978 年恢复高考后有幸迈入工艺美术专业门坎的学子传看最为热门的专业读物。不过，当年这本著作并不是专业指定教材或参考书目，而属于课外阅读资料，版本也只是图书馆的藏本且数量有限，大家只好逐一传阅，接续过程有点像排值日表。记得每一位传看者都或多过少地做过笔记，也传抄或用透明纸摹画书中的图案纹样，因为大家知道这本过路书想要有下次阅读机会实属不易，不知猴年马月可以再次轮到。所以说，雷先生的这部著作实实在在是在大家相互传阅或传抄的过程中，以口碑积攒起来了人气。现在回忆起来，有两点印象特别深刻：一是这本书特别厚实，拿在手里沉甸甸的，非常有分量感；二是传统图案内容十分丰富，并以清晰的黑白图形或是套红双色印刷方式诠释各式传统图案的构成魅力。[②]当然，还有更加值得记述的阅读感受，是在这本书的"中国装饰形象的构造"一章中，具体提出了图案专业的教学进度与内容，其中写道：

我以为学习图案的第一年，能把印纹陶上的几何形、汉砖上的依米字格组成的纹样

---

① 雷圭元编著的这本《图案基础》，由人民美术出版社于 1963 年出版，该书继承了他于 1947 年由国立编译馆（上海）出版的部定大学用书《新图案学》的体例，在图例和论述上均有许多新内容增补。

② 雷圭元先生在《图案基础》一书的绪论中强调指出，学习图案基础，造型、构图、色彩三方面相互联系，又各自发挥作用。为此，他提出关于学习图案的五点基本要求：一是根据社会发展，在生活中观察体会，向大自然吸取素材，为图案创新做好准备。二是在生产、工艺加工过程中，理解创作图案所应注意的"适应性"，使图案创作符合生产需要。三是图案语言的"大众化"，图案样式的"民族化"，图案技巧的"装饰化"，这是图案的特点，必须做深刻的研究。四是图案的"形式美"，这是客观需要的。无论古今中外的图案形式，只要为今天中国人乐于接受的，皆应该研究学习。五是借鉴古人、借鉴外国，这是提高自己图案创作水平的途径。在该书中雷先生着重以中国装饰形象的构造为主线，从中国装饰形象的几何形类、自然形类入手，结合器具造形，进而阐述中国图案装饰的一般规律，即"格律体构图、平视体构图、立视体构图"。另外，又专门论述了图案的色彩构成（鉴于当时的印刷条件，这部分仍以黑白图案的印刷效果举例）。全书图案图例非常精彩，涉及了造型（写生变化）的鱼、凤、虎、人、花、树，以至水、火、云形等图案，器物造形，图案构成（二方连续、四方连续、格律体等），还有外国图案，诸如古埃及和古希腊图案。这本《图案基础》可说是雷先生在中华人民共和国时期重新提起对图案学理论研究的奠基之作。

学一下，再附带学一部分瓦当上的几何纹的结构，和直曲线组成的四方连续和适合图案的基本构成法则，立下一个民族形式的基础。再从庙底沟彩陶上学到点的安排与曲线、直线的联缀格式，了解到中国二方连续和四方连续的基本规律。进一步再学习甘肃彩陶上比较复杂的像涡线、水纹等几何纹样造形。有时间再临摹一些汉铜镜上的几何纹样。由简到繁、由浅入深了解到中国图案上几何形象的语言，以及各式构图法则。有了这样的底子，可说已经"入门"了（初步已经学到了"适合""二方""四方"图案）。

有了这样的基础，为学习专业图案基础作好准备，要比一开始就学"写生变化"更明白一些，也容易学一些。

在学习时，先学几何形，后学自然形也比较好，因为先有了图案的组织规律的概念，就像下棋一样，有了一个棋盘，才会懂得棋子的走法，这个"框框"还是少不了的。"不以规矩，不能成方圆。"这句古老的话，用之于学图案，更有必要。[1]

要知道，1977 年高校恢复招生之后的专业教学依然是没有完备的教学体系可言，不要说教材，就是课堂教学也还是"急用先学"①。而在此时，雷圭元先生早在 20 世纪五六十年代针对工艺美术专业一年级图案课程提出的具体教学进度与内容非常翔实且适用，充分体现了他对图案入门课程教学的高度重视，自然被我们这两级学生认可和敬重，这也是他的著作成为当年热门专业读物的重要原因。只可惜雷圭元先生的这部著作一直未有再版，如今连介绍先生履历的百科词条中也未能列目，多少有点遗憾。

话说回来，雷圭元先生编撰的《图案基础》一书对教学所要达到的目标有着明确的提示，甚至对教学采取的方法也有非常具体的阐述，这一点十分关键。要知道中国近现代设计教育至今百余年，大约在前 70 年很少有严格按照教育学和课程论的要求组织实施所谓现代意义的教学，基本上是遵循祖制，一人一课，一人一讲，以口传心授为教学的主要方式方法。对比之下，雷先生提出相对完整的教学计划和教学措施，这在当时的历史条件下难能可贵。如在书中为初级入门学生拟定的教学内容（即"教什么"），就兼

---

① "急用先学"是 1966—1976 年风行的学习方式，唯实效性，而不讲究学习的基础性与系统性。作为应用领域的一种见效显著的学习方法，尚可解决一些应急的实际问题，但作为学校教育教学，这一方法就显得过于功利，且简单粗陋。此学习方法在 1966—1976 年期间得到大力倡导，主要源于 1961 年 1 月林彪在《关于加强政治思想工作的指示》中明确提出，学习毛泽东著作，"要带着问题学，活学活用，学用结合，急用先学，立竿见影，在'用'字上狠下功夫"。这就是 1966—1976 年期间被称道的"三十字方针"。10 年动荡的中后期，各类学校（大中小学校）陆续恢复教学工作，便依据此法仿效，只开设所谓实用课程，解决"三大革命"（1966—1976 年期间宣传的"阶级斗争""生产斗争""科学试验"三大革命运动）需要的基本技术技能。即便是林彪垮台后，此方法仍然被继承沿用，并作为教育革命的成果得到维护和推广。

[1] 雷圭元. 图案基础 [M]. 北京：人民美术出版社，1963:32—33.

顾到教学形式（即"怎么教"）的思考，指出"在基础图案教学中一定要让学生打好坚实的基础，一步一个脚印"。特别提出，图案基础课不应模仿绘画的训练模式，而是主张以熟悉中国传统图案的造型规律作为图案的入门方法。他对传统图案造型原理与原则、图案的形式法则高度重视，认为"这些内容都可以通过具体的临摹课来进行讲授"，这对我们当时的图案学习产生了积极的影响。

20 世纪 80 年代初，大约是 1983 年年末，笔者随张道一先生前往中央工艺美术学院参加一个全国高校工艺美术专业图案教学工作会议，有幸亲耳聆听雷圭元先生关于图案教学的见识，其阐述的要点可说与这部著作一脉相承并有新论。会议期间，笔者还获先生馈赠新著《中国图案作法初探》[①]。这本有关中国传统图案研究的新著，据雷先生介绍说，是在长时期从事基础图案课教学过程中，根据同学们的提问作答，逐步积累资料撰写而成的。书中针对中国传统图案朴素、夸张等艺术特征和意境表现，以及传统图案结构形式中的太极图形、以光明为主题的同形图案等做了专题研究。记得雷先生还与张先生就书中列举的太极图形的本质美，同形图案成为历代图案造型的发展基础，中国传统图案的布局多以九宫格为基础，并遵循平视体、立视体等构图法则等许多问题进行了探讨。笔者以为这本书的最大特色是载有大量传统图案的图例，并对照说明中国传统图案作法的原理与艺术特色。图文并茂进行对照阐释，这在当时图案出版物中十分少见。更加可贵的是，在这次会议上雷先生面对时逢"三大构成"之说的强势话语，仍然坚持图案基础教学的本体作用，认为"图案基础教学不是可有可无的问题，而是老祖宗的东西要不要发扬光大的问题"，还特别指出"图案基础教学应该是工艺美术专业学生学习设计基础的重要训练环节和手段"。雷先生不随风、不摇摆地坚守立场，赢得不少与会者的赞同，展示出老一辈工艺美术教育家的治学风范。

就在这次会议之后，笔者还在工艺美院连续听了雷先生一周左右时间的图案课教学，可谓感触良多。尤其是雷先生极为重视培养学生对图案基本造型观的认识，给笔者留下难忘的记忆。如他安排一年级学生的图案练习主要以形象、构图为主，认为"学习图案的构图，主要是掌握图案的骨架"。为此，雷先生在教学中特别注意帮助学生提高对图案骨架的认识。从传统图案的结构分析入手，以三种形式规律来考察，即"安心""重心"和"比例"[②]。这实际上是雷先生长期图案教学的经验之谈，已成为他对基础图案

① 这本《中国图案作法初探》由上海人民出版社于 1979 年出版。

② 关于基础图案的三种形式规律，即"安心""重心"和"比例"，雷圭元先生在《怎样学图案（二）》一文中有详尽的论述，该文载《装饰》1958 年第 2 期。

教学的重要贡献。在认识方面，雷先生让学生了解图案与绘画在功能上、艺术特点上的主要区别，强调图案的变化在于形的变化，而作以黑白为主的图案是初学阶段最为重点的构图练习。此时再加以色彩练习，反而会分散学生的注意力，影响构图的准确性把握。他在讲授"适合纹样""二方连续纹样""四方连续纹样"等基础图案入门知识时，主张先从临摹这类结构的中国传统图案入手，主要目的是提高学生的概括能力。而临摹不同于写生变化的能力培养，这是增强对图案结构与素材的认识。雷先生的教学主张值得我们大家在教学与研究工作中学习和借鉴。

今天，当我们纪念雷圭元先生诞辰 110 周年时，赞誉先生为中国现当代设计大家，可谓实至名归。而他的一生也始终与图案学理论研究相随相伴，可能很少有像他这样数十年如一日，一心钻研图案学理论问题，不仅见证了中国图案教学体系从无到有直至完善，而且还创立了自成一派的图案学理论，将自己的毕生精力全部奉献给了中国图案学的创立与发展事业。特别是他丰富而珍贵的教学理论和学术思想影响了一代又一代学子，为推动和发展我国设计教育事业做出了巨大的贡献。今天，我们研究雷先生的图案学理论，更可说是中国现当代艺术设计教育思想的重要组成部分。本文试图通过各类文献资料来还原他一生与图案学理论研究的相关经历，对他所从事的图案学理论给予历史的阶段性论证，进而探究雷圭元先生图案学理论的历史渊源。

一、图案学习的因缘

中国有一句古话"三岁看大，七岁看老"，意思是说，人的童年表现很大程度上会影响人的一生。西方也有类似的说法，如古罗马教育思想家昆体良就主张"人的教育应从摇篮开始"。[①] 此外，盛极一时的西方精神分析学派也倾向认为，人在童年的所有经历对于日后人格形成起到至关重要的作用。[②] 如此看来，古今中外关于人的童年经历对人的一生形成影响作用的观点绝非个别，而是有着许多共识。以此为依据，考察雷圭元先生的青少年时期生活，其中有许多说法与之相接近。由此，对雷先生青少年时期相关

---

① 昆体良（Marcus Fabius Quintilianus, 约 35—约 95）是罗马帝国时期著名的演说家和教育家，其代表作《雄辩术原理》是西方古代第一本专以教育为题材的论著。在这本书中，昆体良总结了自己成功的教学经验，也总结了古代西方世界教育实践的成功经验，特别是在教学方法方面的经验，在西方教育史上占有重要的地位。昆体良非常重视教育的作用，他认为人的发展依赖于教育，儿童是有巨大培养前途的，任何人只要学习就不会一无所得，教育者要了解儿童的天赋、倾向和才能，遵循儿童的特点对其进行教育。昆体良的著名论断为"人的教育从摇篮里开始"（参见任钟印选译《昆体良教育论著选》，北京：人民教育出版社，2001 年版）。

② 20 世纪 30 年代中期，以沙利文、霍妮、弗洛姆为代表的一批心理学家，强调文化背景和社会因素对精神病产生有其影响作用，甚至对人格发展也有影响作用。这一派别在美国形成了新精神分析学派，这一学派仍然保留着弗洛伊德学说中的一些基本观点。

生活资料的挖掘和梳理，可以作为对其学术生涯完整认识的重要节点。

    雷圭元先生自 1921 年考入北京美术学校（后为北平国立艺专）中等部图案科，到 1989 年逝世，其从事图案设计、教学和研究工作长达 68 年。如果按照廖延彦选编的《雷圭元文集》所列年表计算，雷先生自 1927 年从北平国立艺专毕业并留校任教开始，直至 1984 年 11 月中央工艺美术学院为他举办"从事艺术教育工作 57 周年教学研究及作品展览"，可说仅专任图案教学时间就长达 57 年。[1] 这一生平经历是中国近当代同为设计教育大家所难得具备的，这构成了他一生的主旋律。故而，设计学界一直将雷圭元先生定位为中国图案学史上最为纯粹的一位设计大家。那么，是怎样的历史机遇促使雷先生如此长时期专注于图案教学与图案学理论研究呢？这不能不提及他的童年经历。

    雷圭元先生的家世是清代北京的官宦之家，祖父雷补同地位显赫，是清朝末年朝中二品大员。①父亲雷润民任职外户部，算是清廷衙门的官员，但他只"好读书，不事生产"[2]，加之雷先生自幼丧母，是托付姑妈代养。可能是没有父母庇护的缘故，祖父对他的要求极其严苛。他在《晚年自述》一文中写道：

    我祖父在 1910 年辞官回乡，名义奉养我曾祖母，实际上是不满清朝政治腐败，退而隐居。他把松江书斋的名字叫作"味隐"，我记得。当时也把我带到松江。

    我在松江，过着公子哥的生活，从稚幼的眼中我看到了一个中国的皇朝和外国的皇朝，中国的皇朝是一大堆朝珠、补褂、顶子，皇帝赏赐的大寿字、白玉的如意、珍奇的宝贝。外国皇朝的是奥匈帝国送给我祖父的重得要命的精装画册……

    在家里念四书五经，老师是一位老先生，会作画，我在旁受的熏陶，也爱画了。当时画了不少画，写上"仿新罗山人""仿八大山人"等等。……[3]

    我们从雷先生关于童年的回忆中，可以得知其生长环境和家庭熏陶对他日后从事图案教学与图案学理论研究工作起到的潜移默化的作用。比如说，他喜爱绘画肯定是童年经历所致，而重要的是他所受到的艺术熏陶又多来源于传统艺术。正如雷先生自述中提

---

① 雷补同（1860—1930），字谱桐，晚号南埭闲人。清松江府娄县人，家住西新桥堍。幼聪明好学，17 岁中秀才，入国子监。光绪十一年（1885），朝考一等，以拔贡授户部主事。光绪十四年，顺天乡试举人。同年，经考试录取，充总理衙门章京。光绪二十七年，升外务部考功司员外。后累迁至外务部右丞。时袁世凯任直隶总督，权势显赫，雷并不阿附，反而对袁的行为有反感。光绪三十三年，袁改任外务部尚书，即派雷以二品衔为出使奥国大臣，名为升擢，实则排挤。宣统二年（1910）任满回国，即上书请求退休养亲。回松后，在蒋泾桥南埭构屋，奉母而居。不久，辛亥革命爆发，松江光复，曾协助钮永建筹购械，扩充军警，维持地方治安。关心乡邦文献，印行姚济《小沧桑记》，又和耿道冲等集资印行李延昰《南吴旧话录》，并和耿道冲等发起组织"松风诗社"，曾刊出该社诗作。民国六年（1917），松江官绅提议续修华、娄县志，被推为总纂，兼任撰写《人物传》。后因与主事者权利冲突，意见分歧而辞去总纂之职。

[1] 雷圭元. 中国现代艺术与设计学术思想丛书：雷圭元文集 [M]. 廖延彦，编. 济南：山东美术出版社，2011:291—296.

[2] 雷圭元. 中国现代艺术与设计学术思想丛书：雷圭元文集 [M]. 廖延彦，编. 济南：山东美术出版社，2011:252.

[3] 雷圭元. 晚年自述 [M]// 廖延彦. 中国现代艺术与设计学术思想丛书：雷圭元文集. 济南：山东美术出版社，2011:252—253.

到的家世背景，作为清廷官宦之家的后代，在他的成长过程中，较之普通家庭的孩子所能接触到的传统艺术应该要多得多。例如，清式家具很可能是他接触最为平凡的传统艺术种类之一。众所周知，清式家具重装饰，颇为华丽，充分应用了雕、嵌、描、堆等工艺手段。雕与嵌又是构成清式家具装饰方法的重点，尤其是雕漆在清代有很大的变化和发展，还有享有盛名的瓷嵌、玉嵌、石嵌、珐琅嵌、竹嵌、螺钿嵌和骨木镶嵌等。清代除继承了明代原有的形式外，又发展了螺钿嵌，产生了骨木镶嵌、珐琅嵌和瓷嵌。以此为对照来看，雷先生有两篇写于 20 世纪 80 年代关于图案研究的文章，就留有对清代家具装饰的深刻印记，这不能不说是对他童年审美意识的一次次唤醒。

如写于 1982 年的《中国图案美》系列之九的《海阔天空》一文中专门提到："综观中国的图案，……都具有一个共同的特点，就是不限于画看见的形象，而是用超乎现实局限的，画出作者凭想象而尽情发挥的形象。……我曾看见过十二扇大漆屏风，是刻漆大观园全景，亭台楼阁，都像生长在画面上。……人物、山水画是这样，花鸟、静物画也是这样，都用'以大观小'的构成法来处理对象。"[1] 这里提及的十二扇大漆屏风，肯定是现代漆器产品而非旧时藏品，但请注意雷先生描述的景物刻画，说了句"都像生长在画面上"，这种感觉可是一句非常专业的品鉴之语。如果没有对清代家具装饰充分应用雕、嵌、描、堆等工艺手段的亲近认识，是难以说出"生长"在画面上这一感受的。另外，文中所说的"以大观小"的构成法，这在清代雕刻或雕漆等家具装饰上可谓比比皆是。这说明雷先生在幼童时观赏艺术的印记还是非常深刻，由之形成他的审美判断依据。

在另一篇写于 1985 年的《图案漫谈——古为今用》一文中，特别提及《园冶》一书的理论和制图价值，以此阐述中国庭院中假山的布局堆叠。同时，又引证指出《燕几图》是一大发明，"使中国家具起了一次革命，把笨重的呆板之风来一次灵活的改革，这是非常可贵的"[2]。文中对晚明及更早的南宋工艺文献进行的引述，以及显现出的熟悉程度表明，雷先生具有丰厚的家学渊源。应该说，这与他自幼接触这些文献和园林及家具环境有关。因为这样的高度概括并点题说出其核心要义，如果没有扎实熟读文献的功力和对古代园林及家具的深刻印记，这看似不长的评价话语也是很难脱口而出的。尤其是对园林和家具分析的点睛之笔，即"假山的布局堆叠"，以及将家具"笨重的呆板之风来一次灵活的改革"之说，如若没有丰富的生活体验，可以肯定地说，是难以一语中的地表达的。况且，从雷先生年表分析来看，他童年在松江随祖父"退而隐居"，有条件过着公子哥的生活，这是他加深对江南私家园林及旧时家具认识的机会，从而在文章的评论中得以自然流露。

[1] 雷圭元. 中国图案美（九）：海阔天空 [M]// 雷圭元图案研究会. 中国图案美. 长沙：湖南美术出版社，1997:48—49.

[2] 雷圭元. 图案漫谈—— 古为今用 [J]. 装饰，1985，(02):4.

更为有力的佐证，还表现在雷圭元先生能够将晚明清初书画艺术的鉴赏视角，联系到中国传统图案的结构形式上，并与之形成比对和论证。可以推断，构成他鉴赏认识的重要条件，应与其祖父带着他在松江有过一段"隐居生活"关系极大。所谓"隐居生活"，多为旧时文人所为，即不仕之士的乡居生活，主角又称"隐士"。谓之"士"，即读书做官的文人，否则就无所谓隐居。不仕，不出名，终身在乡村为民，或遁迹江湖游走。中国古代有无数隐居之士，对这类"隐士"古有评价，如《南史·隐逸》云，隐士"须含贞养素，文以艺业。不尔，则与夫樵者在山，何殊异也"[1]。而且，一般的"士"隐居怕也不足以被称为"隐士"，须是有名的"士"，即"贤者"。《易》曰："天地闭，贤人隐。"[2]又曰："遁世无闷。"[3]又曰："高尚其事。"[4]明确是"贤人隐"而不是一般人隐。旧时认为，隐居之人不求官，不求名，不求利。《旧唐书·隐逸》称"所高者独行"，"所重者逃名"[5]。常熟至今尚保存元代大画家号称"隐士"黄公望的墓，墓道石碑即刻"黄高士墓"。元代另一位大画家倪云林也被人称为"倪高士"。晋宋时戴逵和他的儿子戴勃、戴颙，都是著名的画家、雕塑家和音乐家。他们都隐居不仕，所以《历代名画记》称之"一门隐遁，高风振于晋宋"[6]。按照这样的定性，雷先生祖父属于"隐士"之列毫无疑义。况且，清末社会环境虽有西风东渐之势，但传统的儒家思想仍为主流，祖父雷补同又是科举出身，自然熟读儒家经典，这对雷先生幼年的启蒙教育产生影响，可谓再正常不过了。

翻阅雷圭元先生撰写的多篇涉及童年生活的回忆文章，我们会发现有两个方面的教育对他影响至深：一是"念四书五经"，二是"作画"。"念四书五经"自不必多言，这是旧式大家庭对子女一以贯之的教育理念。而"作画"却是需要机缘的，在他的《晚年自述》一文中有这样的描述："在家里念四书五经，老师是一位老先生，会作画，我在旁边受到熏陶，也爱画了。"[7]可见，雷先生自幼"作画"的机缘是这位私塾先生，可算是他的启蒙老师，培养了他对书画艺术的兴趣，此后，雷先生的经历也充分证明了这一点。1921年，也就是他15岁那年，他在《晚年自述》中称，随着年龄的增长和对祖父教育的排斥，渴望接受新式的教育。但问题是，他的家庭乃至他自己对"新学一点都不懂，是一个文盲"[8]，什么是"新学"，他可能听说过，但很懵懂。不过，他自幼作画让他的眼界比较开阔，特别是对传统艺术的喜爱，从汉唐石刻雕塑，到宋元山水，以至明清文人画，他大多有机会领略过，甚至还动手临摹过。就这样使他的人生志向趋于明确，就是不愿再像祖父那样求取功名，而是要凭借作画这个"当身本事"来自谋职业。就在这一年的秋天，雷先生终于实现了自己的人生的第一个愿望，考取了北平城里著名

[1] 李延寿. 南史[M]. 陈苏镇，等标点. 长春：吉林人民出版社，1995:1059.

[2] 周易[M]. 廖名春，校点. 沈阳：辽宁教育出版社，1997:4.

[3] 周易[M]. 廖名春，校点. 沈阳：辽宁教育出版社，1997:2.

[4] 周易[M]. 廖名春，校点. 沈阳：辽宁教育出版社，1997:16.

[5] 刘昫，等. 旧唐书[M]. 廉湘民，等校点. 长春：吉林人民出版社，1985:3261.

[6] 张彦远. 历代名画记[M]. 周晓薇，校点. 沈阳：辽宁教育出版社，2001:56.

[7] 雷圭元. 晚年自述[M]//廖延彦. 中国现代艺术与设计学术思想丛书：雷圭元文集. 济南：山东美术出版社，2011:253.

[8] 雷圭元. 晚年自述[M]//廖延彦. 中国现代艺术与设计学术思想丛书：雷圭元文集. 济南：山东美术出版社，2011:253.

的新学堂——国立北京艺专中等部。从此开始接受新学教育，以至他从此"被图案这个'鬼'缠上身"[1]，且一缠就是60几年，成就了他的图案事业。也正由此，他对传统图案的认识有自己的独到之处。他写于1980年的《笔情墨趣——略谈中国图案中书法所起的装饰作用》一文，能充分体现出他长期浸泡于艺术殿堂所获得的丰厚学养，其中写道：

> 装饰图案到了一定的历史时期，往往不依人们的意志，而出现了"不胫而走"的时代风尚。……从唐代"花团锦簇"、富贵气十足的装饰风格，一变而出现宋代粗犷的蓝印花布，豪放的磁州窑、耀州窑，舍弃了所谓"宫样"，或者说是"闺阁气"，真像潮涌一样地出现了像颜体、苏体、米体、黄体那样的笔致雄健、具有大家风度的"黑花"。像八大山人一样的明代青花瓷器，数量之多，范围之广，几乎是风行到全世界。这是中国装饰图案从"唐风"享有世界盛名之后，又一次从民间艺人手中创造了蜚声中外的优良传统。[2]

雷圭元先生成为设计大家，更确切地说是图案大家，与他一生对图案事业忠心耿耿有关。他始终以学习图案者身份自居，甚至晚年也没有放弃图案，没有像许多设计大家那样改与作画结缘，成名成家。他早在20世纪50年代末撰写的《怎样学图案》一文已经清楚地告诉我们，他学图案是从小立志，成为图案教授后，仍坚信要向工艺美术行业的师傅们虚心学习。文章写道："我从小就喜爱图案，但在旧社会学了图案没有用，这是我亲身的体会。因为在旧社会，学图案的人很少能同生产结合，更不可能同从事工艺美术品生产的老师傅们接触，这是我感到非常痛苦的事。解放以后，党和政府重视了工艺美术事业，但我们这些在学校教书的，不可讳言过去是有关门提高的现象，没有下来向老艺人们学习。我个人很久以来就考虑到这个问题，……工艺美术园地，是极其广大的。在座英雄们不知有多少用武之地。我们在学校中工作的，往往在教室中所看的想的有限，不像老师傅们为生产服务，是和群众结合的，生产作品要有销路，要有人喜欢，因此自然会精益求精。不像我们画一张画，画不好就把纸撕了，过去是这样，今天就要改变。因此，我们要和你们结合起来，主要是我们要向老师傅学习。希望大家多给我们谈一谈你们的经验，使得我们的教学更切实际，更丰富图案的知识。"[3]由此可见，童年的印记深深地刻在雷先生的心坎上，影响他一生的事业发展。

二、"四书五经"和"作画"

如上所述，雷圭元先生童年所受到的"念四书五经"和"作画"这两个方面的教育，

[1] 雷圭元．晚年自述 [M// 廖延彦．中国现代艺术与设计学术思想丛书：雷圭元文集．济南：山东美术出版社，2011:253.

[2] 雷圭元．笔情墨趣——略谈中国图案中书法所起的装饰作用 [J]．装饰，1980, (03):55.

[3] 雷圭元．怎样学图案（一）[J]．装饰，1958, (01):53+55.

对他来说可谓是影响终生。

先说"四书五经"，这是自南宋著名理学家朱熹选定并匡正其名以来，就成为后世公认的儒家经典。它不仅对于了解殷周时代的哲学思想、社会生活有极重要的意义，而且保存了罕见的商周史实材料。仅就这一点，我们从雷先生撰写于20世纪70年代末的《中国图案作法初探》一书，便能领略其熟读儒家经典，成为研究传统图案不二法门之理。在《中国图案作法初探》这部书中，雷先生提出了中国图案朴素、夸张等艺术特征和意境表现的方法，并对中国传统图案结构形式中具有代表性的图形列题专门研究，诸如针对"太极图形"的分析，进而揭示出太极图形是以动人的艺术反映事物本质的美，是一虚一实、有无相生、左右相倾、前后上下相随的核心运动。[1] 在对同形图案的研究中，他认为同形图案以光明为主题，更是明确指出，同形图案是历代图案创造中的基础，是光的意境和表现。[2] 雷先生举证说：

> 从殷、周到汉进一步出现的以光明为主题的图案画面，以同形画面结构向前发展着，它使中国图案的画面更加丰富多彩。什么叫作同形图案画面呢？我指的是下面所示的这两种类型的构成。……同，是窗明的意境，有圆形，有方形，圆形和方形的同加上月，就是光明的"明"字，铜镜中有一种"光明镜"就用圆同组成图案，铭曰"见日之光，天下大明"。[3]

按照雷先生在书中的进一步阐释，"同"有圆形和方形，比如，方同形就是木结构的窗式，在汉代建筑中非常盛行。当这种方同形与圆同形构成对角线，并组合在一个图形中，发展出来的就是汉"瓦当"的图案形式。同时，这类"瓦当"图案在装饰上又附加各种线划，这在战国至汉代许多器物，如云气纹漆器、印纹陶器上均有。雷先生将此形式誉为"给中国图案带来一种强烈的民族色彩"[4]。

最为精彩的篇章，是在《中国图案作法初探》这本书中，雷先生又以商代青铜器"同"形光饰为依据，提出"光圈"装饰的概念，认为这样的图案形式在视觉上非常"亮堂"，甚而推导出先秦至秦汉图案中有关于"光"与"电"的融合表现，是非常有味的。书中写道：

> "光"与"电"虽是物质，可是把它们形象化，很不容易，中国劳动人民用矛盾统一的形式把它们形象化了，他们抓住了阴阳电子的运动规律。这两种（方同与圆同）中国图案的画面，成为历代图案创造中的基础骨骼。[5]

如此，雷圭元先生点出了中国传统图案结构形式的基本规律，这也为认识和研究中

[1] 雷圭元. 中国图案作法初探 [M]. 上海：上海人民美术出版社，1979:41—42.

[2] 雷圭元. 中国图案作法初探 [M]. 上海：上海人民美术出版社，1979:63—84.

[3] 雷圭元. 中国图案作法初探 [M]. 上海：上海人民美术出版社，1979:63—64.

[4] 雷圭元. 中国图案作法初探 [M]. 上海：上海人民美术出版社，1979:65.

[5] 雷圭元. 中国图案作法初探 [M]. 上海：上海人民美术出版社，1979:72.

国传统设计的多样性奠定了分析问题的基本思路。而雷先生认识与分析问题的出发点，则充分体现出他对"四书五经"哲学思想和殷周时期社会生活的理解。比如，"四书五经"之《周易》，它不仅对于了解殷周时代的哲学思想、社会生活有极重要的意义，而且保存了一些相当罕见的商周史料。雷先生判断的传统图案"阴阳运动规律"，可说是借《周易》"八卦阴阳对立统一规律"思想来阐述上古图案构成形式的一种通解。在这本图案学理论研究的书中列举的大量图案，如新石器彩陶纹、西周陶豆装饰、秦汉瓦当纹样等，都具有在同形图案结构基础上演变形成的太极图形。了解易经的人都知道，易理之上有太极。易理是对阴阳相互运动关系的揭示，其演绎的阴阳关系，给人的印象就是一个"玄"机。易经的阴阳变易是阴阳相互追逐，阳极复阴，阴极复阳，周而复始，永不停息，犹如自然界的春夏秋冬循环往复不止，这就是典型的阴阳变易。太极则是阴阳对冲而产生的周而复始的运动，称为太极旋机。那么，"太极"又是什么呢？"极"是到头的意思，不可能再有什么了。"太"是从极点往下的意思，既然上面都没有什么了，那下面的一切又都与这个极点有关。太极便是指宇宙中一切事物的运动与阴阳这种对冲有关，同时再也找不到其他可以有关的东西了。换言之，在东方文化里，太极揭示了宇宙中一切事物运动不息的源头。可见，东方思维很是深刻。雷先生的图案学理论研究正是抓住了这一要义，从这一点上说其解释就有许多的合理依据。

至于说"作画"，既是雷圭元先生自幼习画积累的审美经验和对书画品鉴的态度，又是通过书画来领会中国传统文化与艺术精神之所在。中国书画历来讲求意境，不求形似但求神似。这种形式在客观上比读"四书五经"理解传统文化与艺术精神更为直观，难怪童年时期他对作画钟爱有加。他回忆自己习画感受时表明，"当时画了不少画，写上'仿新罗山人''仿八大山人'等等"[1]。久而久之，雷先生对画中意境的描绘有所领悟，了解创作方法颇多，仅皴法就不下几十种。构图更是讲究，一只小蟋蟀，一片大的空白，这些看似不经意间的经营位置，却能在尺寸之间产生丰富的效果。就这样一天到晚"还是埋头做我感兴趣的事情，如玩小虫，画小人……我初看到闻一多先生的书斋，墙上四周都糊上黑纸，还有一条汉画的车马画像砖的拓片，花纹是金色的，大片的黑，加上一条金边，确实别致！"[2]考察雷先生对图案构成形式研究如此精细，应该说与他长期习画、鉴赏书画有很大关系。绘画讲究构图是为营造意境表达的需要，这些特点在潜移默化中影响了他的审美意识和艺术观念，这种影响在雷先生撰写的《怎样画图案》一书中可见其踪影。他在书中谈论到用毛笔写生时说："毛笔这种工具发挥画家的创造力、表现力，使图案画生动活泼，不像机械图，也不像照相，而是具有丰富的想象力和装饰风

[1] 雷圭元. 晚年自述 [M]// 廖延彦. 中国现代艺术与设计学术思想丛书: 雷圭元文集. 济南: 山东美术出版社, 2011:253.

[2] 雷圭元. 晚年自述 [M]// 廖延彦. 中国现代艺术与设计学术思想丛书: 雷圭元文集. 济南: 山东美术出版社, 2011:254—256.

味的图案画。"[1] 运用毛笔写生搜集资料是图案"写生变化"这一环节普遍采用的手法。雷先生深知这一点，所以才特别强调毛笔写生可以画出丰富多彩的"图案画"，这是情理之中的事。这与他自幼习画，能够熟练掌握毛笔表现技巧是分不开的。他还举例说："黑影画就是在白纸上（练习时，不一定用高价的图画纸，用报纸、毛边纸都可）使用毛笔涂绘或是用大小粗细的笔触，对了面前的实物，把枝叶花朵用一样浓淡的墨色，将它的生动的姿态画在纸上。打一个譬喻吧，就像灯光或月光将花叶的影子映在白墙上一样。……影绘的目的是锻炼画家敏锐的观察力，简练的表现力和集中描绘对象的特征以及在构图上提炼取舍的布置能力。譬如一片竹叶，画完了以后除了令人一望而知是竹叶之外，还要表现出竹叶优美的姿态，粗枝、细枝，老叶、新叶，前面的、后面的，正面的、侧面的，平的、卷的，疏的、密的，成为一幅生动的图画。"[2] 接着，在谈到为什么要用单色来表现浓淡时，表明是因为"我们不满足于黑白两色的图案，还要求黑白对比之间出现层次，譬如说一片竹叶，前面几片浓一些，中间几片淡一些，后面几片更淡一些，不是趣味更丰富一些么？"[3] 雷先生能写出这么细致的描绘感受，肯定是与他自幼积累起来的作画体验有关。所以说，作画不仅是图案学习必要的艺术素养，而且也是图案学习必要的基础训练。

就"念四书五经"与"作画"这两方面而言，与雷圭元先生一贯倡导探究图案创作规律还有着千丝万缕的联系。为何这么说呢？我们可以从雷先生借助古汉字造型来探究中国图案构成原理谈起。他在《中国图案作法初探》这本书的开篇，提到"中国图案语言是朴素、单纯、富有生趣的"[4]。关于这一特点，雷先生认为这是从中国古文字造型上获得的。他指出：

这个特点，我是从中国文字造型上体会到的。中国劳动人民创造的单字，既是字，又是画。例如，龙（龍）、燕、甗（上可以蒸，下可以煮的器具）、酉（古酒字同）、壶（壺），是文字，也是很美很动人的图案。形象语言，朴素而单纯，生动而有趣。

创造者从改造自然和生产劳动中，非常明确而肯定地反映出对象的特征，用特定的线划工具把形象固定下来，把思想传达给别人，成为一种既实用又美观的寓意图案。这种传统造型手法，一直在中国图案造型上占有一个普遍的重要的位置。[5]

……

中国文字除象形、象事之外，还创造了寓意一种，是世界文字中最富有艺术性的一种表现。象意一类就是用简明的笔画表现意境，并能指出人与自然的关系，人与人的关系。

[1] 雷圭元. 怎样画图案 [M]. 北京: 人民美术出版社, 1982:9.

[2] 雷圭元. 怎样画图案 [M]. 北京: 人民美术出版社, 1982:10—11.

[3] 雷圭元. 怎样画图案 [M]. 北京: 人民美术出版社, 1982:11.

[4] 雷圭元. 中国图案作法初探 [M]. 上海: 上海人民美术出版社, 1979:1.

[5] 雷圭元. 中国图案作法初探 [M]. 上海: 上海人民美术出版社, 1979:1—2.

同时把自然现象描绘成简易明白通晓的形象，而这些形象又是特征非常鲜明的，富有生趣的。[1]

　　雷圭元先生的这一阐述，是极富奇妙而深刻的论断，由此将中国文字表达与图案构成联系到一起，挖掘出中国图案特有的深层文化根源。我们将他的这一论说且称为"画由字生"，这个说法在文字学界屡见不鲜。比如说，龙（龍）字有三停九似之说，自首至膊，膊至腰，腰至尾，皆相停也。角似鹿，头似驼，眼似兔，项似蛇，腹似蜃，鳞似鱼，爪似鹰，掌似虎，耳似牛，具体生动地描绘了这种拼装的假想动物，实则龙是大蛇增加了兽类的四个足，有马的头、鬣的尾、狗的足、鸡的爪、鱼的鳞和须，这是从形象（画）入手来谈构字的意义。然而，像雷先生这样从汉字中系统地挖掘并探究中国图案的构成原理却是凤毛麟角。他在《中国图案作法初探》一书的"前言"中明确写道："经过反复探索，找到了甲骨文中的象形文字，这些象形文字是古代劳动人民在生产实践中观察到的自然形象加工而成的。"[2]与此同时，他在研究中国传统图案结构与形式规律时又谈道："中国图案的作法上独多一种旋涡形线……我想这种装饰主题是好几代流传下来，决不是偶然的。"[3]旋涡纹这种古老的纹饰，时至今日仍然充满魅力。雷先生认为，像这样的装饰主题经久流传绝不是偶然的。他通过对甲骨文中"同"字和"明"字的研究，得出中国传统的旋涡纹图案，正是由这两个字的造型引申而来，同时具有光明的含义。从这个思路出发，雷先生在《中国图案作法初探》一书中列举了一系列甲骨文，并指出，甲骨文的"创作者从改造自然和生产劳动中，非常明确而肯定地反映出对象的特征，用特定的线划工具把形象固定下来，把思想传达给别人，成为一种既实用又美观的寓意图案"，还进一步解释说，"这种传统造型手法，一直在中国图案造型上占有一个普遍的重要的位置"[4]。雷圭元先生通过对甲骨文的系统分析，总结出中国传统图案的造型方法。具体而言，就是把"中国文字既反映客观的真实，又巧妙地把事物的特征用简练的笔画刻画出来"[5]的特征，总结为"中国图案语言的夸张特征"[6]；把"中国文字除象形、象事之外，还创造了寓意一种"[7]的特征，总结为"中国图案的意境表现"[8]，而对这些特征的说明都是通过大量的甲骨文的分析总结出来的。

　　所以，他认为中国传统图案的源头之一就是上古文字的形式构成。其表现朴素又富有情趣，可以说是"最典型、最完美、最简练、最概括的装饰造型。一个鹿字有两个角，一个虎子有个大嘴，一个鱼字像在水中游，一个门子两边要开启……象形文字和书法的演变可以看成是传统文化装饰风格的发展和延伸"[9]。这不禁让我们再次想起雷先生自幼"念四书五经"与"作画"的情景，他在祖父雷补同的督促之下，接受过严格的私塾

[1] 雷圭元. 中国图案作法初探[M]. 上海：上海人民美术出版社，1979:4.

[2] 雷圭元. 中国图案作法初探[M]. 上海：上海人民美术出版社，1979: 前言1.

[3] 雷圭元. 中国图案作法初探[M]. 上海：上海人民美术出版社，1979: 前言1.

[4] 雷圭元. 中国图案作法初探[M]. 上海：上海人民美术出版社，1979:2.

[5] 雷圭元. 中国图案作法初探[M]. 上海：上海人民美术出版社，1979:3.

[6] 雷圭元. 中国图案作法初探[M]. 上海：上海人民美术出版社，1979:3.

[7] 雷圭元. 中国图案作法初探[M]. 上海：上海人民美术出版社，1979:4.

[8] 雷圭元. 中国图案作法初探[M]. 上海：上海人民美术出版社，1979:4.

[9] 崔栋良. 教之有方，授之以哲——怀念恩师雷圭元先生[J]. 装饰，1990，(04):47.

教育，在他的《晚年自述》中甚至说到"那段时光，无疑是极其无聊的"。但从雷圭元先生成年以后写就的大量诗词作品，以及对图案理论研究偏重于依据古文字脉络的探究来看，如果不是童年奠定的古文字基础，背诵大量的儒家经典和历代诗词歌赋的话，是不可能形成对此领域研究的帮助。而正是凭借这种对古文字的敏感及古代文学和传统艺术的素养，才成就了雷圭元先生图案研究的独到之处，例如他在匡正古文字与中国图案关系时论证认为："中国图案之美，美在具象（万象皆可作为图案美的内容），但归根结底又归结到抽象的表现手法，因为不把各殊的形象抽象出共同之点，使其在精神上与宇宙万物引起共鸣，就谈不上图案之美。"[1]他对中国图案富有的抽象表现形式，与他"作画"经历形成的认识，可谓有异曲同工之妙。他始终强调，如果"学图案的人，不在艺术修养上下功夫，图案可能画得很'对'（合乎法则，循规蹈矩，合乎古典的规范），但是缺乏思想性、艺术性、创造性，也仅停留在技术的熟练而已，这样的图案拿什么来感动人呢？"[2]不仅如此，雷圭元先生还依据"作画"的观念，探究图案的"意境"表现。他认为，图案也是艺术创作，应该有"意境"的表达方式。对于中国图案的意境美，雷先生认为，"中国图案美中的意境美，是根深蒂固、源远流长的"，它已经"成为一种民族形式"，体现着中国民族精神：一、中国传统图案的意境表现在于绘画与图案本同源，所谓"画者，是根深，文之极也"，"诗有感而见，这便是诗中有画，画由见而感，这便是画中有诗"[3]。雷先生早在 20 世纪 40 年代撰写的《新图案学》中也曾有这方面的论述，其中写道："将'诗'作为图案内容的一部分，我想更准确地说它是将'诗意'作为了图案内容的一部分。"他认为，"图案有诗的内容，富有幻想、淳朴，诗有图案的作风，表现和谐、自然"。

故而，他在长期从事基础图案教学过程中始终反对以素描式的"写生"来对待图案的写生变化，认为"把写生变化看成唯一的创作依据，过分强调自然规律，忽略了图案的意境"[4]。他甚至认为，"图案家应该多少带点孩子气，做一个不求形似的人"[5]。他强调图案创作需要多元性，写生要灵活，对文献资料的运用也要灵活。他在教学中经常提及中国图案中的"太极图"，认为这是一个反映对立统一之美的图案。"S"形一分为二阴阳交互的两个部分，围绕一个圆心回转不息。这种"S"形的结构是我国传统图案中的重要母体，是黑白对比，虚实相依，天地相对这种变化统一的基本构成。他认为，太极图的图案真实而又抽象地表现了宇宙观，以艺术动人的力量来反映具体事物的本质。类似的图案还有很多，如楚汉漆器上的"双凤纹"，汉帛画上天神地神纠缠在一起的纹样，清乾隆时庭院石碑四周的串枝莲花饰图案，等等。他还给这种"太极图"取了个"喜相

[1] 雷圭元. 中国图案美（七）——再谈民族风格[M]// 雷圭元图案研究会. 中国图案美. 长沙：湖南美术出版社，1997:42.

[2] 雷圭元. 再谈谈图案学习上的几个问题[J]. 装饰，1959，(05):55.

[3] 雷圭元. 雷圭元论图案艺术[M]. 杨成寅，林文霞，整理. 杭州：浙江美术学院出版社，1992:150—151.

[4] 雷圭元. 新图案学[M]. 上海：商务印书馆，1947:71.

[5] 雷圭元. 中国图案美（七）——再谈民族风格[M]// 雷圭元图案研究会. 中国图案美. 长沙：湖南美术出版社，1997:100.

逢"的别称。他曾以"喜相逢"为框架绘制了 10 余件范图，虽是信手拈来，却回旋飘然，首尾相随，"充满生的欢乐的感情"。因而，以"S"形作为母体的主线，形成了中国传统图案特有的民族装饰风格。①

归纳而言，雷圭元先生童年接受的"念四书五经"和"作画"这两个方面的教育，的确是他终身受用的知识原点和认识基础。这使他在长期研究图案设计和图案教学问题时，很自然地把目光投向了中国图案，尤其是传统图案这个亟待挖掘的宝藏。而他对传统文化与艺术的纯熟了解与运用，更是他在构建中国图案学体系当中取得成就的重要原因。

三、《新图案学》的特殊贡献

探究雷圭元先生图案学体系形成的历史渊源，离不开对他早期图案著述的审视，而雷先生撰写于 20 世纪 40 年代末的著述《新图案学》便是值得剖析的代表性案例。这本图案著述，称得上是中国近代图案学建立与发展的标志性成果，是真实见证雷圭元先生作为开创中国近代设计教育的先驱，对中国早期图案学形成做出的特殊贡献。

论述这一问题，我们还得从雷圭元先生早年求学与治学之道说起。1921 年，雷先生离开家乡考入北京美术学校中等部图案科。此时，可以说他对于何谓图案并不十分清楚。他在撰写的回忆中写道："对图案起先我是一窍不通……进了艺专，教我图案的，有焦自严、黄怀英等老先生。还有一个日本教师鹿岛英二②，是教我学习日本的课本《一般图案法》，并教我蜡染、烧瓷、漆画等技法。"[1] 除雷先生回忆录中提到的几位教师之外，根据原北京美术学校相关研究资料记载，该校图案科的教师还有徐瑾、韩栋、黄锐等几位。[2] 另外，根据建筑史家徐苏斌的研究，在这些老师中，除了毕业于京都高等工艺学校的焦增铭（自严）外，有四位教师是毕业于东京高等工业学校工业图案科的，

---

① 关于雷圭元先生针对图案教学提出的认识观念，部分为笔者早年笔记，另一部分参见：陈佳欣、杨帆《图案中的万千风景——忆中国工艺美术大师雷圭元》，《松江报》2010 年 7 月 23 日。

② 鹿岛英二（1874—1950），出生于日本鹿儿岛县，是日本近代重要的染织图案设计家。1901 年毕业于东京高等工业学校工业教员养成所，之后任富山县里工艺学校教师。1907 年作为农商务省的海外事业练习生派往美国纽约深造，1909 年回国任东京高等工业学校工业图案科助教授，1910 年又被派往英国参加日英博览会筹备工作。1922 年，鹿岛英二成为东京高等工艺学校工艺图案科教授，后来又担任该系主任。1938 年前后受聘于北京美术学校任教授。

[1] 雷圭元. 图案教学的回忆 [M]// 中国美术学院校总会编. 漫歌怀忆：中国美术学院十八华诞回忆录. 杭州：中国美术学院出版社，2008:28.

[2] 祝捷. 中央美术学院前身历史沿革年表（1918—1949 年）[J]. 美术研究，2009，(01).

即徐瑾（瀛从）①、韩栋（子极）②、黄锐（怀英）③和丁儒为（乃刚）④。其中，黄怀英任教时间最长，职位最高，影响也最大。而毕业于东京高等工业学校工业教员养成所的鹿岛英二，则可说是当年这些中国留日学生的学长或是老师。因此，从当年北京美术学校图案教学的师资背景分析来看，关于基础图案教学及图案教学理论有很大一部分是受到日本的影响。

其实，就中国早期设计教育肇始而言，在教育领域，无论是教师，还是教材与教学方法，受日本影响均十分明显，包括1902年由张之洞创办的三江师范学堂（后改两江优级师范学堂）和1903年由袁世凯支持周学熙创办的直隶工艺总局。从留存至今的文献分析来看，三江师范学堂在开办不久就设立图案手工科，且很快被确立为主科，这主要归功于当时的监督（即校长）李瑞清的关心所起到的至关重要的推动作用。他在学校创办伊始就明确提出，"咨询校中各国教授，汇集东西各国师范艺术教育设科之例"，"竭言亟应添设图画手工科的缘由"，随即向当时的学部提出呈状，请求设置美术师范专科，并特别说明"学科以图画手工为主科，音乐为副科，兹单以图画言之，西洋画（铅笔、木炭、水彩、油画）、中国画（山水、花卉）、用器画（平面、立体）、图案画等"。[1] 三江师范学堂是模仿当时日本教育体制，以"中学为体、西学为用"为办学方针，为清末推行新式教育出现的规模最大、覆盖专业最为全面的一所师范学堂，且教学上以聘请外籍专任教师为主，最多的就是日籍教师。具有全国影响的三江师范学堂尚且如此，作为地方性的专门学校——北京美术学校，中等部图案科，其教师多来自日本，更具体一点说，主要是东京高等工业学校也就不足为奇了。可见，清末民初各级各类学校的师资构成大多为日籍或留学日本的教师，他们必然与日本教育保持着密切的关系。诚如雷圭元先生在回忆录中谈到求学经历时所说，"脚下的路是自己走出来的，可是领路人是很重要的。我如果不遇到几个艺专的老先生，就得不到这样的学问"[2]。这其中自然包括

---

① 徐瑾（1890—1931），字瀛从，广东嘉应人。1906年自费赴日留学，1909年考入东京高等工业学校工业图案科（制版特修专业），1914年毕业。曾任北京美术学校图案科教授，历任北京美术专门学校教务长、《北京日报》编辑长（参见徐苏斌《近代中国建筑学的诞生》，第180页）。

② 韩栋（生卒年不详），字子极，四川人，1915年毕业于东京高等工业学校工业图案科，北京美术学校图案科教授（参见徐苏斌《近代中国建筑学的诞生》，第180页）。

③ 黄锐（1884—1957），又名心官，字怀英，四川德阳人。1903年赴日，1916年毕业于东京高等工业学校工业图案科。曾任北京美术专门学校图案科教授、校务委员会主席，北平大学艺术学院实用美术系主任等职。

④ 丁儒为（1886—1946），又名品青，字乃刚，浙江义乌人。1901年考取第一批官费留日生，1908年考入东京高等工业学校工业图案科，1912年学成归国，历任上海中华书局、商务印书馆（彩印管理处主任）、北京京华印书局、奉天官银号印刷厂、北京财政部印刷厂的技师、印刷负责人。1929年任国立北平大学艺术学院教授、实用美术系主任，是中国现代印刷工艺的先驱，也是中国现代设计教育的先驱之一。

[1] 转引：朱伯雄，陈瑞林．中国西画五十年[M]．北京：人民美术出版社，1989:20.

[2] 雷圭元．图案教学的回忆[M]//中国美术学院校友总会．漫歌怀忆——中国美术学院十八华诞回忆录．杭州：中国美术学院出版社，2008:29.

日籍教师。另外，在杨成寅、林文霞记录整理的《雷圭元论图案艺术》一书中也有提及，雷先生早年读到的日本教材《一般图按法》对他影响甚大，这算是佐证。[1]

对照来看，雷圭元先生提到的《一般图按法》，是日本近代著名设计教育家小室信藏①的一本代表著作。该书写作于 1909 年，初版即受到明治年间日本工部大学校著名工学博士真野文二作序，东京高等工业学校教授松岗寿审阅，后又多次重印，至日本大正十五年（1926）已修订再版 11 次，可说是 20 世纪 30 年代日本较为完备和具有影响力的图案教材。从雷先生提及阅读这本教材的时间推算，可以想见是在北京美术学校成立之初引进了这本体例完备、教学内容详实的教材，因而对于初学图案的雷先生来说，是何等的印象深刻，以至时过境迁，回忆起那段求学岁月，对于这本教材的印记仍旧历历在目。关于小室信藏的《一般图按法》，在周博撰写的《北京美术学校与中国现代设计教育的开端——以北京美术学校〈图案法讲义〉为中心的知识考察》一文中，有比较深入的探究，其中提及的早期图案教材，除北京美术学校的这本《图案法讲义》外，还有俞剑华先生早年撰写的《最新图案学》《最新立体图案法》等。文中论述说："通过内容上的比对发现，北京美术学校的四本《图案法讲义》中，除了专门讲'制版图案'和'印刷术'的第四本，其他三本都不同程度地受到了小室信藏《一般图按法》的影响，尤其是《图案法讲义》（二）和《图案法讲义》（三）。《图案法讲义》（二）的总论、第一章、第三章、第四章、第五章中的内容和结构基本上都来自小室信藏的《一般图按法》。而版心标注有"师范科"的《图案法讲义》（三）基本上也是对小室信藏《一般图按法》绪论、第一章和第二章的直接挪用……这四本讲义基本上是在按照日本的图案法在讲授，从知识的层面上讲完全是'拿来主义'。"[2] 如周博所述，我们可以这样理解，北京美术学校的图案教学教材，其实还包括我国早期图案教育的各类主要教材，在起步之初多半直接或间接来自日本，所以《一般图按法》在一定程度上就成为国内借鉴或翻印的示范教材。

由此可见，雷圭元先生提到的这本《一般图按法》，在当时图案教育中扮演着极其重要的角色。从某种意义上说，正是以小室信藏《一般图按法》为代表的教材影响并奠定了我国早期从事图案教育研究这批大师的认识路径。譬如，在对图案学的认识上，该书列举了许多专业术语，像"二方连续""四方连续"，尤其是"四方连续"，小室信

---

① 小室信藏(1870—1922)，日本明治、大正时期著名的设计教育家，对日本早期设计教育的发展有突出的贡献。日本明治三十年(1897)入学东京高等工业学校附设的工业教员养成所工业图案科，是第一届毕业生（1900 年毕业）。毕业后，曾先后任教于东京高等工业学校、爱知县立工业学校和名古屋高等工业学校。

[1] 雷圭元. 雷圭元论图案艺术[M]. 杨成寅，林文霞，记录整理. 杭州：浙江美术学院出版社，1992:

[2] 周博. 北京美术学校与中国现代设计教育的开端——以北京美术学校《图案法讲义》为中心的知识考察[J]. 美术研究，2014，(01):64.

藏甚至给出了日英对应的术语解释（Four consecutive，四方の連続）。①当然，可以看得出，这些解释有很大成分是小室信藏根据日本经验做出的理解，但毕竟被中国设计教育界所接受并延用下来，这在雷先生后来的图案著述中多有引用。再者，《一般图按法》一书阐述的图案原理也被雷先生吸纳，虽说他之后主要转向对中国传统图案的研究，但在他所撰写的图案著作或教材中，每有涉及图案原理的论述仍多有引用，自然也有结合这一原理对中国传统图案做出的新诠释。

《新图案学》一书，可以说极大地突出体现了雷圭元先生"自成一派"的图案学思想。比如，在该书针对图案构成形式的分析中，不仅刻意阐明了自小室信藏《一般图按法》就明确下来的基本概念，即"图案是基于某种构思，对形状、水彩、图形等加以处理，为引起观者的美感，而进行有意识创造的表现"[1]②这一图案构成的基本原理，而且还表达出类似《周易》的思想。书中写道："柔者有柔性，刚者有刚性，清清楚楚，各有其独特之美。应审视物性，作精到之考虑，不可徒醉心时髦，竞尚外表。所以，在这里有说一说图案设计上常遇的几种材料之特性及其用途之必要。"[2]众所周知，《周易》思想的关键，是强调世上一切均由阴阳二气孕育而成，刚柔相济是一要素，且金、水、木、火、土五行，以及生、死、衰、亡决定事物的未来。而且，《周易》是按照先祖五行变化规律对事物进行预先推测估算的。如此对照来看，雷先生认为"应审视物性，作精到之考虑，不可徒醉心时髦，竞尚外表"，强调的是不可一味追求外表的形式美观，以致忽视实用原则，这就犹如《周易》思想要具有辩证统一观来判断事物一样。所以，雷先生在《新图案学》一书中始终强调"我们学习图案是为了生产，为了满足广大人民生活的需要，必须注意到经济、适应、美观"[3]这一综合原则，这充分体现出他对图案构成形式的全面把握。由此观之，雷圭元先生的图案学思想正是在吸收外来和本土既有观念的基础之上，进一步将自己的理论充实、完善和体系化。

又如，在《新图案学》一书中，雷圭元先生将中国传统图案的构成变化形式置于一个前所未有的重要地位来看待，旨在开发设计思维，以提升图案学习的创造能力。他早

---

① 通过对小室信藏的《一般图按法》所列参考文献检索，书中大约列举了16本书，其中有13本书是英国于1900年左右出版的著作，涉及的内容基本都是19世纪下半叶起源于英国的设计改良运动，即工艺美术运动(The Arts & Crafts Movement)的相关内容。小室信藏列举的比较重要的专业术语可以说与之有关，且英文语义包括了这些内容。

② 参见，小室信藏《一般图按法》（日本丸善株式会社，1910年版）序言。查阅该书关于图案的概念，更多是受到英国的影响。这是因为在19世纪初叶，英文design被引入日本，起初是翻译为"图案"。"图"为谋划；"案"为运筹。如周博分析所言，日本小室信藏所编著《一般图按法》一书，将英国的图案概念引来，而中国又从日本转引，理由是小室信藏《一般图按法》和北京美术学校当时编辑出版的多种图案教材的部分内容雷同。

[1] 小室信藏．一般图按法[M]．东京：丸善株式会社，1910：序言．

[2] 雷圭元．新图案学[M]．上海：商务印书馆，1950：74．

[3] 雷圭元．怎样学图案(二)[J]．装饰，2008（s1）：11．

年的这一主张一直影响到其后的图案教学。回顾他的这一主张，书中是这样描述的："我们读欧阳修的《醉翁亭记》，从'环滁皆山也'起，一路上如入山阴道上，应接不暇，一直到'太守为谁？庐陵欧阳修也'止。但觉得眼前：有山、有水、有人物、有禽鸟。读这篇文章的人，也像这位太守一样，醉意颇浓，兴致不浅，其乐无穷。二十几个字，写来像天女散花般五色缤纷，目不暇给。有诗意、有画意、有哲理，此文章之美，亦在乎'丰富'与'变化'。……变化的'化'，是化生万物的意思。变而动，动而生，裨于国计民生，此即众由之道。"[1] 这一话题，可说是雷先生讲述图案"变化"规律的导语，重点阐述了图案的写生变化有其中国特色的历史渊源。我们知道，重视图案教学中的写生变化一直是雷圭元先生倡导的图案学的思想核心，在他一生的图案教学过程中也非常重视。他在于 20 世纪 60 年代撰写的一篇关于图案教学讨论的文章中，依然强调说：

> 图案这门基础课，从早年前美术学校办图案系以来老是"扯"不清楚。"扯"得最凶的是图案的基本功问题，总是忸忸怩怩地和绘画的基本功"扯"在一块，……图案的源泉是自然，这一点不能否定，但是不否定也不等于完全拜倒于自然。孔夫子也是一个懂得图案、懂得装饰艺术的人，他提倡"六艺"来提高人类的物质和精神文化。春秋战国以降，唐宋以前，工艺品上的图案总是以"形式美"取胜的。生活中既要自然美，又要"形式美"。……源与流是图案家的两个翅膀，缺一不能高飞。但是在学习图案的基础来说，先流后源，逆流而上看源头，比从源顺流而下要实际一些，因为图案还有实用的意义，还有形式的创造，还有材料的制约等等。它的源不会像绘画那样而是迂回曲折流下来的，从古人的图案创作中要借鉴的东西很多，花太多的时间在绘画锻炼上，一定会占用学习图案基础的时间。所以，绘画的一套"系统"也有必要加以改革。[2]

所以，我们考察雷圭元先生的图案教学工作会发现，他始终强调图案的写生变化是将自然之物改变成理想之物，变化的根本在于要在思想上先变化，图案变化才能明确。由之，他才会关注从自然中吸取图案的形式美要素。比如，雷先生在图案学理论研究中关注图案的形式美问题，提出图案的演变规律有"S"形和同形，这些都是贯穿中国图案的形式主线，并进一步揭示"三体构成"（格律体、平视体、立视体）更是中国图案的主要构成形式。在阐述"三体构成"时，他还特地以中国建筑九宫格演变而出的格律体来做论证，以阐明"中国传统图案的布局以九宫格为基础，并遵循平视体、立视体等构图法则"[3]。关于这些图案构成形式的解说，在他撰写的《中国图案作法初探》一书中有确凿的实证。这说明，雷圭元先生坚持图案基础训练从"写生变化"开始有其历史渊源和理论依据，他的图案学理论也因此不断发展和完善，而他早年撰写的这本《新图

[1] 雷圭元. 新图案学 [M]. 上海: 商务印书馆, 1950:100+103.

[2] 雷圭元. 漫谈图案造型规律——对图案教学的改进意见 [J]. 装饰, 1997, (03):58—59.

[3] 中国大百科全书总编辑委员会. 中国大百科全书, 轻工 [M]. 北京: 中国大百科全书出版社, 2002:655.

案学》可谓功不可没。

结语

  雷圭元先生将毕生的精力投入到中国图案学的开创及图案教育事业的发展上，开创了独特的自成一派的图案学理论，丰富和完善了我国的设计教育思想。自然，由于雷先生在中国传统图案教育方面的卓越成就，以往多数学者将重点多放在他关于传统图案创作的阐释上，而忽略他对于中国图案学理论建构的作为，这不能不说是某种缺陷。如今，我们重提图案学理论研究，重新关注雷圭元先生在这方面的贡献是设计教育和设计理论发展的必要。特别是挖掘中国传统图案蕴含的丰富资源，古为今用。唯有如此，在追本溯源时才能真正具备挖掘中华本民族优秀文化艺术的能力。进言之，要想真正创造出具有中国特色的图案学理论，必定是要建立在对已有图案原理的深刻认识之上。雷圭元先生也正是这样身体力行，比如他在《新图案学》以及《中国图案作法初探》等多部著述中始终强调，"先流后源，逆流而上看源头"，还有"下一番功夫去熟悉中国图案的造形规律"[1]。笔者以为雷先生所言仍是有潜台词的，即在熟悉和掌握西方设计理论的同时，不要忘了"先流后源"地去"熟悉中国图案的造型规律"。这就是雷圭元先生的大师之道，立足于中国图案学理论的建构，并着眼于世界范围来发展中国图案学理论。这应当是先生的宏愿，仅以此文向雷圭元先生致敬。

  作者附言：本文写作过程中得到南京艺术学院设计学院硕士研究生赵建同学帮助文献资料搜集和整理，特此致谢！

原载于《艺术与科学》第 15 卷，清华大学出版社 2020 年版

[1] 雷圭元：漫谈图案造型规律——对图案教学的改进意见 [J]. 装饰，1997，(03):58.

设计教育　7篇

艺术设计的现代转换与其教育改革的思考

　　面对知识经济时代里所形成艺术设计的现代转换这一现实，艺术设计教育，尤其是高等艺术设计教育，必然会发生职能性的变化。这种职能性的变化是全方位的。而学科发展的调整与建设又有其相对的独立性，其适应就表现在培养目标、课程结构、教学内容、教学方法与服务社会的目的相结合。当然，这一调整的关键，应该建立在学科本体的学术定位和课程结构上。也就是说，艺术设计学科的发展方向、研究范畴，以及艺术设计教育的课程结构、教学内容和教学方法，应符合艺术设计的这种现代转换的时代需要，并力求与之形成互动的关系，确立由这种互动关系使然的对教育对象知识建构与素质培养的方案。由此，所谓的学科本体在学术上的定位，按照教育发展规律，可以理解为学科调整要有利于学科所规定的学术本体的存在价值与发展前景，有利于教育实施过程中对学术本体的传承与时代拓展，有利于对教育对象实行现代的学术塑造与知识更新。如果我们从这个角度来审视高等艺术设计教育的课程结构、教学内容的调整，就有了认识问题的基点。本着重在在反思过程中认识高等艺术设计教育的学科建设问题，其聚焦点就是对当下国内高等艺术设计教育的课程结构、教学内容及教学方法进行重新审视与思考。不难发现，现存的课程结构、教学内容等方面的逻辑与原则，对于培养和造就富有创新意识的艺术设计人才，是有一定的局限，甚至是扭曲的。要理清这个问题，有必要对高等教育人才培养的平衡与区别做点思考。

　　众所周知，高等院校是通过体制化的高等教育来培养人才的机构，而如此培养的人才大致可分为侧重于学术型和侧重于技术应用型的。一个就物质和精神两重意义而言都富有生气的社会，一个既能高效地经营其生活，又能自觉自省其历史和文化身份的社会，需要所有这两类而非其中单一种类的人才。这两类人才尽管应当有诸多共同之处，但在其知识结构、思考方法、学理操作等诸多方面有着基本的不同。漠视这些差异，用本质上划一的方式来确定本应当有区别的教学内容、教学方法和教学标准，其最终结果要么是以"学"代"术"，要么是以"术"代"学"。若是前者，高校便成了经院；若是后者，则与技校无异。

引申到艺术设计领域来看，早先的传授方法也是有两种"入道"的方式的，即"由技入道"和"由理入道"。其实，这两种教授的方式方法都有各自可取之处，没有必要将其对立。也就是说，不要只看到两者之间的矛盾面，而看不到两者之间的内在联系。事实上，艺术设计是一门实践性非常强的学问，也是一门延绵人类文明史数千载的"学理"性学问。做艺术设计的人，可以是由"匠"而达于"师"，也可以是由"理"而达于"师"。用现时的话说，就是从事艺术设计的人，应该是刻苦钻研技艺的一种，但也应该是学风严谨、理论联系实际的"学者"。以此为理论依据来认识目前国内艺术院校现有的艺术设计学科的培养目标和课程结构，就能寻出相应的问题症结。

从艺术设计教育，尤其是高等艺术设计教育及其前身的工艺美术教育方面看，它的培养目标在相当长的时期里是停留在培养"掌握艺术设计创作的专业技能和方法，具有独立进行艺术设计实践的基本能力"（参见1979年文化部颁布的《工艺美术教学方案》）的范畴中。即使培养目标在关键词上写明了"设计、教学、研究"的内容，但在实际教学中往往只有"设计"这一项内容。至于"教学"和"研究"，在课程结构中均未有设置，这些都是不争的事实。而整个艺术设计教育的课程体系，主要来源于四个方面：其一，脱胎于原有的绘画专业；其二，直接师承手工艺作坊的技艺流程；其三，以日、德早期艺术设计教育为主的国外混合教育体制的移植；其四，中国港台、东南亚地区的实用型艺术设计教育的影响。因而，教学内容也主要限定在绘画基础和专业基础两大类，教学定位在器型和表面装饰这一范围中，以单纯技艺传授为主要教学方式。而就是这种技艺传授方式，也存在着相当严重的偏颇问题。以往被艺术设计界视为艺术与技术、设计与生产相结合的原则，现如今背离的现象越发严重，甚至不如过去。艺术设计教育怎样体现出艺术与技术、设计同生产相结合，仅仅靠课堂教学显然不够，学生仅仅可以画出纸面上的设计图稿而没有条件将它物化为实际应用的成品，这就是学习与应用脱节的表现。从目前不少侧重于以"术"代"学"的教育倾向看，课程结构和教学考核的标准难免偏狭短视，甚而有浮华和重利轻义之弊。由于为适应社会的中短期需求或为应付某些眼前利益，不少高校过度削减培养技术应用型人才所需的教学规格，包括完善的实验手段和实习基地、物资资源等。因而从长期来看，倘若严重缺乏教育思想的正确导向，此类人才的成长可能大体上仅有操作者的职业技能而欠综合素质。而培养侧重于学术型的人才，在高等艺术设计教育序列中始终未能摆正好位置，除了纯理论性的艺术设计学专业外，在艺术设计专业的培养方案中均未有明显的意识，并且实力雄厚，有着较长办学经历的院校专业与近年刚刚组建新专业的院校，在人才培养规格上也无区别与分工。众家一律，一个模式都确定为培养技术应用型的设计人才。因而，能与技术应用型人才培养相呼应，并能在学科中相互沟通、教学相长的学术型人才培养方案，尚为空缺。

从综合性大学的文科教育看，由于这两类人才培养规格的平衡与区别定位较明确，尤其是学术型人才培养的渐趋成熟，对于渊博的学识、广阔的眼界、犀利的判断力、创造性的想象力、简洁严整的表述，以及在情操、心理素质、道德伦理上的自我完善的要求，对于整个文科的建设有相当大的促进作用。反观艺术设计教育，过于偏向单一人才规格的培养，使得对未来社会发展所要求的设计策划、设计管理、设计经营与商务的人才培养失衡，这将使整个学科的发展受到阻碍。况且，长期以来的偏向教学已经产生许多不良的后果。诸如在高等艺术设计教育中，对设计理论课程、人文学科和科技知识课程设置的漠视，导致了学生在设计理论境界、综合能力和创新思维上的局限，造成了学生在艺术设计观念上的薄弱，进而限制了学生对于艺术设计思维的空间认识和发展创造的空间开拓，对于艺术设计在商业、文化、社会中的价值更是缺乏理解。这里反映出高等艺术设计教育的培养目标、课程结构以及教学内容和方法中存在的一个根本认识问题，即技能是针对具体技术问题的可操作性能力的训练，而素质则是一种解决问题综合能力的寻求。强调对学生的素质培养问题，实质是社会责任心、文化自信心、独创性思维能力和概念的外化能力的体现，这些是艺术设计素质的最主要成分。因而可以说，技能只是基础，而素质必须为技能导向。艺术设计教育终究是一种素质教育，其教育目的就在于它能体现出设计者的一种理想和社会责任心，进而造就能够适应社会发展并具有综合潜能的高素质的艺术设计人才。

其实，针对艺术设计教育诸多方面的调整，不仅是艺术设计现代转换过程中的现实需要，鉴于教育部于 1998 年 7 月重新修订《普通高等学校本科专业目录和专业介绍》，这也可以理解为具有中国特色的教育改革，即指令性与市场性相结合的学科调整模式。严格地说，颁布的目录是必须执行的。而执行新的目录，实际上并不完全影响各院校学科建设与专业设置的选择权。教育改革不可能只是几条专业目录和专业设置的名称变化，它涉及的是教育观念、培养目标、课程结构、教学内容、教学方法与教学体制诸多深层次的问题。应该说，教育部颁布的目录已经直接从正面给各院校提出了办学体制是否需要调整的问题。而目录中实行的对艺术设计学科（本科）的调整更可以理解为是一种导向。接着，教育部高教司又下发了教育〔2000〕1 号文件《关于实施"新世纪高等教育教学改革工程"的通知》，其中也要求，新的"教改工程"将"以培养适应新世纪我国现代化建设需要的具有创新精神、实践能力和创业精神的高素质人才为宗旨，对高等教育人才培养模式、教学内容、课程体系、教学方法等，进行综合的改革研究与实践，推动教学改革向纵深发展"。对已有的教学改革成果，要进行"整合、集成和深化研究，使之更加系统化、科学化，同时开展更大范围、更深层次的教学改革实践"[1]。这一系列文件精神都表明，教育必须顺应社会与科技发展所引发的综合发展的思路，尤其是社会需求的改变更是学科调整的重要依据，信息化社会使教育必须重新面对社会需求，各种交叉、综合学科正是教育需要培养全面发展的人才这一方针指导下的产物。

　　由此引出的话题是，在艺术设计，尤其是高等艺术设计教育的培养目标、课程结构、教学内容及教学方法的调整中所体现出的应是一个开放的体系，即在教育和人才培养上"面向现代化、面向世界、面向未来"，也就是说，艺术设计的这种开放的教育体系是面向素质、知识与修养，而不是单纯指多种设计或应用技能的训练。从广义上说，一切当代的工业及生活产品与视觉传达，都是今天的艺术设计所关注的对象。反观原有的高等艺术设计教育的专业设置，则基本承袭了传统手工艺行业的分类，如装潢、染织、环艺、陶艺等。从当代社会发展趋势看，这种传统的行业边界正在消失。尤其是电子技术超量传播正迅速地改变着人们的视觉观念，使艺术设计处在主流与边缘的"整合"体系之中。从传媒到广告、从商业到装潢、从园林设计到城市规划、从时尚到服饰、从建筑到装修、从影视制作到书籍装帧，其间再没有一条明显的界限，一个共享的视觉空间把它们容纳在一起。在这个视觉空间里，一方面体现着它为社会创造的视觉文化，另一方面又成为当代社会共享的视觉资源。随之，许多当代日益兴盛起来的学科也渗透到艺术设计领域，如现代哲学与设计理念、环境保护与环境艺术、民俗学与服饰、人类学与陶艺、现代心理学与视觉审美、传播学与设计统筹、经济学与设计管理、市场学与设计商务等。由这一层面的认识再来思考高等艺术设计教育的学科调整，其意义就不言而喻了。

　　然而，事物的发展并非如此。有关调研资料表明，与新专业目录本身的争论与分歧相比，新目录在艺术设计教育实践中所激起的强烈反响则要普遍、复杂得多。正如教育部下发《关于做好普通高等学校本科专业教学计划修订工作的通知》（教高司 [1998]93号）中所指出的，"课程整合、体系优化与学生整合知识结构设计是这次修订教学计划的重点和难点"。可见艺术设计教育学科名称的统一与改革，自然也不应该停留在表面易帜的程度上，它对各院校开设该学科的工作提出了前所未有的新要求和新标准，要求建立与之相适应的培养目标、课程结构和行之有效的教学体系。而恰恰在这方面，目前改革的难度与阻力最为明显。归纳而言，存在着三种不同的反应：一种是"换汤不换药"，虽然原有的三级学科被新目录一笔勾销，但原有专业教学模式却并无本质上的改变，仅仅是做了名称上的调整，原有学科摇身一变，仍以专业方向或专门化的名目继续存在；

[1] 中华人民共和国教育部. 关于实施"新世纪高等教育教学改革工程"的通知 [EB/OL]. (2001-01-03) [2022-10-11]. www.moe.gov.cn/srcsife/A08/s7056/20000113_162627.html.

另一种是主张根据新目录的要求进行全面的教学改革，探索注重素质教育，融传授知识、培养能力与提高素质为一体的人才培养模式和课程结构；再有一种是在原有多种学科被合并为一种学科的形式下，积极寻求拓展专业教学的范畴，探索学科新的增长点。诚然，教育的本质就是发展，教育的过程应当是一个循序渐进、逐次推进的过程。现代教育与传统的手工艺师承方式的最大区别，就是要求通过教育科学手段的运用，使知识、技能的传播与能力的培养达到科学、高效的结果，更要求将偶然的、个别性的"领悟"方式变成必然的、广泛且行之有效的"教学"方式。在这一点上，可以说，目前高等艺术设计学科的诸多课程结构、教学内容及教学方法还停留在早先的"领悟"阶段。面对这样的状况，如果再没有课程发展的概念，只是年复一年地循环着陈旧的课程结构、教学内容与教学方法，艺术设计教育是不可能真正推向 21 世纪的。

进而言之，在艺术设计学科从十多个三级门类的学科合并为一个艺术设计二级学科之后，课程结构的调整与设置立刻变成了一个非常突出的问题：一是合并后，以前已经存在的诸多专门领域的基础课程如何确定教学目标，以及基础课程与专业课程相衔接的课程结构、教学内容如何确立；二是如何利用这种合并的有利转机，将原本处于分散的、隐性的、经验性的课程，改造为具有教学发展体系的新型课程结构。这里自然有一个学科教育培养目标的重新确定问题，它将直接影响整个高等艺术设计学科的课程结构、教学内容和教学方法的制定与实现。关于艺术设计学科的培养目标，现阶段各院校（系）正处于调整与整合过程之中，尚未形成较为系统且具共识的意见，但有一个基本思路是可以参照的，这就是强化高等艺术设计教育作为一门创造性且具学术与应用性的学科，应该培养学生具有创新意识与社会责任感，培养学生对自身设计观念与设计方法的适时升级意识，以适应新的时代挑战，提高设计的综合素质能力。很显然，依据这样的基本思路，尤其是艺术设计的发展趋势，该学科兼融或有针对性地汲取相关学科的知识以发展自我，是学科调整与课程结构改革的主要目的，而其中课程结构可谓是关键所在。关于这一点，从学科教育学的角度来认识问题也同此道理，因为教育的主要环节恰恰都是以课程为核心而展开的。诸如时代性的学科策略、学科价值、新思想、新知识、新技术与学科的构成和划分、学科教材的定位与编制等，都属于课程研究的范畴。很显然，离开了对课程问题的研究，而把学科教育的重点局限于教学方法与学习方法之类的方面，是难以进行真正意义上的学科调整的。

长期以来，我国的教育是在计划经济体制下形成的，课程结构自然处在传统的计划模式之中，实行的是一元化的策略，教学大纲、课程标准、学科目标、学习内容都是统一制订和颁布的。在这种状况下，所谓的教学研究就只有教学方法而已。整个课程的发展理念受到了严重的制约，往往处于较低层次上的诠释。由此，适时的课程改革进展迟缓，更不用说实行多元化或弹性的课程结构调整。这反映在艺术设计学科的课程结构上，突出的问题就是那种纯局限于单科技能训练的课程长期固守在艺术设计教育的主流位置，这类课程的陈旧模式很难适应当代社会发展的需要。归根到底，艺术设计教育的目的是培养创造性思维的人才。有了这个前提条件，才可能在日益丰富的当代社会求得生存与发展。因此，课程结构除技能和造型之外，应是随时代变迁所需的有关设计的修养，即对未来社会、人类生活、设计商务和设计管理所必要的对人文、社会科学和科学技术的了解，正确的价值观和伦理观，以及理论创新、市场经营等素养。

所幸的是，关于这方面的认识，国内有几所颇具实力的院校已经做了尝试。中央工艺美术学院（现为清华大学美术学院）工业设计系早在制订该系《工业设计专业"八五"规划教学大纲》中就明确提出："工业设计学科的相关专业所需高等人才，除具备实际设计能力外，最主要的是具备：认识问题的能力，发现问题的能力，判断问题的能力，解决问题的能力，综合评价的能力，组织、计划的能力。这意味着人才规格强调系统理论与组织实践相结合的能力，既要有理想、有方法，又要有能伸、能缩、进退应变的能力，即具有'思维型''能力型''潜力型'的人才。这里强调的理论与思维是对实践而言的，即有由表及里、由此及彼的创造性的实践。"[1] 这一教学方案在当时提出，对于工业设计专业培养目标、人才规格及课程结构的调整而言是比较合理的，具有时代性和社会的适应性。因而，该方案推出后产生了很大反响，成为全国范围内其他进行工业设计教学的院校在编订自己的教学方案时参考的一份必备重要文件。同样，该院陶瓷艺术设计专业最新研讨的教学方案也特别强调，按照学生所应具备的知识结构进行课程建设。在理论与实践、科学与艺术、造型与装饰、工艺与技术等各方面都要在原有的基础上加以充实和更新，从而"逐步建立起新的教学体系，在课程设置方面增加培养创造性思维和实践能力的新内容，删除部分不重要的课程，改进教学方法，从而使教学质量得到显著的提高"[2]。

地处我国改革开放前沿区域和窗口地带的广州美术学院，其艺术设计学科的发展可说是享有地利之便。正是这得天独厚的条件，使该院设计分院先后与香港地区以及英国、德国、美国、日本、澳大利亚等国家进行了广泛的接触与交流，在研究了近百所国外设计院系教学计划的基础上，结合自身的主客观条件，制订了自己的教学计划，逐步开设了"材料学""产品设计分析""设计程序""商业摄影""商业插图""商业漫画""视

[1] 中央工艺美术学院. 中央工艺美术学院工业设计专业"八五"规划教学大纲[M]// 柳冠中. 苹果集：设计文化论. 哈尔滨：黑龙江科学技术出版社，1995:294.

[2] 杨永善. 中国陶瓷艺术教育回顾[J]. 装饰，2000:(03):11.

觉传播基础""报纸广告""影视广告""广告文学""图学""预想图""包装结构"等课程。这些新课程的开设,极大地改变了艺术设计教学原有的面貌。

南京艺术学院从 20 世纪 80 年代末就开始探讨工艺美术专业(艺术设计学科前身)课程体系的改革,进行"四年两段制"(或称"二二制")的尝试,即四年学习期限不变,前两年学生不分专业,共同学习相同的基础课程,并增加诸如"设计原理""工程制图""设计表现"等基础教学内容;后两年按不同专业分别开设各自的专业课程。前后两段教学紧密联系,贯彻落实由浅到深、循序渐进、严格要求的教学原则。在基础教学中,既强调理论的讲授,又重视加强思考能力和动手能力的培养;在后两年的专业教学中,着重于创造性思维能力和实际设计能力的培养,并逐渐向生产实践过渡。这一教改进行了 10 年探索,其结果是更好地拓宽了学生的知识面,改善其知识结构,增强其设计意识,提高其实际动手能力。

总而言之,面向未来,艺术设计教育的培养目标、课程结构和教学内容的调整与建设这项任务,将十分繁重,艺术设计教育还将置于创造多样性、综合性以及社会环境与人类生活相互和谐的价值之中。由此,艺术设计教育的方向,又可能转变为以实验、研究、开发为中心,促进教育水平迈向更高的学术化层次。这意味着,高等艺术设计教育与企业之间的壁垒将彻底解构从而走向融合,同时,艺术设计教育将担当起本行业转换生产力的先锋角色,使教学、科研、创新、经营相互连结起来,对这些环节的有效探索和开发,也应成为艺术设计教育的主要课程和教学内容。

历史和现实业已表明,创新是艺术设计的本质,只有体现出创新的设计成果,才会被付诸市场,才富有生命力。因此,也只有将"创新观念"融入到艺术设计的教育之中,才会培养出更受时代欢迎的专业人才。21 世纪的中国充满了希望和活力。只要我们坚持以创新为本,以培养全面发展的素质型艺术设计人才为己任,我国艺术设计教育必然前景广阔,并为社会的全面进步做出更大的贡献。

原载于《南京艺术学院学报(美术与设计版)》2001 年第 2 期

对我国高等院校艺术设计本科专业人才培养目标的探讨

我国高等院校现行设置的艺术设计本科专业，是在 1998 年 7 月由教育部颁布实施的新修订版《普通高等学校本科专业目录和专业介绍》（以下简称《专业目录》）中给予更名确定的。分析这一专业的更名背景，其根本是出于对该专业的前身工艺美术专业知识结构以及专业方向过细、过窄的一次调整。今天，当我们重新审视艺术设计本科专业的更名事实时，可以说这项更名不仅是专业知识结构和专业方向的调整，而且是专业培养目标的重新确立。这种确立已经把培养适应时代发展需要的人才作为目标，并且在课程结构上将适应时代发展需要的学科综合知识作为专业教育的基础，拓展学科及相关领域的知识，培养时代发展需要的具有创新素质的专业人才。

一、时代发展对艺术设计本科专业人才的培养要求

自 20 世纪后半叶开始，一场世界范围内的新技术革命浪潮蓬勃兴起。这一浪潮所包含的新技术正以知识为动力，推动着社会经济的进步与发展，从而书写出当今时代的鲜明特征。所谓"新技术"，实际上是以知识为基础而带动的由信息技术为先导的，融生物技术、新材料技术、新能源技术、航空航天技术和生态环境技术于一体的新的产业革命。这一新技术决定着未来社会的经济走向，并影响着人类的生活状况和生存方式，是社会经济进步与发展不可脱离的技术参数。同时也表明，处在急剧变化的时代，新技术带来的社会进步比以往任何时代都更为突出。

我国作为发展中的国家，正跻身于社会经济迅猛发展的国家行列。把握世界经济格局，尤其是要在时代发展的多元经济格局中占有一席之地，发展自己的经济，增强经济实力，创造作为一个世界性经济大国的地位，已成为国家发展与进步的基本国策。在这一基本国策的引导下，我国艺术设计产业以传统的装饰、服装、首饰、家具等行业为依

托的产业结构，已经发生了根本性的变革，而转向以蓬勃发展的新技术带动的家电业、广告业、包装业、电子业、通讯产业、环境工程及环境设计产业、展览业等为依托的艺术设计新型产业，艺术设计的价值也依附于上述产业及产品开发而获得丰厚的利润。

毫无疑问，适应时代发展的需要，培养能够参与竞争并着力于推动市场经济可持续发展的人才，应该说是当今艺术设计本科专业教育关注的前沿课题。具体而言，这种关注就是要探讨在当今时代发展进程中，如何使其教育居于时代发展的前沿，并以新的视角重新审视社会变革与人的生存方式，进而创造真正能引领时尚潮流的艺术设计，从而影响与激发人的审美活力，并在一定程度上优化或改变人类现有的生活状态和生存方式。可以说，培养适应时代发展需要的艺术设计本科专业人才，其根本都是离不开明确而富有创造活力的培养目标的制定。我国高等院校艺术设计本科专业教育，要符合时代发展的需要，就要充分体现与时俱进的精神，在培养目标上就要强调对学生综合能力的培养，把培养的重心定位在开发学生的创造性潜能上，集中培养学生的创造性设计思维能力，全面构筑学生掌握设计方法、设计技能和综合知识的应用能力，使之能够真正肩负起新时代的设计使命，这是当今时代对人才培养的要求所在。因为时代发展对人才的要求，既源于经济生活中的主要资源和技术支持的变化，又源于经济生活中分配形式和思维方式的不同。关于这一点应如何理解呢？首先，当今时代的主要资源是知识和智力，而不是所谓的稀缺自然资源。人们可以通过知识和智力开发富有的自然资源，也可以通过建立的稀缺原理、生产函数和收益递减原理，进行预测、调剂和合理地分配自然资源。这里面都体现着知识和智力的创造性，或者说知识和智力的生产率与知识和智力的转化率。由此可见，具备高素质的创造性人才是促进时代发展的关键。譬如，以知识为基础、以信息技术为核心的新技术产业所涉及的纳米技术、人工智能技术、现代生物技术、新能源技术、信息传输技术、微电子技术、多媒体技术、计算机及软件技术和数据库技术等新技术的发展，促使人类步入全新的信息时代（Information Times）。作为设计师，面对全新的信息技术，虽不可能具备如此庞大的知识结构与之对应，但不能不给予关注。也就是说，在需要涉及的技术领域做出适应性的了解，旨在拓宽艺术设计创意的视野，提升艺术设计创意和审美的涵养。这便是对设计师创造性潜能的一种开发，或者说是艺术设计创意的一种储备，这应该是艺术设计本科专业人才培养目标最先需要明确定位的。

其二，当今时代的主要标志是依靠技术手段支持下的新技术发展，具体地说，是指信息技术、生命技术、新能源和可再生能源技术、新材料技术、空间技术、海洋技术、软科技和环境技术等八大领域的新技术。这八大新技术从理论上说都是可以产业化的，但目前只有信息技术具备产业化的条件，并正向网络化方向发展，其他七大技术尚未形成产业化的局面。有的技术尚待开发，有的产品尚未问世。因此，要适应信息技术网络化、全球化的要求，就对与信息技术关系紧密的艺术设计本科专业人才的培养目标提出了要求，因为数字化正越来越多地被引入到艺术设计的领域之中，正成为设计活动的重要组成部分。

以艺术设计数字化的认知功能表现为例，就有随机性、简洁性和虚拟性三方面的特点。所谓"随机性"，是指艺术设计创意中一种十分个性化的精神体现，即利用计算机图形显示系统所提供的菜单进行创作，并运用技术来管理，将计算机当作设计师的一个创意伙伴，实现人机的共同思考，利用数字的人机合作新型方式进行艺术设计的创意。这种在人机对话、密切配合、共同思维情况下产生的艺术设计，因其随机性的特点，其结果有时是出人意料的，会产生出极具特色的设计风格。所谓"简洁性"，是指利用技术与艺术的统一性原则，对计算机网络出现的分形艺术所具有的高度概括的简洁化处理手法的应用，这一处理手法可以使艺术设计创意达到简约、概括的更高境界。所谓"虚拟性"，是指将不可见的事物可视化，它是艺术设计的基本表现功能之一，是以塑造完美的虚拟成像来追求创意的最高"真实"。而数字化的结果就是虚拟化，它构成了人类有史以来最具"革命性"的表现方式，使设计师能够融入创意的设想环境之中变为可能。此外，新技术又是具有不依赖于稀缺自然资源的无尽消耗，有着可持续性的技术发展的特点。也就是说，新技术能够使人类摆脱资源枯竭这个梦魇，保持经济的可持续发展，维护人和自然的协调统一。

正像迈入 21 世纪的艺术设计倾向于"绿色设计""生态设计"一样，其实质是充分体现新技术作用下的社会具有可持续发展的条件，这类艺术设计其实包容着极其丰富的科技、人文和社会科学知识，其含量比例甚至超过艺术的分量。更重要的是，绿色设计意味着我们所沿袭的生活价值观念将面临一次深刻的变革，摈弃盲目的所谓"社会富裕""消费至上"的追求目标，制止不必要的、不合时宜的资源浪费和片面鼓吹所谓不断变化的需求"刺激"或"离奇"的风格追求。绿色设计更要求设计师从设计的伦理出发，详尽考察和研究产品在"生命"周期全过程的使用中对自然环境、对人类生存的影响，并要考虑产品废弃的后果及其处理方式的可行性，也就是尽可能鼓励可再生、可替代的产品，从而有效地利用自然资源。如此看来，对于艺术设计本科专业人才的培养，的确需要向综合素质倾斜。比如围绕绿色设计这一主题的展开，就涉及社会可持续发展观以及经济学、生态学、社会学诸方面的知识，从而形成崭新的设计观念作为指导，有效地利用资源、材料，改变原有的产品结构，最大限度地防止环境污染，这是绿色设计对人才知识结构的基本要求。再则，新技术及其产品具有高度智能化的特点，其产品具有高附加值。这就要求艺术设计本科专业对人才增强技术经济分析能力的培养。所谓技术经济分析能力，实际上是一项智力的决策过程，在艺术设计中表现为对高附加值的经济成本及利润的充分认识。这种认识往往体现在对产品视觉形象的推销意义上，即将设计的前沿信息与后期设计策略有机融合，决定着产品（或企业）的经济命运。关于这一点，从宏观视角来看，当今国内市场的商品竞争日趋激烈，特别是我国加入世贸组织后，商品市场和设计领域遇到了前所未有的危机和挑战。这种危机和挑战，实质就是设计、信息与经济的交互竞争。随着商品竞争的日益激化，这三者的竞争也将日趋明显。这就是说，评价产品（或企业）在艺术设计上的效益，往往是看产品（或企业）在商业市场竞争中是否能有效争得视觉形象推销的一席之地。这不是一个简单的艺术设计视觉表现的问题，而是时代发展牵动着设计、设计带来新经济格局的市场效益问题。进一步分析来看，艺术设计高附加值的基本原理，既体现在产品变为商品时外包装的视觉形象设计商品化的转变程度，又体现出商品推销过程中，广告载体传递信息是否符合消费者视觉接受的心理，这些都可以说能反映出艺术设计的"智能化"特点。因此，对艺术设计本科专业人才的技术经济分析能力的培养，不仅要增强学生的科技、人文和社会科学知识，更要注重提高学生应对市场的智能化决策能力和对新技术知识的理解能力。

其三，在当今时代，人们的思维方式完全有别于工业经济时代中以分析为主，只强调分工、标准化和专业化，注重针对性的思维方式，而转向面对未来、面对全球化，以思维创新为主，强调综合化、多样化和开放性，注重适应性，特别是综合集成的思维方式。这不仅在产品的技术集成中得到应用，而且在科研活动的组织管理中也被广泛地应用。由此，时代发展使各个领域出现了综合化、整体化的趋势。这种状况同样在艺术设计领域中有所呈现，尤其是艺术设计作为技术与艺术的结合产物，如今已成为科学技术与人文精神之间一个基本的和必要的链条。艺术设计的内涵定义也被不断地扩大，已不再仅仅是一个产品的功能与形式协调统一的问题，而是扩展为对于人的生活方式、生活空间、生活时尚以及生活哲学等问题的认识。艺术设计开始被视为解决生活功能、创造市场、影响社会、改变人的行为方式的一项科学，它涉及个人、群体、社会三个层面。

艺术设计这种定义范畴的扩展，使艺术设计的专业内涵和外延变得日益复杂，对设计师的素质也提出了更多、更广和更高的要求，特别是对创新人才的培养显示出十分重要的意义。具体表现为：第一，它有利于多学科的专业知识通过培养目标的贯彻，以交叉、融合、渗透的教学方式为学生所掌握，从而大大拓展学生的思维空间，提高学生的创新能力；第二，它有利于提升学生的整体意识和团队精神，继承和发扬中华民族的优良传统，逐步形成正确的世界观、人生观、价值观，成为具有社会责任感和道德感、有作为的新一代设计师；第三，它有利于培养学生的实际动手能力和综合运用知识的能力。应该说，培养具有综合素质的人才，是艺术设计本科专业培养目标所要解决的关键问题。同时，综合其他专业领域的知识，把艺术设计提升到所希冀的文化品位，则是艺术设计本科专业培养目标所必须围绕的主题。

从上述列举的时代与人才培养的要求分析来看，艺术设计本科专业人才应具有创新意识，具有扎实的科技、人文和社会科学知识的修养，具有宽广的专业面和较强的适应能力，具有对"新知识""新技术"的高度敏感力和理解力，具有综合"设计"的观念和艺术设计实践应用能力，具有一定的组织管理能力和经济分析能力，同时还要具有终身学习的自觉精神，而这一切正是艺术设计本科专业人才培养目标与时代多元化要求的必然结果。

二、艺术设计本科专业人才培养目标的定位思考

由时代发展提出的对艺术设计本科专业人才培养要求的分析来看，其核心是关注人才如何适应社会发展的需要。当然，这种适应的概念并非局限于就业人才的培养范畴，而主要是针对创业人才的培养要求而言的。所谓"创业人才"的培养，从人才学角度来说，便是培养基础扎实、知识面宽、通晓职业技能、自我发展和应变能力强的实用型人才。对于这样的人才培养，有着诸多具体的衡量标准。在学科知识的培养上，它表现为学科知识在高度分化的基础上形成的高度综合化。大量交叉学科、横断学科和边缘学科的出现，是这种学科知识综合化的特征，进而让人才具有一个综合知识的背景。在教育观念的培养上，它要求人文教育与科学教育并重，使两种教育走向观念的融合，使人才具备宏观与微观认识事物的统一性观念。由此，处在时代急剧变革条件下的艺术设计本科专业对人才培养目标的定位，应与时代发展的总体水平和要求相关联并受其制约。尤其是将艺术设计专业的特性与纯文理专业的相比后会发现其发展受制于技术条件的要求更为明显：艺术设计专业是建立在对客观事物规律性认识的基础之上，阶段性地规范人为事物性能的科学，其关注的是"物与人"之间的构成和协调关系，是一种人类理想生存状态的价值导向，是一种以人为本的"造物"科学应用研究的专业；而文理专业则较多的是描述性的专业，侧重于阐述人类对客观事物规律性的认识结果，是个不断深化、永无

止尽的变化过程，尤其关注客观事物所呈现的面貌，学科思维呈现的是一种逻辑状态。由此，设计师在考虑并从事艺术设计工作的过程中，对于那些与"人"物质生活息息相关的功能作用，不仅需要了解和把握，甚至需要超越，这便实实在在地体现出艺术设计本科专业人才的培养与社会发展相适应的重要意义。现如今，许多现代设计的重心已经不单是设计一种有形的物质产品，而是越来越多地转移到一种抽象的"概念设计"上来。

很显然，艺术设计与工艺美术设计的最大区别，便是这一设计更多地倚重于时代发展的技术进步，尤其是艺术设计如果缺少技术的支持和约束，就会出现严重的偏差，轻则造成浪费，重则造成行业产业链的断裂。所以说，一直以来设计学界习惯称艺术设计是"科学的艺术"，其观点一点也不为过。基于这样的认识，定位艺术设计本科专业人才培养目标时，应审视自己的教育活动及其优势，明确自己的服务范围，从而确定培养目标的方向。1998年7月教育部颁布实施的新修订版《专业目录》，将"艺术设计"本科专业给予正式更名，便标志着经过长期酝酿的这一古老而年轻的学科终于成为一门独立完整的学科，被列入我国高等教育本科专业目录之中。由此，这一专业的教育活动便突破了原有的"工艺美术"专业的局限，彻底改变原有专业划分过细、专业范围过窄、毕业生的社会适应面不宽，以及在一个"术科"概念下，从属于纯技能实践的专业，而真正转向到适应时代发展的需要，适应拓宽的服务范围，进而形成学科规模并规范学科体系，亦可说是一种学科教育理念走向成熟的标志。

正是艺术设计本科专业教育的这种根本转向，才使得专业优势得以集中地体现出来，即艺术设计本科专业开始注重人才综合素质的培养，其培养目标是具有更宽广视野的艺术设计专业人才，具备对问题的观察能力、分析能力、综合比较能力、系统处理能力和创造评价能力，而这种综合能力的获得又离不开时代发展所赋予人的知识素养。换言之，在当今时代，人们正在开始建立新的知识网络，尤其是将以前被割断了的各种知识（特指工业时代的社会化分工将知识划分为各自为政的知识体系）重新连结起来。这种新的知识网络，不仅包含着合理的科技知识，而且也包括了人文和社会学科知识，以及各种造物活动中的文化价值观、人类情感因素和丰富的想象力。与此同时，信息的"综合化"也使得人类的思维方式逐步走向综合化，强调各种学科领域的相互交叉，使这种综合思维方式对未来社会发展起到至关重要的影响作用。由此证明，艺术设计本身就是一个精神与物质、技术与艺术、实用与审美相结合的交叉性学科。如果仍以传统的方式将其禁锢在某一专业技能的狭小范围之中，那是注定要失败的。

为此，培养的专业人才，其适应面必将有所转变与扩大。对于这样的培养目标给予的定位探讨，在国内艺术设计院校（系）的教育实践中已有显露。例如，中央美术学院设计学院结合其设计教育改革的特点，提出的艺术设计本科专业培养目标为"立足于中央美术学院丰厚的艺术人文的传统，同时面向当代艺术、设计与文化，强调开放性、实验性、多元性的教学宗旨，建立了一套基于人文精神与创新精神的培养、同时适应社会需求的教学模式，并且将在实践中不断探索、发展、完善这个模式"[1]。鲁迅美术学院对艺术设计本科专业的培养目标明确为"设计领域与设计教育领域是相互依存的互动关系，设计领域的良性发展取决于设计教育的水平。设计领域为设计教育培养人才，提供设计舞台；而设计教育既需要密切注视设计领域审美取向的品评标准，又不能为设计市场领域权力意志所左右。设计教育应不断推出领先于设计领域，领先于时代的新观念、新理论，成为引导设计市场领域新理念的传播中心……关于设计教育理念更应定位在多元思维方式上，这无疑有益于设计艺术教育中对学生们创造意识的个性培养。可以说，当代设计教育中一个最重要的特征就是创造性思维的培育。创造性思维可以说是设计教育和设计活动的灵魂。设计艺术教育理念离开了'创造'二字，将失去设计艺术教育的真正意义"[2]。南京艺术学院设计学院则是通过实施完全意义的学分制来转变培养人才的观念，提出"淡化专业，突出课程"的培养方案，为学生提供尽量多的可自由选择的自我塑造机会，其培养目标确定为"在保证基础理论、基本技能和基础知识等原有优势的前提下，特别重视学生的现代设计意识、实际动手能力、原创精神追求等方面的确立与培养"[3]。

显而易见，这样的几种教育实施机制伴随着培养目标的定位，既体现了学科学理层面的完善与课程逻辑关系的建立，又显示出教育适应时代发展的"求变"实质，从而表明培养目标和教育观念是一条联系紧密的纽带，是确定教学内容和教学方法的基础，是人才培养的根本依据。其实，就我国高等院校艺术设计本科专业人才培养目标的定位探讨而言，早在 1999 年 11 月中央工艺美术学院加盟清华大学，更名为清华大学美术学院时就初见端倪。当时该院确立的培养目标是"伴随着我国艺术设计教育迅速发展的大形势，信息化高科技突起，形成了迅速介入艺术设计教育的势头，这一切使我们不得不正视大环境所发生的变化。如果对艺术设计类院校培养学生的内容进行简单概括的话""可以分为四个方面：'整体素质''专业知识''创意能力'和'表达技巧'"[4]。仅从列举的几所具有悠久办学历史且办学实力雄厚的艺术设计院校的培养目标分析来看，适应时代发展的人才培养观已经引起艺术设计教育界的高度重视，以综合素质为教育核心，培养创新人才已成为大家的共识。

[1] 谭平．关于中央美院设计教育的几点想法 [J]．美术研究，2003，(04):23.

[2] 马书林．反思中国高等设计艺术教育 [J]．美苑，2002，(03):20—21.

[3] 冯健亲．中国现代设计艺术教育漫步 [J]．装饰，2003，(10):89.

[4] 王明旨．发扬传统开拓创新——为创世界一流大学而努力 [J]．装饰，2000，(01):5.

三、艺术设计本科专业人才培养目标的分类探讨

众所周知，为实现教育目的，不同性质和类型的学校会有不同的做法。这种差异，除了由于各地区、各学校、各专业的实际条件有所不同外，不可否认的，是由于教育者对教育目的理解上的差异。所以，为了确保教育目的得到正确而有效的贯彻落实，就需要根据各级各类学校的实际条件予以具体化，即要明确培养目标分类实施的定位。也就是说，培养目标是针对各级各类学校的具体培养要求提出的，是教育目的的进一步深化。如此看来，对于艺术设计本科专业人才培养目标的定位思考，就有着培养目标的分类要求。

从我国高等院校目前设置的艺术设计本科专业来看，一类是办学历史悠久、办学实力雄厚、学科层次齐全的全日制普通高等院校。这类院校因办学历史的积淀和师资配备齐全等因素，在本科专业教育中处于中坚力量，基本形成了学科间的相互协调，并服从于相同的培养目标。从培养过程看，其教学内容充分体现出所构成的艺术设计本科专业教育的核心，突破了以往工艺美术教育观念狭小的行业圈子，以专业特性为参照，寻找课程间的相关性、渗透性和整合性，打破了课程间封闭自守的旧格局，提炼出课程的功能性内容，强调知识体系的结构化和系统论，使培养人才的目标转向实现专业素质的一体化培养。

以南京艺术学院设计学院对专业教学改革为例，该院从2000级开始便在本科专业中实行完全学分制，主旨便是以"淡化专业，突出课程"为目标，进而强化了课程在教学改革和培养目标中的核心地位。以此为契机，该院艺术设计本科专业对人才培养目标进行了有针对性的定位，提出培养具有传统文化视野、国际文化视域、市场经济视角的多类型艺术设计本科专业人才，努力帮助学生建立"思维与方法系统"和"方法与技能系统"的认知，即强化"创新思维与工作方法系统"和具有市场前景的"创新设计与开发设计的能力系统"。应该说，像南京艺术学院这样具有悠久办学历史的院校，在专业教育上还有研究生层次的再提高，可以进一步强化其专业的精深度或研究性。因而，对本科专业人才培养目标已由设计实践型（技能型），逐步转向设计研究型（策划型），并且本科专业培养的服务领域主要是针对开发应用和研制推广的创业人才而言的。更明确地说，就是注重科研能力和设计创意的创业人才的培养，人才培养规格的最后定位甚至可在研究生层次的培养上，具有研究能力强和适应性好的特点。

另一类是随着设计产业应运而生的高职技术教育性质的本科专业，包括大量原先与艺术毫无关联的工科、理科、农业等院校新设置的艺术设计本科专业。这类院校开办的艺术设计本科专业，与前者相比，对于专业人才培养更倾向于设计实践型。比较注重专业技术知识的传授，而对于基础理论知识，尤其是艺术与美学知识，则以够用为度，教学计划主要针对现有的设计行业的规范要求，注重设计实践技能的训练，具有实用性好和针对性强的特点。从教学上看，以培养从事实践工作的艺术设计师为目标，着重于将设计意识转化为可操作的实际行为，并强调对职场的市场性和商业性的全面认识。这也就是当下教育行政部门大力提倡发展高职教育的主张，即强调始终把培养复合型"灰领"人才（即就业人才）置于国家教育发展的战略地位。有事实可以证明，这项教育主张正在落实并推进。2003 年 11 月 18 日上海市首次举办"灰领"推介会，同年 11 月 22 日举办首届"灰领"职业技能大赛，12 月 6 日又召开首届上海职业培训国际论坛，紧接着这一"灰领"职场招聘会便波及沿海大中城市。发展至今，一个全社会、相关教育机构（主要是高职院校）和企业三个方面营造"灰领"的发展环境已经形成。这对于高职院校艺术设计本科专业教育的改革，以及培养目标的重新确立带来了极大的推动。

此外，从近几年来我国高职院校艺术设计本科专业的培养目标分析来看，已经有了明确的培养目标与课程内容互动的关系，即课程内容从学科化转变为知识应用化的有机结合。具体地说，一方面是课程内容与学生适应职场就业关系甚密，强调作为实现人才培养目标的课程内容，均按知识应用成分划类，诸如工具类、人文类和科技类。以工具类课程为例，教学目的以掌握艺术设计的基本技能为主。如服装设计专业就特别强调使学生获得多种与时尚活动有关的设计与技术专业知识和信息，按行业需要来组织教学，培养出来的学生能够很快地适应企业（或市场）的就业需要，其特色就在于注重培养人才对行业的实用性。而人文类和科技类的课程内容，则是工具类课程内容的适当延伸，使教学内容中的基础知识与发展知识、科技知识、人文知识有机地融合，为学生获得系统的艺术设计专业基础知识和创新素质提供坚实的基础。另一方面，从课程内容的包容性上又划分为基础知识、基本技能、基本能力和适应求职的课程类别，进而从更新高职技术教育出发，使其教学面向生活，面向社会的需要，进而使学校教育成为与现实生活联系的中介，从根本上改变高职技术教育以往过分套用设计研究型的专业教育的模式，真正考虑高职技术教育的特点，实现富有特色的设计实践型的人才培养目标的落实。

归纳而言，随着时代的不断推进与发展，我国高等院校艺术设计本科专业教育与社会经济的联系将会变得日益密切，因而其培养目标的性质和范畴被重新定义和评价的可能性也就越大。特别是技术发展、时尚潮流与课堂教学三者间的距离正在缩短，这就使得以往计划经济体制下设定的艺术设计本科专业教育"分专"的培养目标已失去了应有的力度与优势，从而转向依靠加强学生素质与能力的培养目标来协调，用方法和思维能力的培养来造就现代与未来的"设计师"。以此证明，艺术设计本科专业人才培养目标的分类定位并非一成不变，其培养出的设计研究型、设计实践型或者延展出来的设计管理型、设计商务型、设计经济型、设计策划型等各种类型的人才，均是当今时代需求的专业人才。这就是说，艺术设计本科专业人才培养目标的定位，意味着由过去的对口培养改革到适应的培养。具体地说，就是传统教育无论是培养所谓"通才"还是"专才"，都以对口或以具体的工作落实为最终目标，并以此来制订人才的培养目标。因此，培养人才的视野受到局限，导致狭窄于技术的一种艺术设计教育。而适应性的人才培养目标的确定，则是将艺术设计本科专业教育置放到市场需要和市场竞争的大背景下加以考量。

当然，适应性的人才培养目标，还应考虑全国性和地方性院校各自服务区域的差异问题。《中国教育改革和发展纲要》中明确指出，我国高等教育的发展"要区别不同的地区、科类和学校，确定发展目标和重点。制订高等学校分类标准和相应的政策措施，使各种类型的学校合理分工，在各自的层次上办出特色"[1]。其实，在我国高等院校设置的艺术设计本科专业中，省属地方性设计类院校（系）所占的比例最大，这类院校的本科专业大多是以本地区经济建设的需要为出发点而设立的，是适应当地经济和当地社会需求产生和发展起来的。由此，人才培养目标的定位既要考虑市场转变的大背景，又要考虑地方（区域）经济、科技发展和社会进步的诸多因素，这样分类考量的人才培养目标的定位才可以说是真正地落到了实处。

综上所言，融合诸多因素重新确立的艺术设计本科专业人才培养目标，一是总体的需求目标更加全面，是对人才实行全面素质的提高；二是培养目标由刚性向弹性转变，由静态向动态转变，培养目标不再针对某一行业、某种职业，不是狭窄的专业教育，不用单一的、僵硬的、固定的模式育人，而是面向社会、面向未来，主动适应人才市场的需求，进行分流培养，使之对社会提供一种动态的适应；三是由面向行业培养艺术设计人才，转向面向全社会培养具有艺术设计专业背景的各层次人才；四是由技术型转向知识创新型，在人才规格、人才类型上达到更高的素质标准。尤其是第四点，更加体现出时代发展对艺术设计本科专业人才培养目标所赋予的新内涵。也即，从人才的质量标准来看，不是仅以知识掌握的牢固程度作为判据，而以知识的创新程度作为综合判据；从对艺术设计的基础知识和基本方法认识来看，不仅要把它作为后续培养的基础，而且要

[1] 中共中央，国务院．中国教育改革和发展纲要[M]// 中共中央文献研究室．十四大以来重要文献选编．北京人民出版社，2011:57.

把它作为一个完整的专业培养体系来看，甚至学校教育的各种隐性课程都可以视作培养学生对学科新知识的敏感性和理解能力的锻炼；从适应社会需求的教育来看，不仅要让学生了解一定的科技、人文、社会科学知识，更是要把科技、人文和社会科学知识内化为学生的人文精神，使之能对一项新设计的创意及研发产品的价值进行综合而全面的判断；最后，从思维训练来看，改变以分析为主、强调标准化的倾向，而转向注重综合训练、多样化，以适应时代发展面向未来、面向全球变化的需要。总之，对艺术设计本科专业人才培养目标的探讨及培养目标分类定位是一项复杂的系统工程，必须由社会、学校和学科领域的诸多专家协同研究、探讨确定。

结语

对我国高等院校艺术设计本科专业人才培养目标的探讨，是一项涉及面广大的教育改革系统工程中的关键环节，它不能是以往工艺美术专业人才培养目标的移植或改良，而应是适应时代发展对艺术设计本科专业教育的要求，结合培养方案和课程结构的改革思路，尤其是在重新审视艺术设计本科专业教育现状及发展趋势的情形下，针对艺术设计本科专业的设置所提出的带有根本性的、全局性的观念探讨。其实，这项问题的探讨主题不止于培养目标本身，而是着眼于完善我国高等院校艺术设计本科专业的教育体系。因而，须在边探索、边实验、边改革、边建设的过程中使其教育改革问题日益明确，走出一条"教与学"良性互动的新途径，从而培养出真正具有创新精神和实践应用能力的艺术设计本科专业人才，以满足时代发展对艺术设计专业人才的要求。

原载于《设计教育研究1》，江苏美术出版社 2004 年版

艺术与技术相统一

——关于德国早期设计教育课程特点分析及其给我们的启示

一、问题的缘起

我国的艺术设计教育从无到有，从小到大，及至发展到当今成为一门独立的学科，不能不说是创业先辈们付出艰辛努力获得的成果。然而，我们也不得不承认，我国的艺术设计教育从肇始之初，就存在着教育观念的理解和定位上的误区，致使课程与培养目标和市场需求发生脱节，进而使得我们今天要扭转这一局面显得困难重重。

较为突出的例子，便是艺术设计教育中至今仍存在着所谓"艺术类"和"理工类"课程设置方案上的差异问题。这主要源于艺术设计教育中，工业设计专业的课程在编制时由于教育体制的问题而分属两类不同性质的学科。具体来说就是，在教育部《1998年普通高等学校本科专业目录》调整之前，工业设计分列于艺术类和机械类两个二级学科之中，调整之后只保留在机械类当中，却注明可授工学或文学学士学位，这实际上仍然存在着两种教育背景下的不同学科的教学方法。溯源成因，便是早在各院校尝试创办工业设计专业之初，就主要是由艺术院校和工科院校分别进行办学尝试的。由于招生对象、师资配备、办学形式、教育观念的不同，便产生了不同的课程设置方案。

理工类培养模式强调设计的功能性和科学性，艺术类培养模式则注重视觉感受、艺术效果的表现。具体而言，为了使学生在工程方面具有坚实的基础，理工类培养模式突出对产品结构与功能、结构与材料、外形与工艺、产品与人、产品与环境以及和市场关系的了解和掌握。由此，课程设置多以工程力学、电工学、机械学、材料工艺学和计算机辅助设计等工科类课程为主。若是确立的专业设置，就再结合各工科类院校所延伸的学科特点，如机械类产品设计就增设机械设计原理、电工与电子技术、机械工程材料、制造技术等课程；如仪器仪表类产品设计，则另有金工、电工、控制工程原理、工程光学等课程。而对于设计的另一要素——艺术设计的表现与表达，则多以"造型设计基础"一门综合课程来解决。①由于工科类生源主要是通过理科高考录取的，此类学生学习设计虽有数理知识之便，长于逻辑思维，但由于缺乏必要的审美能力、造型基础和形象思维的训练，从而增加了学习的难度，如此课程设置势必影响教学的有效实施。艺术类培养模式则更重视形态、色彩、创造力想象、设计表现力的训练，偏重感性发挥与表现，课程设置中造型艺术的训练内容占60%—70%。如此的课程设置方案与工业设计教育的本意相去甚远，其实质是用造型艺术语言描述着一个假定的"产品"设计方案。

就目前教学状况而言，我国艺术设计教育中存在的艺术类和理工类两大教学体系的特点是：艺术类教学模式往往只重视形式审美教育，对工科知识的传授几乎是零；理工类教学特点又侧重在机械地堆砌某些工科课程，而忽视人文与社会科学的综合思考。这两种教学方法的结果，都没有给艺术设计教育建立起一个完整的合乎学科教学性质的课程体系，相对说来都存在着知识结构上的残缺。甚至追踪教育的结果，艺术类院校毕业的学生主要从事造型设计，对产品的综合评价缺乏科学的认识感受和理性依据，而理工类院校的毕业生，由于在文理两大知识体系里缺乏本专业应有的深度，失去了专长，做成一锅夹生饭。或许做出这样的教育评估有些武断，但在我国长达30余年的艺术设计教育中，或具体到工业设计教育的现实状况，确实不能令人满意，这不能不说是课程结构设置的严重偏差所致。进而言之，若将此问题放置在更加客观的艺术设计教育背景下加以考察，就不难发现，既然艺术设计教育中的工业设计专业较之其他设计专业而言，是一门覆盖领域相对宽阔的交叉学科，所研究的核心问题是工业时代的象征——产品，并且是针对产品的功能、材料、形态、色彩、表面处理和装饰效果等诸多因素，从社会的、文化的、心理的、经济的、技术的角度进行综合考量与处理，那么，它所涵盖的知识体系就包括了许多方面，是工程技术、人文、社会科学与艺术的有机融合所形成的众多学科的综合思考与认知方法，而且各学科的知识及理论体系均对工业设计有着一定的指导意义与影响作用。也就是说，艺术设计教育中的工业设计更加明显地体现出艺术与技术相统一的思辨成分。由此说来，它就不能只重视艺术而轻视科学。反之，也不能只重视科学而轻视艺术。艺术与技术在这个学科领域里应该是同一天平上的两个砝码，只有相辅相成，才能保持平衡。所以，现行的艺术设计教育中像工业设计这样的专业一味"重艺轻工"，或者是毫无特点地借搬理工学科的课程，显然都是不科学的。这种残缺的教学方法如果不尽快改变，那么我国整个艺术设计教育就不会迅速地成熟起来，所以说，

① 关于"理工类"设计教育中开设的"造型设计基础"综合课程，参照教育部1998年7月颁布的《普通高等学校本科专业目录和专业介绍》中涉及的工业设计专业开列的推荐课程。

艺术设计教育面临的危机感和亟需重新整合教育观念的急迫感，便是问题探讨的缘起。

二、德国早期设计教育的课程特点分析

常言道："他山之石可以攻玉。"那么，本文选择德国早期设计教育的课程特点来做分析，便是试图从中探寻我国艺术设计教育课程设置方案存在问题的实质。前述工业设计的课程设置所存在的问题偏差，还只是笼统地提及需要自然科学、人文科学和社会科学等众多的学科专业知识，这是很不够的，这种抽象的界定只能使人惘然而不知所措。问题的关键，是应该在课程设置中明确表示出哪些知识需要精通，哪些必须知其原理，哪些非知不可。只有具体的界定，才是工业设计教学所需要的，才是建立完备的艺术设计教育课程体系的依据。

有关这个问题，我们通过回顾70多年前包豪斯提出的"艺术与技术相统一"的观点，可以寻找到一个参照点。这是包豪斯对现代设计教育的最主要贡献，甚至可以说是包豪斯建立起了现代设计教育的基本体系，尤其是开创了富有理性色彩的设计教育之先河，第一次把不可靠的"感觉"经验变成科学的理性的视觉法则。这一点，影响至今，其部分基础课程今天仍在世界各国的设计教育中沿用便是最有力的证明。

然而，我们也应该看到，包豪斯在艺术与技术结合的研究上只是刚刚开始，不是十分完善的，并没有建立起一个完备的、科学的设计教育体系。这从包豪斯几个主要发展时期的课程设置上便可知其一斑。要弄清楚这个问题，这里有一个包豪斯形成的背景不容忽视。以往我们都有这样的误会，以为包豪斯就是在于创立了现代设计和现代艺术教育，以及现代主义的建筑风格。其实，包豪斯创建者们的明确目标，乃是要彻底摧毁文艺复兴以来关于"艺术家"的神话，这是包豪斯理想中最具革命性的核心。包豪斯所尝试的，是要把艺术家从贵族府邸和富人高堂华厦中，从艺术的神坛上解放出来，它要让艺术家变成这样的一种人，即能用自己的灵魂和技艺为千千万万人塑造美和舒适的生活。换言之，在包豪斯的观念中，改造艺术的行为方式是首要的任务，即让艺术走向大众。其次才是通过对艺术行为方式的改造，让艺术成为生活的真正艺术。因此，包豪斯对艺术的兴趣仍然高于纯粹的设计，这便出现了包豪斯魏玛时期的9名教员中有8名是艺术家的情形。这些教员主要致力于艺术教育的改革，而且往往以艺术教育冲淡或排斥设计教育中的旧的成分。可惜的是，包豪斯师资结构的构成局限，使得包豪斯不可能完成设计教育体系的全面改革。就是说，包豪斯当时虽然实施了部分技术教学的课程设置，但

重点仍然是对学生个人化的技能进行训练，而没有根据大工业批量生产的条件将其"理论化"和"系统化"，实质上是"艺术"加"技术"的人才培养方法，是手工艺生产方式的继续，所包含的艺术成分仍然少于技术。

关于这一点，我们从以下包豪斯各时期课程设置的状况中可以看得十分清楚。其一，包豪斯魏玛时期的课程设置是实行的"双轨教学制"，这其中纯粹艺术性质的课程设置仍占比较大。具体地说，魏玛时期是包豪斯课程的初步形成期，它的主要课程包括基础课程和车间教学两个方面。从 1919 年秋季学期开始，经约翰内斯·伊顿（Johannes Itten）提议，包豪斯基础课程最初是作为一项临时措施加以设置的，当时称为"预备课程"，占据包豪斯初创阶段课程设置的中心位置。[①]这门课程主要是由伊顿在每周六为学生讲授"形式"课程和分析课程，内容包括材料与工具研究、名画分析、肌理材质分析等，侧重于对学生艺术表现能力、艺术创造能力和个性的培养。到了 1923 年，由于伊顿辞职，格罗佩斯（Walter Gropius）才毅然重新规划课程，并聘请了瓦西里·康定斯基（Wassily Kandinsky）和拉兹洛·莫霍利－纳吉（Laszlo Moholy-Nagy）等多名教授，期望能通过新的师资阵容和新的教学方法，克服包豪斯设计教育面临的困难。此时课程的科目设置有所增加，但仍可以看出课程内容还是以造型艺术研究为主，占课程设置的70% 左右。而保罗·克利（Paul Klee）的造型学——形式课程，和康定斯基的造型学——色彩课程以及绘画分析课程，也在此时作为主课加以设置。至于显示包豪斯技术教学特色的车间教学，则是于 1922 年才基本完成。包豪斯魏玛时期开设的车间教学，有陶瓷、印刷、编织、石雕、木雕、壁画、玻璃画、木工、金属、装订和舞台教学共 11 个车间。设置这些车间教学的思路，是依据沿用的中世纪以来按材料与工艺划分行业的办法，其实仍可以看出手工艺成分占有相当大的比例，尤其是车间教学由"形式表现"师傅和"手工艺"师傅自行掌握，学生在车间里分别向"形式表现"师傅和"手工艺"师傅学习形式课程和手工技术方面的课程，为期三年。结业时成绩合格者授以"匠师"证书。

其二，包豪斯的德索时期，这是格罗佩斯在魏玛时期提出的"艺术与技术相统一"办学思想终于付诸实践的时期。自 1925 年至 1928 年，包豪斯的基础课程已经比较完整地建立了起来，分为必修基础课程和辅修基础课程两大部分。但课程设置与魏玛时期的要求仍然相近，基础课程以立体、平面、色彩的三大构成为主。像阿尔贝斯（Josef

---

① 魏玛时期的基础课程设置主要有两方面状况：一是包豪斯的基础课程设置在初创阶段由于教学条件简陋、师资配备不齐，甚至许多课程一时无法开设而采取的应急之策；二是战争所造成的生源入学质量下降，于是伊顿建议校长格罗佩斯对所有显现出艺术表现有较大差距的学生进行一个学期的预备期学习（参见［瑞士］约翰尼斯·伊顿著、朱国勤译：《设计形态》，上海人民美术出版社 1992 年 7 月版，第 11 页）。

Albers）讲授材料分析课程，拉兹洛·莫霍利－纳吉讲授空间构成和构成练习课程，康定斯基开设自然分析与研究以及分析性绘画课程，克利开设了自然现象分析以及造型、空间、运动和透视教育的课程，布劳耶（Marcel Breuer）开设车间教学致力于金属与玻璃结合的工艺实践课程，布兰德（Mariannne Brandt）开设锻工工艺实践课程等。从这些课程中可以看出，以艺术形式感为主要课程内容的教学仍然占据着包豪斯整个课程结构中的大部分比例。况且，包豪斯迁往德索之后，车间教学虽发生了较大的转变，但以"形式"与"手工艺"为主的车间实验教学性质仍未发生根本性改变。以包豪斯建筑设计教育为例，格罗佩斯在1919年为包豪斯撰写的《包豪斯宣言》中就明确提出了建筑教学在包豪斯教学中的重要性，以至后人认为这篇宣言实际上是格罗佩斯撰写的一篇"建筑宣言"，它是技术的、社会的和美学的高度统一与结合。他认为："一切造型艺术将统一于建筑艺术之下，完善的建筑教育必须建立在基础教学、手工技术训练和坚实的力量基础之上。"[1] 因此，魏玛时期格罗佩斯曾努力完善建筑教学体系的基础，但这项工作直到1927年4月包豪斯建筑系的设立才得以实现。在该系的课程设置中有关科学和技术的课程明显增多。然而，在具体的教学实践中又未完全按照这一教学计划实施，特别是在包豪斯被迫迁往柏林时期，这种强调"艺术与技术相统一"的办学思想在课程结构与教学实践中的体现，已与格罗佩斯最初的设想相去甚远。有关这一点，我们再选择包豪斯德索时期的预科阶段课程做一剖析，便能揭示其课程设置的本质意义。包豪斯德索时期的教学模式分为三个层次：半年制的预科、三年制的专科和众多的实习工场。其预科是包豪斯教育的基础，规定了三项基本教学任务：一是释放创造力，并借此激起学生的艺术才能，而这种才能只可以依靠自己的感觉和知识去实现；二是简化学生选择专业方向的过程，在这方面，主张学生按设计需要同各种材料打交道很有益处，学生在短期内确定材料的使用，如木、金属、玻璃、石、黏土或藤条，最适合充分地表现自己的创造力；三是使学生熟悉视觉形象的原理，理解形式和色彩构成的主观方面和客观方面的相互关系。[2] 在这方面，如伊顿主持的包豪斯第一期预科教学，就把素描和结构的教学过程分解为一系列单独的创作行为，既主张建立关于自然界中的和谐现象，又主张揭示自然规律使之成为新的和谐整体。伊顿的教学思想是把包豪斯预科的课程概括为"体验——发现——知识"三个阶段，进而让学生从感性上体验形式、色彩、节奏、比例、结构和空间关系的对比，从视觉和触觉上体验各种材料的性质。在体验的基础上，使学生发现结构和空间关系的广阔世界，并揭示设计的意蕴内涵。在莫霍利－纳吉主持的包豪斯第二期预科教学中，他进一步强化"艺术与技术相统一"的观点，为预科学生安排了三组课程：一组为工艺类，包括手动工具和设备的使用，诸如材料的选用，涉及

[1]［德］格罗佩斯. 1919年国立魏玛包豪斯纲领，载现代西方艺术美学文选（建筑美学卷）[M]. 沈阳：辽宁教育出版社，1989:42.

[2] 凌继尧，徐恒醇. 艺术设计学[M]. 上海：上海人民出版社，2000:109.

木、黏土、塑料、金属、纸、玻璃的物理性质、形式、表面和结构、容积、空间和运动等；一组为艺术类，包括素描、色彩、摄影、制图、字体、制模、诗歌；一组为科学类，包括数学、物理和社会科学。[1] 这三组课程设置相互关联、密切配合，从中可以看出课程的目的是使用手动工具和生产设备相互作用，以此来了解材料的属性，掌握形式、表面、结构、容积、空间和运动等设计概念的内容。这三组课程又与造型表现和形象创意等后行课程结合起来，具有基础知识与设计实践相互结构的关系。

到了包豪斯预科第三期主持人约瑟夫·阿尔贝尔斯，他的技术倾向不同于伊顿的纯审美倾向，而与莫霍利－纳吉相比，更具有实践性。他设置的课程增加了造型、色彩和线条训练的环节，还开设有自然科学讲座、画法几何、心理学、材料学、标准化等。他制订的课程目的是："发展学生独立发现的能力、发明新事物的能力，同时注意结构的简洁；增强责任感、纪律性和自我批评精神，增强思维的准确性和明晰性。"[2]

可以说，包豪斯德索时期预科教学成果斐然，标志着包豪斯教育新体系的形成，即一面着手进行基础教学方案的修订和扩充课程，废除车间教学的双轨制，一面建立较有弹性的教学方法，允许教师更大地发挥工人的才能。在这种形势下，由格罗佩斯制订的包豪斯办学思想得到进一步的落实与提升，在预科阶段中贯彻了一套新的教育方针和教学方法，逐渐形成了自己的特点：第一，在教学中提倡自由创造，反对模仿因袭、墨守成规；第二，将手工艺与机器生产结合起来，提倡在掌握手工艺的同时，了解现代工业的特点；第三，强调基础训练，从现代抽象绘画和雕塑发展而来的平面构成、立体构成和色彩构成等基础课程成了包豪斯对现代设计教育做出的最大贡献；第四，实际动手能力和理论素养并重，培养素质全面的设计人才；第五，把学校教育与社会生产实践结合起来，拓展教学的途径。这些特点是对包豪斯预科教育体系的概括和解剖，从中我们已经可以确认包豪斯的课程观念和课程设置的原则，即已突破了某些传统手工艺的狭隘观念和师徒传承的作坊式教学模式，将基础课程视作大规模生产之前设计流程的准备阶段进行的教学，这是现实而客观的教育思想及教学方法的集中体现。而更为重要的是，我们通过对包豪斯教学实践及课程设置的分析，已经能够清楚地认识到，包豪斯的设计教育仍属于一种"艺术类"的设计教育。这一方面因为包豪斯的教师队伍仍是一支以艺术家为主体的队伍；另一方面也由于当时人们对设计的认识和需求与今天存在着很大的差异，尤其是对形式层面的追求是其主要目的。这便是我们对包豪斯设计教育中存在的问题所引起的值得思考的问题。

其实，关于包豪斯教育中存在的问题，在包豪斯第三任校长、著名建筑设计师米

[1] 凌继尧, 徐恒醇. 艺术设计学 [M]. 上海：上海人民出版社, 2000.

[2] 转引：凌继尧, 徐恒醇. 艺术设计学 [M]. 上海：上海人民出版社, 2000:151.

斯·凡·德罗（Ludwig Mies van der Rohe）的回忆里阐述得颇有见地。他认为："他们（指包豪斯各时期的教师）是一批非常出色的画家、雕塑家、建筑师、舞台设计师与广告设计师。尽管他们在各自的领域都是出色的行家，但作为工业设计师则是刚入学的小学生，甚至是不合格的，不曾有过作为设计师的任何特殊训练。他们想探寻工业设计中所蕴藏着的黄金蛋，但却差一点宰杀了这只会生金蛋的鹅。时光的流逝竟没有磨灭掉企业家的这份耐心，以及初期工业设计师们的锲而不舍、不懈努力的决心，终于形成了今日的工业设计学科。也正由于这一历史原因，工业设计师自登上历史舞台之日起，既没有试图完成，也没有可能去完成工业设计统一体当中的整体工作。"[1]① 米斯·凡·德罗一语中的道出了包豪斯设计教育的不足以及应当承担的义务，可谓是使包豪斯柏林时期重现生机的一线曙光。

然而，不管怎么说，包豪斯短暂的 14 年建校历史，在设计教育中所做出的各方面建树却给当今世界艺术设计教育留下了不可估量的影响。就课程而言，其一，对设计教育做出了最大贡献，奠定了现代设计教育的基础课程模式，"三大构成"的基础课程的确立意味着包豪斯开始由表现主义转向了理性主义，并且倡导构成主义的抽象几何形式，又使设计走出了一条形式主义的道路；其二，包豪斯的车间课程教学方式是现代学科教育实验室的雏形，在这种实验中制作出的产品原型适于批量生产，极大地发展和完善了设计教育的精神实质。在这些实验室中，包豪斯又为工业和手工业训练策划了一种新型的合作模式，达到人才培养所需要的能满足所有经济、技术和形式需要的标准原型的目的；其三，包豪斯的课程体系不止于它的实际成就，而更多的在于它的精神性上，它使人们逐渐认识到"标准"和"经济"的含义更多的是体现出美学意义，即把设计视为一种审美水准和社会地位的象征。

包豪斯之后的乌尔姆设计学院（Ulm Institute of Design）始建于 20 世纪 50 年代初期，它在继承包豪斯设计精神的基础上，进一步发展了功能主义思想，建立了高度理性的系统设计理论，尤其是在与当时德国著名企业布劳恩公司（BRAUN）的长期合作中真正确立了自己在现实中的位置，担负着建立设计标准以倡导德国优质设计的使命，而这一目标又成为乌尔姆设计教育的探索方向，也成为二战之后德国"新功能主义"设计的代表。因此，剖析乌尔姆设计教育的课程特点，有一种更加接近于当今设计教育的要求，具有更为贴近现实的意义。

---

① 米斯·凡·德罗（Mies Van der Rohe, 1886—1969），包豪斯第三任校长，建筑师和设计师，在任校长期间同时兼任德国艺术工业联盟副主席。其关于包豪斯教育问题的论述有许多精辟的见解，尤其是对包豪斯教育问题给予的反思。

[1] 张宪荣, 陈麦, 张萱. 工业设计理念与方法——现代设计学基础: 第 2 版 [M]. 北京: 北京理工大学出版社, 2005:30.

乌尔姆设计学院的创始人埃希 – 舒尔（Inge Aicher-Scholl）在倡导继承和发扬包豪斯精神的同时，着力培养能掌握工业设计实践和技术应用的专业人才。其第二任院长马克斯·比尔（Max Bill）更是在办学理念上遵循包豪斯的教育观念，在课程内容上注重探寻产品的形式与功能和技术之间的关系。第三任院长马尔多纳多（Tomas Maldonado）则将学院注重形式的教学方向扭转到更加广阔的人文及科学领域，甚至增加了社会科学、数学以及符号学等课程的内容。其培养宗旨也进一步明确，旨在培养能适应现代工业生产的素质全面的专业人才。

考察乌尔姆设计学院存在的 13 年历史，几乎和包豪斯一样短暂。然而，它也像包豪斯一样对现代艺术设计产生了不可磨灭的影响。这种模式最突出的，便是一个较为完整的、独立于其他学科性质的设计教育课程体系。因为它代表了一种全新的艺术设计教育模式，这一体系按照马尔多纳多的要求是"能够适应在现代工业文明的各个部门从事工作的需要"[1]。这样，基础课程设置中除车间实践外，还注重设计教育与社会、经济、文化环境相结合。于是，社会学、经济学、政治学、心理学以及人体工程学等课程相继开设。与此同时，乌尔姆设计教育继续关注新技术的发展，并强调以实证主义为准则的基础科学知识的讲授，建立了一种严格的系统化的设计理念。这一理念促使功能主义不止于追求一种样式，而是成为一种设计理念，为包豪斯的理想挖掘了更加深层次的合理化理论。事实表明，自包豪斯之后，功能主义的设计思想是经乌尔姆设计教育的推动和发展而在德国工业生产的现实中得到广泛传播的，使其真正实现了设计教育服务于工业设计的教学纲领。由此可言，如果说包豪斯是设计教育中的形式流派，那么乌尔姆的设计教育则是设计中的科学流派。诚如美国伊利诺大学教授 V. 马戈林（V. Margolin）所指出的，"乌尔姆学院脱离了包豪斯传统的艺术手工艺模式，这正是它们之间的区别"[2]。也就是说，包豪斯的设计更多地和手工艺相联系，而乌尔姆的设计则更多地和技术相联系。

综上所述，在德国早期设计教育的发展过程中，包豪斯和乌尔姆两所学校的设计教育理念，始终持续不断地影响着世界各国的艺术设计教育，这就使得这两所具有不同发展历程的学校在课程设置的"内容"和"目标"两方面保持着自己的特色，这对于我们今天重新认识艺术设计教育的课程性质有一定的启迪作用。这表现为：其一，在包豪斯的短暂历程中，由于有格罗佩斯提出的"艺术和技术相统一"的教育目标，使得包豪斯课程设置与其他艺术学校"趋同"的教育思想相比较，其"求异"的特征尤为明显。这在课程设置的确立上发生了两个基本转变。首先，一切艺术教育都应该以工艺训练为基础；其次，既然学校不主张自己的学生囿于某个专门领域，那它就应该尽可能多地举办

[1] 富克斯. 产品·形态·历史——德国设计 150 年 [M]. 柳冠中，译. 北京：中国对外关系学会，1987:75.

[2] 马戈林. 艺术设计教育中的科学 [J]. 技术美学，1990,(12).

各种各样的教育活动，诸如美术种类及其繁多的工艺技巧，如果有可能的话还有建筑及工程，它们都是平起平坐的学科门类。[1] 这就可以看出，包豪斯设计教育理念从一开始就十分明显。当然，包豪斯课程的"综合化"，远非我们今天教育所倡导的自然科学、社会科学和人文科学的贯通，它注重的综合乃是"学科群"内的技术层面的知识融合，即"艺术与技术相统一"，实际上是与手工艺技术的一种融合。正像弗兰克·惠特福德在《包豪斯》一书中指出的那样，"大多数改革家们都认为，应该把普通的初步课程作为教学大纲的一个基本组成部分。在初步课程的教学过程当中，富于艺术天分的学生能够脱颖而出，并且能够得到机会，尽可能多地接触各种手法以及技巧，这样，他才能够发掘出自己真正的天赋之所在"[2]。当然，还应当指出，正是包豪斯的这种过于强化艺术与技术融合的严谨课程，规定了学生必须在教学计划限定的年限里结业，使其教育体系与当时德国高等教育向来主张的充分允许每个学生自行安排自己学习计划的"学院自由"方针相违背，因而使包豪斯的教育目标在体制上显得"僵化"，以至于"人们还把初步课程看作是一段试验期：如果有哪个学生在初步课程中表现得不尽人意，就不能获准进入下一步，接受作坊训练"，而这恰恰是初步课程与作坊训练这两个要素，"是格罗佩斯理想中的包豪斯的基本支柱"。[3] 如此，从教育发展格局看，尤其是从当今我们高等教育普遍实行"完全学分制"的教育体制来看，诞生于 20 世纪初叶的包豪斯设计教育的确存在着诸多有碍艺术设计教育发展的观念。

其二，乌尔姆设计教育在德国现代设计教育史上被誉为"新包豪斯"，它与"包豪斯"虽有着同样短暂的历史特点，然而却以对包豪斯的继承与批判为特点，为艺术设计教育学科的发展贡献出了新的智慧和力量，被设计史学家称作艺术设计发展史上的又一座里程丰碑。特别是在其发展历程的六个阶段中，第二阶段的校长马克斯·比尔提出的设计包括"由汤匙到都市"（from the spoon to the city）的广阔领域，是一项新文化的建设工作，以此而被称作"新包豪斯"时期。第四阶段的乌尔姆设计教育（1958—1962）在专业造型课程上日见成效，认识到必须大幅度地将人文科学、人机工程学、技术科学、方法论以及工业技术引入到教学中来，新设计方法论、规划方法学、习作与设计案例分析等课程受到了很大的重视。第五阶段的乌尔姆设计教育（1962—1966）在趋于设计理性的思想指引下，开始尝试着在理论与实践之间，在科学研究与造型行为之间寻求新平衡，设计教学的课程在合乎其实用工具性的基础上被重新加以认识。在教学上理论课程所占比例大大增加，设计生态学的课题也被关注，尤其是基础课程的教学观念也得到了巨大的改变，形成了所谓的"乌尔姆模式"。通过六个阶段的演变，在教学方面，乌尔姆设计教育确立的理性和社会化优先的原则是通过相关的课程得到实现的，如

[1] 惠特福德. 包豪斯 [M]. 林鹤, 译. 北京: 生活·读书·新知三联书店, 2001:22.

[2] 惠特福德. 包豪斯 [M]. 林鹤, 译. 北京: 生活·读书·新知三联书店, 2001:23.

[3] 惠特福德. 包豪斯 [M]. 林鹤, 译. 北京: 生活·读书·新知三联书店, 2001:26.

在产品造型设计专业，其教育目标便设定在为日常工作、生活乃至生产的物品进行造型工作。而在视觉传达设计专业，教育是为解决大众传播领域中视觉方面的造型任务服务的，其基础课程拓展至视觉方法论、符号理论、传达技法与传媒技术等偏向理性思维的教学。[1]考察乌尔姆设计教育状况，可以得出一个结论：它是一种现代学的、开放式的教育，它为现代设计教育建立起一个坐标，又不同于包豪斯以往手工艺方法强调感性的设计教育，强调的是理性、科学性和现代性，尤其是课程的一半是关于新的科学知识、方法，包括人文学科的内容，"这不只是为了培养出高素质的造型工作者，也是为了发展出批判性的社会与文化意识"[2]。由此可见，乌尔姆设计教育的理性化和课程设置的综合化，是值得我国当今艺术设计教育学习和思考的。

三、认识与启示

纵观德国早期设计教育的发展历程，反观我国当代艺术设计教育的现状，可谓有许多课程设置中暴露出来的问题值得我们认识和深思。我国现行的艺术设计教育课程设置，有些连当时的包豪斯和乌尔姆的设计教育层次都未达到，而只是局部地甚至是片面地将其"形式"教育的部分内容纳入设计教育的课程结构之中。譬如，所谓的"三大构成"课程成为相当长时期中我国艺术设计教育的主干课程，这便是一种认识上的偏差。殊不知，这样的课程在包豪斯时代也只是列入其"形式"课程之中，并未完成"艺术与技术相统一"的教学要求。出现这种状况，和我国艺术设计教育发轫于20世纪初以至发展过程中多局限于"传统手工艺"不无关系，关注的教学问题仍然是在形式表现上，进而误解为嫁接了"三大构成"便是在专业上打下了较宽的基础，实质仍然是围绕着"画"设计上做文章，追求"形式"表现，而真正脱离了艺术设计的本质，尤其是与信息时代多元化的设计相差甚远，这种状况是不符合我国艺术设计教育面向未来的发展要求的。

这里又有必要提及艺术设计教育中影响力较大的工业设计专业教学。众所周知，工业设计是国际上一项形成共识的、通用的设置，在国外形成对整个设计行业的称谓，它是在人类社会文明高度发展过程中，伴随着大工业生产的技术、艺术和经济相结合的产物。工业设计从莫里斯（Willam Morris）发起"工艺美术运动"起，经过包豪斯的设计革命到现在，已有百余年的历史。尤其是近几十年来，工业设计已远远超越工业生产活动的范围，成为一种文化形态。它不仅在市场竞争中起着决定性作用，而且对人类社会生活的各个方面产生着巨大的影响。工业设计正在解决人类社会面临的现实与未来生活行为和方式的问题。由此可言，工业设计得益于社会的发展，是工业时代最为显著的

[1] 李砚祖. 乌尔姆：包豪斯的继承与批判[J]. 装饰，2003，(06):4—5.

[2] 林丁格. 包豪斯的继承与批判 [M]. 台北：亚太图书出版公司，2002:13.

一门新兴边缘学科，是现代科学技术和人类文化艺术发展的产物。作为科学技术的一面，它要求产品采用现代化的大生产方式生产，即表现在通过机械化、自动化、批量化、标准化和系列化生产的工业制成品上体现出设计的意图；作为生产关系的一面，它是在大生产方式的分工基础上形成的一种分工合作的必然性，即统筹安排，调动制约设计的诸种因素，使之在一定条件下，扬长避短，协调统一；作为产品的社会属性的一面，它要求产品能满足人的生理需要、心理需要和审美需要。由此，关注工业设计教学中所涉及的课程领域问题，必然是与社会的、艺术的、人文的和产品制造有关的技术学问相联系，是这几方面缺一不可的课程设置问题。

可是，这几方面的知识浩瀚无际，一个人不可能全部掌握，也没有必要都去掌握。我们可以根据工业设计的性质（包括艺术设计的整体特性），界定出与之直接相关的知识范围和间接的知识范围，以此来综合考虑课程的知识结构，或是作为教学需要的课程结构。直接知识范围，可作为必要的基础课程，间接知识范围则可以纳入素质教育之中。这就是说，基础课程是生成专业能力的知识保障，构成专业教育的课程主体，应该对其严格规范与界定，这是学科地位的标志。那么，这种知识范围如何界定呢？换言之，培养设计师（广义的知识设计师）需要什么样的知识结构呢？依据学科的性质和产品适用途径，设计师应当知道如何认识使用者的需求。人的需求实际上是一个复杂的甚至又被社会各种生活形态和文化观念覆盖形成的，是由人的自然属性和社会属性决定的，它一方面含有基本的使用需求（设计师的任务是解决如何方便使用的问题），另一方面又是针对拥有和使用者当中所产生的心理美感的需求来认识的，这是设计师必须刻意解决的主要问题。所以说，"艺术与技术相统一"的原则便是阐述这个相互间辩证统一的道理。

这里的艺术，当然不是所谓的"纯艺术"，其实就审美素质的培养而言，未必一定要通过纯艺术的绘画表现方式来解决。工业设计需要的艺术，实质是将艺术的形式理性化、科学化，即在诸多生成产品的限制条件下达到"满意的原则"。此种艺术已是一种理性化了的艺术，而不是艺术家的艺术，是一种实用化了的或说是大众化的艺术，并不是自我表现的艺术。所以，"形式"教育的课程本质，不是让学生掌握高超的表现技巧，而是"形式"所表达出来的语义训练。同样，"艺术与技术相统一"的原则，其技术也不是针对工程技术教育的翻版，不是将已有学科知识，如力学、机械学、材料学、工程结构学等工科课程照搬使用，而是综合化了的知识；不是概括而笼统地讲述其原理与方法，而是在具体的设计中能够做出定性的评价。例如分析产品（或器物）结构内容的课程，主要是解析不同材料成形的元件在一定的构造中形成有机整体的过程，这是物与物在人的主观意志下联结成"型"的学问。无疑，采取这样的课程教学，是将许多"造型"规律的过程进行有序讲解。[1]

透视所述课程例证分析，我们可以看出，如果我们对工程结构学原理的知识一无所知，就无法对产品设计进行评价并做出科学的选择。然而，工业设计是对产品进行规划，它就义不容辞地肩负对产品做出概念设计的任务，而概念设计的内容就必须要规定产品的基本指标，其指标的规定就要建立在科学的数据观念基础之上。由此看来，设计师的工作是一种创意规划，而工程师的工作则是保证这种规划的有效实施。用更加形象的比喻来说，工业设计师的工作类似于策划性质的工作，相当于乐队的指挥。由此，界定工业设计教学中的技术课程，上述观点是具有实际参照意义的。也就是说，与物化过程相关的课程，如与外形相接触的技术、材料、结构、成型、加工等就可被视为支撑产品物化的技术依据，这些便是工业设计专业教学的基础技术课程。由工业设计的课程设置说开去，实际上就是艺术设计教育各类课程设置的道理，其实质也就是更加完善地体现"艺术与技术相统一"的原则问题。

张道一先生在论述我国艺术设计教育问题时提出了四点主张：一是要研究艺术设计的性质，即它自身的特点，尤其是与其他艺术的区别，由此抓住本质，明确它与提高人民生活的关系，以及在经济建设中的作用，进而明确艺术设计在学科教育中的定位。二是探讨艺术设计的规律，特别是从历史的轨迹中认识它是如何发展的。对于艺术设计来说，不仅要了解它是伴随着近代工业技术革命兴起而确定了社会的分工，以及正式提出"设计"的内涵和教育方式，而且也需要了解，作为人类的一种基本的造物活动，它是与漫长的手工业阶段相联系的，有不可割断的历史关系。三是归纳艺术设计的内容，并且艺术设计教育不可能无所不包，需根据学校的性质和与社会对口的关系，侧重于某一方面，但在理论研究上仍需进行一定的归纳、综合与分类。四是研究艺术设计的教学规律，对教育目标、教学内容和教学方法以及学生毕业后的流向进行论证，制订出教学大纲和教学计划，把共同的基本功训练和特殊的技法训练，以及适用于各类设计的方法等分门别类地用课程形式规定下来，将基础理论、基本技能和基础知识有机地结合起来，形成一个完整的教学框架。[2]引用归纳的这四点主张，可以说是较全面地阐述了对我国当前艺术设计教育面对现实、面对历史、面对教育观念、面对课程结构诸多问题的真知灼见，在这里便作为本文认识与启示的代跋。

原载于《设计教育研究2》，江苏美术出版社2005年版

[1] 柳冠中. 苹果集：设计文化论[M]. 哈尔滨：黑龙江科学技术出版社，1995:20—21+23.

[2] 张道一. 设计艺术教育——世纪之交设计艺术思考之六[J]. 设计艺术，2000, (04):4—5

上海美专工艺图案科课程设置与近代"图案学"建立史考

一、我国近代新式美术教育缘起的历史背景

我国近代新式教育发轫于 19 世纪中期。自甲午战争失败后，清廷朝野上下的有识之士已清楚地认识到这样一个道理："日本胜我，亦非其将相兵士能胜我也。其国遍设各学，才艺足用，实能胜我也。"[1] 又则："中国之割地败兵也，非他为之，而八股致之也。"[2] 随后，维新运动的兴起和发展极大地推动了我国近代教育的进程速度。维新运动的领导者康有为、梁启超等人，把中国衰弱的根本原因归于教育不良、学术落后，主张"废科举、兴学校"，提倡兴办"西学"。从历史沿革脉络来看，我国近代学制的正式确立始于光绪二十九年年底（通常所指的是 1903 年，确切地说是 1904 年 1 月）清廷颁布并施行的《奏定学堂章程》（即癸卯学制）。虽然，此前 1902 年清廷颁布了《钦定学堂章程》（即壬寅学制），但事实上并未得以实施。这一学制的颁布，规定了当时各级各类学校的性质、任务和培养目标，以及入学条件和修业年限，同时也成为规范我国近代学校课程设置的一个重要依据。在新学制的影响下，图画和手工课程也堂而皇之地进入到我国近代新式学校教育的课堂之中，我国近代新式美术教育的地位也由此得到正式的确立。

当然，考察我国近代新式美术教育的形成与确立，还不止于《癸卯学制》的促进作用。另一重要因素是我国近代美术教育的发展所伴随的"经世致用"的实用科学兴起，并且"美术"作为一门技术学科，在当时也的确被视为"实学"。关于这一点，在清廷学部《奏请宣示教育宗旨折》中可以找到根据，其中就规定："格致（物理、化学等自然科学）、图画、手工，皆当视为重要科目。"[3]《癸卯学制》同时还规定了中、高等级工业学堂开设图稿绘画科。这标志着新式美术教育从这一时期开始，已从传统的崇尚笔情墨韵，逸格列为品第之首的画院传授，向以美术实用技能为尚的现代学校教育转型。我国近代新式美术教育的转型，实质便是现代美术教育的生成，其过程中既包括大量引入西方的、

[1] 康有为. 请开学校折 (1898)[M]. 陈学恂. 中国近代教育文选. 北京：人民教育出版社，2001:110.

[2] 康有为. 请废八股试帖楷法试士改用策论折 (1898)[M]// 陈学恂. 中国近代教育文选. 北京：人民教育出版社，2001:105.

[3] 奏请宣示教育宗旨折 [M]// 陈学恂. 中国近代教育史教学参考资料：上册. 北京：人民教育出版社，1987:568.

日本的教育制度、艺术观念和教育教学的方法，又包括广泛地吸取传统美术教育的观念和方法。应该说，清末民初是我国由传统向新式美术教育转型的起始阶段和关键时期。

正是由于我国近代美术教育对科学和物质文化的重视，原先属于"术"科一部分的美术教育便借助于这种影响力，迅速在我国各级各类学校教育中被推广普及，形成了与养性艺术（诗词、戏曲等）并驾齐驱的局面。至此，我国新式近代美术教育的格局正式形成。以此可见，我国当代的美术教育和设计教育的并存，绘画专业与各种艺术设计专业的并存，中小学课程内容中的绘画与工艺美术并存，大都是这种格局的延续。

其实，考察历史更可以看出，在当时的新学体系中，属于"术"科的美术教育之所以受到前所未有的重视，还与我国传统教育思想发生有史以来的一次重要转移有关，这种转移现象也在《癸卯学制》的有关规定中反映出来。其中，关于初小的图画教学便要求："图画之要义在练习手眼，以养成其见物留心，记其实象之性情，但示于简易之形体，不可涉复杂。"接着，在高小图画教学中又规定："图画要义在使观察实物之形体及临本，由教员指授画之，练成可应用之技能，并令其心思于精细，助其愉悦。"而在中学堂则规定："习画者，当就实物模型图谱，教自在画，俾得练习意匠，兼讲用器画之大要，以备他日绘地图、机器图及讲求各项实业之初基。"[1]从上述规定中，可见当时清廷对新式美术教育的态度是带有明显的实用技术功利目的的。我国早期美术教育经历者姜丹书在分析这种实用功利目的个中原因时将其归纳为：一是废科举、兴学堂，这是使新式美术教育得以发展的重要条件。尤其是科举教育是以私塾教育为特征的教育形式，而私塾教育最为本质的特征便是完全排斥艺术教育，近代学校教育则是包括了艺术教育在内的综合教育体制的实行。因此，私塾教育与学校教育实际上成了艺术教育是否能被当时教育界所接受的分界线。二是西洋人传教和通商促进了近代美术教育的传播。洋教和洋货的大量进入，使西洋艺术为国人所认识。尤其是直观性很强的西洋写实性艺术，甚至成了当时国人追逐"欧化"的主要时尚，"须知最易感受欧化的，莫先于艺术，莫捷于艺术，莫普遍于艺术，亦莫深刻于艺术"[2]。姜丹书的分析固然有其道理，然而探索其深层原因，我国近代新式美术教育之所以发展得如此迅猛，更直接的动力恐怕还是科学与实业逐渐兴起和升温。

众所周知，早在甲午战争之前的 1840 年鸦片战争，便揭开了我国近代史的序幕。西方近代人文科学和实用科学的传入与普及使国人看到，西方学校教育开设的教学科目大多与"绘事"相关，譬如"算学"要大量使用图画，"地理"须使用各种地理制图，地质学则依靠测绘画图，"植物学"离不开标本图的绘制。人们从科学和实业的角度认

[1] 转引：蒋荪生.中等学校美术教学法 [M].南京：江苏教育出版社，1993:26—27.

[2] 姜丹书.姜丹书艺术教育杂著 [M].杭州：浙江教育出版社，1995:108.

识到美术作为促进社会物质生产发展的工具性价值，这是最早在洋务派创办的新式学堂中表现出来的教育形式。倘若将近代美术教育在我国被正式确立的时间再往前追溯，便可知道，1866 年左宗棠在福州设立的马尾船政局内设有船政学堂，其教学科目除数学、物理、化学、天文学、地质学之外，还包括画法。1867 年左宗棠又设马尾绘事院，专门培养制图专业人才。其绘事院又内分两部，一部学习船图，另一部学习机器图，学生被称为"画图生"。随后，开设有图画（制图）科的新式学堂日渐增多。在沿海省份开办的学堂有：天津电报学堂 (1880 年创办)、江南水师学堂 (1890 年创办) 和天津中西学堂 (1895 年创办)。在兴办学堂教育的大势之下，社会各界特别是教育界已经明确，要发展教育，必须兴学育才，培养从事新式教育的师资也成为当时教育界乃至政界关注的重要问题，这自然而然地导致我国近代师范教育的萌生。我国最早的师范学校便是张之洞于 1902 年创办的两江师范学堂（初名为"三江师范学堂"，直至 1904 年正式开学才定为该名）。该校设本科、速成和最速成三科，以培养高、初级两级小学堂教员为宗旨，所设课程为修身、历史、地理、文学、算学、教育、理化和体操等，图画为其中的必修课程，另设有法制、理财、农业和英文等选修课程。1905 年，这所学校改为以培养初等师范学堂和中学堂教员为宗旨的优级师范学堂。1906 年，学堂监督（校长）李瑞清奏请获准创办了我国高等师范学校的第一个美术系科——图画手工科。史料记载："学科以图画手工为主科，音乐为副科，兹单以图画言之，西洋画（铅笔、木炭、水彩、油画）、中国画（山水、花卉）、用器画（平面、立体）、图案等。"[1] 图画手工科的设立采取了西方近代美术教育体制，所设课程全面而完备，并且注意突出美术师范教育的特点。图画手工科开设的课程为：教育为主科；图画、手工为主科；音乐为副主科；国文、英文、日文、历史、地理、教育、体操为副科。学生须通过预科文理普修方可进入图画手工科学习。对此，时为图画手工科的学生姜丹书在回忆文章里提到：

本科的课程设置主要有："教育：包括教育史（该课程由预科延伸至本科）、教育学、训育论、心理学、伦理学、各科教授（学）法、教育行政及小学设置等。每周约四五小时。图画课程内容有：自在画——素描（铅笔、木炭及擦笔）、临画及写生、几何立体、静物及石膏人像（有些石膏人像写生在预科中教起）、单色石膏、铅笔淡彩、水彩画（静物、动物标本写生以及野外风景练习）、速写、油画、图案画等。又加之国画，当时称'毛笔画'——山水、花卉。用器画——平面几何画（有些初步几何知识先在预科中教起）、正写投影（当时称'投像'）、均角投影、倾斜投影、远近投影（透视画）、画法几何等。每周图画课时数有十余小时（图画时数另加）。手工（后称工艺、劳作，直至发展而为

[1] 姜丹书. 艺术老生掌故谈 [M]// 张恒翔. 李瑞清与两江师范"图画手工科". 美术教育, 1989, (04).

工艺美术）：纸细工——包括折纸、切纸、粗纸、捻纸、厚纸、纽结细工（与捻纸结合）、豆细工、黏土细工（塑造、烧窑即素烧、釉烧）、石膏细工（浇造、雕刻、翻模型）等。以上手工课程均先在预科中教起。再加竹工、木工、漆工、辘轳工（旋工、车床圆件）、金工（针金工即线金工、板金工即小焊、火焊、变色、蚀雕、镀金及锻工）等，手工时数十余小时。

音乐（略）

又本科时，除这些主要功课外还有几种副科，如：伦理（每周只一时）、力学（教学内容与手工有关）、日文（增加查阅参考书的能力）及体操（柔软、兵式）。"[1]

从史料记载来看，两江优级师范学堂的图画手工科接连开办了两期，培养了我国第一批美术师资人才约 60 人，对我国新式美术教育的发展起到了重要的推动作用。李瑞清①本人也因其卓越的贡献，被尊为我国近代新式美术教育的先驱者和奠基人。

继两江优级师范学堂之后，又有保定优级师范学堂、浙江两江师范学堂、广东优级师范学校以及在两江师范旧址重新建立的"国立南京高等师范学校"均设有图画手工科（班）。辛亥革命之后，各地又陆续兴建师范学校，如北京高等师范学校、北京女子高等师范学校、成都高等师范学校，也都相继开办了图画手工专修科。至于专门培养绘画人才的学校，在辛亥革命前尚未出现。但在 1852 年间，上海徐家汇天主堂内附设的"土山湾画馆"，正是这种学校教育的滥觞。这所画馆虽属工艺美术工场的一部分，主旨却是训练宗教画人才，学生皆为基督教信徒，教师则为法国传教士。教学采取工徒制方式传授，内容包括擦笔画、木炭画、铅笔画、钢笔画、水彩画和油画等技法，课堂作业主要是范画临摹。该画馆还于 1907 年出版了《绘事浅说》《铅笔习画帖》等美术教科书，对当时及至其后形成的新式美术教育产生了较大的影响，对我国美术教育，尤其是西画教学起到了至关重要的推动作用，以致后来被徐悲鸿称为"中国西洋画之摇篮"。[2]

诚如前述，清末民初新式美术教育之所以能够被纳入学校系统之中，关键在于当时对美术学科知识的普及与建构教育体系，从官方到知识阶层，都具有符合时代潮流的共识。尤其是外采西法的实践与新式美术教育紧密联系，从一开始便被纳入到学校系统之中。进一步考证史料，还可参见康有为在《请开学校折》中指出，"百业千器万技，皆

---

① 李瑞清（1867—1920），字仲麟，号梅庵，又号梅痴，江西临川人。近代著名学者。尤其在书学领域被誉为近代书学之宗师，其书法融南北碑帖，博综汉魏六朝，书学理论造诣亦深，又擅丹青，名扬海内外。李瑞清为两江优级师范学校定下的校训"嚼得菜根，做得大事"，成为我国近代教育史上名播天下的治学名言。

[1] 姜丹书．艺术老生掌故谈 [M]// 张恒翔．李瑞清与两江师范"图画手工科"．美术教育，1989，(04).

[2] 朱伯雄，陈瑞林．中国西画五十年 [M]．北京：人民美术出版社，1989:29—30.

出于学"，其"分途教成国民之才，如此其繁详"[1]，从而保证了学校输送各级各类专门人才。这种教育观念和主张在当时也已移植到中小学校的教育之中，我国正规化的中小学校美术教育的形成，应该正是在19世纪末20世纪初这一时期开始的。我国早期艺术教育者吴梦非回忆：他曾于1903年就读于家乡一所自戊戌变法（1898年）以后开办的"洋学堂"（小学），学堂仿制日本课程，设有图画手工课。但因师资不足，教学多以国画的描绘方式为主。当时的小学美术课堂教学主要是以临摹方法上课，而且是临摹教师事先在黑板上或画纸上画好的范画。[2]这之后，一些有志于开展美术教育的知识分子模仿日本和欧美的美术教育体制，尝试新式美术教育方法，编写出版了各种版本的美术教科书。如俞复创办的文明书局就于1902年印发了一套学堂蒙学课本，其中有丁宝书编写的《新习画帖》5种、《铅笔画帖》4种、《高小铅笔画帖》3种。商务印书馆也出版了徐永清编绘的《中学用铅笔画帖》8册。毋庸讳言，这些教材的编写和出版，为我国近代新式美术教育的普及和发展起到了重要的推动和提升作用。

综观我国近代新式美术教育的缘起和发展历程，其中有几位著名的学者需要提及，这就是深受西方近代文化思潮影响，且具中国传统文化深厚根基的中国启蒙学者王国维、蔡元培和鲁迅，这三位学者正是西方人本主义观念在中国的呼应者。他们都认为，片面追求物质利益会给人带来极大的危害。因此，他们大力提倡美育，并努力使之成为我国近代教育的一个组成部分。王国维在1906年发表的《论教育之宗旨》中就明确指出："独美之为物，使人忘一己之利害而入高尚纯洁之域，此最纯粹之快乐也。"[3]而对美育倡导最有力、感召最大的，当属时任民国政府教育总长的蔡元培。他提出了"以美育代宗教"的著名观点，并在相关论述文章中强调指出："我以为现在的世界，一天天往科学路上跑，盲目地崇尚物质，似乎人活在世上的意义只为了吃面包，以致增进了贪欲的穷性，从竞争而变为抢夺。我们竟可以说大战的酿成，完全是物质的罪恶。"[4]进而他提出："我们提倡美育，便是使人类能在音乐、雕刻、图画、文学里又找到他们遗失了的情感。"[5]蔡元培还分析了美术中的各种成分，认为"图画，美育也，而其内容得包含各种主义：如实物画之于实利主义，历史画之于德育是也。其至美丽至尊严之对象，则可以得世界观。……手工，实利主义也，亦可以兴美感"[6]。鲁迅对美育也是大力宣扬，并且身体力行。他在1907年发表的《摩罗诗力说》以及1912年发表的《拟播布美术意见书》中就阐明了自己的观点，极力推崇美育，主张美育与艺术创作结合起来，通过艺术来提倡美育，传播美育。

再者，从近代史的演变视角来看，我国近代出现的这股倡导美育的思潮，不可能不

[1] 康有为．请开学校折 [M]// 陈学恂．中国近代教育文选．北京：人民教育出版社，1983:109.

[2] 转引：尹少淳．美术及其教育 [M]．长沙：湖南美术出版社，1995:43.

[3] 王国维．论教育之宗旨 [M]// 俞玉滋，张援．中国近现代美育论文选．上海：上海教育出版社，1999:11.

[4] 蔡元培．与《时代画报》记者谈话 [M]// 沈善洪．蔡元培全集．杭州：浙江教育出版社，1993:311—312.

[5] 蔡元培．与《时代画报》记者谈话 [M]// 沈善洪．蔡元培全集．杭州：浙江教育出版社，1993:312.

[6] 蔡元培．与《时代画报》记者谈话 [M]// 沈善洪．蔡元培全集．杭州：浙江教育出版社，1993:401.

影响到近代新式美术教育的兴起和发展。关于这一点，在辛亥革命后蔡元培任教育总长时颁布的《普通教育暂行办法》中可以得到印证，其中《小学教则》就规定："图画要旨，在使儿童观察物体，具摹写之技能，兼以养其美感……"[1]《中学教则》中则规定："图画要旨，在使详审物体，能自由绘画，兼练习意匠，涵养美感……"[2] 若将这些规定与前面提及的《癸卯学制》中的有关规定做一比较，便可发现我国近代新式美术教育思想是向美育的靠近。联系到蔡元培对美术教育思想所做的种种阐述，就不难发现他的美术教育思想在当时说来已是相当完备。也就是说，蔡元培不仅从理论上全面和深刻地提出了将美育与人生世界观教育结合起来的国民教育思想，而且身体力行，精心呵护美育团体及美术学校。在他关怀及支持下成立的北京大学画法研究会就是明显的例证，并且他还对我国几所早期美术学校的诞生鼎力支持，如 1912 年 11 月创办的我国近代美术教育史上具有重要影响力的私立上海图画院（此后更名为上海美术专科学校，即今南京艺术学院的前身之一），蔡元培曾出任董事长。又如 1918 年 4 月 15 日成立的我国第一所公立美术学校——国立北京美术专科学校，1927 年秋成立的中央大学艺术系，1928 年 3 月成立的杭州国立艺术院专科，都不同程度地得到过他的支持和帮助。

综上所述，影响我国近代新式美术教育发展演变的因素，大致可以归纳为四个方面：一是伴随着封建社会晚期的资产阶级改良主义运动兴起的新教育带动而成；二是伴随着"经世致用"的实用科学演变而成；三是通过国外传教士和国内有识之士及当时政府支持的多种力量促成其发生和发展，以致出现种类多样、形式各异的近代新式美术教育；四是突出体现"西学东渐"对我国教育产生的至关重要的影响。上述四个方面，已经清晰地勾勒出我国近代新式美术教育发展与流变的脉络，这为进一步解读诞生于此时期的私立上海美术专科学校（以下简称"上海美专"）的教育状况提供了探析问题的基础和思路。

二、上海美专教育史料钩沉

从 19 世纪中期开始，上海已成为我国重要的对外开放通商的口岸城市并具备了十分丰富的人文内涵。到 20 世纪初，这种人文内涵更体现出一种城市精神。正如曾经周游世界的英国作家阿尔道斯·赫胥黎（Aldous Huxley，1894—1963）在 1926 年撰文中指出的，他从没见过任何一座城市像上海那样具有如此丰富的人性化内涵，"可以这样说，旧上海具有柏格森所说的那种蓬勃生机，并用一种赤裸裸的方式表现出来，也就是说，是一种不受限制的活力。上海就代表了生活的本身"[3]。赫胥黎的这段描述代表了他发现的近代上海城市精神的一部分，并足以表达出上海是追求更加美好生活的聚集

[1] 教育部订定小学校教则及课程表 [M]// 璩鑫圭，唐良炎. 学制演变. 上海：上海教育出版社，1991:693.

[2] 教育部公布中学校令施行规则 [M]// 璩鑫圭，唐良炎. 学制演变. 上海：上海教育出版社，1991:670.

[3] 转引：卢汉超. 霓虹灯外：20 世纪初日常生活中的上海 [M]. 段炼，吴敏，子羽，译. 太原：山西人民出版社，2018:25.

城市。同样，在这座城市里也孕育着我国近代教育学习西方教育的新生希望和转变的路口，从而使我国近代教育真正走出传统的窠臼，逐步实现近代化。可以说，上海近代教育就是我国近代教育历史的一个窗口和缩影。正是在这样的教育背景和充满自由、开放与热情的都市空间里，艺术才呈现出更加富有生命力的表现。因此，考察作为当时上海艺术教育孕育基地之一的上海美专①的教育史实，意义非同寻常，它具有我国近代新式美术教育（包括艺术教育）的代表性意义。

当时在新式教育中的美术教育的发展情形是，张百熙于 1902 年在《进呈学堂章程》中提出"中小学均应开设图画手工课"，1903 年张之洞又在《奏进学堂章程》中倡议"高等小学堂一、二、三、四年级图画课每周各两堂"。至 1905 年，据不完全统计，全国新式学校达 222 所，1911 年增至 52650 所，学生 1620000 人，其美术教育的普及面可见一斑。1902 年，上海文明书局等几家出版单位又先后出版了多种版本的美术教材。可以说，我国真正新式美术教育是从最基础的小学开始的（初期为"高小"起始），后及中学教育，再至专科教育。同时，为满足普通美术教育的师资需要，师范类学校开设中、西绘画课程。这样，图画手工课程的设置揭开了近现代美术教育的序幕。

在上海，专门美术学校是以私立为先。当时正值新学大盛，各种美术补习学校纷纷在上海出现。1910 年初夏，周湘在上海挂牌"上海油画院"，并附设中西图画函授学堂，校址设在法租界羊尾桥西首（据丁悚回忆）。此时，该校并无招生，仅在 7 月 7 日开办"图画速成班"。1911 年 11 月 19 日，周湘再开办了"背景画传习所"并招收首期学员；1912 年 8 月 13 日，周湘又办"西法绘像补习科"，直至 1917 年夏创办"中华美术专门学校"，在该校的系科设置中图案科即为独立的教学单位。在此期间，上海美专的创办并非偶然，成立的时间是 1912 年年底。此时恰好是民国政府教育部于 1912 年 10 月颁布《大学令》之后一个月左右的时间，与其后 1913 年 6 月颁布《私立大学规程》的时间相隔半年之多。《大学令》的第一条就明确规定："大学以教授高深学术，养成硕学闳材应国家需要为宗旨。"[1] 正是循此宗旨，民国元年由刘海粟及其画友乌始光、张聿光等创办的上海美术专科学校，才从最初的简陋（十几名学生，只设绘画科选科与正科各一班），努力拓展至 1920 年学科大增。当年已设有西洋画科、国画科、雕

---

① 上海美专在 1912 年创办之初的名称为"上海美术院"，承办者为张聿光和刘海粟；至 1915 年，上海美术院更名为"上海图画美术院"，并经沪海道尹公署核准立案；1920 年 1 月，更名为上海美术学校，刘海粟任校长；1921 年校庆 10 周年纪念时，再次改名为上海美术专门学校；1930 年，学校名称最后改定为"上海美术专科学校"；1931 年 12 月，南京国民政府教育部核准重新立案，标志着上海美专的办学业绩已进一步得到了政府和社会的肯定和承认。抗日战争时期，于 1943 年秋，上海美专曾并入浙江国立英士大学附设艺术专修科，由谢海燕负责校务工作。1945 年在上海复校，刘海粟任校长。

[1]1917 年 9 月 27 日教育部公布修正大学令 [M]// 朱有瓛. 中国近代学制史料：第三辑下册. 上海：华东师范大学出版社，1992:21.

塑科、工艺图案科、高等师范科、普通师范科等，蔚为壮观。1922年又分各科为三部，第一部目的为：一以造就纯正美术专门人才，培养及表现个人高尚品德；一以养成工艺美术人才，改良工业，增进一般人美术趣味和水平，所以设国画科、西洋画科、雕塑科、工艺图案科等。第二部目的为造就实施美术教育人才，直接培养国人高尚品德，可以设师范部、小学部。第三部目的为普及美术，设函授学校、暑期学校、日曜日半日学习。[1]

其实，作为我国近代史上重要的一所美术学校，上海美专的各科专业教育既得益于我国近代新式美术教育发展经验的滋养，又得益于上海开埠口岸海纳百川的人文精神的熏陶，是一所开新式教育风气之先河的专门学校。从当年该校教育史料所记载的办学宣言里即可获得印证，其教育目标明确为："第一，我们要发展东方固有的艺术，研究西方艺术的蕴奥；第二，我们要在极惨酷无情、干燥枯寂的社会里尽宣传艺术的责任。因为我们相信艺术能够救济现在中国民众的烦苦，能够惊觉一般人的睡梦；第三，我们原没有什么学问，我们却自信有研究和宣传的诚心。"[2] 此外，具有史料佐证价值的是，就在上海美专办学宣言公开发表后，居然引发了上海社会的不小震动。支持与毁誉的言论各自参半，这其中更有嘲笑和讥讽之声不绝于耳，说什么"图画也有学堂了，岂不可笑"[3]。可见，即便是在当时开放口岸的上海，在对待艺术教育的问题上也存在着相当保守的势力，要想完全自由地创办艺术教育仍然阻力重重。但客观地说，这种重重阻力与内地相比，即使与北平和南京相比也已算小得多。毕竟上海在当时有"海派"艺术风潮的影响。海派以吸收西方文化的姿态出场，可以说是传统艺术的部分异化。而以艺术为媒介，"海派"艺术在上海的出现，正是一种兼容并蓄、包容乃大的艺术精神，在这种环境中才有可能产生新式美术教育。当时的学校创办者之一刘海粟不为言论所左右，冲破世俗的种种偏见，在上海毅然决然地揭开了新式美术教育的序幕。上海美专于1913年2月正式开学。

客观地说，上海美专最初的创办是难得赢利的，多是凭借办学人的一腔热情，尤其是接受西方美术艺术洗礼的这群艺术青年的热情。当时的背景还表现为，1913年7月据民国政府教育部统计，中小学校虽增加许多，但图画手工课多是有名无实。即便是南京两江师范学堂在于1906年至1907年连续招收两届学生后也再无招生。各地师范学校的图画手工科即开即停，时间都不长。况且，上海美专基本上是补习性质，谈不上规范办学，也难有社会影响力的号召。但上海美专毕竟是我国近代新式美术教育的肇始，在办学机制上灵活，随时应变。尤其是在引入新学追踪时尚方面特别快捷，推动了我国近代新式美术教育的快速发展。如1914年3月，上海美专开始使用人体模特儿写生（男童）；

[1] 刘海粟. 上海美专十年回顾[J]. 南京艺术学院学报（美术与设计版），中日美术，2006，(02):6.

[2] 刘海粟. 上海美专十年回顾[J]. 南京艺术学院学报（美术与设计版），中日美术，2006，(02):3.

[3] 刘海粟. 上海美专十年回顾[J]. 南京艺术学院学报（美术与设计版），中日美术，2006，(02):3.

1915 年春，陈抱一从日本回到上海便开始使用石膏模特写生。尽管这些教学手法略晚于浙江两级师范学堂，但在上海却是首开风气，并影响到全国。

当年上海美专第一次招生时，只设绘画科，但内分正科和选科两班，入学者仅 10 余人，修业期为一年。这在当时私立学校纷纷创办的大潮中，属于规模较小、学制不甚健全的学校。依《大学令》要求，最短的大学各科之修业年限为三年。如此看来，上海美专在创办之初并非一所完全意义的专门学校，更倾向于是一所补习性质的短期学校。这也正是我国近代新式美术教育起步阶段艰难局面的写照：一是学科性质得不到社会的普遍认识，二是求学人数有限，三是职业定性尚不明确。这些都带给办学者对这项教育事业的严肃思考。

从史料记载来看，当时的上海美专所设置的课程科目多偏重于实技训练，且因创办之际师资甚缺，便主张在教学中采取更加灵活多样的措施推进教学。诸如聘请行业学有专长的技师或外籍教师，并提倡师生相互切磋研讨、教学相长。时任校长的刘海粟甚至为了提高自己的业务和教学水平，边教边学，还参加了日本东京美术函授学校的学习，比较系统地接触了透视学、色彩学、木炭画技法等科目的学习。这几门课程，之后便成为上海美专最早的课程设置。1913 年 7 月，上海美专开始于正科、选科之外，又添设速成科。至此，在创办期内上海美专的科类设立趋于完善，初步形成科类建制配套、专业结构互补且层次分明的教学体系，并以科别不同设置课程，使之在教育目标和教学层次上呼应有序。

从史料考证来看，1912 年到 1921 年是上海美专迅速发展的 10 年。就当时的教育现实背景来看，有关学校教育的各项政策、法令不断颁布和实施。尤其是蔡元培于民国元年（1912）担任了政府的教育总长，1917 年又担任北京大学校长。在这期间，他在发表的《对教育方针之意见》中特别提出了新教育的宗旨，主张"注重道德教育，以实利教育，军国民教育辅之，更以美感教育完成其道德教育"[1]。此外，为了反对封建复古主义，为国家培养出"硕学闳材"，他在北大还特别提出了"思想自由、兼容并包"这一旗帜鲜明、内容新颖、影响深远的教育改革原则。上海美专的发展，可以说正是在这样的时代洪流中得以发展壮大起来的。这一发展壮大的标志便是，在专业科类的设置上，学校根据条件，结合当时社会的需求，不断调整和充实。截至 1914 年夏季，改绘画科为西洋画科，仍分正科、选科，但速成科停办。各科均改为两年学制，比较符合《大学令》的学制要求，同时添设夜科。翌年 8 月，修改学制，改西洋画科为 3 年毕业，停办选科，增设预科及初级师范科。1920 年 1 月，刘海粟根据 1919 年去日本考

[1] 转引《中国近现代美育论文选》，第 23 页 .

察艺术教育的体会，结合上海美专的实际情况，又提出进一步修改学制，增办六科（具体学科前已述及），使这一时期学校的系科设置基本完备。

1921年，上海美专实行选学制，改西洋画科、雕塑科为4年，其他各科均为3年。这种将学制修改与办学中的适应求变有机结合，反映了上海美专教育体系的成熟。刘海粟在1921年撰写的《上海美专十年回顾》一文中提到："上海美专是私立的专门学校，所以一切主张只要内部通过，认为妥善，便可实行，没有什么阻碍和牵制，所以各部分内容可说没有一期不变动、不改进的。因为学校的教学本来是活的，是要依着时代的发展而改进的，决不可以依着死章程去办事，美术学校的性质，更与其他学校的情形不同。况且美专之在中国，要依什么章程也无从依起，处处要自己依着实际情形实事求是去做，因此就时时发生变动。在这十年之中，可说无一学期不在改进和建设之中。因此外面的舆论，就说我们是一种'变'的办学。在这种不息的变动之中，也许能产生一种不息研究的精神，我以为在时代思想上，当然应该要刻刻追到前面去才好。"[1]从刘海粟撰文的思路中可以体会到，上海美专的教育原则体现出一种依时势而变的理念，这不仅是办学的需要，更重要的是新式美术教育在孕育过程中的探索需要。从办学规范而言，上海美专是由补习性质的学校教育逐步迈向规范化的学校教育。而这其中，以其灵活的办学方式，随时变动，适应教育的需求，正是我国近代新式美术教育从萌芽向成熟转变的特征，这也标志着我国近代新式美术教育在向现代美术教育迈进所形成的基本格局，这一点对当时的公立或私立学校而言，其办学思路应该说是基本相同的。

关于上海美专自1912年创办至1918年的发展情况，以及这一时期的课程设置，在《中国近代学制史料》中均有详细记载。如该书收录的《1918年上海图画美术学校概况》第四、五条中便记述有该校学科及教授、设科旨趣的内容，兹录于下：

四、学科及教授：设科旨趣　　本校系美术专门性质，虽以限于人力、财力与社会趣势之关系，于各项美术专科尚未完全设备，而绘画为各科美术之基本，因先设西洋画科，冀以确立基础，逐渐扩充。现设西洋画正科六班，师范科一班，并为便利校外教授，附设函授部。

甲本科　　正科分伦理学、透视学、解剖学、美术史、美学、画学、几何学、投影学、铅笔画、钢笔画、水彩画、彩油画、木炭画、图案画，均以实写为主要，而兼授以摹写为辅助，冀养成专门之学识、实技，并发展其诚实勤勉之美德。其各级共同科目仍行合授，以节经费。

[1]刘海粟．上海美专十年回顾[J]．南京艺术学院学报（美术与设计版），2006，(02):3.

乙技术师范科　现因各处缺乏教授图画、手工科目之教员，因附设此科，以造就专材。内分修身、教育学、美术史、黑板画、图案画、铅笔画、水彩画、木炭画、手工意匠画。

丙函授部　函授制之设，所以使不能入校者，得居家以谋个人美术知识之增长。欧美大学多扩充，制者多计及之。现本校近来函授生日益增多，可知极蒙社会欢迎。凡究心于美术问题及职业教育者，莫不知函授之利便。本校函授部之科目门类，共分如下：甲部，水彩画科、油画科、肖像画科，乙部，擦笔画科、铅笔画科、钢笔画科、国粹画科，均一年毕业。由浅入深，任人选习。凡所授之科，种类完全。关于绘画教本，悉由本校教师手绘之，以资学者仿摹。讲义说明及批改，均聘有实地经验之学者。编纂之言皆亲切，而学者能心神领会。创设以来已有八年，来学者以极短之时间，获良好之成绩。

五、教授实况：各科教授采用自习辅导主义，养成其自动的能力，绘画注重理法而以实写真美为鹄的。本科一年级室内写生，不论授静、动、植物，均由教员配置教材，分别种类，确定程序，以养成其识别力。二年级多授以石膏模型，写生，野外写生。三年级为彩油画，人体写生实习。务使学生得直接审案自然界真美的精神，而于美学上且有所心得。至于各种画学讲义，由教师随时编讲。师范科纯系养成小学技术教员，而所授绘画亦注重于实写，手工则注重实际应用。图案画一科以教师、讲解理法为基本，实习时发表前项学力，就所命题，凭各人之意匠而制之。[1]

据史料记载，1922年民国教育部派视学要员朱炎到校视察，进而由教育部批准立案，这标志着上海美专的发展进入到一个新的历史阶段。此时，学校的组织管理来自两股支持力量：一是社会力量，重视发挥校董会的作用。出任董事的是一批行政官员和社会名流，这给了学校精神上与经济上的大力支持。二是官方力量，提供给学校以更大的发展空间。像蔡元培于1924年兼任中国教育文化基金会董事长的职位时，就对上海美专的办学予以热情帮助，这便是一种来自官方的支持力量。当然，考察其后蔡元培与上海美专的发展仍有诸多的关系。蔡元培于1928年8月提出辞去国民党中央政治会议委员、国民政府委员、大学院院长、代理司法部长等职后，专任中央研究院院长，并于当年8月到沪定居，直至1937年11月27日才离沪赴香港养病。在定居上海的10年中，蔡元培十分关注教育事业。在这期间，蔡元培在上海《东方杂志》《人间世》等刊物上发表了数篇总结教育经验的文章，进一步阐明了他的教育思想。1933年2月，他还过问过上海美专的校董会工作，并建议学校的办学机制应秉承"美感教育"的宗旨，积极推进绘画、工艺、音乐乃至建筑教育的广泛开展。而关于上海美专校董会的性质和职能，学校的组

[1]1918年上海图画美术学校概况 [M]// 朱有瓛. 中国近代学制史料：第三辑上册. 上海：华东师范大学出版社，1990:762—763.

织大纲曾明确写道："本校校董会以热心艺术教育，对于本校实力扶助者组织之；本校校董会依据国民政府教育部私立专科学校条例为本校之代表，并负经营本校之全责。"校董会的职权是"选任本校校长；决定本校建设改进及一切进行计划；筹划本校经费及基产；审定本校校章；审核本校预算决算；监察本校财政；保管本校财产；筹划本校其他一切事项"[1]。由于有了校董事会强有力的后盾支持，这一时期可谓是上海美专逐步扩大办学规模和提高办学质量的时期。办学机制上继续发扬"不息的变动"精神，着眼于社会需求和学校自身力量来办学，使专业各科不断得到完善和充实，课程内容也按不同对象而有不同的安排。诸如，第一部学程西洋画实习分三类：水彩画、木炭画、油画。理论学科有美学、美术史两种。第二部学程又分两组：甲组为西洋画练习。分为：钢笔画、油画、木炭画、石膏模型练习，木炭画、人体练习，油画人体练习。理论学科有艺术教育论、美学、美术史、色彩学、解剖学五种。乙组为音乐，分乐理、声乐、器乐三种；理论学科有教育论、美学。第三部学程西洋画分类与第二部甲相同。学科有色彩学、解剖学、透视学。①

从这份翔实的学校教育史料记载来看，这一时期在上海美专的发展历程中的确可以被称为发展的黄金时期。其标志便是，除课程设置按各部学程编制明确外，在教学上更加提倡以"思想自由、兼容并包"作为主导方针，既充分发扬各个教师之所长，又允许学生在学习中有自己的选择。以工艺图案科课程设置为例，必修科目为基本图案、商业图案、工艺图案、装饰图案、写生便化、素描、水彩画、用器画、透视学、色彩学、中国美术概论、西洋美术概论、图案通论、工艺制作、工艺美术史等，选修科目则为制图学、广告学、装饰雕塑、版画、中国工笔画、构图学、音乐、舞台装置等。同时，学校还十分重视对学生技能的培养，务求课堂学习与实际运用紧密结合。[2]

从 1937 年第一学期起，上海美专又进行了系科调整，添设高级艺术科，并将附设艺术师范学校改为附设艺术师范科。从这年 6 月份开始，上海美专接受了民国政府教育部的委托，为改进全国劳作教育，举办了由 14 个省市（苏、浙、赣、皖、湘、鄂、闽、粤、桂、滇、川、黔、京、沪）初级中学劳作科教员参加的暑期讲习会及劳作专修科，

①关于上海美专三个学部的培养目标，当时确立为：第一部设中国画科、西洋画科、雕塑科、工艺图案科，目的在于造就纯正美术专门人才，培养及表现个人高尚人格，以养成工艺美术人才，改良工业，增进一般人的美术趣味。第二部设高等师范、初级师范，目的在于造就实施美术教育人才，直接培养及表现国人高尚人格；第三部设函授学校、暑期学校，目的在于谋求推广普及美术院，分中国画系、西洋画系。师范院分图画音乐系、图画手工系。另添办工艺图案系、音乐系。毕业年限均为 3 年。又设图画专修科、图工专修科，毕业年限均为 2 年。旧制之高等师范科、西洋画科、中国画科、初级师范科均在第二年停止招收新生。曾拟设置雕塑系，因生源不足，未能办成。

[1] 上海美术专科学校组织大纲 [M]// 刘海粟美术馆，上海市档案馆．不息的变动．上海：中西书局，2012:39.

[2] 南京艺术学院校史编写组．南京艺术学院史（1912—1992)[M]．南京：江苏美术出版社，1992:33.

参加学员由各省教育厅局选送。这些都表明上海美专的办学内容和范围进一步拓宽，影响力日益扩大。

综合其办学历程来看，上海美专这一时期的教育教学活动，是在我国近代学制推动下兴办起来的新式美术教育的代表之一。其走过的道路曲折而艰辛，但它不平凡的业绩却为我国近代美术教育事业的发展积累了宝贵的经验。《中国近代学制史料》中收录的《上海美术专门学校最近之调查》（1922 年）记载的评述认为：

上海美专开办十年，无一学期不在改建之中。这种变的办学，实在有一种不息研究、不息进行、自内向上的精神。在时代思想上，当然应该如此刻刻追到前面去。所以他们的内容也日就完备，他们的学生在社会上也处处有种有力的表现。现在将他最近的革新计划评录如下：

一、组织上之更改　美专原设六科，已开办者为洋画、高师、普师三科。现在将六科改为三部：第一部以造就纯正美术专门人才，培养表现国人高尚人格暨养成工艺美术专门人才，改良工业，增进一般人美的趣味为主旨，现设国画科、西洋画科、雕塑科、工艺图案科四科。第二部以造就实施美术教育人才，直接培养及表现国人高尚人格为主旨，分设师范、小学两部。师范部又分设高等师范、普通师范两科。第三部的主旨在于普及美术教育，设有函授学校，暑期补习学校，日曜日（星期日）半日学校。至于学校行政则分会议、执行两大部。会议分校务会议、总务会议。其余各科部事务，另有各科部会议决定之。执行部之最要机关为校长办公处、教务处。总务处设庶务、斋务、文牍、图书四部。会计杂务各项事务，统归庶务部管理之。教务处统辖各科教务。此外特别事项，组织各种委员会办理之。以上是美专最近设科及行政上改组之大概也。

二、现时校舍之改观……

三、新校舍之建筑计划……

四、学生……

五、教科　学校各科均已实行选学制，西洋画科定四年毕业，各学科学完一百四十一单位者，给予毕业证书。第一年用铅笔、水彩。第二、三年用木炭。第四年色油。（教材）第一年一切人造物、自然物。第二年人体模型，野外实习。第三、四年活人模特儿、野外实习。高师科三年毕业，学完一百十六单位者给予毕业证书。外国文分英法两国文，任习一国文。国画分花鸟、人物、山水三类，分年教学。（用具）第一年铅笔，水彩。第二年木炭，水彩，色粉，色油。第三年同。（教材）第一年几何形体及一切人造物、自然物。第二年风景及石膏制动物、人体。第三年人体、风景。手工、音乐为选习学科，任选一科习之。普师科两年毕业，各学科合计七十二单位，学完者给予毕业证书。图画分花鸟、人物、山水，分年教学。西洋画教材分人造物、自然物两类。第三年后十周实习教授。教授方面注重学生自学，以发展学者的个性，引起学者兴趣为主旨。所以该校的学生，他们终是自己发抒自己的本来创造能力，绝不受任何教师的束缚，绝无盲从学者的意味，该在校历届成绩展览会及天马会、青年画会，诸展览会中都可证明一斑云。[1]

此外，魏猛克在1922年撰写的《上海美术专门学校校史》中也提到对上海美专此时期办学业绩的评价问题："民国元年十一月，武进一位十六岁的青年刘海粟先生，在上海特地组织了一支新兴艺术的生力军。这是西洋艺术入中国的第一声，也是中国艺术获得新生命、新出路的一个重要纪念。如果中国有像西洋似的文艺复兴运动，这便是文艺之复兴的种子。生力军的形式，是当时中国唯一的艺术研究团体，名称是（上海）图画美术院，本校的前身。……九年一月（1920年），又修改学则，更名为上海美术学校（实为'上海美术院'，次年7月，再更名为'上海美术专门学校'）。开办六科——中国画科、西洋画科、工艺图案科、雕塑、高等师范科、初级师范科。……十年（1921年），经董事赵匊椒先生等募得徐家汇漕溪路基地二十余亩。七月五日，根据校务会议议决案，举行十周年纪念展览会，十日，发行赠品券，预定筹基金一万元。七月改名为上海美术专门学校。同时开辟初级师范科校舍十七幢于英租界康脑脱路。……十一年一月（1922年），迁初级师范科于斜桥南首。同时分辟高等师范校舍于林荫路神州法专旧址。二月校董会先后添聘范源濂、熊希龄、张嘉林、郭秉文诸先生为董事会董事。三月董事会修改会章，公推蔡元培先生为董事会代表，由蔡请黄炎培先生为驻沪代表。六月，由董事临时会议决，筹建校舍，组织筹建校舍募金委员会。十月，北京教育部批准立案。"[2]

从上述引文的两则史料来看，虽记述的是上海美专建校10年的评价事实，但其实可以视为对上海美专创办时期教育业绩的基本认定。其依据理由有三点：一是此时期为该校发展最为兴盛的时期，即由一个私立学校的创办逐步得到当时政府教育主管部门的确认，尤其是社会的承认，可谓是起色显著。况且，从办学状况看，学校的管理、基本设施、教学方案、课程设置等均已完备，为学校今后的发展奠定了扎实的基础。二是此时期学校师资队伍建设趋于完善，主要专业的课程科目均有专任教师负责教授，这支专任教师队伍即便从今天办学需要的角度来看，其师资结构和梯队也算是较为完善的。上海美专的师资建设从初创时期以聘任、兼任为主，到1922年已基本实现聘任和专任教师为主，其教师队伍的统计情况见表1。正是这一师资队伍的使用，才使学校的教学秩

[1] 上海美术专门学校最近之调查 [J]. 美术, 1922, (02).

[2] 魏猛克. 上海美术专门学校校史 [M]// 朱有瓛. 中国近代学制史料：第三辑上册. 上海：华东师范大学出版社, 1990:779—781.

序相对稳定，教学与教研活动正常开展，为学校的进一步发展开创了良好的学风和教风。反之，教师队伍的建设也得益于良好的风气和办学机制的推动。三是学校在随后发展的10余年（1922—1937），除专业设置适应社会发展有所变动与调整外，其学校管理、教学方案和课程设置基本是沿袭此时期建立起来的基本办学机制实施的。可以说，依据这一时期上海美专的教育史料所进行的剖析和评估，也正是对学校整个历史发展状况的评价进行梳理后的一种客观认识和鉴定。当然，仅此简略的教育史料来作评述还显得非

表 1　1922 年上海美专任职教师一览表

姓　名	字	籍　贯	任　职	经　历
刘海粟	海粟	江苏武进	校长兼西洋画科四年级主任及画学教授	创办上海美专及上海女子美术学校本省教育会干事兼任同会美术研究会副会长
吕　濬	凤子	江苏丹阳	教务主任兼高等师范科主任及国画、西洋画教授	前清两江优级师范学堂图画手工专修科毕业，前任国立北京女子高等师范图画手工专修科主任
王　愍	济远	江苏武进	西洋画科主任、一年甲级主任及西洋画教授	上海美专西洋画科毕业，历任本校教员兼任神州美术专科学校图画教员，天马会审查员
关　良		广东	西洋画科三年甲级主任	
汪亚尘	亚尘	浙江杭县	西洋画科三年乙级主任兼任西洋画及日文教授	日本东京美术学校毕业
李　骥	超士	广东梅县	西洋画科二年甲级主任兼西洋画及法文教授	法国巴黎美术学校毕业
周勤豪	勤豪	广东	二年乙级主任兼西洋画教授	日本东京美术学校毕业
顾畤人	久鸿	湖北武昌	西洋画科一年乙级主任兼西洋画教授	上海美专毕业，历任该校教员，如皋县女工传习所洋画教员
俞寄凡	寄凡	江苏吴县	高等师范科西洋画手工主任，西洋画科美术史及美学教授	日本东京高等师范图画手工科毕业
唐　隽	哲庵	四川达县	初级师范科主任兼伦理教员	本校毕业前任上海女子美术学校主干兼教务主任
柯一岑			哲学心理学教授	
李石岑	石岑	湖南长沙	心理学及哲学教授	日本东京高等师范学校毕业
陆　爽	露沙	江苏武进	艺术解剖学教授兼校医	日本帝国医科大学卒业
徐祖馥	若衡		西洋画教师	日本东京女子美术学校毕业
洪　野	禹仇	安徽歙县	透视学教授	历任上海神州女学、博文女学图画教员
何孝元			手工教授	
杨寿玉	瘦玉	江苏武进	手工教授	武进县女子师范图画手工专修科毕业，曾任丹阳正则女子中学工艺专修科主任

（续表）

李佑儒	保民	江苏昆山	英文教授	上海南洋公学毕业
刘质平	质平	浙江海宁	音乐教授	上海专科师范音乐主任
姚琢之		江苏武进	音乐科声乐兼弦琴教师	
徐品泉		江苏江阴	音乐科风琴教师	
吴人文		江苏昆山	西洋画教师	上海美专西洋画科毕业
万嘉其	右蟾	江苏海宁	西洋画教师	上海美专卒业
许士骐	御良	安徽歙县	英文教师	上海美专卒业
杨桂松	韵涛	浙江义乌	西洋画及用器画教师	上海美专西洋画科毕业
戴　陵	育万	江苏南通	西洋画教师	上海美专西洋画科毕业
叶鼎莘		江苏江阴	西洋画教师	上海美专西洋画科毕业
刘　懽	懽熙	江苏武进	西洋画教师	上海美专西洋画科毕业
施梅僧	梅僧	江苏武进	函授部总主任	上海美专西洋画科毕业
倪贻德		浙江杭县	函授部甲部主任	上海美专西洋画科毕业
张道宗	天其	江苏无锡	函授部乙部主任	上海美专毕业

常薄弱，实际上上述只能作为对上海美专教育史料钩沉的一点整理，更翔实和更深入的史料有待进一步挖掘和研究。

三、上海美专工艺图案科课程设置史考

我国近代新式美术教育中出现的工艺图案教育，从孕育之初在学科与专业名称上就先后有工艺教育、手工教育、图案教育、工艺美术教育等不同的说法，这反映出艺术设计学科在我国近代尚未真正定型，其教育体系也未真正成熟。然而，考察我国早期的艺术设计缘起的脉络是基本相同的。它是在适应工业化生产实际的需要中应运而生的，就是说是在我国近代工业大规模兴起的条件下被促成发展起来的。这一教育形式的出现，同时也促成了我国近代"图案学"的诞生。正是在这种教育需求下逐步形成的"图案学"这门实用性学问，才成为提供产品的"合理""实用""美观"的策划方案和学术研究的途径。

探讨我国艺术设计教育与"图案学"的源头，早在春秋时期的工艺典籍《考工记》中就有详尽记述，不仅教育方式千百年来实行父子相传、师徒相授，而且学术之道也是身体力行的经验示范。这有利的一面是代代相传、薪火不断，而有弊的一面却是入行者要达到造诣精深和独出心裁的境界，则完全依赖于个人出师后的钻研和领悟。因而，这一教育和这门学问在近百年中却使得日本和欧美走在了我们之前。尤其是日本在明治维新之后走上了近代资本主义道路，随着近代工业化的发展，日本的工艺教育和图案学的

研究日趋成熟，形成了自己的一套教育和研究体系。所以，当我国近代新式美术教育中的工艺图案教育与之一经接触，便很快达到了交融的地步，甚至连名词和专业术语也都一起被采纳。可以说，从 20 世纪初开始，我国便在艺术设计教育中广泛吸收和引进了许多日本工艺教育和图案学研究的成果及方法，建立起我国近代艺术设计教育和图案学研究的体系。分析其原因，主要是日本为近邻，交流便捷，而且"东文"近于中文，利于沟通。因此，不仅在引进日式学制、课程方面，我国近代学制的制订也全面参考了日本学制模式，而且图案学的研究思路也都基本照搬日本。可见，这种缺乏中国社会土壤孕育的"学制"和"学问"，存在着先天不足和致命的弱点，在这样的情形下照搬照抄日本经验是断难成功的。当然，进入到民国初年，在我国近代新式美术教育中的工艺图案教育，也并非以日本为唯一学习目标，同时也开始了大规模地借鉴欧美国家的经验，甚至移植德国和美国的教育方式。此外，也开始注重我国固有的工艺美术传统的传授方法，从而使我国早期艺术设计教育在民国初期的发展实际是循着三股路线交叉行进的：一是日本的工艺教育，二是欧美近代的工业设计教育，三是我国传统的师徒传授教育。如此一来，孕育于清末之际的我国早期艺术设计教育，终于在民国初年又一次以新的姿态破土而出、萌蘖生长。鉴于这样的历史背景来考察当时的上海美专工艺图案科的课程设置及图案学研究的史实，其意义非同寻常，应该是深入揭示我国早期艺术设计教育的发展脉络和解析我国近代图案学建立历史渊源的有益的史料探究。

关于上海美专工艺图案科的课程设置，以及在学校教育中的地位问题，值得考据的一项史料是，1919 年刘海粟在上海美专校刊上撰文《参观法总会美术博览会记略》中阐述的观点。他认为："今为吾国真正发达美术计，宜设国立美术专门学校，各省亦宜设省立美术专门学校，在下者亦应组织研究美术之会社，并多设工艺学校，注意于图案之研究。"[1] 刘海粟的这一教育论可以表明，他很早就竭力倡导工艺图案教育。1920 年 1 月，刘海粟根据之前去日本考察艺术教育的体会，结合上海美专的实际状况，修改学制，增办工艺图案科。该科的培养以养成工艺界实用人才为主旨，学制定为三年。从现有的一些史料记载来看，如 1922 年上海美专的课程设置（表 2），其涉及面较广，且课程结构已分为公共必修课、专业必修课和专业选修课。[①]这一课程结构的形成，也是上海美专一贯以"思想自由、兼容并包"作为教学主导方针的体现。

---

① 本文记述的上海美专当年的有关工艺图案教学课程设置与课程结构状况，是指 1922—1937 年间该校所设课程的史料记载。

[1] 刘海粟. 参观法学会美术博览会记略 [M]// 朱家楼，袁志煌. 刘海粟艺术文选. 上海：上海人民美术出版社，1987:30.

表 2　上海美专工艺图案科课程设置表（1922 年）

	第一学年	第二学年	第三学年	单位总计
伦　　　理	1			1
色　彩　学	2			2
建　筑　学		2		2
古　物　学		2		2
美　　　学			2	2
美　术　学		2		2
国　　　文	2			2
外　国　文	4	4	4	12
国　　　画		2	2	4
西　洋　画	14	8	6	28
用　器　画	2	2		4
工艺制作法		2	2	4
图　案　法	4			4
图　案　实习	8	14	18	40

附注：

毕业证书。

（一）各学科以教学三十八时为一单位。

（二）各学科共计一百零九单位，学完者给予毕业证书。

（三）外国文分英、法两国文，任学一种。

（四）各种工艺制作，以金工、漆工、瓷器、丝织、印刷为限。

（五）本科毕业后得更入研究科研究。

　　从这份课程表设置的课程项目分析来看，课程设置与课程结构的突出特点是实行了简易的学分制（以备注中修业学时为据），以增加学生学习的弹性。再则，在专业课程的设置中还增加了工艺实习的课程时数，约占总学时数的 37%。虽然，现在尚难获得上海美专这份课程设置在当时编制的详细资料，但通过当时的教育教学背景是能够捕捉到这份课程设置表编制的依据的。就教育宗旨而言，从表面上看，民国初期的工艺图案教育（包括手工艺教育和职业技术教育）是与清末的实业教育一脉相承的。但仔细分析能看出，较之清末的手工艺教育，包含在实业教育体系中的工艺教育，其宗旨的立足点发生了根本的改变：改变之一，民国初期的工艺图案教育较之清末实业教育的"实用技能"传授，更趋于适应当时的社会需求，以改良国货的设计水平，抵御外国工艺品的倾销为直接目的，以实现并促进民族工商业的发展为其目标的；改变之二，将工艺图案教育由清末实业教育中的一门"实用技能"传授课程，提升为具有实用学科性质的教学门类，使之成为知识领域广泛、学科性质明确的一门新兴的应用学科。有关第二点，我们可以通过其他史料加以佐证。与上海毗邻的成立于1928年的杭州国立艺术院（后改为国立艺术专科学校）的工艺图案教学便是一例。时任杭州国立艺术院教务长林文铮在这一时期有过明确的阐述："图案为工艺之本，吾国古来艺术亦偏重于装饰性，艺院创办图案系是很适应时代之需要的。艺术中与日常生活最有关系者，莫过于图案！图案之范围很广，举凡生活上一切用具及房屋之装饰陈设等等皆受图案之支配，近代工艺日益发达，图案之应用亦愈广……吾国之工艺完全操诸工匠之手，混守古法毫无生气。艺院之图案系对于这一节应当负革新之责任，我们并希望图案系将来扩充为规模宏大之图案院。"[1]由此可以看出，民国初期教育界对工艺图案的教学目标已十分明确地定位于联系社会发展需要的目标上。从这两点分析来看，上海美专的工艺图案教学同样不能脱离这样的现实背景，其课程设置也正是围绕应用学科的性质而展开的，所增设实习课程的课时数便是一种证实。再则，这不仅是改变课程设置的教学目标的问题，还是民国初期教育行政主管部门的管理和指导性意见贯彻执行的问题。民国初年已规定中学校应开设的课程，计有修身、国文、外国语、历史、地理、数学、博物、理化、图画、手工、法制经济、音乐、体操、家政等形式多样、种类各异的课程，这些课程较之清朝学部制订的中学堂课程，在课程名目和课程设置上都有较大的改变。诸如，课程名目的更改就有将算学改为数学，法制理财改为法制经济，手工艺改为手工，并且在课程设置上对周课时数的安排也比清末有所减少。这样一来，对于专科学校与中学校接轨的课程设置就引出了关于课程结构的问题思考。

其一，培养目标与课程结构的相互关系。就教育性质而言，中学校的培养目标既是教育方针的具体化，又是课程设计之纲。这也就是说，课程设置属于"课程结构"的范畴。而专科教育的培养目标既是专业设置的目标，又是专业课程设置的依据。这两者在对培养目标的理解和把握上还是有些差别的：前者涵盖面较广，后者专指性较强。以上海美专工艺图案科的课程设置分析来看，属于培养目标的公共基础类的课程与中学校的课程设置就有着十分密切的联系。如伦理、古物学就是中学校修身、博物乃至历史、地理等文科知识类课程的延伸与扩充。专业课程，如色彩学、国画、西洋画、用器画以及工艺制作等专业技术类课程，则是中学校图画、手工课程的延伸，不过更加强调专业课程的精深度，这是专科学校培养目标明确指向的要求。其他的专业课程则是围绕专业知识的结构需要配置的，如建筑学、美学、美术学、图案法及图案实习。其实，不只工艺图案科的专业课程如此，在上海美专的其他相近科别课程设置中也有同样的课程编排，如高

[1] 林文铮．摩登：为西湖艺院贡献一点意见[M]// 许江．设计东方中国设计国美之路：匠心文脉历史篇．杭州：中国美术学院出版社，2016:7.

等师范科中涉及工艺图案的课程就有图案、手工、透视学、色彩学等。这些课程虽有别于工艺图案科专业课程的精深度要求，但作为中学校课程的延伸是确凿无疑的，尤其是师范教育，更体现出中学校课程的编制规律和方式，即通识教育与专业教育的有机融合。当然，就专科学校和中学校教育的培养目标与课程结构的关系分析来看，从大局而言，两者对课程的要求标准应是较为一致的。就是说，培养目标实际是属于教育方针的范畴，对课程结构起着更为直接的作用。正因为如此，民国政府的教育部门便在中学校课程规范的前提下，同时提出了专科学校课程规范的要求。这样，上海美专工艺图案科的课程设置，其实是在政府行政主管部门的指导性意见下形成的，并不是先前理解的私立学校有完全自主设课的史实。

其二，课程结构的完整性、基础性、多样性的关系。据史料记载，民国初期我国的基础教育是以倾向美国式日本教育模式而推行办学的。这就是说，普通中学校的课程比较注重通识性教育的内容，特别是劳动、技术、职业教育，在当时整个普通中学校的课程结构中占有相当大的比例。这样，反映到具体的课程结构中便有对知识的完整性、基础性和多样性的要求。按照当时专科学校教育的特点主要是建立在中学教育，尤其是职业技术性质的中学教育之上的专门化教育，对于基础阶段的教育要求应是连贯统一的。这样一来，上海美专工艺图案科的课程设置便毫无例外地执行着当时教育行政主管部门的管理和指导性意见，这一点有据可证。史载，根据教育发展的新形势，上海美专在1922年针对1920年所开办的六个科别进行了部分调整。专科学制限定为3年，专修科为2年，并重新设置了专业课程：必修课目有基本图案、商业图案、工艺图案、装饰图案、写生便化、素描、水彩画、用器画、透视学、色彩学、中国美术概论、西洋美术概论、图案通论、工艺制作、工艺实习、工艺美术史等；选修课目有制图学、广告学、装饰雕刻、版画、中国工笔画、构图学、音乐、舞台装置等。学校还十分重视对学生技能的培养，务求课堂学习与实际运用的紧密结合。[1] 在这份1922年的课程设置方案中，更加明显地反映出职业技术教育的特点，而且知识的完整性、基础性和多样性也有鲜明的体现。譬如，加强了基础技能的培养，涉及课程约有六门之多，其他的纯技术类课程也有所增加，如工艺制作、工艺实习和舞台装置等。此外，从课程结构上看，已有分科课程与综合课程乃至活动课程的相互关系的体现。

课程结构往往会反映设计者对专业人才前途的思考，即所学务必致用。对于美术的社会功能，作为校长的刘海粟早在1918年于《美术》杂志第一期发表的《致江苏省教育会提倡美术意见书》一文中就有明确的思考："盖美术一端，小之关系于寻常日用，

[1] 南京艺术学院校史编写组. 南京艺术学院史（1912—1992）[M]. 南京：江苏美术出版社，1992:13.

大之关系于工商实业；且显之为怡悦人之耳目，隐之为陶淑人之性情；推其极也，于政治、风俗、道德，莫不有绝大之影响。"[1] 可见刘海粟的美术人才培养观中重要的一面，就在服务于大众的日用生活和面广量大的工商实业。唯其如此，相关工艺图案的系列课程才可能被重视有加，反复探讨裁定。

考察上海美专工艺图案科课程设置的史料，还有一项重要依据可作为佐证，这便是在该校工艺图案科任教的教师履历以及当时上海美术教育界的状况记载，从中能够补充一些史料缺失的遗憾。例如，1922—1937 年间，在上海美专工艺图案科任教的教师中有陈之佛、王纲、郑月波、张光宇、王白渊、方丙潮、陈克白、姜书竹等人。[2] 这一师资结构和梯队所提倡的教学主张，其实就是当时上海美专工艺图案科课程设置的另一种反映。本文仅据能够挖掘的教师履历史料做个别案例分析。这里以陈之佛和张光宇的履历及教育思想为例予以分析，从中可以窥其一斑。

陈之佛（1896—1962）在青年时代便选择了"实业救国"之路为自己追求的理想设计，由织造工艺转向了图案设计。1915 年在浙江甲种工业学校毕业后留校任教，1917 年编纂出我国第一部图案教科书。"五四"运动的前一年，即 1919 年，东渡日本，先是学绘画，翌年考入东京美术学校（即今东京艺术大学）的工艺图案科。在当时，中国留日学生中学油画者居多，学工艺图案者他是第一人。这是因为图案设计是与工业生产结合的应用型学科，日本为了保持自己的优势，一般不招收外国学生。陈之佛为了实现自己的理想，了解到东京美术学校工艺图案科主任岛田佳矣教授非常重视中国古代图案，经介绍后果然使自己成为"特招生"，他也以优异的成绩掌握了图案设计的新方法。1923 年，陈之佛学成回国后便在上海创办了一所"尚美图案馆"，并于当年受聘于上海美专任教。

1923—1936 年，他结合所任图案课程的教学，发表了一系列介绍日本和欧洲新兴艺术设计运动，以及关于德国"包豪斯"艺术设计教育的著述。陈之佛在《明治以后日本美术界之概况》一文中写道："到现在日本工艺美术亦差不多与其他美术有同样的进展。尤其近年帝国美术院展览会中设置工艺一部，奖劝激励，因此工艺更见勃兴了。……故日本美术，于数十年间，得见其欣欣向荣。回顾我国，自清末国势就衰，民国成立，内忧外患又无已时，政府视美术为无足重轻，艺界私人团体之间又缺乏互相联络，共策进行之精神，不但不见美术之发展，负有数千年光荣史的中国美术，至今反见衰颓，以视东邻蓬勃之气象，能无愧色！"[3] 从这篇文章的字里行间，可以读出陈之佛对我国近代美术事业，包括工艺美术事业的关注已达到牵肠挂肚、放心不下的程度。他提出的"以视东邻蓬勃之气象，能无愧色！"更可以令人感到他从教时迫切改变现状的心情。这一

[1] 刘海粟. 致江苏省教育会提倡美术意见书 [M]// 朱金楼，袁志煌. 刘海粟艺术文选. 上海：上海人民美术出版社，1987:20.

[2] 南京艺术学院校史编写组. 南京艺术学院史（1912—1992）[M]. 南京：江苏美术出版社，1992:14.

[3] 陈之佛. 明治以后日本美术界之概况 [M]. 艺术旬刊，1932，1(06):14.

点通过他于 1930 年在上海世界书局首次出版的教材《图案法 ABC》更可以得到证实。这部教材结构完整，共计 10 个篇章，约 10 万字，从图案概述至图案的实用意义、分类法则、制作方法，以至对立体图案和平面图案的构成关系都做了详述。可以想见陈之佛在上海美专任教图案课程时的严谨治学精神。此后，陈之佛于 1934 年又发表了《欧洲美育思想的变迁》专论，从历史的纵向视角完整地阐述了欧洲美育和艺术教育发展的历程，尤其是对欧洲新兴艺术设计运动，以及德国包豪斯艺术设计教育给予了高度评价，为我国早期艺术设计教育开辟了借鉴欧洲设计教育思想的途径。他指出："威廉·莫理斯（W. Morris）追从路斯金之说，而应用于工艺美术制作方面，盛唱以工艺美术为国民的美术。其理由：第一，先从使用者一方看来，工艺美术能与一般国民以高尚纯洁的愉快；第二，在制作上而言，工艺美术亦能与国民以快乐。在第二理由中，莫氏说：'现今社会，虽然劳动者以如何能得到面包为最切要的问题，但劳动者如何能得到精神的快乐实际还比面包更为切要。欲得精神的快乐，在乎他们的是否从事于所谓工艺美术的制作，亦不是只为机械的运转，而在能使自己精神的工夫活动着，则兴味便伴之而生。这在他们就为最大的幸福，所以现在不可不竭力奖励工艺美术。'这样的虽由先觉者唱导艺术的教化，但其影响还极微弱，因为近世教育的大势是尊重科学，尊重知识，以理解为主的。"[1]

早在 20 世纪 30 年代初，陈之佛对欧洲设计教育思想给予的评价就显示出理性和客观。这与实现着他自己的"实行艺术的教化"理念是相吻合的。虽然，本文所引述的陈之佛文论是他在接受了上海美专教职之后发表的，但不可否认，从陈之佛的履历和教学思想来看，他的思想正暗合了刘海粟考察日本后开办工艺图案科的教育意图。而当时正值日本的大正和昭和时期，日本的教育正为军国主义服务，十分重视扩充各级职业技术教育，甚至在其国立和私立大学中开办了技术学院，大量招收工商科的学生，其中就包括工艺图案科的学生。日本昭和时期的工艺教育是由留学德国包豪斯归来的水谷武彦和山口正城等人发起的，他们联合一线的教师，展开了构成教育运动，可以说是战后日本艺术设计教育发展的渊源。[2] 尽管构成教育在当时（指昭和时期）并未形成大的气候，但却无疑给当时的日本艺术设计教育注入了新的血液。再则自明治维新变革后，日本在"富国强兵""殖产兴业"和"文明开化"三大政策影响下，全盘西化与弘扬国粹，追求实用功利与主张精神陶冶相结合，其学校学制就是建立在欧美教育思想基础之上的，教材则是用文部省翻译的欧美各国公立学校的教科书。由此看来，借鉴和引进日本艺术设计的教育思想和教育方式，对于我国近代艺术设计教育的萌芽具有较大的示范性。为

[1] 陈之佛. 欧洲美育思想的变迁 [J]. 国立中央大学教育丛刊，1934:237.

[2] 王天一、夏之莲，朱美玉. 外国教育史 [M]. 北京：北京师范大学出版社，2000，112—117.

此，从上海美专工艺图案科确立的专业必修课程科目中便能看到，与当时日本职业技术教育的同类专业课程设置十分相近，即表明课程设置是依据当时对"科学和物质文化的重视，由原先属于'技'的那部分美术形式借助于这种浮力迅速在我国各级教育组织中出现，形成了与养性艺术（纯绘画）并驾齐驱的局面。至此，中国近代美术教育的格局即算正式形成。我国今天的一般美院与工艺美院的并存，绘画专业与工艺专业的并存，中小学内容中的绘画与工艺并存的现象大抵是这种格局的延续"[1]。而这一课程设置，在日本大正三年（1914）东京高等师范学校教授冈山秀吉提出的"手工教育理论"中也有明确的阐述。他提出了科学和艺术兼备的教育思想，即强调手工教育"是一项在美术、科学交叉领域内启发创造的活动"[2]。然而有意思的是，上海美专工艺图案科所列的选修科目，却应合了当时专科教育不再一味仿效日本的教育模式，而转向美国的高等教育选修制模式的倾向。课程设置多样化，除工艺图案科的相关广告学、制图学等课程外，还涉及音乐、诗词学、心理学、社会教育、近代艺术思潮等，并在学校学则（1922 年 9月颁布）的第八章中设有"选科生"管理条目，规定入校各科生选择一种或数种实习科目，须经试验入学可为选科生，选科生所选之科目，于修习完毕时，经考查及格，得给予选科毕业证书。虽然，这一学则管理条目指称的"选科生"是否是真正意义的选课学习生抑或其他性质的研修生或进修生尚不明确，但已有条目规定，这就能证明上海美专当时的教育模式确有倾向于美国高等教育模式的意图。①

张光宇（1900—1965）是一位自学成才的画家，又是一位有着丰富设计实践经验和教育经验的教育家。他的专长是将漫画和装饰画结合起来，独树一帜。从其本人成长的经历来看，他做过舞台美术设计、烟草广告设计以及书籍装帧设计等多项工作，可谓是艺术设计行当的多面手。当时他受聘任职上海美专的教授，正是出于他的这一设计能手的面貌。从现有的资料中尚难查考出张光宇当时任教的具体课程科目，但可以参照他参与的丰富的艺术设计实践活动来看，当是以商业图案、装饰图案、专业实习以及选修课目中的舞台装置等课程为主。

张光宇的设计风格，在 20 世纪 30 至 40 年代，突出继承了中国传统装饰艺术的风格，并借鉴国外装饰艺术之长，创作了大量具有浓厚民族艺术风格的装饰画，代表作品有《民

---

① 民国时期，美国对中国高等教育的影响是显著的，无论是其预科制，还是大学的模式，都曾被引入中国。很多美国传教士很早就设法在中国建立了与美国类似的预科性质的学院。这些学院到后来才逐渐发展成大学，但因其都受西方基督教机构的直接控制，已演变成了与同期美国大学完全不同的另一种形式。中国当时高等教育对美国大学的模仿始于清华大学，当时由留美归国的学者执校政，可以说是美国传教士把预科制学院引进了中国，而后是中国学者仿效美国大学的模式。

[1] 伊少淳. 美术及其教育 [M]. 长沙：湖南美术出版社，1995:44.

[2] 张小鹭. 日本美术教育 [M]. 长沙：湖南美术出版社，1994:46.

国情歌》插图以及 1944 年创作的《西游漫记》。张光宇在长期的工艺图案教学生涯中，广泛吸取中外艺术的精华。他的装饰画极为重视艺术造型的表现意趣：在夸张、变形和线条运用等方面精益求精；构图处理变幻无穷，不受任何程式约束；善于将艺术技巧的表现与理想境界的追求巧妙地融合在一起。他尤其对京剧艺术感兴趣。中国传统戏曲的形象、身段、动态、台步和色彩等特殊表现手法，对张光宇的装饰画风有很深的影响。他创造性地形成了自己独特的装饰风格，对工艺图案的教学产生了深刻的影响。他在上海美专任教期间，虽为聘任教授（1922 年上海美术任职教师表中未列其名），但他的教学影响力却不可小视，无论是任教课程的教学质量，还是装饰艺术的创作风格，都对当时上海美专的教学活动产生了极深的影响。特别是他在电影与舞台美术教学的实践中赢得了很高的声望，被称为我国动画艺术教育的创始人。

从列举分析的陈之佛和张光宇两位教授的履历和教学主张中基本可以看出，上海美专工艺图案科的课程设置是依据当时的社会背景确立的，同时也完整地体现出我国近代"图案学"建立的脉络，即课程设置与教学内容的相互沟通与融合，包括了基础图案、工艺图案，尤其是对工艺图案的教学既解决设计的一般规律，又为设计应用奠定了基础。譬如，陈之佛的图案课程主要解决专业设计的特殊规律，使基础图案的教学倾向于实用化，即结合物质材料、工艺加工、具体用途进行设计教学。张光宇的装饰设计课程则以实际案例为主，强化学生的动手能力培养，强化学生对实践环节的理解。因此，图案课程是核心课程的设置，围绕其周围，配置以艺术理论、美学原理、历史知识甚至社会实践，这是上海美专工艺图案科课程设置的主要特点，这是毋庸置疑的。

此外，作为我国近代新式美术教育发源地的上海，在民国初期的 10 多年时间里，可谓集结了一大批陆续从欧、美、日留学归国的画家。他们并不像旧式文人画家那样，或一盘散沙，傲啸山林，或结社为盟，画地为牢，而是聚合在一起，办起了新式美术学校，以引进传播西方美术与设计的思潮，促进民国初年倡导的所谓"文艺复兴"和工商业发展为己任。

这一时期的上海新式美术教育，不止限于艺术专科学校内，就是上海近代教育首推的爱国学社与爱国女校，以及中国公学与健行公学等学校，也同样设有新式美术教育的课程。爱国学社与爱国女校均系近代资产阶级革命派在上海创办的学校，它们为上海近代教育史谱写了光辉的一页，在我国近代教育史上也有着重要的地位。爱国学社在《爱国学社章程》中明确写着办学宗旨："重精神教育，而授各科学皆为锻炼精神，激发志气之助。"[1] 在课程设置上分寻常、高等两级，各为两年。寻常级设修身、算学、理科、

[1] 爱国学社章程 [M]// 陈学恂．中国近代教育史教学参考资料：中册．北京：人民教育出版社，1987:21.

国文、地理、历史、英文、国画、体操。高等的第一学年设伦理、算学、物理、国文、心理、伦理、日文、英文、图画、体操；第二学年设算学、化学、国文、社会、国家、经济、政治、法理、英文、图画、体操。另外，还辟有各种专题讲座，如革命史、民俗学、佛学、中日文化比较讲座等。从课程设置上看，不仅所设课程内容皆为进步的新学，而且尤多宣传革命理论，如讲授法国革命史、"扬州十日""嘉定三屠"等，以激发反清革命的热情。蔡元培在《我在教育界的经验》一文中曾十分明确地说："在爱国学社中竭力助成军事训练，算是埋下暴动的种子。"[1] 时任该校教员的师资有蔡元培、吴稚晖、黄宗仰，他们均是当时教育界的名流和归国的著名学者，形成极具生气的教育队伍。

爱国女校与中国教育会关系极为密切，但又和爱国学社与中国教育会的关系有所不同，爱国女校成立后才真正提倡男女平等。蔡元培在发表的《在爱国女学校之演说（1917年1月15日）》中说道："本校初办时，在满清季年，含有革命性质……革命精神所在，无论其为男为女，均应提倡，而以教育为根本。故女校有爱国学生……"[2] 该校1904年（光绪三十年）颁布的《爱国女校补订章程》中设置课程为：预科之初级设修身、算学、国文、习字、手工、体操、音乐，预科之二级设伦理、心理、教育、国文、外国文、算学、历史、地理、法制、经济、家事、图画、体操。从课程设置看，种类齐全，任课师资也大多为海外归来的学者。

中国公学由留日归国学生兴办，起因是光绪三十一年（1905）11月日本文部省排斥中国留学生，引起中国学生强烈不满，留日学生决议全体退学回国。回到上海的留学生筹划自行兴办学校，该校师资由典型的归国人员组成。当然，该校办学性质与其他学校有别，实际是一所政治学校。该校执事中亦多为革命党人，革命团体竞业学会即设于该校。学习开设的课程大部分为传播革命理论的内容，但也有相当一部分技术教育课程，其中伦理、国文、算学、历史、地理、法制、图画、经济学均列为主课。健行公学则为同盟会直接兴办的学校，直接以革命书籍《皇帝魂》《驳康有为论革命书》《革命军》《法国革命史》等为教材，培养反清革命志士。此外，上海实业教育也在当时资产阶级革命运动的促进下得到兴办。上海高等实业学堂（交通大学的前身）就是当时办得较有特色的一所。该学堂不仅系科较多，而且课程种类丰富。据该校校史记载，与实业教育相关的课程就多达数十种，有土木工程、机械工程、造船、电气机械、建筑设计、机织工艺、应用化学、采矿冶金、染色工艺、窑业工艺、图案、机械制图、图画、测量、应用力学、工业簿记等。该校尤以教学严谨而著称，特别是一大批海外学人参与了教学，

[1] 蔡元培．我在教育界的经验 [M]// 高平叔．蔡元培教育论著选．北京：人民教育出版社，2017:746.

[2] 蔡元培．在爱国女学校之演说 [M]// 高平叔．蔡元培教育论著选．北京：人民教育出版社，2017:78.

使该校的学术风气空前活跃而自由，成为上海高等教育的代表。因此，当时上海的办学背景也必然会对上海美专的课程设置产生重大的影响。这方面"上海图画美术院（上海美专）具有一定的代表性。从日本引进的教育体系，成为上海早期美术教育的模式"[1]。同样，在当时除了上海美专外，后起的新华艺专、上海艺大、中华艺大和立达学园美术科等私立学校所设置的课程也都基本上采用日本模式，这和我国整个近现代高等教育发展初期的特征是一致的。虽然从现存的资料中很难再挖掘出这一时期上海其他几所美术学校艺术设计教育课程结构的文献史料，但透过上海美专这一浓缩的办学背景仍可以为史所证。

四、上海美专工艺图案教育与近代图案学兴起的渊源

在考察上海美专工艺图案科的课程设置史料时，其实有关我国近代图案学兴起的话题便被提了出来，这就是该校在工艺图案课程教学中重视理论研究的问题。而在此之前，民国初年的专科学校主要职责是实施教学，以培养人才为目的，重视理论研究确实是当时上海美专办学的一个重要转向。可以作为支持论据的，便是1918年至1919年分别由沈恩孚与蔡元培题写刊名的第1期和第2期上海美专学报《美术》杂志的出版，这可谓是我国近代教育史上第一本专业的美术理论刊物。这本学报性质的刊物，不仅将"美术"提升到现代学术的范畴，更重要的是把美术学科引导到理论研究的领域。诚如刘海粟于1918年11月在为阐明办刊宗旨而撰写的《发刊词》中所表述的，"愿本杂志发刊后，四方宏博，意本此志，抒为宏论，有以表彰图画之效用，使全国士风咸能以高尚之学术，发扬国光，增进世界文明事业，与欧西各国竞进颉颃"[2]。在1919年6月出版的《美术》第2期上又刊载了一组有关美术教育，其中介绍了日本东京女子美术学校教育概况，以及法国国立美术专门学校沿革历史和日本帝国美术馆之运动，引为办学借鉴经验。在探讨教学规律方面，时任教务长的吕凤子发表专论文章《图画教授法》，着重阐述因材施教的美术教育思想。以后各期杂志还刊载有关涉工艺图案知识及教学的文章。诸如，第二卷第一号上刊载亚尘的《广告学上美人的研究》（1919年），第二卷第三号上刊载张守桐的《曲线美是什么》（1919年），第三卷第二号上刊载吕澂的《美术发展的前途》

[1] 李超．海纳百川——上海美术教育钩沉[M]//潘耀昌．二十世纪中国美术教育．上海：上海书画出版社，1999:94.

[2] 刘海粟．《美术》杂志发刊词[M]//丁涛．刘海粟．南京：东南大学出版社，2012:185.

（1922年）。①这些文章都从美术创作、审美以及发展的不同角度，对美术中包含的工艺图案教育提出了研究的视角。据此便可以认为，这是上海美专在开展工艺图案教育的同时与近代图案学研究兴起发生着的联系。

在上海美专设立工艺图案科时，上海及其他地方都增办了许多类似的公立或私立专科教育学校。其课程有用器画课（包括平面几何画、立体几何画、透视画、图法几何）、手工课（包括纸工、编结、竹、木、金工、雕塑、漆工、工艺美术等），这可谓是"我国的新兴图案学科，毕竟是在20世纪20和30年代期间建立起来了。尽管它还带着这样那样的弱点，特别是同我们民族的优秀艺术传统和现时的物质生产结合得不够紧密，总是初具规模，几乎所有的高等美术学校都设立了有关的专业。老一辈的图案家虽然屈指可数，但他们含辛茹苦，勤培桃李，并且编著和翻译了几十种图案书籍，为我国新兴图案事业铺下了第一层基石"[1]。由此，从研究近代图案学建立角度来说，上海美专不失为重要的案例。本文在此仍然择其较具代表性的时任上海美专教授陈之佛、张光宇的图案学观点和对图案教学的主张（除发表于上海美专校刊《美术》杂志之外，还见诸于当时上海出版的其他期刊）作为论析的依据。例如，1932年陈之佛在《艺术旬刊》（第一卷第六期）上发表文章就指出，日本的工艺图案除窑工（陶瓷）受到德国的新技法影响之外，多是七宝、雕金、铸金、蜡样、锤金、漆工、染织工等传统工艺。"至于图案，更有非常的进步，如小室信藏、岛田佳矣、松岗寿、千头庸哉、渡边香涯、广川松五郎等均为斯界之闻人，他如宫下孝雄、矢代幸雄等后起之秀，更不可胜数。"[2]陈之佛在这篇文章中提到的日本工艺图家，当时均有译著在国内流传。以小室信藏的《一般图按法》

① 上海美专校刊《美术》，1918年10月创刊，由该校编辑出版。第一卷为半年刊，共出二期；第二卷改双月刊，共出版四期；第三卷改为不定期刊，共出二期。1922年5月出版第三卷第二期后停刊，累计出版八期。该杂志在第一卷第一期目录及书眉上题"上海图画美术学校杂志"。杂志距今已80余年，现已十分罕见，只在上海图书馆藏书部有存，特抄录各期要目，以作研究参考。第一卷第一期，刘海粟《西画钩法》《石膏模型写生画法》（附图）、丁悚《说人体写生》、王愍《色彩略说》、唐熊《国粹画源流》；第一卷第二期，太清《美术于人生之价值》、吕凤子《图画教授法》、刘海粟《西洋风景画史略》、张邑《色彩学述要》、郑月波《图案研究概要》、济远《绘画不能进步之原因》；第二卷第一号，刘海粟《风景画的变迁》、唐隽《作画要怎样才有价值》、汪亚尘《图画教育底方针应该怎么样？》、亚尘《广告学上美人的研究》、唐隽《裸体画与裸体照片》；第二卷第二号，唐隽《美术与人生》、俞寄凡《造形美术的沿革》、汪亚尘《近代底绘画》、周勤豪《为什么要研究艺术》、唐隽《石膏模型写生与人体写生底着力点》、周勤豪《模特耳》、孙墚《中西画法之比较》、黄卓然《保存国粹画要从改良入手》、王德照《叔本华与哈儿特曼对于美学的见解》；第二卷第三号，俞寄凡《艺术教育家的修养》、刘海粟《日本美术院》、汪亚尘《绘画上应该注意的条件》、张守桐《曲线美是什么》、许士骐《我对于国粹画的观念》、俞寄凡《我国历代的绘画》；第二卷第四号，吕澂《艺术批评的根据》、汪亚尘《个性在绘画上的要点》、唐隽《裸体艺术与道德问题》、俞宗杰《评画的我见》、许士骐《讽刺画与滑稽画之比较》；第三卷第一号，琴仲《后期印象派的三先驱者》、刘海粟《塞尚奴的艺术》、吕澂《后期印象派绘画后法国绘画界》、俞寄凡《印象派绘画和后期印象派绘画的对照》、汪亚尘《约翰》；第三卷第二号，吕澂《美术发展的前途径》、李竹子《艺术的根本调和》、琴仲《作画之精神的根据》、汪亚尘《谷诃的艺术》、丁远《文艺复兴的三个艺术家》、张君劢《美术上之三大主义》。上海美专校刊问世前后，赢得广大读者的欢迎。为此，蔡元培特意为该刊题写"宏约深美"予以表彰，鲁迅也于1918年12月29日在《每周评论》上发表《美术杂志第一期》一文，热情赞扬《美术》杂志的出版："希望从此能够引出许多创造的天才，结得极好的果实。"

[1] 张道一. 图案与图案教学 [M]// 张道一. 工艺美术论集. 西安: 陕西人民美术出版社, 1986:157.

[2] 陈之佛. 明治以后日本美术界之概况 [J]. 艺术旬刊, 1932, (06):14.

和《图按之意匠资料》①为例，从中不难看出，陈之佛关注的图案学研究课题是装饰纹样，尤其是对于纹样的"便化法"和"构成法"的研究，辨析这两种方法的弊病，指出前者采取了一对一的写生与便化，后者采取了分解式的构成。这样，就辨析出不利于图案创作想象力发挥的症结所在，也自然得出不利于各种图法组合训练的问题。特别是图案的"便化法"，将艺术创作的启发和处理手法变成了纯技术的公式。这种倾向在我国当时出版的一些图案教科书中不仅没有避免，反而表现得更为突出，这为我国近代图案学的建立奠定了一条正确认识图案本质规律的途径。再则，日本所建立的图案，细分之多各有侧重，一般称作"基本图案学"，较注重装饰纹样。而另一种称作"用器画"的图案，侧重于几何形纹样。而几何形纹样有弱点，只强调所谓数学的几何形变化，而忽略了取之于大自然的线形变化。这样就容易形成一种错误的观念，以为几何形出于主观创造，因而切断了它与现实世界的联系，缺乏艺术的朝气。陈之佛就此分析几何形图案的构成规律，指出像矩形、涡线、抛物线等几何形式同样有助于对形式美的深入认识，并在器型上的运用更能够产生独特的审美意识。[1]关于陈之佛对近代图案学研究的贡献，在《表号图案》这部教材中更得到充分的体现。他认为："考察古时图案，大都含有一种表号的意义。在这类图案的寓意中可以探索当时人的观念、思想、信仰；一方面在其形式上又有有趣味的表现而能满足装饰的欲望，并且由这等图案的意义及其形式上亦可推寻艺术发达的途径，由原始的装饰逐渐发达而呈今日复杂的艺术的样式……虽然现代图案的制作并非为需表号的意义，不过这种表号的原由亦是现代图案家所不可不知道的。而且有许多图案，例如徽章之类的东西，非有一种寓意，不能充分地表出其目的。当这时，图案就不但是偏重在装饰，又必需有相当的意义了。"[2]这里，陈之佛从图案的多视角，给图案学的建立开辟了广阔的研究领域，有许多问题值得探究。

就我国近代图案学的研究兴起来看，主要是结合各种专业的工艺图案或装饰图案而取得的进展。在这一点上，受聘任教于上海美专的张光宇对近代图案学研究的贡献同样有着不可磨灭的印记。据叶浅予回忆，张光宇在20世纪初叶跟着画家张聿光到上海，就初显身手于"新舞台"的舞台布景设计，继而进英美烟草公司画香烟小画片，用笔简练，构图方正，独具新意，显出个人风格。及至"时代图书公司"时期又任教于上海美专，他为邵洵美《小姐须知》一书所作的插图，虽系游戏之笔，但笔笔扎实，图图寻活，

---

① 据张道一撰文（《图案与图案教学》，收入其著作《工艺美术论集》），这两本书都是 20 世纪初日本工艺美术界早期具有代表性的著作，出版于大正（1912—1925）年间。《一般图按法》成为后来不少图案书的蓝本。《图按之意匠资料》专门研究寓意图案。陈之佛曾选择其中的一部分，并结合自己的见解，编成《表号图案》，于 1934 年出版。关于"图按"之"按"字，是日本初用这个词时的用字，以后才改用"案"字。

[1] 陈之佛 . 图案 [M]. 上海：上海开明书店，1929.

[2] 陈之佛 . 表号图案 [M]. 上海：天马书店，1934：序 1—2.

又是番风貌……他在图案系任教，作为一个教师，他更可以把从传统、民间吸收来的营养哺育后学。[1]廖冰兄认为，张光宇的图案风格"是把西方现代的设计手法与中国古老传统的样式'化合'起来。这种造型，即便在五十年后的今天看起来，仍然要使人信服是 mordon 的。光宇的天分，还充分体现在他一手所创，可称为'张体'的图案字体。字体加以图案化当然是古已有之，但现代口味的图案字实则是产生于20年代初期。不过，其时的结构、造型、形态虽然大都新鲜，却总免不了别扭之感。至张光宇的图案字一出，却是既独特又自然，千变万化又能和谐统一，你不得不承认这是新的，现代的，又是符合中国书艺规范以及民族欣赏口味的"[2]。的确，在考察我国近代图案学研究兴起的历史脉络中，具有丰富实践和教学经验的图案家是一支重要的学术力量，这主要缘于在学科的萌芽阶段，许多实践与理论问题的研究划分不可能像今天这样清晰。这就要求今天回顾关注的视角要以历史的事实面貌来看待，采取包容兼蓄的态度来认识20世纪初我国图案学研究的建立，这其中既有用学理构建的学者，又有用实践来支持的学者。如此，我们可以说张光宇大量的图案创作与教学实践同样是为我们解读我国近代图案学建立提供一份重要史料。这其中柳维和在纪念张光宇的文章中回忆写道："他讲话不多，言简意赅，对装饰艺术不乏精辟的见解：一、装饰艺术的形象刻画，不论线与面，都要求方中有圆、圆中有方，或说圆中求方。此源自生物结构是刚柔结合。舍其一则单调贫乏。二、装饰艺术贵在夸张。恰到好处击中要害的夸张，最能引人入胜。当不满足写实手法时，就不得不求助于装饰艺术的某种夸张，以刺激人们的欣赏欲望。……三、装饰黑白画是一大基本功。好的装饰画要画黑白反映出色彩感觉。就是用黑与白正确表现出客观物象色彩的明暗度和色相的深与浅。用有限的黑白归纳表现异彩纷呈的多彩世界是很不容易的，若用装饰手法，则可达到这个目的。这是装饰画作者的一种重要能力。恰到好处的装饰黑白画是主客观的完美统一。"[3]这段极为宝贵的关于张光宇对图案创作的经验之谈，可视为他对我国近代图案学研究的思路。而下面的回忆文献更可以看出张光宇对图案学研究所持的治学观点。袁运甫记述的张光宇回忆录曾提到："我第一次接触图案，是1921年在南洋烟草公司，老板叫我把一幅月份牌画面装饰得好看一些，在这个'装饰'要求的启发下，才画了图案。从那时起，我就没有把绘画与图案分割开来。……作为图案研究来说，我总是力图扩大它的领域，冲破二方连续、四方连续的概念，使图案的根本法则运用于画面造型、结构和色彩处理。……从中国数千年的文明史来看，工艺美术是先于绘画而存在的，图案与绘画本是一家。"张光宇"把图案与绘画有机地统一起来，成为装饰艺术的扎实基础"。[4]本文摘录的这点滴史料，足已初步勾画出我国近代图案学研究兴起的面貌。当然，更为翔实的研究有待进一步考证和论析。

[1] 叶浅予. 宣传张光宇刻不容缓[J]. 装饰, 1992, (04):5.

[2] 廖冰兄. 辟新路者[J]. 装饰, 1992, (04):10.

[3] 柳维和. 装饰艺术的金字塔[J]. 装饰, 1992, (04):11.

[4] 袁运甫. 永远的旗帜[J]. 装饰, 1992, (04):41.

通过曾在上海美专任教的两位学者对我国近代图案学建立所作研究的史实考据，基本可以确认，20 世纪初期上海美专与我国近代图案学的建立有着千丝万缕的联系。从而进一步证明，上海美专对于我国早期艺术设计教育正规化建设的形成与促进，确实发挥了不可忽视的作用，并因此构成了十分重要的教学与研究基地，这一点是不能因学校的公立或私立的办学属性而改变，这也是本文挖掘上海美专教育史料的目的和研究意义所在。

附录：上海近代教育大事记（1839—1937）

1839 年（清道光十九年）

法国天主教耶稣会在徐家汇增宝路设立读经班（后改为民新小学）。此为上海教会教育之始。

1843 年（道光二十三年）

11 月 17 日　上海正式开放为通商口岸。

12 月 23 日　英国伦敦布道会传教士麦都思抵达上海，于东门外贫民区传教，并将所办之印刷所自巴达维亚迁来上海，名为"墨海书馆"。此为外国人在中国设立的第一个近代印刷所。

1849 年（道光二十九年）

五六月间　天主教耶稣会晁德莅在徐家汇办读经班，收容难童 12 人；次年，增加到 31 人，读经班改名为徐汇公学，又名圣依纳爵公学（即今徐汇中学）。

1850 年（道光三十年）

4 月　美国圣公会传教士裨治文的夫人爱丽莎·格兰特创办裨文女塾（后改为裨文女校）。此为上海最早的教会女校。

1863 年（同治二年）

3 月 28 日　清政府准李鸿章奏，在上海设立学习外国语言文学馆，即"上海同文馆"。馆址在上海城内敬业书院之西，首任监督冯桂芬。此为上海官办新教育之始。

1864 年（同治三年）

6 月　洋泾浜复和洋行内设立大英学堂。是为上海最早的外语培训学校。

1871 年（同治十年）

9 月 3 日　曾国藩、李鸿章会奏：拟选聪颖幼童赴美肄业以培人才，并议章程十二条。每年选送幼童 30 名，四年计 120 名，由上海设局经理。12 月 19 日，在福州路设立预备学校，招收粗通文理的聪慧幼童，进行出国前的培训。校长为曾国藩幕僚刘开成。

1872 年（同治十一年）

4 月　英商美查等人创办《申报》。

8 月 11 日　陈兰彬、容闳率第一批幼童詹天佑、梁敦彦、蔡绍基、黄开甲等 30 人由上海起程，赴美留学。

1874 年（同治十三年）

3 月 15 日　英领事麦华陀著文建议设立格致书院，并列章程十五条；24 日，成立书院董事会，选出麦华陀、福辟士、傅兰雅、唐廷枢 4 人为董事。

是年　江南制造局附设操炮学堂，1881 年改为炮队营。

1876 年（光绪二年）

2 月　格致书院于上海北门外西北隅之八仙桥北、英租界正丰街之西竣工。是为中国第一所中外合办的科技学校。北京《中西闻见录》编辑部迁至上海格致书院，期刊改名为《格致汇编》，刊载科技新闻、评介或摘译西方科技书籍，普及科学知识。6 月 22 日，格致书院正式开学。书院除原阅览室外，增辟博物展览、陈列工艺机械、试验仪器、动植物标本等。傅兰雅为监督，徐寿为主管。

1877 年（光绪三年）

"在华基督教传教士大会"在上海召开，并成立"基督教学校教科书编纂委员会"，统一管理各教会学校的教学内容与教学活动。1890 年 5 月，该委员会改名为"中华教育会"。

1878 年（光绪四年）

春　张焕纶在上海创办正蒙书院，初办时有学生 40 余人，分大、中、小三个班级，课程有国文、舆地、经史、时务、格致、数学、诗歌、体育等。是为中国人自己创办的第一所新式小学。1882 年改名梅溪书院。

1881 年（光绪七年）

9 月　中国留美学生监督容闳带领留美学生回国，抵达上海。首批中 21 名送电报局学传电报，二三批学生由船政局、上海机器局留用 23 名，其余分拨天津。

是年　美国监理会传教士林乐知创办中西书院，自任监院。书院课程中西兼重，学制八年。

1882 年（光绪八年）

设立上海电报学堂。

1885 年（光绪十一年）

王韬出任上海格致书院山长。

1886 年（光绪十二年）

6 月 26 日　《苏报》在沪创刊。1903 年聘章士钊为主笔，革命态度日益鲜明，7 月 7 日被查封。

是年　中法学校创立。此为上海租界学校教育之始。

1896 年（光绪二十二年）

1 月　经康有为筹划，上海强学会正式成立，并出版机关报《强学报》。这是维新派在上海创办的第一份维新报。

8 月 9 日　《时务报》经黄遵宪、梁启超、汪康年在上海创刊，以宣传维新变法为宗旨。

12 月　罗振玉、徐树兰、朱祖荣、蒋黻等人在上海发起创办农学会，并于次年 5 月发刊机关报《农学报》。这是中国最早的农学刊物。

是年　钟天纬在上海创办三等公学。是为中国近代著名新式小学堂之一。

是年　钟天纬、张焕纶等创办"申江雅集会"，开沪上国人组织的教育团体研究之新风。

1897 年（光绪二十三年）

2 月　夏瑞芳、鲍咸恩等在江西路创办商务印书馆。

4 月 8 日　盛宣怀创办的南洋公学在上海徐家汇开学。先设师范院，是为中国师范教育之始；同年秋设外院（即小学堂）；次年春设中院（即中学堂）；1900 年设上院（即大学堂）。外、中、上三院相衔接，逐级递升，为中国近代学校三级制雏形。

是年　董康、赵元益、恽积勋、恽毓麟、陶湘等在上海创办译书公会，并于 10 月发刊《译书会公报》。这是中国第一份由民间人士自办的译书专刊。

是年　叶瀚、曾广铨、汪康年等在上海创立蒙学会，这是中国第一个研究儿童教育问题的团体。同时，发刊机关报《蒙学报》。

是年　南洋公学师范生朱树人等编写《蒙学课本》。这是中国人自编的第一部新式教科书。

是年　谭嗣同妻李闰与康有为弟媳黄谨娱等在上海倡办"女学会"，并于次年先后创办"中国女学会书塾"和《女学报》。这是我国近代早期自办的女校和近代第一份女报。

1898 年（光绪二十四年）

5 月　经元善在上海创建经正女学。是为中国近代第一所国人自办的女学堂。

是年　钟天纬编写《字义教科书》（又称《蒙学镜》或《读书乐》）12 册。是为中国最早的小学白话文教科书。

是年　罗振玉创办东文学社。此为上海第一所开设日文课的学校。

1900 年（光绪二十六年）

马相伯将祖遗家产献于教会，倾家办学。耶稣会接受了财产，却并未办学。

1901 年（光绪二十七年）

3 月　浙江籍实业家叶澄衷创办的澄衷学堂开学，校址在虹口张家湾。

5 月　罗振玉在上海创办《教育世界》杂志。是为我国最早的教育专业杂志。

1902 年（光绪二十八年）

4 月　蔡元培、蒋观云等在上海泥城桥福源里发起成立中国教育会，推蔡元培为会长。该会是国内知识界建立的第一个爱国革命团体。

10 月 24 日　吴馨在南市花园街创办务本女塾。

11 月 21 日　中国教育会决定筹建爱国学社；12 月 14 日爱国学社举行开学典礼，蔡元培任总理，吴稚晖为学监。

11 月 23 日　蔡元培、陈范等倡设爱国女校于上海白克路登贤里，12 月 14 日正式对外招生。

是年　夏瑞芳在上海商务印书馆内创办编译所。

1903 年（光绪二十九年）

3 月 1 日　马相伯在徐家汇发起创办震旦学院。

10 月 9 日　清政府批准盛宣怀奏请，改南洋公学为高等商业学堂。1906 年，改为邮传部高等实业学堂。1911 年，又改为南洋大学。

12 月　吴馨等人在西门外安庆里设立上海公立幼稚舍。是为上海最早的幼儿园。

1904 年（光绪三十年）

11 月　李钟珏创办上海女医学堂。

是年　商务印书馆编辑出版《女子小学教科书》。

是年　虞含章在上海开设理科讲习所。是为中国人自办理科专修教育之始。

是年　龙门书院经扩充，改办为苏松大道官立龙门师范学堂。次年 5 月，举行开学礼。1912 年，改称江苏省立第二师范学校。1927 年，改组为上海中学。

1905 年（光绪三十一年）

3 月 9 日　马相伯在吴淞筹建复旦公学；9 月 14 日开学。1917 年，改名复旦大学。1942 年，改为国立复旦大学。

4 月　周馥将原上海广方言馆改设为工业学堂；9 月，由陆军部接管，改组为兵工专门学堂及中学堂。

是年　恽祖祁在上海发起江苏学会，12 月，召开成立大会，改称江苏学务总会，会址在上海县西门外方斜路。这是清末创办最早、影响最大的省级教育团体。次年 10 月，改称江苏教育总会。1912 年又改名江苏省教育会。

1906 年（光绪三十二年）

2 月 23 日　中国公学正式开学，校址在虹口北四川路底新靶子路。

是年初　同盟会上海分会会长高旭与朱堡康、柳亚子、陈遗陶、沈蛎、陈去病等于西门宁康里筹建健行公学，培养反清革命志士。

是年　江苏教育总会在上海设立法政研究会，后又将法政研究会改为法政讲习所。

1907 年（光绪三十三年）

3 月 8 日　杨斯盛创办的浦东中学堂正式开学，校长黄炎培。

11 月 16 日　徐一冰在上海创办中国体操学堂。是为我国近代最早的新式体育学校。

1908 年（光绪三十四年）

是年　上海县教育会成立。

是年　马相伯再次倾家捐资，为震旦学院购地 100 亩（约合 6670 平方米），捐英法租界地基八处。

1909 年（宣统元年）

2 月　上海商务印书馆总经理夏瑞芳于上海创办《教育杂志》。这是我国发行时间最久、流行最广、影响最大的教育月刊之一。

8 月　江苏教育总会在上海开办单级教授练习所。

1910 年（宣统二年）

9 月　江苏教育总会发起的江苏各属劝学所教育联合会在上海召开成立大会。

是年　江苏教育总会发起各省教育总会联合会，并于次年在上海召开第一次大会。

1911 年（宣统三年）

11 月 4 日　上海光复。

11 月 5 日　兵工中学堂的学生发起组织中华学生军，以拥护革命。这是上海光复后的第一个学生军事团体。

1912 年

1 月　上海中华书局创办《中华教育界》，首任社长舒新城。这是我国近代流行最广、影响最大的教育刊物之一。

2 月　闵兰言、柴育龄、李华书等在上海创办女子法政学校。是为我国民办政法学校之始。

11 月　刘海粟、乌始光、汪亚尘等在上海创办图画美术院，设立西洋画系。是为中国正规西洋画教育之始。

是年　胡敦复、平海澜、朱香晚、吴在渊等在上海组织"立达学社"，并在肇周路南阳里创办大同学院，于 3 月 19 日开学。首任院长胡敦复。1922 年，改名大同大学。该校为上海较早创办的私立高校之一。

是年　傅兰雅和傅步兰父子于北四川路创办上海盲童学校，除小学课程外，另教授缝纫、藤器、编织等手工技术。

1913 年

是年　黄炎培在《教育杂志》第五卷第七号发表《学校教育采用实用主义之商榷》一文，为其正式公开提倡"实用主义教育"之始。

1915 年

9 月 15 日　陈独秀主编的《青年杂志》在上海创刊，由上海群益书社出版。自 1916 年 9 月 1 日第二卷第一号起，改名《新青年》。1920 年 9 月起，成为中国共产党上海发起组的机关刊物。1923 年 6 月起，成为中共中央理论性机关刊物。

是年　美国基督教监理会于上海东吴大学附属第二中学设立东吴大学法科，是为国内唯一只学英美法律的学校。学制五年，并设硕士班。1927 年后，扩大为东吴法学院。

1916 年

9 月　黄炎培于上海他所主持的江苏教育会下设立职业教育研究会。这是我国第一个省级职业教育研究团体。

1917 年

5 月 6 日　黄炎培与蔡元培、张謇等 48 人在上海发起成立中华职业教育社。

1918 年

6 月 15 日　我国近代教育史上第一所职业学校——中华职业学校，在上海陆家嘴举行校舍奠基仪式，8 月 20 日开学。首任校长顾树森。

1919 年

5 月 1 日　杜威应北京大学与江苏教育会等的邀请来华讲学，第一站即为上海，讲演的题目是《平民主义的教育》。

1920 年

4 月　陈望道翻译的《共产党宣言》在上海出版。这是《共产党宣言》的第一个中文译本。

7 月　中国共产党上海发起组为了培养干部，在上海渔阳里 6 号设立"外国语学社"，由杨明斋负责。刘少奇、罗亦农、任弼时、肖劲光、任作民、王一飞、汪寿华、彭述之等都曾在此学习，后被送往莫斯科东方大学学习。

1921 年

7 月 23 日　中国共产党第一次全国代表大会在上海举行。在《中国共产党的第一个决议》中，提出建立劳工补习学校、劳工补习所等主张。根据"一大"决议，中国社会主义青年团又通过了《关于教育运动的决议案》，提出了社会教育、政治教育和学校教育的具体任务。

1922 年

3 月 10 日　中国社会主义青年团在上海组织"非基督教学生同盟"，发表宣言，通电全国，反对"世界基督教学生同盟"在北京清华学校召开第 11 届大会。

7 月　中国共产党在上海成都北路辅德里 30 号召开第二次全国代表大会。大会《宣言》提出"改良教育制度，实行教育普及"，"女子在政治上、经济上、社会上、教育上一律享受平等权利"等教育基本要求。

10 月　舒新城在中国公学中学部进行道尔顿制试验。

11 月 2 日　北洋政府以大总统令公布了《学校系统改革草案》。

是年，岁在壬戌，又称《壬戌学制》。相对于 1912—1913 年的《壬子癸丑学制》而言，又称"新学制"。因规定修业年限小学为六年，初中为三年，高中为三年，又称"六三三制"。

是年春，吴梦非等在闸北青岛路师寿坊设立"私立上海专科师范学校"。是年秋，改名"私立东南高等师范专科学校"。后改名"上海大学"，其英文名为 People's College of Shanghai。

10 月 23 日，于佑任任上海大学首任校长。共产党人李大钊、邓中夏、瞿秋白、恽代英、杨贤江等在校任职、任教。

1925 年

6 月 3 日　圣约翰大学学生为抗议美籍校长卜舫济，集体退学，另行筹组光华大学。

1927 年

1 月　广州革命政府将美国纽约万国传道总会组办的岭南大学收回，由中国自办，开接办教会大学之先河。

9 月　中华职业教育社创办"上海职业指导所"。这是我国第一个免费提供职业咨询的机构。

1928 年

秋　陈鹤琴受聘任上海公共租界华人教育处处长。

1929 年

是年　杨贤江撰《教育史 ABC》一书，由上海世界书局出版。

1930 年

2 月　杨贤江的《新教育大纲》由上海南强书局出版。这是我国第一部以马克思主义为指导，系统阐述教育理论的专著。

5 月 20 日　"上海左翼社会科学家联盟"成立，简称"社联"。

1931 年

9 月 22 日　"上海各校抗日救国联合会与教育界救国联合会"成立。

1932 年

10 月 1 日　陶行知在上海与宝山之间的孟家木桥创办"山海工学团"。同年秋，又在上海西郊北新泾镇陈更村创办"晨更工学团"。随后，还在上海开办了"报童工学团""流浪儿童工学团""劳动幼儿团"等，并采用"小先生制"，贯彻"教学做合一"等。

1936 年

5 月底　在上海圆明园路青年会成立"中华全国学生救国联合会"与"全国各界救国联合会"。

1937 年

4 月 7 日　沪江大学校长刘湛恩被暗杀。

10 月 28 日　"上海学生界救亡协会"成立，简称"学协"。

附件 2：陈之佛著《图案法 ABC》版本目录

《图案法 ABC》

中华民国十九年九月初版

中华民国廿三年六月五版

著作者：陈之佛

出版者：ABC 丛书社

印刷者：世界书局

发行所：上海四马路暨各省世界书局

例言

——本书内容，叙述关于图案一般的知识和方法。

——本书为便于初学者起见，侧重平面图案并图案上应用的色彩，对于立体图案仅述其大意。

——本书在说明每种方法的时候，均附有图例，使读者易于了解。

——本书参考用书：

Batchelder⋯⋯⋯⋯Design in Theory and Practice

石井柏亭⋯⋯⋯⋯图案讲义

小实信藏⋯⋯⋯⋯一般图案法

山村诚一郎⋯⋯⋯⋯教育图案集志

第四　研究图案的方针…………一九

第五　自然与便化…………二一

第六　模样分类…………三四

1.绘画的模样

2.纹样的模样

3.绘画和纹样并合的模样

第七　平面模样组织法…………三四

1.适合及华纹组织法（规则的组织法，不规则的组织法）

2.边缘模样的组织法（规则的边缘模样，不规则的边缘模样）

3.二方连续模样组织法（散点式、斜线式、波线式）

4.四方连续模样组织法

A.散点模样（规则的散点模样，不规则的散点模样）

B.连续模样（转换连续模样、菱形连续模样、方形连续模样、阶段连续模样、波形连续模样）

C.重叠模样

第八　图案色彩…………七九

1.原色

2.复色

3.补色

4.色彩的对比

5.色彩的调和

6.色的配合

7.色的定量

8.色彩与感情

9.直射日光与色彩

10.黄昏时的色彩

11.月光下的色彩

12.灯光下的色彩

13.颜料

1.器体的分类

2.器体的基本形

3.器体各部的相称

4.形状与感情

5.器物形体组成法

6.器体的装饰

关于图案制作上的种种手续

插图

……

附记:

　　本文在撰写过程中，得到了南京艺术学院设计学院丁涛教授的悉心指正。同时，本文的配图照片也得到了南京艺术学院院报编辑马海萍老师的大力帮助，在此一并致谢。

原载于《设计教育研究 4》，江苏美术出版社 2006 年版

上海美专工艺图案教学史考

一、上海美专的创办与图案教学的社会背景

以清末实行"新政"为开端，科举制度被废止、新学制设立及新学堂的出现，使我国近代教育迈出了变革的一大步。在此背景下，自清末逐步发展起来的新式美术教育也形成了自己的办学特色，出现"艺"与"技"并举的教学模式。至此，我国近代美术教育的格局正式形成，既奠定了我国近代美术与工艺美术教育并存的基础，也确立了画家与工艺美术师并存的局面。从我国近代美术教育发展的历史背景来看，上海美术专科学校（以下简称"上海美专"）①的创办，也正体现出此时期美术教育发生翻天覆地的变化情形，从根本上改变了过去只把美术当作陶冶性情的狭隘观念，而将美术教育视作振兴国家的一项教育措施，重视以美术教育的形式培养出实用的技艺人才，为实业救国服务。并且，在课程设置上将图画列入正式的学校教育之中，使专业教学在学校课程中的地位越来越显著。

当然，从历史的角度来看，上海美专的创办不仅仅是清末新式美术教育普及与推进的硕果，更有民国建立后国体改变对教育现代化进程所起到的积极作用，以及给美术教育带来的新活力。民国新政教育颁发的一系列政令和法令，对上海美专的创办更是产生直接的影响。如1912年1月9日成立的国民政府教育部，由蔡元培出任教育总长，随即督促教育部在1月19日发布《普通教育暂行办法通令》。之后于7月10日，在蔡元培的主持下，召开了国民政府中央临时教育会议，确定了民国教育的基本框架。9月3日第一部学制法规《学校系统令》公布，因于1912—1913年颁布，故称"壬子癸丑学制"。追根溯源，在这项教育令中第一次正式把图画课程安排进了各级各类学校的课程当中，并对教学目的做了详细规定，可以说从立法的角度把学校教育中的图画课程地位给确立下来。应当说，1912年上海美专创办之初，在办学宗旨、学制制定和课程设置等方面均

---

① 上海美专是1912年由刘海粟、张聿光等人创办的私立美术学校，初名为上海美术院，后改名上海图画美术院，1920年更名上海美术学校，1930年定名为上海美术专科学校，本文采用简称"上海美专"。

受到这项《学校系统令》的规约，其原因有三：

其一，上海美专的创办有着当时很新的办校理念，比如第一次实现男女同校，第一次在课堂教学中引入人体模特写生等，这些在某种意义上说正是新教育制度影响下的结果。1912年9月2日《教育部公布教育宗旨》明确指出，"注重道德教育，以实利教育、军国民教育辅之，更以美感教育完成其道德"[1]。所谓"道德教育"就是德育，"实利教育"就是智育，"军国民教育"就是军事训练和体育相结合的教育，"美感教育"就是美育，主要包括音乐、美术方面的教育。尤其是音乐和美术教育，在当时所确立的教育理念和教学方法多半源于西方艺术教育的体系。这种教育体系体现了资产阶级关于人的德、智、体、美和谐发展的思想，从而否定了清廷遵循的"忠君、尊孔、尚公、尚武、尚实"的教育宗旨。新教育方针正体现出我国教育史上资产阶级反对封建主义旧教育体制的一个重大转折。

其二，上海美专的创办过程有许多我国近现代史上的文化名人参与其中，像蔡元培、康有为、梁启超、黄炎培、傅雷等都为之付出过心血。因此，上海美专的办学思想深受这些文化名人的影响，如蔡元培关于以"美育代宗教"和"思想自由，兼容并包"的教育主张就对美专的办学产生着深刻的影响。而蔡元培、傅雷等人的艺术观念又对美专教学活动起到推动作用。为此，刘海粟特别提出办学宗旨："我们要发展东方固有的艺术，研究西方艺术的蕴奥；我们要在残酷无情、干燥枯寂的社会里尽宣传艺术的责任，并谋中华艺术的复兴；我们原没有什么学问，我们却自信有研究和宣传的诚心。"[2]如此一来，上海美专在引鉴西方教育方式、教授西画方面成绩显著，且注重师法自然，尊重学生艺术个性，提倡艺术风格之多样化。

其三，在《学校系统令》中规定学制实行"七四三"三制，即儿童6岁入学，小学7年（初等小学4年，高等小学3年），中学4年，大学预科3年，本科3—4年，其上的大学院没有年限规定，这个学制系统一直沿用到20世纪20年代。上海美专修学年限选择的正是大学预科至本科阶段的学制，多为3年。

从当时颁布的这项教育令来看，民国初年的美术教育指导思想，大大异于清末的美术教育思想，发生很大的变化。清末还是将美术教育作为技术的附属成分，以培养"技能"为其主要目标，而民国发生了根本的改变，其教育目标是"涵养美感"[3]，突出"养成工作之趣味、勤劳之习惯"[4]的教育主张，并"完具国民之品格"[5]，尤其是突出了"艺"的成分，在这一点上可以说，此时上海美专的教育目标，无论是在教育体制上，还是在教学内容上，都朝向这一教育目标靠拢。例如，上海美专由创办初期立下的以美术教育（主

[1] 教育部公布教育宗旨（1912年9月2日）[M]// 朱有瓛. 中国近代学制史料：第三辑上册. 上海：华东师范大学出版社，1990:90—91.

[2] 朱伯雄，陈瑞林. 中国西画五十年（1898—1949）[M]. 北京：人民美术出版社，1989:43.

[3] 教育部公布中学校令施行规则[M]// 舒新城. 中国近代教育史资料：中册. 北京：人民教育出版社，1981:523.

[4] 教育部公布中学校令施行规则[M]// 舒新城. 中国近代教育史资料：中册. 北京：人民教育出版社，1981:523.

[5] 教育部公布中学校令施行规则[M]// 舒新城. 中国近代教育史资料：中册. 北京：人民教育出版社，1981:521.

要指绘画）为主要培养对象的目标，到 20 世纪 20 年代中后期出现的图案教学，除去这时期国民政府出台的一系列政策大力扶持职业教育外[①]，在很大程度上仍然是新式美术教育发生转变的写照，而这种写照应当说归功于当时上海的口岸对其辐射市场的制导作用。

近代上海不仅是工业品的产地，而且集中了全国工业品产量的 50%；同时又是进口工业品的巨埠，同样集中了输入洋货的一半。上海拥有内地城乡稀缺的先进工业品，从而控制内地的工业品市场。如此一来，对于工业产品的造型与包装设计，以至市场推广的商业招贴等，就成为日益丰富的设计工作，在此背景下具备开展图案教学的历史条件。考察上海近代史，我们知道自 1888 年上海开埠以来，在不到 30 年的时间里，上海便迅速发展成为全国工商业的中心。在此社会背景下，上海美专图案教学的出现，可以说是迎合了上海工商业发展的需要，并且从上海近代城市文化形成的特色来看，上海美专图案教学的出现，又与上海近代城市文化紧密相联。所谓"上海近代城市文化"，是指上海这座近代城市，在近代化、工业化的城市生活与吴越文化及其他地域文化合流的基础上，吸纳西方文化，创立的富有自己独特个性的海派文化，这使得上海近代城市文化从封建家族宗法束缚下迅速挣脱出来，赢得市民身心的极大自由。特别是进入以人为本位的社会状态，传统价值观念发生蜕变。如此，上海近代城市文化突出表现为一种改良"群治"，启迪民智，尤其是提倡在文化上的趋时性、思想观念上的开放性和文化风格上的多样性。在直接、广泛、深入的文化交流过程中，实现了文化的自觉，并从文化相互关系中获得中外文化相处的共识。可以说，上海近代城市文化事实上已成为中外异质文化之间交流的蓝本。

正是上海近代城市文化具备的这种中外异质文化之间交流的特性，才使得上海整个近代教育在新式教育制度及教学方式上，同样具有异质文化交流的特性。一是教育发展的方向一改旧式教育"学而优则仕"的科举制，开辟了在新式教育的现实中，融西学之用渐成新学之体的趋势，引进科学主义、技术主义，并使之在上海近代城市文化中得以兴盛的历史背景。二是在教育的普及性方面，比之旧式教育，更增加了普及教育的可行性，

[①] 清末年间，在新学兴起和农工商实业发展的背景下，实业教育制度由零散、不成系统的个别规章，逐步完善为全面、系统和法制化的学制体系，但出于教育观念变革不彻底、制度施行所需相应条件不具备、发育运作时间不充分等原因，实际成效与社会期望相差甚大，教学效果不甚理想，以致被谑称为"失业教育"。民国前期的实业教育大致分为两段：1912 年至 1922 年为实业教育阶段，这是继清末实业教育的轨迹延续的时期，陆续创办了一些实业学校，使实业教育在原有的基础上有所发展；1922 年以后实业教育转为职业教育阶段，更加注重教育本身的规律，提倡以职业教育的大方向涵盖实业教育的内容。由此创办了一批职业学校，使职业学校数较之清末增加一倍多。在办学上也出现多种类、多渠道的局面，在教学上注重道德教育，注重专业知识教育，注重实习、实验，是我国近代教育史上职业教育孕育和发展的重要时期。

尤其是上海兴办的各种新式学校教育，均以普及中小学教育和师范教育为主，特别注重与普通民众的生活实际发生紧密的联系，教育获得全社会的支持。三是上海近代城市文化所孕育的新式教育机构大多改变了旧式教育的社会环境，缩短了士人与社会之间的距离，增加了以前从未有过的互相砥砺的影响机会，利于养成团结之心和群体意识。四是上海近代教育在体制上较大规模地参酌西方国家的教育制度，规定了各级各类学堂的学习年限和学习目标，并在教学组织和教学内容上一改从前的个别教学方式为班级教学方式，教学内容已不再是单纯地学习传统的四书五经、括帖制义等课程，而是学习自然科学、社会科学和西方先进技术，以及与职业有关的其他课程，即更加世俗化，教学方法上更注意使学生理解，不再单纯要求学生死记硬背，更趋民主化。五是注重学生的出路改造，一改旧式教育将各类士子的注意力集中在向上流动的社会通道途径，形成多元适应社会的需求，视其为学习的根本动力。六是新式教育机构（学校）的出现大开了社会风气，改变了人们居家攻读、足不出户的固有观念。随着新式学堂的创办，许多有志之士远离家乡，奔赴上海求学与传播知识，固守之习为之一变。七是上海近代城市文化促进下的新式学堂在培养目标和教学内容上出现较大的改变，扩大了青年学生的知识空间，以综合性科学教育取代私塾（家庭）式经验传承，知识面与知识结构大为优化，改变了单一纵向比较的传统价值评判准则，进而促使学生来自四面八方的各个社会层面，相互交流信息，拓宽眼界。在此教育背景下，学生掌握了语言文字工具，可以直接面向大众传播媒介。这些新式人才聚集在像上海这样的大都市里，接受外界信息的速度、容量与影响社会的能量、质量，远非昔日自诩以天下为己任的士人所能企及。新式教育传播了近代科学知识，培养了一批新式人才。

当然，也应该看到，在上海近代城市文化中工商业发展尤为突出。因此，适应工商业发展的需要，能够更加直接地为工商业服务发挥功能作用的美术教育，便应运而生。1902年，上海文明书局等几家出版单位先后出版了多种版本的工商美术教材。这样，从图画手工课程的设置直至图案教学的全面启动，揭开了上海近现代设计教育的序幕。1909年，周湘在上海先后办起中西美术学校及布景画传习所，在传授西洋绘画技法的同时，也开始传授图案设计的基本知识。1910年由国人自行编写的《各科教法》正式出版，这部《各科教法》是新式学校教育为普及中小学教育和师范教育而专门编制的教学大纲，突出体现基础教育中的教学教法规范。其中，图案教学就有相当的工艺美术赏析和美术设计的内容，是当时各类学校图案教学的主要依据。

话说回来，上海美专图案教学确实是在新式教育制度和上海近代城市文化影响下出现的教育转变。最为明显的标志是，上海美专从20世纪20年代开始办学方向发生变化，开设了工艺图案科，以图案教学适应上海工商业发展的需求。当然，这一专业的开办在学校本身学科拓展的同时，又与社会，特别是工商业界有了更加广泛的接触。这是利用上海近代城市文化资源最好的例证。特别是在上海近代城市文化的熏陶和影响下，上海美专工艺图案教学有了较好的社会条件和环境。当然，社会条件和环境只是开展教学活动的一方面，另一方面则是这些社会条件和环境形成的资源对学校教学产生的影响。当然，我们今天已无法详尽地查找到上海美专图案教学的历史文献，也难以完整地复原出上海美专当年图案教学的实际情形，但我们通过历史背景资料和当年在上海设计业界知名人士的履历，以及他们参与美专教学活动的情况，可以部分展现美专图案教学的历史面貌。

从历史上看，自1840年鸦片战争之后，广州、厦门、福州、宁波、上海被辟为"五口通商"口岸，上海自1843年开埠，很快便发展成为我国工商业最为发达的城市。伴随着城市经济的不断发展，其间上海工商业界对商品招贴、商品包装和商标设计开始重视。比如，上海早期的商品推销是伴随着报刊陆续出现，这一新颖的传播媒介给商品推销带来了新的渠道，以致报纸上大量的商品招贴成为一种时尚。例如，1862年出版的《上海新报》与1872年创刊的《申报》上就刊登有多则轮船公司的招贴广告。而早在1876年，由英国人美查创办的《申报》在获利后，又开设了点石斋书局，后称"点石斋石印局"，并于1884年创刊《点石斋画报》。在这份画报上，商品招贴广告设计更趋专业，画报还专门辟有"点石斋书局告白"和"新开九华堂笺扇庄告白"两个栏目，以图文并茂的方式进行商品推荐。该画报所刊登的商品招贴画非常具有特色，画面均以西洋画手法表现，有着明显的西画透视效果，且采用简洁光挺的疏密线条描绘，配以工整的楷体，将推销的商品逐一介绍，版面构图有致，图文清晰。其实，《点石斋画报》主笔吴友如（1850—1893）本人就是喜爱绘画的人士，所作图画均有西洋风格，构图紧凑，线条遒劲而简洁。他的这种画法对日后在上海流行的月份牌年画、连环画创作均产生很大的影响，也成为上海市面流行的风俗年画的基本画稿。吴友如虽不是专门的商品画招贴设计师，但他的绘画风格对之后的商品招贴设计有一定的影响。而与他在点石斋书局共事的周慕桥（1868—1922），后来就成为上海滩著名的"月份牌"画家。

吴友如可说是晚清沪上著名画家，光绪十年（1884）应上海点石斋书局之聘，任《点石斋画报》主笔，创作了大量时事新闻和风俗题材的绘画，名噪一时。光绪十七年（1891）应征召，北上京师，为宫廷作画。次年于上海自办《飞影阁画报》，后改出《飞影阁画册》，每逢月初出版，出至第十期时因病去世。虽说吴友如出道上海美专创办之前，但他与周慕桥共事时培养的学生（学徒）却成为后来上海美专从事工艺图案设计的最早一批成员。例如，谢之光是20世纪初叶上海月份牌广告年画的代表作者，与周柏生、胡伯翔、杭稚英、金雪尘、李慕白、倪耕野、吴志厂、杨俊生、金肇芳、张碧梧等人齐名。

　　谢之光（1900—1976），号栩栩斋主，浙江余姚人，14岁起便师从吴友如学生周慕桥习人物画。据谢之光回忆说，小时候他在舅父书楼里翻看过好几叠老上海的《点石斋画报》，便以此为蓝本习画，特别是画报里的《三国演义》《水浒传》《红楼梦》《西厢记》故事彩图更成为他学习仕女画的模本。每每临摹完毕，都要想方设法送去给周慕桥先生指点。跟周慕桥先生学艺，常用炭精粉擦出图像明暗，再靠水彩淡淡渲染，美女立时活了，肌肤几乎吹弹得破，得到先生的多次褒奖。再后来，继从张聿光习西画，转入上海美专学习。[1] 在美专期间，他师从刘海粟，擅长人物、鸟兽、花卉等，尤擅仕女画，笔法采中西之长，别具一格。同时，他还研习图案设计，绘有多种装饰纹样的设计画稿，只是当时上海美专还未设立工艺图案科，但工艺图案教学已有开展。1920年左右，谢之光从上海美专毕业，先以舞台美术、商业美术设计为业，曾在上海福州路的天禅大舞台画舞台布景，后来画月份牌、香烟广告，不久即成为闻名上海的广告画家。1922年，谢之光出版了第一张月份牌年画《西湖游船》，构思与技法非同凡响，取得成功，以后几幅作品均引起工商美术界的注意。此时，南洋兄弟烟草公司捷足先登，把他请入公司的广告美术部门做图稿的设计工作。之后，华成、英美和福新烟草公司也看准了这位新秀，出高薪请他担任公司广告部主任，最终被华成烟草公司高薪挖走，当了广告部主任。当时，他还把在美专学习的裸体画技巧加以活用，在1926年推出了《帐纱半裹怕郎窥》年画力作，红极一时。最值得提及的是他的抗战题材作品《一挡十》，1932年"一二·八"事变，他应正兴公司之约，画了十九路军在商务印书馆一带浴血奋战的场面，气壮山河，一经面市便得到上海各界人士的热烈反响，抗战热情高涨，此画广为流传。谢之光坚持广告画创作直至1948年年底，其间他创作有大批报纸广告，特别是"红金香烟系列"报纸广告更成为近代上海的品牌标志。

　　在近代上海涌现出许多的商品招贴设计师，如1902年在上海创立的英美烟草公司设有广告部和图画间，除了从国外专门聘请来英、美、德、日设计师外，还聘有多位本国的设计师和画家，其中著名的有胡伯翔、丁悚、张光宇、梁鼎铭、倪耕野等。在这些设计师当中，与上海美专工艺图案科教学发生联系的就有丁悚、张光宇等人。此外，还有近代上海出版业的广告设计代表人物丁浩等人。这些多少都反映出上海美专工艺图案

[1] 王琪森. 画家谢之光之谜（上）[N]. 新民晚报，2007-07-06（B08）.

教学与社会的密切联系。

丁悚（1891—1969），擅长黑白画人物，是绘制报纸广告的好手。他的作品以优雅独特的风格令人注目，特别是以粉红色调设计的"红锡包"香烟广告画，在当年的上海不仅大量印成招贴画张贴街头，还制作大型宣传路牌置于街头，形成的影响很大。而他的弟弟丁讷则是专画香烟听、盒黑白稿的高手。丁悚虽然没有正式进过上海美专学习，但丁悚师承周湘，曾在周湘流亡回国后创办的布景画传习所习画，刘海粟、汪亚臣均曾在此习画，这与上海美专的渊源也是极深的。早年周湘从日本和西欧考察美术回国后，于光绪三十四年（1908）在上海创办布景画传习所和上海油画院传授西洋画，学生有刘海粟、王师子、杨清馨、张眉孙、乌始光、陈抱一、汪亚尘、徐悲鸿、丁健行等。1912 年，刘海粟联合张聿光、乌始光、汪亚尘、丁悚等人创办起上海图画美术院（上海美专前身）。作为上海美专创始人之一，丁悚不仅兼任美专绘画与工艺图案的基础课程，而且受聘于上海英美烟草公司广告部，从事香烟招贴画的绘制，并为上海《申报》《新闻报》《神州日报》等重要报刊作广告插图，还兼任《上海画报》《健康家庭》等刊物的编务工作。应该说，丁悚的教育实践与办学观念在很大程度上正反映出上海美专工艺图案教学的进程。

张光宇（1900—1964），中国"装饰学派"的创始人。早年是上海自由漫画家的领军人物，与其弟张正宇一起主持上海最大的出版公司——时代图书公司，后台老板是新月派诗人邵洵美，同时出版五大期刊：《时代画报》（叶浅予主编）、《时代漫画》（鲁少飞主编）、《万象》（张光宇、叶灵凤主编）、《论语》（林语堂主编）、《时代电影》（席与群主编）。20 世纪 20 年代后期到 30 年代中期，正是张光宇事业及其艺术创作的成熟时期。1921 至 1925 年他在《世界画报》从事插图和封面设计、动画电影创作和舞台服饰设计，在南洋兄弟烟草公司任广告部绘画员，除画报纸广告外还创作月份牌画。此后，又在英美烟草公司广告部任职 7 年，做报纸广告（黑白画）、香烟画片、招贴画和月份牌画，并擅长以图案作装饰，其表达能力在当时极有影响。张光宇装饰艺术风格的形成，与他喜欢京剧和长期从事实用美术设计是分不开的。起初在上海新舞台戏院，张光宇就拜上海新舞台戏剧置景主任兼任上海美专教授的张聿光先生为师，学画舞台布景，在实际工作中受了锻炼，为他装饰风格的形成打下了基础。从这一点可以看出，张光宇与上海美专是有着渊源的。而这种渊源也能揭示上海美专工艺图案教学的特点，比如，张聿光先生于 1914—1919 年任上海美专教授，就主要从事工艺图案教学。他的图案设计注重把我国传统绘画中的线描作为装饰艺术手段，运用图案的装饰意匠和样式化处理，构成装饰艺术的创作法则，使其图案风格成为上海美专教学的一种选择，这在张光宇的装饰艺术中体现得尤为突出。

丁浩（1917—2011），我国近代报纸广告设计代表人物之一，原名丁宾衍，1917年7月28日出生于江苏吴江盛泽镇，1931年4月间随同父亲来到上海，拜高安可为师学画。1933年开始在联合广告公司图画部做练习生。没有读过美专是丁浩颇为遗憾的事，但两年练习生期间，他刻苦学习，很快成为能够独立设计广告的设计师。1942年10月，丁浩离开了联合广告公司，与在联合公司要好的两个高级职员俞惠东和徐百益，还有蔡振华一起成立惠益广告公司。后来，由于变动，公司又改名为宏业图书广告公司，主要业务是代理制作广告、印刷和出版，还创办过《家庭》杂志。由于丁浩广告设计得出色，名声在上海滩鹤立而起，这一时期，他大多承接社会画稿设计、绘制。抗战胜利后，丁浩受华商广告公司的邀请，经过磋商协议，名义上担任华商广告公司的图画部主任，但同时仍为原来各个方面的关系客户继续设计画稿，整个20世纪40年代可谓是丁浩广告设计作品最为丰硕的时期。1950年，丁浩放弃了待遇较高的报社工作机会，满怀政治热情来到军管会文艺处工作。1951年，中央美术学院华东分院和上海美专先后邀请丁浩任教，最终他选择了上海美专，主要教授绘画基础和广告设计课程。这期间，上海美专的工艺图案科也已更名为工商美术科，其培养目标和教学方向十分明确，就是为上海工商业界培养从事专业设计的实用人才，与他共事的还有王挺奇、周锡保和高孟焕先生①。根据笔者早年与高孟焕先生的访谈，丁浩在上海美专的教学时间很短，前后只有一年零几个月，1952年全国高等院校院系调整时他离开美专而进入到上海人民美术出版社工作。但就是在这短短一年左右的时间里，丁浩为上海美专工商美术科的发展做了大量的工作，不仅创建了教学实习工作室，而且还编写了有关教学资料，后来他发表的代表性论著《书法艺术与包装设计》《书法形式美与包装设计》均是这一时期他在上海美专教学经验的积累。

与此同期，在设计人才较为集中的商务印书馆，也有多位书籍装帧设计师与上海美专有关系，如李咏森、戈湘岚、黄葆戊等。他们配合印书馆做书籍装帧的同时，还做各种商标贴头、纱布牌子、广告传单、招贴等设计工作。为此，这些人馆内设有图画部，还通过几次招收美术设计的练习生，培养了一批日后知名的广告画家，这些人后来在上

---

① 高孟焕（1913—1994），当代工艺美术家，原南京艺术学院教授。辽宁海城人。1933年毕业于奉天艺术专科学校西洋画系。后多年担任美术编辑工作，兼事工商美术设计。1948年到上海就职于清华、文华电影公司，一度从事电影招贴画、连环画、油画创作。作品有《大团圆》（招贴画）、《鲁迅的童年》（连环画）、《宣传真理》（油画）等。1951年执教于上海美专。20世纪60年代起，专门从事工艺美术装潢设计的教学和研究。著作有《色彩基础》《包装工程》等。笔者曾于1984—1985年间，为整理南京艺术学院工艺美术系历年资料而多次专访过高孟焕先生。

海各广告公司或工商企业任职，为我国近代工商艺术设计的发展起到了不小的作用。

李咏森（1898—1998），江苏常熟人，民国十三年（1924）毕业于苏州美术专科学校。此后，毕生在上海工作。20 世纪 20 至 40 年代，历任《太平洋画报》编辑、上海美专图案科教授、苏州美专沪校副校长等职。李咏森在上海美专和苏州美专沪校任教期间，主要教授图案课程，他在教学中归纳的图案作用三原则，即实用性、装饰性和审美性①，可说是我国图案教学的最初法则，并且，之后的图案教学也基本遵循这三项原则进行，且自成体系，直至今天仍为大家推崇。

戈湘岚（1904—1964），江苏东台安丰人。1920 年上海美专肄业，当初是在上海美专学习西画，后在商务印书馆图画部任职，做过多年书籍装帧和教育挂图的编辑与设计工作。他所设计的书籍和教育挂图风格典雅，具有浓郁的传统形式。特别是 20 世纪 20 年代，他为上海出品的"马利"牌水彩颜料设计的标志一直延用至今。1950 年后出任中华书局《辞海》编辑所插图组组长，所描绘的插图更是将图案与绘画的表现形式有机融合，使描绘的人物、山水、花鸟、飞禽走兽乃至器物无一不精，业界对他有"近代郎世宁"之称，并且是海派工笔画的领军人物。

黄葆戊（1880—1969），福建省福州市长乐县青山村人。青年时就读于全闽师范学堂，后入上海法政学堂。毕业后，醉心书法、碑帖、篆刻、绘画等艺术，云游名山大川。民国初年，回到福州历任福建省图书馆馆长，福建甲种商业学校教员、监学等职。民国九年（1920）后，到上海定居，任上海商务印书馆编辑，负责审定、校对出版《宋拓淳化阁帖》、天籁阁旧存宋人画册等书，后任商务印书馆美术部主任达 20 多年，并参与神州国光社的工作。黄葆戊精于鉴定，所出版书画艺术价值甚高。他还兼任《中华新报》副刊"文苑"主编、上海美专国画系主任及上海大学书画系教授等职。从黄葆戊兼任上海美专国画系主任来看，其年限并不算短，有七八年的时间。这期间他积极主张写生课程的设置，以培养学生对描绘对象细致观察的良好习惯和造型能力，并伴随黄宾虹溯江入蜀，对传统写生方法获得了直接的观察和学习的宝贵机会。在大师教泽和山水灵性的双重启染下，他心追手摹，得其旨要，掌握、继承并发展了这一传统。尤其是他的写生采用单线白描

---

① 李咏森在教学中归纳的图案作用三原则：实用性，反映的是图案从属于用途、成型工艺及材料的特性，如彩陶、青铜器的装饰纹样无一不体现出实用性；装饰性，是对日用器皿及用品上的图案纹样起装饰美化的作用，如根据不同器皿的造型和特点，出现连续纹样、适合纹样、对称式、均衡式、波纹式等；审美性，作为装饰纹样，造型优美生动，流畅，结构严谨而有变化，形式感强，并有很高的艺术观赏价值。李咏森当时在学校里开设的"基础图案"课程，可说是我国平面设计专业中开设最早的专业基础课，已自成体系，其教学目的与要求已经明确提出通过图案课程的写生变化、组合，提高学生对形象的观察力、想象力、表现力、概括提炼的能力，提高对形式语言的理解应用这一技巧的掌握，直至今天仍然为大家推崇。参见《李咏森从艺八十年学术讨论会》文集，上海美术馆办公室编印，1993 年 2 月。

勾勒，与黄宾虹的写生画稿颇为类似，一脉相承。这种写生方法，后来又被上海美专图案科引用为图案写生变化的"写生"手段，可说是对图案教学的一大贡献。

万籁鸣、万古蟾、万超尘和万涤寰四兄弟是我国早期动画设计师，均是陆续从上海美专毕业，任职于上海商务印书馆的美术部和影戏部。早在20世纪20年代，西方动画片刚刚传入我国，就引起万氏四兄弟的兴趣。他们曾写信去美国、法国询问动画的制作过程，却没有得到回音，这反而激起了他们钻研的决心。于是，四兄弟在上海闸北天通庵路上的一个亭子间里搭成工作室，当时人们送给他们一个风趣的称号——"万氏卡通"。在经过无数次的失败和探索后，他们终于发现当一秒钟里翻过24张画时，画就动起来了，我国的动画电影也从此打开了大门。1926年，受迪斯尼动画《从墨水瓶跳出来》的启发，万氏兄弟制作了人画合演的动画片《大闹画室》，宣告我国动画电影的诞生。1935年，万氏兄弟创作的我国首部有声动画片《骆驼献舞》上映。1940年，迪斯尼的动画巨制《白雪公主》在上海上映，引发观影热潮，对万籁鸣、万古蟾的震动很大，他们决定制作一部中国人自己的动画大片。他们选取了《西游记》中孙悟空三借芭蕉扇的章节，着手中国第一部动画大片《铁扇公主》的创作和绘制。万籁鸣立下保证赚钱的军令状求得支持和投资，《铁扇公主》才未中途夭折。在周观武所著的《民国影坛风云录》中提到，这部动画片先后由100多人参加绘制，完成了近两万张画稿，历时一年半，终于完成了长达7600余尺的成片，可放映80分钟。"此片还将中国的山水画搬上银幕，第一次让静止的山水动起来，并吸收了中国戏曲艺术造型的特点，赋于每个重要角色以鲜明的个性特征，使之具有浓郁的民族特色。"[1]《铁扇公主》是继美国的《白雪公主》《小人国》和《木偶奇遇记》之后的第四部大型动画艺术片，在当时处于世界先进水平。影片发行后获得了极高的票房收益，被称为"孤岛电影"史上最辉煌的一页。其实，从万氏兄弟创作的第一部动画影片来看，仍然显示出上海美专图案教学的背景作用：一是影片画面构成具有强烈的图案形式美，整部影片装饰感强烈；二是影片中的人物造型和环境描绘具有中西绘画手法的融合特征，写实与写意兼而有之。

综上所述，民国新政教育方针对我国近代新式美术教育形成的影响，以及近代上海工商业迅速发展的现实和上海近代城市文化形成的特色等，都对上海美专图案教学的孕育和成长有着积极的促成作用。与此同时，更为直接的因素便是近代上海涌现出的一大批商品招贴设计师和书籍装帧设计师，他们或多或少地都参与了上海美专工艺图案科的教学活动，这些活动不仅促进了美专图案教学体系的建立，而且带来许多新颖的教学方法。尤其是这些由实践中成长起来的设计师，对设计教学特有的实践环节十分熟悉，更

[1] 周观武. 民国影坛风云录（80回）[M]. 开封：河南大学出版社，1995:250.

是促进了图案教学的实际运用，极大地丰富了美专图案教学的内容，使我国近代图案教学获得前所未有的进步和发展。

二、上海美专办学机制的转变与图案科的设置

从上海美专创办的历史来看，1912 年初创时只设有绘画科选科与正科各一班，到 1920 年初学科有了拓展，开设有西洋画科、国画科、雕塑科、工艺图案科、高等师范科、普通师范科等，办学规模也有了很大的发展。1922 年各科正式划分为三部。第一部的教学目的为："一以造就纯正美术专门人才，培养及表现个人高尚品德；一以养成工艺美术人才，改良工业，增进一般人美术趣味和水平，所以设国画科、西洋画科、雕塑科、工艺图案科等。"第二部的教学目的为："造就实施美术教育人才，直接培养国人高尚品德，所以设师范部、小学部；师范部又分设高等师范科、普通师范科。"第三部的教学目的为："普及美术，设函授学校、暑期学校、日曜日（日语直译，为星期日）半日学习。"[1] 由此可见，自 1920 年起上海美专的办学已出现新的发展趋势，不仅学科专业有所增加，而且分类分层次的教学目的也逐步明确。到了 1922 年经过学科专业的调整，进一步明确了各个学科专业的办学方向及目标。而到 1925 年 2 月，上海美专结合社会需求正式开设了工艺图案科（有资料记载为工艺图案系，本文为统一称呼，均以图案科为名）。这个科的设立标志着上海美专办学机制发生转变，由纯艺术领域向更加广泛的实用艺术领域拓展。这一拓展既得益于我国近代新式美术教育发展条件的滋养，更得益于上海开埠口岸海纳百川的城市文化精神的熏陶，是我国近代新式美术教育的开先河之举。

进入 20 世纪 30 年代，上海美专在教育思想、课程设置、学制管理各个方面都较先前有了明显的改观，办学机制臻于完善，并确定了学校的培养目的：第一，研究高深艺术，培养专门人才，发扬民族文化，设立中国画系、西洋画系、音乐系和雕塑系，并附设绘画研究所；第二，造就艺术教育师资，培养国民高尚情操，促进社会美育，设立艺术教育系，分图画音乐和图画工艺两个专业；第三，造就工艺美术人才，辅助工商业，发展国民经济，设立图案系，特别是此时在课余还出现许多由学生自由组织的各种研究机构，如画学研究会、乐学研究会、工艺美术研究会、文学研究会、书学研究会、篆刻研究会，以及话剧、京剧等活动。至此，学校的教学与研究空气自由活泼。[2] 这里仅从上海美专的培养目标来看，办学机制发生的转变既有着广泛的社会需求带来的转变，又有学校面对社会需求做出的适应性变化。

[1] 刘海粟. 上海美专十年回顾 [J]. 南京艺术学院（美术与设计版），2006，(02):6

[2] 袁志煌. 刘海粟艰苦缔造的上海美专 [Z]// 中国人民政治协商会议上海市卢湾区委员会，文史资料委员会. 卢湾史话（内部资料），1989:81—87.

其实，回顾上海美专的办学经历，办学机制发生转变并非偶然，应该说有着一定的承续关系。起初上海美专只设绘画正科和选科各一班，科目偏重实技，属于传习所性质的学校。这时的办学只能为深造求学的学生提供最为基础性的学习科目，自然属于绘画基础教学的内容，根本谈不上对学科发展方向的认识。[①]其后求学人员增加，需求发生变化，学校逐步添置了设备，增加了课程。为进一步普及美术，便利美术爱好者的学习，在1913年期间在正科、选科之外，又添设速成科，附设函授学校，教授铅笔画、钢笔画、水彩画、炭粉画等。[②]为适应各校美术师资之需，1917年起开设师范科，后又分为高等师范科和普通师范科，历年毕业生走上全国各中小学图画、音乐、手工的教学岗位。为满足艺术师资提高教学能力和美术爱好者进修的需求，在暑假期间甚至举办过暑期学校，教授西洋画、中国画、音乐、图案等课程。至此，上海美专的办学出现了根据社会发展需要而进行的学科专业调整。根据上海美专1912—1918年间的相关档案资料，此时期每逢暑假，学校均开设有图案课程，是为适应上海工商业发展需要而特别举办的。当时

图1
上海美专工艺馆

上海工商业界对图案设计人员的需求量大增，不仅有传统手工艺行业，如染织、陶瓷生产领域对工艺设计师有需求，而且还有一大批大型丝织厂，如锦云、美亚、伟成、振亚、丽华等相继在上海、苏州、杭州等地设立分厂，也急需大量染织美术设计人员的加入。面对社会急切需求工艺图案设计人才的现实，1917—1918年间上海美专每年都举办多期工艺图案学习班，这为1925年最终设立工艺图案科奠定了办学基础（图1）。

① 根据上海美专相关档案记载，美专第一次招生时，只设绘画科，但内分正科和选科两班，入学者仅10余人，修业期为一年。这在当时私立学校纷纷创办的大潮中，属于规模较小、学制不甚健全的学校。依《大学令》要求最短的大学各科之修业年限为三年。如此看来，上海美专在创办之初并非是一所完整意义的专门学校，更多倾向的是一所补习性质的短期学校，这也正是我国近代新式美术教育起步阶段艰难局面的写照。其面临的困顿局面一是学科性质得不到社会的普遍认识，二是求学人数有限，三是职业定性尚不明确。这些都带给办学者对这项教育事业的严肃思考。从史料记载来看，当时的上海美专所设置的课程科目多偏重于实技训练，且因创办之际，师资缺缺，便主张在教学中采取更加灵活多样的措施推进教学。诸如聘请行业学有专长的技师或外籍教师，并提倡师生相互切磋研习，教学相长。时任校长的刘海粟甚至为了提高自己的业务和教学水平，边教边学，还参加了日本东京美术函授学校的学习，比较系统地接触了透视学、色彩学、木炭画技法等科目的学习。这几门课程，之后便成为上海美专最早的课程设置。

② 1913年7月，上海美专添设速成科。至此，在创办期内上海美专的科类设立趋于完善，初步形成科类建制配套、专业结构互补且层次分明的教学体系。并以科别不同设置课程，使之在教育目标和教学层次上呼应有序。从史料考证来看，1912年到1921年是上海美专迅速发展的10年。就当时的教育现实背景来看，有关学校教育的各项政策、法令不断颁布和实施。尤其是蔡元培于民国元年（1912）担任了政府的教育总长，1917年又担任北京大学校长。在这期间，他在发表的《对教育方针之意见》中特别提出了新教育的宗旨，主张"注重道德教育，以实利教育，军国民教育辅之，更以美感教育完成其道德教育"（转引《中国近现代美论文选》，上海教育出版社1999年，第23页）。此外，为了反对封建复古主义，为国家培养出"硕学闳才"，他在北大还特别提出了"思想自由、兼容并包"这一旗帜鲜明、内容新颖、影响深远的教育改革原则。上海美专可以说正是在这样的时代洪流中得以发展壮大起来的。这一发展壮大的标志便是，在专业科类的设置上，学校根据条件，结合当时社会的需求，不断调整和充实。截至1914年夏季，改绘画科为西洋画科，仍分正科、选科，但速成科停办。各科均改为两年学制，比较符合《大学令》的学制要求，同时添设夜科。翌年8月，修改学制，改西洋画科为3年毕业，停业选科，增设预科及初级师范科。

关于上海美专自 1912 年创办至 1918 年的发展情况，以及这一时期的课程设置，在《中国近代学制史料》中均有详细记载。如该书收录的《1918 年上海图画美术学校概况》第四、五条中便记述有该校学科及教授、设科旨趣的内容，兹录于下：

四、学科及教授：设科旨趣　　本校系美术专门性质，虽以限于人力、财力与社会趣势之关系，于各项美术专科尚未完全设备，而绘画为各科美术之基本，因先设西洋画科，冀以确立基础，逐渐扩充。现设西洋画正科六班，师范科一班，并为便利校外教授，附设函授部。

甲本科　　正科分伦理学、透视学、解剖学、美术史、美学、画学、几何学、投影学、铅笔画、钢笔画、水彩画、彩油画、木炭画、图案画，均以实写为主要，而兼授以摹写为辅助，冀养成专门之学识、实技，并发展其诚实勤勉之美德。其各级共同科目仍行合授，以节经费。

乙技术师范科　　现因各处缺乏教授图画、手工科目之教员，因附设此科，以造就专材。内分修身、教育学、美术史、黑板画、图案画、铅笔画、水彩画、木炭画、手工意匠画。

丙函授部　　函授制之设，所以使不能入校者，得居家以谋个人美术知识之增长。欧美大学多扩充，制者多计及之。现本校近来函授生日益增多，可知极蒙社会欢迎。凡究心于美术问题及职业教育者，莫不知函授之利便。本校函授部之科目门类，共分如下：甲部，水彩画科、油画科、肖像画科，乙部，擦笔画科、铅笔画科、钢笔画科、国粹画科，均一年毕业。由浅入深，任人选习。凡所授之科，种类完全。关于绘画教本，悉由本校教师手绘之，以资学者仿摹。讲义说明及批改，均聘有实地经验之学者。编纂之言皆亲切，而学者能心神领会。创设以来已有八年，来学者以极短之时间，获良好之成绩。

五、教授实况：各科教授采用自习辅导主义，养成其自动的能力，绘画注重理法而以实写真美为鹄的。本科一年级室内写生，不论授静、动、植物，均由教员配置教材，分别种类，确定程序，以养成其识别力。二年级多授以石膏模型，写生，野外写生。三年级为彩油画，人体写生实习。务使学生得直接审案自然界真美的精神，而于美学上且有所心得。至于各种画学讲义，由教师随时编讲。师范科纯系养成小学技术教员，而所授绘画亦注重于实写，手工则注重实际应用。图案画一科以教师、讲解理法为基本，实习时发表前项学力，就所命题，凭各人之意匠而制之。[1]

1920 年 1 月，刘海粟根据 1919 年去日本考察艺术教育的体会，结合上海美专的实

[1]1918 年上海图画美术学校概况 [M]// 朱有瓛 . 中国近代学制史料：第三辑上册 . 上海：华东师范大学出版社，1990:762—763.

际情况，又提出进一步修改学制的方案。此方案最大特点是增办六科，即西洋画科、国画科、雕塑科、工艺图案科、高等师范科、普通师范科，使这一时期学校的系科设置基本完备。1921年，上海美专实行选学制，改西洋画科、雕塑科为4年，其他各科均为3年。这种将学制修改与办学中的适应求变的有机结合，反映了上海美专教育体系的成熟。正如刘海粟在1921年撰写的《上海美专十年回顾》一文中提到的："上海美专是私立的专门学校，所以一切主张只要内部通过，认为妥善，便可实行，没有什么阻碍和牵制，所以各部分内容可说没有一期不变动、不改进的。因为学校的教学本来是活的，是要依着时代的发展而改进的，决不可以依着死章程去办事，美术学校的性质，更与其他学校的情形不同。况且美专之在中国，要依什么章程也无从依起，处处要自己依着实际情形实事求是去做，因此就时发生变动。在这十年之中，可说无一学期不在改进和建设之中。因此外面的舆论就说我们是一种变的办学。在这种不息的变动之中，也许能产生一种不息研究的精神，我以为在时代思想上，当然应该要刻刻追到前面去才好。"[1] 从刘海粟撰文的思路中可以体会到，上海美专的教育原则体现出一种依时势而变的理念，这不仅是办学的需要，更重要的是新式美术教育在孕育过程中的探索需要。从办学规范而言，上海美专是由补习性质的学校教育逐步迈向规范化的学校教育。而这其中，以其灵活的办学方式，随时变动，适应教育的需求，正是我国近代新式美术教育从萌芽向成熟转变的特征。这也标志着我国近代新式美术教育在向现代美术教育迈进所形成的基本格局，这一点对当时的公立或私立学校而言，其办学思路应该说是基本相同的。

据史料记载，1922年民国教育部派视学要员朱炎到校视察，进而由教育部批准立案，这标志着上海美专的发展进入到一个新的历史阶段。此时，学校的组织管理来自两股支持力量：一是社会力量，重视发挥校董会的作用。出任董事的是一批行政官员和社会名流，这给了学校精神上与经济上的大力支持。二是官方力量，提供给学校以更大的发展空间。像蔡元培于1924年在兼任中国教育文化基金会董事长的职位时，就对上海美专的办学予以热情帮助，这便是一种来自官方的支持力量。当然，考察其后蔡元培与上海美专的发展仍有诸多的关系。蔡元培于1928年8月提出辞去国民党中央政治会议委员、国民政府委员、大学院院长、代理司法部长等职后，专任中央研究院院长，并于当年8月到沪定居，直至1937年11月27日才离沪赴香港养病。在定居上海的十年中，蔡元培十分关注教育事业。在这期间，蔡元培在上海《东方杂志》《人间世》等刊物上发表了数篇总结教育经验的文章，进一步阐明了他的教育思想。1933年2月，他还过问过上海美专的校董会工作，并建议学校的办学机制应秉承"美感教育"的宗旨，积极推进绘画、

[1] 刘海粟．上海美专十年回顾[J]．南京艺术学院学报（美术与设计版），2006，(02):3.

工艺、音乐乃至建筑教育的广泛开展。而关于上海美专校董会的性质和职能，学校的组织大纲曾明确写道："本校校董会以热心艺术教育对于本校实力扶助者组织之；本校校董会依据国民政府教育部私立专科学校条例为本校之代表，并负经营本校之全责。"校董会的职权是"选任本校校长；决定本校建设改进及一切进行计划；筹划本校经费及基产；审定本校校章，审核本校预算决算；监察本校财政；保管本校财产；筹划本校其他一切事项"[1]。由于有了校董会强有力的后盾支持，这一时期可谓是上海美专逐步扩大办学规模和提高办学质量的时期。办学机制上继续发扬"不息的变动"精神，着眼于社会需求和学校自身力量来办学，使专业各科不断得到完善和充实，课程内容也按不同对象而有不同的安排。除课程设置按各部学程编制明确外，在教学上更加提倡以"思想自由、兼容并包"作为主导方针，既充分发扬各个教师之所长，又允许学生在学习中有自己的选择。以工艺图案科课程设置为例，必修科目为基本图案、商业图案、工艺图案、装饰图案、写生便（变）化、素描、水彩画、用器画、透视学、色彩学、中国美术概论、西洋美术概论、图案通论、工艺制作、工艺美术史等；选修科目为制图学、广告学、装饰雕塑、版画、中国工笔画、构图学、音乐、舞台装置等。同时，学校还十分重视对学生技能的培养，务求课堂学习与实际运用紧密结合。

综合上海美专办学历程来看，美专自 1920 年以后的教育教学活动，是在我国近代学制推动下兴办起来的新式美术教育的代表之一。其所走过的道路曲折而艰辛，但它不平凡的业绩却为我国近代美术教育事业的发展积累了宝贵的经验。《中国近代学制史料》中收录的 1922 年《上海美术专门学校最近之调查》记载的评述认为：

上海美专开办十年，无一学期不在改建之中。这种变的办学，实在有一种不息研究、不息进行、自内向上的精神。在时代思想上，当然应该如此刻刻追到前面去。所以他们的内容也日就完备，他们的学生在社会上也处处有种有力的表现。现在将他最近的革新计划评录如下：

一、组织上之更改　　美专原设六科，已开办者为洋画、高师、普师三科。现在将六科改为三部：第一部以造就纯正美术专门人才，培养表现国人高尚人格暨养成工艺美术专门人才，改良工业，增进一般人美的趣味为主旨，现设国画科、西洋画科、雕塑科、工艺图案科四科。第二部以造就实施美术教育人才，直接培养及表现国人高尚人格为主旨，分设师范、小学两部。师范部又分设高等师范、普通师范两科。第三部的主旨在于普及美术教育，设有函授学校，暑期补习学校，日曜日（星期日）半日学校。至于学校行政则分会议、执行两大部。会议分校务会议、总务会议。其余各科部事务，另有各科

[1] 上海美术专科学校组织大纲 [M]// 刘海粟美术馆，上海市档案馆. 不息的变动. 上海：中西书局，2012:39.

部会议决定之。执行部之最要机关为校长办公处、教务处。总务处设庶务、斋务、文牍、图书四部。会计杂务各项事务，统归庶务部管理之。教务处统辖各科教务。此外特别事项，组织各种委员会办理之。以上是美专最近设科及行政上改组之大概也。

二、现时校舍之改观……

三、新校舍之建筑计划……

四、学生……

五、教科　　学校各科均已实行选学制，西洋画科定四年毕业，各学科学完一百四十一单位者，给予毕业证书。第一年用铅笔、水彩。第二、三年用木炭。第四年色油。（教材）第一年一切人造物、自然物。第二年人体模型，野外实习。第三、四年活人模特儿、野外实习。高师科三年毕业，学完一百十六单位者给予毕业证书。外国文分英法两国文，任习一国文。国画分花鸟、人物、山水三类，分年教学。（用具）第一年铅笔、水彩。第二年木炭、水彩、色粉、色油。第三年同。（教材）第一年几何形体及一切人造物、自然物。第二年风景及石膏制动物、人体。第三年人体、风景。手工、音乐为选习学科，任选一科习之。普师科两年毕业，各学科合计七十二单位，学完者给予毕业证书。图画分花鸟、人物、山水，分年教学。西洋画教材分人造物、自然物两类。第三年后十周实习教授。教授方面注重学生自学，以发展学者的个性，引起学者兴趣为主旨。所以该校的学生，他们终是自己发抒自己的本来创造能力，绝不受任何教师的束缚，绝无盲从学者的意味，该在校历届成绩展览会及天马会、青年画会，诸展览会中都可证明一斑云。[1]

此外，魏猛克在1922年撰写的《上海美术专门学校校史》中也提到对上海美专此时期办学业绩的评价问题："民国元年十一月，武进一位十六岁的青年刘海粟先生，在上海特地组织了一支新兴艺术的生力军。这是西洋艺术入中国的第一声，也是中国艺术获得新生命、新出路的一个重要纪念。如果中国有像西洋似的文艺复兴运动，这便是文艺之复兴的种子。生力军的形式，是当时中国唯一的艺术研究团体，名称是（上海）图画美术院，本校的前身。……九年一月（1920），又修改学则，更名为上海美术学校（实为'上海美术院'，次年7月，再更名为'上海美术专门学校'）。开办六科——中国画科、西洋画科、工艺图案科、雕塑、高等师范科、初级师范科。……十年（1921），经董事赵匊椒先生等募得徐家汇漕溪路基地二十余亩。七月五日，根据校务会议议决案，举行十周年纪念展览会，十日，发行赠品券，预定筹基金一万元。七月改名为上海美术专门学校。同时开辟初级师范科校舍十七幢于英租界康脑脱路。……十一年（1922）一月，

[1] 上海美术专门学校最近之调查[J]. 美术，1922，(02).

迁初级师范科于斜桥南首。同时分辟高等师范校舍于林荫路神州法专旧址。二月校董会先后添聘范源濂、熊希龄、张嘉林、郭秉文诸先生为董事会董事。三月董事会修改会章，公推蔡元培先生为董事会代表，由蔡请黄炎培先生为驻沪代表。六月，由董事临时会议决，筹建校舍，组织筹建校舍募金委员会。十月，北京教育部批准立案。"[1]

从上述引文的文献史料来看，虽记述的是上海美专建校十年的评价事实，但其实可以视为是对上海美专创办时期教育业绩的基本认定。其依据理由：一是此时期为该校发展最为兴盛的时期，一个逐步创办的私立学校得到当时政府教育主管部门的确认，尤其是社会的承认，可谓是起色显著。况且，从办学状况看，学校的管理、基本设施、教学方案、课程设置等均已完备，为学校今后的发展奠定了扎实的基础。二是此时期学校师资队伍建设趋于完善，主要专业的课程科目均有专任教师负责教授。这支专任教师队伍即便从今天办学需要的角度来看，其师资结构和梯队也算是较为完善的，有关专任教师的详细情况本文在附录一中予以记述。正是这一师资队伍的作用，才使学校的教学秩序相对稳定，教学与教研活动正常开展，为学校的进一步发展开创了良好的学风和教风。反之，教师队伍的建设也得益于良好的风气和办学机制的推动。三是学校在随后发展的10余年（1922—1937），除专业设置适应社会发展有所变动与调整外，其学校管理、教学方案和课程设置基本是沿袭此时期建立起来的基本办学机制实施的。可以说，依据这一时期上海美专的教育史料所进行的剖析和评估也正是对学校整个历史发展状况的评价进行梳理后的一种客观认识和鉴定。

从上海美专创办以来的30年发展历程来看，办学机制的转变与工艺图案科的设置确有社会和学校两方面的重要因素。尤其是工艺图案科的设立，可以说社会环境与社会条件所起的作用非常大，这是因为该学科是面向社会而发展起来的应用型学科，有着明显的社会化因素。

最为突出的表现是，资本主义工业迅速发展的同时，也促进商品经济的日趋繁荣，特别是上海大众的消费需求空前高涨。例如，纺织印染品种的花色就成为都市流行时尚的标志，一时间染织美术设计成为十分时髦的设计行业。又如，城市经济的繁荣对商业美术人才提出了迫切的需求，照相布景、舞台美术、书籍装帧、商业广告、商品包装等设计行业迅速繁荣，这一局面一直延伸到上海的孤岛时期。当时的社会对专业设计人才的需求巨大而紧迫，但当时历史条件下国内基本上尚无培养此类人才的学校，商家只能采用传统的师徒相授的方式进行设计人才的培养。像商务印书馆、中华书局、英美烟草公司以及南洋烟草公司广告部等都曾招收练习生（学徒），自行培养设计人员。我国近

[1] 魏猛克. 上海美术专门学校校史 [M]// 朱有瓛. 中国近代学制史料：第三辑上册. 上海：华东师范大学出版社，1990:779—781.

代著名装帧设计家张光宇、叶浅予等就出自此类商业美术的培训。商业美术的兴旺对设计人才的培养提出了更为急迫的要求，建立正规化的艺术设计教育已成当务之急。

然而，20世纪二三十年代，在上海以商贸和轻工业为主流的市场经济迅猛发展，但触及这些行业的设计却多为洋人或是模仿外国的设计形式。画家丰子恺如是描述"商业文化"的海派景观："在今日，身入资本主义的商业大都市中的人。谁能不惊叹叹现代商业艺术的伟观！高出云表的摩天楼，光怪陆离的电影院建筑，五光十色的霓虹灯，日新月异的商店样子窗装饰，加之以鲜丽夺目的广告图案，书籍封面，货品装潢，随时随地在那里刺射行人的眼睛。总之，自最大的摩天楼建筑直至最小的火柴匣装饰，无不表现出商业与艺术的最密切的关系，而显露着资本主义与艺术的交流的状态。"[1] 彼时彼地，民族工商业的发展难有真正的地位，商业文化的话语权也在很大程度上为外国资本势力操控。1933年庞薰琹从法国留学归来，发现"从上海到杭州，从上海到南京，沿铁路线都有大广告画，而这些广告牌子都是一个外国公司——惠灵顿广告公司经办的"。那时，他创办了一所"大熊工商业美术社"，在上海国货公司筹办"工商业美术展览会"，并向一些工商企业推展和招徕工商设计业务，可很快就遭到惠灵顿公司的排挤和迫害，只得关门歇业。[2] 在此社会背景下，实业救国的构想和西方设计思想的影响，唤起蔡元培、吕凤子、陈之佛、颜文梁、雷圭元、李有行等一批有识之士的图新意识和热情。他们针砭时弊和传统中的落后因素，肯定工艺美术于民族振兴的现实意义，主张学习西方的经验并保留传统的精华，强调工艺生产为大众服务的方向和经济实用的价值取向。一时许多美术家和工艺美术家积极参与工商美术设计活动。在上海美专设立工艺图案系，就是适应时代的变化。特别是与工商业密切联系的染织美术设计、书籍装帧和包括商标、广告、包装和店面装饰在内的商业美术设计率先发展起来，一时间成为美专学科发展的突出点，随之服装设计和工业产品造型设计等现代工艺亦在起步或初露萌芽。

三、上海美专工艺图案科的招生方式

上海美专图案科设立之后，面临的主要问题之一便是招生工作。民国时期的大专院校招生情形与今天基本相似，即中学课程是为了升入大学做准备，只因大学入学考试重视几个科目，于是便从小学到中学都是将这几个科目作为目标来努力教授和学习。这种状况被社会各界称为"升学主义"，这从侧面反映出民国时期大专院校招考与学校教育的实际关系，也反映出高校招考对高中教育的支配与导向等影响。

[1] 丰子恺. 商业美术 [M]// 丰陈宝，丰一吟，丰元草. 丰子恺文集艺术卷三. 杭州：浙江文艺出版社，1990:4—5.

[2] 庞薰琹. 第一次广告画展 [M]// 周爱民. 庞薰琹文集. 济南：山东美术出版社，2018:358—359.

事实上，中学是大学的预备科，不仅在西方教育中有着根深蒂固的传统，也折射出中国科举教育"不中科举非好汉"的遗风。尽管近代民国中等教育的任务，一方面是为高等教育输送合格人才，另一方面也为社会造就中等人才。可事实是，民国时期"中学为大学服务，中学课程设置过分以升学为目的的趋向始终十分突出"[1]。例如，民国初年，中学课程引进了美术、手工、家事、园艺、缝纫等教学内容，但升学仍然是主要目标。因此，这些适合生活需要的课程在中学并未形成气候。1922年新学制后的课程改革、高中教育与社会情形结合，照顾升学、就业的分流需要，对高中课程做出调整。比如，增加技术、技艺的课程，但升学倾向仍然突出。1933年12月，国民党第四届中央执行委员会第三次全体会议在"确立教育目标改革制度案"中曾规定："中学为预备人才之地，应提高程度，充实内容，并采取绝对严格训练主义。"[2]这样一来，反而使升学教育受到从未有过的重视。同年颁行的《中小学正式课程标准》，甚至取消了学分制、选科制、职业科，使升学教育成为中学教育的唯一目标。其后，在不断的批评声中有过几次变革，比如在1936年《修正中学课程标准》中规定，视地方（社会）情形开设职业科目4小时，1940年修订课程规定，高中自第二学年分甲、乙两组，分别侧重理、文教育等，但成效不大。因为升学观念，又因为当时职业教育地位不高、战时师资与设备等条件不够，即使是学校实行分科制以后，选择职业科的人也并不多。有资料表明，1930年职业科含农、工、商等科的学生，只占各科学生总数的7.7%[3]，甚至进入职业科的学生也有的要求转入普通科。因此，从民国时期出现的"升学主义"来看，大专院校招生考试事实上成了整个中学，特别是高中教育的主要目标追求，而从中学教育的双重任务来看，事实上大专院校招生考试的价值远远大于就业的价值。

在此背景下，上海美专作为特殊的职业大专学校，其招生生源和选拔方式必然有别于普通大专院校。所谓有别，就是招生方式采取单独招考。这在民国时期有其招生制度的规定，即当时实行有大学联考与单独招考的共存制度，前者是普通大专院校实行的招考方式，是架设在中学会考制度之上的高校招生考试，后者则是职业学校或是特殊教育学校实行的单独招考方式。况且，民国时期奉行中央与地方的"均权制度"，提倡地方自治，反映在教育领域就是，各省区内各省立职业学校的招生名额均由省教育厅核定，也就是说，地方一级享有招生工作的全部自主权，大专院校招生考试施行各学校自主招生的政策，各自为政，各家独立自主命题，自主录取。当时自主招生的学校在招生上相对宽松和灵活，全部考务以及公布录取名单也均由各校自行办理。即便是到了20世纪三四十年代，战时局势使大学教育大受影响，但在动荡不安的环境下，多数大专院校依

[1] 熊明安. 中国近现代教学改革史 [M]. 重庆: 重庆出版社, 1999:105—106.

[2] 关于整顿学校教育造就适用人才军 [M]// 中华民国史事纪要（初稿）. 970.

[3] 潘懋元, 刘海峰. 高等教育 [M]. 上海: 上海教育出版社, 1993:767.

然保持了由蔡元培、梅贻琦等人呵护培育出的现代大学精神，在招生考试制度上也大致沿袭了各高校单独自主招生的传统。

如此看来，上海美专的生源和选拔也就由学校自行办理，学校组织单独招生考试。这一点从 1932 年公布的上海美专图案科招生简章上可以得到证实。

私立上海美专添设工艺图案科（系）简章草

民国二十一年十二月（1932 年 12 月）拟定创立之目的：造就应用艺术人才，促进社会生活美化，完成艺术教育三大使命，使艺术与社会达于一致之进展为目的。

学系：

设工艺图案系(分广告图案组、工艺美术组)，修业年限为三学年，采用学分兼学年制，其学分计算学程纲要另订之。

入学资格：

本系入学资格以曾在公立或已立案之私立高级中学毕业或具有与高级中学毕业同等学力者经入学试验及格者为合格。

录取：

新生录取后应依照定期到校具备，下列各项手续：

一、填写入学志愿书

二、缴具保证书

三、缴纳入学费十元

纳费：

每学期每生应纳各费规定：学费四十五元、讲义费三元、杂费三元、图书费二元、材料费工艺美术组十元（广告图案组自备）、建筑费每学期五元、膳费四十、宿费十五元（通学生免缴膳费宿费两项）

报名：

凡志愿入学者须先具备下列各项手续向本校招考新生委员会报名

一、填写志愿书

二、呈验毕业文凭或其他证明文件

三、缴具最近四寸半身照片四张

四、缴纳报名费两元（无论录取与否报名费概不退还）

入学试验：

新生须受入学试验，试验科目分列如下：

1. 党义；2. 论文；3. 外国文；4. 铅笔画；5. 图案画；6. 平面几何；7. 美术史略；8. 用器画。

体格检查、口试。

前项各费项于入学时一次缴清领得入学证方得编班上课。[1]

从这份上海美专图案科招生简章里我们可以读出，当时学校在生源和选拔方式上确有很大的自主性。比如说，上海美专生源渠道比较宽广，当时的生源来路确实照顾到各个方面，尤其是同等学力者，可以说为工商业界及社会上致力于图案设计的人士或图案设计爱好者提供了深造学习的机会。笔者就此问题特地拜访过上海美专仍健在的老一辈图案教育家张嘉言先生①。张先生回忆说，上海美专图案科设立之初，不仅教员有许多是来自上海工商业界和出版界的著名设计师，如丁悚、张光宇、丁浩等人，后来加盟的教师就更多了，像匈牙利籍教师爱而耐斯脱当时就被美专聘任为工商广告和书籍装帧设计课程的教师。还有柴扉是教染织图案设计的专任教师，他是 1924 年毕业于上海美专的，后来历任上海美专、杭州国立艺专、中央美术学院和中央工艺美术学院教授。他同一些知名的工艺美术家和教育家，如李有行、张光宇、程尚仁、肖剑青、吴仁敬等，都是我国工艺美术教育的开创者。到 20 世纪 30 年代，图案系的正式教师有 10 余人。学生来源就更加广泛，有应届高中或职业技术中专校的毕业生，还有不少是工商企业里从事图案设计的学徒，尤以当时上海纺织印染企业中图案设计室的学徒为多。像上海机器织布局和沪东棉纺织厂等企业的图案设计室学徒，甚至还有著名的永安公司和英美烟草公司广告部的设计人员，都前来美专进修学习。记得有一位很有实践经验的教员潘思同（1904—1980），是广东省新会市人，原是企业广告学徒，报考美专，于 1925 年毕业。到企业继续从事过一段图案设计后，又于 1929 年春到上海美专任教，在图案科和西洋

---

① 张嘉言（1917.1—　），女，江苏南通人。我国老一辈艺术教育家、中国画家，上海美专教务长谢海燕先生的夫人。1935 年毕业于上海美术专科学校西洋画系，为上海美专第 16 届毕业生。擅长工艺美术、中国画。历任上海中学教师，杭州国立艺专、中央美院华东分院助教，南京艺术学院美术系和工艺美术系副教授。

[1] 上海市档案馆藏档，档号 Q250-1-235（上海美专案卷）.

画科任教师，1933年出任上海商务印书馆美术编辑。像他这样接受西洋绘画教育后又从事图案设计和教学的先生，很受学生欢迎。他还是上海早期擦笔水彩画"月份牌"绘画的代表人物。

关于上海美专入学选拔考试，从这份招生简章来看，明确的考试科目是党义、论文、外国文、铅笔画、图案画、平面几何、美术史略和用器画，计有8门课程考试，在民国时期列有如此之多入学考试科目的院校是为数不多的。民国时期实行的大学联考的院校考试科目因分文理工医，实行的统一考试科目也才4门，即党义、国文、数学和外国语，加上一至两门专业考试科目，约为6门，而上海美专此时期的专业考试科目竟达4门。当然，我们可以这样理解，上海美专是一所专业院校，针对专业选拔增加考试科目是必要的，同时这些科目也体现出上海美专对学生综合素质考查的重视，其考查的重点也由以往的对专业知识的掌握程度转化为多方面素质的考查，包括考生运用跨学科的知识解决问题的能力、结合实际工作需要解决问题的能力、对问题的分析能力和知识的组合能力等方面。从这一系列考试科目可以看出，上海美专此时已逐步建立和完善全面、综合、多元化的考试评价制度和多元化选拔录取制度。选拔考试以贴近社会、贴近考生实际，注重对考生综合能力考查为目的。

有意思的是，上海美专的这项招生考试方法其实是对10多年前较为激进的招考方式的一种修正。早在1920年5月，上海美专曾做出一个惊世骇俗的举措，完全废止各项考试和计分方法。刘海粟认为："学校是教人发展才能的机构，美术是表现情感抒发个性的法宝。"而教育的目的在于发展学生的才能，所以"人本来有差异，是智能的种类不同，不能说是智能的等级"。学生的个性、喜爱不一，"不能拿我们的主观来比较他们的高低"[1]。废除各项考试和计分法以后，上海美专提出自己独特的成绩把关方式。为此，学校专门制订了严密的规则，实行了严格的考核制度。1937年毕业于上海美专的著名画家王琦回忆说："上海美专的同学成绩好坏，用什么来表示呢？毕业的时候，要画4张毕业作品：一张人体、一张风景、一张静物、一张自画像。这4张作品都留在学校的话就是最好的学生。"[2]①从当事人回忆来看，一所学校在初创之时可以有种种探索

[1] 刘海粟．上海美专十年回顾[M]//朱金楼，袁志煌．刘海粟艺术文选．上海：上海人民美术出版社，1987:38.

[2] 央视网．刘海粟：第1集（特别呈现）[Z/OL]．（2011-08-08）[2022-10-13]．https://tv.cctv.com/2011/08/08/VIDE135558633889 3564.shtml? spm:C55924871139. PGHhECZjcTkS00:40' 54"—41' 15'.

① 王琦，男，四川重庆人，生于1918年1月4日。1937年毕业于上海美专，1938年在延安鲁迅艺术学院美术系学习，其后在国统区从事革命文艺活动。曾在郭沫若主持的政治部第三厅和文化工作委员会工作，又在陶行知主持的育才学校任教，并先后当选为重庆中国木刻研究会及上海中华全国木刻协会的常务理事。曾任重庆《新华日报》《新蜀报》《国民公报》《民主报》《西南日报》、南京《新民报》、香港《星岛日报》《大公报》美术副刊编辑。中华人民共和国成立后，历任上海行知艺术学校美术组主任，北京中央美术学院教授、党组书记，中国美术家协会理事、常务理事、副主席、党组书记，中国版画家协会副主席、主席，《美术》杂志、《版画》杂志主编。出版有《王琦版画集》《新美术论集》《谈绘画》《艺术形式的探索》《论外国画家》《美术笔谈》等著作。

之举，况且，美专属于私立学校，创办者的主张完全可以理解为一种办学的尝试。可是，随着办学年限的增长，学校招生乃至办学规模的扩大，加上 1922 年 9 月国民政府教育部召开学制会议，通过了由"全国教育会联合会"提出的学制改革方案，即"壬戌学制"的推行，以及 1932 年 10 月国民政府颁布了各级各类学校的《课程标准》和完善办学机制的种种规定，如此个性的招生方式显然不合时宜，进行招考方式的修正势在必行。

四、上海美专的师资实力与工艺图案科师资队伍的构成

上海美专是民国时期私立艺术专科学校中师资队伍最为完备的一所学校，其拥有的雄厚师资队伍令人敬佩。从史料上看，上海美专当时人才济济，在国内确无第二家可以比拟。实事求是地说，上海美专荟萃了国内当时大量的优秀艺术人才。能做到这一点，可以想见，如果没有一个眼界开阔、胸怀大志的办学者，是绝不可能做到的。仅就这一点来说，刘海粟为我国近现代美术及美术教育事业做出的巨大贡献是毋庸置疑的。当时，上海美专聘任的知名艺术家，有王一亭、黄宾虹、吕凤子、姜丹书、诸闻韵、潘天寿、张大千、陈树人、汪声远、关良、钱瘦铁、汪亚尘、王个簃、马公愚、贺绿汀、丁善德、应尚能等。而由上海美专毕业，留校任教的师资同样是名人辈出，如朱屺瞻、王济远、张辰伯、庞薰琹、潘思同、倪贻德、吴弗之、谢公展、潘玉良、陈盛铎、刘抗、陈人浩、陈大羽等。可以说，上海美专所有任教的师资在教育教学上，或是艺术创作上，都有自己独特的成就。因此，在相当长的一段时期内，上海美专成为我国新兴艺术运动的策源地，为国家培养了大批艺术人才，为我国美术教育事业的发展做出重要的贡献。

上海美专教师之所以能够在教学与画界两个领域取得显著的成绩，这与师资队伍的整体实力和学校充满自由气息有密切关系。比如，上海美专的教师虽然以教为业，但他们中的许多人本身就是名闻一时的书画家，甚至是名震一世的大艺术家。他们在上海美专的不同发展阶段起过重要的作用，上海美专是他们的共同舞台，但不是他们唯一的舞台。他们中的许多人日后又在自己的专业领域里发挥着里程碑式的作用，成为一地或一派的宗师，他们中不少人的艺术成就已伴随着我国近现代艺术史的发展而写入史册，诸如黄宾虹、王一亭、张聿光、姜丹书、马公愚、潘天寿、王个簃等名家。

上海美专的师资来源，除国内艺术家外，又有从海外留学归来的艺术家，如吴法鼎、李毅士、陈抱一、关良、钱瘦铁、汪亚尘等。学校聘请这些艺术家到校任教，是期盼他们带来海外艺术教育的新方法和艺术创作的新潮流，突破我国传统教育中的桎梏。如教

师中从海外学成归来的留法学习绘画第一人吴法鼎（1883—1924），字新吾，河南信阳人，出身世儒家庭，祖父吴午峰擅长书法、诗文，官至奉直大夫，告老还乡后，曾任申阳（信阳）书院主讲。父吴惠民系清代优贡，擅长诗画。吴法鼎14岁考中秀才，1898年去天津求学。1903年考入北京"译学馆"，学习经济和法文。1911年由河南省选派赴法国留学，初学法律，后改学油画。1919年夏归国，在上海参加艺术活动，同年冬受聘任北京大学画法研究会西画导师。1920年任北京艺术专门学校教授兼教务长。1922年10月与上海刘海粟、汪亚尘、王济远、李超士、张辰伯等在沪举行《洋画作品联展》，甚有影响。1923年因北京艺专发生风潮而辞职，南来应聘任上海美专教授兼教务长。

李毅士（1886—1942），原名李祖鸿，常州武进人，出身于书香世家，其父李宝璋是清末画家，其叔父李宝嘉是清末文学名著《官场现形记》的作者。他于1903年去日本留学，考入法律和士官学校，因不好仕途而笃信科学，一年后转赴英国。于1907年考入英国格拉斯哥美术学院，接受了5年严格的学院绘画训练，并系统学习了美术史及美术理论科目，成绩始终名列前茅。1912—1916年在学完美术后，又接受了留学生公费进入格拉斯哥大学物理系。他在英国生活了20余年，像他这样在美术学和物理学两个似乎没有关系的学科里都获得学位的人，在我国近代美术史上颇为鲜见。他1916年秋回国，应蔡元培之邀，去北京大学理工学院任教。1918年开始担任北京大学画法研究会黑白画导师并参加阿波罗学会。当时徐悲鸿刚从日本回来，尚未留欧，与陈师曾、李毅士一同受蔡元培之邀，在研究会里任导师。"阿波罗学会"是1921年国立北京美术学校的西画教师在校外以希腊神话中的光明之神Apollo为名而组织的美术团体。1919年兼任北京高等师范图画手工专修科西画教授和北京美专西画科主任。1924年应刘海粟邀请，去上海美专接替刚亡故的吴法鼎所任教务长的职务，并任透视学教授。

陈抱一（1893—1945），生于上海，原籍广东。1913年留学日本专攻西画。1921年毕业于东京美术学校，回国后自创"抱一绘画研究所"，1925年于上海创办中华艺术大学，与丁衍庸负责西画科，并先后在上海美专等校任教。他还与乌始光、汪亚尘等组织了"东方画会""晨光美术会"，与徐悲鸿、潘玉良等组织"默社"。

与国内大多数院校选择师资来源相同，上海美专十分注重从优秀的毕业生中选留人才，充实到教师队伍中，一方面是血脉相承，有"近水楼台先得月"之便；另一方面也是抱着"十年树木，百年树人"的思想，继续对学生中的佼佼者进行栽培，这些亦师亦徒的教员中有潘玉良、诸闻韵、汪声远等名家。上海美专最终形成一个强有力的专职师资队伍，再配以当时在全中国都堪称实力超强的兼职教师队伍，在专兼职教师的联手浇灌下，不负众望，培养出了一大批在日后影响中国社会的栋梁之才，也成就了上海美专光辉的40年历史。

在上海美专发展的40余年间，计有上百位教师曾经在学校工作过，形成美专特有的倡导中西美术思想和技法交汇的教育机构。教师中有擅长中国书画的，也有精于西洋画的，更有两者兼具、学贯中西、艺术精湛的知名艺术家。其重要的代表人物如下：

黄宾虹（1865—1955），时任国画理论教授

王一亭（1867—1938），时任校董并兼教授

张聿光（1885—1968），初任校长并兼教授

吴法鼎（1883—1924），时任教务长兼教授

姜丹书（1885—1962），艺术教育系主任兼教授

李毅士（1886—1942），时任教务长兼教授

陈抱一（1893—1945），初任教员后任教授

马公愚（1893—1969），时任国文及书法教授

汪亚尘（1894—1983），教务长兼西画教授

诸闻韵（1895—1939），首任国画系主任兼教授

潘天寿（1897—1971），筹建国画科兼教授

钱瘦铁（1897—1967），国画系主任兼教授

王个簃（1897—1988），国画系主任兼教授

李咏森（1898—1998），时任图案系教授

关　良（1900—1986），油画和美术理论教授

以上所述，是就上海美专师资的一般状况与实力而做的记述，具体到美专的图案科师资队伍而言，情况又有一些区别。考察上海美专图案科师资队伍的构成，主要来源于三个方面：一是美专绘画专业教师的转任，二是外籍专业教师的聘任，三是社会各界图案设计师兼职任教及美专毕业生留校任教。从这三个方面来看，无论哪一方面的教师，对于构成美专图案科师资队伍的主体都非常重要。首先，图案教学在当时属于美专比较新颖的科目，在这之前不要说美专教学中不曾有过，就连各类工商企业的图案设计室，

或是像商务印书馆专门举办的图案培训班，都没有开设过系统的课程，因而图案教学只能依靠各方面的师资力量，汇集起教学资源，共同整合成一个基本符合学校教学需要的图案师资队伍；其次，图案教学在当时主要是借鉴外国教学方法和经验，以此作为国内图案教学参照的模式，这样聘请外国专家来华参与图案教学便成为教学活动的需求。

先说第一方面，绘画专业教师的转任或兼任教学，是图案科在创办之初师资匮乏条件下解决教学燃眉之急的选择。举例来讲，汪亚尘（1894—1983），浙江杭州人，1915 年曾与陈抱一等人组建我国第一个画会组织"东方画会"。1916 年东渡日本留学，1921 年毕业于东京美术学校西画系，同年回国任教。1927 年被聘为上海美专教授兼教务长。美专图案科的创办应该是在他主持教务工作期间完成的。在《上海美专第十届毕业纪念特刊》（1932 年印行）上有这样的记载，1921 年暑假，汪亚尘学成回国，不仅引起新闻界、美术界的注意，更使上海美专的老同事欢欣鼓舞。刘海粟首先来拜访，并聘他为上海美专教授。这时的上海美专，比起它的前身上海图画美术院已有了很大的进步，教师研究洋画者也较前有所增加，学校的教学方法也渐趋正规，但办学成绩还不理想。汪亚尘应聘担任美专"绘画理论"和"西洋画"两门课程教学。美术理论课是大课，以往学生总是松散得很，上课时不是交头接耳，便是乱涂乱画。汪亚尘任教理论课后，课堂秩序大为改观。当时他风华正茂，身穿淡黄色西装，梳着分头，戴着金丝边眼镜，说话温和谦恭，深受同学欢迎。他从 16 世纪欧洲文艺复兴谈起，涉及近代法国印象派作品，从达·芬奇、米开朗基罗和拉斐尔的作品谈到德拉克罗瓦、马奈和雷诺阿的艺术表现手法。他那广博的知识，深入浅出的教学方法，像磁铁一样，吸引了大家。从此以后，教室里座无虚席。除教好理论课外，汪亚尘还废寝忘食地研究技巧，并撰写美术史著述。时年只二十几岁的汪亚尘，已在《时事新报》的《学灯》副刊和上海美专校刊《美术》杂志上发表了颇有见地的美术批评论文，也提到有关我国美术教育的方针，以及图案教学问题。如 1920 年他在美专校刊《美术》第 2 卷第 2 号上发表《图案教育与工艺的关系》一文，就图案教学中基础训练与工艺实践的关系问题进行了较为详细的分析和论证。1926 年秋天，北伐战争开始，上海美专的进步学生群起响应，加上部分同学因交不起学费要求延缓而校方不允，发生了学潮，美专一时停办。1927 年春，美专重新开学，汪亚尘接受教务长职务，一切校务与教务实际上均由汪亚尘一肩挑。停而复开的学校为适应社会发展的需要便创办图案科，开始学生不多，私立学校又是靠学生的学费来维持运营，学生少，经费自然也少。缺少经费，教务不易措置，教师拿不到薪金，便不来上课。汪亚尘自觉对办学负有不可推卸的义务，一人又兼职起图案科的基础课程教学，并积极联系国内知名图案设计师甚至外教来学校任教。但由于校务、教务和教学工作太过繁重，1928 年夏他辞去职务，筹备赴欧洲继续研究美术史的计划。

再说第二方面，在上海美专的历史上，聘请外籍教师任教曾有过多次。比如，在创办初期美专分图画音乐及图画手工两组时，负责音乐组教学的刘质平就聘用部分外籍教师，如白俄人汤司基、伺立勤（钢琴），日籍蛇子正纯（指挥、提琴）等。1922 年还曾邀请日本武藏野音乐大学、东京学艺大学的日本音乐学者田边尚雄做关于民族音乐的专题系列演讲。在图案科的聘任教师名册里，同样也有外籍教师的身影。比如，当时在江南船政局所开办工艺学堂任机器工艺科"机械学"和"意匠图绘"等课程教学的日本技师，就有几位被聘为美专兼职教师，教授几何学与工艺图案基础课程。之所以选择日籍技师为兼职教师，笔者早年访问曾任上海美专艺术教育科主任、图书馆主任的温肇桐先生[①]，有过一段记载。温先生认为，近现代的日本，随着产业经济的逐步革新与发展，作为文化领域一部分的美术亦逐渐得到了革新和进步。甚至在西方被公认为现代美术的三大中心地中就有日本。这得益于明治维新后日本画以及一些日本样式的工艺美术渐次成为被世界美术界承认的独立的美术样式。日本美术百余年有这样的发展，又是和近现代日本整个教育的不断革新和发展分不开的，反映在日本近代美术教育上，就是与外来美术的融合是形成日本美术教育的特色，这中间包括日本工艺图案教育吸收西方现代设计教育的许多内容。因此，日本近代在华任教的工艺图案教师可谓人数不少。当时在上海许多企业的图案设计室和工商学校中聘有多位日本教习。外籍教师不仅来自日本，也有来自西方的。如 1940 年在美专图案科任专职教授的匈牙利人爱而耐斯脱，主要教授工艺图案。

第三方面，社会各界图案设计师兼职任教及美专毕业生留校任教成为美专图案科教师的主体，而在兼职任教者中有许多是 20 世纪二三十年代著名的图案设计师，如陈之佛（1886—1962），别名陈绍本、陈杰，号雪翁，浙江慈溪人。早年毕业于杭州甲种工业学校机织科，留校教图案教师。1918 年赴日本东京美术学校工艺图案课学习，是我国第一个到日本学习工艺美术的留学生，1923 年学成回国，创办尚美图案馆。之后在上海艺术大学、上海美专和南京中央大学艺术系相继任教。在上海美专任教期间，主要教授"基础图案"和"染织图案"等专业课程，并撰写有多部图案教材。陈之佛的图案

① 温肇桐（1909—1990），美术教育家、中国绘画史论家、教授，江苏常熟虞山镇人，笔名虞复。1930 年毕业于上海艺术大学。1929 年秋与庞薰琹等美术青年在常熟组成旭光画会，倡导新美术运动，1935 年写成《怎样教小学的美术》一书，收入《万有文库》，由上海世界书局出版，1937 年起在上海美术专科学校任教授、艺术教育科主任、图书馆主任。1952 年起历任华东艺术专科学校教授兼图书馆主任、美术系副主任、硕士研究生导师，南京艺术学院教授。笔者就读南京艺术学院期间，温先生担任"中国美术史"和"文献资料检索方法"等课程的教学。

教学有其设计实践做支撑，注重设计与实践的结合和运用。比如，1923 年他自筹资金在上海创办了我国第一个设计事务所——尚美图案馆。这是他实施新兴设计教育的一个实验园地，既从事纺织品图案和书籍装帧的定制设计，又采用科学方法培养一批新型的专业设计人员。从图案纹样设计到意匠图的制作，从生产过程的有关知识到商品信息的了解，都进行全面的传授。馆里的学员在他的认真教导下，很快地掌握了图案知识，具备了一定的设计能力。为了提携后生，陈之佛把自己精心设计的佳作，连同学员的习作，一起向厂方推荐，不计报酬低廉，供厂家使用，以改变由外国人垄断设计的现状。陈之佛在尚美图案馆培养学员的方式自然带到美专教学当中，使美专的图案教学在课程与实践诸方面形成系列配套，增设了图案课程的实践应用环节，从而有力地推动了上海美专图案教学的发展。1928 年陈之佛在担任广州市立美术学校图案科主任时，由他发起又组织了一个别开生面的艺术展览会。展品全部出于该校师生之手，内容是清一色的现代工艺图案题材，有各种应用图案设计和学生的图案作业，还有各种表现手法的装饰画，琳琅满目，新颖别致，令人耳目一新。参观者络绎不绝，影响深远。中国美术学院教授、工艺美术家邓白回忆说："当时我是广州美校西画科的学生，这个展览会给我的印象很深，至今难忘。由于陈师的影响，我改学了工艺图案，以至成为我一生的事业。1930 年，在先生离开广州，重返上海时，我们十几位同学宁可远离故乡也不肯离开先生，都随他前往，一直跟他在上海、南京求学。"[1]

陈之佛言传身教并著述立说，1929 年 10 月他将图案教学的作品整理命名为《图案》（第一集），交由上海开明书店出版，两年后又再版。在当时把图案作品印成专集出版可谓是前所未有的事。因此，这本画册可以说凝聚着陈之佛对图案设计与教学的一片热情。他在书的序言中这样写道："在国内研究图案，要想找一册适当的图案集来作参考，非常难得，于是渴望这等图案集者，往往向日本书铺里去购求。可是日本的图案，大多数总带些日本风味，不合我们中国人的胃口，而且价值又昂，难期普遍。这种情形，大足阻碍研究者的兴味，中国图案的不进步，这也许是一种原因。为思弥补些缺恨，便选了些平日的图稿，托开明书店付印……这总算是我对艺术界的小小贡献。"[2] 他本想一集一集地继续出下去，由于抗日战争爆发而告终。诚如张道一评价说，陈之佛先生在我国近代和现代工艺美术的发展史上是"卓有贡献的"。"他对于图案理论和图案教学都有重要的建树，给我们留下了一份可贵的图案财富。我们不仅要承受他的成果，继续他的事业，并且要学习他的研究精神和治学方法，开拓未来的道路。"[3]

柴扉（1903—1972），又名时遴，字云谷，浙江海宁人。1921 年至 1923 年就读

[1] 邓白. 邓白美术文集[M]. 杭州：浙江美术学院出版社，1992.

[2] 转引：朱伯雄，曹成章. 中国书画名家精品大典：第 3 卷[M]. 杭州：浙江教育出版社，1998:1498.

[3] 张道一. 陈之佛先生的图案遗产[J]. 南京艺术学院学报（美术与设计版），2006，(02):143.

于上海美专。毕业以后在上海多家纺织印染企业从事染织美术设计工作，同时在美专兼职任教，主要教授染织图案设计课程。以后又在重庆艺专、杭州艺专任图案教职。

姜丹书（1885—1962），字敬庐，号赤石道人，江苏溧阳人，迁居杭州。早年毕业于两江优级师范图画手工科，曾游日本、朝鲜及国内各地，考察艺术教育。在上海美专图案科教授解剖、透视、用器画和摄影等课。

李咏森（1898—1998），江苏常熟人。1920 年考入上海商务印书馆图书部，1922年创办常熟美术学会，1924 年回上海和丁光燮等创办《太平洋画报》，1928 年进中国化学工业社任美术设计。抗战后受聘任苏州美专沪校主任，后任该校副校长。1943—1944 年任上海美专图案科讲师，主要教授基础图案和书籍装帧设计等课程。

蔡振华（1912—2006），浙江德清人，擅长漫画、美术设计。1934 年国立杭州艺专图案系毕业，1934—1945 年曾经在景艺、商务、惠益、宏业、新业等单位任美术设计，后为职业画家。1951 年在上海市立剧专、上海美专兼课，后调上海人民美术出版社。在美专任教期间主要教授工商招贴和书籍装帧设计。

以下根据相关文献资料列出曾经在上海美专图案科任教人员名单。

表 2　上海美专图案科教师统计表（1927—1951）

姓名	籍贯（国籍）	曾任职务、职称	曾任课程	进校年月	离校年月	备注
王隐秋	浙江仙居	艺术教育专修科图画劳作组主任、劳作教育科主任、教授	工艺理论兼实习、劳作	1923 年 8 月		
马育麟	江苏溧阳	讲师、教授	劳作实习、工艺实习	1927 年 8 月	1943 年度第二学期离校	兼职
陈克白		讲师、副教授、教授	图案实习	1927 年 9 月 1951 年 2 月	1944 年度第二学期离校	
姜书竹	浙江杭州	图案画讲师		1928 年 2 月	1940 年度第二学期离校	
洪青	江西婺源	图案科主任、教授	图案、实习	1929 年 9 月		
陈之佛	浙江余姚	教授	图案、色彩学、艺术教育、名画家评撰	1930 年 8 月	1931 年	
姜丹书	江苏溧阳	劳作教育科主任兼教授	透视学、解剖学、用器画	1932 年 8 月		

（续表）

龚希芨（女）	江西南昌		图案蜡染	1933年		
何明齐	浙江海宁		工艺理论、工艺教育法、手工色彩学	1933年		
黄葆芳	福建	助教	图案画	1937年9月	1938年度第二学期离校	
柴扉	浙江宁海	讲师		1938年度第一学期在校任职		
商家堃	江苏镇江	讲师	图案画实习	1938年度第一学期至1939年度第一学期在校任职		
陆崧安	浙江嘉兴	讲师	劳作实习、劳作教学法	1938年9月	1942年度第一学期离校	兼职
张华庭	浙江镇海		图案画写生及广告	1938年		
爱而耐斯脱	匈牙利	教授		1940年度第一学期在校任职		
陈影梅	浙江余姚	讲师、副教授	图案实习	1940年9月	1942年度第二学期离校	
周锡保	江苏太仓	讲师、副教授	图案实习	1940年		兼职
陆兆麟	浙江嘉兴	讲师	图案		1942年度第二学期离校	
陆志道	浙江嘉兴	讲师	机械学		1941年度第一学期离校	
李咏森	江苏常熟	图案讲师		1943、1944年在校任职		
傅伯良	浙江绍兴	讲师、副教授	劳作实习	1944年8月		兼职
林沧友	福建龙岩	注册组主任、工商美术科指导、讲师	图案实习	1950年10月		
王挺琦	江苏武进	工商美术科主任、教授	图案绘画实习	1951年5月		
蔡振华	浙江德清	教授	图案实习	1951年8月		兼职
张辰伯	江苏无锡	雕塑系主任、图案系主任、教务主任	美术工艺			
黄鸿诒	江苏崇明		图案			兼职

备注：本表内容主要来源于上海档案馆馆藏全宗号为 Q250 的上海美专档案，根据近 50 份教学进度表等相关资料整理而来。

从这份上海美专图案科任教人员名单可以看出，三方面师资构成相互交替，互为补充，持续时间近 30 年，已形成比较完整的师资梯队，并且，任教师资开设的课程比较丰富，既有基础图案的训练课程，又有许多实践与应用的图案工艺制作课程，这反映出上海美专图案教学由初创的探索借鉴到逐渐成熟的发展经历。再有一点，是师资的职称定岗，这也反映出美专实行的职务聘任工作比较完善，这一点在当时私立学校中应该是实行较早的学校之一。

民国时期于 1927 年公布的《大学教员资格条例》中规定，大专院校教员划分为教授、副教授、讲师、助教四等，任职教员必须具备的条件要求相当高。比如，助教须为国内外大学毕业，获学士学位，有相当成绩；在国学上有所研究者。讲师须为国内外大学毕业，获硕士学位，有相当成绩者；担任助教一年，成绩突出；在国学上有贡献者。副教授须在外国大学研究院研究若干年，获博士学位，有相当成绩；任讲师满一年，有特别成绩，于国学上有特殊贡献者。教授须为担任副教授二年以上，有特别成绩者。且担任大学教员须经大学教员评议会审查，由该教员呈验履历、毕业文凭、著作、服务证书；大学教员评议会审查时，由中央教育行政机关派代表一人列席，遇资格上之疑问及资格不够但学术上有特殊贡献者，例如学术有特别研究而无学位者，由评议会审核酌情决定。直至 1940 年 10 月 4 日，为了统一全国大学和独立学院教员资格审查，国民政府教育部又颁布《大学及独立学院教员资格审查暂行规程》，其任职条件基本相当，个别条款的标准又有提升。依据这些条例，对照美专师资构成，我们终于弄清楚当时聘任人员中拥有海外学历者占其比例较大的原因，而且中低职级者也有相当的人数。当然，这里有一个事实，就是私立学校的教职聘任要低于公立学校，美专在当时能够大量聘请到工商及出版行业的知名设计师，这一点不能不说起着至关重要的作用。

五、上海美专工艺图案科的课程设置

上海美专工艺图案科的课程设置有其历史渊源，早在美专创办之初，学校就根据当时的社会需要不断充实和调整各个专业的课程设置，即便是在绘画专业中也有开设图案课程。如 1913 年 6 月制定的中国画科课程为"透视学、色彩学、艺术解剖学、艺术论、哲学、美学、美术史、金石学、书学、图案均为 72 学时，中国文学 324 学时，西洋画实习 324 学时，中国画实习 1836 学时"[1]。中国画科的课程设置可以佐证，图案课程的设置在当时美专并非专业独有，而是作为基础课程开设的。这一点和今天美术学院中国画专业的课程设置相比有不少差异，其突出点是课程设置有很大的综合性。这从当时

[1] 南京艺术学院校史编写组. 南京艺术学院史（1912—1992）[M]. 南京：江苏美术出版社，1992:571—574.

的教育背景考察来看，中国画专业的图案课程设置起码有三点需求是真实的：一是学校开设中国画专业教学尚处于探索阶段，尤其是学校教育尚属起步阶段，综合各类新式美术教育的课程为之所用势在必行，况且当时的美术教育在学校中的设置统称为"图画科"，而图案课程又是该科教学的主干课程；二是中国画教学中但凡涉及花鸟画构图、素材搜集，以及表现方式等内容，大多与图案教学的内容有相近之处；三是为适应当时社会职业的多样性选择，中国画专业开设图案课程也是面向职业需求的教学内容。依此三点分析，中国画专业开设图案课程虽说只是基础课程，但仍然凸显出基础与专业课程之间的有意打通，形成课程上的有机互补作用。

当然，考察上海美专工艺图案科的课程设置，以及图案课程在美专教育中的地位问题，有一项史料是特别值得关注的。这份史料便是1919年刘海粟在上海美专校刊上的撰文《参观法总会美术博览会记略》。在这篇文章中刘海粟阐述的观点为"今为吾国真正发达美术计，宜设国立美术专门学校，各省亦宜设省立美术专门学校，在下者亦应组织研究美术之会社，并多设工艺学校，注意于图案之研究"[1]。这里刘海粟特别提及"图案之研究"，表明他竭力倡导工艺图案教育的愿望。1920年1月，刘海粟根据之前去日本考察艺术教育的体会，结合上海美专的办学实际，修改学制，增办工艺图案科。当初该科的培养目标是养成工艺界实用人才，学制定为三年。从现有的一些史料记载来看，当时上海美专的课程设置涉及面较广，且课程结构已分为公共必修课、专业必修课和专业选修课。①这一课程结构的形成，也是上海美专一贯以"思想自由、兼容并包"作为教学主导方针的体现。

此外，当时的教育背景是，自20世纪初叶我国新式美术学校及公私立大学美术系科的设置，如雨后春笋般出现。当时这类学校或系科的办学模式主要借鉴和吸收美国大学的通识教育，即以提高学生的综合素质为导向，课程设置以专业及相近学科为重心，教学形式严格而多样，重视通识教育与专业教育的有机整合。诸如美术史课程就被列入新式美术学校的基础理论课程，并且不局限于绘画专业，在图案设计甚至文学和建筑专业中也被列为公共选修课。因此，我们今天可以读到这一时期编撰出版的许多中外美术史教材，正是在这样的背景下产生的。当时编写美术史教材作为教学急需之用，因国内尚无相应的成果可以参照，于是著作者纷纷借鉴国外学者的相关著述，尤其是模仿日本学者的美术史著述写作，这对我国现代美术史学产生了很大影响。最早出版的美术史

[1] 刘海粟. 参观法总会美术博览会记略[M]//朱金楼，袁志煌. 刘海粟艺术文选. 上海：上海人民美术出版社，1987:30.

---

① 本文记述的上海美专当年的有关工艺图案教学课程设置与课程结构状况，时间是指1922—1937年间该校所设课程的史料记载。

类教材有姜丹书的《美术史》（上海，商务印书馆，1917年），随后，俞剑华出版了根据陈师曾在北京艺专美术史讲稿整理而成的《中国绘画史》（上海，商务印书馆，1937年）等。除美术史课程外，专业之间打破壁垒，形成知识相互补充的课程还有许多，涉及了社会科学、人文科学和职业技术等与专业教学相关的课程。根据上海美专教学文献记载，整理出的1920年工艺图案科的课程设置具有一定的代表性。

附表：上海美专工艺图案科课程设置表（1920）

	第一学年	第二学年	第三学年	单位总计
伦　　理	1			1
色 彩 学	2			2
建 筑 学		2		2
古 物 学		2		2
美　　学			2	2
美 术 学		2		2
国　　文	2			2
外 国 文	4	4	4	12
国　　画		2	2	4
西 洋 画	14	8	6	28
用 器 画	2	2		4
工艺制作法		2	2	4
图 案 法	4			4
图 案 实 习	8	14	18	40

附注：颁发毕业证书要求

（一）各学科以教学三十八时为一单位（学时）；

（二）各学科共计一百零七单位（学时），学完者给予毕业证书；

（三）外国文分英、法两国文，任学一种；

（四）各种工艺制作，以金工、漆工、瓷器、丝织、印刷为限；

（五）本科毕业后申请入研究科研究。

　　从这份课程表设置的课程项目分析来看，课程设置与课程结构的突出特点是实行了简易的学分制（以备注中修业学时为据），以增加学生学习的弹性。再则，在专业课程的设置中还增加了工艺实习的课程时数，约占总学时数的37%。虽然，现在尚难获得上海美专这份课程设置在当时编制的详细资料，但通过当时的教育教学背景，能够捕捉到这份课程设置表编制的依据。就教育宗旨而言，从表面上看，民国初期的工艺图案教育（包括手工艺教育和职业技术教育）是与清末的实业教育一脉相承的。但仔细分析能看出较之清末的手工艺教育，包含在实业教育体系中的工艺教育，其宗旨的立足点发生了根本的改变：改变之一，民国初期的工艺图案教育较之清末实业教育的"实用技能"传授，更趋于适应当时的社会需求，以改良国货的设计水平，抵御外国工艺品的倾销为直接目的，是以实现并促进民族工商业的发展为其目标的；改变之二，将工艺图案教育由清末实业教育中的一门"实用技能"传授课程，提升为具有实用学科性质的教学门类，使之成为知识领域广泛、学科性质明确的一门新兴的应用学科。有关第二点，我们可以通过其他史料加以佐证。与上海毗邻的成立于1928年的杭州国立艺术院（后改为国立艺术专科学校）的工艺图案教学便是一例。时任国立杭州艺术院教务长林文铮在这一时期有过明确的阐述："图案为工艺之本，吾国古来艺术亦偏重于装饰性，艺院创办图案系是很适应时代之需要的。艺术中与日常生活最有关系者，莫过于图案！图案之范围很广，举凡生活上一切用具及房屋之装饰陈设等等皆受图案之支配，近代工艺日益发达，图案之应用亦愈广……吾国之工艺完全操诸工匠之手，混守古法毫无生气。艺院之图案系对于这一节应当负革新之责任，我们并希望图案系将来扩充为规模宏大之图案院。"[1] 由此可以看出，民国初期教育界对工艺图案的教学目标已十分明确地定位于联系社会发展需要的目标上。从这两点分析来看，上海美专的工艺图案教学同样不能脱离这样的现实背景，其课程设置也正是围绕应用学科的性质而展开的，所增设实习课程的课时数便是一种证实。再则，这不仅是对课程设置的教学目标改变的问题，还是民国初期教育行政主管部门的管理和指导性意见贯彻执行的问题。民国初年已规定中学校应开设的课程，计有修身、国文、外国语、历史、地理、数学、博物、理化、图画、手工、法制经济、音乐、体操、家政等形式多样、种类各异的课程，这些课程较之清朝学部制定的中学堂课程，在课程名目和课程设置上有较大的改变。诸如，课程名目的更改就有将算学改为数学，法制理财改为法制经济，手工艺改为手工，并且在课程设置上对周课时数的安排也比清末有所减少。这样一来，对于专科学校与中学校接轨的课程设置就引出了关于课程结构的问题思考。

其一，培养目标与课程结构的相互关系。就教育性质而言，中学校的培养目标既是教育方针的具体化，又是课程设计之纲。也就是说，课程设置属于"课程结构"的范畴。而专科教育的培养目标既是专业设置的目标，又是专业课程设置的依据。这两者在对培养目标的理解和把握上还是有些差别的：前者涵盖面较广，后者专指性较强。以上海美专工艺图案科的课程设置分析来看，属于培养目标的公共基础类课程与中学校的课程设置就有着十分密切的联系，如伦理、古物学就是中学校修身、博物乃至历史、地理等文科知识类课程的延伸与扩充。专业课程，如色彩学、国画、西洋画、用器画以及工艺制

[1] 林文铮. 摩登：为西湖艺院贡献一点意见 [M]// 许江. 设计东方中国设计国美之路：匠心文脉历史篇. 杭州：中国美术学院出版社，2016:7.

作等专业技术类课程，则是中学校图画、手工课程的延伸，不过更加强调专业课程的精深度，这是专科学校培养目标明确指向的要求。其他的专业课程则是围绕专业知识的结构需要所配置的，如建筑学、美学、美术学、图案法及图案实习。其实，不只工艺图案科的专业课程如此，在上海美专的其他相近科别课程设置中也有同样的课程编排，如高等师范科中涉及工艺图案的课程就有图案、手工、透视学、色彩学等。这些课程虽有别于工艺图案科的专业课程的精深度要求，但作为中学校课程的延伸是确凿无疑的，尤其是师范教育，更体现出中学校课程的编制规律和方式，即通识教育与专业教育的有机融合。当然，就专科学校和中学校教育的培养目标与课程结构的关系分析来看，从大局而言，两者对课程的要求标准应是较为一致的。这就是说，培养目标实际是属于教育方针的范畴，对课程结构起着更为直接的作用。正因为如此，民国政府的教育部门便在中学校课程规范的前提下，同时提出了专科学校课程规范的要求。这样，上海美专工艺图案科的课程设置，其实是在政府行政主管部门的指导性意见下而形成的，并不是先前理解的私立学校有完全自主设课的史实。

其二，课程结构的完整性、基础性、多样性的关系。据史料记载，民国初期我国的基础教育是以倾向美国式日本教育模式而推行办学的。也就是说，普通中学校的课程比较注重通识性教育的内容，特别是劳动、技术、职业教育，在当时整个普通中学校的课程结构中占有相当大的比例。这样，反映到具体的课程结构中便有对知识的完整性、基础性和多样性的要求。按照当时专科学校教育的特点主要是建立在中学教育，尤其是职业技术性质的中学教育之上的专门化教育，对于基础阶段的教育要求应是联贯统一的。这样一来，上海美专工艺图案科的课程设置便毫无例外地执行着当时教育行政主管部门的管理和指导性意见，这一点有据可证。史载，根据教育发展的新形势，上海美专在1922年针对1920年所开办的六个科别进行了部分调整。专科学制限定为3年，专修科为2年。重新设置了专业课程：必修课目有基本图案、商业图案、工艺图案、装饰图案、写生便化、素描、水彩画、用器画、透视学、色彩学、中国美术概论、西洋美术概论、图案通论、工艺制作、工艺实习、工艺美术史等；选修课目有制图学、广告学、装饰雕刻、版画、中国工笔画、构图学、音乐、舞台装置等。学校还十分重视对学生技能的培养，务求课堂学习与实际运用的紧密结合。[1] 在这份1922年的课程设置方案中，更加明显地反映出职业技术教育的特点，而且知识的完整性、基础性和多样性也有鲜明的体现。譬如，加强了基础技能的培养，涉及课程约有六门之多，其他的纯技术类课程也有所增加，如工艺制作、工艺实习和舞台装置等。此外，从课程结构上看，已有分科课程与综合课程乃至活动课程的相互关系的体现。

课程结构往往会反映设计者对专业人才前途的思考，即所学务必致用。对于美术的社会功能，作为校长的刘海粟，早在1918年于《美术》杂志第一期发表的《致江苏省教育会提倡美术意见书》一文中，就有明确的思考："盖美术一端，小之关系于寻常日用，大之关系于工商实业；且显之为怡悦人之耳目，隐之为陶淑人之性情；推其极也，于政治、风俗、道德，莫不有绝大之影响。"[1] 可见刘海粟的美术人才培养观中重要的一面，就在服务于大众的日用生活和面广量大的工商实业。唯其如此，相关工艺图案的系列课程，才可能被重视有加，反复探讨裁定。

考察上海美专工艺图案科课程设置的史料，还有一项重要依据可作为佐证，这便是在该校工艺图案科任教的教师履历以及当时上海美术教育界的状况记载，从中能够补充一些史料缺失的遗憾。例如，1922—1937年间，在上海美专工艺图案科任教的教师中有陈之佛、王纲、郑月波、张光宇、王白渊、方丙潮、陈克白、姜书竹等人。[1] 这一师资结构和梯队所提倡的教学主张，其实就是当时上海美专工艺图案科课程设置的另一种反映。本文仅据能够挖掘的教师履历史料做个别案例分析。这里以陈之佛和张光宇的图案教学思想为例予以分析，从中可以窥其一斑。

陈之佛在青年时代便选择了"实业救国"之路为自己追求的理想设计，由织造工艺转向了图案设计。他于1923年留学日本，回国后便在上海创办了一所"尚美图案馆"，并于当年受聘上海美专任教。1923—1936年时期，他结合所任图案课程的教学，发表了一系列介绍日本新兴艺术设计运动的著述。他在《明治以后日本美术界之概况》一文中写道："到现在日本工艺美术亦差不多与其他美术有同样的进展。尤其近年帝国美术院展览会中设置工艺一部，奖劝激励，因此工艺更见勃兴了。……故日本美术，于数十年间，得见其欣欣向荣。回顾我国，自清末国势就衰，民国成立，内忧外患又无已时，政府视美术为无足重轻，艺界私人团体之间又缺乏互相联络，共策进行之精神，不但不见美术之发展，负有数千年光荣史的中国美术，至今反见衰颓，以视东邻蓬勃之气象，能无愧色！"[2] 从这篇文章的字里行间，可以读出陈之佛对我国近代美术事业，包括工艺美术事业的关注已达到牵肠挂肚、放心不下的程度。由他提出的"以视东邻蓬勃之气象，能无愧色！"更可以感到他从教时迫切改变现状的心情。这一点通过他于1930年在上海世界书局出版的教材《图案法ABC》更可以得到证实。这部教材结构完整，共计10个篇章，约10万字，从图案概述至图案的实用意义、分类法则、制作方法，以至对立体图案和平面图案的构成关系都做了详述。

陈之佛著《图案法ABC》版本目录

[1] 刘海粟. 致江苏省教育会提倡美术意见书[M]// 朱金楼，袁志煌. 刘海粟艺术文选. 上海：上海人民美术出版社，1987:20.

[2] 陈之佛. 明治以后日本美术界之概况[M]. 艺术旬刊，1932，1(06):14.

中华民国十九年九月初版

中华民国廿三年六月五版

著作者：陈之佛

出版者：ABC 丛书社

印刷者：世界书局

发行所：上海四马路暨各省世界书局

例言：

——本书内容，叙述关于图案一般的知识和方法。

——本书为便于初学者起见，侧重平面图案并图案上应用的色彩，对于立体图案仅述其大意。

——本书在说明每种方法的时候，均附有图例，使读者易于了解。

——本书参考用书：

Batchelder…………Design in Theory and Practice

石井柏亭…………图案讲义

小实信藏…………一般图案法

山村诚一郎…………教育图案集志

《图案法 ABC》目次：

1.绘画的模样

13. 颜料

第九　立体图案大意…………一二二

1. 器体的分类

2. 器体的基本形

3. 器体各部的相称

4. 形状与感情

5. 器物形体组成法

6. 器体的装饰

附录…………一三三

关于图案制作上的种种手续

插图若干

由此可以想见陈之佛在上海美专任教图案课程时的严谨治学精神。另外，从书中还能读出当时的时代背景，时值日本大正和昭和时期，日本的教育正为军国主义服务，十分重视扩充各级职业技术教育，甚至在其国立和私立大学中开办了技术学院，大量招收工商科的学生，其中就包括工艺图案科的学生。日本昭和时期的工艺教育是由留学德国归来的水谷武彦和山口正城等人发起的，他们联合一线的教师，展开了构成教育运动，可以说是战后日本艺术设计教育发展的渊源。[1] 尽管构成教育在当时（指昭和时期）并未形成大的气候，但却无疑给当时的日本艺术设计教育注入了新的血液。再则自明治维新变革后，日本在"富国强兵""殖产兴业"和"文明开化"三大政策影响下，全盘西化与弘扬国粹，追求实用功利与主张精神陶冶相结合，其学校学制就是建立在欧美教育思想基础之上的，教材则是用文部省翻译的欧美各国公立学校的教科书。

由此看来，借鉴和引进日本艺术设计的教育思想和教育方式，对于我国近代艺术设计教育的萌芽具有较大的示范性。为此，从上海美专工艺图案科确立的专业必修课程科目中便能看到，与当时日本职业技术教育的同类专业课程设置十分相近，即表明课程设置是依据当时对"科学和物质文化的重视，由原先属于'技'的那部分美术形式借助于这种浮力迅速在我国各级教育组织中出现，形成了与养性艺术（纯绘画）并驾齐驱的局面。至此，中国近代美术教育的格局即算正式形成。我国今天的一般美院与工艺美院的

[1] 王天一，夏之莲，朱美玉．外国教育史 [M]．北京：北京师范大学出版社，2000:112—117.

并存，绘画专业与工艺专业的并存，中小学内容中的绘画与工艺并存的现象大抵是这种格局的延续"[1]。而这一课程设置在日本大正三年（1914）东京高等师范学校教授冈山秀吉提出的"手工教育理论"中也有明确的阐述。他提出了科学和艺术兼备的教育思想，即强调手工教育"是一项在美术、科学交叉领域内启发创造的活动"[2]。然而有意思的是，上海美专工艺图案科所列的选修科目，却应合了当时专科教育不再一味仿效日本的教育模式，而转向美国的高等教育选修制模式的倾向。课程设置多样化，除工艺图案科的相关广告学、制图学等课程外，还涉及音乐、诗词学、心理学、社会教育、近代艺术思潮等，并在学校学则（1922 年 9 月颁布）的第八章中设有"选科生"管理条目，规定入校各科生选择一种或数种实习科目，须经试验入学可为选科生，选科生所选之科目，于修习完毕时，经考查及格，得给予选科毕业证书。虽然，这一学则管理条目指称的"选科生"是否是真正意义的选课学习生抑或其他性质的研修生或进修生尚不明确，但已有条目规定，这就能证明上海美专当时的教育模式确有倾向于美国高等教育模式的意图。①

张光宇（1900—1965）是一位自学成才的画家，又是一位有着丰富设计实践经验和教育经验的教育家。他的专长是将漫画和装饰画结合起来，独树一帜。从其本人成长的经历来看，他做过舞台美术设计、烟草广告设计以及书籍装帧设计等多项工作，可谓是艺术设计行当的多面手。当时他受聘上海美专的教授，正是出于他的这一设计能手的面貌。从现有的资料中尚难查考出张光宇当时任教的具体课程科目，但可以参照他参与的丰富的艺术设计实践活动来看，当是以商业图案、装饰图案、专业实习以及选修课目中的舞台装置等课程为主。

张光宇的设计风格，在 20 世纪 30 至 40 年代，突出继承了中国传统装饰艺术的风格，并借鉴国外装饰艺术之长，创作了大量具有浓厚民族艺术风格的装饰画，代表作品有《民国情歌》插图以及 1944 年创作的《西游漫记》。张光宇在长期的工艺图案教学生涯中，广泛吸取中外艺术的精华。他的装饰画极为重视艺术造型的表现意趣：在夸张、变形和线条运用等方面，精益求精；构图处理变幻无穷，不受任何程式约束；善于将艺术技巧的表现与理想境界的追求巧妙地融合在一起。他尤其对京剧艺术感兴趣。中国传统戏曲的形象、身段、动态、台步和色彩等特殊表现手法，对张光宇的装饰画风有很深的影响。

---

① 民国时期，美国对中国高等教育的影响是显著的，无论是其预科制，还是大学的模式，都曾被引入中国。很多美国传教士很早就设法在中国建立了与美国类似的预科性质的学院。这些学院到后来才逐渐发展成大学，但因其都受西方基督教机构的直接控制，已演变成了与同期美国大学完全不同的另一种形式。中国当时高等教育对美国大学的模仿始于清华大学，当时由留美归国的学者执校政，可以说是美国传教士把预科制学院引进了中国，而后是中国学者仿效美国大学的模式。

[1] 尹少淳．美术及其教育 [M]．长沙：湖南美术出版社，1996:44.

[2] 张小鹭．日本美术教育 [M]．长沙：湖南美术出版社，1994:46.

他创造性地形成了自己独特的装饰风格，对工艺图案的教学产生了深刻的影响。他在上海美专任教期间，虽未聘任教授（1922 年上海美术任职教师表中未列其名），但他的教学影响力却不可小视，无论是任教课程的教学质量，还是装饰艺术的创作风格，都对当时上海美专的教学活动产生了极深的影响。特别是他在电影与舞台美术教学的实践中赢得了很高的声望，被称为我国动画艺术教育的创始人。

从列举分析的陈之佛和张光宇两位教授的履历和教学主张中基本可以看出，上海美专工艺图案科的课程设置是依据当时的社会背景确立的，同时也完整地体现出我国近代"图案学"建立的脉络，即课程设置与教学内容的相互沟通与融合，包括了基础图案、工艺图案，尤其是对工艺图案的教学既解决设计的一般规律，又为设计应用奠定了基础。譬如，陈之佛的图案课程主要解决专业设计的特殊规律，使基础图案的教学倾向于实用化，即结合物质材料、结合工艺加工、结合具体用途进行设计教学。张光宇的装饰设计课程则以实际案例为主，强化学生的动手能力培养及对实践环节的理解。因此，图案课程是核心课程的设置，围绕其周围，配置以艺术理论、美学原理、历史知识甚至社会实践，这是上海美专工艺图案科课程设置的主要特点，这是毋庸置疑的。

此外，作为我国近代新式美术教育发源地的上海，在民国初期的 10 多年时间里，可谓集结了一大批陆续从欧、美、日留学归国的画家。他们并不像旧式文人画家那样，或一盘散沙，傲啸山林，或结社为盟，画地为牢，而是聚合在一起，办起了新式美术学校，以引进传播西方美术与设计的思潮，促进民国初年倡导的所谓"文艺复兴"和工商业发展为己任。

这一时期的上海新式美术教育，不只限于艺术专科学校内，上海近代教育的代表学社和学校、爱国学社与爱国女校，以及中国公学与健行公学①等学校，也同样设有新式美术教育的课程。而考察这些教育机构的办学宗旨及课程设置的历史状况，在很大程度上是可以佐证上海美专办学背景和课程设置的来源依据。尤其是课程设置，在新学的萌发期中，各级各类学校的课程设置可以说均处在探索阶段，究竟如何设置比较科学合理是当时教育界探讨的热点话题。自然这些以新学，特别是以进步思想为主导，由留学生创办的教育机构（学校）在这方面更有其独特的文化背景和新学的教育资源，凸显出新

---

① 爱国学社为 1902 年由中国教育会创办的学校，设于上海泥城桥福源里。以蔡元培为学校总理，吴敬恒为学监，黄炎培、蒋智由、蒋维乔等为义务教员。以灌输民主主义思想为己任。学校分寻常、高等两级。爱国女校（又名爱国女学）于 1903 年在上海创办。中国公学创办于 1906 年，是一批留日学生为反对日本文部省颁布的《取缔清国留日学生规则》退学回国后创办的学校，在上海北四川路横浜桥租民房为校舍。健行公学于 1905 年在上海南市西门唐家湾宁康里创办，以《黄帝魂》《法国革命史》为教材，培养革命青年。爱国学社、中国公学与健行公学被认为是当时沪上学界三个进步教育的大本营。

式教育的一股锐气。据此分析，上海美专在此时期办学受到这样的办学风潮影响应该说是必然的，特别是在课程设置上有许多相似之处是有其渊源的。

例如，爱国学社与爱国女校均系近代资产阶级革命派在上海创办的学校，它们为上海近代教育史谱写了光辉的一页，在我国近代教育史上也有着重要的地位。爱国学社在《爱国学社章程》规定中明确写着办学宗旨："重精神教育，而授各科学皆为锻炼精神，激发志气之助。"[1] 在课程设置上分寻常、高等两级，各为两年。寻常级设修身、算学、理科、国文、地理、历史、英文、国画、体操，高等的第一学年设伦理、算学、物理、国文、心理、伦理、日文、英文、图画、体操；第二学年设算学、化学、国文、社会、国家、经济、政治、法理、英文、图画、体操。另外，还辟有各种专题讲座，如革命史、民俗学、佛学、中日文化比较讲座等。从课程设置上看，不仅所设课程内容皆为进步的新学，以激发反清革命的热情；而且课程中也贯彻有综合素质的养成教育，像国画、图画等课程的开设，就体现革除旧式教育的羁绊，接受新学的思想。

爱国女校与中国教育会关系极为密切，又和爱国学社与中国教育会的关系有所不同，爱国女校成立后才真正提倡男女平等。蔡元培在发表的《在爱国女校之演说（1917年1月15日）》中说道："本校初办时，在满清季年，含有革命性质……革命精神所在，无论其为男为女，均应提倡，而以教育为根本。故女校有爱国学生……"[2] 该校光绪三十年（1904）颁布的《爱国女校补订章程》中设置课程为：预科之初级设修身、算学、国文、习字、手工、体操、音乐，预科之二级设伦理、心理、教育、国文、外国文、算学、历史、地理、法制、经济、家事、图画、体操。从课程设置看，种类齐全，尤其是新学思想体现明显。

中国公学系由留日归国学生兴办，起因是光绪三十一年（1905）11月日本文部省排斥中国留学生，引起中国学生的强烈不满，留日学生决议全体退学回国。回到上海的留学生筹划自行兴办学校，该校师资由典型的归国人员组成。当然，该校办学性质与其他学校有别，实际是一所政治学校。该校执事中亦多为革命党人，革命团体竞业学会即设于该校。学习开设的课程大部分为传播进步思想的内容，但也有相当一部分技术教育课程，其中伦理、国文、算学、历史、地理、法制、图画、经济学均列为主课。健行公学则为同盟会直接兴办的学校，直接以革命书籍《皇帝魂》《驳康有为论革命书》《革命军》《法国革命史》等为教材，培养反清革命志士。此外，上海实业教育也在当时资产阶级革命运动的促进下得到兴办。上海高等实业学堂（交通大学的前身）就是当时办得较有特色的一所。该学堂不仅系科较多，而且课程种类丰富。据该校校史记载，与实

[1] 爱国学社章程[M]// 陈学恂. 中国近代教育史教学参考资料：中册. 北京：人民教育出版社，1987:21.

[2] 蔡元培. 在爱国女学校之演说[M]// 高平叔. 蔡元培教育论著述. 北京：人民教育出版社，2017:78.

业教育相关的课程就多达数十种，有土木工程、机械工程、造船、电气机械、建筑设计、机织工艺、应用化学、采矿冶金、染色工艺、窑业工艺、图案、机械制图、图画、测量、应用力学、工业簿记等。该校尤以教学严谨而著称，特别是一大批海外学人参与了教学，使该校的学术风气空前活跃而自由，成为上海高等教育的代表。因此，当时上海的办学背景也必然会对上海美专的课程设置产生重大的影响。这方面"上海图画美术院（上海美专）具有一定的代表性。从日本引进的教育体系，成为上海早期美术教育的模式"[1]。同样，在当时除了上海美专外，后起的新华艺专、上海艺大、中华艺大和立达学园美术科等私立学校所设置的课程也都基本上采自日本模式，这和我国整个近现代高等教育发展初期的特征是一致的。虽然从现存的资料中很难再挖掘出这一时期上海其他几所美术学校艺术设计教育课程结构的文献史料，但通过上海美专这一浓缩的办学背景，仍可以为史所证。

以下我们通过上海美专工艺图案系广告图案组和工艺美术组的课程大纲，可以详细了解美专图案系的课程设置状况。

上海美术专科学校工艺图案科（系）广告图案组学程纲要

党　义　　六学分　　六学期　每周一小时

文　学　　十二学分　六学期　每周二小时

外国文　　十二学分　六学期　每周二小时

美　学　　四学分　　二学期　每周二小时

美术史　　四学分　　二学期　每周二小时

色彩学　　四学分　　二学期　每周一小时

透视学　　四学分　　二学期　每周一小时

解剖学　　四学分　　二学期　每周二小时

西画实习　十二学分　四学期　每周六小时（本学程第一、二学期授以静物写生，第三、四学期授以风景及动物写生，注意其姿态及组织线条之要素）

图案实习　二十四学分　六学期　每周1—2学期二小时　3—6学期九小时（本学程第1—2学期授以实物变化法，第3—6学期授以染织图案、磁漆器图案、广告图案等一切应用图案并授以色彩配置法简易印染法）

图案法　二学分　二学期　每周一小时（本学期授以组织法图案构成之原理及各种

[1] 李超．海纳百川——上海美术教育钩沉 [M]// 潘耀昌．二十世纪中国美术教育．上海：上海书画出版社，1999:94.

设计工作图）

用器画　四学分　二学期　每周二小时

商业常识　二学分　一学期　每周二小时（本学程授以商店经营法及顾客心理等）

广告学　四学分　二学期　每周二小时（本学程授以广告心理广告原理分类广告之特质及货品货价等研究）

广告画实习　二十学分　六学期　每周1—2学期二小时　3—6学期九小时（本课程授以广告字分类、广告画、广告装饰、广告装置等）

商用装饰法　四学分　二学期　每周二小时（本学程授以店面装饰橱窗装饰货物布置）

民族图案考察　根据教学需要特别安排

上海美术专科学校工艺图案系工艺美术组学程纲要

党义　　　六学分　　　六学期　每周一小时

文学　　　十二学分　　六学期　每周二小时

外国文　　十二学分　　六学期　每周二小时

美学　　　四学分　　　二学期　每周二小时

美术史　　四学分　　　二学期　每周二小时

色彩学　　四学分　　　二学期　每周一小时

透视学　　四学分　　　二学期　每周一小时

解剖学　　四学分　　　二学期　每周二小时

西画实习　十二学分　　四学期　每周六小时

图案实习　二十四学分　六学期　每周1—2学期二小时　3—6学期九小时

图案法　　二学分　　　二学期　每周一小时

用器画　　四学分　　　二学期　每周二小时

建筑雕塑　四学分　　　二学期　每周四小时（本学程第一学期授以泥塑素烧玩具及纸筋塑石膏、雕刻石膏、模树胶模等，第二学期授以水泥塑法、建筑装饰装置法及各种柱式、

天顶壁饰、窗饰等制作法）

木雕实习　四学分　二学期　每周四小时（本学程授以平面图案、线雕浮雕及各种装饰用半立体木雕）

木工实习　六学分　二学期　每周六小时（本学程授以木制玩具及各种木器制作注意式样之改革及图案装饰等）

□（原文中模糊处，下同）漆法　二学分　二学期　每周二小时（本学程授以石膏设色、木材涂漆、金属涂漆染色等法）

□金　六学分　二学期　每周六小时（本学程授以薄金类之锤Ｘ制作初步刻金等法）

铸金　六学分　二学期　每周六小时（本学程授以合金法及制砂胎、蜡胎、硬胎及精制半烧模等注意造模之原料及手法铸练等工作）

建筑常识　二学分　二学期　每周一小时（本学程授以建筑公式、建筑设计及材料计算法等）

制图法　二学分　二学期　每周一小时（本学程授以木器工作及各种设计图）

军事　六学分　六学期　每周二小时

中国传统装饰考察　根据教学需要特别安排

从这两份课程大纲来看，上海美专图案教学的课程设置趋于完备，基本形成一个学科的教学体系。其依据是公共课、基础课和专业课设置清晰可辨。尤其是课程设置中比较注重良好的文化素养、审美能力和熟练掌握专业技术能力诸方面的综合素质培养，这在当时新学教育中是特别强调的教育宗旨。在这种情况下，我们也应当看到，图案教学虽然是从传统美术与工艺美术的师徒相授的教学方式中脱胎转型，但不可避免地存在着萌发期的不足和转型期的种种问题。但鉴于当时的教育背景，这两份教学大纲的课程设置还算比较完整，起码有三点值得肯定：

一是课程结构的综合性特色显著。图案教学向来与生产实际、生产技术相联系，即通常所说的设计是艺术与技术的交叉，这一学科特点在这两份课程设置上有所体现。诸如课程结构的编制，在专业理论课方面，开设与专业方向相关的美学、美术史和自然科学交叉的课程，使交叉学科教学与专业教学目的相统一。

二是专业课程的优化组合明显。在专业课程方面，首先是对一些传统课程进行优化整合。如图案课在内容和形式上有许多共同之处，此课程设置有意将不同的内容和形式进行划分，分列出图案实习和图案法两门课，既可取长补短避免重复，又可增加教学时数进行深入教学。另外，在吸取西方教育观念和方法上，结合我国工艺美术传统实际，开设一些既具有时代精神又符合设计发展规律的课程，如木雕实习、木工实习、商业装饰法以及广告画实习等。同时，可开设一些突出民族文化、研究民族艺术的课程，如"民间图案考察"或是"中国传统装饰"等课程。

三是专业方向的课程设置齐全。根据这两份学程纲要，专业主干课程比较完整。如广告图案组，也就是如今的广告设计，就设置有商业常识、广告学、广告画实习和商用装饰法，在这几门课程中又有具体的教学内容环节，涉及的学科知识可谓广泛。用今天的话说，就是专业目录所规定的课程与学科实际需要进行有机整合，形成了一个专业覆盖面极为广泛的大概念，建立起教学与社会实践一体化、理论与实践一体化的教学模式。

六、上海美专图案教学与近代图案学的兴起

在考察上海美专工艺图案科的课程设置史料时，其实有关我国近代图案学兴起的话题便被提了出来，这就是该校在工艺图案课程与教学中同样重视理论与教学的研究问题。而在此之前，民国初年的专科学校主要职责是实施教学以培养人才，重视理论研究确实是当时上海美专办学的一个重要转向。

我国近代新式美术教育中出现的工艺图案教育，从孕育之初在学科与专业名称上就先后有工艺教育、手工教育、图案教育、工艺美术教育等不同的说法，这反映出艺术设计学科在我国近代尚未真正定型，其教育体系也未真正成熟。然而，我国早期艺术设计缘起的脉络是基本相同的。它是在适应工业化生产实际的需要中应运而生的，就是说是在我国近代工业大规模兴起的条件下被促成发展起来的。这一教育形式的出现同时也促成了我国近代图案学的诞生。正是在这种教育需求下逐步形成的"图案学"这门实用性学问，才成为提供产品的"合理""实用""美观"的策划方案和学术研究的途径。其实，探讨我国艺术设计教育与图案学的源头，早在春秋时期的工艺典籍《考工记》中就有详尽记述，不仅教育方式上千百年来实行父子相传、师徒相授，而且学术之道也是身体力行的经验示范。这有利的一面是代代相传、薪火不断，而有弊的一面却是入行者要达到造诣精深和独出心裁的境界，则完全依赖于个人出师后的钻研和领悟。因而，这一教育

和这门学问在近百年中却使得日本和欧美走在了我们之前。尤其是日本，在明治维新之后，走上了近代资本主义道路，随着近代工业化的发展，日本的工艺教育和图案学的研究日趋成熟，形成了自己的一套教育和研究体系。所以，当我国近代新式美术教育中的工艺图案教育与之甫一接触，便很快达到了交融的地步，甚至连名词和专业术语也都一起被采纳。可以说，从20世纪初开始，我国便在艺术设计教育中广泛引进和吸收了许多日本工艺教育和图案学研究的成果及方法，建立起我国近代艺术设计教育和图案学研究的体系。分析其原因，这主要是日本为近邻，交流便捷，而且"东文"近于中文，利于沟通。因此，不仅在引进日式学制、课程方面，我国近代学制的制定也全面参考了日本学制模式，而且图案学的研究思路也都基本照搬日本。可见，这种缺乏中国社会土壤孕育的"学制"和"学问"存在着先天不足和致命的弱点，在这样的情形下照搬照抄日本经验是断难成功的。当然，进入到民国初年，我国近代新式美术教育中的工艺图案教育，也并非以日本为唯一学习目标，同时也开始大规模地借鉴欧美国家的经验，甚至移植德国和美国的教育方式。此外，也开始注重我国固有的工艺美术传统的传授方法，从而使我国早期艺术设计教育在民国初期的发展实际是循着三股路线交叉行进的：一是日本的工艺教育，二是欧美近代的工业设计教育，三是我国传统的师徒传授教育。如此一来，孕育于清末之际的我国早期艺术设计教育，终于在民国初年又一次以新的姿态破土而出、萌蘖生长。鉴于这样的历史背景来考察当时的上海美专工艺图案科的课程设置及图案学研究的史实，其意义非同寻常，应该是深入揭示我国早期艺术设计教育的发展脉络和解析我国近代图案学建立历史渊源的有益的史料探究。

在探讨上海美专与近代"图案学"的兴起关系时，可以作为支持论据的便是1918年至1919年分别由沈恩孚与蔡元培题写刊名的第1期和第2期上海美专学报《美术》杂志，这可谓是我国近代教育史上第一本专业的美术理论刊物。这本学报性质的刊物，不仅将"美术"纳入现代学术的范畴，更重要的是把美术学科引导到理论研究的领域。诚如刘海粟于1918年11月在为阐明办刊宗旨而撰写的《发刊词》中所表述的"愿本杂志发刊后，四方宏博，意本此志，抒为宏论，有以表彰图画之效用，使全国士风咸能以高尚之学术，发扬国光，增进世界文明事业，与欧西各国竞进颉颃"[1]。在1919年6月出版的《美术》第2期上，又刊载了一组有关美术教育的文章，其中介绍了日本东京女子美术学校教育概况，以及法国国立美术专门学校沿革历史和日本帝国美术馆之运动，引为办学借鉴经验。在探讨教学规律方面，时任教务长的吕凤子发表专论文章《图画教授法》，着重阐述因材施教的美术教育思想。以后各期杂志还刊载了关涉工艺图案知识

[1] 刘海粟. 《美术》杂志发刊词 [M]// 丁涛, 刘海粟. 南京：东南大学出版社，2012:185.

及教学。诸如，第二卷第一号上刊载亚尘的《广告学上美人的研究》（1919年），第二卷第三号上刊载张守桐的《曲线美是什么》（1919年），第三卷第二号上刊载吕澂的《美术发展的前途》（1922年）。这些文章都从美术创作、审美以及发展的不同角度，对美术中包含的工艺图案教育提出了研究的视角。据此便可以认为，这是上海美专在开展工艺图案教育的同时与近代图案学研究兴起发生着的联系。

在上海美专设立工艺图案科时，上海及其他地方都增办了许多类似的公立或私立专科教育学校。其课程有用器画课（包括平面几何画、立体几何画、透视画、图法几何）、手工课（包括纸工、编结、竹、木、金工、雕塑、漆工、工艺美术等），这可谓是"我国的新兴图案学科，毕竟是在20世纪20和30年代期间建立起来了。尽管它还带着这样那样的弱点，特别是同我们民族的优秀艺术传统和现时的物质生产结合得不够紧密，总是初具规模，几乎所有的高等美术学校都设立了有关的专业。老一辈的图案家虽然屈指可数，但他们含辛茹苦，勤培桃李，并且编著和翻译了几十种图案书籍，为我国新兴图案事业铺下了第一层基石"[1]。由此，从研究近代图案学建立来说，上海美专不失为重要的案例。本文在此仍然择其较具代表性的时任上海美专教授的陈之佛、张光宇的图案学观点和对图案教学的主张（除发表于上海美专校刊《美术》杂志之外，还见诸当时上海出版的其他期刊）作为论析的依据。例如，1932年陈之佛在《艺术旬刊》（第一卷第六期）上发表文章就指出，日本的工艺图案除窑工（陶瓷）受到德国的新技法影响之外，多是七宝、雕金、铸金、蜡样、锤金、漆工、染织工等传统工艺。"至于图案，更有非常的进步，如小室信藏、岛田佳矣、松岗寿、千头庸哉、渡边香涯、广川松五郎等均为斯界之闻人，他如宫下孝雄、矢代幸雄等后起之秀，更不可胜数。"[2] 陈之佛在这篇文章中提到的日本工艺图家当时均有译著在国内流传。以小室信藏的《一般图按法》和《图按之意匠资料》①为例，从中不难看出，陈之佛关注的图案学研究课题是装饰纹样，尤其是对于纹样的"便化法"和"构成法"的研究，辨析这两种方法的弊病，指出前者采取了一对一的写生与便化，后者采取了分解式的构成。这样，就辨析出不利于图案创作想象力发挥的症结所在，也自然得出不利于各种图法组合训练的问题。特别是图案的"便化法"，将艺术创作的启发和处理手法变成了纯技术的公式。这种倾向，在我国当时出版的一些图案教科书中不仅没有避免，反而表现得更为突出，这为我国近代图案学

---

① 据张道一撰文（《图案与图案教学》，收入其著作《工艺美术论集》），这两本书都是20世纪初日本工艺美术界早期具有代表性的著作，出版于大正（1912—1925）年间。《一般图按法》成为后来不少图案书的蓝本。《图按之意匠资料》专门研究寓意图案。陈之佛曾选择其中的一部分，并结合自己的见解，编成《表号图案》，于1934年出版。关于"图按"之"按"字，是日本初用这个词时的用字，以后才改用"案"字。

[1] 张道一. 图案与图案教学 [M]// 张道一. 工艺美术论集. 西安: 陕西人民美术出版社, 1986:157.

[2] 陈之佛. 明治以后日本美术界之概况 [J]. 艺术旬刊, 1932, (06):14.

的建立奠定了一条正确认识图案本质规律的途径。再则，日本所建立的图案，细分之多各有侧重，一般称作"基本图案学"，较注重装饰纹样。而另一种称作"用器画"的图案，侧重于几何形纹样。而几何形纹样有一弱点，只强调所谓数学的几何形变化，而忽略了取之于大自然的线形变化。这样，就容易形成一种错误的观念，以为几何形出于主观创造，因而切断了它与现实世界的联系，缺乏艺术的朝气。陈之佛就此分析几何形图案的构成规律，指出像矩形、涡线、抛物线等几何形式同样有助于对形式美的深入认识，并在器型上的运用更能够产生独特的审美意识。[1] 关于陈之佛对近代图案学研究的贡献，在《表号图案》这部教材中更得到充分的体现。他认为："考察古时图案，大都含有一种表号的意义。在这类图案的寓意中，可以探索当时人民的观念、思想、信仰；一方面在其形式上又有有趣味的表现而能满足装饰的欲望，并且由这等图案的意义及其形式上亦可推寻艺术发达的途径，由原始的装饰逐渐发达而呈今日复杂的艺术的样式……虽然现代图案的制作并非为需表号的意义，不过这种表号的原由亦是现代图案家所不可不知道的。而且有许多图案，例如徽章之类的东西，非有一种寓意不能充分地表出其目的。当这时，图案就不但是偏重在装饰，又必须有相的意义了。"[2] 这里，陈之佛从图案的多视角，给图案学的建立开辟了广阔的研究领域，有许多问题值得探究。

就我国近代图案学的研究兴起来看，主要是结合各种专业的工艺图案或装饰图案而取得的进展。在这一点上，受聘任教于上海美专的张光宇对近代图案学研究的同样有着不可磨灭的贡献。据叶浅予回忆，张光宇在 20 世纪初叶跟着画家张聿光到上海，就初显身手于"新舞台"的舞台布景设计。继而进英美烟草公司画香烟小画片，用笔简练，构图方正，独具新意，显出个人风格。及至"时代图书公司"时期，又任教于上海美专，他为邵洵美《小姐须知》一书所作的插图，虽系游戏之笔，但笔笔扎实，图图寻活，又是番风貌……他在图案系任教，作为一个教师，他更可以把从传统、民间吸收来的营养哺育后学。[3] 廖冰兄认为，张光宇的图案风格"是把西方现代的设计手法与中国古老传统的样式'化合'起来。这种造型，即便在五十年后的今天看起来，仍然要使人信服是 mordon 的。光宇的天分，还充分体现在他一手所创，可称为'张体'的图案字体。字体加以图案化当然是古已有之，但现代口味的图案字实则是产生于 20 年代初期。不过，其时的结构、造型、形态虽然大都新鲜，却总免不了别扭之感。至张光宇的图案字一出，却是既独特又自然，千变万化又能和谐统一，你不得不承认这是新的、现代的，又是符合中国书艺规范以及民族欣赏口味的"[4]。的确，在考察我国近代图案学研究兴起的历史脉络中，具有丰富实践和教学经验的图案家是一支重要的学术力量，这主要缘于在学

[1] 陈之佛. 图案 [M]. 上海: 开明书店, 1929.

[2] 陈之佛. 表号图案 [M]. 上海: 天马书店, 1934: 序 1—2.

[3] 叶浅予. 宣传张光宇刻不容缓 [J]. 装饰, 1992, (04):5.

[4] 廖冰兄. 辟新路者 [J]. 装饰, 1992, (04):10.

科的萌芽阶段，许多实践与理论问题的研究划分不可能像今天这样清晰。这就要求今天回顾关注的视角要以历史的事实面貌来看待，采取包容兼蓄的态度来认识 20 世纪初我国图案学研究的建立，这其中既有用学理构建的学者，又有用实践来支持的学者。如此，我们可以说张光宇大量的图案创作与教学实践，同样是为我们解读我国近代图案学建立提供的一份重要史料。柳维和在纪念张光宇的文章中回忆写道："他讲话不多，言简意赅，对装饰艺术不乏精辟的见解：一、装饰艺术的形象刻画，不论线与面，都要求方中有圆、圆中有方，或说圆中求方。此源自生物结构是刚柔结合。舍其一则单调贫乏。二、装饰艺术贵在夸张。恰到好处击中要害的夸张最能引人入胜。当不满足写实手法时，就不得不求助于装饰艺术的某种夸张，以刺激人们的欣赏欲望。……三、装饰黑白画是一大基本功。好的装饰画要画黑白反映出色彩感觉，就是用黑与白正确表现出客观物象色彩的明暗度和色相的深与浅。用有限的黑白归纳表现异彩纷呈的多彩世界是很不容易的，若用装饰手法，则可达到这个目的。这是装饰画作者的一种重要能力。恰到好处的装饰黑白画是主客观的完美统一。"[1] 这段极为宝贵的关于张光宇对图案创作的经验之谈，可视为他对我国近代图案学研究的思路（图 2）。而下面的回忆文献，更可以看出张光宇对图案学研究所持的治学观点。袁运甫记述的张光宇回忆录曾提到："我第一次接触图案，是 1921 年在南洋烟草公司，老板叫我把一幅月份牌画面装饰得好看一些，在这个'装饰'要求的启发下，才画了图案。从那时起，我就没有把绘画与图案分割开来。……作为图案研究来说，我总是力图扩大它的领域，冲破二方连续、四方连续的概念，使图案的根本法则运用于画面造型、结构和色彩处理。……从中国

图 2
陈之佛图案设计作品

数千年的文明史来看，工艺美术是先于绘画而存在的，图案与绘画本是一家。"张光宇"把图案与绘画有机地统一起来，成为装饰艺术的扎实基础"[2]。本文摘录的这点滴史料，足已初步勾画出我国近代图案学研究的兴起面貌。当然，更为翔实的研究有待进一步考证和论析。

　　通过曾在上海美专任教的两位学者对我国近代图案学建立所做研究的史实考据，基本可以确认，20 世纪初期上海美专与我国近代图案学的建立有着千丝万缕的联系。从而进一步证明，上海美专对于我国早期艺术设计教育正规化建设的形成与促进，确实发挥了不可忽视的作用，并因此构成了十分重要的教学与研究基地，这一点是不能因学校的

[1] 柳维和．装饰艺术的金字塔[J]．装饰，1992，(04):11.

[2] 袁运甫．永远的旗帜[J]．装饰，1992，(04):41.

公立或私立的办学属性而改变，这也是本文挖掘上海美专教育史料的目的和研究意义
所在。

结语

上海美专是我国近代新式美术教育领域中具有一定影响力的学校，对上海美专图案
教学史料的钩沉与探寻，有助于挖掘和整理我国近代设计教育的发展脉络，以及设计教
育教学更深层次的演变状况。可以说，一部上海美专图案教学史料记载的，是美专图案
教学在逆水中奋力前进、筚路蓝缕、艰苦创业的过程，这也正是我国近代设计教育发展
的缩影。美专自 1912 年创办伊始就将图案与绘画基础课程融为一体，显示出专业教育
的广泛性。到五四前夕，美专办学已初具规模，此时的图案教学已开始设科进行专业教学。
1919 年成立校董会，蔡元培、梁启超、沈恩孚、王一亭、黄炎培等任校董，更是扩大
了美专与社会的接触面，而图案教学更是与工商业及日常社会生活有着千丝万缕的联系，
促进图案教学的独立建制和教学发展既是美专发展的需要，更是为社会培养"实业救国"
可用之才的需要。应该说，上海美专图案教学在校董会主席蔡元培的"思想自由、兼容
并包"及其美育思想的影响下，经校长刘海粟大力擘画，大胆创造，让各种设计思潮和
流派风格自由发展，各种教学方法相互促进，使兴起不久的图案教学有了长足的进步。
到了 20 世纪 30 年代，在图案教育思想、课程设置、教育方法和管理制度各方面都已臻
完善。美专在此时的培养目标中就突出提到：要造就艺术教育师资，培养国民高尚情操，
促进社会美育，设立图画工艺专业，以造就工艺美术人才，辅助工商业，发展国民经济。
在课程设置方面，更是兼顾专业与综合素质的培养，形成美专图案教学的特色。本文通
过对上海美专图案教学史料的研究，着重于考察该校工艺图案教学的实际状况，以期探
析我国早期设计教育的形成背景和课程设置问题。同时，通过挖掘和整理上海美专工艺
图案教学的教案及相关文献资料，探讨上海美专工艺图案教学与我国近代图案学兴起的
历史渊源，进而提供更多关于我国早期设计教育的办学宗旨、教学思想、教学方式和课
程结构的史料依据。这种钩沉与探寻，是研究我国近代设计教育史的重要组成部分，对
于"以史为鉴"深入认识我国早期设计教育诸多问题具有历史意义和现实意义。

附录一：1922 年上海美专任职教师一览表

姓　名	字	籍　贯	任　职	经　历
刘海粟	海粟	江苏武进	校长兼西洋画科四年级主任及画学教授	创办上海美专及上海女子美术学校，本省教育会干事兼任同会美术研究会副会长
吕　潆	凤子	江苏丹阳	教务主任兼高等师范科主任及国画、西洋画教授	前清函江优级师范图画手工专修科卒业，前任国立北京女子高等师范图画手工专修科主任
王　愿	济远	江苏武进	西洋画科主任、一年甲级主任及西洋画教授	上海美专西洋画科毕业，历任本校教员，兼任神州美术专科学校图画教员、天马会审查员
关　良		广东	西洋画科三年甲级主任	
汪亚尘	亚尘	浙江杭县	西洋画科三年乙级主任兼任西洋画及日文教授	日本东京美术学校毕业
李　骧	超士	广东梅县	西洋画科二年甲级主任兼西洋画及法文教授	法国巴黎美术学校毕业
周勤豪	勤豪	广东	二年乙级主任兼西洋画教授	日本东京美术学校毕业
顾畴人	久鸿	湖北武昌	西洋画科一年乙级主任兼西洋画教授	上海美专毕业，历任该校教员，如皋县女工传习所洋画教员
俞寄凡	寄凡	江苏吴县	高等师范科西洋画手工主任、西洋画科美术史及美学教授	日本东京高等师范图画手工科毕业
唐　隽	哲庵	四川达县	初级师范科主任兼伦理教员	本校毕业前任上海女子美术学校主干兼教务主任
柯一岑			哲学心理学教授	
李石岑	石岑	湖南长沙	心理学及哲学教授	日本东京高等师范学校毕业
陆　爽	露沙	江苏武进	艺术解剖学教授兼校医	日本帝国医科大学卒业
徐祖馥	若衡		西洋画教师	日本东京女子美术学校毕业
洪　野	禹仇	安徽歙县	透视学教授	历任上海神州女学、博文女学图画教员
何孝元			手工教授	
杨寿玉	瘦玉	江苏武进	手工教授	武进县女子师范图画手工专修科毕业，曾任丹阳正则女子中学工艺专修科主任
李佑儒	保民	江苏昆山	英文教授	上海南洋公学毕业
刘质平	质平	浙江海宁	音乐教授	上海专科师范音乐主任
姚琢之		江苏武进	音乐科声乐兼弦琴教师	
徐品泉		江苏江阴	音乐科风琴教师	
吴人文		江苏昆山	西洋画教师	上海美专西洋画科毕业

（续表）

万嘉其	右蟾	江苏海宁	西洋画教师	上海美专卒业
许士骐	御良	安徽歙县	英文教师	上海美专卒业
杨桂松	韵涛	浙江义乌	西洋画及用器画教师	上海美专西洋画科毕业
戴 陵	育万	江苏南通	西洋画教师	上海美专西洋画科毕业
叶鼎荦		江苏江阴	西洋画教师	上海美专西洋画科毕业
刘 懂	懂熙	江苏武进	西洋画教师	上海美专西洋画科毕业
施梅僧	梅僧	江苏武进	函授部总主任	上海美专西洋画科毕业
倪贻德		浙江杭县	函授部甲部主任	上海美专西洋画科毕业
张道宗	天其	江苏无锡	函授部乙部主任	上海美专毕业

附录二：上海近代教育大事记（1839—1937）

（资料来源：陈科美、金林祥著《上海近代教育史（1843—1949 年）》，上海教育出版社，2003 年版）

1839 年（清道光十九年）

是年　法国天主教耶稣会在徐家汇增宝路设立读经班（后改为民新小学）。此为上海教会教育之始。

1843 年（道光二十三年）

11 月 17 日　上海正式开放为通商口岸。

12 月 23 日　英国伦敦布道会传教士麦都思抵达上海，于东门外贫民区传教，并将所办之印刷所自巴达维亚迁来上海，名为"墨海书馆"。此为外国人在中国设立的第一个近代印刷所。

1849 年（道光二十九年）

五六月间　天主教耶稣会晁德莅在徐家汇办读经班，收容难童 12 人；次年，增加到 31 人，读经班改名为徐汇公学，又名圣依纳爵公学（即今徐汇中学）。

1850 年（道光三十年）

4 月　美国圣公会传教士裨治文的夫人爱丽莎·格兰特创办裨文女塾（后改为裨文女校）。此为上海最早的教会女校。

1863 年（同治二年）

3 月 28 日　清政府准李鸿章奏，在上海设立学习外国语言文学馆，即"上海同文馆"。

馆址在上海城内敬业书院之西，首任监督冯桂芬。此为上海官办新教育之始。

1864 年（同治三年）

6 月 洋泾浜复和洋行内设立大英学堂。是为上海最早的外语培训学校。

1871 年（同治十年）

9 月 3 日 曾国藩、李鸿章会奏：拟选聪颖幼童赴美肄业以培人才，并议章程十二条。每年选送幼童 30 名，四年计 120 名，由上海设局经理。12 月 19 日，在福州路设立预备学校，招收粗通文理的聪慧幼童，进行出国前的培训。校长为曾国藩幕僚刘开成。

1872 年（同治十一年）

4 月 英商美查等人创办《申报》。

8 月 11 日 陈兰彬、容闳率第一批幼童詹天佑、梁敦彦、蔡绍基、黄开甲等 30 人由上海起程，赴美留学。

1874 年（同治十三年）

3 月 15 日 英领事麦华陀著文建议设立格致书院，并列章程十五条；24 日，成立书院董事会，选出麦华陀、福辟士、傅兰雅、唐廷枢 4 人为董事。

是年 江南制造局附设操炮学堂，1881 年改为炮队营。

1876 年（光绪二年）

2 月 格致书院于上海北门外西北隅之八仙桥北、英租界正丰街之西竣工。是为中国第一所中外合办的科技学校。北京《中西闻见录》编辑部迁至上海格致书院，期刊改名为《格致汇编》，刊载科技新闻，评介或摘译西方科技书籍，普及科学知识。6 月 22 日，格致书院正式开学。书院除原阅览室外，增辟博物展览、陈列工艺机械、试验仪器、动植物标本等。傅兰雅为监督，徐寿为主管。

1877 年（光绪三年）

是年 "在华基督教传教士大会"在上海召开，并成立"基督教学校教科书编纂委员会"，统一管理各教会学校的教学内容与教学活动。1890 年 5 月，该委员会改名为"中华教育会"。

1878 年（光绪四年）

春　张焕纶在上海创办正蒙书院，初办时有学生 40 余人，分大、中、小三个班级，课程有国文、舆地、经史、时务、格致、数学、诗歌、体育等。是为中国人自己创办的第一所新式小学。1882 年改名梅溪书院。

1881 年（光绪七年）

9 月　中国留美学生监督容闳带领留美学生回国，抵达上海。首批中 21 名送电报局学传电报，二三批学生由船政局、上海机器局留用 23 名，其余分拨天津。第一次留学事业受挫。

是年　美国监理会传教士林乐知创办中西书院，自任监院。书院课程中西兼重，学制八年。

1882 年（光绪八年）

是年　设立上海电报学堂。

1885 年（光绪十一年）

是年　王韬出任上海格致书院山长。

1886 年（光绪十二年）

6 月 26 日　《苏报》在沪创刊。1903 年聘章士钊为主笔，革命态度日益鲜明，7 月 7 日被查封。

是年　中法学校创立。此为上海租界学校教育之始。

1896 年（光绪二十二年）

1 月　经康有为筹划，上海强学会正式成立，并出版机关报《强学报》。这是维新派在上海创办的第一份维新报。

8 月 9 日　《时务报》经黄遵宪、梁启超、汪康年在上海创刊，以宣传维新变法为宗旨。

12 月　罗振玉、徐树兰、朱祖荣、蒋廷黻等人在上海发起创办农学会，并于次年 5 月发刊机关报《农学报》。这是中国最早的农学刊物。

是年　钟天纬在上海创办三等公学。是为中国近代著名新式小学堂之一。

是年　钟天纬、张焕纶等创办"申江雅集会"，开沪上国人组织的教育团体研究之新风。

1897 年（光绪二十三年）

2 月　夏瑞芳、鲍咸恩等在江西路创办商务印书馆。

4 月 8 日　盛宣怀创办的南洋公学在上海徐家汇开学。先设师范院，是为中国师范教育之始；同年秋设外院（即小学堂）；次年春设中院（即中学堂）；1900 年设上院（即大学堂）。外、中、上三院相衔接，逐级递升，为中国近代学校三级制雏形。

是年　董康、赵元益、恽积勋、恽毓麟、陶湘等在上海创办译书公会，并于 10 月发刊《译书会公报》。这是中国第一份由民间人士自办的译书专刊。

是年　叶瀚、曾广铨、汪康年等在上海创立蒙学会，这是中国第一个研究儿童教育问题的团体。同时，发刊机关报《蒙学报》。

是年　南洋公学师范生朱树人等编写《蒙学课本》。这是中国人自编的第一部新式教科书。

是年　谭嗣同妻李闰与康有为弟媳黄谨娱等在上海倡办"女学会"，并于次年先后创办"中国女学会书塾"和《女学报》。这是我国近代早期自办的女校和近代第一份女报。

1898 年（光绪二十四年）

5 月　经元善在上海创建经正女学。是为中国近代第一所国人自办的女学堂。

是年　钟天纬编写《字义教科书》（又称《蒙学镜》或《读书乐》）12 册。是为中国最早的小学白话文教科书。

是年　罗振玉创办东文学社。此为上海第一所开设日文课的学校。

1900 年（光绪二十六年）

是年　马相伯将祖遗家产献于教会，倾家办学。耶稣会接受了财产，却并未办学。

1901 年（光绪二十七年）

3 月　浙江籍实业家叶澄衷创办的澄衷学堂开学，校址在虹口张家湾。

5 月　罗振玉在上海创办《教育世界》杂志。是为我国最早的教育专业杂志。

1902 年（光绪二十八年）

4 月　蔡元培、蒋观云等在上海泥城桥福源里发起成立中国教育会，推蔡元培为会长。该会是国内知识界建立的第一个爱国革命团体。

10 月 24 日　吴馨在南市花园街创办务本女塾。

11 月 21 日　中国教育会决定筹建爱国学社；12 月 14 日爱国学社举行开学典礼，蔡元培任总理，吴稚晖为学监。

11 月 23 日　蔡元培、陈范等倡设爱国女校于上海白克路登贤里，12 月 14 日正式对外招生。

是年　夏瑞芳在上海商务印书馆内创办编译所。

1903 年（光绪二十九年）

3 月 1 日　马相伯在徐家汇发起创办震旦学院。

10 月 9 日　清政府批准盛宣怀奏请，改南洋公学为高等商业学堂。1906 年，改为邮传部高等实业学堂。1911 年，又改为南洋大学。

12 月　吴馨等人在西门外安庆里设立上海公立幼稚舍。是为上海最早的幼儿园。

1904 年（光绪三十年）

11 月　李钟珏创办上海女医学堂。

是年　商务印书馆编辑出版《女子小学教科书》。

是年　虞含章在上海开设理科讲习所。是为中国人自办理科专修教育之始。

是年　龙门书院经扩充，改办为苏松大道官立龙门师范学堂。次年 5 月，举行开学礼。1912 年，改称江苏省立第二师范学校。1927 年，改组为上海中学。

1905 年（光绪三十一年）

3 月 9 日　马相伯在吴淞筹建复旦公学，9 月 14 日开学。1917 年，改名复旦大学。1942 年，改为国立复旦大学。

4 月　周馥将原上海广方言馆改设为工业学堂；9 月，由陆军部接管，改组为兵工专门学堂及中学堂。

是年　恽祖祁在上海发起江苏学会，12 月，召开成立大会，改称江苏学务总会，会址在上海县西门外方斜路。这是清末创办最早、影响最大的省级教育团体。次年 10 月，改称江苏教育总会。1912 年又改名江苏省教育会。

1906 年（光绪三十二年）

2 月 23 日　中国公学正式开学，校址在虹口北四川路底新靶子路。

是年初　同盟会上海分会会长高旭与朱堡康、柳亚子、陈遗陶、沈蛎、陈去病等于西门宁康里筹建健行公学，培养反清革命志士。

是年　江苏教育总会在上海设立法政研究会，后又将法政研究会改为法政讲习所。

1907 年（光绪三十三年）

3 月 8 日　杨斯盛创办的浦东中学堂正式开学，校长黄炎培。

11 月 16 日　徐一冰在上海创办中国体操学堂。是为我国近代最早的新式体育学校。

1908 年（光绪三十四年）

是年　上海县教育会成立。

是年　马相伯再次倾家捐资，为震旦学院购地 100 亩（约合 6670 平方米），捐英法租界地基八处。

1909 年（宣统元年）

2 月　上海商务印书馆总经理夏瑞芳于上海创办《教育杂志》。这是我国发行时间最久、流行最广、影响最大的教育月刊之一。

8 月　江苏教育总会在上海开办单级教授练习所。

1910 年（宣统二年）

9 月　江苏教育总会发起的江苏各属劝学所教育联合会在上海召开成立大会。

是年　江苏教育总会发起各省教育总会联合会，并于次年在上海召开第一次大会。

1911 年（宣统三年）

11 月 4 日　上海光复。

11 月 5 日　兵工中学堂的学生发起组织中华学生军，以拥护革命。这是上海光复后的第一个学生军事团体。

1912 年

1 月　上海中华书局创办《中华教育界》，首任社长舒新城。这是我国近代流行最广、影响最大的教育刊物之一。

2 月　闵兰言、柴育龄、李华书等在上海创办女子法政学校。是为我国民办政法学校之始。

11 月　刘海粟、乌始光、汪亚尘等在上海创办图画美术院，设立西洋画系。是为中国正规西洋画教育之始。

是年　胡敦复、平海澜、朱香晚、吴在渊等在上海组织"立达学社"，并在肇周路南阳里创办大同学院，于 3 月 19 日开学。首任院长胡敦复。1922 年，改名大同大学。该校为上海较早创办的私立高校之一。

是年　傅兰雅和傅步兰父子于北四川路创办上海盲童学校，除小学课程外，另教授缝纫、藤器、编织等手工技术。

1913 年

是年　黄炎培在《教育杂志》第五卷第七号发表《学校教育采用实用主义之商榷》一文，为黄炎培正式公开提倡"实用主义教育"之始。

1915 年

9 月 15 日　陈独秀主编的《青年杂志》在上海创刊，由上海群益书社出版。自 1916 年 9 月 1 日第二卷第一号起，改名《新青年》。1920 年 9 月起，成为中国共产党上海发起组的机关刊物。1923 年 6 月起，成为中共中央理论性机关刊物。

是年　美国基督教监理会于上海东吴大学附属第二中学设立东吴大学法科，是为国内唯一只学英美法律的学校。学制五年，并设硕士班。1927 年后，扩大为东吴法学院。

1916 年

9 月　黄炎培于上海他所主持的江苏教育会下设立职业教育研究会。这是我国第一个省级职业教育研究团体。

1917 年

5 月 6 日　黄炎培与蔡元培、张謇等 48 人在上海发起成立中华职业教育社。

1918 年

6 月 15 日　我国近代教育史上第一所职业学校——中华职业学校，在上海陆家嘴举行校舍奠基式，8 月 20 日开学。首任校长顾树森。

1919 年

5 月 1 日　杜威应北京大学与江苏教育会等的邀请来华讲学，第一站即为上海，讲演的题目是《平民主义的教育》。

1920 年

4 月　陈望道翻译的《共产党宣言》在上海出版。这是《共产党宣言》的第一个中文译本。

7 月　中国共产党上海发起组为了培养干部，在上海渔阳里 6 号设立"外国语学社"，由杨明斋负责。刘少奇、罗亦农、任弼时、肖劲光、任作民、王一飞、汪寿华、彭述之等都曾在此学习，后被送往莫斯科东方大学学习。

1921 年

7 月 23 日　中国共产党第一次全国代表大会在上海举行。在《中国共产党的第一个决议》中，提出建立劳工补习学校、劳工补习所等主张。根据"一大"决议，中国社会主义青年团又通过了《关于教育运动的决议案》，提出了社会教育、政治教育和学校教育的具体任务。

1922 年

3 月 10 日　中国社会主义青年团在上海组织"非基督教学生同盟"，发表宣言，通电全国，反对"世界基督教学生同盟"在北京清华学校召开第 11 届大会。

7 月　中国共产党在上海成都北路辅德里 30 号召开第二次全国代表大会。大会《宣言》提出"改良教育制度，实行教育普及"，"女子在政治上、经济上、社会上、教育上一律享受平等权利"等教育基本要求。

10 月　舒新城在中国公学中学部进行道尔顿制试验。

11 月 2 日　北洋政府以大总统令公布了《学校系统改革草案》。

是年岁在壬戌，又称《壬戌学制》。相对于 1912—1913 年的《壬子癸丑学制》而言，又称"新学制"。因规定修业年限小学为六年，初中为三年，高中为三年，又称"六三三制"。

是年春，吴梦非等在闸北青岛路师寿坊设立"私立上海专科师范学校"。是年秋，改名"私立东南高等师范专科学校"。后改名"上海大学"，其英文名为 People's College of Shanghai。10 月 23 日，于佑任任上海大学首任校长。共产党人李大钊、邓中夏、瞿秋白、恽代英、杨贤江等在校任职、任教。

1925 年

6 月 3 日　圣约翰大学学生为抗议美籍校长卜舫济，集体退学，另行筹组光华大学。

1927 年

1 月　广州革命政府将美国纽约万国传道总会组办的岭南大学收回，由中国自办，开接办教会大学之先河。

9 月　中华职业教育社创办"上海职业指导所"。这是我国第一个免费提供职业咨询的机构。

1928 年

是年　秋　陈鹤琴受聘任上海公共租界华人教育处处长。

1929 年

是年　杨贤江撰《教育史 ABC》一书，由上海世界书局出版。

1930 年

2 月　杨贤江的《新教育大纲》由上海南强书局出版。这是我国第一部以马克思主义为指导，系统阐述教育理论的专著。

5 月 20 日　"上海左翼社会科学家联盟"成立，简称"社联"。

1931 年

9 月 22 日　"上海各校抗日救国联合会与教育界救国联合会"成立。

1932 年

10 月 1 日　陶行知在上海与宝山之间的孟家木桥创办"山海工学团"。同年秋，又在上海西郊北新泾镇陈更村创办"晨更工学团"。随后，还在上海开办了"报童工学团""流浪儿童工学团""劳动幼儿团"等，并采用"小先生制"，贯彻"教学做合一"等。

1936 年

5 月底　在上海圆明园路青年会成立"中华全国学生救国联合会"与"全国各界救国联合会"。

1937 年

4 月 7 日　沪江大学校长刘湛恩被暗杀。

10 月 28 日　"上海学生界救亡协会"成立，简称"学协"。

　　附记：本文是在笔者撰写的《上海美专工艺图案科课程设置与近代"图案学"建立史考》（2006 年《设计教育研究》丛刊第 4 辑）一文的基础上重新修订的文稿，全文不仅对原文结构及内容做了较大幅度的调整与修订，而且增补了较多新近发现的文献，使这一论题的研究有所推进。

上海美专的史料搜集与整理

首先感谢论坛主持人顾丞峰和丁亚雷两位老师的邀请，让我能有这个机会与参加"当代艺术与信息管理论坛"的各位专家结识，感到非常荣幸。我今天报告的题目是《上海美专的史料搜集与整理》，这个题目是我近三年从事校史研究的一个专题。

2012 年，对南京艺术学院来说是一个非常重要的年份，我们学校迎来了百年校庆。在学校和研究院领导的大力支持下，我所任教的艺术学研究所承担了多部百年校史专刊的编撰工作。我今天在这里向各位专家和现场师生报告的内容，有许多正是我们这支编撰团队的工作汇报，借此机会与大家交流和分享。在这里，我要特别感谢马海平老师、陈洁老师和史洋助理，他们为我今天的报告提供了许多翔实而生动的文献资料。

南京艺术学院百年，为什么我们有资格从上海美专说起，换言之，上海美专与南京艺术学院百年究竟有多少联系？为什么我要先说这个似乎不是问题的问题呢？因为在做百年校史的时候，我们注意到上海《东方早报》从去年 9 月开始，为纪念上海美专成立百年而开设特别专栏，连续刊登一系列专稿，从不同的侧面对上海美专百年校史进行解读。但可以看出，他们认为上海美专的历史已经结束了，其存在的时间仅是从 1912 年到 1952 年。至于南京艺术学院为上海美专的继承者他们只字未提，他们采取这样的模糊记述方式，可以理解为此时此刻只说上海美专实际存在的历史。不过，这对于治史的客观性来说，多少显得狭隘。还有另外一件事，是触动我说这个"不是问题的问题"的主要缘由。这就是最近我们学校领导到中国美院参加一个艺术教育论坛，国美领导和其他出席论坛的一些专家提出疑问，说：南艺有百年吗？上海美专跟你们有什么关系？上海美专应该是和上海大学美术学院有关系才是，上大美院不是说是在上海美专基础上发展起来的吗？其实，回答这个问题特别简单，这里我就选择同在上海发生的例子来说事吧。

2012 年 11 月 17 日由世博会中国馆改建的上海中华艺术宫落成，推出的首期重要展览活动取名为"不息的变动——上海美专建校 100 周年纪念展"，其主办单位是上海市委宣传部、上海市文化广播影视管理局、上海市档案局，而承办单位则是刘海粟美术馆、上海市档案馆和南京艺术学院。如果说上海美专与南艺没有关系，这个承办单位怎么会标上我们学校的校名呢？应该是上海大学美术学院才是。这已经说明了问题。至于说到上海大学美术学院的前身，应该不是上海美专，而是上海美校。这两所学校的概念差距极大，这在上大美院网站介绍中也写得非常明确："其前身是成立于 1960 年的上海市美术高等学校"（习惯简称"上海美校"）。请注意，此时距 1952 年上海美专并入华东艺专已经过去了 8 个年头。而在其网站介绍历史沿革时，上大美院采取的同样是模糊记述，即说"从上海美术教育的发展看，办学历史可以追溯到 1924 年，当时共产党创办的上海大学已开设了美术科，而后相继成立'上海美专''新华艺专'等学校。1960年改为'上海市美术高等专科学校'"。毋庸多言，这其中的时间和学校继承脉络出现的问题已非常明显。所以说，这些都是我们在做南艺百年校史专刊编撰工作时面临的校史正名，辨正名分，使名实相符的事。

自然，我这么说还只是文献记载上的证明。关于史实见证的问题，习惯上不仅仅只是文献记载说了什么，还要有旁证，甚至第三方独立证据能够证明什么。这么说来，我们现在要在南艺校园里寻找上海美专的旁证或第三方独立证据已有困难，因为学校几经迁徙，校址都不可能作为直接证据，其他更难说了。不过，我还记得，1978 年夏天我刚来到这个校园上学的时候，那会儿还能看到一点点上海美专的影子。什么影子呢？就是在教研室里那种老式三件套的办公桌（台面和两边抽屉柜组合起来的桌子），还有教室里的旧课桌椅等，还能看到上海美专校产的印记，后来又在旁边打上一个华东艺专的印记，这表明这些是从上海搬迁到无锡，又从无锡搬到南京的桌椅，甚至还有学生宿舍的那些板床上也有打着上海美专的印记，这可以算作两校联系的旁证。只是这些校产桌椅和板床已经随着历史的变迁而灰飞烟灭了，可能我们再也无法找回这些原真的物件了。所以说，我们今天要去做一个校史馆陈列，再做一个当年的课桌，或当年先生们使用过的教具，这只能是一个仿制，或者叫"镜像制品"，原真的物品已经没有了，也可以说是旁证链断开了。就像学校南大门广场树起的上海美专校门楼牌也是一个仿制品，功能是让每年新来学校的同学知道这里和上海美专有这么一个渊源，这也可以算作文献之外的"象征性"旁证物了。去年在上海搜集资料的时候，我和上海电视台记录栏目组编辑有过交往。他们说在南艺百年校庆的时候，希望在南京和上海选定几个点做直播，将上海美专和南艺百年这段历史串联起来向大家介绍，后来由于资金和技术等诸多问题无法一一落实，这个节目策划终究没有成功。

以上讲的这些事，是想说明为什么我们有资格来讲上海美专。接下来，我想今天的报告不只是在证明上海美专和南艺百年的历史关系，而是向各位报告一下，我们在寻找上海美专历史文献过程中留下最深印象的一些话题，大致分为两个：一个是上海美专的文献资料保存得如何，究竟在哪些地方还能看到；第二个是这些文献资料给我们呈现出上海美专许多丰富而生动的历史情景，让我们得以重新认识历史。

先说第一个问题。我们知道上海美专是我国近代新式学校教育出现后创办较早的一所美术专科学校，其办学经历具有历史性的标志意义。之所以这么定位，一是上海美专的创办，可谓是自19世纪下半叶开始，在我国出现许多与旧式教育完全不同的新式学校教育之风影响下的产物，尤其是洋务运动极大地推动了新式学校的发展，为新式学校注入了大量来自西方科学技术和文化教育的内容，转变了传统方式培养人才的手段，为我国近代化事业培养了许多有用之才。上海美专就开设了许多新式美术教育的课程，如素描、解剖、透视、制图以及艺术史论等；二是存在时间最长，从1912年直至1952年，之后与苏州美专和山东大学艺术系合并成立华东艺专，再迁南京成立南京艺术学院，绵延百年；三是自20世纪初叶至中叶，在上海美专讲学、执教的学者、画家和教师以及毕业于该校的校友当中，有相当一部分建树于学术并有声于画坛，使上海美专在我国近现代美术教育史上具有特殊的地位和影响力。作为百年南艺的源头，收集和整理上海美专的历史档案成为一项必须而有意义的工作。然而，半个多世纪前的动荡时局和私立学校的办学磨难，使上海美专的办学异常艰难，其发展历程曲折而复杂。譬如，在20世纪前半叶的40年里，校名多次变更、学制应时变动，更有甚者，仅校址在上海市区内就有9次迁徙。由于校园不断变化，在这个过程中，很多文献都已散失。因而涉及的"人"和"事"均成为过往云烟，在历史的记忆中难免模糊，甚至出现某些历史片段的空白。再说，沧海桑田时过境迁的上海，在近现代历史上的地名、事物演变也难免与今日形成隔阂。鉴于某些叙述讹舛不一，至今尚缺一种确切而又连贯的记载，故我们在搜集和整理上海美专校史文献时，主要是参校有关文献资料进行多方考证，以及实地探访和口述历史，梳理出与该校变迁史实大致相符的环节和线索。

目前，保存下来的关于上海美专的文献资料可从这么几个地方看到，一个是上海档案馆，一个是上海市教育局档案馆，还有一个是上海图书馆，再有一个是台湾国史馆。这是我们在搜集资料的时候拍到的一些文献原件图片，上海档案馆的这些原件文献今天已经无法再翻阅了，全部变成了胶片，因为民国时期很多纸张都变得非常地脆，一翻动几乎都快成碎片了，所以现在这批文献资料也是亟待抢救与复原的历史资料。现在这几个档案馆和图书馆里，保存的文献资料应该说还比较齐全。比如说，上海档案馆保存的上海美专资料编目，列为"上海美术专科学校馆藏档案"篇目，以全宗号 Q250 编号，内容囊括上海美专董事会章程资料、上海美专教学文件、上海美专有关办公上下行文资料，还有上海美专财务情况资料等，例如：

Q250-1-278　　上海私立美术专门学校董事会章程及董事蔡元培、梁启超、黄炎培等董事的履历

Q250-1-14　　上海美术专科学校 25 周年纪念一览

Q250-1-501　　上海美术专科学校 1951 年校医室药费账

Q250-1-445　　上海美术专科学校 1925 年学杂费收据

……

像这样的档案细目共计有 507 卷宗，涉及范围很广，小到开学通知、日常缴费明细，大到课程设置、教师名录、人员变迁、校产登记等，可谓应有尽有。虽说现有 507 卷，但据说这 507 卷还不是全部，在台湾国史馆里还藏有 10 多卷，当然这只是听说，我们还未来得及全面核实。以下提到的台湾国史馆藏上海美专文献资料是我们通过台湾朋友帮助查询得到的。在台湾国史馆的档案中，列在《教育部档案》下有专门一卷为《上海美术专门学校立案卷》（编号：195/306），内容也较为丰富。其中有关于上海美专早期杂志《美专月刊》的内容，该杂志于 1921 年创办，在大陆的文献中鲜有提及，我们也没有见到过。这是一份由上海美专校友会创办的杂志，首期《美专月刊》刊载的《月刊宣言》对这本刊物的创办做出了如下叙述：

一、在现在黑暗枯寂的社会里，应该怎么样的宣传艺术，使生活美化；这是谁都确切承认了的，本校校友都是艺术届活动的一分子，宣传艺术的责任，当然是要担负的，这本月刊就当我们宣传的工具。

二、各人的主张，各有不同，即如在艺术上，有主张人生的，有主张独立的，也有主张生命的，我们现在便可藉本月刊发表出来，互相讨论，将来也许讨论出一个正确的结果，我们就可依着那条路径前去。

另从我们复印到的杂志文本来看，该刊物对上海美专的重要事件几乎都有所记载，如第一期就刊登了 1921 年上海美专改组并更名为上海美术专门学校的新闻，并记载了详细的组织系统等信息。杂志在记录学校办学各个方面内容之外，还记载了很多艺坛逸事。

如一篇题为《谁说"骑虎难下"》的文章，是说公愚先生（马公愚，上海美专书法教授，长期在上海美专从事书法课程教学）竟然骑在老虎身上，拍摄了一幅《伏虎图》的照片，当年在《永安月刊》刊出后，曾经轰动一时。事情是这样的，苏州著名园林网师园在抗日战争前曾租给书法家叶恭绰和国画家张善孖、张大千两兄弟。善孖不仅善画虎，而且驯养一虎，以便于时时观察其动态临摹。据说该虎幼时于1935年在贵州山中捕得，有人特意赠予张氏，经其驯养，取名"虎儿"，为温顺的宠物，不加链锁。某次网师园文人墨客雅集，善孖请公愚骑在虎背上拍一照片，且保证安全。照相的是摄影家郎静山。这张照片后来被艺坛称为"五绝"，即地点是苏州名园网师园，伏虎者是书法家马公愚，虎是善解人意的"虎儿"，虎主人是绘虎名世画家张善孖，拍照者是摄影家郎静山：这张照片自然十分珍贵。由此可说，档案是过去工作和历史情况的记录，是历史的真凭实证，是第一手的参考材料，对于我们学术研究有着极其重要的作用，这则艺坛逸事很能说明问题。

上海市教育局档案馆是上海保存学校教育文献资料较为齐全的档案馆，早在民国年间就有上海大中专和中小学校的档案保存其中。1954年上海市教育局档案馆重新整改建立，这样就将早先散落在上海各个区县教育局的教育文献重新集结。这个馆中关于上海美专的教学资料主要是报备教育局的批文，还有关于办学的年度汇报材料等。但文献档案较为零散，有部分档案在1948年底随上海大专院校档案转往台北，保存在台湾国史馆里，时间关系我不一一列举各馆文献名录了。

话说回来，上海档案馆仍然是保存上海美专文献资料的重镇，尤其是涉及教育和教学的文献资料十分丰富。再举例来说，我们做校史研究更关注教学科研方面的文献。上海美专的教学文件保存得较为齐全，其中细目还包括各系科任教老师的教学计划、课程笔录，甚至还有为课程教学编纂的一些教材和大纲手稿。这比我们在南京第二历史档案馆查阅的国立杭州艺专的档案材料还要丰富，因为第二历史档案馆里也只有国立艺专的部分档案卷宗，如财务报表和购买教学设备报表，因为是国立学校，所以当时要报到南京国民政府教育部审批或备案，就此留存下来，关于国立艺专的教学档案则没有存档，而在浙江省档案馆保存的有关国立杭州艺专的教学文件也只是零星的几种。从这一点来说，上海档案馆保存的上海美专的这批文献资料很有价值。

又比如，上海美专早期印刷的招生宣传册，我们现在看了以后觉得非常有意思。这是一份20世纪20年代印刷的招生宣传小册子，提要说明是"不论男女均可入校"。回溯80年前，女生入校这件事可是一件非常稀罕的大事，不仅惊动了整个上海滩，而且波及全国教育界。当然，考察民国年间主张女性接受教育的思想滥觞，正是蔡元培《在爱国女学校之演说》中所指出的"完全人格，男女一也"。他明确提出，应该对女性进行三育，即强身健体的体育，培养精细思考之智育，摒除依赖之特性的德育。同时，蔡元培也特别指出：在慈善、师范等相关专业领域，女子应超过男子。在女性教育方面，我国近代著名教育家、出版家、中华书局创办人陆费逵也提出了一些有价值的见解。他认为：女性接受教育，是在学习谋生的能力，可以独立生存。由于男子与女子的生理基础不同，女子的生理要比男子弱。因此，陆费逵就主张女性教育"以妻之教育，母之教育，适宜职业之教育，为女子教育之主义"[1]。他主张女性教育的方法除了教她们为人妻母外，还应该设女子学堂，专门学习刺绣、裁缝、音乐、蚕业等，为今后有一项技能来生活做足够的保障。因此，可以推断蔡元培出任上海美专校董会主席，以及陆费逵也曾代表中华书局与上海美专联合办学，中华书局以印刷反哺出版，辅佐教育，对上海美专伸以援手，自不在少数。这些实际行动都对上海美专推行女性教育起到了至关重要的作用。大批女生入学，唤醒了男女平等、求知、参与社会交际的美好愿望，像潘玉良于1918年考进上海美专，师从朱屺瞻、王济远学画。1925年她以第一名的成绩毕业，获取罗马奖学金，得以到意大利深造，后来成为著名画家和美术教育家。有意思的是，这样一份招生宣传册的封面，也选用了英国插图画家比亚兹莱绘制的表现女性题材的作品，如果附会解释的话，可说是带有开放姿态，这能引起我们很多的历史想象。

再看上海档案馆保存的上海美专的一些账目表，记录全部用小楷书写，端端正正，每笔账清晰可见。此外还有保存在上海档案馆里的上海美专校徽，以及蔡元培为上海美专题写的校训"诚实"真迹。

另外，在上海档案馆还保存有一份上海美专设立校董会的文件，即董事会章程。在Q250-1-278这份档案中有详细的记载，因为上海美专是一所私立学校，要募捐，吸纳社会办学资金，所以当时还很年轻的刘海粟就和学界、教育界、文化界和艺术界的名流雅士联络，邀请这些级别的头面人物当校董，像蔡元培、梁启超、黄炎培等都曾经是上海美专的重要董事。从1919年上海美专校董会成立，直至1928年美专学潮风波之后校董会重组的近9年之间，校董会先后敦请蔡元培、梁启超、王震、沈恩孚、赵掬椒、黄炎培、袁希涛、康有为、范源濂、熊希龄、张君劢、张东荪、郭秉文、胡适、经亨颐等人为校董。其中，以教育界人士居多。20世纪30年代初，在蔡元培与刘海粟的共同活动作用之下，又有李石曾、林森、叶恭绰、孙科、钱新之、褚民谊、王晓籁、吴铁城、黎照寰、杜月笙、孔祥熙、黄金荣、梁寒操、曾钟鸣、陈公博、顾荫亭、林康侯、郑洪年、

[1] 陆费逵. 女子教育问题 [M]// 赫振省. 教育文存. 西安: 西安大学出版社, 2018:190.

陈树人、江恒源、潘公展、高博爱（法）等人相继添名于上海美专校董会成员之列。校董会又推举蔡元培、吴铁城、钱新之等 5 人为常务校董，负责美专各事的总体筹划；由叶恭绰、李石曾、孔祥熙等 7 人担任经济校董，负责审核预算、决算等学校一切经费筹划事宜。我们研究所有一位硕士研究生就专门做了这个课题，是关于上海美专校董会的研究，包括对这些文献的解读，还原历史情景，以及对文献涉及的历史事实进行追踪考察，这篇论文后来被评为省优硕论文。

除此而外，档案资料里还有上海美专的几次周年校庆专册，细节到什么程度呢，包括历届毕业学生的花名册和担任课程教学的教师名录、校庆活动图片、展览作品图集等。另外，还有上海美专的财务细目，如 1951 年校医务室的账单，以及财务室收取学生的学杂费，还有在报刊上发表的有关学校活动的报道、图片，包括模特儿事件发生的新闻图片，上海美专举办第一次全国美术展览会的场景照片等。我举这些例子是想说明，上海美专的文献资料保存的确完善和完整，并且，在上海档案馆、上海市教育局档案馆、上海图书馆里都能方便查询。

从去年开始，上海档案馆所有馆藏的上海美专文献资料原件均处于重点保护之下，禁止直接翻阅，但这 507 卷宗的 Q250 档案已经全部翻拍为胶片形式提供查阅，这一数字化处理的档案较好地保留了原貌。关于上海档案馆这部分上海美专档案目录，共计 1018 条编目，我们已经编撰出来刊登在《艺术学研究·上海美专专刊》上，为进一步研究上海美专的历史提供了极大的便利。

第二个问题，是通过对这些文献档案的解读，我们能够重温上海美专的许多历史细节，尤其是许多涉及"人"与"事"的历史掌故，让我们从中求证出许多有历史争议的问题答案。因为文献资料很多，我在这里仅举一例和大家分享。这则文献是说：朱屺瞻和徐悲鸿都有在上海美专学习的经历，有意思的是，朱屺瞻和徐悲鸿当时都比校长刘海粟年长一岁。但与徐悲鸿不同，朱屺瞻一辈子都称刘海粟为"校长"，多次在不同场合谈及徐悲鸿与他在上海美专作为同学的经历，并说徐悲鸿是应聘为哈同造像后而离开美专的。

据考证，徐悲鸿是于 1916 年 2 月考取了震旦大学法文系之后，便在报纸上读到了上海哈同花园仓圣明智大学征集仓颉画像的启事，后应征画稿被录用，便转往哈同花园。这是怎么一回事呢？先说哈同花园，这在旧时上海可谓是无人不知、无人不晓的地方。它是近代上海最大的一座私家花园，被誉为"海上大观园"，地址就在现在的上海展览馆，原先叫中苏友好大厦。花园的主人是远东第一富豪，英籍犹太人哈同。再说仓圣明智大学，这是设在哈同花园里的一所带有慈善教育性质的学堂。校名中的"仓圣"，指的是我国古代传说中创造汉字的圣人仓颉，学校奉仓颉为先师，每年春秋两季都要举行祭祀活动。招收的学生从膳食、住宿到学杂费全部由学校提供，设有小学、中学，后来又增设了大学和女校。1916年开始，又成立了广仓学会，也就是学校与学会合为一体，采取多种形式办学。课程主要是文字学和佛学，如该校课程注重《说文解字》的讲解，曾聘请王国维、章太炎等国学大师任教，王国维在这里再次完成了《戬寿堂殷墟书契考释》。学校还设有图书馆、礼乐器室等，均以研究中国古代文字、古董和典章制度为宗旨。聘请的先生还有康有为、陈三立、章一山、费恕皆、邹景叔等学界名士，让他们来做教书、编撰和研究工作。校长是由热心文化事业的哈同花园总管姬觉弥担任。这位姬觉弥先生也是一位身世不平凡的人物，他本名叫潘小孬，清光绪十一年（1885）出生于徐州府睢宁县高作镇东南3华里的潘家庄，家世贫困。但他自幼好学，在家乡私塾为旁听生。后前往上海谋生，考取哈同洋行的收租员。由于他的勤奋、机敏、相貌英俊，得到哈同夫妇的赏识，成为爱俪园总管，并为他改名姬觉弥。可能是出于对童年苦难经历的同情，姬觉弥与当时正处贫困的徐悲鸿结识后，不仅从感情上，更是从绘画水平上录取他在哈同花园任教。1949年后，姬觉弥移居香港，1964年在香港去世。

话说回来，徐悲鸿从报纸上读到哈同花园征集仓颉画像的启事后，便着手创作，准备应征，最终在众多应征稿件中脱颖而出，顺利入选。他不仅得到了一笔高额奖金，而且哈同夫人和校长姬觉弥还邀请徐悲鸿住进哈同花园作画。同时，他们聘请徐悲鸿为哈同花园的美术指导和仓圣明智大学的美术教授。至于刘海粟与徐悲鸿的历史恩怨，有关徐悲鸿与上海美专的历史渊源，更是说法不一。然而，我们从一些文献材料中寻找到了答案。这是马海平老师在上海档案馆查询上海美专档案资料时发现的，其中有记载：

1913年的中式账簿七月初七至初十的流水账上就记载："初七：收徐悲鸿学费五元；初十：收徐悲鸿学费两元"，而徐悲鸿在上海美专的个人账户也有记载，曰"专修科徐悲鸿，收膳宿费六元……"

可见，每笔费用、每项支出都有详细记载。这里不难看出，徐悲鸿的确曾是上海美专的学生，我想这正好可以说明徐悲鸿和上海美专应当有的联系，那我们可以以此推知徐悲鸿和刘海粟之间也有师生关系的存在，当然这还有待于我们的进一步考察。

讲到这里，我想说一点体会，就是关于史料搜集整理与研究方法的问题。记得翦伯赞说过，史料对于历史研究非常重要，"若不钻进史料中间去，不能研究历史；从史料中跑不出来，也不算懂得历史"[1]。那么，如何做到既进得去，又出得来呢？这里必然

[1] 翦伯赞. 怎样研究中国史？[J]. 文化通讯（上海1947），1948, (06/07):6.

涉及一个研究方法的问题，就是在搜集和整理文献资料的时候，要将史料与方法合而为一，即采用有效的方法对文献资料加以衡量与考察。翦伯赞在《怎样研究中国史？》一文中说得更加明白，他强调，研究历史，固然要有正确的科学方法，但方法本身并不是历史，也不会自动变成历史。关键在于要从史料整理和批判着手，一是逐书搜求，把史料完全找到，二是从一种书或资料的引用语或注释中去追寻与这一史料有关系的其他资料。而完成这些工作只是开始，接着要对史料择别与辨伪、史料辩证与考据，还要考虑史料搜集整理与统计以及逻辑的推理等。翦伯赞说的意思大致如此，这对我有很大启发。其实，早先唐代史学家刘知幾也说过："夫有学（史料）而无才（方法），亦犹有良田百顷，黄金满籝，而使愚者营生，终不能致于货殖者矣。如有才而无学，亦犹思兼匠石，巧若公输，而家无楩柟斧斤，终不果成其宫室者矣。"[1]这说明对待史料搜集与整理不能仅仅是埋头苦干，更重要的是挖掘梳理，寻找可用之材料。

接下来，我想说说上海美专档案文献保存相对完善的原因。我想有这么两点值得注意：其一，上海美专尽管经历了动荡和战乱年代，但上海美专的办学地点大致说来迁移的区域并不太大，也就是说9次搬迁没有跨出上海市区，较苏州美专的迁校波折涉及区域有上海、浙江等地要小得多，这为档案保管提供了极大的便利。其二，上海在当时是国内相对开放、繁华的城市，又是接受西方思想较早的大都市，加上租界地区来自西方的城市管理手段已呈普及，这对整个上海产生影响较大。比如，民国初年，上海就有民企档案资料馆、上海教育局资料馆等，记载相关行业的机构设置、成立、撤销、迁移、改组、变更登记的文件材料。诸如关于开、复、停业登记与立案、领取营业执照的申请，商业（教育）登记证，发展简史与概况调查表，组织系统图，所属分支机构登记表的呈文、批复、通知、通函等档案材料均有保管，可谓是历史文献记载接续有序。这两点在我们搜集与整理上海美专文献过程中印象非常之深。

此外，上海美专档案资料相对完整还有一个条件，这就是上海美专很早就创办了学报，为学校教学和研究积累了丰富的历史文献。上海图书馆收藏有当时上海美专校刊——《美术》杂志。这本校刊非常重要，蔡元培还为这本校刊专门题写了刊名。该杂志共计出版八期，在我们搜集资料过程中，不但复制了部分纸质文稿，还搜集到全套八期的胶片档案。

这本校刊自创办之初就非常详细地记载了上海美专的办学历史，有研究专题、教育专题，其发表的各类文章、通讯和绘画作品，均与美专的教育教学活动紧密联系，刊物上有大量关于上海美专教育教学活动的记载，其中的理论文章更是集中反映了那个时期

[1]转引:门岿.二十六史精粹今译[M].北京:人民日报出版社,1995:1349.

上海美专的办学思想以及对现代美术教育的探索思考。上海美专历史上出版了多种刊物，如《艺术旬刊》《葱岭》等等，这些刊物也为我们从另一个角度去了解上海美专历史提供了可能。

考察上海美专首创的这本《美术》杂志，可以说它不仅是上海近代高校创办最早的校刊，就是在全国范围内也是率先创办的高校校刊之一。从现有文献记载来看，蔡元培执掌北大时创刊于五四前夕的《北大月刊》，以及同时出版的北大《新潮月刊》，与之相比也还是迟后一年出刊。而同在上海的国立音专，其校刊《乐艺》却迟至1929年才创办。所以说，上海美专校刊《美术》杂志的创办，具有开先河之举。有文献记述，这本校刊出版后，曾经引起鲁迅的重视。他在《每周评论》上发表文章说："这么大的中国，这么多的人民，又在这个时候，却只看见这一点美术的萌芽，真可谓寂寥之至了。……我希望从此能够引出许多创造的天才，结得极好的果实。"鲁迅言辞凿凿阐明了对上海美专首创这本校刊寄予的希望，可谓是对这本校刊的肯定。

从史料搜集来讲，将近代时期的全套杂志归整十分难得，因为杂志通常在发行中容易散失，但杂志反映的史料往往都是一手资料，不像著述大多是后来补记的，会有许多刻意的选择，甚至改写。就像刚才我听到诸位学者发言中对中国现当代艺术文献搜集过程真伪判别一样，对原文献的搜集整理确实非常必要。我想半个世纪前，上海美专编辑出版这本校刊，他们可能不像我们这样具有对史料积累的意识，但他们确实做了，而且做得很好，为我们今天认识历史提供了可靠的文献资源。

关于上海美专新史料的挖掘，我们在与上海《东方早报》艺术评论编辑部交换资料时又获得新进展。

一则消息是，去年9月间，该报组织的记者寻访组沿苏州河而上，提出的口号是"重走上海美专颠沛迁徙之路"，再度探访上海美专各个办学遗址地，从历史变迁留下的空白中寻找弥补线索。他们终于在上海石库门地区找到了没有被拆除的三幢上海美专时期的旧建筑，这三幢旧建筑立于喧嚣市井一隅。按照记者的说法，以现值成本核算，这三幢旧建筑属于极高价房产，有房产公司希望介入其中。但目前的困境是，理应作为文物保护单位的这些遗址，至今并无上海市政方面的正式说法。这三幢建筑本为中国近现代美术教育的摇篮地，也是海上画坛的重要文化遗址地，今后的命运仍难预料。对这三幢建筑的现状，记者描述得十分惨淡："内里空间灰暗，电线在头顶四布，原先的画室、办公室、宿舍楼分割了近200多个空间，密密匝匝地填满了'七十二家房客'。"

另一则消息是，发现于顺昌路的上海美专毕业纪念碑，是经卢湾区档案馆编审、在上海地方史研究者许洪新及其他文史专业人员的参与考证下，揭出其峥嵘的。该碑是民国十七年（1928）七月制的石碑，题头篆刻四个大字"雪泥鸿爪"。在这块长 76.5 厘米、宽 39.5 厘米、厚 2.5 厘米的灰黄色毕业纪念石碑上刻有 126 个字，分成 17 行，以略带魏碑和隶书的字体书写了这一年上海美专第二届各系毕业生的姓名。在 33 位师生中，记者通过探访只获得其中两位踪迹：一位是时任教师的朱天梵，另一位是学生叶鉴修。余者皆湮没于茫茫然的岁月里，真正应了"泥上偶然留指爪，鸿飞哪复计东西？"之题意。按照记者记述，镌刻于碑上的笔画金石书卷气强烈，正是教师朱天梵所书。朱天梵为浦东三林塘人，早年赴日留学归来，因参与革命撰写革命书籍受到清廷通缉，流亡南洋时任中学校长、教师，1908 年返回内地。辛亥革命后，朱天梵常于上海松江和金山一带活动，曾在民国政府中担任秘书科长一职，因受不了倾轧愤而离开，至上海美专任教，攻金石书画篆刻。解放后朱天梵受上海中国画院邀约，但因身体不佳未能出任，著有《天梵印存》等著作。学生叶鉴修成为工艺美术专家，中华人民共和国成立之后任浦东电器厂总务科长等职务，是工商业美术创作家协会发起人之一，并担任协会理事长。

再一则是关于上海美专校舍建造的逸事探寻。记者采访描述说，1912 年，刘海粟以武训办学方式四处"化缘"，借绍兴府织造公署同乡会之名租用了两亩地，在此基础上建造起上海美专的校舍，当时造价并不高昂。因为筹集经费问题，刘海粟发起成立校董会，校董名单上如前所述不乏有黄金荣、杜月笙、张啸林等这些名震江湖的"大亨人物"，这对于募集学校建设经费有着重要的作用。该栋校舍建在当年法租界的顺昌路 550—560 号，是三幢西式大楼建筑，这在当年由在沪欧洲人掀起的轰轰烈烈豪宅建设的年代里丝毫不起眼。但是，作为海派文化遗址，上海美专却是独一无二的。上海曾经有过许多美术院校，但上海美专是唯一保存下来的一所学校。上海地方史研究者许洪新在接受《东方早报》记者专访时反复强调了这个观点。这三幢建筑挑高约 6.5 米，各楼层的玻璃移窗能够全部打开，这在沪上建筑中并不多见。楼内美其名曰"天存阁"的地方，实际是一个尖顶挑高的阁楼，旧时上海美专师生把作品堆砌于此。镶嵌在二、三楼画室墙上的窗户都有离地 2.2 米的高度，这种制式在上海的老建筑中也难以觅到雷同的式样。如是设计安排，正是为了当年师生们画画的便利，用以保证充足的光线。

更值得我们关注的一件事是，记者报道说，据长年居住于此地的居民透露，1976 年之后的第一次大整修中，工人们在石灰封住的墙面里发掘出了许多油画。这些不具名的上海美专老油画原先只是被石灰糊住了表层，经过了几十年的躲藏，躲过了厄运，重见天日之时，却躲不过"整修"之风的大铲子。人们虽无从知晓它们是出自当年哪位画家之手，只明白墙内的老油画是当年上海美专留下的师生作品。然而，在"整修"的美意之下，藏匿于墙壁内的油画终于被毫不留情地铲了个干干净净，如今，以一面白墙的森冷和空白，无言地直面着纷至沓来追溯的人们。这是一件令人扼腕的事件，历史不再重现。

这里再补充一点史料，是关于上海美专的音乐教育。大家知道的上海美专，因为是美专，老以为是一所纯绘画性质的美术学校，实际上这正好说明"美术"这个词进入我国以后发生的转变。从历史上讲，美术，即英文的 art，原意是指造型艺术。具体所言，是指占据一定空间、具有可视形象以供欣赏的艺术。一般是指除建筑艺术之外的绘画、雕塑等造型艺术的通称。"美术"这一概念始见于欧洲 17 世纪，也有认为正式出现应在 18 世纪中叶。近代日本以汉字意译，"五四"前后传入我国。开始时，美术包括所有的艺术门类，正好与现在的概念相反，是大的艺术范畴，而艺术则多以"造型艺术"相称，按照科目划分，大致为两大类，即纯美术和工艺美术两类。所以说，早年的"美术"概念就是我们今天所讲的艺术概念。这样说来，上海美专开设音乐教育便是顺理成章的事。

有一幅上海美专音乐教育的照片，是高师第一届音乐实习课的师生合影，拍摄时间是在 1923 年的 6 月。前排坐的是清一色的女生，手里拿着小提琴，这在当时可谓是极出色的女生音乐团队。这也是新式教育推行后，女子接受新式学校教育的写照，从中也反映出上海美专对我国早期女子教育和音乐教育做出的贡献。从陈洁撰写的《上海美专音乐史》一书记载来看，当时的上海美专既有音乐实习课堂，又有钢琴教室，还有京剧社。当时音乐系主任叫刘质平，他担任了两个职务，高师科音乐组主任、艺术教育系音乐组主任，这是一个实行艺术教育双科制的教学模式。按我们今天的说法，就是美术与音乐全科教学。有文献记载表明，上海美专音乐教育在当时对于推动我国学校音乐教育起到了积极的作用。比如说，上海美专的音乐教育肇始于 1920 年，当时举办有暑期音乐学校，之后 1921 年又在高等师范科开设音乐教育课程，1925 年上海美专的音乐教育已从师范艺术教育的音乐课程发展到建立独立的音乐系科。一批专业音乐教授受聘任教，招收的学员除最初的暑期短训班学员外，还包括师范生和音乐系全日制学员。师范生中有一批是全国各省选送的中小学音乐教师，目的是提高他们从事音乐专业教学的水平。

关于刘质平的身世，在陈洁撰写的《上海美专音乐史》一书中是这样描述的：1921年 7 月，刘质平应上海美专校长刘海粟之邀，专职在该校高师科任职。到 1931 年 1 月，刘质平出任上海美专高师科音乐组主任、艺术教育系音乐组主任，同时兼任西乐学教授职务。此后，刘质平在上海美专还组织了音乐研究会，主办了音乐杂志《音乐教师的良友》，是上海美专音乐专业及音乐系的创办人。由此可说，上海美专也是我国最早推行综合艺术教育的学校。

通过对上海美专史料搜集与整理工作的回顾，我觉得还有许多问题值得讨论，归纳为六点来谈：

一、校史研究是记载一所学校发展历程的重要工作，近年来全国各高校校史研究已蔚然成风，可以说校史研究将会成为一个独立的教育史学研究专题，也会相应地完善其研究方法。诸如校史研究的功能、地位、原则、体例、结构、方法、手段，以及对一些重大历史事件和重要人物的评价等，都会在其研究中得到重视。

二、借鉴历史学、文献学、目录学、版本学和教育学的研究方法进行校史研究，必然会成为交叉研究的主要手段。例如，南艺是一所百年老校，经历了我国近代和当代社会的众多历史时期，其演变历程不仅受制于一定历史时期的政治和经济环境，而且也会受到一定历史时期的社会思潮、文化倾向、民众心理等多种因素的影响。因此，校史研究需要借鉴多种史学、文献学和教育学的理论，从影响历史和教育的各种社会因素、各个社会层面、不同社会角度对校史进行全方位的分析和探究，只有这样才能客观真实地揭示出学校教育发展演变的历史规律。

三、借鉴档案学理论进行校史研究，从现实情况看，大多数学校的校史研究部门与档案部门是合为一家的，这是因为撰写校史必须有大量的史料作为基础，而档案部门保存的有关学校各个历史时期的政策文件、科研文件、教学文件，以及人事、学籍、基建、外事等文件档案，为校史研究与撰写提供了大量翔实可靠的一手资料。因此，档案学中的档案编研和信息资源开发利用理论，对于校史研究亦有借鉴意义。我们也向学校建议，鉴于南艺百年丰富的校史资源，应将校史办这一临时机构变为正式机构，如果再能转到研究部门，有计划地招收研究生参与研究，使校史编撰工作成为一项研究课题便更好了。

四、力求对校史编撰形式与内容有新的突破，重新确立校史编撰体例和内容结构形式。具体而言，面对南艺百年历史，采用什么样的编撰体例，使之结构分明，脉络清晰，能够反映学校的办学特点，对于编一部有特色的校史极为重要。目前，校史的编写体例没有统一模式，通常是或按校名，或按时间，或以国家发展的历史时期为基本框架。最近也有高校大胆采用正史的写法，主体部分以纪、传、志、表的形式组织材料，不失为一种积极的探索。总之，遵循基本史实，理顺学术脉络，编撰一部富有学术化的校史是发展趋势。

五、"历史意识"是校史研究的立足点，以历史现象和历史材料为依据，运用还原历史的手段，从宏观历史角度去认识和解决历史中的具体问题，从微观角度去丰富和刻画校史事实。所谓"历史意识"，理解各有不一，但主要还是对文献资料的读解与判断，也就是识别和分析，以及比较历史现象异同、综述历史过程、归纳历史结论、论证历史观点等。在校史研究中树立这样的"历史意识"尤为重要，因为校史文献的孤证特别多，很难像大历史那样，可以多重举证，多元化识别。再有，就是将"历史意识"与史实探讨结合起来，进行科学、规范的梳理，相信校史研究定会更接近客观事实。

六、口述历史与校史研究关系密切，目前校史研究多以档案文献为基础的宏观叙事结构，而口述历史为挖掘新史料，特别对深化校史研究提供了另一条有效的途径。以我们编撰南艺百年校史专刊为例，进行了大量的口述校史的工作，已经凸显出重要的学术价值。当然，口述历史的目的主要是存史，是对年事已高的老人记忆中的校史进行抢救性挖掘，这些口述记忆在档案文献缺失的情况下弥足珍贵。因此，尽可能全面追问和探求历史真相，为后人留下较为完整和可信的记忆史料非常重要。目前，高校的档案部门似乎还没有注意到对口述历史档案的保存问题，这应当引起高度的重视。

我今天准备的课件内容还有不少，时间关系只好报告到这里，谢谢大家。

本文为 2013 年 5 月 30 日在南京艺术学院举办的"当代艺术与信息管理论坛"发言稿

图案教学的历史寻绎

——关于时尚与文化创意产业协同发展的思考

图案教学在我国设计教育历史上占有极其重要的地位。自1902年张之洞于南京设立三江学堂起[①]，图案教学就被定为主科之一。随后，图案教学在民国时期便发展成为一个体系比较完整的基础学科，成就了像陈之佛、雷圭元、庞薰琹、沈福文、叶麟趾、邓白、李有行等一大批图案教育的先师。自中华人民共和国成立至20世纪60年代初，我国工艺美术教育初具规模，图案教学又被确立为专业的主干课程，成为中华人民共和国工艺美术教育事业发展的重要基础。然而，在1966—1976年10年期间，绝大部分学校被迫停办或解散，图案教学也因此中断多年，及至10年后期，部分学校恢复办学，但图案教学却被大量的生产实践所替代，成为名存实亡的课程。1977年高考恢复，工艺美术院校的图案教学从此获得新生，并逢到历史上最好的发展机遇。新老图案学者彼此承传接力的教学实践与理论研究，形成了图案教学的全盛时期，无论是课程设置、教材建设，还是学术研究、校际交流，都取得了有目共睹的斐然成绩。然而，进入到20世纪80年代中期，图案教学遭遇到了一场外来的"构成"教学思潮的极大冲击，一度成为众矢之的，甚至成为被废名的课程。从20世纪80年代中期至90年代末，图案教学可以说是步履维艰。进入新世纪以后，在艺术设计教育的不断调整与发展的过程中，图案教学又开始复苏，重新进入设计教育的课程视线，许多院校陆续恢复了图案课程的设置，使图案教学在整个设计教育中重新显示其重要作用。本文以历史的眼光寻绎图案教学百余年留下的足迹，聚焦图案教学在各个历史时期发生的变化，以做一份史料备存于我国设计教育的档案中。

[①] 1902年5月，两江总督刘坤一向清廷上奏《筹办学堂折》，呈请在两江总督署江宁（即南京）办一所师范学堂。不久，刘坤一病逝，张之洞署理两江总督，上奏《创办三江师范学堂折》，开具了办学的具体计划，并委派缪荃孙为筹建学堂总稽查，东渡日本，考察现代教育。1903年早春，张之洞回到武汉，接着做他的湖广总督，原云贵总督魏光焘坐镇南京。在张之洞和他先后主持下，三江师范学堂的筹办工作进展很快。当年9月，三江师范学堂正式开学，它是在南京历史上具有现代意义的第一所高等学府，开设文理科多门课程，充分体现了张之洞"中学为体，西学为用"的思想。

一、我国早期设计教育中的图案教学

从历史的角度来说，我国早期设计教育中出现的图案教学，是前辈学人转借日文移植过来的教学命名，最早使用这个词的是日本。明治维新以后，日本的近代科学技术得到很大的发展，由于轻工业和商品生产的需要，图案设计行业也急速成长起来，并形成一个学科。图案，最初写作"图按"，或称为"考察"。这个词在我国古代文献中偶见其影迹，如《汉书·礼乐志》中就有"披图案谍"的话语。《汉书·梅福传》记载的"按图索骥"的成语故事是说相马者执图以求千里驹，用来比喻办事拘泥于成法。"案"和"按"这两个词字面含义有些接近。然而，在我国古代并没有将图案用于物质文化生产之意，更没有成为一个学科名词。作为学科名词，"图案"一词的出现是与英语 design 通释，译为"设计"。从现有资料来看，欧美和日本显然是把"设计"当作一个独立的学科或是艺术门类来看待的，有专门的设计学科之名。不过，其意义较之"图案"更为广泛。由此，"图案"一词被引入我国后，就在学科或专业上被先后置于手工教育、工艺教育、工艺美术教育的课程设置之中，甚至还有命名为图案教育的。可见，这不仅反映出图案教学在我国早期设计教育中具有极其重要的地位，也反映出图案教学的基础性作用，是各类设计教育的奠基性课程。应该说，图案从一开始就多与技能技术课程列在一起，共同构成设计教育的课程体系。当然，我国早期设计教育中的图案教学远未形成完整的课程结构序列，许多涉及图案教学的知识也未纳入其中，可以说课程还未真正定型，但其教学目标是明确的。这样，一条不断完善、不断充实的教学之路便绵延了一个多世纪，一直持续至今。

以现存史料和研究考据的资料而论，我国早期设计教育中的图案教学是在清末民初由国外引入的手工教育中孕育产生的一种课程形式。[1]这便涉及图案教学的"出身"，它是作为手工艺技能技术的传习形式出现的。也就是说，图案教学是一种手工能力的训练。所谓"手工教育"，是与工艺教育有一定区别的教育形式。工艺教育是我国近代职业技术教育的一种，"是指在普通教育基础上，对潜在劳动力进行专业知识、专业技能和操作能力的职前教育和职后培训"[1]。也就是说，工艺教育是以传授专业技术知识和

---

① 在清末民初由国外引入的手工教育中，图案课程的形式主要是描绘各种刺绣和样本的画稿。像 1894 年由外国修女在山东烟台开办的"培真女子学校"就以教授刺绣为主，刺绣需要图案画稿作为依据，这样图案课程便成为该校传习的重要内容。1864 年中国耶稣会总部在上海徐家汇土山湾孤儿院所设的工艺院，就开办有印刷、木工、绘画、成衣、制鞋与铜器等五个工场。其中，木工工场制作的家常用品以精巧为贵，著侈品则以古雅精细为贵。但无论何种木器均备有样本，依样制作便需要图案绘制，这是出现图案课程教授的目的。此外，清末年间在南方各地受传教士的蛊惑兴办"女学"蔚然成风，各种女子学堂多开设手工课程，其中的图案教学便是主要内容。辛亥革命后，在教育领域兴起了针对封建主义教育的斗争，展开了一系列的资产阶级教育改革。此时，在手工教育、工艺教育中便大量引进日本的图案教学。

[1] 刘桂林. 中国近代职业教育思想研究 [M]. 北京，高等教育出版社，1997:2—3.

技能为培训内容的就业教育。而手工教育一般来说，是一种通过基础性的手工操作与劳动来训练人的动手与动脑的能力，以求达到实践与认识相结合的目的，进而帮助受教育者更好地掌握日常生活的制作技能，并与技术、经济、社会乃至审美等诸多因素产生互相联系的一种基础性的实践教育。这就是说，手工教育不同于一般性的职业培训，不是一种直接为社会生产做职业准备的教育，而是一种旨在人的身心全面发展的基本技能教育。因此，它的出现主要施行于普通基础教育以及与之相联系的师范教育之中。当然，就教育的宗旨而言，手工教育又与图案教学有着不同的出发点，但部分目标还是一致的，即在漫长的以手工业为主要生产手段的年代里，突出"艺人们师徒相承，口传心授，直接从事制作，虽然不在纸上打样，却像作家打'腹稿'一样，仍然有'意匠—设计—图案'这个过程。对立体器物的成型叫'形制'，对器物的花纹叫'纹饰'。而且设计和制作没有明确的分工，多是统一在一个人的手上。这里，既有单件制作的作品，也有批量生产的产品。由于手工的随意性较大，进入宫廷的一部分贵族化的工艺品逐渐走上了繁琐虚饰的道路。但这是一种局部现象，而且是人为的，并非规律使然，更不是自来如此。随着近代机器工业的兴起，要求生产做精确的分工，并以工艺规程作为工序的合理节制，设计和制造便明显地分离开来，于是派生出以设计图案为工作的职业，并形成一个学科"[1]。由此看来，图案教学与手工教育，以至与当今的艺术设计教育之间，确实有着千丝万缕的内在联系，可谓是设计教育的源头之一。

如果进一步考察我国早期设计教育中的图案教学，还会发现，这是一项在适应我国近代工业化生产实际需要中应运而生的教育产物。为什么这么说呢？这是因为图案教学的确是缘起于我国近代工业大规模兴起之后，而被促成发展起来的一项设计教育中的基础课程。这一课程的出现，不仅是我国早期设计教育逐步走向成熟的标志，而且是作为一门独立学科得到确认的肇始。特别是作为学科的确认，其标志就是图案教学直接促成了我国近代"图案学"的萌生，这使得我国早期设计教育中的图案教学具有了一种学科研究的意义。

早在 20 世纪 40 年代，雷圭元先生编著的《新图案学》①教材可谓是这一时期图案学研究的代表著作，在我国早期设计教育中占有重要的历史地位和学术地位，这部教材还被当时的民国教育部审定为"部颁教材"。从雷圭元的《新图案学》出版时间来看，当时我国的设计行业和早期设计教育已经在一定程度上得到了社会的认可并有所提高。

[1] 张道一. 图案设计原理. 序[M]//诸葛铠. 图案设计原理. 南京：江苏美术出版社，1991：序 1.

---

① 雷圭元这本《新图案学》由上海国立编译馆于 1947 年出版。

该书的撰写是雷圭元留法期间学习工艺美术的心得，以及在国内从事 10 余年图案教学工作及实践经验的总结。由此可说，《新图案学》一书是雷圭元吸取西欧近现代图案设计思想和总结自身从事图案教学实践经验的融合体，并集中地反映出他对当时及日后的中国图案设计及其教学所做的深入思考。今天，有研究者称："《新图案学》是雷圭元在'五四'新文化运动思潮的影响下到国外追求新学问、新知识、新科学的留学成果和他回国后在图案教育上积极实践的具体体现——强调以人文主义观念来从事图案设计的价值和意义。"[1] 此判断一语中的，雷圭元的图案设计和图案教学思想的确是受到当时西方注重科学理性思想的影响。具体而言，就是在图案内容、图案形式、图案造型以及构成形态和造型语言的具象性与抽象性的内、外在的范畴中追求图案设计的人文价值。毋庸置疑，如果没有雷圭元第一次勤工俭学的留学经历，自然不会有《新图案学》这部著作的产生。可以肯定地说，该著作是国外设计文化和中国工艺美术文化相互交融的产物。同时，在《新图案学》中还体现出雷圭元的治学精神。不管是文献资料、实物资料或图注资料，雷圭元都予以高度的重视和尽可能地广采博收，其目的并非出自嗜奇好古，而是用于深入研究，认真整理和分析。正因为他习惯于在大量占有材料的基础上进行比较、分析与研究，所以才更善于吸取提炼，弃粗取精，力辟众惑，使很多疑难问题涣然冰释，发前人之所未发，使历史认识从局部扩大到整体，从静态跃进到动态，从现实深化到本质。只要读过他的著作，对其整理工作难度之大，所下功夫之深，积累提炼之精和图案之翔实；对其广博的内容、新颖的见解、严密的论证及著述生动活泼深入浅出，都会由衷地敬佩。更可贵的是他对于传统图案的研究，不局限于为研究而研究，而是在于为现实设计服务。[2] 正因如此，《新图案学》在我国早期设计教育中占有重要的历史地位和学术地位，成为当时众多学校实施图案教学的教材。概括这部教材，主要内容有二：其一，详尽地论述了图案的内容（包括图形的要素、图案的内容）、图案的形式（包括完整、加强、变化、节奏、对照、比例、安定、统调）、图案的构成（意匠的具体体现、视觉上的考虑、触觉上的考虑、工作上的考虑、用途上的考虑、材料上的考虑、生活方式上的考虑）和图案的格式（格式的兴起、变迁、发展）等与图案设计有关的造型要素、造型文法以及图案设计中必须注意的计划性、工艺性、艺术性、实用性等方面的基本问题，使从事图案设计者通过阅读该著作可获得既系统又广博的图案设计原理及其表现技法方面的专业知识。其二，从西方的人文主义观点和中国传统的以人为本的角度来论述图案设计与人类生存的关系——图案设计事业的发展与人类生存和社会发展必须协调合理，只有在这种协调合理的前提下，图案设计才可能提升人类的精神审美价值，丰富人类的物质文明价值。[3] 这两点便是雷圭元著述《新图案学》的价值所在，以及其能够在当时的图案

[1] 帅民风. 论雷圭元的《新图案学》人文观 [J]. 装饰，2005, (08):82.

[2] 贾京生. 探索之路 里程之碑——论雷圭元的工艺美术思想 [M]// 《中央工艺美术学院艺术设计论集. 北京：北京工艺美术出版社，1996:45—46.

[3] 帅民风. 论雷圭元的《新图案学》人文观 [J]. 装饰，2005, (08):82—83.

设计及图案教学领域中占有重要地位的原因所在，更是其对我国早期设计教育中图案教学产生深远影响的原因所在。

就我国近代图案学的研究价值而言，除雷圭元《新图案学》的贡献以外，我国近代从事图案教学的先师陈之佛、庞薰琹、张光宇等对近代图案学的研究功不可没，这批先师主要是结合各种专业的工艺图案或装饰图案展开研究工作。在这一点上，正是在他们对图案理论研究的带动下，图案教学逐步向学理层次推进，才使得图案这门实用性学科真正成为能够提供产品"合理""实用""美观"的策划方案和学术研究的途径。^①当然，用历史的眼光来看，探讨"图案"的实用性学问并不是今天才有的，其实早在我国春秋时期的工艺典籍《考工记》中就有详尽的记述。在这部手工艺专著中反映出的，不仅是千百年来实行的父子相传、师徒相授的教育方式，学术之道也是身体力行的经验示范。这有利的一面是代代相传、薪火不断，而有弊的一面却是入行者要达到造诣精深和独出心裁的境界，这就完全依赖于个人出师后的钻研和领悟。正是由于我国在长达数千年的农业社会中实行的是这种手工艺传承的方式，因而这种传授方式和这门"学问"在近百年中却使得日本和欧美走在了我们的前面。尤其是日本在明治维新之后，走上了近代资本主义道路，随着近代工业化的发展，日本的图案教学和图案研究日趋成熟，形成了具有自己特色的一套教学和研究体系。所以，我国早期设计教育中的图案教学一旦与之接触，便很快达到了两者交融的地步，而且又因为我国早期设计教育的图案教学缺乏自身的系统研究，以致连名词和专业术语也都一并采纳日本的"学名"。可以说，从 20 世纪初开始，我国便在早期设计教育中广泛引进和吸收了许多日本图案教学和研究的成果及方法，并以此建立起我国近代设计教育中的图案教学和图案学的研究体系。^②

---

① 关于我国近代图案学的研究性质，张道一在 1982 年撰写的《图案与图案教学》一文中指出，近代图案学是从 20 世纪 20 年代到 30 年代，在我国建立起来的一门关于图案理论研究的学问。"尽管（当时）它还带有这样那样的弱点，特别是同我们民族的优秀艺术传统和现时的物质生产结合得不够紧密，总是初具规模，几乎所有的高等美术学校都设立了有关的专业。老一辈的图案家虽然屈指可数，但他们含辛茹苦，勤培桃李，并且编著和翻译了几十种图案书籍，为我国新兴图案事业铺下了第一层基石。"另外，诸葛铠在《图案设计原理》一书中也专门列出章节来阐述"图案设计学"的问题，认为：我国近代图案学的产生到目前，由于"图案"的概念已经萎缩，"设计"的概念又过于广泛，因而对这一学科的名称及其范围存在较大的争议。因此，"图案设计学首先需要在亚宏观的层次上，对如何解释图案设计与历史、图案设计与科技，以及与人和社会的关系做出解答。同时，不同产品的设计方法不同，但在有机合成、工艺材料、色彩配合的相关性上，又有共同的规律和原理。另外，在设计这个复杂的思维过程中，人的大脑又是如何进行心理活动、如何才能更有效地创造等等"。可见，对我国近代图案学的性质研究已经引起学界的关注。这说明我国近代图案学的建立与当时的图案教育，以至与今天的艺术设计教育和设计学研究，均有着千丝万缕的历史联系，从而表明教育教学与学术研究是促进我国早期设计教育正规化建设的关键，确实对图案教育的进步起到了不可忽视的作用。

② 分析我国图案教学引自日本的原因，主要是日本为近邻，交流便捷，而且"日文"近于中文，利于沟通。因此，我国早期设计教育不仅在引进日式学制、课程结构方面，而且在图案学的研究思路上也都基本照搬日本的进行。可见，当初这种缺乏中国社会土壤孕育的"课程"和"学问"，的确存在着先天不足和致命的弱点。在这样的情形下照搬照抄日本经验当然是断难成功的。然而，进入到民国年间，我国近代新式美术教育中的图案教学又并非以日本为唯一的学习目标，同时开始了大规模地借鉴欧美国家的经验，甚至移植德国和美国的教育方式。

如上所述，我国早期设计教育的图案教学孕育在清末，而真正开展主要是在民国时期，实行的是遵循三股路线交叉行进的策略：一是日本的图案教学，二是吸收欧美近代的设计教育，三是我国传统的师徒传授教育。如此一来，孕育于清末时期的我国早期设计教育的图案教学，终于在民国年间又一次以新的姿态破土而出、萌蘗生长。以1918年成立的国立北京美术学校图案系（实际是设计的系科设置）开设的图案课程为例，这在我国早期设计教育史上可以算作正式开端。当时的图案教学主要是先仿效日本，而后转向欧美形式的教学体系。比如，起初该校图案系的教师是由韩子极、焦自严、黄怀英以及日籍教师鹿岛英二等人组成，而三位中国教师均为留日归国的教员。所以说，北京美术学校初创伊始的图案教学具有明显的日本倾向是有据可证的，甚至使用的教材都是直接采用小室信藏的《一般图案法》。此外，从该校1918年图案系工艺图案专业课程设置表[1]（见附表）中，也能明显体会出其所具有的日本图案教学倾向。

表1　1918年国立北京美术学校图案系工艺图案专业课程设置表

学科课目	预科		本科					
	课程							
	每周时数	伦理学	每周时数	第一学年	每周时数	第二学年	每周时数	第三学年
伦理学	1		1	伦理学	1	伦理学	1	伦理学
实　习	14	平面图案制作	15	各种工艺、立体图案新案制作	18	建筑装饰、各种工艺图案、新案制作	19	同前学年及毕业制作
绘　画	9	写生临摹及新案制作	9	同前学年	8	同前学年	8	同前学年
图案法	2	平面图案法立体图案法						
工艺制								
作　法			2	漆工、金工	2	铸金、陶器染织	3	陶器、染织
建筑学			2	建筑学大意				
美术工								
艺　史			2	东西绘画史	2	东西绘画史、东西建筑史		
用器画	4	平面画法投影画法	2	投影画、透视画	2	同前学年		
物　理	2	物性、力学、热学、电学、光学						

[1] 北京美术学校学则（选录）[M]//张授，章威．中国近现代艺术教育法规汇编：1840—1949．上海：上海教育出版社，2011:121—122.

（续表）

化 学	4	无机、有机						
外国语	2		2		2		2	
制版术			3	写真版及摄影术、网目版	3	玻璃版、亚铅版、网目版	4	玻璃版、三色板
印刷术			2	石板印刷、三色板印刷	2	金属版印刷、木版印刷、复色板印刷	3	同前学年
博 物	2	艺术应用博物学						
合 计	40		40		40		40	

从这份课程设置表来看，在预科阶段的课程中列有"写生临摹及新案制作""平面图案制作"以及"平面图案法"和"立体图案法"。这类课程与同时期的日本"美术工艺"①教育方案相比较，就具有明显的日本教学的主张，即是"着眼于实用主义的观点。它根据临本进行制图式的练习，题材从桌子、茶碗、花卉到建筑物，无所不包，结果培养的是标本绘画师。而普通美术教育的观点认为，必须赋予桌子、茶碗、花卉和建筑物的'美的趣味'。以往实用主义的观点偏重于技术上的要求，却丧失了美术、教育陶冶心灵、寻求美感的重要功能"[1]。这样比较来看，北京美术学校图案系预科阶段课程的设置是对日本"美术工艺"教育主张的一种认可。

作为我国早期设计教育中图案教学的雏形，图案课程应在整个课程结构中占有较大的比例。然而，北京美术学校图案系的课程计划将原本属于工艺设计的教学内容混杂于图案教学之中，且既教授工艺图案，又教授建筑图案，既学习图案制作，又从事新案创作，教学内容十分含混，这反映出我国早期设计教育处于萌生阶段的幼稚状况。

此后，各类美术学校和职业技术学校也多办起了设计教育。其中，上海美术专门学校工艺图案科的设置，以及开设图案课程的史实值得考据。1919 年刘海粟在上海美专校刊上撰写的《参观法总会美术博览会记略》一文中阐述观点，认为"今为吾国真正发

---

① 20 世纪初，日本的工艺美术曾被文部省排斥于全国美术展览之外。这样不仅制约了工艺美术自身的发展，而且也严重地阻碍了其教育的发展。当时日本文部省之所以将工艺美术拒之全国美术展览的大门之外，主要是受欧美将纯美术和工艺美术严格区分的思想影响。而如果将工艺美术与绘画、雕塑并列，那样会使纯美术的地位下降。为了将工艺美术提升到与纯美术相应的地位，工艺美术设计师们便努力创造以欣赏性为主的工艺美术品，而实用的工艺美术品则成为辅。这一做法是否有利于近现代日本工艺美术事业的发展与进步另当别论，但成为当时振兴新型工艺美术的强大推动力却是实在的事实。由此导致了相对于实用工艺的"美术工艺"的诞生，这样，围绕"美术工艺"教育展开的教学方案便应运而生，成为当时日本工艺教育的一个重要组成部分。

[1] 张小鹭．日本美术教育 [M]．长沙：湖南美术出版社，1994:50.

达美术计，宜设国立美术专门学校，各省亦宜设省立美术专门学校，在下者亦应组织研究美术之会社，并多设工艺学校，注意于图案之研究"[1]。从刘海粟的这一教育思想中可以看出，他很早就有竭力倡导设计教育的愿望。1920 年 1 月，刘海粟根据之前去日本考察艺术教育的体会，结合上海美专的实际状况，修改学制，增办工艺图案科。该科的培养目标是养成工艺界实用人才，学制定为三年。从现有的一些史料记载来看，当时上海美专的课程设置涉及面较广，且课程结构已分为公共必修课、专业必修课和专业选修课。①这一课程结构的形成，也是上海美专一贯以"思想自由、兼容并包"作为教学主导方针的体现。在图案教学上主要设置有"图案作法""图案实习"等课程。从教学性质分析来看，此时的图案教学已与清末实业教育中的图案教学有所改变：改变之一，此时期的图案教学较之清末实业教育的"实用技能"传授，更趋于适应当时的社会需求，以改良国货的设计水平，抵御外国工艺品的倾销为直接目的，以实现并促进民族工商业的发展为其目标；改变之二，此时期图案教学已由清末实业教育中的一门"实用技能"传授课程，提升为既有实用又有艺术创意性质的课程门类，使之成为知识领域广泛、学科性质明确的一门新兴课程。有关这一点，我们可以通过其他史料加以佐证。比如，与上海毗邻的成立于 1928 年的杭州国立艺术院（后改为国立艺术专科学校）的图案教学便是一例。时任杭州国立艺术院教务长林文铮在这一时期有过明确的阐述。他指出："图案为工艺之本，吾国古来艺术亦偏重于装饰性，艺院创办图案系是很适应时代之需要的。艺术中与日常生活最有关系者，莫过于图案！图案之范围很广，举凡生活上一切用具及房屋之装饰陈设等等皆受图案之支配，近代工艺日益发达，图案之应用亦愈广…… 吾国之工艺完全操诸工匠之手，混守古法毫无生气。艺院之图案系对于这一节应当负革新之责任，我们并希望图案系将来扩充为规模宏大之图案院。"[2] 当然，林文铮的观点主要是就整个设计教育而言的，但从中也可以看见，民国初期设计教育界对图案教学的目标即有明确的定位，要求图案教学需要与社会发展相联系。从这一点来说，上海美专的图案教学同样不能脱离这样的现实背景，其图案课程的设置也正是围绕应用学科的性质而展开的，所增设图案实习课程的课时数便是一种证明。

　　客观地说，我国早期设计教育中的图案教学，在整个民国初期的确是获得了长足的发展。在当时的图案教学中，通常是将图案分作基础图案与工艺图案两类进行教学。其中基础图案是为教学准备的入门课程，同时也是为各种工艺图案设计所做的事先准备；

---

① 本文记述上海美专当年有关工艺图案教学课程设置与课程结构状况，是指 1922—1937 年间该校所设课程的史料记载。

[1] 刘海粟. 参观法总会美术博览会记略 [M]// 朱金楼，袁志煌. 刘海粟艺术文选. 上海：上海人民美术出版社，1987:30.

[2] 林文铮. 摩登：为西湖艺院贡献一点意见 [M] 许江. 设计东方中国设计国美之路：匠心文脉历史篇. 杭州：中国美术学院出版社，2016:7.

工艺图案则是在设计的基础上以适应材料、工艺和用途的制约，所做的有针对性的分门别类的图案设计。这一点在当时出版的一些图案教科书中有明显的反映，图案教材的内容细分各有侧重，一般称作"基本图案"的较为注重于装饰纹样，而另一种称作"用器画"的图案比较侧重于几何形纹样。尤其是几何形纹样在当时呈现出一些弱点，只是强调所谓数学的几何形变化，而忽略了取之于大自然的线性的审美变化。这样，就容易形成一种错觉，以为几何形出于主观创造，因而切断了它与现实世界的联系，缺乏艺术的朝气。陈之佛对几何形图案的构成规律曾分析指出："像矩形、涡线、抛物线等几何形式同样有助于对形式美的深入认识，并在器型的运用上更能够产生独特的审美意识，反而表现得更为突出。"①陈之佛的这一教学主张，也为我国近代图案教学和图案学的建立奠定了一条客观认识图案本质规律的途径。同样，刘海粟也曾对图案教学做过具体的分析："第一要使各种工艺品的用途适当，第二要使各种工艺品十分美观，第三要使各种工艺品功夫简便而容易成就。以上三种要见就是工艺图案目的所在之处，但是要看那工艺品的性质怎样，再分别这三种目的的缓急。譬如，实用品之制作，就当偏重实用之图案，而注重上面所说第一、第三两种目的。倘若偏重于装饰方面之制作品，则当注重于第二种目的，而以第一、第三目的为次了。"[1] 由此看来，当时所称的"图案"概念其实并不仅限于手工艺领域，而是手工艺与机器工艺两者兼顾。关于这一点，雷圭元在《新图案学》教材中明确写道："图案设计工作，是手工艺之手工艺，是一切工艺之母。"[2] 因此，"手工艺与机器工艺，在图案家的眼光中，是一件事情的两面，不分轩轾，无有厚薄，仅仅有一个里外之别，工作上分个先后而已。我们习图案者，切不可把自己放在手工艺品的立场来菲薄机器工艺，也不可站到机器工艺的立场小看手工艺"[3]。不仅如此，雷圭元还强调了图案教学体现的设计与制造领域所特有的分工与协作关系，主张建立一种宏观上合作、微观上专业分工的图案设计模式与图案教学模式。他强调指出："图案事业，越到近代，分工越精。因为分工越精，也就愈见专门化。……在中国过去，亦有职务上之分工，但是分而不精，作而不合。造型者自造型，描绘者自描绘，但见分工之短处，未显分工之长处。究其弊病所在，工作者所分担之工作，没有人能够总其成。于是彼此不相涉，彼此不相投，是过去图案事业十分不经济的事实！……图案设计工作，就是促进近代分工合作成功之妙道。苟无准确、精到之图案设计，试问如何能产生有计划之合作？"[4]"（因此）分工愈多，合作愈重要，分工愈精，而合作事业中的图案设

---

① 陈之佛《图案法ABC》是我国近代图案教学较早的一部教材，对我国早期图案教育起到了奠基性的作用，于1930年由上海世界书局出版。

[1] 刘海粟．看了苏浙皖赣职业学校第一届展览会之后希望各校以后要注意的一点[J]．教育与职业，1922，(34):39.

[2] 雷圭元．新图案学[M]．上海：国立编译馆，1947:212.

[3] 雷圭元．新图案学[M]．上海：国立编译馆，1947:213.

[4] 雷圭元．新图案学[M]．上海：国立编译馆，1947:215.

计事业亦愈专门化。设计专门化，为近代学习图案者切宜着力之目标。否则，在今世要想做一个普通的图案家，是没有立足之地的。"[1]雷圭元的图案教学始终重申力求做到从原理、原则阐明中国图案的源泉来源于"根源"这一命题，强调教学要"学习精神、学习方法、学习创造规律和总结性的理论"。此外，在当时国立艺专实行的图案系分科教学实验中，雷圭元是"实用美术"组的首任导师。在他精心编制的课程结构中，突出了图案教学的应用面。课程科目设有：图案基本原理——着重于讲授图案的实用、适用与审美的统一，图案构成的基本形式法则和装饰构图的格式规律等；中国传统图案——着重于讲授图案美的法则，图案与太极图和中国图案的传统特征等。雷圭元认为，图案教学不能急于求成，急于专业化，应注重适应性，培养符合社会需要而又不脱离实际的工艺美术设计人才。尤其是拓宽基本技能和基础知识，使学生精通各类设计的专业基础知识，成为适应社会需要的"万能设计师"，即以生产、社会、产品设计需要而进行的必要的通才教育。[2]

从以上摘引的我国早期设计教育中的图案教学史料，以及关于刘海粟、陈之佛、雷圭元对图案以及图案教学内涵、外延和属性的论述来看，这一时期的图案教学性质逐步地明确起来。庞薰琹在回忆录《就是这样走过来的》一书中记述当时图案教学状况时写道："早在清末民初各类学校开设的图画、手工课程中，图案设计与工艺制作就被人为地分割在两门课中讲授，图案设计归于图画课，工艺制作归于手工课。作为我国专业化图案教育发祥地的国立北京美专，在经过几次变故而于1934年重新恢复之际，也将图案科改名为图工科，下设图案与美术工艺两组，正式将图案设计与工艺制作分而习之。这项教学安排造成图案教育脱离生产、脱离实际、脱离社会、脱离生活的弊病。此外，由于图案设计的结果往往外化为纸面的图样与方案，因而容易造成人们对图案的误解。虽然完整意义上的图案应当包含器型、纹饰和色彩三方面因素，但在具体生活以及图案教育的发展过程中，图案往往被等同于装饰纹样，两者间的隶属关系和大小之别常被混淆。这种误解反映在教学上，表现为将图案的概念缩小为纹样的练习。"[3]正像庞薰琹对当时图案教学的状况所做的描述，其情形同样引起当时设计教育界的重视和讨论。虽说没有确立统一的图案教学大纲，但对图案教学的性质认识却起到了更新的作用。当然，关于图案设计和工艺制作的性质划分，以及作为教学的观念主张，在当时的学术条件下并未从理论上获得更加深入的认识。但图案教学在民国后期出现的主张将"图案"与"工艺"两者相互融合的呼声，不能说没有受此影响，从而导致这一时期图案教学被新型的工艺美术教育所替代。正是出于这样的原因，所以才说图案教学并不等于后来的工艺美术教育和艺术设计教育，而只是我国早期设计教育的一种雏形。

[1]雷圭元．新图案学[M]．上海：国立编译馆，1947:217.

[2]崔栋良．教之有方 授之以哲——怀念恩师雷圭元先生[J]．装饰，1990，(04):46—47.

[3]庞薰琹．就是这样走过来的[M]．北京，生活·读书·新知三联书店，1993.

其实，考察我国早期设计教育中的图案教学在民国时期的转变事实，还有一个重要的历史背景应予关注，这就是我国近代高等教育的发生和发展。从学理意义上说，我国近代高等教育是在进入到民国时期才真正开始致力于建立一种具有自治权和学术自由精神的现代意义的大学教育。而在清末民初，我国实行的早期设计教育中的图案教学则毫无例外地是处于中等实业教育的一种教学活动。在当时虽呈现出多元化的局面，但教育性质是纯粹的职业技术教育。到了民国时期，即在早期清末实业学堂中孕育而生的工艺教育、图画手工教育等在此时才得到真正的发展，并开始转变为新型的工业学校或职业学校的教育，并在这样的教育背景下得到了进一步完善与提高。比如，清末在师范学堂中初现端倪的手工艺教育，在民国时期得到进一步推广、普及与改良。在此基础上，形成美术专科学校的新体制，即为我国早期设计教育迈入大学教育的初始。这种教育对于图案或实用美术教育更加明确，已不再是师范教育的依附，而是有了越来越独立的性质，占据着美术教育的重要位置。如当时办学较早的具有高等教育性质的私立上海美术专门学校、私立苏州美术专科学校、私立南京美术专科学校、私立西南美术专科学校、私立四川美术专门学校、私立武昌美术专科学校，以及同时期的师范专科学校，再有是当时创办的杭州国立艺术专科学校和设立在国立北平美术学校、国立中央大学艺术系内的设计教育（时称"图案教育"或"图画手工教育"）等，这些学校或科系形成了我国新式美术教育中具有"注重工艺和设计教育的办学方针，纯美术学科与工艺、设计等实用美术学科的联系，强调'纯美术'和'实用美术'综合的教育格局"[1]。就此可言，民国时期各类学校的图案教学，是孕育我国高等艺术设计教育逐步走向正规化的开始。由此，作为研究我国高等院校艺术设计本科专业课程结构流变历程的起点，自然落脚于此时期。

总体而言，我国早期设计教育中图案教学的课程设置形态大致有两类：一类是以培养专门设计技师和从事设计教育为目的的课程设置形态；另一类是以为从事于美术教育或美术创作，以及艺术爱好者授之以必要的图案知识，并陶冶其修养为目的的课程设置形态。前者是图案教学的主体，其课程设置在美术专门学校或职业技术学校内。课程以图案基础知识及技能为主，并融入大量工艺技术教学的内容。在这两类图案教学的课程设置中，对学科的划分往往都较为细致，诸如有工艺图案、书籍装帧图案、广告图案和建筑装饰图案等。比如，陈之佛写于 1930 年，由上海世界书局出版的《图案法 ABC》一书，就将图案教学做了各种工艺性质的分类。尤其是该书第四节"研究图案的方针"，作为全书中具有指导性的理论提纲，对各类工艺图案的性质结构、表现方法和应用途径

[1] 陈瑞林 . 中国美术的现代性转变陈瑞林艺术史论文集上 [M]. 长沙：湖南美术出版社，2018:155.

都给予了明确的定位。这在当时对于同行是一种积极而且有益的交流，对于大众在艺术常识上的认识普及也起到一定的启发作用。再以当时几所较具代表性的专门学校图案教学为例，更可以窥其一斑。

雷圭元在对民国时期设计教育的发展历程所做梳理中认为，始创于 1918 年的北京美专图案教学，在专业的课程设置上确有自己的特点，即课程设置突出了对专业人才的培养。具体而言，是分为两个专业：一是工艺图案，主要针对各类工艺品种的图案设计，课程科目有基础图案、各类工艺图案以及相应的工艺制作等；二是建筑装饰图案，主要针对建筑装饰采用的图案设计，除一般的图案课程外，还大量地融入建筑知识和技术课程。

作为我国早期设计教育的代表性学校，国立杭州艺术专科学校的图案课程设置具有重要的史料价值和学术意义。1930 年实施的《国立杭州艺术专科学校教务规程》所列图案系课程设置表（表 2）[1]，将课程设置明确分为实习主科与理论副科两大类，的确有别于当时国内其他专门学校图案系科的设课方式，带有明显的欧美国家引入的教育教学思想和方法。

表 2　1930 年国立杭州艺术专科学校图案系课程表

科目系别	专业主课			理论副科											总计
图案系	木炭画	基本图案	专门图案	中国美术史	西洋美术史	美学	解剖学	透视学	国文	法文	党义	几何画	军事训练	博物	音乐	16
备注	1. 各系在预科一年级每周增加课外水彩画两课时，预科二年级每周增加课外人体速写两课时，均不计成绩。 2. 西洋美术史作为公开课演讲，各系学生均得随堂听讲。															

首先，从这一时期杭州国立艺术专科学校图案系由刘既漂就任系主任来看，他所主张的"教学与实践"相融合的思想在这份课表中反映得明白无误。所谓"实习主科"，即强调以实习为其主体的教学目的。当然，这一教学目的不仅是刘既漂的主张，其实也是当时从国外归来的一批教授们接受了欧美国家艺术设计教育，尤其是德国包豪斯设计教育的影响所致。这一点从雷圭元 1931 年回国后在杭州国立艺专担任图案教学工作的教学方法上可以得到验证。他不仅在"基础图案"的课程中阐述原理、原则，以致着力

[1] 潘公凯．世纪传薪．中国美术学院七十周年纪念[M]．杭州：中国美术学院出版社，1998：

探寻中国图案的"根源"，而且主张图案教学的实用化。再有就是与这份课表实施年份虽相距较远但又有联系的两位重要的图案教授——庞薰琹和陈之佛先生。当这两位先生加入到杭州国立艺专图案系教学时，已是 20 世纪 30 年代末至 40 年代初期。庞薰琹从 1938 年年底在国立艺专任教，直到 20 世纪 40 年代初写出《建立工艺美术学校的理想》一文，不能不说与国立艺专有相当密切的联系。在这篇文章中他第一次全面阐述其关于图案教育的思想，并在与陶行知的畅谈中，更加完整地表达出来。张道一在一篇文章中记述庞薰琹这一时期的图案教学主张时写道："一方面导入欧洲式的现代工艺教学模式；另一方面也借鉴德国包豪斯的教育方法与实践，从学制、内容和方法到实验工厂、研究所、生活设施和管理，均具西方式的民主色彩与社会主义特征。虽缺少可行性，但将'图案'专业从'美术'专业中独立出来，有跃升的迹象。关于艺术设计教育的其他要点，一是强调'实用与美观'的结合是教育的重点；另一是在教育中注重各专业不同的特点和艺术风格，似乎还是法国'装饰艺术'的传统。"[1] 仅以庞薰琹表达的这种教学思路便可以看出，庞薰琹的图案教学思想与杭州国立艺专时期的这份课表是有承袭关系的。否则，依庞薰琹的教学主张和艺术个性，是难以在国立艺专如此发扬光大的。其实，对于庞薰琹这一时期图案教学思想的研究是有相当重要的学术价值的，这是因为他在国立艺专任教期间，是他教育主张和教学实践乃至整个图案教学思想的形成期，又由于庞薰琹与中华人民共和国工艺美术教育的奠立关系十分密切，因而对庞薰琹图案教学思想及其形成的探讨，也可帮助我们深切理解近百年来我国设计教育的内涵实质，当然包括其专业教学课程结构的形成脉络。再有一位重要人物——陈之佛，他在国立艺专任图案教授的时间虽不很长，但由于他于 20 世纪 40 年代担任过国立艺专内迁重庆时的校长，应该说对国立艺专时期的教育教学思想的传承起着相当重要的作用。以他在当时的图案教学中强调实用功能的教育思想而论，这与杭州国立艺专在 1930 年提出的注重"教学与实践"的主张是一致的。况且，陈之佛身体力行地担任着许多实用图案的课程教学，以及他早年在上海创办"尚美图案馆"的经历，更使他对我国早期设计教育中的图案教学形成以实科教育为特色的一种贡献。总而言之，通过挖掘杭州国立艺专各时期任教教授们的学科背景和从教履历资料，可以间接地认识 1930 年杭州国立艺专图案系课程表所蕴含的更深一层的教学背景，这是对当时图案教学研究资料的一种弥补。

其次，从这份课表中可以清楚地看到，1930 年国立杭州艺专图案系的课程设置与课程结构受到当时整个高等教育的背景影响，有着极深的注重实科教育的烙印，表现为"实习主科"的基本图案和专门图案的课时比例几乎占到理论副科 12 门课时总和的三

[1] 张道一. 薰琹的梦 [M]. 庞薰琹美术馆. 庞薰琹研究. 南京：江苏美术出版社，1994:22—48.

分之二，即实习主科占 70%，理论副科占 30%，[1] 这与上述提及的几位教授的图案教学主张是十分吻合的。但值得注意的是，这份课表在学制执行上并未采用当时《大学规程》要求的学分制形式，而是采取民国初年的学年制，甚至到 1931 年国立杭州艺专又实行导师分组制教学，可谓是更加强了学年制的教学包干的做法。不仅如此，将此时国立杭州艺专的这份课表与 1912 年 11 月民国初期国民政府教育部颁布的工业专门学校图案科目相比较，其专业课程和综合课程的设置明显减少，而且工科类的基础课程竟无一列入。

其三，从国立杭州艺专课表显示的课程问题来看，有一点是非常明显的，就是民国中期我国设计教育的发展比以前更为成熟和独立。在此之前，我国传统工艺一直是以"重道轻艺"的陋习与偏见来从事师徒相承的传授，特别是长期被士人所不耻，更得不到社会主流阶层甚至一般教育界人士的认同与重视。清末开始虽然有识之士提出了振兴实业教育，以及发展工艺教育的主张，但收效甚微。又由于传统偏见在人们头脑中近乎根深蒂固，造成工艺教育多方面的消极影响。可以说，清末民初推行的设计教育，实际上仍停留在艺徒"养成技艺"传承的层面上，至于教育的核心问题——课程问题还未被重视，课程结构问题自然无从谈起。而到此时，留学归国者的大力参与，并整合了我国有史以来各种工艺教育的方式方法，使得自 1912 年同样由留学归国者参与制定，并以民国教育部名义所公布《工业专门学校规程》的图案科目方案，由法案形式指导教学活动，终于等到 1930 年在国立杭州艺专图案系的教学中得以应用，从此进入到实质性的大学教育序列之中。客观地说，不管这份课表的课程设置与课程结构如何单一，或是缺乏必要的"专才"与"通才"兼顾考虑的教育关系，但强调课程结构的主科与副科相互配套的教育逻辑思想，已经奠定了我国早期设计教育课程制定的基本原则，这应该认定是图案教学形成课程结构的雏形。除杭州国立艺专图案教学的一种形式外，在当时还有工业学校开设相应的图案教学，这类学校中的课程设置与课程结构还有着自身教育的特点和模式。创办于 20 世纪 30 年代末的四川省立技艺专科学校的图案教育涵盖面较广，共开设有五类课程，分别为共同必修普通课、共同必修实习课、共同选修讲授课、分科讲授课和分科实习课。具体课程设置见下表（表 3、表 4）[2]。

表 3　四川省立技艺专科学校课程门类设置表

课程类别	适用系科	课程名称
共同必修普通课	各科	公民、国文、史地、理化、数学、体育
共同必修实习课	各科	绘画（铅笔画、毛笔画、水彩画、速写）、平面用器画、立体用器画

[1 中国美术学院七十年华 [M]. 杭州：中国美术学院出版社，1998:144.

[2]《四川省立技艺专科学校课程门类设置表》和《四川省立技艺专科学校工艺图案课程内容表》，引自《技与艺》（创刊号）1941 年 6 月.

（续表）

共同必修讲授课	各科	工艺史、色彩学、图案法（基础图案、平面图案、立体图案）、外语、教育概论、教育心理、教育行政
分科讲授课	服用科	染织工程、服装心理学、构图法
	家具科	木器工程、金属器制造法、陶瓷器制造法、室内装饰
	漆工科	髹漆工程、装饰法
分科实习课	服用科	工艺图案、刻版、调配染料、印染、刺绣、编织、蜡染、整理
	家具科	工艺图案、工具运用、依图制器、泥塑、石木雕刻、锤打工、编结工
	漆工科	工艺图案、材料制造、髹漆工、脱胎、平绘、雕漆、变涂、填嵌、粉莳绘、高漆绘、泥塑、压胎

表 4　四川省立技艺专科学校工艺图案科课程内容表

系科	一年级	二年级	三年级	四年级	五年级
服用科	写生便化法	适合纹样、连续纹样立体图案简易专业装饰设计	染织图案之单位配置、连续方法、多色运用、大件染织品及衣料设计	印染图案之排版练习	大幅染织制作服装及佩带用品设计、综合复习创作
家具科	同上	同上	陶瓷器、金属器、木器之制图设计	整套家具制图设计	室内装饰制图设计、公共场所及私人住房之家具布置
漆工科	同上	同上	复杂漆器胎形设计、复杂图案装饰	大件漆器设计、成套漆器之制图装饰	精致家具、贵重陈设品之制图设计及装饰

　　从四川省立技艺专科学校工艺图案科课程门类设置表和课程内容表来看，虽然各科均设有图案课程，但在具体课程目标和课程内容上，又充分体现出各自的专业特色，并具有强化实用性的专科层次的教学要求。从课程目标、培养目标、教学目标的三者关系上看，这两份关于课程设置的表格完全符合学校教学计划的制定要求，并可作为指导教学进程和测定课程体系价值及教学效果的评价依据。

　　考察四川省立技艺专科学校图案科课程设置和课程结构的形成状况，有助于对民国中期工科学校开展设计教育课程结构整体面貌的进一步理解。因此，四川省立技艺专科学校以专业细化单独给予设立，必然会给所从事的专门化教育的方式方法提出更为具体且有针对性的课程设置与课程结构，分析该校的课程案例可以说具有历史和现实的研究意义。

民国初期高等技术教育所依托的教育背景，同样影响着当时列入专科学校的设计教育课程方案。以 1912 年 11 月 2 日民国教育部公布的工业专门学校规程中图案科的科目为例，其课程结构就与美术专门学校有所区别，增加了工科课程的介入，使艺术类、技术类、应用类课程与职业导向结合起来，实施通才教育。这一点与当时德国共和时期强调的高等技术教育的方针有着共同之处。①在四川省立技艺专科学校图案科设立的具体课程科目为：一、数学；二、物理；三、化学；四、外国语；五、博物学；六、配景法；七、美术学；八、美术工艺史；九、制版化学；十、美术解剖学；十一、摄影学；十二、图案法；十三、图画法；十四、雕塑法；十五、建筑装饰法；十六、工业经济；十七、工厂管理法；十八、工厂建筑法；十九、工业簿记；二十、实习。[1] 从这份课程科目中，不仅可以清楚地认识到民国初年我国工业专科学校图案教育课程结构的真实面貌，而且能看到当时工科教育的规整性，这对于探讨其后沿革形成的服装设计、染织设计乃至工业设计的专业课程结构大有裨益。

其实，在民国初年，各类学校中开展的设计教育已较为普遍。据统计，当时全国共有师范学校 253 所，国立高等学校 2 所，省立高等师范学校 8 所，[2] 其中许多学校沿袭了清末两江师范学堂的办学先例，开设有图画手工专修科。不同的是，这一时期师范教育设立的图画手工科培养目标，主要是受蔡元培"以美育代宗教说"的观点影响，将课程结构调整为美育的"专门课程"，即通过专门设置的课程或通过各科教学，甚至劳作活动来培育人的审美情操，也就是蔡元培所强调的"要之美学之中，其大别为都丽之美、崇闳之美（日本人译言优美、壮美）。而附丽崇闳之悲剧，附丽于都丽之滑稽，皆足以破人我之见，去利害得失之计较，则其所以陶养性灵，使之日进于高尚者，固已足矣"[3]。据此，本文考察几则史料可予以做证。1919 年，吴梦非、刘质平、丰子恺等人创办了上海专科师范学校（1924 年改名上海艺术师范）。该校高等师范科中图画手工部的课程设

---

① 关于民国时期工业技术类学校有关通才培养的目标要求，在当时教育界长达 10 多年的教育思潮讨论中始终是一个颇有争议的话题。教育家们在此时期，经历了抗战的磨难，尤其是通过职业教育单一模式的挫折，终于在从西方引进的职业教育理论与中国实际相结合的历程中摸索出一条符合中国特点、能够满足中国特殊需要的崭新模式，即认同杜威"学校即社会"的学说，认为学校是教给学生一生生活技能知识的场所，同时也是社会生活的一部分，社会内容就是学校教育的内容，社会需要的变化必然导致学校教育的变化，因为学校与社会虽有形式上的不同但无实质差异。其实，产生这种认识除了当时国内形势影响之外，国外教育的发展也同样是一个重要的影响因素。20 世纪 30 年代末至 40 年代，经历了两次大战，美国虽说政治、经济、军事、科技实力得到了巨大扩充，一跃成为西方资本主义世界的强国，科学技术教育迅速发展，但是许多教育家仍然认识到，在新的形势下学校培养人才仅有狭窄的专业训练是不够的，必须具备宽广的实用基础知识和理论基础知识，才能应付新的生产和科学技术提出的挑战。比如，1943 年春哈佛大学校长科南特（James B. Conant）组织了一个专门委员会来筹划佛大学的本科教育，并探讨通识教育在自由社会中的目的。他提出在本科教育的课程结构中划出三分之一的课程作为通识教育的课程，其中规定在人文、自然、社会三大学科中，各不少于一门课程。这项高教议案成为战后美国各类高等院校改革本科教育课程结构的纲领性文件。虽说中美两国在当时所处的社会环境差距较大，但经历战争以后，面对教育尤其是高等教育的现实问题是类似的。

[1] 四川省立技艺专科学校教学方案 [J]. 技与艺，1941，(01).

[2] 周予同. 中国现代教育史 [M]. 上海：良友图书公司，1934:223—224.

[3] 蔡元培. 以美育代宗教说——在北京神州学会演说词 [M]// 高平叔. 蔡元培教育论著选. 北京：人民教育出版社，2017:92.

置方面，有关"图画"的课程除一般性绘画课程外，还开设有平面图案、立体图案、工艺图案、平面几何图、投像图、阴影图、透视图等，手工课程则有细工、黏土工、石膏工、竹工、麦秆工、木工、金工等。有关确定这一课程结构的依据，从当时讨论高等师范教育图画手工科的设立意见中可以得出。事实上，民国初期设立在师范教育中的图案教育，多是以从事美术教育或美术创作，以及为艺术爱好者授之必要的图案知识并陶冶其修养为目的的课程设置。

民国时期的图案教材出版比较活跃，仅南京的中国第二历史档案馆、南京图书馆和上海图书馆藏的图案教材及图案书籍，就达百余种。其中代表性的教材版本有：

俞剑华著：《最新立体图案》，上海，商务印书馆，1929 年。

陈之佛著：《图案 ABC》，上海，世界书局，1930 年。

傅抱石编译：《基本图案学》，上海，商务印书馆，1935 年。

中华图案研究会编绘：《应用图案集》，上海，大众书局，1936 年。

朱西一编：《图案画法》，上海，中华书局，1936 年。

朱穌典、潘淡明：《图案构成法》，上海，中华书局，1936 年。

李洁冰编译：《工艺意匠》，上海，商务印书馆，1936 年。

陈之佛著：《图案构成法》，上海，开明书店，1937 年。

傅抱石编译：《基本工艺图案法》，长沙，商务印书馆，1940 年。

陈浩雄编著：《图案之构成法》，长沙，商务印书馆，1941 年。

郑川谷：《应用图案讲话》，上海杂志公司，1943 年。

雷圭元：《新图案学》，上海，国立编译馆出版，1947 年。

教育部职业司编：《图案学》职业学校教科书，上海，中华书局，1947 年。

赵岷泉：《图案》，上海，商务印书馆，1947 年。

综上所述，民国初期设计教育中的图案教学是处在手工艺教育和工业（工艺）教育的分类之中进行的，它们之间既有联系与相同之处，又有区别与不同之处。其发展与完善都是在充分吸取、借鉴国外办学经验以及教育思想的基础上实现的。但是，同样是借鉴国外的教育模式，民国初期与清末相比却有较明显的区别：清末的工艺教育、手工艺教育基本脱胎于日本的教育模式，抄袭的色彩较浓，借鉴过程中有意识的主观性选择尚未得到充分的重视，而民国初期设计教育的发展却是建立在广泛借鉴各发达国家经验的基础上，对日、美、德等国家设计教育模式与方法采取兼收并蓄的态度，借鉴过程中目的性、选择性、计划性显著增强。[①]正是这种目的性与选择性，使得民国初期设计教育的课程结构，在"教育宗旨"[②]的指导下，经过一个逐步完善和确认标准的阶段，从课程设置、课程规范、课程内容到课程目标的整合角度趋于结构上的完整，这期间形成的较为完善的课程结构体系，当数民国初期兴起的美术专门学校中的图画手工教育，这是在我国高等艺术院校（含美术学院和设计学院）中延续至今的所谓"艺术类"设计教育的一条主线。再则，是工业专门学校中的工艺（工科）教育，在当时也被称为图案教育，这一教育在其后的历史进程中，由于受到种种因素的影响，尤其是自中华人民共和国成立后的 20 世纪 50 年代开始的全国高等院校系科调整，使得工科教育完全走向纯粹的专业化分科教育，这项教育内容便从中删除，中断达 30 年之久。而师范院校中的图画手工教育由缘起的较为专业性的教育走向通识化的"美育"教育，应该说是历史发展中曾经出现的较好的一种教育趋向。况且，深层结构在蔡元培倡导的"以美育代宗教"思想影响下，已经在综合素质方面加以考虑并实施。但同样是随着历史的演进，高师的美术教育在强化美术技艺教学的过程中，逐渐失去原本的面貌，甚至被取消，只是在学前教育学科中予以适度的保留，致使图案教学由于学科性质所限而难有较大的作为。这便是历史给我国早期设计教育（包括 20 世纪 50 年代中期形成的工艺美术教育）留出的发展途径和投下的阴影。

---

① 民国初年，尽管国家经济状况极为困难，但还是兴建了许多办学风格各异的高等院校，这种多样化的办学模式反映了我国传统文化观念与多种外来文化影响相互结合的进程。事实上，早在甲午战争之后，我国教育的发展模式基本上是以日本为范本，从清末到民初的学制乃至课程设置与课程结构，可以说基本上都是移植于日本，模仿痕迹显而易见。关于这一点，时任民国政府教育总长的蔡元培在 1912 年全国临时教育会议的致词中就直言不讳地予以承认："现在我等教育规程，取法于日本者甚多。此并非我等苟且，我等知日本学制本取法欧洲各国。惟欧洲各国学制，多从历史上渐演而成，不甚求其整齐划一，而又含有西洋人特别之习惯；日本则变法时所创设，取西洋各国之制而折中之，取法于彼，尤为相宜。"当然，这并不是绝对的。因此，蔡元培又特别指出，"日本国体与我不同"，"我们不可不兼采欧美相宜之法"。但是，这种情况在"五四"运动前后发生了变化。第一次世界大战期间，日本趁欧洲各国忙于战争，无暇东顾之际，加紧对我国的经济、政治、文化和军事进行侵略。这激起国人的强烈仇恨与反抗，留日学生群情激愤。1918 年 7 月 30 日《时报》报道："这一年参加罢课的留日学生占总数的 96%，归国者也达到 70% 左右。"在这样的社会背景下，日本教育模式对我国的影响大大削弱，取而代之的便是美国教育模式的引进。相对于其他列强，美国更重视对我国进行文化教育方面的渗透，而美国所标榜的民主特色，也迎合了"五四"时期国人的思想需求，因此从这一时期开始，我国教育便打下了深深的美国化印记。而美国教育家杜威（John Dewey，1859—1952）访华所宣传的实用主义教育思想在当时得到的迅速传播，更加快了我国学习美国教育制度的进程。再则，这一时期美国逐渐成为我国学生出国留学的主要目的地。据陈学恂、田正平所著《留学教育》（上海教育出版社，1991）描述，1910 年到美国留学的中国学生只有 90 人，但到 1924 年就增加到 426 人。而同时期去日本留学的中国学生，则从 1911 年的 3328 名减少到 1921 年的 2116 名。从此之后，在文献资料中就再未有去日本留学人数的详细记录了。这表明，大量留美学生归国的留学生从这一时期起参与了我国教育改革的进程，可谓是我国教育由日式转变至欧美模式的又一因素。

② "教育宗旨"主要体现于 1912—1913 年颁行的"壬子癸丑学制"和 1922 年新学制（即壬戌学制）中关于专门学校培养目标的内容。

二、中华人民共和国成立后的图案教学情况

中华人民共和国成立后，设计教育进入到了一个新的历史发展阶段。这一时期的设计教育已有了自己正式的定名——工艺美术教育①。不过，其教育的性质仍然是作为我国早期设计教育的延续与发展，但在这一时期逐步形成自己的面貌。其主要表现是，国家不仅将旧中国分设于不同类型的学校之中，教育性质不尽相同的各类手工教育、工艺教育等统一于工艺美术教育名下，消除了各级各类设计教育各自为政、互不联系的结构性弊病，而且从教育体制上形成了正规化教育和在职培训相结合，高等、中等与初级专业教育并举的工艺美术教育体系，促使中华人民共和国工艺美术教育事业取得了长足的进步和发展。这一时期的图案教学与早期设计教育中的图案教学相比发生了根本性变化，已经从包含设计教育多种课程的教学性质转变为以基础图案和工艺图案为主的专业基础教学。关于图案的这两项教学内容和性质，张道一先生在 20 世纪 80 年代初发表的《图案概说》一文中对此做了详细的解说：

"基础图案"是为各种工艺品的图案设计在艺术上所作的准备，而"工艺图案"则是在艺术的基础上适应着材料、工艺和用途的制约，所做的分门别类的设计。两者的关系，即是共性与个性的关系，也是艺术的原材料与制成品的关系。两者不可偏废，却又不能硬性分开。

基础图案的任务是使设计者在艺术上掌握装饰的语言，锻炼艺术的形象思维能力和表现能力。图案贵在意匠。在体现形式美的规律上，图案可说是最直接、最明显的。因此，在学校里，它是学习工艺美术的必由之路，也是训练基本功的一种主要形式；进入工作岗位的工艺美术设计人员乃至工艺美术家，对于基础图案也是从不中断的，因为它是从生活和大自然中获得装饰素材的主要方法。

具体地说，基础图案的任务是：

---

① 根据现有资料检索，较早使用"工艺美术"这一名词的是蔡元培。1920 年他在《美术的起源》一文中写道："美术有狭义的，广义的。狭义的，是专指建筑、造像（雕刻）、图画与工艺美术（包装饰品等）等。"（《蔡元培美学文选》，北京大学出版社，1983 年）这里所说的"工艺美术"在当时与"图案"一词并无多大区别，因而在他起草于 1927 年的《创办国立艺术大学之提案》中，将"图案院"和"工艺美术学院"混用，这说明在他的观念中两者是可以相提并论的。其实，早在 20 世纪之前，我国并无"工艺美术"这一名词。如果追根溯源的话，这一名词的产生可追溯至 19 世纪 60 至 80 年代兴起于英国的"艺术与手工艺运动"（the Arts & Crafts Movement）。该运动以艺术与手工艺为名，又可译为工艺美术。该运动产生了巨大的国际影响，被后世誉为现代设计的开端。在其影响下，日本开始采用这一新的名词。20 世纪 20 年代末，日文汉字词汇"工艺美术"传入中国，逐渐在社会生活以及艺术界、教育界流行，并在很大程度上逐渐取代了图案、意匠、工艺等名词。至于说到工艺美术教育的全面发展，则是在中华人民共和国成立之后发生的。1953 年第一届全国民间美术工艺展览会后，"工艺美术"被确定为当时设计行业的标准名称。1956 年中央工艺美术学院建立后，全国原有的各类实用美术教育、图案教育被统一为工艺美术教育。这一专业名称一直沿用到 1998 年 7 月普通高校本科新专业目录的颁布。此后艺术设计教育代替了工艺美术教育这一名称。工艺美术这一名称之所以被艺术设计的概念所替代，除了两个概念自身的细微区别以外，很大程度上还在于工艺美术这一名称的宽泛性以及由此所导致的认识上的模糊性。

（一）通过工艺制约，认识装饰艺术的共性；

（二）培养和提高意匠的想象力和表现力；

（三）综合研究中外古今的装饰纹样，提高艺术的鉴赏能力；

（四）掌握和运用形式美的规律、法则；

（五）研究纹样的造型、构成、组合和色彩，以及器物成型的线与形；

（六）从生活和大自然中吸取养料，积累设计素材。

如果说，通过基础图案在获得审美能力和图案的表现技巧的同时，已经做成了装饰的"半成品"，那么，工艺图案便是在这基础之上的再加工——按照工艺美术的分科，结合着不同的原料与工艺，设计出预想的工艺品的样式。因此，工艺图案的具体内容，是分属于各种工作、各种行业，并结合着各不相同的材料与制作方法的。工艺图案的分类，如果从用途上分，有餐具、茶具、炊具、衣饰、家具、文具和家用电器等；从材料和工艺上分，则有陶瓷、搪瓷、玻璃、塑料、染织、金工、木工、漆工、印刷等。另外，还有一些带综合性的设计，如装潢、室内装饰和展览布置等。所谓工艺图案，只能有具体的工艺图案，不可能有抽象的、笼统的工艺图案。

工艺图案的任务，是按照不同的专业分工，设想和塑造未来的理想的产品（也即是日用品、消费品、商品）。应该深入解决：

（一）研究材料，发挥材料的性能和物质美；

（二）研究工艺，运用科技的成就，显示其工巧；

（三）研究消费，熟悉群众的生活习惯，了解群众的心理和审美要求；

（四）综合以上三者，同艺术的意匠结合起来，统一于具体的设计之中。也就是说，适应着材料、工艺和用途的要求，掌握和运用具体工艺品的设计特点、规律、方法。

奠土为基，立柱用础，如同盖房子一样，只有基础打得坚实，才能建造起工艺美术的高楼大厦。基础图案与工艺图案的分工，是在工艺美术学科的实践中自然形成的，它符合于艺术的客观规律。明确了这个分工，有目的地加以计划和安排，体现在具体设计者身上，就会底子厚，功深艺高，适应面广。作为整个事业，特别是工艺美术教育，也会得到健康的发展。[1]

张道一先生概括的图案教学内容和性质，可以说是中华人民共和国成立后直至20

[1] 张道一. 图案概说 [M]// 张道一. 工艺美术论集. 西安：陕西人民美术出版社，1986:142—143.

世纪80年代中期，我国工艺美术教育中图案教学的基本状况。只不过在20世纪50至60年代中期，当时的图案教学课程目标更加突出政治挂帅为主，提出的教学方针是为政治服务、为工农兵服务，强调向民族和民间传统图案艺术学习。在这一时期对于图案教学的功利性目的也十分清楚，即强调"对于图案教学，人们急切要求的是适应新的建设，解决一些设计的实际问题"[1]。关于这一时期图案教学的实际面貌，以当时中央工艺美术学院的图案课程为例很能说明问题。1956年该院成立的染织美术系可以说是图案教学的重要基地，当时开设的涉及基础图案和工艺图案的课程计有基础图案、染织图案基础、历代染织纹样临摹、印花图案设计、织花图案设计等，图案课程的内容也一改早期设计教育中的图案教学，"大量引用欧美教程关于图案原则、图案描绘、自然和便化，以及纹样形式和表达的教学观点，更新使用符合当时生产需要的图案应用法则、图案构成形式，以及图案在生产实践中的色彩和描绘处理方法等"[2]，尤其是与我国民族民间传统图案相结合，逐渐形成自己比较完整的教学体系，成为染织美术设计，同时也是整个工艺美术教育的基础。图案教学也主要通过基础图案、传统图案、民族与民间图案等几大块内容进行课程的结构组合，其基本要求是：基础图案主要是对相关图案的形式法则、基础理论和图案技法，通过讲授和欣赏示范作品，使学生了解图案的艺术特性，并通过完成作业来达到对理论的认识和理解，了解和精通图案的规律和技法。基础图案课的训练方法也多采用临摹、分析、写生、变化等，围绕着图案的造型、构图、色彩三个方面进行。传统图案课主要是通过认识、了解中国古代的优秀图案作品，掌握其风格特点，分析其艺术处理的技法，大量地观摩、临摹，在老师的指导与分析下消化和吸收，以求能运用于实践。

温练昌教授自1956年起直至1996年退休，一直是中央工艺美术学院染织美术系的图案教师。在接受《装饰》杂志记者采访时回忆起20世纪50至60年代图案教学的历程，他清晰地记得：

染织系在教学上有个很重要的特点，就是写生能力都非常强，这是衡量一个系美术水平的基础。1953年春，南北两系合并，我和常沙娜、陈若菊三人教图案课。我教写生变化，为了备课，不是在研究室临摹，就是在公园画花卉写生。染织设计非常需要绘画基础，染织设计的所有东西都要用图案表达。图案是工艺美院的重要基础课，而且染织系的基础最好，所以各个系的基础课我基本上都教过。1960年，第一届学生毕业，每个系都留了一个染织系的毕业生做图案课教师，朱军山、崔栋良、李骥、韩美林、李永平、陈圣谋都留校了。我们培养的学生都是基础很好的，他们毕业后能够适应各种美术工作。

　　……

[1] 陈瑞林. 中国现代艺术设计史[M]. 长沙：湖南科学技术出版社，2002:237.

[2] 参见1957—1959年中央工艺美术学院染织美术系教学大纲。

解放前，搞染织的人很多。是什么原因呢？很简单，就是过去中国没有什么重工业，只有一点轻纺工业。解放的时候，轻纺工业是养着重工业的。所以20世纪50年代的时候我国有两个轻工业部，第一轻工业部和第二轻工业部。当时出口棉花、纱。我们也是产棉大国，我们的布、丝绸都外销。我们是丝绸之国。因此，作为培养学生画图案的实用美术系也被叫作"图案系"，雷圭元也被称为"图案家"。五六十年代以前，"图案"的含义很广泛，就是某种设计方案、设想和计划，所以很多东西都叫图案，连建筑的设计都叫图案。但现在大家认为画花布就叫画图案，不画花布图案的人不需要画图案，而要学三大构成。当时的图案设计课程最多的是包装、广告、陶瓷、家具等。……因为有这样的社会需要，所以很多人就学染织，特别是到日本留学。像傅抱石、陈之佛。学过染织的人画的画，都不是完全传统的，他们的画都很特别，有装饰性。[1]

在温练昌教授1957—1959年担任教师的基础图案课程教学大纲里，还可以看到更加具体的图案教学计划，这是这个时期图案教学较具代表性的教案。教学计划如下：

总学时：132

内容：1.规律性的花草图案

2.树木图案

目的：1.通过规律性的花草图案练习，培养学生用图案的方法观察自然，以认识自然的基本规律着手，从而使学生便于获取生活素材中的图案形象。

2.学习把自然形变为图案形，巩固以往的学习，进一步练习概括形象的基本能力。

3.通过临摹，学习传统树木图案的基本技法。

4.练习树木图案的造型能力，并尝试将水彩、水粉等课的素材用以图案课，同时进一步促使学生扩大图案的题材范围。

教学进度与要求：

第一单元：规律性的植物图案

时间：3周

要求：（1）自行外出写生，并摘取各种整齐、对称、统一等规律性显著的植物形态10种。

（2）根据收集素材，加以取舍，变成各式单独图案4种以上。

[1] 滕晓铂，武晓燕．温练昌教授访谈录[J]．装饰，2006，(08):85.

（3）色彩和表现方法不限。

第二单元：树木图案

时间：3周

要求：（1）根据过去水彩、水粉等课的风景写生资料，加以变成图案形的树木2幅。

（2）在变形之前先临摹传统树木图案，初步学习各种变形的技法。

（3）力求造型简练，有大效果、特征鲜明、有调子。

（4）色彩不超过6色。[1]

从上述图案教学大纲来看，当时的基础图案教学比较注重写生变化。这一教学方法持续到20世纪80年代中期，被从中国香港引进的"三大构成"教学解体。当时的图案教学之所以要强调写生变化，主要是借助于美术教育的方法，通过写生获取图案创作的素材。在教学中一般是以"写生""便化"与"创作"构成图案的基本功，通过这三个步骤的实践，让学生掌握图案的基本规律及其图案的特征。从写生到便化的过程，也就是图案的意匠——造型——构成，主要是图案的组织结构，即写生所获得的资料，通过匠心的立意，为象——便化，形成一种适合于生产条件、生活方式、装饰风格的纹样。这种基本形态必须从生活中来，这不仅是纹样的来源，因为这里面还有一个自然中认识和掌握美的规律的问题，还有一个"意匠"的问题。"意匠"是写生后从便化到图案的构成，起着桥梁的作用。因此，"写生""便化""创作"的构成是三个互相联系、不可分割的步骤。

在20世纪60年代初，雷圭元先生在担任全国高等工艺美术院校教材编写领导工作之际，撰写了几部重要著作：《基础图案》《中国图案初探》《敦煌莫高窟图案》《中外图案装饰风格》等。其中，《基础图案》作为当时工艺美术院校（系）所设课程的教材，在图案的理论和技法上进行了系统的论述，对开拓我国工艺美术教育事业起了重要作用。在这部教材中，雷圭元先生高度地概括了中国图案的构成形式、文化内容和美学价值。这就是古今广泛应用的"三体构成"（三体构成：格律体、平视体、立视体）、"太极'S'形构成"和"同"构成。他认为，从中国建筑九宫格中演变出来的"格律体"，是中国图案布局法的基础，格律体对主体造型和平面布局而言是一个非常严谨的创作方法，表现出一种富有秩序的格律趣味。他在分析平视体、立视体时特别强调：如果把格律看作唐诗宋词，则平视体就像古乐府或民歌的体裁。他又以汉石刻装饰画为例，阐明平视体、立视体的形式特点，即不以焦点透视，不以特定时空观念和不以光影明暗为限制，而是

[1] 温练昌．图案课教学大纲（油印本）[Z]．1957．

一种自由式构图，用他的话来说，"这是中国图案形式规律的主线，开启了后世图案构成的'神似'代替'形似'的伟大精深的太极化路子"[1]。这种在理论高度上的总结概况，清晰系统地展示了中国传统图案的装饰格局、美学价值和理论体系。

在 20 世纪 50 年代末期至 60 年代中期，图案教学为配合整个工艺美术教育的需要，在制定的课程目标中更加"政治化""功利化"和"单一化"，强调与社会生产实践相结合，为"三大革命"服务，甚至在教学方式上推行课程与生产任务直接挂钩的做法。这便是在当时提出的所谓"三化"，即"工业化""日用化""大众化"。具体地说，就是提倡适应现代化生产，使机器生产和手工制作有机地结合起来，取长补短，各不偏废；提倡重视日用品设计，产品面向大众，使普及与提高、内销与外销合理配置，相得益彰。这一课程目标实施的教学成果，在 1959 年由轻工业部工艺美术局举办的"教育与生产劳动相结合展览会"上得到印证。当时许多院校的参展图案作品充满了政治气息，各种配合政治运动的宣传形式的图案比比皆是。[2]

20 世纪 50 年代中期，中央工艺美术学院成立[1]，在建院伊始的系科设置上，即由原中央美院实用美术系染织科、陶瓷科、印刷科扩大为染织美术系、陶瓷美术系、装潢美术系。在三系的课程设置表（表 5、表 6、表 7）中可以更加清晰地看出，当时图案教学采取的方式是集中与分散相结合。除设置有全院统一的基础图案课程外，又结合各个专业的特点设置有多种专业图案课程，形成了一整套图案教学的课程结构。

[1] 转引: 贾京生. 探索之路. 里程之碑——论雷圭元的工艺美术思想 [M]// 杨永善. 中央工艺美术学院艺术设计论集. 北京: 北京工艺美术出版社, 1961:46.

[2] "教育与生产劳动相结合展览会"上的部分工艺品 [J]. 装饰, 1959, (04).

① 1956 年国务院批准成立中央工艺美术学院批文中称："在中央美术学院实用美术系的基础上，由文化部与中央手工业管理局和中华全国手工业合作总社合作，在北京建立中央工艺美术学院一所。中央工艺美术学院行政上归中央手工业管理局和中华全国手工业合作总社领导，业务方针上，归文化部领导。"国务院同时任命中央手工业管理总局副局长邓洁兼任院长，雷圭元、庞薰琹任副院长。

表5　中央工艺美术学院染织美术系1957—1959年课程设置表

专业 ＼ 课程	共同课	基础课	专业课（按设计品种或工艺设课）
挑、补、绣专业	社会主义概论 哲　学 政治经济学 毛泽东著作选读 艺术概论 中国美术史 中国工艺美术史 世界美术史 外国语 体　育 劳动生产实习	素　描 水　彩 水　粉 中国画 基础图案 中国染织纹样 中外染织纹样 纹样临摹	挑花设计：枕套、提包、服装装饰、头巾、沙发枕巾、台布（补织）、床毯等
			补花设计：枕套、面巾、书包、茶垫、台布、窗帘、床毯、儿童服装装饰等
			刺绣设计：（含手绣、机绣）手帕、头巾、围巾、服装装饰、靠垫、窗帘（补织）、挂屏等
地毯专业			坐垫设计、长条毯设计、卧室用毯设计、小轿车用毯设计、马褥、鞍套设计、客厅用毯设计、舞台用毯设计、小壁挂设计、客厅装饰壁挂设计、毛围巾设计、提花毛毯设计
印染专业			印染设计：衣料、围巾、头巾、台布、床单、裙花、蓝印花布、印染工艺生产工序、印染实习（备注：印染实习为一年时间）等
织花专业			编织靠垫设计、编织围巾设计、兄弟民族织花布设计、青年及中老年衣料彩色条格花布设计、印经织花布装饰料设计、民间织花带设计、棉织衣料设计、沙发布设计、棉毯或毛巾设计、拉绒毛毯设计、交织衣料设计、织花实习等

备注：

（1）染织美术系的学制由1956年9月改为五年学制。在五年学制中，总学时数5754；其中共同课（含艺术理论、专业史论课）为1289学时，占总学时22.4%；基础课为3045学时，占总学时52.9%；专业课为1420学时，占总学时24.7%。

（2）各门专业课的教学方式，除共同课外，均按单元制排课，实行单科突进的教学计划编排。

（3）基础图案为830学时，为全部课程中课时比重最大的一门课程。

（4）专业实习、劳动生产实践约为550学时。

表6　中央工艺美术学院陶瓷美术系1957—1959年课程设置表

专业 ＼ 课程	共同课	基础课	专业课
陶瓷专业	社会主义概论 哲　学 毛泽东著作选读 艺术概论 中国美术史 中国工艺美术史 世界美术史 外国语 体　育 劳动生产实习	素　描 水　彩 中国画 基础图案	陶瓷史、历代陶瓷风格、陶瓷工艺学、陶瓷设计、专业技术（瓷器技术、陶器技术）成型、瓷器釉下彩、高温色釉、陶器釉下彩、无釉陶器、底温色釉、技术选修、专业实习等

备注：

（1）陶瓷美术系学制由 1956 年 9 月改为五年学制，在五年学制中，总学时数 5538；其中共同课（含艺术理论、专业史论课）为 1294，占总学时数 23.4%；基础课为 2253，占总学时数 40.7%；专业课为 1641，占总学时数 29.6%。

（2）各门专业课的教学方式，除共同课外，均按单元制排课，实行的是单科突进的教学计划编排。

（3）基础图案课为 628 学时，中国画为 678 学时，素描为 637 学时，均为全部课程中所占学时比重较大的课程。

（4）专业技术课为 350 学时，占总学时数 6.3%；技术选修课为 155 学时，占总学时数 2.8%。

表 7　中央工艺美术学院装潢美术系 1957—1959 年课程设置表

课程＼专业	共同课	基础课	专业课
书籍装帧专业	社会主义概论 哲学 毛泽东著作选读 艺术概论 中国美术史 中国工艺美术史 世界美术史 外国语 体育 劳动生产实习	素描 水彩 水粉 基础图案 装饰画 用器画 书法 水墨 重彩临摹	书籍装帧（精、平装）设计、装饰插图、书法及美术字、印刷工艺、版式设计等
			黑白画、商品包装与商品视传设计、电影、旅行与商品推广招贴设计、宣传卡创作及样本等
商业美术专业			专题学术讲座（为两个专业共同开设）、专业实习（主要是到出版社和印刷厂了解图书出版及印刷工艺的流程）

备注：

（1）装潢美术系发展到 1959 年又增设装饰壁画专业，随后独立为建装饰绘画系。

（2）装潢美术系学制由 1956 年 9 月改为五年学制，在五年学制中，总学时数 5721；其中共同课（含艺术理论、专业史论课）为 1294，占总学时数 22.6%；基础课为 2801，占总学时数 49.9%；专业课为 1435，占学时数 25.1%。

（3）五学年中专业实习共计 13 个月。

分析中央工艺美术学院三大系科的课程设置表不难看出，在这一时期，图案教学的性质发生了改变。如染织专业以机印花布为重点，陶瓷专业以发展日用瓷为重点，其他的专业像包装装潢、书籍装帧、环境艺术等也都是以生产实践需要为教学目的，并将更多的社会实践内容纳入到教学领域之中。这样一来，图案课程的开设便出现了弊端，如张道一先生分析所说，在图案教学上就"出现了一些违反规律的简单化的做法，以致要求基础图案处处与专业'对口'，而社会的各方面需求恨不得在一门课程中解决，否则便有'脱离实际'之嫌"[1]。这种只顾眼前短期实效，不管长远利益的倾向冲击着教学，使教学无所适从。"陈之佛先生针对这种情况，对工艺美术有关专业提出了狠抓两种基

[1] 李砚祖．中国艺术学研究 [M]．长沙: 湖南美术出版社，2002:65.

础，强调把绘画的基本功和装饰的基本功打深打实。这装饰的基本功，主要便是基础图案。他认为，两种基础打好了，适应社会的各种需要也就具备了条件。图案教学的任务，就是创造这样的条件，基础打好，不怕不能'对口'。他曾风趣地说，这叫做'以不变应万变'。"[1]

1961 年，文化部教育司根据当时工艺美术教育状况提出《高等工艺美术学校教学方案》，其中包括了染织美术、陶瓷美术、书籍美术、商业美术、壁画、建筑装饰等六个专业教学方案。作为国家正式颁布的第一份关于工艺美术教学的指导性文件，它明确规定了培养目标、学制、课程设置与比例以及课堂教学与生产劳动关系等方面的条例。但这份部颁方案对培养目标的表述仍然显得抽象而笼统，并未显示出多样性的培养目标，只是具体规定为："一、具有爱国主义和国际主义精神，愿为社会主义、共产主义事业奋斗。通过马克思列宁主义、毛泽东著作的学习和一定的生产劳动、实际工作的锻炼，树立全心全意为劳动人民服务的思想。二、理解马克思列宁主义文艺理论的基本观点和中国共产党的文艺方针。三、系统地掌握从事工艺美术所必需的基础知识，熟悉本专业的工艺过程，对工艺美术的民族遗产有深刻的理解，具有较高的专业美术设计能力。四、具有较广博的文化艺术知识和修养。五、有健康的体魄。"[2] 然而，就是这样一份带有鲜明时代烙印的培养目标，其形成也是来之不易的。它是经过中华人民共和国成立 12 年以来工艺美术教育历经的坎坷，在付出沉重代价后方才确定的，更是建立于对经验教训的充分反思和总结，以及对德、智、体全面发展这一教育方针重新认识的基础上，形成对学生的专业能力做出有效评估而提出的全面要求。从当时的历史背景来看，这一培养目标算是比较客观的。也就在这一年五月，陈之佛赴京主持《中国工艺美术史》教材编写工作，在此期间仍然十分关注图案教学的工作，对身边的随行人员多次提到图案教学"过五关"的观点，即造型、色彩、装饰、构图、适用，也就是在思想性、艺术性、实用性的充分表现——在政治挂帅的前提下，充分发挥艺术性和实用性。① 陈之佛在之后发表的《谈工艺美术设计的几个问题》一文中更是强调了图案教学的基本原则："设计要符合适用、经济、美观三个原则，不是一件很容易的事情，并且三个原则也不是各各孤立着的，而必须是有机统一的。注意了经济、适用而忽视了美观，不行，这样做，无疑在工艺美术中取消了美术。只注意美观而忽略了经济、适用，也不行，这样，就会变成'纸上谈兵'。"[3]

---

① 笔者对陈修范、李有光访谈记录。

[1] 李砚祖. 中国艺术学研究 [M]. 长沙：湖南美术出版社，2002:65.

[2] 文化部教科司编《中国高等艺术院校简史集》，浙江美术学院出版社，1991年，第 379 页.

[3] 陈之佛. 谈工艺美术设计的几个问题 [J]. 南京艺术学院学报（美术与设计版），2006，(02):132.

这一时期几个主要的工艺美术院校（系）都在图案教学的课程设置上有所调整与改进：增加基础图案课程的教学时数，如中央工艺美院的基础图案课由 132 学时增至 240 学时；浙江美术学院调整充实基础图案课程的教学师资，并在新设立的工艺美术系中开设全系公共的基础图案课程；南京艺术学院除了基础图案课程之外，还开设了图案概论课程，使理论和实践有机统一；等等。此外，各院校自编了多种版本的图案教材，不断完善图案教学的工作。[1]

1966—1976 年期间，绝大部分院校被迫停办或解散，图案教学也因此中断多年，后来，部分院校恢复办学，但图案教学却被大量的生产实践所替代，各种各样名目的"三结合"教学活动使基础图案成为名存实亡的课程。然而，值得庆幸的是，在"三结合"教学活动中仍有一批学者潜心钻研，写出了当时条件下难得的图案教材，为图案教学的延续奠定了基础。以南京艺术学院为例，1966—1976 年期间印行的图案教材计有 10 多个种类：

1. 南京艺术学院"工艺美术培训班"小组编：《首饰工艺基础图案》。

江苏省轻工业局、南京艺术学院、扬州市二轻局"江苏省工艺美术培训班"教材，1974 年。

2. 张道一、保彬编：《古代首饰》，同上。

3. 张道一：《装潢概论》，南京艺术学院美术系装潢专业教材，1975 年。

4. 保彬：《基础图案概述》，南京艺术学院美术系装潢专业教材，1975 年。

5. 南京艺术学院装潢教研室编：《包装图案设计》，南京艺术学院美术系装潢专业教材，1975 年。

6. 南京艺术学院装潢教研室编：《书籍装帧设计基础》，南京艺术学院美术系装潢专业教材，1975 年。

7. 南京艺术学院"江苏省印染美术设计培训班"小组编：《印染美术设计基础》，1975 年。

8. 李湖福：《丝绸织花图案设计》，南京艺术学院美术系染织专业教材，1975 年。

9. 南京艺术学院染织教研室编：《印花布图案设计》，南京艺术学院美术系染织专业教材，1975 年。

[1] 中华人民共和国文化部教育科技司. 中国高等艺术院校简史集 [J]. 杭州：浙江美术学院, 1991.

10. 南京艺术学院染织教研室编：《刺绣、花边图案设计》，南京艺术学院美术系染织专业教材，1975 年。[1]

20 世纪 70 年代末，在结束了十年动乱之后，图案教学局面发生了深刻变化。有文章这样记述当时的情景："当人们从一场噩梦中醒来的时期，发现整个世界变得异常陌生，涉及古今中外的成堆问题扑面而来，使我们根本不可能回到 60 年代中期的图案教学基础上，再逐个去认识它们，而是直接进入了一个大论战的'争鸣时期'。整个图案界形成了以下几种'局面'：一是古代图案迅速复延，8000 年来的中国图案博大纵深的体系更为充实地展现在我们面前，连续掀起了'彩陶热''敦煌热''汉唐热''民间热'等热潮；一是作为对'十年禁锢''闭关自守'的惩罚，出现了求知欲的'大爆炸'，对国外现状的介绍也掀起了高潮，同时，又产生了不分良莠的兼收并蓄，想使中国图案立刻'现代化'的急躁情绪。人们对教学、设计工作的方针、中国图案的前景、外国经验在中国的可行性等展开了广泛的讨论。……许多人都在致力于寻找新的历史条件下中国图案应有的时代风貌。"[2] 这是十年动乱结束之际，图案教学复苏的真实写照。此时，各个院校在整顿过程中陆续恢复了基础图案的课程教学。1977 年初，浙江美术学院率先出版了《基础图案技法》教材，在这部类似小册子的教材中恢复了"文革"前的图案教学体例，将图案含义、图案构成、写生变化、图案色彩和图案应用等系统知识按章节进行讲述，并附有近百幅的黑白和彩色图版的范例，可谓是图案教学走向正轨化的重新开始。[3] 有意思的是，这部小册子教材却给恢复高考的七七、七八两级学生留下了极为深刻的印象，在笔者访谈如今担任各院校图案教学领衔教职的学者们时，他们竟然异口同声地提到这部教材。这一时期稍后几年恢复出版的一批较具代表性的图案教材或图案参考书目有：

苏州丝绸工学院编：《黑白图案集》，苏州丝绸工学院教材，1977 年。

张道一、保彬编：《风景图案》，南京艺术学院教材，1977 年。

南京市一轻局美术设计室：《树形装饰图案》《花卉装饰图案》，南京艺术学院美术系教材，1977 年。

南京艺术学院美术系编：《花边图案设计》，北京，轻工业出版社，1978 年。

雷圭元：《中国图案作法初探》，人民美术出版社，1979 年。

庞薰琹：《谈装饰图案艺术》，中央工艺美术学院装潢系教材，1979 年。

程尚仁、温练昌编著：《染织图案基础》，上海人民美术出版社，1979 年。

[1] 根据南京艺术学院教务处教材科库存教材登记名录统计（1984 年）。

[2] 引自《图案》杂志（北京地毯图案中心出版）发表的述评文章，载 1986 年第 3 期.

[3] 浙江美术学院教材编写组. 基础图案 [M]. 北京：人民美术出版社，1977.

姜今：《图案——讲稿提纲》，广州美术学院工艺美术系装潢专业教材，1979 年。

保彬：《装饰图案基础》，江苏人民出版社，1980 年。

庞薰琹：《工艺美术设计》，人民美术出版社，1981 年。

吴山、詹慧娟编：《中国历代装饰纹样》（第一册），人民美术出版社，1988 年。

从 20 世纪 80 年代初我国全面实行改革开放政策之后，一股改革潮流为图案教学事业的发展提供了良好的机遇，各高校也纷纷联合，组织学术交流。1982 年春，在苏州丝绸工学院举行的第一次全国高校图案教学座谈会①上，张道一先生以"图案与图案教学"为题发表了演讲，提出重建中国图案学的倡议，并对中华人民共和国成立后的前 30 年图案教学的正反经验进行了反思，认为：

所谓"图案学"，是基于图案（形状、纹饰、色彩）的实践，提出一套系统的基本理论和方法。由于它是在以往手工艺实践的基础上建立起来的，并且与我国图案有着密切的联系，所谓"猎我旧制，会以新法"，所以在我国一些学人最初介绍时，便不感陌生。就如我国的古代木刻曾经传往许多国家，但是，有别于古代"复制木刻"的现代"创作木刻"，却是外国人兴起的。鲁迅在提倡新兴木刻时，介绍西洋新法，叫作"木刻回娘家"。所以，日本图案学一经传入我国，也像回到娘家一样，便很快被接受，甚至连名词和术语也一起采纳。从 20 世纪的 20 年代到 30 年代，我国开始有了图案学的学科。

......

尽管（图案学）它还带着这样那样的弱点，特别是同我们民族的优秀艺术传统和现时的物质生产结合得不够紧密，总是初具规模，几乎所有的高等美术学校都设立了有关的专业。老一辈的图案家虽然屈指可数，但他们含辛茹苦，勤培桃李，并且编著和翻译了几十种图案书籍，为我国新兴图案事业铺下了第一层基石。

......

我国近三十年来的图案教学，对于结合各专业的工艺图案取得了很大的进展，但是为工艺图案打基础的基础图案，却没有被引起足够的重视，甚至将路子越走越窄。诸如：

① 全国高校图案教学座谈会，是由浙江美术学院、苏州丝绸工学院、鲁迅美术学院和南京艺术学院四所院校工艺美术系于 1982 年春发起主办的。座谈会举办到第三次，参加的院校增至 13 所，有浙江美术学院、苏州丝绸工学院、鲁迅美术学院、南京艺术学院、中央工艺美术学院、西安美术学院、天津美术学院、湖北艺术学院、吉林艺术学院、山东轻工业学院、景德镇陶瓷学院、浙江丝绸工学院、四川美术学院。

强调了"写生——变化",并采取了一对一的变化法,看来强调了"生活的唯一源泉",实际上是限制了现象,使构思缺乏灵活性,即使按绘画的标准要求,也不符合艺术的典型化的原则;批判了所谓"为变化而变化"和"脱离生产、脱离实际",因而混淆了图案的共性与特性的区别,也就不能深入认识图案变化的规律;强调了"反映生活",忽略了意匠美的创造,只能画可视的物象,不能或很少画抽象的几何形纹样;简单化地把艺术的抽象手法和抽象主义等同起来,笼统加以否定,致使在装饰结构和立体造型上失去了基础,等等。本来,老一辈图案家所建立起来的图案学的规模,虽带有这样那样的不足之处,但是,方面俱全,满可以在此基础上充实、健全而成为一个完备的体系,可是,大厦未成,我们却采取了拆墙的办法,宁愿盖出一座不符应用的小屋。[1]

在 1983 年秋于浙江美术学院举行的第二次高校图案教学座谈会上,图案教学的前辈学者又专门针对"三大构成"①与"图案教学"进行了激烈的论战。张道一先生提出"融合观",即将"三大构成"的技法及逻辑思维方式吸收到图案教学中来,并进行有机融合的教学。这一教学思想在随后的教学实践中,也证明了是有益和切实可行的。因而,

[1] 张道一. 图案与图案教学 [M]// 张道一. 工艺美术论著. 西安:陕西人民美术出版社,1986:155—156+157+159.

① "三大构成"指色彩构成、平面构成和立体构成。在 20 世纪 80 年代初被引进,一度成为广州美术学院艺术设计教育富有特色的基础课程。同时,该院以此课程研究设立的"构成学",又成为国家重点学科。随后,广州美术学院又在日本构成教学倡导者朝仓直巳(1929—2004)所撰写《基础造型系列》(全四卷·平面构成、色彩构成、立体构成、光构成)的基础上,衍生出动画构成,组成"五大构成"。"三大构成"引发的艺术设计教育课改争论,主要有两方面意见:一方面是赞成论者的思想并大力倡导以构成教学代替原有的图案基础教学,认为:①"'构成'是艺术分类中的一种艺术形式,是艺术与设计中的一种方法论模式,是依据构成原理,启迪创作意念的方法,是创造性思维方法的演绎。'构成'的概念等同于基础造型。'构成'的学习不是技术的训练,而是能力的培养,是创造方法的积累。"(陈小清主编:《新构成艺术》上册,北京理工大学出版社,2003 年,第 3 页)②"平面构成、立体构成、色彩构成,从学校教育视觉看,它是艺术设计专业(学科)主要的必修基础课程。是建筑、雕塑、绘画与专业的准修课程。它是知识与技法相结合,而且具有人文性质的课程,是艺术设计理论与实践学习、启发和培养创新能力的起步。它是方法论范畴的以理性为主导的艺术设计思维训练的主要途径。"(胡介鸣编著:《立体构成》,上海人民美术出版社,2003 年)③"平面设计(构成)基础在国外为上百所艺术学院和大学艺术系作为必修科。此课引导学生怎样了解造型观念,培养学生之审美观,锻炼设计构成之能力,并使学生接受严格的纪律训练。"(陈菊盛编:《平面设计基础》,中央工艺美术学院教材,1981 年)在 20 世纪 80 年代初中期,持赞成观点的学者,如香港的王无邪、吕立勋等,分别在广州美院、中央工艺美院主持有关构成的专题讲座,引发艺术设计教育界的强烈反响。当时国内学者致力于"构成教学"的主要倡导者,有尹定邦、辛华泉、陈菊盛、诸葛铠、吴静芳等。尹定邦侧重色彩构成,辛华泉侧重立体构成,陈菊盛、诸葛铠侧重平面构成,吴静芳从日本筑波大学研修回国后主要从事"构成学"理论研究。另一方面是持谨慎和客观认识事物发展的观点,这一方的代表学者张道一认为:"十年动乱之后,眼界大开,接触到一些过去未曾知道的东西。有的同志看不到事物的本质,不能客观地衡量自己的长短,便从一个极端走向另一个极端,企图以西方的一套来取代我们原有的一切。现在有一股风,直接从香港吹来,大谈所谓'构成主义'和'功能主义'。其实,真正的风源是在欧洲……近两年来,我读了不少这类文章,也听了个别的讲演,接触到香港一所设计学院的教师,并且看到了新近出版的一本叫作《平面设计基础》的书……然而,读其细节,实在感觉不到这种宏旨(指"构成教学"在国外早为商业美术、建筑美术、工业造型等设计领域广为应用)如何体现? ……同是使用了几何学上点、线、面、体的概念,在几何形图案与抽象派绘画所持的观点是完全不同的……概括起来说:第一,它来源于欧洲,也就是以包豪斯为中心的艺术流派,但是并没有抓住包豪斯在工艺上成功的本质,而是从艺术形式上剥取了一点皮毛,它借用了几何图案的外形,作了主观唯心的解释。因而,其艺术思想是不正确的。第二,几何图案源远流长,它是人类自原始社会以来所形成的一种形象思维的方法,是一种古老的艺术样式。深入认识几何图案的本质,找出它同生活的联系,并广泛运用于图案设计,是一项很重要的工作,但不能由此陷入抽象派绘画的泥沼。第三,从 20 年代初所建立起来的图案学来看,对于具象的自然形和抽象的几何的关系,已经认识得很清楚……无视这一切,企图以'独臂将军'来打天下。依了这样的'平面设计基础',在工艺美术的教学上,不仅会先天不足,而且必然会后天失调。第四,提出的'构成教学'不论在结构上还是在表述上,其逻辑和概念都是混乱的。而在历史面前,在老一辈所创造的业绩面前,表现得非常虚妄和狂傲。实际上只须翻一翻 20 年代到 40 年代所出版的图案书,就容易判断出它绝不是什么'新'东西,就这一点来说,图案和图案教学上也存在着一个拨乱反正的问题"(张道一:《工艺美术论集》,第 160—165 页)。限于注释篇幅,无法再详细引述两方面交锋意见的更多内容,但仅从列述的观点来看,对当时艺术设计教育的"课改"的确起到了促进作用,使得以"三大构成"教学为主的讲座课程产生一种互为补充、互为吸引、互为借用的教学方式,这不能不说是对课程结构"多元形式"的一种认可。

这一时期各高等院校的图案教学，在图案题材、图案形式和图案风格上都取得了与原有图案教学不同的业绩。不少院校的图案教师，纷纷发表文章对此进行评论。南京艺术学院教师胡国瑞发表文章认为："在以往的基础图案教学中，一般较多运用传统的形象图形来说明图案形式规律，即形式美的韵律、节奏、变化与色彩规律。由于这些图形的形式手法与色彩配置往往是综合性的，并不十分突出某一方面，所以特征有时不够明显，不容易说明问题。平面构成和立体构成、色彩构成主要讲组织的规律，一般用抽象的形象进行练习，做纯点、线、面的几何形组合，它排除了物象形象的干扰，将组织形式单纯化，突出某一种形式的韵律特征，所以很容易让人领悟其中的视觉美观规律，这是它的优点；但'三大构成'对于形象的装饰表现、夸张变形，以及各种形象图形不同风格与塑造方法的训练就显得无能为力了。图案设计并不只是单纯抽象形式的组合，丰富的想象、象征、寓意都需要形象的联想，而且是各种各样不同情趣不同手法的形象。所以，不能忽视和丢弃这方面的训练。"[1] 鲁迅美术学院教师李丽也撰文认为："以三大构成取代基础图案，……尽管在训练的方式、内容、出发点方面有所不同，但训练目的是一致的，殊途同归。……问题在于，面对现实或面对未来，对于应该如何展开教学或探索新教学模式这样具有发展性的问题，我们从现在开始就应当有所认识、有所准备、有所行动。"[2]

在 1986 年春于南京艺术学院举行的"第三次高校图案教学座谈会"，可以说是对 20 世纪 70 年代末至 80 年代中期，我国高校图案教学的一次总结与展示。此次会议的中心议题是"图案教学如何迎接新技术革命的挑战"，会议比较集中地对图案教学改革的问题进行了交流，主要围绕三个方面展开：一是探索符合中国国情的新教学体系；二是建立基本队伍，加强图案理论的研究；三是加强图案传统教育的同时，注重新知识的传授。对这三大问题的深入思考和探索，标志着图案教学座谈会的新起点，而且中心议题已触及图案课程教学改革的核心问题，在我国设计教育界引起了很大的反响。次年，《图案》杂志在所做本次会议专辑上刊登了纪要全文，摘要如下：

在会内会外的交流讨论中，反映目前各校所关心的主要问题是：

1. 探索符合中国国情的新教学体系

近几年来，大部分院校形成了"四大变化"（植物、动物、风景、人物的写生变化）和"三大构成"（平面构成、立体构成、色彩构成）平行教学的状况。经过一段时间的实践，许多人不约而同地认识到，两者各有所长，也各有所短，平行教学缺乏知识的系统性，而相互取代又势必使学生成为技能不全的"跛子"。现在，融会中外经验，建立符合我

[1] 胡国瑞 . "立交桥头"的片想——关于图案与教学的思考 [J]. 图案，1987，(4、5)25.

[2] 李丽 . 问题与苦恼——关于专业基础课教学的思考 [J]. 图案，1987，(4、5)20+22.

国国情的新教学体系的时机已趋成熟。

对于新教学体系的宗旨、内容、方法等问题，代表们各述己见。总的认识是，新体系不应只有一种模式，各校可发挥特长，进行多途径的探索。苏州丝绸工学院在会上推出了一个新教学大纲，展出了第一单元的教学成果。这一大纲立足于各专业通用的基本训练，从我国现状出发，力求融合写生变化、平面构成基础、立体构成基础的优点，按造型、构成两方面形成系统，并以抽象形的造型训练为起点，突出了创造思维的锻炼。学生作业的水平，显示了它具有一定的科学性和可行性。这一成果的展示，在代表中引起强烈反响，普遍认为，如此系统化的尝试，在国内还不多见，它的基本方向应予肯定，探索精神也值得赞扬。

对于新教学体系的讨论，涉及到一个重要方面，即写生变化的地位问题。

几十年来，写生变化的教学方法在国内占统治地位。历史证明，它具有一定的科学性，但已不能完全适应现代培养目标的需要。与国外现行教学方法相比，"一对一"的写生变化，过分强调描绘技艺的训练，可能束缚学生创造思维的发挥。但它在循序渐进的教学程序中，对于造型和技法的初步训练，又有一定积极作用。因此，"四大变化"既不能取消，也不应视为唯一的方法。这一问题虽在第一次会议中提出，但进行实质性改进的时机尚不成熟。现在，大家比较一致地认识到，能否正确改进和发展写生变化的教学法，是图案课教改中的重要环节。有些学校已以不同方式进行了改革的尝试。鲁迅美术学院的展品以"四大变化"为主，结合了多种技法、多种工具，从各学科间的相互影响来启发学生的构思，不但形式比较新颖，而且情景交融。作为专业技法训练的喷绘、透明色绘，逼真而实用。他们的展品，受到代表的好评。

讨论所涉及的另一个重要方面，是对"构成"教学的新认识。从第一次会议起，对"平面构成"等引进的训练方法存在多种不同意见，这一讨论曾持续多年。近几年，大部分院校都以不同方式开设了"构成"方面的课程。由于急于应用到教学中，照搬原系统的情况较为普遍。这样的方式难以避免某些弊病，如"平面构成"描绘上费时过多，"构成"与"写生变化"不易衔接，推理的方法缺乏感情的表现等等。有的代表体会到，工业造型专业只上"三大构成"，致使学生缺乏装饰纹样的造型能力。因此，多数代表认为，照搬照抄的方法，不适应我国实情；取其精华，并融会在整个教学体系中才是切实可行的。除苏州丝绸工学院提出的新大纲以外，有的代表提出，用推理、方向、正负形等现代设计思想，来丰富写生变化的构思，用联想来培养学生的思维等方法，都是吸取"构成"精华的良策。

……

2. 建立基本队伍，加强图案理论的研究

图案在现代已发展成为与许多学科相联系的边缘学科，图案科学理论的研究显得更为重要。这几年由于专业刊物和各院学报的繁荣，理论研究也相应得到发展，图案教师中撰写论文的人数逐年上升。但是，到目前为止，进行系统研究的人还较少，原因首先是基本队伍较弱，"重画轻论"的风气仍有很大影响，有的领导往往单纯"以画取人"；其次是力量分散、缺乏组织，有志者难以互为呼应，影响了理论水平的提高；第三是教师现有知识水平有限。因此，一些重要的理论领域，至今几为空白。要克服这一现象，除了解决上述三点以外，还应把培养青年教师放在首位。有的学校规定青年教师每年至少写一篇论文的做法，受到代表的赞扬。有的代表提出，在两年一次的会议间隙中，组织"图案理论研讨会"，并形成制度，得到多数代表的赞同。

3. 加强图案传统教育的同时，注重新知识的传授

对于加强图案传统教育的重要性，认识较为一致，只是在教学实践中，贯彻的程度有很大差距。有的代表认为，除了教师认识上的原因以外，学生比较渴望吸取新的东西。例如一次关于电子计算机的枯燥讲座，曾受到学生意外强烈的欢迎。然而，学生的热情往往会落实到现代派绘画上，因而需要正确引导。如果教师不研究现状，就不能正确解释过去，也就难以说明历史经验的现实意义，"就古论今"不受学生的欢迎。只要在教学实践中把过去、现在和未来有机联系起来，就不难收到较好的效果。因此，加强图案传统教育应和新知识的传授结合起来，以"两极"的推进来带动整个图案教学。[1]

在第三次高校图案教学座谈会之后，图案教学融进了许多新的教学理念，并在新的历史条件下有了全面发展的势头。各院校的不少图案教师纷纷提交论文，发表对图案教学改革的意见，图案教学受到了前所未有的高度重视，以致全国近 20 所理工科院校也相继开设了图案课程。《图案》杂志为此撰文称："在整个艺术教育中历来排在末位，一向被视为雕虫小技的工艺美术系科，一跃成为一些美术院校发展的主导。国、油、版、雕各系纷纷开设图案构成课。"尤其是"两个文明一起抓的政策给图案教育的普及提出了新课题。'图案美'作为开发儿童智力、创造力和美育启蒙教育的一项不容忽视的内容，已经引起人们的普遍关注"。[2]这一时期，图案教学面向社会、面向生活、面向生产，出现了前所未有的新局面。张道一先生还于 1989 年春在南京艺术学院工艺美术系专门开办了为期两个月的"图案设计论"系列讲座学习班，所列讲题可以说是他大半生为之

[1] 第三次高校图案教学座谈会纪要 [J]. 图案, 1987, (4、5):5—6.

[2] 黄钦康. 图案教育刍议 [J]. 图案, 1987, (4、5):117.

研究的"图案学"理论，是他自己学术生涯中关于图案教学的一次全面总结。[①]

综上所述，自 20 世纪 80 年代初至 80 年代中期连续举办的三次全国高校图案教学座谈会，可以说是我国当代设计教育史上具有里程碑意义的教学研讨活动，不仅标志着图案教学研究的不断深入，也标志着整个设计教育改革的全面推进。今天，当我们回顾这段历史时，仍然会觉得其现实意义依然存在。作为高等学校艺术设计类专业一门必修的基础课程，图案课程对学生掌握基本的设计表现方法、理解设计、深化设计、提高设计能力具有重要的作用，因此，长期受到设计教育界的重视。它是艺术设计师艺术地、形象地、明确地表达设计思想的最直接有效的方法，也是判断艺术设计师设计基础是否扎实最为直观的依据。随着时代的发展，图案教学的内涵和外延及它的表现方式都已发生了很大的变化与扩展。也许今天的学生由于对图案课程的作用与意义不甚了解，认为图案课程已成过去。殊不知，图案课程在过去、现在和将来都是所有学艺术设计专业的学生必须打好的基础，基础的坚固与否，直接关系到个人设计事业能否畅通。因而，图案教学为使学生在设计上打下扎实的基础，练好基本功，会根据社会实际的需要与学生的状况，从理论的角度使学生明确图案的意义和掌握相关知识。从实际出发，施以切合实际的传授方法，不仅对学生掌握基础图案知识具有促进作用，而且对他们增强艺术设计理念，提高思维能力、创造能力和审美能力都具有十分重要的意义。从这一层面上说，第三次高校图案教学座谈会的结束距今虽已有 20 年的历史，但许多研讨的话题依然现实且有意义。尤其是第一次会议期间，张道一先生从图案教学理论研究的角度提出的一份教学大纲，今天读来仍不失具有前瞻的眼光，可以说是"高校图案教学座谈会"留传至今仍值得研究的重要史料之一。在这份图案教学大纲中，第一次从图案学的理论高度给予图案教学明确的定位，并将教学实践与理论阐述有机地融会贯通。相关内容摘引如下：

———

[①] 张道一先生于 1989 年 3 至 4 月间在南京艺术学院专门开办为期两个月的"图案设计论"系列讲座，所列讲题计划为十讲（因故仅进行了八讲）。第一讲"引论"图案学的建立。列有六个标题：（一）从人类的造物活动谈起；（二）手工业向机器工业的转化；（三）图案学的建立；（四）我国图案学的起步；（五）迂回之路；（六）我们的任务。第二讲"坐标"图案在造物艺术中的位置。列有六个标题：（一）为物作名与分际义类；（二）工艺美术与美术工艺；（三）实用美术；（四）工业艺术；（五）"设计"一词的含义及其使用；（六）"图案"在工业艺术中的位置。第三讲"界说"图案的定义、内容和分类。列有五个标题：（一）"图案"一词的由来；（二）"图案"一词在中国的使用；（三）图案的定义；（四）图案的内容；（五）图案的种类。第四讲"意匠"图案的形象思维。列有五个标题：（一）意匠等度；（二）思维之光；（三）艺术的创造；（四）器物成型；（五）装饰纹样。第五讲"纹饰"（上）抽象的几何形。列有五个标题：（一）几何形纹饰的产生；（二）艺术语言的特征；（三）丰富的意匠素材；（四）多样的构成形式；（五）几何形纹饰的应用。第六讲"纹饰"（下）具象的实体形。列有六个标题：（一）广泛的可视形象；（二）实体具象纹饰的造型特点；（三）"便化"与"变化"；（四）色彩的感情；（五）绘画的用色敷彩；（六）工业艺术配色。第七讲"形制"造物成形学。列有五个标题：（一）基本概念；（二）人与物与环境；（三）立体图案基础；（四）形制的五种类型；（五）基本形及其两翼。第八讲"配色"图案色彩学。列有五个标题：（一）多彩的世界；（二）色彩的效应；（三）便化法；（四）构成法；（五）色彩的应用。

基础教学，包括了基本理论、基础知识和基本技能的训练，即所谓的"三基本"。图案的基础教学必须体现出"三基本"的原则。一部完整的"基础图案学"（或称基本图案学），应该包括如下几个方面：

（1）阐明图案的原理和在艺术上的特点；

（2）运用形式美的法则解释各种图案的现象；

（3）透过工艺制约认识装饰的共性；

（4）培养和提高意匠的想象力和表现力；

（5）掌握各种图法，进行适应性的训练；

（6）研究古代的、民间的和外国的图案，提高鉴赏力；

（7）积累设计素材。

以上七个方面是互为作用的。通过教学，锻炼一种综合的设计能力，而不是仅仅解决某种技法问题。就当前我国基础图案的教学情况来看，我认为有必要做全面的研究，深入解决以下问题：

（1）图案的形成。艺术的形式规律，共性寓于特性之中。应该联系着具体工艺品的实际应用和材料性能、制作方法，分析它在器型、纹饰、色彩上的特点；通过典型产品的分类解剖，找出共性，提出一般图案的共同规律。以往图案教学中的"写生变化"，机械地定出几种方法，不能解决关于图案形式的认识问题，且容易导致形而上学。

（2）形式美的规律。诸如对称、平衡、协调、比律、连续、统觉、错觉等法则，往往解释不清。需要弄清哪些是自然的现象，生理的感应；哪些是由此派生出来的审美习惯。最重要的，是在图案设计中如何灵活地运用这些法则。

（3）图案的形象。包括装饰纹样的形象和立体造型的形象。每种都有具象和抽象的差别，思维的方法也不一样。如何观察自然，如何取得素材，如何进行描绘，描绘的方法，描绘的适当性，以及形式和内容的关系，图案的寓意手法，最主要的，是如何掌握图案的艺术语言，发挥艺术的想象力，锻炼意匠的能力。

（4）图案的构成。构成的类型与程式化，具体的图法与骨式、构成原理对于形式美的体现，对于题材内容的适应。以往的图案教学多是将纹样分成单独的、二方连续的和四方连续的，只注意到"分"而忽略了"合"。不同纹样的组合、搭配，怎样才算妥适，是一个有待解决的问题。而对于立体图案的构成，从美的线形的提炼到基本型的成型，至今还没有进行探讨，更谈不到形成基本的理论。

（5）图案的色彩。光色原理，物理学上的规律。人们对于色彩的生理反应，习惯和联想，以及由此形成的好恶。物体的色彩与色彩的理想化，色彩与装饰纹样、器物造型的关系，图案色彩的调配。

（6）图案的艺术风格与形式倾向。造型、构成，色彩的协调，格调的形成。风格的传统性与时代性。形式倾向与图案设计的适应性。[1]

对张道一先生提出的这份图案教学大纲在此已无须做更多的评述，其根本的学术价值就在于突破了自清末民初以来我国近百年图案教学只偏重于技法传授的窠臼，提出了融合学理知识的教学。更确切地说，是让图案教学建立在"图案学"的基础之上，形成一种学理性教学。这一点也是张道一先生一贯昌明"学术为公，学理图明"的治学思想。试想，如果张道一先生当年提出的这份图案教学大纲能够切切实实地在教学中实施至今，那么，可以肯定地说，对于今天的艺术设计教育的基础教学将会产生更大的影响。然而，历史的发展总是不以人们的意志为转移的，往往一次历史事件的发生就会使其改变根本的方向。从 20 世纪 80 年代中期开始，我国图案教学就遭遇到了一场外来的"三大构成"教学思潮的强大冲击。面对西方 150 年来的工业设计及工业设计教育迅猛发展的事实，特别是日本和我国香港、台湾地区盛行的"三大构成"教学方法的汹涌来潮之势，习惯了以写生变化为学习依据的国内图案教学的年轻一代教师大开眼界。从此，"三大构成"课被当作设计基础教学的法宝，立刻被运用到教学实践当中。在这项引进"三大构成"的教学过程中，广州美术学院可谓起到率先垂范的作用，先是在本科教学中试讲，之后，又在国内各大美术院校进行巡回教学展览活动。由此，在短短的几年时间内，迅速掀起了遍及全国的"构成"教学热。一些学校相继在图案课程的基础上加开"三大构成"的训练内容，并且进一步细化，以致部分"构成"内容不可避免地与图案课程的内容重复。比如，图案中设计元素的构成、骨骼的组织与"平面构成"，图案色彩训练与"色彩构成"等内容堆砌。这些新变化使得图案课程的位置显得尴尬，甚而许多院校干脆将原来的图案课程改为"三大构成"课，认为"图案"课程太旧，过时了。这样一来，就使得图案教学的路子越来越窄，不少人甚至把"图案"基础理解为仅是"纹样"的范畴，使得老一辈图案教育家建立起的图案教学渐渐地失去了生命力，竟然成为设计基础教学可有可无的课程。有些高校在进行艺术设计教育改革，修改专业基础课程设置时，竟把图案课程取消。图案课程也由此成为众矢之的，甚至成为被废名的课程，而被"三大构成"取

[1] 张道一．图案与图案教学 [M]// 张道一．工艺美术论集．西安：陕西人民美术出版社，1986:169—171.

而代之。①再之后，随着20世纪90年代末数码技术的日益普及，设计大量依靠数据库图像进行拼凑处理，变得越来越便捷，在急功近利的设计思潮影响下，图案教学的声息越渐低弱，从20世纪80年代末至90年代末，图案教学可以说是举步维艰。

三、余论

2006年4月14日笔者为课题之事专程北上，在毗近圆明园的荷清苑拜访了清华大学美术学院教授杨永善先生。在访谈中先生对图案教学发表了极为中肯的意见：

长期以来，图案教学在我国工艺美术院校或其他类别院校的设计专业中一直处于比较重要的位置，是专业基础课教学极其重要的课程。根据以往的教学安排，图案课的主要内容包括：基础图案、传统图案、民族和民间图案，以及工艺图案等几个部分。基础图案主要是解决有关图案的基本概念和基本构成，当然也包括图案基本作业技法。通过讲授、欣赏示范作品和作业练习，让学生认识图案的属性与特点，并掌握图案的一般规律和表现技法。基础图案课的训练方法是多种多样的，有临摹，有分析，有写生，有变化，都是围绕着图案的造型、构图、色彩三个方面进行的。传统图案的主要内容是学习和研究中国古代优秀的图案传统，深入认识古代图案的风格特点和处理技法。选取经典的图案作品，让学生在临摹过程中"体验"古代图案的艺术魅力，加深认识和理解，以便消化吸收，并加以运用和发扬。民族和民间图案则是通过对大量丰富多彩的异域和乡土的图案作品赏析和临摹，让学生全面而深入地了解我国各民族、各区域乡间图案艺术的博大精深。工艺图案实则是各专业的基础设计课，它是要结合具体专业教学来进行的。比如，陶瓷装饰形式是多样的，除去造型自身的装饰性之外，最主要的装饰形式就有图案，当然还有绘画、浮雕和颜色釉等类型；就图案而言，像青花图案绘制是先青花后青花加彩，

---

① 图案课程是我国早期设计教育开创之初就已设立的课程，可谓是几十年来数代相传，历经变革，发展成为教学体系比较完备的课程。然而，时至今日，在新的现实面前，一方面是图案课程的教学体系逐渐暴露出种种弊端，大有江河日下之势，另一方面，新潮流的"构成"教学以其简约功利之举，大有取而代之之势。但不可否认的是，新潮流的"构成"课的开设，在当时也由于急于应用到教学中去，照抄照搬，囫囵吞枣的现象十分严重，根本不符合我国的国情。在对这一问题的认识上，张道一先生是立场鲜明的。他在为诸葛铠的《图案设计原理》一书作序中说："对于当前的学风，我曾深思费解，不知废名论者何以起哄说'图案过时了''图案无用了'。古贤有言：'名无固实，约之以命实。'一个名词的内涵和外延，本来就是发展的，为什么不充实或更新其内容，而偏偏造新词以取代呢？……在'图案'问题上，主张废除的人却忽略了一个基本的常识，即'图案'和'设计'在英语中被译作一个词。而偏偏是这种人，总喜欢拿西方的概念来规范我们。如果废除图案，岂不等于否定了此design，而肯定了彼design吗？"他又说："从（上世纪）20年代到60年代，老一辈的图案家、工艺美术家们曾做了大量的工作。道路虽然未及铺平，但其建树不能低估。他们的起点很高，只是受到了历史的局限，主观与客观的，认识的与方法的，须做具体分析，不能割断历史，简单化地肯定与否定。"事实确实如此。在随后的"构成"教学中出现了一些难以避免的弊端，如"'平面构成'描绘上费时过多，'构成'与'写生变化'不能衔接，推理的方法缺乏感情的表现；等等"。有的院校已经认识到，"工业造型专业只上'三大构成'，致使学生缺乏装饰纹样的造型能力"。今天，艺术设计教育界对构成教学的利弊已有了较为清晰的认识。

由简到繁逐步进行。而且，要求纹样、色彩的表现稳准、明朗、清楚、干净。这些系统的工艺图案知识十分重要。过去都是投放许多课时进行教学的，使学生们能够在最初阶段比较系统和全面地开始学习设计必要的原理和形式美的方法，这是其他课程无法替代的内容。其实，在基础图案的写生变化训练和传统图案的临摹分析中，同样有许多形式法则都是设计不可缺少的，通过作业使学生加深理解和熟练掌握，并灵活运用到设计实践中，为以后的专业设计奠定认识的基础。

应该说，工艺美院时期及至现在清华美院，对于图案教学一直是有重视的传统。20世纪五六十年代，张仃先生就十分强调图案教学要学传统、学民族、学民间，当然也要学外国，几方面都不能缺少，体现工艺美院创办时期"有容乃大"的教育精神。记得丁绍光开始学装饰图案时，张仃先生就布置学传统，去故宫做各种建筑图案、染织图案、陶瓷图案的测绘和临摹工作，这是扎扎实实的学习过程。所以，丁绍光后来的创作有许多形式元素就来源于图案学习的结果，包括人物造型来源于皮影等。柳冠中是做工业设计的，他第一次做家用电器外观的色彩设计，灵感就来源于大量临摹的敦煌图案。其他工艺性比较强的专业，图案教学更是重要。

20世纪90年代初，我国各工艺美术院校不作分析、不看图案的根本，就在设计基础教学中普遍采用基础图案加"三大构成"（平面构成、色彩构成、立体构成），即所谓的"双轨平行"教学模式。大家知道，基础图案原初也是从国外引进的教学法。这套在20世纪二三十年代由我国老一辈图案家们从欧洲、日本引进的以写生变化为基础的教学方法，经过国内几十年设计教学的实践与发展，在与中国民族图案传统的结合中逐渐形成了比较完整的教学体系，成为我国工艺美术教学的基础。本来，"双轨平行"教学模式还有互补。一方面是我国与西方国家有着不同的工业基础，即我国仍然处于手工生产、半手工生产和大工业生产同时并存的时期，传统的基础图案还有社会需求的现实基础；另一方面多数设计界人士认为"构成"设计侧重于抽象造型要素、构成规律及原理的训练与研究有其作用，而以写生变化为主的基础图案则主要解决具象形态的形式与组织，以及表现技法等的学习，两者有其不可代替性和互补性。但不知何时，图案教学被彻底淡化了，甚至图案课程的设置都被取消了。这是不应该的事，需要呼吁，引起设计教育界的重新重视。没有图案基础的设计教育，原创意图哪来，艺术设计的"艺术"成分哪来，这不能不说是严重的问题吧。

说实在的，对杨先生的访谈使笔者思想上产生了非常强烈的共鸣，直到今天，关于图案教学的前景话题一直是萦绕在笔者思绪之中挥之不去的主题。尤其是面对经过无数次改革的设计教育，却在图案教学上几乎无大改观的事实，实在无法解释。因此，笔者认为有必要对图案教学重新审视和评估，特别是以时代发展的视点为依据，结合设计人才基础能力的培养要求，对现行的基础图案和"构成"设计进行筛选与重组，以充分吸收基础图案中的有益部分，使之成为一个有机的整体，真正建立起适合我国国情发展需要的图案教学新体系。当然，建立图案教学的体系，不但要有一个学科完整的构架，还要有与之配套的知识结构。

在这里，笔者无意就空洞的理论分析来做图案教学的发展预测，而是选择了经过检索挑选出来的四本教材引证说明。第一本是赵茂生编著的《装饰图案》，该书的编写体例比较适合作为教材，其中融合了图案与构成"双轨平行"教学模式的内容。全书分为七章，按"装饰图案概述""装饰图案艺术发展演变概况""装饰图案的形式法则""装饰图案的素材""装饰图案的造型、构图及黑白关系""装饰图案的色彩与表现方法""创作示范作品"七个部分教授。在"装饰图案的造型、构图及黑白关系"一章里，选择了"构成"教学的内容，比如形与形的适应，形态结构的重复，形态的层次关系，以及点、线、面的个性等。教材将"构成"教学的内容引进并有机地组合，而不是简单地堆砌，更没有"以彼替此"的用意。[1] 第二本是由陈辉编著的《基础图案》，该书体例前三章及后两章与第一本教材相似，即概述（起源）、发展、法则、点线面和色彩表现。比较有特点的是第四章"收集素材与图形变化"，在这里不仅将图案的写生变化列入其中，而且结合图形变化的要求及形式进行阐述，可以说是一种新写法。[2] 第三本是由蔡从烈、秦栗合著的《基础图案》，同前两本教材的体例相似之处仍然是前三章，但中间几章内容突出了"图案的构思""图案写生与变化""图案的构成形式""图案的点线面与黑白灰"，最后一章专题讲解了"图案表现技法"。从教材编写角度来看，该教材的结构、分类与内容选择比较完整。[3] 第四本是由胡家康、周信华编著的《图案基础与应用》，该教材是四本书中细目分类最为翔实的一本，因而作为教材所包容的知识含量较大，比较适合求学者的探讨需要。其中，列有"中外图案艺术简介""图案设计的形式原理""图案造型问题"等涉及细目多达35条，可谓穷尽了这几方面的教学内容。[4]

教材乃课程之本，从这四本教材显示的教学内容来看，是否可以说进入新世纪以后，在设计教育的不断调整与发展过程中，我国图案教学又开始有复苏的迹象，又重新进入设计教育课程设置的视线？起码出版这几本教材的清华美术学院、中国美术学院、苏州大学艺术学院、东华大学艺术设计学院，对图案课程的设置提出了具体的要求。当然，不是说其他院校就没有图案课程的设置，更不是说没有教学业绩，而是本文仅

[1] 赵茂生：装饰图案 [M]. 杭州：中国美术学院出版社，1999.

[2] 陈辉. 基础图案 [M]. 武汉：湖北美术出版社，2001.

[3] 蔡从烈，秦栗. 基础图案 [M]. 武汉：湖北美术出版社，2006.

[4] 胡家康. 图案基础与应用 [J]. 上海：东华大学出版社，2006.

做个案论证，只是说明图案教学在整个设计教育中开始重新显示其重要的地位和作用。

综上所述，图案教学从观念的更新到内容的改进，直至教学手段的多元化和现代化，是促进图案教学呈现出无比丰富的多样性，呈现出全新功能与风格的关键。而当今图案教学体系的重新建立和完善，必将成为我国新世纪设计教育的坚实基础。这是适应我国社会经济发展对设计人才基础能力的要求，是为国家培养出跨世纪的设计人才，开创新世纪的辉煌局面所做的贡献。

附言：本文在撰写过程中得到清华大学美术学院教授杨永善先生、南京艺术学院设计学院教授邬烈炎先生给予的帮助。南京艺术学院设计学院设计学专业研究生蔡淑娟同学为本文做了资料检索工作，特此敬谢。

原载于《设计教育研究 5》，江苏美术出版社 2007 年版

时论·时评 8篇
·访谈

香饵之下

——拷问广告的美女经济

题目取自西汉《黄石公三略·上略》中一句成语的上句，关联的下句便是"必有死鱼"。原文释义曰："游鱼必为贪食香饵而死。"接下来的句子，便是流传市井、耳熟能详的名言——重赏之下，必有勇夫。言重了，题目取名原本与关联的下句无直接牵连，更无影射消费者之意，只是觉得"香饵"之名与时下大为热火的美女经济十分贴切，故而取之。多余的话写在正传之前，以免产生尴尬的联想。

报载，2003 年是中国美女经济的元年。从这一年开始，美女狂潮不断，香车美女、手机美女、数码美女、房地产美女、化妆品美女、服装美女、IT 美女、广告美女、保险美女、导购美女、公关美女、文秘美女，乃至出现美女作家、美女记者、超级女生……不计其数，暗香浮动。有数字显示，自 2003 年起中国的美女经济就端出了年增长几十亿元的骄人成绩。就连中国社会科学院这等被阻隔在高墙深院里的专家学者们，也忍不住做起了大块文章，于 2006 年 1 月 12 日发布的《文化蓝皮书》就追踪超女的整个产业链条发表统计，估算超女对我国社会经济的总体贡献至少达 20 亿元人民币。这样骄人的增长"盛宴"，此时此刻的欢呼礼赞似乎符合常理。然而，透视这一现象，美女经济凸显的文化形态，是人类的还俗，还是精神束缚的解体，抑或意识形态的退潮，世俗追求由禁锢到开放……真可谓莫衷一是。古语云："乱世储粮，盛世养心。"通俗地说，如今到了物质已经不再刺激人的时候，新问题也就随之衍生。美女可以"养心"，或是道貌岸然地说可以"养目"，这只是一个传统思维定式的转换借口。于是携"美女"登上厅堂，置于大庭广众之下，或是慢慢培养"美女"对"熊掌"（经济）的嗜好，让她一道成为同行人，一道参与市场经济的开拓，这一切仿佛是天"人"合一。但正是这股狂潮，使泥沙俱下，它对社会文明底线的冲击和动摇是有案可稽的。

案例之一，某车展广告片，口号是美女与车的较量。片首，音乐响起，美女出场，一辆悍马型的车开过，司机紧盯着美女看，忘了前方，等回过神来，车已经撞上了消防栓。

美女头也不回，任凭后面的水柱狂喷，水浪涛天。又一辆车过来，可怜的司机又犯下先前那位仁兄一样的错误，于是又一家店铺铺面在美女身后倒塌。……音乐戛然而止，一行广告词出现在荧屏上："悍马——你还有犹豫的理由么？"加拿大文化学者马歇尔·麦克卢汉在《机器新娘——工业人的民俗》一书中对"香车美人"有过一段激烈的评论。他指出："把汽车被当作子宫和阴茎的象征来展示，你就可以更好地开拓汽车市场，因为汽车广告推销的既是曲线美和舒适，又是威猛的力量。"[1] 此言虽过于尖刻，且不太符合普通人的表白，但话糙理不糙，你不得不承认这位加拿大人的率性和一针见血。

案例之二，寒冷的冬季，在某商厦前的广场，几位身着三点式泳装的美女在塑料花簇拥的大澡盆内搔首弄姿洗着盆浴，冬美人一个接一个地"表演"，浑身颤抖不已，俏丽的脸上已失去了广告商策划时要求的温柔情调，而只有瑟瑟发抖的嘴唇在颤动。可颇为人气的围观者却是里三层外三层，且清一色的壮年男性。这种本应遮蔽的女子盆浴，却被公之于众，多少给市井风气带来了不和谐之音，而且有违一般的社会伦理。表演者未必情愿，围观者则有心目睹，社会的良知何在？诺贝尔经济学奖获得者阿玛蒂亚·森有句名言："以自由看待经济的发展，特别需要考虑社会现代化中每一个公民权利的增长过程。"这一点警示十分必要，如果美女经济连对公民权利增长过程的起码尊重都没有，恐怕剩下的只有对诱惑或是色情招摇的拷问了。难道我们受到的震撼是笔墨可形容的吗？

案例之三，昆明《春城晚报》2005 年 4 月 3 日报道，昆明一家餐厅首推"女体盛"。报道说，两名女大学生，身高均在 1.7 米以上，身体健康苗条，皮肤白净光滑。从早上 9 时开始工作人员就对她们进行了半个小时以上的盐水沐浴，然后又进入冰室对她们进行身体降温，等她们心情愉快后，再用各种鲜花、石头、贝壳、树枝将她们环绕，并将美食放在她们的身体上面。考虑到实际情况，当天的"人体宴"美女并没有全裸。餐厅老板很是得意地告诉记者，两位大学女生心态也很正常，她们非常支持这次活动，几乎是无偿提供服务，这是一种人和自然、艺术和美食的结合。这则招揽式的广告新闻，随即引起全国性的铺天盖地般的批评。还是《孟子·告子上》说得极好："食、色，性也。"看来特别讲究吃的民族，很容易就把食欲与情欲并列在相同的天秤上"恶搞"。这等"人欲横流"的泛性饮食味道，时至今日仍像梦魇一般在有社会良知的人们心头挥之不去。好在云南省妇联出面指责，"女体盛"实质上是对女学生尊严的伤害、侮辱和歧视，不仅不符合我国国情，也违反了我国的社会标准。事后的 4 月 18 日昆明市西山区卫生局、工商局联合对"女体盛"活动的商家做出处理，并指证"女体盛"违背了《中华人民共

[1] 转引: 何道宽. 《机器新娘》译者序 [M]// 何道宽. 夙兴集: 闻道·播火·摆渡. 上海: 复旦大学出版社, 2013:169—170.

和国民法通则》《中华人民共和国妇女权益保障法》《中华人民共和国广告法》第七条第二款第五项和《中华人民共和国食品卫生法》第八条第一款第五项的规定，"女体盛"在红尘滚滚的喧嚣声中被叫停收场了。

案例之四，北京某房地产公司推出的宣传广告，口号是：新"三点"更有吸引力。画面是一个身穿三点式泳装的美女剪影，在黑色的身体剪影中，白色的"三点"显得异常扎眼。而广告的"三点"实则是指"户型小一点、位置好一点、总价低一点"的意思。广告就是通过美女的"三点"引诱人们的关注，采用"双关"的修辞手法来取巧，达到言在此而意在彼。语言在禁忌的边缘表达，将原本光明正大的东西变得如此"暧昧"。

案例之五，某针织品牌广告，画面是一个赤膊的男人单手托起美女的柔线臀部，美女穿着透明的连裤袜，尽情地展示裤袜紧贴肌肤的质感美和曲线美。广告的品牌口号是"浪莎——不只是吸引"，品牌只提供了能指而不提供所指的明确意义。有意思的是，这款广告原先推出只是刊登在女性杂志上，作为女性特有的私人物品以此推销倒也无妨，只是如今这款广告被放大数千倍，矗立在都市繁华的街口，这不能不令人产生疑惑。从表面上看，广告是推销女性用品，与美女牵扯自然无可厚非，但是骨子里的意图，尤其是作为公共区域的广告意图，则十分明显是把极易引发的"欲望"毫无遮掩地诉诸公开，多少有种"阴谋诡计"的意味。这不能不说是表面上冠冕堂皇的品牌广告，实际上是假惺惺地借机为了让众人接受广告画面的"刺激"信息。如今，这类与服饰品牌相关的"美女"广告更有大行其道之势。报载，一位模特公司的老总就直白地说："模特是商品，作为模特公司，我们的产品就是模特，花上几百万元举行大赛推出新模特就像是在开发新产品，开发了新产品就是要卖出去的。"美女成了商品，理直气壮，更何况是以美女为媒介的广告呢？意大利贝纳通（Benetton）广告创意总监 Oliviero Tosecani 也说过："我们所做的一切都与惊世骇俗有关。"所以在贝纳通的广告中出现了黑人牧师和白人修女在亲吻，出现了裸露的"性"。正所谓"醉翁之意不在酒"，掩藏在意识形态之下的，是商家想借道德争议而引起媒体和世人的关注。

案例之六，某音响设备广告片，几位"死党"在卡拉 OK 中鬼哭狼嚎，有人忍无可忍。此时，广告语迭出"如果音响里有音乐高手现场作秀，那耳朵就有福了"。果不其然，随着一阵风吹，撩起丝质布幔，一位俨然是国色天香的绝色美女出场，杏目微闭，俏首上扬，丰满雪白的脸庞和近乎裸露的酥胸，透射出一股情欲萌动的气息。紧接着是对着美女手执话筒的大特写，美女眼光下瞄，嘴唇蠕动，做出一副面对阳具的调情模样……广告将"人欲"寻租表达得直接而形象，显然是有意地冲击着人们的眼球和神经，以至反复叠映出这种隐形的"性"符号。此时符号的意义超出了产品，超越了广告的底线，充溢着泛滥的色情。英国学者迈克·费瑟斯通在《消费文化与后现代主义》一书中鲜明指出，消费本身带有复杂的文化意义，它是对意义进行生产和传播的过程，"其意义可以任意地由它在能指的自我参考系统中的位置来确定。因此，消费就绝不能理解为对使用价值、实物用途的消费，而应主要看作是对记号的消费"[1]。此言一语中的，这则广告片可谓是对"记号消费"最为裸露的诠释。当然，最为恶劣的是践踏了人们对这种"记号消费"的正面认知。

上述例举的仅仅是铺天盖地而来的"美女广告"的个案，能否抽出作为拷问广告的美女经济，恐怕也有一个移动的标准。随着消费至上的欲望横流和世风日下，这些例证也许会变得"无聊"，而新的"无聊"又会被层出不穷的更新的"无聊"替代。然而，面对这一狂潮要说的话还是有的。博客们就拷问："美女是什么？美女是人！美女不是什么东西，也不是什么玩意儿。把美女作为东西或者玩意儿并附上金钱意味的掩人耳目标签——经济，则是今天道德失范和对社会责任漠视的表现。"看来那些提倡者是肯定不赞成博客们的说法的。报载，在文化搭台经济唱戏的热闹声中，一位著名"文化学者"就大言不惭地告诉招商者秘诀："美女经济是皆大欢喜，美女、媒体、商家和观众各有所获。"[2] 美女财源滚滚，媒体吸引眼球，广告寻租"色情"，商家打造形象，观众大饱眼福。如此的争论还是会继续下去的，但拷问者的声音会越来越响。全国妇联的官员就警告说："美女经济"的泛滥和低俗化，严重地误导了女性的价值观、成才观、审美观，使一部分女性一味追求外貌并视之为成功的捷径，偏离了通过勤奋获得人生价值的正确方向。这样貌似动人的诱惑，其实是对女性的一种"软暴力"。还是借麦克卢汉在《机器新娘——工业人的民俗》一书中的尖锐洞察来分析，通过深刻揭露用性爱、暴力、死亡来赚钱的骗人把戏，解剖了商业玩偶中的美女和性。他说："卓别林的艺术是大众梦幻艺术，在背景中恍惚起作用的艺术。这个背景从来是无法把握的，也是看不见的。这种恍恍惚惚的作用，使泛滥的性事、技术和死亡的组合形象，似乎成为亘古不变的东西。这就是机器新娘的神秘面纱。……抛开道德问题不谈，无处不在的女性裸体，对少年和男人培养理性的超脱力与鉴赏力是没有好处的。在这样的环境里，思想的繁荣或情感的成熟，实在是无从谈起……少年在成长的过程中，看见蜂拥而至的塞壬妖女，闻到令人心醉的合成香水；他们在这种环境里长大，似乎也会产生某种特别的幻觉。"[3] 由此而言，广告作为一种传播文化离不开阐释，尤其是在批评性这一范畴，它更是需要阐释的。但愿在拷问广告美女经济的同时，也要拷问广告自身的艺术设计。当然，这种阐释伴随

[1] 费瑟斯通. 消费文化与后现代主义 [M]. 刘精明，译. 南京：译林出版社，2000:124.

[2] 何道宽. 拷问美女经济 [N/OL]. （2004-12-09）[2022-10-14]. https://www.gmw.cn/olgmrb/2004-12/09/content_145472.htm.

[3] 转引：何道宽. 《机器新娘》译者序 [M]// 何道宽. 凤兴集：闻道·播火·摆渡. 上海：复旦大学出版社，2013:169.

着社会与公民的诉求，既不能"不阐释"，也不能"过度阐释"，而是要"有效阐释"，这是当代广告在阐释程序上无法绕道而行的。拷问广告的美女经济，便是尝试"有效阐释"广告的一把手术刀，也是给欲望横流的世风一剂清醒的良药。

原载于《新平面》2006 年 7 月刊

电子"面孔"

——从"电子杂志"的界面设计说起

2006：电子杂志年？从去年年底到今年年初，仅仅几个月的时间，就有 20 多家电子杂志发行平台诞生。2005 年，Acer、联想投资和招商局三家共同向电子杂志发行平台 Xplus 注资 450 万美元，广州的 POCO 获得了 IDG 1200 万美元的投资，凯雷则出手投资 Zcom 1000 万美元。初期融资完成之后，2006 年，谁不想大干一场？这是《中华读书报》今年 5 月下旬发表一篇时评时透露的信息。紧接着，新闻媒体在 6 月上旬公布的行业年度排行榜上就给媒体新流变做了定位，认为 2005 年是"博客年"，2006 年则是电子杂志的天下。听起来不无道理。

从新词流行到"电子杂志"定位

大概是从前些年开始，一些英文新词在西方传媒界逐渐流行，如 infortainment、glocalization、broadlloid、blogging、journalism 等等。这些词汇多由传统的媒体词汇重新拼接组合而成，在眼下的英文词典里是找不到的。这些新词汇的流行反映出一个全新概念，即表明新闻功能的"异化"。比如，information（信息，资讯）和 entertainment（娱乐）两个单词的组合，可以理解为"新闻娱乐化"。就是说时下新闻已由"趣味性""刺激性"代替了传统新闻的"真实性""重要性"和"说教性"，并且"新闻娱乐化"还有两种突出的表现形式：一是大砍硬新闻，大兴软新闻，使得新闻的取舍标准就只有一个，新闻充塞着美女、金钱或打斗；二是硬新闻的软包装，在硬新闻中寻找趣味或带有刺激的"卖点"，这正是市场给予的极大推动力。由此，"新闻娱乐化"就成为当今全球媒体变革的最突出的表现之一，就像电视媒体需要考虑收视率一样，这一切被人们戏称为"万恶之源"。

"电子杂志"的应运而生，也正是这种市场背景触动的结果，而且是伴随着极度商业化的运作成长起来的。当然，"电子杂志"不都是以新闻为主业的，更多的是以人们的休闲生活和茶余饭后的谈资为主营对象的，但不可否认，"新闻娱乐化"的编辑思路是其重要的策划理念，甚至在"新闻娱乐化"的策划思路上比传统的纸媒体走得更远。可以说，充塞更多的"软新闻"佐料，添加进更多带有"挑逗"性情节的阅读界面设计，让视频、音频、图像、文字等多种手段充分调动人们的感官，产生巨大的互动性。可以想见，"电子杂志"发展到了今天的第三代——多媒体互动电子杂志，其传播方式也从原始的邮件传播发展到 P2P 下载，使其采用"软新闻"手段烹制的各种秀色可餐的杂志内容正以惊人的传播速度覆盖着整个网络世界。

比如，第三代电子杂志的出现就被媒体誉为"从皮影戏到电影的飞跃"。表现在阅读方式上，它保留了平面杂志的目录，并用电脑技术营造出翻页的逼真效果。而基于宽带的内容和集 Flash 动画、视频短片和背景音乐、声音，甚至 3D 特效等各种效果于一体的多媒体表现形式，则令它们完全摆脱了传统杂志的束缚，具有了更多的互动性。Xplus 平台上最受欢迎的电子杂志《男人志 WO》和《爱美丽 ME》的主编陈必涵就坦言："所有选题的策划都是围绕着商业市场和网络杂志的特性来打造的，每一个选题更像是一个电视节目。比如教读者做一个发型，我们提供 360 度视线的图片，这是传统杂志根本做不到的。当然，我们还会带给读者更多更好看、更好玩，甚至更刺激的娱乐节目。"[1]此外，网络、多媒体、免费下载，种种要素结合而生的"电子杂志"带来的是传统媒体不敢想象的发行量的迅速增长，如今年 4 月刚刚创办的《美食地理》，创刊号还只有 2 万份的发行量，到了第二期竟达到 12 万份的发行量。

从商业盈利到"挑逗"界面设计

"电子杂志"成为风险投资商的新宠。从赚钱的角度看，盈利来源不外乎三点：一个是广告，一个是发行，一个是增值服务。其中第一个盈利点涉及商家，第二个盈利点涉及读者，第三个盈利点则同时涉及商家和读者。到目前为止，这三点盈利模式都不是很成熟，还在探索之中，有可能是"泡沫"，也有可能是"蓝海"。但不管怎么说，商业盈利还是有巨大吸引力的。以广告收费来看，这是目前"电子杂志"的主要盈利途径。POCO 是国内最早做多媒体杂志的网站之一，它既是一个多媒体杂志的发行平台，也是一个多媒体杂志的内容提供方。POCO 发行的《PocoZine》《InterPhoto 印象》以及《Taste 味觉》三个月刊带来的广告收入，使这些"电子杂志"基本实现了"左手发行，右手制作"的经营之道。POCO 的 CEO 姚鸿在回答《新民晚报》记者问题时说，

[1] 王恺，朱文轶，王家耀. 互联网上的杂志 [J]. 三联生活周刊（北京），2007，(18):44—49.

POCO现在每月的广告额是100多万人民币，其中"电子杂志"的广告额就占了70多万，而且月增长曲线呈45度线趋势。再以Xplus为例，在其平台上始终位居下载率第一和第二的《爱美丽ME》和《男人志WO》，都是Xplus的自有品牌。两份杂志分别是高达7628024册和4163881册的总下载量，一直有着可观的利润，令其在这一行业中占尽先机。这就应了姚明代理的那句著名广告语："努力不一定成功，但放弃肯定失败。"蜂拥而至的各路商家想必是明白这其中的潜在商机，自然也不会轻易放弃这条盈利之路。那么，现在所要做的就是抢占盈利的至高点。怎么做？当然是策划杂志的"形象"卖点，伴随着这股"形象"策划的潮起潮涌，便引出了各类"挑逗"界面设计的问题。

类型一，2006年最新推出的时尚潮流类"电子杂志"——《时尚腿秀》《ZUZN》《男人志WO》《爱美丽ME》《GO新势力》的阅读界面设计，就呈现有一种"刺激消费"的性泛滥色彩所带来的"挑逗"设计。画面借助数字化技术，粘贴大量低俗、毫无新意的视觉形象，充斥并污染着大众视野。大量的抄袭模仿之作，使得信息时代平面设计僵化为一种模式，即电眼美女的极限暴露、艳如桃李的通透内衣、色彩炫目的视频播放，以"震惊"与"惊艳"挑战着人们的视觉神经。平心而论，这种设计模式有一种不祥的征兆，就是伴随着数字化技术进入的一个历史上从未有过的"图像化生存"时代，图像却被如此地扭曲和畸形发展，很难说不会引发情色狂暴的社会疾病。这种唯"性"是从的设计异化到此等地步，不能不引起我们的关注与思考。

类型二，具有一定主流色彩的"电子杂志"——《澜》《财经文画》《美食地理》，以及由传统媒体创办，通过改造传统杂志或者独立制作的电子杂志，像新近加入这场电子杂志争夺战的时尚类纸媒杂志的两大巨头《时尚》和《瑞丽》，各代表一种类型。《时尚》推出的《时尚炫妆》内容均来自《时尚》纸媒的各期杂志，撷取图片较多，并配以很出彩的短小文章作为电子杂志的内容，再根据内容风格选取背景音乐等多媒体素材，最后将所有内容交给Xplus的设计师，由Xplus完成合成到阅读器的过程。而《瑞丽》推出的《瑞丽Pretty》《瑞丽JM》和《瑞丽GOO》三种电子杂志，则是由该刊网络编辑部独立采编完成，并通过"瑞丽网刊阅读器"下载。按理说，这类杂志具有一定的办刊经验和经济实力，尤其是在传媒业中已树立起自己的"品牌形象"，对于阅读界面的设计是有要求的，应呈现出一定的设计风格与品位，或是具有"电子杂志"平面设计新潮流的导向作用。但检索今年推出的各期杂志阅读界面来看，大量充斥的以各种名目为诱饵的"挑逗"设计，比比皆是。

《澜》每期都有推荐"最好看的闲书"专栏，像这种纯粹追求风花雪月品位的栏目界面设计，本可以做得超凡脱俗、清新雅致一些，但设计手法却总是弥漫着一种过浓的商业盈利气息。贴图大多是游离书中内容的过于神怪和刺激人们"味觉"的图像，特别是加上许多"挑逗"性的文字招揽，像一眼眼暗设的陷阱，正等待无数读者就范。而令人匪夷所思的是，每期"新书推荐"相关文章的链接，竟多半会出现一些所谓的"眼色：好男人绝种，好女人缺货""别让性爱成恩爱的负担""'还回来'的老公，我不想要""傲人双围，惹火走秀""顶级模特半裸出镜灼伤眼球""她是你的前妻，我是你的妻"等市侩庸俗的流言。

《财经文画》是一份财经类电子杂志，以专业报道让业内人士与财经资讯零距离接触，涉及金融、地产、汽车、IT 等各大行业的商业平台。这类杂志可谓主流色彩鲜明，用时髦的话说，就是成功人士阅读的网络"纽约客"。但在该份杂志的许多阅读界面设计上，却时常醒目地登载着各种"看版"点击栏，做得是是非非、暧昧无限。比如，美其名曰"最美的女人体，彩绘出世"，声称绝对一流画作大派送；艳遇编年史："这是最好的时代，这是最坏的时代，这是我们的时代！"如此等等，不放过任何生猛刺激的"招揽"机会，真可谓"情色"促销无孔不入。

《瑞丽 GOO》以其多媒体和多样化的手法展示给读者很多实用的打扮、化妆技巧，并让读者在阅读的同时，也自愿接受向读者传递的商品信息。自然，在该刊阅读界面的设计上，多以最炫的多媒体技术吸引众多读者的青睐。比如，邀请当红影星或选秀明星出镜推销产品本无可厚非，但非要在多媒体镜头剪辑上硬加塞一些插科打诨的暴露情节，或在平面设计上大胆出位地再现准色情画面，实在是"挑逗"得过于明显。这不能不怀疑设计者是在制作一种"电子海洛因"，企图将读者变成嚼食成瘾的"怪客"。

类型三，以游戏面目出现的"电子杂志"——《惊奇档案》《贪婪大陆》《竞技派》《E-SHOW》《BOX 爱游》等，由于杂志的性质，其"挑逗"界面设计可谓直截了当。然而，这种"挑逗"界面设计除具有上述"情色""怪异"外，还有"派送"和"暴力"的多种形式。比如，《惊奇档案》在今年初推出的一组魔幻风格插图，就具有很强的"暴力"倾向。然而，这却在读者中引发热烈的追捧。网上统计为：威望 99，点击率 1173，积分 2002。而《惊奇档案》打出的送"魔戒"页和情人节随书附赠"魔戒"戒指，可谓"挑逗"奇招频频出击。《竞技派》称："该杂志已从料峭的春寒中走向夏日的火热，走进人们视线的游戏也越来越多。"阅读界面设计既有妩媚动人、纯情可爱，又有性感火辣、精彩无限。杂志在今年 5 月又推出 6 位深受大家喜爱的"宝贝美女"重新披装后走上舞台，名曰："一起见证杂志的成长，一起陪读者度过 2006 年的每一个游戏的日子。"或许正是这样的"挑逗"策划，才使得杂志的发行数一路攀升。

当然，对这类游戏"电子杂志"的平面设计还是要给予更多的客观评价。首先，表现在设计与新媒介的互动上，由于数码游戏插图出现了许多追求"艳奇"和"虚幻"的视觉画面，虚拟性特征成为这类杂志插图的审美要素，再加之数字技术手段的多种运用，更使这种虚拟观念深入人心，形成一种新的游戏观看方式，即在数字技术的控制下，虚拟图像成为一种表象或一整套表象，使人完全脱离最初得以保存的"时间"和"空间"的概念，进入纯粹游戏的幻觉领域。由此，更改了人们对传统插图审美的趣味。其次，表现为数码游戏插图设计与众多游戏品牌的合作，不仅引领了时尚潮流，而且还使插图的审美趣味进一步通俗化，从而衍生出新的审美范式，使得插图进一步商业化、时尚化，切合大众的心理诉求，进而自觉接受这类图像消费的虚幻性，使数码游戏插图在审美上获得空前的"愉悦"和"狂欢"。以上这两点算是比较正面的评价，但不可否认还有负面的问题存在。

所谓"负面问题"，就是"数码插图"设计的原创丢失和艺术品位下降的问题。在计算机绘图软件出现之后，人们曾一度认为只要借助计算机就可以很好地实现自己的创作意图，却丢弃了原创的精神动机，而使得数码插图仅仅停留在"复制加照片"的单一化制作层面。更有甚者，对这种快速高效的制作手段大量滥用，在一定程度上造成了劣质的数码插图泛滥成灾，数码插图也由此越来越被看作不合时宜、审美怪异的艺术形式，使其成为提升"艺术性"品位的致命障碍。

话说回来，以游戏面目出现的"电子杂志"还会引发诸多的社会性问题，并将随着时间的推移表现得越发突出。正像"电子游戏"引出的关于卧室里的"大象"的思考，直接引出的话题便是对"青少年狂暴症"问题的讨论。不少人认为，"酷爱暴力、色情和恐怖游戏"的一代人，其思维观念正冲击着社会道德的良知底线。此种观点虽言过其实，甚至过于耸人听闻，但提醒的问题却是存在的。有统计资料表明，2005 年我国网络游戏市场规模达 55.4 亿元，网络游戏用户总数达到 2634 万，年龄段集中在 16 至 30 岁之间。这些数字足以揭示网络游戏是一个尴尬产业的现实，游戏似乎总是不那么冠冕堂皇，整个社会对于游戏的发展存在着巨大的舆论压力。同样，对于游戏类"电子杂志"来说，也一定承受着这种压力。

从"电子"界面看平面设计的新趋势

按理说"电子杂志"是一个新兴产业，不过在目前的"电子杂志"界别里，这样的定义可能为时过早。根据国家相关部门统计，有 60% 的"电子杂志"都是由个人或者小型工作室制作的，新近推出的一批个人"电子杂志"制作工具更是为个人创作提供了便利。据估计，目前已经有 7000 多种个人"电子杂志"。尽管如此，但是这些"电子杂志"大多还停留在自娱自乐的阶段，心血来潮做个一两期就再也没有下文了，并不能形成商业的盈利。的确，仅凭上文提到的几家电子杂志发行平台，还不能称之为产业。当然，有持之以恒终成大业者，但这都得以将来发展的业绩来检验。为此，关于"电子杂志"界面设计新趋势的话题，可谓是未雨绸缪，是值得提及的。

由于媒介性质的不同，"电子杂志"的界面设计较之传统杂志的平面设计有许多区别：一是视觉的观赏方式发生了相应的变化。当人们观赏传统杂志的平面设计时，一般留意的是画面审美，比较注重画面的独立构成和表现方式，即通常所说的"有意味的形式"表现，甚至是对纸质和油墨发生盎然兴趣。而"电子杂志"则不同，体现更多的是即时选择。就像电影和电视的区别，前者只有两种选择——"去"或"留"，而后者却有着第三种选择——换频道，观众可以从这个频道跳到那个频道，寻找自己喜爱的节目，编辑自己的"蒙太奇"。他们不觉得这些蒙太奇是"形象"，它们只是转换频道的副产品。这便是麦克卢汉提出的"媒介即迅息"概念的进一步延伸，表明不同媒介形成的不同视觉观赏方式将直接决定着传播的性质。因而，"电子杂志"的界面设计需要有一种可供游手好闲者编辑自己"蒙太奇"的可能性，像摄影的观看方式是一瞥、浏览、扫描，即 glance，它是随意的、无序的。二是视觉的文化认同发生了相应的转变。当人们阅读传统杂志时，平面设计带来的文化认同是规整而有序的，即如同观赏绘画的方式是对静止形象的认可，要求只能是以瞬间形象来反映生活和表现作者的思想情感。凝视的逻辑是以设计者的主体地位为基础的，并以此决定着观看者的凝视目标。所以，要求画面形象能超越相对静止的时空范畴，创造出富有表现力、最能引发人联想的瞬间。这样的文化认同，反映在传统平面设计上自然是以"注意""凝视"为审美基础的。而"电子杂志"不同的是需要带着浏览的态度对界面设计进行观赏，因而全景"敞视"的观赏方式和"凝视"的审视观看是完全不同的：前者是以一种质询的姿态盘问设计，是一种"古典式"的措辞；后者是以一种接触的姿态观赏设计，是一种"流行式"的用语。

由此，从"电子"界面看平面设计的新趋势，主要是一种审视方式的改变。其中，浏览带来的"移情"不只是主观的感受，而是把内在感情投射到视觉感知对象中去，是在审视活动中将对象客体进行人格化的观照，从而产生视觉的审美享受，诸如多样的颜色、微妙的色调、更高的分辨率和更为复杂的层次感。计算机辅助设计技术生产出来的平面设计，模糊了原创性作品和"蒙太奇"制造作品之间的界限，它所创造出来的界面设计能够更多地满足观者的多样偏好。斑斓的时尚，已经成为我们感受这个绚烂世界的第一要素。

原载于《新平面》2006 年 10 月刊

流行书装

——读图时代书籍装帧"克隆"现象的批判

时下，各类出版物追捧的读图时代的书籍装帧，其主要特征便是借用网络页面的设计方式，使图书叙事形式融合更多样的读图形式成为可能，既有文字、贴图，又有插图、表格等多形态的图像叙事媒介，使读者的感官获得全方位的享受。从读书角度来说，这样的书籍有别于传统书籍的装帧，无论是在内容与形式，还是审美与功能上，都能获得极大的拓展。当然，如何创造真正符合读书审美需求的书籍装帧，绝非是一些空洞的、虚张声势的，仅仅是采用"读图"手段堆砌而成的书籍。

常言道：创造书籍之美在于了解书籍传播这一载体的特点，并能以此掌握书籍的设计规律。书籍不是静止的装饰之物，它是读者在翻阅过程中进行沟通以及产生互动的过程。书是一个驾驭时空能动的生命体，使读者从中进行深邃的思考、生命的脉动、智慧的启示、幻想的诱发，领悟情感的流露，体会视觉传达的规则、图像和文字的美感……从而享受到阅读的愉悦。因此，从事书籍装帧的人都会有这样的体会：在完成内容传达的同时，不忘营造书籍装帧中从整体到细节、从无序到有序、从空间到时间、从抽象到物化、从逻辑思考到幻觉遐想、从书籍形态到传达语境等这一富有诗意的感性创造和具有理性的秩序控制过程。

然而，现在大量充塞图书市场的读图版书籍装帧，虽说"花样翻新""层出不穷"，但装帧手法的"克隆"现象却十分普遍。2004 年读图版 15 卷本的皇皇巨著《话说中国》出版之后，其装帧赢得书市满堂喝彩。在紧随其后的一年中，又有《阅读中国》《人文中国》《风情中国》等数百种十分相似的大型系列丛书，均以读图版装帧形式相继问世。如果再加上 2005 至 2007 年间，各类人物传记、文学名著、历史掌故、知识百科、科技探秘，以及教科书、工具书所采用的同样形式的读图版书籍装帧，这类书籍的出版品种竟高达千余种之多，是当今图书市场的绝对主角。这正应验了广告商的那句名言："克隆"是最好的节约型创意。让我们在书市中见证这些"克隆"书籍装帧的现象问题吧。

　　"克隆"现象之一，书籍的封面装帧雷同。比如，大多采用清一色的主题词加提示语来作为书名，显得冗长而累赘，像一位喋喋不休的推销员，无论商品好坏，都在那里十分耐心地向顾客述说着自己的推销意图，试图激发人们的购买欲。而装帧形式则是设计者随意地丢一些字体堆砌于封面之中，仅仅按部就班地传达信息，却不能给读者带来一种审美享受。封面的贴图更像是一个印刷模版的套印，剪裁出来的主图与琳琅满目的衬图相互叠加，犹如一个万花筒，让书籍封面更像是广告招贴。殊不知，好的封面设计应该在内容的安排上做到繁而不乱，有主有次，层次分明，简而不空，这意味着简单的图形中要有内容，增加一些细节来丰富它。比如，在色彩上、印刷上、图形的有机设计上多做些文章，使人看后有一种气氛、意境或者格调。还是那句老话，书籍不是一般的商品，而是一种文化。因而在封面装帧中，哪怕是一根线、一行字、一个抽象符号、一两块色彩，都要具有一定的设计意图。既要有内容，又要具有美感，达到雅俗共赏的目的。

　　"克隆"现象之二，扉页装帧的草率，使其版式几乎相同。比如，扉页压图均为相似的环扉式底图布局，密不透风覆盖全页，且选图不甚讲究，或是通栏的万里长城、北国风光，或是《清明上河图》长卷，多半与内容无关，形式大于内容，与时下楼盘推销说明书的装帧别无二致，隔断了与内文的有机联系。其实，扉页是现代书籍装帧设计不断发展的需要，一本内容很好的书籍，如果缺少独具匠心的扉页，就犹如白玉之瑕，减弱了其收藏价值。爱书之人，对一本好书会倍加珍惜，往往喜欢在书上写些感受或是箴言之类的自勉文句，若此时书中的扉页没有了空白，该是多么遗憾的一件事。做书的同人都喜欢将书中扉页比作屏风，扉页散发出的那种清香，对于爱书的人而言无疑是一份难以言状的喜悦，更可以提高书籍的附加价值，吸引更多的读者。

　　"克隆"现象之三，目录页的版式及插图方式的雷同，造成读图版书籍装帧毫无个性可言。不知从何时开始，这类书籍的目录页面流行起许多纯粹的贴花彩图装饰，类似低幼儿读物，版式固然活泼灵动了许多，但贴花彩图与标题之间毫无对应性可言，只是为装饰而装饰，真可谓是一种装帧的"摆设"。其实，书籍目录页的装帧大有讲究，目录页是具有阅读引导性的构成因素，特别是政经与社科、文学与艺术、技术与应用类书籍的目录页，其功能各具特色，且有特性与规格上的多种要求。至于说到插图，这是书籍装帧中的重要元素，插图原本是活跃书籍内容的有效方式，它能更好地发挥读者的想象力，提升读者对内容的理解力，并使读者在阅读过程中获得一种艺术上的享受。但读图版书籍装帧是以大量的摄影和电脑合成的设计作品为主，特别是摄影插图非常逼真，无疑是很受欢迎的一种，但其印刷成本高，加重了读者的负担。又如历史再现或科幻作品是无法通过摄影来达到预期效果的，这时必须靠设计师的创作。因此，在某些方面，手绘作品更具有艺术性，甚至是摄影力所不及的。按书籍装帧的通行说法，书籍装帧有三大主体，即封面、扉页和插图，这些都是需要装帧者细心经营的设计项目。而现在的问题是简单地从网络下载拼图，尤其是明显的"克隆"装帧，不仅形式相同，而且创意也极为相似，这不能不说是这类书籍装帧中突出的问题。

"克隆"现象之四，不问书籍的性质与类别，对文字内容进行大幅度的"缩略"，形成各类读图版书籍装帧的版式雷同，即多以图为主，以文为辅。这类"缩略"版装帧几乎俯拾即是。如整页的版面设计，将文字大量压缩，取而代之的则是多幅主页贴图，并且图幅尺寸越放越大，以此突出图版的视觉效果。这种试图以平面广告运用图形诠释主题的方式，让图形演绎书籍的叙事过程，以图形彰显表情，用色彩激发读者情绪。有的文史类图书干脆将文字版面取消，而大量贴图、图表或插图配文构成版面的主角，文字被彻底地压缩成说明文或提示语，犹如展览馆的看板。这样，读书变成真正意义上的"读图"，所有阅读方式都趋向娱乐、休闲和生活类书籍或杂志的阅读方式，消解了文字的记忆与想象。再有，一些读图版书籍装帧，将文字完全设计成图版的构成"元素"，文章版式成了分行的散文，文章段落变得模糊不清，完全出于版式装帧的需要，随意编排，任意组合，彻底颠覆了文字排版应有的规范与格式，以至哲学、文学、历史等书籍的严格行文方式被打破，使阅读过程时时出现障碍。更有甚者，将科技类书籍中的公式、列项图表也做人为切割，成了典型的"科盲"装帧。凡此种种，是对书籍装帧的本末倒置。当然，适应读者阅读习惯的改变，适度突破书籍装帧的形式本无可厚非，但一味曲解装帧本意，违背书籍装帧的基本原则，终究是不可取的。书籍装帧毕竟只是设计艺术的形式，它的根本目的是通过设计的形式来反映书籍内容。设计者只有根据书的不同性质、用途和读者对象，把诸多因素有机地结合起来，表现出书籍的丰富内涵，才能将设计作为一种美感的形式呈现给读者。

的确，对于一本好书来讲，不仅需要从装帧形式上吸引和打动读者，同时还要经得起"耐人寻味"的审视。"创新才是生命，重复意味着死亡"，这是对书籍装帧标准的检验。然而，这种标准如今却被众多的"克隆"图书所获丰厚利润颠覆，甚而普通读者对这类克隆图书的兴趣非但没有减退，反而有上升之势。原因何在？不由得使人想起黑格尔的一句名言："存在即合理。"于是，静下心来扪心自问：在读图版书籍装帧"克隆"成风的背后，除了人们的贪图省事、缺乏创意、盲目求速外，是否还有其他的因素呢？或许，我们应该从书籍装帧之外再去找找原因。

在寻找到的诸多原因中我们进行概括，大致有以下两种：

其一，"克隆"现象的出现，不仅是时下大众文化对精英文化的一种反叛，同时也是时下青年文化的一种表现。稍微留心一下，我们不难发现，出版物的读图版装帧更像是一款游戏，一个青年时代的游戏。年轻，意味着活力四射。所以，用漂亮的形象来包装文字、充填文字、化解文字，以装扮入时的姿态改造、幻化出"新鲜出炉"的书籍面貌，成为青年满足阅读需求的一大乐事。文学评论家雷达先生对时下读书界的评论一语中的："看大部头的著作，徜徉在人类精神的宝库，固然充实，但是太累人了，不见实效，不如转化为看看影视，省却多少麻烦。哲学、史学、经济学、文学、美学等等学问，源远流长，研究起来太费劲，不如转化为通俗读物、白话今译、生意入门之类的小册子，彼此都方便。"[1] 如此看来，"克隆"书装理念的世风模式，在时下是有其深刻的社会背景的。人们不得不承认，曾经隆重登台的个性化、多样化、严整化的书籍装帧，早已土得掉渣，甚至风光不再了。

记得有书家对早期书籍装帧有过特别钟情的评论，是说早先读书人对书籍的鉴赏是一种把玩，从开本、纸张、字体、插图到装帧设计等，无一不是细致入微。按老派的说法，叫刻意经营"书衣"。尤其是20世纪二三十年代，可谓是我国书籍装帧的一个黄金时代。那时候，诸多文雅之士以手工的方式介入新兴的书籍装帧事业，如鲁迅、孙福熙、叶灵凤、陶元庆、钱君匋、倪贻德、闻一多、司徒乔、丰子恺等，其封面以及书籍的整体设计虽各显神通，仍大致呈东西合璧的趋势，不仅书衣美观，而且文字板实，内容丰富。抗战爆发，图书出版困难，装帧自是尽量从简，"书衣之美"虽没能很好呈现，但文质相符实在是可圈可点。举个例子，当时上海文化生活出版社出版的"文学小丛书""文季丛书"等，都是一套书一种设计，每册略为调整一下颜色，如此素面朝天，反倒是成了追求"整体感"的装帧代表，与20世纪二三十年代绚丽多姿的书籍装帧相比毫不逊色。

10年前的春节前夕，我到香港逛旧书店，在一家叫作实用书局的店里，买了周作人、刘西渭、钱锺书等人的一批书。其中周著为影印版，其他的则是原刊。我所藏有的第三版《围城》，刊行于1949年，封面改用英国画家锡尼特的《烦恼》，画的是一男一女正在赌气。这一版本正是老舍与赵家璧合办的晨光出版公司出版的"晨光文学丛书"系列，如此刊行的好书，还有老舍的《四世同堂》、巴金的《寒夜》、师陀的《结婚》等。赵家璧在《编辑忆旧》中曾提及，作为文学编辑的最大喜悦，莫过于从作家手中接过一大叠手稿，将其编印成书，而日后此书竟成为"传世之作"。如此说来，这些今日静静地躺在旧书店或图书馆里的"珍本"，当初凝聚着多少作家、编辑、读者以及批评家的

[1] 雷达．缩略时代 [M]．北京：中央编译出版社，1997:104.

心血与厚爱。念及此，怎能不仔细端详、好好把玩呢？只可惜现在满世界"克隆"出来的读图版装帧书籍已难有这种把玩的味道。

其二，不问青红皂白，将一些原本需要耐心阅读的政治、经济、文化和科技类书籍，统统采用读图版装帧，缩略了感受文字应有的美感，把原先应有的长度、时间、空间进行压缩，把一切都转化为形式，直奔功利目的。缩略的标准是形式而非内涵，缩略之所以能够实现，其秘诀在于把精神性的水分一点点挤出去，像压缩饼干似的，卡路里倒已足够，滋味却没有了。这种离开文字阅读的书籍，总会让人感觉缺少点儿什么。当然，首先是美文的丢失，这将直接影响对读者耐心阅读能力的培养；其次，没有了让人感受文字无限美感韵味的书籍，很容易使人陷入虚幻和浮华之中，忽视生活的细节与敏锐的感受，人的精神世界多少会变得苍白。如若这样，不能不说是做书人的失败。

古人云："贪看名山者，须耐仄路；贪看月华者，须耐深夜；贪看美人者，须耐梳头。"而读图版书籍装帧缩略的恰恰是培养读者的这种耐心，缩略的依据是市场实利主义，凡能直接获益的就是好东西，重要的是看有无市场作用。追求藏诸名山，传诸后世的永恒，那是傻子的价值观；理性精神和深刻的思考已成多余，当务之急是应付一个个急就章的出版计划。于是，我们不禁想起了"物的世界的增值，同人的世界的贬值成正比"这句话来，读书没有了一种阅读过程的体验之美，更失去了一副让读者展开想象力的翅膀。

话说回来，缩略有危机吗？当然有。表面上看，好像书的形式变得美观可视，大量需要耐心阅读的过程省掉了，阅读难题也绕过去了，一个跟头翻过了十万八千里，但绕过去的终究还得绕回来。省略了不该省略的，早晚会有麻烦，看不见的精神会向看得见的物质讨回代价，这就叫补课。问题的症结在于，对历史来说，缩略的缺失自有补偿的方式，但对需要丰富营养的广大读者而言，人生是短暂的，失去了的往往难以找回，尤其是青少年读者，这可能就是生命面对现实的无奈。况且，轻松快意的浅阅读所获取的知识毕竟是有限的，离开文字的阅读总会缺少深刻。

总而言之，包罗万象的世界是有条有理地进行科学的归纳，聚结成推动政治、经济、文化、科学技术和社会发展进步的动力，这就是书的本质，是时代的文化产物。书的出版者，自负如此重大的社会责任，依靠作者、编辑、装帧者到印刷者之间的默契配合，更有赖于创造性的斟考和读者诸多营养的积淀。即使是信息泛滥的今天，出版业已成为传媒主角，书店里充填着五花八门装潢精致的书籍，但如果没有书的"文"与"质"、内涵与外在的统一，这无疑是文化贫血的表现。冷静相观，如今又有多少出版物是真正令人为之一惊的？那种"文"与"质"相统一、流畅易读、趣味无穷、想象力丰富的书籍，毕竟不多。责任在谁？是著书者、编审者、设计者、印刷者的问题？可能都不是具体哪一个的责任，著书者提供内容，编辑把握编校，设计担当包装，印刷提供成品，仅仅是做书的程序，但如果是割裂分工，便是一种不般配的出版"婚姻"，自然无法孕育出理想的有血有肉的生命体。当然，作为"责任人"之一的书籍装帧者，更应意识到毋宁说是受到时代逼迫，不得不适应市场的需求，将形式强化到最大值，但对做书的理性化驾驭仍然不可忽视，从文字编织到视觉效果，应始终追求对由表及里的书籍整体之美这一设计理念的把握，并能赋予读者以一种文字和形色之间的有机享受，以及具有读书想象空间的能力。从书籍的外表化妆师到书籍的形态设计者，从装帧到书的设计，时代需要我们完成书籍装帧的观念转换。

2007 年 7 月 2 日于金陵黄瓜园

原载于《新平面》

均衡与失衡

——有关设计专业培养目标存在悖论的话题

一、问题与缘由

当"设计"一词由一个专业词汇骤变为社会上十分流行而时尚的词语时，设计教育也正以令人难以置信的速度飞快地发展起来。然而，设计专业的培养目标却在这一高速发展的教育热潮中迷失了方向，以致在全国开设有设计专业的1400余所高等院校里，不分教育层次、不分专业特色、不分地域特点，甚至不分院校条件，统统采取惊人一致的培养"标准"，即以国家的教育大政方针替代和诠释全部的设计专业本应存在的具有专业指向的培养目标。

笔者以近年来检索到的全国高等院校设计专业修订出台的培养目标而论，出现频率最多的表述内容依次是：一、培养学生掌握马列主义、毛泽东思想、邓小平理论、"三个代表"和科学发展观，热爱党，热爱社会主义祖国，热爱专业；二、培养学生的德、智、体、美全面发展；三、培养学生的创新精神和创新能力；四、实施多元培养模式，强化学生科学精神、人文素养、艺术创新、技术能力；五、培养设计领域厚基础、高素质、懂管理、适应面宽，具有创新意识与能力的复合型专门人才；六、持之以恒地坚持"产学研紧密结合"的教学思想，坚持设计教育为社会主义发展服务、为区域经济服务的理念；七、坚持通识教育与专业教育相结合，实行讲授与自学、讨论与交流、指导与研究、理论与实践结合、课堂教学与社会实践的多样化人才培养模式。这林林总总的提法和表述，可以说是对整个国民教育进行的"宏大叙事"。在这些内容的表述中，除了前置定语句表明制订的培养目标是用于设计专业之外，其余的内容与国家提倡的教育大政方针并无二致，几乎是同一版本的照搬，可以说是放之四海而皆准的"目标样本"。

但是，这一培养目标却严重地存在着教育目的层次不分的问题。从教育学角度来说，教育目的是"对受教育者未来素质要求的总体规定。按一定社会发展对人的要求和受教育者身心发展状况确定，是教育活动的出发点和最终目标，也是确定教育内容、选择教育方法、评价教育效果等的依据"[1]。我国现行宪法规定："国家培养青年、少年、儿童在品德、智力、体质等方面全面发展。"[2] 这是我国学校教育的目的，它普遍适用于各级各类学校教育，因而具有高度的概括性。正如有学者所指出的，"单就成文的教育目的而论，对教育目的的表述常常大同小异"[3]。这就是"教育目的"与"培养目标"不能相互替代的道理。如果说教育目的是上位指导思想的话，那么培养目标则是下位的教学"立法方案"。

正是培养目标定位的迷失，才导致各高等院校开设的设计专业几乎是清一色的"通货"人才培养流水线，即按一种教育方针规定的培养模式教育学生。这种培养模式虽说从适应社会转型期通才教育的需要来说，具有一定的现实性和必要性，但近年来笔者在对这一培养模式进行追踪调查后发现，存在的弊端不容忽视，尤其是培养目标简单地套用教育方针的做法，未能针对设计教育的不同专业特点，尤其是设计教育非书斋式的基础研究专业的性质，未有提出人才培养的具体规格，致使毕业生面对行业高度精细化发展带来的职业化需求往往出现不相适应的尴尬局面，让许多毕业生很难适应就业的现实需要。此外，这一培养模式还造成院校间抹杀各自学科层次和专业特点的差异，形成千篇一律的人才培养规格，从长远发展角度来看，也不利于设计行业多元化选才的需要，更难以从这种培养模式中进一步提升人才的职业素质，也不利于人才创造力的发挥。

二、调查与论证

笔者从最近一项毕业生就业调查中获得的信息了解到，2007届大学毕业生求职结果显示，目前最热门的几个本科专业都是供大于求，在10个失业人数最多的本科专业中，热门专业占了9个，其中就包括设计专业。笔者在对从教多所院校里的115名受访者询问后发现，同样有64.7%的受访者认为毕业后很难适应工作岗位技术精度的要求。这些毕业生甚至对上大学觉得"后悔"，这是因为他们认为上大学学费太高，特别是学设计专业，其耗材和设备购置的花费高昂无比，而"在大学里没学到什么有用的东西"，结果是"念了四年，出来还是找不到工作"。

显然，这是一种尴尬，也是一种无奈。这一切的归因只能在于当前设计教育存在的弊端，在于设计教育与现实需求之间存在着某种断裂。也许，有人会认为如此对高等教育的功利期待本身就存在不合理，也有人会认为这样的断裂与社会对人才的评估本身存

[1]《辞海》编辑委员会.《辞海》网络版"教育目的"词条[M/OL]. http://www.cihai.com.cn/baike/detail/72/5410465?q=教育目的.

[2]中华人民共和国宪法[M]. 北京：人民出版社，2018:25.

[3]陈桂生. 教育原理[M]. 上海：华东师范大学出版社，1993:219.

在不合理有关。但是，既然投资教育已经成为每个家庭改变命运的一条普遍途径，那么，公众自然有理由，也有权利对高等教育予以"功利期待"。同样，既然高等教育是当前对不论是通才还是专才进行培养的最基本园地，以高等教育进行人才评估就具备了必然的现实性。也就是说，如果当前高等教育本身的弊端再不能得到及时的祛除，那么就会有更多的群体陷入到"后悔上大学"，却又"不得不上大学"的尴尬与无奈之中。至于当前设计教育中的种种积弊已是很多学人备述的话题，不必赘述。仅就本文论及的所谓通才教育的培养目标和培养模式而言，事实上是有悖于当下设计行业实际状况的。

为什么这么说呢？以平面设计为例，实际工作要求是相当专业化，甚至可以说是精英化的，特别是精准等级细致而具体。诸如，提出的职业要求通常是能够胜任一切 PC、Mac 电脑，精通 Photoshop、Freehand、Illustrator 等平面设计软件操作，以及优秀的团队协作能力，善于思考、变通和发散思维，具有良好的设计品位。甚至有些企业对毕业生还提出符合资深平面设计师的工作履历要求，如精通 PS 并熟悉其他多种制图软件，了解 FLASH 动画原理，具有很强的空间感、很强的构图能力和很强的文字理解能力；拓展业务市场，开发业务客户，配合公司相关部门完成业务订单的执行；根据公司制订的业务计划，完成个人指标；定期做出相关业绩汇总，分析评估报告；对客户进行专业化服务，保障业务稳定增长；具有亲和力，有较强的语言表达能力、客户开拓能力和谈判公关能力。更为突出的是，某些资质等级较高的设计公司还明确提出，要求本科毕业生就具有 2—3 年的工作经验和有成功的获奖作品。试想，本科四年的有限时间，按目前标准计算大约为 2400—2600 课时，要完成上述能力的全面培养是根本实现不了的。

事实上，各用人单位提出的要求多半是参照统计学中的假定性统计理论进行的一种选择模式的考查，最终还是以人才的某项专长来衡量其应聘岗位的能力。比照之下，当前设计教育实行的通才教育恰恰是在某种程度上曲解了统计学中这种选择方式的本质意义，把所有的假定性条件全部当作每一个学生应实现的职业能力来培养，其结果必然是南辕北辙。

这里有两则事例，很能说明这一培养目标和培养模式存在的弊端。一则是笔者年初在上海和苏州两地做教学考察时，接触了多家设计公司或企业设计部门的经理，他们在与笔者交谈中都有一个突出的观点，认为现在设计院校培养出来的学生特色不突出，存在着"不软不硬、不上不下""博而不精、适应期长"等缺陷。笔者据此分析，造成这一现象的根本原因是设计专业课程设置与市场和企业实际需求相脱节，教学内容陈旧，没有突出设计教育的职业性和实践性特点，学生的技术技能训练较为薄弱。特别是在传统的课程设置中，学生用了很多时间去"打基础"，学了很多用处不大的陈旧知识课程，而实际工作能力并没有得到很好的训练。加上沿用陈旧的教学方法，其直接后果就是培养出来的人才与社会实际需求相互脱节。再有不少院校实行所谓的完全学分制，只照顾到拓展学生知识面的一点，而背离设计专业教学的特殊性，即需要注重实践和系统环节深入的连续课程学习，使得学生的专业课程安排计划变得支离破碎，对知识的掌握犹如蜻蜓点水。

另一则是学生在网络博客上对过早接受通才教育所带来身心俱损而发表的感言。这一段博客是这样写的：从大学二年级开始，我对自己的专业有点遗憾，抱怨自己当初还是个懵懂少年的时候听从了父母的安排，选了一个我妈说"非常简单"的专业。事实证明，只有我妈才觉得什么都很简单，她大学 90 分的平均成绩只能证明她是一个天才。那时候我对做一个科学家毫无兴趣。这样，在全球一片叫好的"经济"热潮背景下，我开始了自己的通才教育，真可谓是求知若渴。虽然，在图书馆里我没有像马克思那样用脚磨穿地面，也没有因为在图书馆里多泡了数月，自己的专业课和外语学习有所提高，我疯狂地读完了萨缪尔森厚厚的经济学，数不清的营销、销售书籍，甚至包括会计、法律，还去参加证券经纪人的考试。现在想想都觉得可笑，高中同学聚会的时候，我可以和学审计的同学大谈 CPA、ACCA，和学经济的同学讨论什么曲线……一个看到我谈话的同学惊讶地问我："你到底是学什么专业的？"当时，我还特别狂妄地吹嘘，知道要在海外上市需要到免税岛注册公司，大谈在英属处女岛洗钱、如何变成一个"外资"再自己和自己"合资"的这些离我的生活还非常遥远的"知识"。就在我自鸣得意的时候，大学毕业了，忽然发现自己其实等同于一无是处。直到有一天我读到《职场》杂志关于对《越狱》和《肖申克的救赎》等影视作品做的一个小小的"提取分离"后才恍然大悟，只有做到专业，才是通才的基础。看看人家 Scofield 和安迪首先凭借深厚的专业水平获得了种种特权，才能在监狱这种"生活规律"的地方找到自由的突破。如今，做设计画漫画养活不了自己，去做销售吃不了苦，去外贸公司口语太差只能半夜和客户对侃电邮，做学术支持的话学历又不够……在经济生活尚不能舒心独立的时候，过早的通才教育耗费了我大量的精力，回过头去看看满地的小坑，才回过神来，是该冷却下来的时候了，先挖一个深坑，再继续我那宏大的通才教育吧。

如果说，这些调查触及的问题还只是设计教育内涵问题的话，那么围绕设计教育的外延问题，诸如一些高校本身不顾条件以创收为目的设立专业和盲目扩大招生，尤其是师资构成是拉郎配式的拼凑组合，你如果熟悉这样的组合，你都根本不好意思提及这样的教学团队。不要说"功利期待"这样斯文好听的评价，我们对自己孩子将来上这样的院校都感到极度不安。自然，造成设计教育质量低下或滞后便是在所难免。面对这样的设计教育内外环境，最终倒霉的只能是学生，只能让他们为之后悔。之所以如此，有两方面的原因：一是高校在开设专业时，仅仅看重其在"教育市场"的吸引力，而不顾及自己的办学条件与师资能力，更不顾及学生接受教育毕业后是否受社会欢迎；二是学生无法获取充分的教育信息，不清楚院校开设的专业性质，究竟有怎样的人才需要，包括根据社会经济发展对人才需要进行预测，以至于在选择高等院校专业时十分盲目。

三、结语与建议

综上所述，设计专业的培养目标应当是有比较明确的表述内容的，起码应该包括三个方面的具体指标：一是培养方向，通常是指通过课程和教学，表明该专业培养人才所瞄准的未来职业门类；二是就业规格，指的是同类专业中不同人才在未来就业上的规格差异，如艺术设计师、技术工程师、策划与管理师等；三是学科培养的规范与要求，即对同一培养方向、同一规格人才在业务、责任和品行方面的具体要求。这三方面可以说是构成培养目标的核心和本质内容。

当然，现如今各个院校制订的培养目标还应当考虑采取的培养模式能够尽快弥合教学与社会现实之间存在的深层断裂，以此来消解学生对接受教育的后悔情绪，重建学生对其教育的信心与信仰。否则的话，这种尴尬现实不仅使许多付出巨大财力和精力的学生的命运不能得到有效的改变，也会极大地挫伤他们的人生积极性，不利于学科的传承、汲取、交流和进步，影响到未来一代设计人的成长。那样的话，不仅仅会造成种种的社会不公平与不公正现象，同时，还会带来极大的社会综合资源浪费，不利于国家综合竞争力的提升。

再回到本文的主题"均衡"与"失衡"来看。均衡，是笔者喻指按照教育"方针"盲目套用下来的培养目标，在这一培养目标下形成的"通货人才"培养流水线看似面面俱到，而且从宣传上说也符合时代发展的精神需要，特别是在各类院校教学文件的书写上，更是全面而周到，即强调对学生综合能力的培养，把培养的重心定位在开发学生创造性潜能的目标上，集中培养学生的创造性设计思维能力，全面构筑学生掌握设计方法、设计技能和综合知识的应用能力，使之能够真正肩负起新时代的设计使命，然而，均衡的一面在笔者考察中似乎更多是写在纸面上的"宣言"，或者说是停留在决策层的美好意图当中。事实上，任何培养目标的实现，都离不开社会现实的检验。就当下设计教育而言，失衡的一面有着太多的负面效应，可以说对"均衡"产生了极大的冲击。有鉴于此，笔者以为把握好"均衡"与"失衡"的关系，应渗透在专业教学中，贯穿于人才培养的始终。通过人才培养模式、教学内容和课程体系以及教学方法的调整与修改，通过教育过程的整体优化来实现。在这里，有三个问题值得我们关注：

首先，要从人才培养规格入手，通过"专才教育"和"通才教育"的结合，既要克服以往过分专业化的弊端，又要避免如今"通才教育"博而不专的偏向，注重专业与整体素质教育的整合，在坚持高等教育专业教育特性的基础上，将"通才教育"与"专才教育"有机结合起来，确定与社会发展和人的自由发展需要相适应的新型人才培养规格。作为设计教育，转向以"一专多能"提升职业素质教育为其现实目标。

其次，调整和修订教学计划，注重提高人才素质的"口径"设计，作为专业教育的方向，推进专业模块改革、课程体系改革，建立适应专业素质和综合素质教育的课程结构模式，加强学生运用知识的能力和创新能力的培养，使学生成为集传授知识、培养能力、提高素质为一体的专门化人才。

再次，突出学生的主体地位，遵循设计教育教学的规律，以学生为中心，重视学生的主体作用，增强实习体验，参与社会工作和利用现代信息技术，营造以学生为主体的个别化自主学习的环境，由学生根据自己的需要、兴趣、基础，以及自己的时间、精力，自主地安排学习活动，由学生自己更多地去感受、思考和体验，更加主动地去建构知识，掌握所学学科的教学内容，建立终身学习的理念，不断提高自身综合素质。

笔者之所以提出这样的看法，目的非常明确，就是表明处在急剧变化的时代，新技术带来的社会进步比以往任何时代都更为突出。我国作为发展中国家，正跻身于社会经济迅猛发展的国家行列。把握世界经济格局，尤其是要在时代发展的多元经济格局中占有一席之地，发展自己的经济，增强经济实力，创造一个世界性经济大国，已成为国家发展与进步的基本国策。在这一基本国策的引导下，我国设计产业以传统的装饰、服装、首饰、家具等行业为依托的产业结构已经发生了根本性的变革，而转向以蓬勃发展的新技术带动的家电业、广告业、包装业、电子业、通信产业、环境工程及环境设计产业、展览业等为依托的设计新型产业，设计的价值也依附于上述产业及产品开发而获得丰厚的利润。毫无疑问，适应时代发展的需要，培养能够参与竞争并着力于推动市场经济可持续发展的人才，应该说是当今设计专业培养目标关注的前沿课题。

俗话说，"十年树木，百年树人"。教育是一个崇高而神圣的事业，设计教育作为我国高等教育领域中一门相对来说较为年轻的学科，也正成为我国高等教育舞台上的主角，它已经是一项事关国计民生的教育门类。可以说，在改革开放的今天，市场经济的发展为设计教育的发展提供了许多契机。由此，设计教育人才培养目标的调整与修订，不仅关系到我国设计教育的发展前景，而且也事关每一位学生的根本利益，尤其是针对学生就业或创业的现实而言，重新提出以专业素质为主，并与综合素质同步提高的培养方向，更是值得研讨的重大教育问题，这是新时代对设计教育提出的现实要求。

原载于《新平面》

图案学的深层次探讨

——《图案设计原理》评介

与自然科学、社会科学学科的许多领域相比，我国工艺美术的理论建设只能说迄今尚处于拓荒阶段。尽管在五千年灿烂的文明史中，先祖们已经为我们准备了丰富而浩瀚的材料，但由于封建社会重"道"轻"器"的思想根深蒂固，因而与"器"相依傍的工艺美术，自然没有自己的地位，其史料整理和理论研究零散而杂乱，本无体系可言。长期以来，学术界缺乏对图案理论的深层次研究，致使许多问题模糊不清，从而危及了图案教学的顺利开展。因而有识之士皆重申，需要建立中国图案学体系和加强工艺美术理论研究。然而，理论思考的突破口在哪里？抑或说在林林总总的图案学理论中，真正能切入实质，探讨深层次问题的着眼点在哪里？这似乎还没有一条明晰的思路，尽管近些年的讨论较之理论已明

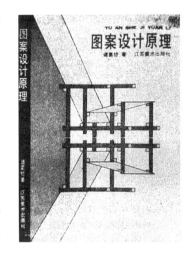

晰了许多。读了诸葛铠先生的《图案设计原理》，颇有豁然开朗之感。该书打破了论图案只说纹样的界限，广泛涉及设计观念、设计规律等理论，并且对考古学、心理学等内容旁征博引，对一些尚有争议的理论问题，阐发了作者自己的独到见解。诚如张道一教授在为该书所作序言中说的那样，作者"对图案学的原理进行了较深的探讨，由起源到流变，由功能到装饰，由形态到本质，中外古今，织成一片，展现出经纬分明的辉煌锦章"[1]。

围绕着"图案设计学"的大文章，诸葛铠先生运用了考古学和人类文化学的研究成果，提出了图案设计起源的"生存说"，廓清了对"图腾"的模糊解释；在图案设计的美学本质方面，摆脱了文艺学中对艺术本质的一般解释，提出了"按美的规律为人造物"的命题；对图案的形态，则确定了"具象形"和"抽象形"两大类分界，提出了"意象形"是具象形的特例（变种）这样一个观点。作者从现代派艺术发生发展的历史出发，考察了"三构成"与构成主义的关系，从纠正"构成"立足点的偏差出发，为图案学的"构成"

[1] 张道一. 《图案设计原理》序 [M]// 张道一. 设计在谋. 重庆: 重庆大学出版社, 2007:69.

之说正本清源。作者还运用了现代心理学中视觉思维和创造性思维的研究成果，对图案设计视觉空间构成的稳态和动态、设计中的辐散思维和辐合思维，以及韦伯－弗希纳定律的作用等方面，结合实际地进行了分析与探讨。

诚然，本书所阐述的理论中有一部分在其他著述中也都或多或少有所涉及，有些甚至比本书更为详尽，但是，把诸多理论问题集中地贯穿在一部著作中加以全面论述并进行系统的研究却并不多见。即便过去曾有过陈之佛先生的《图案法 ABC》(1930 年版)、《图案构成法》（1937 年版），傅抱石先生的《基本图案学》（1935 年版）、《基本工艺图案法》（1936 年版），李洁冰先生的《工艺意匠》（1936 年版），雷圭元先生的《新图案学》（1947 年版）、《新图案的理论和作法》（1950 年版）等有关图案理论的著作问世，但这类著作的"光辉虽未暗灭，却也成为历史的文献"[1]。近年来，除了图案技法性的书籍之外，对图案做深入研究探讨的著作甚少，抑或浅尝辄止，断层现象非常明显。因而诸葛铠先生的这本著作可说是填补了断层之空间。此外，学术上的很多思想，只有在同其他思想的比较中才能准确地把握，才能显出其价值。作者确实站在一个历史的高度去纵论古今中外，从历史发展进程的意义上看待图案学，接纳新的图案内容和深化图案学理论。譬如，构成主义是 21 世纪初的一种前卫派艺术，它以非传统的材料，创作非传统的"雕塑"，并把传统雕塑的实体空间引申到包括"虚空间"在内的空间概念，而形式上则是抽象的。那么，构成主义对图案的影响究竟如何理解呢？作者一方面给予肯定的回答，认为它和抽象派绘画一样，从立体和平面两方面影响着图案设计的观念；另一方面作者又在同我国图案教学中所列"构成"之说比较中指出：西方从包豪斯开始逐渐形成的平面构成、立体构成、色彩构成的体系，由于接近与构成主义等同起来的意思，因此构成的含义变得狭窄。而我国历来在图案教学中均列有"构成"一章，主要指结构形式的分类，如单独式图案构成内容包括单独纹样、适合纹样、非连续式带状纹样、角隅纹样，而连续式图案构成包括二方连续、四方连续。这种图案结构分类法，按单独与连续的特征分列，是科学合理的。作者通过比较分析后承认，我国图案的"构成"说的确存在着局限于纹样范畴，不能适当更广泛地设计外延的问题。由此看出，两种构成的用法在使用范围上有所区别，但在本质上都是指一种组合方式和规律。作者进而断言："设计的构成，是继构思之后，把设想具体化为模型的运动过程，势必手脑协同，以手智表现心智，并验证心智的可靠性和可行性，最终形成设计的方案。"他强调了构成是建立在有秩序的空间结构之上，以此来达到"和谐的组合方式"，进而把"构成"的视点重新摆在"组合方式"的本元意义上来理解。笔者感到，作者这些见解对于准确地把

[1] 张道一. 《图案设计原理》序 [M]// 张道一. 设计在谋. 重庆：重庆大学出版社，2007:69.

握图案学中"构成"的观念及其应用是极为重要的。

总而言之，诸葛铠先生的《图案设计原理》论著，是近年来有关图案设计理论方面的一部比较完备的著作，它蕴含着作者许多创造性的劳动和独到的见解。全书不但文字生动流畅，而且图例制作精细、印刷清晰，是一部有学术价值的书。笔者向读书界推荐此书，更认为此书既可以作为工艺美术院校和工业设计系科学生的教材，也可以作为图案设计、工业设计人员以及设计爱好者的参考书籍，甚至工艺美术行业管理干部也很有必要读一读此书，以便增加专业基础知识，提高理论素养。

原载于《美术之友》1992 年第 2 期

实验，拥有多重释义的设计理念

——"实验—2014"南京艺术学院设计学院毕业生作品展观摩札记

2014 年 5 月 27 日，在南京艺术学院美术馆开幕的"实验—2014"南京艺术学院设计学院毕业生作品展引发关注。对此，笔者给出的分析原因有三点：一是本次展览规模可谓是盛况空前，由 68 位指导教师带领 480 位毕业生完成的各种类型的设计作品 1200 余件（组），布满了整个美术馆 4 层展览空间，展出 7 天内有数万人次参观；二是非同一般的毕业展策划理念释放出"实验性""当代性"与"跨界性"的鲜明主张，与当下充满市侩气息的"行业"设计形成一种强有力的抗拒，彰显了"学院派设计"坚守信念与执着耕耘的精神面貌；三是推出以"实验"为主题，牵引出"新奇""颠覆""批判""彼岸""突破"等一系列可作为设计创意关键词的启迪观念，构成了"南艺设计"的品牌和特色。当然，还可以补充一点，这便是此次毕业生作品展将预示着"南艺设计"的品牌和特色，在不久的将来定能成为江苏高校协同创新产业平台上的亮丽标志。笔者以为，这些足够证明此次毕业生作品展具有最为宝贵的财富价值。

一、"学院派设计"品格的体现

不知从何时起，国内许多设计院校的毕业生作品展成了百货公司或超市摊点促销活动的翻版，其间夹杂着用人单位与毕业生洽谈交易的鼎沸人声。笔者一直想就此现象发表利弊批评，重申"学院派设计"应当坚守的品格。可是，如何做出恰如其分的评说，却一直未得灵感，这一思绪困扰多年，总也寻找不到有说服力的突破口。感谢"实验—2014"南京艺术学院设计学院毕业生作品展，感谢它给出了践行"学院派设计"的现实回应。

笔者积极推崇"学院派设计"，只是心存期待，渴望有一种设计力量，在它身上闻不到一丝市侩气息，有的只是对设计本体的思考和一种内敛的人文精神。当然，还可以有较为直接的推崇原因，这便是笔者近期考察了国内多所设计院校的毕业生作品展，觉得在设计教育庞大机体上正失去纯真和追求。更可怕的是，连续十多年盲目扩张的设计教育，已经让不少从教者，包括执掌设计教育帅印的领导者，与"学院派设计"渐行渐远，失去了应有的品格。而这次"实验—2014"南京艺术学院设计学院毕业生作品展显示出的魅力，正是"学院派设计"的回归与体现，可谓来之不易（图1）。

图1
工作室中的师生交流

如果允许笔者采用最为直观的评语给出对这次毕业生作品展的评价，自然还是愿意选择以"学院派设计"为主线进行阐释。就是说，全部参展作品都具有强烈的意识张力，蕴藏在形式感之下的各种各样的设计，有着无限开发的可能性。本次展览的学生代表、室内设计专业毕业生杨玉倩同学在开幕式上发言说道："我们小组由9位同学参加毕业展的设计工作。作品位于百岁泉附近，总高5米，占地100平米。根据数据分析、九宫格来确定坐标，同时通过查找空间来完成构造，整个作品完成耗时两个多月。另一件作品《龙脊》（图2）是从100多个设计方案中挑选出来的，由1500个单体组成。"这是向每一位参观者阐明，如果没有足够的意识张力做设计前期的准备，两件作品的营造是无法产生表里之间的一种"惊骇"的呈现的，因为它们的构成与视觉感应之间实在相距太远。这是由面积、数据和九宫格定位方式，或是由寻找、选择和模拟推断方式，将设计意图通过控制性手段达到的目的，其设计的纯粹性特别感人。这让我们想起温克尔曼（J. Winckelmann）对古希腊艺术的评价：希腊艺术杰作的一般特征是一种高贵的单纯和一种静穆的伟大，既在姿态上，也在表情里。[1] 设计的纯粹性应该也是如此，采用单一或多种元素的排列组合看似简单，其实并不容易掌握，特别是设计序列与排列组合有着特殊的规律。事实上，简单并不好呈现，简单到让人产生共鸣则是一种设计追求纯粹的极致。相反，烦琐的设计不是创新，更多的只是一些非常表面的复杂化，说穿了就是一种偷懒。也许这样的说法有些偏激，但仔细想来很有道理。

关于这一点，在毕业生作品展中的许多设计主题均有很好的证明。比如，一系列作品的形态实现跨界表达，同样采用的是单一或多种元素进行构建，追求的仍然是设计方

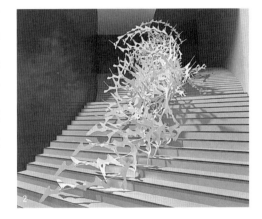

图2
参数化设计小组作品
《龙脊》

———

[1] 宗白华. 论希腊雕刻 [译自《关于在绘画和雕刻艺术里模仿希腊作品的一些意见》][M]// 宗白华. 宗白华全集: 第4卷. 合肥: 安徽教育出版社, 1994:197.

法破除原有专业的界限，大胆进行门类与样式之间的交叉，使设计语言变得极为丰富（图3-1、图3-2）。如在日用瓷器上出现了具有视幻感的构成图形，在平面设计中将音乐语言色彩化；如一组"桥"的设计试验了力学结构与抽象造型之间的结合；如"迷宫"的创意从空间的复杂性与歧义性中体现了设计；又如以"看不见的城市"为主题的概念设计，进行了当代装置艺术与景观设计的融汇等。笔者以为，毕业展在推出这样一系列作品的形式感上，确有着"学院派设计"特殊的观念与表达，即强调单纯的艺术表现和设计语言的结合，以此来完成一种非单纯功能主义观念形象的设计发展。这在美学意义上给出了表现与再现，乃至在模仿的区别中确立观念的存在价值。看来，这一系列作品的形态跨界表达，可以说是表现性艺术的答案之一。

图3
小组交流，共同完成作品

不仅是表现，实验性设计探索更成为许多同学的自觉行为，有力地彰显了"南艺设计"的品牌特色。他们在设计过程中拒绝程式化的重复，反复探索多种可能性。如参数化空间造型设计时，在渐变、切片、堆积的无数次剪、折、粘、贴、串的程序之中感受到无尽的快乐。如以纸的折叠、褶皱、编织、包裹作为服饰的表皮语言，设计制作出一系列概念服装。如一幢木构建筑以倒置的方式与错位的框架结构，颠覆了人们对居住认识的正常经验。又如在平面设计中处处可见对某种特殊概念解读的书籍设计、字体设计、图形设计等。本雅明（Walter Benjamin）曾经将机械复制时代的艺术与传统艺术区别开来[1]，认为传统艺术推崇膜拜价值，机械复制时代的艺术推崇展示价值。的确，今天的艺术已经越来越离不开展示，就像参展的各位同学在完成作品设计的过程中，他们娴熟地掌握如何别具一格地利用和处理各种数据库以达到全面表现的目的，从而最大限度地展示创作者的个人经验，向纯粹设计，也向纯粹艺术逼近。

丹托（Arthur Danto）认为，艺术的历史是艺术自我认识和自我确证的历史，即艺术最终认识到自己是艺术。当艺术最终认识到自己是艺术的时候，艺术完成了自己的义务，进而终结了，因为这时艺术本身并不重要，重要的是关于艺术的认识。于是，丹托重提黑格尔（G. W. F. Hegel）话题，艺术终结到哲学中去了。对于丹托的这个论断，我们不能全信，但他说得有分寸，也有道理，这使得许多艺术史家采取部分的认同。当艺术成为"艺术的认识"，这或许是今天艺术的需要，这是"实验—2014"南京艺术学院设计学院毕业生作品展给笔者的又一启示。虽说有些朦胧，有些晦涩，但已无须进一

[1] 瓦尔特·本雅明. 机械复制时代的艺术作品. 王才勇, 译[M]. 北京: 中国城市出版社, 2002:87.

步阐释。

二、主题"实验"的多重内涵

"实验"主题是由策展人、现任设计学院院长邬烈炎提出的，它表明的设计定位即"设计是试图去解决社会变化与生活形态中存在的一系列问题"。

这是他为本次毕业生作品展宣传手册后记写上的一句话。这篇题为《构建实验性设计教学》的笔记，笔者读后有一种强烈的感受，这是对设计教育改革的自觉和自醒。而做到这份上，也有其形成的历史背景。南京艺术学院设计学院毕业生作品展是自改革开放以来坚持每年面向社会公开举办的展览盛事，获得教育界、学界与社会各界的高度好评，这可以看作是设计学院30多年不断思变、努力进取的结果。而这期间又有过几次重要的展事活动，分别是1984年的80级装潢专业毕业教改成果汇报展、1989年的"二二"制教学改革实验展和2012年南艺百年校庆设计作品专题展等。30多年来，设计学院在各个历史阶段展事活动的基础上延续并成就了"南艺设计"今天的品牌特色，应该说有其诸多方面的因素促进。比如，体现设计学院丰富藏书的高等级图书资料室的建设，体现教学与创作融合机制的大型实验车间的建设，体现具有国际教育水准和跨界交流特色的工作坊建设，再有长期坚持的欧洲系列艺术与设计考察，以及加强师资队伍建设，尤其是注重青年教师培养、引进海外学成青年设计师加盟等一系列措施，取得显著成效。笔者以为，这些办学业绩在国内设计院校无出其右，这不是恭维而是事实。笔者与邬烈炎同事33年，了解他的行事主张和思考方式，尤其是近几年他自费跑过了西欧许多国家，不是去旅游，而是去院校和博物馆参观考察。不仅如此，他还再三动员设计学院师生一同自费前往，目的是想获取真经。笔者与之交流，他也一再强调，实验性设计教学是培养学生综合能力的重要途径。他有一套对实验含义、特点的分析，以及对实验教学中遇到难题时的解决方法和思路。否则，设计学院这些年聘请的多位外教导师是无法在短时期内完成繁重的教学任务，并取得极好教学效果的。当然，说到这里，还需要提及他这几年再三强调的一种"大设计"观，即设计是解决问题的艺术，而不仅仅是艺术下的一个门类，甚至和艺术处于同一种地位。事实上，"实验"的来源也出自贡布里希对20世纪现代艺术特点的描述。他说，20世纪的现代艺术即是一种实验艺术，它与古典艺术的经典性与历史性相比，显示出不确定性，在或这样或那样的可能性中进行着不断的实验。而选择现代艺术的共有特点"实验"来作为此次毕业生作品展的主题，似乎在有意打破设计与艺术的边界，这样可以突破思维的限制，用一种开阔的眼光来看待设计。其实，我们大家都非常清楚，在当前多元文化的背景下，要对设计做一个确切、全面而又被公认的定义是相当困难的，至少对于设计本体的确认还有许多争议，而"实验"的定义与概括，也正体现出当前设计处在一种探索和尝试的状态。

图 4
设计学院院长邬烈炎
开幕式中发言

在开幕式上邬烈炎（图4）致辞说："该展览展示了充满探索前沿与实验色彩的'南艺设计'风格，预示着文化创意及艺术设计的风格手法在今后相当长一段时间中的发展可能。"这是很重要的"实验"主题解释，代表了"南艺设计"探索前沿和实验色彩的教学特点。邬烈炎在任职设计学院院长的年份里，确实把"实验"作为教学的最大特点，并认为培养具有创新能力的学生是特别重要的教学目标，这也是他对设计经典院校——包豪斯的致敬。众所周知，包豪斯被认为是20世纪最具实验性质的艺术院校，它取消了艺术家和工匠之间的等级差别，打破了艺术与设计之间的藩篱，将艺术家称为高级工匠，致力于培养具有创造性潜质的学生。需要说明的是，作为现代设计教育的源头和不可逾越的经典，包豪斯几乎是所有现代设计院校追求的梦想。然而现实问题是，包豪斯这部经典在传入国内之后，始终被任意解读，以致不少设计院校对于它的认识仍是一知半解，或片面采纳，造成简单复制或曲解后的畸形发展。然而，邬烈炎对于"实验"教学模式的解读，笔者以为是抓住了包豪斯教学的核心，因为"实验"教学模式必然意味着"工作室"教学方式和研究型课程的相互配置，这两点正是包豪斯作为经典设计教育的重要贡献（图5-1、图5-2）。

图 5
设计学院毕业生作品
展现场

而从"实验"定位来看，它所传达的设计教学应该是一个过程，而不是一项结果；是一次尝试，而不是一种判定；是一次友好的邀请，而不是一个武断命令式的加入。总之，一切的可能均体现在教师与学生在"工作室"这样融洽的教学情景中获取探索学习的方式。再者，"实验"还潜藏着"授之以渔"的中国式教育理念和教学方法。"授人以鱼，不如授人以渔。"这句出自道家的古语几乎是所有教育者遵从的标准，同样也是为了教给学生分析问题的方法。用今天的教育思想来解释，就是让学生能够带着自己的认识面对学习，这是培养一个设计师的原则。笔者与邬烈炎谈论过此问题，他一向认为，世界是多元的，要让学生看到设计形态也是多元的，甚至让他们看到另外一种全新的设计形态，这对培养一个设计师非常重要。有了视野，还要有深度，挖掘出隐藏在形态背后的设计语言。这是一种思维模式，是无法传授的，也是所有教师教不了的答案。设计学院这几年不断进行课程建设与教学改革，试图去接近设计教育的彼岸世界，而这种探索"实验"就成为教学最基本的出发点与态度。

笔者参与过设计学院开展的研究型课程教学活动。这是有意思的教学方式，单从实验本身的意义来讲，它是一种方法的预示，试图告诉人们，不仅没有现成的"鱼"，连"渔"的寻找过程，教师也只是负责引导和启发，最后的方法只能通过学生自己不断地反思和实验来找到合适的途径。学生要做的，是从设计中寻找属于自我认识的建构和创新的方法，从中体验到特定的意义并发现自我。这意味着设计学院想要培养的设计师是"艺人"和"哲人"，而不是"匠人"。亦如邬烈炎自己所解释的，学院就是一个试验场，"专业"本身就是一个实验室，我们要传授关于专业的基本知识，更应教授于学习学院之外及毕业之后很难再学到的东西，熏染学生的直觉感受能力，培养学生的创新意识，注重如何使学生获得趣味性、形式感、记忆力、思辨方法、个人偏好，还有对跨专业的尝试兴趣等，以获得做真正设计师的品位及可持续发展的潜质。我们知道，当代中国的设计及其教育从来不缺少匠人，但我们缺少的是艺人和哲人。作为"学院派设计"，这样的毕业生作品展主题定位正展现出自身的自信和不卑不亢。还有就是，求学更像是清修的一种境界。

三、"实验"设计的多元诉求

"'实验'说是主题，更像是使命，需要让每一位师生凝聚起自身具备的一种设计力量，设计又是一个系统工程，从一个看不见摸不到的创意，到将这个创意变成一件作品，需要贯穿始终的韧性。"设计学院副院长詹和平与笔者交谈时如是说，他还历数了4个月时间指导毕业生工作的种种细节。如前面提到的《龙脊》，这是一件参数化空间装置作品，由他和徐炯老师共同担任指导，由孔令辰、杨玉倩、孔德奎、卢旺、李建军、徐朴、杨悦、周佩诗和张秋萍9位同学创作完成。过程是艰难的，从创意到材料，从塑型到装置，甚至场地选择与灯光布局，可谓细致到整个作品每一分寸的计划与确立。按照两位指导教师介绍说，《龙脊》研究方向为"场地矢量的动态物化表达"，使用了犀牛（Rhino）、蚂蚱（Grasshopper）软件，以及"场地矢量"算法。经过不断调整参数尝试旋转角度、堆积数量以及单元连接的可能，方才初步设计出样。接着，设计小组从海量的形态族群中，根据场地要求择优选取了一个富有张力和强烈视觉冲击力的形态。该件作品在展出时是放置在美术馆地下负一楼大阶梯上的，可说是为作品量身定制的场地，形态随着梯段的坡度自然延伸而展开。作品共由1500个单元构件插接而成，通过不同材料的实验和比较，最终确定使用白色 PVC 板材。鉴于材料自身荷载，设计小组将单元构件长度加大，板材密度从原来的 38 个单位改为 58 个单位，增加强度的同时减轻了作品自身荷载，使之在视觉上更加轻盈飘逸。为了让作品更加完美，设计小组首次在大型空间装置上不采用其他任何辅助连接，而以单元构件自行串联的方式组合形成，降低了造价，同时又带来了更好的视觉观感。笔者数次观赏这件作品，竟也成了"细节控"，深信作品中的细节就像人的表情，总在经意不经意中透露一些机智。

与《龙脊》同为技术环境下的空间探索作品，还有《倒置的建筑》（图 6）（指导教师：邬烈炎、徐旻培，参与创作同学：唐凯、苏一宸、毛颖、宋东振、杨健、黄洁、林豪、彭佳玮）、《钟楼》（图 7）（指导教师：施煜庭、邬烈炎，参与创作同学：秦婷婷、黄煌、汪华丽、马鹏辉、王克明、金忠诚、王群、曾婉娇、徐立可）、《有机体》（图 8，由《龙脊》组创作）等。不管是室内设计、景观设计，还是建筑设计，对于空间结构的探索几乎是这几个专业的永恒"实验"主题。而随着参数化、3D 打印技术的发展，空间构成已成为一种在可控条件下的意外发现。这三件作品的陈列，以其巨大的体量成为展览中最吸引观众的视觉中心，并且三件作品

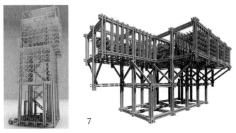

也有条件称得上是本次展览最为突出的"招牌"式作品。虽说《钟楼》和《倒置的建筑》采用了传统的木料结构，但由于结构所采用的是对常规空间的颠覆装置，则体现了空间结构的新颖性。这让观众充分领略到参数化设计带来的同一元素无限量重复、组合的效果，由此变化出的极端艺术形式使得作品本身拥有强烈的形式感，成为这组作品创作的最大特点。

图 6
空间探索作品《钟楼》

图 7
空间探索作品《倒置的建筑》

图 8
空间探索作品《有机体》

笔者了解到，年初"实验"主题一经宣布，确实让各位指导教师和同学对参展作品的创意选择持非常谨慎的态度。笔者旁听过几次设计学院相关专业创作阶段的讨论会，觉察到无论是指导教师，还是同学，对于"实验"主题的解读都有着自己的丰富想象。担任实验艺术组合设计的指导教师韩巍向笔者说道："我们开始和同学讨论时，特别强调要分清楚什么是表象，什么是内在。现在的学生还只是对设计形态表面的流行元素感兴趣，这远远不够，根本问题是要注意设计背后的根源，关注更深层次的东西，才有可能形成自己看问题的方法和角度。我们更希望学生养成自我判断的能力，注意到一种立体的、多面的设计景观。"在他和姚翔翔、马翀三位教师的指导下，陈婉嫕、蒋超逸、

单诗琪、黄海华和李俊五位同学共同完成了《看不见的城市》（图9），这件具有装置体验效果的作品，体现了专业跨界过程中的创造力。它陈列在美术馆负一楼入口处，以卡尔维诺同名小说叙事为出发点，将文本中对城市的描写以空间结构和装置的形式呈现。设计场景表现特殊，采用灯光、影像、互动媒体等方式，展现小说表达的一种奇幻和跨越时空的"不真实现实"。作品突破了人们习以为常的思维模式，达到实验对人意识形态

图9
意识形态的过程体验
——《看不见的城市》

的触动这一目的，以此来反思我们的生活环境。笔者查阅过相关文献，以卡尔维诺的同名小说为原型创作的作品，还有2010年中戏毕业大戏——实验舞台剧的演出，以一种类似于德国现代舞大师皮娜·鲍什创立的"舞蹈剧场"风格加以呈现，带给观众许多观看上的惊艳震撼。笔者设想，如果能让时空拼接，将中戏的这台实验舞台剧放置在这个场域演出，定会有一番趣味盎然的"实验"奇效。建议向中戏发出邀请，选择在2015年的"南艺设计"舞台上做回顾展演，共同向卡尔维诺致敬，也向所有毕业生的青春致敬。

本次毕业生作品展的1200余件（组）作品几乎涵盖了设计类所有专业，其中将实验方法过程表达得比较具体、直接和清晰的，要数实验艺术、图像媒体艺术专业。相对于其他的专业而言，这两个专业本身更强调创作过程的全记录、再现和观众的参与性，其所呈现的影像、交互界面、多媒体、综合媒体已经将现场呈现为一个声色俱佳的"实验场"，观众的参与、反馈则是完成"实验"的最后一个步骤。这表明，在当前多元文化背景中，设计在不同的文化语境下展现出不同的内涵特征：不确定、丰富、开放、交叉、跨界、合作、技术、反叛、创新、娱乐、互动、展示等。这些特征必然决定了展览作品诉求的丰富性。同时，"风格手法"也是艺术的主要表现形式，不同的"文化创意"带来不同的"风格手法"，同样的"文化创意"也可以采用截然不同的"风格手法"，而同样的风格手法又因为个体的不同而衍生出无穷尽的艺术体验，它们相互参照，彼此牵连，使得整个展览成为一个潜力无限的开放网络，让创意思绪还有放马驰骋的自由空间。

如果说美术馆二楼的平面设计和视觉信息设计是一场信息量巨大的视觉盛宴的话，那么，如何让巨大的信息量被观众认识、认知，并给观众留下深刻的印象，则是这两个专业师生为作品展示谋略半年之久的心思。作为二维空间的艺术设计，它对于构图、结构、线条、色彩的纯粹而极端的表现大有讲究。我们看到由邬烈炎和庞蕾两位教师指

导，邓珏、赵雨馨两位同学创作的《音乐与视觉》（图
10），勾起了我们对詹姆斯·艾博特·麦克尼尔·惠斯
勒（James Abbott Mc neill Whistler）和瓦西里·康
定斯基（Wassily Kandinsky）的回忆。作品运用与音
乐相关的乐谱陈列形式来表达抽象表现主义的意义与情
感，采用"来自音乐的形式"，进行音乐图像的呈现与转
换。所陈列的乐章都显示和谐、清淡的色彩，以及平滑的
线条，表明一种精神上的愉悦反应。这件作品在材料选择

图 10
抽象艺术的视觉音
乐——《音乐与视
觉》

上也十分讲究，采用透明的硫酸纸来传达一种"视觉音乐"，朦胧、色幻、线性、多变，
产生极特别的音律效果。

　　平面设计作为设计学院的优势专业，在全国设计院校中一直名列前茅。本次毕业生
作品展共有 6 位教师联袂指导，曹方指导的以字体设计为研究方向的一组作品，展示了
对这一专题研究处于国内领先领域的成果，一系列作品专注于汉字或西文字体的形式变
化及利用文字为载体寻找表达的意趣。赵清以其擅长的纸媒载体中的海报与书籍设计为
指导方向，以诗意的方式深入诉求海报设计的多种可能性。何方指导的作品，注重学生
的自我确认与自我判断，挖掘设计表象背后的世界，运用绘画、视频、装置等综合材料
与综合手段，试图以综合实验的角度切入平面设计。蒋杰和姚翔宇两位指导教师负责的
两组与陶瓷跨界合作的作品，体现了平面设计跨界实验的探索。用他（她）们自己的话说，
"这是揭示视觉表征下的规律性结构以及视觉整体构建的过程，将两类或多类支离的设
计元素整合成一体的语汇，而这正是设计形式创造者所必须精通的视觉传达设计中最为
本质的学问"。

　　由蒋炎指导，李园同学创作的《中国病人》（图 11）系列，是一组题材和材料都很
特别的作品。整个作品试图再现医院病区的场景，采取医用托盘托起病人，他们形形色
色，肢体有些不协调，有的抽搐，有的被绷带缠绕，但每个病人看上去又是那么地平静。
病床下的输液瓶正给这些病人输送着新的能量。作者凭借敏锐的嗅觉，以高白瓷泥为材
料，利用注浆成型和布料浸泡泥浆塑型技术，塑造出这样一组直指观者心灵，引发思考
甚至争议的陶瓷装置作品。医用托盘、输液瓶、药瓶、惨白床单下躺着的病人，呈现了
那些常常被健康者忽略的病人生存状况。作品并不满足于呈现，而是希望通过呈现做出
更加深刻的思考，揭示出当代社会犹如医院病区的场景，的的确确存在着的种种病态。
这类主题创作往年也有出现，如 2008 级毕业生作品展中"9+1 小组"，就选用了 2 吨

高淳陶瓷厂的骨瓷碎片，构筑起40多平米的陶瓷装置，屋内所有东西均由瓷片构成，取名为"China in China"。这是一个双关语，即"中国的瓷器"与"瓷器的中国"。"中国的瓷器"，当然是指中国古代陶工融智慧与技艺发明的瓷器，以及瓷器作为中国古代文明的象征。"瓷器的中国"，则更多的是通过作品寓意与中国现实社会产生联想。而这件作品采用设计语汇来表现生活的真实，介入实验艺术的批判与反思，可说是这类主题性创作在2014年的升级版。

《瓷与墨》（图12）被认为是本次展览最富创意的作品之一，由陆斌指导，姚传玉同学创作。作品采用书法与舞蹈合一的表现形式，表达陶瓷运用泥土在塑造过程中产生的种种具有艺术瞬间的画面。书法是墨与纸的相互渗透和磨合，陶瓷则是泥与水的互相铸造和磨合，这就像舞蹈是舞者肢体的游移与停顿的磨合。陶瓷的制作有舞者的节奏，是艺人对泥土拿捏、磨刻、拉与旋转，直至打磨的艺术展现。"瓷泥"代替"水墨"经过窑火的熏烧产生黑、白、灰色泽的微妙变化，陶瓷也像"水墨"那样相互渗透、交织与融合。这是一种奇妙的艺术效果，伴随着作品演示，两位舞者进入现场，以互相纠缠、交织、融合的肢体动作，演绎陶瓷在烧造中的蜕变，蕴含舞蹈与书法与生俱来的一种通感表现力。

作品《观音土》（图13）同样是由陆斌指导，徐英同学创作的。作品分为两个部分，一部分是以20世纪河南灾民用"观音土"果腹的纪实事件为前提，用加入面粉和酵母发酵瓷土（观音土）的方法，将一定比例的瓷土制作成外表与真的面包、馒头很相似的陶瓷品；另一部分是把这种被高温烧制过的"馒头"所产生的视觉假象与一段鱼目混珠的表演及类似美食节

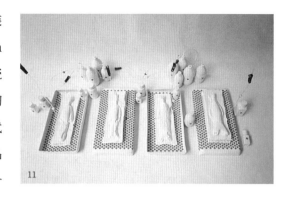

图11
《中国病人》系列作品

图12
陶瓷的情感表达——
《瓷与墨》

图13
陶瓷的情感表达——
《观音土》

目的 DV 配合，展现出一个个诱人的"馒头"发酵和最后出炉的过程。作品通过新媒体的介入展现了"观音土"在酵母的发酵下，"馒头"慢慢地变大变圆，从而将"观音土"果腹带来的死亡惨剧转换成一段戏谑的"游戏"，而这个"游戏"便成为对生命敬畏的思考，也是对生命哲学的解读。法国哲学家亨利·柏格森（Henri Bergson）在其生命哲学中强调创造性、直觉和非理性无意识等问题，这正是现代派艺术最重要的理论支撑。尤其是在"物我关系"上，柏格森一向主张以直觉代替外在的观察，成为现代派艺术与文艺复兴以后艺术的主要不同之处。这就是说，在经历了古典主义、浪漫主义、现实主义、印象主义之后的西方艺术，已经不再满足于把艺术作为描写反映客观世界的一种工具，而是要寻找一种途径，即把艺术本身作为目的，又能充分表达出自我对世界的看法。这就需要艺术家把表现的立足点从客观转向主观，从外在的观察转向内心的体验和发现，从寓意的情节性表达转向潜意识、非理性的表达，从理性的标准化艺术转向不断创新的形式变化进程。笔者以为，《观音土》的选题、选材和创作寓意的揭示，进一步加强了设计作品关注历史与当下生活的表现力。

作为现代手工艺的首饰、服装和纤维艺术，在创作时总受制于材料的局限，于是运用时尚创新的主题与元素对常规材料进行突破加工，便成为这几个专业展示的精彩之点。本次展览中的首饰，相比本次展览的主题"实验"而言略显保守，应该说大部分作品属于"商业首饰"，而不是"实验艺术"的首饰，但还是有实验美学价值的体现，也有关注与实验艺术的有机联系。比如，孙明月同学的作品《虎几》系列就很有特色，在造型上将中国传统刺绣图案与色块化作整体设计的形式。用小色块的刺绣点缀，在具有三维立体构成的银质框架上呈现，使整个视觉效果不再偏向于平面，更像是一个能佩戴的立体雕塑。

纤维材料经过染整、染色和编织会呈现怎样的艺术效果？作品《丝吾》（图14）给了我们答案。这件作品着力于尝试材料的"综合性"和"概念性"的表现，从材料的特性提出概念，以多种工艺与材料的结合，甚至根据可食用材料的特性进行创意探索，结合点、线、面的构图元素，突出产品设计的各种可能。这件作品由龚建培和王建两位教师指导，高明剑同学创作。虽然它的实用功能有待商榷，但作为实验艺术的一种尝试，以概念设计的形式

图 14
传统工艺的现代试验——《丝吾》

烘托其实验主题，目的是显在的。

同样作为概念设计的还有服装设计作品中一组以"纸"为媒介的服装设计（图15）。这组作品由陈飞和姬益波两位教师指导，由王宥丹、杜加欢和刘佚同学创作，以对"纸"

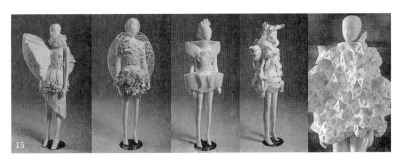

图15
传统工艺的现代试
验——《纸质服装》

的塑造来显示衣着效果而颇具特色。30 多件"纸衣服"均来自服装实验课程，以"碰撞"为主线，从实验性课程延伸到主题性课程，不断进行深入，直至毕业设计作品的最后呈现。这批以"纸"为媒介的实验性作品，可以看出作者的创新能力、"反"设计的能力、对纸张可塑性的实验探索，体现了原创性。笔者相信，每个人都有对"纸"的童年回忆，剪、刻、撕、拼、叠、揉、编织、压印、裱糊、印刷、装帧等丰富手法的运用，它却能传达我们对设计的最初印象——手工的艺术。而纸张具有的强烈塑型能力，也为人们所热爱。尤其是价格低廉，却拥有强烈的表现力，更是实验艺术选择表现的重要材料。在国外，如英国女艺术家 Su Blackwell 和日本艺术家 Yuken Teruya 就极其钟爱纸雕艺术，2010年在上海当代艺术馆举办的第八届双年展也展出了非常精细的纸雕作品。笔者了解到，这组"纸服装"作品对纸的可塑性实验的探索，已经引起国内先锋对艺术界的关注。

结语

"实验—2014"南京艺术学院设计学院毕业生作品展有太多的作品值得细细品味和仔细解读，限于篇幅笔者只能随机采集少量作品进行评价与分析，挂一漏万在所难免。行文至此，还是要向本文未能一一署名的广大师生致敬，是大家的辛勤努力才呈现出本年度"南艺设计"的光彩。这一光彩包含着"学院派设计"品格极具"实验性"的"品牌价值观"和"集体荣誉感"。

所谓"品牌价值观"，体现的正是"南艺设计"追求的"主题当代性""内容跨界性""方法实验性"和"文本展示性"教学理念，与奉行的培养目标高度一致，为全体师生共同追求的理想。因而，体现"品牌价值观"具有教学思想的凝聚力、内驱力和感召力，以此形成来自品牌价值观的共享性。美国著名管理学家汤姆·彼得斯（Tom Peters）在其代表作《追求卓越》一书中曾毫不夸张地强调说："品牌就是一切。"然而，有多少企业能真正认识到品牌的价值，并懂得实现这些价值呢？与此同理，作为设计院校，也应具有自己的品牌价值，这不仅是学校的一张名片，更重要的是学校教育的特色所在。如今，在设计院校继续大规模扩招的习惯定式下形成的价值观，使许多院校更容易受现实的利益驱使，要么不惜砸下重金在引进人才和设备上做硬件建设来打造品牌，要么是在规模上不断扩大，以为自己是在做"务实"品牌。事实上，教育与企业是有着本质差异的，硬件和规模固然重要，但教育传承积累下来的软实力更加重要。企业经营者有句名言，"做品牌不是企业正常的经营活动之外的行为"，而是"从一开始就是经营活动的一部分"。那么，教育又何尝不是如此？真正体现教育品牌的价值同样在教学活动当中，有什么样的教学观念，就有什么样的教育品牌。笔者以为，"南艺设计"的品牌价值观，最重要的就体现在教学观念与教学方法的不断推陈出新。但愿这一品牌价值观能够坚持不懈地传承下去。

至于"集体荣誉感"，则更加明显地体现在"团队精神"和"分享快乐"上。整个展览，其实何止于展览，可说是整个教学都体现出以集体精神为主导的教学理念的贯彻，培育一种热爱集体，关心集体，自觉地为集体尽义务、做贡献、争荣誉的道德情感。它不仅是整个教育道德荣誉感的基础，更是一种积极的心理品质，是激励师生奋发进取的精神力量。在教学集体中，个人将逐步体会到集体荣誉与自己的关系，体会到个人在集体中的地位。比如，设计团队的分工分组使小组任务成为必须由多人互相配合、互相帮助才能完成的工作，任务中可能出现的重重困难是最好的信任激发素，有过配合与合作体验之后，自然会形成一定的信任，集体荣誉感也就更加强烈。当然，这些工作一两次不能解决根本问题，而设计学院则是长期坚持，一代代师生相承合作，充分认识到设计教学和设计工作特有的集体荣誉感的真实存在，这是一个长期孕育的过程。由此，笔者坚信，只要有了集体荣誉感，就会有合作。集体荣誉感能增强集体团队合作能力，有了集体荣誉感，教学才能不分"分内分外"，互相协作，紧密配合，相互支持，为集体赢得荣誉。正所谓"人心齐，泰山移"，"独脚难行，孤掌难鸣"。

常言道，作为毕业生的最后一次作业，我们似乎总习惯于寻找教学的最终答案，但这样的展览很难有这种答案可以提供。如果一定要有答案的话，或许可以这么说，这次展览中的1200余件（组）作品都是最好的答案，这也许就是2014年度"南艺设计"对设计及其设计教育最重要的诠释。毕业生梅祎说："上学时需要大量的实践，而在实习时需要不断地独立摸索。"不光如此，毕业生蒋培也认为："现在学习设计的同时，还需要慢慢让自身修养提升，只凭灵感就想成为设计天才，这种捷径根本没有。因为这个行业早就有无数天才，他们一直在思考，在做下一件作品的准备。"笔者在展览现场也充分感受到每一位毕业生对学校学习生活的留恋，他们有许多体会可以畅谈，他们有太多的理想渴望实现。因此，短短 7 天的毕业生作品展也在告诉每一位即将走出校门的毕业生，学生生活的结束不代表学习生活的结束，对于每一位即将步入社会的毕业生而言，它意味着新的生活才刚刚开始。

本文撰写资料部分引自《"实验—2014"南京艺术学院设计学院毕业生作品展手册》，南京艺术学院设计学院硕士研究生柳红林、赵建为本文资料整理亦有贡献，特此致谢！

原载于《南京艺术学院学报（美术与设计版）》2014 年第 5 期

一个德国学者的设计艺术观

——与德国卡塞尔大学马蒂亚斯教授访谈录

　　格哈德·马蒂亚斯（Gerhard Mathias），1939 年 4 月出生于德国中部城市卡塞尔，中学毕业后受过专门的商业经营培训，并从事商业招贴画设计工作多年。之后，进入卡塞尔大学设计艺术系学习，在校期间自己开办了一家广告公司，继续从事商业招贴画的设计业务。大学毕业后，他受聘于卡塞尔大学任教，迄今已有 25 年，主要教学课程为招贴画和展示设计，现为卡塞尔大学教授。近 10 年间，马蒂亚斯负责学校与国外的文化交流活动，先后访问过美国、英国、西班牙、意大利、苏联、波兰、埃及和中国。他尤其对我国的传统文化产生极大兴趣，分别于 1990 年和 1992 年两次前来我国访问并讲学。今年 3 月，应南京艺术学院工艺美术系的邀请，再度前来南京讲学。本文根据他在南京期间的讲学内容及与之交谈的笔记整理而成。

　　一顶遮阳帽，可以里外翻戴在头上，便意味着不同的角色。马蒂亚斯称，蓝灰色的一面适合正式场合配戴，而迷彩色的一面则显得无拘无束。

　　当本篇主人公形象渐次化作一团印象之时，唯有这幽默的戴帽"礼仪"清晰如在睫前。虽然这与学者、设计艺术家似乎并没有什么必然的联系，却因其与主人公的性格关系如此密切，而令我难以忘怀。

　　在我与马蒂亚斯教授接触的日子里，正是他的这种幽默与爽朗的性格，使得我们彼此的友谊更为深厚，学术交流显得十分坦诚。

一、由当代德国戏剧广告画展引出的话题

　　今年年初，由马蒂亚斯教授介绍来华的"当代德国戏剧广告画展"首先在南京艺术学院展出了。江苏美术出版社准备将展览的全部作品集辑出版，并得到马蒂亚斯教授的鼎力相助。3 月，当我告诉教授出版工作进展顺利时，他表示十分感谢，认为"该书能

在中国出版，是德中文化交流活动中一项颇为有益的工作"。接着，我又告诉他，我正在为这本画集撰写一篇介绍文章，顺便请教有关如何理解德国戏剧广告画的艺术表现形式的问题，却被他拒绝了。他回答得很干脆："这是你自己的看法，你完全有权利从自己的角度去理解，发表自己的意见。"我听后感到有些不习惯，以为交谈的意思有所误解，再次提出要求："我只是认为，为使中国读者对作品有所了解，您有必要谈谈作品艺术表现的动机。"教授盯了我一眼，情绪显然有些激动，说："类似这样的问题不只你一人提出过，难道你们一定要我教会你们怎样看待艺术吗？！"

我默然了，意识到这是对话双方在观念上的差异所致。

稍停片刻，马蒂亚斯教授缓和了语气，说："对于当代德国戏剧广告画作品，你可以这样告诉读者，只有耐心地去了解德国的文学、戏剧及社会文化，才能理解德国戏剧广告的艺术表现形式，我可以尽量提供参阅的资料索引。就像我对中国的认识，就是对你们文化的热爱，从中了解到许多民俗风情。通过这些，我才理解中国艺术的内容以及为表达内容所创造的形式。"说到这里，他再次强调："自觉地进入各自民族的文化领域，这是最最重要的。中国给我的印象就是你们的悠久文化。"

我开始理解马蒂亚斯教授这种看待问题的方式方法，不禁想起他为此次展览所撰写前言中的一句话："戏剧广告画应既作为宣传又树立形象，既是信息海报又是艺术作品，它们是否做到了这一点，敬请本展的观众们自己来判断。"我以为这是他对展览作品发表意见的最好注释。

我们第二次对话是这样开始的。我说："根据教授的意见，我查阅了有关德国戏剧的资料，知道德国戏剧与东方各国的民族戏剧一样，起源都可以追溯到古代的祭祀性歌舞，这反映在展览的作品中较为明显。这是否可以说，当代德国这类祭祀性歌舞，反映在展览的作品中较为明显？这是否可以说，当代德国这类祭祀性歌舞、戏剧，仍有保留？"话题由此引发了马蒂亚斯教授的兴趣。他很热情地介绍说："当代德国的戏剧分为话剧和歌剧两种，话剧又分为纯剧情剧和喜剧，歌剧有严肃歌剧和轻歌剧，在这些戏剧中按剧情的需要或多或少地会出现祭祀性的、假面跳神、歌舞。因此，展出的戏剧广告画中这类题材的作品就是抓住这一特征进行表现的，其艺术形式怪异、夸张强烈，追求一种诱惑力。"

"那么，您为什么专门将戏剧广告画介绍到中国呢？"我问。

马蒂亚斯教授说："我认为当代德国的广告设计，应数戏剧广告画最具一流水平。

这是由于德国人崇尚戏剧，上演的机会最多，戏剧广告画的需要量自然也就非常之大。这已成为一个社会文化的象征，在艺术表现上极为讲究。并且戏剧广告画的创作既得到国家剧院的资助，又得到私营剧团的支持。"

诚如马蒂亚斯教授在画展前言中写的那样，"近 10 年来，戏剧广告画在很大程度上影响着城市和国家戏剧界的形象，它试图通过自身的艺术追求把当地戏剧界对艺术的追求从舞台搬到街头，成为记录戏剧史的一种手段"。

这次交谈非常愉快，谈了许多有关当代德国戏剧广告画的问题……

我想关于这个话题应该停住了，因为那本即将出版的画册将有更多的篇幅加以介绍。

二、对于"CI"问题的看法

"CI"体系——企业形象的统一设计（Corporate Identity System）是为涵括企业实体性与非实体性的整体经营策略，发端于美国。20 世纪 50 年代中期，由当时的 IMB 公司董事长 Watson 首先推行。自 20 世纪 60 年代起，由欧、美、日各大企业充分运用，而衍生为市场竞争的先锋，成为企业经营发展的必备手段之一，更是当今提高企业形象的关键。

不言而喻，对于一个企业来说，形象战略至关重要，塑造企业形象应是重要的一步。我国不少企业每年耗用大量资金(从数十万到数百万)进行广告宣传，但往往是投入大，实际产出小，不成正比。究其原因，主要是采取常规式，分离零散地宣传企业和推销产品，问题的症结在于缺少通向成功之门的金钥匙——"CI"战略。当我谈及上述意见之时，马蒂亚斯教授极其明确地宣称："中国的企业形象，必须在公众认可的程度上做文章，尤其应把目光对准国际市场，先打基础。树立企业形象，比仅仅制作广告更为重要。"

教授稍停片刻，略加思索地说："中国目前最重要的是解决通信手段，这是推广企业形象的媒介，甚至企业自身也要具备这样的功能。"我明白教授指出的问题症结。的确，当前我国社会经济发展进入到深化改革的新时期，把企业推向市场，使得市场经济推动了产业的高速发展；反过来，企业生产经营必须适应市场营运变化，市场正处于有史以来最剧烈的转换阶段，甚至连产销结构都在变化，在卖方为主的市场演变为买方为主的市场后，顺其自然，我国社会将会出现导入 CI 的企业，而此时通信传播手段又是至关重要的。这昭示着，在我国的社会经济条件下，推广企业形象战略的同时，应改善其经营的社会环境。

在马蒂亚斯教授一次关于"CI"问题的学术演讲之后，我对他说："您在演讲中展示的'CI'设计的作品很具典型意义，例如可口可乐在品牌同一性体制下提高企业形象就给我留下深刻印象。"紧接着他又十分详细地将该事例做了剖析，算是对我的回答。

"美国的可口可乐是世界上最为畅销的一种饮料，它打进了 135 个国家和地区的市场。可口可乐为什么如此受到人们喜欢？除了产品质量原因，其产品形象作用不可低估。可口可乐公司从 1886 年开始，就不惜工本，充分利用广告等传播媒介来提升企业形象。尤其是现代，经过世界性大规模的调查，民众印象最深的是可口可乐的标准字体，简称 Coke，红色、特殊的瓶子形状，于是设计者保留红色和有特征的可口可乐字体，只以波浪形的瓶子为基础，重新开发视觉系统，终于成功地统一了可口可乐的形象，并经由标准手册通知世界各地的生产厂家，成为可口可乐企业形象的国际战略。有人曾说：'如果今天可口可乐公司的所有工厂在一夜内全部焚于大火，第二天便会有无数银行向它贷款。这绝非危言耸听，大火虽然烧掉产品、设备和厂房，但却烧不掉企业的牌子。企业形象不仅是可靠的摇钱树，而且本身是一笔巨大的无形资产。可口可乐的标牌价值就被定为 30 亿美元。'"

马蒂亚斯教授还不无感慨地说："中国文化的信誉很高，若与商品结合，提高品质和产品的知名度，同样可以占领国际市场。说到底，企业形象只有一个目标——为人服务。"

我曾询问马蒂亚斯教授："CI 领域之广，超出了传统意义的'名牌'设计，那么'CI'究竟是什么样的概念呢？"

教授没有直接回答我，只是列举了一个亲身经历的事实。

"一次法兰克福市的一家公司委托我做一项 CI 计划，我先打电话，接线员小姐的声调语气不够礼貌，我感到非常生气。随后给公司经理挂了电话，告诉他：这就是贵公司的名片。"

我进一步理解了"CI"的完整概念了。

三、关于电脑设计作用的对话

在一次交谈中，我告诉马蒂亚斯教授，今年 2 月德国《快捷》画刊报道说："电脑已具备了听、看、说的能力，30 年后它会像人类一样聪明。汉诺威大学医院有一架会做手术的显微镜，它按外科医生的话操作，医生在做手术时两手空空。"

我又说："试想，倘若人利用电脑来从事设计工作，岂不是快捷轻松？"

"是的，对我来说，这的的确确是一种神奇的技术革命，这一革命对设计界来说无疑是提供了一种极好的设计工具，"马蒂亚斯教授接着说，"我是10年前开始接触电脑的，我感到使用电脑硬件和软件程序创作的视觉图像作品，它将程式设计的逻辑性和使用电脑创作可见图像的机械性相结合，显示着创作者的感情和艺术风格，但不管怎么说，电脑不会比人更聪明。正像我的学生使用电脑比我能耐大，设计的作品也好，但我不认为那是电脑的功劳，而是学生自己的本领和艺术才华所决定的。"

在有关电脑广告设计的专题学术演讲中，马蒂亚斯教授多次提到，手工制作的广告要比电脑制作的广告高超得多。我想这正是上述观点的体现。

当我进一步问及"这样的见解是您个人的看法还是国际潮流的共识"时，教授爽快地说："这是国际的一种潮流共识，电脑最终不能代替人的先进智能劳动。我始终强调将电脑作为一种工具来看待，电脑只是广告设计过程中一个值得借助的手段，不是终极目的。世界上优秀的广告作品，无不体现着人的艺术表现价值。"

由此看来，在西方盛行的电脑设计并非是可以替代人的一切劳动的"神话"。诚如电脑专家断言的那样，"即使人工智能在30至50年后可与人的智能不相上下，但这种智能仍是另一种智能，它没有道德，没有意识"。我以为这是很有见地的阐释。

"作为中国的设计艺术教育，应如何看待电脑设计课程呢？"我继续问道。

教授答："这必须针对具体情况而言，就像日本人早于德国人使用电脑，这里有一个学习和应用的过程。作为基础课程开设是非常必要的，在德国这样的课程也只是3个月时间，若学习更高一级的电脑设计课程则需半年。在中国设计艺术教育中开设电脑课程，用以丰富设计语言，很有必要，但中国有更好的艺术表现手法，不能丢失。"

马蒂亚斯教授一番坦诚的意见，无疑体现出一位老朋友的挚情。他在与冯健亲院长的一次会见中说："什么时候贵院准备开设电脑设计课程，我一定不远万里赶来参与教学。"

我想院长一定会为此而努力的。

四、工业设计是生产力的积极因素

马蒂亚斯教授来访时随身携带的录像机是日本松下的产品，闲暇时戴着的耳机音响是日本索尼公司推出的 WALKMAN 产品。

我曾不无好奇地问："在我的印象中，德国可是世界工业设计的摇篮。不仅从'德国工业同盟'(the Deutscher Werkbund) 到'包豪斯'(Bauhaus) 是世界工业设计理论的奠基，而且德国的许多工业设计名牌产品也是一流的，像奔驰骄车、通用电器的产品等，几年前来华展出的'德国设计 150 年回顾展'也给我留下了深刻的印象。"

马蒂亚斯教授笑了笑，似乎是无奈地摆了摆手，随后他分析道："这正是我要谈的世界工业设计现实状况，我以为工业设计就是一种希望值，它能使设计的产品最终廉价且又功能齐全。"

"日本人很聪明，早在 20 年前他们的产品就开始渗透西欧市场。他们知道，要在西欧与名牌的一流工业产品相竞争，自己不是对手，就注重开发二三流工业产品。这类产品具有广阔的市场，拥有成百上千万的消费者，一旦获得推销和使用的成功，便有了发展途径。你看，我不也成了日本工业产品的消费者了吗！"一席话将世界工业设计现状及发展问题揭示得极为深刻。

的确，正当我国设计界开始重视工业设计理论研究之时，就算理论再好，如果不能投射到现实工作中加以检验和指导，这理论究竟有何用！

马蒂亚斯教授对于工业设计的内涵因素还有一句非常概括的话。他说："在前工业技术时代，手工艺生产与艺术相结合，设计程序是自始至终得到体现的。而在工业化时代，设计是大生产中的一个环节。根本而言，设计在生产过程中就是减少更多的损耗。因此可以说，用设计来带动生产，这是现代工业发展的基本途径，并且成为生产力中不可缺少的积极因素。"

毋庸多言，工业设计伴随着工业革命和近代科学的出现而兴起，它的实质正是在于解放生产力，进而推动人类社会的发展。从这个角度来说，工业设计所担负的责任有着重大而神圣的意义。我们不难看到，西方发达的工业化国家纷纷把竞争目标对准工业设计，并大量倾斜投资，期盼将它当作提升商品竞争力的重要手段。

马蒂亚斯教授告诉我，在他所到过的我国大中型城市中，他已经明显感到工业设计的信息。"面对未来，面对挑战，以中国人民的智慧、意志、知识、技术和紧迫感，发展属于自己社会经济建设的工业设计，用设计创造一个崭新的天地！"这是教授的衷告。我记住了这句话，并写出来告诉更多的朋友。

五、中德两国设计教育的一点比较

一份资料表明，全德国38所专科学院都开设了多样化的设计训练课程，大约有20所的设计课程被德国人认为是工业设计或产品设计，14至15所院校提供正规的工业设计课程。设计专科学院和造型艺术学院有权给予设计师文凭（Diplom Designer），但是德国的工业设计学科不设硕士和博士学位，因为在传统的盎格鲁撒克逊（Anglo Soxen）的观念中，工业设计是技术性和应用性学科而不是思辨性教育，达不到哲学学位（PhD）的标准，这反映了德国人某些根深蒂固的传统观念及对学位狭窄的定义。目前，学位标准问题的争论是激烈和公开的，有关各方正拟改变这一不合理的状况。

当我顺着这份资料提供的线索，开始与马蒂亚斯教授讨论中德两国设计教育问题时，教授立即说："这种情况很有趣，表明德国设计教育在培养人才层次上所受到的制约，这种狭窄的学位意识有碍于设计教育的健康发展。"

我接着说："我国情况较之有所不同，作为设计教育的学位制，达到硕士一级基本建立。博士学位有点类似德国，只局限于思辨性的理论专业。"

教授对此表示了极大的关注，认为我国设计教育的发展水平出乎预料，有了一个较为完整的学位制度的保障。但是，我又告诉马蒂亚斯教授，虽说我国有了这些学位制度，可设计教育仍然存在着培养方向的问题。我列举了自己曾在《中国美术教育》杂志上发表的关于设计教育所存问题的观点：其一，承袭既定设计教育模式的不完整体系与当今社会发展的矛盾，这不仅涉及人才结构和从业者的素质结构，还包括专业结构、学科规划及课程设置的相互扭曲；其二，从现实环境看，引进介绍外来设计教育的思想或经验，在虚假繁荣的背后潜藏着"贫血"因素，不可能在当下的教育中直接奏效，这就要寻找一种既是现代的，又是民族的并行之有效的方案。

马蒂亚斯教授听后笑了。他同时举起双手并伸出其中两个食指，说："看来这样的问题，只能从两方面同时选择。中国哲学中的相对，就说明两个方面都存在着合理性，是互补的关系。"

教授的"中国通"意识，打开了我们对话的心灵门扉。

马蒂亚斯教授继续说："德国设计教育的结构确立也是经历了战后数十年的艰苦过程，早先'包豪斯'倡导的技术与艺术相统一的教育思想，由于战争使其摧残，许多著名的设计师和教育家去了美国或其他国家。现代的德国设计教育可以说是重新开始的，当然这也为接受更多更新的设计教育思想提供了便利。不过我们非常明确培养目标，这就是设计师必须承担更广泛更重要的社会责任，拥有扎实的理论基础加上多学科的实践技术，不只是适应某一狭窄的工作范围和部门。"教授还补充道："德国大学生是以聘用方式进入社会的，因此知识结构的调整与转换是每个学生十分重视的切身问题，作为学校，有责任提供更多的课程供学生自由选择。"

相比之下，我们在教育上只注重结构模式，而缺乏灵活有效的教育方法。难道我国的设计教育就无法在解放思想的轨道上讲求思维的开发吗？培养人的问题，最终是要经得起社会的检验。关于这一点认识，是我在与教授交谈之后所感受到的。

关于教育方法，马蒂亚斯教授还阐述了许多富有实质意义的问题。这里仅列举一则：他主张教育方法应落实到培养学生的自学习惯上来，这样可给予学生很大的自主性、能动性，并且发展余地十分广阔。据说，他授课历来是让学生根据课题先提出自己的看法，然后师生共同思考解决问题。他认为，在教学中自己的角色常常是不定的，随时互换。

他在观摩了我院装潢专业课堂教学之后，对学生们设计的作业产生了很深的印象，尤其称赞有系列设计构思过程的作业，认为属上乘之作。在参观结束之际，我追问道："教授，您若给这个班学生评分，将如何进行？"

"我会给那几套重设计程序和思维过程的作业打最高分。"这反映出马蒂亚斯教授在文化背景和设计观念上与我们的差异，我们的教师评分似乎更注重结果……

在我整理完这篇访谈录文稿并交给学报编辑部的当天，3 月 28 日清晨，马蒂亚斯教授从北京哥德学院打来电话说，他就要起程飞回德国了，电话里他仍是那样亲切地称呼我——小夏，只是许多话语我无法完全听懂……当电话听筒发出盲音时，我仍未放下话筒。此时我眼前又出现了马蒂亚斯教授离宁登机前的那次热烈拥抱的情景，那次手舞足蹈像年轻人似的告别，那站在机舱舷梯上长时间的挥手致意……

马老！3 年后我等着您再次踏上中国的土地。

原载于《南京艺术学院学报（美术与设计版）》1992 年第 4 期

从教五十载　点滴铸师魂

——冯健亲教授从教记事访谈

夏燕靖：非常感谢冯老师在国庆假期外出刚回来就接受我们的访谈。今年是冯老师从教 50 年，学报编辑部专门列出这项访谈专题，我们很高兴能够通过这次访谈，将冯老师半个世纪的从教历程和教学经验记录下来，让更多的师生和读者分享（图 1）。

图 1
冯健亲先生在接受记者采访

冯健亲：时间过得真快，转眼 50 年了。幸运的是，我从院长岗位退下来，精力还很好，学校还让我继续从教。这么说来，我从教 50 年，到如今真的是满打满算的 50 年了。现在主要是带博士研究生，有时也会走进本科生的课堂，带一段时间的基础课。我总觉得本科生的教育非常重要。这些学生刚到学校来，我想用自己的教学经验，给他们领一个好的开头，打一个好的基础，收益会非常明显。

吕凤显：我是 1980 年入学的，当时冯老师就是我们装潢专业的基础课老师，后来又教过我们专业基础课，一教 4 年。师生间情谊非常密切，我现在只要遇到冯老师，就时常提起过去的事。冯老师钻研教学，施教有方，在每一届他教过的学生中都留下许多佳话。

夏燕靖：的确，像吕老师说的，冯老师对教学的钻研是我辈感受颇深的事实。我虽然没有在冯老师的课堂上接受过亲点，但从教以来冯老师对我们这批青年教师的关心是有目共睹的。在他担任系主任的时候，无论是定教学计划、备课写教案，还是到课堂听讲、课后交流，他总是拿着笔记本，一条一条地说，甚至一个小点都不放过。

冯健亲：这些 30 多年前的细节你们记得那么清，我很感动。我已经养成习惯，就是无论什么时候走进课堂，我认为都是一次自我塑造。那么多同学听你讲，你能不认真吗？

夏燕靖：好，我们得把话题转到 50 年前。请冯老师带我们一起去翻动那 50 年前的厚重纪年史册，回忆冯老师的教学历程。

教学相长，留心每一个教学细节

冯健亲教授在谈到自己留校从教时，几次说到做教师是他没有想到的。当年在他所学的油画专业本没有留校教师的名额，是后来考虑各专业师资配备的平衡发展，在他毕业的最后一刻，他终于成为1961届油画专业唯一留校的青年教师。要做老师了，那个心潮澎湃的劲儿在他的回忆中被多次描述。可以想见，正是从那一刻开始，在他人生的轨迹上，对教师职业的敬重就被深深地印刻下来。

朱远如：冯老师，您是1961年从南艺油画专业留校的，那么，当时从教的课程是什么？您刚刚从教是如何学习做老师的？

冯健亲：这位同学问得有意思。我刚留校时并不是教专业，而是教基础课，就是绘画基础的素描课。那时素描很重要，被称作一切造型艺术的基础。课时量很多，平均在三四百课时，大约要上四个学期。当然，绘画专业可能还要多一些。刚开始学校派我向马承镳老师进修素描，准备接他的班。马老师是上海人，当时学校考虑照顾马老师，同意他去上海，所以要马老师带出素描课的青年教师。当然，后来接二连三的政治运动，特别是1966—1976年期间，马老师的工作调动就被搁浅了，直到20世纪80年代初马老师才调到上海同济大学建筑系。这样一来，我们师生共事就有20余年，马老师是我敬佩的先生。起初，素描进修的计划是马老师确定的，从初步的画石膏几何和石膏像开始，直到长期的人物写生。不过，当时运动太多，这一进修计划终究没能实现。但回想起来，跟随马老师学习的体会完全是两样的，这时比较注重观察马老师的教学过程。我做教学笔记的习惯也就是从这时养成的，我到现在都保留着当时记的课堂笔记，记得很细（图2）。我一想到要做教师，就觉得要学的东西特别多，

图 2
冯健亲当年的教学笔记

我就要求自己从"小学生"做起。后来，学校明确我给马老师当助教，我们一起画画，他常来给我改画，和我聊天。我们认为，研究基础素描，应该吃透两点，一是它的任务、目的和要求，二是熟悉教学体制和教学方法的形成过程。这样方能完成教学的任务。而基础素描是基础教学的一部分，也区别于一般概念的素描。素描冠以"基础"二字，是既有别于创作素材的

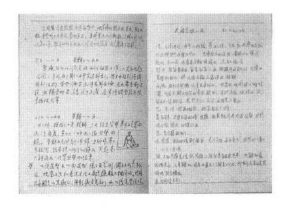

素描，也有别于创作起稿的素描。它的任务，就是锻炼初学者观察对象和表现对象的基本造型能力，也就是解决从不会到会的造型上的矛盾。明确这一点很重要，否则势必把艺术创作上的许多难度更大的问题过早地强加于初学者。在 20 世纪 60 年代初逐步积累的思考后来写进了 20 世纪 80 年代编写的《素描》（图 3）教材里，这是我在进修和教学过程中点滴体会的发展。

图 3
冯健亲著《素描》一书及手稿

吕凤显：冯老师说的这一点非常实在。我刚开始到学校画素描的时候，就总想着画大画，对几何石膏写生不感兴趣，往往作业就是应付了事。冯老师非常耐心地解释，而且有意多布置这类最基础的写生作业，后来体会到冯老师所说的素描冠以"基础"二字的含义了。

夏燕靖：从教 50 载，冯老师门下弟子增添了一股股新生力量。记得 2009 年 8 月在江苏省美术馆举办的"青蓝画展——冯健亲师生作品展"的开幕式上，省文联党组书记王慧芬致辞说，您奖掖后进，提携后人，桃李天下，众多弟子成为文化界的中坚力量。此次师生画展老中青三世同堂，朝霞、彩霞、晚霞三霞辉映，集中展示了从 20 世纪 60 年代一直到本世纪初的 35 位学生近期创作的成果。您是如何看待这次画展和对您的这种评价的？

冯健亲：这次画展是两年前举办的，至今仍记忆犹新。其实，这次是第二回。早在 1999 年我就和许多位学生一起举办过第一回的"青蓝画展"。时隔 10 年，第二回画展中不仅加入了更多的学生，而且有了更多的力作推出，作品面貌也更加丰富多彩。我自己也展出了反映南京改革开放 30 年巨变的新作《回忆 1978 年》系列作品。美术教育的好处确实可以通过画展来直观地展现。而每一回画展，我都有一种重温历史的亲切感，尤其是看到一代代学生的可喜成绩，心里总有说不出的高兴。这又可以说到我开始从教的经历上来，我接手教的第一批学生就是素描课，后来又教过色彩，还有广告招贴、样宣设计等。我对于 20 世纪 60 年代至 80 年代教过的学生大体都能记得，因为那会儿班级人数少，一般只有七八个学生，所以连他们的习作和交的笔记作业都有保留。而且我有个习惯，喜欢对每届学生的教学过程做些比较，记成心得，教学相长，以此来激励自己。至于说到教学评价，我只能说这是对所有老教师的赞誉，我从教 50 年的最大欣慰，就是把我自己发现的东西，或把我知道的经验都毫无保留地告诉给学生。薪火相传嘛！

陈婕：想请问一下冯老师，您说的"教学相长"如何理解？可以用事例来说吗？

冯健亲：教学相长是我们常常挂在嘴边上说的话，其实非常古老。记得孔夫子就说过，温故而知新，可以为师矣；还有三人行，必有我师焉；择其善者而从之，其不善者而改之。再有就是"教学相长"这句话的出典，在《礼记·学记》中说"是故学然后知不足，教然后知困。知不足然后能自反也，知困然后能自强也。故曰教学相长也"。这里说得非常明白，教和学两方面互相影响和促进，都得到提高。做教师应该要明白这个古理，谁都不是圣人，任何人要进步、要成长，都离不开与人交往。教师交往最多的人当然是学生，在教学中学习、在教学中进步，是每一位教师必须进修的课程。要说事例，那很多，比如，我在 20 世纪 80 年代编写那本《素描》教材时，就注意对教学过程中作为启发式的教学案例的总结，这里面有许多就是学生在学习中逐步运用的方法，它能够激发教师转变教学理念，不断地探索教学内容与教学方法的改进与创新，更重要的是它也能够激发学生浓厚的学习兴趣，不断地去汲取营养和探索研究，能够培养学生的沟通能力、合作能力、表达能力和创新能力。因此，许多案例我就收了进去，而且后来许多院校也在教学中应用。我觉得这就是教学相长，师生受益，教学效果显著。

陈婕：那么，还想问一下冯老师，您在教学中肯定面对过许多差别各异的学生，对因材施教有什么好的方法，或是说有什么好的经验可以告诉我们吗？

冯健亲：根据学生的个性特点，区别对待，因材施教，是教学过程中的主要原则之一，在艺术教育中显得尤为重要，这表现在艺术教育的多个方面。"因材"和"施教"是矛盾的辩证统一体，只"因材"不"施教"或只"施教"不"因材"，都是不行的。在艺术教育中同样要运用辩证唯物主义的观点，正确理解和充分运用因材施教的教学原则，探索和遵循其规律性，最大限度地发展学生的个性和能力，力争达到最优化教学，提高教学质量。我就讲一个曾经教过的学生，许多年龄大一些的毕业生或是在学校工作的人都知道，他的名字叫朱新建，是个比较特立独行的怪才，后来在江苏省国画界享有蛮大的声誉，是叫"新文人画派"吧，是代表人物之一。他的成绩很多，留在学校教书的时候，1984 年获第六届全国美术作品展银奖，1987 年为上海美术电影厂、中央电视台设计动画片《老鼠嫁女》《金元国历险记》《皮皮鲁和鲁西西》的人物造型。后来离开学校，又有作品多次在国内外举办个展，参加重要展览。还有《除三害》获全国少儿图画优秀奖，动画片《选美记》的造型设计获上海美术电影厂优秀奖及金鸡奖提名等。要是现在做动画，应该是领军人物了。可是，他开始学素描的时候是在一位老先生班里学的，可能是老先生比较遵循旧法，对他画不出苏派素描的那副面貌非常失望，给他打了个素描不及格的分数，这在学校专业课上是极少有的。后来我接手教这个班的素描，刚开始时他很紧张，不断在画纸上修改，竟然将画纸擦破好几处，可就是难以上手，他很着急。我就发现他在勾画轮廓的时候，是全班最快的，而且线条生动。我就抓住他的这一特点，引导他采用线描的形式来表现对象，而且要他多研究用线表现的规律，加大对形式表现的探索。同时要求他加大作业量，别人中短期作业要画到两到三天一张，他则要一小时画 20 张速写，而且形式与结构表现还要得当，我最后给他打了 80 多分。结果他的素描作业被学校选送，参加在 20 世纪 80 年代初由文化部举办的全国艺术院校素描教学座谈会的观摩展览，他带有速写性质的画引起了轰动。那时候的素描教学已经开始松动，不是那么死板的画法了，改变原来的老方式。这也是带有我自己的想法，这就叫作尊重学生的个性特点。从这之后，他建立了信心。朱新建取得的成绩，也给我的教学带来新的思考和新的变化，更加关注因材施教的问题。

如数家珍，细说尘封已久的历史

　　百年校庆近在眼前，在听冯健亲教授述说他 50 年前的教学经历时，有一种口述历史的真切沧桑，我们仿佛与他一同走入历史时空，与他一同翻阅起尘封已久的史册。于是，我们紧追冯健亲教授的思路不断追问，试图给百年校史留下一份鲜活的口述历史。

　　夏燕靖：冯老师，您从教 50 载，正好经历了学校发展的几个关键时期，早先由华东艺专变为南京艺术学院，后又由本科院校发展成为本科与研究生教育齐头并举的学校，再之后专业拓展，成为如今艺术门类齐全的真正意义上的综合性艺术院校。您能给我们说说这 50 年记忆最深的发展史实吗？

　　冯健亲：在我从教的 50 年里，确如你说的经历了学校发展的几个关键时期。我记得刚开始到华东艺专读书的时候，学校是在无锡，是无锡社桥，好像是原来叫"苏南社教学校"的旧址。听老一辈先生说，1952 年学校由三校合并组建，归属华东军政区文化部管辖，实际是大区的艺术院校，所以与中央文化部关系密切，据说选校址就有中央文化部的意见。好像是说，鉴于上海校址无着落，暂时选在无锡办学，所以有我们学校在 1966 年之前是部属学校的说法，可能是源于这一层历史关系吧。我到无锡正好赶上搬迁，当时已经定下搬南京。这又有一层历史背景，就是我入学前一年，1956 年中央文化部决定华东艺专与在西安的西北艺专合并，老校长刘海粟还有许多教师不愿意西迁，后来向中央反映得到同意，江苏省委也愿意将学校留在江苏，那么学校就要搬到省会南京。海老为此被戴上了"右派"帽子。1957 年那一年记忆中就是搬家，比较忙碌。1958 年年初学校在南京正式恢复，校名也改为南京艺术学院，校址在丁家桥，就在今天的湖南路附近。学校的专业也扩大了，在美术和音乐两个科基础上增加了工艺美术专业，当时的系科建制没有今天那么明确。还有创办了附中，十年动乱结束时在江苏文化艺术界有许多活跃的艺术家，就是附中毕业生。说到学校后来有研究生教育，那时你们入学了，就是 1978 年那会儿，好像研究生要比你们晚一些到校。所以，我们要感谢海老及一大批前辈先生为我们学校后来发展奠定了非常坚实的基础。当年，南艺招收研究生在国内艺术院校中那也就是五名里，是名列前茅的。后来学校的学科大发展大概是在 20 世纪 90 年代末，我们抓住了机遇，一下子把缺的艺术门类专业都给补上了。这一步迈得很及时也很关键，这是为新世纪里学校的学科全面提升铺展开了很宽广的道路。

夏燕靖： 您在院长任上做了许多从今天来说都是比较具有前瞻性的学科发展规划，比如说提出应用学科与理论学科要平衡发展，热门专业与冷门专业要统筹兼顾，尤其是要从长远发展着眼，就是冷门专业也要注意人才储备。还有就是抓青年教师梯队建设，明确岗位与专业发展的合理配置，又请张道一先生给青年教师开课，而且是从图案设计到古典文献一讲一讲地进行，这些在今天都显现出来了。

冯健亲： 相对来说，我对事业还是有所追求的，又欣逢改革开放的大好年代，给了我许多机遇，得以在教育教学和学科发展工作中有所创新，有所前进。当时请张先生给青年教师开课，就是想抓一下青年教师的继续教育。过去，我们使用青年教师多，培养得少，青年教师一毕业进修一年就上课了，而且一上课就停不下来，没有机会知识补充，这会影响未来的教学，也会影响学科的发展。现在，教学条件有改善了，但青年教师的继续教育工作仿佛停顿了。我后来日常事务太多，也顾不过来了，这个问题确实值得高度关注。青年教师就是我们学校的未来，培养好他们，如同学校培养学生一样，是学校的责任。今天的访谈我们约定主要是谈教学，我思之再三，还是多说说自己从教 50 年来的体会吧。

吕凤显： 您教我们的时候主要是素描课和色彩课，但您也给我们讲过招贴设计。记得在课堂上您还展示过 20 世纪 60 年代在上海广告公司进修招贴时的作品，很"洋气"。

冯健亲： 1963 年年初，我又转到了商品宣传课的准备上来。那时有意思，什么都和宣传挂上边，宣传是很时髦的，因为那时政治运动特别频繁，宣传任务又很多。我呢，喜欢宣传画，现在出的画册里有好些宣传画就是那时创作的。还可以透露一个秘密，那时画宣传画稿费很高，大致相当于我月工资的 3 倍。可能是我画宣传画的缘故，就让我改画商品宣传画吧。到上海广告公司进修有半年的时间，这是个国有公司，上海当时有三家,一家叫上海广告公司,一家叫上海市广告设计公司,还有一家就是上海美术设计公司,这三家是三大块。上海广告公司属于外贸系统,上海市广告设计公司是上海市商业局下属的,上海美术设计公司是上海市文化局下属的,它们基本各有分工。比如,当时要画主席像,这个任务就是上海市美术设计公司负责。在上海广告公司研修商品宣传期间,我还专门写了商品宣传的讲稿,也画了不少示范作品。我在广告公司待了半年多,后来发现上海广告公司有两张王牌都在它们资料室里,一个是国外样品,因为它是搞外贸的,所以能接触到,当时我们以为它们搞出来的东西都很新,又很"洋气",但实际上都是来源于许多国外的资料。第二就是有一些国外的杂志,那也是其他地方根本看不到的。我在资料室里面发现了这些,正好跟管理资料室的老师很熟悉,就起早贪黑地去那里(资料室),把里面好的东西都临摹下来。

吕凤显: 那时上海广告公司的运作方式是怎样的?人员构成和来源又如何呢?

冯健亲: 上海广告设计有历史,我在公司里见到过较早的样本有1937年抗战前的不少旧上海广告样本,尤以香烟广告最为突出,还有就是月份牌年画的宣传广告。据公司老员工说,当时上海广告公司林立,已经开始形成一支专业设计队伍。解放后,由于政治运动和社会发展的需要,招贴画受到政府的重视,张贴在公共场所。在政治招贴画、电影海报、体育招贴等方面,上海有领先全国各地的一大批优秀画家。1976年后我再次带学生前往实习,公司里的这些资料大多散失了,挺可惜的。至于说到广告公司的运作方式,因为我进修主要精力是在画稿学习上,当时也没有今天设计教育特别关注的市场或是营销这些概念,好像业务都是外贸给下达的,也有少量的同行业企业委托,但都是计划方式安排的。我去的时候,公司里只有一个大学生,是西安美院毕业的,其他都是公司每年招收少量学徒工提拔上来的。

夏燕靖: 冯老师讲的这些很有意思,也是我国现当代很重要的设计史料。7月份我到上海大学参加的中国设计史年会,主题就是"上海设计与中国现代设计史写作",明后年还要继续举办。另外,设计学院有几个专业的研究生论文选题也是关于上海设计的,有空还想请您多谈谈。

冯健亲: 我记得在上海进修时徐昌酩就是我在的上海广告公司的设计室主任,他是1959年上任的,年龄比较大,好像是1929年生人,籍贯是浙江乌镇。我也是浙江人,谈起话来比较投缘。徐昌酩解放前是从事染织纹样设计的,后来改行从事广告设计,当时在上海算是有名气的广告画家了。他勾画广告草图特别快,出活也很灵光。还有丁浩,年龄上更是长辈,是1917年生人,籍贯是江苏吴江。他是上海非常资深的广告画家,好像是上海市广告设计公司的一个部门主任，就是上海市商业局下属的那个公司，20 世纪 60 年代出任上海人民美术出版社年画宣传画创作组组长，我们有过接触。我当时进修不仅临摹了好多作品，还抄写了许多文字资料，还写了四大本商品宣传课的详细教案，其中有不少是记载当时上海广告设计界的状况，我都保留着，图片与文字都有，可以提供给你们做研究（图 4）。

图 4
20 世纪 60 年代设计的南艺出品红专牌广告颜料的设计

夏燕靖： 谢谢冯老师，这些一定是十分宝贵的史料。建议学校将您这些教案集结出版，会给我们教学带来更多的积累。

朱远如： 冯老师，从上海广告公司进修回学校后，您主要承担的教学任务有哪些？

冯健亲： 我是 1964 年秋回到学校的，以后就开课了，教的是沈行工那个班。蒋昌一的宣传画是我带出来的。商品宣传课主要是两个内容，一个是商品宣传卡，还有一个是商品宣传画，我主要负责宣传卡这一块，上了一个多月课。之后，学校突然宣布停课，师生都要下乡参加"四清"运动。再之后，就是 1966 年开始的十年动乱了，整整十五六年，我们这一代人都是在各种各样的运动中度过的，安静教学或是做研究的时间有限。像夏老师、吕老师他们这一代人机遇还是挺好的，毕竟接受了较为完整的教育过程。

朱远如： 冯老师，您能为我们讲一下 20 世纪五六十年代学校的教学状况吗？

冯健亲： 那时的学校氛围，你们是很难体会到的，甚至在文章里面也是很难表达出来的。我考入学校的时候，还是华东艺专，同届的美术专业同学有 27 人，有 4 个专业，国画、油画、装潢和染织。我读书的时候转了一圈，先学装潢，后来老师被打倒了，转学油画，大跃进又改学戏剧美术，叫作与社会实践相结合，最后是从油画毕业的。当时油画专业是 4 个同学，国画是 3 个，装潢多一点，染织也是 4 个左右。20 世纪 60 年代初，学校开始重视工艺美术了，所以 1961 年装潢和染织专业要留校的教师很早就确定下来了，甚至没毕业就已经留下来开始接触教学工作了。国画和油画本来是老专业，只是到最后才确定留校师资，我就是这样在最后一刻才被选留了下来的。那时，学校的教学氛围并不平静，像刚才说的，运动太多，一会儿是社教运动，一会儿是教育革命运动，就是走出课堂到"三大革命运动"中锻炼，干中学、干中用。再接下来就是 1966—1976 年了，一切都乱套了。说实话，我读书的那些年，乃至后来工作的几年当中，就像刚才说的，真正安静学习和教学的没几年。倒是我们这些青年教师一有时间就自己钻研，比较自觉。当然，适应各种运动的宣传需要，也锻炼了我们多面手能力，当时叫掌握"万金油"本领。现在想来也不是没有一点道理，比如说适应面特别广，到哪里搞宣传，拉起来就行。如今称复合型人才，应该也有这层意思。但当时的出发点是有问题的，不是从培养人才上下功夫。

徐乐： 冯老师您说的，您教书那会儿运动太多。那么，您这代人的基本功可是很强的，当时是如何处理好教学与运动的关系的呢？

冯健亲： 20 世纪 60 年代那会儿，我曾三次被列为"工作队"成员到苏北农村参加"社教运动"，因为前两次总是搞到一半就被抽调到省市参加各种宣传画创作工作，或是参与大型展览会的布置工作。记得 1964 年春的社会主义教育运动，老师和学生是一同去苏北的，当时是里下河地区，这一带位于江苏省中部，西起里运河，东至串场河，北自苏北灌溉总渠，南抵新通扬运河，是条件比较艰苦的地方，在当地有个叫"城市公社"的地方进行"社教"。整个教学秩序全部被打乱了，课自然就停掉了。但老师要带学生一同参加"社教"。这样，在工作之余，师生还能画点画，不至于手生。接着就是1966—1976 年，革命运动非常重视宣传鼓动工作，因此我在 10 多年的运动中还是不断地有机会参加各种各样的宣传画创作活动，以及展览会的布置工作，专业基本功也就侥幸地保持了下来。

王祎黎： 冯老师您能和我们说说 20 世纪五六十年代学校的师资状况吗？

冯健亲： 20 世纪 60 年代初，学校教师主要来源于合并的三校，就是上海美专、苏州美专和山东大学艺术系。上海美专、苏州美专的老师年纪都比较大，像马承镳老师就是上海美专来的，还有陈大羽、温肇桐老师；苏天赐老师先是在中央美术学院华东分院（浙江美院前身）任教，后又到山东大学艺术系任教，所以算山东过来的；毕颐生、徐近慧、陆国英、孙文林老师都是苏州美专来的。山东大学艺术系还有余成辉老师，他在苏州美专任教，教日语，也教美术理论。还有一批在当时算年轻的教师大多是从山东过来的，比如像张道一、郭永安、张华清、江小芋，还有宋杰（杨光、郭勇、曾亦鲁，未核实名单）等。记起来了，还有一批是华东艺专后进来的年轻教师，有杨焕照、刘菊清、李直、钟晓琛，这些都是从浙江美院来的。还有几位是在学校搬到南京以后，又从外地调回来的，比如蒋仁，他是老中大毕业的，在苏州美专任教，后来去了苏南文化教育学院工作，他回到学校就任美术系副主任，没怎么再教学了，主要是做领导工作。还有刘汝醴，他是教美术史论的，1932 年参加过上海左翼美术家联盟运动。20 世纪 30 年代初毕业于苏州美专，先任教于杭州国立艺专，再到学校来的，是我们学校老资格教授之一，他和张道一先生均是学校在 20 世纪 80 年代的第一批博导。另外，还有金士钦老师好像也是苏州美专并入华东艺专来的教师。20 世纪 50 年代还有金庚荣、朱振文，是华东艺专留校的教师，还有一位刘典章是山大艺术系来的教师，1955 年又去中央美院学习，后调江苏人民出版社任美编室主任，20 世纪七八十年代担任很长时间的《江苏画刊》主编。能记起来的就是这些师资状况了，没有一一核对。

徐乐： 想请冯老师谈谈 20 世纪五六十年代，学校对教师任教有什么样的要求。

冯健亲： 我留校那会儿教师最高学历也就是本科，还有的老师是专科学历，1966 年前我们学校没有研究生教育。好像 20 世纪 60 年代初开始，中央美院还有几所全国性的院校试点培养过研究生，但好景不长就到 1966 年了，也就中断了。我一留校如前面说的就是进修，当时的进修就像是你们今天读研一样，是有指定老师带的，而且跟随时间有长也有短，长的有好几年。我素描是跟马承镳老师进修，后来改教招贴，要补习图案课我就跟张道一老师学习。张老师是 1952 年山大毕业到学校任教的，1953 年起他跟随陈之佛先生学习图案和美术史论。1956 年又赴北京，在刚刚成立不久的中央工艺美术学院工艺美术研究所跟随庞薰琹先生从事美术史论研究。张老师几次进修跟随的都是大先生，他自己后来也成为大先生，著作等身。我们这辈人非常敬佩他。我非常幸运，和张老师学习的时间很长，而且我们还做过邻居，学习机会非常多。那时除图案课外我还跟随张老师学过不少理论。我在张老师图案课上记的笔记非常详细，后来对给张老师整理他的图案教材起到很大的帮助。20 世纪五六十年代做教师有严格规定，像助教那就只能帮忙，是不能上讲台的，大概要过四五年期满，评上讲师才能独立教学，比你们现在读硕士时间要长，真正上课又有一系列教学文件要制作。总之，我那时等到独立开课，而且有个讲师头衔，那是很荣耀的，我记得 1964 年还是 1965 年，我回浙江老家宁海，当时亲戚都来看我，说是在南京的大学里当上了讲师，那是很钦佩的，当时还有佩戴校徽的风气，走到哪里都很自豪。

徐乐： 那时当老师上课是怎样做教学准备的呢？

冯健亲： 当时在教学准备上还是相当严格的，要有教学大纲、教学计划、课程教案和课程进度计划，还要有撰写的讲义或是备课笔记，其他有课表、成绩单等。当时检查这些教学文件也不是系里专门组织人员来审查，而主要是跟随进修的老师要查，压力非常大。记起来了，学校要组织试讲，然后教研室研究能否通过，之后还要听课。程序还是有的，大家都非常自觉执行，好像没有什么得过且过的想法，都在竞争，这可能和当时的社会风气有关，那时正面宣传的东西特别多，没有什么负面的干扰。至于说到教学讲义，当时给学生上课没有像今天这么多教材可供选择，都要教师自己编写，当时印教材很困难，要印一个东西，需要教务处审批才能油印。印讲义或教材的纸质都很差，就是那种再生纸，泛黄的，见水就透，很不好用。我记得当时有幸油印了一本薄薄的讲义，是关于包装课的，是蓝印的，字迹非常不清楚。但就这样也是相当难得的，学生可以人手一份。

吕凤显：我上冯老师课的时候就没有那么幸运了，我们是相互抄笔记和对笔记的，当时也只有史论课有教材，是油印的。

冯健亲：就是在20世纪七八十年代，学校油印教材也不易，成本很高，但就是这样我们学校仍然编印了不少教材，这是有传统的。我印象中在1966—1976年期间还油印过10来种教材，这些要是搜集起来，是很好的教学资料积累。

夏燕靖：前阵子我在旧书市场上遇见一批当年工艺美术系老教师的教学笔记，还有10来本油印教材，后来我和邬烈炎说了，设计学院资料室全部购进了。说到这里，邬老师也让我向冯老师代问好，他因为出国没有机会参加这次访谈。邬烈炎是您在20世纪70年代末教的学生，他在回忆您的教学时，说得特别多的就是您在课堂指导过程中特别仔细，而且是对每一个学生都有记录，每周一次的讲评会上，点评总是很中肯，针对性非常强，看得出您是有备而来的。他还特别强调说，您的这一教学方法他都延续着，始终要求自己走进课堂就要做好充分的准备。

冯健亲：邬烈炎那个班我是完整带过来的，从素描到色彩，后又带过实习。那阵子写过不少教学笔记，后来在编写《素描》和《色彩》两本教材时都用上了。

丁维佳：冯老师，能和我们说说您接触过印象最深的教材吗？

冯健亲：我对教材还是非常注重的，现在还保留着许多老教材，有学校编印的，也有早年公开出版的。我学习图案见到的最早教材就是陈之佛先生早年编写的《图案ABC》，还有一本好像是《中国图案参考资料》，前一本是20世纪30年代的教材，后一本是20世纪50年代出的教学资料。我们那时没有条件，只有抄，现在笔记还留着。陈之佛是图案大家，据说，他早年在浙江省工业学校一毕业，大概是1916年，就写出一本《图案》教材，可以说是我国现代图案教育的拓荒者，他创造了多个"第一"。这本教材由中国人写是第一，后来他从日本留学回来办的设计事务所——尚美图案馆也是国内第一。我们学校在20世纪90年代末办尚美学院，就是借用尚美图案馆而得名的。其他，还有素描、色彩、装帧设计、中外美术史等教材。像我们学校俞剑华、温肇桐老师编写的教材（我）就抄录过，林树中老师的《中国美术史》，从油印本到铅印本，再到后来的正式出版本，我都读过，也比较熟悉林老师一次次修订的脉络。奚传绩老师是从中央美院调来学校的，我们共事很久。奚老师教学严谨是出了名的，他在给1978级学生开外国美术史课程时，一下子就编写了四册一套的教材，这在当时是了不起的工程，我一直收藏着。后来在院长任上接触的教材多了，也很留心，遇有好的教材总是推荐给有关老师。关于教材我想说几句，教材是重要的教学资料或是因素，教师不是教教材，而是要用教材教，这不仅是一个教学理念的转变问题，而且是一个教学实践的操作问题。在教学实践中，教材是教师用来教学的材料，也是学生用来学习的材料，要想有效提高教学质量，教师使用教材就需要有教育的智慧。如何挖掘教材的深度，拓展教材的广度，把握好教材的难度，加大学生发展的力度，等等，都是使用教材和用好教材的关键。

王袆黎：请冯老师给我们说说20世纪60年代的素描教学是怎样的状况。那时有专门的教材吗？您如何看待今天的素描教学？

冯健亲：20世纪60年代素描教学仍然是苏联模式，特别是20世纪50年代初中期，就是我读书的那阵子，当时中央美院、浙江美院，那时叫中央美院华东分院，这两所学校在与苏联美术学院交换学生素描作业展之后，刊印了俄罗斯美术教育家契斯恰科夫素描教学法的有关资料和契氏的教育语录。好像是1955年文化部召集全国素描教学座谈会，在会上推荐、介绍了契斯恰科夫素描教学法。后来以契氏为代表的苏联素描教学经验就被引入到我国美术院校，并推广到全国的各类美术教育之中。从那时起，契斯恰科夫的素描教学法便被传为"体系"，对后来我国美术教育产生了深远的影响。有意思的是，中苏关系不好后，也没有人提出如何认识或对待契氏素描的教学问题，就这样惯性下来一直左右了我国美术基础教育30多年。现在，对这一教学法的评价有很多，不是一两句话能说清楚的。我留校任教时，除向马承镳老师进修素描外，我最早接触到的国内出版的素描教材就有一本黄觉寺的《素描画十要》，这本教材好像是20世纪30年代商务印书馆出的。现在出的书都没跑出他书里面的内容，他阐释得很精辟，书中道理、原理都讲得透彻，而我们现在的一些教材很花哨，实际上不怎么样。有的教材甚至让人越看越糊涂，很简单的问题都被讲复杂了，甚至说玄了，让人一头雾水。

图5
冯健亲撰写《透视学》
样书及手稿

实际上教学最难的就是做到深入浅出。比如说素描，现在素描教学缺少技法理论的讲解，一个是解剖基础，还有一个就是透视。我们现在把技法理论都丢掉了，最本质的素描技法理论其实应该包括四个方面的内容，即解剖、透视（图5）、构图和表现。可是，我们现在去问学生大概能讲出来的不多。我们学校有位知名教授，温肇桐先生。大家只知道他是美术理论家，而他早先在学校教的就是构图学，后来构图学被冠以"形式主义"的名号，成为资产阶级艺术的内容，也就取消了这门课程，这是很可惜的，学校也没有人继承下来，这门基础课就消失得无影无踪。我后来在 20 世纪 70 年代教学中也只能含在素描训练课题里简单提及，那时是特殊时期，是不能多谈这些"封资修"的东西的。

王祎黎：冯老师前面说还教过色彩课，我本科阶段是学绘画的，这两门课在绘画基础课中是很重要的，往往同时教的老师不多。读您的《色彩》教材，理论问题讲得特别系统，您是如何积累的？

冯健亲：其实，素描和色彩就是绘画基础的两种不同表现形式，本质都是绘画造型的手段。我早先学油画出身，这对我来说还是比较自然的，而且我一直在坚持画油画，这两门课算是看家本领，比较熟悉。我比较早接触的色彩教材是温肇桐先生编写的，好像书名叫《色彩学研究》，是商务印书馆出的，20 世纪 50 年代的版本，但似乎解放前就出版过。这本书对色彩理论的叙述条理很多，比较完整，给我留下了很深的印象。后来，我在教学过程中也非常注意这方面的资料搜集。这样，到写这本教材时，也积累了 20 多年，自然水到渠成了。

夏燕靖：我和邬烈炎说起这次访谈，也谈到他入学后您对他的色彩学习和后来他从教的帮助特别大，我把他说的话转述给您听。

邬烈炎：冯老师是我的色彩课老师，我出于对色彩的一种近乎本能的偏好，将许多兴趣都对准了色彩学习。起初我尝试着将苏联式的造型方法与印象派的色彩表现结合，刻意地捕捉视觉快感与表现效果的趣味，在运用水粉媒介时，有意无意地寻求油画材料的肌理效果。而且，我也努力寻访绘画的现代性语言。冯老师正是看中我这一点，给了我许多专门的指点，让我在对色彩语言的探索上增加了许多自觉意识，很快，画面开始显露出独特的张力来。20 世纪 80 年代初，我毕业留校任教。开始也是跟随冯老师做助教，这时作画的环境大为改观，看的东西也多了起来，吸收了抽象派、印象派的绘画方法。后来，我在装潢专业教色彩课，进行了许多新的教学方法的尝试。20 世纪 80 年代后期，我又从事装饰艺术专业的教学，开设了中外装饰风格、综合材料艺术等课程。20 世纪 80 年代末至 90 年代初，在冯老师安排下进行了色彩课的更大规模的教学改革。比如，以体现色彩原理和规律为主的色标作业练习，配色与色调组合的综合练习，将光色变化规律作骨架进行色彩写生与变换色调练习等，多管齐下，取得与以往色彩教学大不一样的效果。

动荡岁月，在动乱中坚守

1966 年开始的动荡十年，恰好是冯健亲教授那一代人的风华岁月，但此时他却被耽误了太多的大好时光，好在他有坚守的定力，没有离开自己的岗位⋯⋯

夏燕靖：冯老师，从画册里可以见到您早期创作的许多宣传画作品，这些作品有许多我都非常熟悉，是学画时临摹的范本。特别是在"文革"当中，有几幅作品是画在南京街头十分显著的地方的，如鼓楼广场和中山路（当时叫人民路）的大型宣传栏上。我想问的是，动荡的十年当中您是如何有机会还在创作的？那时学校的状况又是怎样？（图 6）

图 6
冯健亲带学生外出考察

冯健亲：1966 年动荡开始，学校停课"闹革命"，一大批老教师被揪斗，情形相当残酷，比 1992 年版的那本校史记述的还要惨烈。我当时因为画宣传画，大部分时间是在校外，有点"逍遥派"的味道。1968 年和 1969 年那会儿，我参加了不少宣传画的绘制工作，就是为南京街头的大型宣传栏画宣传画，主要是主席像。那阵子突击活动特别多，经常是最高指示一发表，马上连夜赶制宣传画，第二天一早就要挂出去。1970 年开始大力普及样板戏了，学校要演出样板戏，我又画过许多样板戏的布景，还参与过样板戏连环画的创作。记得学校组织过创作《红色娘子军》的连环画，许多教师都被分配画过，后来由江苏人民出版社出版，版本装帧很讲究。到 1972 年，动乱的形势有所好转，首次全国美展在当年 5 月举办，这就发出了信号，由国家主导的美术创作活动重新启动了。我在此期间创作的比较有代表性的油画作品就是《南京长江大桥》，画面很讲究透视，视野也很开阔，这在当时画长江大桥的同类题材作品中算是突出的，这幅作品参加了"1974 年全国美术作品展览"。后来，这幅画被印成宣传画页和年历，发行量突破百万份。学校搬迁，是在 1967 年的夏天，由丁家桥搬迁到黄瓜园，就是现在的北校园。到这年秋天，工宣队就进校了，但闹派性的斗争仍然激烈。在校的学生也参加到派性斗争中去，很混乱。到 1969 年年底，江苏省委决定成立"江苏省革命文艺学校"，这就形成了三校合并，即南师美术系、音乐系，江苏省戏剧学校与我校合并。这样学校建制扩大了，当时有美术系、音乐系、戏剧系和中专部的舞蹈科，这也是后来学校恢复影视和舞蹈两个专业的基础，这两个专业还有一些老人马留在学校。1970 年学校开始复课，招收了第一批工农兵学员，这在全国艺术院校中算第一批复课的学校。我当时参加的是一个教改试点班，实际就是绘画创作班，有点综合性的意思，什么画种都学一点，主要是为宣传工作培养骨干的。当时工农兵学员进校的口号是"上大学、管大学"，教师是为工农兵服务的。不过，这批学员还不错，他们对老师都比较尊重，自身条件也不错，这个教改试点班是在泰州举办的，那时提倡开门办学。不过，教学还是挺规范的，记得素描课就增加了不少补课时间。后来到1973年又接手教过一个班，这时是分专业了，我教的是油画专业，这届学员基础比较好，已经开始恢复文化考试，专业也是择优录取。比如，我教的学生当中有一位朱成梁，那时是从苏州太仓插队知青考上来的，条件不错，创作能力强，1976年毕业进入江苏人民出版社从事书籍装帧工作，后来美术社成立，他又当上了副总编，策划编辑的那套《老房子》系列图书，获国家图书奖提名奖。再后来，我就转到装潢专业，教的是邬烈炎他们这一班，能人很多。当时，因为手上有班级，就跳过了恢复高考的1978级这一批学生，就是夏燕靖他们这一年级。当时学校教学采取的是一贯制"承包"，就是从新生进来，一直到毕业，都由一个教学组负责，所以师生关系特别密切。再后来就是接手教1980级学生了，就是吕凤显他们这一班。

王祎黎：冯老师您提到的三校合并，我们这一代人都不太清楚，那么是什么时候又分开的呢？假如当时不分，那南艺早就是名副其实的综合性艺术大学了。

冯健亲：三校合并是1966—1976年期间的产物，我那时只是青年教师，具体的背景也不太清楚，但江苏的这三校合并绝对是走在头里的，因为到1972年经过几年折腾后，江青提出需要培养"无产阶级文艺"接班人，决定成立"中央五七艺术大学"，就是把在北京的专业艺术院校合拢在一起，后来各地也相继办起"五七艺校"，有美训班、音训班、文训班等。1976年年底南师美术系、音乐系回去了。后来，大概是1977年秋天，恢复江苏省戏剧学校建制，这样戏剧系和中专部也就撤消了，这就是三校分开的时间。至于后一个问题是历史假设，不好说。但三校合并在一起的时候，确实包容了省里绝大多数艺术界的知名人士。

改革时代，使命在心重任也在肩上

当改革号角长鸣，当国家教育规划纲要明确"优先发展教育、培养新型建设人才"时，冯健亲教授已经自觉肩负重担，站在了新的高点。当他真的肩负使命之时，已是刻不容缓的发展时代到来了。回望他这几十年的匆匆脚步，我们在一个更加清晰的路径中，看到了学校教育的发展。

夏燕靖：冯老师，您从教的前半段历程已经谈得非常详细了，接下来想请您回顾一下改革开放之后的从教经历。关于这方面，您在两年前接受学报常务副主编李立新采访时谈过不少。今天我们想转换一下思路，着重在您后来进行的装潢实验班教改、服装干训班的基础课教学探索、"二二制"教改以及您担任研究生导师指导研究生这四个方面，主题仍然是围绕教学。

徐乐：冯老师，装潢实验班教改是怎么一回事？

冯健亲：1977 年开始，恢复高考，学校连续招收了两届学生。在教学过程中我们发现旧有的教学体制过于沉重，比如说工艺美术专业在当时是急需发展的专业，但基础课仍然是 1966 年之前的设置方式。打个比方，对素描课的理解有误，认为明暗素描才算是素描，线描不算是素描，甚至基础训练中出现两个"怪胎"：一个是只画头像，颈子以下不画，若单看头像，画得还不错，可是若要求画全身，则比例悬殊，几乎不像出自同一作者之手。而在工艺美术设计中出现的人物形象往往不是局部，反而是全身，这影响学生今后的适应性，也势必影响学生今后在造型能力方面的拓展。再有，基础课的安排不恰当，课时过于庞大，几乎占据了四年学习的一半以上时间。而专业教学上，更是停留在老一套上。由于信息闭塞，老师拿出的设计范本仍然是 1966—1976 时期备课的方案，根本无法满足学生的需要。有鉴于此，我当时担任装潢专业教研室主任，便有心先行教学改革试点，一是提出与天津美院装潢专业结成友好专业对子，两校定期就教学计划、课程大纲和教学方式进行交流。当时交流的项目或内容比较深入，涉及人才选拔（实际是招生改革问题）、课程设置、目的任务（是培养目标）、课程衔接以及教学原则探讨等。为何选择天津美院装潢专业？有两点考虑，一方面当时的天津美院有地域优势，地处港口，而且距北京比较近，设计信息比较多，交流起来还可以两地兼顾。加上 20 世纪 80 年代初，天津的包装设计一度领先全国。而当时的上海，因为没有本科级别的工艺美术院校，教学内容与培养方向在交流上受到制约。另一方面，当时还没有全面提出教育教学改革的口号，一个学校或是一个专业单打独斗进行改革是比较困难的，借助两校力量可以形成一定的团体结构，有利于进行改革尝试。起先是就基础课改革进行交流，后来逐步进入专业改革交流。装潢实验班教改就是以这种多方面的改革进行试点的。

陈婕：这个教改班的教学有什么特别之处吗？

冯健亲：装潢专业的教改必须从专业培养的科学体系出发，必须明确培养目标，来改变教学方式。装潢专业在工艺美术中所包括的项目可说是最为繁杂的，如果要求在专业上"全能"，解决所有的专业问题是不可能的，而只能是相对和有重点地解决某些问题。

以我承担的素描课为例，基础素描所承担的任务不能机械地理解和对待。装潢专业三种素描都要用，其中明暗素描不一定搞得那么细，只要把握住几个大的层次就行了，关键还是形体要准，画人要多画全身和带有动态的。装潢专业在排课上有矛盾，就是课程门类太多，每门课课时又少。这就更加要求我们明确每门课的重点，把精力和时间用在刀刃上。装潢专业不必像国画、油画那样强调刻画人物的面部表情、特征和其他的细微变化，因此头像作业不必安排太多。这样就能腾出时间画全身和带有动态的作业。装潢专业创作设计接触的范围广，所以素描的方法也就多样一些。"工笔白描"在装潢专业中应被视为素描的一部分，在任务上各有侧重。原来素描课主要是解决基本的造型能力的问题，白描课主要是解决怎样用线造型的问题。总之，应具体分析，区别对待，按实际需要进行素描教学。

陈婕：我们在准备访谈前期资料时，在1981年第4期学报上查到张道一老师和您写的有关这个装潢实验班教改的文章。您能再给我们说说吗？

冯健亲：这已经是30多年前的文章了，现在你们给我这两篇文章的复印件，我还能够记得起来。张老师的文章是就装潢实验班教改整体指向来谈的，中心思想是专业培养不宜分得太细，要注重适应面的培养，而不是局部钻研；教学结构要兼顾基础、专业技能、专业实习和理论修养四个方面来建立；教学方法是要针对当时三个最薄弱的环节进行教改，即印刷制版工艺、摄影、喷绘。现在重读张老师的文章，又有新的发现，就是张老师早在30多年前已经明确提出设计学科的性质和学科分类的理论阐述，这表明当年我校和天津美院交流，在理论问题上的思考已经向前迈了一步。我的文章主要是结合装潢实验班教改的基础课问题来谈的，主要有两点是特别强调的：一是分清素描与基础素描，这是针对当时素描教学不顾专业需要和教学特点，照搬绘画专业模式存在的教学问题而谈的；二是现状与目标分析，从当时现状问题分析入手，来谈专业教改的可行性。

徐乐：我们在这期学报上还读到两篇关于装潢专业的出路、关于装潢艺术特性探讨的文章，但两位作者均不是当时南艺的老师。他们是天津美院的老师吗？关于这个装潢实验班教改的其他资料，比如说教学计划、课程安排，还有教改讨论记录等，我们去学校档案室，还有教务处查找，均没有文献资料。只是在设计学院查到几份当年的课程编排表，文献太少了。

冯健亲：同学提的这个问题非常重要，前一个好回答，那两篇文章作者是天津美院的老师，不过详细情况记不起来了。后一个问题就反映出我们对历史文献资料的不重视，我自己虽然保留了一些当时的笔记，但毕竟是从个人角度来记载的历史，不能代表全部。

所以百年校庆时，你们同学可以多做一些学校老人的口述历史，研究生也可以以此为题做些有价值的探讨，这非常重要，现在已经有点迟了。研究院去年做了一本上海美专研究专辑，今年还要出苏州美专专辑，我也积极投稿，已经交了一篇文章。听夏老师说你们已经采访了 6 位 90 岁以上的老校友，希望早日读到你们的成果。你们若做学校历史研究，我手上有的资料，或是我的经历，都可以和大家分享，我们一同做好校史这篇大文章。

吕凤显： 装潢实验班教改我是亲历者，当时到天津美院交流一共去了三次，基本是每学年去一次，两边学校的教学情况都非常了解。正像冯老师说的，当年天津是海港城市，信息有优势，我们去了之后搜集资料非常方便，而且他们学校的老师当时参加天津外贸产品包装设计的机会多，实践经验丰富，确实给我们上课带来许多新鲜货。而南艺方面，张老师的理论课、冯老师的基础课，还有邬老师的色彩形式表现课等，也都让天津美院的学生钦佩。特别是张老师的讲课非常有系统，分类讲题很细致，这篇文章就是张老师讲课的绪论。另外，装潢实验班教改也是在当时分系背景下推出的一项教学新政。

冯健亲： 装潢实验班教改从 1980 年秋启动，持续 4 年没有中断，实属不易，那是需要大量投资的。学校很支持，从教务处到美术系多方面给予了许多的帮助。此时也正是学校开始酝酿将装潢专业和染织专业从美术系分离出来，独立建立工艺美术系的筹备阶段，正式建系好像是在 1980 年的 4 月。记得那会儿设立一个系的建制还需要省政府批示，是典型的计划经济时代的管理产物。夏老师你们做艺术教育研究，这是一个重要的历史阶段，透射出许多问题，值得关注。后来又增加了专业，有工艺绘画、工艺雕刻，从此以后学校的设计教育获得大发展，这是一个开端。

夏燕靖： 冯老师提出的问题很有价值，的确是艺术教育在计划经济时代下的一个缩影样本。再有前面我们大家谈到的装潢实验班教改这个话题，也非常具体，可以当作一篇研究生论文的选题来讨论，是很有意义的。从立意来说是明确的，可以从这个教改个案来揭示 20 世纪 80 年代初设计教育改革起步的历史意义和价值；从支撑论证的文献来说，无论是文献搜集，抑或是做口述历史，都有很大的挖掘空间，而且极有可能获得的是第一手资料，其研究的贡献是可期待的。

冯健亲： 南艺校史很长，经历曲折且丰富，是可以做一篇很好的研究生论文的。研究生来做，距离产生美，距离也产生客观，希望有同学介入。

夏燕靖： 冯老师的意见给我们以启示，以后可以布置研究生做这方面的课题。

丁维佳：冯老师，给我们说说服装干训班的基础课教学探索吧。

冯健亲：服装干训班大概是 1986 年秋举办的，是当时纺织工业部委托的教育项目，这在学校发展史上是值得书写的一笔。并不是部里委托办学名声大的问题，而是这种办学机制，在当时让学校依托政府解决了实际问题，就是盖房子。现在这幢工业设计学院的综合楼，就是利用服装干训班的投资盖的，当然学校也筹集了一部分资金。这段时间要问当时主政的院长保彬老师，还有当时的工艺美术系主任金庚荣老师。这幢楼现在不起眼了，可在当时的虎踞北路上是标志性建筑，在南京城里也不逊色。服装干训班一连办了有五六期吧，我记不太清了，我当时主要是教基础课。那个教的难度是我以前没有遇到过的，大部分学员都是工厂车间来的一线服装裁剪工，根本没有接触过绘画的基础训练。怎么办？我只有回到最初的起步阶段，从选铅笔到拿铅笔，从颜料盒装色排列到用水如何调制颜料，一一说来。就这样还是不行，许多学员没有画过画，要画素描了，轮廓如何打，明暗如何分，线条如何用，太多的问题了。于是，我琢磨不能老是想着正规训练的要求，他们学习时间只有两年，到学校是学习方法的。我只能完全从实用的角度出发，为服装设计服务，解决他们的造型能力和应用方法问题。比如，人体比例、四肢结构等关系要掌握，有的实在是没有基础的学生我允许他们用尺子量，就是先测量划分好头部和身体结构的比例，在画纸上做出分割比例的记号，再一部分一部分地衔接起来，方法是呆板了一些，但收效是明显的，总之，不同基础的学员采取不同的方法。他们素描课的作业我也都有留着，这些作业自然不可能跟国画油画专业相比，但看起来对人物比例和塑造方法还是清晰的。色彩课也是一样，麻烦甚至更大，多数学员不会调色，我就让大家去找废旧画报，进行剪贴，再根据剪贴效果学着色，画画稿，这样培养起大家对色彩搭配与色调的认识和应用意识。毕竟服装专业学色彩是要掌握色调和配色，而不是用色彩去艺术地表现对象。这样，一个学期教下来，学员们画出的服装效果图人物还是挺精神的。后来，我在编写《素描》和《色彩》两本教材时，也将这个班积累的一些教学方法写了进去。

吕凤显：冯老师，服装干训班之后，您还教过哪些专业？

冯健亲：服装干训班教完之后，就是 20 世纪 80 年代末，我是 1988 年 9 月担任工艺美术系系主任的，一年后任副院长，再之后，就是 1991 年年底一直到 2008 年 7 月任院长。在繁忙工作中，本专科学生的课就基本没有再完整地上过了。后来在工艺美术系进行的"二二制"教学改革中，上过一阵子基础课，近些年来在传媒学院也参与过基础课教学，但主要是教学指导，具体教学都是由其他老师担当的。

徐乐：刚才听冯老师说的这个服装干训班的基础课教学探索我很有感触，我本科专业是学理论的，当时学校也要求我们选修绘画基础课，我们多少也遇到过冯老师说的难题。其实，现在学校有许多本科专业都偏向文科了，如何在这些专业中开设艺术专业的技能课还是有讲究的。我们觉得理论专业的学生还是掌握一点艺术技能为好，这样对于理论问题的理解更容易一些。

冯健亲：这个问题我注意到了，比如，现在的各二级院有不少理论专业，像音乐学院的音乐学专业、美术学院的美术学专业、设计学院的设计学专业，还有戏剧文学、舞蹈学，以及人文学院、文化产业学院的许多专业等，都是以理论教学为主的专业，就是你说的偏向文科的专业。学校在开设这些本科专业的时候都提出过要理论兼顾实践地培养，不要单打一，要尽量往复合型人才去靠。因为本科阶段纯粹学理论的话，就业是非常狭窄的。到了研究生，特别是博士研究生阶段就另当别论了。但各个理论专业的情况不同，需要探讨。美术学和设计学我熟悉一些，是可以采取多样化的基础训练的，关键是让学理论的学生熟悉表现方式，具备鉴赏能力。过去，我们学校许多教美术史论的老师都有绘画功底，所以他讲起美术理论来底气十足。相反，我们又说艺术专业的学生存在着只重视技法训练而忽视理论学习的现象。其实，学生的心态在某种程度上反映了教育重实用的心理，这种心理还可以从教学和其他方面得到确证。比如说，师资的对比悬殊，教技能的教师往往较多，而理论教师常常不足。前些年，有些院校的理论课甚至还是技能老师代上的。很难想象，专工绘画、音乐、舞蹈的实践类老师去讲艺术史或艺术概论会是怎样的一种情形。还有一种现象反映了对理论教学的重视不够，比如，邀请老师参加毕业生展，一些学生往往只把请柬送给教技能的专业老师，理论教师却不在他们的邀请之列。甚至一些教师举办个展，他们也只是邀请自己的"同行"。理论教师的尴尬处境反映了艺术圈存在的某种看法：技法是技法，理论是理论，两不相干。而一些专攻技法的人则认为学理论的人只会纸上谈兵，不懂艺术。现在，我们要反过来说，艺术理论研究者也要学一点技能，这是弄懂艺术的一种方式，也是改变纸上谈兵的一种方式。鲁迅不做版画，但他在鉴赏版画方面是行家，鲁迅亲自做自己书籍的装帧，这个兴趣应该起到作用了吧。

徐乐：冯老师，请再说说"二二制"教改，我们到学校的时候，好像设计学院仍有"二二制"，但已经改变了，过渡到了"学分制"，很想听您说说。

冯健亲：这个话题涉及的面比较多，好在夏老师、吕老师他们都经历过，我说的有遗漏或是不对的地方让他们补充。简单地说，"二二制"就是二年基础、二年专业的教学体制。推出这项教改的背景是，当时工艺美术教育界有争论，诸如，基础课怎样为专业课服务，基础与专业的关系，有人说基础要为专业服务，有人说基础就是基础，专业就是专业。这些争论其实从20世纪五六十年代就一直有。由于学科不同，对基础和专业的设置需要也不同，甚至再说得大一些，和当时整个计划经济体制也有关系。因为以往专业都强调对口，那么基础需要与相应的专业配套就是自然而然的。所以，这种持续了几十年的教学体制也就为大家所习惯。但到了20世纪90年代初，外部形势发生了变化，原先专业对口的分配制度取消了，学生毕业要自谋职业，这就提出宽口径，而且要求是通识性人才。在这样的背景下，我们经过调查研究和在工艺美术系教师讨论中形成了基本共识，就是要改革现行的教学体制，推出这个"二二制"。后来，从推行的效果来看，整体是健康的，起码大家的观念发生了转变，一个是对教学本身有了新的认识，一个是对外部环境也有了客观的认识，就是本科阶段要"淡化专业"，突出通识教育的培养。在本科阶段要把学生作为一个全面发展的人来培养，而不能单纯地作为一个专门性的人才来培养。本科学生要在自身发展环境中寻找和调整自己的发展目标。因此，后两年我们设计的是让学生根据自己对专业的认识自主选择专业。那么，学分制这种管理方式就更加科学化和系统化。比如，采取积分的方式让学生在自主选择专业过程中有参照指标。

夏燕靖：冯老师说得应该是很清楚了，如果说当年在推行"二二制"的时候仍有不理解的思想存在的话，那么，今天全国各高校都推行了学分制教学管理方式，这应该是能够看清的。其实，在我们学校实行"二二制"的教改还是有基础的，早在20世纪80年代中期，学校也推行过两段制，就是专科三年，本科再上两年，中间进行一次优选。记得当时北京的艺术院校也在尝试，我们还去交流过。

吕凤显：以往大家都自觉或不自觉地认为，专业教学钻得深一些是好事，但可能会导致专业面太窄。因此"二二制"是希望在四年本科教学中，用前两年的时间打下一个相对比较宽的基础，不用多考虑专业方向，这是拓宽专业培养的一种有效方式。比如，过去染织专业是不学平面设计的，至于印刷工艺和其他绘画技能也基本不学，但在"二二制"推行后，学生在前两年都接触过，就开阔了自己的视野，以后再学也不陌生。

夏燕靖：冯老师，对于"二二制"推行的实际效果，我也借机请来当年的两位学生，现在是留在学校任教的老师，一位是设计学院平面设计系的厉勉，另一位是设计学院图像与媒体艺术系的童方，两位老师都是1989年秋季入学的，正好是"二二制"启动那一年。

厉勉："二二制"推行就是从我们这一届开始的，我印象很深，入学后没有专业，当时大家很茫然，不知道到底学什么，怎么学。第一次素描大课是冯老师上的，讲了很多关于"二二制"的话题，我们大致听懂了，就是先大家一起学基础，等熟悉专业后，再根据自己的兴趣和能力选择适合自己发展的专业，叫作适应性学习。当时选专业没有后来"学分制"的制度设计，也没有积分这一说，有同学被安排到不愿意去的专业，好像还有辅导员和专业老师做工作。不过，现在想来这一学习方式的改变给我们影响挺大的。首先是专业基础有了全面的拓宽，比如，我们上一届装潢专业的同学就没有学过产品造型、机械制图，图案课也没有这么多的内容，还有理论课也增加了，许平老师和夏老师教过我们"设计原理"，还有请南大商学院老师来讲"市场营销"，我们全年级在一起听课，互动性特别强。后来进入专业学习，前两年的基础影响很大，到现在我能想起来的好像全是那五花八门的基础课，非常丰富。

童方：我印象最深的"二二制"前两年的课程是按大类设计的，就是造型基础、色彩基础、图案基础和设计基础。针对设计专业的特点，"造型基础"课的内容大体为透视学知识和技能，包括几何形体、器物、植物花卉等为表现对象的写生，还有默写练习，后期有人物写生。画法上强调结构线，辅以明暗。以短期作业为主，加重作业量，确保同学建立起形体结构和表达三度空间的观念，并获得相应的描绘表达能力、默写能力以及一定的想象创造能力。"色彩基础"课主要包括色彩构成、装饰与写实，还有许多各种各样的课题练习，比如，做色卡色标、色彩拼贴等等。尤其是在课题练习中，比较注重把握色彩原理和规律特点来进行作业练习，以追求美观并表达不同审美情绪的配色和色调组合练习，以体现光色原理为主的写生与变换色调的作业练习，还有包含装饰与写实色彩的综合性系列作业练习。这样一套实践下来，学生便能具备色彩应用的基本能力。"图案基础"课教学内容大体有图案原理及图案构成方法的学习，以及装饰纹样规律性的把握及造型练习，还有立体造型规律的表达练习，各种图法、图形的把握和图绘练习等。"设计基础"课的内容主要有四个方面，除理论课外，还有制图课、模型课、展示陈列课。

夏燕靖：两位老师都是亲历者，回忆非常原真，"二二制"推行时的课程结构与课程内容基本如此。1991年第1期学报曾有"二二制"教改专辑，当年参与的主要老师都发表有文章，我重新读过，在课程部分与两位老师的回忆基本相同，这就形成了一套非常完整的教学历史资料。我记起来了，"二二制"也是进行招生改革的起步，取消了分专业招考，取消了"初试"，还有考试内容也改革了。

徐乐：还想问一下冯老师，当时"设计原理"课的设置意图是什么？

冯健亲："设计原理"课相比起其他三门基础课，可以说是一门全新的课程，开设的主要目的是构建从美术教育到设计教育转换后的理论框架，剖析造物活动的基本原理和类型，着重围绕设计的审美、工艺、材质、功能、消费等相关问题加以综合考察，比较界定设计的意义，揭示设计的本质，以及在社会生活中的价值，以拓宽学生的视野和知识面，激发学生对工艺美术学习的兴趣和自豪感。另外，作为与"设计原理"配套的基础课，还有像"制图"课，看似比较机械，一些学生往往会轻视这种设计的基本图谱，这实际是在削弱设计观念，开设了这门课后，情况便有所好转了，培养了学生对工科知识的认识。"模型"课注重基本形和基本形的组合塑造，通过运用不同材料，培养学生制作模型的动手能力并掌握其中的一般规律。"展示陈列"课立足于设计综合能力的培养和训练，造就把握全局的基本策划本领。比如，展会的布置、陈列等，使得学生对材料、展出要求、筹备方案这样一个全过程了然于胸。这门课如今变成了工业设计学院的一个专业，特别是世博会后，展会设计非常时髦。

夏燕靖： 我们还是请冯老师来总结一下关于"二二制"教改的问题。

冯健亲： 总结谈不上，大家谈的"二二制"教改经历确实帮我补充了许多，我还想说几句。"二二制"教改酝酿时我就在思考，设计专业种类很多，又各不相同，基础课设置确实不易。当时"二二制"的基础课还是比较强调基础，就是不要过度考虑实用主义。以我当时主要参与设计的"造型基础"和"色彩基础"两门课来说，实际上，凡是接触过视觉艺术的，作为基本功来讲，一个是基础造型，一个是色彩基础，两者都很重要。因为眼睛要看的一个是形象，一个就是色彩。我们把其他理论修养暂时搁置，最基本的就是这两条。你把这两个基础打好了，学什么都行。其实，后来很多电脑做出来的东西都不耐看，或者说出的毛病还是在这两条上，要么形象没感觉，要么色彩没感觉。我以为素描教学的关键是学以致用，无谓的争论于教学无补。这在"二二制"教改推出前，我已有尝试。就是编写《素描》教材那会儿，我就下定决心搞一套行之有效的教材。《素描》教材初稿完成于 1982 年，后来又经过两次修改，于 1987 年出版。根据我亲身实践的体会，基础素描教学内容主要是造型规律的传授和表达技能的磨炼。正确的素描教学的内容程序应该是先物象构造，再明暗规律。就是常说的"先打好基础，再从事创作、设计的实践"，这个循序渐进的成长过程是毋庸置疑的，即"形体""解剖""明暗"是基础素描教学最为关键的基本功。而且，学习过程中要活学活用、关注修养，这也是极为重要的。而色彩基础能力应该是一个完整的有机体，是系统的基本知识和技能的综合体现。我在长期积累的色彩教学经验的基础上，也开始酝酿《色彩》教材的编写，基本思路是一整套课题促使色彩知识原理、写实与装饰色彩造型能力训练三者的有机结合。"二二制"教改的目的就是想把专业打通，出于这样的认识和编写教材的体会，开始设计"二二制"的课程。另一点，当时推出"二二制"也是从社会实际出发，过去报考艺术院校的还有不少社会各界爱好者，但到了 20 世纪七八十年代主要是高中生群体，高中生在入学时是不知道专业的，主要取决于家长帮忙选择，而多数家长则是以就业作为风向标，所以对专业认识不清。"二二制"之所以让学生进学校后两年再选择专业，就是让他们在熟悉专业的情况下再来选择，这样会比较好。当时"二二制"的设想就是：在大方向上有分别，但不过分强调小专业。在两年基础课的学习过程中，加深对专业的了解。

研究生培养

这是冯老师的两位博士生的评价，他们根据访问的内容写了一些。

赵笺：冯老师总是在一个高角度上看待和思考问题，这一点令我感受颇深。在论文写作时，他希望我既要注重历史也要关注选题的现实意义，同时，他鼓励我要努力从艺术方面拓展到社会、文化等更为广阔的领域中，并在我面对一些宏大命题的时候为我把握尺度与方向。

费文明：冯老师十分注重宏观地看待与把握美术史中的现象与问题。1. 作为现当代美术史的亲历者，对诸多问题有着自己的独特见解。2. 不盲从任何一个理论，谨慎地用西方美术理论来阐述中国美术史的问题。3. 不喜欢标签式的"主义"，认为任何流派都有自己的复杂性，要看到被"主义"所掩盖的个人化的真实。4. 反对用生硬晦涩的语言表达学术见解，主张用简单直白的语言深入浅出地进行理论的分析。5. 主张理论与实践相结合，让我们有空画点画，如此才会"不隔"，才能够深入地分析问题。6. 精力旺盛，思维活跃，上课侃侃而谈，通常一上就是一个下午，到了晚饭时间还意犹未尽。7. 在教书中贯穿为人处世的道理。

学科建设，从沉痛教训中醒悟，急起直追

关于学科建设问题，原本未列入本次访谈计划当中，学报常务副主编李立新打电话来说："8 月份艺术学一级学科博士点对应调整的申报工作结束了，我们学校获得全部五个一级学科博士点的批准，你和冯老师说，毕竟是他在任上所做的前瞻性谋划，才有今天的结果。"于是，访谈的话题又一次展开。

从访问中说的 10 年前设计学博士点申报失败说起，这几年学校对学科建设的重视，黄从威那里有资料，先编写起来，我再改。

将下列内容有机补充进来。

徐乐： "二二制"中基础课的统一教学，是否也出现了一些问题呢？

冯健亲： 是的。因为工艺美术系在统一开设基础课后，各专业对各门基础课的要求是不一致的，课程的内容对某些专业来说可能不足，而有些专业则显得过头。比如说，染织、服装对形体和物象描绘能力的要求不是太高，基础课的授课内容已足够甚至有余。而装饰艺术等专业对造型、写实性描绘的要求比较高，对这些专业而言，基础课所学内容就会不足。对于这种矛盾，我认为一方面要找准基础课的坐标，确定教学方案时争取能兼顾到各门专业，采取比较适中的程度授课。另一方面，因为课时分配的限定和一些需要较强基础能力的专业，学生可在后两年根据需要深造提高。

徐乐： 起初推行"二二制"的初衷是什么呢？

冯健亲： "二二制"教育改革的背景在工艺美术系。对于工艺美术教育一直有这样的争论：基础课到底怎样为专业课服务？对于基础课与专业课的关系，有人说基础课必须服务于专业课，有人说基础为基础，专业是专业。教学研究常有这样的问题，这是个一直争论的问题。由于学科不同，对基础和专业的设置需要也不同。表面上看是专业钻得深，但可能导致基础太窄。因此"二二制"是希望四年本科中，前两年主要以基础课为主，不多考虑专业。但是专业不同，基础课设置也不同。当时"二二制"还是强调基础，不要过度考虑实用主义。还有一个思想：当时大学生主要人员不完全是高中毕业生，社会各界人士都可能进入大学。到 20 世纪七八十年代开始大学和高中之间联系紧密，而高中生在入学时不知道专业，家长找专业则是以就业作风向标，最典型的比如动漫行业。所以学生进校后，对学校和专业有所了解再来选择会比较好。当时对"二二制"的基本设想，也就是所谓的初衷是：其一，教学大方向上有分别，但不过分强调小专业；其二，两年基础过程中对各专业有所了解，利于学生选择。

徐乐： 毫无疑问，"二二制"在当时取得了一定的教学成果，但是后来为什么被学分制取代了呢？

冯健亲： 我对学分制的认识和别人不太相同。我认识到，这个问题的本质是计划经济到市场经济的转型。计划经济：毕业后是分配。市场经济：不包分配并且要收学费。这对于人才需求来说，认识是不足的。学分制也希望解决这个问题。国外学分制的产生也是由于市场经济的出现。从性质来说还是连贯的，比如"淡化专业，突出课程"，针对工作可能专业不对口，所以希望不仅接触一个专业，是针对转型的，并且还有些超出。但是淡化专业不等于取消专业，只是让学生接触到更多更广的想学的东西。学生自己交学费，那么想学什么学校就要提供条件。当时还有两个口号，一是学生自己为自己设置课表，二是把分餐制变成自助餐。所以突出课程，每个课程都像自助餐的一道菜。这种工作方式的变更，实践起来还有各种困难，因此还是有很多问题要解决的，而且各个门类不同，要求又不同。

陈婕：当时推行学分制是否有考虑到各个专业的特点不同呢？

冯健亲：当时推行学分制是部分先实行的。全面学分制时，主要是突出选课，并且还有 8 个学分是拓展素质，不能选本专业。但是设想和实践还是有所不同，师生问题也有了大转变。学分制是以学生为中心，比如像国外，对学生很尊重，这就是为市场经济服务的；学分制使学生就像顾客，甚至是上帝。但现在种种关系，学生好像老师的佣人，包括博士生在内，而且学生有时不学习，去做一些课外功夫。此外，老师压力大了，导向有可能也不同。现在学生进校时不知道怎么学习，学什么。把选择权放给学生，他们可能对于自己的选择不清楚。所以这是非常复杂的问题。这种复杂可能还牵涉到整个大形势，我们的社会主义市场经济是不是真正建立起来了，比如说市场经济的标准和规律是不是国际化了。所以学分制也很难彻底。

陈婕：推行时有哪些问题，或者为什么推行不下去呢？

冯健亲：在老师身上。开的课学生要选，有的老师教了十几二十年的课，突然没人选了，怎么办？

陈婕：当初有没有考虑过这个问题？

冯健亲：有的，所以还有二次选课。这和整个社会搅在一起，利益关系交杂，很难说得清。但学分制在后来逐渐规范化起来，建立了系统软件，这些都还是值得肯定的。所以学分制的推行是通过比较完善的机制运行的。学分制说到底就是一种制度，也是一种意识形态，并根据不同时期调整。

陈婕：我们进校时，也是学分制。但有些学生为了修完学分，常选择相对容易的课程，那么当时在学分制设置时有没有考虑到这方面呢？

冯健亲：从管理来说，我们是要通过一套措施办法，达到一个目标。你的这个问题，可能在世界学分制运行得最好的大学，也有这个问题。这是学分制无法管的问题。就像买东西，卖方满足买方需求，但买方要是就要假货，那怎么办？我们只能说满足学生学到想学的东西，但是学生选什么课，比如他要选容易过关的课，学校也只能让他选。还有现在比如苹果总裁，可能成绩最好的学生，走上社会也不是最好的，那么根据自己兴趣选课的学生，可能还真能获得一些成功。而且学知识，不是说在学的时候一定有用，很多时候都是无心插柳。所以学分制是一种机制，是从计划经济转变到市场经济。还有一个问题是组织教育。我们现在是从专业层面组织教育的，这又是与学分制相悖的。我们现在人才一方面是要有比较好的专业基础，要对专业基础了解得比较宽，掌握得比较深，另外就是要有能力，即应变能力。你从学校到社会上看，要有应变能力，要会转。

丁维佳： 说到底学分制的初衷还是以学生为中心的。

冯健亲： 对，有这种想法，但这也是理想主义的学生。现在的学生也有些复杂，有的只是要来拿个文凭，没想过要学些什么东西。

夏燕靖： 一个观念方法、一种制度，关键也在于参与者想学些什么。

冯健亲： 所以这个比较复杂。现在的问题也是社会的大问题。什么东西都希望是实用主义，太着眼于眼前。我在当选全国人大代表、政协常委时，也写过不少提案。但随着再深入，就发现教育问题不只是教育部的问题。比如应试教育，教育部下文件不准搞家教补课，但由于家长，禁不住。比如以前音乐学院老师带家教，机关有些领导说要管住，但是这怎么管呢？这就是法不责众，没法管。所以最后高考还是唯一比较标准的方法。所以要提出意见，还是要提出一些可行的建议。

比如针对高考，我们也提出利用这个指挥棒产生些效益。比如现在中学里艺术类的课程有一定比例，那么我提出建议，在高考总分中加入10分艺术分。如果这个意见能采纳，那对艺术教育界也是个小震动。为什么有这个想法呢？这是基于对南师大、华中师大、华南师大的考察。现在的师范学院变成了专业教育，但教育部统计，艺术类师资又缺三四十万人，所以若意见能采纳，就能培养一些相应的教师队伍。

学科建设与研究生教育

徐乐： 您在担任校长期间，对学科建设有哪些设想？采取了哪些措施？

冯健亲： 学科建设对我来说也是由不知道到知道，从一点点知道到越来越知道其重要性，直接原因可能是之前设计学博士点没拿到，对我刺激蛮大。如果高校缺乏学科建设，则缺少灵魂。但南艺向来重视学科建设，同时又注重教材选编，因此氛围还可以，这也包括文化课的学习。高等教育的人在知识结构上要有体系，这个体系就反映在知识体系上。我们这次调研的艺术类在校生有 130 万，相对于全国所有高校的大学生总人数而言还是很少。所以我认为，艺术学校基本上还是按经验而不是按学科规范来的。因此有些争论，如果了解学科建设，就不会有争论。比如文化分是否重要。有些大学老师到现在还反对文化分，就是要专业好，认为文化分导致艺术院校招不到人才，实际这就是对学科建设的认识不同。艺术作为学科讲，在整个大学的学科中，算是小学科。艺术成为门类，才看出来和其他科目存在差距。别的学科对艺术门类认识存在偏颇，实际我们自己也认识不足。就是立一个门户，连门类都建设不足，怎么办？关于学科建设其实还有很多问题，比如老大学和新大学的关系、艺术类院校和综合类院校的关系等。那作为校长来讲，对这些问题发现得越早，越利于建设。

徐乐：听闻您最近参与了对全国多所艺术院校的调研工作。

冯健亲：对。现在我国的艺术教育还存在着各种各样的问题，比如评估体系的颠倒，致使引导我们中国艺术的主体力量却成了边缘力量。教育部也已经意识到了专业院校受到不合理评估体系的影响而被边缘化的问题。所以，最近教育部组建了两个调研组，对全国 30 多所院校进行实地调研。曹意强老师任第一组组长，负责北方和西南地区的院校，而我是第二组组长，负责南方片院校。

徐乐：调研的目的是什么呢？

冯健亲：最直接的原因，就是摸清我国艺术教育的瓶颈问题，为年底召开的首次全国高等艺术教育工作会议提供材料。调研搜集的材料也有利于教育部对不同的艺术教育进行分类管理，分类确定学术和教学目标，分类建立评估标准，等等。

徐乐：请谈谈您曾提到过的"艺术教育零点工程"。

冯健亲：我国是穷国办大教育，不可能把全国的学校艺术教育提高到统一水平后再开始新的提高。因此，要有统一性的总体规划，还应该给有条件的地区或学校超前的特区式的活动空间，也就是所谓的中国式的"艺术教育零点工程"。

徐乐：为何要以"零点"命名呢？

冯健亲：借鉴了哈佛大学的《零点项目》，用"零"表示对艺术教育认识上的空白，以示从头开始的决心，起到一个积极的警示作用。

徐乐：那么这个工程的重点内容是什么呢？

冯健亲：一是编制中国的《艺术教育国家标准》。这个标准既要瞄准世界的先进水平，同时要具备中国特色，应该是音乐、舞蹈、戏剧、视觉艺术四位一体的整体协调的《标准》；二是采取特殊措施，多渠道地培养一批实施"艺术教育零点工程"的志愿者，也就是相应的师资队伍；三是启动中国的"艺术教育零点工程"，应在完成《全国学校艺术教育总体规划》的地区或学校中实施。工程的重点应放在幼儿园到小学阶段，同时兼顾初高中。还可选择一些总体水平高，尤其是重视人文学科的高校率先启动，按《标准》要求授课并将艺术学科作为必修课。不过这项工程是个长期工程，需要较长的一段时间来检验成效。

徐乐：您担任校长后，对学生的上课情况了解吗？

冯健亲：扩招以后我想具体了解现在上课是怎样的，所以大约是在 2006 年，我去传媒教过一年级的素描课，我也想亲身体验一下现在学生到底是什么样的。总体感觉就是，教师是个大问题。当时配的只有五六个教师，年轻教师本身水平就有限，有很多才毕业就去当老师了。而且学生又多，上课基本几百人的教室坐了一大半，觉得教学很难。

陈婕：我这届学理论的人数很多，完全属于大班课。理论专业采取大班制，是不是不妥？

冯健亲：其实我并不赞同现在的课程设置。当然，首先教师是个大问题，现在的学生也是个问题。我经常在新生开学时想：学生在大学学习要掌握什么？最重要的是自主学习的能力。老师的教育就是要激发学生自主学习的能力，不在于教了多少知识，而是通过课程设计来激发兴趣。现在还是满堂灌。大学能提供什么？一是好的师资，二是很多知识资源，比如图书馆。如果自主学习能力具备了，那么学生就会利用好图书馆。比如在参与清华评估时，虽然整体氛围是很好，但已不比当年了。我记得有个活动是学生走基层调研的成果汇报。我也去看了，大概三四个学生，到农村去调查粮价问题。这些学生给我们介绍，我就听着。后来我就问了一个问题：同学，你知道现在大米多少钱一斤吗？他们却都不知道。这个例子说明什么问题？所以现在教学问题真大，长年积聚的问题到现在依然解不开。

夏燕靖：您从教 50 年，请谈谈最近的研究生指导。冯院长在 2006 年才做博导。

冯健亲：为什么最后要当博导？现在博士、研究生研究的方向都是 90% 向后看，很少向前看，不研究当代问题，所以我决定关注当代的研究，比如 20 世纪中国绘画研究。中央美院是有这样的研究的，但是结论不对，是先出结论后办观点。以此为出发点，找了几个博士生做研究，比如赵笺的《主流文化对 20 世纪以来中国油画影响研究》。什么是主流文化？我和学生花了半年时间才总结出来，基本有了框架——一是体现执政者的意识形态，二是体现国家的核心利益，三是社会历史发展的方向。

夏燕靖：冯院长和他博士生的讨论是个典型案例。要框定个概念，现在学生总是从书本上，从百科全书上找。

冯健亲：是，所以这篇文章先把握住了，才能做下去。后来做得也不错，在《美术》和学报上都发了。

夏燕靖：所以有时候，做研究不在于你占有多少资料，搜集了多少资料，关键是先要有立论的点。

冯健亲：当博士生导师，我也和学生讲清楚，我是搞实践出身的，不是理论出身。你们不必谦虚，我看的书不一定比你们看得多，尤其是改革开放以后的书。但是我可不可以做博导？我觉得我能给你们一种观点、一些方法。这点无论是博士生导师还是硕士生导师，总要有方法、有观点。导师是否要教？未必，我们可以讨论，这也是一个好方法。实际上到硕士、博士，研究领域越来越小，要有深度。当然这种深度是要与学问有关的，而不是钻牛角尖，所以说深度在于观点。就这点而言，做到的人不多，深入浅出最重要。

文稿由夏燕靖执笔，徐乐、陈婕、朱远如、王祎黎、丁维佳同学对录音整理亦有贡献

原载于《南京艺术学院学报（美术与设计版）》2011 年第 6 期